Neuropsychodynamische Psychiatrie

Heinz Böker
Peter Hartwich
Georg Northoff
(Hrsg.)

Neuropsychodynamische Psychiatrie

Mit 49 Abbildungen

Herausgeber
Prof. Dr. Heinz Böker
Psychiatrische Universitätsklinik Zürich
Zürich
Schweiz

Prof. Dr. Dr. Georg Northoff
University of Ottawa
Ottawa
Canada

Prof. Dr. Peter Hartwich
Städtische Kliniken Frankfurt am Main-Höchst
Frankfurt am Main
Deutschland

ISBN 978-3-662-47764-9
ISBN 978-3-662-47765-6 (eBook)
DOI 10.1007/978-3-662-47765-6

Die Deutsche Nationalbibliothek verzeichnet diese Publikation in der Deutschen Nationalbibliografie; detaillierte bibliografische Daten sind im Internet über ► http://dnb.d-nb.de abrufbar.

© Springer-Verlag Berlin Heidelberg 2016
Das Werk einschließlich aller seiner Teile ist urheberrechtlich geschützt. Jede Verwertung, die nicht ausdrücklich vom Urheberrechtsgesetz zugelassen ist, bedarf der vorherigen Zustimmung des Verlags. Das gilt insbesondere für Vervielfältigungen, Bearbeitungen, Übersetzungen, Mikroverfilmungen und die Einspeicherung und Verarbeitung in elektronischen Systemen.
Die Wiedergabe von Gebrauchsnamen, Handelsnamen, Warenbezeichnungen usw. in diesem Werk berechtigt auch ohne besondere Kennzeichnung nicht zu der Annahme, dass solche Namen im Sinne der Warenzeichen- und Markenschutz-Gesetzgebung als frei zu betrachten wären und daher von jedermann benutzt werden dürften.
Der Verlag, die Autoren und die Herausgeber gehen davon aus, dass die Angaben und Informationen in diesem Werk zum Zeitpunkt der Veröffentlichung vollständig und korrekt sind. Weder der Verlag noch die Autoren oder die Herausgeber übernehmen, ausdrücklich oder implizit, Gewähr für den Inhalt des Werkes, etwaige Fehler oder Äußerungen.

Umschlaggestaltung: deblik, Berlin
Fotonachweis Umschlag: © Peter Hartwich, Frankfurt a.M.: »Prozess-Spirale der Neuropsychodynamik«, Basaltskulptur 2002, poliert: schwarz, aufgeraut: hellgrau. Psychotherapeutische und wissenschaftliche Prozesse umkreisen so lange ungelöste Probleme, bis es zum Durchbruch kommt und auf der anderen Seite weitergeht.
Foto: Peter Hartwich
Satz: Crest Premedia Solutions (P) Ltd., Pune, India

Gedruckt auf säurefreiem und chlorfrei gebleichtem Papier

Springer-Verlag ist Teil der Fachverlagsgruppe Springer Science+Business Media
www.springer.com

Vorwort

Der Titel »Neuropsychodynamische Psychiatrie« wird – so vermuten wir – sowohl auf Neugier wie auch ein gewisses Befremden stoßen: Wird hier etwa erneut – in reduktionistischer Weise – versucht, die komplexen Phänomene subjektiven Erlebens, der Psychopathologie und psychodynamischer Zusammenhänge auf neuronale Aktivierungen und Dysfunktionen zu reduzieren?

Ein zentrales Anliegen dieses Buches besteht vielmehr darin, die kritische Auseinandersetzung um neurowissenschaftliche Erkenntnisse im Kontext von Psychiatrie und Psychotherapie und insbesondere von psychodynamischer Psychiatrie zu fördern. Es ist uns ein großes Anliegen, erkenntnistheoretische Möglichkeiten und Grenzen neurowissenschaftlicher Vorgehensweisen im Hinblick auf die zentralen Fragen nach dem Selbst und den Beziehungen zu signifikanten Anderen zu adressieren. Im Fokus stehen mentale Funktionen wie Selbst, Ich, Bewusstsein, Unbewusstes und die ihnen zugrunde liegenden psychologischen Mechanismen und Funktionen. Wir betrachten das Selbst psychiatrischer Patienten in einer relationalen Perspektive und möchten die relationalen Verknüpfungsprozesse zwischen Gehirn und Umwelt beleuchten. Eine besondere Herausforderung besteht darin, dass eine solche relationale Definition von Selbst und Gehirn empirisch plausibel sein muss.

Das wachsende neurobiologische Wissen über psychiatrische Erkrankungen wird zweifellos vielfältige therapeutische Implikationen haben. Dabei darf grundlegende, erkenntnistheoretisch geleitete Forschung, z. B. ob eine evidenzbasierte Forschung ausreicht, um alle für die klinische Praxis relevanten Fragen zu beantworten, nicht aus den Augen verloren gehen.

Angesichts des potenziellen Gewinns neurobiologischen Wissens in der Psychiatrie und Psychotherapie (gesellschaftliche und gesundheitspolitische Aufwertung, Destigmatisierung und Enttabuisierung psychischer Erkrankungen, besseres Verständnis der Ätiologie und der Beziehung physiologischer und psychischer Aspekte psychischer Störungen, neurobiologische Variablen als Ziel psychotherapeutischer Interventionen, besseres Verständnis der Interaktion verschiedener Hirnareale und Entwicklung selektiver Indikationsregeln unter Nutzung neurobiologischer Prädiktoren) sollten die Grenzen und möglichen Gefahren neurowissenschaftlicher Erklärungsansätze und deren – im ungünstigen Fall – eindimensionale Anwendung nicht übersehen werden. So kann, wie Fuchs es formuliert, eine neurobiologische Sicht psychischer Störungen und ihrer Behandlungen immer dann problematisch werden, wenn neurobiologische Erklärungsansätze nicht mehr als Alternative und Ergänzung zu psychologischen Modellen und Anwendungen betrachtet werden, sondern die alleinige Deutungsmacht in den Humanwissenschaften in Anspruch nehmen.[1]

Aktuelle Studien zeigen einen Zusammenhang zwischen solch tendenziell reduktionistischen biologischen Erklärungen psychiatrischer Erkrankungen und der Empathie des jeweiligen Klinikers: Beispielsweise berichten Lebowitz u. Ahn[2] über nichtintendierte negative Konsequenzen ausschließlich biologischer Krankheitsmodelle im Hinblick auf die

1 Fuchs T (2006) Ethical issues in neuroscience. Curr Opin Psychiatry 19:600–607

2 Lebowitz MS, Ahn W (2014) Effects of biological explanations for mental disorders on clinicians' empathy. PNAS 111(50):17786–17790

Gestaltung der therapeutischen Beziehung, auf Wahrnehmung, Interpretation und Umgang mit der Symptomatik und insbesondere die Empathie der Behandelnden.

Psychiater, Psychotherapeuten und Patienten begegnen einander als individuelle Subjekte bzw. Personen. Demgegenüber ist das Gehirn ein »Objekt«. Dieser offensichtliche Unterschied hat wesentliche Implikationen, sowohl in konzeptueller wie auch in empirischer Hinsicht. Bennett u. Hacker warnen z. B. davor, individuelle Subjekte mit ihren jeweiligen Gehirnen zu verwechseln, da dies den grundsätzlichen Unterschied zwischen Personen und Objekten vernachlässigt.[3] Neuronale Prozesse und Mechanismen betreffen das Gehirn und können als notwendige, aber nicht hinreichende Bedingung der Wirksamkeit von psychiatrischer Behandlung, insbesondere von Psychotherapie, angesehen werden, da auch weitere Faktoren – wie die interpersonellen Konstellationen, die kulturelle Umwelt und anderes – berücksichtigt werden müssen. Demgegenüber betrifft die Wirkung von psychiatrischer Therapie und Psychotherapie die personelle Ebene, die zwar implizit einen Bezug aufweist zum Gehirn, aber, nicht zuletzt auch in konzeptueller Hinsicht, nicht mit ihm identifiziert werden darf. Vor diesem Hintergrund stellt sich das Buch der besonderen Herausforderung, die prinzipiellen Unterschiede der individuellen Ebene von Personen und der generellen Ebene von Gehirnen zu überbrücken. So besteht auch eine der größten methodologischen Herausforderungen in der Zukunft darin, experimentelle Designs und Analysenmethoden zu entwickeln, die es ermöglichen, individuelle und allgemeine Merkmale auf neuronaler Ebene miteinander zu verknüpfen. Die »Erste-Person-Neurowissenschaft« wird dabei als eine methodologische Strategie definiert, welche die systematische Verknüpfung subjektiver Erfahrungen mit der Beobachtung neuronaler Zustände (in einer Dritte-Person-Perspektive) anstrebt.[4] Auf diese Weise unterscheidet sich die Erste-Person-Neurowissenschaft von den allgemeinen Neurowissenschaften, die auf einer Beobachtung neuronaler Zustände – die mehr oder weniger unabhängig von subjektiven Erfahrungen ist – basieren. Die Komplexität der Erforschung der neuronalen Effekte psychiatrischer Behandlungen, insbesondere der Psychotherapie, spiegelt in beinahe paradigmatischer Weise die Komplexität unseres Gehirns wider, sodass deren Ergebnisse eine Einsicht und ein besseres Verständnis allgemeiner Prinzipien neuronaler Organisation ermöglichen werden.[5]

Die Beiträge des vorliegenden Buches stammen von international renommierten Klinikern und Forschern aus dem Bereich der Psychiatrie, Psychotherapie, Psychoanalyse, Neurowissenschaften und angrenzenden Wissenschaften. Nur dank dieser Mithilfe konnte die breite Spanne klinisch-psychiatrischer, psychotherapeutischer, psychoanalytischer und neurowissenschaftlicher Gesichtspunkte angemessen behandelt werden. Paradigmata und methodologisches Vorgehen neurowissenschaftlicher Studien und die Ergebnisse der Grundlagenforschung werden ebenso berücksichtigt wie die für Kliniker relevanten Fragestellungen über die Grenzen der Übertragbarkeit der neurowissenschaftlichen Befunde in die klinische Praxis. Dieses Vorgehen ist in einen breiteren Rahmen psychiatriehistorischer Darstellun-

3 Bennet MR, Hacker PMS (2003) Philosophical foundations of neuroscience. Blackwell, Oxford GB

4 Northoff G, Böker H, Bogert P (2006) Subjektives Erleben und neuronale Integration im Gehirn: Benötigen wir eine Erste-Person-Neurowissenschaft? Fortschr Neurol Psychiat 74:627–633; Böker H, Richter A, Himmighofen H et al. (2013) Essentials of psychoanalytic process and change: how can we investigate the neural effects of psychodynamic psychotherapy in individualised neuro-imaging? Frontiers of Human Neuroscience 7:355

5 Böker H, Northoff G (2010) Die Entkopplung des Selbst in der Depression: Empirische Befunde und neuropsychodynamische Hypothesen. Psyche – Z Psychoanal 64:934–976

gen und erkenntnistheoretischer und philosophischer Erwägungen eingebettet. In gewisse Weise ist das Buch das Resultat jahrelanger zahlreicher Diskussionen mit Kolleginnen und Kollegen in psychiatrischen Kliniken und psychoanalytischen Institutionen. Stellvertretend für alle diejenigen, die sich an diesem Diskussionsprozess engagiert beteiligt haben, gilt unser Dank den Kolleginnen und Kollegen in der Forschungsgruppe »Verlaufs- und Therapieforschung« an der Psychiatrischen Universitätsklinik Zürich, den Psychiatrischen Universitätskliniken Frankfurt/Main, Gießen und Freiburg, der Klinik für Psychiatrie und Psychotherapie in Göttingen-Tiefenbrunnen. Eine sehr fruchtbare Zusammenarbeit besteht mit der Forschungsgruppe von Frau Professor Marianne Leuzinger-Bohleber (Freud-Institut Frankfurt und Psychologisches Institut der Universität Kassel). Wesentliche in diesem Buch dargestellte und diskutierte Befunde entstanden in enger Zusammenarbeit von Forschungsgruppen an der ETH und der Universität Zürich (Professor Dr. rer. nat. P. Bösiger), der Psychiatrischen Universitätsklinik Zürich und der Humboldt-Universität Berlin (Frau Dr. rer. nat. S. Grimm) und der Universität Ottawa. Diskussionen mit den Teilnehmenden und Dozierenden unterschiedlicher Weiterbildungsgänge für Psychotherapie und Psychoanalyse (Ärztliche Weiterbildung für Psychiatrie Nordostschweiz, Freud-Institut Zürich, International Psychoanalytic University Berlin/IPU, Überregionale Weiterbildung in Analytischer Psychosentherapie an der Akademie für Psychoanalyse und Psychotherapie in München) und an verschiedenen US-amerikanischen, kanadischen und chinesischen Weiterbildungsinstituten waren für die Herausgeber dieses Buches inspirierend und weiterführend.

Ferner möchten wir dem Springer-Verlag und insbesondere Frau Renate Scheddin für die initiale Ermutigung, stets konstruktive Unterstützung und sorgfältige Edition dieses Buches danken. Ganz herzlich danken wir auch Frau Renate Schulz (Projektmanagement) sowie Frau Dr. Katharina Ruppert und Frau Dr. Brigitte Dahmen-Roscher (Lektorat) für die ausgezeichnete und äußerst konstruktive Zusammenarbeit!

Unser spezieller Dank gilt Frau Dawn Eckelhart, die in ihrer gewohnt zuverlässigen und effizienten Weise die komplexen Koordinations- und organisatorischen Aufgaben bei der Vorbereitung und dem Recherchieren des Text- und Bildmaterials übernommen hat und stets bemüht war, das drohende Chaos auf einem Minimum zu halten.

Wir möchten darauf hinweisen, dass wir aus Gründen der besseren Lesbarkeit in diesem Buch überwiegend das generische Maskulinum verwenden. Dieses impliziert natürlich immer auch die weibliche Form. Teilweise verfahren wir umgekehrt, indem wir das generische Femininum verwenden, das auch die männliche Form impliziert. Sofern die Geschlechtszugehörigkeit von Bedeutung ist, wird selbstverständlich sprachlich differenziert.

Heinz Böker
Peter Hartwich
Georg Northoff
Zürich, im Sommer 2015

Inhaltsverzeichnis

II Grundlegende psychoanalytische Konzepte und deren Weiterentwicklung

III Die Neuropsychodynamik psychiatrischer Störungen

V Neuropsychodynamische Zukunftsperspektiven

Serviceteil

Autorenverzeichnis

Böker, Heinz, Prof. Dr.
Psychiatrische Universitätsklinik Zürich
Zentrum für Depressionen, Angsterkrankungen und Psychotherapie
Lenggstr. 31
CH-8032 Zürich, Schweiz
E-mail: heinz.boeker@bli.uzh.ch

de Greck, Moritz, Dr.
Klinikum der Johann Wolfgang Goethe-Universität
Klinik für Psychiatrie, Psychosomatik und Psychotherapie
Heinrich-Hoffmann-Straße 10
60528 Frankfurt am Main
E-mail: moritz.greck@gmx.de

Dümpelmann, Michael, Dr.
Asklepios Fachklinikum Tiefenbrunn
An den Teichen 7
37124 Rosdorf
E-mail: amsl.duempelmann@gmx.de

Grimm, Simone, Priv. Doz. Dr.
Psychiatrische Universitätsklinik Zürich
Lenggstr. 31
CH-8032 Zürich, Schweiz
E-mail: simone.grimm@bli.uzh.ch

Hartwich, Peter, Prof. Dr.
Städtische Kliniken Frankfurt am Main-Höchst
Klinik für Psychiatrie und Psychotherapie/Psychosomatik, Akademisches Lehrkrankenhaus der Goethe-Universität Frankfurt am Main
Gotenstr. 6–8
60929 Frankfurt am Main
E-mail: prof.hartwich@casytec.de

Himmighoffen, Holger, Dr.
Psychiatrische Universitätsklinik Zürich
Zentrum für Depressionen, Angsterkrankungen und Psychotherapie
Lenggstr. 31
8032 Zürich, Schweiz
E-mail: holger.himmighoffen@puk.zh.ch

Metzner, Susanne, Prof. Dr. habil.
Hochschule Magdeburg-Stendal
Fachbereich Sozial- und Gesundheitswesen
Breitscheidstr. 2
39114 Magdeburg
E-mail: susanne.metzner@hs-magdeburg.de

Northoff, Georg, Prof. Dr. Dr.
University of Ottawa
Institute of Mental Health Research
Royal Ottawa Mental Health Centre
1145 Carling Avenue, Rm. 6435
Ottawa, ON
K1Z 7K4
Canada
E-mail: georg.northoff@rohcg.on.ca
www.georgnorthoff.com

Piegler, Theo, Dr.
Praxis für Psychotherapeutische Medizin
Glindersweg 80
21029 Hamburg
E-mail: praxis@dr.piegler.de

Purucker, Michael, Dr.
Bezirkskrankenhaus Bayreuth
Klinik für Psychiatrie, Psychotherapie und Psychosomatik
Nordring 2
95445 Bayreuth
E-mail: michael.purucker@bezirkskrankenhaus-bayreuth.de

Schneider, Barbara, Prof. Dr.
LVR-Klinik Köln
Abt. für Abhängigkeitserkrankungen und Allgemeinpsychiatrie
Wilhelm-Griesinger-Str. 23
51109 Köln
E-mail: b.schneider@lvr.de

Schött, Margerete, Dipl.-Psych.
Sigmund-Freud-Institut
Myliusstr. 20
60323 Frankfurt am Main
E-mail: schoett@sigmund-freud-institut.de

Schüler, Michael, Dr.
Bezirkskrankenhaus Bayreuth
Klinik für Psychiatrie, Psychotherapie und Psychosomatik, Abt. Gerontopsychiatrie und Psychotherapie/Gerontopsychiatrisches Zentrum
Nordring 2
95445 Bayreuth
E-mail: michael.schueler@bezirkskrankenhaus-bayreuth.de

Spitzer, Carsten, Prof. Dr.
Asklepios Fachklinikum Tiefenbrunn
37124 Rosdorf
E-mail: c.spitzer@asklepios.com

Vetter, Johannes, lic. phil.
Psychiatrische Universitätsklinik Zürich
Klinik für Psychiatrie, Psychotherapie und Psychosomatik, Zentrum für Depressionen, Angsterkrankungen und Psychotherapie
Lenggstr. 31
Postfach 1931
CH-8032 Zürich, Schweiz
E-mail: johannes.vetter@puk.zh.ch

Weiß, Heinz, Prof. Dr.
Abt. für Psychosomatische Medizin
Robert-Bosch-Krankenhaus
Auerbachstr. 110
70376 Stuttgart
E-mail: heinz.weiss@rbk.de

Wolfersdorf, Manfred, Prof. Dr. Dr. h. c.
Bezirkskrankenhaus Bayreuth
Klinik für Psychiatrie, Psychotherapie und Psychosomatik
Nordring 2
95445 Bayreuth
E-mail: manfred.wolfersdorf@bezirkskrankenhaus-bayreuth.de

Einleitung: Der Aufbau des Buches

Heinz Böker, Peter Hartwich, Georg Northoff

H. Böker et al. (Hrsg.), *Neuropsychodynamische Psychiatrie*,
DOI 10.1007/978-3-662-47765-6_1, © Springer-Verlag Berlin Heidelberg 2016

Das vorliegende Buch *Neuropsychodynamische Psychiatrie* ist angesiedelt in der Tradition der psychodynamischen Psychiatrie, greift deren grundlegende Prinzipien auf und verknüpft sie zugleich mit den Erkenntnissen neurowissenschaftlicher Forschung. Leitend ist das Konzept des »sozial eingebetteten Gehirns« (»social embedded brain«) und des »relationalen Selbst«. Psychopathologische Phänomene wie auch psychisches Erleben insgesamt werden im Kontext sozialer und zwischenmenschlicher Erfahrungen betrachtet. *Neuropsychodynamische Psychiatrie* basiert auf den wesentlichen Elementen der psychodynamischen Psychiatrie und führt sie konsequent weiter (Gabbard 2005/2010, 2014). Psychodynamische Zusammenhänge werden in einem neurobiologischen Kontext betrachtet. Von zentraler Bedeutung ist dabei ein »mechanismusbasierter Ansatz«, der neuronale und psychische Mechanismen integriert. Dementsprechend lässt sich das Wesen der neuropsychodynamischen Psychiatrie folgendermaßen definieren: Neuropsychodynamische Psychiatrie ist ein diagnostischer und therapeutischer Ansatz sowie ein wissenschaftliches Modell, das im Hinblick auf die Erklärung, das Verstehen, die Erforschung, die Diagnostik und Behandlung psychopathologischer Phänomene unbewusste Konflikte und Dilemmata sowie Verzerrungen der intrapsychischen Strukturen und der verinnerlichten Objektbeziehungen umfasst, die Funktionalität und Dysfunktionalität psychischer und neuronaler Mechanismen fokussiert und diese Elemente in den Zusammenhang der neuesten Erkenntnisse der Neurowissenschaften integriert.

Ausgangspunkt der psychodynamischen Perspektiven ist das von Mentzos (1991, 2009) vorgeschlagene dreidimensionale Modell. Die drei Dimensionen umfassen die Abwehrmechanismen, die Struktur und den Konflikt. Dabei ist der Konflikt in den verschiedenen Entwicklungsstadien als Resultante aus dem Zusammenspiel zwischen Abwehrmechanismen und Struktur zu verstehen.

Ein entsprechend analoges Modell wird auf der neuronalen Ebene entwickelt. Darin entsprechen Abwehr- und Kompensationsmechanismen auf der psychischen Ebene bestimmten neuronalen Mechanismen. Diese zielen vor allem auf die Interaktion zwischen intrinsischer und extrinsischer Aktivität und somit auf das Zusammenspiel zwischen Gehirn und Umwelt.

Die Ebene der psychischen Struktur spiegelt sich in der intrinsischen Aktivität und ihrer Prädisposition des Gehirns wider. Aus dem Zusammenspiel zwischen den neuronalen Gehirn-Umwelt-Mechanismen und der Prädisposition der intrinsischen Aktivität des Gehirns entwickeln sich bestimmte subjektive Erlebens- und Wahrnehmungsweisen, die auf der psychischen Ebene dem Konflikt in seinen verschiedenen Entwicklungsstadien entsprechen. In Analogie zu Mentzos, der dieses dreidimensionale Modell mit verschiedenen psychischen und psychiatrisch-syndromalen Störungen verknüpft hat, werden die verschiedenen psychiatrischen Krankheitsbilder in das dreidimensionale neuropsychodynamische Modell integriert. Dieses neuropsychodynamische Modell bildet die Grundlage des Buches.

▪ Erster und zweiter Hauptteil

In den beiden ersten Hauptteilen des Buches werden die hier skizzierten neuropsychodynamischen Grundlagen entwickelt. Neben der historischen Betrachtung der Entwicklung grundlegender psychoanalytischer Konzepte (das Unbewusste, das Selbst, psychische Entwicklung und Struktur, Affekte, Konflikte und Dilemmata, Übertragung und Gegenübertragung, Bindung und Attachment, Mentalisierung, Abwehr- und Bewältigungsmechanismen) und deren Aktualisierung unter Berücksichtigung der Entwicklung neurowissenschaftlicher Erkenntnisse wird das Konzept des »sozial eingebetteten Gehirns« (»social embedded brain«), des »relationalen Selbst« und der Struktur erläutert.

▪ Dritter Hauptteil

Der dritte Hauptteil des Buches fokussiert auf die Neuropsychodynamik psychiatrischer Störungen. Hierbei wird von einem syndromalen Ansatz ausgegangen (depressive Syndrome, manische Syndrome, Angstsyndrome, Zwangssyndrome, Somatisierung und Schmerz, Anorexie und Bulimie, Traumafolgestörungen, Persönlichkeitsstörungen, dissoziative Syndrome, Schizophrenie und andere Psychosen, Sucht, suizidales Syndrom). Die jeweiligen Unterkapitel berücksichtigen folgende Aspekte:

- klinische Beobachtungen,
- Psychodynamik,
- neuronale Befunde,
- neuropsychodynamische Hypothesen,
- klinisch-therapeutische Implikationen.

In besonders markierten Einschüben (grau hinterlegt) werden spezifische Gesichtspunkte abgehandelt:
- gegenwärtige Diskussion,
- kritische Reflexion,
- Ideen für zukünftige Forschung,
- historischer Hintergrund.

▪ Vierter Hauptteil

Der vierte Hauptteil zielt auf die neuropsychodynamische Therapie, indem er sich in eine settingbezogene Betrachtungsweise der unterschiedlichen stationären, teilstationären und ambulanten Behandlungsangebote gliedert. Dabei werden die jeweiligen Behandlungsangebote immer in den Kontext der zuvor genannten neuropsychodynamischen Mechanismen gesetzt. Aus dem Vergleich des gegenwärtigen State of the Art mit den neuropsychodynamischen Mechanismen sollen dann therapeutische Zukunftsperspektiven entwickelt werden. Die bereits genannten fünf Gesichtspunkte (klinische Beobachtungen, Psychodynamik, neuronale Befunde, neuropsychodynamische Hypothesen, klinisch-therapeutische Implikationen) sind auch in diesem Hauptteil leitend.

▪ Fünfter Hauptteil

Der fünfte und letzte Teil des Buches zielt auf die Darstellung neuropsychodynamischer Zukunftsperspektiven: Neben der Psychotherapie-Forschung im neurowissenschaftlichen Kontext werden ethische und neurophilosophische Aspekte berücksichtigt.

Literatur

Gabbard GO (2005) Psychodynamic psychiatry in clinical practice. Am Psychiatric Publishing, Washington DC, London, UK. Deutsche Ausgabe: Gabbard GO (2010) Psychodynamische Psychiatrie. Ein Lehrbuch. Psychosozial, Gießen

Gabbard GO (2014) Psychodynamic psychiatry in clinical practice, 5. Aufl. Am Psychiatric Publishing, Washington DC, London, UK

Mentzos S (1991) Psychodynamische Modelle in der Psychiatrie. Vandenhoeck & Ruprecht, Göttingen

Mentzos S (2009) Lehrbuch der Psychodynamik. Die Funktion der Dysfunktionalität psychischer Störungen. Vandenhoeck & Ruprecht, Göttingen

Neuropsychodynamische Grundlagen

Warum neuropsychodynamische Psychopathologie?

Heinz Böker, Georg Northoff, Michael Dümpelmann

H. Böker et al. (Hrsg.), *Neuropsychodynamische Psychiatrie*,
DOI 10.1007/978-3-662-47765-6_2, © Springer-Verlag Berlin Heidelberg 2016

2.1 Vorbemerkungen

? Wie denken, beurteilen und bewerten wir Psychisches? – Wie geschieht das in der Psychiatrie? – Welches Bild hat man hier von der menschlichen Psyche? – Welche Konzepte sind in der Lage, »seelische« Aspekte mit somatischen Krankheitsfaktoren zu verbinden?

Einige neurowissenschaftliche und neurobiologische Erkenntnisse sind längst in konkretes therapeutisches Handeln eingeflossen. So wird etwa auch in Psychotherapien berücksichtigt, dass äußerlich starr und apathisch wirkende Depressive unter innerer Höchstspannung stehen, was etwa erhöhte Cortisolspiegel nachweisen.

Auf der Ebene basaler Konzepte zum Verständnis und zur Behandlung psychischer Störungen besteht jedoch weiterhin noch eine erhebliche Kluft zwischen den etablierten therapeutischen Kulturen in Psychiatrie und Psychotherapie (Streeck u. Dümpelmann 2003), die letztlich cartesianischen Trennlinien zwischen Psyche und Soma und traditionellen Auseinandersetzungen zwischen Psychikern und Organikern folgt. Die zentrale Frage lautet damals wie heute:

? Wie kann es dazu kommen, dass parallel zu einem vermeintlich rein biologischen Zustand wie z. B. bestimmte Formen der neuronalen Aktivität des Gehirns ein psychischer, subjektiver und bewusst erlebbarer Zustand mit erstaunlich ähnlichen Inhalten manifest wird?

Aber was in die therapeutische Arbeit genommen wird, die konkrete Störung, ist in aller Regel bestimmt von beidem, relevanten somatischen und psychischen Anteilen. Bei Schizophrenien z. B. gibt es schlicht Störungen der dopaminergen Transmitteraktivität **und** Probleme mit Nähe und Distanz und das war – sehr wahrscheinlich – schon immer so. Ein »mysterious leap« (F. Deutsch 1959) von Soma zu Psyche oder umgekehrt fand zuallererst, vielleicht auch ausschließlich, in den therapeutischen Kulturen, ihren Konzepten und Sprachspielen für Psychisches statt und prägte sie. Obwohl Konversion, dieser Kernbegriff der Psychoanalyse, Soma und Psyche interagierend sieht, werden sie getrennt dargestellt und nicht als ein Aspekt desselben Beobachtungsgegenstands.

Für die Entwicklung von Diagnostik, Behandlung und Forschung brachte das erhebliche Folgen, nicht zuletzt paradigmatische Filter (Read 1997): Psychiater wie Psychotherapeuten beforschten im Wesentlichen »ihre« Störungsbilder mit »ihren« und die Weichen jeweils in ihre Richtung stellenden Konzepten zu Genese und Kausalität.

Historisch spielt für diese Entwicklung das Jahr 1895 eine große Rolle. Damals entschied sich Freud, seinen *Entwurf einer Psychologie* (Freud 1895) nicht zu publizieren, in dem er den Versuch unternommen hatte, psychische Manifestationen neurobiologisch zu begründen. Die damals dafür zur Verfügung stehenden Methoden hatten das erheblich erschwert (Roth 2014). Im selben Jahr veröffentlichte er zusammen mit Breuer aber die *Studien über Hysterie* (Breuer u. Freud 1895), in denen er Grundzüge des triebpsychologischen Modells skizzierte. Obwohl in der Folge »Trieb« von ihm immer als aus somatischen Quellen stammend dargestellt wurde, was Diktum blieb und nicht weiter erklärt wurde, markiert diese Koinzidenz eine Wendung ins (rein gedachte) Psychologische aufseiten der Psychoanalyse, die lange anhielt und z. T. noch anhält.

? Gibt es Möglichkeiten, auch konzeptuell zu integrieren, was uns in den Patienten und ihren Zuständen und Störungen längst begegnet?

Für einen solchen Brückenbau hat Mentzos (2011) gewichtige und gute Gründe formuliert und hob die Bedeutung psychodynamischer und neurowissenschaftlicher Befunde und Konzepte für psychiatrische Störungsbilder hervor. Diverse Polaritäten sind dabei zu integrieren, etwa »psychisch versus somatisch«, »endogen versus exogen«, »deskriptiv versus funktional«, um nur einige ätiopathogenetische und diagnostische Aspekte kurz zu nennen.

Zentrum seines Modells ist, insbesondere schwere psychische Krankheiten wie etwa Psychosen als Psychosomatosen bzw. als somatopsychische Störungen des Gehirns zu verstehen, wobei psychische und somatische Faktoren ohne Schlagseite in die eine oder die andere Richtung interagieren. Ein solcher Ansatz könne auch den früher gebräuchlichen Terminus einer »endogenen« Störung ersetzen (Mentzos 2011, S. 243), ohne ihm aus Gründen proklamierter Theoriefreiheit seinen Sinn und seine Bedeutung nehmen zu müssen, wie das in der ICD (International Statistical Classification of Diseases and Related Health Problems) geschah. Nicht zuletzt würde er offen für Forschung und Empirie aus beiden Richtungen sein – und sie geradezu verlangen.

Mentzos' Begriff der Somatopsychose oder Psychosomatose zielt auf eine integrative Ebene, nämlich genau dorthin, wo scheinbar rein somatische, d. h. neuronale, Mechanismen in psychische Prozesse transformiert werden und »umschlagen« können. Auf dieser Ebene ist die Trennung zwischen Soma und Psyche, zwischen Gehirn und Bewusstsein sowie zwischen Gehirn und Umwelt künstlich. Diese integrative Ebene gilt es in Forschung und Klinik herauszuarbeiten, da genau dort der Ursprung vieler psychiatrischer Erkrankungen wie etwa Schizophrenie »lokalisiert« werden kann.

? Wie und wo können wir Zugang zu dieser »integrativen Transformationsebene« erlangen?

Im Erleben, d. h. in der Art und Weise wie Patienten sich selbst, ihren Körper und ihre Umwelt erleben, unabhängig davon wie wir dies als externe Beobachter, als Psychiater und Psychotherapeuten, klassifizieren. Das subjektive Erleben ist die methodische Eingangspforte der Psychodynamik, die uns somit hilft, die integrative Transformationsebene zu verstehen, wie wir es ► Abschn. 2.3 deutlich machen werden.

Geht man diesen für therapeutisches Verstehen und Handeln essenziellen Fragen weiter nach, kommt man zuvorderst zur Stellung psychiatrischer Diagnosen und deren Verwendung.

? Was können Erkenntnisse aus Psychodynamik und Neurowissenschaften zur psychiatrischen Diagnosestellung beisteuern?

So hat etwa die an deskriptiv-psychopathologischen Diagnosen orientierte und »störungsspezifisch« gedachte Anwendung psychotroper Medikamente große Erfolge zu verzeichnen. Langzeitverläufe offenbaren jedoch, dass weder durch SSRI (selektive Serotonin-Wiederaufnahmehemmer) bei depressiven noch durch Atypika bei psychotischen Störungen der jeweils erhoffte Durchbruch zu verzeichnen war. Liegt das nur an den Substanzen? Oder liegt das auch an den zugrunde gelegten diagnostischen Instrumenten und den davon abgeleiteten therapeutischen Zielvorstellungen, die zumindest implizit vermitteln, es handle sich um eine spezifizierbare Krankheit, deren Ursache man dann per Pharmakon spezifisch angehe?

Als Spezialfach der Schulmedizin und mit deren Selbstverständnis traditioneller Naturwissenschaft wurde in der Psychiatrie die Verwendung der aus der somatischen Medizin gewohnten kategorisierenden Diagnose übernommen und – wie Blaser (1985) unterstrich – auch die Probleme, die die Anwendung der Diagnose auf nichtsomatische und vor allem mehrdimensionale Sachverhalte mit sich bringt. Die Klassifikation in der Psychiatrie bildet eine wissenschaftliche Theorie, hat beschreibenden und zugleich erklärenden Charakter, besitzt einen gewissen Vorhersagewert, ist aber in jedem Fall provisorisch. Klinische Beobachtungen sind stets auch als Interpretationen im Lichte von Theorien aufzufassen (Popper 1963). Insofern haben Diagnosen auch immer einen narrativen Anteil und bilden keineswegs pure objektive Realität ab (Daston 1998). Kendell (1978) fasste die Fragen zusammen, die die Diagnose in der Psychiatrie zu beantworten habe:

? Was hat das Subjekt mit einer Anzahl von Menschen gemeinsam? – Was trifft spezifisch nur auf dieses Individuum zu?

Darüber hinaus erhält die Diagnose auch ätiologische und pathogenetische Informationen, so bedeutet z. B. »akute Belastungsreaktion«, dass ein akuter Stressor eine in der Regel kurzfristige psychische Reaktion zur Folge hat. Weiter hat die Diagnose auch direkte Konsequenzen auf die Indikation bzw. die therapeutische Intervention. In diesem Zusammenhang erfüllt sie explizit oder implizit prognostische Funktionen.

Diese Funktionen der Diagnose wurden auch im Bereich von Psychotherapie und Psychiatrie übernommen. Aber hier stellte sich schließlich das Problem der Reliabilität der Beobachtung psychischer und besonders psychopathologischer Phänomene. Die Ursachen der festgestellten niedrigen Reliabilität wurden einerseits im Beobachtenden selbst gesucht, andererseits im diagnostischen Prozess (Frank 1969; Scharfetter 1971; Spitzer u. Fleiss 1974; Kendell 1978; Matarazzu 1983; Keller et al. 1981). Durch die Entwicklung diagnostischer Inventare wurde versucht, den niedrigen Konsens von Diagnosen psychischer Störungen zu heben. Zu diesen diagnostischen Inventaren gehören:

- AMP-System (Arbeitsgemeinschaft für Methodik und Dokumentation in der Psychiatrie; AMDP 2007; Baumann u. Woggon 1979),
- PSE (Present State Exam; Wing et al. 1974),
- ICD (WHO 1992),
- DSM (Diagnostic and Statistical Manual of Mental Disorders; American Psychiatric Association 1994).

In diesem Buch setzen wir uns mit der Frage auseinander, welche Bedeutung die neuropsychodynamische Psychopathologie in der psychiatrischen Klinik und Forschung hat. Aufgrund klinisch-therapeutischer Erfahrungen und einer kritischen Betrachtung von Ergebnissen der Psychotherapieforschung lässt sich annehmen, dass eine ausschließlich deskriptiv-phänomenologische, kategorisierende Diagnostik zum scheinbaren Paradox von höherer Reliabilität und geringerer Validität führt und daher nur sehr begrenzt zu Indikation, Gestaltung von therapeutischen Interventionen und zu prognostischen Einschätzungen herangezogen werden kann.

2.2 Grenzen der deskriptiven Psychopathologie

Durch die Entwicklung von diagnostischen Inventaren ist es zweifellos gelungen, die Reliabilität psychiatrischer Diagnosen bzw. den Konsens von Fachleuten bei der Beschreibung und Kategorisierung psychiatrischer Symptome und Syndrome wesentlich zu erhöhen. Allerdings brachte diese Entwicklung auch erhebliche Nachteile mit sich, besonders für die Indikation und die Durchführung psychotherapeutischer Interventionen, mittlerweile auch Leitlinienstandard bei nahezu allen psychiatrischen Störungsbildern. Die Veränderung der Syndromdefinitionen führte z. B. beim DSM-III zur Aufgabe des Neurosekonzepts. Diese Entwicklung wurde kritisch hinterfragt. So warnte Carey (1978, S. 1458) davor, den Reliabilitätsbegriff fest und statisch zu konzipieren:

> » Stattdessen sollte man Reliabilität besser als ein »Hilfskonzept« verwenden, welcher den Umfang des Messirrtums, der die Validität limitiert, erfassen kann. Reliabilität in diesem Sinne wird der Validität untergeordnet, sodass die Determination und das Design der Validität das beste Mittel sind, um Reliabilität zu erfassen. (Übers. d. Verfassers)

Es wurde vorgeschlagen, Reliabilität als ein Mittel zum Zweck aufzufassen, indem sie festlegt, welche Stärke die Validität erreichen kann. Der Voraussagevalidität kommt dabei aber eine entscheidende praktisch-klinische Bedeutung durch die prognostischen und therapeutischen Folgerungen zu, die sich aus ihr ergeben.

Bei einer genaueren Analyse unter Berücksichtigung diagnostischer Befunde und davon abgeleiteter therapeutischer Konsequenzen ergibt sich vielfach eine nur ungenügende Übereinstimmung zwischen idealtypisch kategorisierten Syndromen und den Symptomstrukturen »echter Patienten« (Strauss et al. 1979). Mittels der ausschließlich phänomenalen Klassifikationen des DSM und der ICD-10 lassen sich zwar vergleichbare Cluster von Ausgangskriterien für die Prüfung von Psychopharmakaeffekten und für epidemiologische Studien formulieren. Aber wesentliche und vor allem die so wichtigen dimensionalen Variablen für die Indikation zu psychotherapeutischen, zwischenmenschlichen Interventionen und zu deren Gestaltung sind in diesen Klassifikationsinstrumenten ausgespart. Psychische Krankheit wird wie Körperkrankheit behandelt, ggf. mit einer noch nicht (vollständig) erfassten Somatogenese konstruiert wie einst Kurt Schneiders Sicht der endogenen Psychosen (1950). Und im Gegensatz zur proklamierten Theoriefreiheit gebräuchlicher psychiatrischer Klassifikationssysteme (Dümpelmann 2002) wurde dabei an biologischen und phänomenologischen Konzepten sowie an Uniformitätsmythen (Kiesler 1977) festgehalten, die klar die Validität diagnostischer Kategorien zugunsten ihrer Reliabilität vernachlässigen. Auf das Risiko eines »formalen Reduktionismus«, das sich im Zusammenhang mit einer nominalistischen Konzeption seelischer Krankheit ergibt, wenn die operationale Vorgehensweise, seelische Sachverhalte zu klassifizieren, mit der Psyche und ihren Störungen schlechthin verwechselt werden, hat Hoff (2005) hingewiesen. Kurz: Hier wird die Partitur mit der Musik verwechselt (Metzner 2014, persönliche Mitteilung). Aber wo und wie finden wir die Musik selbst? Das wird im Verlauf dieses Kapitels deutlich.

Die Folgen beschränken sich aber nicht nur auf zwischenmenschliche und psychotherapeutische Dimensionen, die sich besonders ausgiebig an psychischen und psychopathologischen Befunden orientieren. Das störungsspezifische, idealtypische »Eine-Krankheit-Eine-Diagnose-Eine-Therapie«-Modell gerät auch in der Psychopharmakotherapie an seine Grenzen, wenn sich etwa für die Akutbehandlung von Psychosen propagierte Medikamente wie Olanzapin und Quetiapin als stimmungsstabilisierend erweisen und nun auch für die Behandlung von affektiven Störungen zugelassen sind. Häfner (2013) hat darauf hingewiesen, dass bei genauer Erfassung von Einzelsymptomen bei majoren Depressionen und Schizophrenien vor Auftreten einer produktiven Symptomatik die Summe der bei beiden Störungen auftretenden Symptome größer ist als die der klar differenzierenden. Weiter relativiert wird die Illusion einer klassifikatorisch fassbaren Krankheitseinheit durch aufwendig erhobene Befunde genetischer Gemeinsamkeiten von Schizophrenie, bipolarer Störung, majorer Depression und ADHS (Kendler u. Wray 2013).

Scharfetter (1999, S. 23–28) hat eindringlich auf den Unterschied zwischen Beobachtungsgegenstand und Interpretationsinstrument hingewiesen. Die skizzierten Unschärfen und Widersprüche lassen geraten erscheinen, diesem Unterschied gerade auch im Feld der Diagnostik von Psychiatrie und Psychotherapie zu folgen. Bildet das »klassisch« diagnostizierte Störungsbild ausreichend die Störung ab – und bestehen Ansatzpunkte für eine effektive Behandlung?

2.3 Funktionale Psychopathologie

Scharfetter (1995) erinnerte daran, dass die Person des Schizophrenen, sein Ich, im Forschungsstrom und in der Routine des therapeutisch-rehabilitativen Alltags in Vergessenheit geraten ist. Diese Mahnung erhält ihre Aktualität in einer Zeit, in der die Heterogenität der Schizophrenie zu einem zentralen Gegenstand empirisch-psychiatrischer Forschung und wissenschaftlicher Auseinandersetzungen in der Psychiatrie geworden ist (Andreasen u. Carpenter 1993). Diese Entwicklungen unterstreichen die Grenzen einer diagnoseorientierten Psychopathologie, die wie in der somatischen Medizin auf die Krankheit, nicht aber auf die kranke Person gerichtet ist:

> » Deskriptive Psychopathologie gibt noch keine Antwort auf die Fragen, warum ein Mensch ein Symptom hervorbringt, produziert, kreiiert, vielleicht sogar braucht, wozu das Symptom ihm dient: Was für eine Not er damit zum Ausdruck bringt, was für eine Therapiebedürftigkeit er damit signalisiert, und was wir dem Symptom an Hinweisen auf der Ebene der therapeutischen Ansprechbarkeit entnehmen können. (Scharfetter 1995, S. 69 ff.)

Die von Scharfetter beschriebene funktional-interpretierende Psychopathologie fragt nach der Bedeutung des Symptoms nicht nur im Hinblick auf eine nosologische Diagnostik, sondern auch insbesondere danach, wie weit das Symptom die Betroffenheit der Patienten und ihre therapeutische Bedürftigkeit für bestimmte Behandlungsangebote zeigt. Antworten auf diese Fragen sollen dabei wesentlich zu einer Verbesserung eines individuell abgestimmten »bedürfnisangepassten Behandlungsangebotes« beitragen (Alanen 1997).

Die transgressive, überschreitende, kritische Funktion psychodynamischer Diagnostik zeigt die Grenzen eines medizinisch-objektivierenden Zugangs zu psychischer Krankheit auf und stellt diesem eine personale, subjektivierende Sichtweise entgegen (Janzarik 1979). Psychodynamische Diagnostik ist dementsprechend eine personale Diagnostik, die zugleich die Personalität von Erleben und Verhalten in einen Kontext interpersonaler Erfahrung einbettet, herleitet und begründet. Das Spezifikum psychodynamischer Diagnostik und der wesentliche Beitrag von psychodynamischem Denken und Handeln in der Psychiatrie lässt sich dahingehend zusammenfassen:

> Die Anerkennung von Fremdheit im Leiden und in der Unverwechselbarkeit der Person ist das Gegengewicht, das die psychiatrische Diagnostik von der Psychodynamik erhalten kann, um sich nicht in Globalaussagen, in überdimensionierten Behandlungspaketen, in schematischen Regeln und kulturgebundenen Vorurteilen zu verfangen. (Küchenhoff 2005, S. 217)

Ein wesentlicher Mangel der modernen, vom Anspruch her ätiologieunspezifischen und lediglich deskriptiv-phänomenologischen Erfassungsinstrumente besteht in der Vernachlässigung psychodynamischer, überwiegend dimensional erfassbarer Zusammenhänge wie etwa von Modi der Konfliktverarbeitung, der Selbst-, Affekt- und Beziehungsregulierung. Küchenhoff (2005) hinterfragt den Anspruch auf theoriefreie Diagnostik. Dieser Anspruch verstelle vielmehr den Blick auf die stets zu reflektierenden Theorievoraussetzungen. Ein besonderer Mangel bestehe in der fehlenden unabhängigen Beschreibung der Vermittlung zwischen Symptom- und Prozessebene. Die »einfältige« Gleichsetzung von deskriptiven Ratingverfahren mit Psychopathologie überhaupt unterstreiche, wie sehr Psychopathologie ihren früheren grundlagenwissenschaftlichen Anspruch vernachlässigt habe, insbesondere den von Janzarik (1979) formulierten Anspruch, das Erleben in den Mittelpunkt der psychiatrischen Forschung zu stellen, quasi als Flucht- und Einigungspunkt verschiedener wissenschaftlicher Zugänge. Küchenhoffs These lautet, dass die psychodynamische Diagnostik diese frühere Aufgabe der Psychologie übernehmen könne, strukturale und komplexe Modelle des Verstehens und der dynamischen Zusammenhänge zu entwickeln, zugleich aber bei dieser Aufgabe an Grenzen gerate, weil nicht das ganze Feld psychiatrischen Wissens ausreichend psychodynamisch konzeptualisiert ist. Hieraus lasse sich – so Küchenhoff weiter – folgern, dass die symptomatische Krise der Psychodiagnostik in der Psychiatrie letztlich auf eine Krise psychiatrischer klinischer Theorie und eben auch der Psychopathologie verweist.

? Worin bestehen nun die Potenziale psychodynamischer Psychodiagnostik in der Psychiatrie?

Neben der Akzentuierung dimensionaler Aspekte wie des Erlebens von Selbst und Außenwelt fasst Küchenhoff (2005) die Diskussion der vergangenen Jahre zu dieser Frage zusammen, indem er zwei wesentliche Funktionen psychodynamischer Psychodiagnostik als unabdingbare Bestandteile auch der psychiatrischen Diagnostik formuliert: die supplementäre und die transgressive Funktion psychodynamischer Diagnostik.

Die supplementäre, ergänzende Vorgehensweise geht einher mit einer Anpassung an die Logik der deskriptiv-phänomenologischen Inventare und greift die Vorzüge der Operationalisierung (z. B. die bessere Handhabbarkeit und Kommunizierbarkeit klinischer Begriffe) auf. Wesentliche Ergänzungen, wie sie in ► Abschn. 2.4 am Beispiel der operationalisierten psychodynamischen Diagnostik (OPD; Arbeitskreis OPD 2009) erläutert werden, zielen insbesondere auf das Verhältnis von Konflikt, Beziehung und Struktur sowie die Weiterentwicklung psychodynamischer Ansätze über die Neurosenpsychologie hinaus. Solchermaßen erweiterte, über frühe triebpsychologische Modelle der Psychoanalyse weit hinausreichende Ansätze ermöglichen auch die subtile Erfassung der Dynamik von schweren seelischen Störungen (z. B. Persönlichkeitsstörungen und Psychosen). Neuropsychodynamische Psychiatrie öffnet die Pforte für einen Zugang zu der in ► Abschn. 2.1 genannten »integrativen Transformationsebene« zwischen Psyche und Soma, zwischen Gehirn und Bewusstsein, zwischen Gehirn und Umwelt. Denn genau in dieser Zwischenebene werden die Konflikte, Beziehungen und Strukturen greifbar, die von Instrumenten wie der OPD untersucht werden. Man kann also sagen, dass die neuropsychodynamische Psychiatrie die Mechanismen und die Genese dieser Prozesse untersucht – wie entstehen sie, warum entstehen sie so und nicht anders, und, ganz wichtig, was und welche Faktoren machen es möglich, dass die Extremausprägungen dieser Mechanismen und dieser Genesen zu den uns bekannten psychiatrischen Symptomen führen?

2.4 Entwicklung einer operationalisierten psychodynamischen Diagnostik (OPD)

Mittels der ausschließlich phänomenalen Klassifikationen des DSM und der ICD-10 lassen sich für die Überprüfung der Wirkung von Psychopharmaka und für epidemiologische Studien einigermaßen vergleichbare Ausgangskriterien gewinnen. Bei randomisierten kontrollierten Studien zu Pharmakaeffekten sind allerdings die Ergebnisse schon durch Ausschlusskriterien limitiert, z. B. das Erleben von Suizidalität bei depressiven Störungen betreffend, klinisch-therapeutisch sehr bedeutsam. Wesentliche Variablen für die Indikation zu einer Erleben, Beziehung und Kommunikation einschließenden psychotherapeutischen Behandlung und deren Gestaltung sind in diesen Klassifikationsinstrumenten jedoch ausgespart. Dementsprechend finden Psychotherapeuten ihre therapeutischen Anliegen und ihre Forschungsinteressen in den ausschließlich phänomenalen Klassifikationssystemen wenig repräsentiert. Für eine psychodynamisch orientierte Psychotherapie fehlen z. B. Aussagen über die intrapsychischen und interpersonellen Konflikte, das Strukturniveau im Sinne der Ich-Psychologie (Blanck u. Blanck 1974) und das subjektive Krankheitserleben der Patienten, das sich einfacher Kategorisierung weitgehend entzieht und vor allem dimensional zu erfassen ist.

Darüber hinaus besteht aber auch Unzufriedenheit mit dem Stand der psychoanalytischen Diagnostik. In dem Bestreben, Zusammenhänge zwischen der Symptomatik der Patienten und den Störungen ihrer emotional-kognitiven Entwicklung zu beschreiben, wurden im Verlauf der Zeit viele metapsychologische Theorien auf so hohem Abstraktionsniveau formuliert, dass sie sich zunehmend von den klinisch beobachtbaren Phänomenen abhoben und spekulativ wurden (Arbeitskreis OPD 2009). Diese Entwicklung führte zu einer Mehrdeutigkeit in der psychoanalytischen Begriffsbildung. Vor diesem Hintergrund wuchs der Bedarf, weitere – über die bloße phänomenologische Diagnostik hinausgehende – relevante Ebenen und Dimensionen in einem einheitlicheren Maße zu berücksichtigen. Ziel der »Arbeitsgemeinschaft zur Operationalisierung Psychodynamischer Diagnostik (OPD)« ist es, eine operationalisierte psychodynamische Diagnostik zu entwickeln, mit deren Hilfe sich beobachtungsnahe psychodynamische Konstrukte in Ergänzung zur phänomenologischen Diagnostik erfassen lassen. Es wurde eine Auswahl von psychodynamischen Elementen getroffen, die einerseits für das Verständnis der Psychodynamik der Patienten relevant und andererseits noch ausreichend operational fassbar sind, um überprüfbar zu bleiben. Diese Auswahl schlägt sich in den vier Achsen Krankheitserleben, Beziehung, Konflikt und Struktur nieder. Ein Verlust an dynamischer Durchdringungstiefe wurde dabei in Kauf genommen, um eindeutigere und kommunizierbare Standards festlegen zu können. Insbesondere wurde eine schulenübergreifende, möglichst einheitliche und präzise Sprach- und Begriffskultur angestrebt. Die Entwicklung einer operationalisierten psychodynamischen Diagnostik trägt wesentlich zur Brückenbildung zwischen deskriptiven Systemen und psychodynamischer Diagnostik bei (► Kap. 6).

2.5 Kontroverse zwischen störungsspezifischer und allgemeiner Psychotherapie

Die Frage, ob die nosologische Klassifikation (nach ICD bzw. DSM) ausreichend für die Indikation einer Psychotherapie ist, spiegelt sich besonders in der Kontroverse zwischen selektiver Indikation zu störungsspezifischen und allgemeinen Psychotherapieansätzen bei eher adaptiver Indikation wider (Mundt u. Backenstrass 2001). Fiedler (1997) argumentierte zugunsten der selektiv störungsspezifischen Indikation mit dem Hinweis auf die Befunde aus der Bochumer Angsttherapiestudie (Schulte 1991), die zeigten, dass die Patienten dieses Kollektivs im Durchschnitt erst nach 17 Jahren Störungsverlauf unter verschiedenen eklektizistischen und insuffizienten Therapieregimes zu einer wirksamen störungsspezifischen Verhaltenstherapie gelangten. Störungsspezifische Indikationen von psychotherapeutischen Interventionen erhöhen demnach auch die Verallgemeinerbarkeit von randomisierten kontrollierten Studien. Die Argumentation zugunsten einer störungsspezifischen Psychotherapie wird ferner durch spezifische, differente psychotherapeutische Ansätze für Angststörungen, Depressionen und Schizophrenien gestützt.

Noch wesentlich weiter reicht, dass selbst innerhalb einer diagnostischen Kategorie unterschiedliche Subtypisierungen des Syndroms auf die eine oder die andere psychotherapeutische Technik besser ansprechen. So unterstrich Mundt (1996a,b, 2004), dass etwa depressiv Erkrankte mit einer narzisstischen Persönlichkeitsstruktur und einer depressiv-neurotischen Struktur insbesondere von einer psychodynamischen Psychotherapie profitieren können. Bei depressiven Syndromen, die sich vorwiegend mit negativen Kognitionen manifestieren, haben sich insbesondere kognitive Vorgehensweisen wirksam gezeigt und bei schwer gehemmten Zuständen ist die Kombination von aktivierenden Psychotherapieformen mit Antidepressiva hilfreicher (de Jong et al. 1996). Diese Befunde unterstreichen die Notwendigkeit einer Abstimmung der psychotherapeutischen Techniken mit psychopathologischer Funktionsdiagnostik unterhalb der Achse-I-Klassifikation und auch unterhalb der Schwelle zur Achse-II-Diagnose einer Persönlichkeitsstörung.

Ein Zielkonflikt psychotherapeutischer Arbeit bestehe, wie Mundt und Backenstrass (2001, S. 14) formulieren, darin, »einerseits ein Minimum von Perspektivität in Form eines Konzepts vorzugeben, um sich nicht in der Vieldeutigkeit seelischer Phänomene zu verlieren, sondern zu einer Kohäsion der klinischen Teilaspekte zu kommen, und dennoch offen zu bleiben für neue Verstehens- und Interventionsansätze«. Systematisierungsversuche auf Normalpsychologie basierender psychotherapeutischer Grundprinzipien (mit den Wirkfaktoren Ressourcenaktivierung, Problemaktualisierung, aktive Hilfe zur Problembewältigung und motivationale Klärung) berücksichtigten nur unzureichend psychopathologische Details, die Dreh- und Angelpunkt für das Verständnis von Dysfunktionen sind, an denen eine Psychotherapie anzusetzen hat. Ferner bestehe die Gefahr, dass eine solche Systematik neuen Therapieansätzen, z. B. auf neuropsychologischen Befunden basierend, durch ihre »Spurtreue« und Beharrungstendenz entgegenwirkt (Mundt u. Backenstrass 2001).

Dieselben Autoren (Mundt u. Backenstrass 2001) halten einen Mittelweg zwischen störungsspezifischer Psychotherapie und einer noch selektiveren individuellen Differenzierung innerhalb einer diagnostischen Kategorie für angemessen. Dieser habe den Vorteil, dass einerseits gesichertes Wissen bewahrt, andererseits genügend Offenheit für Innovationen gelassen werde, die sich aus der Umsetzung empirischer Befunde zur Frage der Wirkmechanismen therapeutischer Interventionen ergäben. Beispielsweise legen einige Ergebnisse der neueren Depressionsforschung eine spezifische psychotherapeutische Nutzung nahe, z. B. die frontale exekutive Kontrollminderung für in das Aufmerksamkeitsfeld eindringende, meist negative, vom Patienten nicht gewünschte Assoziationen (Merriam et al. 1999) sowie empirische Befunde hinsichtlich der Regulation negativer Stimmung (Walter et al. 2009; Heinzel et al. 2009; Murphy et al. 1999; Segal et al. 1995; Erickson et al. 2005; Blaney et al. 1986). In diesem Zusammenhang ist auch das Attraktormodell von Grawe erwähnenswert, das angelehnt an mathematische Modelle nichtlinearer Dynamik (Moran 1994) erläutert, warum sich in der Entwicklung depressiver Störungen eine Eigendynamik hin zu negativer Selbst- und Weltsicht entwickelt (Grawe 1995, 1999). Die Indikation spezifischer, diese neueren empirischen Befunde berücksichtigenden psychotherapeutischen Interventionen wird weder von der nosografisch orientierten ICD- bzw. DSM-Klassifikation, noch von einem Schema allgemeiner Psychotherapie-

Wirkfaktoren in einer adäquaten Weise geleistet. Gerade auch im Zusammenhang mit den erwähnten Befunden zur kognitiv-emotionalen Interaktion bei depressiv Erkrankten (Walter et al. 2009; Heinzel et al. 2009) wird deutlich, dass die nosologisch ubiquitären Störungen der Emotionskontrolle besonders charakteristisch und ausgeprägt in der majoren Depression sind und dort einen zentralen Störungsbereich darstellen.

Vor diesem Hintergrund ist der provokativ anmutende Vorschlag von Mundt und Backenstrass (2001) sehr plausibel und bedenkenswert, die Funktionsmikroanalyse von Störungen zu fokussieren, die Einzelsymptomen innerhalb der nosologischen Einheiten zugrunde liegen, anstatt »Energie zu verschwenden für die Verfeinerung des nosographisch orientierten Klassifikationssystems« (S. 14).

Dem Desiderat störungsspezifischer Diagnostik und Therapie wäre so, durch eine wesentlich verfeinerte Typisierung, näherzukommen. Daneben darf weiter bezweifelt werden, dass sich individuelle, durch unverwechselbare Biografien, durch ein hochkomplexes System wie das Gehirn und durch beider Interaktion geprägte Störungsbilder so standardisieren lassen, dass allein von dieser »Papierform« ausgehend eine psychotherapeutische Behandlung zu indizieren und zu konzipieren wäre.

2.6 Diagnose und Psychotherapieforschung

Auch für die Psychotherapieforschung stellt sich die Frage nach dem Stellenwert der Diagnose bei der Erfassung verlaufsrelevanter und prognostisch bedeutsamer Faktoren. Allgemein formuliert lassen dabei störungsbezogene Therapieansätze reliablere Outcome-Werte erwarten, während fallorientierte Ansätze relevantere Aussagen zum subjektiven Befinden und zur Entwicklung der Persönlichkeit ermöglichen. Neben einer Vielfalt weiterer methodologischer Fragen, die sich im Rahmen der Psychotherapieforschung ergeben, erörtern Roth und Fonagy (1996) insbesondere auch die Probleme, die sich aus der Anwendung deskriptiv-phänomenologischer diagnostischer Instrumente (z. B. Diagnostic and Statistical Manual of Mental Disorders, APA) ergeben, und gehen davon aus, dass keine Behandlung bei allen Formen psychiatrischer Erkrankungen wirksam ist und daher die Notwendigkeit besteht, empirisch zu verifizieren, welche therapeutischen Interventionen mit größter Wahrscheinlichkeit bei den jeweiligen Störungen wirksam sind.

In forschungspragmatischer Perspektive erörtern sie die Einwände gegen eine deskriptiv-phänomenologische Diagnostik, vor allem die vollständige Vernachlässigung der psychodynamischen Dimension unbewusster psychischer Prozesse und Abwehrmechanismen (Shapiro 1991).

Ein deskriptiver Ansatz berücksichtige nicht – im Gegensatz zum ätiologiespezifischen Ansatz – die große Anzahl intervenierender Variablen, die letztlich in größerem Umfang zur Aufklärung der Signifikanz der das Behandlungsergebnis determinierenden Faktoren beitragen als die ursprünglichen als Ursachen angenommenen Zusammenhänge (Rutter 1994). Das multiaxiale DSM-System stelle dafür eine klare konzeptuelle Struktur zur Verfügung, die es ermögliche, State-trait-Zusammenhänge ebenso wie soziale und biologische Einflüsse auf die Psychopathologie zu untersuchen. Trotz dieser methodologischen Vorzüge einer DSM-basierten Einschlussdiagnostik und Stichprobenselektion im Rahmen der Psychotherapieforschung sind jedoch zwei wesentliche Gesichtspunkte zu berücksichtigen, die die Generalisierung von Aussagen einschränken, da sie mit einer DSM-basierten Diagnostik nur unzureichend erfasst werden:

- unterschwellige Symptomatik (»subthreshold cases«),
- Komorbidität.

Die psychosoziale Problematik vieler Personen, die von psychotherapeutischen Interventionen profitieren, ist mittels des DSM-Systems nur unzureichend erfassbar. Handelt es sich z. B. um Personen, die an den Folgen lebensverändernder Ereignisse (Scheidung, Arbeitslosigkeit, schwere somatische Erkrankungen) leiden, jedoch aktuell keine manifeste psychiatrische Symptomatik oder nur leichte Störungen aufweisen, so können sie dennoch sehr von einer Psychotherapie profitieren. Zudem ist zu berücksichtigen, dass solche Interventionen oft das spätere Auftreten bzw. die Exazerbation schwererer psychiatrischer Syndrome verhindern können.

Weiter – und für unsere Betrachtung gewichtiger – ergeben sich aus der Anwendung neuerer deskriptiv-phänomenologischer und diagnostischer Instrumente zwangsläufig erhebliche Probleme mit oft gravierenden Komorbiditäten, z. B. dann, wenn neben psychotischen Symptomen auch Zwänge manifest sind (Dümpelmann u. Böhlke 2003). Randomisierte kontrollierte Studien können so leicht zu unterschiedlichen Ergebnissen gelangen, die trotz vergleichbarer DSM-Diagnosen auf der nicht erfassten Heterogenität der Stichproben – hinsichtlich der Komorbidität, Chronizität und Schwere der Erkrankungen – beruhen. Angesichts dieser methodologischen Probleme im Zusammenhang mit den Limitierungen des DSM sind auf dieser Basis erzielte Forschungsergebnisse mit besonderer Vorsicht und kritisch zu interpretieren, gerade dann, wenn deutliche Veränderungen bisheriger therapeutischer Vorgehensweisen und Behandlungsangebote nahegelegt werden (Roth u. Fonagy 1996).

Durch Psychotherapie induzierter Wandel tritt vor allem dann auf, wenn sich neue Bedeutungsgehalte für das unbewusste prozedurale Lernen ergeben, weniger aus bewusster Einsicht (vgl. die Ergebnisse der Bostoner Arbeitsgruppe »Process of Change« um D. Stern und L. Sander, 1998). Deshalb wurde empfohlen, die Gestaltung von Psychotherapiesettings systematisch zu untersuchen, die für die Form des unbewussten prozeduralen Lernens optimal sind.

Der Gedächtnisforscher Kandel (1999) skizzierte die neuropsychologischen Forschungsfelder, die aus seiner Sicht wesentlich zur Beantwortung von offen stehenden Fragen in der Psychoanalyse beitragen können. Die Lernbedingungen für bewusstes und unbewusstes Lernen spielen dabei eine Schlüsselrolle. Kandel setzte den die Lernvorgänge verbessernden Primingmechanismus des deklarativen Gedächtnisses mit dem vorbewussten Teil des Ich (im Sinne der konfliktfreien Ich-Sphäre; Hartmann 1972) gleich und empfahl, dass die Psychoanalyse solche neurowissenschaftlichen Paradigmen nutzen solle, auch um mit ihren Konzepten aktiv an der empirischen Forschung zu partizipieren (▶ Kap. 3).

Die Einbeziehung neuerer experimenteller psychopathologischer und pathopsychologischer Paradigmen im Sinne einer neuropsychodynamischen Psychopathologie kann dazu beitragen, die Psychotherapie-Forschung auf eine umfassendere Basis zu stellen. Im Einzelnen ergeben sich als mögliche Forschungsstrategien:

- Verknüpfung mit Psychotherapie-Prozessanalysen,
- neurophysiologische Effekte von Psychotherapien,
- neuropsychologische Forschungsfelder:
  Lernbedingungen für bewusstes und unbewusstes Lernen,
- Folgen frühkindlicher Traumatisierungen (Endokrinologie, Neuroimmunologie, Neuropsychologie),
- Bindungsstile und Affektkommunikation,
- Einzelfallanalysen (Hermeneutik als Forschungsperspektive der Psychotherapie) zur Darstellung von Prozessaspekten von Psychotherapien (z. B. Fokusbildung).

Als Ergänzung objektivierender Methoden (einschließlich des Einbezugs neurowissenschaftlicher Erkenntnisse in die Psychotherapieforschung) sind hermeneutische, das subjektive Erleben abbildende Konzepte weiterhin von größter Bedeutung und unverzichtbar. Die Hermeneutik hilft, Prozessaspekte der Psychotherapie zu bestimmen (z. B. die Fokusbildung) und liefert individuell hoch bedeutsame Informationen, etwa zur Hypothesengenerierung. Unter Berücksichtigung methodologischer Einwände, die insbesondere darauf zielen, dass die durch einfühlendes Nachvollziehen gewonnene subjektive Evidenz des hermeneutischen Prozesses Schwierigkeiten mit der Reliabilität erzeugt, bekommt die Hermeneutik als komplementäre Methode ihren Platz. Sie darf jedoch nicht aufgrund ihrer Gegenstandsadäquatheit Vorrang über andere Methoden beanspruchen (Mundt et al. 1997). Diese Einschätzung wurde verbunden mit der Empfehlung »eines kontinuierlichen Wechselschritts« (Mundt et al. 1997) zwischen qualitativer und objektivierender Methodik in einem 2-Wege-

Prozess der Forschung (Groeben 1986; Mundt et al. 1997). Nomothetisch verwendete idiografische Befunde, die mittels einer speziellen Interviewtechnik generiert wurden (Repertory-Grid-Technik), wurden z. B. zur Typendifferenzierung innerhalb des Spektrums depressiver Erkrankungen herangezogen (Böker 1999; Böker et al. 2000). »Objektnähe« und »Idealisierung« erwiesen sich dabei als typische, jedoch nicht spezifische Merkmale des Selbstkonzeptes und der sozialen Wahrnehmung depressiv Erkrankter. Dieser methodologische Ansatz zeigt beispielhaft auf, wie subjektives Erleben und idiografischer Befund – unterhalb der Ebene diagnostischer Kategorisierung – der empirischen Forschung zugänglich gemacht werden können.

2.7 Ausblick: Funktionelle Psychopathologie, subsyndromale Diagnostik und neuropsychodynamische Psychiatrie

Die psychiatrische Diagnose ist auch für Psychotherapien ein notwendiges Hilfsmittel: Sie repräsentiert die Außenperspektive nicht nur im Hinblick auf die Position der Psychotherapie innerhalb des Gesundheitswesens und im Kontext der Krankenversicherung, sondern – und nicht zuletzt – auch innerhalb der dualen therapeutischen Beziehung.

Die Diagnose als Drittes ist Referenzort und Bezugspunkt im dyadischen, therapeutischen Prozess, der Außenorientierung und Einordnung der Psychotherapie in die äußere Realität fördern kann. Sie ist dann nicht stigmatisierendes Etikett, wenn sie innerhalb des therapeutischen Prozesses als Arbeitshypothese und Ausdruck der möglichen Funktionalität psychischer Symptome interpretiert und gehandhabt wird. Auf diesem Wege verringert sich auch die Gefahr des möglichen pejorativen Gebrauchs von psychiatrischen Diagnosen. Die Himmelsrichtung und die Umrisse des Terrains zu erfassen, ist keine schlechte Vorbedingung dafür, den weiteren Weg zu suchen.

Im Spannungsfeld von Diagnose und Psychotherapie besteht aber die Notwendigkeit, nosografie-alternative Klassifikationssysteme zu entwickeln, besonders in der Auseinandersetzung um psychotherapeutische Behandlungsziele und Behandlungsstrategien. Spezifische Probleme resultieren weiter aus dem Syndromwandel bei längerem Verlauf psychischer Erkrankungen, aus der Komorbidität, der therapeutischen Beziehung und der Fülle der subjektiven und subsyndromalen Dysfunktionen, die in psychotherapeutischen Prozessen von großer Bedeutung sind wie beispielsweise der zentrale Beziehungskonflikt (Luborsky 1999), die soziale Kompetenz und die Lebensqualität (Mundt 2004).

Im Kontext der Psychotherapieforschung ist zu berücksichtigen, dass die Zusammenstellung von Stichproben allein auf der Grundlage deskriptiv-phänomenologischer Diagnostik mit dem Problem der Heterogenität behaftet ist. Die multiaxiale Diagnostik auf deskritptiv-phänomenologischer Ebene sollte deshalb durch weitere für den psychotherapeutischen Prozess bedeutsame Dimensionen, u. a. die Strukturdiagnose der Persönlichkeit, ergänzt werden. In diesem Zusammenhang kann der Beitrag der neuropsychodynamischen Psychiatrie nicht zuletzt auch darin bestehen, in der Entwicklung zukünftiger diagnostischer Klassifikationssysteme zu einer »Funktionalisierung« der Psychopathologie und deren subjektbezogener Anwendung zu gelangen. Neuropsychodynamische Befunde ergänzen psychopathologisch-deskriptive keineswegs nur um Subjektives. Sie ermöglichen auch, jenseits von Statik und angenommener Regelmäßigkeit in Psychiatrie und Psychotherapie unregelmäßige, turbulente und im besten Sinn dynamische Prozesse zu erfassen, wie das in den naturwissenschaftlichen Modellen komplexer Systeme längst Standard ist (Moran 1994).

Literatur

Alanen Y (1997) Schizophrenia. Its origins and need-adapted treatment. Karnac Books, London

AMDP (Hrsg) (2007) Das AMDP-System: Manual zur Dokumentation psychiatrischer Befunde. Hogrefe, Göttingen Bern Wien Toronto Seattle Oxford Prag

American Psychiatric Association (1994) Diagnostic and Statistical Manual of Mental Disorders, 4. Aufl. American Psychiatric Association, Washington

Arbeitskreis OPD (2009) (Hrsg) Operationalisierte Psychodynamische Diagnostik. OPD-2. Das Manual für Diagnostik und Therapieplanung, 2. Aufl. Huber, Bern Göttingen Toronto Seattle

Andreasen MC, Carpenter WT (1993) Diagnosis and classification of schizophrenia. Schizophr Bull 19(2):199–214

Baumann U, Woggon B (1979) Interrater-Reliabilität bei Diagnosen, AMP-Syndromen und AMP-Symptomen. Arch Psychiatr Nervenkr 227:3–15

Blanck G, Blanck R (1974) Ego-Psychology: Theory and Practice. Columbia Univ Press, New York London

Blaney PH (1986) Affect and memory: a review. Psychol Bull 99:229–246

Blaser A (1985) Diagnose und Indikation in der Psychotherapie. Z Klein Psychol Psychopathol Pyschother 33(4):294–304

Breuer J, Freud S (1895) Studien über Hysterie. Deuticke, Leipzig

Böker H (1999) Selbstbild und Objektbeziehungen bei Depressionen: Untersuchungen mit der Repertory Grid-Technik und dem Giessen-Test an 139 PatientInnen mit depressiven Erkrankungen. Monographien aus dem Gesamtgebiete der Psychiatrie. Steinkopff, Darmstadt

Böker H, Hell D, Budischewski K et al (2000) Personality and object relations in patients with affective disorders: idiographic research by means of the repertory grid technique. J Affect Disord 60(1):53–59

Boston Process of Change Study Group (1998) Interventions that affect change in psychotherapy: a model based on infant research. Infant Ment Health J 19:277–353

Carey G, Gottesman I (1978) Reliability and validity in binary ratings. Arch Gen Psychiatry 35:1454–1459

Daston L (1998) Die Kultur der wissenschaftlichen Objektivität. In: Oexle OG (Hrsg) Naturwissenschaft, Geisteswissenschaft, Kulturwissenschaft: Einheit – Gegensatz – Komplementarität? Wallstein, Göttingen

de Jong Meyer R, Hautzinger M, Rudolf GAE et al (1996) Die Überprüfung der Wirksamkeit einer Kombination von Antidepressiva und Verhaltenstherapie bei endogen depressiven Patienten: Varianzanalytische Ergebnisse zu den Haupt- und Nebenkriterien des Therapieerfolgs. Z Klin Psychol 25:93–109

Deutsch F (1959) On the mysterious leap from the mind to the body. Int Univ Press, New York

Dümpelmann M (2002) Psychosen und affektive Störungen nach Traumatisierung. In: Böker H, Hell D (Hrsg) Therapie bei affektiven Störungen. Schattauer, Stuttgart, S 66–90

Dümpelmann M, Böhlke H (2003) Zwang und Psychose – Verzerrte Autonomie – Klinische Aspekte gemischter Krankheitsbilder. PiD 4:282–287

Erickson K, Drevets WC, Clark L et al (2005) Mood-congruent bias in affective go/no-go performance of unmedicated patients with major depressive disorder. Am J Psychiatry 162:2171–2173

Fiedler P (1997) Therapieplanung in der modernen Verhaltenstherapie. Von der allgemeinen zur phänomen- und störungsspezifischen Behandlung. Verhaltensther Verhaltensmed 18:7–19

Frank G (1969) Psychiatric diagnosis: a review of research. J General Psychology 1981:157–176

Freud S (1895) Entwurf einer Psychologie. In: Aus den Anfängen der Psychoanalyse 1887–1902. Briefe an Wilhelm Fließ. S Fischer, Frankfurt/M

Grawe K (1995) Grundriss einer allgemeinen Psychotherapie. Psychotherapeut 40:130–145

Grawe K (1999) Psychologische Therapie. Hogrefe, Göttingen

Groeben N (1986) Handeln, Tun, Verhalten als Einheit in einer verstehend-erklärenden Psychologie. Francke, Tübingen

Hartmann H (1972) Ich-Psychologie. Studien zur psychoanalytischen Theorie. Klett, Stuttgart

Häfner H (2013) Schizophrenie – eine einheitliche Krankheit? Nervenarzt 84:1093–1103

Heinzel A, Grimm S, Beck J et al G (2009) Segregated neural representation of psychological and somatic-vegetative symptoms in severe major depression. Neurosci Lett 456 (2):49–53

Hoff P (2005) Über die Ideologieanfälligkeit psychiatrischer Theorien oder warum es zwischen Emil Kraepelin und der Psychoanalyse keinen Dialog gab. In: Böker H (Hrsg) Psychoanalyse und Psychiatrie. Geschichte, Krankheitsmodelle und Therapiepraxis. Springer, Heidelberg, S 71–87

Janzarik W (1979) Psychopathologie als Grundlagenwissenschaft. Enke, Stuttgart

Kandel E (1999) Biology and future of psychoanalysis: a new intellectual framework for psychiatry re-visited. Am J Psych 156:505–524

Keller M, Lavori B, MacDonald P et al (1981) Reliability of lifetime diagnosis and symptoms in patients with a current psychiatric disorder. J Psychiatric Research 16:229–240

Kendell RE (1978) Die Diagnose in der Psychiatrie. Enke, Stuttgart

Kendler KS, Wray NR (2013) Genetic relationship between five psychiatric disorders estimated from genome-wide SNPs. Nat Genet 45:984–994

Kiesler DJ (1977) Die Mythen der Psychotherapieforschung und ein Ansatz für ein neues Forschungsparadigma. In: Petermann F (Hrsg) Psychotherapieforschung. Beltz, Weinheim, S 7–50

Küchenhoff J (2005) Braucht die internationale klassifizierende Diagnostik noch die Psychodynamik – und wozu? In: Böker H (Hrsg) Psychoanalyse und Psychiatrie. Geschichte, Krankheitsmodelle und Therapiepraxis. Springer, Heidelberg, S 205–220

Luborsky L (1999) Einführung in die analytische Psychotherapie. Vandenhoeck & Ruprecht, Göttingen

Matarazzu J (1983) The reliability of psychiatric and psychological diagnosis. Clin Psychol Rev 3:103–145

Mentzos S (2011) Lehrbuch der Psychodynamik. Die Funktion der Dysfunktionalität psychischer Störungen. 5. Aufl. Vandenhoeck & Ruprecht, Göttingen

Merriam EP, Thase ME, Haas GL et al (1999) Prefrontal cortical dysfunction in depression determined Wisconsin Card Sorting Test performance. Am J Psychiatry 156:780–782

Moran MG (1994) Chaostheorie und Psychoanalyse: die fließende Natur der Seele. Z Psychosom Med 40:383–403

Mundt C (1996a) Die Psychotherapie depressiver Erkrankungen: Zum theoretischen Hintergrund und seiner Praxisrelevanz. Nervenarzt 67:183–197

Mundt C (1996b) Psychotherapie des Wahns. Nervenarzt 67:515–523

Mundt C (2004) Wie bestimmt das Krankheitsbild die Behandlungsziele und Behandlungsstrategien in der Psychotherapie? Vortrag anlässlich des DGPPN-Kongresses, Berlin 2004. Nervenarzt 75(Suppl 2):299

Mundt C, Backenstrass M (2001) Perspektiven der Psychotherapieforschung. Nervenarzt 72:11–19

Mundt C, Linden M, Barnett W (1997) Psychotherapie in der Psychiatrie. Springer, Wien

Murphy FC, Sahakian BJ, Rubinsztein JS et al (1999) Emotional bias and inhibitory control processes in mania and depression. Psychol Med 29:1307–1321

Popper KR (1963) Conjectures and reputations. The growth of scientific knowledge. Basic Books, New York

Read J (1997) Child abuse and psychosis. A literature review and implications for clinical practice. Prof Psychol: Res Pract 28(5):448–456

Roth G (2014) Geleitwort. In: Juckel G, Edel MA Neurobiologie und Psychotherapie. Schattauer, Stuttgart, S V–VI

Roth A, Fonagy P (1996) What works for whom?: A critical review of psychotherapy research. With contributions from Glenys Parry, Mary Target and Robert Woods. Gilford Press, New York

Rutter M (1994) Beyond longitudinal data: Causes, consequences, changes and continuity. J Consult Clin Psychol 62:928–940

Scharfetter C (1971) Die Zuverlässigkeit psychiatrischer Diagnostik. Schweiz Arch Neurol Neurochirurg Psychiat 109:419–426

Scharfetter C (1995) Schizophrene Menschen. Diagnose, Psychopathologie, Forschungsansätze. Beltz, Psychologie Verlagsunion, Weinheim

Scharfetter C (1999) Dissoziation – Split – Fragmentation. Huber, Bern

Schneider K (1950) Klinische Psychopathologie. Thieme, Stuttgart

Schulte D (1991) Therapeutische Entscheidungen. Hogrefe, Göttingen

Segal ZV, Gemar M, Truchon C et al (1995) A priming methodology for studying self-representation in major depressive disorder. J Abnorm Psychol 104:205–213

Shapiro T (1991) Psychoanalytic classification and empiricism with borderline personality disorder as a model. J Consult Clin Psychol 57:187–194

Spitzer R, Fleiss J (1974) A re-analysis of the reliability of psychiatric diagnosis. Br J Psychiatry 125: 431–447

Stern DN, Sander LW, Nahum JP et al (1998) Non-interpretive mechanisms in psychoanalytic therapy: the ‚something more' than interpretation. Int J Psychoanal 79:903–921

Streeck U, Dümpelmann M (2003) Psychotherapie in der Psychiatrie. In: Wolfersdorf M, Ritzel G, Hauth I (Hrsg) Psychotherapie als Haltung und Struktur in der klinischen Psychiatrie. Roderer, Regensburg

Strauss J, Gabriel K, Kokes R et al (1979) Do psychiatric patients fit their diagnosis? J Nerv Ment Dis 167:105–113

Walter M, Henning A, Grimm S et al (2009) The relationship between aberrant neuronal activation in the pregenual anterior cingulate, altered glutamatergic metabolism and anhedonia in major depression. Arch Gen Psychiat 66(5):478–486

Wing J, Cooper J, Sartorius N (1974) Description of classification of psychiatric symptoms. Cambridge Univ Press, Cambridge

WHO (Hrsg) (1992) The revision of the International Classification of Diseases and health-related problems. World Health Organization, Geneva

Geschichte und Entwicklung der psychodynamischen Psychiatrie

Theo Piegler

H. Böker et al. (Hrsg.), *Neuropsychodynamische Psychiatrie*,
DOI 10.1007/978-3-662-47765-6_3, © Springer-Verlag Berlin Heidelberg 2016

3.1 Einleitung

Dieses Kapitel ist der psychodynamischen Psychotherapie in ihrer Beziehung zur Psychiatrie und umgekehrt bzw. der Integration der beiden Disziplinen gewidmet. Der Schwerpunkt der Ausführungen liegt auf der Darstellung der Situation in Deutschland, die ohne Kenntnis des Verhältnisses von Psychiatrie und Psychotherapie vor und im Dritten Reich sowie in der Nachkriegszeit unverständlich ist. Anfangs war es mehr oder weniger eine Parallelgeschichte. Und auch in den Jahrzehnten nach dem Zweiten Weltkrieg fand die deutsche Psychiatrie nur sehr mühsam Anschluss an die internationale Entwicklung eines psychotherapie-integrierenden Faches. Die heutige Spaltung der »Psychofächer« hierzulande in Psychiatrie und Psychosomatik mag man als notwendige Spezialisierung betrachten, ebenso gut kann man sie aber auch als ein immer noch auf der Psychiatrie lastendes Erbe des Dritten Reiches verstehen.

Fruchtbare Impulse für das Gebiet »Psychiatrie und Psychotherapie« kommen heute aus den durch moderne bildgebende Verfahren (fMRT, SPECT, PET etc.) revolutionierten Neurowissenschaften (seit 1981) und aus der Molekularbiologie, die durch die Entschlüsselung des menschlichen Genoms 2003 einen enormen Auftrieb bekommen hat. Gleichermaßen hat sich auch die Psychotherapie seit S. Freuds Zeiten in ungeahnter Weise weiterentwickelt. Selbstpsychologie, Intersubjektivität und mentalisierungsförderndes, strukturbezogenes Arbeiten sowie moderne Formen der Traumatherapie (Eye Movement Desensitization and Reprocessing, EMDR) sind Meilensteine dieser Entwicklung. Heute und erst recht in der Zukunft ist gute Psychiatrie eine, die in ganzheitlicher Sicht biologische, psychische, psychodynamische und soziale Aspekte gleichermaßen angemessen berücksichtigt.

3.2 Psychiatrie und Psychotherapie vor 1945

1925 äußerte sich Freud (1925, S. 87) erfreut:

> » Es vollzieht sich jetzt in der deutschen Psychiatrie eine Art von pénétration pacifique mit analytischen Gesichtspunkten. Unter unausgesetzten Beteuerungen, dass sie keine Psychoanalytiker sein wollen, nicht der »orthodoxen« Schule angehören, deren Übertreibungen nicht mitmachen, insbesondere aber an das übermächtige sexuelle Moment nicht glauben, machen doch die meisten der jüngeren Forscher dies oder jenes Stück der analytischen Lehre zu ihrem Eigen und wenden es in ihrer Weise auf das Material an. Alle Anzeichen deuten auf das Bevorstehen weiterer Entwicklungen nach dieser Richtung.

Das war sehr euphorisch, denn die Einzigen im deutschsprachigen Raum, die S. Freud mit offenen Armen aufnahmen, waren – genau genommen – Schweizer: E. Bleuler, der Leiter der berühmten Klinik »Am Burghölzli« in Zürich und sein Assistent C. G. Jung. Es waren die Psychoanalytiker, die ihrerseits Interesse an allen psychiatrischen Erkrankungen zeigten! P. Schilder publizierte 1925 sogar einen *Entwurf zu einer Psychiatrie auf psychoanalytischer Grundlage*. Hingegen lehnten beinahe alle Psychiater in Deutschland das Freud'sche Denken erst einmal vehement ab. Sie fanden es unannehmbar, dass Freud mit seinen Patienten, vor allem Patientinnen, über Sexualität sprach, weil das die »bürgerliche Sexualmoral« verletze. Insbesondere O. Bumke, Psychiatrieprofessor in München, widmete sich in den 1920er-Jahren ausführlich der »Widerlegung« der Psychoanalyse, vor allem aber ihrer Verunglimpfung (Berndt 2004, S. 9). Aber auch das Urteil von K. Jaspers, Philosoph und Psychiater, der im Dritten Reich selbst erheblichen Repressalien ausgesetzt war – seine Frau war Jüdin –, war niederschmetternd:

> » Wenn man sagt, Freud habe »die Verstehbarkeit der seelischen Abwegigkeiten zuerst und entscheidend in die Heilkunde eingeführt … gegenüber einer Psychologie und Psychiatrie, die seelenlos geworden war«, so ist das schief. Erstens war dieses Verstehen schon vorher lebendig da, wenn auch um 1900 in den Hintergrund getreten, zweitens wurde es in der Psychoanalyse auf eine irreführende Weise betrieben, hat die unmittelbare Auswirkung des eigentlich Großen (Kierkegaard und Nietzsche) in der Psychopathologie verhindert und ist mitschuldig an der geistigen Niveausenkung der gesamten Psychopathologie. (Jaspers 1959, S. 300)

S. Freud hat sehr wohl gespürt, dass man sich auch in Deutschland und Österreich – wenn vielleicht auch nicht öffentlich – mit seinen Lehren auseinandersetzte. Der 5. Internationale Psychoanalytische Kongress fand im September 1918 in Budapest statt und war dem Thema »Psychoanalyse und Kriegsneurosen« gewidmet. Auf diesem Kongress waren erstmals offizielle Regierungsvertreter aus Deutschland, Österreich und Ungarn anwesend! Die Psychoanalytiker K. Abraham, S. Ferenczi und M. Eitingon beeindruckten mit der psychoanalytischen Behandlung der sog. Kriegsneurosen die Militärärzte so sehr, dass diese die Einrichtung psychoanalytischer Kliniken vorschlugen. Die Psychoanalyse bot humane, wirksame Alternativen zur universitären Psychiatrie, die mit menschenunwürdiger Behandlung wie »Reizstrom« und Schlimmerem wenig auszurichten vermochte. In den Lebenserinnerungen des bekanntesten damaligen Vertreters derselben, des Psychiaters E. Kraepelin, heißt es dazu:

> » Wir Irrenärzte waren alle einig in dem Bestreben, der freigebigen Rentengewährung entgegenzuwirken, weil wir dadurch ein rasches Anwachsen der Krankheitsfälle und Ansprüche fürchteten. Trotzdem ließ das Unheil sich nicht verhüten. Namentlich, dass mit der längeren Dauer des Krieges immer mehr auch minderwertige Persönlichkeiten in das Heer eingestellt werden mussten und die allgemeine Kriegsmüdigkeit zunahm, wirkte die Tatsache verhängnisvoll, dass allerlei mehr oder weniger ausgeprägte nervöse Krankheitserscheinungen nicht nur die langfristige Überführung in ein Lazarett, sondern auch die Entlassung aus dem Heeresdienst mit reichlich bemessener Rente herbeiführen konnten. Dazu kam das öffentliche Mitleid mit den anscheinend schwer geschädigten Kriegszitterern, die auf den Straßen die allgemeine Aufmerksamkeit auf sich zogen und reichlich beschenkt zu werden pflegten. Wie eine Flutwelle verbreiterte sich unter diesen Umständen die Zahl derer, die durch einen »Nervenschock«, besonders aber durch »Verschüttung« das Anrecht auf Entlassung und Versorgung erworben zu haben glaubten. (Kraepelin 1983, S. 205)
>
> Auf den ersten Blick zeigte es sich, dass man es fast durchweg mit minderwertigen, unfähigen, vielfach auch böswilligen Persönlichkeiten zu tun hatte. (Ebd., S. 191)

Die »therapeutische« Konsequenz daraus waren brutale Techniken, die das Ziel hatten, die schwersttraumatisierten Soldaten um jeden Preis zurück an die Front zu quälen.

Bei aller Geringschätzung der Psychoanalyse als einer »jüdischen Wissenschaft« zogen ihre erfolgreichen Behandlungsmethoden im Laufe der Zeit mehr und mehr jüngere Psychiater, Ärzte anderer Fachrichtungen und vor allem auch Pädagogen in ihren Bann, weil sie die rein verwahrende Anstalts-»Behandlung« von psychisch Kranken oder gestörten Kindern und Jugendlichen unbefriedigend fanden. Dies führte zu einem großen Zulauf bei den frühen Dissidenten der Psychoanalyse, die wegen ihrer Geringschätzung des Sexualtriebes aus der **Internationalen Psychoanalytischen Vereinigung** S. Freuds ausgeschlossen worden waren. 1911 traf dieses Schicksal A. Adler und 1913 C. G. Jung. Beide gründeten neue psychotherapeutische Schulen und so bildete sich überraschend schnell eine allgemeine psychotherapeutische Bewegung in Deutschland. Adler gründete die **Gesellschaft für freie Psychoanalyse**, aus der später der **Internationale Verein für Individualpsychologie** hervorging. 1933 war er mit 36 Arbeitsgruppen größer als die **Internationale Psychoanalytische Vereinigung** Freuds. C. G. Jung gründete 1916 in Zürich den **Psychologischen Club**, aus dem die heutige C. G. Jung-Gesellschaft hervorgegangen ist. 1927 wurde W. Reich aus der Freud'schen Muttergesellschaft ausgeschlossen, da er die soziale und sexuelle Revolution zu sehr in den Mittelpunkt stellte und H. Schultz-Hencke, weil er mit seiner »Neo-Analyse« die klassische Psychoanalyse zu sehr verwässerte.

1925 gründete der Psychiater R. Sommer den **Deutschen Verband für psychische Hygiene**. Ab 1927 übernahm der Psychiater H. Roemer die Geschäftsführung dieses Verbandes, Beisitzer waren die Reformpsychiater G. Kolb und H. Simon. Dieser Verband, in dem sich Ärzte trafen, die offen für neue Formen psychischer Behandlung waren, spielte bereits 1927 auf dem 2. »Allgemeinen Kongress für ärztliche Psychotherapie« eine wichtige

Rolle. Der Kongress fand in Bad Nauheim statt, wobei über 600 Ärzte anwesend waren. Der Psychiater H. Prinzhorn hielt dort einen viel beachteten Vortrag, in dem er die Bedeutung der Psychoanalyse als psychotherapeutische Technik hervorhob. Ein Jahr später wurde die **Allgemein ärztliche Gesellschaft für Psychotherapie (AäGP)** gegründet, in der Sommers Verband mehr oder weniger aufging. Die neue Gesellschaft war ein Zusammenschluss jüngerer Psychiater, die in der Denkrichtung E. Kraepelins standen, aber die reine Vererbungslehre zur Erklärung von geistigen Erkrankungen ablehnten. Ab 1928/1929 gab Sommer zusammen mit den Psychiatern E. Kretschmer, A. Kronfeld und I. H. Schultz das *Zentralblatt für Psychotherapie und ihre Grenzgebiete* heraus, das eine große Leserschaft fand.

Kurz nach der Machtergreifung der Nationalsozialisten übernahm C. G. Jung am 21.06.1933 das Amt des ersten Vorsitzenden der AäGP. Da die Nationalsozialisten drohten, die AäGP aufzulösen, gründete man die **Deutsche Allgemeine Ärztliche Gesellschaft für Psychotherapie (DAäGP)** und C. G. Jung wurde Vorsitzender dieser überstaatlichen AäGP. Ab Dezember 1933 bis 1940 gehörte er zu den Herausgebern des *Zentralblatts für Psychotherapie und ihre Grenzgebiete*. Eine wichtige Rolle in der Anpassung der AäGP an das totalitäre System des Nationalsozialismus spielte der Nervenarzt W. Cimbal. Er gehörte nicht nur zu den Gründungsmitgliedern der AäGP, sondern war von 1932–1935 auch ihr Schrift- und Geschäftsführer (Lockot 1985, S. 53 f.). Er verstand es, den Nervenarzt H. M. Göring, einen Vetter des Luftmarschalls H. Göring, geschickt für standespolitische Interessen einzuspannen, insbesondere die Rettung der AäGP. Zusammen mit ihm und H. Schultz-Hencke, der seine Ausbildung am Abraham-Institut in Berlin gemacht hatte, war er Gründungsmitglied der DAäGP. Auf die geschilderte Weise wurde die Auflösung der AäGP zwar verhindert, aber der Preis war, wie wir heute wissen, hoch. Der Begriff Psychoanalyse wurde – da zu eng mit S. Freud verbunden – gestrichen. Dafür kam der ursprünglich von S. Freud und E. Bleuler verwendete Begriff »Tiefenpsychologie« zu neuen Ehren. Als Ziel der DAäGP nannte W. Cimbal: »Eine Vertiefung der psychotherapeutischen Heilkunst, insbesondere in der Richtung der Jung'schen psychologischen Analyse, des Organtrainings von I. H. Schultz, der Angewandten Charakterkunde (etwa im Sinne der Individualpsychologie, aber umgewandelt auf Lebensziele der nationalsozialistischen Denkweise) und schließlich der Menschseinsproblematik (Haeberlin, Klages, Prinzhorn)« (ebd., S. 136). 1935 fassten W. Cimbal und H. M. Göring den Entschluss, ein »Deutsches Institut für psychologische Forschung und Psychotherapie« zu gründen. Im Frühsommer des darauffolgenden Jahres wurde es in den Räumen des alten Berliner Psychoanalytischen Instituts, also dem ehemaligen Abraham-Institut, eröffnet. Mitarbeiter waren u. a. F. Boehm, C. Müller-Braunschweig, W. Kemper und H. Schultz-Hencke. In diesem Institut fand die »Amalgamierung« der damaligen drei Hauptrichtungen moderner Psychotherapie statt: Freud'sche, Adler'sche und Jung'sche Psychologie. Das Institut wurde vom Reichsforschungsrat, der Stadt Berlin und dem Luftfahrtministerium subventioniert. Die Tatsache, dass ausgebildete Psychoanalytiker während des gesamten Dritten Reiches am »Göring-Institut« arbeiten konnten, wenn auch nicht ohne Behinderungen und Ängste, zeigt, dass die Nationalsozialisten keineswegs so antipsychotherapeutisch eingestellt waren, wie es die Nachkriegsinterpretation sehen wollte. Die Nationalsozialisten förderten nicht nur moderne psychotherapeutische Verfahren, sondern richteten 1941 auch an den Universitäten das Psychologiestudium ein, weil sie Fachleute brauchten, die Eignungstests mit Wehrmachtsangehörigen machen konnten. Auch das Berufsbild des Psychagogen wurde damals eingeführt!

Nun noch einige Anmerkungen zur Geschichte der **Deutschen Psychoanalytischen Gesellschaft (DPG)**, die ja heute eine der beiden großen psychoanalytischen Fachgesellschaften in Deutschland ist. Ihre Geschichte ist mit dem Berliner »Göring-Institut« eng verknüpft: Bereits 1908 hat Karl Abraham einen Arbeitskreis gegründet, aus dem zunächst die **Berliner Psychoanalytische Vereinigung (BPV)** hervorging. Die BPV war die erste Zweigvereinigung der 1910 gegründeten, bis heute bestehenden **Internationalen Psychoanalytischen Vereinigung** (IPV bzw. heute IPA), die sich S. Freuds Erbe unmittelbar verpflichtet fühlt. Die deutsche Sektion derselben trägt heute den Namen DPV (► Abschn. 3.3). Der Name **Deutsche Psychoanalytische Gesellschaft**

(DPG) für die Berliner Sektion wurde 1926 gewählt, weil außerhalb von Berlin, in Leipzig und Frankfurt, später in Hamburg, weitere psychoanalytische Arbeitsgruppen entstanden. Die antisemitischen und totalitären Verordnungen der Nationalsozialisten führten in der DPG zur Ausgrenzung der jüdischen Analytiker und zu einer Anpassung der Psychoanalyse an die Vorgaben einer »Deutschen Seelenheilkunde«. Ungefähr 100 Analytiker und Ausbildungskandidaten mussten Deutschland verlassen, weil sie Juden waren. Die DPG musste ihren Namen aufgeben und durfte nur als »Arbeitsgruppe A« im »Deutschen Institut für psychologische Forschung und Psychotherapie« unter der Leitung von M. H. Göring weiterexistieren. In Abhängigkeit von den widersprüchlichen Forderungen nationalsozialistischer Behörden trat die DPG 1936 aus der IPV aus – machte aber kurz danach den Austritt wieder rückgängig. Mit den eingegangenen Kompromissen höhlte sich die DPG bis zur Unkenntlichkeit aus – zugleich aber profitierte sie in einer gewissen Weise im nationalsozialistischen System von der Nischenexistenz, die ihr durch den Namen »Göring« und die damit verbundenen Privilegien zukam.

Bis zur Vereinnahmung der Wiener psychoanalytischen Einrichtungen durch die Nationalsozialisten vollzogen die Deutschen Psychoanalytiker diesen Spagat – dann misstrauten die Nationalsozialisten ihren Vertretern. F. Boehm und C. Müller-Braunschweig, die beiden Vorsitzenden der DPG, wurden mit teilweisem Berufsverbot belegt. 1938 musste sich die DPG offiziell auflösen. Als J. Rittmeister, der der psychoanalytischen Gruppe nahestehende Leiter der psychoanalytischen Poliklinik, 1943 wegen seiner Mitgliedschaft bei der Widerstandsgruppe um H. Schultze-Boysen hingerichtet wurde, musste sich die »Arbeitsgruppe A« wiederum umbenennen, weil das »A« angeblich zu sehr an »Analyse« erinnerte. Sie hieß nun »Referentenkreis für Kasuistik und Therapie«.

Berndt (2004, S. 18) kommt zu dem Schluss, dass die Nationalsozialisten Psychotherapie als Chance für den »höherwertigen« Deutschen, sich in die Volksgemeinschaft einzugliedern, akzeptierten. Nur die »Minderwertigen« und rassisch Unerwünschten sollten den Vernichtungsprogrammen zugeführt werden. Im Hinblick auf die brisante Nahtstelle zwischen menschenvernichtender Psychiatrie und heilender Psychotherapie, äußert Lockot (1985), dass die Anstaltspsychiater die Etablierung der Psychotherapeuten verhindern wollten. In einem Brief des beratenden Heerespsychiaters O. Wuth vom 05.08.1941 heißt es:

> » Ich sehe in der gesamten geisteswissenschaftlichen Psychologie eine Gefahr für die Medizin, eine neue Art von seelischem Heilpraktikertum. (Wuth 1941, zit. nach Lockot 1985, S. 247)

Und an den bereits erwähnten Münchner Psychiatrieprofessor, Geheimrat O. Bumke, schrieb O. Wuth am 23.2.1942:

> » De Crinis und ich haben uns geweigert, für Laien klinische Psychiatrie mit Krankenvorstellungen zu halten. Es erscheint auch untragbar, sie in den Kliniken zu haben. Auch Rüdin soll Kroh eine Absage erteilt haben. Ich habe ihn auf die Gefahr aufmerksam gemacht, die darin besteht, dass einerseits die Psychologen, andererseits die Psychotherapeuten das ganze Gebiet der Psychotherapie, »Neurosen« usw. für sich beanspruchen und dass die Geisteskranken unter die Euthanasie fallen. Um den Nachwuchs wird es schlecht bestellt sein, wenn das Gebiet so beschnitten wird … (Wuth 1942, zit. nach Lockot 1985, S. 247)

Der im Zitat erwähne Psychiater M. de Crinis gehörte seit 1931 der NSDAP an, war 1936 SS-Hauptsturmführer geworden und lieferte der nazistischen Sterilisationspolitik bereitwillig pseudowissenschaftliche Begründungen. Er war von 1938–1945 Ordinarius für Psychiatrie an der Charité in Berlin. Den gerichtlichen Ahndungen der Alliierten entzog sich M. de Crinis im Mai 1945 durch Suizid.

Wie aus dem Brief zu entnehmen ist, wollten die Psychiater nicht auf die Euthanasie eingeschränkt werden, während die Psychotherapeuten das schönere Geschäft der Heilung übernahmen. Es ging also – ganz anders als etwa in den USA – zumindest in der offiziellen deutschen Psychiatrie – um alles andere, nur nicht um eine Integration der Psychotherapie.

3.3 Integration der Psychotherapie in die Psychiatrie nach 1945

Von wenigen Ausnahmen abgesehen (z. B. E. Kretschmer, G. Störring, F. Mauz) hat die deutsche Hochschulpsychiatrie auch nach 1945 – im Unterschied zu Ländern wie der Schweiz, Holland oder den USA – Psychotherapie über Jahrzehnte ignoriert. Internisten konnten für ihre psychosomatischen Patienten (»kleine Psychiatrie«) bei ihren Psychiaterkollegen schwerlich psychotherapeutische Hilfe finden, und so gründeten sie ihre eigenen Abteilungen, welche sie als psychosomatisch bezeichneten (Bergmann 2002, S. 508). Es entstand eine Reihe stationärer Einrichtungen: unter F. Curtius in Lübeck eine internistische Klinik mit einem psychosomatisch-psychotherapeutischen Schwerpunkt (1946) sowie unter G. Kühnels Leitung und W. Schwidders Mitarbeit 1949 das Niedersächsische Landeskrankenhaus Tiefenbrunn (damals LKH Rasemühle) bei Göttingen. 1948 gründete H. Wiegmann in Berlin die »Klinik für psychogene Störungen«. Und 1950 gliederte A. Jores der von ihm geleiteten Universitätsklinik für Innere Medizin in Hamburg eine Privatklinik für die stationäre Behandlung von psychosomatisch-psychoneurotisch Kranken an. Etwas später entstanden an einigen – aber nur ganz wenigen – Universitäten ebenfalls psychotherapeutische Bettenstationen. Dies geschah 1950 in Heidelberg (V. von Weizsäcker, A. Mitscherlich), 1957 in Freiburg (L. Heilmeyer mit G. Clauser und H. Enke), 1962 in Gießen (H.-E. Richter) und 1965 in Mainz (D. Langen). In München gründete Seitz 1949 in der Medizinischen Poliklinik eine psychosomatische Ambulanz, die Cremerius leitete. Eine nichtuniversitäre ambulante Einrichtung verdient noch erwähnt zu werden, das »Zentralinstitut für psychogene Erkrankungen«, das W. Kemper und H. Schultz-Hencke 1946 in Berlin – in Nachfolge des »Göring-Instituts« (▶ Abschn. 3.2) – gründeten und dessen Leiterin später Annemarie Dührssen war. Es handelte sich dabei um eine Ambulanz, deren Kostenträger die »Versicherungsanstalt Berlin« (VAB) war. Das bemerkenswerte Anliegen dieses Kostenträgers, des Vorgängers der späteren AOK, lag darin, dass der Berliner Bevölkerung psychoanalytische Behandlung unentgeltlich zur Verfügung gestellt werden sollte.

Am 16.10.1945 wurde die **Deutsche Psychoanalytische Gesellschaft (DPG)** wiederbelebt. Spannungen zwischen Schultz-Hencke und Müller-Braunschweig, bei welchen sich ersterer durchsetzte, führten dazu, dass letzterer 1950 die **Deutsche Psychoanalytische Vereinigung (DPV)** gründete, die 1951 in die **International Psychoanalytic Association (IPA)** aufgenommen wurde. Aus der ursprünglich deutschsprachigen Internationalen Psychoanalytischen Vereinigung (IPV) war nun die englischsprachige International Psychoanalytic Association geworden. Die DPG wurde zur Organisation der »Neo-Psychoanalytiker« um H. Schultz-Hencke. Ganz reibungslos gelang nach dem Zweiten Weltkrieg die Wiederanerkennung der Münchner Zweigstelle des »Deutschen Instituts für psychologische Forschung und Psychotherapie« durch die amerikanische Besatzungsmacht. Die im ehemaligen Reichsinstitut vollzogene »Amalgamierung« der unterschiedlichen psychoanalytischen Schulen durch H. Schultz-Hencke wurde als wissenschaftlich besonders fortschrittlich erachtet. Am 08.02.1946 wurde das Institut formell legitimiert. In diesem Institut hat u. a. L. Köhler, später engagierte Vertreterin der Selbstpsychologie, mitgearbeitet.

Ein weiteres Zentrum psychotherapeutischer Ausbildung etablierte sich – wie schon angedeutet – in Heidelberg um A. Mitscherlich, wobei dieser zunächst schulisch nicht gebunden war, sich später aber der DPV anschloss. Gegen die Errichtung einer psychotherapeutischen Ambulanz und eines Lehrstuhls für Psychotherapie, wie A. Mitscherlich es wollte, erhob sich in Heidelberg »massiver Widerstand« von Seiten K. Schneiders, des damals neu berufenen Psychiaters.

1949 wurde als gemeinsamer Dachverband für DPV und DPG die **Deutsche Gesellschaft für Psychotherapie und Tiefenpsychologie (DGPT)** ins Leben gerufen. Erst 2001 wurde die DPG als »IPA Executive Council Provisional Society« in die IPA aufgenommen.

1960 wurde in Frankfurt am Main als erstes und – nach Rückzug des Staates aus dem Michael-Balint-Institut in Hamburg Mitte der 1990er-Jahre – heute wieder einziges staatliches Institut für Psychoanalyse, das Sigmund-Freud-Institut, Ausbildungszentrum für Psychoanalyse und psychosomatische Medizin, unter A. Mitscherlich eröffnet. Als Hauptgrund für den Wechsel nach Frankfurt nannte A. Mitscherlich die »doch ziemlich enttäuschenden Versuche der Kooperation mit den Vertretern der Organmedizin« in Heidelberg (Mitscherlich 1980, S. 189 u. 206).

Die Befruchtung der Psychiatrie durch die Psychotherapie ist ohne die gesellschaftlichen Veränderungen Ende der 1960er-Jahre undenkbar. Das Jahr **1968** gilt – auch – als »**psychiatriegeschichtliche Zäsur**«. Die »Politisierung« der damals jungen Generation wurde von »deren Unbehagen an den zahlreichen personellen Kontinuitäten aus der NS-Zeit und dem unter ihren Vätern vorherrschenden Be-Schweigens und Verdrängen des braunen Kapitels der eigenen Geschichte« gespeist (Kersting 2001, S. 43–55). Diese Kontinuität herrschte gerade auch in der Ärzteschaft. Für die junge Generation spielte die »kritische Theorie«, wie sie von M. Horkheimer und T. Adorno, aber auch anderen Mitgliedern des **Instituts für Sozialforschung** (E. Fromm, H. Marcuse) entwickelt worden war, eine nicht unbeträchtliche Rolle. Die Beschäftigung mit »kritischer Theorie« führte zu einer Wiederentdeckung psychoanalytischer Schriften aus den 1920er-Jahren, die während des Nationalsozialismus verbannt und verbrannt worden waren (W. Reich, S. Bernfeld), (Berndt 2004, S. 22). Das Interesse an Psychoanalyse und Psychotherapie war groß. Eine Reihe der damaligen Reformpsychiater waren auch Psychoanalytiker. Allen voran H. Häfner, Gründer des »Zentralinstituts für Seelische Gesundheit in Mannheim« und langjähriger Berater in der World Health Organisation, WHO, aber auch M. Bauer, mehr als ein Jahrzehnt Leiter des »Arbeitskreises der Leiterinnen und Leiter der Psychiatrischen Abteilungen an den Allgemeinkrankenhäusern in Deutschland« sowie dessen Vorgänger E. Wolpert, Gründer der Psychiatrischen Abteilung am Elisabethenstift Darmstadt. In den Kliniken begann man psychoanalytische Supervision zu etablieren.

■ Exkurs: Situation in den USA

Auch die zentrale Bedeutung der Psychoanalyse in den USA der Nachkriegszeit hat die Einstellung in Deutschland sehr geprägt, waren und sind doch die USA der Trendsetter in der Medizin. Die amerikanische Privatklinik **Chestnut Lodge** in Rockville (Maryland), in welcher damals psychoanalytisch fundierte Psychosenpsychotherapie fest etabliert war, wurde zum Mekka junger Psychiater aus aller Welt. Das Buch einer Patientin, die von der dortigen Behandlung sehr profitiert hatte, erschien 1964 und ist bis heute ein Kultbuch bzw. -film: *I never promised you a rose garden* (Greenberg). Viele Koryphäen psychodynamischer Psychiatrie haben dort gelernt und gewirkt: F. Fromm-Reichmann, H. S. Sullivan, T. McGlashan, H. Searles und A.-L. Silver. Man muss wissen, dass in den USA in den ersten Dezennien der Nachkriegszeit die Psychoanalyse boomte. Von 1950 bis in die 1970er-Jahre war eine Lehranalyse obligater Bestandteil psychiatrischer Weiterbildung! 1979 wurde dann zum Schicksalsjahr für Chestnut Lodge. Ein schwer depressiver Nephrologe, R. Osheroff, wurde seinerzeit mehrere Monate lang gemäß dem damaligen State of the Art der Psychoanalyse mit vier Analysestunden pro Woche behandelt. Sein Zustand verbesserte sich aber nicht, im Gegenteil. Schließlich wurde er von seinen verzweifelten Eltern in eine andere Klinik gebracht, wo er sich unter Lithiumgabe in kürzester Zeit erholte und seine Arbeitsfähigkeit wiedererlangte. Es kam zu einem Prozess, der zwar mit einem Vergleich endete, der Fall hat damals aber die gesamte psychiatrische Fachwelt tief erschüttert. Zum weiteren Schicksal von Chestnut Lodge: 1997 wurde es geschlossen; 2009 ist das Gebäude abgebrannt.

Im ausgehenden 20. Jahrhundert kam es in den USA durch einen Trend zu **evidenzbasierter Medizin** (»evidence-based medicine«) bei gleichzeitig rasanten Fortschritten in den Naturwissenschaften zu einem weitgehenden Bedeutungsverlust der Psychoanalyse in der Psychiatrie. Allen spricht von einer »biomania« (Allen 2013, S. 105). Nur wenige Psychoanalytiker, die gleichzeitig auch Psychiater waren, entwickelten die psychodynamische Psychiatrie (»psychodynamic psychiatry«) weiter. Hier sind besonders G. Gabbard und O. Kernberg zu nennen, die durch die Übersetzung ihrer Werke auch im deutschsprachigen Raum sehr bekannt geworden sind. In den USA erlebt man mittlerweile eine kleine Renaissance der psychodynamischen Psychiatrie, was als Gegenbewegung zu einer allzu »mindless psychiatry« zu verstehen ist. Die Bedeutung einer mentalisierungsfördernden Arbeit auf der Basis der schon von Wampold (2001) erarbeiteten, für alle psychotherapeutischen Schulen typischen Charakteristika wird heute immer mehr herausgestellt (Allen 2013).

Zurück zur deutschen Situation

Eindrucksvoll beschreibt der Psychiater und Psychoanalytiker S. Mentzos in seinem Buch *Psychodynamische Modelle in der Psychiatrie* (Ersterscheinungsjahr 1991), wie er zum psychodynamischen Denken kam:

> Als junger Stationsarzt pflegte ich mir jeden Morgen in der unruhigen geschlossenen Abteilung vor der Hauptvisite die in der Nacht eventuell neu angekommenen Patienten anzusehen. Eines Tages ging ich allein in das Zimmer einer Patientin, die in der Nacht in einem sehr unruhigen, akut psychotischen Zustand aufgenommen worden war, um mir einen ersten Eindruck zu verschaffen. Die Patientin … saß hoch erregt in ihrem Bett und redete verworren. Als sie mich sah, fing sie an, laut die Schwestern zu rufen, sie sollten schnell kommen, weil der Arzt verrückt geworden sei und man ihm schnell helfen müsse.
> Trotz meiner bis dahin traditionellen, streng auf das Deskriptive ausgerichteten Schulung konnte ich nicht anders, als diese absurde Behauptung der Patientin als den verzweifelten Versuch zu verstehen, das Schreckliche von sich selbst abzuwenden und den eigenen intrapsychischen momentanen Zustand sowie die Angst vor der um sich greifenden Desintegration nach außen, auf den Doktor zu projizieren, um sich womöglich dadurch eine gewisse Erleichterung zu verschaffen. Das war eine der ersten Gelegenheiten, in denen ich spontan anfing, »psychodynamisch« zu denken. (Mentzos 1991, S. 9)

Sein Hamburger Chef, H. Bürger-Prinz, Leiter der Hamburger Universitätspsychiatrie im Dritten Reich und erneut ab 1947, ließ S. Mentzos nolens volens seine psychoanalytische Ausbildung berufsbegleitend absolvieren. Dieser griechischstämmige Psychiater und Psychoanalytiker ist zum Nestor nicht nur der Psychosenpsychotherapie, sondern auch einer psychodynamischen Psychiatrie in Deutschland geworden. Ein so gebrochenes Verhältnis zwischen Psychiatrie und Psychotherapie hat es im deutschsprachigen Raum nur in Österreich und in Deutschland gegeben, aus historischen Gründen nicht aber in der Schweiz. Von daher ist die Entwicklung dort ganz anders verlaufen, worauf hier aber nur ganz kurz eingegangen werden soll.

Exkurs: Situation in der Schweiz

Hatten sich dort schon zu Beginn des 20. Jahrhunderts die Psychiater E. Bleuler, C. G. Jung und L. Binswanger mit der Psychosenpsychotherapie befasst, war es nach dem Zweiten Weltkrieg der damalige Direktor der Züricher Psychiatrischen Universitätsklinik, M. Bleuler, der den Analytikern G. Bally und M. Boss die psychotherapeutische Ausbildung der Klinikassistenten am Burghölzli übertrug. Sein Oberarzt G. Benedetti erlernte in den USA die »Direkte Psychoanalyse« von J. Rosen und befasste sich bis zu seinem Tod 2013 vor allem mit der Therapie von Schizophrenen. F. Meerwein, der an der Universität Zürich lehrte, spezialisierte sich auf Psychosomatik und Psychoonkologie. Thema seiner Habilitation im Jahr 1965: *Psychiatrie und Psychoanalyse in der psychiatrischen Klinik*. 1949 fand in Zürich der erste Nachkriegskongress der Internationalen Psychoanalytischen Vereinigung statt. In der französischsprachigen Westschweiz leitete E. Claparède in Genf das 1912 von ihm gegründete Jean-Jacques-Rousseau-Institut, wo M. Sechehaye als seine Assistentin tätig war, die durch ihre Technik der »symbolischen Wunscherfüllung« bei der psychoanalytischen Behandlung von Schizophrenen bekannt wurde! L. Ciompi, von 1977–1994 Ärztlicher Direktor der Sozialpsychiatrischen Universitätsklinik Bern, der sich durch Publikationen zur »Affektlogik« und Kognition sowie die »Soteria Bern« einen Namen gemacht hat, ist natürlich auch beides: Psychiater und Psychoanalytiker. Gleiches gilt selbstverständlich auch für den langjährigen Direktor der Psychiatrischen Universitätsklinik Zürich, Sektor West, A. Uchtenhagen (bis 1995) und seinen Baseler Kollegen R. Battegay, bis 1997 Ordinarius der dortigen Psychiatrie sowie auch für einen der Herausgeber dieses Buches, der Leiter des Zentrums für Depressionen, Angsterkrankungen und Psychotherapie der Universitätsklinik Zürich ist.

Situation in Deutschland seit den 1950er-Jahren

Im Gegensatz zu der Entwicklung in der Schweiz führte in Deutschland erst **1958** der Deutsche Ärztetag eine **Zusatzbezeichnung »Psychotherapie«** ein. 1964 wurden akute neurotische Erkrankungen und vier Jahre später auch die Alkoholabhängigkeit als Krankheiten anerkannt. A. Dührssen und D. Jorswieck erbrachten in den 1960er-Jahren am Institut für psychogene Erkrankungen der AOK Berlin, dessen Leiterin damals Frau A. Dührssen war, den Nachweis, dass die durchschnittlich zu erwartende Krankhausaufenthaltsdauer neurotischer Patienten nach Abschluss einer psychotherapeutischen Behandlung sowohl im Vergleich mit einer unbehandelten Gruppe neurotisch Erkrankter als auch mit einer Zufallsstichprobe von nicht neurotisch Erkrankten signifikant niedriger ausfällt (Dührssen u. Jorswieck 1965). Dieses Ergebnis führte dazu, dass ab 1967 tiefenpsychologisch fundierte und psychoanalytische Psychotherapie **kassenärztlich abrechenbare Leistungen** wurden (»Richtlinienpsychotherapie«). Erst 1970 wurden die Fächer Medizinische Psychologie, Medizinische Soziologie, Psychosomatische Medizin und Psychotherapie als Pflichtfächer in das Medizinstudium eingeführt! Die große Nachfrage nach psychotherapeutischen Leistungen führte 1972 zur Einführung des Delegationsverfahrens, das nun auch anderen Berufsgruppen, insbesondere Diplom-Psychologen die Erbringung psychotherapeutischer Leistungen ermöglichte, wenn sie im Delegationsverfahren mit einem Arzt zusammenarbeiteten. 1976 wurden auch chronische Neurosen als Krankheit anerkannt und im gleichen Jahr wurde das Delegationsverfahren eingeschränkt auf Diplom-Psychologen. Zwei Jahre später erfolgte die Einführung der **Zusatzbezeichnung »Psychoanalyse«**, also erst **1978!** 1980 wurde die Verhaltenstherapie als weiteres anerkanntes Psychotherapieverfahren in die Leistungspflicht der gesetzlichen Krankenversicherung aufgenommen. Die Zulassung der Gesprächspsychotherapie wurde mit Einschränkungen 2004 und die der systemischen Familientherapie 2008 vom »Wissenschaftlichen Beirat Psychotherapie nach § 11 Psych ThG« empfohlen. Berndt (2004, S. 26 f.) vertritt die Auffassung, dass das Erstarken der Verhaltenstherapie und ihre Konkurrenz zur Psychoanalyse in ihrer Geschichte in den USA wurzelt, wo die seit 1906 höchst erfolgreich praktizierte Psychoanalyse ein ärztliches Monopol darstellte, wodurch Psychologen zur Verhaltenstherapie als psychotherapeutischer Alternative getrieben wurden. Der deutsche Emigrant H. J. Eysenck, der zunächst in den USA und dann in England lebte, »plante die Verhaltenstherapie konsequent als ‚Gegenmodell' zur Psychoanalyse und zu allen psychodynamisch orientierten Psychotherapien« (Schorr 1984, S. 189). Diese Tatsache erklärt die Spannungen, die es zwischen psychoanalytischem und verhaltenstherapeutischem Lager über Jahrzehnte gab und auch noch gibt, wobei die Verhaltenstherapie nach dem Zweiten Weltkrieg ebenso als angloamerikanischer Import wie teilweise auch die Psychoanalyse nach Deutschland kam.

1981 wollten die Psychoanalytiker der DPV den IPA-Kongress nach Berlin holen, was aber daran scheiterte, dass international der Eindruck bestand, dass die deutsche Sektion ihre Vergangenheit noch nicht ausreichend aufgearbeitet hätte. Erst 1985 wurde die DPV Gastgeber des 34. Kongresses der IPA in Hamburg. Die Ausstellung *Hier geht das Leben auf eine sehr merkwürdige Weise weiter …* und ein Begleitband dokumentierten in eindrucksvoller Weise die Geschichte der Psychoanalyse in Deutschland (Brecht et al. 1985).

Erst 1992 wurde der **Facharzt für Psychiatrie und Psychotherapie** eingeführt, gleichzeitig aber aus standespolitischen Gründen – nur aus der skizzierten spezifisch deutschen Geschichte erklärbar – auch der **Facharzt für Psychotherapeutische Medizin**. Der Versuch, die so mühsam erreichte Integration von Psychiatrie und Psychotherapie auf einem der nächsten Ärztetage noch weiterzutreiben durch Bildung eines »common trunk« in der Weiterbildung für alle »Psycho-Fächer«, scheiterte bedauerlicherweise. Die gerade erreichte, noch keineswegs stabil verankerte Integrationsleistung ist bis heute – berufs- und standespolitisch bedingt – erneut bzw. weiterhin der Gefahr der Spaltung ausgesetzt: nämlich der Spaltung in ein psychiatrisches und ein paralleles psychosomatisches Versorgungssystem, wobei abzusehen wäre, dass »leichter« Kranke von den Psychosomatikern vereinnahmt würden und die Kerngruppe der Psychotiker, Dementen und Abhängigkeitserkrankten sowie jene, welchen die Psychosomatiker nicht zu helfen vermögen, die Gruppe darstellen würden, die in der psychiatrischen Versorgung verbliebe. 2007 warnte selbst die Gesundheitsministerkonferenz der Länder vor diesen Gefahren sowie der Entwicklung von Doppelstrukturen (S. 30 ff.). Im Bereich der Forschung spiegelt sich diese Entwicklung dergestalt wider, dass Psychotherapieforschung im Wesentlichen zu einer Domäne der Psychosomatik und neurobiologische Forschung zu einer Domäne der Psychiatrie wurde. Hinzu kommt, dass die Psychoanalyse im universitären Betrieb von der Verhaltenstherapie längst abgehängt wurde, ein Trend, der mittlerweile auch in den angloamerikanischen Ländern zu finden ist. So ist es nicht verwunderlich, dass das renommierte British Medical Journal 2012 in einer seiner Ausgaben die Gretchenfrage in den Mittelpunkt stellte: »Does psychoanalysis have a valuable place in modern mental health services?« Die Antworten waren: »No.« (Salkovski u. Wolpert 2012, S. 1188 ff.) und »Yes.« (Fonagy u. Lemma 2012, S. 1211). Beide Seiten lieferten Argumente, nicht mehr und nicht weniger. Wenige Monate später äußerte sich J. Holmes, viele Jahre Vorsitzender der psychotherapeutischen Fakultät am »Royal College of Psychiatrists«, im British Journal of Psychiatry eindeutig hoffnungsvoll (Holmes 2012). Er titelte seinen Beitrag: »Psychodynamic psychiatry's green shoots.«!

Ende des letzten Jahrhunderts beginnend führten gesellschaftliche Veränderungen hierzulande zu einer Haltung der Kostenträger nur noch das zu finanzieren, was sich unter wissenschaftlichen Kriterien tatsächlich auch als wirksam erweist. Dies bedeutete eine existenzielle Bedrohung für die Psychoanalyse als kassenfinanzierter Behandlung. Konsequenz war, dass ihre Vertreter ihren Elfenbeinturm verließen und sich nun nicht nur der wissenschaftlichen Evaluation, sondern auch dem Austausch mit den Nachbardisziplinen öffneten, was psychotherapeutisches Handeln enorm bereichert hat und bereichert. 1996 wurde eine **operationalisierte psychodynamische Diagnostik (OPD)** erarbeitet, die wissenschaftliche Forschung im psychodynamisch geprägten psychotherapeutischen Feld und eine Verknüpfung mit den international üblichen Klassifikationssystemen von Krankheiten ermöglicht (Arbeitskreis OPD 1996). Die vergleichende Psychotherapieforschung hat große Fortschritte gemacht (Wampold 2001, zit. n. Berns 2004). Anfang 1999 trat das Psychotherapeutengesetz in Kraft (PsychThG), das das ärztliche Psychotherapie-Monopol brach und Diplom-Psychologen mit entsprechend qualifizierter Weiterbildung freien Zugang zur kassenärztlichen Versorgung ermöglichte. Die Entwicklung der letzten Jahre legt nahe, dass Psychotherapie immer mehr eine Domäne der Psychologen wird, welche zahlenmäßig Ärzte mit einer Psychotherapie-Weiterbildung bereits um ein Vielfaches übertreffen. Ob es zu einer »psychologischen Wende« kommen wird und dann von dieser Seite dem Gebiet »Psychiatrie und Psychotherapie« durch Konkurrenzdruck Gefahr droht oder ob die Versorgung psychiatrisch Kranker dadurch verbessert werden kann, muss sich noch erweisen sowie auch, welchen Stellenwert psychodynamisch begründete Therapieverfahren künftig dabei haben werden.

3.4 Kurzer Abriss der inhaltlichen Entwicklung der Psychoanalyse

So wie sich die genuine Psychiatrie durch Einführung der Psychopharmakotherapie und die Maximen der sozialpsychiatrischen Bewegung in den letzten 60 Jahren grundlegend verändert hat, hat sich natürlich auch die Psychotherapie seit Freuds Zeiten enorm weiterentwickelt. S. Freuds bahnbrechende Erkenntnisse waren die, dass unser Handeln aus nicht bewussten Quellen gespeist wird sowie sein Modell psychischen Funktionierens. Galt bei S. Freud die ganze Aufmerksamkeit den »Trieben« und daraus erwachsenden Konflikten, ganz besonders dem von ihm postulierten ödipalen Konflikt, wurde im Kontext gesellschaftlicher Entwicklungen in der Folgezeit eher auf die Ich-Entwicklung und die Abwehrmechanismen fokussiert (Ich-Psychologie). Seit den 1940er-Jahren wurde im Rahmen eines verstärkten Interesses an der Entwicklung der »Objekt«-Beziehungen (M. Klein) das Augenmerk auf deren Entstehung in den frühkindlichen Entwicklungsphasen gelegt und entsprechend die frühe Mutter-Kind-Interaktion untersucht. M. Mahler verdanken wir hierzu sehr differenzierte Beobachtungen bis hin zur »psychischen Geburt« des Menschen mit etwa drei Jahren (Mahler et al. 1999). Es ist heute unstrittig, dass das Ich in enger Bezogenheit zu seinen Betreuungspersonen entsteht, wobei »markierte Spiegelung«, Holding und Containing von zentraler Bedeutung sind. Bollas (1997, S. 63) dazu:

> Die Ich-Struktur ist Abdruck von einer Beziehung.

Störungen dieser Interaktion haben im schlimmsten Fall traumatisierende Auswirkungen auf das Kind und dessen Entwicklung. DW. Winnicott beschrieb 1960 in seinem Aufsatz *Ego Distorsion in Terms of True and False Self* wie sich ein »falsches Selbst« als Schutz gegen solche traumatisierende Übergriffe der primären Bezugsperson aufbauen kann, die das Kind vorzeitig zur Anpassung an deren eigene Bedürfnisse zwingt (Winnicott 1960, S. 140 ff.). Ein wichtiges Ergebnis seiner Betrachtungen war die Erkenntnis, dass auch geringfügig erscheinende Störungen der frühen Interaktion aufgrund der hohen Verletzlichkeit sehr kleiner Kinder gravierende Folgen haben können, insbesondere, wenn sie sich wiederholt ereignen. O. Kernberg hat die Objektbeziehungstheorie weiterentwickelt und als – auch Psychiater – immer wieder den Bezug zur Psychiatrie hergestellt. J. Bowlby beschrieb schon ab den 1950er-Jahren die verheerenden Folgen fehlender oder inkonstanter frühkindlicher Beziehungserfahrungen in seiner Bindungstheorie. So weiß man heute, dass psychiatrische Erkrankungen in einem hohen Maß mit einer früh erworbenen unsicheren oder desorganisierten Bindung vergesellschaftet sind. Wir wissen heute auch, dass bei schweren psychischen Störungen dementsprechend emotionale Neuerfahrung im Rahmen von etwas, das man als Nachbeelterung bezeichnen könnte, von zentraler Bedeutung ist. Demgemäß konstatieren heute selbst Neurobiologen wie der Bremer G. Roth (2012), dass »die emotional-vertrauensvolle Beziehung zwischen Patient und Therapeut ca. 50 % des Therapieeffektes ausmacht«. Der Psychotherapieforscher B. Wampold (2001) ist ein weiterer Kronzeuge für die überragende Bedeutung der therapeutischen Beziehung am Therapieerfolg. Die unbefriedigende Behandelbarkeit struktureller Störungen mit den Mitteln orthodoxer Psychoanalyse rief in den 1960er-Jahren den österreichischen Emigranten H. Kohut auf den Plan, der zum Begründer der sog. **Selbstpsychologie** wurde, wobei er mit seinen Untersuchungen und Überlegungen unser Verständnis für die heute so weit verbreiteten schweren strukturellen Störungen des Selbst erheblich verbessert hat. »Baby-Watchers« wie Lichtenberg und Stern haben ab den 1990er-Jahren durch ihre Beobachtungen zu einem besseren Verständnis von Selbst- und Affektentwicklung beigetragen und natürlich auch manche tradierte psychoanalytischen Annahmen zu Fall gebracht (z. B. einige Theoriebildungen M. Kleins, die ihren Niederschlag u. a. auch bei M. Mahler in der von ihr postulierten autistischen und symbiotischen Entwicklungsphase gefunden haben; Dornes 1993).

Feminismus und die Folgen des Vietnamkrieges haben im letzten Drittel des vergangenen Jahrhunderts die Psychotraumatologie P. Janets reaktualisiert, wobei auf diesem Gebiet auch neurobiologische Erkenntnisse wichtige Impulse für einen angemessenen psychotherapeutischen Umgang mit der Psychotraumatologie gegeben haben. Hier sind im deutschsprachigen Raum die Arbeiten von L. Reddemann, P. Riedesser und U. Sachsse zu nennen. Das hohe Ausmaß von Traumatisierung in der Vorgeschichte von Menschen mit schweren psychiatrischen Erkrankungen – Mueser et al. (1998) fanden in ihrer Stichprobe 98 %! – rückte in den letzten Jahrzehnten immer mehr in den Fokus.

Angeregt durch die Neurowissenschaften beschäftigt sich die Psychotherapieforschung nunmehr verstärkt mit den motivationalen Systemen (J. Lichtenberg), dem impliziten und expliziten Gedächtnis und dem, was daraus für die Therapie – etwa von Psychotikern – folgert, sowie mit Störungen in der Entwicklung der Mentalisierungsfähigkeit (Allen et al. 2011). Dabei meint Mentalisieren – salopp formuliert – »sich selbst von außen und andere von innen sehen« können. Wer mentalisieren kann, kommt einfach besser, d. h. deutlich stressfreier und sozial kompetenter durchs Leben. Dass dies so ist, belegen Fonagys beeindruckende Behandlungserfolge mit der **metalisierungsbasierten Therapie (MBT)** bei schwer kranken, chronifizierten Borderline-Patienten. Er behandelte sie 18 Monate teilstationär und im Anschluss 18 Monate ambulant. Er konnte nachweisen, dass sich die Symptomatik nach Abschluss der Behandlung über die Jahre hinweg kontinuierlich immer weiter zurückbildet und soziale sowie ausbildungsmäßige bzw. berufliche Kompetenz sich kontinuierlich immer mehr verbessern. Ganz offensichtlich haben die Patienten gelernt zu mentalisieren (Bateman u. Fonagy 2008). Das gilt übrigens auch für andere psychodynamische Psychotherapien, vgl. Ergebnisse der aktuellen »Helsinki Psychotherapy Study« (Knekt 2011)! Fonagys MBT hat mittlerweile im angloamerikanischen Bereich den Sprung in die Behandlungsleitlinien für Persönlichkeitsstörungen geschafft. Zur Zeit wird der Indikationsbereich für MBT zunehmend ausgeweitet. Erste positive Erfahrungen bei der Behandlung schizophrener Patienten liegen vor (Brent 2009; Sachs u. Felsberger 2013).

Der Fokus der Psychoanalyse hat sich bereits zu S. Freuds Lebzeiten immer mehr verschoben: von der Betrachtung intrapsychischer Prozesse in der Einpersonenpsychologie hin zur Zentrierung auf die intersubjektiv ablaufenden Prozesse zwischen Patient und Therapeut und damit von intrapsychischen Konflikten, die verbal bearbeitbar sind, hin zu prozedural abgespeicherten, frühkindlich erworbenen problematischen Arbeitsmodellen, die gestisch, mimisch und handelnd Ausdruck finden. Was das praktisch bedeutet, verdeutlicht R. Krause unter Schwerpunktsetzung auf die nonverbale Kommunikation folgendermaßen (2003): Am Anfang ist die Therapie dadurch gekennzeichnet, dass der Patient (unbewusst) den Therapeuten testet (Wiederholungszwang). Der Maßstab, den er anlegt, ist so hoch, dass jeder schlecht geschulte Therapeut zum Scheitern verurteilt ist (Widerstand). Die »andere« Mimik des Therapeuten ist dann das »Gegengift«. U. a. wird dadurch das Verhalten des Patienten extingiert (ein aus der Verhaltenstherapie bekannter Vorgang). Im weiteren Verlauf der Therapie treten dann »Now-moments« (Stern) auf, d. h. da öffnen sich Fenster. Da begegnen sich für Sekunden gegenseitige »Strukturen«. Dann fängt das System (Therapeut-Patient) an zu wackeln und es kann Neues entstehen. Therapeutisches Scheitern konnte Krause anhand zunehmender Synchronisation der mimischen Affekte bei der Therapie einer Angstpatientin anschaulich dokumentieren: Verständlicherweise versucht ein Angstpatient möglichst nicht mit seiner Angst in Berührung zu kommen, ist dem Therapeuten gegenüber also sehr freundlich und zugewandt. Was im Alltag Indikativ für eine herzliche, nette Beziehung ist, erweist sich in der Therapie, wenn der Therapeut immer ausgesprochen freundlich-zugewandt auf die Patientin eingeht, als eine verhängnisvolle Abwärtsspirale. Der Zustand der Patientin verschlechtert sich. Die Therapie scheitert, denn der Therapeut nimmt der Patientin durch sein reziprokes Freudemuster die Möglichkeit, in der therapeutischen Beziehung an ihre Angst heranzukommen. Nach R. Krause kann man allein schon an den mimischen Interaktionen in den ersten Therapiestunden erkennen, ob eine Therapie scheitern wird oder Aussicht auf Erfolg hat.

In den 1980er-Jahren entdeckte die Gedächtnisforschung, dass es von Geburt an ein implizites oder prozedurales Gedächtnis gibt. Jenes Gedächtnissystem aber, welches Inhalte abspeichert, die verbal abrufbar sind, also das explizite Gedächtnis, entwickelt sich erst langsam mit dem Spracherwerb ab etwa dem 3. Lebensjahr. Das hat zur Folge, dass weit zurückreichende Ereignisse zwar handlungsbestimmend sein können – Stichwort: Handlungsdialog – aber primär der Reflexion oder verbal deutendem Umgang nicht zugänglich sind. In der Folge entwickelte sich die Psychotherapie in eine Richtung, die diesen Gegebenheiten gerecht wird. Damit war im deutschsprachigen Bereich das Therapieprinzip »Antwort« als psychotherapeutisches interaktionelles Verfahren für strukturelle Störungen inauguriert (Heigl-Evers 1994). Ein weiterer Vertreter dieser Richtung ist G. Rudolf aus Heidelberg (2004). Vor diesem Hintergrund wird auch die zentrale Bedeutung primär nichtsprachlicher Therapieverfahren wie der konzentrativen Bewegungstherapie, der Ergotherapie, der Kunsttherapie und der Musiktherapie verständlich (Strehlow u. Piegler 2007). Die wissenschaftliche Forschung hierzu steckt noch in den Kinderschuhen.

Auch die genetische Forschung im Rahmen der Neurobiologie – die Entschlüsselung des menschlichen Genoms wurde 2003 abgeschlossen – hat in den letzten Jahren unser Verständnis psychischer – auch psychodynamischer – Prozesse sehr bereichert. Stichwort: **Genpolymorphismus**. Ein Beispiel ist die Untersuchung des Dopaminrezeptor-Gens DRD_4, von dem verschiedene Varianten vorkommen. Es zeigte sich, dass dann, wenn Kinder die sog. 7-Repeat-Variante des Gens besaßen, ihre Mütter aber mit nicht verarbeiteten traumatischen Erfahrungen belastet waren, bei den Kindern das Risiko für die Entwicklung einer sehr unsicheren Bindung am größten war. Wirklich überraschend war das nicht. Denn die 7-Repeat-Version des DRD_4-Gens ist schon lange dafür bekannt, das Risiko für das Aufmerksamkeitsdefizit-Hyperaktivitätssyndrom (ADHS), Psychosen und andere Verhaltensprobleme zu erhöhen. Aufregend war vielmehr eine andere Erkenntnis!

> » Waren die Mütter dieser Kinder feinfühlig oder hatten eigene traumatische Erfahrungen bewältigt, dann entwickelten gerade diese Kinder sogar die sicherste Bindung. (Glomp 2011)

Das angebliche Risikogen wirkte sich also in einem stabilen sozialen Umfeld positiv aus! Was das praktisch bedeutet, hatte schon viele Jahr zuvor die bekannte skandinavische Studie von P. Tienari (1992) gezeigt: Er untersuchte, was aus den Kindern schizophrener Eltern nach Freigabe zur Adoption wird. Und siehe da, wenn die aufnehmenden Familien psychisch gesund waren und einfühlsam auf das Adoptivkind eingehen konnten, dann entwickelten sich fast alle Kinder ganz normal! Man muss annehmen, dass es bei diesen Kindern nicht zu einer pathologieauslösenden Genexpression kam.

In einer zunehmend – auch sexuell – liberaleren und – die Geschlechter betreffend – gleichberechtigteren Gesellschaft spielen die Tabus der viktorianischen Zeit heute keine Rolle mehr und damit auch die Triebkonflikte, die Freud zu seiner Zeit so ins Auge stachen. In unserer heutigen, so sehr auf ständiges Wachstum, Medialisierung und Globalisierung fokussierten Gesellschaft mit allen daraus erwachsenden und erwachsenen Problemen geht es primär um strukturelle, narzisstisch aufgeladene Themen. Der angemessene psychiatrisch-psychotherapeutische Ansatz fokussiert daher nicht mehr auf die Bewältigung ödipaler Themen im Sinne Freuds, sondern bewegt sich zwischen der selbstpsychologisch-nachbeelternden Haltung H. Kohuts und der grenzensetzenden Haltung O. Kernbergs, die in der Objektbeziehungspsychologie wurzelt. Immer ist das Ziel die Verbesserung der Mentalisierungsfähigkeit. Ohne die Dynamik des Psychischen jeweils zu verstehen, geht das natürlich nicht (Klöpper 2014)! Eine Vielzahl überzeugender Outcome-Studien für psychodynamische Psychotherapien bei psychiatrischen Erkrankungen liegt uns heute vor (Leichsenring u. Dümpelmann 2005; Rabung u. Leichsenring 2012).

3.5 Zusammenfassung

Die deutsche Psychiatrie hat in den vergangenen Jahrzehnten einen tiefgreifenden Wandel vollzogen. Zu keiner Zeit hat es an individuellen Versuchen gefehlt, die Integration psychodynamischen Wissens vorzunehmen oder zumindest anzumahnen. Umfassend und flächendeckend gelungen ist dies freilich bis heute noch nicht. Das Fachgebiet versteht sich aktuell als eine – auch psychodynamische – Psychotherapie einschließende, angewandte Neurowissenschaft (Müller-Spahn 2004). Die Grenzen zu benachbarten Disziplinen wie Neurobiologie und Psychologie, aber auch zur Molekularbiologie werden immer durchlässiger. Moderne Psychiatrie berücksichtigt mit Blick auf die Komplexität der Entstehungs- und Aufrechterhaltungsbedingungen psychischer Erkrankungen biologische, psychische, soziale und gesellschaftliche Dimensionen. Auch wenn der naturwissenschaftliche Erkenntnisgewinn derzeit das Fachgebiet massiv prägt, ist die Psychiatrie doch nach wie vor die am stärksten »humanistisch« geprägte medizinische Disziplin. Der Stellenwert psychodynamischer Psychotherapie ist dabei sehr bedeutungsvoll, denn die Psychoanalyse ist – so E. Kandel – »die kohärenteste und intellektuell zufriedenstellendste Sicht« auf psychisches Geschehen (Kandel 2005, S. 64)! Daraus leitet sich entsprechendes therapeutisches Handeln ab. Outcome-Studien belegen eindrucksvoll den Wert psychodynamischen Vorgehens in der Psychiatrie!

Literatur

Allen J, Fonagy P, Batemann A (2011) Mentalisieren in der psychotherapeutischen Praxis: Konzept und Umsetzung aus einer Hand. Klett-Cotta, Stuttgart

Allen J (2013) Psychotherapy is an ethical endeavor: Balancing sciene and humanism in clinical practice. Bull Menninger Clin 77:2:103–131

Arbeitskreis OPD (1996) Operationalisierte Psychodynamische Diagnostik (OPD). Huber, Bern
Bateman A, Fonagy P (2008) 8-year follow-up of patients treated for borderline personality disorder: mentalization-based treatment versus treatment as usual. Am J Psychiatry 165(5):631–638
Bergmann G (2002) Zur Entwicklung der Psychosomatik und psychotherapeutischen Medizin in Deutschland. Wien Med Wochenschr 152(19–20):507–515
Berndt H (2004) Entwicklung von Psychiatrie und Psychotherapie in Deutschland seit 1900. Fachhochschule für Sozialarbeit und Sozialpädagogik, Alice Solomon Hochschule Berlin (Hrsg), Berlin, S 4–37
Berns U (2004) Spezifische psychoanalytische Interventionen – kaum wirksam, doch unverzichtbar? Forum der Psychoanalyse 3:284–299
Bollas C (1997) Der Schatten des Objekts. Klett-Cotta, Stuttgart
Brecht K, Friedrich V, Herrmanns L et al (Hrsg) (1985) »Hier geht das Leben auf eine sehr merkwürdige Weise weiter …« Zur Geschichte der Psychoanalyse in Deutschland. Kellner, Hamburg
Brent B (2009) Mentalization-based psychodynamic psychotherapy for psychosis. J Clin Psychol 65(8):803–814
Dornes M (1993) Der kompetente Säugling. Fischer, Frankfurt/M
Dührssen A, Jorswieck D (1965) Eine empirisch-statistische Untersuchung zur Leistungsfähigkeit psychoanalytischer Behandlung. Nervenarzt 36:166–169
Fonagy P, Lemma A (2012) Does psychoanalysis have a valuable place in modern mental health services? Yes. BMJ 344:e1211
Freud S (1925) Selbstdarstellung. Gesammelte Werke Bd 14; Imago Publishing, London, S 43–95, 1948
Gesundheitsministerkonferenz der Länder (2007) Psychiatrie in Deutschland – Strukturen, Leistungen, Perspektiven. ► https://www.gmkonline.de/_beschluesse/Protokoll_80-GMK_Top1002_Anlage1_Psychiatrie-Bericht.pdf. Gesehen am 03.05.2015
Glomp I (2011) Glücksfall Problemkind. Bild der Wissenschaft online (11:84). ► http://www.bild-der-wissenschaft.de/bdw/bdwlive/heftarchiv/index2.php?object_id=32776397. Gesehen am 03.05.2015
Greenberg J (1964) I never promised you a rose garden. Penguin Books; New York
Heigl-Evers A (1994) Die psychoanalytisch-interaktionelle Methode: Theorie und Praxis. Vandenhoeck & Ruprecht, Göttingen
Holmes J (2012) Psychodynamic psychiatry's green shoots. Br J Psychiatry 200:439–441
Jaspers K (1959) Allgemeine Psychopathologie, 7. Aufl. Springer, Berlin
Kandel E (2005) Psychiatry, psychoanalysis and the new biology of mind. American Psychiatric Publishing, Arlington
Kersting FW (2001) »1968« als psychiatriegeschichtliche Zäsur. In: Wollschläger M (Hrsg) Sozialpsychiatrie – Entwicklungen – Kontroversen – Perspektiven. dgtv, Tübingen
Klöpper M (2014) Die Dynamik des Psychischen. Praxishandbuch für das Verständnis der Beziehungsdynamik. Klett-Cotta, Stuttgart
Knekt P, Lindfors O, Laaksonen MA et al (2011) Quasi-experimental study on the effectiveness of psychoanalysis, long-term and short-term psychotherapy on psychiatric symptoms, work ability and functional capacity during a 5-year follow-up. J Affect Disord 132(1–2):37–47
Kraepelin E (1983) Lebenserinnerungen. Springer, Berlin
Krause R (2003) Das Gegenwartsunbewusste als kleinster gemeinsamer Nenner aller Techniken – Integration und Differenzierung als Zukunft der Psychotherapie. Psychotherapie 8(2):316–325
Leichsenring F, Dümpelmann M, Berger J et al (2005) Ergebnisse stationärer psychiatrischer und psychotherapeutischer Behandlung von schizophrenen und anderen psychotischen Störungen. Z Psychos Med Psychother 51:23–37
Lockot R (1985) Erinnern und Durcharbeiten – zur Geschichte der Psychoanalyse im Nationalsozialismus. Psychosozial, Frankfurt/M
Mahler M, Pine F, Bergmann A (1999) Die psychische Geburt des Menschen – Symbiose und Individuation. Fischer, Frankfurt/M
Mentzos S (1991) Psychodynamische Modelle in der Psychiatrie. Vandenhoeck & Ruprecht, Göttingen
Mitscherlich A (1980) Ein Leben für die Psychoanalyse. Suhrkamp, Frankfurt/M
Müller-Spahn F (2004) Seelenheilkunde und Neurowissenschaften. Die Psychiatrie 1(1):25–35
Mueser K, Goodman LB, Trumbetta SL et al (1998) Trauma and posttraumatic stress disorder in severe mental illness. J Consult Clin Psychol 66(3):493–499
Rabung S, Leichsenring F (2012) Effectiveness of long-term psychodynamic psychotherapy: First meta-analytic evidence and its discussion. In: Levy R, Ablon J, Kächele H (Hrsg) Psychodynamic Psychotherapy Research. Humana Press, New York, S 27–50
Roth G (2012) Kann der Mensch sich ändern? Vortrag auf dem DGfS-Mitgliedertreffen im März 2012. ► www.familienaufstellung.org/files/folien_roth_veraenderbarkeit.pdf. Gesehen am 03.05.2015
Rudolf Gerd (2004) Strukturbezogene Psychotherapie. Leitfaden zur psychodynamischen Therapie struktureller Störungen. Schattauer, Stuttgart
Sachs G, Felsberger H (2013) Mentalisierungsbasierte Psychotherapie bei schizophrenen Psychosen. Psychotherapeut 58:339–343
Salkovskis P, Wolpert L (2012) Does psychoanalysis have a valuable place in modern mental health services? No. BMJ 344:e1188
Schilder P (1925) Entwurf zu einer Psychiatrie auf psychoanalytischer Grundlage. Grinstein, Leipzig, Wien, Zürich

Schorr A (1984) Die Verhaltenstherapie – ihre Geschichte von den Anfängen bis zur Gegenwart. Beltz, Weinheim, Basel

Strehlow G, Piegler T (2007) Die Bedeutung primär nichtsprachlicher Therapieverfahren in der psychodynamischen Psychiatrie: Beispiel »Musiktherapie«: Unaussprechliches Leid zum Klingen bringen. Int J Psychotherapy 11(1):99–109

Tienari P (1992) Interaction between genetic vulnerability and rearing environment. In: Webart A, Cullberg J (Hrsg) (2002) Psychotherapy of Schizophrenia. Scandinavian Univ Press, Oslo, S 154–172

Wampold B (2001) The Great Psychotherapy Debate. Models, Methods, and Findings. Lawrence Erlbaum Associates, Mahwah

Winnicott DW (1960) Ego distorsion in terms of true and false self. In: Winnicott DW (1990) The maturational process and the facilitating environment. Karnac Books, London

Psychoanalyse und Neurowissenschaften: Zur Entwicklung der Neuropsychoanalyse

Heinz Böker

H. Böker et al. (Hrsg.), *Neuropsychodynamische Psychiatrie*,
DOI 10.1007/978-3-662-47765-6_4, © Springer-Verlag Berlin Heidelberg 2016

Wir zeigen alle noch zu wenig Respekt vor der Natur, die nach Leonardos dunklen, an Hamlets Rede gemahnenden Worten, voll ist zahlloser Ursachen, die niemals in die Erfahrung traten. (Freud *Eine Kindheitserinnerung des Leonardo da Vinci*)

4.1 Einleitung

Es soll in diesem Beitrag aus der klinischen Perspektive aufgezeigt werden, worin die Herausforderungen bestanden, die schließlich zur Entwicklung einer »Theorie des Unbewussten« durch Freud und spätere Psychoanalytiker geführt haben. Die Anfänge des Dialogs zwischen der Psychoanalyse und den Neurowissenschaften, ausgehend von Freuds *Entwurf einer Psychologie*, werden dargestellt. Ferner wird der Stellenwert des Unbewussten und der unbewussten Fantasie in der heutigen Psychoanalyse beleuchtet. In diesem Zusammenhang ergeben sich Verknüpfungen mit neurowissenschaftlichen Forschungsstrategien und Konzepten der »cognitive neuroscience« zur unbewussten Informationsverarbeitung. Die historische Rückschau auf die Entwicklungen und Verwerfungen einer »Theorie des Unbewussten« unterstreicht zugleich deren Aktualität.

4.2 Freud und die Entmystifizierung des Unbewussten

Das Konzept des Unbewussten und die Triebtheorie sind die Grundpfeiler des psychoanalytischen Verständnisses der psychischen Wirklichkeit des Menschen. Sie gehören zusammen, bedingen einander und sind lediglich zwei verschiedene Gesichtspunkte, unter denen die Psychoanalyse psychische Wirklichkeit betrachtet und untersucht. Zusammen bilden sie eine Theorie der frühesten und drängendsten Wünsche, der Fantasien und Konflikte des Menschen, wie sie sich vor allem in seiner Sexualität und Aggression sowie in seinem Streben nach Selbstbehauptung ausdrücken (Müller-Pozzi 2002).

Freund wird vielfach als Entdecker des Unbewussten gepriesen: Eine Ehre, die ihm nicht gebührt und die er nicht für sich und die Psychoanalyse in Anspruch genommen hat. Im Gegenteil, als Freud begann, die unbewussten Wurzeln psychischer Störungen zu erforschen, stand die literarische und philosophische Beschäftigung mit unbewussten Seelenkräften hoch im Kurs. Als Kontrapunkt zum einseitigen Rationalismus erlebte die romantische Verklärung und Mystifizierung der dunklen, geheimnisvollen unbewussten Seite der Seele in der Philosophie und Literatur des ausgehenden 19. Jahrhunderts einen späten Höhepunkt (beispielhaft seien die Philosophen Arthur Schoppenhauer, Friedrich Nietzsche und Ludwig Klages sowie die Schriftsteller Hugo von Hofmannsthal und Arthur Schnitzler genannt).

Freud verharrte gegenüber diesen kulturellen Strömungen in kritischer Distanz. Er versagte sich, wie er selber sagte (1914, S. 53), »den hohen Genuss der Werke Nietzsches …, mit der bewussten Motivierung …, dass ich in der Verarbeitung der psychoanalytische Eindrücke durch keinerlei Erwartungsvorstellungen behindert sein wollte. Dafür musste ich bereit sein – und ich bin es gerne –, auf alle Prioritätsansprüche in jenen häufigen Fällen zu verzichten, in denen die mühselige psychoanalytische Forschung die intuitiv gewonnenen Einsichten des Philosophen nur bestätigen kann.«.

Vor seinen Entdeckungen war die Laufbahn Freuds offensichtlich die eines jungen Forschers des ausgehenden 19. Jahrhunderts. Um eine rein wissenschaftliche Laufbahn einzuschlagen, fehlten Freud allerdings die finanziellen Mittel. Vielleicht wäre es ihm doch geglückt, hätte er sich nicht verliebt. Liest man heute die teilweise veröffentlichten Briefe an seine Verlobte, so gelangt man – wie Israël (1983) beschrieben hat – unweigerlich zu der Feststellung der engen Verbindung zwischen seiner Arbeit und seiner Liebe und gelangt zu der Erkenntnis: Ohne Leidenschaft lässt sich nichts entdecken, nichts erfinden und nichts erobern.

Diese persönlichen Umstände im Leben von Freud sind erwähnenswert, da wir später noch entdecken werden, dass seiner Auseinandersetzung mit dem Unbewussten eine tiefgreifende berufliche und somit für ihn auch persönliche Krise vorausgegangen war, als Freud nämlich entdeckte, dass die Mitteilungen einiger seiner Patientinnen nicht das reale Trauma betrafen, sondern Ausdruck ihrer unbewussten Fantasien waren.

Als Nervenarzt sah sich Freud täglich mit den Krankheitserscheinungen der damals weit verbreiteten Hysterie konfrontiert. Diese war äußerlich geprägt durch auffallende Funktionsstörungen wie Lähmungen, Schluck- und Sehbeschwerden, Schmerzen, Bewusstseinsstörungen und anderen mehr. Der damaligen Medizin musste eine Krankheit, die nicht organisch gefasst und behandelt werden konnte, ein Ärgernis, ein Widerspruch sein, sodass der Vorwurf der Simulation nahe lag.

Freud verschloss seine Augen nicht vor dem »neurotischen Elend« dieser Patientinnen. Auf der Grundlage der Erkenntnisse von Medizinern, die unter Hypnose die hysterischen Symptome zeitweilig zum Verschwinden gebracht hatten, begann er gemeinsam mit Josef Breuer, das subjektive Erleben hysterischer Patientinnen zu erkunden. Statt organischer Ursachen suchte er die Gründe der hysterischen Äußerungen im subjektiven Erleben der Betreffenden und gelang schließlich zu der Überzeugung, dass hysterische Symptome als körperliche Darstellung psychischer Wirklichkeit anzusehen sind. Symptome haben demnach einen Sinn, drücken sich aber in einer Körpersprache aus, die dem unmittelbaren Verständnis entzogen ist. Die in eigenartiger Weise »entstellte« Sprache der Symptome verweist Freud zufolge auf die dem Betreffenden selbst nicht direkt zugängliche Dimension des Unbewussten. Der Hysteriker, so stellte Freud fest, leide an seinen Reminiszenzen. Diese Reminiszenzen erweisen sich dabei regelmäßig als Erinnerungen an affektiv bedeutsame Erlebnisse mit bedeutsamen Beziehungspersonen der Kindheit. Sie sind innere Niederschläge intensiver Wünsche und Fantasien, die in den früheren Beziehungen nicht gelebt werden konnten und in unbewusste Fantasien abgedrängt worden sind. Die »unbewusste Fantasie« – in scharfem Kontrast zu jeder Bewusstseinspsychologie – wurde zu einem der wichtigsten Begriffe der Psychoanalyse.

Der Grundstein des psychoanalytischen Konzeptes des Unbewussten war gelegt: Was zuvor als unverständlich und unsinnig erschien, wird jetzt als Abkömmling, als Manifestation des Unbewussten erkennbar und sinnvoll. Dies gilt nicht nur für die Psychopathologie im engeren Sinne, sondern auch für die Psychopathologie des Alltagslebens, d. h. die Fehlleistungen und Symptomhandlungen, die ebenso wie Witz, Traum, Tagtraum und Fantasie bis hin zur künstlerischen Schöpfung, als Manifestationen bzw. Abkömmlinge unbewusster Fantasien angesehen wurden. Mit dieser Interpretation hat Freud »alle Welt herausgefordert« und »die grössten Geister der Kritik gegen die Psychoanalyse aufgerufen« (Freud 1915, S. 287, S. 294).

Freuds nüchterner Begriff des Unbewussten, der einen konkreten Sachverhalt in einem wissenschaftlichen Konzept erfasste, trug zu einer Entmystifizierung der romantischen Verklärung des Unbewussten durch die damalige Philosophie und Literatur bei. Zu Recht unterstreicht Müller-Pozzi (2002, S. 55):

> Nicht dass, sondern wie Freud vom Unbewussten zu sprechen begonnen hat, hat alle Welt herausgefordert. Dass er das Unbewusste aus dem Bereich unverbindlicher schöngeistiger Spekulation und literarischer Deskription herausholte, es konkretisierte, konfliktualisierte und zum Gegenstand eines psychologisch-wissenschaftlichen Diskurses machte, trug ihm die Kritik und Ablehnung z. B. der Dichter und Philosophen einerseits, der Ärzte und Psychologen andererseits ein.

4.3 Freud'sche Entdeckungsreise

Lassen Sie uns noch einmal zum Anfang dieser Freud'schen Entdeckungsreise zurückkehren. In seiner nervenärztlichen Praxis war Freud von Beginn an insbesondere mit hysterischen Patientinnen konfrontiert: Mit den Hysterikerinnen, die also – um Israël (1983) zu zitieren – »Jahrtausende hindurch nur als Schirm für die Projektionen der Männermedizin gedient hatten« (S. 243). Freud entdeckte, dass das theatralische Bild dieser Frauen nur etwas verschleiern sollte, dass das, was die Hysterie den Blicken darbot, »nur einem Auf-die-Probe-Stellen entsprach«. Er hörte auf hinzuschauen und begann hinzuhören. Diese Hinwendung zur Sprache als Grundlage ärztlichen Handelns stand ganz im Gegensatz zu dem Vorgehen von Charcot und anderen berühmten Klinikern des 19. Jahrhunderts, in deren Ausführungen zur Hysterie die Kranken eindrucksvoll beschrieben wurden, der Inhalt ihres Sprechen aber so gut wie ausgeschlossen wurde.

Freud selbst war erstaunt darüber, dass die Patientinnen unter der von ihm zunächst angewandten Hypnose sprachen und dass ihr Diskurs nicht irgendetwas Beliebiges enthielt, sondern häufig direkte Hinweise auf die Sexualität. Er war schließlich auch erstaunt darüber, dass seine Patientinnen auch ohne Hypnose zu ihm sprachen, und umso mehr mit ihm sprachen, je weniger er sie anschaute, berührte oder beaufsichtigte. Er zweifelte nicht mehr an der Bedeutung seines Vorgehens und seiner Entdeckungen und setzte sich damit auch der Feindschaft seiner medizinischen Kollegen aus. Er schrieb am 21. Mai 1894 an seinen Freund Fliess:

> » … Ich bin hier ziemlich allein mit der Aufklärung der Neurosen. Sie betrachten mich so ziemlich als einen Monomanen, und ich habe die deutliche Empfindung, an eines der grossen Geheimnisse der Natur gerührt zu haben …

Aus der heutigen Sicht eines mehr oder weniger emanzipierten Zeitalters fällt es leicht zu verstehen, was eben diesen Frauen bis dahin gefehlt hatte. Was sie zu sagen hatten, »konnte und durfte nicht gesagt werden. Es wäre ein Attentat auf die Majestät des Mannes gewesen.« (Israël 1983, S. 244). Vor allem war es für diese Frauen wichtig, einem Mann zu begegnen, der es wagte, zuzuhören. Dadurch enthüllte sich der Hysterikerin der Inhalt ihrer Botschaft im selben Moment, in dem sie diese aussprach: Die Analyse war geboren mit all ihren paradoxen Bedingungen, der Notwendigkeit des Analytikers, seines Schweigens, seiner Deutung, aber auch seiner Unwissenheit, denn: Das Wissen ist beim Patienten.

Freud hörte in den Klagen seiner Patientinnen eine Anklage, die ihn zunächst glauben ließ, es gäbe auch einen Angeklagten. Er formulierte die Theorie des sexuellen Traumas als einen ersten Entwurf einer pathogenetischen Theorie, die Freud aus dem hysterischen Diskurs konstruierte: Die Hysterikerinnen waren demnach von einem sexuellen Ereignis überrascht worden, dessen Sinn sie nicht verstanden und dessen erregende Wirkung auf ihr Gefühlsleben sie nicht bewältigen konnten. Das sexuelle Trauma implizierte ein unerwartetes und vorzeitiges Auftreten der Sexualität, so wie Freud es in den *Studien über Hysterie* (1895, S. 75–312) anhand seiner Patientin »Katharina« ausführte: Katharina litt an unterschiedlichen, organisch nicht erklärbaren Halssymptomen. Freud ließ sie sprechen und entdeckte, dass diese Symptome nach einem Vergewaltigungsversuch durch den Onkel (bzw. den Vater, wie in einer späteren Anmerkung richtiggestellt wird) entstanden waren.

Recht bald allerdings erschien Freud die Theorie des sexuellen Traumas unzureichend. Die Wende in seiner Auffassung wird in Freuds Brief (vom 21.09.1897) an seinen Freund Fliess sichtbar:

> » … und nun will ich Dir sofort das grosse Geheimnis anvertrauen, das mir in den letzten Monaten langsam gedämmert hat. Ich glaube an meine Neurotiker nicht mehr. … Ich will also historisch beginnen, woher die Motive zum Unglauben gekommen sind …

In einer späteren Anmerkung (aus dem Jahr 1926) fasst Freud seine Zweifel zusammen und erläutert die Aufgabe der Traumatheorie:

> » Dieser Abschnitt steht unter der Herrschaft eines Irrtums, den ich seither wiederholt bekannt und korrigiert habe. Ich verstand es damals noch nicht, die Phantasien der Analysierten über ihre Kinderjahre von realen Erinnerungen zu unterscheiden. Infolge dessen schrieb ich dem ätiologischen Moment der Verführung eine Bedeutsamkeit und Allgemeingültigkeit zu, die ihm nicht zukommen. Nach der Überwindung dieses Irrtums eröffnete sich der Einblick in die spontanen Äusserungen der kindlichen Sexualität, die ich in den »Drei Abhandlungen zur Sexualtheorie«, 1905, beschreiben habe. Doch ist nicht alles im obigen Text enthaltene zu verwerfen; der Verführung bleibt eine gewisse Bedeutung für

die Ätiologie gewahrt, und manche psychologischen Ausführungen halte ich auch heute noch für zutreffend.

4.4 Entdeckung des Phantasmas

Diese Wende in der Interpretation hysterischer Symptome, die verknüpft war mit der Erkenntnis, dass viele der mitgeteilten Begebenheiten nicht auf realen Ereignissen beruhten, sondern Ausdruck unbewusster Wünsche und Fantasien waren, markiert auch einen wesentlichen, krisenhaften Einschnitt in Freuds Leben. Die Entdeckung des Phantasmas führte – so lässt sich rückblickend feststellen – notwendigerweise zur Auseinandersetzung mit dem eigenen Unbewussten und zur Vertiefung der Selbsterfahrung bzw. Selbstanalyse (weitere Details hierzu vgl. Freud-Biografie von Gay 1988).

Die Rhetorik des oben erwähnten Briefes von Freud, der häufig als »Widerrufbrief« apostrophiert wird (Grubrich-Simitis 1998), hat eine bestimmte, vereinfachte Interpretation des Briefes nahegelegt: Freud widerrufe in ihm ein für alle Mal seine sog. Verführungstheorie, d. h. die Auffassung, die hysterische Erkrankung sei auf sexuelle Verführung während der Kindheit zurückzuführen, somit auf ein reales, dem Subjekt von der Außenwelt zugefügtes Trauma. Mit dem Zweifel an der Theorie und dem angedeuteten Für-möglich-Halten, dass die sexuellen Fantasien des Betroffenen für die Neurosenentstehung kausale Bedeutung haben könnten, habe Freud dem psychischen Konflikt und die unbewusste Innenwelt entdeckt und somit die Dimension des eigentlich psychoanalytischen Denkens eröffnet.

Gegenüber dieser kontrastierenden Betrachtung von Trauma und Konflikt konnte Grubrich-Simitis (1998) einerseits zeigen, dass Freuds Überlegungen sich schon viel früher den intrapsychischen Mechanismen bei der Symptombildung, also der Dynamik des unbewussten Konfliktgeschehens zugewandt hatten, und andererseits auch, dass Freud in den späteren Arbeiten die traumatischen Aspekte in der Ätiologie keineswegs aus den Augen verloren hatte. Grubrich-Simitis (1998) gelangt vielmehr zu der Auffassung, dass Freud Trauma und Konflikt zu keinem Zeitpunkt als einander ausschließende ätiologische Faktoren, sondern vielmehr im Sinne einer komplexen ursächlichen Ergänzungsreihe aufgefasst hat.

? Worin besteht nun das in dem Brief an Fliess angedeutete Phantasma?

Das Phantasma ist das, was den Handlungen und Plänen, den Absichten und Wünschen des Menschen zugrunde liegt. Es ist, wie Israël (1983, S. 249) betont, »die Wurzel dessen, was das Subjekt von seinem Unbewussten entdecken kann«. Gemeint sind damit auch Fantasievorstellungen, die sich im Verlauf einer Psychoanalyse herauskristallisieren können. Bildhafte Vorstellungen, wie sie beispielhaft von Freud in seiner Arbeit *Ein Kind wird geschlagen* aufgeführt wurden, kehren in den Assoziationen wieder, ohne dass das Subjekt Genaueres über den Zusammenhang sagen könnte, aus dem sie entstanden sind. Ausgehend von dieser ersten Vorstellung lassen sich zahlreiche Transformationen auffinden, die zum Kern des Phantasmas laufen, dem Grundphantasma, auf das sich alle anderen nach einer Reduktion zurückführen lassen. Das Objekt des Subjekts ist ein von ihm abgetrennter Teil, den man deshalb als verloren ansehen kann. Auf diese Weise lässt sich der Wunsch, das Begehren (»désir«), ausgehend vom Objektverlust begreifen. Das Phantasma lässt sich als Organisator des Unbewussten auffassen; es ist mit den frühesten Erfahrungen des menschlichen Subjekts in der Begegnung mit wichtigen anderen verknüpft und strukturiert im weiteren Verlauf die Persönlichkeit. Die Elemente des Phantasmas sind dabei teilweise dem Unbewussten der Eltern entlehnt. Stellen wir uns beispielsweise ein Kind vor, das mit den Äußerungen der mütterlichen Liebe konfrontiert ist. Es ist ohne Weiteres verständlich, dass die Frage: »Was erwartet die Mutter von mir?«, die Phantasmen beim Kind »geradezu wuchern lässt« (Israël 1983).

Nach dieser Charakterisierung des Phantasmas stellt sich erneut die Frage nach dem Trauma. Wenn sich das als Trauma angesehene Ereignis zwischen den möglichen Personen des Phantasmas abspielt, so liegt es – wie Israël (1983, S. 251) ausführt – auf der Hand, »dass sich letzteres dem Subjekt plötzlich enthüllt; mit dieser Entdeckung konfrontiert, die im Grunde die des eigenen Wunsches ist, kann es nur mit einer Verleugnung reagieren«.

Auch wenn anzunehmen ist, dass die Häufigkeit des Inzestes größer ist, als gemeinhin angenommen wird, so kann man Freud nur zustimmen, wenn er in dem bereits erwähnten Brief an Fliess (vom 21.09.1897) meint, die Hysterie sei zu häufig, dass man sie auf gar keinem Fall mit diesem »Trauma« erklären könne. In diesem Zusammenhang stellt Israël ein Resümee darüber auf, worauf die Psychoanalyse der Hysterie hinauslaufe: Die hysterische Suche ziele auf ein Vaterbild, das die vom realen Vater offengelassenen Lücken schließen soll. Dementsprechend gehe es in einer Psychoanalyse darum, die Hysterikerin darin zu unterstützen, auf die Vervollkommnung dieses realen Vaters zu verzichten, und ihm das Recht auf Unvollkommenheiten, auf Niederlagen und Schwächen zuzugestehen. Von da ab werde auch sie bereit sein, sich die gleichen Rechte zuzugestehen:

> Das heißt, sie wird sich dazu autorisieren, sich in der Gegenwart das zu Nutze zu machen, was sie besitzt, statt diese Gegenwart einer Zukunft zuliebe zu verpassen, eine Zukunft, die mit leeren Hoffnungen ausgestattet, immer nur noch weiterhin aufgeschoben wird. (Israël 1983, S. 252)

4.5 Das topische Modell

Im Folgenden soll das topische Modell Freuds – sein Modell des Vorbewussten und des dynamisch Unbewussten – umrissen werden: Demnach ist die psychische Organisation des Menschen mit einem Gedächtnis ausgestattet, dessen Kapazität fast unbegrenzt ist. Ein mehr oder weniger großer Teil ist jederzeit verfügbar bzw. abrufbar. Freud nennt dieses verfügbare Gedächtnis »vorbewusst«. Freud folgend ist dieses Vorbewusste zwar unbewusst, aber lediglich in einem »deskriptiven Sinn«, d. h. es ist potentiell bewusst, folgt den Gesetzmäßigkeiten des Bewusstseins und ist Sprache, rationalem Denken und Urteilen zugänglich.

Demgegenüber ist das eigentliche Unbewusste, von dem das Bewusstsein bloß in der unverständlichen Sprache der Ersatz- und Symptombildungen erfährt, ganz anderer Art als das Vorbewusste. Die unbewussten Vorstellungen und Affekte sind höchst virulent, drängen sich in unverständlicher Form ins Erleben, entziehen sich aber jeder bewussten Bearbeitung und Integration. Es ist, als ob dem Subjekt eine wichtige Mitteilung in einer fremden Sprache gemacht wird. Diese wirksamen unbewussten Kräfte nennt Freud das »dynamisch Unbewusste«:

> Jedes Mal, wenn wir auf ein Symptom stossen, dürfen wir schliessen, es bestehen bei dem Kranken bestimmte unbewusste Vorgänge, die eben den Sinn des Symptoms enthalten. Aber es ist auch erforderlich, dass dieser Sinn unbewusst sei, damit das Symptom zustande komme … (Freud 1916–1917, S. 289)

Die Vorstellungen, Fantasien und Affekte des dynamisch Unbewussten kreisen um frühe Wünsche und ihre späteren Abkömmlinge, die aus dem Bewusstsein entfernt, »verdrängt« worden sind (◘ Abb. 4.1).

Zwischen dem System Ubw (dem dynamisch Unbewussten) und dem System Bw (Bewusstsein) oder Vbw (Vorbewusstes) herrscht eine strenge Zensur, die Freud als Abwehr im allgemeinen und Verdrängung im speziellen beschrieben hat.

Die Gegenbewegung zur Verdrängung, die die unbewusst gemachten Vorstellungen im Traum, in der Fantasie, im Symptom oder der Übertragungsinszenierung wieder bewusst werden lässt, nannte Freud die »Wiederkehr des Verdrängten«. Die verdrängten Vorstellungen werden allerdings nur in entstellter, unkenntlicher Form bewusst und dürfen vor allem nicht die lustvollen Affekte hervorrufen, die mit ihnen ursprünglich verbunden gewesen wären.

An dieser Stelle sei auf ein mögliches Missverständnis hingewiesen, nämlich die Vorstellung, dass das Unbewusste und das Bewusste im Freud'schen Sinne in irgendeiner Weise lokalisierbare Orte seien. Das topische Modell Freuds ist keine Anatomie der Seele, das Unbewusste ist nicht ihr Mülleimer. Das topische Modell verweist vielmehr auf die Bedeutung der Übertragungswiderstände im Zentrum psychoanalytischer Arbeit. Diese berücksichtigt die Abwehr des Menschen als psychische

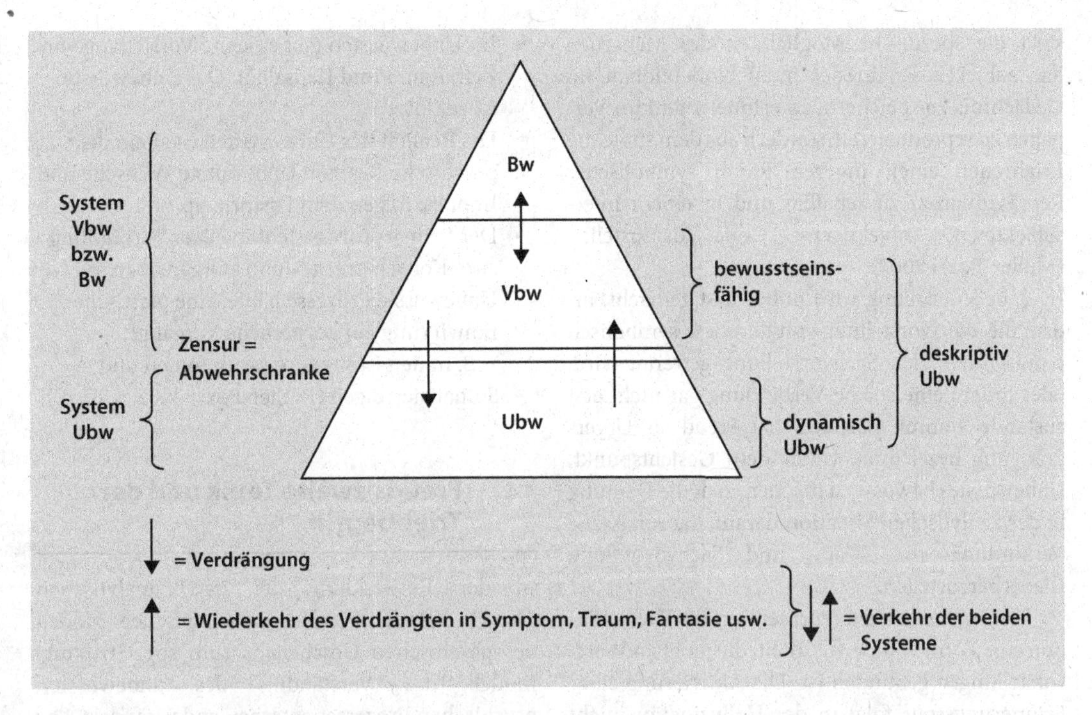

Abb. 4.1 Das topische Modell Freuds. *Bw* Bewusstes, *Ubw* dynamisch Unbewusstes, *Vbw* Vorbewusstes

Konfliktverarbeitung und ihre Bedeutung für die Bildung psychischer Strukturen. Im Sinne Freuds enthält und schützt das Unbewusste die unverlierbaren, unaufgebbaren Leidenschaften des Menschen, allerdings auf Kosten ihrer Realisierung im Leben. Dementsprechend sind die psychischen Konflikte Konflikte der Leidenschaft, Konflikte voll Liebe und Hass. Die Psychoanalyse ist somit ein »Versuch, die Konflikte, die Leiden schaffen, zu verstehen« (Müller-Pozzi 2002, S. 57).

Wenn die Psychoanalyse einen Zusammenhang herstellt zwischen den unbewussten und konflikthaften Wünschen, so ist die Frage nach der Entstehung des Unbewussten und dessen Differenzierung vom Bewusstsein von besonderer Bedeutung. Freud hat in seiner Schrift *Das Unbewusste* (1915, S. 294 ff.) postuliert, dass sich die psychische Welt des Menschen aus zwei grundsätzlich verschiedenen Gedächtnis-, Erinnerungs- und Vorstellungssystemen zusammensetzt, die er **Sachvorstellung** und **Wortvorstellung** nannte. Eine bewusste Vorstellung besteht aus einer Sachvorstellung und ihrer zugehörigen Wortvorstellung. Eine unbewusste Vorstellung ist eine Sachvorstellung, deren Bezug zur zugehörigen Wortvorstellung zerrissen ist. Der systematische Unterschied der beiden Systeme liegt in der **Sprache**, d. h. einem System von Symbolen (Lorenzer 1970). Das Unbewusste ist sprachlos, Verdrängen heißt dementsprechend sprachlos machen.

Sachvorstellungen Im Sinne Freuds sind Sachvorstellungen Erinnerungsspuren der unmittelbaren Erfahrungen, die der Mensch speichert, unabhängig von Sprache und lange bevor er die Sprache erlernt hat. Sachvorstellungen sind sinnlich und bildhaft, konkretistisch und assoziativ, nicht rational und logisch miteinander verbunden. Sachvorstellungen sind Niederschlag des primären Verarbeitungssystems (Freud spricht auch von »Objektassoziationen«); ohne symbolische Repräsentation bleiben sie dem Selbst fremd und unverfügbar.

Wortvorstellungen Bei den Wortvorstellungen handelt es sich um durch Konvention festgelegte, umgangssprachliche Zeichen, die durch Verknüpfung mit bestimmten Sachvorstellungen symbolische Bedeutung erhalten. Die Sprache stellt die spezifische Möglichkeit des Menschen dar, subjektiv Erfahrenes nicht bloß bildhaft im Gedächtnis zu speichern, zu erinnern und im Verhalten zu reproduzieren, sondern aus dem subjektiv Erfahrenen einen inneren Raum symbolischer Repräsentanzen zu schaffen und in einem intersubjektiven, »objektiven« Code darzustellen (Müller-Pozzi 2002).

Eine Vorstellung wird unbewusst gemacht, indem die Wortvorstellung von der diese symbolisch repräsentierenden Sachvorstellung getrennt wird, oder indem eine solche Verbindung gar nicht erst zustande kommt. Letzteres hat Freud als Urverdrängung bezeichnet. Unter dem Gesichtspunkt, Unbewusstes bewusst zu machen, zielt die Deutung in der analytischen Situation darauf, die zerrissene Verbindung von Wort- und Sachvorstellung wiederherzustellen.

Im Gegensatz dazu repräsentiert die Halluzination eine Form von Bewusstheit, die nicht an Wortvorstellungen gebunden ist. Die Aktivierung einer Erinnerungsspur folgt in der Halluzination nicht dem Weg der Wortvorstellungen und Wortassoziationen, sondern der »Objektassoziationen«. Sie stellt in der Sicht der Psychoanalyse eine Erlebens- und Funktionsweise des Psychischen dar, in der es noch keine Unterscheidung von Selbst und Objekt, innen und außen, Fantasie und Realität, Vorstellung und Affekt gibt.

Die Funktionsweise des Unbewussten wurde von Freud als Primärprozess, diejenige des Vorbewussten und Bewussten als Sekundärprozess bezeichnet.

Wesentliche Merkmale des unbewussten Geschehens in der Sicht der Psychoanalyse

- Das dynamisch Unbewusste folgt dem Primärprozess: Die Verbindung unbewusster Vorstellungen und Affekte geschieht durch Verdichtung und Verschiebung.
- Dem Unbewussten fehlt die diskursive Logik: Im Unbewussten gibt es keinen Widerspruch, Wünsche und Vorstellungen, die für das Bewusstsein unvereinbar sind, stehen im Unbewussten unbeeinflusst nebeneinander.
- Das Unbewusste kennt keine Abstraktionen: Das Unbewusste ist bildhaft, konkret und »sinnlich«.
- Im Unbewussten gibt es keine Vorstellung von Zeit, Raum und Kausalität: Das Unbewusste ist zeitlos.
- Die Realität des Unbewussten ist allein die psychische Realität: Unbewusste Wünsche und Impulse folgen dem Lustprinzip.
- Der Primärprozess steht in enger Verbindung zur »Körpersprache« und »Organsprache«: Unbewusste Prozesse haben eine plastische Einwirkung auf körperliche Vorgänge, z. B. in den Konversionssymptomen und Somatisierungen (Müller-Pozzi 2002, S. 65 ff.).

4.6 Freuds zweite Topik und der Triebbegriff

In der Entwicklung der psychoanalytischen Theorie hat der Wechsel vom topischen Modell des psychischen Geschehens zum sog. Strukturmodell das Verständnis des unbewussten psychischen Prozesses entscheidend verändert. Die breitere Perspektive des Strukturmodells gibt dem psychischen Konflikt eine räumliche Form, hat aber gleichwohl die Bedeutung des topischen Gesichtspunktes nicht gemindert (Sandler u. Freud 1985). Die aktive Seite der inneren Konfliktverarbeitung, die sich z. B. im Übertragungswiderstand abbildet, konnte allerdings mit dem topischen Modell nicht angemessen konzeptualisiert werden. Freud gelangte im Laufe seiner Arbeit schließlich zu der Überzeugung, dass nicht bloß das Verdrängte, sondern auch die Verdrängung unbewusst ist. Somit konnte das dynamisch Unbewusste nicht mehr mit dem System Ubw gleichgesetzt werden; das unbewusste Ich gehörte ebenfalls zum dynamischen Unbewussten. In *Neue Folge der Vorlesungen zur Einführung in die Psychoanalyse* schrieb Freud (1933, S. 78 ff.):

> Gut, so wollen wir »unbewusst« nicht mehr im systematischen Sinn gebrauchen und dem bisher so bezeichneten einen besseren, nicht mehr missverständlichen Namen geben. In Anlehnung an den Sprachgebrauch bei Nietzsche und infolge einer Anregung von Gross heissen wir es fortan das Es. Dieses unpersönliche Fürwort scheint besonders geeignet, den

Hauptcharakter dieser Seelenprovinz, ihre Ich-Fremdheit, auszudrucken.

Ferner ist zu berücksichtigen, dass Versagen den Konflikt schafft. Der Konflikt, der zur Neurose führt, ist dabei niemals der direkte »äußere« Konflikt mit der geliebten und versagenden Person. Denn zum Schutz dieser Beziehung, auf die das Kind absolut angewiesen ist, verinnerlicht es den Konflikt, übernimmt unbewusst die Verantwortung. Es identifiziert sich mit den versagenden Aspekten des bedeutsamen Anderen. Die Verinnerlichung der versagenden Beziehungsanteile hat Freud im Über-Ich konzeptualisiert. Es, Ich und Über-Ich sind nun die drei Instanzen der psychischen Persönlichkeit. Diese neue Sichtweise wurde im Nachhinein als **zweite Topik**, als **Instanzen- oder Strukturmodell** bezeichnet (◘ Abb. 4.2). Freud selbst sprach lediglich von den »Strukturverhältnissen der seelischen Persönlichkeit« (1933, S. 85).

Einige weitere Annäherungen der postfreudianischen Psychoanalyse an das Problem des Unbewussten können hier nur skizziert werden. So versuchten Sandler u. Sandler (1994) die psychoanalytische Theorie des Unbewussten mit der klinischen Erfahrung zu verbinden. Besonders ihr Begriff des gegenwärtigen und des vergangenen Unbewussten erleichtert dieses Ziel, sie setzen das gegenwärtige Unbewusste in Verbindung mit dem unbewussten Ich und das vergangene Unbewusste in Verbindung mit den frühen Ursprüngen der psychischen Entwicklung, d. h. des kindlichen Unbewussten. Das gegenwärtige Unbewusste kann aus der aktuellen Interaktion in der analytischen Beziehung erschlossen werden. Dagegen kann das vergangene Unbewusste nur über die psychoanalytische Deutung und Rekonstruktion erreicht werden.

In der Kleinianischen Theorie richtet sich die psychoanalytische Verständnisperspektive auf das Feld früher oral-introjektiver Interaktionen zwischen Mutter und Kind. Frühe Entwicklung wird unter dem Blickwinkel des psychischen Überlebens und der Integration ambivalenter Beziehungswünsche gefasst (Stein 1999). Der Klein'sche Begriff der schizo-paranoiden und depressiven Position lässt sich dabei als ein breit gefächertes duales Modell von Angst und Schuld auffassen.

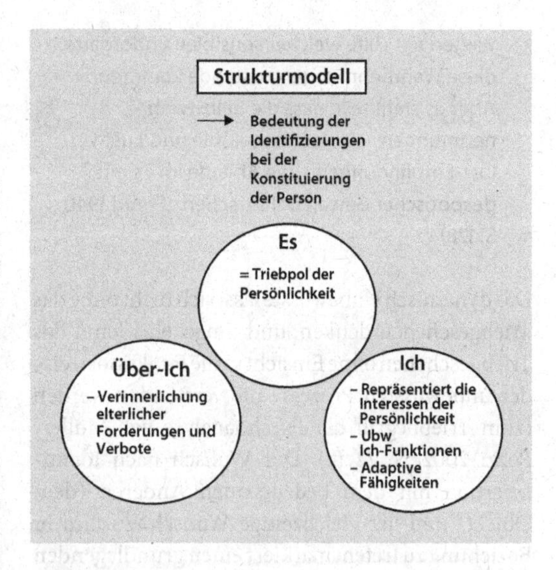

◘ **Abb. 4.2** Freuds zweite Topik: Das Strukturmodell. *Ubw* dynamisch Unbewusstes

In Freuds Strukturmodell kann die endgültige psychische Integration durch Identifizierungen und Internalisierungen nach dem Untergang des Ödipuskomplexes erreicht werden. Das Ich bildet einen Signalangstaffekt aus, um den unbewussten psychischen Prozess auf einer neuen Ebene von Autonomie zu steuern (Freud 1926).

Bereits bei Freud, aber auch in der nachfreudianischen Ära, ist der **perzeptorisch-sensorische Aspekt** für ein näheres Verständnis elementarer Triebphänomene von großer Wichtigkeit. Es geht dabei nicht nur um die Frage nach den Empfindungen der Reihe Lust-Unlust im Unbewussten, sondern auch um die Wahrnehmungen und die affektiven Reaktionen, die mit den Vorstellungsinhalten von Trieben in Zusammenhang stehen. Freud beschrieb diese Wahrnehmung, die auf bewusster Ebene niemals registriert worden sind, als Es-Wahrnehmungen:

» Das Ich, von der Aussenwelt abgeschnitten, hat seine eigene Wahrnehmungswelt. Es verspürt mit ausserordentlicher Schärfe gewisse Veränderungen in seinem Inneren, besonders Schwankungen in der Bedürfnisspanne seiner Triebe, die als Empfindungen der Reihe Lust-Unlust bewusst werden. Es ist freilich schwer anzugeben, auf welchen

Wegen mit Hilfe welcher sensiblen Endorgane diese Wahrnehmungen zustande kommen. Aber es steht fest, dass die Selbstwahrnehmungen – Allgemeingefühle und Lust-Unlust-Empfindungen – die Abläufe im Es mit despotischer Gewalt beherrschen. (Freud 1940, S. 128)

Das dynamisch Unbewusste lässt sich nicht ohne das Triebgeschehen denken, und umgekehrt kann das Triebgeschehen ohne Einsicht in die Funktionsweise der unbewussten Prozesse nie verstanden werden (zum Triebbegriff der Psychoanalyse vgl. Müller-Pozzi 2002, S. 72 ff.). Der Wunsch nach Identifizierung mit dem bedeutsamen Anderen (dem Objekt) und der gleichzeitige Wunsch, zu ihm in Beziehung zu treten, markiert einen grundlegenden Dualismus in der Entwicklung des Subjekts. Die Beziehung zu den primären Bezugspersonen stellt dabei den sozialen Kern da, um den das Kind im affektiven Austausch mit dem wichtigen anderen seine eigene innere Welt aufbauen kann. Der Kern dieser primären Beziehungen und ihre Bedeutung für die weitere psychische Entwicklung wird dabei psychoanalytischerseits durch das **Konzept der Triebe** (Libido und Aggression) bzw. des Wunsches, das **Konzept der Objektbeziehungen** (und ihre Verinnerlichung) und das **Konzept des Selbst** gefasst. Die spezifisch menschliche Entwicklung beginnt mit der Fähigkeit, die Befriedigung eines Bedürfnisses aufschieben zu können. Diese Entkopplung von Bedürfnis und Befriedigung schafft erst den psychisch erlebten Raum, den Raum, in dem sich psychisches Erleben, bestehend aus Vorstellungen, Fantasien und Affekten, entfaltet. Freud (1915) definierte den psychoanalytischen Triebbegriff als »... Grenzbegriff zwischen Seelischem und Somatischem, als psychischer Repräsentant der aus dem Körperinneren stammenden, in die Seele gelangenden Reize, als ein Mass der Arbeitsanforderung, die dem Seelischen infolge seines Zusammenhanges mit dem Körperlichen auferlegt ist« (1915, S. 214 ff.). Die Quelle des Triebes ist für Freud das somatisch-körperliche Moment des Triebes; es bestimmt die dynamisch-affektive Qualität des Wunsches und verbindet den Wunsch mit der Sinnlichkeit. Die Dynamik des Wunsches wird dem psychoanalytischen Verständnis erst auf der Ebene des Erlebens im affektiv verspürten Drang und in seiner Befriedigung am Objekt zugänglich. »Objektbeziehung« bezeichnet dabei die Interaktion mit dem bedeutsamen Anderen aus der Erlebnisperspektive des Subjektes.

Der Gegenstand der Psychoanalyse ist – so lässt sich mit dem Fokus auf den Trieb als Grenzphänomen zwischen Somatischem und Psychischem unterstreichen – das sinnliche Erleben des Subjektes und die Art und Weise, wie sich der Trieb bewusst und unbewusst psychisch repräsentiert. Hören wir dazu noch einmal Freud:

» Die Psychoanalyse vergisst niemals, dass das Seellsche auf dem Organischen ruht, wenngleich ihre Arbeit es nur bis zu dieser Grundlage und nicht darüber hinaus verfolgen kann. (Freud 1910, S. 100 ff.)
Ein Trieb kann nie Objekt des Bewusstseins werden, nur die Vorstellung, die ihn repräsentiert. Er kann aber auch im Unbewussten nicht anders als durch die Vorstellung repräsentiert sein. Würde der Trieb sich nicht an seine Vorstellung heften oder nicht als ein Affektzustand zum Vorschein kommen, so könnten wir nichts von ihm wissen. (Freud 1915, S. 274 ff.)

Der Wunsch ist somit die psychische Repräsentanz des Triebes. Dementsprechend interpretiert die heutige Psychoanalyse die Triebtheorie als Konzept des Wunsches und als Affekttheorie.

Alle Erfahrungen von der Entstehung des Wunsches bis zu seiner Befriedigung am Objekt – mit allen zwischengeschalteten Prozessen der psychischen Bearbeitung – legen sich als Gedächtnisspüren nieder und schaffen letztlich psychische Struktur.

Freud hat die Intensität, das quantitative Moment des Triebs, in der Metapher der Energie gefasst und deren Quantität ursprünglich als »Affektbetrag« oder »Erregungssumme« bezeichnet. Die Energie-Metapher und das energetische Modell von Erregung und Abfuhr genügen aus der heutigen Sicht nicht, um klinische Beobachtungen angemessen zu konzeptualisieren. Allerdings ist hervorzuheben, dass diese ökonomische Betrachtungsweise, d. h. die Betrachtung der psychischen

Vorgänge unter dem Gesichtspunkt des »Energiehaushaltes«, Grundlage war für die spätere Entwicklung einer umfassenden **Affekttheorie**. Erst in der Verinnerlichung und Besetzung der Repräsentanz des bedeutsamen Anderen werden intensive Gefühle erlebbar. Hingegen werden alle Affekte traumatisch und müssen abgewehrt werden, wenn sie eine gewisse Intensität überschreiten und nicht in einer Objektbeziehung eingebunden sind.

Mit der – in ihrer Begrifflichkeit allerdings recht mechanistisch wirkenden – Repräsentanzenlehre verweist die Psychoanalyse darauf, dass das innere Bild, das sich das Subjekt vom Objekt macht, kein fotografisches Abbild ist, sondern eine innere, »fantastische« Kreation des Subjekts, die geprägt ist von seinen Wünschen, Einstellungen und Fantasien über den begehrten Anderen. Das qualitativ differenzierte affektive Ziel beschrieb Freud (1926, S. 205) auch als »Sehnsuchtsbesetzung«.

4.7 Rätselhafte Botschaft des Anderen und ihre Konsequenzen für den Begriff des Unbewussten

? Wie versteht nun die heutige Psychoanalyse die Entstehung des verdrängten Unbewussten?

Laplanche (2004) beschreibt in diesem Zusammenhang die »anthropologische Grundsituation«: Diese besteht aus der Beziehung zwischen dem Erwachsenen und dem Kleinkind, dem Erwachsenen, der ein Unbewusstes hat, ein sexuelles Unbewusstes, das wesentlich aus infantilen Rückständen besteht, und dem Kind, das keine hormonellen Auslöser der Sexualität und ursprünglich keine sexuellen Fantasien hat. Was Freud ursprünglich als »Selbsterhaltung« beschrieben hat, wird heute auf der Grundlage der empirischen Befunde der modernen Säuglings- und Kleinkindforschung als »**Bindung**« mit all ihren Implikationen bezeichnet. Auf einer eindeutigen, instinkthaften, genetischen Grundlage entwickelt sich sehr früh, im Grunde von Anfang an, ein Dialog zwischen dem Erwachsenen und dem Kind. Die alte Theorie der »Symbiose« verschwindet dank der Beobachtung von differenzierten, von Anfang an wechselseitigen frühen Beziehungen, in denen sich das Nicht-Ich von Beginn an von dem unterscheidet, was der eigenen Person zugehörig ist. In diesem Zusammenhang weist nun Laplanche auf einen Mangel in den modernen Bindungs- und Affekttheorien hin, nämlich die fehlende Berücksichtigung der Asymmetrie auf der sexuellen Ebene. Zu berücksichtigen sei eben auch, dass der Dialog zwischen dem Erwachsenen und dem Kind von Anbeginn »*durch etwas anderes gestört ist*. Die Botschaft ist undeutlich. Vonseiten des Erwachsenen findet unilateral eine Einmischung des Unbewussten statt. Sagen wir sogar: des infantilen Unbewussten des Erwachsenen …« (Laplanche 2004, S. 900).

Die »rätselhafte Botschaft des Anderen« meint dabei eine durch das Unbewusste beeinträchtigte, »kompromisshaft gebildete« Botschaft. Was letztlich in dieser Situation zählt, so Laplanche weiter, sei das, was der Empfänger daraus macht, nämlich der Versuch der Übersetzung und das notwendige Scheitern dieses Versuchs. Ausgehend von einem grundlegenden Unterschied zwischen dem Sexualtrieb der Kindheit und dem sexuellen Instinkt der Adoleszenz müsse davon ausgegangen werden, dass der sexuelle Instinkt den Trieb intersubjektiven Ursprungs zum Zeitpunkt der Adoleszenz einhole, der sich über Jahre hinweg autonom entwickelt habe; damit tauche zwischen beiden ein großes Problem bezüglich Kohärenz und Verbindung ihres Inhaltes auf. In der ursprünglichen Kommunikation zwischen Erwachsenem und Kind könne die Erwachsenenbotschaft in ihrer widersprüchlichen Totalität nicht erfasst werden:

> » Im typischen Modell des Säugens z. B. vermischen sich Liebe und Hass, Befriedigung und Erregung, Milch und Brust, die »containing« und die sexuell erregte Brust usw. … (Laplanche 2004, S. 902)

Die Übersetzung dieser rätselhaften Erwachsenenbotschaft geschieht nicht auf einmal, sondern zweiseitig und im Rückgriff auf Schemata, die durch die kulturelle Umgebung geliefert werden. Es handelt sich, wie Freud formulierte, um »… eine besondere Art von überaus wichtigen Erlebnissen, die in sehr frühe Zeiten der Kindheit fallen und seinerzeit ohne Verständnis erlebt worden sind, *nachträglich* aber Verständnis und Deutung gefunden haben« (1914, S. 129). In Laplanche's Sichtweise ist die Übersetzung der rätselhaften Botschaft des Erwachsenen immer unvollkommen und hinterlässt Überreste. Diese Überreste bilden – in ihrer Gegensätzlichkeit zum vorbewussten Ich – das Unbewusste im Freud'schen Sinne des Wortes.

Freuds Modell vom Seelenapparat ist ein neurotisch-normales Modell. Wie ist es aber nun mit den häufigen Fällen, z. B. in der psychiatrisch-psychotherapeutischen Praxis, die aus diesem Modell herausfallen (Psychosen, Borderline-Fälle, schwere Persönlichkeitsstörungen etc)? Viele Psychoanalytiker haben in diesem Zusammenhang Freuds Auffassung, die auf der Verdrängung und dem Unbewussten basierte, ad acta gelegt und neue Modelle entwickelt. Diese Modelle sind meistens desexualisiert und beziehen sich kaum auf den Begriff des Unbewussten. Diesen Modellen stellt Laplanche (2004) eine »allgemeine Verführungstheorie« gegenüber, die einen einheitlichen Blick auf die vermeintlich getrennten Modelle – das neurotisch-normale und das Psychosen-Borderline-Modell – ermöglicht. Auf dem Boden der anthropologischen Grundsituation geht Laplanche davon aus, dass bei jedem Menschen ein Bestand an »unübersetzten Botschaften« vorliegt. Dieses »eingeklemmte Unbewusste« ist ein Ort des Stillstands, zugleich aber auch ein Ort der Erwartung; Erwartung einer möglichen Übersetzbarkeit dieser unübersetzten Botschaften. Es ist daran zu erinnern, dass bereits Freud von einem Nebeneinander zweier Mechanismen in ein und demselben Individuum gesprochen hatte: dem neurotischen Mechanismus der Verdrängung und dem psychotischen/perversen Mechanismus der Verleugnung. Die vertikale Grenze der Spaltung im Verhältnis zur horizontalen Schranke der Verdrängung ist keine Konfliktschranke, sondern markiert – wie bei Freud – die Trennung von zwei Abwehrvorgängen. Diese Grenze kann überschritten werden, z. B. wenn ein neuer Übersetzungsprozess – im Rahmen von einer Psychotherapie – in Gang gesetzt wird. Bei der Verdrängung (und ganz besonders der Urverdrängung) werden die Botschaften des anderen zu einem ersten Zeitpunkt in das »eingeklemmte Unbewusste« oder Unterbewusste eingeschrieben. Sie werden dann wieder aufgenommen, übersetzt und infolge dessen aufgeteilt zwischen einer vor-bewussten Übersetzung und unbewussten Überresten.

4.8 Unbewusste Fantasie: Psychoanalyse und »embodied cognitive science«

Das Konzept des Unbewussten ist auch heute ein zentrales Konzept der modernen Psychoanalyse. Es eignet sich für einen fruchtbaren Dialog zwischen den verschiedenen Richtungen innerhalb der heutigen Psychoanalyse (z. B. psychoanalytische Strukturtheorie, Kleinianische und objektbeziehungstheoretische Ansätze) wie auch für den Dialog mit der modernen Kognitions- und Neurowissenschaft. Das Entschlüsseln unbewusster Spuren in den Körperreaktionen eröffnet eine Tür zu unbewussten Fantasien über Erfahrungen aus einer vorsprachlichen Zeit (Leuzinger-Bohleber 2004). Die Kommunikation des Unbewussten der Analytiker/Therapeuten und der Patienten wird vielfach vermittelt über Prozesse der projektiven und introjektiven Identifizierung. Das Konzept der »embodied cognitive science« (Edelman 1987, 1989, 1992) kann dabei für die unbewussten Spuren in den Körperreaktionen der Patienten sensibilisieren. Das Konzept des »embodiments« postuliert, dass die frühen, vorverbalen Erfahrungen im Unbewussten lebenslang eine entscheidende Rolle spielen. Gedächtnis und Erinnern sind Funktionen des gesamten Organismus, d. h. eines komplexen, dynamischen, rekategorisierenden und interaktiven Prozesses, der immer »embodied« ist, d. h. auf sensomotorischen Prozessen beruht, die sich im gesamten Organismus manifestieren. Sich »embodied« zu erinnern, heißt nicht einfach »nonverbal« und ist nicht synonym mit dem »deskriptiven Unbewussten«, es ist vielmehr in hohem Maße konstruktiv, dynamisch und historisch bedingt. Werden z. B. gewisse Erfahrungen, wie Äußerungen von Wut und Aggression gegen eine depressive Bezugsperson (insbesondere die Mutter) nicht zugelassen, tragen sie in der Interaktion mit dem wichtigen Anderen zu dem resignativen Erleben bei, nichts bewirken zu können und keine affektive Resonanz zu erfahren. Diese Erfahrungen schlagen sich selbstverständlich auch im neuronalen Netzwerk nieder und bestimmen unbewusst Wahrnehmung und Informationsverarbeitung in späteren Situationen. So ist z. B. anzunehmen, dass durch die ständigen Umschreibungen der Erfahrungen spätere, analoge Erlebnisse solche frühen Beziehungserfahrungsmuster (z. B. das interaktionell vermittelte »Verbot«, mit heftigen Regungen, Liebe und/oder Wut an die Mutter heranzutreten) erhärten und nun in einer aktiveren Weise dazu führen, dass die damit verbundenen Wünsche, Affekte und Fantasien aus dem Bewusstsein verbannt werden. Das erwähnte interaktionell vermittelte Verbot, mit eigenen Bedürfnissen und heftigen Affekten an bedeutsame Andere heranzutreten, kann schließlich günstigenfalls in einer Psychotherapie/Psychoanalyse (als »thematischer Organisationspunkt«) einer Bearbeitung zugänglich werden.

Edelmans Hauptthese, dass sich das neuronale Netzwerk schon von Beginn an durch eine Interaktion zwischen genetisch angelegten biologischen Faktoren einerseits und Umwelteinflüssen andererseits bildet, ist somit gut mit dem psychoanalytischen Konzept des dynamischen Unbewussten in Einklang zu bringen. Die kontinuierliche Umschreibung früher Körpererfahrungen durch spätere Erfahrungen entspricht Freuds Konzept der Nachträglichkeit. Zu erinnern ist dabei auch an Freuds berühmte Formulierung, das Ich sei ursprünglich ein körperliches. Das heißt auch, dass historische Wahrheiten nie im Sinne einer »Eins-zu-eins-Beobachtung« rekonstruiert werden können, aber ebenso wenig als Basis der späteren Umschreibungen negiert werden dürfen.

4.9 Anfänge des Dialogs von Psychoanalyse und Neurowissenschaften

Freud versuchte in seinem 1895 erschienen Aufsatz *Entwurf einer Psychologie* die Psychoanalyse mit den Neurowissenschaften seiner Zeit zusammenzuführen. Er sah sich schließlich veranlasst, aufgrund nicht zur Verfügung stehender diagnostischer Möglichkeiten und empirischer Erkenntnisse sein Vorhaben wieder aufzugeben. Erst die Entwicklung der modernen Neurowissenschaften mit ihrem diagnostisch-technischen Repertoire und ihren Möglichkeiten, Einblick zu gewinnen in die neuronale Prozessierung psychischer Prozesse (z. B. der emotional-kognitiven Interaktion), ermöglichte eine erneute Annäherung bei der Suche nach Zusammenhängen zwischen Erkenntnissen beider Disziplinen. Die paradigmatische Wende Freuds zur Psychoanalyse entstand aus seiner Beschäftigung mit dem Leib-Seele-Problem und der damit verknüpften Kernfrage, wie das Gehirn subjektives Erleben (das Bewusstsein) durch vorhandene anatomische Strukturen und physiologische Funktionen hervorzubringen vermag. Freud hatte sich bereits 20 Jahre lang mit neurophysiologischen Fragen hinsichtlich Struktur und Funktionen des Nervensystems auseinandergesetzt, als er sich schließlich mit dem zentralen Problem der Neuropsychologie seiner Zeit konfrontiert sah, der zerebralen Lokalisation von Sprache und einer möglichen Erklärung von Aphasien (Kaplan-Solms u. Solms 2000, 2003). Freud setzte sich schließlich mit einer der größten medizinischen Herausforderungen seiner Zeit auseinander, der physiologisch unerklärbaren Symptomatik von Neurosen, insbesondere der Hysterie. Das Interesse an diesen beiden Problemstellungen veranlasste ihn, zwischen 1895 und 1900 die neurowissenschaftliche Methode zugunsten der psychoanalytischen aufzugeben.

Bevor Freuds Ambivalenz und Sehnsucht nach einer naturwissenschaftlichen Begründung der Psychoanalyse dargestellt wird, sollen zunächst einige historische Wurzeln und Vorläufer der **Neuropsychoanalyse** beschrieben werden.

Freud absolvierte seine Ausbildung zum Neurologen in einem damals noch sehr jungen Fach, das hauptsächlich auf eine bestimmte wissenschaftliche Methode zurückging, nämlich die Methode der **klinisch-anatomischen Korrelation.** Diese Methode wurde damals insbesondere von Ärzten der inneren Medizin vermittelt. Vor dem Hintergrund klinischer Erfahrungswerte wurde nach Antworten auf die Frage gesucht, welche lebensbegleitenden klinischen Auffälligkeiten mit welchen pathologischen Autopsiebefunden korrelierten. Auf diesem Wege wurde es möglich, pathognomonische Symptomkonstellationen zu erkennen und die Lokalisation der zugrunde liegenden Krankheit annähernd genau vorherzusagen sowie eine entsprechende Behandlung einzuleiten (**Konzept der klinischen Syndrome**). Die Neurologie entwickelte sich schließlich zu einem eigenständigen Spezialgebiet innerhalb der inneren Medizin. Als Freud 1880 seine Ausbildung in klinischer Neurologie begann, galt es, das Konzept der klinischen Syndrome, das auf der klinisch-anatomischen Korrelationsmethode beruhte, hinsichtlich Diagnose und Planung von Behandlungsmaßnahmen zu erlernen.

Klinisch-anatomische Korrelationsmethode

In einem wesentlichen Aspekt unterschied sich die klinisch-anatomische Korrelationsmethode der Neurologie von derjenigen in der inneren Medizin: Defekte im Gehirn tragen nicht nur zu umgrenzten pathophysiologischen Veränderungen bei, sondern haben auch eine unmittelbare und direkte Auswirkung auf die Geistesverfassung und u. U. die Persönlichkeit der Betreffenden. Vielfach wird in diesem Zusammenhang der klassische Fall des Phineas Gage zitiert: Eine Eisenstange durchbohrte den linken Frontallappen dieses Eisenbahnarbeiters. Die Auswirkungen dieses Unfalls und die Veränderungen der Persönlichkeit wurden von Harlow (1868) beschrieben:

> Seine körperliche Verfassung ist gut, und ich neige zu der Behauptung, dass er wieder genesen ist …, allerdings scheint das Gleichgewicht zwischen seinen geistigen Fähigkeiten und seinen animalischen Neigungen gestört zu sein. Er ist nun launisch, respektlos, flucht manchmal auf abscheulichste Weise (früher nicht vorhandene Gewohnheiten), er erweist seinen Mitmenschen keine Achtung, reagiert ungeduldig auf Anweisungen und Einschränkungen, sobald sie nicht mit seinen eigenen Wünschen übereinstimmen, ist gelegentlich hartnäckig und eigensinnig, dennoch wankmutig und unschlüssig, er sinnt ständig Zukunftspläne, die schneller wieder verworfen als ausgeführt werden. … Seine Geistesverfassung hat sich radikal verändert, so gravierend, dass seine Freunde und Bekannten behaupten, in ihm den Gage von früher nicht mehr wieder zu erkennen.

Dieses Beispiel einer durch ein Schädeltrauma bedingten Persönlichkeitsveränderung unterstrich, dass Schäden in bestimmten Hirnregionen bestimmte mentale Veränderungen nach sich ziehen. Dementsprechend wurde die klinisch-anatomische Methode in der Neurologie grundlegend neu aufgefasst, als eine **Lokalisation mentaler Funktionen**.

Der französische Neurologe Paul Broca demonstrierte in den frühen 1860er-Jahren, dass eine Schädigung einer bestimmten Hirnregion, heute als »**Broca-Areal**« bekannt, ein spezifisches Syndrom erzeugte und zwar den Verlust der Sprache trotz weiterhin bestehender Funktionstüchtigkeit der zum Sprechen benötigten Organe. Mithilfe der klinisch-anatomischen Beobachtungsmethode wurde somit erstmalig eine mentale Funktion – die symbolische Stimmgebung – identifiziert.

Wenig später zeigte der deutsche Neurologe Carl Wernicke, dass die Schädigung eines anderen Teils des Gehirns, bekannt als »**Wernicke-Areal**«, zu der Unfähigkeit führt, Sprache zu verstehen, obwohl das Hörvermögen intakt ist (Wernicke-Aphasie). Mit dem Wernicke-Areal konnte somit die für das Sprachverständnis zuständige Hirnregion lokalisiert werden. Weitere klinisch-anatomische Korrelationen zu grundlegenden mentalen Funktionen wie Lesen, Schreiben, Feinmotorik und Objekterkennung lieferten schließlich die Grundlage für einen späteren Spezialbereich innerhalb der Neurowissenschaften, der Verhaltensneurologie.

Wie Freuds Schriften aus jener Zeit belegen, war er mit der Methodik und den Unterschieden der damals vorherrschenden deutschen und französischen Schule der klassischen Neurologie vertraut. Das Hauptanliegen der klassischen deutschen Neurologie bestand darin, in der Tradition der Helmholz-Schule (»Keine anderen Kräfte als die allgemeinen physikalischen und chemischen sind in einem Organismus tätig.«, Du Bois-Reymond 1927, [1]1842) anatomische und physiologische Theorien zu entwickeln. Das Hauptanliegen der französischen Schule der Neurologie lag hingegen darin, die unterschiedlichen klinischen Bilder zu identifizieren, zu klassifizieren und zu beschreiben. Zunehmend beeindruckt von Charcot schrieb Freud:

> Charcot wurde … auch niemals müde, die Rechte der rein klinischen Arbeit, die im Sehen und Ordnen bestehen, gegen die Übergriffe der theoretischen Medizin zu verteidigen. … la théorie, c'est bon, mais ca n'empêche pas d'exister. (Freud 1893, S. 23)

Trotz der prinzipiell vorhandenen Komplementarität der deutschen und französischen Schule der klassischen Neurologie gab es eine Gruppe von Störungen, welche die trennenden Ansichten der beiden Ansätze besonders unterstrichen. Es handelte sich dabei um die Gruppe der Neurosen, insbesondere um die Hysterie und die Neurasthenie. Für die zu Lebzeiten beobachteten klinischen Symptome konnten bei Autopsien keine Verletzungen des Nervensystems gefunden werden. Während Charcot fortfuhr, die pathognomonischen Syndrome von Hysterie und Neurasthenie zu beschreiben, gestaltete sich das Problem der nicht nachweisbaren anatomischen Läsionen bei diesen Störungen für die deutsche Neurologie als nahezu unlösbar. So veröffentlichte Meynard ein psychiatrischen Lehrbuch mit dem Titel *Klinik der Vorderhirnkrankheiten* und schrieb in dessen Vorwort:

> Der historische Name Psychiatrie als »Seelenbehandlung« verspricht das, was nicht schlechtweg zu leisten ist, und fliegt über die Naturforschung hinweg. (Meynard 1884)

Da Freud insbesondere an dem Themenkomplex der neurotischen Störungen interessiert war, lässt sich seine zunehmende Hinwendung zu Charcot während seiner Studienzeit in der Salpetrière (1885–1886) gut nachvollziehen. Angesichts dieses Orientierungswechsels muss allerdings hervorgehoben werden, dass dieser nicht gleichzusetzen ist mit einem Wechsel von der Neurologie zur Psychologie. Für Freud waren Neurosen keine nicht physikalischen, also psychischen Störungen, sondern eher nicht anatomische bzw. nicht lokalisierbare physiologische Störungen (Kaplan-Solms u. Solms 2000, S. 25). Hierzu schrieb Freud:

> Die Neurasthenie ist nicht ein Krankheitsbild im Sinne der allzu ausschließlich auf die pathologische Anatomie aufgebauten Lehrbücher, sondern eher als eine Reaktionsform des Nervensystems zu bezeichnen. (Freud 1887, S. 65 ff.)

Zur Hysterie fügte Freud an:

> Die Hysterie beruht ganz und gar auf physiologischen Modifikationen des Nervensystems, und ihr Wesen wäre durch eine Formel auszudrucken, welche den Erregbarkeitsverhältnissen der verschiedenen Teile des Nervensystems Rechnung trägt. (Freud 1888, S. 72)

Bereits in diesen Zitaten klingt Freuds Kritik an der klassischen Lokalisationsmethode und die Entwicklung eines Funktionsmechanismus und schließlich auch strukturbasierten Modells an. Diese Entwicklung wurde zunächst angeregt durch die Auseinandersetzung mit dem englischen Neurologen Jackson. Jackson wies die Vorstellung zurück, komplexe seelisch-geistige Fähigkeiten könnten auf lokal umschriebene Hirnregionen eingegrenzt werden. Freud fasste die hysterische Lähmung als psychische Störung auf, beschrieb sie mit funktionellen Begriffen und erklärte ihre physiologischen Korrelate als zwischen den anatomischen Elementen des Nervensystems existierende »Assoziationen«: »… die Läsion im Falle einer hysterischen Hemmung in nichts anderem besteht als in der Unzugänglichkeit der Vorstellung des Organs oder der Funktion für die Assoziationen des bewussten Ichs, … eine rein funktionelle Veränderung.« (Freud 1893, S. 25 ff.). Vor dem Hintergrund seiner Auseinandersetzung mit der Aphasie beschloss Freud, psychische Syndrome durch ihre eigenen psychologischen Termini zu beschreiben. Die klassische klinisch-anatomische Methode, die psychische Funktionen als ein Mosaik von Zentren auf den Gehirnhemisphären abbildete, hielt er schließlich für völlig ungeeignet, um die wesentlichen Merkmale seelischer Aktivität miteinander in Einklang zu bringen:

> …, dass die hier entwickelte psychische Topik … nichts mit der Gehirnanatomie zu tun hat, sie eigentlich nur an einer Stelle streift. Das Unbefriedigende an dieser Vorstellung, das ich

so deutlich wie jeder andere verspüre, geht von unserer völligen Unwissenheit über die dynamische Natur der seelischen Vorgänge aus. (Freud 1939, S. 204)

Erst in den Jahren 1893 bis 1900 übertrug Freud die dynamischen und entwicklungsbezogenen Prinzipien seines Konzeptes, das zunächst in der Auseinandersetzung mit Aphasien und verschiedenen Bewegungsstörungen entstanden war, auch auf die Psychopathologie. Auf diesem Wege entstand die Psychoanalyse als neue Wissenschaft: Die Traumdeutung markierte schließlich den Scheidepunkt zwischen Psychoanalyse und Neurowissenschaften.

In seiner weiteren Forschungsarbeit bezeichnete Freud den psychischen Apparat, mit dessen Hilfe er seine klinischen Beobachtungen zu verstehen versuchte, als provisorisches Konstrukt und als ein System funktioneller Beziehungen, das irgendwie im Hirngewebe abgebildet sein müsse. Er beharrte deshalb auch darauf, dass wir »das Gerüste nicht für den Bau halten« sollten (Freud 1900). In zahlreichen Kommentaren unterstrich Freud, dass Psychoanalyse und Neurowissenschaft eines Tages zusammengeführt werden müssten:

» Man muss sich daran erinnern, dass all unsere psychologischen Vorläufigkeiten einmal auf den Boden organischer Träger gestellt werden sollen. (Freud 1914, S. 143)

Die Mängel seiner Metapsychologie begründete er insbesondere mit dem fehlenden Wissen um die energetischen Vorgänge:

» Die Unbestimmtheit all unserer Erörterungen, die wir metapsychologische heissen, rührt natürlich daher, dass wir nichts über die Natur des Erregungsvorganges in den Elementen der psychischen Systeme wissen und uns zu keiner Annahme darüber berechtigt fühlen.
… die Mängel unserer Beschreibung würden wahrscheinlich verschwinden, wenn wir anstatt der psychologischen Termini schon die physiologischen oder chemischen einsetzen könnten.
… die Biologie ist wahrlich ein Land der unbegrenzten Möglichkeiten, wir haben die überraschendsten Aufklärungen von ihr zu erwarten und können wir erraten, welche Antworten sie auf die von uns gestellten Fragen einige Jahrzehnte später geben würde. Vielleicht gerade solche, durch die unser ganzer künstlicher Bau von Hypothesen umgeblasen wird. (Freud 1920)

Wesentliche Voraussetzungen für eine zukünftige Neurowissenschaft, welche die neuronale Organisation seelisch-geistiger Prozesse erklären will, sah Freud in den beiden folgenden Schritten:

1. Vollständige psychologische Analyse mit dem Ziel, die internen Strukturen des jeweiligen Funktionssystems unabhängig von seiner zerebralen Organisation zu erfassen.
2. Valide Identifikation der zerebralen Korrelate des jeweiligen psychischen Prozesses.

4.10 Neurodynamischer Ansatz von Lurija

Eine Methode, die eine Zusammenführung von Psychoanalyse und Neurowissenschaften ermöglicht und dabei im Einklang steht mit den erwähnten Grundannahmen Freuds, stellt die **dynamische Neuropsychologie Lurijas** dar (Kaplan-Solms u. Solms 2000). Als Prinzipien von Lurijas Ansatz lassen sich zusammenfassen:

- Priorität psychologischer Analyse bei psychischen Störungen (abhängig von der Ätiologie),
- die Methode des individuellen Fallberichtes mit einer Betonung der qualitativ-beschreibenden Untersuchungsmethode (insbesondere der Syndromanalyse),
- Würdigung der dynamischen Natur des seelisch-geistigen Lebens (pathologische wie auch normale psychische Phänomene werden als Resultat einer funktionellen Interaktion zwischen elementaren Komponenten des psychischen Apparates betrachtet),
- die entwicklungsdynamische und hierarchische Modellvorstellung des psychischen Apparates (verstanden als funktionelles System).

Auf der Suche nach einer Psychologie, welche die deskriptive (idiografische) und explanatorische (nomothetische) Wissenschaft verbinden könne, fühlte sich Lurija früh von der Psychoanalyse angezogen (Lurija 1979, S. 21–23). Die wechselhafte Haltung Lurijas gegenüber der Psychoanalyse, die offensichtlich insbesondere auch auf politisch-ideologischen Druck zurückzuführen war, wird an anderer Stelle erörtert (Kaplan-Solms u. Solms 2000, S. 33 ff.).

Lurija vertrat die Auffassung, dass psychische Funktionen aufgrund von fokalen Hirnschäden nicht einfach »verloren«, sondern auf vielfältige und dynamische Art und Weise verzerrt sind (Lurija 1970, [1]1947). Lurija betonte, dass jedes System einer psychischen Funktion diene. Angesichts der weitgehenden Übereinstimmung mit Freuds Aphasiekonzept ist ein bedeutender Unterschied zwischen beiden Modellen bemerkenswert: Während Freud davon ausgegangen war, dass nur die primären sensomotorischen Funktionen, die an der Peripherie des Sprachapparates liegen, lokalisierbar seien, war Lurija überzeugt, unter Berücksichtigung der dynamischen Natur des komplexen psychologischen Sprachprozesses jedes Stadium lokalisieren zu können, einschließlich solcher, die durch tiefliegende Strukturen erzeugt wurden. Lurijas Arbeit basierte auf einer differenzierten Sprachpsychologie und insbesondere auf einer Modifikation der klassischen klinisch-anatomischen Methode. Seine Methode der »dynamischen Lokalisation« umfasst zwei wesentliche Schritte:

1. Qualifikation des Symptoms (inkl. sorgfältiger psychologischer Analyse der Defekte),
2. Syndromanalyse.

Die Syndromanalyse zielt auf die vollständige Beschreibung des Symptomkomplexes bzw. von Verhaltensänderungen aufgrund lokaler Hirnschäden (Lurija 1973, S. 38). In einem weiteren Schritt geht es um die Beantwortung der Frage, wie sich die Schädigungen verschiedener Hirnregionen auf die Funktionssysteme auswirken. Schrittweise werden die vielfältigen grundlegenden Faktoren, die das Funktionssystem ausmachen, identifiziert und gleichzeitig die unterschiedlichen Funktionen der einzelnen Hirnbereiche definiert. Auf diesem Wege können die Komponenten eines jeden Funktionssystems bestimmt und auf der Gehirnoberfläche lokalisiert werden. Die »dynamische Lokalisation« zielt nicht auf die Lokalisation der Funktion als solche, sondern der Teilkomponenten des psychischen Apparates, der sie unterstützt.

Lurija warnt vor der Versuchung, »den mentalen Prozess direkt im Kortex zu lokalisieren.« Vielmehr gehe es um die Fragestellung, »wie sich mentale Aktivität aufgrund verschieden lokalisierter Hirnläsionen speziell auswirkt und welche Faktoren für die Struktur und die komplexen Formen geistiger Aktivität jedes Gehirnsystems eine Rolle spielen« (Lurija 1973, S. 42).

Die klinisch-deskriptive Methode Charcots (Syndromanalyse) und Lurijas Methode der dynamischen Lokalisation wurden zu wesentlichen Grundlagen des späteren neuropsychoanalytischen Ansatzes von Kaplan-Solms und Solms (2000). Beide Autoren sehen in diesem Ansatz die Bedingungen erfüllt, die zur Wiedervereinigung von Psychoanalyse und Neurowissenschaften nötig seien. Sie setzten sich dabei zunächst mit der neuronalen Organisation des Träumens auseinander. Hierzu spezifizierten sie unterschiedlich ausgeprägte Störungsformen des Träumens, indem sie die geschädigten Hirnregionen bestimmten und ihre Auswirkungen auf das Träumen erfassten. Anschließend wurden diese Traumstörungen selbst zum Gegenstand einer detaillierten psychologischen Analyse. Die Untersuchung der Traumfähigkeit bei Patienten mit fokalen Hirnschäden führte zur Beschreibung von sechs Syndromen:

- Traumverlust (Läsion des linken Parietallappens),
- Traumverlust (Läsion des rechten Parietallappens),
- Traumverlust (Läsion im tiefer gelegenen bifrontalen Bereich),
- nichtvisuelles Träumen (Läsion des Okzipital- und Temporallappens),
- Verwischung von Traum und Realität (Läsion des frontalen limbischen Systems),
- wiederkehrende Alpträume (Temporallappenanfälle).

4.11 Neuroanatomische Methode von Kaplan-Solms und Solms

Die Ausführungen von Kaplan-Solms und Solms zusammenfassend, beschreiben diese die neurodynamische Struktur des Träumens (2000, 2003). Sie betonen, dass keine Funktion, die zum Träumen beiträgt, innerhalb einer bestimmten der beteiligten Regionen lokalisiert werden könne, vielmehr entfalte sich der dynamische Prozess als Interaktion zwischen den verschiedenen Teilkomponenten des gesamten Funktionssystems. Dabei beziehen sie sich auf Lurijas Schlussfolgerungen, dass der Prozess des Träumens sich über ein Funktionssystem erstreckt, das aus sechs grundlegenden Teilkomponenten besteht (▶ Abschn. 4.10). Der dynamische Prozess entfalte sich als Interaktion zwischen den verschiedenen Teilkomponenten des gesamten Funktionssystems. Lurija vermutete, dass die Prozesse, die von der tiefliegenden ventromesialen Frontalhirnregion gesteuert werden, am Ende des Pfades stehen, der den Traumprozess initiiert hat (die »Traumarbeit« im Sinne von Freud, 1900).

Kaplan-Solms und Solms (2000) sehen das Träumen als einen »motivierten Prozess«, der durch die gleichen Kräfte ausgelöst werde, die im Wachzustand das Denken und Spontanverhalten steuern. Träumen finde nur dann statt, wenn ein Reiz während des Schlafes motivationales Interesse erregt. Die Frage, warum gerade die weiße Substanz des ventromesialen Frontallappens dem geschilderten motivationalen Faktor zugrunde liegt, lässt sich mit Hinweis auf die beteiligten neuronalen Netzwerke und Neurotransmittersysteme beantworten: Die weiße Substanz des ventromesialen Frontallappens besteht im Wesentlichen aus Fasern, welche die ventralen Mittelhirnkerne mit dem limbischen System (u. a. Gyrus cinguli und Nucleus accumbens) und dem frontalen Kortex verbinden. Sie bilden ferner einen Teil des aufsteigenden dopaminergen Systems, das Bestandteil des »Neugier-Interesse-Erwartung-Systems-« oder »Such-Systems« des Gehirns ist (Panksepp 1985, 1998). Diese Systeme lösen zielgerichtete Verhaltensweisen und Appetenzinteraktionen eines Organismus mit der Umwelt aus.

Wie am Beispiel des Traums gezeigt, sehen Kaplan-Solms und Solms (2000) Lurijas Methode der Syndromanalyse als die geeignete Plattform für die Begegnung von Psychoanalyse und Neurowissenschaften an. Sie ermögliche es, so hoffen die Autoren, die Psychoanalyse in alle Bereiche der Neurowissenschaften zu integrieren, also nicht nur mit der Anatomie, sondern auch mit der Chemie und der Molekularbiologie zu verknüpfen. In einem ersten Schritt wurden die Persönlichkeits-, Motivations- und Emotionsveränderungen von Patienten mit diversen Hirnläsionen untersucht, die im Rahmen einer Psychoanalyse oder einer psychoanalytischen Therapie behandelt wurden. Aufgrund ihrer klinischen Beobachtungen gelangen Kaplan-Solms und Solms zu der Schlussfolgerung, dass die rechte perisylvische Konvexität eine entscheidende Komponente in dem neuroanatomischen Substrat der Gesamtobjektrepräsentation ist und ihr deshalb die Bedeutung eines neurophysiologischen Weges für die Gesamtobjektbesetzung (Kathexis) zukommt. Bei einer Störung resultiert das Unvermögen, sich an Objekte in einer reifen und ausgewogenen Weise zu binden. Symbolische Wortrepräsentationen werden auf dem linken perisylvischen Kortex verschlüsselt; narzisstische Objektvorstellungen beruhen demnach größtenteils auf physiologischen Modifikationen im ventromesialen Frontalhirnbereich. Letztere gehen ferner einher mit Störungen des inneren Kerns der selbstregulierenden Funktionen des Ich und Über-Ich.

Auf der Grundlage eines Datensatzes von 35 Patienten mit umgrenzten Hirnläsionen, die eine psychoanalytischer Behandlung erhielten, formulieren die Autoren in einem weiteren Schritt eine allgemeine Theorie, die auf die Fragestellung zielt, wie der psychische Apparat als ein Ganzes im Gehirn abgebildet sein mag. Die ventromesiale Frontalhirnregion bildet hypothetisch die grundlegenden ökonomischen Transformationsprozesse aus, die für die Hemmung des psychischen Primärvorgangs zuständig sind. Die ökonomische Transformation im Energiehaushalt ist dabei identisch mit dem Prozess, den Freud als »Bindung« beschrieb. Eine Störung dieser ökonomischen Funktion zieht unweigerlich eine Störung aller daran gebundenen Sekundärfunktionen nach sich. Das Ich und das

Über-Ich werden als ein Set von Gedächtnissystemen beschrieben, als ein Set von strukturierten Internalisierungen. Die angewandte Methode der dynamischen Lokalisation ermöglicht ein relativ umfassendes Bild neuronaler Organisation u. a. auch von denjenigen psychischen Funktionen (z. B. Verdrängung, Aufmerksamkeit und Realitätsprüfung), die für die Psychoanalyse bedeutsam sind. Es wird gezeigt, wie die Psychoanalyse einen empirischen Zugang zu den Neurowissenschaft eröffnet und der Untersuchung der »nicht erkennbaren Realität« im Sinne von Freud ein neurowissenschaftlicher Zugangsweg hinzufügt wird.

4.12 Neurowissenschaft der subjektiven Erfahrung

Das gemeinsam von Mark Solms und Oliver Turnbull (2002) verfasste Buch *The brain and inner world* vermittelt eine Übersicht über die »Neurowissenschaft der subjektiven Erfahrung«. Dargestellt wird ein breites Spektrum an Befunden (zu Emotion, Motivation, Gedächtnis, Fantasie, Träumen und Halluzinationen, differenziellen und komplementären Funktionen der linken und rechten Hemisphäre). Weitere Hypothesen beziehen sich auf eine mögliche Basis der psychoanalytischen »Redekur«, die Natur unbewusster und bewusster Prozesse und die Basis von Subjektivität, Bewusstsein und Selbst. Der Anspruch ist hochgesteckt, er besteht darin, die Theorie von Freud in eine Reihe von überprüfbaren Hypothesen zur funktionellen Organisation des Gehirns zu übersetzen.

Nicht zuletzt wird in diesem Buch auch die herausragende Pionierarbeit von Antonio Damasio gewürdigt: Damasio (1994, 1999) unterstrich, dass das Bewusstsein nicht nur auf der Wahrnehmung innerer Zustände beruht, sondern aus einer fluktuierenden Verbindung aktueller Zustände des Selbst mit aktuellen Zuständen der Objektwelt. Jede Bewusstseinseinheit geht einher mit einer Verbindung zwischen dem Selbst und den Objekten. Der Titel von Damasios Buch *The feeling of what happens* unterstreicht, dass das Bewusstsein aus Gefühlen besteht, die auf das Geschehen in der Außenwelt projiziert werden. Den Bindungsmechanismus für die Verknüpfung der verschiedenen Bewusstseinskanäle bezeichnet Damasio als Kernbewusstsein (»core consciousness«). Der Zugang zum episodischen Gedächtnis (»episodic memory«), d. h. die Erinnerung an zurückliegende Umstände der Selbst-Objekt-Beziehung, trägt zur Entwicklung des autobiografischen Selbst (»autobiographical self«) bei. In psychoanalytischen Begriffen kann das Kernselbst (»core self«) als Wahrnehmung des aktuellen Zustands des »Es« beschrieben werden, während das erweiterte, autobiografische Selbst mit dem »Ich« synonym ist.

4.13 Affektive Neurowissenschaften

Weitere Pionierarbeiten, die für den Dialog zwischen Neurowissenschaften und Psychoanalyse bedeutsam sind, stammen von Jaak Panksepp (1998, 2009). Er prägte den Begriff der »affective neuroscience«. Panksepp beschreibt sieben grundlegende emotionale Systeme, die definiert werden als Aktivierungs- und Orientierungssysteme (mit einer speziesübergreifenden neuronalen Dynamik). Diese Systeme haben sich in der Evolution durch entsprechende Überlebungsvorteile durchsetzen können und nutzen genetisch festgelegte Hirnareale. Wenn eines dieser Systeme aktiv ist, werden in der Regel die anderen gehemmt (Le Doux 1996, 2006). Diese Systeme dienen der Aktivierung, Bewertung und Handlungsvorbereitung. Damit ist auch eine physiologische Umstellung in Richtung größerer Lernbereitschaft verbunden.

Bei den Basisemotionen nach Panksepp (1998, 2009) handelt es sich um Emotionen, die jeweils eine evolutionäre Bedeutung haben. Die beiden ersten Basisemotionen dienen dem Überleben und gewährleisten eine angemessene Lernzeit (insbesondere wichtig beim Programmöffnen der Konstruktion des Gehirns):

Basisemotionen nach Panksepp

- **Care:** Bindung, fürsorgliche Liebe
- **Panic/Separation/Distress:** Panik, Trennungsangst
- **Seeking:** Neugier, Erkundung (dient dem Auffinden von Ressourcen)

- **Play:** Freude, Spiel (fördert soziales Lernen)
- **Fear:** Angst (dient der Gefahrenabwehr)
- **Rage:** Wut, Behauptung (fördert Durchsetzungsverhalten und unterstützt den Zugang zu Ressourcen)
- **Lust:** Lust, Sexualität (Überleben der Art)

Dieser Ansatz enthält ein wertvolles Potenzial für Hypothesen, die ermöglichen, die Spezifität und Relevanz emotionaler Faktoren in Veränderungsprozessen (z. B. in der Psychotherapie) besser zu verstehen und präziser zu beschreiben.

▪ Spiegelneurone

Ein weiterer wichtiger neurowissenschaftlicher Beitrag zur transdisziplinären Diskussion stammt von der Arbeitsgruppe Rizzolattis: Diese entdeckte die sog. Spiegelneurone, die auf der Oberfläche des Frontal- und Parietallappens lokalisiert sind (Gallese et al. 1996; Rizzolatti u. Abip 1998; Rizzolatti et al. 1999). Die mit Affen durchgeführten Versuche ergaben, dass die Motorneurone bei denjenigen Affen, die lediglich passiv das Verhalten anderer Affen beobachteten, mit dem gleichen Muster feuern wie diejenigen, die tatsächlich handelten. Auch wenn weiterhin experimentelle Befunde notwendig sind, so lässt sich dennoch annehmen, dass die Spiegelneurone die neuronale Basis der Empathie darstellen bzw. als physiologische Grundlage von Internalisierungen angesehen werden können: Mittels der Spiegelneurone werden exekutive Programme durch wiederholte Aktivierung mithilfe von Beobachtung etabliert, Passivität wird in Aktivität transformiert, Aktivität in gedankliche Prozesse umgesetzt (► Abschn. 7.4).

4.14 Schlussbemerkungen

Freuds Projekt aus dem Jahre 1895, die Psychoanalyse und die damaligen Neurowissenschaften zusammenzuführen, musste aufgrund von methodologischen Limitationen aufgegeben werden. Zentrale Fragestellungen der aktuellen Neurowissenschaften zielen u. a. auf den Zusammenhang von subjektivem Erleben und neuronaler Integration im Gehirn. Damit werden auch genuine Anliegen der Psychoanalyse der neurowissenschaftlichen Forschung zugänglich gemacht. Beispielsweise stellt Georg Northoff die Frage in den Raum, ob wir eine Erste-Person-Neurowissenschaft benötigen. (Northoff u. Böker 2006; Northoff et al. 2006). Eine solche Erste-Person-Perspektive bietet sich als eine geeignete methodologische Strategie für ein besseres Verständnis neuronaler Prozesse (z. B. der Abwehrmechanismen) und ihrer Modulation in psychoanalytischer Psychotherapie an (Northoff et al. 2007; zur Entwicklung geeigneter Paradigmen, die das subjektive Erleben und die Erste-Person-Perspektive berücksichtigen, vgl. Northoff 2014).

Literatur

Damasio A (1994) Descartes' error. Putnam, New York

Damasio A (1999) The feeling of what happens. Heinemann, London

Du Bois-Reymond E (1927) Zwei grosse Naturforscher des 19. Jahrhunderts: Ein Briefwechsel zwischen Emil Du Bois-Reymond und Karl Ludwig. Barth, Leipzig (Erstveröff. 1842)

Edelman GM (1987) Neural Darwinism. The theory of neural group selection. Basic Books, New York

Edelman GM (1989) The remembered present: a biological theory of consciousness. Basic Books, New York

Edelman GM (1992) Bright air, brilliant fire: on the matter of the mind. Basic Books, New York

Freud S (1887) Besprechung von »Die akute Neurasthenie«. Wiener Medizinische Wochenschrift, Bd 37, S 138

Freud S (1888) Hysterie. In: Villaret A (Hrsg) Handwörterbuch der gesamten Medizin, Bd 1, Stuttgart

Freud S (1893) Charcot (Nachruf). Gesammelte Werke Bd 1, Fischer, Frankfurt/M, S 19

Freud S (1895) Entwurf einer Psychologie. Aus den Anfängen der Psychoanalyse. Fischer, London, 1950

Freud S (1900) Die Traumdeutung. GW Bd 2/3, Fischer, Frankfurt/M

Freud S (1910) Die psychogene Sehstörung in psychoanalytischer Sicht. GW Bd 8, Fischer, Frankfurt/M

Freud S (1914) Erinnern, Wiederholung und Durcharbeiten. GW Bd 10, Fischer, Frankfurt/M, S 126–136

Freud S (1914) Zur Einführung des Narzissmus. GW Bd 10, Fischer, Frankfurt/M, S 137

Freud S (1915) Triebe und Triebschicksale. GW Bd 10, Fischer, Frankfurt/M

Freud S (1916–1917) Vorlesungen zur Einführung in die Psychoanalyse. GW Bd 11, Fischer, Frankfurt/M

Freud S (1915) Das Unbewusste. GW Bd 10, Fischer, Frankfurt/M
Freud S (1920) Jenseits des Lustprinzips. GW Bd 13, Fischer, Frankfurt/M, S 1
Freud S (1926) Hemmung, Symptom und Angst. GW Bd 14, Fischer, Frankfurt/M
Freud S (1926) Die Frage der Laienanalyse. GW Bd 14, Fischer, Frankfurt/M
Freud S (1933) Neue Folge der Vorlesungen zur Einführung in die Psychoanalyse. GW Bd 15, Fischer, Frankfurt/M
Freud S (1939) Der Mann Moses und die monotheistische Religion. GW Bd 16, Fischer, Frankfurt/M, S 101
Freud S (1940) Abriss der Psychoanalyse. GW Bd 17, Fischer, Frankfurt/M
Gay P (1988) Freud: Eine Biographie für unsere Zeit. Fischer, Frankfurt/M
Gallese V, Fadiga L, Fogassi L, Rizzolatti G (1996) Action recognition in the premotor cortex. Brain 119:593–609
Grubrich-Simitis J (1998) Es war nicht der »Sturz aller Werte«. Gewichtungen in Freuds ätiologischer Theorie. In: Schlösser AM, Höhfeld K (Hrsg) Trauma und Konflikt. Psychosozial, Gießen, S 97–112
Harlow J (1868) Recovery from the passage of an iron bar through the head. Bull Mass Med Soc 2:3–20
Israël L (1983) Die unerhörte Botschaft der Hysterie. Aus dem Französischen von P. Müller und P. Posch. Reinhardt, München, Basel
Kaplan-Solms K, Solms M (2003) Neuro-Psychoanalyse. Eine Einführung mit Fallstudien. Klett-Cotta, Stuttgart. Englische Ausgabe Kaplan-Solms K, Solms M (2000) Clinical Studies in Neuro-Psychoanalysis. Int Univ Press, Madison
Laplanche J (2004) Die rätselhaften Botschaften des Anderen und ihre Konsequenzen für den Begriff des »Unbewussten« im Rahmen der allgemeinen Verführungstheorie. Psyche 58 (9/10):898–913
Le Doux J (1996) The emotional brain. Weidenfeld & Nicholson, London. Deutsch Ausgabe: Le Doux J (2001) Das Netz der Gefühle. dtv, München
Le Doux J (2006) Das Netz der Persönlichkeit. dtv, München
Leuzinger-Bohleber M (2004) Die unbewusste Phantasie: Klinische, konzeptuelle und interdisziplinäre Perspektiven. Europäische Psychoanalytische Föderation, Bulletin 58:49–68
Lurija AR (1970) Traumatic aphasia: its syndromes, psychology and treatment. Mouton, Den Haag (Erstveröff. 1947)
Lurija AR (1973) The working brain: an introduction to neuropsychology. Basic Books, New York. Deutsche Ausgabe: Lurija AR (1996) Das Gehirn in Aktion. Einführung in die Neuropsychologie. Rowohlt, Reinbek
Lurija AR (1979) The making of mind: a personal account of Soviet psychology. Harvard University Press, Cambridge
Meynard T (1884) Psychiatry: Clinical treatise on the diseases of the fore-brains. Putnam, New York London
Müller-Pozzi H (2002) Psychoanalytisches Denken: Eine Einführung, 3. Aufl. Huber, Bern Göttingen Toronto Seattle
Northoff G (2014) Unlocking the brain, Bd. 1: Coding, Bd. 2: Consciousness. Oxford Univ Press, Oxford New York
Northoff G, Böker H (2006) Principals of neuronal integration and defence mechanisms: neuropsychoanalytic hypotheses. Neuro-Psychoanalysis 8(1):69–84
Northoff G, Böker H, Bogerts B (2006) Subjektives Erleben und neuronale Integration im Gehirn: Benötigen wir eine Erste-Person-Neurowissenschaft? Fortschr Neurol Psychiatr 74:627–633
Northoff G, Bermpohl F, Schöneich F, Böker H (2007) How does our brain constitute defence mechanisms? First-person-neuroscience and psychoanalysis. Psychother Psychosom 76:141–153
Panksepp J (1985) Mood disorders. In: Winken P, Bruyn G, Klawans H, Fredericks J (Hrsg) Handbook of clinical neurology, Bd 45. Elsevier, Amsterdam, S 271–285
Panksepp J (1998) Affective neuroscience: the foundations of human and animal emotions. Oxford Univ Press, New York
Panksepp J (2009) Brain emotional systems and qualities of mental life. In: Fosha D, Ziegel DJ, Solomon M (Hrsg) The healing power of emotion. affective neuroscience, development and clinical practice. Norton, New York London
Rizzolatti GB, Arbib MA (1998) Language within our grasp. Trends Neurosci 21(5):188–194
Rizzolatti GB, Fadiga L, Fogassi L, Gallese V (1999) Resonance behaviors and mirror neurons. Arch Ital Biol 137:85–100
Sandler J, Freud A (1985) The analysis of defence: the ego and the mechanisms of defence revisited. Int Univ Press, New York
Sandler AM, Sandler J (1994) The past unconscious and the present unconscious. A contribution to a technical frame of reference. Psychoanal Study Child 49:278–292
Solms M, Turnbull O (2002) The brain and the inner world: an introduction to the neuroscience of subjective experience. Other Press, New York
Stein R (1999) Psychoanalytic theories of affect. Karnack Books, London

Sozial eingebettetes Gehirn (»social embedded brain«) und relationales Selbst

Georg Northoff, Heinz Böker

H. Böker et al. (Hrsg.), *Neuropsychodynamische Psychiatrie*,
DOI 10.1007/978-3-662-47765-6_5, © Springer-Verlag Berlin Heidelberg 2016

❓ Gehirn und soziale Umwelt?

Immer mehr Untersuchungen zeigen, dass die neuronalen Prozesse im Gehirn stark durch die sozialen Prozesse in der Umwelt gesteuert werden. So hat sich eine ganze Forschungsrichtung der sozialen Neurowissenschaften entwickelt. Hier wird untersucht, wie z. B. das soziale Beziehungsgefüge Einfluss auf die Aktivität im Gehirn nimmt. Ein Proband bekommt in beiden Situationen eine Belohnung von 15 €. Einmal bekommt er 15 € und sein Mitspieler 5 €; ein anderes Mal bekommt der Mitspieler auch 15 € Euro wie unser Proband. Man würde nun annehmen, dass die Aktivierung im Gehirn, speziell im sog. Belohnungssystem im ventralen Striatum (VS) und dem ventromedialen präfrontalen Kortex (VMPC) unseres Probanden jedes Mal die gleiche ist, denn er bekommt ja in beiden Fällen die gleiche Summe, 15 € Euro. Das ist aber nicht der Fall. Im zweiten Szenario, wenn der Mitspieler auch 15 € Euro bekommt, ist die Aktivierung im VS und VMPC geringer als im ersten Fall, wenn der Mitspieler nur 5 € Euro erhält (Fliessbach et al. 2007).

Das ist nur ein Beispiel, wie die scheinbar rein neuronale Aktivität im Gehirn stark von dem jeweiligen sozialen Kontext abhängt. Sozialer Kontext ist immer auch kultureller Kontext. Und in der Tat, die kulturelle Neurowissenschaft (Han u. Northoff 2008; Han et al. 2013) zeigt, dass die gleichen sensorischen, kognitiven oder sozialen Funktionen des Gehirns stark vom kulturellen Kontext abhängen. So ist z .B. die Auffassung des Selbst unterschiedlich in Ost und West, Asien und Europa. In Europa konstituieren wir ein eher unabhängiges und individualisiertes Selbst, ganz extrem ist das in Nordamerika, wo das Selbst sich als individuell und unabhängig zu etablieren hat. In Asien hingegen, wird das eigene Selbst mehr als interdependent betrachtet. Das hat begrifflich zu dem Konzept eines unabhängigen versus abhängigen (»independent versus interdependent«) Selbst geführt (Markus u. Kitayama 1991). Interessanterweise sind damit auch neuronale Differenzen verknüpft: Stimuli wie Worte oder Bilder, die eher Unabhängigkeit des Selbst implizieren, führen zu starker Aktivierung in den kortikalen Mittelelinienstrukturen (KMS) bei westlichen Probanden nicht aber bei asiatischen. Umgekehrt verhält es sich hingegen bei interdependenten Stimuli, die bei asiatischen Probanden stärker aktiviert sind.

Soziale Umwelt und Gehirn, Kultur und Gehirn, beides ist eng und untrennbar miteinander verknüpft. Das Gehirn ist also weder rein neuronal noch rein sozial oder kulturell. Man könnte auch sagen, dass das Gehirn und seine neuronale Aktivität kulturalisiert sind, genauso wie die soziale und kulturelle Umwelt neuronalisiert sind. Wer war zuerst – Huhn oder Ei, Gehirn oder Umwelt? Diese Frage zu stellen ist möglicherweise falsch. Warum? Weder Umwelt noch Gehirn wären so, wie sie sind inklusive der beschriebenen Kontextdependenz, wenn sie nicht immer schon miteinander verknüpft gewesen wären.

❓ Warum ist diese soziale und kulturelle Einbettung des Gehirns wichtig und zentral für eine neuropsychodynamische Psychiatrie?

Die neuropsychodynamische Psychiatrie versucht, Prozesse, Mechanismen und Strukturen an der Grenze zwischen Psyche und Soma, zwischen Gehirn und Bewusstsein, der »integrativen Transformationsebene« zu verstehen. Die Befunde der sozialen und kulturellen Neurowissenschaften zeigen, dass wir möglicherweise die Beziehung und Transformation zwischen Gehirn und Umwelt bei unseren Überlegungen miteinbeziehen müssen und dass auf dieser Ebene möglicherweise die Grundlagen für die Transformation zwischen Gehirn und Bewusstsein, zwischen Soma und Psyche gelegt werden. Das könnte auch erklären, warum es in der Tat kulturelle Unterschiede in den Symptomen psychiatrischer Erkrankungen gibt. So scheint sich die Depression mit sehr viel stärkeren somatischen Symptomen in Asien zu manifestieren als in Europa und Nordamerika, wo häufig eher kognitive und affektive Symptome dominieren.

Wenn wir also jetzt und im Folgenden vom Gehirn sprechen, meinen wir nicht die »graue Masse da oben im Schädel«, sondern die neuronale Aktivität, die immer schon eng mit der sozialen und kulturellen Umwelt verknüpft ist. Was als rein neuronal erscheint, ist dann eher neuro-sozial und neuro-kulturell oder, um einen weiteren Begriff zu verwenden »neuro-ökologisch« (Northoff 2014). Wie sieht ein solches intrinsisch neuro-soziales oder neuro-ökologisches Gehirn aus und wie manifestiert es sich? Lassen Sie uns dies am Beispiel des Selbst und der Person verdeutlichen.

5.1 Gehirnvermittelte Person-Umwelt-Beziehung

? Wie vermittelt das Gehirn seinen Einfluss auf die Person-Umwelt-Beziehung?

Wir vermuten, dass das selbstbezogene Processing (SBP) von grundlegender Bedeutung ist, nicht zuletzt auch für das Verständnis der Prozesse in einer psychoanalytischen Psychotherapie (▶ Abschn. 5.3). Es stellt sich die Frage, wodurch die Person in der Lage ist, sich einerseits auf die Umwelt zu beziehen und andererseits die Umwelt auf sich zu beziehen. Hier wählt das Individuum bestimmte Stimuli von der Umwelt aus und bezieht diese auf sich selbst. Wodurch kann der Organismus Stimuli der Umwelt, auf die er sich beziehen will, von solchen, auf die er sich nicht beziehen will, unterscheiden? Es kann hier von selbstbezogenem Processing ausgegangen werden (»self-related processing«), (Northoff et al. 2006; Northoff u. Bermpohl 2004). In der englischen Übersetzung bringt der Begriff »related« dies besser zum Ausdruck, denn er beschreibt die Beziehung zwischen Organismus und Umwelt, die durch diese Art des Processing hergestellt wird. Es zeichnet sich durch eine unmittelbare, selektiv-adaptive Kopplung des Organismus mit der Umwelt aus und spiegelt sich im phänomenalen Erleben wider.

■ Charakteristika des selbstbezogenen Processing (SBP)

- Das SBP ist genuin relational, d. h., es stellt eine Beziehung zwischen Organismus und Umwelt in Form von bestimmten Stimuli her, auf die sich der Organismus beziehen kann.
- Das SBP spiegelt sich in einer Erfahrung bzw. dem Erleben des Selbstbezugs von Stimuli wider – dieses Erleben muss auf einer phänomenalen Ebene angesiedelt werden – im Unterschied zu einer kognitiven Ebene. Es ist ein basales subjektives Erleben eines Bezugs zu bestimmten Gegebenheiten oder Nischen der Umwelt, welche hierdurch eine bestimmte Bedeutung für den jeweiligen Organismus gewinnen.
- Das SBP kann als eine Manifestation einer selektiv-adaptiven Kopplung zwischen Organismus und Umwelt angesehen werden. Es stellt einen episodischen Kontakt mit der Umwelt her, wodurch sich Organismus und Umwelt hinsichtlich eines bestimmten Stimulus wechselseitig modulieren und determinieren. Das SBP ist selektiv, da es nur bestimmte Stimuli als selbstbezogen auswählt und andere eher vernachlässigt, die nicht selbstbezogen sind. Das SBP ist adaptiv, da es einerseits den Organismus an den Stimulus der Umwelt anpasst und andererseits die Umwelt bzw. die Stimuli an den Organismus.
- Eine solche selektiv-adaptive Kopplung ist unmittelbar. Sie ersetzt durch die Verknüpfung von SBP und sensomotorischen Funktionen das Modell der Repräsentation der Umwelt im Organismus bzw. in seinem Gehirn.

Das v. a. in der analytischen Philosophie des Geistes häufig diskutierte **Modell der Repräsentation** setzt lediglich eine indirekte Beziehung zwischen Organismus und Umwelt voraus, da letztere nur repräsentiert wird. Es besteht keine direkte Kopplung zwischen Organismus und Umwelt; stattdessen wird die Umwelt im Organismus reproduziert in Form von Repräsentationen. Der Organismus ist nicht an die Umwelt gekoppelt, sondern repräsentiert die Umwelt in seinen Kognitionen. Da ein solches Konzept der Repräsentation nicht mit der hier vertretenen Form des SBP kompatibel ist, ist es auch nicht mit der Verknüpfung von SBP und Umwelt mittels der sensomotorischen Funktionen vereinbar (Northoff 2004). Mit dem SBP auf rein kognitiver Ebene wäre es kompatibel, nicht aber, wie hier vertreten, mit dem SBP auf affektiv-präreflexiver Ebene. Der direkte Kontakt zwischen Organismus und Umwelt mittels des SBP ersetzt somit den indirekten Kontakt zur Umwelt in dem Modell der Repräsentation.

5.2 Empirische Evidenz für das SBP

Die Bedeutung des Konzepts des SBP als zentrales Moment für die Konstitution der Organismus-Umwelt-Relation wurde in ▶ Abschn. 5.1 herausgestellt. Wenn ein solcher relationaler Ansatz empirisch plausibel und kompatibel sein soll, sollten empirische Evidenzen für das SBP vorliegen, d. h., bestimmte physiologische bzw. neuronale Prozesse in der Person und ihrem Gehirn sollten in Verknüpfung mit dem SBP gebracht werden können. Im Folgenden werden solche empirischen Evidenzen aus den Neurowissenschaften für das SBP geschildert. Es wird der Frage nachgegangen, welche Prädiktionen für empirische Hypothesen sich aus der beschriebenen Konzeptualisierung des SBP ergeben und inwieweit diese durch empirische Daten untermauert werden können.

5.2.1 Funktionelle Einheit

Das SBP sollte sich über alle sensorischen Modalitäten und Domänen erstrecken und aufgrund dessen möglicherweise in einer eigenen funktionellen Einheit im Gehirn prozessiert werden. Dabei sollte diese eigene funktionelle Einheit einerseits einen engen Bezug zu den verschiedenen sensorischen Modalitäten und Domänen aufweisen und andererseits getrennt und eigenständig von ihnen sein, sodass eine Vermischung zwischen basaler Sensorik und Selbstbezug ausgeschlossen ist.

Hierfür liegen in der Tat empirische Evidenzen vor. Das SBP kann möglicherweise mit der neuronalen Aktivität in einer bestimmten Funktionseinheit im Gehirn, den sog. kortikalen Mittellinienstrukturen (KMS), die die medialen Regionen der Hirnrinde umfassen, in Zusammenhang gebracht werden. Bei der Zusammenfassung aller bisherigen bildgebenden Studien zum SBP in einer Metaanalyse zeigte sich eine Konzentration der entsprechenden SBP-Aktivierungen in verschiedenen sensorischen Domänen und Modalitäten in den Medialregionen des Gehirns, den KMS. Interessanterweise weisen die KMS insgesamt auch enge bilaterale Verknüpfungen sowohl mit den externen als auch mit den internen Sinnessystemen auf (Northoff u. Bermpohl 2004; Northoff et al. 2006).

5.2.2 Modellierung von Unterschieden

Das SBP müsste eine Modulierung von feinen Unterschieden im Grad des Selbstbezugs und somit des Bezugs zwischen Umwelt und Organismus erlauben. In empirischer Hinsicht würde man hier somit vermuten, dass eine lineare bzw. parametrische Abhängigkeit zwischen dem Grad des Selbstbezugs einerseits und der Intensität der neuronalen Aktivität andererseits besteht.

Dies konnte in einer Studie meiner Arbeitsgruppe aufgezeigt werden (Northoff et al. 2009): Gesunde Probanden mussten emotionale Bilder hinsichtlich ihres Selbstbezugs auf einer visuellen Analogskala zwischen 0 und 10 evaluieren. Die Werte wurden mit der in der funktionellen Kernspintomografie gemessenen neuronalen Aktivität während der Präsentation derselben Bilder korreliert. Dabei zeigte sich eine lineare bzw. parametrische Abhängigkeit der neuronalen Aktivität von dem Grad des Selbstbezugs in genau den in ▶ Abschn. 5.2.1 beschriebenen Regionen, den KMS. Je stärker der Selbstbezug zu den präsentierten emotionalen Bildern war, desto stärker und höher war auch die neuronale Aktivität, die in den KMS beobachtet werden konnte.

5.2.3 Verknüpfung von SBP und Sensomotorik

Zwischen SBP und sensomotorischen Funktionen sollte eine Verknüpfung vorliegen, da ansonsten das SBP isoliert von der Umwelt bliebe. Wäre dies der Fall, so sollten auch motorische Regionen, die an der Konstitution des eigenen Körpers beteiligt sind, einen Selbstbezug aufweisen. Dieses zeigte sich in der im ▶ Abschn. 5.2.2 zitierten Untersuchung. Neben den KMS wies auch der prämotorische Kortex und der bilaterale parietale Kortex eine parametrische bzw. lineare Abhängigkeit vom Grad des Selbstbezugs auf.

Der prämotorische Kortex ist in die Generierung und Entwicklung von komplexen Handlungen involviert, der bilaterale parietale Kortex stellt eine wichtige Region in der Konstitution der Körperschemata dar. Die Tatsache, dass die neuronale Aktivität in diesen beiden Regionen ebenfalls eine parametrische Abhängigkeit vom Grad des Selbstbezugs zeigte, indiziert die enge Verknüpfung zwischen SBP einerseits und Sensomotorik andererseits.

5.2.4 Affektive Komponente

Wenn die Relation des Organismus zur Umwelt in phänomenaler Art und Weise erlebt wird, sollte die affektive bzw. emotionale Komponente eine zentrale Rolle im Selbstbezug spielen. Die emotionale und affektive Komponente sollte umso stärker sein, je stärker der Selbstbezug ist. Der enge Zusammenhang zwischen Emotionen bzw. affektivem Erleben und Selbstbezug konnte in der im ▶ Abschn. 5.2.2 erwähnten Untersuchung gezeigt werden. Emotionale Bilder wiesen einen stärkeren Selbstbezug auf als nichtemotionale Bilder. Interessanterweise zeigten die Regionen, die beim SBP involviert sind, auch einen Anstieg ihrer neuronalen Aktivität bei emotionalen Stimuli.

5.2.5 KMS, SBP und Theory of Mind (ToM)

Theory of Mind (ToM) bedeutet die Fähigkeit, sich von der eigenen Sicht der Welt abstrahieren zu können und Vorstellungen und Meinungen anderer zu erkennen. Eine dafür wichtige Voraussetzung scheint das Spiegelneuronensystem (Rizzolatti u. Craighero 2004) zu sein. Es wird vermutet, dass ein besseres Verstehen anderer dadurch zustande kommt, dass deren motorische Handlungen im Betrachter auf der Basis eigener motorischer Erfahrung simuliert werden. Interessanterweise lässt sich eine erhöhte Aktivität bestimmter Bereiche der KMS beim Prozessieren sozial relevanter Stimuli im Vergleich zu nichtsozialen Stimuli feststellen, was ebenfalls eine Bedeutung für die ToM nahelegt. Es wird vermutet, dass hierbei – auf anderer Ebene – ein ähnlicher Mechanismus wie bei den Spiegelneuronen wirksam ist, nämlich dass in den Bereichen der KMS soziale Stimuli simuliert werden. Das lässt sich auch gut mit dem SBP vereinbaren: Wenn die KMS durch SBP eine physiologische Grundlage unseres mentalen Selbst bilden, dann könnte eine Aktivierung dieser Strukturen bei sozialer Informationsverarbeitung ein Wahrnehmen des anderen auf der Basis unseres eigenen Selbst bedeuten. Anders ausgedrückt könnte diese Aktivierung darauf hindeuten, dass die Systeme zur Selbst- und Fremdwahrnehmung überlappen bzw. lediglich zwei Seiten einer Medaille darstellen.

5.3 Neuropsychodynamische Mechanismen in der Psychotherapie

Die ◘ Abb. 5.1 fasst die neuropsychodynamischen Mechanismen zusammen, die im Rahmen eines psychoanalytischen Prozesses wirksam werden. Ausgangspunkt ist die Person-Umwelt-Beziehung zwischen dem Klienten (Analysanden) und dem Psychotherapeuten, deren Beziehung durch ihre Gehirne vermittelt wird. In der Perspektive des Gehirns gilt es, die mit der anderen Person verknüpften Stimuli direkt auf das Gehirn selbst und die ihm eigene intrinsische Aktivität zu beziehen. Diese Art der Beziehungsknüpfung zwischen »Stimuli« (die vom Psychotherapeuten eingebrachten Interventionen und die Reagibilität des Patienten) wird »selbstbezogenes Processing« genannt (SBP). In den letzten Jahren wurde für das SBP zunehmend eine neurobiologische Grundlage in den Mittellinienstrukturen des Gehirns gefunden. Dieses stellt die Ausgangsbasis dar für die Entwicklung von Intersubjektivität, die sich in den »moments of meetings« (Stern 1998) manifestiert. Diese intersubjektive Beziehung zwischen dem Psychotherapeuten und Patienten trägt im weiteren Verlauf zu einer Modulation der emotionalen Konfigurationen sowohl im Analysanden wie auch im Psychotherapeuten bei. Diese emotionalen Konfigurationen spielen sich im emotionalen Erleben und Bewusstsein wider. Die veränderten emotionalen Konfigurationen bei dem Analysanden und dem Psychotherapeuten führen zu einer Verschiebung der jeweiligen Inhalte sowohl in ihren Affekten als auch ihren Kognitionen. In diesem Prozess wächst die Fähigkeit der Patienten, ihre psychischen Funktionsweisen zu reflektieren und sich derer bewusst zu werden (»insightfulness«). Die

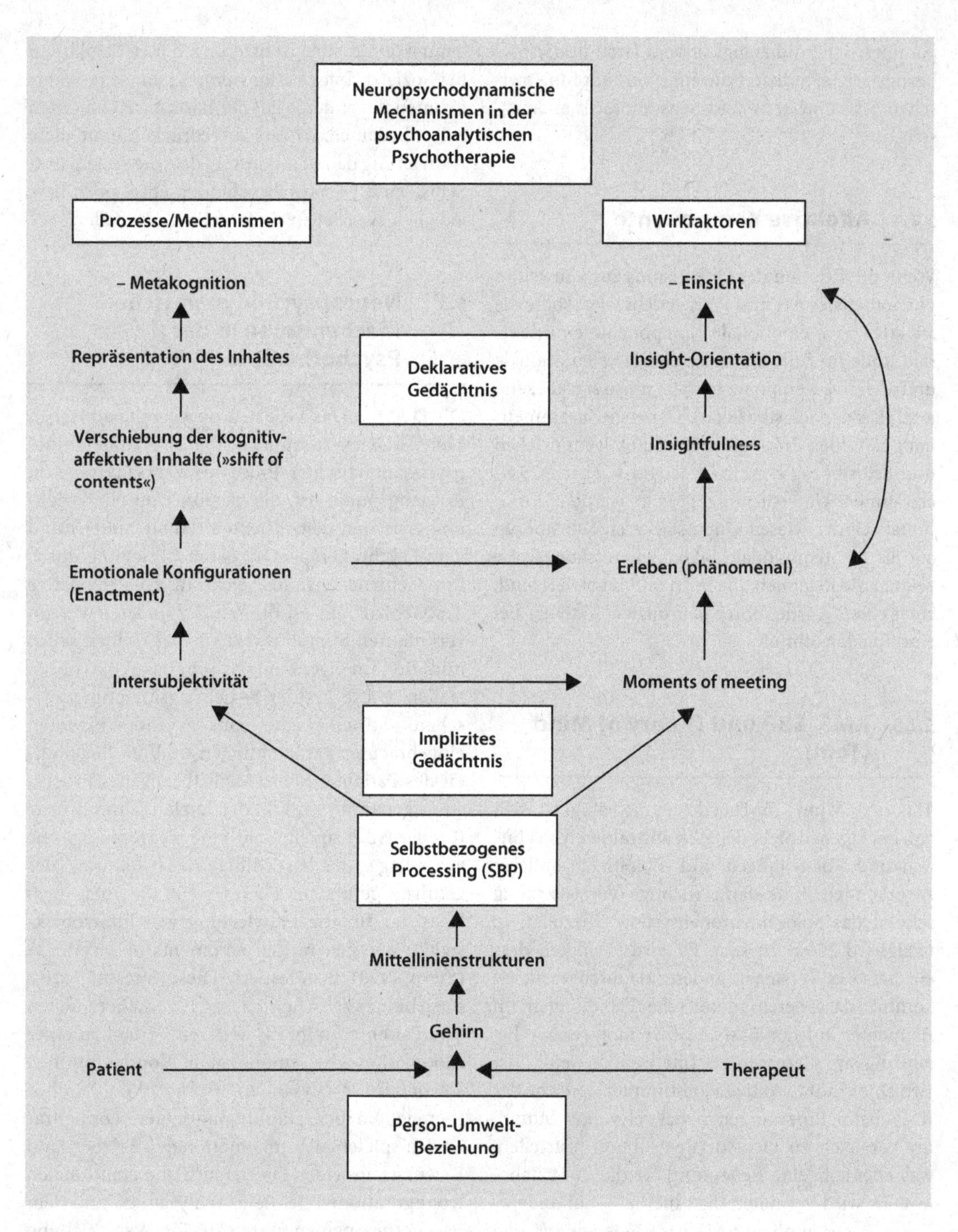

Abb. 5.1 Neuropsychodynamische Mechanismen in der Psychotherapie

modifizierten Inhalte werden dann auf der kognitiven Ebene als solche repräsentiert. Im therapeutischen Prozess verlagert sich der Fokus auf die zunehmende Gewinnung von Einsicht (d. h. den Zugang zu spezifischen unbewussten Inhalten, »insight-oriented«).

5.4 Ausblick

Zusammenfassend sind die wesentlichen durch die psychoanalytische Psychotherapie angestoßenen psychischen Veränderungen verknüpft mit dem unbewussten prozeduralen Gedächtnis. Sie ereignen sich überwiegend in den spezifischen Interaktionen zwischen Patient und Psychotherapeut, die eine Entwicklung neuer selbstimpliziter Gedächtnisinhalte ermöglichen (Lyons-Ruth et al. 1998). Diese Erfahrungen aus der Psychotherapie, von Stern als »moments of meaning« beschrieben (Stern 1998), tragen zu einer Rekonstruktion des beziehungsorientierten impliziten Gedächtnisses bei. Diese geht einher mit der Veränderung des Selbsterlebens und der Handlungsstrategien. Der therapeutische Effekt gründet ferner in der Bewusstwerdung des Verstehens dieses unbewussten Beziehungswissens (Ryle 2003). Der Veränderungsprozess, der durch psychoanalytische Psychotherapie angestoßen wird, steht in einem engen Zusammenhang mit der Entwicklung der Übertragungsbeziehung: Diese komplexen Phänomene können selbstverständlich nicht ausschließlich auf das implizite Gedächtnis und die mit molekularen Veränderungen einhergehenden Lernprozesse reduziert werden (Mundo 2006). Die durch das selbstbezogene Processing (in den KMS) vermittelte Person-Umwelt-Beziehung entfaltet sich im Rahmen des psychoanalytischen Prozesses in spezifischer Weise und trägt in einem intersubjektiven Beziehungsfeld zu einer Modulation kognitiv-affektiver Inhalte bei. Die bisherigen Versuche, die neurobiologische Basis der psychoanalytischen Psychotherapie zu verstehen, wurden unternommen aus der Perspektive der Dritte-Person-Neurowissenschaft. Die Perspektive der Erste-Person-Neurowissenschaft und deren Berücksichtigung psychoanalytischer Fragestellungen eröffnet neue Zugangswege zu einem grundlegenden Verständnis psychischer Prozesse. Dieses wird in Zukunft die Diskussion um die Konzepte der Psychoanalyse und behandlungstechnische Fragen wesentlich mitbestimmen.

Darüber hinaus ist neuropsychodynamische Psychiatrie direkt am Schnittpunkt zwischen Umwelt, Gehirn und Psyche anzusiedeln. Das Ziel ist hier nicht eine säuberliche Trennung dieser Ebenen, sondern eine fein säuberliche Darstellung der verschiedenen Transformationsprozesse zwischen Gehirn und Umwelt sowie zwischen Gehirn und Psyche. Nur wenn diese beiden Ebenen der Transformationsprozesse verdeutlicht und klar herauspräpariert werden, können wir die Komplexität der psychischen Symptomatik bei psychiatrischen Erkrankungen verstehen. Und nur dann können wir entsprechende Formen der therapeutischen Intervention entwickeln. Kurz und gut, das Gehirn ist nicht nur grau und neuronal, sondern bunt und neuro-sozial bzw. neuro-ökologisch. Das ist die Lektion dieses Kapitels, die im Hintergrund aller folgenden Kapitel steht.

Literatur

Fliessbach K, Weber B, Trautner P et al (2007) Social comparison affects reward-related brain activity in the human ventral striatum. Science 318(5854):1305–1308

Han S, Northoff G (2008) Culture-sensitive neural substrates of human cognition: a transcultural neuroimaging approach. Nat Rev Neurosci 9(8):646–54

Han S, Northoff G, Vogeley K et al (2013) A cultural neuroscience approach to the biosocial nature of the human brain. Annu Rev Psychol 64:335–59

Lyons-Ruth K & members of the Change Process Study Group (1998) Implicit relational knowing: its role and development and psychoanalytic treatment. IMHJ 19:282–289

Markus HR, Kitayama S (1991) Culture and the self: Implications for cognition, emotion, and motivation. Psychol Rev 98(2):224–253

Mundo E (2006) Neural biology of dynamic psychotherapy: an integration possible? J Am Acad Psychoanal Dyn Psychiatry 34(4):679–691

Northoff G (2004) Philosophy of the brain. Benjamins, New York

Northoff G (2014) Unlocking the brain. Bd 2 Consciousness. Oxford Univ Press, Oxford New York

Northoff G, Bermpohl F (2004) Cortical midline structures and the self. Trends Cogn Sci 8(3):102–107

Northoff G, Heinzel A, de Greck M et al (2006) Self-referential processing in our brain–a meta-analysis of imaging studies on the self. Neuroimage 31(1):440–457

Northoff G, Schneider F, Rotte M et al (2009) Differential parametric modulation of self-relatedness and emotions in different brain regions. Hum Brain Mapp 30(2):369–382

Rizolatti G, Craighero L (2004) The mirror-neuron system. Annu Rev Neurosci 27:169–192

Ryle A (2003) Something more than the »something more than interpretation« is needed: a comment on the paper by the Process of Change Study Group. Int J Psychoanal 84(1):109–118
Stern D (1998) The process of therapeutic change involving implicit knowledge: some implications of developmental observations for adult psychotherapy. IMHJ 19:300–308

Dreidimensionales neuropsychodynamisches Modell psychischer Krankheit

Heinz Böker, Georg Northoff

H. Böker et al. (Hrsg.), *Neuropsychodynamische Psychiatrie*,
DOI 10.1007/978-3-662-47765-6_6, © Springer-Verlag Berlin Heidelberg 2016

Neuropsychodynamisches Denken und Handeln zielt auf die jeweils eigene Dynamik der einzelnen psychischen Störungen. Auch wenn der individuelle Fall, das Leiden des einzelnen zum großen Teil etwas Einmaliges darstellt, ist es notwendig, hinsichtlich einer umfassenden Orientierung den Versuch zu unternehmen, die vorhandenen Gemeinsamkeiten zwischen den einzelnen Fällen zu erfassen und – sofern möglich – Untergruppen und Typen von Störungen sichtbar zu machen. Diese Vorgehensweise und Suche nach übergreifenden Zusammenhängen sollte sich gerade nicht auf die deskriptive Beschreibung von psychischen Erkrankungen beschränken, sondern insbesondere auch Variationen psychodynamischer Zusammenhänge im Fokus haben. Während die deskriptiv-phänomenologische Orientierung der internationalen Klassifikationssysteme eine erste Orientierung ermöglicht, ist diese für die Erfassung der jeweils spezifischen Problematik zumeist unzureichend.

Im Gegensatz zur deskriptiven Psychiatrie betont die neuropsychodynamische Psychiatrie den besonderen Wert der subjektiven Erfahrung. Während in einem deskriptiv-phänomenologischen Ansatz das Hauptaugenmerk darauf gelegt wird, inwiefern ein Patient Übereinstimmungen mit anderen zeigt, die kongruente Merkmale aufweisen, bezieht die neuropsychodynamische Psychiatrie insbesondere auch die Geschichte der subjektiven Erfahrungen und der Entwicklung der Symptomatik mit ein und versucht festzustellen, was an dem jeweiligen Patienten einmalig ist, inwiefern sich der Betreffende infolge seiner einmaligen Lebensgeschichte von anderen unterscheidet. Symptome und Verhaltensweise werden – wie Gabbard (2005/2010) unterstreicht – lediglich als »häufige Leitungsbahnen« von im hohen Maße individualisierten Erfahrungen betrachtet, »die die biologischen und Umweltfaktoren der Krankheit herausfiltern« (2010, S. 7). Neben dem Einbezug neurowissenschaftlicher Erkenntnisse in Diagnostik und Therapie legt die neuropsychodynamische Psychiatrie großes Gewicht auf die innere Welt des Patienten, auf Fantasien, Erleben, Wünsche und Ängste, das Selbstbild, die Wahrnehmung anderer sowie die subjektive Bedeutung und Verarbeitung der Symptome.

Vor diesem Hintergrund lag es nahe, die notwendige psychodynamische Ergänzung der Psychiatrie bei der Psychoanalyse zu suchen, deren zentrales Anliegen von Anfang an in der Beschäftigung mit den hinter den Phänomenen stehenden psychischen Kräften, den unbewussten Motivationen, lag.

Freud hoffte, eine Systematik nach einem von der Medizin übernommenen Paradigma entwickeln zu könne. Er ging vom **Konzept der nosologischen Einheiten** aus, die mit bestimmten und den stets gleichen Ursachen, Pathogenesen, Erscheinungsformen, Verläufen und therapeutischen Besonderheiten einhergehen. Im Hinblick auf eine große Gruppe psychischer Erkrankungen nahm Freud an, dass diese im Wesentlichen auf einen spezifischen, der jeweiligen Störung zugrunde liegenden intrapsychischen Konflikt zurückzuführen seien. Diese auf einem unbewussten inneren Konflikt basierenden Erkrankungen wurden als Neurosen bezeichnet. Freud begriff die damit einhergehenden Symptome und Syndrome als Bestandteile von Abwehr-, Schutz- und Kompensationsmechanismen und somit auch als – inadäquate – kompromisshafte Konfliktlösungsversuche.

Innerhalb der Gruppe neurotischer Störungen wurde die große Untergruppe der Psychoneurosen abgegrenzt, von denen angenommen wurde, dass deren Erscheinungen sich des symbolischen Ausdrucks von psychischen Konflikten bedienen (Laplanche u. Pontalis 1987). Die Wurzeln dieser unbewussten Konflikte wurden in der Kindheit verortet.

Mentzos (2009) unterstreicht, dass die Hervorhebung der Symbolik als wichtigstes Unterscheidungsmerkmal der Psychoneurosen gegenüber anderen Neuroseformen zutreffend, aber nicht ausreichend sei. Schließlich gehen symbolische Ausdrucksformen auch mit anderen psychischen Störungen einher, z. B. mit der Anorexie, psychosomatischen Hauterkrankungen oder mit Psychosen. Um die Psychoneurosen ausreichend abgrenzen zu können, müsse vielmehr zwischen unterschiedlichen Reifestufen der Symbolik differenziert werden, d. h. der Reife der Persönlichkeitsorganisation und der Abwehrmechanismen, ferner müsse auch die Art des Konflikts berücksichtigt werden. Sich an die vor allem von der frühen Psychoanalyse beschriebenen Triebkonflikte (insbesondere dem triadischen bzw. ödipalen Konflikt) anschließend, verweisen die später hinzugekommenen selbstpsychologischen, objektbeziehungstheoretischen und intersubjektiven Entwicklungen der Psychoanalyse der letzten Jahrzehnte auf zahlreiche weiter über den Konflikt hinausgehende Problematiken.

Die Annahme eines Triebkonfliktes im Sinne des früheren Drei-Instanzen-Modells (Ich, Es, Über-Ich) – beispielsweise Triebimpuls versus Über-Ich-Verbot – reicht allein meistens nicht aus, um den einzelnen Fall in seiner Mehrschichtigkeit adäquat zu erfassen. Einer von außen betrachtet inzestuös anmutenden übertriebenen Bindung zwischen Vater und Tochter bzw. zwischen Mutter und Sohn (sowie ihren neurotischen Entsprechungen in späteren Beziehungen im Erwachsenenalter) liege keineswegs immer ein triebhafter, libidinöser Wunsch und ein ihn verbietendes Inzesttabu zugrunde, vielmehr gehe es oftmals um eine emotionale Abhängigkeit vom Primärobjekt und/oder um das Bedürfnis der Selbststabilisierung durch Identifikation (Mentzos 2009, S. 85).

Die Nachteile des früheren diagnostischen und klassifikatorischen Vorgehens in der Psychoanalyse, insbesondere deren Annahme der Konfliktspezifität psychischer Störungen, zeigen sich besonders deutlich im Zusammenhang mit der Diskussion um die Hysterie: Es stellte sich heraus, dass die Krankheitseinheit »Hysterie«, bei der nach der triebtheoretischen Konzeptualisierung immer ein ödipaler Konflikt involviert sei, auf der Grundlage empirischer Forschung nicht mehr aufrechtzuerhalten war. Dies gilt im Übrigen beispielsweise auch für die früheren Annahmen spezifischer Konstellationen bei psychosomatischen Erkrankungen (z. B. »pensée operatoire« bzw. psychosomatisches Phänomen, Marty u. de M'Uzan 1963; Böker 1979). Die Überwindung früherer Annahmen konfliktspezifischer Zusammenhänge bei Psychoneurosen oder schließlich auch bei den Zwangsneurosen, der neurotischen Depression und den Phobien wurde notwendig. Bei all diesen Störungen konnten die nach der alten Lehre von Krankheitseinheiten zu erwartenden Konstellationen von Konflikt, Abwehr und Krankheitsbild nicht bestätigt werden.

Im Hinblick auf eine – nicht nur aus theoretischen, sondern auch aus praktischen Gründen – erforderliche Neuorientierung schlug Mentzos (1982, 2009) eine **dreidimensionale Diagnostik** vor, in der jeder individuelle Fall in Bezug auf drei Dimensionen bzw. Kriterien eingeordnet werden kann (■ Abb. 6.1).

Die erste Dimension beinhaltet die Art der Abwehr und Kompensation der Störung, also den Modus der Verarbeitung des Konflikts und/oder des Traumas. Die zweite Dimension bezieht sich auf die Art bzw. Reife des Konflikts oder Dilemmas (z. B. Selbstidentität versus Verschmelzung als unreifer Konflikt im Gegensatz zu einem »reifen« ödipalen Konflikt). Die dritte Dimension bezieht sich auf die Reife der Persönlichkeitsorganisation insgesamt, insbesondere auch der Beziehungen zum signifikanten Anderen und zum Ich. Hierzu hat Rudolf (2006) in seinem Konzept der strukturbezogenen Psychotherapie eine Einteilung in vier Stufen vorgeschlagen: gut integriert, mäßig integriert, gering integriert, desintegriert (Rudolf 2006, ▶ Abschn. 6.3 operationalisierte psychodynamische Diagnostik, OPD).

Es bleibt festzuhalten, dass die Entwicklung einer mehrdimensionalen Diagnostik für psychische Störungen erforderlich wurde, da ähnliche psychische Störungen sich hinsichtlich Psychogenese, Konflikt und Entwicklungsstand unterscheiden und keine Konfliktspezifität hinsichtlich des Auftretens psychischer Störungen nachzuweisen ist. Zwischen der Konflikt- und der Strukturdimension gibt es oftmals Überschneidungen. So kann es beispielsweise in der Trennungssituation der Adoleszenz bei einem Jugendlichen, der eine relativ stabile Organisation der Persönlichkeit erreicht hat, aber beispielsweise aufgrund extrem ungünstiger belastender äußerer Bedingungen in eine Identitätskrise gerät, die vorübergehend mit psychotischen Symptomen einhergehen kann, zu einer Wiederbelebung eines »frühen« Konfliktes bzw. Dilemmas kommen. Die Diagnostik eines solchen Falles ausschließlich aufgrund der aktuell im Vordergrund stehenden passageren, psychotisch anmutenden Symptomatik – ohne Berücksichtigung der relativen Stabilität der Persönlichkeitsorganisation insgesamt – würde zu einer verzerrten diagnostischen Einschätzung und zu der Annahme einer ungünstigeren Prognose beitragen.

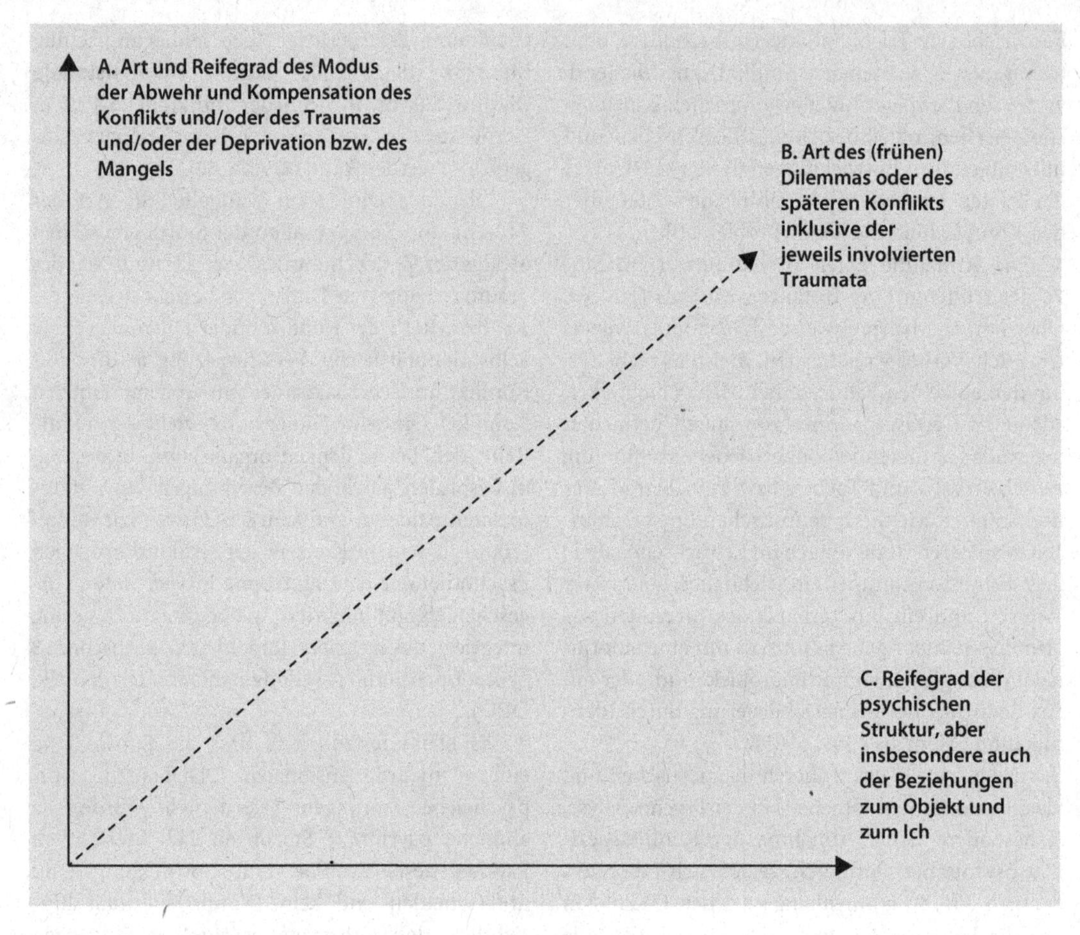

Abb. 6.1 Dreidimensionale Diagnostik psychischer Störungen (A, B, C)

6.1 Erste Dimension des neuropsychodynamischen Modells: Der Modus der Verarbeitung

Auch in dem hier im Folgenden vorgestellten erweiterten dreidimensionalen neuropsychodynamischen Modell genießt die erste Dimension (Modus) – gerade auch auf der Grundlage des auf psychischen und neuronalen Mechanismen basierenden Ansatzes – Vorrang: Bereits Mentzos (2009) hatte im Hinblick auf die gewünschte Kliniknähe und Kongruenz mit deskriptiven Ansätzen darauf hingewiesen, dass das Erscheinungsbild und die Symptomatik psychischer Störungen vorwiegend mit dem jeweiligen Modus zusammenhängt. Im Zusammenhang mit dem Modus der Abwehr und Kompensation des Konfliktes und/oder des Traumas drückt sowohl die intrapsychische Abwehrkonstellation als auch die im Vordergrund stehende interpersonale Abwehr und Bewältigungskonstellation die Beziehungen des Einzelnen zu sich selbst und zum Objekt am ehesten aus. Ferner sprechen klinische Erfahrungen und empirische Befunde dafür, dass es – trotz relativ breiter Streuung der einzelnen Modi innerhalb der Organisationsstufen – vielfach zu einer statistischen Clusterbildung der Einzelfälle mit einem bestimmten Modus auf einem bestimmten Niveau gibt.

Innerhalb des Modus der Abwehr und Kompensation lässt sich eine Hierarchie reiferer

◘ Tab. 6.1 Hierarchie der reiferen Abwehrmechanismen

Abwehrmechanismus	Wirkungsweise und Funktion
Intellektualisierung	Vorgang, durch den das Subjekt Konflikte und Gefühle rational zu formulieren versucht mit einem Überwiegen abstrakten Denkens gegenüber den auftauchenden Affekten und Fantasien
Rationalisierung	Sekundäre Rechtfertigung in akzeptable Überzeugungen oder Verhaltensweisen, um sie für einen selbst erträglich zu machen
Affektisolierung	Abtrennung des vorstellungsmäßigen Inhaltes, der bewusst bleibt, von dem dazugehörigen Affekt, der verdrängt wird
Ungeschehenmachen	Versuch, sexuelle, aggressive oder beschämende Implikationen einer vorangegangenen Bemerkung oder Verhaltensweise durch einen entgegengesetzten Gedanken oder durch einen magischen symbolischen Akt zu negieren
Reaktionsbildung	Unerwünschte, unerlaubte oder angsterzeugende Impulse und Tendenzen werden durch Entwicklung entgegengesetzter Tendenzen und Haltungen abgewehrt. Es handelt sich um einen dauerhaften und habituellen Vorgang, der mit der Entwicklung entsprechender Charakterzüge einhergeht
Verschiebung	Loslösung emotioneller Reaktionen von ihren ursprünglichen Inhalten und Verknüpfung mit anderen, weniger wichtigen Situationen oder Gegenständen
	Autoaggressive Verlagerung der ursprünglich nach außen gerichteten Aggression nach innen
Identifikation	Verinnerlichung der Eigenschaften einer anderen Person, indem man sich ihr angleicht. Es handelt sich um einen entwicklungspsychologisch zentralen Vorgang, durch den intrapsychische Strukturen entstehen (reifere Form der Internalisierung). Häufige Nutzung der Identifikation als Abwehr, z. B. bei der Identifikation mit dem Aggressor oder bei Identifikationen innerhalb konversionsneurotischer Symptombildungen zur Abwehr seelischen Schmerzes nach Verlust und Trennungen
Introjektion	In-sich-Hineinnehmen von Aspekten einer wichtigen Person ist von großer Bedeutung bei der Selbstentstehung, insbesondere innerhalb der frühen psychischen Entwicklung. Regressive Nutzung als pathologische Abwehr zur Vermeidung und zum Rückgängigmachen schmerzlicher Trennungen vom Objekt und/oder der Unterscheidung zwischen Subjekt und Objekt
Verdrängung	Universeller psychischer Vorgang, der mit der Bildung des Unbewussten verknüpft ist. Die oben beschriebenen Abwehrformen dienen der Verdrängung im weiteren Sinne, d. h. der Unbewusstmachung. Bei der Verdrängung im engeren Sinne versucht das Subjekt, die mit triebhaften Wünschen zusammenhängenden Vorstellungen (Gedanken, Bilder, Erinnerungen) in das Unbewusste zurückzustoßen oder dort festzuhalten (Amnesie, Skotomisierung bestimmter Inhalte)
Sublimierung	Umsetzen verdrängter Triebimpulse in sozial gewertete Tätigkeiten, auf die das Triebziel verschoben wird. Der Begriff ist umstritten, insbesondere Freuds Prämisse, dass kulturelle Leistungen notwendigerweise einen Triebverzicht voraussetzen

(◘ Tab. 6.1) und weniger reifer Bewältigungsmechanismen (◘ Tab. 6.2) annehmen.

Eine besonders bedeutsame Gruppe von Abwehrmechanismen bezieht sich nicht mehr nur auf intrapsychische Vorgänge, sondern auf die Entwicklung unbewusster zwischenmenschlicher Konstellationen, welche die intrapsychischen Veränderungen bestätigen, rechtfertigen und real erscheinen lassen. Diese spezifischen Mechanismen interpersoneller Abwehr und Bewältigung eröffnen eine Mehr-Personen-Perspektive: Sie wurden von Mentzos (1982) als »**psychosoziale Arrangements**«

Tab. 6.2 Hierarchie der unreiferen (früheren) Abwehrmechanismen

Abwehrmechanismus	Wirkungsweise und Funktion
Idealisierung	Anderen werden überhöhte, perfekte Eigenschaften zugeschrieben, um Angst oder negative Gefühle (Wut, Neid, Verachtung) zu vermeiden
Psychotische Introjektion	In-toto-Verinnerlichung des wichtigen Anderen zur Vermeidung bzw. zum Rückgängigmachen der Trennung vom Objekt und/oder der Unterscheidung zwischen Subjekt und Objekt
Projektion	Wahrnehmung von und Reaktion auf inakzeptable innere Vorgänge, indem sie nach außen, in eine andere Person, verlegt werden. Auf diese Weise kommt es zu einer groben Verzerrung der Wahrnehmung der Realität (z. B. im Wahn)
Projektive Identifizierung	Intrapsychischer Abwehrmechanismus, der eng verknüpft ist mit einer spezifischen Form zwischenmenschlicher Kommunikation. Der Betreffende verhält sich so, dass eine andere Person subtilem zwischenmenschlichem Druck ausgesetzt wird, damit sie Merkmale eines auf sie projizierten Aspekts des Ich oder inneren Objekts annimmt. Die Person, die Ziel der Projektion ist, beginnt sich entsprechend dem auf sie Projizierten zu verhalten, zu denken und zu fühlen
Abspaltung	Vermeidung des Zusammentreffens inkompatibler Inhalte, die die eigene Person oder andere betreffen. Die inkompatiblen Inhalte werden zeitweilig und nach Bedarf abwechselnd verleugnet und bleiben – im Gegensatz zur Verdrängung – prinzipiell bewusst bzw. vorbewusst
Verleugnen	Vermeidung der Kenntnisnahme von Aspekten der äußeren Wirklichkeit, die in einer Weigerung des Subjekts besteht, die Realität einer traumatisierenden Wahrnehmung anzuerkennen
Dissoziation	Unterbrechung des Empfindens der Kontinuität im Bereich der Identität, des Gedächtnisses, des Bewusstseins oder der Wahrnehmung, um die Illusion der psychologischen Kontrolle aufrechtzuerhalten und Hilflosigkeit und Kontrollverlustängste zu bewältigen. Im Gegensatz zur Abspaltung kann die Dissoziation aufgrund der Loslösung des Ich von dem betreffenden Ereignis u. U. mit der Verzerrung der Erinnerung an Ereignisse einhergehen
Agieren (»acting-out«)	Impulsive Umsetzung eines unbewussten Wunsches oder einer unbewussten Fantasie in eine Handlung, um einen schmerzlichen Affekt zu vermeiden. Durch diese unbewusste Form der Aktualisierung der Vergangenheit in der Gegenwart wird deren Ursprung und Wiederholungscharakter verkannt
Somatisierung	Umwandlung von Affektzuständen, u. a. emotionale Schmerzen, in körperliche Symptome und Fokussierung auf körperliche Phänomene (anstelle psychischen Erlebens). Die Somatisierung weist unterschiedliche funktionelle Modalitäten auf: Somatisierung über »histrionische« Identifikation (in der Konversion), Somatisierung via emotionelles Korrelat (bei somato-psychosomatischen Prozessen) und projektive Somatisierung (Externalisierung unerträglicher Affekte und Schmerzen in den eigenen Körper im Rahmen der Hypochondrie)
Regression	Rückkehr in eine frühere Phase der Entwicklung oder psychischer Funktionen, um die mit der gegenwärtigen Situation verbundenen Konflikte, Schmerzen und Spannungen zu vermeiden
Autismus	Rückzug in die eigene innere Welt, verknüpft mit schizoiden Fantasien, um Angst in zwischenmenschlichen Situationen zu vermeiden

bezeichnet. Darunter ist die unbewusst gestaltete Konstellation von Beziehungen zu verstehen, die entweder durch die Wahl des geeigneten Partners (der ein entsprechendes komplementäres »neurotisches« Bedürfnis hat) oder durch Rollenzuweisung (wie dies bei Kindern oft durch ihre Eltern geschieht) oder durch Manipulation, Verführung oder Beeinflussung des Partners in eine bestimmte Richtung geschieht (Richter 1967; Mentzos 1982). Solche psychosozialen bzw. interpersonellen Abwehrmechanismen (oder Arrangements) sind weit verbreitet. Dieses unbewusste Zusammenspiel der Partner wurde von Willi (1975) als Kollusion beschrieben: »Liebe als Einssein« in der narzisstischen Kollusion, »Liebe als Einander-Umsorgen« in der oralen Kollusion, »Liebe als Einander-ganz-Gehören« in der anal-sadistischen Kollusion und »Liebe als männliche Bestätigung« in der phallisch-ödipalen Kollusion. Eine weitere Variante bezieht sich auf sadomasochistische Beziehungen, bei denen der Masochismus des einen dem Sadismus des anderen dient und umgekehrt.

Jenseits der intraindividuellen und der intersubjektiven Ebene (der Zweierbeziehung) sind auch Institutionen dazu prädestiniert, neben anderen Funktionen psychosoziale Abwehraufgaben zu übernehmen (**institutionalisierte Abwehr**, Mentzos 1988). Demnach sind Strukturen und Prinzipien einer Institution nicht nur zweckrational aufgebaut, sondern stützen sich darüber hinaus auf gemeinsame Werte, Einstellungen und gefühlsmäßige, oft nicht klar erkennbare undefinierbare Motivationen. Institutionen ermöglichen u. a., mithilfe von institutionell verankerten Handlungs- und Beziehungsmustern regressive Triebbedürfnisse zu befriedigen, Schutz- bzw. Abwehrverhalten gegen irrationale, fantasierte, infantile, insgesamt nicht real begründete Ängste, Depression, Scham- und Schuldgefühle zu sichern (Mentzos 1988, S. 80 ff.).

6.2 Zweite Dimension des neuropsychodynamischen Modells: Der Konflikt

In der klinischen Praxis zeigt es sich immer wieder, dass es nicht Belastungen allgemeiner Art sind, die bei der Entwicklung psychischer Krankheiten eine Bedeutung haben (»Stress«), sondern eher spezifische innere Widersprüche oder Verwerfungen innerhalb zwischenmenschlicher Beziehungen, die sich pathogen auswirken. Vor diesem Hintergrund liegt es nahe, dem Konflikt eine besondere Bedeutung innerhalb der Psychodynamik und Neuropsychodynamik zuzuweisen.

Auch evolutions- und kulturtheoretische Aspekte sind bei der Antwort auf die Frage zu berücksichtigen, warum der Konfliktbegriff von zentraler Bedeutung in der neuropsychodynamischen Psychiatrie ist: Die Entwicklung des Einzelnen stellt, so betont Mentzos (2009), einen **dialektischen Prozess** dar, innerhalb dessen potenziell unvereinbar erscheinende Gegensätzlichkeiten bzw. »Bipolaritäten« immer wieder ausbalanciert werden. Es lässt sich annehmen, dass sich dieses dynamische Muster in der Evolution deshalb durchgesetzt hat, da dadurch Erneuerung, Dynamik, Fortschritt und Differenzierung gewährleistet werden. Solche dynamischen Prozesse verlaufen nicht linear, sondern implizieren auch Risiken, die u. a. in einer möglichen Blockierung des dialektischen Prinzips durch ein dichotomisierendes »Entweder-oder« bei der Lösung eines Konfliktes oder durch die Bildung bleibender rigider Strukturen bestehen. Im Gegensatz zum instinktbasierten Verhalten von Tieren, bei denen die Integration der entgegengesetzten Tendenzen durch festgelegtes Instinktverhalten geregelt ist (z. B. bei der Ablösung vom Muttertier), stehen dem »in die Freiheit geworfenen Menschen« vor dem Hintergrund der erworbenen Symbolisierungsfähigkeit eine Vielfalt von Lösungsmöglichkeiten zur Verfügung. Kulturell verankerte rituelle Regelungen helfen den Angehörigen der jeweiligen Kultur dabei, solche Ambivalenzkonflikte zu lösen. Zwischen den Kulturen und innerhalb einer Kultur (z. B. Unterschiede von Familie zu Familie) bestehen quantitative und qualitative Unterschiede, die zu berücksichtigen sind.

Grundsätzlich sind **äußere Konflikte** (auf einer realen, überindividuellen Ebene angesiedelte Konstellationen) und **innere Konflikte** zu unterscheiden. Letztere basieren auf unterschiedlichen, gegensätzlichen Bedürfnissen des Individuums. Innere Konflikte sind häufig nicht bewusst, sondern rühren von starken unbewussten Kräften her, die nach Ausdruck streben und ständig von entgegengesetzten Kräften kontrolliert werden müssen. Diese interagierenden, gegensätzlichen Kräfte können als Wunsch und als Abwehrmechanismus verstanden werden: als verschiedene intrapsychische Instanzen mit unterschiedlichen Zielen oder als ein Impuls, der im Gegensatz zur internalisierten Wahrnehmung der Anforderungen der externen Wirklichkeit steht.

Konflikte gehören zum gesunden psychischen Leben. Die dadurch bedingten psychischen Störungen sind nur bei denjenigen zu erwarten, bei denen sich intrapsychische Gegensätze durch ungünstige Erfahrungen sowie durch Abwehrreaktionen zu einem starren, rigiden und absoluten »Entweder-oder-Muster« versteifen und eine Weiterentwicklung des Individuums behindern.

Der psychophysische Organismus ist beständig damit beschäftigt, Bedürfnisse und Interessen zu befriedigen und Gefahren abzuwenden. Diese Funktionen hatte Freud mit den Begriffen »Lust-Unlust-Prinzip« und »Realitätsprinzip« umschrieben (Freud 1911). Lustempfindungen und Unlustempfindungen und die damit einhergehenden weiteren Differenzierungen (z. B. Freude, Wohlbefinden, Hochgefühl einerseits und Angst, Trauer, Scham und Schuldgefühl andererseits) sind funktionell betrachtet als Indikatoren innerhalb eines komplizierten Regulationssystems aufzufassen. Dabei ist die Aufrechterhaltung eines **optimalen Spannungsniveaus** von Bedeutung. Bei Überreizung durch äußere oder innere Reize schalten sich regulatorische Mechanismen ein, um einen unlustvollen oder gefährlichen Zustand auf das optimale Spannungsniveau zurückzuführen.

Ein zu niedriges intrapsychisches Spannungsniveau ist wiederum ungünstig für den Verlauf der psychischen Entwicklung einer Person (zunehmende Apathie bei extremem psychischem Rückzug und damit einhergehendem fehlendem »Input«). Ist der Ausgleich extremer Schwankungen dieses Spannungsniveaus nicht möglich, so können Notfallmechanismen in Gang gesetzt werden (in diesem Sinne ist auch die Entwicklung psychopathologischer Symptome zu verstehen). Es kann zu einem Ausfall psychischer Funktionen (bzw. dem zunehmenden Verlust des psychosozialen Funktionsniveaus) kommen. Die im Konflikt enthaltenen und in ihrer Gegensätzlichkeit »eingerasteten« Motivbündel halten sich schließlich gegenseitig in Schach und rufen eine erhöhte Spannung hervor. Diese zunehmend unerträgliche Situation kann mit dysfunktionalen Anpassungsprozessen und Reaktionen der Stressachse einhergehen, wodurch weitere neurobiologisch-psychosoziale Circuli vitiosi induziert werden.

Angesichts der großen Anzahl biologischer und psychischer Gegensätzlichkeiten ist ein Gegensatzpaar von besonderer Bedeutung, nämlich dasjenige zwischen den **selbstbezogenen und den objektbezogenen Tendenzen** des Menschen, d. h. dem Gegensatz zwischen Bedürfnissen und Tendenzen zu autonomer Identität, Autarkie, Selbstständigkeit einerseits und der Tendenz zu Bindung, Kommunikation, Solidarität und Nähe zum anderen andererseits. Während diese Bipolarität unter günstigen Bedingungen zu einer ungestörten dialektischen Aufhebung und Ausbalancierung der Gegensätze und somit zu einer Bereicherung und Differenzierung beiträgt, kann es – wie Mentzos (2009, S. 30 ff.) betont – durch Blockierung dieses Entwicklungsprozesses zur Entstehung psychischer Störungen kommen. Die Psychogenese solcher psychischer Störungen hängt dabei sowohl von den psychosozialen Bedingungen wie auch von biologisch vorgegebenen Besonderheiten ab. Involviert sind dabei kompensatorische Mechanismen, die beispielsweise dazu beitragen können, die defizitären Folgen biologisch vorgegebener Besonderheiten durch ein günstiges psychosoziales Milieu zumindest partiell aufzuwiegen.

Ausgehend von dem Vorhandensein normaler Bipolaritäten und dem daraus erwachsenden Grundkonflikt bzw. Dilemma beschrieb Mentzos (1982, 2009) die in der gestörten psychischen Entwicklung auftauchenden Konflikte als **Variationen dieses Grundkonfliktes** (◘ Tab. 6.3).

▪ Variationen des Grundkonfliktes bestehender Bipolaritäten

Der Konflikt zwischen selbstbezogenen versus objektbezogenen Tendenzen schlägt sich im Laufe der Entwicklung – abhängig von der primären neurobiologischen Disposition, des Temperaments, der Persönlichkeit eines Menschen und der jeweiligen psychosozialen Konstellationen – in unterschiedlichen Konfliktkonstellationen

Tab. 6.3 Konflikt/Dilemma und korrespondierende Emotionen

	Konflikt	Angst vor
I	Autistischer Rückzug versus Fusion mit dem Objekt	Selbstverlust durch Objektlosigkeit oder durch Fusion mit dem Objekt
II	Absolut autonome Selbstwertigkeit versus vom Objekt absolut abhängige Selbstwertigkeit	Selbstwertverlust durch Selbstentwertung oder durch Entwertung des idealisierten Objekts
III	Separation versus Abhängigkeit bzw. Individuation versus Bindung	Selbstgefährdung durch Objektverlust oder durch Umklammerung seitens des Objekts
IV	Autarkie versus Unterwerfung und Unselbstständigkeit	Ablehnung, Nicht-geliebt-Werden, Trennung oder demütigender Abhängigkeit
V	Identifikation mit dem Männlichen versus Identifikation mit dem Weiblichen	Totalem Aufgeben des Weiblichen versus endgültigem Aufgeben des Männlichen (bzw. Geschlechtsdiffusion)
VI	Loyalitätskonflikte	Aufgeben oder Verratenmüssen des einen oder des anderen Objekts
VII	Triadische »ödipale« Konflikte	Ausschluss durch das Elternpaar, Bedrohung der eigenen Integrität und Sicherheit, »Kastrationsangst«

nieder. Autistischer Rückzug versus Fusion/Verschmelzung mit dem Objekt, forcierte »autonome« Selbstwertigkeit versus vom Objekt vollständig abhängige Selbstwertigkeit, forcierte Separation versus Abhängigkeit und forcierte Autarkie versus Unselbstständigkeit stellen dabei die jeweils extremen Pole desselben Grundkonfliktes dar.

Bei den Konflikten um die psychosexuelle Identität eines Menschen (Identifikation mit dem Männlichen versus Identifikation mit dem Weiblichen) und um Loyalität handelt es sich eher um Gegensätzlichkeiten innerhalb des Selbstpols (Sehe ich mich eher als Mann oder als Frau an?). Derselbe Konflikt kann sich innerhalb des Objektpols abspielen (Liebe zu Männern oder Frauen, Bezug zu nahestehenden Familienangehörigen oder Kollektiven »…….«, »meine Heimat«, »mein Volk«) oder auch in Form von Loyalität gegenüber Vorgesetzten versus Solidarität mit Kollegen (Mentzos 2009). Gerade bei den Loyalitätskonflikten lassen sich eher selbstbezogene (z. B. Karriereorientierung) versus objektbezogene (aus emotionaler Bindung und Verantwortlichkeit resultierende) Tendenzen unterscheiden. Dies gilt auch für den ödipalen Konflikt.

Ursprünglich verstand Freud unter der Bezeichnung »**ödipaler Konflikt**« den Rivalitätskonflikt des Jungen mit dem Vater in Bezug auf die Mutter (bzw. den Konkurrenzkonflikt des Mädchens mit der Mutter in Bezug auf den Vater). Der sich im vierten und fünften Lebensjahr entwickelnde ödipale Konflikt wurde als eine wichtige Station in der Reifung der Sexualität angesehen und als Bezeichnung der betreffenden Entwicklungsphase des Kindes herangezogen: ödipale oder genitale Entwicklungsphase.

Freud selbst betonte in späteren Auflagen seiner früheren Arbeiten, dass es bei der ödipalen Konstellation nicht nur um Konkurrenz gehe, sondern um die Liebe zum jeweiligen Elternteil. Der Junge gerät in der Beziehung zu seinem Vater innerhalb der ödipalen Konstellation in einen tiefen und beinahe unlösbar erscheinenden intrapsychischen Konflikt, denjenigen überwinden zu wollen, den er gleichzeitig besonders liebt und für die Entwicklung seiner männlichen Identifikation benötigt. Diese Verknüpfung von Liebe und Rivalität gilt analog auch für das Mädchen in Bezug auf die Mutter.

Die notwendig gewordene Überwindung reduktionistischer Annahmen in der Folge der Triebtheorie (Identifizierung des Jungen mit dem Vater, analog des Mädchens mit der Mutter, als Folge der Homosexualität) sollte nicht zu einer Desexualisierung der Psychoanalyse und ihrer Theorien führen. Die Beschreibung der Bedeutung des Sexualtriebs stellt eine der wichtigsten Motivationsquellen des menschlichen Lebens dar. Die später von der Selbstpsychologie, der Objektbeziehungstheorie, der intersubjektiven Psychoanalyse und der Affekttheorie beschriebenen Akzente erweitern unser Verständnis der dyadischen prägenitalen Beziehungen und der ödipalen Konstellation. Die Integration der dyadischen und der triadischen Beziehungswelt stellt eine der großen Herausforderungen menschlichen Lebens dar.

6.3 Dritte Dimension des neuropsychodynamischen Modells: Die Struktur

Die dritte Dimension des neuropsychodynamischen Modells bezieht sich auf die Reife der Persönlichkeitsorganisation (vgl. Strukturdimension in der operationalisierten psychodynamischen Diagnostik (OPD), Arbeitskreis OPD 1998, OPD Task Force 2009). Der Reifegrad der psychischen Struktur des Subjekts ist eng verknüpft mit den Beziehungen zum Objekt und zum Ich. Struktur und Funktion stehen psychogenetisch in einem dialektischen Verhältnis und lassen sich nicht grundsätzlich voneinander trennen. Nachdem der Versuch unternommen wurde, eine Systematik der Grundkonflikte und der mit ihnen einhergehenden Bewältigungsmechanismen zu formulieren, stellt sich die Frage, ob ein ähnlicher Versuch auch eine zumindest erste Systematik der psychischen Struktur (Reifegrade, Variationen der strukturellen Mängel bzw. Selbstpathologie) ermöglich kann.

Rudolf (2006) hat eine Einteilung in vier Stufen vorgeschlagen: Gut integriert, mäßig integriert, gering integriert, desintegriert.

Um die Entstehung des libidinösen Ich zu beschreiben, benutzte Freud im *Entwurf einer Psychologie* (1895) den Begriff der »Seitenbesetzung«. Seitenbesetzungen haben einen Bezug zum homöostatischen Funktionieren des hypothetisch angenommenen psychischen Apparats, der nach unmittelbarer Befriedigung organischer Bedürfnisse strebt, die Sexualität noch nicht kennt und nach dem Primärprozess unter der Herrschaft des Lustprinzips funktioniert. Unter dem Gesichtspunkt der psychosexuellen Entwicklung des Subjekts und der Objektbeziehungen sind Seitenbesetzungen zentral (Müller-Pozzi 2008). Seitenbesetzungen schaffen die Sekundärprozesse, die bestrebt sind, Erregung nicht auf dem kürzesten Weg abzuführen, sondern Erregung und Spannung zu halten und zu kanalisieren, um sie gezielt in den Dienst der Befriedigung zu stellen. Die Seitenbesetzung lässt sich analog dem Sekundärprozess auch als »sekundäre Besetzung« bezeichnen (Müller-Pozzi 2008, S. 80). Die sich anbahnende konstante libidinöse Besetzung des Objektes erfordert eine innere libidinöse Struktur, ermöglicht diese, hält sie aufrecht:

> » In Anlehnung an die sich wiederholenden Befriedigungserlebnisse entstehen der Wunsch und die Vorstellung des libidinösen Subjekts und Objekts. Das Ich etabliert sich als ein umrissenes Netz konstanter libidinöser Besetzungen im Subjekt, das die Primärvorgänge hemmt, libidinöse Besetzung festhält und ihre Regung nicht ins Bewusstsein und an das motorische Ende des Apparats … lässt, ohne dieses Netz zu passieren. Was Ich wird, entwickelt sich in Abhängigkeit von dem, was zum verinnerlichten Objekt, zur inneren Imago des äusseren Objekts wird. (Müller-Pozzi 2008, S. 81)

Gerade auch in neuropsychodynamischer Hinsicht sind Freuds Überlegungen zu den sog. Seitenbesetzungen von Interesse. Freud (1895) beschrieb die Seitenbesetzung als eine Hemmung des primären von den Bedürfnissen der Selbsterhaltung gesteuerten Affekt- bzw. Besetzungsablaufs. In dieser Vorstellung des Ich als ein Netz besetzter gegeneinander gut gebahnter Vorstellungen, wird eine Erregung, die von außen auf a eindringt, es besetzt und die unter der Herrschaft des Unlustprinzips und des Primärprozesses, d. h. ohne Intervention der Organisation des Ich unbeeinflusst nach b. gegangen wäre, durch die Seitenbesetzung in a. so beeinflusst, dass sie nur einen Teil nach b. abgibt, eventuell gelangt sie auch gar nicht nach b. Die wesentliche Aufgabe des Ich besteht darin, psychische Primärvorgänge zu hemmen.

Seitenbesetzungen entstehen durch die »Wunschanziehung« des Objekts und konstituieren das libidinöse Ich:

> Sie sind der psychische Niederschlag jenes eigenartigen Überschusses an Affekten, der nicht in der Befriedigung der Bedürfnisse aufgeht. Sie sind »Bahnungen«, konstante Besetzung, die libidinöse Strukturen schaffen und festigen, um neue Wege der Erregungsabläufe, der Erregungsverarbeitung zu eröffnen; Strukturen, die der infantilen und d. h. der spezifisch menschlichen Sexualität erst ihre spezifische Gestaltung und ihre affektive Qualität verleihen und die Objektbeziehungen prägen. (Müller-Pozzi 2008, S. 82)

Der Primärvorgang steht – als metapsychologischer Begriff – für die homöostatische Affektregulation des Organismus sowie des primitiven organischen psychischen Apparats und unterstreicht, dass der biologische und psychische Organismus ohne Intervention des Ich nach unmittelbarer Befriedigung oder Entladung strebt. Die strukturbildenden Sekundärprozesse schaffen den begrenzenden Rahmen, innerhalb dessen Primärprozesse ungehindert und ungehemmt ablaufen können. Das Verhältnis von Primär- und Sekundärprozess ist – in der libidinösen Ökonomie – ein strukturelles, nicht ein konsekutives, sondern ein wechselseitiges. Unter dem sog. »ökonomischen Gesichtspunkt« bezeichnen Lust- und Realitätsprinzip das gleiche wie die Primär- und Sekundärprozesse der strukturellen Betrachtungsweise.

Die Annahme, dass alle psychischen Störungen konflikthafter Natur sind, wird nicht durch die Erfahrungen in Frage gestellt, dass eine Untergruppe, die auf einer pathologischen Verarbeitung sehr früher Konflikte beruht, vorwiegend durch die dabei entstehenden strukturellen Mängel bedingt ist, somit nicht durch die Konflikte selbst charakterisiert ist. Diese Untergruppe wurde von Kohut unter der Bezeichnung »Selbstpathologie« zusammengefasst. Als Variationen der strukturellen Mängel (Selbstpathologie) beschrieb Mentzos (1982) die Psychosen, die Borderline-Zustände und die narzisstischen Störungen im engeren Sinne.

Exkurs: Die operationalisierte psychodynamische Diagnostik (OPD)

Die Arbeitsgruppe Operationalisierte Psychodynamische Diagnostik (OPD) hatte das Ziel, die DSM- und ICD-Diagnostik mithilfe einer psychodynamisch-psychogenetisch orientierten Operationalisierung zu ergänzen (▶ Abschn. 2.4). Es wurde eine Auswahl von psychodynamischen Elementen getroffen, die einerseits für das Verständnis der Psychodynamik der Patienten relevant und andererseits noch ausreichend operational fassbar sind, um überprüfbar zu bleiben. Diese Auswahl schlägt sich in den folgenden Achsen nieder:

- Krankheitserleben,
- Beziehung,
- Konflikt,
- Struktur.

Es wurde eine schulenübergreifende, möglichst einheitliche und präzise Sprach- und Begriffskultur angestrebt. Die folgende Übersicht vermittelt einen Überblick über die Einsatzmöglichkeiten und den Zweck der operationalisierten psychodynamischen Diagnostik.

Einsatzmöglichkeiten und Zweck der operationalisierten psychodynamischen Diagnostik (OPD)

- **Vermittlung klinisch-diagnostischer Leitlinien**
  Diese lassen den Anwendern Spielraum für eigene Beurteilungen. Im Rahmen der Ausbildung in psychodynamischer Psychotherapie werden sowohl psychodynamische als auch phänomenologische Klassifikationen eingeübt
- **Verbesserung der Kommunikation**
  Austausch über die Konstrukte der psychodynamischen Theorie innerhalb der Scientific Community

- **Einsatz als Forschungsinstrument**
  Stärkere Stichprobenhomogenisierung in Studien über striktere diagnostische Kriterien
- **»Basisliniendaten«**
  Phänomenale und psychodynamische Ausgangserfassung der Daten vor geplanten Psychotherapien
- Erfassung von **Krankheitsverläufen**
- Prüfung von **Therapieindikation** und **Differenzialindikation**
- Untersuchung von **Therapieeffizienz**

Das Material, das zur Einschätzung eines OPD-Befundes erforderlich ist, wird in einem speziell dafür entwickelten Interview gewonnen, das anfangs frei geführt wird, im Verlauf jedoch bestimmte Bereiche fokussiert, die für die Beurteilung der einzelnen Achsen wichtig sind (vgl. Interviewleitfaden, Janssen et al. 1996). Der Interviewleitfaden ist eine Verbindung von klassischem psychoanalytischem Erstinterview, strukturellem Erstinterview, tiefenpsychologisch-biografischer Anamnese und psychiatrischer Exploration.

Für die OPD wurden gute Interrater-Reliabilitäten festgestellt (0,61 für Konflikt; 0,71 für Struktur). Die Ergebnisse der Reliabilitätsstudien unterstreichen die Bedeutung und Notwendigkeit der Ausbildung und des Trainings in der OPD-Diagnostik.

Mit der OPD liegt ein international anerkanntes Untersuchungsverfahren zur Erfassung der operationalisierten psychodynamischen Diagnostik vor. Inzwischen liegt eine weiterentwickelte Version der OPD (OPD-2) vor.

Die wesentlichen Festlegungen auf den ersten vier Achsen (Achse I: Krankheitserleben und Behandlungsvoraussetzung, Achse II: Beziehung, Achse III: Konflikt, Achse IV: Struktur) stimmen mit psychoanalytischen Teilkonzepten (zur Persönlichkeitsstruktur, intrapsychischem Konflikt und Übertragung) überein. Die Achse V übernimmt die etablierte deskriptiv-phänomenologische Diagnostik in die OPD, um die Notwendigkeit einer genaueren Erfassung von psychopathologischen Phänomenen auch im Rahmen einer psychodynamischen Diagnostik zu unterstreichen. Auswahl und Aufbau der OPD-Achsen werden im Folgenden kurz erläutert:

▪▪ Achse I: Krankheitserleben und Behandlungsvoraussetzung

Um Aussagen über die Indikationsstellung zur Psychotherapie zu ermöglichen, wurden Merkmalsbereiche definiert, die die Beurteilung der Symptomschwere, des Leidensdrucks der Patienten, ihrer Behandlungserwartungen und ihrer psychosozialen Ressourcen ermöglichen. Die Beurteilung erfolgt mittels fünf Beurteilungskategorien, für die einzelne Ankerbeispiele angegeben werden.

▪▪ Achse II: Beziehung

In der Beziehungsdiagnostik wird das dominierende dysfunktionale habituelle Beziehungsmuster der Patienten erfasst, das diese in den für sie bedeutenden Beziehungen immer wieder herstellen. Diese Achse stellt ein Kategoriensystem beobachtungsnaher Verhaltensweisen anhand einer Liste von 30 Items zur Verfügung. In einem ersten Schritt wird das Beziehungsmuster aus der Erlebensperspektive der Patienten dargestellt. Dabei wird auf die Beziehungsschilderung zurückgegriffen, die die Patienten im Verlauf des Interviews geben. In einem zweiten Schritt wird das Beziehungsmuster aus der Erlebensperspektive der anderen (u. a. der Untersuchenden) beschrieben. Es wird auf das Beziehungsverhalten der Patienten im Gespräch zurückgegriffen, wobei auch die Gegenübertragung der Untersuchenden als Informationsquelle verwendet werden soll. In einem dritten Schritt werden beide Erlebensperspektiven zu einer einzigen beziehungsdynamischen Formulierung integriert. Dabei können vor allem die bedeutenden Unterschiede zwischen dem Erleben der Patienten und dem ihrer Interaktionspartner herausgearbeitet werden (Grande et al. 1997).

▪▪ Achse III: Konflikt

Auf dieser Achse wird die zentrale Rolle innerer Konflikte erfasst. Lebensbestimmende, verinnerlichte Konflikte können ihren aktuellen, äußer-

lich determinierten konflikthaften Situationen gegenübergestellt werden. Es werden verschiedene Konflikttypen definiert, die eine lebensbestimmende Bedeutung haben können:
- Abhängigkeit versus Autonomie,
- Unterwerfung versus Kontrolle,
- Versorgung versus Autarkie,
- Selbstwertkonflikte (Selbstwert versus Objektwert),
- Über-Ich- und Schuldkonflikte,
- ödipal-sexuelle Konflikte,
- Identitätskonflikte,
- konflikthafte äußere Lebensbelastungen,
- Modus der Verarbeitung.

Als weitere Kategorie wird das klinische Bild einer fehlenden Konflikt- und Gefühlswahrnehmung beschrieben.

Das Manual definiert Kriterien für die Ausgestaltung dieser Konflikte in den Bereichen Partnerwahl, Bindungsverhalten/Familienleben, Herkunftsfamilie, Arbeits-/Berufsbereich, Verhalten im umgebenden soziokulturellen Raum und Krankheitsverhalten. Auf einer vierstufigen Skala wird eingeschätzt, ob und mit welcher Bedeutsamkeit ein Konflikt vorliegt; außerdem soll angegeben werden, welche zwei Konflikte für einen Patienten am wichtigsten sind. In einem abschließenden Urteil wird festgehalten, ob der Umgang mit Konflikten eher einem passiven oder eher einem aktiven Modus entspricht (Schüssler et al. 1996). Bei der Diagnostik zeitlich überdauernder Konflikte sind die häufig mit ihnen verbundenen leitenden Affekte (z. B. Wut bei narzisstischer Kränkung) zu berücksichtigen.

▪▪ Achse IV: Struktur

Die psychische Struktur stellt den Hintergrund dar, auf welchem sich Konflikte mit ihren gut oder schlecht angepassten Lösungsmustern abspielen. Die Strukturachse bildet das Funktionsniveau der Patienten im Sinne ihrer strukturellen Fähigkeiten und Vulnerabilitäten anhand von sechs Dimensionen ab. Es handelt sich um die Fähigkeiten in den folgenden Bereichen:
- Selbstwahrnehmung,
- Selbststeuerung,
- Abwehr,
- Objektwahrnehmung,
- Kommunikation,
- Bindung.

Bezüglich dieser Dimensionen erfolgt eine Einschätzung des Integrationsniveaus auf den Stufen »gut integriert«, »mäßig integriert«, »gering integriert« und »desintegriert« (Rudolf 2006). In einem abschließenden Urteil wird das Strukturniveau nochmals global auf einer ebenfalls vierstufigen Skala beurteilt. Dieses Vorgehen ist an den von Kernberg definierten Strukturniveaus orientiert (Kernberg 1981). Jede der sechs strukturellen Dimensionen weist mehrere untergeordnete Aspekte auf; die Fähigkeit zu Selbststeuerung enthält z. B. die Aspekte der Affekttoleranz, Selbstwertregulation, Impulssteuerung und Antizipation.

▪▪ Achse V: Psychische und somatische Störung

Im Rahmen der diagnostischen Beurteilung nach ICD-10/11 (Forschungskriterien) und optional nach DSM-IV/V sollte für jeden Patienten nur eine Hauptdiagnose angegeben werden. Die Hauptdiagnose ist die Diagnose mit der höchsten Relevanz für die aktuelle Behandlung. Es können drei zusätzliche Diagnosen kodiert werden. Ferner können die nach ICD/DSM diagnostizierten Persönlichkeitsstörungen auf der Achse V verschlüsselt werden. Hinzugefügt wurden diagnostische Kriterien für die narzisstische Persönlichkeitsstörung, die in der Originalversion der ICD-10 nicht enthalten ist.

6.4 Neuropsychodynamische Charakterisierung des dreidimensionalen Modells

? Worin bestehen die neuropsychodynamischen Erweiterungen dieses ursprünglichen »dreidimensionalen Modells psychischer Krankheit«? – Wie kann nun das dreidimensionale Modell von dem psychischen Kontext in einen neuropsychodynamischen Kontext übersetzt werden?

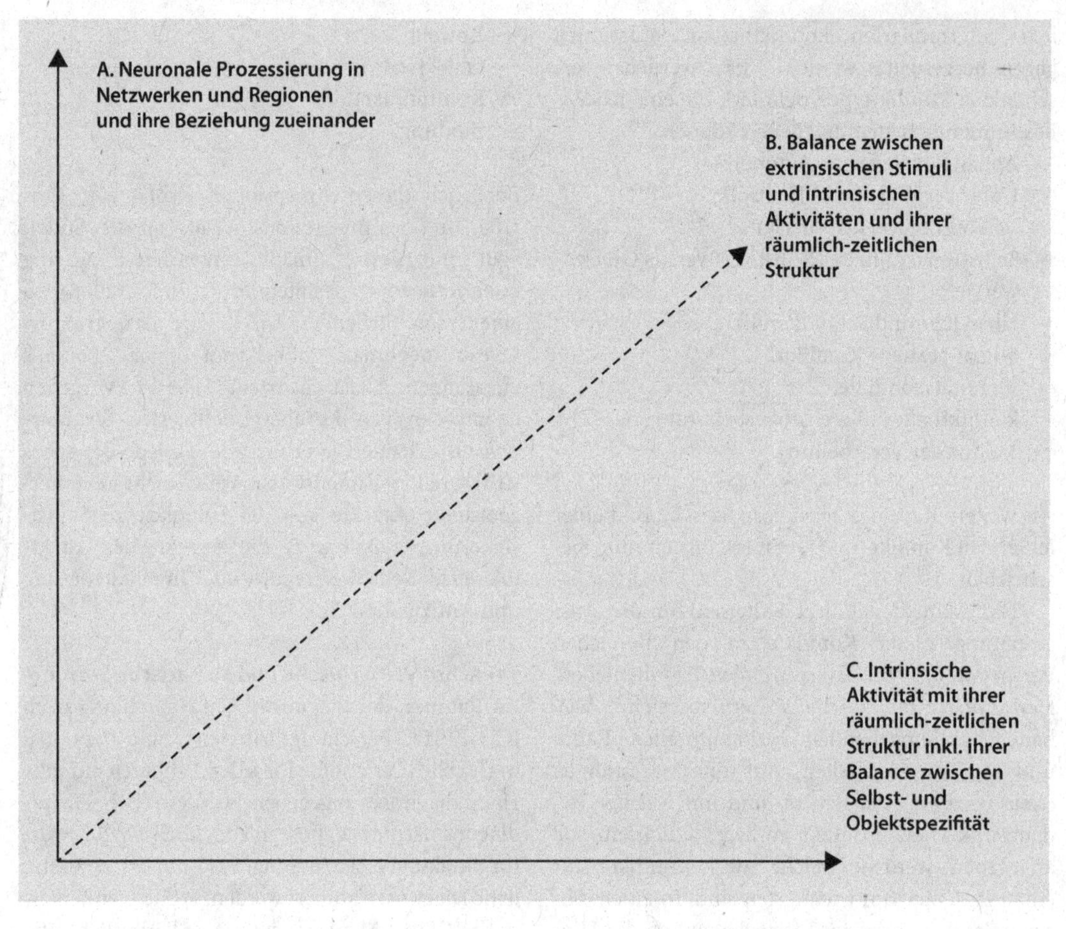

Abb. 6.2 Dreidimensionale Diagnostik psychischer Störungen im neuropsychodynamischen Kontext

Hierzu werden wir in einem ersten Ansatz aufzeigen, wie die drei Dimensionen – Struktur, Verarbeitung und Konflikt – in einen neuronalen Kontext des Gehirns gestellt werden können. Dabei soll betont werden, dass es sich hier nicht um eine Reduktionsbeziehung, sondern um eine Korrespondenzbeziehung handelt, d. h. die psychische Ebene der Struktur korrespondiert auf der neuronalen Ebene mit bestimmten Funktionen und Mechanismen (Abb. 6.2).

6.4.1 Dimension der Struktur

Das Konzept der Struktur bezieht sich im psychodynamischen Modell auf die Organisation der Persönlichkeit und der psychischen Struktur des Subjekts inkl. seiner Beziehung zum Objekt und zum Ich. Dieses Konzept formuliert bereits eine Voraussetzung für eine korrespondierende Struktur im Kontext des Gehirns, die sowohl einen Bezug zum eigenen Selbst als auch zu den Objekten in der Umwelt herstellt. Wo kann nun eine solche Struktur in der neuronalen Aktivität des Gehirns gefunden werden? Im Gehirn kann zwischen extrinsischer und intrinsischer Aktivität unterschieden werden. Die extrinsische Aktivität bezieht sich auf die neuronale Aktivität, die durch bestimmte extrinsische Stimuli oder Aufgaben getriggert wird. Das ist die Form der neuronalen Aktivität, die im Zusammenhang mit bestimmten sensorischen, motorischen, kognitiven, affektiven oder sozialen Funktionen häufig untersucht und getestet wird. Davon unterschieden werden muss die dem Gehirn eigene

Aktivität, die im Gehirn selbst unabhängig von den extrinsischen Stimuli entsteht. Diese Aktivität wird häufig intrinsische Aktivität oder auch paradoxerweise Ruhezustandsaktivität genannt. Diese ist eher paradox, da das Gehirn eben nicht in einem kontinuierlichen Ruhezustand ist. Dieses wird z. B. sehr deutlich im Schlaf, wo trotz der Absenz bestimmter Stimuli oder bestimmter Aufgaben eine Aktivität im Gehirn vorhanden ist, wie sich beim Träumen erleben lässt. Der Hinweis auf die intrinsische Aktivität des Gehirns selbst genügt aber nicht, um eine Analogie- oder Korrespondenzbeziehung zur Struktur im psychodynamischen Kontext herzustellen. Neuere Untersuchungen haben gezeigt, dass es deutliche Hinweise dafür gibt, dass diese intrinsische Aktivität eine bestimmte räumlich-zeitliche Struktur aufweist. Wichtig ist, dass diese räumlich-zeitliche Struktur nicht im rein physikalischen Sinne gemeint ist, d. h. dass sie nicht von außen beobachtet werden kann, sondern dass sie eher in einem virtuellen Sinne, in einem statistisch basierten Sinne aufzufassen ist, wie z. B. bei einem Computerprogramm, das aus der Perspektive einer dritten Person ebenfalls nicht ohne Weiteres sichtbar ist. Vieles spricht dafür, dass diese räumlich-zeitliche Struktur in ihrer rein virtuellen und statistisch basierten Art durch die Beziehung zwischen verschiedenen Netzwerken und Regionen im räumlichen Sinne konstituiert wird und durch das Zusammenspiel verschiedener Fluktuationen in verschiedenen Frequenzbereichen (0,001 bis 180 Hz) konstruiert wird. Ganz wichtig ist, dass hier eine kontinuierliche Veränderung einer kontinuierlichen Variabilität vorliegt, die offenbar, wie jüngste Untersuchungen gezeigt haben, ein zentrales Merkmal dieser intrinsischen Aktivität und ihrer räumlich-zeitlichen Organisation ist.

Die exakte Funktion sowohl der intrinsischen Aktivität im Generellen und der räumlich-zeitlichen Struktur im Spezifischen ist bisher unklar. Unsere Vermutung ist, basierend auf unseren eigenen und anderen Daten, dass diese räumlich-zeitliche Struktur zentral für die Transformation von rein neuronalen Prozessen in subjektive Erlebensprozesse und somit in phänomenale Prozesse ist. Nur wenn ein bestimmter extrinsischer Stimulus oder eine Aufgabe in diese intrinsische Aktivität integriert werden, kann erlebt und somit mit Bewusstsein verknüpft werden. Somit stellt diese räumlich-zeitliche Struktur der intrinsischen Aktivität eine basale Strukturorganisation oder Form dar, die das Gehirn quasi immer zur Verfügung stellt. Jeder Stimulus bzw. jede Aufgabe, die im Gehirn prozessiert wird, muss quasi durch diese räumlich-zeitliche Struktur hindurchgehen und mit ihr interagieren. Dieser Ablauf steht in einer gewissen Analogie zu dem, was auf der psychodynamischen Ebene als Struktur beschrieben wird.

Eine weitere Analogie besteht in Hinsicht auf die Selbst- und Objektspezifität. Die intrinsische Aktivität und ihre räumlich-zeitliche Struktur zeigt offenbar eine starke Überlappung mit den neuronalen Prozessen, die sowohl dem eigenen Selbst unterliegen, als auch im gleichen Moment durch die Umwelt und ihre extrinsischen Stimuli stark beeinflusst werden. Empirische Befunde haben gezeigt, dass gerade in den Mittellinienstrukturen (▶ Kap. 5, ▶ Kap. 9) eine starke Überlappung zwischen intrinsischer Aktivität und der Aktivität durch selbstbezogene Stimuli (z. B. Präsentation des eigenen Namens) beobachtet werden kann. Dieses ist nur möglich, wenn die intrinsische Aktivität selbst in ihrer räumlich-zeitlichen Struktur bestimmte selbstspezifische Informationen quasi enkodiert oder eingraviert, wie auch in einem Computerprogramm bestimmte Instruktionen enkodiert werden. Auf der anderen Seite haben Befunde gezeigt, dass die intrinsische Aktivität und ihre räumlich-zeitliche Struktur stark durch Umweltereignisse, insbesondere durch stressbezogene Umweltereignisse, beeinflusst und manipuliert werden kann. Somit scheint die intrinsische Aktivität und ihre räumlich-zeitliche Struktur offenbar auch das Kriterium der Selbst- und Objektspezifität zu erfüllen, die die Struktur im psychodynamischen Kontext kennzeichnet.

6.4.2 Dimension der Verarbeitung

Die Dimension der Verarbeitung im psychodynamischen Kontext beschreibt bestimmte Modi intrinsisch prädisponierender Mechanismen der Verarbeitung von extrinsischen Lebensereignissen: Es handelt sich um bestimmte Mechanismen der Prozessierung, die intrinsisch prädisponiert sind und die dann mit extrinsischen Ereignissen verknüpft werden können. Im Kontext des Gehirns stellt sich nun die folgende Frage: Welche Strukturen bzw. welche Mechanismen stellt das Gehirn selbst zur Verfügung quasi als intrinsische Prädisposition und als Mechanismen der Verarbeitung? Hier ist an verschiedene Netzwerke zu denken. Die intrinsische Aktivität des Gehirns kann durch verschiedene Netzwerke gekennzeichnet werden, z. B. das Default-Mode-Netzwerk, das Exekutivnetzwerk, das sensomotorische Netzwerk, das Aufmerksamkeitsnetzwerk und das Sprachnetzwerk. All diese unterschiedlichen Netzwerke umfassen verschiedene Regionen. Von ganz besonderer Bedeutung ist dabei, dass diese Netzwerke auch in bestimmten Beziehungen zueinanderstehen. Paradigmatisch kann dies am Beispiel der Beziehung zwischen dem Default-Mode-Netzwerk und dem Exekutivnetzwerk erläutert werden. Das Default Mode Netzwerk (DMN) kann vor allem durch Mittellinienstrukturen im Gehirn charakterisiert werden, wohingegen das Exekutivnetzwerk (EN) eher laterale präfrontale und parietale Regionen umfasst. Nun wurde durch verschiedene Beobachtungen in der funktionellen Bildgebung sehr deutlich, dass diese beiden Netzwerke in einer negativen Beziehung zueinanderstehen, d. h. sie antikorrelieren miteinander: Wenn das eine Netzwerk, wie z. B. das DMN, stark aktiviert wird, führt dies zu einer verminderten Aktivierung im EN. Umgekehrt, wenn das EN, z. B. durch kognitive Prozesse, stark beansprucht wird, sinkt die Aktivität im DMN und die assoziierten Emotionen oder selbstspezifischen Prozesse können nur begrenzt rekrutiert werden. Aufgrund der Balance zwischen den verschiedenen Netzwerken liegen präformierte Mechanismen vor, mittels derer extrinsische Stimuli und Aufgaben verarbeitet werden können. Somit besteht auch eine gewisse Analogie im Hinblick auf verschiedene Mechanismen der Verarbeitung. Kritisch muss allerdings darauf hingewiesen werden, dass die Dimensionen der Verarbeitung im psychodynamischen Kontext sehr viel komplexer und mit sehr viel mehr Schichten charakterisiert werden können, als es im neuronalen Kontext gegenwärtig der Fall ist. In Zukunft könnten verschiedene Mechanismen der neuronalen Verarbeitung analog zu verschiedenen Abwehrmechanismen im psychodynamischen Kontext untersucht werden. Bedauerlicherweise werden Abwehrmechanismen gegenwärtig nicht nur im psychodynamischen Kontext eher vernachlässigt, sondern sind auch in der neuropsychodynamischen Literatur kaum untersucht. Möglicherweise könnte hier auch die Neurowissenschaft von der Psychodynamik profitieren, indem letztere die Kriterien für die verschiedenen Schichten von reifen zu unreifen Abwehrmechanismen expliziert, sodass diese dann in einen Bezug zu korrespondierenden neuronalen Mechanismen gestellt werden können.

6.4.3 Dimension des Konflikts

In psychodynamischer Hinsicht resultiert der Konflikt aus der Begegnung der externen Realität der Umwelt mit der internen psychischen Realität. Wie kann nun diese extrinsisch-intrinsische Interaktion in den neuronalen Kontext des Gehirns übersetzt werden? Lassen wir noch einmal Revue passieren: Wir haben bisher zwei Dimensionen betrachtet: In einem ersten Schritt haben wir die Struktur durch den Ruhezustand, die intrinsische Aktivität des Gehirns und ihre räumlich-zeitliche Struktur charakterisiert. In einem zweiten Schritt hatten wir die Dimension der Verarbeitung durch verschiedene Netzwerke, Regionen und ihre Beziehung untereinander gekennzeichnet. Diese beiden Dimensionen können also quasi als das intrinsische Equipment des Gehirns aufgefasst werden. Mit diesem intrinsischen Equipment exponiert sich das Gehirn der Umwelt und trifft dort mit den extrinsischen Umweltereignissen aufeinander. Somit besteht hier eine deutliche Analogie zu dem, was auf der psychodynamischen Ebene als Konflikt bezeichnet wird. Was intrapsychisch als Konflikt erlebt wird, kann dann intraneuronal als die Begegnung zwischen der intrinsischen Ruhezustandsaktivität und dem extrinsischen Stimulus beschrieben werden, als Ruhe-Stimulus-Interaktion oder Stimulus-Ruhe-Interaktion.

Wir müssen an dieser Stelle aber wiederum vorsichtig sein: Wir beschreiben mit den Begriffen der Ruhe-Stimulus- und Stimulus-Ruhe-Interaktion bestimmte Mechanismen, die aus dem Aufeinandertreffen zwischen intrinsischer Aktivität und extrinsischem Stimulus resultieren. Hingegen ist im psychodynamischen Kontext der Begriff des Konfliktes eher ein Ergebnis als ein Mechanismus. Es stellt sich somit für zukünftige neuropsychodynamische Forschung die Frage, inwieweit die hier beschriebenen Ruhe-Stimulus- und Stimulus-Ruhe-Interaktion und das Aufeinandertreffen von intrinsischer Aktivität und extrinsischem Stimulus in dem resultieren, was psychisch als Konflikt beschrieben wird. Dieses ist ein zukünftiges neuropsychodynamisches Forschungsfeld, das von höchster Relevanz gerade für psychiatrische Störungen ist, weil sie hierdurch besser beschrieben werden können; dies gilt insbesondere für die akuten Symptome, mit denen sich diese Konflikte manifestieren.

6.4.4 Neuropsychodynamisches Modell: Schizophrenie und Depression

▪ Strukturebene

Bei beiden Störungen, Schizophrenie und Depression, handelt es sich um basale Störungen, um Veränderungen in der psychischen oder psychodynamischen Struktur. Korrespondierend dazu würde man aufgrund unseres neuropsychodynamischen Modells annehmen, dass bei diesen Erkrankungen Veränderungen in der Ruhezustandsaktivität oder intrinsischen Aktivität und insbesondere ihrer räumlich-zeitlichen Struktur vorliegen müssen. Genau dies ist in der Tat der Fall. Neuere bildgebende Untersuchungen haben starke Veränderungen in der intrinsischen Aktivität und ihrer räumlich-zeitlichen Struktur aufgezeigt. So sind z. B. die verschiedenen Netzwerke, das Default-Mode-Netzwerk (DMN) und das Exekutivnetzwerk (EN), stark verändert, die Frequenzfluktuation – insbesondere in den höheren Frequenzbereichen im Gammabereich zwischen 40 und 180 Hz – ist stark reduziert.

▪▪ Schizophrenie

Wir erinnern uns, dass wir die Verarbeitungsebene mit der Beziehung zwischen verschiedenen Regionen und Netzwerken in Verbindung gebracht haben. Hier zeigt sich bei den Schizophrenen ein sehr interessanter Befund. Normalerweise besteht eine negative oder antikorrelierende Beziehung zwischen dem DMN und dem EN. Das heißt, wenn das DMN erhöht ist, ist das EN erniedrigt und umgekehrt. Interessanterweise sind mit diesen Netzwerken auch unterschiedliche mentale Inhalte verknüpft; das DMN vermittelt vor allem interne mentale Inhalte wie z. B. die eigenen Gedanken, während das EN eher auf externe Gedanken, Akte und Handlungen zielt. Die Antikorrelation ergibt vor diesem Hintergrund sehr viel Sinn. Wir erleben es immer wieder selbst: Wenn die internen Gedanken stark sind, werden die extern orientierten Handlungen sehr viel weniger und umgekehrt. Bei den Schizophrenen scheint nun genau diese Balance, diese negative oder reziproke Balance zwischen internen mentalen Inhalten, dem DMN, und den extern orientierten Handlungen, dem EN, umgekehrt zu sein, nämlich eher positiv als negativ. Dieses bedeutet ultimativ, dass interne und externe mentale Inhalte miteinander vermischt werden, anstatt reziprok moduliert zu werden. Dies ist genau das, was sich auch im klinischen Alltag anhand der Symptome beobachten lässt, nämlich dass schizophrene Patienten interne psychische Inhalte und externe Umweltereignisse nicht mehr auseinanderhalten können.

Kommen wir noch einmal zurück auf die Dimension des Konfliktes. Diese besteht in der Interaktion zwischen Ruhe und Stimulus, der Ruhe-Stimulus-Interaktion. Aufgrund der Defizite sowohl in der Struktur als auf der Verarbeitungsebene ergeben sich beim schizophrenen Patienten notwendigerweise Defizite in der Ruhe-Stimulus-Interaktion. Ganz typisch ist das Beispiel der akustischen Halluzinationen. Hier gibt es deutliche Hinweise dafür, dass der auditorische Kortex abnorme Ruhezustandsaktivität und möglicherweise auch abnorm erhöhte Variabilität aufweist. Diese spontanen Veränderungen der Variabilität treten in einem so starken Grad auf, dass sie eventuell genau dem Unterschied zwischen der Ruhezustandsaktivität und einem extrinsischen Stimulus im gesunden Gehirn entsprechen. Ganz konsequent wird der schizophrene Patient akustische Halluzinationen nicht in seinem Kopf, sondern in der Umwelt wahrnehmen. Dieses führt dann zu einem Konflikt, indem er innerlich Stimmen hört, die er äußerlich nicht wahrnimmt. Dies entspricht genau dem Konflikt, dem der schizophrene Patient auf psychodynamischer Ebene in der Auseinandersetzung mit der sozialen Umwelt ausgesetzt ist.

▪▪ Depression

Bei der Depression gibt es vielfältige Belege dafür, dass eine erhöhte Ruhezustandsaktivität gerade im DMN vorliegt. Diese führt zu einer Veränderung der gesamten räumlich-zeitlichen Struktur der intrinsischen Aktivität und zu einer Dysbalance zwischen DMN und EN. Hier wird allerdings die reziproke oder negative Beziehung zwischen DMN und EN abnorm in Richtung des DMN verschoben. Das heißt, das DMN ist abnorm stark, während das EN abnorm niedrig ist. Dieses Ungleichgewicht führt zu einer abnormen Verstärkung der internen mentalen Inhalte, während die extern orientierten Handlungen abnorm vermindert werden. Das ist genau das, was in der Depression beobachtet werden kann, nämlich ein verstärkter Ich-Fokus mit starkem Grübeln und einer verminderten Beziehung zur Umwelt, ein verminderter Umweltfokus. Daher fühlen sich die Patienten isoliert von der Umwelt, erleben nicht mehr die Beziehung zur Umwelt, sondern stattdessen – quasi in einer zirkulären Form – eine abnorm starke Fokussierung auf ihr eigenes Selbst. Jegliche Auseinandersetzung mit externen Stimuli, jetzt begeben wir uns auf die Konfliktebene, führt dann zu einer abnormen Integration dieses externen Stimulus in das eigene Selbst, und die Differenzierung zwischen externen Stimuli und dem eigenen Selbst kann schließlich nicht mehr gemacht werden. Dieser Ablauf führt zu Konflikten zwischen dem Selbst und der Umwelt, die zirkulär verstärkt werden durch die abnorm erhöhte Ruhezustandsaktivität im DMN, welche durch externe Stimuli nicht mehr moduliert werden kann, was dann zur mangelnden Differenzierung zwischen Ich und Umwelt führt.

Literatur

Arbeitskreis OPD (Hrsg) (1998) Operationalisierte Psychodynamische Diagnostik. Grundlagen und Manual, 2. Aufl. Huber, Bern

Böker H (1979) Sekundäre Amenorrhoe und Psychosomatisches Phänomen: Empirische Untersuchungen zu Persönlichkeitsstruktur und Objektbeziehungen von Amenorrhoe-Patientinnen. Medizinische Dissertation, Fachbereich Humanmedizin, Justus-Liebig-Universität, Gießen

Freud S (1895) Entwurf einer Psychologie. Gesammelte Werke Nachtragsband, Fischer, Frankfurt/M, 1987

Freud S (1911) Formulierungen über die zwei Prinzipien des psychischen Geschehens. GW Bd 8, Fischer, Frankfurt/M, S 230

Gabbard GO (2005) Psychodynamic psychiatry in clinical practice. Am Psychiatric Publishing, Washington DC, London, UK. Deutsche Ausgabe: Gabbard GO (2010) Psychodynamische Psychiatrie. Ein Lehrbuch. Psychosozial, Gießen

Grande T, Burkmayer-Lose M, Cierpka M et al (1997) Die Beziehungsachse der Operationalisierten Psychodynamischen Diagnostik (OPD) – Konzept und klinische Anwendungen. Z Psychosom Psychoanal 43:280–296

Janssen PL, Dalbender RW, Freiberger HJ et al (1996) Leitfaden zur psychodynamisch-diagnostischen Untersuchung. Psychotherapeut 41:297–304

Kernberg O (1981) Structural interviewing. Psychiat Clin North Am 4:169–195

Laplanche J (1974) Leben und Tod in der Psychoanalyse. Walter, Olten

Laplanche J, Pontalis J (1989) Das Vokabular der Psychoanalyse. Suhrkamp, Frankfurt/M

Marty P, de M'Uzan M (1963) La pensée operatoire. Rev Franc Psychosomat 27:345–375

Mentzos S (1982) Neurotische Konfliktverarbeitung. Einführung in die psychoanalytische Neurosenlehre unter Berücksichtigung neuer Perspektiven. Kindler, München

Mentzos S (1988) Interpersonale und institutionalisierte Abwehr. Suhrkamp, Frankfurt/M

Mentzos S (2009) Lehrbuch der Psychodynamik. Die Funktion der Dysfunktionalität psychischer Störungen. Vandenhoeck & Ruprecht, Göttingen

Müller-Pozzi H (2008) Eine Triebtheorie für unsere Zeit. Sexualität und Konflikt in der Psychoanalyse, 3. Aufl. Huber, Bern

OPD Task Force (Hrsg) (2009) Operationalized Psychodynamic Diagnostics OPD-2 – Manual of diagnosis and treatment planning. Hogrefe, Göttingen

Richter HE (1967) Eltern, Kind und Neurose. Rowohlt, Rheinbeck

Rudolf G (2006) Strukturbezogene Psychotherapie. Leitfaden zur psychodynamischen Therapie struktureller Störungen. Schattauer, Stuttgart

Schüssler G, Holst G, Hoffmann SO et al. (1996) Operationalisierte Psychodynamische Diagnostik (OPD): Konfliktdiagnostik. In: Buchheim P, Cierpka M, Seifert D (Hrsg) Lindauer Texte. Springer, Wien Heidelberg New York

Willi J (1975) Die Zweierbeziehung. Spannungsursachen, Störungsmuster, Klärungsprozesse, Lösungsmodelle. Rowohlt, Rheinbeck

Prinzipien neuropsychodynamischer Behandlungsansätze in der modernen Psychiatrie

Heinz Böker, Peter Hartwich, Theo Piegler

H. Böker et al. (Hrsg.), *Neuropsychodynamische Psychiatrie*,
DOI 10.1007/978-3-662-47765-6_7, © Springer-Verlag Berlin Heidelberg 2016

Neuropsychodynamische Psychiatrie knüpft an grundlegende Prinzipien der dynamischen Psychiatrie an und verknüpft diese mit modernen neurowissenschaftlichen Erkenntnissen.

Zu diesen grundlegenden Elementen der psychodynamischen Psychiatrie (oft auch als dynamische Psychiatrie bezeichnet, Gabbard 2000) zählen die folgenden Grundsätze, die sich aus der Theorie und Technik der Psychoanalyse ableiten und einen kohärenten konzeptuellen Rahmen repräsentieren, innerhalb dessen die Diagnostik und Behandlung durchgeführt wird:

- Bedeutung der subjektiven Erfahrung,
- Funktionalität psychischer Störungen,
- Bedeutung des Unbewussten,
- Bedeutung entwicklungspsychologischer Prozesse in der Biografie,
- Bedeutung der Übertragung,
- Bedeutung der Gegenübertragung,
- Bedeutung des Widerstands.

Diese Prinzipien sind auch für die neuropsychodynamische Psychiatrie grundlegend. Diese greift das Postulat von Gabbard (2005) auf, nach dem der moderne dynamische Psychiater »zweisprachig sein« sollte: Er muss sowohl die Sprache des Gehirns als auch die Sprache des Geistes beherrschen, um dem Patienten eine optimale Behandlung zukommen zu lassen.

Diese grundlegenden Elemente der neuropsychodynamischen Psychiatrie werden im Folgenden – insbesondere im Hinblick auf ihren Stellenwert und ihre Handhabung in der klinischen Praxis – erläutert.

7.1 Bedeutung der subjektiven Erfahrung

Ein Hauptanliegen der neuropsychodynamischen Psychiatrie besteht darin, festzustellen, was an dem jeweiligen Patienten einmalig ist, inwieweit sich der Betreffende infolge einer einmaligen Lebensgeschichte von anderen unterscheidet. Dieses Vorgehen steht – zumindest teilweise – in einem deutlichen Gegensatz zur deskriptiven Psychiatrie, die eine Kategorisierung von Patienten anhand häufiger Verhaltens- und phänomenologischer Merkmale vornimmt und Patienten definierten Gruppen mit ähnlicher Symptomatik zuordnet.

Sich fremdbestimmt fühlen, ein Gefühl der Gefühllosigkeit haben, traurig oder fröhlich sein, Stimmen lauschen, die andere nicht hören können, Schmerzen empfinden, nachdenken, etwas antizipieren oder planen – all das und noch viel mehr sind subjektive Erfahrungen. Für den, der sie macht, sind sie real und bedeutsam, doch wenn man sie wissenschaftlich fassen und untersuchen will, dann taucht die Frage auf, ob Subjektives auf objektive Weise überhaupt untersucht werden kann, wie es doch Anspruch von Wissenschaft ist. Philosophen, anthropologische Psychiater, mentalistische Psychologen und Neurobiologen haben sich dieses Problems angenommen, aber das soll nicht Gegenstand dieses Kapitels sein. Hier soll vielmehr versucht werden, sich dem so schwer Fassbaren, gleichwohl aber für unsere Person so absolut Zentralen, unter verschiedenen Blickwinkeln anzunähern. Psychiatrie ohne Beachtung des subjektiven Erlebens ist zumindest für anthropologische und erst recht für psychodynamische Psychiater nicht möglich.

Mit dem skizzierten Vorgehen soll einerseits ein Eindruck davon vermittelt werden, welche zentrale Bedeutung das Subjekt und seine Erfahrung in der Psychiatrie haben. Andererseits soll aufgezeigt werden, wie man Zugang zum subjektiven Erleben gewinnen kann. Neurobiologische Befunde zu dieser Thematik werden nicht referiert. Es gibt sie mittlerweile in großer Zahl und sie sind hochinteressant, aber ihre Darstellung würde den Rahmen dieses Kapitels sprengen.

Die Annäherung an das Sujet beginnt aus psychiatrisch-philosophischer Perspektive (▶ Abschn. 7.1.1). Im nächsten Abschnitt geht es darum, aufzuzeigen, warum sich Psychiatrie immer wieder schwer damit getan hat und tut, sich dem psychisch Kranken nicht als Objekt, sondern als Subjekt zu nähern. Hier wird ein Stück Psychiatriegeschichte deutlich (▶ Abschn. 7.1.2). Im ▶ Abschn. 7.1.4 werden subjektive Erfahrung und deren Bedeutung im »normalen« und im psychiatrischen Kontext demonstriert. Anschließend geht es um das Subjekt in der psychodynamischen Psychiatrie sowie um Zugangswege zu seinem Erleben (▶ Abschn. 7.1.4), das, wie im ▶ Abschn. 7.1.5 dargestellt, am besten in der intersubjektiven Begegnung der Therapie zugänglich wird. Der letzte ► Abschn. 7.1.6 verdeutlicht, wie bedroht die Arbeit mit dem subjektiven Erleben in der gegenwärtigen Psychiatrie ist. Auf die Ursachen hierfür wird eingegangen. Eine Zusammenfassung rundet diesen Abschnitt des Kapitels ab (► Abschn. 7.1.7).

7.1.1 Das Subjekt: Gegenstand von Philosophie und Psychiatrie

Der Subjektbegriff (lat. subiectum: das Daruntergeworfene) hat in der Philosophie im Laufe der Jahrhunderte einen grundlegenden Deutungswandel erfahren, »der einer Umkehrung seiner Bedeutung gleichkommt« (Brücher 2007, S. 13). Beginnend mit der Neuzeit ist das Subjekt-Objekt-Dilemma immer wieder Gegenstand der Betrachtung (Fuchs et al. 2007). Vor diesem Hintergrund konstatierte Bernet:

> Erst durch das Ersetzen eines singulären Subjekts mit seiner unmittelbaren leiblichen Leidenserfahrung durch ein austauschbares Ich, welches sich das eigene Leiden als einen objektiven Zustand zuschreibt, stellt sich … die Frage, »Wer« hier leidet und an »Was« dieser »Wer« leidet. (Bernet 2014, S. 13)

Natürlich stellt sich auch die Frage, wie der Betroffene damit umgeht. In der Weiterführung sieht Fuchs (2007, S. 2–3) **drei grundsätzliche Zugangswege** zum psychisch Kranken:

1. »den *positivistischen, objektivierenden Ansatz* aus der Perspektive der 3. Person, der dem DSM-IV [und natürlich auch dem DSM V] und ICD-10 zugrunde liegt und vor allem auf beobachtbare Verhaltenssymptome fokussiert«.
   Hier besteht eine klare Subjekt-Objekt-Trennung und die Annahme, dass es eine objektive Realität gibt.
2. »den *phänomenologischen, subjektorientierten Ansatz* aus der Perspektive der 1. Person, der auf das Selbsterleben des Patienten fokussiert und seine grundlegenden, oft nur implizit und nicht bewusst gegebenen Strukturen erforscht« (ebd.).
   Hier geht es um die Vergegenwärtigung des In-der-Welt-Seins des Patienten. Fuchs bringt diesen Ansatz van den Berg zitierend auf den Punkt: »The patient is ill, that means, his world is ill.« (Berg 1972, S. 46)
3. »den *hermeneutischen-intersubjektiven Ansatz* aus der Perspektive der 2. Person, der auf der gemeinsamen Konstruktion und Deutung der persönlichen Geschichte eines Patienten beruht, und der sein Selbstkonzept ebenso wie seine interpersonellen Beziehungsmuster und Konflikte erfasst.« (Fuchs 2007, S. 2–3)

Dieser dialogische Ansatz, der in der Philosophie schon viele Jahrzehnte zuvor postuliert worden war (Buber 1999, [1]1923), entwickelte sich im psychologischen Bereich ab den 1970er-Jahren und löste in der Psychotherapie und Psychiatrie die sog. **intersubjektive Wende** aus. Die zwischenmenschliche Beziehung und Bezogenheit wird hier als Matrix der subjektiven Psyche verstanden, was deren Stabilisierung und Entwicklung im therapeutischen Kontext impliziert. Dabei geht es hier nicht um eine Einbahnstraße, sondern darum, dass das Verhalten des einen Einfluss auf das Verhalten des anderen hat.

Drei Zugangswege zum psychisch Kranken (nach T. Fuchs)

- Positivistisch, objektivierend aus der Perspektive der 3. Person (DSM, ICD, beobachtbares Verhalten)
- Phänomenologisch, subjektorientiert aus der Perspektive der 1. Person, Selbsterleben des Betreffenden
- Hermeneutisch-intersubjektiver Ansatz aus der Perspektive der 2. Person, gemeinsame Deutung der persönlichen Geschichte des Betreffenden, dialogischer Ansatz (sog. intersubjektive Wende). Das Verhalten des einen hat Einfluss auf das des anderen

Zum Subjektbegriff äußerte Lütjen:

> Die traditionelle Psychiatrie [hingegen], die man … als »objektorientiert« [Modell 1 n. Fuchs] bezeichnen könnte, hat sich wegen

> ihres organmedizinischen Selbstverständnisses nicht mit den persönlichen Sinnbezügen befasst, die [z. B.] in der psychotischen Erkrankung eines Menschen hervortreten können. (Lütjen 2007, S. 8)

Eine intersubjektive Begegnung wird durch den jeweiligen Zugangsweg zum psychisch Kranken natürlich in erheblichem Umfang bestimmt (► Abschn. 7.1.5). Ein anschauliches Beispiel lieferte 1995 der Film *Don Juan de Marco* des amerikanischen Psychotherapeuten Jeremy Leven, in dem es um die intersubjektiv gestaltete Behandlung eines jungen Mannes mit einer psychotischen Symptomatik geht (Piegler 2008, S. 137).

Der skizzierte philosophisch-psychiatrisch geprägte Zugang zu der Thematik ist alles andere als spitzfindig, ist er doch eng verbunden mit den reichen und höchst bedeutsamen philosophischen Grundlagen der Psychiatrie, die sich »seit ihrer Entstehung um 1800 … in dem Spannungsfeld zwischen Geistes- und Naturwissenschaften, zwischen subjekt-orientierter Erlebenswissenschaft einerseits und objektivierender Neurowissenschaft andererseits [bewegt]« (Fuchs 2010, S. 235).

7.1.2 Vom Objekt zum Subjekt: Ein Stück Psychiatriegeschichte

Im Umgang mit psychisch Kranken hat Stigmatisierung schon immer eine große Rolle gespielt. Trotz aller Aufklärung schnellen bei uns auch heute noch in Umfragen sofort die Vorurteile in Bezug auf psychisch Kranke in die Höhe, wenn es zu einer Gewalttat eines solchen gekommen ist (Angermeyer u. Siara 1994). Noch viel gravierender ist die Situation in Entwicklungsländern, wo Bildung und Aufklärung nicht flächendeckend gegeben sind. In einer 2005 veröffentlichten Umfrage aus Nigeria hielten 96,5 % der Befragten psychisch Kranke für gefährlich und gewalttätig. 82,7 % äußerten Angst, sich mit einem psychisch Kranken auch nur zu unterhalten (Gureje et al. 2005, S. 436 ff.). Das spiegelt sich in der Historie unseres Kulturkreises in Ausgrenzung und barbarischer Behandlung bis hin zur Verbrennung psychisch Kranker als Hexen wider. Erst Ende des 18. Jahrhunderts bereitete Philippe Pinel dem Schrecken ein Ende, indem er die psychisch Kranken von ihren Ketten befreite. Aber auch danach, also in einer Zeit zunehmender Verwissenschaftlichung der Psychiatrie im 19. Jahrhundert, hat es immer wieder Ausgrenzung und Barbarei gegeben; erst vor wenigen Jahrzehnten hier in Deutschland. Selbst in psychiatrischen Institutionen, die mit einem offenen Bekenntnis zu einer humanen Psychiatrie angetreten sind, kann es jedoch zur Entwicklung einer institutionellen Abwehr gegenüber den psychisch kranken Patienten kommen. Ein eindrucksvolles Beispiel verdanken wir M. Leuschner, der in den 1980er-Jahren in Oberhessen eine tagesklinische Zweigstelle eines Landeskrankenhauses aufbaute. Im Laufe der Zeit wurde dort seitens eines Teils der Mitarbeiter der Ruf nach den scheinbar haltgebenden, rigiden Landeskrankenhausstrukturen immer lauter. Leuschner, selbst Psychoanalytiker, veranlasste das zu der Überlegung, ob nicht die (damals noch existierenden) Landeskrankenhäuser fast ausschließlich im Dienste der Abwehr psychotischer Verstrickungstendenzen stehen würden, sie also versteinerte Produkte institutionalisierter Abwehr gegenüber allem Chaotischen und Verrücktem darstellen würden (Leuschner 1985). Psychodynamisch gesehen geht es um tief verwurzelte Ängste aufseiten der Behandler, Abbild der Furcht jedes einzelnen Mitgliedes der Gesellschaft. Erdheim geht in Anlehnung an Melanie Klein davon aus, dass es ein frühes inneres Bild des Fremden gibt, das von ihm als »Fremdenrepräsentanz« bezeichnet wird. Das Eigene werde so zum Guten und das Fremde zum Bösen, erst recht wenn es durch kollektive Vorurteile noch genährt wird. Er bezeichnete diese frühe Fremdenrepräsentanz im Wissen um ihr Ausmaß als unser persönliches Monsterkabinett (Erdheim 1992, S. 733). Es bedarf also professioneller Schulung, um psychisch Kranken, besonders Psychotikern mit teilweise höchst bizarrem Verhalten, das projektiv-identifikatorische Prozesse beim Gegenüber auslöst, unvoreingenommen gegenübertreten zu können und sich für sie und ihr Erleben zu interessieren, d. h. sie nicht als Objekte zu klassifizieren und zu behandeln und somit letztlich auf Distanz zu halten (Zugangsweg Nr. 1 n. Fuchs, ► Abschn. 7.1.1), sondern sie als Subjekte in ihrem Erleben ernst zu nehmen (Zugangsweg Nr. 2 n. Fuchs), zu versuchen den

Sinn, der hinter ihrem bizarren Verhalten steckt, zu verstehen und gemeinsam mit ihnen nach Wegen aus ihrem psychotischen Dilemma zu suchen (Zugangsweg Nr. 3 n. Fuchs).

7.1.3 Subjektorientierung und Interpersonalität

Wie ein Mensch eine Situation subjektiv wahrnimmt, bewertet und erlebt, auch wie er damit umgeht, wird wesentlich unbewusst bestimmt, nämlich durch sein in den ersten Lebensjahren erworbenes, implizit abgespeichertes inneres Arbeitsmodell. Auch spätere prägende Erfahrungen spielen natürlich eine Rolle ebenso wie gesellschaftlich geteilte Normen und Vorstellungen. C. G. Jung verdanken wir diesbezüglich ein eindrucksvolles Beispiel. 1925 hat er die Taos-Pueblos-Indianer in New Mexiko besucht. »Ich erinnere mich«, schreibt er, »an ein Gespräch mit dem Häuptling der[selben] … . Er sprach zu mir über seinen Eindruck vom weißen Mann und meinte, die Weißen seien ständig von Unruhe geplagt, immer auf der Suche nach etwas; deshalb seien ihre Gesichter von Runzeln durchzogen, was ihm als ein Beweis ewigen Unfriedens erschien. Ochwiay Biano war zudem der Ansicht, die Weißen seien verrückt, denn sie behaupteten ja, dass sie mit dem Kopf dächten, wo es doch allgemein bekannt sei, dass nur die Verrückten dies täten.« Daraufhin fragte Jung den Häuptling erstaunt, wie er denn denke, und » … ohne zu zögern antwortete er, natürlich denke er mit dem Herzen.« (C. G. Jung 1925, zit. nach Hinshaw u. Fischli 1986, S. 257) Hier blitzt schon auf, was die Antipsychiatrie in der zweiten Hälfte des letzten Jahrhunderts mit dem Slogan »Krank ist die Gesellschaft, nicht das Individuum!« auf die Spitze trieb. Auch wenn es bei dem Beispiel des Indianers nicht um psychische Krankheiten geht, kann man es doch eindrücklich mit dem zweiten von Fuchs beschriebenen Zugang zu Menschen in Verbindung bringen. Bei einer subjektbezogenen Sichtweise würde man sich fragen, warum dieser Indianer – in einem ganz anderen Lebensraum als C. G. Jung zuhause – anders als der weiße Mann dachte. Warum er ausgerechnet das Herz zum Zentrum machte und man würde sich vielleicht auch fragen, was das Herz für ihn in seiner Kultur bedeutet und welche Konsequenzen sich aus seiner Sichtweise für sein Leben ergeben.

Subjektorientierung und teilweise auch Intersubjektivität haben im letzten Jahrzehnt, mancherorts freilich auch schon wesentlich früher, zunehmend die Psychiatrie erreicht. Patienten werden heute als »Experten für sich selbst« begriffen, »Subjektorientierung«, Soteria-Projekte, Psychose-Seminare, Empowerment, Trialog und Peer-Group-Beratung gewinnen an Bedeutung ebenso wie eine subjektorientierte individuelle Hilfeplanung und Psychoedukation (im Sinne von Bildung für Klienten), (Lütjen 2007). Die Zahl der Psychoanalytiker und Psychotherapeuten, die sich große Verdienste um die Realisierung eines subjektbezogenen und/oder intersubjektiven therapeutischen Ansatzes in der Psychiatrie erworben haben, ist zu groß, um ihre Namen hier wiedergeben zu können. Stellvertretend seien nur Benedetti, Mentzos und Gabbard genannt. Gerade letzterer hat sich auch dezidiert zum »besonderen Wert der subjektiven Erfahrung« geäußert:

> » Im Gegensatz [zu deskriptiven Psychiatern, besonders solchen mit einer behavioristischen Ausrichtung] versuchen dynamische Psychiater festzustellen, was an dem jeweiligen Patienten einmalig ist – inwiefern sich der jeweilige Patient infolge einer einmaligen Lebensgeschichte von anderen *unterscheidet*. Symptome und Verhaltensweisen werden lediglich als häufige Leitungsbahnen in hohem Maße individualisierter Erfahrungen betrachtet, die die biologischen und Umweltfaktoren der Krankheit herausfiltern. Außerdem legen dynamische Psychiater großes Gewicht auf die innere Welt der Patienten – Fantasien, Träume, Ängste, Hoffnungen, Impulse, Wünsche, Selbstbilder, Wahrnehmungen anderer und psychologische Reaktionen auf Symptome.

> » Deskriptive Psychiater, die sich einer verschlossenen Höhle nähern, die sich in einen Bergabhang schmiegt, würden wahrscheinlich die Merkmale des riesigen Felsbrockens, der den Eingang zur Höhle versperrt, bis ins Kleinste beschreiben, das Innere der Höhle, das hinter diesem Felsbrocken liegt, jedoch als unzugänglich und somit nicht auszumachen

abtun. Im Gegensatz dazu würden dynamische Psychiater wissen wollen, was die dunklen Winkel der Höhle hinter dem Felsbrocken bergen. Wie deskriptive Psychiater würden auch sie die Merkmale der Öffnung festhalten, sie jedoch anders bewerten. Sie würden wissen wollen, auf welche Weise das Äußere der Höhle ihr Inneres widerspiegelt. Sie würden herausfinden wollen, warum es nötig war, das Innere durch einen Felsbrocken vor der Öffnung zu schützen. (Gabbard 2010, S. 7)

7.1.4 Das Subjekt in der psychodynamischen Psychiatrie

In der Psychoanalyse und psychodynamischen Psychiatrie steht das Subjekt und sein Erleben absolut im Mittelpunkt: sein Bewusstes ebenso wie seine unbewussten Triebfedern, Motivationen und Konflikte sowie deren Widerspiegelung in den Realbeziehungen und der therapeutischen Begegnung bzw. Übertragung und Gegenübertragung. Dabei haben manche Psychoanalytiker schon früh die intersubjektive Beziehung auf Augenhöhe zu ihren Patienten gesucht, wie etwa Ferenczi, der sogar das Experiment der »mutuellen Analyse« wagte, d. h. es fand abwechselnd eine gegenseitige gleichberechtigte Analyse von Sitzung zu Sitzung statt. Damit wollte er »die Autorität und oft auch heuchlerische, arrogante Überlegenheit des Analytikers« (Hirsch 2004, S. 29) konterkarieren. Auch wenn das Experiment scheiterte, so war er doch auf dem richtigen Weg, wenn er den Versuch unternahm, die der orthodoxen Psychoanalyse schon durch ihr Setting immanente Subjekt-Objekt-Dimension aufzulösen: hier der das Geschehen überblickende, aufrecht in seinem Sessel sitzende Analytiker, dort der Patient, sich gleichsam blind, die Person des Analytikers betreffend, und in liegender Haltung diesem ausliefernd. Eine gleichberechtigte Begegnung war weiterhin verstellt durch die Deutungsmacht des Analytikers und eine Position des Analysanden, die dadurch gekennzeichnet war, dass jeglicher Widerspruch seinerseits als Widerstand gedeutet wurde. An dem folgenden kleinen Fallbeispiel soll das Gesagte in Bezug auf die Psychiatrie verdeutlicht werden: Therapeut war der bekannte Kleinianer Rosenfeld. Behandelt wurde in der fünften Behandlungswoche ein junger schizophrener Mann, der unter Halluzinationen und Gewaltausbrüchen litt. Rosenfeld hat ihn über vier Monate – die Eltern brachen die Behandlung dann ab – jeden Tag außer sonntags behandelt. Hier ein Ausschnitt aus der Therapiestunde:

» Er (der Patient) stand auf, entdeckte einen Krug Wasser und trank daraus; dann lehnte er sich zurück und machte Saug- und Kaubewegungen. Dabei schien er ziemlich geistesabwesend. Ich (Rosenfeld) interpretierte, dass er sich beim Trinken vorstellte, er trinke von meinem Penis und esse ihn auf. Ich deutete, dass die Wünsche, in mich einzudringen, sein Verlangen nach meinem Penis anregten. In seiner Geistesabwesenheit fühle er sich ganz und gar mit mir vermischt, weil er nicht nur empfinde, dass er in mir sei, sondern auch, dass er gleichzeitig mich und meinen Penis aufesse. Er wurde wieder aufmerksamer, schien mir sehr gut zuzuhören und nickte mehrmals zustimmend mit dem Kopf. (Rosenfeld 1989, [1]1954, S. 132)

Rosenfeld wich in seiner Behandlung nicht von den Kleinianischen Theorien einer angeborenen primären Aggression usw. ab, hat später aber selbstkritisch eingeräumt:

» Wenn viele Deutungen … in Wirklichkeit falsch … sind, könnte die Phantasie des Patienten vom Analytiker als Verfolger für ihn völlig real werden. (Rosenfeld 1966, zit. nach Stolorow et al. 1996, S. 183)

Piegler äußerte über Rosenberg:

» Wenn überhaupt etwas in dem Prozess hilfreich war, waren es ganz sicher nicht seine theoriegeleiteten Deutungen, sondern sein wohlwollendes Interesse am Patienten, sowie seine beharrliche und verlässliche Beziehungsgestaltung. (Piegler 2010, S. 224)

Spätestens seitdem Fonagy (2001) auf der Bildfläche erschien, hat sich in der Therapeut-Patient-Beziehung Entscheidendes geändert. Denn er und seine

Arbeitsgruppe, die sich mit mentalisierungsbasierter Therapie (MBT) beschäftigt, verwerfen deutende Unterstellungen als therapeutisch kontraproduktiv. An ihre Stelle sind vorsichtige Nachfragen getreten: »Könnte es sein, dass Sie … ?« Der gefühlmäßigen Verfassung in einer jeweiligen Situation wird große Aufmerksamkeit geschenkt und damit dem affektiven subjektiven Erleben. Ziel ist es, im vertrauensvollen Umgang zwischen Therapeut und Patient die selbstexplorativen und selbstreflexiven Fähigkeiten des Patienten zu fördern ebenso wie durch Einfühlung in andere sein Verständnis für deren Verhalten.

Natürlich gibt es nicht **den** Königsweg, um das subjektive Erleben eines Patienten empathisch zu erfassen, das Verständnis für ihn zu vertiefen und Integration und Entwicklung zu fördern. Jeder Therapeut muss da seinen Weg finden. Paradigmatisch soll aber Benedettis Weg skizziert werden, weil er in einzigartiger Weise das Ringen eines Therapeuten um Zugang zum subjektiven Erleben seiner Patienten verdeutlicht und auch ein Gefühl davon vermittelt, wie sich Therapie im Kontext von subjektiver resp. intersubjektiver Begegnung ereignet. Bei schwer strukturell gestörten Patienten, etwa Schizophrenen, mit denen einigermaßen geordnete therapeutische Gespräche kaum möglich sind, arbeitete er mit dem, was er »**progressives therapeutisches Spiegelbild**« genannt hat. Dabei zeichnen Therapeut und Patient Bilder, verwenden aber keine Farben. Die gemeinsame Kommunikation findet einerseits auf der Ebene des Bildaustausches und der bildnerischen Rückantwort des Partners auf einem über die Zeichnung des Partners gelegten Transparentpapier, anderseits ggf. auch verbal statt. Der Therapeut kopiert die unter dem Transparentpapier sichtbare Zeichnung des Patienten und verändert, ergänzt oder verstärkt sie an bedeutsamen Stellen durch eigene Einfälle. Ebenso ist die Vorgehensweise des Patienten.

» Indem der Therapeut das Bild seines Patienten zunächst kopiert, *identifiziert er sich mit diesem* [Kursivierung durch die Autoren] und zeigt ihm dadurch, dass er an seiner Stelle steht – und dann darf er etwas Neues beginnen. Durch den Ausdruck der Symmetrie übernimmt der Therapeut in seiner Zeichnung und in seiner Seele die negativen Botschaften des Patienten, die Bion einmal »mind-less« genannt hat. Durch diese Übernahme und Symmetrie ist er befähigt und in den Augen des Patienten auch erst berechtigt, dem Bilde etwas hinzuzufügen – und dieses »Etwas« ist eben der therapeutische Einfall, der dem Patienten sein nun verwandeltes Bild zurückgibt … (Benedetti 1998, S. 220)

Benedetti: Psychodynamische Arbeit mit strukturell schwer gestörten Schizophrenen

- Ringen um den therapeutischen Zugang zum Erleben des Patienten
- Gemeinsames Zeichnen
- Progressiv therapeutisches Spiegelbild
- Kommunikation auf der Ebene des Bildaustausches und der bildnerischen Rückantwort des Kranken
- Durch Übernahme der Symmetrie darf der Therapeut etwas hinzufügen
- Besonders intensives Sicheinlassen auf die Erlebniswelt des Patienten

Benedetti ließ sich soweit in die Beziehung ein, dass er auch die simultan bei Therapeut und Patient auftretenden Träume positivierend in die Therapie einbezog. Ein so weitgehendes und derart kompromissloses Sich-in-therapeutische-Beziehungen-Einlassen ist sicher außergewöhnlich, zeigt aber, worum es geht, nämlich sich möglichst gut in das subjektive Erleben des Patienten einzufühlen und – um zu verstehen – seine Perspektive zu übernehmen. Dazu ein praktisches Beispiel, und zwar von der Münchner Psychoanalytikerin Elisabeth Marx (1994). Ein junger Psychotiker mit Halluzinationen stellte sich bei ihr vor:

» … »Ich bin vom ZDF und sende Tag und Nacht.« Ich war beeindruckt und sagte nach einer Weile: »Das ist anstrengend.« Der Patient nickte. Ich ließ dieser pausenlosen Anstrengung in mir viel Raum. Später meinte der junge Mann: »Sie haben einen guten Empfänger.« – Das war für den Anfang viel an Bezie-

> hung und Übertragung. Zur zweiten Sitzung kam der Patient wieder pünktlich, aber in einer kaum beherrschbaren Spannung, und er berichtet aufgeregt: »Sie wissen nicht, wo Sie wohnen! Unten tankt Ihr Mann sein Auto auf (in unserem Haus befindet sich tatsächlich eine Tankstelle), und aus dem Fenster streckt eine Giraffe ihren Hals heraus bis zu diesem Fenster herauf (7. Etage).« Daraus sprach seine gewaltige Angst, aus der Ambivalenz mich aufzusuchen. Während der Patient verstört, widerwillig-zögernd mit Blick auf das Fenster sich zu setzen versucht, sage ich ruhig und verbindlich: »Wir öffnen das Fenster nicht«. Allmählich entspannt das, die Giraffe erscheint nicht mehr, und ich suche einen positiven Anknüpfungspunkt: »Sie haben anscheinend den Weg allein zu mir gefunden?« Der Patient fühlt sich narzisstisch wieder gestärkt, er kann im Hinblick auf meine positive Spiegelung sein Interesse mir wieder zuwenden und erklärt mir einzelne Schritte des Weges, real nachvollziehbar, aber in der Affektivität eines Vierjährigen. Dann stellte er erwachsen fest, dass er eine Viertelstunde zu früh meine Praxis erreicht hätte. Bevor sich die Halluzination nun wieder einstellen konnte, meinte ich: »Und Sie sind nicht fürs Warten.« Das traf, er identifizierte sich sofort wieder mit dem Sender: »Jede Minute muss ausgenützt werden, Tag und Nacht« und fühlte sich verstanden und damit mit sich selbst »einiger«. Bevor er die Praxis verließ, munterte er mich auf, das Fenster nun zu öffnen. Somit überließ er mir ein Stück seiner bedrohlichen Angst, mit der er sich noch nicht auseinandersetzen konnte. Ich wurde zum »Container« (nach Bion 1992) seiner Neugierde und Verstiegenheit. (Marx 1994, S. 273–274)

Indem Marx die Gefühlsregungen, insbesondere die Angst ihres Patienten spürte und angemessen thematisierte, ist es ihr gelungen, dem subjektiven Erleben ihres Patienten nahezukommen und hilfreiche Brücken zu schlagen.

7.1.5 Intersubjektivität: Die Subjekt-Subjekt-Beziehung

Wir wissen heute aus der Säuglings- und Mentalisierungsforschung, dass sich das Ich eines Kindes am Du seiner Betreuungspersonen entwickelt, wobei markierte Spiegelung, später Spiele im Als-ob-Modus, Holding- und Containingfunktionen und das Sich-als-Selbstobjekt-zur-Verfügung-Stellen der sog. Caregiver hierbei eine zentrale Rolle spielen, kurz: ein intensiver affektiver, primär nonverbaler, im Laufe der Entwicklung aber zunehmend verbaler, intersubjektiver Begegnungs- und Austauschprozess, den DN. Stern im Bild eines gemeinsamen Tanzes eindrucksvoll metaphorisiert hat. In diesem gegenseitigen Sich-aufeinander-Einlassen kommt es zu Begegnungsmomenten (Stern 2005), in denen sich die Partner emotional berühren. Das ist bei Kranken nicht anders als bei Gesunden. Viele Autoren haben die Parallele zwischen Eltern-Kind-Beziehung und therapeutischer Beziehung beschworen. Hier nur zwei Beispiele:

> What good therapists do with their patients is analogous to what successful parents do with their children! (Holmes 2001, zit. nach Kenny 2014, S. 111)
>
> Indem ich davon ausgehe, dass Psychotherapie und Psychoanalyse Prozesse sind, welche eine Nachreifung des Patienten zum Ziel haben, nehme ich auch an, dass dabei Bedingungen herzustellen sind, die denen des unter optimalen Entwicklungsbedingungen aufwachsenden Kindes ähnlich sind. Dazu gehört, dass der Therapeut ähnliche Haltungen einnimmt, wie es Eltern in der Kindeserziehung tun. Vor diesem Hintergrund gehe ich der Frage nach, welche Anregungen sich für die Behandlungspraxis in den Theorien der Neurobiologie, der Bindungstheorie, der Selbstpsychologie und der Säuglingsforschung finden lassen. (Klöpper 2006, S. 241)

In jedem genannten Beispiel handelt es sich um eine intersubjektive Beziehung, in die die subjektive Erfahrung beider Seiten einfließt, welche korrigierende emotionale Neuerfahrungen ermöglicht

(Piegler 2010). Intersubjektivität betreffend sei im Übrigen auf die Publikationen von Altmeyer verwiesen, dem wohl bekanntesten Vertreter dieser Richtung im deutschsprachigen psychoanalytischen Raum (z. B. Altmeyer u. Thomä 2006).

7.1.6 Das Subjekt im heutigen Gesundheitswesen

Leider ist es notwendig, abschließend zu thematisieren, welch geringe Bedeutung dem Subjekt und seinem Erleben in der gegenwärtigen Psychiatrie, die naturwissenschaftlich und ökonomisch geprägt ist, beigemessen wird. Beginnen möchten wir mit der Komplettierung des bereits in ► Abschn. 7.1.3 genannten Zitats von Gabbard, das die Sache prägnant auf den Punkt bringt:

> » Vertreter der [deskriptiven Psychiatrie] … kategorisieren Patienten [heute] anhand häufiger Verhaltens- und phänomenologischer Merkmale. Sie erstellen Kontrolllisten für Symptome, die es ihnen ermöglichen, die Patienten anhand von Gruppen ähnlicher Symptome einzustufen. Die subjektive Erfahrung der Patienten hat, außer für das Eintragen der Antworten in der Kontrollliste, eine geringere Bedeutung. Deskriptive Psychiater mit einer behavioristischen Ausrichtung würden anführen, die subjektive Erfahrung des Patienten sei gegenüber dem Kern der psychiatrischen Diagnose und Behandlung, die auf dem zu beobachtenden Verhalten basieren muss, nebensächlich. Der extremsten behavioristischen Auffassung zufolge sind Verhalten und mentales Leben Synonyme (Watson 1924/1930). (Gabbard 2010, S. 7)

Leider sind die deskriptiven Psychiater, wie Gabbard sie nennt, heute in der Überzahl. Die internationalen Diagnoseklassifikationssysteme DSM-5 und ICD-10 basieren reduktionistisch auf statistisch relevanten krankheitstypischen Symptomen und Verhaltensauffälligkeiten. Kindliche Verhaltensstörungen werden so zu ADHS, »hinter Scheu und Introvertiertheit stehen soziale Phobien, … Trauerreaktionen [werden] zu depressiven Erkrankungen, … [und] private oder berufliche Sorgen und Ängste geben Anlass zur Diagnose einer ‚Generalisierten Angststörung'« (Fuchs 2007, S. 3). Die im DSM-5 neue Diagnose »Disruptive Mood Dysregulation Disorder« (DMDD) soll schwere Wutausbrüche erfassen. Subjektivität bleibt hier also ebenso auf der Strecke wie die Beachtung von Umweltfaktoren, die krankheitsauslösend oder aufrechterhaltend sind. Dem entspricht auf der therapeutischen Seite ein spezifischer, oft neurobiologisch untermauerter, evidenzbasierter, in der Regel psychopharmakologischer Behandlungspfad, der wiederum die subjektiven Gegebenheiten des einzelnen Individuums unberücksichtigt lässt. Darüber hinaus erlauben im stationär-psychiatrischen Bereich für bestimmte Diagnosegruppen statistisch errechnete Verweildauern, bei deren Überschreitung nach dem PEEP-Entgeltkatalog – Einführung seit 2013 freiwillig, Umsetzung für alle Kliniken verbindlich bis 2022 – Abzüge erfolgen sollen, in der Regel kaum mehr als medikamentöse Deeskalierung und Krisenintervention. Unter dem Deckmantel scheinbarer Subjektorientierung wird kostensparende Peergroup-Arbeit und jede Form nichtprofessioneller Aktivität hoch gehalten. Die im Gesundheitswesen angestrebte Kostenminimierung hatte seit den 1990er-Jahren die Privatisierung von Kliniken im großen Stil zur Folge. Die privaten Träger ihrerseits setzen aber auf Gewinnoptimierung, die in der Regel nur durch Personalabbau zu erreichen ist. Eine ausreichende Personalausstattung ist jedoch Voraussetzung, um Patienten nicht nur zu verwalten, sondern sich ihnen als Individuen ausreichend zuwenden zu können. Das leidende Subjekt (heute: der »Kunde« im Krankenhaus) ist gegenwärtig ebenso wie die ärztliche Heilkunst in Gefahr, wegrationalisiert zu werden. Die Situation in den USA scheint, die prekäre Subjektorientierung betreffend, der unseren ähnlich zu sein. Fuchs (2007, S. 5 f.) zitiert die amerikanische Psychiaterin Nancy Andreasen, die die skizzierte Entwicklung in den letzten Jahren wiederholt beklagt habe und mit Blick auf die europäische Psychiatrie 2007 äußerte:

> » Glücklicherweise haben die Europäer immer noch eine stolze Tradition klinischer Forschung und beschreibender Psychopathologie.
>
> Eines Tages im 21. Jahrhundert, nachdem das

> menschliche Genom und das menschliche Gehirn erfasst sein werden, wird jemand einen umgekehrten Marshall-Plan zu organisieren haben, so dass die Europäer die amerikanische Wissenschaft retten könnten, indem sie helfen, uns vorzustellen, wer wirklich Schizophrenie hat und was Schizophrenie wirklich ist ... (Andreasen 2007, zit. nach Fuchs 2007, S. 5 f.)

Fuchs dazu:

> Ob dieser »umgekehrte Marshall-Plan« für einen Reimport psychopathologisch-klinischer Forschung aus dem alten Europa noch zu realisieren sein wird, mag beim Blick auf die gegenwärtige hiesige Landschaft schon zweifelhaft erscheinen. (Fuchs 2007, S. 6)

Bei Budgetverhandlungen zwischen Kostenträgern und psychiatrischen Kliniken ist das einzelne kranke Subjekt, um dessen Behandlungskosten es da ja letztendlich geht, schon lange nicht mehr von Bedeutung.

7.1.7 Zusammenfassung

Subjektive Erfahrung macht unser Selbsterleben und damit jeden von uns als einmaliges Individuum aus. Anthropologische und erst recht psychodynamische Psychiater sind in ihrer Diagnostik auf die Erkundung des Selbsterlebens ihrer Patienten angewiesen. Dieses ist die Matrix für den therapeutischen Prozess, der sich im intersubjektiven Feld zwischen Therapeut und Patient entfaltet. Krankheitsimmanente Faktoren, die zu projektiv-identifikatorischen Prozessen im Therapeuten führen können und u. U. in höchstem Maß beängstigende Gefühle auslösen, werden therapeutischerseits ohne Supervision und ausreichende Aus- und Weiterbildung oft mit der Herstellung von Abstand und damit Objektivierung der Patienten beantwortet. Sparzwänge im Gesundheitswesen und eine zunehmend naturwissenschaftliche Ausrichtung der Psychiatrie fördern heute eine solche Haltung, die in kranken Subjekten Objekte sieht. Mit ihnen wird dann aus der distanzierten Perspektive der 3. Person umgegangen.

7.2 Funktionalität psychischer Störungen

Auch wenn die heutige Psychiatrie den Begriff der »Störung« anstelle des früher üblichen Terminus »Erkrankung« benutzt – um die Stigmatisierung der Patienten durch die Gleichsetzung von krank und minderwertig zu vermeiden – legt auch diese Sichtweise der deskriptiv-phänomenologischen Psychiatrie den Schwerpunkt auf die Dysfunktionalität, die Störung psychischer Funktionen. »Psychische Störungen« werden deskriptiv durch das Vorhandensein bestimmter Symptome – abgrenzbare und charakteristische körperliche oder psychische, von der Norm quantitativ oder qualitativ abweichende Erscheinungen – definiert. Hinzu kommen andere, ebenfalls abweichende und eine Dysfunktionalität implizierende Verhaltens- und Erlebensmuster, die z. B. unter dem Begriff der »Persönlichkeitsstörungen« erfasst werden. Dieser Begriff impliziert ebenfalls Dysfunktionalität implizierende Verhaltens- und Erlebensmuster, ohne dass diese mit einzelnen abgrenzbaren Symptomen verknüpft sein müssen.

In den internationalen klassifikatorischen Systemen (ICD-10/ICD-11 (Erscheinung geplant für 2017), DSM-IV/5) werden alle Störungen nach relativ strengen Regeln operationalisiert, d. h. semiquantitativ erfasst. Diese operationalisierte Vorgehensweise ermöglicht eine bessere Reliabilität, d. h. sie verbessert die Übereinstimmung unter verschiedenen Beobachtern. Kritisch lässt sich zu dieser operationalisierenden Vorgehensweise u. a. anmerken, dass die vorgeschriebenen Cluster von Symptomen auf einem – teilweise nicht immer nachvollziehbaren und sich ändernden – Konsens zwischen Experten beruhen, weniger hingegen auf objektiven Kriterien.

Die zentrale Kritik an dieser ausschließlich auf deskriptiv-phänomenologischen Kriterien basierenden Diagnostik zielt jedoch auf die damit einhergehende Vernachlässigung der Dynamik der Symptomentwicklung, möglicher Ursachen der Erkrankung, der subjektiven Bedeutung der erlebten Beschwerden und des Kräftespiels von bewussten und unbewussten Motivationen, Emotionen und kognitiven Prozessen, somit der Dynamik des psychischen Geschehens insgesamt. Wesentliche, für die Therapie und insbesondere die Psychotherapie relevante Aspekte, werden ebenso wenig berücksichtigt wie bei den früheren, nichtoperationalisierten, überwiegend intuitiven Diagnosen.

Der wesentliche Beitrag der Psychoanalyse bestand und besteht darin, mit ihrer Hilfe bisher nur deskriptiv zu erfassende Symptome und Syndrome durch psychogenetische und dynamische Hypothesen in sinnvoller Weise neu zu konzipieren, sowohl im Hinblick auf ihre Entstehung als auch hinsichtlich der aktuellen Dynamik. Das Symptom wird in der Psychoanalyse entweder a) als Kompromiss zwischen Triebimpuls und hemmender Abwehr, b) als direkte Triebentladung (z. B. bei einer impulsiven Handlung) oder c) als eine Abwehr (z. B. Händewaschen des Zwangsneurotikers) gesehen.

Mentzos (2009) hat unterstrichen, dass es jenseits dieser eher deterministischen Betrachtungsweise von großer praktischer Bedeutung ist, das Symptom auch als Bestandteil eines Abwehrvorgangs in seiner Funktionalität, also mehr finalistisch (auf ein bestimmtes Ziel gerichtet) zu betrachten. In dieser Sichtweise sind psychische Störungen nicht nur Ausfallerscheinungen oder Defizite bzw. Dysfunktionalitäten: Sie sind in gewisser Weise auch als aktive, wenn auch unbewusst mobilisierte Prozesse mit eigenen defensiven und/oder kompensatorischen Funktionen (Mentzos 2009, S. 279) aufzufassen. Psychische Störungen als dynamische Gebilde stehen nicht zusammenhanglos nebeneinander, sondern lassen sich als komplementäre, defensive Reaktionen auf ähnliche problematische, konflikthafte Konstellationen interpretieren. Der dynamische Zusammenhang zwischen diesen Reaktionsmustern zeigt sich u. a. auch darin, dass sie in einer bestimmten »hierarchischen« Rangordnung von relativ »unreifen« bis zu sehr differenzierten »reiferen« stehen. Metaphorisch beschreibt Mentzos (2009, S. 280) diese dynamischen Zusammenhänge als »aufeinander folgende Verteidigungslinien«, die in eine konfliktuöse Konstellation eingebettet sind und je nach »Bedarf oder Not« aufgegeben oder wieder gesetzt werden können. Intrapsychische Prozesse, die Anlass zu unbewusster Mobilisierung der defensiven Muster – und somit zur Entstehung psychischer Störungen – führen können, stehen im Zusammenhang mit inneren Gegensätzen und Widersprüchen, d. h. sich widersprechenden Emotionen, Kognitionen und Motivationen.

S. Mentzos: Funktionalität psychischer Störungen

- Symptom als Bestandteil eines Abwehrvorgangs in seiner Funktionalität
- Unbewusst mobilisierte Prozesse mit eigenen defensiven und/oder kompensatorischen Funktionen
- Relativ »unreife« bis »reifere« Reaktionsmuster
- »Aufeinander folgende Verteidigungslinien«

7.3 Bedeutung des Unbewussten

Die Annahme der Psychoanalyse, dass ein großer Anteil psychischer Prozesse unbewusst verläuft, stellte in ihrer Anfangszeit eine revolutionäre Erkenntnis dar. Freud (1915) identifizierte zwei verschiedene Arten unbewusster mentaler Inhalte: 1. das Vorbewusste (d. h. mentale Inhalte, die leicht ins Bewusstsein gerückt werden können, indem die Aufmerksamkeit verlagert wird) und 2. das eigentliche Unbewusste (d. h. mentale Inhalte, die zensiert sind, weil sie inakzeptabel und deshalb unterdrückt sind, und nicht ins Bewusstsein zu rücken sind). Zusammen bilden die Systeme des Unbewussten, des Vorbewussten und des Bewussten das, was Freud (1900) als topografisches Modell bezeichnet hat (▶ Abschn. 4.5).

Das Vorhandensein und die Bedeutung unbewusster Prozesse werden inzwischen nicht mehr angezweifelt, nicht zuletzt auch wegen der Ergebnisse neurowissenschaftlicher Forschung in den letzten beiden Jahrzehnten (Übersicht bei Gekle 2008). Selbstverständlich ist dabei zu berücksichtigen, dass das Verständnis des Unbewussten seitens der Neurowissenschaften sich nicht ganz mit dem Konzept des dynamischen Unbewussten Freuds deckt.

Die neuropsychodynamische Psychiatrie greift die Erkenntnisse der Psychoanalyse einerseits und der Neurowissenschaften zum Unbewussten andererseits auf und schließt das Unbewusste als wesentliches Element ihres konzeptuellen Modells des Geistes ein.

Ein ausführliche Darstellung und Diskussion des Unbewussten findet sich in ▶ Kap. 8.

7.4 Bedeutung entwicklungspsychologischer Prozesse in der Biografie

» Es gibt keine Entwicklungsphase, in der der Mensch außerhalb der zwischenmenschlichen Bezogenheit existiert. (H. S. Sullivan)

Das Symptom bzw. Syndrom hat eine Vorgeschichte: Die neuropsychodynamische Psychiatrie geht –und dies ist ein weiteres grundlegendes Prinzip – davon aus, dass die im Säuglings- und Kindesalter gemachten Erfahrungen die Persönlichkeit des Erwachsenen entscheidend bestimmen. Ätiologie und Pathogenese psychischer Störungen hängen häufig mit Ereignissen in der Kindheit zusammen. Gelegentlich handelt es sich um offensichtliche Traumata (Inzest, körperliche Misshandlungen), häufiger haben chronische, konsekutive Muster der Interaktion innerhalb der Familie eine größere ätiologische Bedeutung.

7.4.1 Entwicklung im Kindes- und Jugendalter

Die neuropsychodynamische Psychiatrie berücksichtigt die Tatsache, dass Säuglinge und Kinder ihre Umgebung durch äußerst subjektive Filter wahrnehmen, welche die tatsächlichen Eigenschaften der Menschen in ihrem Umfeld verzerren können. Ferner unterscheiden sich Säuglinge und Kinder hinsichtlich ihres Temperaments sehr deutlich: Thomas und Chess (1984) haben mehrere unterschiedliche konstitutionelle Typen des Temperaments nachgewiesen. Dies ist auch im Hinblick auf die weitere Entwicklung der Kinder und nicht zuletzt auch im Hinblick auf die Psychogenese von Verhaltensauffälligkeiten und psychiatrischen Erkrankungen von besonderer Bedeutung. Letzteres kann u. U. davon abhängen, wie gut das Temperament des Kindes und der Betreuungsperson »zusammenpassen«. So könnte sich beispielsweise ein besonders empfindsames Kind bei einer ruhigen, zurückhaltenden Mutter gut entwickeln, während die Interaktion mit einer temperamentvollen, oftmals »nervösen« Mutter frühzeitig Dissonanzen und Gefühle des Verlassenseins auslösen könnte. Es geht also um »Passung« in der wechselseitigen Begegnung, nicht jedoch – bei möglicherweise auftretenden Konflikten in der Begegnung – um Schuld der an der Beziehung Beteiligten.

Passung der wechselseitigen Begegnung
- Ätiopathogenetische Einflussgröße der speziellen Interaktionsmuster in der Familie (auch Traumata) auf das Kind
- Passung der Temperamente von Kind und Mutter (u. a. Bezugspersonen)
- Empfindsames Kind bei geduldiger Mutter: positive Entwicklung
- Empfindsames Kind bei ungeduldiger, »nervöser« Mutter: Dissonanzen und Gefühle des Verlassenseins
- In der Psychotherapie wiederholt sich die Bedeutung der Passung in Übertragung und Gegenübertragung sowie in den Temperamenten von Patient und Therapeut

Orale, anale, genitale und ödipale Phase

Entwicklungspsychologische Theorien standen von Anfang an im Mittelpunkt der Psychoanalyse und der psychodynamischen Psychiatrie. Freud postulierte drei Hauptphasen der psychosexuellen Entwicklung, die das Kind durchlaufe: die orale, die anale und die genitale Phase. Er knüpfte jede dieser Phasen an eine bestimmte Körperregion, in der sich, wie er annahm, die Libido oder die sexuelle Energie des Kindes konzentriere. Infolge von Traumatisierung in der sozialen Umwelt, durch konstitutionelle Faktoren oder beides kann die Entwicklung des Kindes in der oralen oder analen Phase zum Stillstand kommen. Diese »Fixierung« wird u. U. bis ins Erwachsenenalter beibehalten. Es besteht die Möglichkeit, dass der Erwachsene in belastenden Situationen in diese frühe Phase der Entwicklung zurückfällt und die zu dieser Phase gehörende Befriedigung reaktiviert.

Während Freud die Entwicklung in der Kindheit anhand der Aussagen der Patienten retrospektiv rekonstruierte, wurde die psychosexuelle Entwicklung in Kindheit und Jugend in den vergangenen Jahrzehnten durch direkte Beobachtungen und Längsschnittstudien erforscht. Erikson (1959) konzentrierte sich auf psychosexuelle Probleme aus der Umwelt und entwickelte ein epigenetisches Entwicklungsschema, in dem jede Phase durch eine psychosoziale Krise gekennzeichnet ist. Das Kind in der oralen Phase hat beispielsweise mit dem Gegensatz zwischen Grundvertrauen und grundlegendem Misstrauen zu kämpfen. Die Krise der analen Phase betrifft den Gegensatz zwischen Autonomie auf der einen und Scham und Zweifel auf der anderen Seite. In der phallischen Phase ist das Kind zwischen Initiative und Schuldgefühlen hin- und hergerissen.

Mit dem Interesse des Kindes in der ödipalen Phase, die etwa im Alter von drei Jahren beginnt, an den Genitalien als Quelle der Freude geht der Wunsch einher, das ausschließliche Objekt der Liebe des andersgeschlechtlichen Elternteils zu sein. Zugleich wandelt sich die dyadische Beziehung zur Mutter zu einem triadischen Beziehungsfeld, in dem dem Kind bewusst wird, dass es hinsichtlich der Zuneigung des andersgeschlechtlichen Elternteils einen Rivalen hat. Die aggressiven Empfindungen des Jungen führen zu Schuldgefühlen und einer Angst vor Vergeltung seitens des Vaters. Der Junge fürchtet Vergeltung in Form der Kastration. Schließlich verzichtet der Junge auf sexuelle Bemühungen um die Mutter und identifiziert sich mit dem Vater. Im Zuge dieser ödipalen Lösung wird der gefürchtete, vergeltende Vater im Laufe des fünften und sechsten Lebensjahres zunehmend verinnerlicht und bildet schließlich das Über-Ich. Letzteres betrachtete Freud als Ausgang des Ödipuskomplexes. Der negative Ödipuskomplex ist demgegenüber Folge der libidinösen Sehnsucht nach dem gleichgeschlechtlichen Elternteil, verknüpft mit Aggression gegenüber dem andersgeschlechtlichen Elternteil.

Die Erklärung der ödipalen Entwicklung des Mädchens bereitete Freud größere Schwierigkeiten und führte zu Kontroversen und Widersprüchen. Stoller (1976) stellte Freuds Auffassung, die Entwicklung der Weiblichkeit sei das Ergebnis sexueller Differenzierung, von Penisneid und unbewussten Konflikten, in Frage. Er ging von einer »primären Weiblichkeit« aus, die nicht das Ergebnis eines Konfliktes sei, sondern auf einem angeborenen Potenzial beruhe. Ein Zusammentreffen der Zuweisung des Geschlechts bei der Geburt, Einstellung der Eltern und des Lernens vom Umfeld bilde einen komplexen Kern, um den sich schließlich ein reifes Bewusstsein von Weiblichkeit herausbildet. In der aktuellen Diskussion wird hinsichtlich des Geschlechts der Einfluss von Kultur, Objektbeziehungen und Identifizierungen mit den Eltern betont, statt sie ausschließlich an anatomischen Unterschieden festzumachen (Chodorow 1996).

Im weiteren Verlauf wird die Entwicklung in der Adoleszenz durch die Suche nach Identität, die Integration der Sexualität und die zunehmende Loslösung aus der Abhängigkeit von den Eltern charakterisiert. In diesem Prozess spielen Gleichaltrige (»peer group«) eine zentrale Rolle.

Entwicklung von Objektbeziehungen

In den 1970er-Jahren wurde eine stärker auf empirischen Erkenntnissen basierende entwicklungspsychologische Theorie entwickelt. Mahler und ihre Gruppe (1978) konnten durch die Beobachtung normaler und gestörter Mutter-Kind-Paare drei große Phasen der Entwicklung von Objektbeziehungen identifizieren: Sie nahmen eine **autistische Phase** in den ersten beiden Lebensmonaten an, in der der Säugling nicht auf andere bezogen sei. Die **zweite Phase** im Zeitraum vom zweiten bis zum sechsten Lebensmonat wurde als Symbiose bezeichnet; sie beginnt mit der Reaktion des Lächelns des Säuglings und der visuellen Fähigkeit, dem Gesicht der Mutter zu folgen. Die primäre Erfahrung der Mutter-Kind-Dyade sei die einer dualen Einheit und nicht zweier separater Individuen. Die **dritte Phase** der Separation-Individuation besteht aus vier Unterphasen: In der ersten Unterphase der Differenzierung – im Alter von 6 bis 10 Monaten – wird dem Säugling bewusst, dass die Mutter ein separates Individuum ist. Die Erfahrung, dass die Mutter nicht immer verfügbar ist, trägt dazu bei, dass das Kind ein sog. Übergangsobjekt (Winnicott 1951) benötigt. In der zweiten Unterphase, der des Übens – im Alter von 10 bis 16 Monaten – entdecken Kleinkinder ihre lokomotorischen Fähigkeiten; sie möchten die Welt allein erkunden. Die dritte Unterphase der Wiederannäherung – im

Alter von 16 bis 24 Monaten – ist durch ein stärkeres Bewusstsein der Trennung von der Mutter gekennzeichnet. Die vierte und letzte Unterphase der Separation-Individuation zeichnet sich durch eine Konsolidierung der Individualität und Anfänge der Objektkonstanz aus. Etwa zum Ende des dritten Lebensjahres gelingt es dem Kleinkind, die teilweise widersprüchlichen Bilder von der Mutter (anwesend = gut versus abwesend = böse) zu einem einheitlichen Objekt zu integrieren. Dieses wird als emotional beruhigende innere Instanz verinnerlicht, die im Erleben präsent ist, auch in Abwesenheit der Mutter. M. Klein (1946) hatte diese Integrationsleistung als »depressive Position« bezeichnet.

Die späteren Untersuchungen von DN. Stern (1992, 1998), der ebenfalls Säuglinge und Kleinkinder beobachtete, stellten die Annahme einer autistischen Phase bzw. Ich-Bezogenheit in den ersten Lebensmonaten in Frage. Stern zeigte, dass Säuglinge ihre Mütter bzw. Bezugspersonen wahrscheinlich vom ersten Tag an wahrnehmen. Bestätigende und validierende Reaktionen der Mutter sind dementsprechend für die Entwicklung des Selbstempfindens des Kindes unerlässlich. Hieraus entwickelt der Säugling ein Selbstempfinden **mit** dem anderen (»sense of self-with-other«). Der Fantasie kommt dabei – im Gegensatz zu M. Kleins Annahmen – nur eine untergeordnete Bedeutung zu. Dies ändere sich erst im späten Kleinkindalter. Sterns Beobachtungen entsprechen der Ansicht Kohuts, dass eine gewisse Selbstobjektreaktion von anderen Individuen ein Leben lang notwendig sei.

Stern unterschied fünf verschiedene Arten des Selbstempfindens, die als unterschiedliche Bereiche der Selbsterfahrung ein Leben lang bestehen bleiben und sich in Abstimmung mit den übrigen entfalten: Von der Geburt bis zum Alter von 2 Monaten erscheint das **sich entfaltende Selbst**, das vor allem ein physiologisch ausgerichtetes Körperselbst ist. Im Alter von 2 bis 6 Monaten entsteht ein **Kernselbst**, das eine stärkere zwischenmenschliche Bezogenheit mit sich bringt. Das Empfinden des **subjektiven Selbst** tritt im Alter zwischen 7 und 9 Monaten auf und geht einher mit der für die weitere Entwicklung außerordentlich wichtigen Abstimmung der intrapsychischen Zustände zwischen Säugling und Mutter. Gleichzeitig mit der Entwicklung der Fähigkeit zum symbolischen Denken und der verbalen Kommunikation entsteht im Alter zwischen 15 und 18 Monaten das **verbale oder kategorische Selbstempfinden**. Das **narrative Selbstempfinden** entwickelt sich im Alter zwischen 3 und 5 Jahren.

Stern (2004) beschreibt die menschliche Existenz als eine soziale Existenz auf der Grundlage einer »intersubjektiven Matrix«. Diese ist das Ergebnis einer feinen affektiven Abstimmung (»attunement«) seitens der Mutter und weiterer Betreuungspersonen. In dieser Sichtweise ist der Wunsch, intersubjektive Beziehungen einzugehen, ein ebenso starkes Motivationssystem wie die biologischen Triebe:

> » Wir brauchen die Augen anderer, um uns selbst zu formen und zusammenzuhalten.
> (Stern 2004, S. 120)

Diese Sichtweise, dass das Kleinkind einen interaktiven Prozess repräsentiert, der eine Abfolge von Bewegungen ist, die ein Muster aufweisen, das schließlich zur Verinnerlichung des Selbst-in-Beziehung-zu-einem-Objekt führt, wurde auch durch weitere entwicklungspsychologische Untersuchungen gestützt (Beebe et al. 1997; Fogel 1992). Im Zuge der Entwicklung wird nicht ein Objekt, sondern eine Objektbeziehung internalisiert.

Posner und Rothbart (2000) untersuchten die Aktivationsregulierung des Kindes; sie stellten fest, dass die frühe Interaktion zwischen Eltern und Kind entscheidend für die Spannungsregulierung beim Kleinkind ist. Auch die Studien von Meins et al. (2001) bestätigten die Bedeutung der Empathie der Eltern für die Entwicklung des Selbst des Kindes. Bei der Untersuchung der Interaktion von Müttern, die mit ihren sechs Monate alten Kindern sprechen, gelangten sie zu dem Schluss, dass die Herausbildung des Selbst gefördert wird, wenn Mütter Bemerkungen über den mentalen Zustand des Kindes machen und es als Individuum behandeln.

7.4.2 Entwicklungspsychologie und Empathie-Forschung

An dieser Stelle überlappt sich die entwicklungspsychologische Forschung mit der Empathie-

Forschung: Untersuchungen zu den neuronalen Grundlagen der Empathie unterstreichen die Bedeutung der empathischen Einstimmung der Betreuungspersonen auf das Kind hinsichtlich dessen Entwicklung. Empathie setzt die Fähigkeit voraus, sich auf die Gefühle eines anderen Menschen einzustimmen; diese emotionale Einstimmung auf den anderen hinterlässt Niederschläge im Nervensystem des Betreffenden (Lesley et al. 2004). Dabei scheinen Spiegelneurone eine besondere Bedeutung zu haben. Diese wurden zuerst in Experimenten mit Affen entdeckt, bei denen sich herausstellte, dass Spiegelneurone sowohl während der Ausführung einer Handlung als auch während der Beobachtung anderer bei der Ausführung derselben Handlung reagieren (◘ Abb. 7.1). Diese Gruppe von Neuronen im ventralen prämotorischen Kortex wird aktiviert, wenn ein Handelnder dabei beobachtet wird, wie er bewusst Handlungen an Objekten vornimmt. Die Untersuchungen von Gallese und Goldman (1998) lassen vermuten, dass Spiegelneuronen bei der Erkennung von Zielen und somit bei der Erkennung dessen, was in einem anderen Menschen vorgeht, eine wichtige Rolle spielen. Weitere Untersuchungen mittels funktionaler bildgebender Verfahren unterstreichen, dass das Spiegelungssystem der rechten Gehirnhälfte wahrscheinlich entscheidend für die Verarbeitung der Gefühle anderer ist (Lesley et al. 2004). In der entwicklungspsychologischen und in der Empathie-Forschung zeichnet sich eine zunehmende Übereinstimmung darüber ab, dass die frühen Erfahrungen bezüglich der Reaktionen von Eltern oder Betreuern anfangs die Affekte regulieren und schließlich zu inneren Arbeitsmodellen oder Repräsentanzen der Beziehung führen, die die inneren Regulationsfunktionen ausführen (Hofer 2004; Gabbard 2005, 2010).

7.4.3 Genetische Veranlagung und Umwelteinflüsse

In der Sichtweise der neuropsychodynamischen Psychiatrie wird betont, dass die entwicklungspsychologischen Prozesse das Ergebnis des Zusammenwirkens von genetischer Veranlagung und Umwelteinflüssen sind. Theoretische Annahmen zu entwicklungspsychologischen Prozessen sind durch die Erkenntnisse empirischer Studien zur Interaktion zwischen Genen und Umwelt und epigenetischen Zusammenhängen zu ergänzen und u. U. zu falsifizieren. So konnten beispielsweise Reis et al. (2000) zeigen, dass die genetischen Merkmale des Kindes bestimmte Reaktionen bei den Eltern auslösen, die wiederum Einfluss darauf haben, welche Gene ausgedrückt und welche Gene unterdrückt werden.

Die Entschlüsselung des menschlichen Genoms stellt einen entscheidenden wissenschaftlichen Durchbruch dar, hat jedoch auch zu einer Welle des genetischen Reduktionismus beigetragen. Demgegenüber ist zu betonen, dass die persönliche Identität nicht deckungsgleich mit der Genomidentität ist (Mauron 2001). Gene stehen in stetiger Wechselwirkung mit der Umwelt. DNS ist nicht Schicksal, wie auch das Beispiel eineiiger Zwillinge mit identischen Genomen zeigt, die trotz identischer Genome sehr unterschiedliche Individuen sind. Gene werden ein Leben lang in hohem Maß durch Signale der Umwelt reguliert. Neuronale Verbindungen zwischen dem Kortex, dem limbischen System und dem autonomen Nervensystem werden entsprechend den jeweiligen Erfahrungen des in der Entwicklung befindlichen Organismus zu Schaltkreisen verbunden. Dementsprechend sind die Schaltkreise von Gefühlen und Erinnerungen infolge gleichbleibender Verbindungsmuster, die durch externe Stimuli aus der Umwelt und durch interne Stimuli entstehen, verbunden. Diese Entwicklungsmuster und die sich entwickelnden neuronalen Verbindungen lassen sich beziehen auf eine zentrale Aussage von Schatz (1992): Neurone, die zusammen zünden, sind miteinander verkabelt.

> » Neurons, which fire together, hire together.
> (Schatz 1992, S. 64)

Die Primatenforschung hat anschaulich gezeigt, wie Umwelteinflüsse genetische Tendenzen außer Kraft setzen können. So haben günstige Umwelteinflüsse ein enormes protektives Potenzial. Suomi (1991) stellte bei einer Untergruppe (ca. 20 %) der Säuglinge in einer Affenkolonie, die von ihren Müttern kurze Zeit getrennt wurden, erhöhte Werte für Cortisol und ACTH, depressive Reaktionen und einen übermäßigen Norepinephrinausstoß fest.

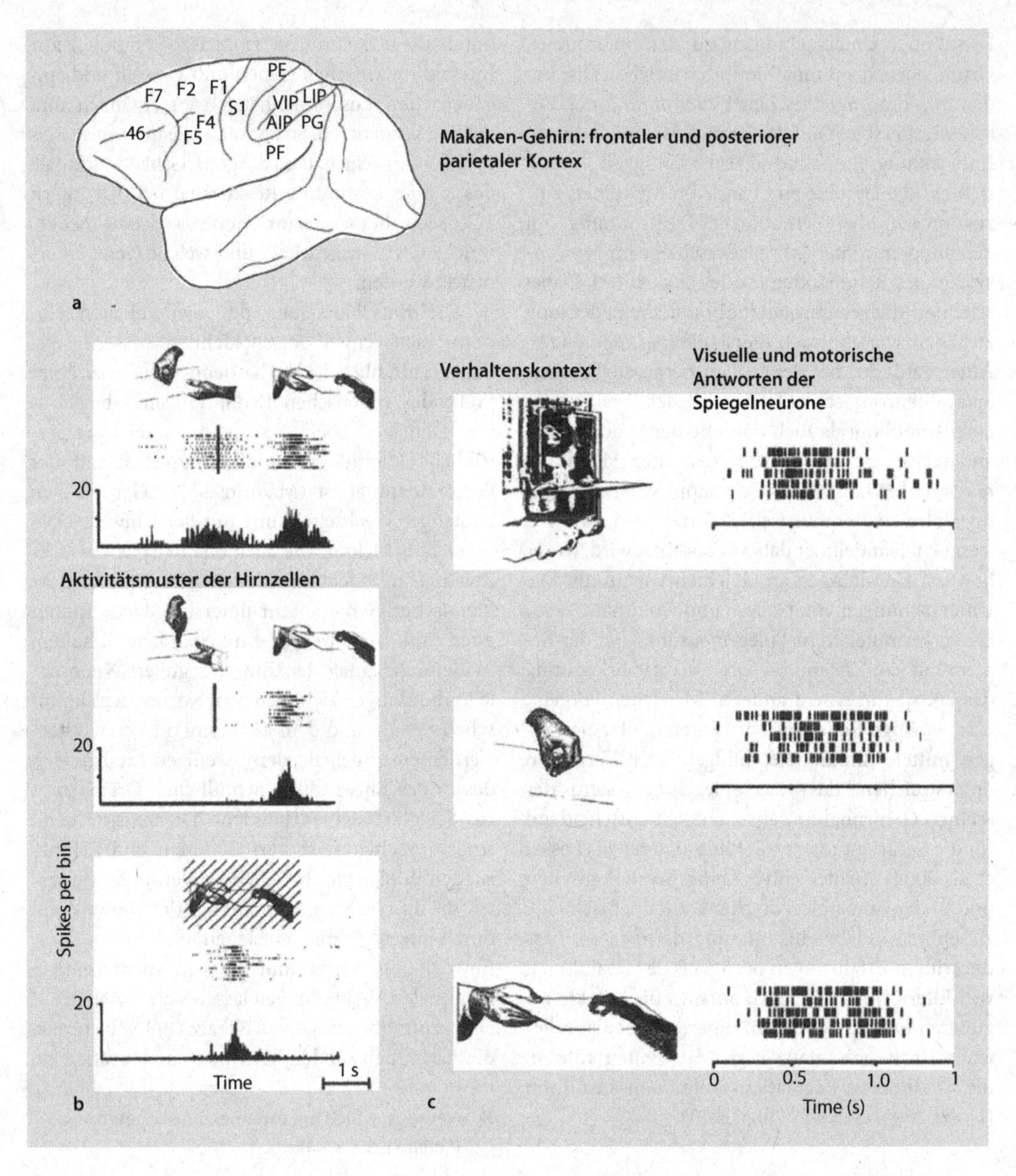

Abb. 7.1 Spiegelneurone und Empathie. (Adaptiert nach Gallese u. Goldmann 1998; mit freundl. Genehmigung des Elsevier-Verlags; Übersetzung des Autors)

Diese Empfindlichkeit schien genetisch bedingt zu sein. Die Anfälligkeit für Trennungsängste verschwand im weiteren Verlauf, wenn diese Säuglinge außerordentlich fürsorglichen Müttern aus der Affenkolonie anvertraut wurden. Diese Affen gelangten schließlich sogar an die Spitze der sozialen Hierarchie ihrer Gruppe. Sie hatten also ihre angeborene Empfindlichkeit durch das günstige Milieu und die positiven Auswirkungen der förderlichen Beziehung zu ihren Müttern auf adaptive Weise weiterentwickelt, was ihnen eine größere Empfänglichkeit für soziale Signale und für vorteilhafte Antworten auf diese Signale ermöglichte.

In diesem Zusammenhang sind auch die Untersuchungen zum Serotonintransporter-Gen (5-HTT) von großem Interesse: Das Serotonintransporter-Gen weist in der Promotorregion Längenabweichungen auf, die zu allelischen Variationen in der 5-HTT-Expression führen. Ein »kurzes« Allel (LS) bewirkt beim 5-HTT-Promotor im Verhältnis zum »langen« Allel (LL) eine niedrige Transkriptionseffektivität. Dies lässt darauf schließen, dass eine niedrige 5-HTT-Expresssion zu einer verminderten serotonergen Funktion führen kann. Bennett et al. (2002) stellten fest, dass sich die Werte für Konzentrationen von 5-Hydroxyindoressigsäure (5-HIAA) in der Gehirn-/Rückenmarkflüssigkeit bei von Müttern aufgezogenen Versuchstieren nicht als Funktion des 5-HTT-Status änderten, während von ihresgleichen aufgezogene Affen mit dem LS-Allel deutlich niedrigere 5-HIAA-Konzentrationen in der Gehirn/-Rückmarkflüssigkeit aufwiesen als Individuen mit dem LL-Allel. Zu berücksichtigen ist dabei, dass die Werte für 5-HIAA in der Gehirn-/Rückenmarkflüssigkeit (CSF) umgekehrt proportional zum Ausmaß der impulsiven Aggression sind. Diese ererbte Neigung zur Entwicklung von Mustern impulsiver Aggressivität kann jedoch durch frühe günstige Erfahrungen innerhalb sozialer Beziehungen erheblich verändert werden. Die Ergebnisse der Studie von Bennett et al. (2002) unterstreichen, dass die Aufzucht durch die Mutter die potenziellen schädlichen Auswirkungen des LS-Allels auf den Serotoninmetabolismus verhinderte. Demgegenüber zeigten die nicht von ihren eigenen Müttern, sondern von anderen Affen aufgezogenen Affen mit dem LS-Polymorphismus ein wesentlich höheres Maß an impulsiver Aggression.

Bei Rhesusaffen wurde ferner gezeigt, dass niedrige 5-HIAA-Konzentrationen – bei entsprechendem Angebot – mit einem erhöhten Alkoholkonsum korrelierten. Affen, die nicht von ihren Müttern aufgezogen wurden und ein LS-Allel aufwiesen, nahmen mehr Alkohol zu sich als solche mit dem LL-Allel. Bei den von Müttern aufgezogenen Individuen war es genau umgekehrt: Das LS-Allel bewirkte einen geringeren Alkoholkonsum als das LL-Allel. Daraus ließ sich schließen, dass das kurze Allel des 5-HTT-Gens bei Rhesusaffen mit frühen ungünstigen Erfahrungen bezüglich der Aufzucht zu einer Psychopathologie führen kann, bei Affen mit einer sicheren frühen Bindung an ihrer Mutter jedoch u. U. adaptiv wirkt (Suomi 2003).

Auch im Hinblick auf Stressreaktionen und Stressbewältigung erweisen sich günstige Umwelterfahrungen in der Kindheit als nachhaltig protektiv. Die Arbeitsgruppe von Meaney und seinen Kollegen zeigte, dass Rattenmütter, die sich gegenüber ihren Jungen besonders fürsorglich verhielten (indem sie sie während des Säugens lausten und leckten), ihnen dadurch einen lebenslangen Schutz gegen Stress zuteilwerden ließen (Francis et al. 1999; Weaver et al. 2002, 2004). Infolge des Leckens und Lausens wird die Expression der Gene, die die Glucokortikoidrezeptoren regulieren, verstärkt. Mit dieser verstärkten Expression geht eine Hemmung der Gene einher, die die Synthese des Kortikotropin-Releasing-Faktors (CRF) steuern. Besonders beeindruckend bei diesen Studien war ferner, dass weibliche Junge von Müttern, die ausgiebig lecken und lausen, ihre Jungen später selbst in dieser zugewandten Weise aufziehen. Dieses Verhalten der Mutter wird von Generation zu Generation weitergegeben, ohne dass eine Änderung des Genoms erfolgt. Diese Art der Weitergabe wird als epigenetische Änderung oder Programmierung bezeichnet; sie wird mit Unterschieden in der DNS-Methylierung in Verbindung gebracht (Weaver et al. 2004).

Die in Tierstudien gewonnenen Daten lassen darauf schließen, dass es sensible Zeitfenster gibt, Zeitabschnitte also, in denen ein bestimmter Umwelteinfluss erforderlich ist, um die Expression eines Gens zu bestimmen. So konnten beispielsweise Bremner et al. (1997) zeigen, dass Erwachsene mit einer posttraumatischen Belastungsstörung, die als Kinder körperlich misshandelt und sexuell missbraucht worden, im Vergleich zu entsprechenden Kontrollpersonen ein geringeres Volumen des linken Hippocampus aufweisen. Die Entwicklung und Aufrechterhaltung funktioneller neuronaler Netzwerke wird durch eine komplexe, aufeinander abgestimmte Interaktion zwischen genetischen Faktoren um Umwelteinflüssen gesteuert (Übersicht in Bock u. Braun 2012). Nervenzellen reagieren auf veränderte Umweltbedingungen mit der

Veränderung der Genexpression. Die differenzielle Genexpression in Nervenzellen wird durch epigenetische Mechanismen kontrolliert, welche wiederum direkt durch Umwelteinflüsse beeinflusst werden können. Auf molekularer Ebene umfassen epigenetische Mechanismen nur chemische Modifikationen der DNA und von Histonproteinen, den Bestandteilen des Chromatins. Vielfältige Studien in den letzten Jahren weisen darauf hin, dass epigenetische Mechanismen auch bei der Hirnentwicklung und synaptischen Veränderungen eine Rolle spiele, die durch Umweltreize wie Lernprozesse und emotionale Erfahrungen (Stress) induziert werden.

Im Verlauf der funktionellen Hirnreifung gibt es für jede Hirnregion charakteristische »sensible« oder »kritische« **Zeitfenster**. Nach der Geburt kommt es zunächst zu einer erheblichen Zunahme der Synapsendichte (Synapsenproliferation), die während der ersten Lebensjahre ein Maximum erreicht. Im weiteren Verlauf der Entwicklung nimmt die Synapsendichte wieder ab (Synapseneliminierung) und erreicht z. B. beim präfrontalen Kortex etwa mit Beginn der Pubertät das Niveau des adulten Hirns. Die Synapseneliminierung erfolgt dabei nicht zufällig, sondern selektiv als Folge spezifischer Interaktionen mit Umwelteinflüssen (selektive Synapseneliminierung). Insbesondere für die Entwicklung sensorischer Systeme wurde gezeigt, dass die funktionelle Reifung der kortikalen Schaltkreise innerhalb spezifischer Entwicklungszeitfenster stattfindet (Kral et al. 2001). Solche spezifische Entwicklungszeitfenster werden ebenfalls für die Gebiete des limbischen Systems und des präfrontalen Kortex postuliert. Diese Zeitfenster erhöhter synaptischer Plastizität haben einerseits die Funktion, die synaptischen Netzwerke optimal an die individuellen Umgebungsbedingungen anzupassen, sie stellen allerdings andererseits auch Phasen erhöhter Vulnerabilität dar. Die frühen prä- und postnatalen neuronalen Entwicklungsprozesse umfassen sowohl exzitatorische und inhibitorische Systeme, also auch die neuromodulatorischen »Emotionssysteme« Dopamin, Serotonin und Noradrenalin, sowie die endokrinen Stresssysteme und bilden das neurobiologische Substrat der kognitiven und emotionalen Verhaltensentwicklung (Bock u. Braun 2012). Es gibt vielfältige empirische Belege dafür, dass ungünstige Umweltbedingungen wie Stress und emotionale Deprivation Störungen, Verzögerungen oder ein völliges Ausbleiben dieser frühen erfahrungsgesteuerten strukturellen Veränderungen des Gehirns zufolge haben. Sie können dementsprechend Ursache für die Entwicklung psychischer Erkrankungen (u. a. Depression, Angsterkrankungen) sein. Als eine der Aufgaben der Entwicklungsneurobiologie wird dementsprechend gesehen, die grundliegenden Prinzipien und Mechanismen der erfahrungsgesteuerten neuronalen Plastizität, insbesondere die Wechselwirkungen zwischen den endogenen, genetisch determinierten und den exogenen, umweltinduzierten Faktoren genauer zu analysieren, »um zu verstehen, wie das im Gehirn vorhandene synaptische Plastizitätspotential mobilisiert und für die Therapie psychosozial bedingter Verhaltens- und Lernstörungen und von psychischen Erkrankungen besser benutzt werden kann« (Bock u. Braun 2012, S. 160).

Entwicklungsneurobiologie und Zeitfenster

- Im Verlauf der Hirnreifung gibt es für jede Hirnregion sensible oder kritische Zeitfenster
- Nach Geburt: starke Zunahme der Synapsendichte (Synapsenproliferation)
- Später: eine Abnahme (Synapseneliminierung), etwa in der Pubertät, auf das Niveau des adulten Hirns
- Synapseneliminierung erfolgt selektiv
- Zeitfenster erhöhter synaptischer Plastizität zur optimalen Anpassung an individuelle Umweltbedingungen
- Gleichzeitig sind diese Zeitfenster Phasen erhöhter Sensitivität/Vulnerabilität

Auch psychoanalytischerseits wird die Komplexität der Wechselwirkung zwischen Genen und Umwelt ausdrücklich betont. Fonagy et al. (2004) sind der Ansicht, die Art wie ein Kind seine Umgebung erlebt, wirke hinsichtlich der Expression des Genotyps und Phänotyps als Filter. Sie nehmen an, dass die Interpretation des sozialen Umfelds, die auf der Art der Bindung zu der betreuenden Person

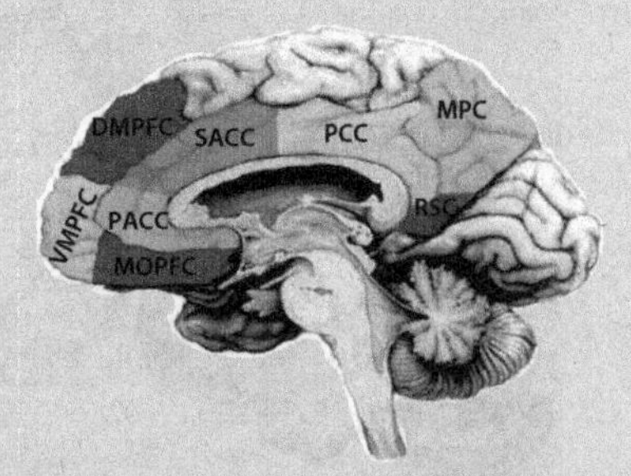

◘ Abb. 7.2 Theory of Mind (ToM)
MOPFC medialer orbitaler präfrontaler Kortex, *PACC* perigenualer anteriorer zingulärer Kortex, *VMPFC*, *DMPFC* ventro- und dorsomedialer präfrontaler Kortex, *SACC* supragenualer anteriorer zingulärer Kortex, *PCC* posteriorer zingulärer Kortex, *MPC* medialer parietaler Kortex, *RSC* retrosplenialer Kortex

basiert, zu Vorgängen der Repräsentanz des Selbst und anderer führt, die großen Einfluss auf die endgültige Expression der Gene haben. Entsprechend kann die Verarbeitung und das Verstehen dessen, was im sozialen Umfeld geschieht, mit darüber entscheiden, ob ein bestimmtes Ereignis im jeweiligen Umfeld traumatisch wirkt und ob es langfristige pathogene Auswirkungen hat (Fonagy et al. 2004; Bateman u. Fonagy 2012).

7.4.4 Bindungstheorie, Mentalisierung und Theory of Mind

Gerade auch im Zusammenhang mit der aktuellen entwicklungspsychologischen und entwicklungsbiologischen Forschung sind die bereits vorhandenen Ansätze zu berücksichtigen. Dazu zählen insbesondere Bowlbys Arbeiten zur Bindungstheorie (Bowlby 1969, 1973, 1980), zur Mentalisierung (Fonagy 2001) und zur »Theory of mind« (Frith u. Frith 2003), (◘ Abb. 7.2). Die Bindungstheorie geht davon aus, dass das Ziel des Kindes nicht darin bestehe, ein Objekt zu suchen, sondern darin, einen physischen Zustand anzustreben, der durch die Nähe der Mutter/des wichtigen Anderen erreicht wird. Im Laufe der Entwicklung wandelt sich das physiologische Ziel zu dem eher psychologischen, nämlich ein Gefühl der Nähe zur Mutter bzw. zur Betreuungsperson zu erreichen. Eine sichere Bindung hat einen starken Einfluss auf die Entwicklung der inneren Arbeitsmodelle von Beziehungen, die als mentale Themen gespeichert werden (Gabbard 2010). Ainsworth et al. (1978) konnten aufgrund ihrer Untersuchungen unterschiedliche Bindungstypen definieren: Sichere Kleinkinder suchten die Nähe der Betreuerin, sie fühlten sich getröstet und spielten weiter, wenn diese zurückkehrte. Ängstlich-vermeidende Kinder schienen während der Trennung weniger Angst zu haben und reagierten aggressiv auf die Rückkehr der Betreuerin. Demgegenüber litten die als ängstlich-ambivalent bezeichneten Kinder sehr unter der Trennung und zeigten bei der Rückkehr der Betreuerin Ärger, sie waren angespannt und klammerten. Die als unorganisiert-desorientiert bezeichnete vierte Gruppe hatte keine kohärente Strategie für den Umgang mit der Trennungserfahrung. Vieles spricht dafür, dass diese Bindungsmuster auch im Erwachsenenalter fortbestehen. Weitere Befunde sprechen dafür, dass unorganisierte Bindungen die Anfälligkeit für

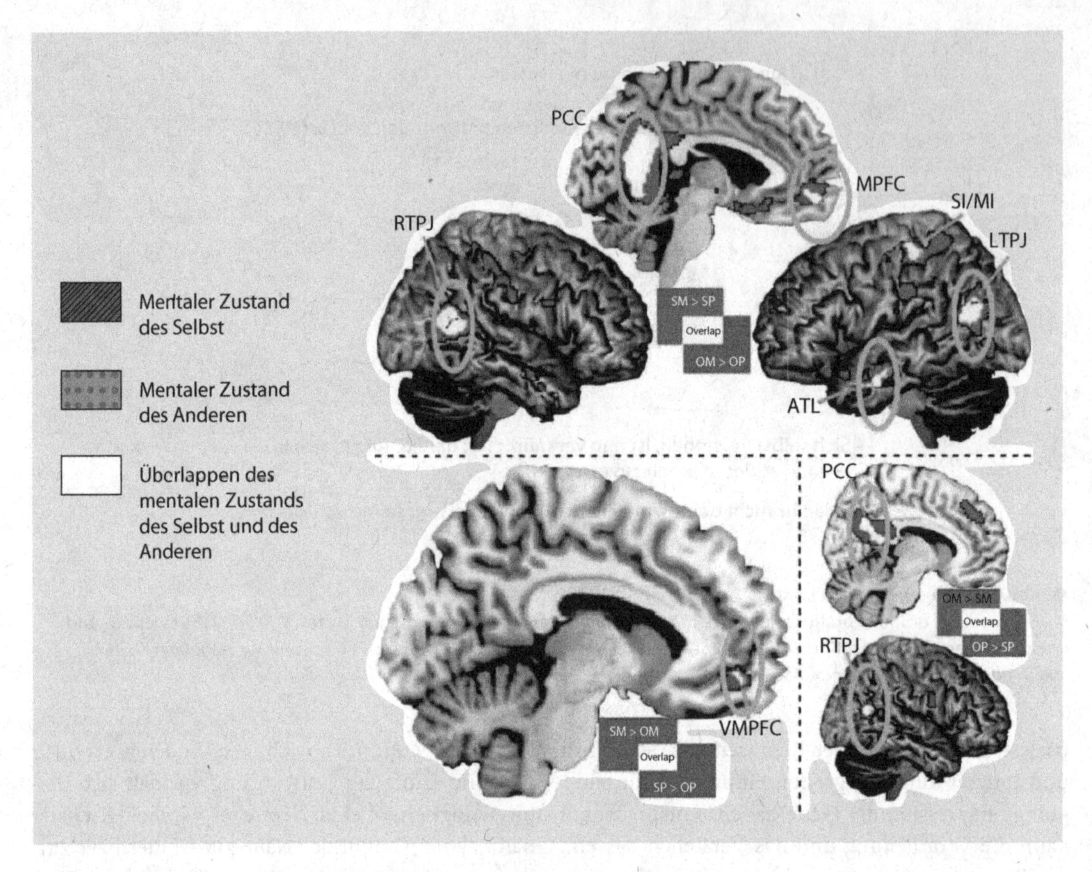

Abb. 7.3 Gemeinsame neuronale Netzwerke für die Mentalisierung des Selbst und der anderen. (Aus Lombardo et al. 2010; mit freundl. Genehmigung von MIT Press Journals; Übersetzung des Autors)

spätere psychiatrische Störungen erhöhen und die Bindungssicherheit als Schutzfaktor gegen psychopathologische Erscheinungen bei Erwachsenen wirkt (Fonagy u. Target 2003).

Ein Schlüsselbegriff der Bindungstheorie ist die Mentalisierung: Sie bezeichnet die Fähigkeit, zu verstehen, dass das eigene Denken und das Denken anderer repräsentativer Natur sind und dass das eigene Verhalten und das Verhalten anderer durch innere Zustände wie Gedanken und Gefühle motiviert sind (Fonagy 2001). Durch die sichere Bindung des Kinds zum Betreuer wächst seine Fähigkeit zur Mentalisierung und es entwickelt ein psychologisches »Kernselbst«.

Mentalisierung steht in einem engen Zusammenhang mit der sog. Theory of mind. So hängt auch der therapeutische Prozess in der Begegnung mit Patienten zum großen Teil von der Fähigkeit der Behandelnden ab, sich auf den anderen einzustimmen, sich auf den subjektiven mentalen Zustand des anderen einzulassen. Neurowissenschaftliche Studien zeigten, dass der mediale präfrontale Kortex, die Gyri temporales, das Kleinhirn und der Sulcus posterior-superior als Teil eines Mentalisierungsnetzwerkes beteiligt sind (Frith u. Frith 2003), (Abb. 7.3).

7.4.5 Kasuistisches Beispiel

(Für die Zurverfügungstellung dieser Kasuistik möchten wir Frau Dr. med. Birgit Matutat/Zürich herzlich danken.)

Herr K. war ein junger 30-jähriger Mann, der sich zur Behandlung gemeldet hatte, weil er seit seiner Geburt ständig einnässte und glaubte, deshalb auch keine Freundin finden zu können. Tagsüber wurde er vor allem durch stündliches Urinieren kleinster Urinmengen in seiner Arbeit als Krankenpfleger sehr behindert, in der Nacht durch mehrmaliges massives Einnässen. Bis zum 6. Lebensjahr hatte er regelmäßig eingekotet, als Erwachsener konnte er nur sehr kleine Stuhlmengen absetzen und musste deshalb bis zu 5-mal innerhalb einer Stunde auf die Toilette. Eigentlich war Herr K. die meiste Zeit in seinem Leben mit seiner Ausscheidung beschäftigt gewesen.

Er stammte aus einfachen, äußerlich wohlgeordneten Verhältnissen: Der Vater arbeitete als Hausmeister in einer Schule und hatte der als Kleinkinderzieherin ausgebildeten Mutter, die in kurzer Folge 5 Kinder geboren hatte, Erziehung und Versorgung überlassen. Schon bald war sie mit Kindern und Haushalt überfordert und hatte deshalb begonnen, Herrn K. im Alter von 2 Jahren auf den Topf zu setzten, damit er möglichst rasch selbstständig würde und Windeln nicht mehr nötig wären. Als forcierte Sauberkeitsrituale erfolglos blieben, hatte sie auf der Basis einer esoterisch-anthroposophischen Grundhaltung begonnen, durch Beten, Singrituale, Saft- und Kräuterkuren ihren Sohn von seiner Inkontinenz zu befreien. Kindliche Wutanfälle und Schreikrämpfe wurden durch Stubenarrest, Zimmerstunden und frühe Bettruhe streng bestraft. Die Benutzung der Familientoilette war dem zeitlichen Diktat der Mutter unterworfen. In der Schule wurde er gehänselt, wenn er zum Beten zu Hause sein musste und über Fernsehsendungen nicht Bescheid wusste. Die Mutter hatte ihm verboten, Fernsehen zu schauen, weil dies die kindliche Seele und den Charakter verderbe.

Im Kindergarten hatte er allen Kindern mit großer Freude die Hosen heruntergezogen, in der Schule hatte er nie einen Freund und immer schlechte Noten, weshalb er später in die Sonderschule wechseln musste. Auch dort fiel er durch schlechte Noten auf, eine Legasthenie wurde diagnostiziert und er galt als schulunfähig. Später fand er einen Platz in der Waldorfschule und absolvierte auf Drängen seiner Mutter mit Mühe eine Lehre als Konditor. Wegen seiner schlechten Noten fand er aber keine Arbeit, der Berufsberater hielt ihn für arbeitsunfähig und bot ihm eine Arbeit als Handlanger an.

Als er im Rahmen seines Zivildienstes in einer anderen Stadt als Hilfspfleger arbeiten konnte, war es ihm erstmals möglich, sich selbst für einen Beruf zu entscheiden, und der forcierten Abhängigkeit seiner Mutter zu entkommen. Nach weiteren erfolglosen somatischen Abklärungen in verschiedenen Kliniken hatte er sich selbst für eine psychiatrische Behandlung entschieden, die es ihm ermöglichte, erstmals in seinem Leben dauerhaft kontinent zu bleiben.

■ Kommentar zur Biografie und Behandlung von Herrn K.

Kindheit und Jugend wurden durch die rigorosen Erziehungsmaßnahmen einer immer wieder übergriffigen intrusiven Mutter überschattet: Die Mutter konnte sich nicht einfühlen in die Entwicklungsprozesse ihres Sohnes und in seine Bedürfnisse. Seine emotionalen Notsignale wie Ärger, Trotz und Angst verstand sie nicht. Über seine emotionalen Gefühlsreaktionen ging sie hinweg und wandte drakonische Erziehungsmittel an. Als real übermächtige Gestalt hatte sie ihm ihre eigenen Gefühle aufgezwungen und damit seine Gefühlswelt penetriert. Seine Autonomieentwicklung wurde über Jahre unterdrückt. Es entwickelte sich ein chronischer Stresszustand und eine anhaltende Agitation und Überreizung.

Die entstandene ambivalente, unsichere Bindung hatte in ihrer ständig wechselnden Ausprägung zu einer abhängigen und im Verlauf der Jahre zu einer fixierten prägenitalen Bindung geführt. Das Symptom der Inkontinenz konnte über Jahre fortbestehen; damit kämpfte Herr K. verzweifelt auf paradox anmutende Weise um Autonomie. Die bis in das Erwachsenenalter anhaltende Symptomatik war Ausdruck des ungelösten Bindungskonfliktes vor dem Hintergrund einer konsekutiven Traumatisierung.

In der Begegnung mit Herrn K. fiel er als ein sehr kindlicher und trotziger junger Mann auf, der immer den gleichen Affekt zeigte und deshalb emotional nicht sicher eingeschätzt werden konnte. Seine Lebensgeschichte war genauso absurd wie sein Symptom. Ungeachtet der mitgeteilten »seelenmörderischen« mütterlichen Aktivitäten blieb seine Mimik immer gleich. In der Therapie entwickelte sich zunächst das Gefühl der Lähmung und später eine immense innere Spannung. In der therapeutischen Begegnung gewann Herr K. Zugang zu seinen Affekten und entwickelte zunehmende Einsicht in die konflikthaften Hintergründe der chronifizierten Symptomatik. In einem länger dauernden Prozess wurde eine weniger angstbesetzte, vertrautere Haltung der Therapeutin gegenüber spürbar. In der Behandlung waren – auf der Grundlage einer angstfreien, offenen und auf Augenhöhe stattfindenden Begegnung – das Verstehen der entwicklungspsychologischen Prozesse, die Bearbeitung der traumatischen Beziehungserfahrungen und die erlebte Resonanz in der therapeutischen Beziehung relevant.

7.5 Bedeutung der Übertragung

Manche Kindheitsmuster der seelischen Organisation können im Erwachsenenalter fortbestehen: Die Vergangenheit wiederholt sich in der Gegenwart. Eigenschaften der Person der Vergangenheit werden dem aktuellen Partner bzw. Behandelnden zugeschrieben, die mit der historischen Person verknüpften Gefühle werden auch in der aktuellen Begegnung empfunden. Auf der Grundlage der Übertragung erleben Patienten Beziehungen aus der Vergangenheit unbewusst neu, statt sich an sie zu erinnern.

Die Übertragung ist nicht nur auf die therapeutische Beziehung zu beziehen, sondern lässt sich als ein Phänomen von allgemeiner Bedeutung auffassen. Brenner unterstrich:

> » Jede Objektbeziehung ist eine weitere Ergänzung der ersten definitiven Bindungen der Kindheit … die Übertragung ist allgegenwärtig, sie kommt in jeder psychoanalytischen Situation zustande, weil sie in jeder Situation zustande kommt, in der ein anderer im Leben eines Menschen wichtig ist. (Brenner 1982, S. 194/195)

Die Erkenntnis über die Umwelt, die das Individuum gewinnt, manifestiert sich in der Beziehung zwischen erkennendem Subjekt und erkanntem Objekt (Latour 2014, S. 150). In der Regel ist die **Besetzungsenergie (Kathexis)**, um den Begriff von Freud (1925–1931, S. 302) zu übernehmen, in diesem Bezugsgeschehen stark, wenn das erkannte Objekt eine dem Individuum bedeutsame Person ist. Infolgedessen ist die Beziehung des Patienten zum Therapeuten in der Regel mit einer quantitativ hohen Besetzungsenergie (Kathexis) verbunden, allerdings kommt noch eine **spezielle Qualität** hinzu; diese kommt zwar auch bei vielen anderen Beziehungskonstellationen zum Tragen, gewinnt aber in der psychodynamischen Therapie eine besondere Bedeutung. Die spezielle Qualität ist nämlich zusammengesetzt aus den **Elementen der gegenwärtigen** realen Beziehung, was Hoffnungen, Erwartungen, Sympathie etc. anbelangt und **gleichzeitig** aus Elementen, die aus **früheren**, oft frühkindlichen Wünschen und Erfahrungen mit primären Bezugspersonen stammen. Beide Elemente vermischen sich im Erleben des Patienten (Gabbard 2014, S. 18), wobei frühe Beziehungserfahrungen sich im Gedächtnis des Gefühlserlebens in einer Weise festgesetzt haben, dass sie alle Wahrnehmungen einer gegenwärtigen Beziehung modifizieren können. Entscheidend ist nun, dass dieser Einfluss, der durch die frühen Erfahrungen stattfindet, **unbewusst** ist. Man nennt dieses Geschehen **Übertragung** (Freud 1904–1905, S. 279), (► Kap. 11).

Einen **neuro**psychodynamischen Aspekt formuliert Gabbard (2014, S. 19):

> » Die Übertragung verstehen wir aus neuropsychodynamischer Perspektive als etwas, was sich auf die inneren Objektrepräsentanten bezieht, die wiederum durch reale Eigenschaften des Therapeuten getriggert werden (Westen u. Gabbard 2002). Die Repräsentanten sind in einem Neuronennetzwerk verankert, das zusammen aktiviert werden kann. Somit verhalten sich die Objektrepräsentanten wie ein Potenzial, das in Wartestellung ist, um dann aktiviert zu werden, wenn Eigenschaften eines Therapeuten den Patienten an solche Aspekte erinnern, die der Repräsentationsfigur im neuronalen Netzwerk des Patienten entsprechen. (Übers. d. Verfassers)

Neuropsychodynamik der Übertragung

- Beziehungserfahrungen aus der Vergangenheit werden neu belebt und auf den Therapeuten übertragen
- Übertragung ist auch allgegenwärtig in jeder anderen bedeutsamen Objektbeziehung
- Im Netzwerk der Neuronen wird früh Verankertes reaktiviert
- Besetzungsenergie bei der Übertragung besteht aus Anteilen der gegenwärtigen und gleichzeitig der früheren Beziehungserfahrungen, die unbewusst sind

In der psychodynamischen Psychotherapie geht es für den Therapeuten zu einem großen Teil der gemeinsamen Arbeit um die **Bewusstmachung** der genannten Elemente aus frühen Beziehungserfahrungen, das ist allerdings nur die erste Stufe in einem psychotherapeutischen Prozess. Danach geht es in einer langwierigen therapeutischen Arbeit darum, dass der Therapeut dem Patienten hilft, die Einflüsse alter Beziehungskonstellationen in der **Übertragung zu ihm** immer wieder zu erkennen, der tatsächlichen Bezugsperson der Vergangenheit zuzuordnen und vor allem die dazugehörigen Gefühlsintensitäten mit ihren speziellen Besetzungsenergien in der Intensität allmählich abzubauen. Damit lernt der Patient die für die Gegenwart **irrealen Modifikationen** abzulegen und die jeweiligen Beziehungskonstellationen zum Partner und anderen Mitmenschen, zu denen eine spezielle Besetzungsenergie besteht, real und angemessen zu erleben. Durch diesen psychotherapeutischen Vorgang werden krankheitsverursachenden Konflikte gemildert oder können ganz verschwinden.

▪ Kasuistisches Beispiel

Wegen eines sog. Burn-out wird die 48-jährige Frau S. zum Psychotherapeuten überwiesen; dieser stellt allerdings fest, dass Symptome einer chronischen Depression bestehen. Ihre Stimmung ist depressiv, sie kann sich nicht freuen, fühlt sich ohne Antrieb, leidet unter Schlafstörungen, fühlt sich in ihrer Familie unverstanden und beklagt diverse wechselnde körperliche Beeinträchtigungen, das alles sei schon jahrelang, jetzt aber besonders schlimm. Bei ihrem Bericht fällt auf, dass sie leise und monoton spricht, schwach und hilflos wirkt, wie jemand, der mütterlichen Schutz sucht. Sie lässt erkennen, dass sie vom Psychotherapeuten erwartet, dass er ihr die Last von den Schultern nimmt und Lebensfreude gibt. Aus der biografischen Anamnese ist zu erfahren, dass ihre Mutter an Krebs erkrankt war, als die Patientin ein oder zwei Jahre alt war. Deswegen war die Mutter oft wochenlang zur Therapie in Krankenhäusern oder zur Kur und verstarb schließlich, als die Patientin sieben Jahre alt war. Sie sei dann bei den Großeltern und teilweise bei der neuen Frau ihres Vaters aufgewachsen.

▪▪ Kommentar zum kasuistischen Beispiel

Hinsichtlich der Übertragung wird in der ersten Begegnung schon etwas deutlich, was sich im weiteren Verlauf der Therapie stärker manifestiert. Ihre Verlusterfahrung ist so nachhaltig, dass sie unbewusst vom Therapeuten wünscht und erwartet, dass er ihren Schmerz versteht, sie tröstet und die Konstellation wiederherstellt, wie sie vor dem Verlusterleben in ihrer Kindheit war. Das geht mit idealisierenden unbewussten Hoffnungen bezüglich der Fähigkeiten des Therapeuten einher, das einstige Verlusterleben ungeschehen machen zu können.

Wie bei solchen Schicksalen nicht selten, finden sich ähnliche unbewusste Wünsche dem Ehemann gegenüber, über den sie klagt, dass er sich in der letzten Zeit immer weniger um sie kümmere. Der Partner hatte unbewusst die fürsorglich beschützende und auch oft dominante Rolle übernommen, wodurch die schon anfänglich asymmetrische Beziehung weiter verfestigt wurde. Gelingt es nun in der Therapie, die Übertragung auf den Therapeuten wirksam zu bearbeiten, so hat auch die festgefahrene Beziehungskonstellation mit dem Ehemann eine Chance, sich zu verändern, indem nämlich die spezielle Qualität der unbewussten Elemente aus der frühen Entwicklungszeit nicht mehr die Beziehung der Gegenwart modifiziert. Beide Partner bekommen die Gelegenheit, ihre Beziehung miteinander der Realität entsprechend symmetrisch zu gestalten. Dieses sollte in der Regel auch mit einem Entwicklungsprozess des Ehemanns der depressiven Patientin einhergehen. Die therapeutische Arbeit an der Übertragung bekommt damit den Sinn, dass die Patientin ihre unbewussten irrealen Wünsche und Hoffnungen, der Ehemann möge die verlorene Mutter ersetzen, das einstige Verlusterleben ungeschehen machen und sie ständig tröstend umhegen, tatsächlich ablegen kann. Die ständige Enttäuschung durch den überforderten Ehemann entfällt dann und die Quelle der ständigen Konflikte, die zur Depression beigetragen haben, kann versiegen.

7.6 Bedeutung der Gegenübertragung

In dem interaktionellen psychodynamischen Geschehen zwischen Patienten und Psychotherapeuten gibt es nun auf der anderen Seite, nämlich im Erleben des Therapeuten, ebenfalls Einstellungen und Gefühlsreaktionen, die das **Gegenstück** zur Übertragung darstellen, nämlich die **Gegenübertragung** (Freud 1909–1913, S. 108). Zunächst verstand man darunter die komplementären unbewussten Prägungen aus der eigenen Kindheit des Psychotherapeuten. Da sich diese aber stark mit gegenwärtigen Haltungen wie Sympathie, Abneigung und anderen Gefühlsreaktionen oft kaum abgrenzbar vermengen, spricht man heute von einer generellen Gegenübertragung (Laplanche u. Pontalis 1972; Kernberg 1985). In diesem erweiterten Verständnis ist die Gesamtheit der unbewussten Reaktionen, die sich in Haltungen, Handlungen und Gefühlen eines Psychotherapeuten und auch eines gesamten Therapeutenteams manifestieren können, gemeint. Das gilt für die Behandlung von allen psychischen Erkrankungen einschließlich der psychodynamischen Therapie bei Psychosen (▶ Kap. 11). Kernberg (1985, S. 183, 184) weist auf die Variabilität der Gewichtung beider Komponenten bei den unterschiedlichen psychiatrischen Erkrankungen hin:

> » Man könnte ein ganzes Spektrum von Gegenübertragungsreaktionen beschreiben, das von den Gegenübertragungsformen bei Symptomneurosen am einen Ende bis hin zur Gegenübertragung bei Psychotikern als anderem Extrem reicht. Im Verlauf dieser Reihe ändert sich das jeweilige Verhältnis von Realitäts- und Übertragungsanteilen vom Patienten und vom Therapeuten her.

Es geht nun zum einen darum, dass sich der Psychotherapeut seiner Gegenübertragung bewusst wird, was gelegentlich mithilfe der Supervision geschieht. Der Patient sollte damit von einem möglichst neutral reagierenden und von persönlichen Gefühlen unbeeinflussten Therapeuten begleitet werden. Zum anderen hat die bewusst gemachte Gegenübertragung noch eine sehr **wichtige Bedeutung.** Sie ist ein subtiles und zuverlässiges Instrument zur Erfassung unbewusster psychischer Anteile im Patienten. Darüber hinaus kann die Gegenübertragungsrektion auch als ein therapeutisches Instrument eingesetzt werden (Hering 2006), (▶ Kap. 11).

■ Kasuistisches Beispiel

Bei der in ▶ Abschn. 7.4.5 beschriebenen depressiven Patientin wird der Therapeut schon bei der ersten Begegnung Mitleid empfinden und sich zu ihr hinneigen, um sie besser zu verstehen, da sie so leise spricht. Der hilfesuchende Gesichtsausdruck wird seine mütterlich-schützenden Gefühle ansprechen. Ihr unbewusster Wunsch, einen Heiler ihrer Probleme zu finden mit der entsprechenden Idealisierung wird im Therapeuten das Gefühl erzeugen, er sei unersetzbar und er wird sich in der zugewiesenen Rolle des Mächtigen gefallen. Im Laufe der Zeit, wenn seine »heilende Kraft« immer noch nicht ausreicht, die Symptome zu lindern und ihm die helfenden Angebote in ständiger Wiederholung »aus der Hand« geschlagen werden, mit den Klagen, dass es noch nie so schlimm gewesen sei wie heute, wird seine Geduld auf eine harte Probe gestellt. Allmählich ändern sich seine Gegenübertragungsgefühle und er wird langsam ärgerlich. Der aggressive Grundton seiner Gefühle wird in ihm lauter, gebunden wird sein Ärger jedoch durch ein Schuldempfinden, welches durch die Verletzlichkeit der Patientin hervorgerufen wird. Spätestens jetzt ist es an der Zeit, die Gegenübertragungsgefühle zu reflektieren. Einmal geht es um das Bewusstmachen der wachsenden Aggression beim Therapeuten, damit er sich neutral und weiterhin »therapeutisch« verhält, und zum anderen dient ihm die Erfahrung seiner Gegenübertragungsgefühle dazu, die unbewusste Aggressivität der Patientin als eine wesentliche Komponente ihrer Krankheit zu spüren und diese dann mit ihr zu bearbeiten. Würde der Therapeut seine Gegenübertragung nicht reflektieren, käme es zu einem ähnlichen Interaktionsmuster, wie es in der Ehe der Patientin und mit manchen ihr nahestehenden Personen zu beobachten ist.

■ **Fehlende Passung**

Unsere Darstellung der Übertragung und Gegenübertragung ist lediglich aus didaktischen Gründen aufgeteilt worden. In der psychotherapeutischen Patient-Therapeut Beziehung liegt immer eine Gleichzeitigkeit und ein Ineinander von Übertragung und Gegenübertragung vor. Gelegentlich ist die Intensität so heftig und auch noch mit einer besonders ungünstigen realen Beziehungskonstellation verkompliziert, dass ein fruchtbarer therapeutischer Prozess nicht stattfindet. In einem solchen Fall spricht man auch von **fehlender Passung** der beiden an der psychodynamischen Therapie beteiligten Personen. Böker (2011) weist bei dem Phänomen der Passung der Persönlichkeiten von Therapeut und Patient darauf hin, dass dieses jenseits der Verbalisierung und der spezifischen Techniken psychotherapeutischer Verfahren stattfinde.

7.7 Bedeutung des Widerstands

Widerstand und Abwehr findet man gelegentlich synonym verwendet, was aber dem Freud'schen Begriff des Widerstands nicht genau entspricht. Er sah den Widerstand als ein Hindernis für die Erhellung der Symptome und für das Fortschreiten der Behandlung (Laplanche u. Pontalis 1972, S. 623):

» In diesem Sinne bestand jeder Fortschritt der analytischen Technik, was Freud in seinen technischen Schriften betont, in einer richtigeren Einschätzung des Widerstandes, nämlich der klinischen Gegebenheit, dass es zur Aufhebung der Verdrängung nicht genügt, den Patienten den Sinn ihrer Symptome mitzuteilen.

Freud schreibt hierzu (1909–1913, S. 435–436) in seinen Bemerkungen über den Begriff des Unbewussten:

» Es ist dem Erzeugnis des wirksamen Unbewussten keineswegs unmöglich, ins Bewusstsein einzudringen, aber zu dieser Leistung ist ein gewisser Aufwand von Anstrengung notwendig. Wenn wir es in uns selbst versuchen, erhalten wir das deutliche Gefühl einer **Abwehr**, die bewältigt werden muss, und wenn wir es bei einem Patienten hervorrufen, so erhalten wir die unzweideutigsten Anzeichen von dem, was wir **Widerstand** dagegen nennen.

Im praktischen therapeutischen Umgang unterscheidet sich die Widerstandsanalyse, die eines der zentralen Anliegen der Psychoanalyse ist, jedoch nicht von der Bearbeitung der Abwehrmechanismen. Energetisch betrachtet handelt es sich beim Widerstand um eine **Gegenbesetzung**, wie Stierlin (1986) hervorhebt, als einer Variante der **Besetzung (Kathexis)**, (► Kap. 14). Die Stärke von Abwehr oder Widerstand entspricht der Intensität der darunterliegenden Impulse. Der psychodynamische Psychotherapeut erkennt im Widerstand eine wichtige Aussage über den Patienten und wird sich fragen: Was wird durch den Widerstand verborgen und geschützt? Dadurch erhält der Patient die Chance, sich besser kennenzulernen.

Ein für die psychodynamische Therapie besonders wichtiger Aspekt ist der Widerstand in der Gegenübertragung. Handelt es sich beispielsweise um eine psychotische Symptomatik beim Patienten, so gibt es viele Therapeuten, die trotz gründlicher psychoanalytischer Ausbildung die Behandlung nicht übernehmen wollen. Hinter ihrem **Gegenübertragungswiderstand** steht die Angst, mit dem Sicheinlassen auf das psychotische Erleben des Patienten überfordert zu werden. Da der Gegenübertragungswiderstand jedoch nicht bewusst ist, werden rationalisierende Argumente vorgeschoben, zumal die dazugehörige Chaosfähigkeit (Hartwich 2007) und das Bewussthalten einer lauernden Fragmentierung (Hering 2006) vom Therapeuten erst erlernt werden müssen.

Literatur

Ainsworth MS, Blehar MC, Waters E et al (1978) Patterns of attachment. A psychological study of a strange situation. Erlbaum, Hillsdale, New York

Altmeyer M, Thomä H (Hrsg) (2006) Die vernetzte Seele – die intersubjektive Wende in der Psychoanalyse. Klett-Cotta, Stuttgart

Andreasen N (2007) DSM and the death of phenomenology in America: an example of unintended consequences. Schizophr Bull 33:108–112

Angermeyer M, Siara C (1994) Auswirkungen der Attentate auf Lafontaine und Schäuble auf die Einstellung der Bevölkerung zu psychisch Kranken. Teil 1: Die Entwicklung im Jahr 1990 & Teil 2: Die Entwicklung im Jahr 1991. Nervenarzt 65:41–56

Bateman AG, Fonagy P (2012) Handbook of mentalizing in mental health practice. American Psychiatric Publishing, Washington, DC, London, England

Beebe B, Lachmann F, Jaffe J (1997) Mother-infant interactions, structures and presymbolic self and object representations. Psychoanal Dialogues 7:133–182

Benedetti G (1998) Psychotherapie als existenzielle Herausforderung, 2. Aufl. Vandenhoek & Ruprecht, Göttingen

Bennett AJ, Nash KP, Heils A et al (2002) Early experience and serotonine transporter gene variation interact to influence primate CNS function. Mol Psychiatry 7:118–122

Bernet R (2014) Das Subjekt des Leidens. In: Fuchs T, Breyer T, Micali S, Wandruszka B (Hrsg) Das leidende Subjekt. Alber, Freiburg München, S 11–32

Berg JH van den (1972) A different existence. Principles of phenomenological psychopathology. Duquesne Univ Press, Pittsburgh, PA

Bock J, Braun K (2012) Prä- und postnatale Stresserfahrungen und Gehirnentwicklung. In: Böker H, Seifritz E (Hrsg) Psychotherapie und Neurowissenschaften. Integration – Kritik – Zukunftsaussichten. Huber, Bern

Böker H (2011) Psychotherapie der Depression. Huber, Hogrefe AG, Bern

Bowlby J (1969) Attachment and loss. Volume 1: Attachment. Hogarth Press, London. Deutsche Ausgabe: Bowlby J (1975) Bindung. Kindler, München

Bowlby J (1973) Attachment and loss. Volume 2: Separation. Anxiety and Anger. Hogarth Press, London. Deutsche Ausgabe: Bowlby J (1976) Trennung. Kindler, München

Bowlby J (1980) Loss, sadness and depression. Hogarth Press, London. Deutsche Ausgabe: Bowlby J (1983) Verlust. Kindler, München

Bremner JD, Randell P, Vermetten E et al (1997) Magnetic resonance imaging-based measurement of hippocampal volume in post-traumatic stress disorder related to childhood physical and sexual abuse: a preliminary report. Biol Psychiatry 41:23–32

Brenner C (1982) The mind in conflict. Int Univ Press, New York

Brücher K (2007) Eine sehr kurze Geschichte der Subjektivität. In: Fuchs T, Vogeley K, Heinze M (Hrsg) Subjektivität und Gehirn. Parodos, Heidelberg

Buber M (1999) Ich und Du. Gütersloher Verlagshaus, München (Erstveröff. 1923)

Chodorow NJ (1996) Theoretical gender and clinical gender: epistemiological reflections on the psychology of women. J Am Psychoanal Assoc 44(Suppl):215–238

Erdheim M (1992) Das Eigene und das Fremde. Psyche 46(8):730–744

Erikson EH (1959) Identität und Lebenszyklus. Drei Aufsätze. Suhrkamp, Frankfurt/M. Englische Ausgabe: Erikson EH (1970) Identity and the life's cycle. Selected papers. Int Univ Press, New York

Fogassi L, Gallese V (2002) The neural correlates of action understanding in non-human primates. In: Stanemov MI, Gallese V (Hrsg) Mirror neurons and the evolution of brain and language. John Benjamins Publishing, Amsterdam, S. 13–36

Fogel A (1992) Movement and communication in human infancy: the social dynamics of development. Hum Mov Sci 11:387–423

Fonagy P (2001) Attachment theory and psychoanalysis. Other Press, New York. Deutsche Ausgabe: Fonagy P (2009) Bindungstheorie und Psychoanalyse, 3. Aufl. Klett-Cotta, Stuttgart

Fonagy P, Target M (2003) Psychoanalytic theories: Perspectives from developmental psychopathology. Whurr, London. Deutsche Ausgabe: Fonagy P, Target M (2006) Psychoanalyse und die Psychopathologie der Entwicklung. Klett-Cotta, Stuttgart

Fonagy P, Gergely G, Jurist E, Target M (2004) Affektregulierung, Mentalisierung und die Entwicklung des Selbst. Klett-Cotta, Stuttgart. Englische Ausgabe: Fonagy P, Gergely G, Jurist E, Target M (2002) Affect regulation, mentalisation and the development of the self. Other Press, New York

Francis D, Diovo J, Lihu D et al. (1999) Non-genomic transmission across generations of maternal behavior and stress responses in the rat. Science 286:1155–1158

Freud S (1900) Die Traumdeutung. Gesammelte Werke, Bd 2–3, Fischer, Frankfurt/M

Freud S (1904–1905) Bruchstücke einer Hysterie-Analyse. GW Bd 5, Fischer, Frankfurt/M, 1981, S. 161–286

Freud S (1909–1913) Die zukünftigen Chancen der psychoanalytischen Therapie. GW Bd 8., Fischer, Frankfurt/M, 1973, S 103–115

Freud S (1915) Das Unbewusste. GW Bd 10, S 263–303, Fischer, Frankfurt/M, 1946

Freud S (1925–1931) Psycho-Analysis. GW Bd 14, Fischer, Frankfurt/M, 1976, S 297–317

Frith U, Frith CD (2003) Development and neurophysiology of mentalizing. Philos Trans R Soc Lond B Biol Sci 358:459–473

Fuchs T (2007) Subjektivität und Intersubjektivität. Zur Grundlage psychiatrischer und psychotherapeutischer Diagnostik. Manuskript des Vortrags auf dem DGPPN-

Kongress 2007 in Berlin. ► http://vvpn.de/static/private/user/downloads/thomas-fuchs-subjektivitat-und-intersubjektivitat.pdf. Gesehen am 15.05.2015
Fuchs T (2010) Philosophische Grundlagen der Psychiatrie und ihre Anwendung. Die Psychiatrie 7:235–241
Fuchs T, Vogeley K, Heinze M (Hrsg) (2007) Subjektivität und Gehirn. Parodos, Heidelberg
Gabbard GO (2000) Psychodynamic psychiatry, 3. Aufl. Am Psychiatric Press, Washington, DC
Gabbard GO (2005) Mind, brain and personality disorders. Am J Psychiatry 162:648–655
Gabbard GO (2010) Psychodynamische Psychiatrie. Ein Lehrbuch. Psychosozial-Verlag, Gießen. Englische Ausgabe: Gabbard GO (2005) Psychodynamic psychiatry in clinical practice. Am Psychiatric Publishing, Washington DC, London UK
Gabbard GO (2014) Psychodynamic psychiatry in clinical practice 5. Aufl. Am Psychiatric Publishing, Washington DC, London, England
Gallese V, Goldman A (1998) Mirror neurons and the simulation theory of mind-reading. Trends Cogn Sci 2(12):493–501
Gekle S (2008) Bewusstsein. In: Mertens W, Weidvogel B (Hrsg) Handbuch psychoanalytischer Begriffe, 3. Aufl. Kohlhammer, Stuttgart, S 95–100
Gureje O, Lasebikan V, Ephraim-Oluwanuga O et al (2005) Community study of knowledge of and attitude to mental illness in Nigeria. Br J Psychiatry 186:436–441
Hartwich P (2007) Psychodynamisch orientierte Therapieverfahren bei Schizophrenien. In: Hartwich P, Barocka A (Hrsg) Schizophrene Erkrankungen. Wissenschaft & Praxis, Sternenfels, S 33–98
Hering W (2006) Psychodynamische Aspekte der schizoaffektiven Psychosen. In: Böker H (Hrsg) Psychoanalyse und Psychiatrie. Springer, Heidelberg
Hinshaw R, Fischl L (Hrsg) (1986) Jung im Gespräch. Interviews, Reden, Begegnungen. Daimon, Zürich
Hirsch M (2004) Psychoanalytische Traumatologie – Das Trauma in der Familie. Schattauer, Stuttgart
Hofer MA (2004) Developmental psychobiology of early attachment. In: Casey BJ (Hrsg) Developmental psychobiology. American Psychiatric Publishing, Washington, DC, S 1–28
Kenny D (2014) From Id to Intersubjectivity. Karnac Books, London
Kernberg OF (1985) Objektbeziehungen und Praxis der Psychoanalyse, 2. Aufl. Klett-Cotta, Stuttgart
Klein M (1946) Notes on some schizoid mechanisms. Int J Psychoanal 27:99-110. Deutsche Ausgabe: Klein M (2000) Bemerkungen über einige schizoide Mechanismen. In: Cycon R (Hrsg) Melanie Klein: Gesammelte Schriften, Bd 3. frommann-holzboog, Stuttgart, S 1–41
Klöpper M (2006) Reifung und Konflikt. Klett-Cotta, Stuttgart
Kral A, Hartmann R, Tillein J et al (2001) Delayed maturation and sensitive periods in the auditory cortex. Audiol Neuro Orthol 6:346–362
Laplanche J, Pontalis JB (1972) Das Vokabular der Psychoanalyse. Suhrkamp, Frankfurt a. M.
Latour B (2014) Existenzweisen. Suhrkamp, Berlin
Lesley KR, Johnson-Frey SA, Grafton ST (2004) Functional imaging of face and hand imitation: towards a motor theory of empathy. Neuroimage 21:601–607
Leuschner M (1985) Psychiatrische Anstalten – ein institutionalisiertes Abwehrsystem. Psychiatr Prax 12(5):111–115 u. 149–153
Lombardo MV, Chakrabarti B, Bullmore ET et al (2010) Shared neural circuits for mentalizing about the self and others. J Cogn Neurosci 22(7):1623–1635
Lütjen R (2007) Psychosen verstehen. Modelle der Subjektorientierung und ihre Bedeutung für die Praxis. Psychiatrie-Verlag, Bonn
Mahler MS, Pine F, Bergman A (1978) Die psychische Geburt des Menschen. Fischer, Frankfurt a. M. Englische Ausgabe: (1975) The psychological birth of the human infant. Basic Books, New York
Marx E (1994) Modifizierte Psychoanalyse im Formenkreis der schizophrenen Pathologie. In: Streeck U, Bell K (Hrsg) Die Psychoanalyse schwerer psychischer Erkrankungen. Pfeiffer, München, S 270–282
Meins E, Ferryhouph C, Frevley E et al (2001) Rethinking maternal sensitivity: mothers' comments on infants' mental processes predict security of attachment at twelve months. J Child Psychol Psychiatry 42:637–648
Mentzos S (2009) Lehrbuch der Psychodynamik. Die Funktion der Dysfunktionalität psychischer Störungen. Vandenhoeck & Ruprecht, Göttingen
Mauron (2001) Essays on science and society. Is the genome the secular equivalent of the soul? Science 291(5505):831–832
Piegler T (2008) Mit Freud im Kino. Psychosozial, Gießen
Piegler T (2010) Ohne Intersubjektivität geht es nicht. Die psychodynamische Psychotherapie der Schizophrenie. Selbstpsychologie 40/41:211–240
Posner MJ, Rothbart MK (2000) Developping mechanisims of self-regulation. Dev Psychopathol 12(3):427–441
Reis D, Neiderhiser J, Hetherington EM et al (2000) The relationship code: Deciphering genetic and social patterns in adolescent development. Harvard Univ Press, Cambridge MA
Rosenfeld H (1989) Zur Psychoanalyse psychotischer Zustände. Suhrkamp, Frankfurt/M, S 135–148 (Erstveröff. 1954)
Schatz CJ (1992) The developing brain. Sci Am 267:60–67
Stern DN (1992) Die Lebenserfahrung des Säuglings. Klett-Cotta, Stuttgart. Englische Ausgabe: Stern DN (1985) The interpersonal world of the infant: a view from psychoanalysis and developmental psychiatry. Basic Books, New York
Stern DN (1998) Developmental prerequisites for the sense of a narrated self. In: Cooper EM, Kernberg OF, Pearson ES (Hrsg) Psychoanalysis: Toward the second century. Yale Univ Press, New Haven, CT, S 168–178
Stern DN (2004) The person moment in psychotherapy and everyday life. Norton, New York

Stern DN (2005) Der Gegenwartsmoment. Veränderungsprozess in Psychoanalyse, Psychotherapie und Alltag. Brandes & Apsel, Frankfurt a. M
Stierlin H (1986) Besetzung - Cathexis. In: Müller C (Hrsg) Lexikon der Psychiatrie, 2. Aufl. Springer, Berlin Heidelberg, S. 98
Stoller RJ (1976) Primary femininity. J Am Psychoanal Assoc 24(Suppl):59–78
Stolorow R, Brandchaft B, Atwood GE et. al (1996) Psychoanalytische Behandlung. Ein intersubjektiver Ansatz. Fischer, Frankfurt a. M
Suomi SJ (1991) Early stress and adult emotional reactivity in rhesus monkeys. In: Bock GR, Ciba Foundation Symposium Staff (Hrsg) Childhood environment and adult disease (Ciba Foundation Symposium No. 156). Wiley, Chichester, England, S 171–188
Suomi SJ (2003) Social and biological mechanisms underlying impulsive aggressiveness in rhesus monkeys. In: Lahey DB, Moffatt T, Caspi A (Hrsg) The causes of conduct disorders and severe human delinquency. Guilford, New York, S 344–362
Thomas A, Chess S (1984) Genesis and evolution of behavioral disorders: from infancy to early adult life. Am J Psychiatry 141:1–9
Watson JB (1924/1930) Behaviorism. Norton, New York
Weaver IC, Scyf M, Meaney MJ (2002) From maternal care to gene expression: DNS methylation and the maternal programming of stress response. Endocrin Res 28:699
Weaver IC, Cervioni N, Champagne FA et al (2004) Epigenetic programming and maternal behavior. Nat Neurosci 7:847–854
Westen D, Gabbard GO (2002) Development in cognitive neuroscience. II. Implications for theories of transference. J Am Psychoanal Assoc 50:99–134
Winnicott DW (1951) Übergangsobjekte und Übergangsphänomene. In: Winnicott DW (Hrsg) Vom Spiel zur Kreativität. Klett-Cotta, Stuttgart, S 10–36. Englische Ausgabe: Winnicott DW (1953) Transitional objects and transitional phenomena: a study of the first-not-me-position. In: Winnicott DW (Hrsg) Playing and reality. Basic Books, New York, S 1–25

Grundlegende psychoanalytische Konzepte und deren Weiterentwicklung

Das Unbewusste

Theo Piegler, Georg Northoff

H. Böker et al. (Hrsg.), *Neuropsychodynamische Psychiatrie*,
DOI 10.1007/978-3-662-47765-6_8, © Springer-Verlag Berlin Heidelberg 2016

8.1 Geschichte und Begriffsbestimmung

Wenn wir an das Unbewusste denken, kommt uns automatisch sofort Sigmund Freud in den Sinn, denn er war es, der als Erster dessen ganz zentrale Rolle in unserem Leben erkannte. Freilich hat er das Unbewusste nicht entdeckt. Schon Thomas von Aquin verkündete im Frühmittelalter, dass es Vorgänge in der Seele gebe, deren wir nicht unmittelbar gewahr seien, und der der Aufklärung verpflichtete Leibniz mahnte, dass der Glaube, dass es in der Seele keine anderen Perzeptionen gebe, als die, derer sie gewahr werde, sei eine Quelle großer Irrtümer. 1869 veröffentlichte Eduard von Hartmann seine viel beachtete *Philosophie des Unbewussten*. Nietzsche schließlich kommt in seinem Verständnis des Unbewussten Freud schon sehr nahe. Er führt u. a. aus, dass der »Kampf der Motive« etwas für uns völlig Unsichtbares und Unbewusstes sei (Nietzsche 1881, zit. nach Dick 2014, S. 6).

Freud selbst schreibt in seiner auf das Jahr 1900 vordatierten *Traumdeutung*:

> Das Unbewusste ist das eigentlich reale Psychische, uns nach seiner inneren Natur [aber] so unbekannt wie das Reale der Außenwelt, und uns durch die Daten des Bewusstseins ebenso unvollständig gegeben wie die Außenwelt durch die Angaben unserer Sinnesorgane. (Freud 1900, S. 617 f.)

Gleichwohl versuchte er, es in seinen Konzeptualisierungen so angemessen wie (damals) möglich zu erfassen. Er hat das Unbewusste im Laufe seiner Entwicklung der Psychoanalyse unterschiedlich verortet.

In seinem ersten Modell (1915) unterscheidet er drei Systeme: das Unbewusste, das Vorbewusste und das Bewusste. Jedem dieser Systeme schreibt er eine eigene Funktion, eigene Abwehrformen und eigene Besetzungsenergien zu. Der Übergang seelischen Materials von einem System zum anderen, werde, so Freud, durch Zensuren kontrolliert. Vorstellungen, Erinnerungen und Verhaltensweisen würden auf diese Weise verschiedenen »psychischen Orten« (Laplanche u. Pontalis 1972, zit. nach Bohleber 2013, S. 808) zugewiesen. In seinem zweiten, dem sog. Strukturmodell (Freud 1923), behält er seine Begrifflichkeiten bei, ordnet sie nun aber psychischen Instanzen, dem Es, dem Ich und dem Über-Ich zu. Die Eigenschaften des Primärvorgangs sind wie zuvor im System »Ubw«, aber auch im Es vorherrschend, dessen Inhalte er als vollständig unbewusst annimmt. Alles Verdrängte wird von Freud als dem Es zugehörig angesehen und ist – aus Sicht des Ich betrachtet – normalerweise unzugängliches »inneres Ausland« (Freud 1933, S. 496). Die Vorgänge im Es sind für Freud zeitlos und »virtuell unsterblich« (ebd, S. 511). Das Es ist für ihn so etwas wie ein Hexenkessel der Triebe, zuvorderst der sexuellen, die nach Triebabfuhr drängen. Dies ist eine Anschauung, die in der aktuellen Psychoanalyse kaum noch geteilt wird (Heenen-Wolff 2008).

> Heute wird das Es … als Sitz der Affekte gedacht und die Affekte werden als Ausdruck des »Triebgeschehens« [im Originaltext ohne Anführungszeichen, d. Verf.] gesehen, (Klöpper 2014, S. 196)

Im Vergleich zum Es ist die Instanz des Ich bei Freud vielschichtiger. Ihm ordnet er sämtliche bewussten Vorstellungen und Inhalte zu, aber auch die Funktionen der Wahrnehmung der Außenwelt, der Realitätsprüfung, des Denkens und der Steuerung der Handlungen. Teile des Ich und seiner Funktionen, besonders die Abwehrmechanismen, sieht Freud als unbewusst an. Nun zum Über-Ich: Eine ihm vergleichbare Instanz gab es in seinem ersten topischen Modell nicht. Ursprünglich benutzte Freud die Begriffe Über-Ich und Ich-Ideal zeitweise synonym. Erst zehn Jahre nach seiner Arbeit über *Das Ich und Es* (1923) stellte er diesen beiden Instanzen formal das Über-Ich als dritte Instanz gegenüber (Freud 1933, S. 499). Als zum Über-Ich gehörend gelten für ihn die Funktionen der Selbstbeobachtung und -beurteilung, das Vergleichen und Messen am eigenen Ich-Ideal, die Selbstzensur (verbotener Gedanken und Wünsche), das Gewissen, sowie damit einhergehend Schuldgefühle, Selbstvorwürfe, unbewusste Verbote, Verurteilungen u. a. Hier mache sich die Psyche (in Teilen) selbst zum Objekt der Beobachtung und Kritik.

Aufgrund seiner Entstehungsbedingungen – aus der langen Abhängigkeit des Kindes von den Eltern und deren Vorbildfunktion sowie der Auflösung des Ödipuskomplexes – wird das Über-Ich »zum Träger der Tradition, all der zeitbeständigen Wertungen, die sich auf diesem Wege über Generationen fortgesetzt haben« (Freud 1933, S. 505). Große Teile des Über-Ich sind nach Freud unbewusst (ebd, S. 507). Da sowohl Es als auch Über-Ich keinerlei direkten Bezug zu den Bedingungen der Realität haben, muss hier »das Ich als Agent der Vermittlung« (Mertens 1981, S. 133) fungieren. Zwischen Es, Ich und Über-Ich bestehe, so Freud, eine ständige Dynamik, die er als Triebdynamik versteht. Die genannten Instanzen sind keine morphologisch fassbaren Entitäten (Freud 1915, S. 133), aber mit ihrer Hilfe lassen sich – zumindest bestimmte – psychische Konflikte (auch heute noch!) sehr gut verstehen, nämlich so, als ob sie sich zwischen den verschiedenen Systemen abspielen würden, die im Widerstreit miteinander liegen. Wählt man die »Eisberg-Metapher«, von Ruch und Zimbardo (1974, S. 366) S. Freud zugeschrieben, dann ist dieses psychische Geschehen mehr oder weniger unbewusst, denn nur die geringsten Teile von Ich und Über-Ich sind über Wasser, d. h. bewusst. Der Vollständigkeit halber sei noch erwähnt, dass ein Schüler Freuds, C. G. Jung, dem persönlichen Unbewussten noch das kollektive Unbewusste, die Archetypen, hinzugefügt hat. Gemeint sind damit Urbilder und Mythen, die man in allen Menschen, gleich welcher Gesellschaft und zu welcher Zeit, immer als kollektive Symbole vorfinden könnte. Davon abzugrenzen ist das gesellschaftlich Unbewusste (Erdheim 2013). Dieses Konzept des gesellschaftlich Unbewussten hilft z. B. gesellschaftliche Machtstrukturen zu verstehen, die kollektiv unbewusst werden, »indem sie projektiv auf eine phantasmatisch ausgebaute Macht von Minderheiten verschoben und dort bekämpft werden« (Bohleber 2013, S. 815). Wobei dieser Kampf so brutal sein kann, dass der Mensch im Resultat zu den Lebewesen »mit der höchsten innerartlichen Destruktivität« gehört (Leuzinger-Bohleber et al. 2008, S. 79).

Anders als Freud verstehen wir heute Bewusstes, Vorbewusstes und Unbewusstes nicht mehr topisch, sondern als unterschiedliche Organisationsformen seelischen Materials. Folglich ist es hilfreicher, sich den Ablauf psychischer Prozesse als auf einem Kontinuum angesiedelt vorzustellen, dessen beide Pole das Bewusste und das Unbewusste bilden (Bohleber 2013, S. 813 f.). Bohleber spricht allerdings nicht von »Organisationsformen«, sondern von »Organisationsgraden«, was man – wiederum im Sinne Freuds, dass Unbewusstes in der Behandlung bewusst gemacht werden müsse – mit Reifegraden in Verbindung bringen könnte. Aber gerade darum geht es nicht! Man weiß heute um die hohe Effizienz biologischer Prozesse, d. h. das Gehirn versucht möglichst energiesparend und effizient zu arbeiten, also gleichsam – wann immer möglich – auf Autopilot zu schalten, und es ist dieser Modus, der vorliegt, wenn wir von »unbewusst« sprechen. Das meiste, was sich in unserem Gehirn abspielt, wird nie bewusst. Was das Unbewusste, also das von uns als Subjekten primär oder gar nicht fassbare Intrapsychische im Einzelnen – heutigem Wissensstand entsprechend – alles umfasst, soll im Folgenden in Anlehnung an den Neurobiologen G. Roth (2001, S. 4) skizziert werden:

- **Das Unbewusste aus heutiger Perspektive**

1. Vorgänge in Gehirnregionen außerhalb der assoziativen Großhirnrinde, die grundsätzlich unbewusst ablaufen. Hierher gehört auch die Tätigkeit der von Rizzolatti et al. 1992 entdeckten Spiegelneurone, die in uns z. B. Empathie auslösen (Rizzolatti et al. 2006).
2. Sämtliche perzeptiven, kognitiven und emotionalen Prozesse, die im Gehirn des Fötus, des Säuglings und des Kleinkindes vor Ausreifung des assoziativen Kortex ablaufen. Alle neurobiologischen Befunde sprechen dafür, dass sich Ich-bezogene Bewusstseins- und explizite Gedächtnisinhalte erst im Kontext mit der Verbalisierungsfähigkeit ab Ende des dritten Lebensjahres entwickeln, was Freuds Konzept einer »infantilen Amnesie« bestätigt, auch wenn er bezüglich deren Genese – er sah sie als Folge verdrängter frühkindlicher Traumata – irrte. Die Psychoanalyse spricht hier heute vom »nicht-verdrängten Unbewussten« (Bohleber 2013, S. 811). Dieses Unbewusste beinhaltet alle frühkindlichen Beziehungserfahrungen (vgl. Sterns RIG, d. h. »Representations of Interactions that have been Generalized«, Klöpper

2014, S. 219), die implizit abgespeichert werden und als implizites Beziehungswissen unser Leben bestimmen. Der anatomische Speicherort dafür sind die Kerne des limbischen Systems.

3. Unterschwellige (subliminale) Wahrnehmungen, d. h. Wahrnehmungen, die von ihrer Reizstärke oder -dauer her zu schwach für eine bewusste Verarbeitung sind, aber gleichwohl unser Denken und Handeln beeinflussen.
4. Inhalte, die einmal bewusst waren, aber ins Unbewusste abgesunken sind. Hierher gehört in erster Linie all das, was – bedrängenden inneren Konflikten entsprungen oder als Trauma – verdrängt oder verleugnet wird. Unter günstigen Bedingungen – z. B. in einer psychodynamischen Psychotherapie – können solche Inhalte wieder bewusst gemacht (»erinnert«) werden. Hierher gehören auch alle Abwehrmechanismen. Sie sind Ich-Funktionen und dienen dem Schutz des Individuums vor unerträglichen Impulsen, Gefühlen und Vorstellungen (▶ Kap. 6). Die frühen Abwehrmechanismen setzen keine voll entwickelte psychische Struktur voraus (Spaltung, Projektion, projektive Identifizierung, Introjektion, Verdecken, primitive Idealisierung und Verleugnung). Im Gegensatz dazu sind die reifen Abwehrmechanismen – wie ihr Name schon sagt – an reife psychische Strukturen gebunden. Zu ihnen zählen Reaktionsbildung, Rationalisierung, Isolierung, Ungeschehenmachen, Verschiebung, Wendung gegen die eigene Person, Dissoziation und Konversion. Klinisch gibt es natürlich einen großen Überschneidungsbereich. Auch die interpersonellen Abwehrmechanismen und Kollusionsmuster (Willi 1978) sind hier zu nennen. In der Psychoanalyse wird die hier beschriebene Form des Unbewussten als »dynamisches Unbewusstes« (Bohleber 2013, S. 810) bezeichnet.
5. Vorbewusste Inhalte von Wahrnehmungsvorgängen, die nach hinreichender Aktivierung der assoziativen Großhirnrinde bewusst werden, d. h. durch aktive Aufmerksamkeit erinnerbar werden.
6. Bohleber (2013, S. 812 f.) benennt noch eine weitere bedeutsame Dimension des Unbewussten, nämlich das »kreativ Unbewusste«, das Entwicklungsprozesse voranbringe. Schon Goethe hat auf diese Art von Unbewusstem in einem Brief an Schiller vom 03. April 1801 hingewiesen, in dem er feststellt, »dass alles, was das Genie, als Genie, tut, unbewusst geschehe« (Goethe zit. n. Seidel 1984, S. 364). Bohleber sieht in dem Unbewussten u. a. die kreativen Prozesse des Träumens angesiedelt. Hierher gehöre auch das »generative Unbewusste« (Newirth 2003, zit. nach Bohleber, ebd.), das die Personwerdung des Einzelnen und seine Subjektivität speist, in ihm sei auch Winnicotts »wahres Selbst« oder Bollas' »unthought known« verankert.

Es besteht heute Einigkeit darüber, dass etwa 95% unserer Handlungen in unserem Unbewussten bestimmt werden (Bargh u. Chartraud 1999). Diese Tatsache veranlasste S. Freud dazu, den zu seiner Zeit bekannten Kränkungen der Menschheit, also der mit Kopernikus' Entdeckung verknüpften »kosmologischen« Kränkung und der mit Darwins Erkenntnissen verknüpften »biologischen« Kränkung eine weitere hinzuzufügen, nämlich die »psychologische«. Sie ergebe sich daraus, »dass die seelischen Vorgänge an sich unbewusst seien und nur durch eine unvollständige und unzuverlässige Wahrnehmung dem Ich zugänglich und ihm unterworfen werden«. Solche Aufklärung, so Freud, komme »der Behauptung gleich, dass das Ich nicht Herr sei in seinem eigenen Haus« (Freud 1917, S. 11). Und so ist es tatsächlich, wie uns heute die Neurobiologen bestätigen: »Jeder Mensch handelt so, wie seine Persönlichkeit – bestimmt durch Gene, Hirnentwicklung, frühkindliche Erfahrung und spätere Sozialisation – es vorschreibt« (Roth 2007, zit. nach Callies et al. 2009, S. 339).

Northoff geht in seinem relationalen Modell der Freiheit noch einen Schritt weiter, indem er die Umweltbeziehung miteinschließt. Er postuliert dementsprechend ein Konzept der »eingebetteten Freiheit«, bei welcher es sich um eine natürliche Möglichkeit handele, »wie sie sich in der gegenwärtigen Welt des Menschen mit ihren natürlichen Bedingungen« manifestiere (Northoff 2010, S. 47). In Konsequenz der hier skizzierten neurowissenschaft-

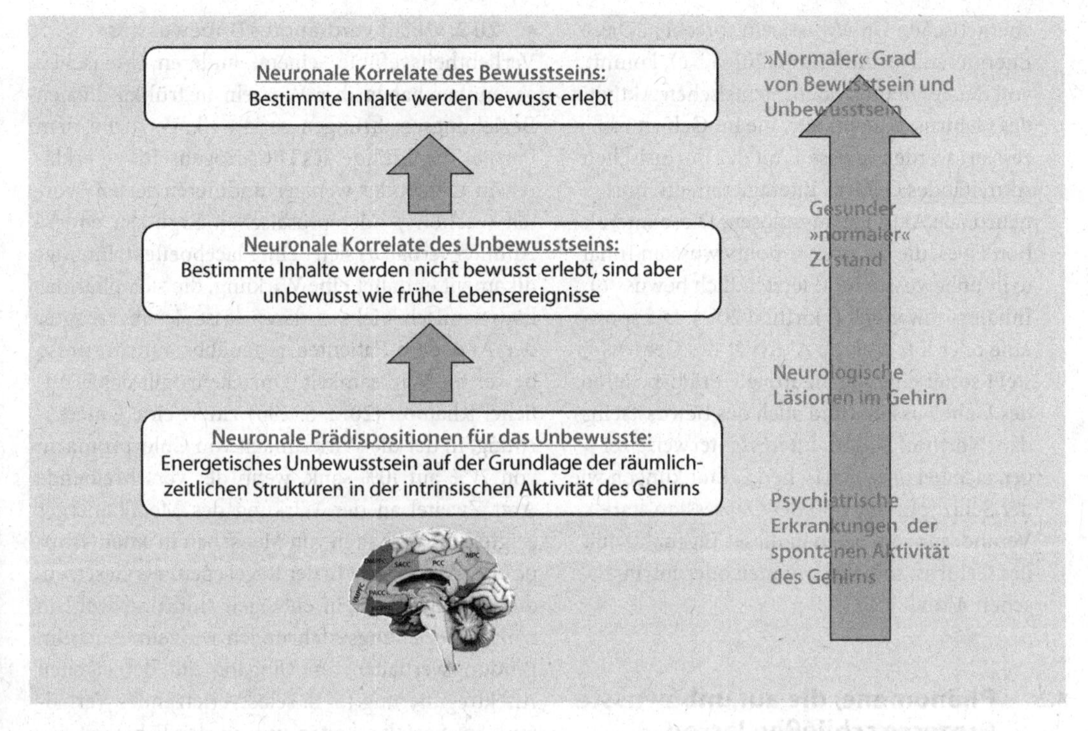

Abb. 8.1 Neuronale Prädispositionen und Korrelate des Unbewussten sowie neuronale Korrelate des Bewusstseins. *MOPFC* medialer orbitaler präfrontaler Kortex, *PACC* perigenualer anteriorer zingulärer Kortex, *VMPFC, DMPFC* ventro- und dorsomedialer präfrontaler Kortex, *SACC* supragenualer anteriorer zingulärer Kortex, *PCC* posteriorer zingulärer Kortex, *MPC* medialer parietaler Kortex, *RSC* retrosplenialer Kortex

lichen Erkenntnisse haben 2004 elf führende Neurowissenschaftler, unter ihnen Wolf Singer und Gerhard Roth, *Das Manifest* publiziert, eine Schrift, die eine breite Diskussion über menschliche Willensfreiheit bzw. Unfreiheit und dementsprechend Schuldfähigkeit und Schuldunfähigkeit von Straftätern sowie unsere geläufige Rechtspraxis in Gang gesetzt hat (Singer et al. 2004; Stompe u. Schanda 2010). Wo aber kommt das Unbewusstsein her? Warum bleiben nicht alle Inhalte einfach nonbewusst? Diese Fragen führen uns zu den basalsten und fundamentalsten Grundlagen von Psyche und Gehirn und zu einer siebten Begriffsbestimmung des Unbewusstseins.

7. Das Unbewusste kann auch als basal und fundamental aufgefasst werden, mehr in energetisch-dynamischer Hinsicht denn auf bestimmte Inhalte bezogen. Alle vorherigen Bestimmungen des Unbewusstseins zielen auf bestimmte Inhalte, seien sie kognitiv, affektiv oder perzeptuell (wie in den Punkten 1–6). Diese Inhalte werden dann in Verbindung mit den entsprechenden Hirnregionen gebracht. Wodurch aber ist es möglich, dass etwas unbewusst werden kann und potenziell die Möglichkeit hat, bewusst zu werden? Warum bleiben die Inhalte nicht einfach nonbewusst? Dieses zielt auf den Schritt von Nonbewusstsein auf Unbewusstsein (und nicht auf die Unterscheidung zwischen Unbewusstsein und Bewusstsein wie die Schritte 1–6), (■ Abb. 8.1). Northoff (2011) bezieht sich hier auf ein Konzept von Freud, die Kathexis und Dekathexis, Energie und Energie-Entladung. Das Unbewusste in diesem basalen Sinne besteht aus Energie und Energie-Entladung in Hinsicht auf Inhalte – Inhalte werden energetisch beladen und dadurch dynamisch prozessiert. Man kann also, wenn man will, von einem

energetischen Unbewusstsein sprechen. Diese Energie, so Northoff (2011, 2014a,b,c), kommt von der spontanen oder intrinsischen Aktivität des Gehirns: Alle Inhalte, die im Gehirn prozessiert werden, müssen mit der intrinsischen Aktivität des Gehirns interagieren, um dort neuronale Aktivität auszulösen. Diese Interaktion ist es, die die primär nonbewussten Inhalte in unbewusste (und letztendlich bewusste) Inhalte umwandelt (Northoff 2011). Die spontane oder intrinsische Aktivität des Gehirns stellt somit eine sog. neuronale Prädisposition des Unbewussten (und auch des Bewusstseins) dar (Northoff 2014b). Interessanterweise zeigen sich bei psychiatrischen Erkrankungen wie der Schizophrenie und der Depression starke Veränderungen in genau dieser Eigenaktivität des Gehirns, seiner spontanen oder intrinsischen Aktivität.

8.2 Phänomene, die auf unbewusste Prozesse schließen lassen

Während Bewusstes unmittelbar erfahr- und erlebbar ist in Form von Spüren, Wahrnehmen, Denken, Fühlen, Erinnern und Handeln, sieht das beim Unbewussten ganz anders aus. Man kann nur durch das bewusst Wahrgenommene, Gefühlte und Erlebte in einem zweiten Schritt darauf schließen. Eine Reihe von Beispielen (in der Reihenfolge der Auflistung in ▶ Abschn. 8.1) soll das illustrieren:

- **Zu 1. »Grundsätzlich unbewusst Bleibendes«**

Manche unserer Verhaltensweisen, etwa der auf bewusster Ebene völlig sinnlose Harndrang vor einer Prüfung, entspringt dem im Unbewussten verankerten evolutionären Erbe aus einer Zeit, in der es lebensrettend sein konnte in Stress-/Gefahrensituationen leichtfüßig fliehen zu können. Andere Beispiele evolutionärer bzw. genetischer Verankerung sind unser verhaltensmäßiges Anspringen auf große Kinderaugen (Kindchenschema), die ganz automatisch unsere Zuwendung mobilisieren, oder der Hip-waist-Ratio der Frauen, wenn er 0,7 oder weniger beträgt, da er für Männer aller Kulturen und Altersgruppen als Hinweis auf Fruchtbarkeit und Gesundheit verarbeitet zu werden scheint.

- **Zu 2. »Nicht verdrängtes Unbewusstes«**

Verliebtheitsgefühle einem anderen Menschen gegenüber haben ihre Wurzeln in frühkindlichen Beziehungserfahrungen, sodass alle Versuche, dem Partner die Gründe des Hingezogenseins zu erklären in mehr oder weniger undifferenzierten Worten (»schön«) oder prosaischen Ergüssen enden. Ähnlich verhält es sich beim Placeboeffekt: Ein Medikament entfaltet eine Wirkung, die sich pharmakodynamisch nicht erklären lässt. Je überzeugter der Arzt dem Patienten gegenüber auftritt, umso besser die Wirksamkeit. Umgekehrt gilt das Nämliche: Khatoon (2012, S. 280) zitiert eine Untersuchung, in der die Wirksamkeit von Chlorpromazin von 77% auf 10% sank, wenn der verschreibende Arzt Zweifel an der Wirkung des Medikamentes zeigte. Das Verhalten von Menschen in einer Gruppe oder Masse folgt in der Regel ebenfalls Gesetzen, die dem Bewusstsein entzogen sind und wohl in frühen Beziehungserfahrungen wurzeln. Auch im Bindungsverhalten, im Umgang mit der eigenen Affektregulierung (z. B. selbstverletzendes Verhalten), im Sozialverhalten und in der Fähigkeit zur Antizipation zeigt sich diese Art von Unbewusstem, die in diesen Fällen letztlich Ausdruck von implizitem Beziehungswissen und nonverbalen Repräsentanzen ist.

- **Zu 3. »Unterschwellige Wahrnehmung«**

Beim amerikanischen Präsidentschaftswahlkampf im Jahr 2000 soll »Priming« (Bahnung) von den Republikanern gezielt eingesetzt worden sein: Da soll George W. Bush in einem Werbespot versucht haben, mit diesem seinen demokratischen Gegner Al Gore in ein schlechtes Licht zu rücken. Besagter Wahlkampfspot ging auf die Alters- und Gesundheitsvorsorgepläne des »Demo*crat's*« ein und gipfelte in dem Satz, dass bei deren Verwirklichung »Bureau*crats* decide«. Gleichzeitig erschien für eine 1/30-Sekunde das Wort »*Rats*« ganz zentral in Großschrift auf dem Bildschirm. Dieses Wort nahm nicht nur Bezug zur Wortendung von »Bureau*crats*«, sondern war gleichzeitig ein negativer Stimulus in Bezug auf die Demo*crats* und den Gegner Al Gore. Den meisten Zuschauern fiel diese »Ratten«-Einblendung – obwohl sie noch nicht einmal ganz im subliminalen Bereich lag – nicht auf (Hassin et al. 2005, S. 88). Dieses Beispiel demonstriert, welche Bedeutung subliminaler Wahrnehmung beigemessen wird und weist in Richtung unbewusster Beeinflussungsprozesse und deren möglichen Folgen. In den letzten Jahrzehnten haben sich psychologische Subdisziplinen entwickelt, die Werbe- und die Medienpsychologie, die diese unbewusste Beeinflussung von Konsumentenverhalten erforschen.

- **Zu 4. »Dynamisches Unbewusstes«**

Ein peinlicher Versprecher wird nicht bewusst inszeniert, sondern entpuppt sich erst im Nachdenken darüber als eine Freud'sche Fehlleistung mit einem bestimmten Bedeutungsgehalt. Ähnlich ist es bei Fehlhandlungen, etwa dem Vergessen eines vereinbarten Termins. Ein anschauliches Beispiel verdanken wir Friedrich Nietzsche:

» Das habe ich getan, sagt mein Gedächtnis. Das kann ich nicht getan haben, sagt mein Stolz und bleibt unerbittlich. Endlich gibt das Gedächtnis nach. (Nietzsche 1978, [1]1886, S. 86)

Arachnophobie hierzulande, wo es keine Giftspinnen gibt, psychogene Anfälle, Zwänge oder andere neurotische, psychotische oder psychosomatische Symptombildungen weisen ebenfalls darauf hin, dass hier unbewusste Kräfte (Abwehrprozesse) wirksam sind. Ganz offensichtlich ist das auch bei Traumatisierungen, wo es im schlimmsten Fall zu Dissoziation bis hin zur Amnesie kommen kann. Bemerkbar macht sich nur eine Erinnerungslücke. Auch bei der multiplen Persönlichkeit weiß der eine Teil nicht vom anderen. Hypnotische Phänomene gehören hierher. Die Erfüllung posthypnotischer Aufträge, in denen Vergessen suggeriert wird, sind der Bewusstwerdung entzogen. Das Handeln wird dann auf Nachfrage rationalisierend begründet. Hierher gehört auch Erdheims »gesellschaftlich Unbewusstes« (Erdheim 2013), das sich im Hass auf bestimmte Minderheiten, Angehörige bestimmter Religionen oder ganze Staaten (z. B. »Achse des Bösen« von George W. Bush) zeigt.

- **Zu 5. »Vorbewusstes«**

Zu vorbewussten Prozessen zählt die verzweifelte Suchen nach einem Namen, dieses »Das-Wort-liegt-mir-schon-fast-auf-der-Zunge«.

- **Zu 6. »Kreatives Unbewusstes«**

Auch Träume weisen auf eine andere Welt in uns, oft genug eine auf den ersten Blick unverständliche, wenn man nicht gerade wie der Chemiker Kekulé im Traum die aufsehenerregende Lösung eines Problems – hier der Ringstruktur des Benzols – findet:

» Wieder gaukelten die Atome vor meinen Augen. … Lange Reihen, vielfach dichter zusammengefügt; alles in Bewegung, schlangenartig sich windend und drehend. Und siehe, was war das? Eine der Schlangen erfasste den eigenen Schwanz und höhnisch wirbelte das Gebilde vor meinen Augen. Wie durch einen Blitzstrahl erwachte ich; auch diesmal verbrachte ich den Rest der Nacht [wachend,] um die Consequenzen … [meiner] Hypothese auszuarbeiten. (Anschütz 1929, Bd. 2, S. 942)

Es sei am Rande erwähnt, dass Mitscherlich (1972) und Le Soldat (1993) eine psychoanalytische Deutung des Traums versucht haben.

Von besonderer Bedeutung sind **unbewusste mimische Interaktionsprozesse bei psychisch Kranken** (► Zu 2. Nicht verdrängtes Unbewusstes). In der Regel sind sie begleitet von unbewusst getriggerten gestischen und/oder verbalen Äußerungen. Aber gerade das nonverbale Verhalten im Kontakt, insbesondere die affektiven Signale der Mimik, haben einen erheblichen Anteil bei der Beziehungsregulation und der Entstehung von Beziehungsstrukturen. Eine zentrale Frage der nonverbalen Kommunikationsforschung lautet dementsprechend ebenso bei Gesunden wie bei psychisch Kranken:

» … Wie signalisiert das Subjekt dem Objekt, was es wünscht, und wie signalisiert das Subjekt dem Objekt, was das Objekt diesbezüglich tun soll. Dieses Signalisieren oder Kommunizieren geschieht zu einem großen Teil über Affektsignale. In neueren Affekttheorien … besteht ein Konsens darüber, dass Affekte als beziehungsregulierende Mechanismen zu begreifen sind. (Steimer-Krause 1994, S. 211)

Steimer-Krause et. al. (1990) haben die unbewusste nonverbale Beziehungsregulation in Dyaden von Gesunden mit Schizophrenen anhand ihrer mimischen Interaktionen untersucht. Im Ergebnis zeigten beide Seiten eine reduzierte Reziprozität, ein mangelndes positiv gestaltetes Miteinander. Interaktive Intimität wurde vermieden, vor allem durch gegenläufige Tendenzen der gezeigten Signale und Expressionen innerhalb und zwischen unterschiedlichen Kommunikationskanälen. Dieses Weder-noch-Verhältnis metaphorisiert Steimer-Krause als »negative Intimität«.

Die Funktion dieses nonverbalen Verhaltens versteht die Forscherin im Kontext eines Beziehungswunsches und im Hinblick auf das positive Erleben der schizophrenen Gesprächspartner als geglückte Lösung des Grundkonfliktes schizophrener Menschen zwischen Nähe und Distanz. Sie hebt besonders hervor, dass die schizophrenen Gesprächspartner ihr Gegenüber »dazu gebracht haben, stellvertretend für sie ein Verhaltensmuster der Distanzierung zu zeigen« (Steimer-Krause 1996, S. 455), was dazu führt, »dass sich die gesunden Probanden sehr schnell selbst die Verhaltensanweisung geben, sich von diesen Partnern, den Patienten, besser fern zu halten« (ebd.). Steimer-Krause beschreibt, dass die schizophrenen Gesprächspartner ihr Gegenüber geradezu dazu einladen, »die Führungsrolle zu übernehmen. Gleichzeitig wird eine eigene verbale Selbstdarstellung verweigert« (ebd., S. 458). Sie erkennt hierin eine »kohärente Struktur, … Bindung im Sinne eines emotional positiv gefärbten Miteinanders oder sozialen Engagements zu verhindern bei gleichzeitiger Übergabe der Gesprächsinitiative an den Partner« (ebd.), was man auch als projektive Identifizierung der gesunden Probanden bezeichnen kann. Anders ausgedrückt: Dies sind unbewusste Interaktionsvorgänge, die von interpersoneller Abwehr bestimmt sind.

Die Konsequenzen für die therapeutische Arbeit mit Schizophrenen liegen auf der Hand: Würden die Therapeuten Schizophrener in gleicher Weise mit diesen interagieren wie das die gesunden Probanden in der Untersuchung getan haben, dann würde aus den bereits genannten Gründen hieraus therapeutischer Stillstand resultieren. Krause hat das auch am Beispiel der Behandlung von Angstpatientinnen untersucht (Krause 2003, S. 323). Dabei konnte er feststellen, dass diese in therapeutischen Begegnungen durchgehend ein sehr intensives Freudepattern im nonverbalen mimischen Verhalten zeigten. Ließen sich die Therapeuten in dieses Muster hineinziehen, kam es also zu einer unbewussten Feinsynchronisation der mimischen Freude von Patientin und Therapeut und blieb diese auch in den folgenden Sitzungen bestehen, dann war das ein eindeutiger Prädiktor für das Scheitern der Therapie. Eine solche negative Korrelation reziproker mimischer Muster von Patient und Therapeut mit dem Behandlungserfolg konnte von Merten (2001) repliziert werden und hat nach Krause (ebd. S. 324) generelle Gültigkeit für jede Art von Psychotherapie. Im Fall der Angstpatienten liegt die Begründung darin, dass Angst als Ausdruck von Bindungsstörung verstanden werden kann und Patienten natürlich alles unternehmen, damit der Therapeut sie nicht »verlässt«. Indem dieser durch sein mimisches Verhalten dem Patienten seine Angst nimmt, enthält er ihm aber die Möglichkeit vor, in der Therapiestunde mit seiner Angst in Berührung zu kommen und diese der Bearbeitung zugänglich zu machen bzw. eine emotionale Neuerfahrung in der therapeutischen Beziehung zu erleben, was allein ihn in seiner Autonomieentwicklung voranbringt.

■ Zu 7. »Energetisches Unbewusstsein«

Northoff (2011, 2014a,b,c) charakterisiert die spontane Aktivität des Gehirns durch eine bestimmte (bisher noch nicht ganz klare) räumlich-zeitliche Struktur. Diese wiederum ist zentral für die verschiedenen Abwehrmechanismen – bestimmte räumlich-zeitliche Strukturen in der spontanen oder intrinsischen Aktivität des Gehirns entsprechen verschiedenen räumlich-zeitlichen Konfigurationen in den Abwehrmechanismen. Veränderungen in der spontanen oder intrinsischen Aktivität des Gehirns gehen dann mit Verschiebungen in den Abwehrmechanismen einher – dieses kann paradigmatisch bei psychiatrischen Erkrankungen wie Depression und Schizophrenie beobachtet werden, wo Veränderungen in sowohl der intrinsischen Aktivität des Gehirns als auch den Abwehrmechanismen auftreten.

8.3 Evolutionäre Entwicklung und anatomische Verortung des Unbewussten

In einem Millionen von Jahren umfassenden Prozess der Evolution ist das Zerebrum des Homo sapiens entstanden, wobei hunderttausende von Generationen an seiner »Programmierung« mitgewirkt haben. Dabei entwickelte sich das Unbewusste ontogenetisch vor dem Bewusstsein. Schon in einem prähomininen Stadium muss Bewusstsein entstanden sein. Wir haben gute Gründe, so der Kapstädter Neurobiologe und Psychoanalytiker Mark Solms, für die Annahme, dass auch Lebewesen, die kein Großhirn entwickelt haben, etwa Eidechsen oder Schlangen, ein Bewusstsein – in dem grundlegenden Sinn von angenehmen und unangenehmen Gefühlen – haben. Warum? Weil ihre Gehirne auch eine spontane oder intrinsische Aktivität aufweisen und sie somit den Schritt vom Nonbewusstsein zum Unbewusstsein (und letztendlich Bewusstsein) nachvollziehen können. Bei Säugetieren, z. B. bei Elefanten und manchen Primatenarten, aber auch bei Delfinen, lässt sich sogar Selbstbewusstsein nachweisen. Diese Tiere können sich selbst erkennen, so wie Menschenkinder das ab dem 18. bis 24. Lebensmonat können (Rouge-Test). Sich selbst zu erkennen ist eines von 17 Kriterien, die für die Definition von Bewusstsein festgelegt wurden (Seth et al. 2005).

Man weiß heute, dass bewusste Wahrnehmung mit einer weitläufigen Gehirnaktivität korreliert, während unbewusste Reize – etwa unter Narkose – sich nur als sehr lokale Aktivierung bemerkbar machen. Kortikale Aktivitäten sind nicht eo ipso bewusst, wie man bisher immer annahm, vielmehr bezieht der Kortex sein Bewusstsein aus dem Hirnstamm. Solms unterscheidet dieses affektive Bewusstsein, das mit aus dem autonomen Körper hergeleiteten Mechanismen des Hirnstamms assoziiert ist, von einem kognitiven Bewusstsein, das mit aus dem sensorisch-motorischen Körper hergeleiteten kortikalen Mechanismen assoziiert ist. Nach Solms ist also der obere Hirnstamm intrinsisch bewusst, der Kortex hingegen nicht (Solms 2013, S. 991)! Diese Feststellung ist brandneu und stellt Freuds Vorstellung von »bewusst« und »unbewusst« und damit auch seine Strukturtheorie buchstäblich auf den Kopf. In einem Interview (2014) hat Solms seine Erkenntnisse (2013) auf den Punkt gebracht.

> [Freuds Lokalisierung von Es und Ich sind] tatsächlich der größte Fehler … [des Begründers der Psychoanalyse], der mir seit der Beschäftigung mit seiner Arbeit untergekommen ist. Bisher dachte man, dass für unbewusste Vorstellungen dieselbe Hirnregion zuständig ist wie für unterdrückte Triebe. Beides zusammen nannte Freud das Es. Tatsächlich aber sind das Unbewusste und die unterdrückten Triebe zweierlei. Mehr noch: Die Teile des Gehirns, in denen die Triebe entstehen – das obere Stammhirn und das limbische System –, generieren sogar das Bewusstsein. Das heißt: Das Es ist uns bewusst, zum Beispiel die Affekte. Kortikale Prozesse hingegen – was Freud als »Ich« bezeichnete und wozu auch unser biografisches Gedächtnis gehört – sind nur dann bewusst, wenn sie vom Stammhirn, also vom Es, aktiviert werden. Ansonsten ist uns das Ich unbewusst. (Solms 2013)

Vorsicht und Differenzierung sind hier aber notwendig. Der Hirnstamm kann in der Tat Bewusstsein hervorbringen. Aber wohl in einem räumlich-zeitlich sehr viel limitierteren Sinne im Vergleich zum Kortex. Letztendlich können Bewusstsein und Unbewusstsein nicht topologisch oder räumlich bestimmten Regionen im Gehirn zugeordnet werden. Man kann nicht sagen, Bewusstsein ist hier lokalisiert und Unbewusstsein dort. So funktioniert das Gehirn nicht. Stattdessen scheint es bestimmte Prädispositionen oder Schwellen für die Entstehung von Unbewusstsein aus dem Nonbewusstsein und für Bewusstsein aus dem Unbewusstsein auszuüben. Hier spielt die Eigenaktivität, die spontane oder intrinsische Aktivität des Gehirns eine zentrale Rolle; sie scheint der Boden zu sein auf dem sich alles abspielt und genau wie der Boden in einem Zimmer, setzt sie eine Schwelle für alle nachfolgenden Prozesse, die Möbilierung des Zimmers oder Gehirns.

Die Erfassung des Gehirns wirkt also zurück auf unsere Begriffe des Unbewusstseins genauso wie letzteres die Erforschung des ersteren verändert (Northoff 2011, 2014b,c). So wie die Neurobiologie unser Bild vom Unbewussten verändert hat, haben dies in den letzten Jahrzehnten auch die psychoanalytisch geprägte Säuglings-, Bindungs-, Gedächtnis-, Mentalisierungs- und intersubjektive Interaktionsforschung getan. Hier nur einige Schlaglichter: Lichtenbergs Entdeckung der Bedeutung der Affekte für die unbewusste Gestaltung des Antriebs im Selbst, die Entdeckung der präverbalen Interaktionsrepräsentanzen durch Stern und die Erkenntnisse der »Process of Change Study Group«, die die Bedeutung des implizit-prozeduralen Beziehungswissens für das Erleben in Beziehungen erforscht hat sowie die Arbeiten von Fonagy et al. über das repräsentationale Geschehen in den ersten Lebensjahren.

» Damit traten *neben* das bisherige Repräsentanzmodell der Objektbeziehungstheorien, in denen … deklarierbare *Repräsentanzen* gemeint sind, entwicklungspsychologisch und metapsychologisch herleitbare Konzepte der inneren Abbildung, wobei sich solche Abbildungen als *prä-* oder *nonverbale Repräsentanzen* bezeichnen lassen. Heute bestätigen Hirnforscher die Ergebnisse der Entwicklungspsychologie sowie die sich daraus ergebenden metapsychologischen Schlüsse weitgehend: Präverbale Repräsentanzen werden kortikal und im limbischen System gespeichert, sind weitgehend unbewusst, aber am bewussten Erleben maßgeblich beteiligt. Präverbale Repräsentanzen sind heute als Repräsentanzen mit *undeklariertem Inhalt*, als *undeklarierte Repräsentanzen* bewusst erfahrener Beziehungserfahrung zu verstehen. (Klöpper 2014, S. 370 f.)

Sie beinhalten

» (1) einen großen Teil der **psychischen Funktionen** …, die das kindliche Selbst im Zuge der Affektspiegelung und der implizit-prozedural erworbenen Botschaften im Rahmen der höchst individuellen, intersubjektiven Mutter-Kind-Beziehung erwirbt; Störungen oder Beeinträchtigungen der psychischen Funktionen werden überwiegend nonverbal aufgenommen und repräsentiert.

» (2) … die Interaktionserfahrung aus allen frühkindlichen Beziehungen, d. h. ebenso … [eine] sichere Bindung wie deren … [*Fehlen*], *Vernachlässigung, Misshandlung* und/oder *Missbrauch* vermittelnde Erfahrungen, einschließlich traumatischer.

» Und (3) vermitteln sie psychische Erfahrung, welche durch transgenerationale Weitergabe entsteht und Störungen im Selbst entstehen lässt, welche metapsychologisch als *falsches Selbst* bezeichnet und entwicklungspsychologisch per **Kolonisation** weitergegeben werden. (Klöpper 2014, S. 372)

8.4 Therapeutische Konsequenzen

Man kann festhalten, dass die Grundstrukturen des Psychischen und des bewussten Erlebens sehr früh (wie in ► Abschn. 8.3 beschrieben) festgelegt werden, wobei das bewusste Ich keine oder wenn, dann allenfalls geringe Einsicht in die unbewussten Determinanten des Erlebens und Handelns hat.

» Das Ich sieht sich ab dem dritten oder gar vierten Lebensjahr in … [seine] »limbische« Persönlichkeit sozusagen hineingestellt und von ihr getragen. Das Unbewusste bestimmt da[bei] weitgehend das Bewusstsein. (Roth 2012)

Das Unbewusste bestimmt weitgehend das Bewusstsein, aber auch wie wir mit uns und unserer Umwelt umgehen. Bloße Appelle an die Einsicht bleiben deshalb wirkungslos, denn sie aktivieren allein die Netzwerke des bewusstseinsfähigen kortiko-hippocampalen Systems, also unser deklaratives Gedächtnis, nicht aber unser Verhalten und bewirken folglich auch keine Verhaltensänderung. Solms äußerte zu den sich hieraus ergebenden therapeutischen Konsequenzen (2014):

» Bisher versuch[t]en wir, mit den bewussten Gedanken, dem Ich, das Es zu ergründen, um herauszufinden, was in den Tiefen des Geistes vor sich geht. Doch wenn uns diese Tiefen eigent-

> lich bewusst sind, und das Ich unbewusst ist, passiert in der Therapie etwas ganz anderes. … Es geht nicht primär darum, den Patienten das Unbewusste bewusst zu machen. Vielmehr sind ihnen die eigenen Emotionen bewusst – sogar zu bewusst. Sie wissen nicht, wie sie mit den überbordenden Emotionen umgehen sollen. Die Aufgabe der Psychoanalytiker ist es, Wege aufzuzeigen, wie ihre Patienten die Emotionen in den Griff bekommen können. Dafür müssen sie erarbeiten, warum sie welche Gefühle haben. Ich denke, viele Analytiker tun das ohnehin – weil sie merken, dass es funktioniert.

Solms meint damit wohl einerseits eine korrigierend wirksame Beziehungserfahrung in der intersubjektiven Begegnung mit dem Therapeuten (im implizit-prozeduralen Modus) und andererseits eine verbal bedeutunggebende Beziehungserfahrung (im explizit-deklarativen Modus), (Klöpper 2014, S. 382).

Gerade der Umgang mit dem »nicht verdrängten Unbewussten«, also mit Störungen und Traumatisierungen, die in einer Zeit entstanden sind, als das Kind noch nicht sprechen konnte, die also implizit abgespeichert sind und sich im weiteren Leben permanent in Problemen mit der eigenen Affekt- und Selbstwertregulation, in interpersonellen Handlungen (Handlungsdialog) oder in Enactments zeigen, ist – je nach Ausmaß der strukturellen Defizite – eine große therapeutische Herausforderung, die viele Jahre in Anspruch nehmen kann. Wohl ahnend, dass nicht primär eine bestimmte therapeutische Technik, sondern der Umgang miteinander in der intersubjektiven Begegnung ein ganz zentrales therapeutische Agens ist (Wampold 2001), haben psychodynamisch arbeitende Psychotherapeuten und Psychoanalytiker sehr unterschiedliche, immer aber individuell abgestimmte Wege, die an Nachbeelterung erinnern, gewählt, um ihren Patienten Entwicklungsschritte zu ermöglichen. Zentrale therapeutische Elemente sind dabei immer wieder »Begegnungsmomente« (Stern 2005) und Mentalisierungsförderung. Viele dieser therapeutischen Vorgehensweisen sind konzeptualisiert oder manualisiert worden.

Erinnert sei an Bowlby, Bion und Winnicott, die das Haltgebende, Sicherheitspendende betonen, an die Selbstpsychologen, die sich über weite Strecken der Therapie als Selbstobjekt zur Verfügung stellen, an das sehr individuelle therapeutische Vorgehen von Sechehaye mit ihrer psychotischen Patientin Renée, der sie mit symbolischer Wunscherfüllung weiterzuhelfen versuchte, an Benedettis positivierende Psychotherapie mittels gemeinsamem Zeichnen, an die analytisch fundierte Musiktherapie, die dem Psychotiker durch das gemeinsame Musizieren nicht zu nahe kommt, ihn aber auch nicht alleine lässt, an die interaktionelle Psychotherapie von Heigl-Evers, die nach dem Prinzip »Antwort« – in Abgrenzung zum Prinzip »Deutung« der orthodoxen Psychoanalyse – die therapeutische Begegnung gestaltet, an Rudolf, der sich in seiner »strukturbezogenen Psychotherapie« – im übertragenen Sinn – seinen Patienten an die Seite stellt, sich hinter sie postiert, um ihnen den Rücken zu stärken oder ihnen auch konfrontierend gegenübertritt sowie an Fonagy, der bei der mentalisierungsbasierten Therapie (MBT) versucht, in der therapeutischen Begegnung geduldig seinen Patienten zu einer besseren Mentalisierungsfähigkeit zu verhelfen, unermüdlich in seinem »stop and rewind«, wie es im Manual heißt.

Neurobiologisch betrachtet geht es hier darum, die spontane oder intrinsische Aktivität des Gehirns –des ganzen Gehirns (und nicht nur des limbischen Systems) – zu modulieren. Befunde zeigen, dass die intrinsische Aktivität, ihre Variabilität und Verknüpfungen in einem Zusammenhang mit frühkindlichen Erlebnissen und auch Traumata stehen. Die räumlich-zeitlichen Strukturen der intrinsischen Aktivität beinhalten also nicht nur Information über das eigene Selbst, sondern auch über die Lebensereignisse dieses Selbst. Diese Lebensereignisse sind offenbar enkodiert in die intrinsische Aktivität; wie genau, ist bisher unklar. Klar ist aber, dass sie stark das Unbewusste und seine verschiedenen Formen, wie in ► Abschn. 8.1 und ► Abschn. 8.2 dargestellt, beeinflussen und dadurch die entsprechenden Abwehrmechanismen induzieren. Noch zu entwickelnde zukünftige Therapien sollten also hier ansetzen, bei der Verknüpfung zwischen unbewussten früheren Lebensereignissen und der spontanen Aktivität des Gehirns.

8.5 Zusammenfassung

Die ontogenetische Entwicklung von Unbewusstem und Bewusstem folgt der phylogenetischen. Dabei ist das Unbewusste älter als das Bewusste. Letzteres emergiert aus dem Unbewussten. Das innere Selbst, das synonym ist mit Freuds Es, ist eng mit den basalen Affekten (Milch 2003, S. 298) und motivationalen Antrieben (Lichtenberg) verbunden und Quelle allen Bewusstseins. Das äußere Selbst, synonym mit Freuds Ich, ist eine früh durch Beziehungserfahrungen mit den primären Bezugspersonen erworbene Repräsentation, die in sich unbewusst ist. Allerdings ist es möglich, »mit ihr zu denken«, wenn sie vom Es besetzt wird. Das abstrakte Selbst, das das reflexive Gerüst des Über-Ich bildet, ist ganz ähnlich unbewusst, kann aber das Ich bewusst »be-denken«.

> Weil das Ich das im Es generierte Bewusstsein stabilisiert, indem es einen Anteil des Affekts in bewusste Wahrnehmung … [und] verbale Re-Repräsentationen … verwandelt, halten wir uns selbst gewöhnlich für bewusst. (Solms 2013, S. 1015)

Therapeutische Einflussnahme auf das im limbischen System verankerte unbewusste »implizite Beziehungswissen« ist ein schwieriger und langwieriger Prozess, der aus emotionalen Neuerfahrungen in der intersubjektiven Beziehung mit dem Therapeuten resultiert und wahrscheinlich durch Neuropeptide, wie sie in einer sicheren Bindung ausgeschüttet werden, gebahnt wird (vgl. Spiegel-Gespräch mit G. Roth und O. Kernberg 2014). Die basalste und möglicherweise erfolgversprechendste Therapie besteht möglicherweise in der Behandlung der Verknüpfung zwischen unbewussten (oder sogar partiell nonbewussten) Lebensereignissen und den räumlich-zeitlichen Mustern und Strukturen der intrinsischen Aktivität des Gehirns. Das aber erfordert neue noch zu entwickelnde Formen von Psycho- und Neurotherapie.

Literatur

Anschütz R (1929) August Kekulé, Bd 1, Bd 2. Verlag Chemie, Berlin

Bargh J, Chartraud T (1999) The unbearable automaticity of being. Am Psychol 54:462–479

Bohleber W (2013) Der psychoanalytische Begriff des Unbewussten und seine Entwicklung. Psyche Z Psychoanal 67(9–10):807–816

Callies GP, Fischer-Lescano A, Wielsch D, Zumbansen P (2009) Soziologische Jurisprudenz. Festschrift für Gunter Teubner zum 65. Geburtstag am 30. April 2009. De Gruyter, Berlin

Dick F (2014) Das Unbewusste – seine Geschichte, seine Aktualität in den Kognitiven Neurowissenschaften. Vortrag in Andernach am 05.07.2014. ► http://www.dr-franz-dick.com/fortbildungstexte_5_2946055473.pdf. Gesehen am 19.05.2015

Erdheim M (2013) Gesellschaftlich Unbewusstes, Macht und Herrschaft. Psyche Z Psychoanal 67(9–10):1023–1050

Freud S (1900) Die Traumdeutung. Gesammelte Werke Bd 2/3, S Fischer, Frankfurt/M, 1999

Freud S (1915) Das Unbewusste. Studienausgabe Bd 3, S Fischer, Frankfurt/M, S 119–168, 1975

Freud S (1917) Eine Schwierigkeit der Psychoanalyse. GW Bd 12, S Fischer, Frankfurt/M, S 3–12, 1999

Freud S (1923) Das Ich und das Es. Studienausgabe Bd. 3, Fischer, Frankfurt/M, 1969–1975

Freud S (1933) Neue Folge der Vorlesungen zur Einführung in die Psychoanalyse. Studienausgabe Bd 1, S Fischer, Frankfurt/M, S 496–516, 1969

Hassin R, Uleman J, Bargh J (2005) The new unconscious. Oxford Univ Press, Oxford

Heenen-Wolff S (2008) Le sexuel dans la psychanalyse contemporaire: Historie d'une disparition? Revue française de psychoanalyse 72(4):1155–1171

Khatoon N (2012) Health Psychology. Dorling Kindersley, New Delhi

Klöpper M (2014) Die Dynamik des Psychischen. Klett-Cotta, Stuttgart

Krause R (2003) Das Gegenwartsunbewusste als kleinster gemeinsamer Nenner aller Techniken. Psychotherapie 8(2):316–325

Le Soldat J (1993) Kekulés Traum. Ergänzende Betrachtungen zum »Benzolring«. Psyche Z Psychoanal 47(2):180–201

Leuzinger-Bohleber M, Roth G, Buchheim A (Hrsg) (2008) Psychoanalyse – Neurobiologie – Trauma. Schattauer, Stuttgart

Merten J (2001) Beziehungsregulation in Psychotherapien. Maladaptive Beziehungsmuster, die therapeutische Beziehung und der therapeutische Erfolg. Kohlhammer, Stuttgart

Mertens W (1981) Psychoanalyse. Kohlhammer, Stuttgart

Milch W (2003) Der Einfluss der Säuglingsforschung auf zukünftige Entwicklungen der Psychotherapie. Psychotherapie 8(2):296–305

Mitscherlich A (1972) Kekulés Traum. Psychologische Betrachtung einer chemischen Legende. Psyche Z Psychoanal 26(9):649–655
Nietzsche F (1978) Jenseits von Gut und Böse. Hanser, München (Erstveröff. 1886)
Northoff G (2010) Freier Wille und Gehirn – eine neurorelationale Hypothese. In: Stompe T, Schanda H (Hrsg) Der freie Wille und die Schuldfähigkeit. Medizinisch Wissenschaftliche Verlagsgesellschaft, Berlin, S 37–62
Northoff G (2011) Neuropsychoanalysis in practice. Self, objects, and brain. Oxford Univ Press, Oxford New York
Northoff G (2014a) Unlocking the brain. Vol I Coding Oxford Univ Press, Oxford New York
Northoff G (2014b) Unlocking the brain. Vol II Consciousness. Oxford Univ Press, Oxford New York
Northoff G (2014c) Minding the brain. A guide to neuroscience and philosophy. Palgrave & MacMillan, London New York
Rizzolatti G, Fogassi L, Gallese V (2006) Mirrors in the Mind. Sci Am 295(5):30–37
Roth G (2001) »Wie das Gehirn die Seele macht«. Vorlesung im Rahmen der 51. Lindauer Psychotherapiewochen. ► http://www.lptw.de/archiv/vortrag/2001/roth_gerhard.pdf. Gesehen am 19.05.2015
Roth G (2012) Wie kann Psychotherapie Menschen verändern? Vortrag bei der Göttinger Akademie für Psychotherapie e.V., Göttingen. ► http://www.goettinger-akademie.de/kompetenz/download/Vortrag_Roth.pdf. Gesehen am 19.05.2015
Ruch F, Zimbardo P (1974) Lehrbuch der Psychologie. Springer, Berlin
Seidel S (1984) Der Briefwechsel zwischen Schiller und Goethe 1794–1805. Beck, München
Seth A, Baars BJ, Edelman DB (2005) Criteria for conciousness in humans and other mamals. Conscious Cogn 14(1):119–139
Singer W, Roth G et al (2004) Das Manifest. Gehirn & Geist. 6(1):30–37. ► http://www.wissenschaft-online.de/artikel/834924. Gesehen am 19.05.2015
Solms M (2013) Das bewusste Es. Psyche Z Psychoanal 67(9–10):991–1022
Solms M (2014) in einem Interview: »Es« ist anders, als sie denken. Der südafrikanische Psychoanalytiker und Neurowissenschaftler Mark Solms stellt Freuds Modell von Ich und Es auf den Kopf. Bild der Wissenschaft online 7:73. ► http://www.bild-der-wissenschaft.de/bdw/bdwlive/heftarchiv/index2.php?object_id=33727106. Gesehen am 19.05.2015
Spiegel-Gespräch (2014) »Messfühler ins Unbewusste«. Gespräch m. G. Roth u. O. Kernberg. Der Spiegel 7:131–134
Steimer-Krause E (1994) Nonverbale Beziehungsregulation in Dyaden mit schizophrenen Patienten. Ein Beitrag zur Übertragungs-Gegenübertragungsforschung. In: Streeck U, Bell K (Hrsg) Psychoanalyse schwerer psychischer Erkrankungen. Pfeiffer, München, S 209–229
Steimer-Krause E (1996) Übertragung, Affekt und Beziehung. Theorie und Analyse nonverbaler Interaktionen schizophrener Patienten. Lang, Bern
Steimer-Krause E, Krause R, Wagner G (1990) Prozesse der Interaktionsregulierung bei schizophrenen und psychosomatisch erkrankten Patienten – Studien zum mimischen Verhalten in dyadischen Interaktionen. Z Psychol Psychopathol Psychother 19:1–18
Stern DN (2005) Das Gegenwartsmoment. Veränderungsprozesse in Psychoanalyse, Psychotherapie und Alltag. Brandes & Apsel, Frankfurt/M
Stompe T, Schanda H (Hrsg) (2010) Der freie Wille und die Schuldfähigkeit. Medizinisch Wissenschaftliche Verlagsgesellschaft, Berlin
Wampold B (2001) The great psychotherapy debate. Models, methods, and findings. Lawrence Erlbaum Associates, Mahwah NJ
Willi J (1978) Therapie der Zweierbeziehung. Klett-Cotta, Stuttgart

Das Selbst und das Gehirn

Georg Northoff, Johannes Vetter, Heinz Böker

H. Böker et al. (Hrsg.), *Neuropsychodynamische Psychiatrie*,
DOI 10.1007/978-3-662-47765-6_9, © Springer-Verlag Berlin Heidelberg 2016

»Das Ich ist vor allem ein körperliches.«
(Sigmund Freud)

Die Begriffe »Ich« und »Selbst« wurden von Freud zunächst synonym benutzt. Das Ich stand einerseits für die ganze Person, andererseits auch für einige ihrer Teilstrukturen. So definierte Freud (1914) den Narzissmus als einen Entwicklungszustand, der durch die libidinöse Besetzung des Ich gekennzeichnet ist. Freud hat wiederholt die Bedeutung des Körper-Ich für die Ich-Entwicklung hervorgehoben. Dies unterstreicht einerseits den Einfluss des Körperschemas im Hinblick auf die Differenzierung des Selbst von der Körperwelt, es weist zugleich darauf hin, dass die Funktionen derjenigen Organe, die den Kontakt mit der Außenwelt herstellen, allmählich unter die Kontrolle des Ich gelangen (Lampl-Groot 1964). In dem frühen »Entwurf« aus dem Jahr 1895 (Freud 1962, [1]1895) wird das Ich als ein »Netz besetzter gegeneinander gut gebahnter Neurone« vorgestellt: »Wenn also ein Ich existiert, muss es psychische Primärvorgänge *hemmen*« (ebd., S. 331). Insbesondere im Hinblick auf die neurobiologische Forschung sind Freuds Überlegungen zur Organisation des Ich im Schmerzerleben und in Affekten von Bedeutung:

> Während es das Bestreben dieses Ich sein muss, seine Besetzungen auf dem Wege der Befriedigung abzugeben, kann es nicht anders geschehen, als dass es die Wiederholung von Schmerzerlebnissen und Affekten beeinflusst und zwar auf folgendem Wege, der allgemein als der der *Hemmung* bezeichnet wird. (Ebd., S. 330)

In *Das Ich und das Es* (Freud 1923) unterstreicht Freud »die funktionelle Wichtigkeit des Ichs«, die darin zum Ausdruck komme, »dass ihm normalerweise die Herrschaft über die Zugänge zur Motilität eingeräumt ist. Es gleicht so im Verhältnis zum Es dem Reiter, der die überlegene Kraft des Pferdes zügeln soll, mit dem Unterschied, dass der Reiter dies mit eigenen Kräften versucht, das Ich mit geborgten« (ebd., S. 294). Der eigene Körper und vor allem die Oberfläche desselben sei ein Ort, von dem gleichzeitig äußere und innere Wahrnehmungen ausgehen können:

> Er wird wie ein anderes Objekt gesehen, ergibt aber dem Getast zweierlei Empfindungen, von denen die eine innerer Wahrnehmung gleichkommen kann … auch der Schmerz scheint dabei ein Rolle zu spielen, und die Art, wie man bei schmerzhaften Erkrankungen eine neue Kenntnis seiner Organe erwirbt, ist vielleicht vorbildlich für die Art, wie man überhaupt zur Vorstellung seines eigenen Körpers kommt. Das Ich ist vor allem ein körperliches, es ist nicht nur ein Oberflächenwesen, sondern selbst die Projektion einer Oberfläche. (Freud 1923, S. 294)

Im Zusammenhang mit der Entwicklung der Strukturtheorie werden die Begriffe »Ich« und »Selbst« nicht mehr gleichbedeutend benutzt (Freud 1924). Das »Ich« bezeichnet eine von mehreren psychologischen Strukturen oder Instanzen. Im Unterschied kommt der Begriff des Selbst bei Freud kaum vor und beschreibt, wenn überhaupt, nur die subjektive Erlebensseite des Ich als objektive psychische Struktur. Nachfolger von Freud wie Hartmann geben dem Begriff des Selbst eine zentralere Rolle und schreiben ihm eine selbstreflexive Bedeutung und personale Aspekte zu. In der Ich-psychologischen Perspektive von Hartmann (1964) wird das Selbst als Repräsentant der ganzen Person im Ich definiert. Hartmann verstand den Begriff des Selbst gleichbedeutend mit Person und unterschied ihn sowohl von Objekten als auch vom Ich – im Sinne des Strukturmodells – als eine übergeordnete Struktur, die alle anderen Instanzen umfasste.

Kohut (1971, 1984; Kohut u. Wolf 1978; Milch 2001) beschrieb schließlich das Selbst als ein tiefenpsychologisches Konzept, das sich auf den Kern der Persönlichkeit beziehe und das aus verschiedenen Anteilen bestehe, die sich zu einer kohärenten, dauerhaften Struktur verbinden. In der selbstpsychologischen Sichtweise enthält das Selbst eine Geschichte (Milch 2001), zunächst als virtuelles Selbst in der Vorstellung der werdenden Eltern, dann mit dem Auftauchen eines ersten Selbstgefühls, der Entstehung und Konsolidierung des Selbst und der Selbstentwicklung im Verlauf des Lebenszyklus. Von besonderer Bedeutung ist der Umweltkontext des sich entwickelnden Selbst: Es entwickelt sich aus verschiedenen Vorstufen in der frühen Kindheit im affektiven Austausch mit den Eltern. Dabei sind insbesondere Prozesse der affektiven Einfühlung und Begleitung für die Selbstwerdung des Kindes förderlich (Stern 1985/1992; Lichtenberg 1983/1991). In Übereinstimmung mit den Ergebnissen der Kleinkindforschung definierte Lichtenberg das Selbst als ein unabhängiges Zentrum für die Initiierung, die Organisation und die Integration der Motivationssysteme und der Erfahrungen.

Stolorov (1986) präzisierte den Selbstbegriff und rückte das Selbsterleben und die bewusste und unbewusste Selbsterfahrung in das Zentrum der analytischen Arbeit. In Abgrenzung von psycho-ökonomischen Vorstellungen sieht Stolorov im Selbst eine seelische Struktur, durch die das Selbsterleben organisiert wird, wodurch das Gefühl von Kohärenz und Kontinuität ermöglicht wird.

Innerhalb des umfassenden Selbstsystems (Gesamtselbst) lassen sich im Laufe der Entwicklung hinsichtlich der Lebensinhalte mehrere Aspekte unterscheiden. Das »Körperselbst« umfasst die Empfindungen von der Körperoberfläche und dem Körperinneren, die sich zu einem bewussten und unbewussten Bild des eigenen Körpers organisieren (Joraski 1986; Lichtenberg 1987; Stern 1985/1992). Das »psychische Selbst« vereint hingegen die »Gesamtheit aller Phantasien, Gedanken, Gefühlserfahrungen, Erinnerungen, die die unverzichtbaren Elemente unserer persönlichen Eigenart ausmachen« (Dennecker 1989, S. 578). Der Begriff »soziales Selbst« fokussiert schließlich auf das Erleben der eigenen Persönlichkeit im Zusammenhang mit Resonanz und Rückmeldungen der Mitwelt (Böker 1999; Böker et al. 2000).

? Welche Zugänge zum Selbst eröffnen sich durch neurowissenschaftliche Ansätze? – Welche Bedeutung kommt dem selbstbezogenen Processing (»self-related processing«) in neurowissenschaftlicher und psychodynamischer Hinsicht zu? – Inwieweit lassen sich die Ergebnisse der Neuroimaging-Forschung zu den neuronalen Mechanismen, die der subjektiven Erfahrung des Selbst zugrunde liegen, zur Entwicklung neuropsychodynamischer Hypothesen zum Selbst heranziehen?

Hierzu werden zunächst eigene grundsätzliche Gesichtspunkte sowie empirische Erkenntnisse im Zusammenhang mit der psychologischen, philosophischen und neurowissenschaftlichen Diskussion um das Selbst erörtert.

Das Selbst ist eine notwendige Voraussetzung für die Konstituierung von Erfahrung und Bewusstsein. Wie lässt sich das Selbst konzeptualisieren? Hierzu werden vier Konzepte diskutiert:

- das mentale Selbst,
- das empirische Selbst,
- das phänomenale Selbst,
- das minimale Selbst.

Anschließend wird klargestellt, wie das Selbst im Hinblick auf seine Beziehung zum Gehirn neurowissenschaftlich erforscht wurde. In der abschließenden Diskussion wird das Konzept des Selbst in seiner Beziehung zur Identität des Subjektes und zur sozialen Umwelt ins Zentrum gerückt.

9.1 Das mentale Selbst

Es wird angenommen, dass das mentale Selbst auf unseren Gedanken basiert und eine spezifische mentale Substanz aufweist. So die Vermutung von **René Descartes**. Eine Substanz ist ein spezifischer Stoff, eine Entität oder ein Material, von dem angenommen wird, dass es Grundlage für das Selbst ist. Descartes stellte die Hypothese auf, dass das Selbst wirklich ist und existiert, gleichzeitig vermutete er, dass das Selbst sich vom Körper unterscheidet. Selbst und Körper existieren, aber differenzieren sich in ihrer Existenz und Realität. Dementsprechend ist das Selbst keine physische Substanz, sondern eine mentale Substanz: Es ist ein Merkmal nicht des Körpers, sondern des Geistes, und dementsprechend eine mentale Entität und keine physische Substanz.

Die Auffassung des Selbst als mentale Entität wurde u. a. von dem schottischen Philosophen **David Hume** in Frage gestellt. Hume ging von einem komplexen »Bündel« von Wahrnehmungen miteinander verknüpfter Ereignisse aus, das die Welt in seiner Ganzheit reflektiere. So gesehen gibt es kein zusätzliches Selbst in der Welt neben den Ereignissen, die wir wahrnehmen. Alles andere, auch die

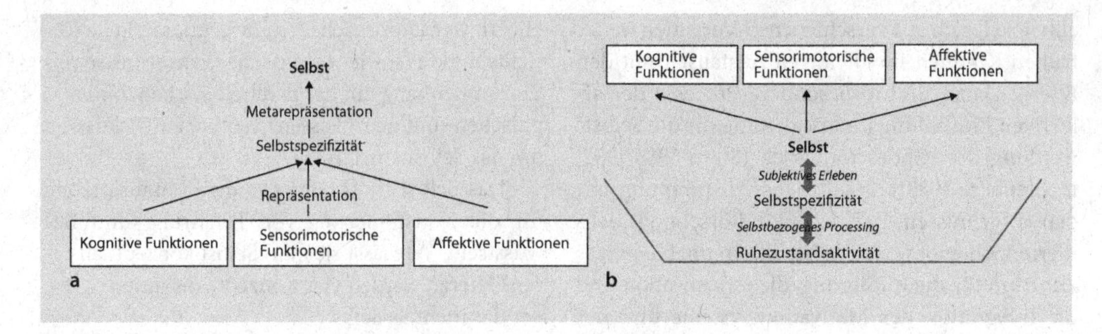

Abb. 9.1 a Selbst als höhere kognitive Funktion, **b** Selbst als basale Funktion.
Abb. 9.1a illustriert die Selbstspezifizität und das Selbst auf der Grundlage der verschiedenen Funktionen inklusive der kognitiven. Es wird als höhere kognitive Funktion durch Repräsentation und Metarepräsentation erklärt. Abb. 9.1b zeigt eine entgegengesetzte Auffassung des Selbst. Hier wird das Selbst als basale Funktion des Ruhezustandes des Gehirns angesehen

Annahme eines Selbst als mentale Entität, ist nichts als Illusion.

Auch der deutsche Philosoph **Thomas Metzinger** (2003) stellt das mentale Selbst in Frage. Metzinger argumentiert, dass die Selbstmodelle des Menschen nichts anderes seien als Informationsprozesse im Gehirn. Da wir keinen direkten Zugang zu diesen neuronalen Prozessen haben, neigen wir zu der Annahme einer Entität, die unseren Selbstmodellen unterliege. Diese Entität werde dann als Selbst charakterisiert. Die Annahme eines Selbst als mentale Entität resultiert Metzinger zufolge aus einer falsch positiven und irrtümlichen Schlussfolgerung unserer Erfahrungen. Wir können die neuronalen Prozesse des Gehirns nicht als solche erfahren. Die Auswirkungen der neuronalen Prozesse des Gehirns, das Selbst, können in unserer Erfahrung nicht zurückverfolgt werden zu seiner ursprünglichen Basis, dem Gehirn. Woher stammt nun dieses Selbst? Diese Frage führt vor dem geschilderten Hintergrund der Nichterfahrbarkeit des Gehirns zu der Annahme, dass Geist und Selbst als mentale Einheit existieren, nicht jedoch als physische Entität, die vom Gehirn selbst stammt. Metzinger argumentiert im Weiteren, dass ein solches Selbst als mentale Entität nicht existiert.

9.2 Das empirische Selbst

Neben Metzinger argumentiert auch Churchland (2012), dass das Selbst als mentale Substanz nicht existiert. Wie entwickeln wir nun aber die Idee von einem Selbst bzw. ein Selbstmodell? Das Modell unseres Selbst basiert darauf, dass wirkliche Informationen des Körpers und Gehirns zusammengefasst, integriert und koordiniert werden. Gehirn und Körper werden repräsentiert in der neuronalen Aktivität des Gehirns. Diese spezielle Form der Repräsentation ist das Modell des Selbst. Dementsprechend ist das Selbstmodell nichts anderes als ein inneres Modell der integrierten und zusammengefassten Version der Informationsprozessierung im Gehirn und im ganzen Körper.

Das ursprüngliche mentale Selbst (als mentale Substanz oder Einheit) wird hier ersetzt durch eine bloße Selbstrepräsentation und ein Selbstmodell. Diese Sichtweise impliziert einen Wechsel von der metaphysischen Diskussion der Existenz und Realität des Selbst hin zu den Prozessen, die der Repräsentation des Körpers und Gehirns als innerem Modell, als Selbstmodell, unterliegen. Da eine solche Repräsentation auf der Koordination und Integration unterschiedlicher Prozesse im Gehirn und im Körper basiert, ist sie assoziiert mit spezifischen höher entwickelten kognitiven Funktionen (z. B. Arbeitsgedächtnis, Aufmerksamkeit, exekutive Funktionen und Gedächtnis, Abb. 9.1a,b).

Was impliziert die Voraussetzung eines breiteren Konzeptes des Selbst jenseits der Annahme des Selbst als mentale Substanz hinsichtlich der Charakterisierung des Selbst? Das Selbst wird nicht mehr charakterisiert als mentale Substanz, sondern als kognitive Funktion. In methodischer Hinsicht impliziert dies, dass das Selbst nicht länger in metaphysischen Begriffen untersucht wird im Hinblick auf seine Existenz und Realität. Vielmehr werden kognitive Prozesse, die der spezifischen Repräsentation unterliegen, empirisch erforscht.

9.3 Das phänomenale Selbst

Descartes lokalisierte das Selbst außerhalb der Erfahrung. Seine Sicht des Selbst als mentale Substanz ist basal und geht der Erfahrung selbst voraus. Erfahrung und Bewusstsein setzen dementsprechend etwas voraus, was außerhalb angesiedelt ist, in Descartes' Sicht eine »mentale Substanz«.

Diese Lokalisierung des Selbst außerhalb der Erfahrung wird von der phänomenalen Philosophie abgelehnt. Die phänomenale Philosophie untersucht die Struktur und Organisation unserer Erfahrung und des Bewusstseins. Sie ist auf die Frage fokussiert, wie unsere Erfahrung strukturiert und organisiert ist und erschließt phänomenal Merkmale der Erfahrung aus einer Erste-Person-Perspektive. In dieser Sichtweise ist das Selbst ein integraler Bereich der Erfahrung.

Wie kann das Selbst Teil der Erfahrung werden (Northoff 2012a)? Das Selbst ist in der Erfahrung nicht präsent als distinkter, separater Inhalt wie beispielsweise Objekte, Ereignisse oder andere Personen. Anstatt dessen ist das Selbst ständig präsent und manifest in den phänomenalen Merkmalen unserer Erfahrungen wie Intentionalität (d. h. Gerichtetheit des Bewusstseins auf spezifische Inhalte) und Qualia (d. h. qualitativer Charakter unserer Erfahrung), die ohne das Selbst nicht möglich wären. Konsequenterweise beschreiben phänomenale Philosophen (Zahavi 2005) ein »präreflexives Selbstbewusstsein«. Der Begriff »präreflexiv« bedeutet in diesem Zusammenhang, dass die Erfahrung des Selbst nicht von irgendeiner Reflexion oder einem kognitiven Vorgang herrührt. Stattdessen ist das präreflexive Selbstbewusstsein stets vorhanden als Teil der Erfahrung des Menschen, die wir nicht vermeiden können. Das Selbst ist zugleich ein inhärenter Teil von Erfahrung und Bewusstsein. Dementsprechend ist das Selbst nicht länger außerhalb des Bewusstseins verortet, sondern als integraler Teil des Bewusstseins, wie es in dem alten Begriff »Selbstbewusstsein« zum Ausdruck kommt. Dieser Zugang eröffnet eine starke, intrinsische Verknüpfung zwischen Selbst und Bewusstsein (◘ Abb. 9.2).

Die Konzeptualisierung des Selbst im Kontext von Selbstbewusstsein impliziert einen bedeutsamen Wechsel: Das Selbst wird weder metaphysisch betrachtet wie Descartes es tat, noch empirisch im Sinne von Hume und seinen späteren Nachfolgern wie Metzinger und Churchland, sondern als Teil der Erfahrung und des Bewusstseins selbst; dementsprechend kann es als phänomenales Selbst beschrieben werden. Die Annahme eines phänomenalen Selbst ermöglicht eine systematische Erforschung phänomenaler Merkmale der Erfahrung, die die metaphysischen, empirischen und logischen Annäherungen an das Selbst komplementieren.

9.4 Das minimale Selbst

▪ Präreflexives Selbstbewusstsein

Es ist stets bereit in jeder Erfahrung, sodass wir es nicht vermeiden oder von der Erfahrung trennen können. Das Selbst ist immer präsent in unserem Bewusstsein und so in unserer subjektiven Erfahrung. Auch wenn wir nicht auf das Selbst achten, können wir seine Präsenz nicht vermeiden. Demzufolge beschreibt das präreflexive Selbstbewusste eine implizite oder unausgesprochene Erfahrung unseres Selbst in unserem Bewusstsein.

Da das präreflexiv erfahrene Selbst die Basis aller erscheinenden Merkmale unserer Erlebnisse ist, muss es als basal und fundamental für jegliche nachfolgende kognitive Aktivität betrachtet werden. Solch ein basales und fundamentales Selbst erscheint in unserer Erfahrung vor jeglicher Reflexion. Wenn man z. B. ein Buch liest, erlebt man den Inhalt und zusätzlich erlebt man sich selbst als lesend. Da das Erfahren dieses Selbst vor jeglicher Reflexion und vor Zuhilfenahme höherer kognitiver Funktionen geschieht, ist dieses Selbst so etwas wie die minimale Version des Selbst. Zeitgenössische phänomenologische Philosophen, wie z. B. Gallagher (2000) oder Zahavi (2005), sprechen daher von einem »Minimal-Selbst«, wenn sie sich auf das Selbst als implizit, stillschweigend und unmittelbar im Bewusstsein erfahren beziehen.

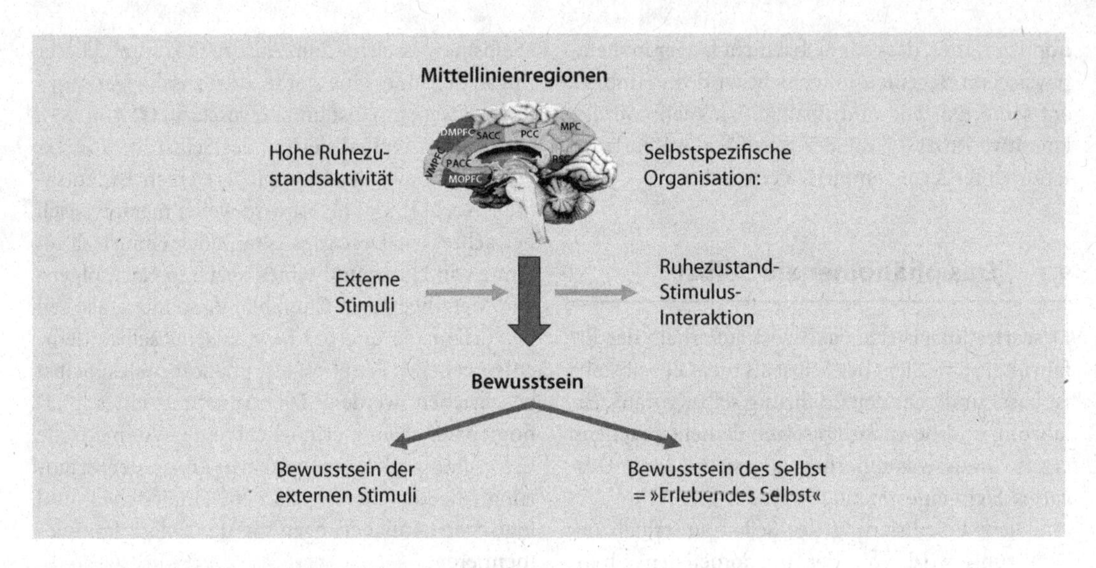

Abb. 9.2 Ruhezustandsaktivität, Selbst und Bewusstsein.
Mittellinien spielen eine zentrale Rolle für das Bewusstsein. Eine hohe Ruhezustandsaktivität und selbstspezifische Organisation müssen in diesen Regionen vorhanden sein, um Bewusstsein zu ermöglichen. Externe Stimuli können die Aktivität der Mittellinienregionen so modulieren, dass sowohl externe Stimuli als auch die interne selbstspezifische Organisation mit Bewusstsein assoziiert werden können.
MOPFC medialer orbitaler präfrontaler Kortex, *PACC* perigenualer anteriorer zingulärer Kortex, *VMPFC, DMPFC* ventro- und dorsomedialer präfrontaler Kortex, *SACC* supragenualer anteriorer zingulärer Kortex, *PCC* posteriorer zingulärer Kortex, *MPC* medialer parietaler Kortex, *RSC* retrosplenialer Kortex

▪ Konzept des Minimal-Selbst

Das minimale Selbst beschreibt eine basale Form des Selbst, das Teil jeder Erfahrung ist. Als solches ist es nicht über die Zeit ausgedehnt, wie es der Fall beim Erleben einer zeitlichen Kontinuität des Selbst ist, was als persönliche Identität beschrieben wird. Stattdessen beschreibt das minimale Selbst einen elementaren Sinn des Selbst in jedem möglichen Moment. Es bietet jedoch keine Verbindung zwischen verschiedenen Zeitpunkten und dementsprechend keine zeitliche Kontinuität. Wie kann solch eine Kontinuität über die Zeit konstituiert werden? Kognitive Funktionen wie das Gedächtnis und autobiografische Erinnerungen könnten hier zentral sein. Das Selbst könnte dann komplexer werden und man könnte von einem kognitiven, ausgeweiteten oder autobiografischen Selbst sprechen, wie z. B. der portugiesisch-amerikanische Neurowissenschaftler Damasio (1999, 2010).

Ein weiteres wichtiges Element des minimalen Selbst ist, dass, obwohl wir es erleben, wir uns seiner nicht bewusst sind oder es nicht reflektieren können, um mehr Wissen darüber zu gewinnen. Um es technisch auszudrücken: Wir sind seiner nur präreflexiv gewahr, aber nicht bewusst und reflektiert. Wie können wir des minimalen Selbst reflektiert bewusst werden? Dies ist möglich, wenn alle Zeitpunkte zusammengefasst werden, und, wie Philosophen sagen, als solche repräsentiert werden. Eine derartige Repräsentation benötigt kognitive Funktionen, die eine Verbindung verschiedener Momente möglich machen. Somit wird das eigene minimale Selbst als minimales Selbst repräsentiert und reflektiert – die dazugehörenden Funktionen können wie von Metzinger und Churchland als »selbstrepräsentative Funktionen« bezeichnet werden.

Schlussendlich könnte das minimale Selbst vor Verbalisierung, und folglich linguistischer Expression, auftreten und dieser vorangehen. Das minimale Selbst muss prälinguistisch betrachtet, und nicht mit spezifischen linguistischen Konzepten verknüpft werden, wie es der Fall bei eher kognitiven Konzepten des Selbst ist. Das minimale Selbst ist eine Erfahrung, ein Sinn des Selbst, der kaum konzeptuell ausgedrückt werden kann. Wir können das minimale Selbst erleben, sind aber nicht wirklich in der Lage, diese Erfahrungen in Konzepten und dementsprechend linguistisch auszudrücken. Solch ein minimales Selbst ist also prälinguistisch und präkonzeptionell. Es könnte daher hauptsächlich eher im unbewussten Modus auftreten und die subjektive Komponente dessen sein, was Freud als »Ich« beschrieb, die objektive Struktur unserer Psyche. Zukünftige Forschung muss die exakte Organisation und Struktur des minimalen Selbst zeigen, um seine psychodynamische Relevanz zu offenbaren (Northoff 2011, 2012b).

9.5 Soziales Selbst und Intersubjektivität

■ Interaktion des Selbst mit dem anderen Selbst

Bisher haben wir das Selbst als sich selbst auf eine isolierte und intraindividuelle Weise beschrieben. Im täglichen Leben ist das Selbst jedoch nicht isoliert von anderen, sondern immer mit dem anderen Selbst verbunden und folglich eher inter- als intraindividuell. Dies führt uns zu dem Bereich, der in der Philosophie als »Problem des Fremdpsychischen« beschrieben wird, oder allgemeiner als Intersubjektivität.

Wie kommen wir dazu, Vermutungen über Attributionen mentaler Zustände und somit über das Selbst und die Psyche in Bezug auf andere zu machen? Die Philosophie hat sich lange auf das bezogen, was »**Inferenz der Analogie**« genannt wird. Was ist die »Inferenz der Analogie«? Diese funktioniert folgendermaßen: Wir beobachten eine Person A, wie sie ein Verhalten X zeigt. Und wir wissen, dass in unserem Fall das gleiche Verhalten, also X, mit einem mentalen Status M einhergeht. Da unser eigenes Verhalten und das der Person A gleich sind, also das Verhalten X, nehmen wir an, dass Person A den gleichen mentalen Zustand M wie wir selbst erlebt.

■ Interferenz der Analogie

Wir leiten von unserem Verhalten und unserem mentalen Zustand ab, dass auch die andere Person einen analogen mentalem Zustand erlebt. Also beanspruchen wir, Wissen über den mentalen Zustand einer anderen Person zu erlangen, und zwar mittels **indirekter Inferenz** in Analogie zu unserem eigenen Fall. Wie können wir solch eine Inferenz machen? Sehr einfach. Wir könnten es auf Basis unserer eigenen mentalen Zustände und dem dazugehörigen Verhalten tun. Was wir machen, mag auch für die andere Person gelten, die uns ebenfalls mentale Zustände zuschreibt, indem sie diese von unserem beobachtbaren Verhalten und den eigenen mentalen Zuständen ableitet. Warum machen wir solch eine Inferenz? Weil es die einfachste und beste Art und Weise für uns ist, das Verhalten der anderen zu erklären. Nur indem ich annehme und davon ableite, dass jemand mentale Zustände hat, kann ich dessen Verhalten erklären. Anders gesagt, das Verhalten, eher links abzubiegen als rechts, muss seinen Ursprung in einer Art mentalem Zustand haben, der uns mit einem Wissen über die Richtung ausstattet, den man selbst, wenn man rechts abgebogen ist, offensichtlich nicht hatte. Die Annahme mentaler Zustände erscheint also die beste Erklärung für das Verhalten anderer. Die »Inferenz durch Analogie« könnte als Ableitung der bestmöglichen Erklärung betrachtet werden.

Die »Inferenz durch Analogie« beschreibt Intersubjektivität in einer sehr kognitiven und letztlich linguistischen Art, wenn mentale Zustände und das Selbst anderen Personen zugeschrieben werden. Möglicherweise gibt es eine tiefere Stufe der Intersubjektivität. Wir fühlen auch die mentalen Zustände einer anderen Person, wenn wir z. B. den emotionalen Schmerz des Ehepartners bei Verlust des Vaters erleben. Dieses Teilen der Gefühle wird als Empathie beschrieben und wirft Licht auf eine tiefere präkognitive und präverbale Dimension der Intersubjektivität, wie sie insbesondere in der phänomenologischen Philosophie betont wurde (Zahavi 2005).

Sowohl Empathie als auch die Zuschreibung mentaler Zustände an andere Personen sind etwas verwirrend: Trotz der Tatsache, dass wir nicht die mentalen Zustände und das Bewusstsein eines anderen erleben können, teilen wir sie (wie bei Empathie) oder leiten diese ab (wie bei der Inferenz durch Analogie). Wir haben keinen direkten Zugang zum Selbsterleben und zu den mentalen Zuständen von anderen aus einer Erste-Person-Perspektive, teilen dennoch die mentalen Zustände der anderen und nehmen an, dass diese ein Selbst haben. Wie ist das möglich?

An dieser Stelle müssen wir eine weitere Perspektive einführen. Es gibt die Erste-Person-Perspektive, die mit dem Selbst und dessen mentalen Zuständen verbunden ist, dem Erleben oder Bewusstsein von Objekten, Ereignissen oder Personen in der Umgebung. Und es gibt die Dritte-Person-Perspektive, die es uns erlaubt, die Objekte, Ereignisse und Personen in der Umgebung zu beobachten, und zwar eher von außen als von innen. Das Bild ist jedoch noch nicht komplett. Die Interaktion zwischen den verschiedenen Selbst sowie die Zweite-Person-Perspektive, als zwischen Erster- und Dritter-Person-Perspektive eingeschlossen, fehlen hier.

- **Zweite-Person-Perspektive**

Die Zweite-Person-Perspektive wurde in der Philosophie ursprünglich mit der Introspektion eigener mentaler Zustände verbunden. Eher als das Erleben von eigenen mentalen Zuständen aus der Erste-Person-Perspektive, ermöglicht es die Zweite-Person-Perspektive, zu reflektieren und eigene mentale Zustände introspektiv zu betrachten. Das ist z. B. der Fall, wenn wir uns fragen, ob es wahr ist, dass ich die Stimme einer anderen Person in der Umgebung gehört habe (Schilbach et al. 2013).

Die Zweite-Person-Perspektive erlaubt es uns also, die Inhalte, wie sie in der Erste-Person-Perspektive erlebt wurden, in einen breiteren Kontext zu stellen, den Kontext des eigenen Selbst, wie es mit der Umwelt verbunden ist. Anders ausgedrückt, die Zweite-Person-Perspektive ermöglicht es, das gänzlich intraindividuelle Selbst mit seiner Erste-Person-Perspektive in einem sozialen Rahmen zu platzieren, zu integrieren und es dabei in ein interindividuelles Selbst zu transformieren. Man kann also sagen, dass das Konzept des Selbst hier auf eine soziale Art und Weise determiniert wird, sodass man von einem »sozialen Selbst« sprechen kann (Schilbach et al. 2013; Pfeifer et al. 2013).

- **Konzept des sozialen Selbst**

Das Konzept des sozialen Selbst beschreibt die Verbindung und Integration des Selbst in einem sozialen Kontext anderer Selbst. Dies lenkt den Fokus von der Erfahrung oder dem Bewusstsein aus der Erste-Person-Perspektive eines alleinigen Selbst hin zu den verschiedenen Arten der Interaktion zwischen den unterschiedlichen Selbst, verknüpft mit der Zweite-Person-Perspektive. Wie wir bereits festgestellt haben: Es mag verschiedene Arten sozialer Interaktion geben, inklusive präkognitiver und noch kognitiverer Formen.

9.6 Empirische Darstellung des Selbst

Bis hierhin haben wir das Selbst in rein konzeptueller Terminologie, wie es in der Philosophie diskutiert wird, beschrieben. Dies lässt eine empirische Charakterisierung des Selbst allerdings offen. Das Gehirn ist offensichtlich für die Konstitution des Selbst zentral. Wie können wir aber dieses Selbst in der Neurowissenschaft empirisch untersuchen? Welche Art der methodologischen Strategie wenden wir an, um das Selbst und seine Verbindung zu den neuronalen Mechanismen des Gehirns empirisch zu untersuchen?

9.6.1 Methodologische Vorgehensweise bei der experimentellen Untersuchung des Selbst

- **Untersuchung des Selbst**

Um das Selbst experimentell abzubilden, brauchen wir quantifizierbare und objektive Maßnahmen, die aus einer Dritte-Person-Perspektive (im Unterschied zu subjektiver Erfahrung aus einer Erste-Person-Perspektive) beobachtet werden können. Wie können wir solch einen Versuchsaufbau erhalten? Gedächtnispsychologen haben beobachtet, dass Items, die einen Bezug zur eigenen Person haben, besser erinnert werden konnten als jene, die nichts mit einem zu tun hatten (Northoff et al. 2006). Jemand der in Ottawa lebt, erinnert sich beispielsweise viel eher an ein aktuelles Gewitter, das verschiedene Häuser verschüttet hat, als jemand, der vielleicht in Deutschland lebt und es nur in den Nachrichten gehört hat.

Es gibt also eine Überlegenheit in der Erinnerung von denjenigen Elementen und Stimuli, die einen Bezug zum eigenen Selbst haben. Dies wird beschrieben als **Selbstreferenzeffekt** (SRE). Der

SRE konnte in verschiedenen psychologischen Studien gut belegt werden (Northoff et al. 2006). Interessanterweise wurde gezeigt, dass er in verschiedenen Bereichen operiert, nicht nur im Gedächtnis, sondern auch in Bezug auf Emotionen, sensomotorische Funktionen, Gesichter, Wörter etc. In all diesen verschiedenen Gebieten (Details in ▶ Abschn. 9.6.2) können Stimuli mit Bezug zum eigenen Selbst, also selbstspezifische Stimuli, besser erinnert werden als solche, die nicht mit dem eigenen Selbst verbunden sind, also nicht selbstspezifische Stimuli. Wie ist der SRE möglich? Diverse Untersuchungen (Klein 2012; bez. Zusammenfassungen siehe Klein u. Gangi 2010) zeigen, dass der SRE durch unterschiedliche psychologische Funktionen vermittelt wird. Diese reichen von persönlichen, autobiografischen Erinnerungen über Erinnerungen an Fakten, semantischen Erinnerungen, zu den kognitiven Kapazitäten, die uns Selbstreflexion und Selbstrepräsentation, indem sie die Prozesse im eigenen Gehirn und Körper repräsentieren, erlauben. Folglich ist der SRE selbst nicht eine einheitliche Funktion, sondern eher eine komplexe facettenreiche psychologische Zusammenstellung von Funktionen und Prozessen.

■ **Selbstreferenzeffekt und Gehirn**

Vor der Einführung funktioneller Bildgebungsverfahren wie der funktionellen Magnetresonanztomografie (fMRT) zu Beginn der 1990er-Jahre fokussierten die meisten Studien den Effekt von Dysfunktion oder Läsionen in spezifischen Hirnregionen durch z. B. Hirntumore oder Schlaganfälle. Diese zeigten, dass Läsionen in medial-temporalen Regionen, die zentral für die Erinnerung sind, wie der Hippocampus, den Selbstreferenzeffekt verändern und letztlich aufheben.

Mit der Einführung der Bildgebungsverfahren wie bspw. fMRT konnten wir in verschiedenen Studien die experimentellen Paradigmata bezüglich des Vergleichs von selbst- und nicht selbstspezifischen Stimuli hin zum Scanner transferieren und dabei zugrunde liegende Hirnregionen untersuchen. Grundlegende Prämisse dabei war, dass selbstspezifische Stimuli besser erinnert werden können als nicht selbstspezifische, und dementsprechend auf eine andere Art und Weise verarbeitet werden müssen, z. B. durch einen höheren Grad neuronaler Aktivität und/oder in anderen Regionen.

Dies führte zur Untersuchung verschiedener experimenteller Versuchsanordnungen mit SRE-ähnlichen Paradigmata im fMRT-Scanner. So wurden etwa Versuchspersonen Begriffe präsentiert, die einen Bezug zu ihnen selbst hatten (z. B. den Einwohnern von Ottawa ihr Wohnort Ottawa) sowie Begriffe ohne Bezug zu ihnen selbst (z. B. eine fremde Stadt wie Sydney). Auch wurden den Teilnehmern die eigenen Gesichter gezeigt im Vergleich zu den Gesichtern anderer sowie autobiografische Ereignisse der eignen Vergangenheit denen anderer Menschen gegenübergestellt. Die eigenen Bewegungen und Aktionen können auch mit denen anderer verglichen werden, was Konzepte wie Eigentum (meine Bewegung) oder Urheberschaft (»Ich selbst habe diese Bewegung verursacht.«) beinhaltet.

Man kann hieran sehen, dass die Reize zu verschiedenen Bereichen wie Gedächtnis, Gesichter, Emotionen, zu verbalen, räumlichen, motorischen oder sozialen Bereichen gehören. Die meisten der Stimuli wurden entweder visuell oder auditiv präsentiert. Zudem war die Darbietung der Reize begleitet von gleichzeitiger Beurteilung hinsichtlich Relevanz, also persönlicher Bedeutung.

9.6.2 Räumliche Muster der neuronalen Aktivität während Selbstreferenz

■ **Resultate verschiedener fMRT-Bildgebungsstudien**

Es zeigten sich zwei verschiedene Regionen. Man konnte sehen, dass die spezifischen Regionen für Emotionen oder Gesichter jeweils aktiviert wurden. Bspw. gibt es eine Region im hinteren Teil des Gehirns, die spezifisch Gesichter (in Unterscheidung von etwa Häusern) verarbeitet und »fusiformes Gesichtsareal« genannt wird. Diese Region ist während der Präsentation eines Gesichts aktiv, egal ob es das eigene Gesicht oder das einer anderen Person ist. Zu betonen ist, dass eindeutige Unterschiede zwischen selbstspezifischen und nicht

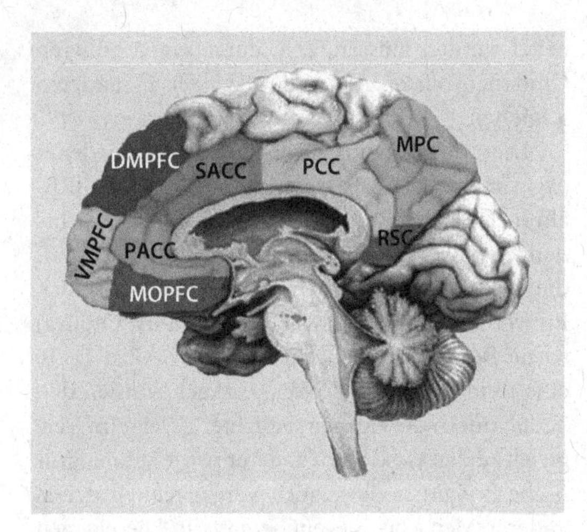

Abb. 9.3 Kortikale Mittellinienregionen und das Selbst. Anatomische Regionen in den Mittellinienstrukturen. *MOPFC* medialer orbitaler präfrontaler Kortex, *PACC* perigenualer anteriorer zingulärer Kortex, *VMPFC*, *DMPFC* ventro- und dorsomedialer präfrontaler Kortex, *SACC* supragenualer anteriorer zingulärer Kortex, *PCC* posteriorer zingulärer Kortex, *MPC* medialer parietaler Kortex, *RSC* retrosplenialer Kortex

selbstspezifischen Stimuli in den meisten Studien zu diesen spezifischen Bereichen nicht beobachtet werden konnten (Northoff et al. 2006).

Was ist mit den anderen Regionen, die nicht spezifisch für gewisse Domänen wie Emotionen oder Gesichter sind – sind diese in die neuronale Verarbeitung des Selbst involviert? Metaanalysen verschiedener Studien zeigten eine Aktivierung von Bereichen in der Mitte des Gehirns. Diese Regionen beinhalten den perigenualen anterioren zingulären Kortex (PACC), den ventro- und dorsomedialen Präfrontalkortex (VMPFC, DMPFC), den posterioren zingulären Kortex (PCC) und den Precuneus. Da diese Teile alle in der Mittellinie des Gehirns lokalisiert sind, werden sie zusammengefasst als »kortikale Mittellinienstruktur« (CMS). Die selbstspezifischen Stimuli, z. B. jene persönlich relevanten, induzierten mehr neuronale Aktivität in diesen Regionen als nicht selbstspezifische, also für eine Person irrelevante oder in keinem Zusammenhang stehende. Dies wurde für verschiedene Domänen beobachtet, also Gesichtserkennung, Eigenschaftswörter, Bewegungen/Aktionen, Erinnerungen und soziale Kommunikation. Dementsprechend scheint die CMS eine spezielle Bedeutung für das Selbst, z. B. Selbstreferenz, zu haben (■ Abb. 9.3).

Innerhalb der CMS gibt es allerdings eine Differenzierung. Die selbstspezifischen Stimuli können auf verschiedene Art dem Probanden im Scanner gezeigt werden. Wenn diese eine Beurteilung hinsichtlich der kognitiven Involviertheit machen sollen, werden die dorsalen und posterioren Regionen wie SACC, DMPFC und PCC stärker aktiviert. Wenn allerdings Reize hauptsächlich ohne Einschätzung und dementsprechend ohne kognitive Komponente wahrgenommen werden, waren die ventralen und anterioren Regionen wie der VMPFC und der PACC stark einbezogen.

Dies führte zu der Annahme, dass verschiedene Regionen unterschiedliche Aspekte der Selbstbezogenheit vermitteln würden. Die ventralen und anterioren Regionen wie der PACC und der VMPFC könnten eher in die Repräsentation des Grades der Selbstreferenz eines Stimulus involviert sein. Dorsale Regionen wie der SACC und der DMPFC könnten mit der Überprüfung und Einordnung hinsichtlich der Selbstbezogenheit eines Stimulus verbunden sein, wenn wir uns dessen als selbstspezifisch bewusst werden. Dorsale Regionen wie der PCC könnten in die Integration des Stimulus und dessen Grad der Selbstreferenz im autobiografischen Gedächtnis einer Person involviert sein. Es konnte gezeigt werden, dass diese Areale wichtig für das Abrufen und Wiederauffinden von besonders persönlich relevanter und dementsprechend autobiografischer Information aus der Vergangenheit einer Person sind.

▪ **Zusammenfassung**

Spezifische Regionen um die Mittellinie des Gehirns, die kortikalen Mittellinienstrukturen, sind in die neuronale Verarbeitung von selbstbezogenen Stimuli, bspw. der Zuschreibung persönlicher Relevanz oder Selbstrelevanz, involviert.

9.6.3 Temporale Muster der neuronalen Aktivität während Selbstreferenz

Zusätzlich zu den räumlichen Mustern der Selbstreferenz wurden die zeitlichen Muster mittels Elektroenzephalografie (EEG) untersucht. Wiederum wurden selbstspezifische und nicht selbstspezifische Stimuli miteinander verglichen. Auf diese Weise wurden frühe Veränderungen während selbstspezifischer Reize etwa 100–150 ms nach der Präsentation des Stimulus offengelegt.

Selbstspezifische Stimuli induzieren in der elektrischen Aktivität des Gehirns nach 130–200 ms frühere temporale Veränderungen als nicht selbstspezifische. Zusätzlich führen selbstspezifische Reize zu späteren Veränderungen bei 300–500 ms. Also weisen die temporalen Muster von selbstspezifischen und nicht selbstspezifischen Stimuli frühe und späte Unterscheidungen auf. Die neuronale Aktivität ist variabel und sie oszilliert. Diese Oszillationen treten in verschiedenen Frequenzbereichen auf. Eine solche ist die Gammafrequenz bei etwa 30–40 Hz. Einige Studien haben gezeigt, dass selbstspezifische Reize zu stärkeren Schwingungen der Gammafrequenz führten, was sich insbesondere für die Mittellinienregionen zeigte. Jedoch führen auch andere Funktionen, ebensolche ohne Selbstspezifität, wie sensomotorische oder kognitive Funktionen wie Aufmerksamkeit oder das Arbeitsgedächtnis, zu höheren Schwingungen im Gammafrequenzbereich, welcher deshalb möglicherweise unspezifisch für das Selbst ist.

9.6.4 Soziale Muster der neuronalen Aktivität während Selbstreferenz

- **Untersuchung der sozialen Natur des Selbst**

Um die unterschiedlichen Interaktionen zwischen verschiedenen Selbstfacetten zu zeigen, wurden zahlreiche Studien durchgeführt. Pfeiffer et al. (2013) und Schilbach et al. (2013) unterscheiden zwei verschiedene methodologische Ansätze. Der eine Ansatz erforscht aus der Sicht eines Beobachters die soziale Kognition, die Kognition der Gedanken anderer von außen. Soziale Kognition wird hierbei in einem »Offline«-Modus untersucht. In letzter Zeit ist in einem weiteren Ansatz eine derartige »Offline«-Methodologie durch einen »Online«-Modus komplementiert worden. Dabei wird die soziale Interaktion nicht mehr länger von außen untersucht, sondern eher von »innen«, indem die Perspektive respektive die Sichtweise der miteinander interagierenden Selbstfacetten eingenommen wird (im Vergleich zum Blick eines Beobachters).

Die neuronale Überlappung von emotionaler, sozial-kognitiver Verarbeitung und der Ruhezustandsaktivität wurde von Schillbach et al. (2012) untersucht. Dabei wurde eine Metaanalyse mit den Bildgebungsverfahren aller drei Untersuchungsmethoden, Ruhezustandsaktivität, emotionale und sozio-kognitive Verarbeitung, durchgeführt.

In einem ersten Schritt wurde die in den jeweiligen Aufgaben aktivierte Region untersucht. Es zeigte sich eine bedeutsame neuronale Aktivierung insbesondere der Mittellinienregionen wie dem ventro- und dorsomedialen präfrontalen Kortex sowie dem zingulären Kortex (angrenzend an den Precuneus). Zusätzlich wurde neuronale Aktivierung am temporo-parietalen Übergang und dem mittleren temporalen Gyrus beobachtet.

In einem zweiten Schritt wurden die drei Aufgaben (emotionale, sozial-kognitive Verarbeitung und Ruhezustandsaktivität) übereinandergelegt bzw. direkt miteinander verglichen und auf gemeinsame darunterliegende Areale oder Regionen hin untersucht. Dies förderte zutage, dass die Mittellinienregionen, der dorsomediale präfrontale Kortex und der posteriore zinguläre Kortex, bei allen drei Aufgaben ähnlich aktiviert wurden. Darauf basierend folgerten die Autoren, dass es eine intrinsische soziale Dimension in unserer neuronalen Aktivität, die für jedes weitere Bewusstsein des Selbst und anderer Selbst essenziell ist, gäbe. Sollte dies zutreffen, wird es radikale Konsequenzen mit sich bringen, und zwar nicht nur für das Konzept des Selbst, sondern für das Bewusstsein generell, wie in ► Abschn. 9.7 dargelegt wird.

9.7 Neurophilosophische Reflexion

Wie können wir nun diese empirischen Daten zu Selbstreferenz aus den Neurowissenschaften mit den konzeptuellen Fragen des Selbst in der Philosophie verbinden? Eine Möglichkeit ist es, das Konzept des Selbst direkt von den empirischen Daten abzuleiten, wie es beispielsweise von den in ► Abschn. 9.2 beschriebenen Verfechtern eines empirischen Selbst vorgeschlagen wird. Diese

Vorgehensweise vernachlässigt allerdings die Tatsache, dass empirische und konzeptuelle Wissensgebiete nicht unbedingt eins zu eins miteinander korrespondieren. Stattdessen könnten der konzeptionelle Bereich und dessen Definition des Selbst über die Daten des empirischen Bereichs hinausgehen (oder gerade andersherum). Wegen solch möglicher Differenzen zwischen empirischen und konzeptuellen Domänen müssen wir den **Grad der Korrespondenz** oder den Abgleich empirischer Daten und theoretischer Definitionen des Selbst untersuchen. Mit anderen Worten, wir sollten die empirische Plausibilität der konzeptuellen Definitionen betrachten, um ein wahrhaft neurophilosophisches Konzept des Selbst zu erhalten.

9.7.1 Psychologische und experimentelle Spezifität

? Wie können wir empirische Daten und konzeptuelle Definitionen direkt miteinander vergleichen?

Bevor wir damit beginnen, sollten wir uns klarmachen, was uns empirische Daten über das Selbst sagen können. Dies wirft nämlich die Frage auf, wie spezifisch gewonnene Daten für das Selbst sind – im Vergleich zu anderen psychologischen und mentalen Merkmalen. Wir müssen also die **Spezifität der Daten** im Auge behalten.

Die meisten im ► Abschn. 9.6 beschriebenen fMRT- und EEG-Studien verglichen selbstspezifische mit nicht selbstspezifischen Stimuli (also z. B. einen Konzertflügel bei einem Pianisten mit einer Säge bei einem Zimmermann). Zusätzlich zur bloßen Rezeption mussten die Probanden nach jedem Stimulus eine Beurteilung über die Selbstspezifität machen. Dies wirft die Frage auf, was die Studie überhaupt misst – die Wahrnehmung oder die Einordnung des Stimulus? Wird also der Effekt des Stimulus erfasst oder die mit diesem Stimulus verbundene Aufgabe?

Am wahrscheinlichsten ist, dass die Resultate eine Mischung aus stimulus- und aufgabenbezogenen Effekten wiedergeben. Dies nährt daher Zweifel, ob die Regionen der Mittellinie eine psychologische Spezifität für das Selbst zeigen. Die Einschätzung einer Selbstspezifität erfordert verschiedene kognitive Funktionen wie Aufmerksamkeit, Arbeitsgedächtnis und Abruf autobiografischer Gedächtnisinhalte. Manche Autoren, wie die französische Neurowissenschaftlerin Legrand (Legrand u. Ruby 2009) argumentieren daher, dass die Mittellinienregion eher einen Bezug zu dem, was sie als »generelle Evaluationsfunktion« beschreibt, haben (als spezifisch für das Selbst und selbstspezifische Stimuli zu sein).

Wie ist es, wenn wissenschaftliche Untersuchungen das Selbst in Relation zu basaleren Funktionen wie Bewegungen oder Aktionen betrachten? Selbst wenn Personen Bewegungsaufgaben ausführen, stoßen wir erneut auf eine Konfusion der verschiedenen Funktionen: Die Komponenten des Selbst wie Eigentümerschaft (z. B. »Ist die Bewegung meine eigene?«) sowie Handlungsmacht (z. B. »Bin ich Ausführender dieser Bewegung?«) könnten konfundiert sein mit den zugrunde liegenden neuronalen Mechanismen der Ausführung einer Bewegung/Aktion durch die Person.

Solch psychologische Unspezifität unterstreicht die Notwendigkeit, dass Neurowissenschaften das experimentelle Design und die Maßgrößen spezifizieren. Wir brauchen Maßeinheiten, die spezifisch für das Selbst sind – im Unterschied zu den verschiedenen assoziierten sensomotorischen, affektiven und kognitiven Funktionen. Und wir brauchen Experimente, die stimulus- und aufgabenbezogene Effekte voneinander abgrenzen – z. B. durch zeitliche Trennung räumlicher Wahrnehmung und Beurteilung.

9.7.2 Selbstspezifität und andere Funktionen

Schließlich muss man die Beziehung zwischen Selbst und anderen Funktionen diskutieren. Aktuelle Bildgebungsstudien haben eine starke neuronale Überschneidung zwischen Selbst und Belohnung, Selbst und Emotionen sowie Selbst und Entscheidungsfindung dargestellt. Wenn man bspw. eine Belohnung in Verbindung mit einem spezifischen Stimulus wie Geld erhält, sind Regionen des Belohnungssystems wie das ventrale Striatum (VS) und der ventromediale präfrontale Kortex (VMPFC) (Northoff 2012a,b,c, 2014) aktiv. Die gleichen Areale sind also aktiv, wenn ein identischer Stimulus bei einer Person selbstspezifisch und bei einer anderen als nicht selbstspezifisch wahrgenommen wird. Der gleichartige Effekt kann für Emotionen gezeigt werden; emotionale und selbstspezifische Reize überschneiden sich insbesondere in der anterioren Mittellinienregion, wie dem perigenualen anterioren zingulären Kortex und dem VMPFC.

Dies kann ebenfalls bei Entscheidungsfindung beobachtet werden: Wenn für das Treffen einer Entscheidung externe Hinweisreize (wie ein höherer oder tieferer Preis für die gleiche Sorte von Äpfeln) dargeboten werden, sind laterale kortikale Regionen aktiv. Wenn allerdings solche Hinweise nicht gegeben werden, müssen wir ein internes Kriterium haben, um unsere Kaufentscheidung zu machen (Nakao et al. 2012). Solch ein internes Kriterium kann nur von unserem Selbst stammen. Studien, die beide Arten der Entscheidungsfindung verglichen haben, zeigten eine überwiegende Einbeziehung der Mittellinienregionen bei intern geführter Entscheidungsfindung (im Vergleich zu extern geführter) (Nakao et al. 2012).

Solch neuronale Übereinstimmung von Selbst und anderen Funktionen wie Belohnung, Emotionen und Entscheidungsfindung wirft Fragen über die Beziehung zwischen diesen auf. Verschiedene Modelle sind vorstellbar. Selbst und Selbstspezifität könnten eine unabhängige Funktion sein wie Aufmerksamkeit, Arbeitsgedächtnis, Emotionen, sensomotorische Verarbeitung usw. In einem solchen Fall würde man spezifische Regionen im Gehirn erwarten sowie spezifische psychologische Funktionen, die spezifisch und exklusiv der Selbstspezifität dienlich sind. Dieser Gedanke jedoch ist zu dieser Zeit empirisch betrachtet nicht zu halten.

Letztlich könnte man auch erwägen, dass Selbst und Selbstspezifität basale Funktionen sind, die die Basis für alle anderen Funktionen (sensomotorische, affektive, kognitive und soziale) bilden und erhalten. In diesem Sinne würden Selbst und Selbstspezifität vor der Rekrutierung anderer Funktionen auftreten. Selbstspezifität würde dann immer da sein und ihre Beteiligung und Manifestierung in den anderen Funktionen wäre unvermeidbar. Statt nach Selbstspezifität in Relation zu spezifischen kognitiven Funktionen wie Sprache zu suchen, müsste man nach basaleren Funktionen schauen, welche vor den anderen geschehen.

Selbstspezifität in diesem Sinne könnte dann auch mit psychodynamisch relevanten Mechanismen wie Abwehrmechanismen in Verbindung gebracht werden. Diese könnten dementsprechend die Struktur und Organisation des Inhalts in Bezug auf das jeweilige Selbst beschreiben. Selbstspezifität kann in einen psychodynamischen Kontext gesetzt werden, für Aufbau, Prinzipien und Arbeitsweise, wie mutmaßlich manifestiert bei den Abwehrmechanismen (Northoff 2011). Dabei könnte man annehmen, dass auf neuronaler Ebene eine Beziehung zwischen subkortikalen und kortikalen Mittellinienstrukturen zentral ist, was allerdings noch weiter erforscht werden muss (Northoff 2011, 2012a,b,a, 2014).

9.7.3 Phänomenale Spezifität des Selbst

Um es noch einmal zu wiederholen, das minimale Selbst beschreibt einen basalen Sinn des Selbst, der unmittelbar auftritt und stets Teil der Wahrnehmung unserer Welt ist. Die Frage ist nun, wie das Konzept des minimalen Selbst mit den oben beschriebenen neurowissenschaftlichen Erkenntnissen verbunden ist. Dafür müssen wir einen Blick auf die Erfahrung des minimalen Selbst als Manifest im präreflexiven Selbstbewusstsein werfen.

Bewusstsein kann durch verschiedene phänomenale Eigenschaften wie Qualia und Erste-Person-Perspektive charakterisiert werden. In Kürze: Qualia beschreibt den subjektiven Blickwinkel auf die Dinge (im Englischen »…what it's like to…«) als einen Teil unserer Erfahrung. Jegliche Erfahrung setzt einen spezifischen Blickwinkel voraus, einen individuellen, der anders ist als der anderer Personen. Diese individuell spezifische Betrachtungsweise sollte unserer Erfahrung eine spezifische Qualität geben: Qualia. Die Erste-Person-Perspektive bezieht sich auf einen Fakt, dass wir die Welt nur aus einer Erste-Person-Perspektive erleben können, während jede Erfahrung aus einer Dritte-Person-Perspektive unmöglich ist, von der aus wir nur beobachten können, nicht erleben.

Wenn das Selbst, z. B. das minimale Selbst, Teil unserer Erfahrung ist, sollte sich das Selbst in diesen phänomenalen Besonderheiten auch manifestieren. Man mag deshalb von »Selbst-Qualia« oder »Erste-Person-Gegebensein« des Selbst sprechen, wie phänomenologische Autoren es tun (Gallagher 2000; Zahavi 2005). Welche erfahrungsbezogenen und daher phänomenalen Merkmale kommen durch das Selbst hinzu?

Phänomenologische Philosophen nehmen an, dass der spezielle Beitrag des Selbst darin besteht, was sie als »Zugehörigkeit-Sein« oder »Mein-Sein« beschreiben (Gallagher 2000; Zahavi 2005): Die Inhalte unserer Erfahrung werden als zu einem bestimmten Selbst zugehörig erlebt, sie werden als »meins« erfahren. Zum Beispiel nehme ich den Laptop, an dem ich hier schreibe, als meinen Laptop wahr, was mit einem Erleben von »Mein-Sein« oder »Zugehörigkeit-Sein« einhergeht. Solch ein Erleben ist allerdings nicht für eine neben mir sitzende Person möglich, auch wenn sie den gleichen Laptop betrachtet. Stattdessen könnte diese Person eine Art »Mein-Sein« oder »Zugehörigkeit-Sein« in Bezug auf eine neben dem Laptop liegende CD erleben, da die dort gespeicherte Musik von ihr komponiert wurde.

Solch ein »Mein-Sein« oder »Zugehörigkeit-Sein« ist insbesondere wichtig, wenn es sich auf spezifische Inhalte bezieht, die unser Bewusstsein ausmachen. Selbst unbewusste Inhalte können »Mein-Sein« oder »Zugehörigkeit-Sein« induzieren. Das Ausmaß dessen könnte dann anzeigen, wie stark sie das Unbewusste einnehmen und in welchen Umfang sie für zukünftige Gedanken und Verhalten relevant sind.

In einer anderen Terminologie bieten die Konzepte von »Mein-Sein« oder »Zugehörigkeit-Sein« eine echte Brücke zu den in der Psychoanalyse diskutierten Mechanismen, insbesondere den Abwehrmechanismen. Abwehrmechanismen könnten übermäßig stark im Falle von unbewussten Inhalten mit einem hohen Grad an »Mein-Sein« oder »Zugehörigkeit-Sein« rekrutiert werden. Werden sie nicht in Anspruch genommen, sollte die Relevanz gering sein. Die Konzepte von »Mein-Sein« oder »Zugehörigkeit-Sein« mögen also psychodynamisch betrachtet sehr relevant sein.

9.7.4 Neurophilosophische Schlussfolgerungen

Was sagen uns diese Erwägungen über das Selbst? Wir konnten hier keine vollumfängliche neurophilosophische Untersuchung des Selbst ausführen, was auch den Rahmen dieses Textes sprengen würde. Was wir allerdings zeigen konnten, ist, was die empirischen Daten über das Selbst beinhalten, wenn wir die Aspekte der verschiedenen Formen der Spezifität diskutieren.

? Nach welcher Art von Selbst sollen wir suchen? – Welches der verschiedenen Konzepte des Selbst, wie es in der Philosophie diskutiert wird, ist auch empirisch plausibel?

Wir werden nicht in der Lage sein, eine neurophilosophische Schlussfolgerung zu ziehen, sondern können nur einige Punkte herausstreichen, die für zukünftige neurophilosophische Forschungsansätze wichtig sein dürften.

Phänomenale Spezifität und phänomenale Grenzen

Um phänomenale Spezifität zu erklären, muss die Neurowissenschaft die neuronalen Mechanismen, die der Erfahrung von »Mein-Sein« und »Zugehörigkeit-Sein« zugrunde liegen, aufzeigen und gleichzeitig die neuronalen Mechanismen anderer phänomenaler Eigenschaften wie der Wahrnehmung, Intentionalität, Einheit, Erste-Person-Perspektive, Qualia und der räumlich-zeitlichen Kontinuität unterscheiden. Man benötigt daher distinkte experimentelle Maßeinheiten und Studiendesigns für jede dieser phänomenalen Besonderheiten. Nur dann wären wir in der Lage, die phänomenale Spezifität zu erzielen und klar zu differenzieren zwischen dem phänomenalen oder minimalen Selbst und phänomenalem Bewusstsein. Also müssen wir auf experimentelle Art und Weise selbstspezifische und nicht selbstspezifische phänomenale Maße differenzieren.

Ein phänomenologischer Philosoph würde vielleicht folgende Frage aufwerfen: Ist solch eine phänomenale Spezifität mit ihrer experimentellen Unterscheidung zwischen selbst- und nicht selbstspezifischen phänomenalen Maßeinheiten überhaupt möglich? Das minimale Selbst wird als Teil der Erfahrung, und daher als Teil des Bewusstseins, betrachtet. Jegliches Bewusstsein der Welt geht einher mit einer Erfahrung des Selbst auf eine präreflexive Weise. Und das Gegenteil stimmt ebenfalls. Jegliche Erfahrung des Selbst ist Teil einer Erfahrung der Welt. Erleben des Selbst und Erleben der Welt sind daher immanent miteinander verbunden.

Was bringt dies mit sich für die phänomenale Spezifität des Selbst? Es bedeutet, dass es nicht möglich ist, richtig und klar zwischen experimentellen Maßen für das minimale Selbst und denen für unsere generelle Erfahrung (z. B. über die Welt) zu unterscheiden. Darüber hinaus bedeutet es, dass wir nicht in der Lage sind, auf experimentelle Art und Weise »Mein-Sein« und »Zugehörigkeit-Sein« als etwas distinktes und separiertes von anderen raumzeitlichen Eigenschaften wie Kontinuität, Einheit, Erste-Person-Perspektive und Qualia zu differenzieren.

Warum? Da diese phänomenalen Merkmale immer bereits durch das Selbst »infiziert« sind, und zwar auf dieselbe Weise, wie sie im Selbst enkodiert und hineingegossen sind. Also könnten wir das Limit der experimentellen und phänomenalen Spezifität erreicht haben. Wenn dies so ist, wären wir gezwungen, anzuerkennen, dass es prinzipielle Begrenzungen gibt, in denen wir das minimale Selbst untersuchen können.

Minimales Selbst und Körper

Was ist mit Selbst und Körper? Wir können unseren eigenen Körper als unseren eigenen Körper erleben. Dies führt zu einem Charakteristikum des Körpers, nämlich, dass er durch sich selbst bei Bewusstsein erlebt werden kann. Der Körper ist nicht nur ein objektiver Körper, der aus einer Dritte-Person-Perspektive betrachtet werden kann, wie es Neurowissenschaftler und Ärzte tun, sondern auch aus einer Erste-Person-Perspektive. Dies ist der Körper, den wir bei Bewusstsein erleben, was als ein »gelebter Körper« charakterisiert wird.

Diesen »gelebten Körper« können wir als unseren Körper erleben, als meinen Körper, unterscheidbar von anderen. Also erleben wir den gelebten Körper in Bezug auf »Mein-Sein« und »Zugehörigkeit-Sein«. Folglich kann das Erleben des Körpers als erste und fundamentalste Manifestation des phänomenalen oder des minimalen Selbst betrachtet werden. Unser Selbst ist in seiner am meisten basalen und minimalen Form ein körperliches.

Solches »Mein-Sein« und »Zugehörigkeit-Sein« zeigt sich auch in der in ► Abschn. 9.6.1 beschriebenen **Eigentümerschaft** und **Handlungsmacht**. Eigentümerschaft beschreibt, dass ich meinen Körper als den meinigen eher erlebe als den einer anderen Person. Neurowissenschaftlich hängt dies mit neuronaler Aktivität in Arealen wie dem sensorischen Kortex und dem parietalen Kortex zusammen, wobei der parietale Kortex die räumliche Position des Körpers in seiner Umwelt vermittelt. Handlungsmacht bedeutet in diesem Sinne, dass ich eine Handlung und Bewegung initiiert und verursacht habe. So bin ich bspw. der Handelnde in Bezug auf die Buchstaben, die hier gerade geschrieben werden. Aktion und Bewegungen sind dementsprechend meine, sie wurden von mir als Handelndem ausgeführt. Auf neuronaler Ebene hängt dies mit dem prämotorischen und motorischen Kortex zusammen; Regionen, die generell mit der Bewegungsentstehung zusammenhängen.

Selbst als gehirnbasierte neurosoziale Struktur und Organisation

Was bedeutet dies für das Selbst? Unser Selbst kann als dem Körper innewohnend betrachtet werden, es ist verkörpert. Da es auf Selbstreferenz als der Zuordnung persönlicher Relevanz zu der Umwelt (und körperlichen Stimuli) beruht, könnte unser Selbst ebenfalls der Umgebung immanent und dementsprechend eingebettet und sozial sein. Unser Selbst kann folglich nicht als Entität, lokalisiert im Gehirn und isoliert von Körper und Umwelt betrachtet werden. Stattdessen scheint unser Selbst immanent sozial zu sein, wie von den Befürwortern des Konzeptes eines sozialen Selbst beschrieben (► Abschn. 9.5).

Was bedeutet solch eine immanent körperliche und soziale Beschaffenheit für die konzeptuelle Charakterisierung des Selbst? Unser Selbst sollte eher als Struktur und Organisation als eine mentale oder physische Entität beschrieben werden. Diese Struktur oder Organisation muss sich während der Kindheit und Adoleszenz entwickeln, bei andauernden Veränderungen im Erwachsenenleben.

Trotz aller Veränderungen kann es Persistenz und Kontinuität über die Zeit hinweg geben, was dann als Identität bezeichnet wird. Identität kann als zeitliche Persistenz und Kontinuität des Selbst beschrieben werden, was in einer Studie (Doering et al. 2012) mit den Strukturen der Mittellinie und deren intrinsischer Aktivität verbunden wurde.

Wir können auch sehen, dass solch ein Konzept von Selbst als Struktur und Organisation verkörpert, also dem Körper immanent und eingebettet, also der Umwelt immanent, ist. Die virtuelle Struktur des Selbst spannt sich also über das Gehirn, den Körper und die Umwelt – die Strukturen der Mittellinie sind die neuronale Prädisposition für dessen Konstitution und gleichzeitig abhängig vom jeweiligen Kontext. Freuds Darstellung des Ich als Struktur und Organisation kommt hier in einer spezifischeren, verkörperten und eingebundenen Gestalt als immanent relational oder biopsychosozial zum Vorschein. Zukünftige Untersuchungen können nun die verschiedenen Merkmale, die Freud dem Ich zuschrieb, mit dem Selbst verbinden, nach den in ▶ Abschn. 9.6 beschriebenen Mechanismen (Northoff 2011, 2012a,b,c, 2014).

9

▪ **Struktur und Organisation**

Die Struktur muss insofern virtuell sein, als dass sie die physischen Begrenzungen von Gehirn, Körper und Umwelt überwindet. Bedeutet dies, dass wir wieder zu einer mentalen Struktur und Organisation als distinkt von physischer Struktur und Organisation zurückkehren? Nein. Die Ergebnisse der Neurowissenschaften verknüpfen das Selbst mit neuronalen Prozessen, die mit intraindividuellen Erfahrungen und interindividuellen Interaktionen verbunden sind. Es gibt also eine neuronale Basis für die verschiedenen Aspekte des Selbst im Kontext des Gehirns, des Körpers und der Umwelt. Wir verwerfen also die mentale Charakterisierung von Struktur und Organisation, die das Selbst definieren soll.

Wie können wir das auf eine positivere Art und Weise ausdrücken? Eine Möglichkeit ist es, Struktur und Organisation als sozial, im Unterschied zu mental und physisch zu charakterisieren. Die soziale Beschreibung wäre dann ein Intermediat oder besser eine gemeinsam zugrunde liegende Basis zwischen dem rein Physischen und dem rein Mentalen. Das Selbst basiert dann auf dem Gehirn, weitet sich aber auf Körper und Umwelt aus. Konzeptionell bedeutet dies, dass die Konzepte des Selbst eher gehirnbasiert als gehirnreduktiv (wie es die Vertreter des empirischen Selbst tun). Solch eine gehirnbasierte Natur des Selbst schließt auch geist- und bewusstseinbasierte Ansätze aus, wie sie in frühen philosophischen Konzepten des mentalen oder phänomenalen Selbst vorkamen.

Wenn die soziale Charakterisierung der Struktur und der Organisation derart verbunden mit dem Selbst und tatsächlich fundamental basal ist, würde man annehmen, dass die neuronale Aktivität des Gehirns immanent sozial (Schilbach et al. 2012), sprich neurosozial im Grundzustand, ist: Das Gehirn kann es nicht vermeiden, die sozialen Umgebungsfaktoren beim Enkodieren der Stimuli für seine eigene neuronale Aktivität, die dann ebenfalls im Grundzustand neurosozial ist (und nicht rein neuronal), zu ignorieren (Northoff 2013). Dies wird von der in ▶ Abschn. 9.6.4 beschriebenen Überschneidung von Aktivität im Ruhezustand und der Veränderung neuronaler Aktivität während emotionaler und sozial-kognitiver Aufgaben bestätigt und untermalt.

Ob ein Gehirn seine neuronale Aktivität tatsächlich immanent neurosozial enkodiert, bleibt zu diesem Zeitpunkt noch unklar. Unstrittig aber ist, dass die exakte Beschreibung der neuronalen Aktivität des Gehirns essenziell sein wird, um ein wahrhaft neurophilosophisches (eher als philosophisches oder neurowissenschaftliches) und daher gehirnbasiertes (eher als gehirnreduktives) und neurosoziales (eher als bloß neuronales) Konzept des Selbst zu entwickeln.

Literatur

Böker H (1999) Selbstbild und Objektbeziehungen bei Depressionen: Untersuchungen mit der Repertory Grid-Technik und dem Gießen-Test an 139 PatientInnen mit depressiven Erkrankungen. Monographien aus dem Gesamtgebiete der Psychiatrie. Steinkopff-Springer, Darmstadt

Böker H, Hell D, Budischewski K et al (2000) Personality and object relations in patients with affective disorders: Idiographic research by means of the repertory grid-technique. J Affect Disord 60:53–60

Churchland P (2012) Brain wise. An introduction into neurophilosophy. MIT Press, Cambridge/Mass
Damasio AR (1999) How the brain creates the mind. Sci Am 281(6):112–117
Damasio AR (2010) The self comes to mind. Viching, New York
Dennecker FW (1989) Das Selbst-System. Psyche 43:577–608
Doering S, Enzi B, Faber C et al (2012) Personality functioning and the cortical midline structures – an exploratory fMRI study. PLoS One 7(11):e49956
Freud S (1962) Aus den Anfängen der Psychoanalyse 1887–1902. Briefe an Wilhelm Flies. Fischer, Frankfurt/M, (Erstveröff. 1895)
Freud S (1914) Zur Einführung des Narzissmus. Gesammelte Werke Bd 10; Fischer, Frankfurt/M, 1963
Freud S (1923) Das Ich und das Es. GW Bd 13, Fischer, Frankfurt/M, S 257
Freud S (1924) Der Realitätsverlust bei Neurose und Psychose. GW Bd 13, Fischer, Frankfurt/M
Gallagher I (2000) Philosophical conceptions of the self: implications for cognitive science. Trends Cogn Sci 4(1):14–21
Hartmann H (1964) Ich-Psychologie. Klett, Stuttgart
Joraski P (1986) Das Körperschema und das Körper-Selbst. In: Brähler E (Hrsg) Körpererleben. Springer, Berlin Heidelberg New York
Klein SB (2012) Self, memory, and the self-reference effect: an examination of conceptual and methodological issues. Pers Soc Psychol Rev 16(3):283–300
Klein SB, Gangi CE (2010) The multiplicity of self: Neuropsychological evidence and its implications for the self as a construct in psychological research. Ann N Y Acad Sci 1191:1–15
Kohut H, Wolf ES (1978) The disorders of the self and their treatment. Int J Psychoanal 59:414–25
Kohut H (1971) The analysis of the self. A systematic approach to the psychoanalytic treatment of narcisstic personality disorders. International Univ Press, New York
Kohut H (1977) The restoration of the self. International Univ Press, New York
Kohut H (1984) How does analysis cure? University of Chicago Press, Chicago
Lampl-Groot J (1964) Heinz Hartmanns Beiträge zur Psychoanalyse. Psyche 21(6–7):320–353
Legrand D, Ruby P (2009) What is self-specific? theoretical investigation and critical review of neuroimaging results. Psychol Rev 116(1):252–282
Lichtenberg JD (1983) Psychoanalysis and Infant Research. The Analytic Press, Hillsdale, New York. Deutsche Ausgabe: Lichtenberg JD (1991) Psychoanalyse und Säuglingsforschung. Springer, Berlin Heidelberg New York
Lichtenberg JD (1987) Die Bedeutung der Säuglingsbeobachtung für die klinische Arbeit mit Erwachsenen. Z Psychoanal Theor Prax 2:123–145
Metzinger T (2003) Being no one. MIT Press, Cambridge/Mass
Milch W (Hrsg) (2001) Lehrbuch der Selbstpsychologie. Kohlhammer, Stuttgart Berlin Köln
Nakao T, Ohira H, Northoff G (2012) Distinction between externally vs. internally guided decision-making: operational differences, meta-analytical comparisons and their theoretical implications. Front Neurosci 6:31
Northoff G (2011) Neuropsychoanalysis in practice. Brain, self and objects. Oxford Univ Press, Oxford
Northoff G (2012a) Autoepistemic limitation and the brain's neural code: Comment on "neuroontology, neurobiological naturalism, and consciousness: A challenge to scientific reduction and a solution" by Todd E. Feinberg. Phys Life Rev 9(1):38–39
Northoff G (2012b) Psychoanalysis and the brain – why did Freud abandon neuroscience? Front Psychol 3:71
Northoff G (2012c) Immanuel Kant's mind and the brain's resting state. Trends Cogn Sci 16(7):356–359
Northoff G (2014) Unlocking the brain, Bd 1 Coding, Bd 2 Consciousness. Oxford Univ Press, Oxford New York
Northoff G, Heinzel A, de Greck M et al (2006) Self-referential processing in our brain–a meta-analysis of imaging studies on the self. Neuroimage 31(1):440–457
Pfeifer UJ, Timmermann B, Vogeley K et al (2013) Towards a neuroscience of social interaction. Front Hum Neurosci 7:22
Schilbach L, Bzdok D, Timmermann B et al (2012) Introspective minds: Using ALE meta-analyses to study commonalities in the neural correlates of emotional processing, social and unconstrained cognition. PLoS One 7(2):e30920
Schilbach L, Timmermann B, Reddy V et al (2013) Toward a second-person neuroscience. Behav Brain Sci 36:393–462
Stern DN (1985) The interpersonal world of the infant. Basic Books, New York. Deutsch Ausgabe: Stern DN (1992) Die Lebenserfahrung des Säuglings. Klett-Cotta, Stuttgart
Stolorov RD (1986) On experiencing an object: a multidimensional perspective. In: Goldberg A (Hrsg) Progress in self-psychology, Bd 2. Analytic Press, Hillsdale, New York, S 273–279
Zahavi D (2005) Subjectivity and selfhood: Investigating the first-person perspective. MIT Press, London

Affekte

Georg Northoff, Michael Dümpelmann

H. Böker et al. (Hrsg.), *Neuropsychodynamische Psychiatrie*,
DOI 10.1007/978-3-662-47765-6_10, © Springer-Verlag Berlin Heidelberg 2016

Affekte spielen in der klinischen Behandlung eine sehr gewichtige Rolle. Sie prägen Interaktionen, Übertragung und Gegenübertragung sowie Widerstände und gestalten dadurch die therapeutische Beziehung wie Beziehungen schlechthin. Gemessen an ihrer Bedeutung fanden sie jedoch lange in der Forschung nicht das Interesse, das mit dem Interesse an kognitiven Phänomenen und Störungsaspekten vergleichbar wäre. Im Folgenden möchten wir einige neurobiologische und psychodynamische Modelle zu Affekten und Emotionen für das theoretische Verständnis und für die klinische Arbeit beschreiben, gegenüberstellen und diskutieren.

10.1 Neurobiologische Konzeptionen

Zu Affekten und Emotionen wurden neurobiologische Konzepte formuliert, die gemeinsam haben, dass sie relationale und funktionale Aspekte der Affekt- und Emotionsverarbeitung besonders fokussieren.

10.1.1 Panksepps Konzept im Vergleich mit kognitiven Emotionstheorien

Jaak Panksepp ist einer der Begründer der affektiven Neurowissenschaften und skizzierte in seinem bahnbrechenden Buch von 1998 deren Grundlagen (Panksepp 1998b). Im Unterschied zu vielen seiner Kollegen fokussiert er darin weniger kortikale, sondern mehr **subkortikale Hirnregionen**. Warum? Weil er hier die neurobiologischen Grundlagen von Affekten oder Emotionen – die Begriffe werden hier synonym verwendet – vermutet. Er assoziiert verschiedene basale oder **primäre Affekte** mit verschiedenen neurobiologischen Substraten in den subkortikalen Regionen. Und er unterscheidet zwischen basalen oder primären Affekten, **sekundären Affekten** und **tertiären Affekten**. Sekundäre und tertiäre Affekte sind Ausdifferenzierungen und Elaborationen der basalen primären Affekte. Die primären Affekte umfassen Exploration (»seeking«), Angst (»fear«), Wut (»rage«), Panik (»panic«), Fürsorgeverhalten (»care«), Spiel (»play«) und Lust (»lust«), (Panksepp 1998a,b, 2011a,b). Dabei assoziiert er diese **sieben basalen Affekte** direkt mit verschiedenen neurobiologischen Substraten in den subkortikalen Regionen.

Wir wollen hier nicht weiter auf Einzelheiten eingehen, sondern nur erwähnen, dass Panksepp, vor allem auf der Grundlage von Tierversuchen, verschiedene subkortikale neuroanatomische Netzwerke als biologische Substrate der basalen Emotionen annimmt. Besonders wichtig ist dabei, dass diese basalen Emotionen oder Affekte auch mit unterschiedlichen psychischen Symptomen in Verbindung gebracht werden können. So ist z. B. eine extreme Reduktion des Seeking-Systems in der Depression zu beobachten. Details zu der direkten Verknüpfung zwischen den basalen Affekten und verschiedenen psychischen Symptomen werden in ► Abschn. 10.1.4 dargestellt.

Eine weitere und sehr gewichtige Besonderheit der Theorie Panksepps besteht darin, dass sie Emotionen oder Affekte direkt mit subjektiven Erlebniszuständen verknüpft, die bewusst sind. Danach beinhaltet jede Emotion oder jeder Affekt immer schon ein emotionales Erleben, das wir »Gefühl« nennen und in dem eine Emotion repräsentiert wird, welche so ein »**emotionales Gefühl**« ergibt. Dieser für Kliniker ungewöhnliche, weil doppelnde Begriff trägt dem Rechnung, dass aus neurowissenschaftlicher Perspektive Affekte und Emotionen nicht selbstverständlich mit einem Erlebnisgehalt verknüpft sind. Genau das sieht Panksepp aber anders und die essenzielle Bedeutung, die das emotionale Erleben in seiner Theorie hat, unterscheidet seine von vielen anderen gegenwärtigen Emotionstheorien, bei denen Affekte und Emotionen als reine prozessuale Mechanismen aufgeführt und von bewussten subjektiven Erlebniszuständen getrennt werden. Dann stellt sich aber die Frage, woher denn das subjektive Erleben und somit das Emotionale im Gefühl kommen, wenn sie nicht mit den Emotionen selbst intrinsisch verbunden sind.

Viele Autoren nehmen gegenwärtig an, dass die Emotionen primär nicht mit einem subjektiv erlebten Gefühl verknüpft werden, sondern dass emotionale Gefühls- oder Erlebniszustände erst durch kognitive Funktionen, sog. **kognitive Metarepräsentationen** der entsprechenden Emotionen, zustande kommen. Solche Theorien werden z. B. von LeDoux oder auch von Damasio vertreten, die argumentieren, dass Emotionen basal auf interozeptiven Prozessen des eigenen Körpers basieren und dass die Verknüpfung von Emotionen mit Erlebens- oder Gefühlszuständen durch Metarepräsentation bzw. durch die Wahrnehmung dieser eigenen interozeptiven Prozesse erfolgt. Panksepp ist hier sehr viel radikaler, wenn er argumentiert, dass jegliche Emotion schon immer intrinsisch mit einem subjektiven und bewussten Erlebniszustand verknüpft ist. Ihm zufolge beinhalten auch die neuronale Aktivität in subkortikalen Regionen und ihre Verknüpfung mit Emotionen immer schon einen solchen subjektiven Erlebniszustand. Kognitive Emotionstheorien inklusive der mehr vegetativ orientierten kognitiven Emotionstheorien (▶ Abschn. 10.1.2) verlagern aber die Assoziation emotionaler Erlebnis- oder Gefühlszuständen mit subjektiven Emotionen eher in kortikale Regionen.

? Wo kommen Emotionen her?

Es werden verschiedene Theorien von Affekten und Emotionen in der gegenwärtigen Literatur diskutiert. Neben Panksepps Konzept werden in den kognitiven Theorien emotionale Gefühle mit kognitiven Funktionen wie Kurz- und Langzeitgedächtnis, Aufmerksamkeit oder Metarepräsentationen in Verbindung gebracht. Emotionen werden hier als primär unabhängig von subjektiven emotionalen Erlebnissen und somit von dem angesehen, was wir als »emotionale Gefühle« bezeichnet haben. Dabei werden separate neuronale Mechanismen angenommen, für Emotionen einerseits und emotionale Gefühle andererseits. Dies sind die **prädominanten Emotionstheorien.** Diesen setzt Panksepp eine rein **affektive Emotionstheorie** entgegen. In ihr werden Emotionen oder Affekte und emotionale Gefühle nicht voneinander getrennt, sondern sind intrinsisch miteinander verknüpft. Er spricht in diesem Zusammenhang auch von »rohem«, ursprünglichem emotionalem Erleben.

10.1.2 Andere Emotionstheorien

▪ **Interozeptive bzw. vegetative Prozesse**

Andere Emotionstheorien heben vor allem die interozeptiven bzw. vegetativen Prozesse des eigenen Körpers in der Entstehung hervor. Schachter und Singer hatten angenommen, dass es dabei vor allem um interozeptive bzw. vegetative Prozesse geht (Schachter u. Singer 1962). Wenn wir den eigenen Herzschlag wahrnehmen, z. B. wenn das Herz »rast«, bekommen wir es mit der Angst zu tun und es werden Emotionen generiert. Die Generierung von Emotionen wird somit auf die interozeptive Wahrnehmung eigener vegetativer körperlicher Funktionen zurückgeführt. Ähnlich hat auch Damasio seine Theorie der Emotionen (▶ Abschn. 10.1.1) entwickelt, die er quasi mit einer Metarepräsentation der interozeptiven Prozesse in Verbindung bringt sowie mit entsprechenden neuronalen Korrelaten, wie z. B. dem sekundären somatosensorischen Kortex.

▪ **Sensomotorischer Ansatz**

Schließlich ist eine weitere Emotionstheorie zu erwähnen, der sog. sensomotorische Ansatz. Mit ihm werden die Emotionen eng mit sensorischen und motorischen Funktionen in Verbindung gebracht. Besonders deutlich ist dies z. B. beim Ausdruck von Emotionen in Gesichtern, wo die faziale Mimik eng mit verschiedenen Emotionen verknüpft ist. Dieser Ansatz wird auch oft mit dem sog. **Embodiment** verknüpft. Embodiment bedeutet dabei die Integration mentaler Zustände wie emotionaler Gefühle im Körper mit den entsprechenden sensomotorischen Funktionen.

▪ **Existenzialer Ansatz**

Neben den sensomotorischen, affektiven, kognitiven und vegetativ-interozeptiven Theorien gibt es auch sog. existenziale Theorien von Emotionen. Sie gehen auf den deutschen Philosophen Heidegger zurück und wurden kürzlich von Ratcliffe wieder thematisiert. Heidegger nimmt sog. existenziale Gefühle an, die, so Ratcliffe (2005, 2008), vor allem in Gefühlen von »homeliness«, »belonging«, »separation«, »unfamiliarity«, »power control«, »being part of something«, »being at one with nature« und »being there« bestehen (Ratcliffe 2005, S. 43–44, Ratcliffe 2008).

Zentrales verbindendes Merkmal dieser verschiedenen Gefühle ist, dass sie alle eine **direkte Beziehung zur Umwelt** voraussetzen. Sie legen den Akzent auf die Art und Weise, wie wir uns zurechtfinden in der Welt und somit wie wir unser Dasein in der Welt beschreiben. Das kann sehr leicht und passend mit den Emotionen in Verbindung gebracht werden, die wir z. B. bei Patienten mit Depression oder Schizophrenie erleben. Ein depressiver Patient kann eine **existenziale Leere**, eine innere Leere und ein Getrenntsein von der Umwelt spüren. Das ist dann seine Art der Weltbeziehung bzw. des Nichtvorhandenseins eines direkten Weltbezugs in seinem subjektiven Erleben. Und bei schizophrenen Patienten finden wir häufig eine **existenziale Angst**, wenn sie unter Wahn oder Halluzinationen leiden, die den Verlust eines von der Außenwelt abgrenzbaren Selbst anzeigen.

■ **Relationaler Ansatz**

Die existenzialen Ansätze kommen dem **relationalen Emotionsmodell** (Northoff 2012, 2014) nahe und sind sehr stark philosophisch geprägt. Das relationale Emotionsmodell postuliert, dass Emotionen auf der Verknüpfung von intero- und exterozeptiven Stimuli von Körper und Umwelt basieren. Emotionen sind demnach weder im Gehirn oder Körper noch in der Umwelt selbst zu lokalisieren, sondern in der Beziehung zwischen Gehirn, Körper und Umwelt – sie sind also intrinsisch relational. Das ist sehr gut vereinbar mit dem »Dasein-in-der-Welt«, wie es in existenzialen Ansätzen beschrieben wird – der relationale Ansatz kann also auch als neuroexistenzial beschrieben werden.

Wie aber entstehen dann subjektives Erleben und emotionale Gefühle? Dafür, so Northoff (2014), muss erstens eine Beziehung bestehen und zweitens muss diese Beziehung direkt mit der intrinsischen Aktivität des Gehirns und ihren räumlich-zeitlichen Strukturen interagieren. »Emotionale Gefühle« bestehen dann in virtuellen räumlich-zeitlichen Konstellationen zwischen Gehirn, Körper und Umwelt. Wir werden in ► Abschn. 10.2.1 sehen, dass eine solche relationale Auffassung von Emotionen im Allgemeinen und von »emotionalen Gefühlen« im Besonderen den psychodynamischen Auffassungen von Emotionen sehr nahe steht.

10.1.3 Neuronale Korrelate

Was sind die neuronalen Korrelate von Emotionen? Wie in ► Abschn. 10.1.1 erwähnt, lokalisiert Panksepp die basalen neuronalen Substrate der basalen Affekte in den verschiedenen Nuclei der subkortikalen Regionen. Wie steht es mit den kortikalen Regionen? Hier ist vor allem ein Fokus der Forschung auf die sog. **interozeptiven Regionen** gerichtet, die u. a. die Insula und den subprägenualen anterioren zingulären Kortex (SACC) umfassen. Critchley hat vor allem verschiedene neuronale Aktivitäten während der Präsentation von fröhlichen, traurigen, ärgerlichen und entsetzten Gesichtern untersucht (Critchley 2005). Er hat Veränderungen des Herzschlags beobachtet, die direkt abhängig vom emotionalen Inhalt waren. Vor allem bei traurigen und ärgerlichen Gesichtern ließen sich starke Veränderungen des Herzschlags beobachten.

Auf neuronaler Ebene haben diese Gesichter vor allem Regionen in der rechten und linken Insula, dem SACC und dem Mittelhirn sowie der rechten Amygdala aktiviert. Diese Befunde legen den starken Verdacht nahe, dass Emotionen unter Beteiligung der Insula, des Mittelhirns und der Amygdala generiert werden. Darüber hinaus ist es bedeutsam, dass die verschiedenen Emotionen sich hinsichtlich des Grads der Aktivierung dieser Regionen unterschieden, d. h. dass diese Regionen offenbar auch zur Differenzierung von verschiedenen emotionalen Inhalten, z. B. traurig oder ärgerlich, beitragen.

Die Gruppe von Critchley hat auch eine Serie von verschiedenen Studien zur Interaktion zwischen Wahrnehmung des Herzschlags und emotionalen Gefühlen durchgeführt. Die Probanden wurden dazu aufgefordert, ihre Aufmerksamkeit auf den Herzschlag und die kardiovaskuläre Erregung zu richten. Regionen wie die rechte Insula, der sensomotorische Kortex, der SACC und der dorsomediale präfrontale Kortex (DMPFC) wurden dabei beobachtet. Ein besonders wichtiges Ergebnis war, dass hier offenbar die Aktivität in der rechten Insula und dem SACC mit dem Grad des interozeptiven Bewusstseins korrelierte, während negative Emotionen eher mit der neuronalen Aktivität im DMPFC korrelierten. Diese Befunde zeigen, dass interozeptive Wahrnehmung und »emotionale Gefühle« nicht genau das Gleiche sind, sondern sich nur partiell überlappen. Das konnte auch durch entsprechende EEG-Studien bestätigt werden.

Legen diese Befunde nun nahe, dass Emotionen und »emotionale Gefühle« auf interozeptives Processing in diesen Regionen des Gehirns zurückzuführen sind? Auf den ersten Blick könnte es so scheinen, dass diese Regionen und speziell die Insula mit interozeptivem Processing in Verbindung gebracht werden können. Auf den zweiten Blick muss diese Annahme aber verneint werden, denn es ist nicht so, dass Regionen wie die Insula nur interozeptive Stimuli prozessieren. Nein, sie prozessieren auch exterozeptive Stimuli, die direkt aus der Umwelt stammen. Die Insula verknüpft intero- und exterozeptive Stimuli miteinander. Emotionen können daher nicht ausschließlich auf interozeptive Stimuli und deren exklusive Wahrnehmung, wie von Damasio postuliert, zurückgeführt werden. Stattdessen müssen Emotionen als Ergebnis einer **direkten Verknüpfung** zwischen **intero- und exterozeptiven Stimuli** betrachtet werden. Wenn z. B. die interozeptiven Stimuli stärker werden, werden die Emotionen stärker mit dem eigenen Körper in Verbindung gebracht. Dies ist z. B. bei somatoformen Störungen der Fall.

Umgekehrt kann sich aber die Balance zwischen intero- und exterozeptiven Stimuli auch in Richtung der exterozeptiven Stimuli bewegen (Northoff 2012). Die Emotionen und ihre Inhalte werden dann stärker mit den Inhalten der exterozeptiven Stimuli der Umwelt in Verbindung gebracht. Emotionen müssen somit und letztendlich auf die Balance zwischen intero- und exterozeptiven Stimuli und ihr entsprechendes Processing in verschiedenen neuronalen Regionen des Gehirns zurückgeführt werden. In einem allgemeineren Kontext betrachtet bedeutet das, dass Emotionen weder rein intero- noch rein exterozeptiv. noch rein kognitiv sind. Stattdessen müssen Emotionen generell als relational betrachtet werden. Relational bezeichnet hier, dass sie eine direkte Verbindung zwischen dem eigenen Körper und der Umwelt schaffen, die auf die intero-exterozeptive Verknüpfung zurückgeführt werden kann. Affekte bzw. Emotionen und die entsprechenden »emotionalen Gefühle« sind Manifestation und Ausdruck einer Beziehung zwischen Körper und Umwelt, die wir dann in einem entsprechenden subjektiven und bewussten Maß erleben. Noch kürzer: Emotionen müssen als eine Beziehung zwischen Umwelt und Gehirn zusammengefasst werden, die subjektiv erlebt wird – dies spiegelt sich in der relationalen Theorie von Emotionen wider (Northoff 2012).

10.1.4 Primäre Emotionen, Gefühle und klinische Störungsbilder

Panksepp verknüpft die verschiedenen Basis- oder primären Emotionen auch mit verschiedenen psychopathologischen Störungsbildern, die er als emotionale Erkrankungen bzw. Störungen ansieht. Dazu werden wir im Folgenden kurz Querverbindungen zwischen Basisemotionen, »emotionalen Gefühlen« und verschiedenen psychopathologischen Aspekten vorstellen.

- **Exploration (»seeking«)**

Mit der Exploration verbundene Gefühle sind Interesse, Frustration, Verlangen bzw. »craving«. Panksepp zufolge findet sich beispielsweise Interesse bei Zwängen, Frustration bei paranoider Schizophrenie und bei Sucht.

- **Wut (»rage«)**

Die primäre Emotion Wut (»rage«) drückt sich in Gefühlen von Ärger, Irritabilität, Verachtung und Hass aus. Assoziierte klinische Bilder sind nach Panksepp vor allem aggressiv getönte Störungen, etwa Psychopathien und Persönlichkeitsstörungen, mit denen auch Verachtung stärker verknüpft ist.

- **Angst (»fear«)**

Eine andere Grundemotion nach Panksepp ist Angst, die er mit einer Reihe von Störungsbildern in Zusammenhang bringt: Angst manifestiert sich in Angststörungen, im Extrem in einer generalisierten Angststörung. Weitere mit Angst assoziierte Gefühle sind Besorgtheit und Furcht, die er mit Phobien verbunden sieht. Auch eng mit Angst verknüpft sind psychische Traumafolgen, z. B. posttraumatische Belastungsstörungen.

▪ Panik (»panic«)

Panik wird laut Panksepp mit Trennungsangst und auf der Symptomebene mit Panikattacken assoziiert. Eng mit Panik verbunden sind auch Schuld und Scham, die eine Verbindung zur Psychopathologie der Depression aufweisen. Auch Peinlichkeit ist ein mit Panik assoziiertes Gefühl, das sich psychopathologisch in sozialen Phobien und auch im Autismus manifestiert.

▪ Spielen (»play«)

Eine weitere Basisemotion ist das Spielen, das er mit Freude in Verbindung bringt und das sich im Extrem psychopathologisch in Manien manifestiert. Auch ein Ausdruck des Spielens ist »happy playfulness«, die Panksepp zufolge im Aufmerksamkeitsdefizit-Hyperaktivitätssyndrom (ADHS) manifest werden kann.

▪ Lust (»lust«)

Die Basisemotion Lust ist mit erotischen Gefühlen verknüpft und drückt sich z. B. in Sexualität aus, auch in ihren devianten psychopathologischen Formen, zusammen mit Gefühlen von Eitelkeit oder Neid auch in süchtiger Sexualität.

▪ Fürsorgeverhalten (»care«)

Die letzte Grundemotion Fürsorgeverhalten, die Panksepp mit Versorgung und Verpflegung (»nurturing«) in Verbindung sieht, manifestiert sich psychopathologisch in Abhängigkeitsstörungen und dependenten Persönlichkeitsstörungen. Weitere Gefühle im Bereich des Fürsorgeverhaltens sind Liebe, die Panksepp psychopathologisch mit Zurückhaltung verbindet, und Attraktion (Anziehung), die psychopathologisch mit Bindung und ihren Störungen in Verbindung gesetzt wird.

▪ Dimensionaler und kategorialer Ansatz

Sichtbar wird hier sehr deutlich, dass Panksepps Konzept dimensional angelegt ist, d. h. er sieht »normale« und pathologische Zustände auf einem Kontinuum angesiedelt, wobei sich die Extreme eines Kontinuums der Basisemotionen dann in psychopathologischen Manifestationen zeigen. Das unterscheidet diesen Ansatz erheblich von verbreitet gebräuchlichen Klassifikationssystemen wie z. B. ICD oder DSM, in denen eine Trennlinie zwischen »normal« und »pathologisch« gezogen wird und wo somit ein kategorialer und kein dimensionaler Ansatz vertreten wird. Panksepp schlägt hier schlicht eine dimensionale Psychopathologie vor.

Wie kommt es zu diesen Unterschieden? Panksepp legt eine »neurobiologische Folie« auf die psychopathologischen Syndrome und nimmt daher einen zugrunde liegenden Mechanismus, die sog. Basisemotion an, die sich dann teleskopartig in verschiedenen Graden auf einem Kontinuum von 0 bis 100 zwischen Extremzuständen manifestieren kann. Solch ein dimensionaler Ansatz muss strikt von dem kategorialen Ansatz des klinischen Psychiaters unterschieden werden, der eindeutig zwischen »normal« und »pathologisch« in der klinischen Diagnostik unterscheiden möchte. Der Unterschied zwischen dem neurobiologischen und dem klinisch-psychiatrischen Ansatz kann auch so formuliert werden, dass ersterer auf die zugrunde liegenden Mechanismen und Funktionen zielt, der klinisch-psychiatrische Ansatz aber mehr das von außen sichtbare Ergebnis fokussiert.

10.2 Psychodynamische Konzepte

Affekte haben in psychoanalytischen Modellen psychischer Prozesse und Strukturen von Anfang an eine wichtige Rolle gespielt. Sie wurden zunächst biologisch gesehen, als somatische Abfuhrmöglichkeit, ohne dass ihnen weitere Funktionen zugeschrieben wurden. Das hat sich erheblich verändert. Systematische psychoanalytische Konzeptionen zur Affektivität sind jedoch rar. Das ändert sich aber zunehmend, wie etwa die Ausarbeitungen von Krause (1998) und von Fonagy et al. (2004) zeigen, was damit korreliert, dass sich die Bedeutung von Affekten in aktuellen psychodynamischen Modellen, die sich eng an Bindung, Entwicklung und Intersubjektivität orientieren, als essenziell herausgestellt hat.

10.2.1 Affekte in psychodynamischer Sicht

S. Freud sah Affekte eng an Triebe gekoppelt, als Triebabkömmlinge und als somatische Abfuhr von Triebenergie in den Körper ohne Bezug zur Außenwelt (Freud 1915). In der Theorie der **Signalangst** änderte sich das. Ihr wurde eine innerpsychische Signalfunktion zugeschrieben, was später noch um weitere Affektsignale ergänzt wurde, etwa Zorn, Wut und depressive Affekte (Thomä u. Kächele 1989, S. 110–112). Mittlerweile liegen wesentlich weiter ausdifferenzierte psychoanalytische Modelle zur Affektivität vor. **Primäraffekte** – Freude, Ekel, Ärger, Verachtung, Angst, Überraschung und Trauer (Krause 1997, S. 91) – werden von **strukturellen Affekten** wie etwa Scham und Schuld unterschieden (Krause 1998, S. 61). Primäraffekte haben eine propositionale Struktur und somit die Funktion eines sozialen Zeichens, indem sie z. B. signalisieren, ob Nähe zum oder Abstand vom Objekt angestrebt wird (Krause 1998, S. 30–33). Das Affektsystem wird als Vermittler zwischen der Umwelt auf der einen und Soma wie Psyche eines Individuums auf der anderen Seite gesehen, wobei biologische von kognitiven und objektbezogenen Komponenten unterschieden werden, was sich auch mit der Einteilung in **Affekt**, **Gefühl** und **Empathie** ausdrücken lässt (Krause 1998, S. 27–28). Dies kommt dem relationalen Konzept der Emotionen (▶ Abschn. 10.1.2) sehr nahe.

Die Entwicklung der **individuellen Affektivität** wird durch frühkindliche Erfahrungen wesentlich geprägt, was so weit gehen kann, dass eine Affektqualität durch biografische Einflüsse ausgerottet wird, nicht gespürt und nicht erlebt werden kann und stattdessen ein anderer Affekt manifest wird, wie etwa – klinisch häufig – Aggression statt Angst und umgekehrt (Thomä u. Kächele 1989, S. 111). Affekte bzw. Affektzustände können also untereinander interagieren. Entwicklungspsychologisch wie auch klinisch betrachtet haben Affekte und der affektive Austausch zwischen Kleinkind und Bezugsperson zudem größte Bedeutung für die Herausbildung psychischer Strukturen wie das Selbst sowie für die Entwicklung von Fähigkeiten bzw. Funktionen zur Selbst- und Beziehungsregulierung (Fonagy et al. 2004, S. 12).

▪ Affekte und ihre Funktionen

Affekte werden in aktuellen psychodynamischen Konzepten neben ihren physiologischen, mimischen und gestischen sowie ihren motivationalen Aspekten als **soziale Zeichen** und **Träger von Bedeutung** (Thomä u. Kächele 1989, S. 114) angesehen. Stellt man diese aktuelle psychoanalytische Sicht der Affekte Panksepps neurobiologischer Affekttheorie gegenüber, ergeben sich erhebliche Parallelen, den Umweltbezug, die sozialen Funktionen, die Differenzierung affektiver Zustände in unbewusste, körperbezogene und bewusste sowie kognitiv überarbeitete Affektmanifestationen betreffend. In beiden Kontexten werden Affekte funktional und relational bewertet. Eine weitere Parallele besteht darin, dass auch differenzierte psychodynamische Konzepte für die Rolle von Affekten bei Entstehung und Manifestation einzelner psychopathologischer Störungsbilder vorliegen (Krause 1998, S. 64–85). Diese Erkrankungen haben ihre jeweils typische Affektivität bzw. ihre jeweils eigenen affektiven Störungsanteile. Für die Behandlung von Psychosen etwa (Krause 1998, S. 69–76) bedeutet das einen wesentlichen Zugewinn an Verständnis und therapeutischem Zugang.

▪ Affekte und Triebe

Triebwünsche sind nicht deckungsgleich mit Beziehungswünschen. Dieser Satz, dessen Gehalt jeder Kliniker bestätigen wird, führt schließlich zu der Frage, wie sich »Trieb«, die »vis a tergo«, und Affekte, die als »Stellmotoren« der Selbsterfahrung und des sozialen Miteinanders imponieren, zueinander verhalten und wie sich das konzeptionell fassen lässt. Doch »alles Trieb« wie bei Freud, zumindest im Wesentlichen? Oder sind Affekte etwas Eigenes bzw. Eigenständiges, das auch ohne Triebe denkbar ist und besteht? An die britischen Objektbeziehungstheoretiker sei hier erinnert, die die psychische Entwicklung weitgehend von Trieben losgelöst und abhängig von Beziehungserfahrungen konzeptualisierten (Fonagy et al. 2004, S. 36). Krause beschreibt Triebe und Affekte in Interaktion und exemplifiziert das an der Sexualität: Die Reduktion von Angst und die Generierung von Freude und Neugier, also Affekte bzw. Affektverarbeitung, ermöglichen den Abbau von Distanz und schließlich, dass es zu sexueller Aktivität und somit zur Triebhandlung kommt (Krause 1983). Affekte spielen hierbei zwar eine wesentliche Rolle, werden aber von Trieben unterschieden.

Triebe wie Affekte haben gemeinsam, dass sie Brücken zwischen Biologie, Psyche und Umwelt darstellen, zum einen metapsychologisch konzipiert und zum anderen empirisch beobachtbar und messbar sind. Das unterstreicht, wie wichtig die Beachtung der unterschiedlichen Kontexte ist, in denen jeweils operiert bzw. argumentiert wird. Und das gilt auch für die verschiedenen wissenschaftlichen Paradigmata, mit denen diese Kontexte generiert werden. Neurobiologie, empirische Psychologie, Psychopathologie und Psychodynamik fungieren wie Folien, die die verschiedenen Organisationsebenen der Psyche (Kernberg 2014) jeweils unterschiedlich sichtbar machen. Die Suche nach begrifflichen Querverbindungen zwischen den beteiligten unterschiedlichen Kontexten lässt aber leicht übersehen, dass die Lösung längst im »Rätsel« selbst liegt, nämlich in den relationalen und funktionalen Aspekten von Affekten und auch von Trieben, die sich eindimensionaler Betrachtung entziehen.

Für die Metapsychologie der Psychoanalyse ergibt sich aus den neurobiologischen Befunden Panksepps jedoch eine Herausforderung. Wenn subkortikale Aktivitäten im ZNS intrinsisch bewusst sind, dann ist das Es zumindest partiell nicht mehr unbewusst. Nachdem jedoch an Wirkung und Bedeutung unbewusster Affekte und Affektmuster keine Zweifel bestehen können, müssen diese vermehrt kortikalen Regionen und somit dem Ich zugeordnet werden. Das würde nicht die Dynamik in und zwischen den Instanzen an sich ändern, aber deren Verortung. Muss das Konzept der Ich-Triebe (Übersicht bei Laplanche u. Pontalis 1973, S. 210–215) neu überdacht werden? Möglicherweise muss vor allem die Frage von Lokalisation an sich aufgeworfen werden. Können wir Es, Ich und Über-Ich wirklich lokalisieren in einem Gehirn oder in einer Psyche? Oder müssen wir evtl. eine Beziehung und nicht einen Ort voraussetzen? Dies greift letztendlich auf die Frage der Ontologie zurück – gibt es Entitäten mit einer Lokalisation oder lediglich Prozesse mit Relationen?

10.2.2 Anwendungen psychodynamischer Affektmodelle

Obwohl es wohl noch zu früh ist, in den Psychotherapien von einer generellen **affektiven Wende** zu sprechen, sind Konzepte, in deren Mittelpunkt Affekte stehen, auf dem Vormarsch. Zusammenhänge mit Zuwächsen an Wissen und Empirie in der Entwicklungspsychologie, der Bindungsforschung, der Traumaforschung etc. liegen auf der Hand. Beispielhaft möchten wir dazu zwei praktische Anwendungsformen kurz darstellen.

Mentalisierungsbasierte Therapie

Fonagy et al. sehen die Entwicklung der Affektivität und des affektiven Austausches engstens mit der Entwicklung des Selbst verbunden und bezeichnen sie als »Präludium« der Mentalisierung (Fonagy et al. 2004, S. 12). Sie betonen die große Bedeutung der Entwicklung affektregulierender Fähigkeiten dafür, dass Säuglinge und Kleinkinder aus Zuständen von Koregulierung, bei der im Kontakt mit dem Objekt zunächst dessen Funktionen mitbenutzt werden, zu mehr Selbstregulierung finden und damit zu mehr Autonomie (ebd., S. 75). Die Mentalisierung und ihre Störungen (▶ Kap. 13) sind Grundlage einer eigenen Therapiemethode, der mentalisierungsbasierten Therapie, kurz MBT genannt (Bolm 2009), die mittlerweile ambulant und stationär breit angewandt wird, insbesondere bei schweren psychischen Störungen. Empirische Untersuchungen zeigen sehr gute Ergebnisse (Bolm 2009, S. 145–147). Die Förderung der Affektmentalisierung, d. h. der Identifizierung, der Modulierung und der Äußerung von Affekten (Fonagy et al. 2004, S. 438), spielt in dieser Behandlungsform eine zentrale Rolle.

Psychosenpsychotherapie

Für das Verständnis und die klinisch wichtige psychotherapeutische Behandlung psychotischer Störungen ließen sich lange nur sehr wenige Affekthypothesen finden, was angesichts der Bedeutung der Affektentwicklung für die frühe psychische Entwicklung und die Entstehung psychotischer Vulnerabilität erstaunt. Der überwiegenden Konzentration der Forschung auf kognitive Störungsaspekte stehen mittlerweile aber zunehmend Konzepte für Psychosen gegenüber, die sich auf Affekte, ihre Entwicklung und deren Störungen konzentrieren, sowohl in der Verhaltenstherapie (Vauth u. Stieglitz 2008) als auch in der psychodynamischen Psychotherapie (Dümpelmann 2010) Verschiedene psychotische Störungstypologien lassen sich dabei mit differenzierbaren Formen der Affektverarbeitung korrelieren, was wiederum unterschiedliche Behandlungsschwerpunkte ergibt, je nachdem, ob es sich um eine Störung der Affektwahrnehmung, der Affekttoleranz oder um eine Störung des Erlebens der Wirkmächtigkeit der Affekte handelt. Die hohe Wirksamkeit dieser Form der Psychosenpsychotherapie ist nachgewiesen worden (Dümpelmann et al. 2013).

10.3 Fazit

Zu Affekten liegen mittlerweile elaborierte, sowohl psychodynamische als auch neurobiologische Konzepte vor. Es gibt aber noch offene Fragen, etwa das Verhältnis von Affekten zu den Trieben, die kognitiven Anteile von Affekten und, damit verbunden, die Bedeutung kortikaler und subkortikaler Hirnregionen für das subjektive Erleben von Affekten betreffend. Für die Metapsychologie der Psychoanalyse zeichnen sich Herausforderungen ab: Was bislang klar dem Es und dem Unbewussten zugeordnet wurde, wird von Neurobiologen partiell im Bewussten angesiedelt und parallel dazu Unbewusstes vermehrt im Ich (Solms 2013). »Ich ist ein anderer« schrieb Arthur Rimbaud 1871 an Paul Demeney (Biet et al. 1983). Epistemologisch bedeutsam könnte für die Bearbeitung dieser Fragen sein, dass es schwer ist, erst deskriptiv kategorisierend zu differenzieren und dann metapsychologisch zu integrieren, wenn es wesentlich um Relationen und Funktionen geht. Dass Affekte sinnvollerweise relational und funktional zu betrachten sind, zeichnet sich neurobiologisch wie auch psychodynamisch ab, wie wir dargestellt haben. Klinisch relevante und gut untersuchte therapeutische Anwendungen von Affektmodellen basieren auf den Relationen und Funktionen, die sich in Affekten zeigen.

Literatur

Biet J, Brighelli JP, Rispail JL (1983) XIXe siècle, collection textes et contextes. Magnard, Baume-les-Dames
Bolm T (2009) Mentalisierungsbasierte Therapie (MBT). Deutscher Ärzte-Verlag, Köln
Critchley HD (2005) Neural mechanisms of autonomic, affective, and cognitive integration. J Comp Neurol 493(1):154–166
Dümpelmann M (2010) Zur Bedeutung der Affektentwicklung für die Behandlung von Psychosen. In: Böker H (Hrsg) Psychoanalyse im Dialog mit den Nachbarwissenschaften. Psychosozial, Gießen
Dümpelmann M, Jaeger U, Leichsenring F et al (2013) Psychodynamische Psychosenpsychotherapie im stationären Setting. PDP 12:45–58
Fonagy P, Gergely G, Jurist EL, Target M (2004) Affektregulierung, Mentalisierung und die Entwicklung des Selbst. Klett-Cotta, Stuttgart
Freud S (1915) Das Unbewusste. Studienausgabe, Bd 3. S Fischer, Frankfurt/M, S 119, 1989
Kernberg OF (2014) Das ungelöste Problem der Klassifizierung von Persönlichkeitsstörungen. Persönlichkeitsstörungen 18:177–195
Krause R (1983) Zur Onto- und Phylogenese des Affektsystems und ihrer Beziehungen zu psychischen Störungen. Psyche Z Psychoanal 37:1016–1043
Krause R (1997) Allgemeine Psychoanalytische Krankheitslehre. Bd 1: Grundlagen. Kohlhammer, Stuttgart
Krause R (1998) Allgemeine Psychoanalytische Krankheitslehre. Bd 2: Modelle. Kohlhammer, Stuttgart
Laplanche J, Pontalis JB (1973) Das Vokabular der Psychoanalyse. suhrkamp taschenbuch, Frankfurt/M
Northoff G.(2012) From emotions to consciousness – a neuro-phenomenal and neuro-relational approach. Front Psychol 3:303.
Northoff G (2014) Unlocking the brain. Bd 2 Consciousness, Kap 31. Oxford Univ Press
Panksepp J (1998a) The preconscious substrates of consciousness: Affective states and the evolutionary origins of the Self. J Conscious Studies 5:566–582
Panksepp J (1998b) Affective neuroscience: The foundations of human and animal emotions. Oxford Univ Press, Oxford
Panksepp J (2011a) The basic emotional circuits of mammalian brains: do animals have affective lives? Neurosci Biobehav Rev 35(9):1791–1804
Panksepp J (2011b) Cross-species affective neuroscience decoding of the primal affective experiences of humans and related animals. PLoS One 6(9):e21236
Ratcliffe MJ (2005) The feeling of being. J Conscious Stud 12:43–60
Ratcliffe MJ (2008) Feelings of being: phenomenology, psychiatry and the sense of reality. Oxford Univ Press, Oxford
Schachter S, Singer J (1962) Cognitive, social, and physiological determinants of emotional state. Psychol Rev 69(5):379–399
Solms M (2013) Das bewusste Es. Psyche Z Psychoanal 67:991–1022
Thomä T, Kächele H (1989) Lehrbuch der psychoanalytischen Therapie, Bd 1 Grundlagen. Springer, Heidelberg
Vauth R, Stieglitz RD (2008) Training emotionaler Intelligenz bei schizophrenen Störungen. Hogrefe, Göttingen

Übertragung und Gegenübertragung

Peter Hartwich, Heinz Böker

H. Böker et al. (Hrsg.), *Neuropsychodynamische Psychiatrie*,
DOI 10.1007/978-3-662-47765-6_11, © Springer-Verlag Berlin Heidelberg 2016

11.1 Geschichte und Definition von Übertragung und Gegenübertragung

11.1.1 Übertragung

Bei der Übertragung handelt es sich um ein zentrales Geschehen, das in jeder psychotherapeutischen Begegnung die Beziehungsgestaltung zwischen Patient und Therapeut mitbestimmt. Unabhängig davon, ob es sich um psychodynamische oder klassische psychoanalytische Behandlungen handelt, immer kommt es zu unbewussten Übertragungen. Selbst bei verhaltenstherapeutischen Techniken kommt es zu Übertragungsphänomenen, auch wenn diese anders benannt werden. Übertragung wird beispielsweise positiv oder negativ deutlich bemerkbar, wenn Erwartungen, Wünsche, Gefühle und Verhalten sich in einer Form äußern, die der realen Beziehung in einer Begegnungssituation nicht entspricht und aus dieser nicht erklärbar ist.

Historisch handelt es sich um eine Entdeckung der frühen Psychoanalyse und meint im **engeren** Sinn Haltungen und Gefühlseinstellungen des Patienten gegenüber dem Therapeuten oder auch anderen Personen in der Gegenwart, die ursprünglich Bezugspersonen der Kindheit gegolten haben, aber unbewusst auf die Gegenwart übertragen werden. Das sind z. B. frühkindlich erworbene Liebes-, Wunsch-, Hass-, Erwartungs- und Ablehnungseinstellungen, die in der Behandlungssituation zum Tragen kommen. Es ist ein **unbewusstes Geschehen**, dessen Bewusstmachen und Durcharbeiten einen Kern der psychodynamischen und analytischen Therapien ausmacht.

Freud (1904–1905, S. 279, 280):

> Was sind die Übertragungen? Es sind Neuauflagen, Nachbildungen von den Regungen und Phantasien, die während des Vordringens der Analyse erweckt und bewusst gemacht werden sollen mit einer für die Gattung charakteristischen Ersetzung einer früheren Person durch die Person des Arztes. Um es anders zu sagen: eine ganze Reihe früherer psychischer Erlebnisse wird nicht als vergangen, sondern als aktuelle Beziehung zur Person des Arztes wieder lebendig.

Zahlreiche Autoren, unter ihnen auch Laplanche und Pontalis (1972), haben den Begriff weiter ausgedehnt, sodass die Übertragung fast alle **Gefühlsaspekte und Haltungen**, die die Beziehung des Patienten zum Behandler sowie zum therapeutischen Umfeld konstituieren, umfasst. In diesem erweiterten Gebrauch halten wir es auch für sinnvoll, den Begriff »Übertragung« bei allen psychischen Erkrankungen einschließlich der Psychosen zu verwenden.

11.1.2 Gegenübertragung

Die Gegenübertragung ist das komplementäre Geschehen beim Therapeuten, das ebenfalls im erweiterten Sinn verstanden werden sollte, indem alle Gefühlsreaktionen, die der Patient im Therapeuten hervorruft unter der Bezeichnung Gegenübertagung subsumiert werden. Das heißt, im erweiterten Sinn, dass mit der Gegenübertragung die Gesamtheit der **unbewussten Gefühlsreaktionen** des Behandelnden und eines **Therapeutenteams** auf das Verhalten eines Patienten gemeint ist, was dessen Reaktionen und Haltungen, die aus der Übertragung resultieren, einschließt.

Freud (1909–1913, S. 108):

> Wir sind auf die Gegenübertragung aufmerksam geworden, die sich beim Arzt auf den Einfluss des Patienten auf das unbewusste Fühlen des Arztes einstellt, und sind nicht weit davon, die Forderung zu erheben, dass der Arzt diese Gegenübertragung in sich erkennen und bewältigen müsse.

Heute verstehen viele Autoren unter Gegenübertragung alles, was von der Persönlichkeit des Therapeuten in die Behandlung eingreifen kann; hier geht es ebenfalls um eine Begriffserweiterung, von der Laplanche und Pontalis (1972) sagen, dass zur Abgrenzung des Begriffes eine große Variationsbreite bestehe.

Bei allen psychischen Erkrankungen, die psychodynamisch behandelt werden, gilt die Gegenübertragung, sofern sie dem Therapeuten bewusst wird, als ein wichtiges diagnostisches Instrument zur Erfassung unbewusster Strebungen des

Patienten. Meerwein (1986, S. 302) beschreibt in diesem Zusammenhang die Bedeutung des Bewusstwerdens einer aggressiven Gegenübertragung:

» So kann beispielsweise das Aufkommen eines aggressive Impulses einem unterwürfigen, zuvorkommenden Kranken gegenüber die Vermutung nahelegen, dass durch die unterwürfige Zuvorkommenheit des Kranken bei diesem starke aggressive Impulse dem Analytiker gegenüber abgewehrt werden sollen. Der Reaktion des Analytikers käme dann der Charakter einer Gegenaggression zu, die als solche erkannt werden muss, nicht agiert werden soll und außerdem den Schluss auf die vom Kranken zunächst abgewehrten Aggressionen erlaubt.

Hering (2004, S. 33–34) schlägt vor, das **globale** Verständnis der Gegenübertragung nicht nur für psychoreaktive Erkrankungen und Persönlichkeitsstörungen, sondern auch für psychodynamische Psychosenbehandlungen gelten zu lassen:

» Mit wachsender Sichtweise der Psychoanalyse als einem intersubjektiven Prozess zwischen zwei beteiligten Personen, durch die Anwendung der Empathie und der Gegenübertragung als einem therapeutischen Instrument und durch den vermehrten Einsatz der Psychoanalyse bei Borderline-, persönlichkeitsgestörten und psychotischen Patienten sind Konzepte einer »Selbstdarstellung« des Therapeuten von beachtlicher Bedeutung geworden.

Maier (2001, S. 120) betont, dass in der **praktisch-therapeutischen Situation** bei Psychosen die Gegenübertragung die **wertvollste Informationsquelle** für den Therapeuten darstelle.

11.2 Übertragung und Gegenübertragung bei Depressiven

Die Facetten der Übertragungsaspekte sowie der damit korrespondierenden Gegenübertragungsgefühle sind so vielfältig und individuell nuanciert, dass wir uns nur auf einige charakteristische Beispiele beschränken können.

▪ Übertragung

Eine typische **Übertragungskonstellation,** die bei Depressiven zu beachten ist, entfaltet sich oft schon in der ersten Begegnung. Der Patient fühlt sich schwach, hilflos, spricht leise und sucht unbewusst einen mütterlichen Schutz, jemanden, der ihn versteht und alles für ihn tut. Wenn seine Depression, wie häufig zu erfahren, mit frühkindlichen Verlusterlebnissen einhergegangen ist, dient seine unbewusste Übertragung dem Wunsch, die Situation vor dem Verlust wiederherzustellen, was mit idealisierenden Hoffnungen einhergehen kann. Soweit die Übertragungsaspekte auf den Therapeuten.

Bei genauerer Anamnese findet man gerade diese Übertragungssituation auch oft in der partnerschaftlichen Beziehung des Patienten, ob weiblich oder männlich. Der Partner hat unbewusst die fürsorglich beschützende und auch oft dominante Rolle übernommen.

▪ Gegenübertragung

Im Therapeuten werden mütterlich-schützende und für den Patienten handeln wollende Gefühle ausgelöst. Werden diese komplementären Reaktionen nicht reflektiert, gefällt sich der Therapeut rasch in der starken, helfenden und aktiven Rolle. Unbewusst honoriert das der Patient zunächst, indem er leichte Besserung signalisiert. Das wiederum perpetuiert das Verhalten des Therapeuten. Werden dann in der Therapie Schmerz- und Verlusterfahrungen bearbeitet, pflegt sich Widerstand bei Patienten einzustellen; er verharrt in der depressiv klagenden Haltung, um den Verlust nicht wiederbeleben zu müssen. Als **Widerstand,** der ebenfalls unbewusst ist, werden gegen psychodynamische Deutungsversuche die depressiven Symptome eingesetzt, was über lange Zeit gehen kann. Da nun der Therapieprozess nicht mehr, wie es anfänglich so »ideal« schien, vorwärtsgeht, kommt beim Therapeuten Ärger auf. Seine zunehmenden aggressiven Gefühle werden aber durch Leid und Hilflosigkeit des Patienten gebunden. Wird dem Therapeuten trotzdem klar, dass es sich bei ihm um eine Gegenübertragungsreaktion handelt, so kann er dieses Gefühl als ein diagnostisches Instrument erfahren und auf die unbewusste Aggression des Patienten schließen, dessen aufgestaute Wut und Enttäuschung aufgrund früherer unverarbeiteter Verlusterfahrungen so groß ist, dass er sie teilweise gegen sich selbst richtet und unbewusst auch gegen den Therapeuten. Diesem wird bewusst, dass es nicht primär seine eigene Wut ist, sondern dass er sie stellvertretend für den Patienten empfindet. Damit ist der Weg frei für die Bearbeitung dieser unbewussten Gefühlskonstellationen, die bisher die Erkrankung des depressiven Menschen wesentlich mitbestimmt haben; eine bestimmende Teilursache kann nun allmählich durchgearbeitet und langsam behoben werden. Wird die Gegenübertragung nicht reflektiert, so würde es in der Therapie so ergehen, wie es gewöhnlich in der Partnerschaft zu beobachten ist.

▪ Depression und Partnerschaft

Nach länger dauernder Depression wandelt sich nicht selten die hinnehmende und fürsorgliche Einstellung der Angehörigen. Ihre Erfahrung, dass gut gemeinte Hilfen und Interventionen nicht fruchten, sondern mit konstanter Stärke zurückgewiesen werden, fördert in der Regel ihren Ärger. Psychodynamisch gesehen wird der unbewusste aggressive Affekt des Patienten auf diesem Wege in das Erleben der Angehörigen hineingepflanzt. Allerdings werden sie gebremst, ihren Ärger adäquat zu äußern, da der Depressive seine übermäßige Verletzlichkeit beständig zeigt; dieses wiederum führt bei den Angehörigen zu einer Haltung, keinesfalls aggressiv gegenüber dem Depressiven sein zu dürfen, da sie ihn sonst zerstören würden. Typisch ist, dass in solchen Beziehungen, ob Familie oder Partnerschaft, adäquate Auseinandersetzungen von vornherein unterdrückt werden und daher fehlen. Stattdessen werden kontinuierlich Schuldgefühle beim Angehörigen implantiert, die er mit sich trägt und deren Herkunft ihm unbewusst bleibt.

Die beiden psychodynamischen Komponenten spiegeln sich im Interaktionsmuster der Paarbeziehungen, in denen ein Partner chronisch tief oder gar psychotisch depressiv ist, wider. Der gesunde Partner ist ständig damit beschäftigt, die ursprünglich vom Depressiven stammende implantierte Wut zu unterdrücken und muss dabei viel an Lebensenergie aufbringen, die Freud (1900–1901, S. 610) als Energie der »**Gegenbesetzung**« bezeichnet hat. Der Depressive erlebt die daraus resultierende emotionale Verhaltenheit des Partners im Miteinander in seiner verzerrten Wahrnehmungserwartung als Gefühlskälte und Abgelehntwerden. Im manchen Fällen erfährt er dadurch sein ursprüngliches Verlusterleben reinszeniert, allerdings ist ihm dieser Zusammenhang nicht bewusst.

Typische Übertragung bei Depressiven
- Therapeut als Bezugsfigur, die sich auf eine Zeit bezieht, die vor der Verlusterfahrung lag
- Zunächst: idealisierte Hoffnungen
- Später: Enttäuschung, Wut

Komplementäre Gegenübertragung
- Mütterlich verstehend, tröstend
- Aktivierend, aufmunternd, stellvertretend handelnd
- Ungeduldige und aggressive Affekte

11.3 Gegenübertragung bei suizidalen Patienten

Entsprechend den vielen unterschiedlichen Facetten der Suizidalität gibt es auch eine Reihe unterschiedlicher Gegenübertragungsvarianten. Wir möchten eine besonders schwierige Situation als klinisches Beispiel nennen, bei der es zusätzlich um narzisstische Kränkungen der behandelnden Personen geht, die darüber hinaus Schuldzuschreibungen vonseiten außenstehender Personen ausgesetzt sein können.

Bei einer lange andauernden, immer wieder ernsthaft geäußerten chronischen Suizidalität eines Patienten, der deswegen beispielsweise auf einer geschützten Station einer psychiatrischen Klinik behandelt wird, kann sich unbemerkt das einstellen, was Gabbard (2005) als »**countertransference hate**« (ein Gemisch aus Gefühlen der Abneigung, des Ärgers und gelegentlich sogar des

11

Hasses) bezeichnet hat. Hat das Behandlerteam wochenlag alles unternommen, was therapeutisch die Suizidalität beheben soll, muss aber immer wieder erfahren, dass keine Besserung erfolgt und der Patient mit seiner Symptomatik der »Mächtigere« ist, dann können neben der stark belastenden Sorge unbewusste Wünsche seitens der Therapeuten aufkommen. Diese können zum Inhalt haben, der Patient solle doch sterben, damit die Qual ein Ende habe. Gabbard weist darauf hin, dass dieses spezielle **destruktive Gefühlsgemisch** etwas ist, was als Teil der eigenen Erfahrung akzeptiert werden sollte, damit man überhaupt in der Lage sei, suizidale Patienten zu behandeln. Jedoch im Falle der Unfähigkeit, die eigenen destruktiven Regungen wahrzunehmen, kann diese Form der Gegenübertragung zum Agieren mit tödlichen Folgen führen. Darüber hinaus weist Milch (1994) auf die Gefahr der möglichen im Therapeuten liegenden eigenen suizidalen Impulse hin, die unbewusst ins Gegenteil verkehrt werden und den Helfer zu Aktionen verleiten, die aufgrund der gemeinsam geteilten Todeswünsche deletäre Auswirkungen haben können. Diese aus der psychodynamischen Betrachtung gewonnenen Aussagen scheinen den Personen des verantwortungsbewussten und helfen wollenden Behandlungsteams in ihrem beruflichen Selbstverständnis zu widersprechen. Bei diesem Konflikt zwischen beruflichem Rollenverständnis und den genannten Gegenübertragungsreaktionen kann eine zeitnahe **Supervision** hilfreich sein, bei der die destruktiven Wünsche bewusst gemacht und als »erlaubte Gefühle«, die auch andere in solchen Situationen haben, ausgesprochen werden können.

11.4 Übertragung und Gegenübertragung bei narzisstischen Persönlichkeitsstörungen

Kohut (1973) beschreibt für die narzisstische Persönlichkeitsvariante zwei Hauptformen der Übertragung, einmal die idealisierende Übertragung und zum anderen die Spiegelübertragung.

11.4.1 Idealisierende Übertragung

Bei dieser Übertragungsform wird davon ausgegangen, dass im narzisstischen Kontext eine frühe Bezugsperson idealisiert wird. Es handelt sich um eine Besetzungsenergie, deren Inhalt sich z. B. auf idealisierte Objekte der Elternimago bezieht. Eine idealisierende Übertragung kann sich dann auf den Therapeuten einstellen, wenn in der psychischen Entwicklung und Reifung des Betreffenden eine korrigierende Veränderung durch Erfahrungen nicht stattgefunden hat. Kohut (1973, S. 67) beschreibt, was in der psychotherapeutischen Situation geschieht:

> » Der Analysand belebt das Bedürfnis nach einem archaischen, narzisstisch erlebten Selbst-Objekt wieder, das der Bildung psychischer Struktur in einem spezifischen Sektor des psychischen Apparates vorausgegangen war. Von dem gesuchten Objekt (d. h. dem Analytiker) erwartet der Analysand die Erfüllung bestimmter entscheidender Aufgaben im Bereich des narzisstischen Gleichgewichts, die seine eigene Psyche nicht übernehmen kann.

So kommt es, dass der Therapeut als besonders großartig und omnipotent erlebt wird. Dem Therapeuten werden also nicht nur, wie in einer positiven Übertragung, positive Eigenschaften früher Bezugspersonen zugeschrieben, sondern eine Art Allmacht.

11.4.2 Spiegelübertragung

Die Spiegelübertragung geht noch weiter, hier wird in der idealisieren Übertragung das Größenselbst reaktiviert.

Kohut (1973, S. 130) beschreibt dieses Phänomen folgendermaßen:

> » Die Spiegelübertragung und ihre Vorläufer stellen somit die therapeutische Wiederbelebung jenes Aspektes einer Entwicklungsphase dar, in der das Kind versucht, den ursprünglich allumfassenden Narzissmus dadurch zu erhalten, dass es Vollkommenheit und Macht in das

Selbst verlegt – hier Größenselbst genannt – und sich verächtlich von einer Außenwelt abwendet, der alle Unvollkommenheit zugeschrieben werden.

Diese Übertragungsformen findet man besonders bei Menschen mit narzisstischen Persönlichkeitsstrukturen, die immer wieder versuchen, ihr tatsächliches Können und Wissen ihren irreal erhöhten Erwartungen von sich selbst anzugleichen und auch nicht in der Lage sind, Wissenslücken zuzugeben, um sich der Scham des Bloßgestelltwerdens nicht auszusetzen.

11.4.3 Gegenübertragung bei Idealisierung und Spiegelung

Wenn dem Therapeuten durch die Übertragung geschmeichelt wird, er sei besonders fähig und potent, seine Therapie sei besonders und die einzige, die wirklich helfe, dann sind zweierlei Gegenübertragungsreaktionen charakteristisch. Zum einen kann sein Gefühl unangenehm sein und er spürt ablehnende Tendenzen in sich. Zum anderen kann sich der Therapeut in seinem eigenen unbewussten Narzissmus bestätigt fühlen. Es geschieht eine narzisstische Verführung, indem das Größenselbst des Therapeuten »angezapft« wird. In beiden Fällen ist das Bewusstwerden der Gegenübertragung entscheidend für den Fortgang der Therapie, ansonsten bleibt ein therapeutischer Prozess stehen oder kommt gar nicht erst in Gang.

11.5 Übertragungung und Gegenübertragung bei maniformen Entwicklungen

Noch ausgeprägter ist die Übertragungs-/Gegenübertragungskonstellation bei manischen Patienten, die sich noch im hypomanischen Zustand also am Beginn einer sich entwickelnden manischen Psychose befinden.

In der Übertragung betrachten sie sich entweder als gleichgestellt mit dem idealisierten Therapeuten oder ihm überlegen. Sie faszinieren ihn mit ihrem Ideenreichtum. Er wird in ihre Welt hineingezogen und in seiner Gegenübertragung verführt von der originell-genial anmutenden Kreativität sowie gleichzeitig »kumpelhaft" eingeschmeichelt in eine gemeinsame Großartigkeit. Ufert das aus und wird die Verführung bewusst, dann nimmt das Bedürfnis nach Strukturierung und Eingrenzung zu.

Zweigliedrige Gegenübertragung bei originell-genial anmutender Kreativität des Manikers

1. Das Größenselbst wird angezapft, der Therapeut fühlt sich hervorgehoben und von der Kreativität angesteckt
2. Bedürfnis nach Struktur, Eingrenzung und Bodenhaftung

11.6 Übertragung und Gegenübertragung bei Psychopharmakotherapie

Obwohl es neuerdings eine Reihe von Untersuchungen gibt, die darauf hinweisen, dass es strukturelle Auffälligkeiten im Gehirn bei Menschen mit der Diagnose Schizophrenie gibt, die durch die Einnahme von Antipsychotika, abhängig von der Höhe der Dosierung, zusätzlich verstärkt werden können, was klinisch mit kognitiven Beeinträchtigungen verbunden sein kann (Aderhold et al. 2015), wurde die Diskussion, ob psychodynamisch behandelte Patienten in Langzeit- oder kürzerer Therapie Psychopharmaka bekommen sollen oder nicht, zugunsten eines Sowohl-als-auch im vorigen Jahrhundert abgeschlossen. Heute gilt es, die Erkenntnisse über die hirnorganischen Beeinträchtigungen noch stärker zu berücksichtigen, indem bei den Dosierungen das Prinzip vertreten wird: »So wenig wie möglich und nur so viel wie unbedingt nötig«. Infolgedessen sind andere Therapiemaßnahmen, insbesondere psychotherapeutische Verfahren, verstärkt anzuwenden.

Im Falle einer Aufteilung der Therapie, bei der der Psychotherapeut ausschließlich psychotherapeutisch und der Psychiater ausschließlich den pharmakologischen Teil der Behandlung übernimmt, kann es entsprechend zu einer Übertragungsaufteilung beim Patienten kommen. Diese sieht so aus, dass zum Psychotherapeuten positive Übertragungswünsche mit manchmal irrealen Heilungserwartungen bestehen. Gegenüber dem Psychiater kommt es dagegen zu ablehnenden Gefühlen, weil man die somatischen Aspekte der Ätiologie und der Krankheitsbehandlung nicht wahrhaben möchte. Bei Schizophrenen besteht dann die Gefahr, dass diese Aufspaltung den inneren Spaltungstendenzen entgegenkommt.

In der Gegenübertragung kann sich beim Psychotherapeuten das Gefühl des »besseren Heilers« einschleichen und der Psychiater erlebt sich als »abgestempelt« zum bloßen Verschreiben von Medikamenten. Am besten kann die Gegenübertragung der beiden Therapeuten bewusst werden, wenn sie miteinander darüber kommunizieren; zusätzlich werden dadurch die Spaltungstendenzen des Schizophrenen gemildert.

11.7 Übertragung und Gegenübertragung bei Erkrankungen aus dem schizophrenen Formenkreis

Aus der Entwicklung der Psychoanalyse ist hervorzuheben, dass Paul Federn (1978) sich zu Zeiten Freuds gegen dessen Auffassung wandte, dass **Psychosekranke nicht zur Übertragung** fähig seien. Federn (1978, S. 108) berichtet von seiner Erfahrung, dass bei Psychosekranken eine **starke Übertragung** auf den Therapeuten zustande kommen kann:

» Als ich Psychosen zu analysieren begann, glaubten alle Psychoanalytiker, dass man von Patienten mit einer narzisstischen Geisteskrankheit keine Übertragung auf den Arzt erzielen kann. Man stellte sich allgemein vor, dass aus diesem Grunde keine Psychoanalyse möglich sei. Heutzutage wissen viele Autoren, dass sowohl Feststellung als auch Schlussfolgerungen falsch waren. Es ist jedoch etwas Wahres dran. Die Übertragung von Psychotikern ist ganz unbeständig und berechtigt nicht dazu, dieselbe psychoanalytische Methode zu verwenden wie bei neurotischen Patienten.

In der historischen Kontroverse, ob Psychosekranke zur Übertragung fähig seien oder nicht, ist vermutlich dadurch verstärkt worden, dass die **verschiedenen** Untersucher **unterschiedlich** psychopathologische Ausformungen bei ihren Patienten gesehen haben und sie dann ihren Blickwinkel, entsprechend der **Selektion** ihrer Patientengruppe, generalisiert haben.

Historische Kontroverse

- **Freud:**
  Psychosekranke sind nicht zur Übertragung fähig und deswegen für die Psychoanalyse untauglich
- **Federn:**
  Psychosekranke sind zu starker Übertragung fähig und durchaus psychoanalytisch behandelbar, allerdings methodisch anders

11.7.1 Nähe und Distanz im Übertragungs-/Gegenübertragungsmuster bei Schizophrenen

Schwarz hat (2001) hat auf die besondere Brisanz hingewiesen, dass schwache Ich-Grenzen bei nahen und zu intensiven therapeutischen Kontakten von Auflösung bedroht sind, was bei einer psychodynamischen Therapie vorkommen könne. Pao (1979) und Volkan (1994) sprechen hier von »organismischer Panik«, die Psychopathologie von Desintegration und Desorganisation, die den Mangel an Ich-Stärke ausmachen. Desorganisierende Impulse, Affekte etc. können nicht mehr moduliert und reguliert werden. Diese Zustände können ihr neurobiologisches Korrelat in der Verstärkung der niedrigfrequenten Fluktuationen in den Mittellinien, sowie im EEG als Deltawellenparenrhythmien haben.

Darin dürfte die hochgradige Störbarkeit in der **Beziehung, wenn sie zu dicht wird**, mit schizophrenen und schizoaffektiven Patienten zu sehen sein. In der **Gegenübertagung** ist es für das Gelingen einer Therapie von entscheidender Bedeutung, dass der Psychotherapeut diese besondere Verletzlichkeit des Patienten, die er in der Regel nicht aus eigener Erfahrung und Lehranalyse kennengelernt haben kann, niemals verdrängt hält, sondern dass er sich diese bewusst macht und bei jeder Therapiesitzung die innewohnende Fragmentierungsgefahr des psychotischen Patienten »im Hinterkopf« hat.

Schwarz (2001) hat in diesem Zusammenhang auf die Gefahr einer **symbiotische Verschmelzung** hingewiesen. Damit ist gemeint, dass bei Schizophrenen, deren Ich-Abgrenzung und deren Unterscheidungsfähigkeit zwischen Ich und Außenwelt beeinträchtigt oder gar aufgehoben ist, die Einordenbarkeit des Therapeuten als Objekt, als etwas, was außen ist – außerhalb seiner selbst – erschwert ist. Diese pathologisch verzerrte Nähe-Distanz-Regulation hat aber noch einen gegenteiligen Pol, nämlich die **autistische Isolation** mit einer extremen Form von Abgrenzung. Die drohende symbiotische Verschmelzung – also das Zu-nahe-Kommen – führt bei dieser Übertragungsfacette des Schizophrenen dazu, sich bei einer zu engen Konstellation **abrupt zurückzuziehen**, eine Therapie abzubrechen oder sie gar nicht erst zu beginnen. Deshalb müsse am Beginn der Therapie die Entwicklung einer **positiven Übertragung** gefördert werden, wie es auch Benedetti (1987) betont.

Übertragungsprobleme
- **Schwarz:**
  Die Übertragungsfacette der drohenden symbiotischen Verschmelzung meint, dass der Patient das Gefühl hat, der Therapeut komme ihm zu nahe. Er zieht sich abrupt zurück, bricht die Therapie ab oder beginnt sie erst gar nicht
- **Benedetti:**
  Positive Übertragung aktiv fördern

11.7.2 Rascher Wechsel von Übertragungsfacetten bei Psychosen

Der Widerstand des psychotischen Patienten gegen eine positive Übertragung kann darin bestehen, dass Angst vor drohender Fragmentierung, vor organismischer Panik und Zerstörung des Vertrauens gegeben ist. Maier (2001, S. 119) weist darauf hin, dass eine Ausdrucksform des Widerstands sich in einem raschen Wechsel von Übertragungsfacetten zeigt:

> » Eine Ausdrucksform des Widerstands gegen die Übertragungsentwicklung zeigt sich in einem raschen Wechsel von Übertragungsfacetten, wobei ein Übertragungsangebot das andere stellvertretend, wie in einer Art durchlaufender Probebesetzungen des Therapeuten, ablöst.

Deutungen wären hier nicht angebracht, sondern eher schädlich.

Wir sehen diesen Übertragungstyp am häufigsten bei Hebephrenien, wenn sie die Gesprächsinhalte ständig wechseln und von einem Thema zum anderen springen mit der für sie charakteristischen Verkürzung des »intentionalen Bogens« (Beringer 1927) wobei ein flacher und inadäquater Affekt den Dialog prägt. Hier ist zu unterscheiden zwischen assoziativer Lockerung mit erhöhter Ablenkbarkeit einerseits und andererseits einem Schutzmechanismus der Hebephrenen, sich nicht festlegen zu lassen. Da man bei vielen dieser Kranken von einer nachhaltigen Selbstfragmentierung ausgehen muss, ist es ihnen nicht möglich, sich auf eines der Selbstfragmente festzulegen. Der Patient befindet sich in einem Polylemma (Hartwich 2015). In der Gegenübertragung muss der Therapeut in der Lage sein, heftige Irritationen und die Enttäuschung des ständigen Entgleitens der Beziehung auszuhalten.

Zur Affektverflachung korrespondieren die neurobiologischen Störungen, die Northoff (2011) als Dekathexis im Sinne des Abzugs der Besetzungsenergie beschrieben hat.

Wechsel von Übertragungsfacetten
- Widerstand des psychotischen Patienten durch raschen Wechsel der Übertragungsfacetten
- Häufig bei hebephrener Symptomatik
- Frage der Festlegung: auf welches Fragment?
- Oft Nichtfestlegung und Polylemma

11.7.3 Übertragungspsychose

Wenn sich psychotische Manifestationen in der Übertragung einstellen, spricht man von **Übertragungspsychose** (Rosenfeld 1966). Little (1958) spricht von **wahnhafter Übertragung**. Baut der psychotische Patient den Therapeuten in sein Wahngebäude ein, kann das die Therapie blockieren. Entweder wird der Therapeut als positiv erlebt, dann wird er für den Patienten eine verfügbare Figur in seinem Wahngebäude. Ist er eine negativ besetzt, wird er zum Objekt der negativen Projektionen. In beiden Fällen wird der Therapeut zum Geschöpf des Patienten. Es gibt Zustände, in denen der Patient im Sinne einer projektiven Abwehr desto rigider an der Übertragungspsychose festhält, je stärker der Therapeut versucht, die Übertragungsfacette zu erschüttern. In der Gegenübertragung sind Gefühle des Ärgers und eine starke Ablehnung des Patienten zu bearbeiten.

11.7.4 Partizipierende Gegenübertragung bei schizoaffektiven Psychosen

Hering (2004, 2006) hat das Vorgehen, dass der Therapeut den Patienten an der **Gegenübertragung partizipieren** lässt, für den Umgang mit schizoaffektiven Psychosen in bestimmten Situationen beschrieben und gibt dafür ein Beispiel, indem er dem Patienten sagt: »Man spürt Ihre Angst, dass Ihnen die eigene Kontrolle über die Dinge entgleitet.« Dem Patienten wird dadurch mitgeteilt, dass seine Zerfallsangst und Fragmentierungsgefahr wahrgenommen und geteilt werden kann.

11.7.5 Identifikatorische Gegenübertragung, Gegenübertragungswiderstand und Handlungsdialog

Nimmt der Therapeut die Fragmentierungsgefahr des Psychosekranken wahr, so ist es naheliegend, dass er dem Bewusstwerden eines solchen korrespondierenden Erlebens in sich selbst einen Widerstand entgegensetzt. Für den Fortgang des therapeutischen Prozesses ist es von entscheidender Bedeutung, dass sein unbewusst aufkommender **Gegenübertragungswiderstand** bewusst gemacht und positiv verarbeitet wird. In diesem Zusammenhang ist vermutlich das Praecoxgefühl, das Rümke 1941 als diagnostisches Zeichen für die Schizophrenie beschrieben hat, einzuordnen.

Identifiziert sich der Therapeut ein Stück mit dem Erleben des Patienten, kommt es im Sinne der identifikatorischen Gegenübertragung dazu, dass er verspürt, strukturierend handeln zu müssen. Dieses Strukturierungsbedürfnis gilt zunächst dem Therapeuten selbst. Diese strukturierende Gegenübertragung braucht der Therapeut, um nicht vom Sog des Chaos mitgerissen zu werden. Im Sinne eines **Handlungsdialogs** geht es darum, dem Patienten Strukturierendes und Festigendes in verbaler Form oder auch als Medium anzubieten. Der Begriff Handlungsdialog wurde zunächst von Klüwer (1983) eingeführt, als einer Art mitagierender Antwort des Therapeuten, die ihm im Laufe des Geschehens bewusst werde, auch die Begriffe Enactment (Jacobs 1986) und Inszenierung (Streeck, 2000) werden in diesem Sinne verwendet.

Identifikatorische Gegenübertragung
- Strukturierende Impulse: gelten auch dem Therapeuten selbst
- Handlungsdialog

Literatur

Aderhold V, Weinmann S, Hägele C, Heinz A (2015) Frontale Hirnvolumenminderung durch Antipsychotika? Nervenarzt 86(3):302–323

Benedetti G (1987) Psychotherapeutische Behandlungsmethoden. In: Kisker KP et al (Hrsg) Psychiatrie der Gegenwart. Schizophrenien, Bd 4. Springer, Berlin Heidelberg New York
Beringer K (1927) Der Meskalinrausch. Springer, Berlin
Federn P (1978) Ichpsychologie und die Psychosen. Suhrkamp, Frankfurt a/M
Freud S (1900–1901) Die Traumdeutung. Gesammelte Werke Bd 2/3; S Fischer, Frankfurt/M, S 1–642, 1942
Freud S (1904–1905) Bruchstücke einer Hysterie-Analyse. GW Bd 5, S Fischer, Frankfurt/M, S 161–286, 1981
Freud S (1909–1913) Die zukünftigen Chancen der psychoanalytischen Therapie, Bd 8. S Fischer, Frankfurt/M, S 103–115, 1973
Gabbard GO (2005) Psychodynamic psychiatry in clinical practice, 4 Aufl. American Psychiatric Press, Washington
Hartwich P, Grube M (2015) Psychotherapie bei Psychosen, 3. Aufl. Springer, Heidelberg
Hering W (2004) Schizoaffektive Psychose. Psychodynamik und Behandlungstechnik. Vandenhoeck & Ruprecht, Göttingen
Hering W (2006) Psychodynamische Aspekte der schizoaffektiven Psychosen. In: Böker H (Hrsg) Psychoanalyse und Psychiatrie. Springer, Heidelberg
Jacobs T (1986) On countertransference enactments. J Am Psychoanal Assoc 34(2):289–307
Kohut H (1973) Narzißmus. Suhrkamp, Frankfurt/M
Klüwer R (1983) Agieren und Mitagieren. Psyche 37:828–840
Laplanche J, Pontalis JB (1972) Das Vokabular der Psychoanalyse. Suhrkamp, Frankfurt/M
Little M (1958) Über wahnhafte Übertragung (Übertragungspsychose). Psyche 12:258–269
Maier C (2001) Deutung und Handlungsdialog. In: Schwarz F, Maier C (Hrsg) Psychotherapie der Psychosen. Thieme, Stuttgart, S 117–127
Meerwein (1986) Gegenübertragung. In: Müller C (Hrsg) Lexikon der Psychiatrie. Springer, Berlin Heidelberg New York
Milch W (1994) Gegenübertragungsprobleme bei suizidalen Patienten unter stationärer psychiatrischer Behandlung. Psychiatr Prax 21:221–225
Pao PN (1979) Schizophrenic disorders. Theory and treatment from a psychodynamic point of view. International Univ Press, New York
Rosenfeld H (1966) Psychotic states. A psychoanalytical approach. International Univ Press, New York
Rümke HC (1941) Das Kernsyndrom der Schizophrenie und das ‚Praecox-Gefühl'. Zentralbl Neurol Psychiatrie 102:168–169
Schwarz F (2001) Übertragung und Gegenübertragung bei der Psychotherapie schizophrener Patienten. In: Schwarz F, Maier C (Hrsg) Psychotherapie der Psychosen. Thieme, Stuttgart, S 127–135
Streeck U (2000) Szenische Darstellung, nichtsprachliche Interaktion und Enactments im therapeutischen Prozess. Vanderhoeck & Ruprecht, Göttingen
Volkan VD (1994) Identification with the therapist's function and ego-buildung in the treatment of schizophrenia. Brit J Psychiatry 164 Suppl (23):77–82

Bindung

Theo Piegler, Michael Dümpelmann

H. Böker et al. (Hrsg.), *Neuropsychodynamische Psychiatrie*,
DOI 10.1007/978-3-662-47765-6_12, © Springer-Verlag Berlin Heidelberg 2016

12.1 Einleitung

Wie die Soziobiologie lehrt, lautet ein im Erbgut aller Lebewesen verankertes Kernprinzip:

> » Richte dein Verhalten so ein, dass es zu einem langfristigen Bestand [deiner Art] und möglichst auch zur Verbreitung deiner Gene beiträgt. (Wilson 1975, zit. nach Spangler u. Zimmermann 2009, S. 87)

Die Natur hat bei der Umsetzung dieses Postulats viele Wege beschritten: Bei Schildkröten und vielen anderen Lebewesen wird allein auf Masse gesetzt. Meeresschildkröten legen pro Jahr bis zu 200 Eier, Brutpflege oder mütterliche Fürsorge gibt es nicht. Die schlüpfenden Jungen sind ungeschützt vielfältigen Gefahren ausgesetzt, was schon kurz nach dem Schlüpfen zum Tod eines großen Teils der Population führt. Ganz anders bei allen Säugetieren und erst recht beim Menschen, dessen frühkindliche Entwicklung und Sozialisation geschützt und unterstützt von seinen Eltern in einem engen Austauschprozess mit diesen stattfindet. Mittlerweile ist das sehr gut beforscht. Einen wesentlichen Beitrag hierzu leistete die **Bindungsforschung**, die auf den englischen Kinderpsychiater und Psychoanalytiker John Bowlby zurückgeht. Nach Bowlby ist das aufeinander bezogene Bindungsverhalten von Kindern und Eltern unter evolutionärem Druck entstanden und bringt einen deutlichen Überlebensvorteil mit sich. Ohne ein solches haben Kinder eine geringere Überlebenswahrscheinlichkeit (!) oder sind in ihrer sozial-emotionalen Entwicklung deutlich beeinträchtigt (Spitz 1945). Nach Lichtenberg stellt das Bedürfnis nach Bindung und (später) Verbundenheit eines von fünf angeborenen motivationalen Systemen dar (Lichtenberg 1991, S. 88). Das Bedürfnis nach **Selbstbehauptung** (Assertion) und **Exploration** gehört ebenfalls dazu und ist deshalb in diesem Kontext erwähnenswert, da es sich zum Bindungssystem umgekehrt proportional verhält, d. h. ein – etwa durch Angst – aktiviertes Bindungssystem hat ein Erliegen explorativen Verhaltens zur Folge, wohingegen ein Gefühl von Sicherheit die Voraussetzung für neugieriges Explorieren ist. Im psychiatrischen Kontext heißt das, dass Beruhigung und das Schaffen einer sicheren Basis absoluten Vorrang haben vor Exploration, Konfrontation und Deutung.

Bowlbys Bindungstheorie »besagt [letztendlich], dass die Entwicklung einer sicheren emotionalen Bindungsbeziehung beim Kind sowie im weiteren Verlauf des Lebens für die emotionale Stabilität und die gesunde psychische Entwicklung ein Schutzfaktor ist. … Die Bindungsbeziehung hat … den Charakter einer ‚sicheren emotionalen Basis', auf die in Situationen von äußerer und innerer Gefahr … sowohl real als auch emotional … zurückgegriffen werden kann« (Brisch u. Hellbrügge 2003, S. 7). Vice versa gilt, dass Störungen der Bindungsbeziehung in der Frühkindheit zu pathologischen Entwicklungen führen können, die sich in den folgenden Lebensabschnitten manifestieren. Außerdem wird das erworbene Bindungsmuster in der Regel transgenerational weitergegeben, was Leid über Generationen perpetuieren kann. Ehe auf all das weiter eingegangen wird, ist noch eine begriffliche Klarstellung vonnöten. Während im Deutschen nur von »**Bindungsverhalten**« gesprochen wird, ganz gleich, ob es sich um das Verhalten der Eltern bzw. eines sog. primären Caregivers oder jenes des Säuglings handelt, ist das Englische da differenzierter und unterscheidet zwischen dem »**attachment**« des Säuglings und dem »**bonding**« der Mutter oder des Vaters, wobei es zwischen beiden Verhaltensweisen natürlich enge Verknüpfungen gibt. Die Unterschiede sind in ◘ Tab. 12.1 dargestellt.

Das »Bindungssystem« (»attachment system«) wurde von Bowlby explizit nicht als »Trieb«, sondern als »**zielkorrigiertes Verhaltenssystem**« beschrieben, das durch Defiziterfahrungen aktiviert wird. Dazu gehören Erfahrungen von Unsicherheit (z. B. Müdigkeit, Unbehagen, Krankheit), tatsächliche (Krankheit eines Elternteils, postpartale Depression der Mutter) oder vermeintlich drohende Trennungen von einer Bindungsperson, akute Bedrohungen (insbesondere durch unbekannte Situationen oder fremde Personen) oder auch Reizüberflutung und Überstimulation. Während Freud vor 110 Jahren – dem Stand der damaligen Wissenschaft entsprechend (1905) – davon ausging, dass im Säuglingsalter die oralen Triebe und ihre Befriedigung zentrale Bedeutung für die Entwicklung hätten, zeigten Untersuchungen Bowlbys und seiner Mitarbeiter an Menschenkindern und Har-

Tab. 12.1 Unterschiede zwischen Attachment und Bonding

Attachment	Bonding
Bindung, die ein auf Dauer bestehenbleibendes emotionales Band zwischen Kind und Caregiver darstellt (n. Bowlby). Die hormonelle Basis ist Oxytocin	Emotionale Verbundenheit mit dem Säugling vom ersten Augenblick an (n. Bowlby). Die hormonelle Basis ist Oxytocin
Entwickelt sich in den beiden ersten Lebensjahren zur zielkorrigierten Partnerschaft, die bis ins späte Jugendalter dauert	Tritt in der Schwangerschaft, mit der Geburt des Kindes, manchmal aber auch erst in den ersten Wochen nach der Geburt auf und bleibt dann bestehen
Bezieht sich auf die emotionale Beziehung, die ein Kind zu seinen Eltern oder einem primären Caregiver aufbaut	Bezieht sich auf die Gefühle der Eltern oder eines Caregivers dem Kind gegenüber
Beschreibt die Beziehung aus der Perspektive des Kindes	Beschreibt die Beziehung aus der Perspektive der Eltern oder eines anderen primären Caregivers
Ist angeboren und manifestiert sich im Rahmen des Entwicklungsprozesses des Kindes	Beinhaltet u. a. das, was die Selbstpsychologie als Sich-als-Selbstobjekt-zur-Verfügung-stellen bezeichnet

lows Experimente mit Rhesusaffenbabys ganz eindeutig, dass dies keineswegs so ist (Horst van der et al. 2008). Eine gute Bindungsbeziehung in der frühen Kindheit ist Grundlage und Voraussetzung für eine gesunde sozioemotionale wie psychische Entwicklung! Ohne die Befriedigung der physiologischen Bedürfnisse (z. B. Stillen) und jener nach sinnlichem Vergnügen (z. B. Hautkontakt) – ebenfalls angeborene motivationale Systeme – geht es natürlich auch nicht. Auch Freud hat das in späteren Jahren so gesehen:

> » Die Intrauterinexistenz des Menschen erscheint gegen die meisten Tiere relativ verkürzt; er wird unfertiger als diese in die Welt geschickt. … Dies biologische Moment stellt also die ersten Gefahren-Situationen her und schafft das Bedürfnis, geliebt zu werden, das den Menschen nicht mehr verlassen wird. (Freud 1926, S. 186)

12.2 Bindungsentwicklung

Der »interaktive Tanz« zwischen Mutter und Kind, so charakterisiert Downing die feinen **affektiven Abstimmungsprozesse** der beiden Interaktionspartner, beginnt mit der Geburt (Downing 2003). Dieser Tanz hat viele Qualitäten, von denen hier nur einige benannt werden sollen. So ist das Wechselspiel des Mutter-Kind-Paares genau getaktet. Die Aktionen der beiden sind wechselseitig, haben Kommunikationscharakter und werden jeweils durch ganz kurze Pausen unterbrochen. Jaffe et al. (2001) sprechen von einem »**rhythm-time-matching**«, das intuitiv erfolgt. Die Kommunikation besteht in der Aufnahme von Blickkontakt, Lächeln, Grimassieren, Kopfbewegungen, Nachahmungen, Stimmmodulation und wechselndem Rhythmus der Vokalisation. Was Gergely mit »**markierter Affektspiegelung**« beschreibt, gehört hierzu (Gergely 2002). Eine Bezugsperson übernimmt den Affekt des Kleinkinds und spiegelt ihn zurück, aber in eigener, nichtidentischer Weise, oft in der »Ammensprache«. Das bewirkt, dass das Kleinkind erleben kann, dass seine Affektäußerung ankommt und aufgegriffen wird, aber auch, dass durch diese Form von Echo auch klar wird, dass es sich um die Resonanz einer anderen Person handelt. In solchen Sequenzen wird **Intersubjektivität** erfahrbar gemacht und trainiert. Umso besser das Zusammenspiel klappt, desto eher entwickelt sich eine **sichere Bindung**. Meltzoff und Moore machten die Beobachtung, dass Babys schon wenige Tage nach der Geburt die Mimik ihrer Mutter nachahmen. Sie betrachten dieses intuitive Imitieren als Anbahnung von Einfühlungsprozessen (Meltzoff u. Moore 1983), die mit zunehmender Hirnreifung – und damit Ausbildung der Spiegelneurone – möglich werden. Klaus und Kennell (1976) konnten zeigen, dass intensiver Kontakt von Mutter und Kind in den ersten Tagen nach der Geburt, einer offensicht-

Tab. 12.2 Stufen in der Entwicklung des Attachments. (Adapt. nach Bowlby 1975, [1]1969)

Stufe	Durchschnittliche Zeitspanne	Hauptcharakteristika
Vorstufe von Attachment	Von Geburt bis Ende des ersten Lebensmonats	Allen Fürsorgepersonen gegenüber wird bindungsrelevantes Verhalten gezeigt (z. B. Lächeln), perzeptuelle Diskriminierung von Mutter und anderen Personen ist aber gegeben
Entstehendes Attachment	Vom zweiten bis zum Ende des sechsten Monats	Erkennen von vertrauten Personen, häufigeres Anlächeln derselben, interaktive Synchronisierung im Kontakt
Klar ausgebildetes Attachment	Vom siebten Monat bis Ende des zweiten Lebensjahrs	Bindung an primäre Bezugsperson(en), Protest bei Trennung von denselben, Misstrauen gegenüber Fremden (»Achtmonatsangst«), anklammerndes Verhalten, Suche nach Nähe der Mutter
Zielkorrigierte Partnerschaft	Ab dem dritten Lebensjahr	Die Beziehungen sind nun wechselseitig; das Kind erkennt die Bedürfnisse der Eltern an, Rückgang der Trennungsangst

lich sensiblen Phase, die Bindung fördert und diese Kinder mit fünf Jahren nicht nur einen höheren IQ, sondern auch bessere Leistungen in sprachlichen Tests haben. Auch andere Untersuchungen machen deutlich, dass die frühkindlichen emotionalen Erfahrungen die funktionelle Entwicklung des Gehirns prägen (Bock et al. 2003). Bisher war nur von positiven Entwicklungen die Rede, aber leider gilt natürlich auch das Umgekehrte, nämlich dass Eltern mit einem unsicher-distanziertem (D), unsicher-verwickeltem (E) oder unverarbeitetem Bindungsstatus (U), (Einteilung nach Main u. Goldwyn 1985–1998), wie man sie etwa bei abhängigkeitserkrankten Eltern findet, sowie daraus resultierende frühkindliche Vernachlässigung oder gar Traumatisierung der Kinder zu Störungen im psychosozialen Bereich und zu psychischen Erkrankungen prädisponieren (Braun 2002). Auch Heimkinder, die ohne eine feste Bezugsperson aufwuchsen, zeigen Defizite in ihren intellektuellen und emotionalen Kompetenzen (Rutter 2001).

Versucht man für die Bindungsentwicklung positives elterliches Verhalten zu erfassen, dann zeigt sich, dass **Feinfühligkeit** hoch bedeutsam ist. Man versteht darunter die empathische Fähigkeit, die Befindlichkeit des Kindes richtig zu erfassen und verlässlich, prompt, angemessen und emotional zugewandt auf dieses einzugehen, wobei Winnicott zu Recht darauf hinweist, dass »good enough« ausreichend ist. Die Feinfühligkeit von Müttern unterscheidet sich von der der Väter in ihrer Qualität. Während bei ersteren das **Fürsorgliche** im Vordergrund steht, ist es bei letzteren eher ein zur Exploration ermunternder Stil (»**Spielfeinfühligkeit**«). »Kamikaze-Spiele« sind typisch männlich, also wenn Väter z. B. ihre Babys zu deren großer Freude hochwerfen und sicher wieder auffangen. Es sind (Klöpper 2014, S. 265) verschiedene Erfahrungen, die im interaktiven Tanz von Mutter und Kind bestimmend dafür sind, welches Bindungsmuster das Kind als innere Repräsentanz entwickelt:

- das »rhythm-time-matching« im Handlungsdialog,
- das Matching der Schaltpausen im Handlungsdialog,
- die Feinfühligkeit der Pflegeperson,
- die Balance zwischen den Motivationen Bindung und Exploration,
- die Bewältigung von Unterbrechungen der emotionalen Bindung.

Ein Beispiel für die Folgen geringer oder fehlender Feinfühligkeit: Posada et al. (1999) fanden nur bei 38 % der Kinder, die mit wenig einfühlsamen Müttern aufwuchsen, eine sichere Bindung.

Die Bindungsentwicklung verläuft in enger Verknüpfung mit dem körperlichen (z. B. Sehen) und damit auch dem zerebralen Wachstum. In Tab. 12.2 sind die einzelnen Entwicklungsschritte dargestellt, wobei sich die Stufen natürlich überlappen:

■ Tab. 12.3 Einige Untersuchungsinstrumente zur Erfassung von Bindung in verschiedenen Lebensaltern

Alter	Untersuchungsinstrument
Bis 1,8 Jahre	Fremde-Situation-Test (n. M. Ainsworth et al. 1978)
3 bis 6 Jahre	Puppenspiel
Ab Jugendalter	Adult Attachment Interview (AAI)
Erwachsenenalter	Adult Attachment Projective Picture System (AAP)
	Erwachsenen-Bindungsprototypen-Rating (EBPR), (Strauß et al. 1999)

Ein Kind kann unterschiedlichen Bezugspersonen gegenüber voneinander abweichende Bindungsmuster entwickeln. Fox et al. (1991) fanden in ihrer Metaanalyse 68,8 % übereinstimmende Klassifikationen gegenüber Vätern und Müttern und entsprechend 31,2 % nicht übereinstimmende Klassifikationen, wenn lediglich zwischen sicheren und unsicheren Bindungsstilen unterschieden wurde. Immer hat das Kind aber ein dominierendes Muster, d. h. in einer Gefahrensituation wird es sich primär an die Person wenden, zu der es das dominierende Muster hat.

Die intersubjektiven Erfahrungen, die ein Kind mit seinen Bindungspersonen macht, formen in ihm ein »inneres Arbeitsmodell« (»inner working model«, Bowlby 1975, [1]1969; Main et al. 1985), das sein weiteres Sozialverhalten bestimmt. Es entwickelt ein »model of self and others«. Dieses Arbeitsmodell ist implizit abgespeichert, zeigt sich also nur im Verhalten und Handeln. Stern (1992, [1]1986) spricht vom »implizit-prozeduralen Beziehungswissen«, das sich aus der Generalisierung einzelner sich regelmäßig wiederholender prozeduraler Abläufe in Beziehungen mit wichtigen Beziehungspersonen in Form von RIG (**R**epresentations of **I**nteractions that have been **G**eneralized) bildet. In ▶ Abschn. 12.3 sollen die typischen Bindungsstile, die Bowlby und seine Arbeitsgruppe differenzieren konnten, und deren Schicksale dargestellt werden.

12.3 Bindungsstile bei Kindern und Erwachsenen

Je nach Lebensalter wird die **Bindungsqualität** mit unterschiedlichen Instrumenten erfasst (■ Tab. 12.3). Dabei ist es wichtig, sich klar zu machen, dass keine der Qualitäten eo ipso als pathologisch bewertet werden kann. Ein Säugling oder Kleinkind ist überlebensnotwendig (!) auf die Fürsorge einer Bezugsperson angewiesen, wird also auch einen missbrauchenden Vater »lieben«. Der jeweilige **Bindungsstil** stellt eine auf den Interaktionspartner ausgerichtete, vital und emotional überlebenssichernde individuelle Adaptationsleistung dar. So ist es bei unzuverlässigen Eltern nicht angebracht, sich auf einen sehr intensiven emotionalen Kontakt einzulassen, hier wäre ein unsicher-vermeidendes Bindungsmuster viel besser, da es nicht aushaltbare Schmerzen bei jedem neuen vergeblichen Warten und damit drohende **Selbstfragmentierung** verhindert. Ergebnisse einer Langzeituntersuchung haben gezeigt, dass unsicher gebundene Kinder aller drei Gruppen (A und C, Ainsworth et al. 1978; D, Main u. Solomon 1986) »später nicht kränker sind oder sein müssen als die sicher gebundenen, sondern nur ein höheres Risiko haben, psychopathologisch relevante Probleme zu entwickeln, wenn zusätzliche Belastungsfaktoren hinzukommen« (Dornes 1998, S. 309).

Bei allen genannten Untersuchungsinstrumenten wird die Erfahrung bzw. der Umgang mit Trennungssituationen betrachtet bzw. die Bindungsorganisation auf der Ebene der inneren Repräsentationen. Bei Kleinkindern wird das Attachment mittels des Fremde-Situation-Tests erfasst. Der Testablauf ist standardisiert (■ Tab. 12.4) und fokussiert auf die Reaktion der Probanden bei Trennung von der Mutter und bei deren Rückkehr.

Beobachtet und nach bestimmten Kategorien ausgewertet wird also, wie sich die Kinder bei dem Verlassenwerden durch die Mutter und dann bei ihrem Wiedereintritt in den Untersuchungsraum (Episode 5 und 8) verhalten. Die Verhaltensweisen

Tab. 12.4 Der Fremde-Situation-Test. (Adaptiert nach Ainsworth et al. 1978, S. 37)

Episode (jeweils 3 min)	Anwesende Personen	Standardisierter Ablauf
1	Versuchsleiter, Mutter, Kind	Mutter und Kind werden in den Beobachtungsraum geführt
2	Mutter, Kind	Mutter liest, Kind exploriert
3	Mutter, Kind, Fremde	Die Fremde stellt sich vor und nähert sich dem Kind
4	Fremde, Kind	Erste Trennung, die Mutter geht
5	**Mutter, Kind**	**Erste Wiederannäherung:** Mutter kehrt zurück
6	Kind	Zweite Trennung, Mutter geht
7	Fremde, Kind	Fremde bleibt beim Kind, Intervention nur wenn nötig
8	**Mutter, Kind**	**Zweite Wiederannäherung:** Mutter kehrt zurück

werden in Mikroschritten erfasst und im Ergebnis folgenden Kategorien zugeordnet:

- **Sichere Bindungsbeziehung (B)**
  Diese Kinder suchen nach den Trennungen die Nähe der Mutter, weinen, lassen sich aber von ihr trösten, kaum aber von der Fremden, sie benutzen die Mutter als »sichere Basis« für weiteres Explorationsverhalten.
- **Unsicher-vermeidende Bindungsbeziehung (A)**
  Diese Kinder zeigen kaum Trennungsreaktionen, bleiben an ihrem Platz und spielen weiter. Die Wiederkehr der Mutter wird ignoriert. Sie vermeiden in der Regel Nähe und Körperkontakt.
- **Unsicher-ambivalente Bindungsbeziehung (C)**
  Diese Kinder sind sehr ängstlich, zeigen starke Trennungsreaktionen und lassen sich bei der Wiederkehr der Mutter kaum beruhigen. Sie zeigen ambivalentes Verhalten, wenn sie von der zurückkehrenden Mutter auf den Arm genommen werden.
- **Unsicher-desorganisierte Bindungsbeziehung (D)**
  Diese Kinder sind nicht in A, B oder C einzuordnen. Sie zeigen bizarre Verhaltensweisen, laufen etwa auf die zurückkehrende Mutter zu, frieren dann aber im Lauf gleichsam ein und erstarren geradezu. Außerdem beobachtet man stereotype oder andere auffällige Bewegungsmuster und Verhaltensweisen.

Die **Verteilung der Bindungsmuster** variiert in der Literatur erheblich. Das ist darauf zurückzuführen, dass der Fremde-Situation-Test sehr aufwendig ist und die Auswertenden lange geschult werden müssen. Folge sind geringe untersuchte Fallzahlen und damit eine entsprechende Variationsbreite. Hinzu kommt, dass die Verteilung dann anders ausfällt, wenn Risikogruppen überrepräsentiert sind. Es spricht vieles dafür, dass die Häufigkeitsverteilung gesellschaftsübergreifend überall – zumindest in der westlichen Welt, wo ähnliche Erziehungsstile üblich sind – in etwa gleich ist (IJzendoorn 1999). Der Einsatz des Fremde-Situation-Tests in Kulturen mit anderen Erziehungsstilen gestaltet sich schwierig bis unmöglich. So wachsen etwa japanische Kinder in großer physischer Nähe zu ihren Müttern auf. Die Mehrheit schläft auch im Kindergartenalter noch mit der Mutter in einem Bett, gemeinsames Baden ist sehr weit verbreitet und japanische Mütter verlassen ihre Kinder in den beiden ersten Lebensjahren sehr selten, lassen sie auch fast nie in einem Raum alleine spielen. Von daher sind die Aufgaben im Fremde-Situation-Test für Kinder dieser Kulturen ein weitaus größerer Stressor als für Kinder westlicher Kulturen. So ist es nicht erstaunlich, dass in Japan bei einer Untersuchung kein einziges Kind als vermeidend (Typ A) klassifiziert wurde und die Rate der ängstlich-ambivalenten Kinder (Typ C) mit 32 % fast doppelt so hoch war wie in den USA (Asendorpf 2007, S. 447). Es handelte sich um offensichtliche Fehlattribuierungen.

Tab. 12.5 Zusammenspiel zwischen kindlichem Attachment und Bindungsrepräsentanzen der Mutter. (Adapt. nach Remmel et al. 2006, S. 51)

Bindungsmuster des Kindes	**Sicher (B)**	**Unsicher-vermeidend (A)**	**Unsicher-ambivalent (C)**	**Desorganisiert (D)**
Häufigkeit des kindlichen Bindungsmusters i. d. Allgemeinbevölkerung	50–60 % (Brisch 2009, S. 54)	30–40 % (Brisch 2009, S. 54)	10–20 % (Brisch 2009, S. 54)	Ca. 15 %. Bei misshandelnden Eltern: ca. 48–77 % (Brisch u. Hellbrügge 2009, S. 232)
Bindungsmuster der Mutter	**Autonom (F = free to evaluate)**	**Abweisend, beziehungsabwehrend (D = dismissing)**	**Verstrickt, beziehungsüberbewertend (E = enmeshed)**	**Unaufgelöstes Trauma (U = unresolved)**
Häufigkeit des mütterlichen Bindungsmusters i. d. Allgemeinbevölkerung	55–57 % (Ijzendoorn u. Bakermans-Kranenburg 1996)	15–16 % (Ijzendoorn u. Bakermans-Kranenburg 1996)	9–11 % (Ijzendoorn u. Bakermans-Kranenburg 1996)	17–19 % (Ijzendoorn u. Bakermans-Kranenburg 1996)
Bindungsgeschichte der Mutter	Breite Affektpalette	Idealisierung der eigenen Eltern ohne Erinnerungen	Überflutet von Erinnerungen, unverarbeitete Negativerfahrungen	Verluste vor dem 14. Lebensjahr/ nach der Geburt des Kindes, Traumatisierungen
Bindungsrepräsentanz der Mutter (im AAI)	Kohärent, integriert	Fehlende Kohäsion	Keine Ordnung und Struktur, Abstraktion	Anzeichen fehlender Trauer-arbeit
Mütterliches Verhalten gegenüber dem Kind	Vorhersagbar, angemessen, einfühlsam	Vorhersagbar, unangemessen, Hilfe ablehnend, Freude ermutigend	Unvorhersagbar, unangemessen	Gelegentliche »Absencen«, furchterregend, angsterfüllt

Das in den ersten 12 Lebensmonaten erworbene Bindungsverhalten ist in gleicher Weise bei 10-Jährigen nachweisbar, bleibt, wenn es nicht durch anderweitige Neuerfahrungen oder Traumatisierungen überschrieben wird, ein Leben lang konstant und wird – sichere Bindung mehr als andere Bindungsmuster – an die eigenen Kinder weitergegeben (Brisch 2009, S. 40), sodass das Elternbindungsmuster eine Vorhersage bezüglich des Bindungsmusters ihres Kindes erlaubt. In 70 % der Fälle stimmen die Bindungsrepräsentationen von Eltern mit den Bindungsklassifikationen ihrer Kinder überein (ebd., S. 68). Die korrespondierenden Eltern- und Kind-Bindungsmuster und ihre Implikationen sind in ◘ Tab. 12.5, die auf Lotte Köher (1992) zurückgeht, wiedergegeben.

12.4 Bindungsstil und psychische Krankheit

Es wurde bereits mehrfach darauf hingewiesen, dass ein **sicheres Attachment** Kinder in ihrer Selbstentwicklung enorm fördert, sie sozial kompetent macht und ihnen das Urvertrauen gibt, um die Welt angstfrei zu erobern. Das kommt ihnen in Kindergarten, Schule und in ihrem weiteren Leben, gerade auch in Partnerschaften, sehr zugute. Ganz anders die Situation bei **unsicheren Bindungsqualitäten**, insbesondere bei einem desorganisierten Bindungsmuster. Im Hinblick auf ein vermeidendes Bindungsmuster war ausgeführt worden, dass dieses das Kind schützt. Es ist zu ergänzen, dass das Kind damit aber auch seine leicht in Stress geraten-

Tab. 12.6 Bindungsrepräsentanzen bei psychiatrischen Krankheitsbildern. (Adaptiert nach Dozier et al. 1999)

Diagnose/Bindungsrepräsentanz	Autonom (F)	Verstrickt (E)	Distanziert (D)	Unaufgelöstes Trauma (U)
Unipolare affektive Störungen	> 15 %	≈ 50 %	≈ 30 %	≈ 20 %
Gemischte affektive Störungen	> 25 %	≈ 55 %	< 20 %	≈ 75 %
Angststörungen	≈ 15 %	≈ 65 %	< 20 %	> 85 %
Ess-Störungen	≈ 15 %	< 40 %	> 30 %	> 90 %
Substanzabhängigkeiten	> 15 %	> 60 %	> 20 %	≈ 75 %
Schizophrenien	> 10 %	= 0 %	≈ 90 %	≈ 45 %
Borderline-Persönlichkeitsstörungen	> 5 %	≈ 80 %	> 10 %	< 90 %
Antisoziale Persönlichkeitsstörungen	< 30 %	≈ 35 %	> 35 %	< 60 %

den Eltern schützt, was letztendlich dann wieder dem Kind zugutekommt, da die Eltern ihre Fürsorgefunktion dann am ehesten aufrechterhalten können. Der Preis könnte aber die Entwicklung eines »**falschen Selbst**« sein. Es kann aber auch ein Teufelskreis – wie bei desorganisierten Mustern – entstehen, wo das Schreien und Weinen der Kinder bei den Eltern Erinnerungen an selbst erfahrenes Leid wachruft oder Flashbacks entstehen lässt, die ein Fürsorgeverhalten unmöglich machen. Solche Erfahrungen bedeuten für Kinder einen ungeheuren Stress. Sogar in ganz normalen Spielsituationen konnten Spangler et al. (1994) bei Kindern unsensibler Mütter im Alter von 6 und 9 Monaten erhöhte Cortisolspiegel im Speichel feststellen, d. h. es kam zu einer adrenokortikalen Stressreaktion, die bei sicher gebundenen Kindern nicht zu finden war. Es ist mittlerweile bekannt, dass seelisches Erleben mit der Entwicklung von Struktur und Funktion des Gehirns eng verknüpft ist. Brisch (2009, S. 42 f.) verweist auf eine Studie von Teicher et al. (2003), wonach Menschen, die in ihrer Kindheit Opfer von Vernachlässigung und Missbrauch waren, im Erwachsenenalter im Vergleich zu nicht missbrauchten Kontrollprobanden strukturelle Veränderungen mit Volumenverminderungen im Hippocampus, dem Corpus callosum und der Amygdala aufweisen. Perry et al. (1995; Perry 2001) haben deutlich gemacht, dass das sich entwickelnde Gehirn neue Informationen in einer gebrauchsabhängigen Art und Weise organisiert und internalisiert.

> » Je mehr das Kind sich in einem Zustand des Hyperarousal oder der Dissoziation befindet, um so mehr wird es nach einer Traumaerfahrung neuropsychiatrische Symptome in Richtung einer posttraumatischen Belastungsstörung … entwickeln. (Brisch 2009, S. 43)

Die Reifung der orbito-frontalen Hirnregion, zuständig für die Steuerung, Integration und Modulation von Affekten, kann beeinträchtigt werden ebenso wie die Entwicklung der rechten »nonverbalen« Gehirnhälfte, die für verschiedene Aspekte von Bindung und Affektregulation verantwortlich ist (ebd., S. 43). Da ist es kein Wunder, dass schon Bowlby Zusammenhänge von unsicherer Bindung mit verschiedenen Formen von Angststörungen finden konnte. Kinder von an Depression oder Schizophrenie leidenden Eltern sind in erhöhtem Maß unsicher gebunden. In klinischen Studien korrelieren unsichere Bindungsrepräsentationen häufig mit psychiatrischen Störungsbildern wie Borderline-Persönlichkeitsstörungen, Agoraphobie, Depression und Schizophrenie. Auch ein Zusammenhang von Bindungsstörungen mit psychosomatischen Erkrankungen wird diskutiert (ebd., S. 93 f.) bzw. ist auch schon nachgewiesen (Waller et al. 2004; Strauß u. Schwank 2007). Untersuchungsergebnisse von Dozier et al. (1999), die auf klinischen Stichproben basieren, bestätigen das (Tab. 12.6).

12.5 Therapeutische Konsequenzen aus der Bindungsforschung

Ein wenig frustriert konstatierte Bowlby 1988, dass »obwohl die Bindungstheorie von einem Kliniker zur Anwendung bei der Diagnostik und Behandlung emotional gestörter Patienten und Familien formuliert wurde, [man sie überwiegend dazu benutzte], die entwicklungspsychologische Forschung voranzutreiben.«

> Ich bin der Meinung, dass die Befunde dieser Forschung unser Verständnis von Persönlichkeitsentwicklung und Psychopathologie enorm erweitert haben, weshalb sie auch von größter klinischer Relevanz ist, dennoch ist enttäuschend, dass die Kliniker bisher so zögerlich waren, die Anwendung der Theorie zu prüfen. (Bowlby 1988, S. 9)

Seit damals hat sich glücklicherweise viel verändert. Fast 20 Jahre später kann Fröhlich-Gildhoff konstatieren:

> In der tiefenpsychologischen bzw. psychoanalytischen Therapietradition wird die psychotherapeutische Beziehung als der zentrale Wirkfaktor angesehen. Diese Position wird durch die Erkenntnisse der empirischen Psychotherapieforschung bestätigt. Exemplarisch seien die Erkenntnisse der Arbeitsgruppe von Grawe zitiert: »Für die Einzeltherapie ist die Bedeutung der Qualität der Therapiebeziehung für das Therapieergebnis über alle Zweifel erhaben nachgewiesen, und zwar für ganz unterschiedliche Therapieformen (Orlinsky, Grawe & Parks 1994)«. (Fröhlich-Gilthoff 2007, zit. nach Grawe et al. 1994, S. 706)

Nun ist eine hilfreiche therapeutische Beziehung zwar nicht einer Bindungsbeziehung gleichzusetzen, aber es blitzen natürlich beiden gemeinsame Elemente auf, wie sie in zeitgenössischen psychodynamischen Psychotherapieformen wie selbstpsychologisch fundierten Therapien, in relationalem und intersubjektivem Vorgehen, in dem mentalisierungsfördernden therapeutischen Vorgehen Fonagys, in der interaktionellen Psychotherapie nach Heigl und Heigl-Evers oder in der strukturbezogenen Psychotherapie nach Rudolf zu finden sind. Immer geht es dabei darum, die unterschiedlichen Bedürfnisse der Patienten in Abhängigkeit von ihrer Beeinträchtigung und im Hinblick auf ihre spezifischen Bindungserfahrungen und Traumatisierungen wertschätzend zu erfassen und daran unter Einbezug der intersubjektiven Dimension in einer Weise zu arbeiten, die korrigierende emotionale Neuerfahrungen ermöglicht.

Bowlby (1995) selbst hat genau darin, wie Strauß (2000, S. 94) schreibt, die Hauptaufgaben des Therapeuten darin gesehen, nämlich

- als sichere Basis für seinen Patienten zu fungieren,
- die Beziehungen des Patienten zu seinen aktuell wichtigsten Bezugspersonen mit ihm zu reflektieren,
- die Beziehung des Patienten zu ihm als Therapeuten als einer Beziehungsfigur mit ihm zu betrachten,
- die aktuelle Sicht der Welt des Patienten mit ihm zu untersuchen,
- mit ihm zu überlegen, ob seine Arbeitsmodelle angemessen sind.

Bowlby betont dabei sehr eine respektvolle, fürsorglich-behutsame Art des Umgangs und den emotional getönten Anteil dieser Arbeit, womit er Fonagys »mentalization based treatment« (schon) sehr nahe kommt. Schon zu Beginn dieses Kapitels war darauf hingewiesen worden, dass eine solche explorative, reflexive und zur Selbstreflexion anregende Arbeit nur möglich ist, wenn sich ein Patient in der therapeutischen Beziehung sicher fühlt. Entsprechend hat **Vertrauensbildung** Priorität vor Realitätsprüfung, vor Übertragungsanalyse, vor der gezielten Förderung selbstreflexiver Fähigkeiten und schließlich auch vor konkreten Verhaltensänderungen (Bowlby 1995; Brisch 1999, S. 97).

Dass Therapien umso erfolgreicher verlaufen, umso sicherer die Bindungsrepräsentanzen der Patienten sind, dürfte nicht erstaunen. Umgekehrt stellt sich natürlich die Frage, welche Bindungsmuster psychodynamisch arbeitende Psychotherapeuten haben und ob diese Auswirkungen auf den Therapieerfolg haben. Die Ergebnisse der diesbezüglichen Untersuchungen sind alles andere als spektakulär, denn sie zeigen alle, dass die Therapeutenbindungsmuster in etwa jener Verteilung entsprechen, die man in der Allgemeinbevölkerung findet mit einem allenfalls etwas geringeren Anteil an sicher Gebundenen. Es findet sich kein Zusammenhang mit Geschlecht und/oder Berufserfahrung. Bei den unsicher gebundenen Therapeuten findet sich eine Korrelation mit Depression (Nord et al. 2000; Schauenburg et al. 2006 u. 2010). Eine signifikante Auswirkung des Therapeutenbindungsmusters auf den Therapieerfolg konnte insgesamt zwar nicht festgestellt werden, eine sicherere Therapeutenbindung war in der von Schauenburg et al. 2010 durchgeführten Untersuchung allerdings assoziiert mit einer besseren therapeutischen Beziehung und einem besseren Therapieerfolg bei schwerer gestörten Patienten! 2013 untersuchte Cologon den Zusammenhang zwischen Bindungsrepräsentation, Mentalisierungsfähigkeit (»reflective functioning«) und Therapieerfolgen. Seine Untersuchung bestätigte die zuvor referierten Ergebnisse. Signifikante Unterschiede fand er aber hinsichtlich der therapeutischen Wirksamkeit: Therapeuten, die gut mentalisieren können, sind erfolgreicher! Die Mentalisierungsfähigkeit ist ein Prädiktor für die Wirksamkeit einer Therapie. Erfasst wurde die Mentalisierungsfähigkeit mit der Reflective Functioning Scale« im AAI (Cologon 2013).

12.6 Einige neurobiologische Facetten

In diesem Kapitel wurde schon eine Reihe neurobiologischer Befunde erwähnt: Das im Hypothalamus produzierte Neuropeptid **Oxytocin** ist für den Geburtsakt, das Stillen und die Entwicklung der Bindung (sowohl aufseiten des Kindes als auch aufseiten der Mutter), bei erwachsenen Sexualpartnern, aber auch ganz allgemein bei engen sozialen Kontakten wirksam. Versuche, mittels Oxytocin das Sozialverhalten autistischer Kinder positiv zu beeinflussen laufen (Sikich 2013). Lehto (2007) konnte nachweisen, dass bei mütterlicher Liebe (Bonding) und romantischer Liebe zwar je spezifische Hirnregionen aktiviert werden, es aber auch einen großen Überlappungsbereich im **Belohnungssystem** dort gibt, wo viele Oxytocin- und Vasopressinrezeptoren zu finden sind. Beide deaktivieren gemeinsam Regionen, die mit negativen Emotionen, sozialer Urteilsfindung und Mentalisierung verbunden sind, sodass man sagen kann, dass beide Formen von Liebe viel miteinander gemeinsam haben und beide ein bisschen blind machen. In enger Wechselwirkung mit dem Bindungssystem steht das **Stresssystem**. Bei Stress schützt eine sichere Bindung vor Auswirkungen auf das sich entwickelnde Gehirn. Bei der Entwicklung unsicherer Bindungsmuster scheint auch die genetische Ausstattung eine Rolle zu spielen. Unsichere Bindung scheint häufig mit bestimmten serotonergen oder dopaminergen Genpolymorphismen einherzugehen (Cierpka 2014). Die erheblichen Wechselwirkungen zwischen dem mütterlichen Bindungs- und Fürsorgeverhalten und Hirnentwicklung sind mittlerweile gut erforscht. Braun et al. (2002) konnten an Strauchratten sehr detailliert die zerebralen Veränderungen nach Deprivation aufzeigen.

12.7 Zusammenfassung

Das Bedürfnis nach Bindung ist ein evolutionsbiologisch entstandenes, angeborenes motivationales System, das in der Säuglings- und Kleinkindzeit Überleben und optimale Entwicklung ermöglichen soll. Das Bedürfnis eines Kindes nach Bindung (Attachment) wird in der Regel von seinen Eltern feinfühlig beantwortet (Bonding). Sind Eltern, aus welchen Gründen auch immer, dazu nicht ausreichend in der Lage, entwickeln sich unsichere Bindungsmuster. Bindungserfahrungen und Hirnentwicklung interagieren. Innerhalb des ersten Lebensjahres bildet das Kind ein inneres Arbeitsmodell, ein Bild von sich und den anderen, das implizit abgespeichert wird und für die Zukunft verhaltensbestimmend ist. In der Regel wird das erworbene Bindungsmuster von einer Generation zur nächsten weitergegeben. Unsichere Bindungsmuster können zu auffälligem Verhalten und psychischer Krankheit prädisponieren. In klinisch-psychiatrischen Stichproben ist die Zahl unsicherer Bindungsrepräsentationen signifikant erhöht. Ziel der Therapie ist es, unter Bindungsaspekten zunächst Sicherheit zu vermitteln, um den Patienten überhaupt erst explorationsfähig zu machen, in weiteren Schritten geht es um die Reflexion der Erfahrungen mit anderen und Überprüfung des inneren Arbeitsmodells. Jene Therapeuten erweisen sich als besonders wirksam, die selbst über eine gute Mentalisierungsfähigkeit verfügen.

Literatur

Ainsworth M, Blehar M, Waters E, Wall S (1978) Patterns of attachment. A psychological study of the strange situation. Erlbaum, Hillsdale, New York

Asendorpf J (2007) Psychologie der Persönlichkeit. Springer, Berlin

Bock J, Helmeke C, Ovtscharoff jr. W et al (2003) Frühkindliche emotionale Erfahrungen beeinflussen die funktionelle Entwicklung des Gehirns. Neuroforum 2:15–20

Bowlby J (1975) Bindung. Eine Analyse der Mutter-Kind-Beziehung. Fischer, Frankfurt/M, (Erstveröff. 1969)

Bowlby J (1988) A secure base. Clinical applications of attachment theory. Routledge, London

Bowlby J (1995) Elternbindung und Persönlichkeitsentwicklung. Dexter, Heidelberg

Braun KA, Bock J, Gruss M et al (2002) Frühe emotionale Erfahrungen und ihre Relevanz für die Entstehung und Therapie psychischer Erkrankungen. In: Strauss B, Buchheim A, Kächele H (Hrsg) Klinische Bindungsforschung – Methoden und Konzepte. Schattauer, Stuttgart, S 121–128

Brisch KH (1999) Bindungsstörungen. Von der Bindungstheorie zur Therapie. Klett-Cotta, Stuttgart

Brisch KH (2009) Bindungsstörungen. Von der Bindungstheorie zur Therapie. Klett-Cotta, Stuttgart

Brisch KH, Hellbrügge T (2003) Bindung und Trauma – Risiken und Schutzfaktoren für die Entwicklung von Kindern. Klett-Cotta, Stuttgart

Brisch KH, Hellbrügge T (2009) Kinder ohne Bindung: Deprivation, Adoption und Psychotherapie. Klett-Cotta, Stuttgart

Cierpka M (2014) Frühe Kindheit. 0–3 Jahre. Springer, Berlin

Cologon J (2013) Therapist reflective functioning. Therapist attachment and therapist effectiveness. Dissertation. Queensland University of Technology, Brisbane. ► http://eprints.qut.edu.au/63779/1/John_Cologon_Thesis.pdf. Gesehen am 31.05.2015

Dornes M (1998) Bindungstheorie und Psychoanalyse: Konvergenzen und Divergenzen. Psyche Z Psychoanal 52(4):299–348

Dozier M, Stovall K, Albus K (1999) Attachment and psychopathology in adulthood. In: Cassidy J, Shaver P (Hrsg) Handbook of attachment: theory, research and clinical applications. Guilford, New York

Downing G (2003) Video-Mikroanalyse-Therapie. Einige Grundlagen und Prinzipien. In: Scheuerer-Englisch H (Hrsg) Wege zur Sicherheit. Bindungswissen in Diagnostik und Intervention. Psychosozial, Gießen, S 51–68

Fox NA, Kimmerley NL, Schafer WD (1991) Attachment to mother/attachment to father. A meta-analysis. Child Dev 62:210–225

Freud S (1926) Hemmung, Symptom und Angst. Gesammelte Werke Bd 14, Fischer, Frankfurt/M, 1989

Fröhlich-Gildhoff K (2007) Verhaltensauffälligkeiten bei Kindern und Jugendlichen. Kohlhammer, Stuttgart

Gergely G (2002) Ein neuer Zugang zu Margaret Mahler: normaler Autismus, Symbiose, Spaltung und libidinöse Objektkonstanz aus der Perspektive der kognitiven Entwicklungstheorie. Psyche Z Psychoanal 56:809–838

Grawe K, Donati R, Bernauer F (1994) Psychotherapie im Wandel. Von der Konfession zur Profession. Hogrefe, Göttingen

Horst van der FCP, LeRoy HA, Veer van der R (2008) »When Strangers Meet«: John Bowlby and Harry Harlow on attachment behavior. Integr Psych Behav 42:370–388

IJzendoorn van MH, Bakermans-Kranenburg J (1996) Attachment representations in mothers, fathers, adolescents and clinical groups: metaanalytic search for normative data. J Consult Clin Psychol 64:8–21

IJzendoorn van MH, Sagi A (1999) Cross-cultural patterns of attachment: universal and contextual dimensions. In: Cassidy J, Shaver PR (Hrsg) Handbook of attachment. Guilford, New York, S 713–734

Jaffe J, Beebe B, Feldstein S et al (2001) Rhythms of dialogue in infancy: coordinated timing in development. Monogr Soc Res Child Dev 66(2):i–viii, 1–132

Klaus MH, Kennell JH (1976) Maternal-infant bonding. Mosby, St Louis

Klöpper M (2014) Die Dynamik des Psychischen. Klett-Cotta, Stuttgart

Köhler L (1992) Formen und Folgen früher Bindungserfahrungen. Forum Psychoanal 8:263–280

Lehto VP (2007) The neurobiology of love. FEBS Letters 581(14):2575–2579

Lichtenberg JD (1991) Motivational-funktionale Systeme als psychische Strukturen. Forum Psychoanal 7:85–97

Eigentlich eine allgemein gebräuchliche Einteilung, aber die Quelle ist:

Main M, Goldwyn R (1985–1998) Adult attachment classification and scoring system, unveröff. University of California, Berkeley

Main M, Solomon J (1986) Discovery of an insecure disorganized/disoriented attachment pattern: Procedures, findings and implications for the classification of behavior. In: Brazelton TB, Yogman M (Hrsg) Affective development in infancy. Ablex, Norwood, NJ, S 95–124

Main M, Kaplan N, Cassidy J (1985) Security in infancy, childhood and adulthood: a move to the level of representation. In: Bretherton I, Waters E (Hrsg) Growing points of attachment theory and research, Bd 50. Univ Chicago Press, Chicago, S 66–104

Meltzoff A, Moore K (1983) Newborn infants imitate adult facial gestures. Child Dev 54:702–709

Nord C, Höger D, Eckert J (2000) Bindungsmuster von Psychotherapeuten. PTT 2:76–86

Orlinsky DE, Grawe K, Parks BK (1994) Process and outcome in psychotherapy. In: Bergin A, Garfield S (Hrsg) Handbook of psychotherapy and behavior change. Wiley, New York, S 270–276

Perry BD (2001) The neurodevelopmental impact of violence in childhood. In: Schetky D, Benedek E (Hrsg) Textbook of child and adolescent forensic psychiatry. Am Psychiatr Press, Washington DC, S 221–238

Perry BD, Pollard AR, Blakley TL et al (1995) Childhood trauma, the neurobiology of adaptation and use dependant development of the brain: How states become traits. Infant Ment Health J 16:271–291

Posada G, Jacobs A, Carbonell OA et al (1999) Maternal care and attachment security in ordinary and emergency contexts. Dev Psychology 35:1379–1388

Remmel A, Kernberg OF, Vollmoeller W, Strauß B (2006) Handbuch Körper und Persönlichkeit. Entwicklungspsychologische und neurobiologische Grundlagen der Borderline-Störung. Schattauer, Stuttgart

Rutter M (2001) Longitudinal change in parenting associated with developmental delay and catch-up. J Child Psychol Psychiatr 42(5):649–659

Schauenburg H, Dinger U, Buchheim A (2006) Bindungsmuster von Psychotherapeuten. Z Psychosom Med Psychother, 52:358–372

Schauenburg H, Buchheim A, Beckh K et al (2010) The influence of psychodynamically oriented therapists' attachment representations on outcome and alliance in inpatient psychotherapy. Psychother Res 20:193–202

Sikich L (2013) Study of oxytocin in autism to improve reciprocal social behaviors (SOARS-B). Ergebnisse noch nicht publiziert. ► https://clinicaltrials.gov/ct2/show/NCT01944046. Gesehen am 31.05.2015

Strauß B, Lobo-Drost A, Pilkonis PA (1999) Assessment of attachment in adults. Z Klin Psych Psychother Psychiatr 49:223–245

Spangler G, Zimmermann P (Hrsg) (2009) Die Bindungstheorie. Klett-Cotta, Stuttgart

Spangler G, Schieche M, Ilg U et al (1994) Maternal sensitivity as an external organizer for biobehavioral regulation in infancy. Dev Psychobiol 27:425–437

Spitz R (1945) Hospitalism: an inquiry into the genesis of psychiatric conditions in early childhood. Psychoanal Study Child 1:53–74

Stern DN (1992) Die Lebenserfahrung des Säuglings. Klett-Cotta, Stuttgart (Erstveröff. 1986)

Strauß B (2000) Bindung, Bindungsrepräsentanz und Psychotherapie. Psychother 5(2):90–96

Strauß B, Lobo-Drost A, Pilkonis P (1999) Einschätzung von Bindungsstilen bei Erwachsenen – erste Erfahrungen mit der deutschen Version einer Prototypenbeurteilung. Z Klin Psychol Psychiat Psychother 47:347–364

Strauß B, Schwark B (2007) Die Bindungstheorie und ihre Relevanz für die Psychotherapie. Psychotherapeut 52:05–425

Teicher MH, Polcari A, Andersen SL et al (2003) Neurobiological effects of childhood stress and trauma. In: Coates SW (Hrsg) September 11, trauma and human bonds. Analytic Press, Hillsdale, S 211–238

Waller E, Scheidt CE, Hartmann A (2004) Attachment representation and illness behaviour in somatoform disorders. J Nerv Ment Dis 192(3):200–209

Mentalisierung

Theo Piegler, Michael Dümpelmann

H. Böker et al. (Hrsg.), *Neuropsychodynamische Psychiatrie*,
DOI 10.1007/978-3-662-47765-6_13, © Springer-Verlag Berlin Heidelberg 2016

13.1 Einleitung

Altmeyer und Thomä bezeichnen das Mentalisierungskonzept in ihrem Buch *Die intersubjektive Wende in der Psychoanalyse* als »das interessanteste, umfassendste und einflussreichste Theorieprojekt der Gegenwartspsychoanalyse, … das auf dem besten Weg [sei], zum ‚common ground' des psychoanalytischen Pluralismus zu werden« (Altmeyer u. Thomä 2010, Vorwort). Im Gegensatz dazu sucht man im deutschen Duden (immer noch) vergeblich nach dem Wort »Mentalisierung«. Was hat es mit diesem Begriff auf sich?

13.2 Mentalisieren

Die Begrifflichkeit »Mentalisieren« ist ein Konstrukt, das aus der Ecole Psychosomatique de Paris erwuchs und bis zu einem gewissen Grad von den Theory-of-Mind-Forschern operationalisiert wurde. In einem erweiterten Sinne wurde der Begriff erstmals 1989 von Fonagy im Zusammenhang mit schweren psychischen Störungen verwendet (Bateman u. Fonagy 2010). Vieles von dem, was er beschreibt, war schon lange vorher bekannt und Ingredienz von Psychotherapien. Empathisches Einfühlen, das Erfassen von Übertragung und Gegenübertragung ebenso wie das Rollenspiel im Psychodrama haben viel mit Mentalisierung zu tun. Sich von den Gefühlen, Gedanken und Fantasien anderer Menschen eine Vorstellung machen zu können, zeichnet Mentalisieren aus. Dabei geht es aber nicht nur um die anderen, sondern gleichermaßen um die eigene innere Welt. Reife Mentalisierung umfasst darüber hinaus die Fähigkeit, zu begreifen, dass innere Bilder von sich selbst und von anderen Menschen, d. h. alle inneren Repräsentanzen des Subjekts und der Objekte, das Ergebnis der eigenen Vorstellungswelt sind und nicht identisch sein müssen mit den Bildern, die andere Menschen haben oder gar mit der äußeren Realität. Reife Mentalisierung bedeutet, zu begreifen, dass das eigene Handeln durch subjektive innere Zustände verursacht wird (Selbst als Urheber), die nicht zwangsläufig mit den inneren Zuständen anderer identisch sein müssen. Ein weiteres Kennzeichen **reifer Mentalisierung** ist, dass man sich Vorstellungen von allem nur möglichen machen kann, sich Luftschlösser bauen kann und in eine Fantasiewelt abtauchen kann, freilich ohne den Kontakt zur aktuellen Realität zu verlieren. Gemeint ist damit das Spielen mit der Realität. Menschen, die gut mentalisieren können, haben in der Regel eine sehr gute Vorstellungskraft und eine reiche Fantasiewelt. Aber das ist noch nicht alles: Mentalisieren umfasst auch die Fähigkeit, Missverständnisse zu verstehen. Und:

> Mentalisierung [sowie] reflexive Funktion gehen miteinander einher und dienen u. a. der Selbstorganisation … der Impulskontrolle und Affektregulation. (Boothe 2011, S. 216)

Fonagy bringt es auf den Punkt:

> Mentalisieren ist die … meist vorbewusste imaginative Fähigkeit, »terms of mental states« (Gedanken, Gefühle, Überzeugungen und Wünsche) intentional auszutauschen, wodurch ein Individuum implizit und explizit die Handlungen von sich selbst und anderen als sinnhaft versteht. (Fonagy et al. 2002)

Durch dieses Verständnis wird der Mensch dazu befähigt, einen angemessen Umgang mit Gedanken, Gefühlen sowie seinen Wünschen zu finden. Gute **Mentalisierungsfähigkeit** entsteht auf dem Boden einer sicheren Bindung im Austauschprozess mit der Mutter (Containment, Holding, markierte Spiegelung) und ist gleichsam ein Garant für seelische Gesundheit und für die Fähigkeit, sich in unseren hochkomplexen Gesellschaften gut zurechtzufinden sowie seine kreativen Möglichkeiten zu entfalten. Umgekehrt führen Mentalisierungsdefizite zu auffälligem sozialem Verhalten, Schwierigkeiten in Schule, Beruf und Partnerschaft sowie u. U. auch zu psychischen Störungen und Erkrankungen. Es muss an dieser Stelle allerdings darauf hingewiesen werden, dass auch eine gute Mentalisierungsfähigkeit irritierbar ist. Unter großem Stress kann es bei jedem Menschen zum (temporären) Zusammenbruch seiner Mentalisierungsfähigkeit kommen. Die Fähigkeit zu mentalisieren steht im Zusammenhang mit einer guten Funktionsweise des medialen **präfrontalen Kortex**, der eine zentrale Rolle bei der Organisation und zeitlichen Anordnung sozialer Interaktionen spielt. Auch der vordere **zinguläre Kortex** scheint beim Mentalisieren sehr bedeutsam zu sein. Und zwar wird vermutet, dass die kortikalen Strukturen, die durch traumatische Einwirkungen geschädigt werden, die nämlichen sind, die an der **Affektregulierung** und der **Mentalisierung** beteiligt sind (Wöller 2006, S. 328).

Was mentalisieren bedeutet, kann man sich vielleicht am besten vorstellen, wenn man sich vor Augen führt, wie Menschen, die nicht oder schlecht mentalisieren können, also beispielsweise Autisten, die Welt um sich herum wahrnehmen. Hier ein literarisches Beispiel:

» Ich finde die Menschen sehr verwirrend. Dafür gibt es zwei Hauptgründe. Der erste Hauptgrund ist der, dass die Menschen sehr viel sagen, ohne überhaupt Wörter zu benutzen. S. … hat mir erklärt, dass schon das Hochziehen einer Augenbraue alles Mögliche bedeuten kann. Es kann heißen »Ich hätte gern Sex mit dir«, aber es kann auch heißen »Ich glaube, du hast da gerade etwas sehr Dummes gesagt.« Wenn man den Mund zumacht und laut durch die Nase ausatmet, meint S. …, kann das sowohl bedeuten, dass man sich entspannt, als auch, dass man sich gerade langweilt oder sogar wütend ist. Das hängt ganz davon ab, wie viel Luft aus deiner Nase kommt und wie schnell, und auch davon, wie man dabei den Mund verzieht, wie man dasitzt und was man kurz davor gesagt hat und hundert andere Sachen, die so kompliziert sind, dass man in ein paar Sekunden nicht dahinter kommt. Der zweite Hauptgrund ist der, dass die Leute so oft Metaphern benutzen. Hier sind einige Beispiele für Metaphern: Ich hab mir einen Ast gelacht. Er war ihr Augapfel. Sie hatten eine Leiche im Keller. Der Himmel hängt voller Bassgeigen. Der Hund war mausetot. (Haddon 2005, S. 29)

13.3 Entwicklung der Mentalisierung

Das Bahnbrechende an dem Mentalisierungkonzept ist sicher, dass es deutlich macht, dass das kindliche Ich nicht autonom aus sich selbst heraus erwächst, sondern dass das Ich des Kindes durch das Du der Mutter entsteht, dass für die **Selbstentwicklung** also ein intensiver intersubjektiver Prozess Voraussetzung ist. Fonagy:

» Das Kind nimmt im Verhalten der Mutter nicht nur deren Reflexivität wahr, auf die es schließt, um ihr Verhalten begründen zu können, sondern es nimmt zuvor in der Haltung der Mutter ein Bild seiner selbst als mentalisierendes, wünschendes und glaubendes Selbst wahr. Das Kind sieht, dass die Mutter es als intentionales Wesen repräsentiert. Es ist diese Repräsentanz, die internalisiert wird und das Selbst bildet. »Ich denke, also bin ich« reicht also als psychodynamisches Modell für die Geburt des Selbst nicht aus; »Sie denkt mich als denkend und also existiere ich als denkendes Wesen« kommt der Wahrheit … näher. (Fonagy 1998, S. 366)

Die Entwicklung der Mentalisierungsfähigkeit erfolgt in enger Verschränkung mit der Hirnreifung und der Entwicklung der Spiegelneurone, des Bindungssystems, der Affekte, der kognitiven Fähigkeiten und der Symbolisierungsfähigkeit. Wenn eine Mutter ihrem Säugling gegenüber eine **intentionale Haltung** einnehmen kann (untersucht im Alter von 6 Monaten), sie ihm also vermutlich zutreffendes absichtsvolles Handeln unterstellt (»Du hast jetzt sicher großen Hunger«, »Willst Du mich etwa ärgern?« etc.), obwohl der Säugling ihre Worte noch gar nicht verstehen kann, so lässt dies doch eine Aussage über den zu erwartenden Bindungsstil des Kindes mit 12 Monaten zu, und zwar in dem Sinne, dass eine mehr oder weniger zutreffende Intentionen unterstellende und verbalisierende Mutter, einen **sicheren Bindungsstil** bewirkt (Mains et al. 2001). Die enge Verknüpfung von Bindung und Mentalisierung kommt auch darin zum Ausdruck, dass das von Fonagy entwickelte Instrument zur Erfassung der Mentalisierungsfähigkeit, das »Reflective Functioning Manual«, das »Adult Attachment Interview (AAI)« nutzt, um es zur Erfassung der reflexiven Fähigkeiten des Probanden in spezifischer Weise auszuwerten (Fonagy et al. 1998). Affektentwicklung und -regulation ebenso wie die Fähigkeit zur Bildung von Repräsentanzen sind eng mit der

Tab. 13.1 Entwicklung der Mentalisierung. (Adapt. nach Brockmann u. Kirsch 2010, S. 280)

Modus	Alter	Erleben
Teleologischer Modus	Ca. 9. Monat bis 1,5 Jahre	Der Modus bezieht sich auf das Ergebnis, welches einer Aktion folgt. Die Umwelt muss für den Säugling funktionieren, um eigene innere Spannungszustände, die er selbst ja noch nicht regulieren kann, zu mindern. Das Kind kann eigene und fremde Handlungen als zielgerichtet interpretieren, aber es kann dahinterliegende Motive noch nicht erkennen. Nur was beobachtet werden kann, zählt
Äquivalenzmodus	1,5 bis 3,5 Jahre	Eigene Gedanken und äußere Wirklichkeit können noch nicht unterschieden werden. Innere und äußere Welt sind identisch. Konkretismus. Typische Mottos sind: »Es gibt nur (m)eine Wahrheit!« »Was ich fühle, das ist (so)!«
Als-ob-Modus	3,5 bis 4,5 Jahre	Entkoppelung der Gleichsetzung von innerer und äußerer Welt. Kinder können Handlungen anderer und später auch die eigenen mit innerem Abstand wahrnehmen und die Sichtweisen anderer von den eigenen differenzieren, Täuschungen und Irrtümer verstehen. »False-belief-Aufgaben« können von den meisten Kindern erfolgreich gelöst werden. In fantasievollem Spiel verlieren sich die Kinder und suspendieren die äußere Realität vorübergehend
Reflexiver Modus	Ab 4. bis 5. Lebensjahr	Die vorher nebeneinander bestehenden Modi werden integriert. Nachdenken über das eigene Selbst und über das vermutete Innenleben anderer Menschen ist nun möglich. Unterschiedliche Perspektiven werden anerkannt. Metakognitionen sind nun möglich, ebenso das empathische Einfühlen in andere

markierten Spiegelung der Mutter verknüpft, die dem Säugling sein Erleben in einer Weise reflektiert, die verdeutlicht, dass es nicht ihre, sondern seine Affekte sind, die sie ihm mit entsprechend übertriebenem Gesichtsausdruck und in »Ammensprache« spiegelt, benennt und »containt«. Schritt für Schritt entsteht so aus einem unmittelbaren affektiven Erleben zwischen den Subjekten ein bewusstes Bild des eigenen Zustandes im Kind, eine **innere Repräsentanz**. Das Internalisierte ist also, das sei hier noch einmal betont, nicht das unmittelbar eigene Erleben, sondern das Erleben, wie es dem Kind von der Mutter gespiegelt wird! Das »markierte Spiegeln« der Säuglingszeit wird in der frühen Kindheit (1–3 Jahre) durch das Playing with Reality (Spiel im »Als-ob-Modus«) ergänzt. Das Einzige, was Eltern – gesellschaftsübergreifend – nicht markiert spiegeln, sind die sexuellen Aktivitäten ihrer Kleinkinder bei deren Erkundung ihres Körpers, was natürlich entsprechende Auswirkungen in den ersten Liebesbeziehungen hat (Fonagy 2011), nämlich dass sich Jugendliche in ihren ersten Liebesbeziehungen kopflos wie Borderliner fühlen und verhalten. Die **Mentalisierungsentwicklung** erfolgt in mehreren Phasen wie in Tab. 13.1 dargestellt. Die Phasen überlappen sich und können auch im späteren Leben unter bestimmten Umständen wieder in Erscheinung treten. Ein typisches Beispiel wäre der Autofahrer, der in einen Unfall verwickelt wird, wutentbrannt aus seinem Fahrzeug springt und ohne jedes Nachdenken sofort voller Überzeugung den Kontrahenten anschreit, dass jener den Unfall verursacht habe, er habe ja schließlich alles hautnah miterlebt, und zwar noch bevor die Schuldfrage wirklich geklärt ist (Rückfall in den Äquivalenzmodus).

Es ist empirisch gesichert, dass die Trias »Bindungsstil, Emotionsregulation und Mentalisierungsfähigkeit« von einer Generation zur nächsten weitergegeben wird (Vermetten et al. 2010, S. 248).

13.4 Mentalisierungsstörungen

Über permanente implizit mentalisierungsfördernde Interaktionen von Eltern und anderen Caregivern mit Kindern erwerben diese normalerweise bis zu ihrer Einschulung reflexive und selbstreflexive Funktionen, d. h. sie haben ein Bild von sich und ihren Mitmenschen, können sich einfühlen, verstehen, Fehler erkennen und mit ihren Affekten umgehen. Ganz anders bei Kindern, die Opfer von

■ Tab. 13.2 Phänomenologie beim Persistieren früher Mentalisierungsmodi

Persistierender Modus	Phänomenologie
Teleologischer Modus	Psychische Prozesse werden mit Beobachtetem direkt verknüpft (»Sie haben gegähnt, also habe ich Sie gelangweilt«)
	Nur konkrete körperliche Aktionen können innere Befindlichkeiten verändern (selbstverletzendes Verhalten, Hungern etc.)
	Die Umwelt muss funktionieren, damit eigene innere Spannung nachlässt
	Eigene Handlungen dienen dazu, andere zu etwas zu bewegen (manipulatives Verhalten, Missbrauch von Mentalisierung)
Äquivalenzmodus	Rigides und unflexibles Denken
	Unangemessener Anspruch zu wissen, was der andere denkt und warum er so oder so gehandelt hat. (Konkretistisches Verstehen: »Ich weiß wie es ist; keiner kann mir etwas erzählen«).
	Schreckliche subjektive Erfahrungen werden als Albträume oder Flashbacks erlebt, oft Panikanfälle
	Selbstbezogene negative Kognitionen werden als ganz real erlebt (Minderwertigkeitsgefühle sind von minderem Wert)
Als-ob-Modus	Pseudokreatives Verhalten und Monologisieren (als Therapeut fühlt man sich außen vor)
	Die Erzählungen sind ohne tieferen Sinn (die geäußerten Gedanken bilden keine Brücke zwischen innen und außen)
	Gefühle von Leere und Bedeutungslosigkeit
	Endlose Gespräche über Gedanken und Gefühle, ohne dass diese zu Veränderungen führen (Pseudomentalisierung)
	Affekte und geäußerte Gedanken stimmen oft nicht überein
	Gleichzeitiges Bestehen widersprüchlicher Überzeugungen

Vernachlässigung oder gar Missbrauch sind. Dann kommt es zu **Mentalisierungsdefiziten**. Solche Kinder vermeiden es, sich mit dem zu beschäftigen, was in ihren Eltern vorgeht und koppeln ihre Gefühle ab. Dabei macht es einen Unterschied, ob Missbrauch außerhalb oder innerhalb der Familie stattfindet, gerade dann, wenn die Eltern versuchen, ihr Kind bei der Verarbeitung seines Traumas zu unterstützen (Ensink et al. 2014, S. 3). Aus Vernachlässigung und Missbrauch entstehen Mentalisierungsdefizite, die sich als soziale Auffälligkeiten oder in psychischen Störungen und Krankheiten manifestieren. ■ Tab. 13.2 vermittelt einen Eindruck, wie sich Mentalisierungsdefizite phänomenologisch manifestieren. In jedem Fall führen sie zu dysfunktionalen interpersonellen Beziehungen.

Fonagy konnte eindrucksvoll nachweisen, wie sich die Symptomatik schwerkranker Borderline-Patienten durch Förderung ihrer Mentalisierungsfähigkeiten signifikant zurückbildete, wobei es auch nach Abschluss der Behandlung noch Jahre später zu einer weiteren Verbesserung kam (Bateman u. Fonagy 2008). Ganz offensichtlich haben Fonagys Patienten das Mentalisieren gelernt!

13.5 Instrumente zum Erfassen der Mentalisierungsfähigkeit

Es gibt mittlerweile eine Reihe von Manualen zur Erfassung reflexiver Fähigkeiten, die in der folgenden Übersicht wiedergegeben werden.

- **Instrumente zur Erfassung der Mentalisierungsfähigkeit**
- **Reflective Functioning Manual** (Fonagy et al. 1998). Deutsche Fassung des Reflective Functioning Manuals (Daudert 2002)
  Die reflexiven Fähigkeiten werden aus den Narrativen des AAI erfasst (speziell aus den Antworten zu den »Demand«-Fragen. Die Demand-Fragen fordern explizit zur Reflexion auf (z. B.: »Denken Sie, dass Ihre Kindheitserfahrungen einen Einfluss darauf gehabt haben, wie Sie heute sind?«) Die spontanen Antworten werden gemäß der Reflective Functioning Scale (RFS) geratet. Es wird insbesondere darauf geachtet, inwieweit ein Nachdenken über Gefühle und Gedanken vorhanden ist
- **Mentalization Questionnaire** (MZQ)
  Ein Selbstbeurteilungsbogen zur Erfassung von Änderungen der Mentalisierungsfähigkeit im Therapieverlauf (Hausberg et al. 2012)
- **Child Reflective Functioning Scale** (Ensink et al. 2014)
- **Reading-the-Mind-in-the-Eyes-Test**, revised version (RMET), (Baron-Cohen et al. 2001)
- **Movie for the Assessment of Social Cognition** (MASC), (Dziobek et al. 2006)
- **Levels of Emotional Awareness Scale** (LEAS), (Lane et al. 1990)
- **Yoni Cartoon Eye gaze inference task** (Shamay-Tsoory et al. 2007)

13.6 Mentalisierungsbasierte Therapie (MBT)

Mentalisieren war schon immer eine Ingredienz von Psychotherapie. Aber welche Bedeutung ihr im Hinblick auf den Erfolg von Psychotherapie zukommt, ist erst im Kontext von Mentalisierungs- und Psychotherapieforschung deutlich geworden, sodass Allen u. Fonagy (2009, S. 1) ganz kühn konstatieren können, »dass Mentalisieren … der wesentlichste gemeinsame Faktor aller Psychotherapieformen ist«! Die Arbeitsgruppe um Fonagy intendierte nie, noch eine weitere neue Therapieform zu inaugurieren. Vor dem genannten Hintergrund war es vielmehr ihr Anliegen, darauf aufmerksam zu machen, dass – welche psychotherapeutische Technik auch immer erlernt wurde und angewandt wird – ein Schwerpunkt auf die Mentalisierungsförderung gelegt werden sollte. Eine aus wissenschaftlichen Gründen notwendige puristische Anwendung von MBT erfolgte **erstmals (manualisiert)** in der Behandlung von **Borderline-Persönlichkeitsstörungen** (Bateman u. Fonagy 1999, 2004). Im Laufe der Jahre hat sich das Anwendungsspektrum aber immer mehr ausgeweitet. Mittlerweile liegen Erfahrungen vor mit der Behandlung posttraumatischer Belastungsstörungen (Allen 2001), von Depressionen (Allen et al. 2003), Essstörungen (Skarderud 2007), schizophrenen Psychosen (Combs et al. 2007; Brent 2009; Sachs u. Felsberger 2013), Autismus-Spektrum-Störungen, Angststörungen und somatoformen Störungen (Schultz-Venrath 2013). Auch bei der Behandlung von Kindern, Jugendlichen und ihren Eltern (Short-Term-Mentalization and Relational Therapy, SMART) und im pädagogischen Bereich (Peaceful Schools Project) (Allen u. Fonagy 2009) wird es eingesetzt. Bisher gibt es aber nur zur Behandlung von Borderline-Persönlichkeitsstörungen randomisierte kontrollierte Studien (Bateman u. Fonagy 1999, 2001). MBT kann sowohl als Einzel- als auch als Gruppentherapie, im ambulanten, teilstationären oder stationären Setting durchgeführt werden.

Im Folgenden wird das therapeutische Vorgehen, Bezug nehmend auf Bateman u. Fonagy (2010), dargestellt: Das Wesentliche dieser Therapie besteht in einer Haltung, die darauf abzielt, Patienten **Schritt für Schritt zum Mentalisieren** zu bringen. Die Schritte zu diesem Ziel sind zunächst solche, wie sie in der Psychotherapie allgemein üblich sind, wie

- Empathie,
- Unterstützung (d. h. Einsatz supportiver Elemente),
- Klarifizierung (z. B. »Könnte es sein, dass Sie sich verletzt fühlen?«).

In weiteren Schritten geht es dann um Interventionen, die mehr und mehr auf die Bindungsbeziehungen des Patienten fokussieren:

- »Grundlegendes Mentalisieren« (z. B. »Könnte es sein, dass Sie sich verletzt fühlen? Mir scheint, dass gerade dies es Ihnen schwer ge-

macht haben könnte, heute hierher zu kommen und bei mir zu sein«),
- Mentalisierung von Übertragung und Gegenübertragung (»mentalizing the transference«), (z. B. »Ich habe den Eindruck, dass Sie sich verletzt fühlen. Und Sie spüren, dass ich daran beteiligt bin, dass Sie sich so fühlen. Vielleicht mache ich nicht genau das, was Sie sich zur Linderung Ihres Leidens erhofft haben?«).
  Auf die Mentalisierung der Übertragung und Gegenübertragung wird in ► Abschn. 13.7 noch näher eingegangen.

Die zuletzt genannten, anspruchsvolleren Interventionen, kommen erst dann zum Einsatz, wenn der Patient mit den erstgenannten Schritten gut zurecht kommt. Wenn der Patient sehr unter Stress gerät, muss man einen Schritt zurückgehen.

Die Haltung der Therapeuten sollte umfassen:
- Demut, die sich aus dem Gefühl des »Nichtwissens« speist,
- geduldiges Sich-Zeit-Nehmen, um Unterschiede in den Sichtweisen zu identifizieren,
- unterschiedliche Sichtweisen als berechtigt anerkennen,
- aktives Befragen des Patienten, was seine Erfahrungen ausmacht und um detaillierte Beschreibungen bitten, also »Was-Fragen« stellen und nicht nach Erklärungen suchen (»Warum-Fragen«),
- sorgsamer Verzicht darauf, etwas verstehen zu wollen, was keinen Sinn ergibt, stattdessen explizit zum Ausdruck bringen, dass etwas unklar ist.

Sehr wichtig ist es auch, eigenes Mentalisierungsversagen zu erkennen, denn man muss sich darüber im Klaren sein, dass man als Therapeut immer in der Gefahr schwebt, seine Mentalisierungsfähigkeit zu verlieren, wenn man im Kontakt mit Patienten ist, die nicht mentalisieren können! Entsprechend betrachten Bateman und Fonagy gelegentliche Enactments als Begleiterscheinungen des therapeutischen Bündnisses, die hingenommen werden müssen (»Sich verwickeln lassen, damit sich etwas entwickeln kann.«). Wie andere, wie auch immer verursachte Mentalisierungseinbußen erfordern auch solche Vorkommnisse, dass der Prozess gleichsam zurückgespult und das Ganze untersucht werden muss (»stop and rewind«). In der therapeutischen Beziehung arbeiten beide als Partner zusammen und haben beide eine gemeinsame Verantwortung beim Erkunden der mentalen Prozesse, gleich ob sie Situationen innerhalb oder außerhalb der Therapie betreffen.

MBT wurde, wie bereits in ► Abschn. 13.4 erwähnt, zunächst – und mit sehr großem Erfolg – bei schweren Borderline-Persönlichkeitsstörungen angewandt. Viele andere Psychotherapieformen können, verglichen damit, nur äußerst mäßige Erfolge vorweisen, obwohl sie von den Therapeuten aufwendige Aus- und Fortbildungen erfordern, was sie so teuer macht, dass sie für die meisten Patienten unerschwinglich sind. Demgegenüber erfordert MBT nur wenig zusätzliches Training, wenig Supervision und steht allen (!) Berufsgruppen offen (Bateman u. Fonagy 2010, S. 7).

13.7 Mentalisierung von Übertragung und Gegenübertragung

Bateman und Fonagy (2010) warnen vor Übertragungsdeutungen in der Behandlung von Borderline-Patienten, da Voraussetzung hierfür ein bestimmtes Maß an Mentalisierungsfähigkeit sei, das diese Patienten oft nicht besitzen. Das, so die beiden, mag zu dem Eindruck geführt haben, dass in der MBT schlechthin Übertragungsdeutungen gezielt vermieden werden müssten. Dies ist aber nicht der Fall! Im Gegenteil, MBT beschäftigt sich ganz ausdrücklich mit **Übertragungsdeutungen**. Bateman und Fonagy geben aber Indikationen an, wann man diese machen sollte, und definieren sorgfältig sechs wesentliche Komponenten. Sie warnen jedoch Therapeuten vor dem in psychodynamischen Therapien – leider noch häufigen – Vorgehen, vermeintliche Einsicht damit zu schaffen, dass relativ rasch gegenwärtige Erfahrungen mit solchen aus der Vergangenheit verknüpft werden. So bestehe leicht die Gefahr, dass genetische Konstruktionen dem Patienten untergeschoben werden.

Sechs Komponenten der Übertragungsdeutung

Schritt 1

Der erste Schritt, so Bateman und Fonagy, ist die Anerkennung der **Übertragungsgefühle**, wie sie der Patient erlebt. Das ist natürlich nicht dasselbe wie ein Dem-Patienten-Zustimmen, aber es muss für den Patienten deutlich sein, dass der Therapeut seine Sichtweise verstanden hat. Die Gefahr einer raschen genetischen Deutung der Übertragung wäre, dass sie implizit die Erfahrung des Patienten entwertet.

Schritt 2

Der zweite Schritt ist dann die **Untersuchung der Übertragung**. Die Auslöser der Übertragungsgefühle müssen identifiziert werden. Die Verhaltensweisen, mit denen die Gedanken oder Gefühle verknüpft sind, müssen offengelegt werden, manchmal bis hin zu schmerzenden Details.

Schritt 3

Der dritte Schritt ist die **Anerkennung** dessen, was der Therapeut durch sein Verhalten dazu beigetragen hat. Das Erleben des Patienten in der Übertragung basiert in der Regel auf der Realität, selbst wenn es nur eine geringe Verbindung zu ihr geben mag. Meist ist es so, dass der Therapeut in die Übertragung hineingezogen wurde und sich in einer Weise verhalten hat, die der Wahrnehmung des Patienten entspricht (Gegenübertragungsagieren). Es ist leicht, dies dem Patienten zuzuschreiben, aber genau das würde überhaupt nicht hilfreich sein. Im Gegenteil, der Therapeut sollte schon zu Beginn ausdrücklich selbst partielles Gegenübertragungsagieren als nicht zu erklärende willkürliche Handlung anerkennen, zu dem er steht, und dieses nicht zur verzerrten Wahrnehmung des Patienten erklären. Wenn man die Aufmerksamkeit auf solche Therapeutenanteile lenkt, dann kann das von besonderer Bedeutung für die Behandlung sein. Diese Haltung ist dann für den Patienten ein Modell dafür, dass man die Urheberschaft für unwillkürliche Handlungen übernimmt und dass solche Handlungen der generellen Haltung, die der Therapeut vermitteln will, nicht ihren Wert nehmen. Nur so können Verzerrungen erkundet werden.

Schritt 4

Schritt 4 ist dann die **Zusammenarbeit**, um zu einer Deutung zu kommen. »Übertragungsdeutungen« müssen mit derselben Haltung gemeinsam erarbeitet werden wie jede andere Art deutenden Mentalisierens. Die Metapher, die Bateman u. Fonagy im Training verwenden, ist die, dass der Therapeut sich vorstellen solle, Seite an Seite mit dem Patienten zu sitzen, nicht ihm gegenüber. Sie sitzen nebeneinander und betrachten gemeinsam die Gedanken und Gefühle des Patienten, wenn möglich beide mit einer wissbegierigen Haltung (»inquisitive stance«), z. B. »Sie scheinen zu denken, dass ich Sie nicht mag. Mir ist nicht klar, wie Sie darauf kommen«.

Schritt 5

Der fünfte Schritt ist der, dass der Therapeut **alternative Sichtweisen** einbringt, z. B. »Könnte es sein, dass Sie gerade so, wie Sie jedem in Ihrer Umgebung misstraut haben, weil Sie nicht einzuschätzen vermochten, wie er reagieren würde, Sie nun auch mir gegenüber misstrauisch sind?«.

Schritt 6

Der letzte Schritt ist dann der, dass die Reaktion des Patienten ebenso wie die eigene Reaktion sorgfältig **beobachtet** wird.

Mentalisierung der Übertragung

Bateman u. Fonagy legen nahe, diese Schrittfolge einzuhalten und sprechen vom »Mentalisieren der Übertragung«, um diesen Prozess von jenen »Übertragungsdeutungen« abzugrenzen, die im allgemeinen eingesetzt werden, um vermeintliche Einsicht zu vermitteln. Mentalisierung der Übertragung ist für sie ein Synonym für **Ermutigung** der Patienten, über die **Beziehung nachzudenken**, die sie zum gegenwärtigen Zeitpunkt haben (also die therapeutische Beziehung) mit dem Ziel, ihre Aufmerksamkeit auf eine andere innere Verfassung, nämlich die Verfassung (»mind«) des Therapeuten zu lenken. Es geht darum, den Patienten beizustehen bei der Aufgabe, die Wahrnehmung ihrer selbst davon abzugrenzen, wie sie von anderen wahrgenommen werden, also vom Therapeuten oder von den Mitgliedern einer Therapiegruppe.

Zusammenfassung

Wenn MBT-Therapeuten Patienten auf Ähnlichkeiten in ihren Beziehungsmustern in Therapie und Kindheit oder aktuell im Draußen hinweisen, dann verfolgen sie damit nicht das Ziel, den Patienten zu Einsichten zu verhelfen, damit sie ihre Verhaltensmuster besser zu steuern lernen, sondern es ist viel einfacher. Es geht nur darum, ein weiteres Phänomen aufzuzeigen, das Nachdenken, Besinnung und Bearbeitung erfordert. Dies ist ein Teil der mentalisierungsfördernden Grundhaltung, die darauf abzielt, die Wiederherstellung der Mentalisierung zu ermöglichen. Nur das sehen Bateman und Fonagy als ihr oberstes Ziel an.

13.8 Ergebnisse

Es liegen heute eine ganze Reihe randomisierter kontrollierter Studien vor, die die Effektivität von MBT nachweisen. Als bahnbrechend erwiesen sich die Ergebnisse, die Bateman und Fonagy schon in ihrer ersten Studie bei Borderline-Patienten **1999** vorweisen konnten (1999). Sie erzielten nicht nur signifikante Verbesserungen hinsichtlich Symptomatik und Mentalisierungsfähigkeit, sondern hatten auch nur eine äußerst geringe Zahl von Abbrechern (12 %). Die Ergebnisse bestätigten sich in den Folgestudien, alles randomisierte und kontrollierte Studien, immer wieder aufs Neue. **2001** untersuchten Bateman und Fonagy 44 Patienten, die 18 Monate tagesklinisch behandelt worden waren und dann noch 18 Monate an ambulanter Gruppentherapie teilgenommen hatten (2001). Sie verglichen die Ergebnisse mit einer Gruppe, die wie üblich sozialpsychiatrisch behandelt worden war (TAU = »therapy as usual«). Es zeigte sich wie bei der ersten Studie eine signifikante Überlegenheit der Ergebnisse der Behandlungsgruppe mit MBT. Während sich die Ergebnisse nach Therapieende weiter verbesserten, war dies in der Kontrollgruppe nicht der Fall. Bateman und Fonagy haben dieses Patientenkollektiv 8 Jahre nach Behandlungsbeginn, resp. 5 Jahre nach Abschluss der Behandlung noch einmal nachuntersucht (2008). Die Ergebnisse zum Messzeitpunkt waren stabil geblieben oder hatten sich sogar noch weiter verbessert:

- signifikanter Rückgang der Suizidversuche (weniger als 10 % gegenüber der TAU-Gruppe mit über 40 %),
- deutlich geringere Inanspruchnahme von psychosozialen Diensten,
- so gut wie keine stationären Behandlungen mehr,
- es war keine Medikation mehr erforderlich,
- nur noch selten musste eine Notfallambulanz aufgesucht werden,
- mehr als 60 % der ehemaligen Patienten machte entweder eine Ausbildung oder hatte Arbeit gefunden gegenüber weniger als 20 % in der TAU-Gruppe,
- noch 14 % erfüllten die Kriterien für die Diagnose Borderline-Persönlichkeitsstörung im Gegensatz zu 87 % in der TAU-Gruppe.

Ein solcher mittlerweile vielfach replizierter überragender Erfolg hat MBT in den USA als einziger psychoanalytisch orientierter Behandlungsansatz für Borderline-Störungen den Status einer evidenzbasierten Behandlung erreicht. Dort werden MBT und die dialektisch-behaviorale Therapie nach Linehan als einzige Psychotherapiemethoden für die Behandlung von Borderline-Persönlichkeitsstörungen empfohlen (Brockmann u. Kirsch 2010). Auch in Deutschland ist MBT in der S2-Behandlungsleitlinie »Persönlichkeitsstörungen« der DGPPN gelistet (Renneberg et al. 2010). Wie schon im ▶ Kap. 12 dargestellt, sind – wie nicht anders zu erwarten – jene Psychotherapeuten die erfolgreichsten, die gut mentalisieren können (Cologon 2013, S. 159 ff.), aber keineswegs die mit der sichersten Bindung. Im Gegenteil, gerade die Therapeuten, die aus ihrer eigenen Geschichte Bindungsängste kennen, aber sich eine gute Mentalisierungsfähigkeit erworben haben, scheinen die erfolgreicheren Therapeuten zu sein. Sie wissen, was Sache ist.

13.9 Zusammenfassung

Das Mentalisierungkonzept ist eine Methode, die die Arbeitsgruppe um Fonagy Ende der 1980er-Jahre erarbeitet hat. Sie fokussiert die essenziellen, eng miteinander verschränkten Entwicklungskomponenten, die zur Bildung eines kohärenten und starken Selbst führen. Mentalisieren erlaubt, sich und andere aus der Vogelperspektive zu betrachten, Intentionen zu verstehen, vorauszudenken, Fehler einzugestehen, sich als Urheber eigenen Tuns zu erleben, seine Affekte und Repräsentanzen bewusst wahrzunehmen und mit diesen umgehen zu können. Mentalisieren umfasst Kognitives **und** Affektives gleichermaßen. Voraussetzung für den Erwerb guter Mentalisierungsfähigkeiten, abgeschlossen im Alter von ca. 4 bis 5 Jahren, ist neben einer sicheren Bindung an die Eltern eine gute Mentalisierungsfähigkeit dieser selbst. Aus Störungen in der Mentalisierungsentwicklung durch Vernachlässigung oder Traumatisierung resultieren typische Verhaltensweisen, je nach vorherrschendem Modus, die im Kontext mit psychosozialen Auffälligkeiten oder psychischen Störungen und Erkrankungen stehen. Basierend auf der Mentalisierungstheorie wurde von Fonagy et al. ein psychotherapeutisches Vorgehen entwickelt, dessen wesentlichstes Element die **permanente Anregung zu mentalisieren** ist. In der therapeutischen Beziehung wird sozusagen das Nichterlernte eingeübt. Dieser Fokus auf der Mentalisierungsförderung ist mit jedem der gängigen Psychotherapieverfahren vereinbar, wobei Mentalisierung im Grunde schon immer Ingredienz jeder Art von Psychotherapie war. Das Indikationsspektrum für MBT umfasste ursprünglich nur Borderline-Persönlichkeitsstörungen. Wegen seines durchschlagenden Erfolgs konnte die Indikation aber mittlerweile mehr und mehr ausgeweitet werden und ist heute auch nicht mehr nur auf klinische Krankheitsbilder beschränkt. Mittlerweile wird MBT auch in Familienberatung und Pädagogik eingesetzt.

Literatur

Allen JG (2001) Traumatic relationships and serious mental disorders. Wiley, Chichester

Allen J, Fonagy P (2009) Mentalisierungsgestützte Therapie. Klett-Cotta, Stuttgart

Allen J, Haslam-Hopwood T, Strauss JS (2003) Mentalizing as a compass for treatment. Bull Menninger Clin 67:1–11

Altmeyer M, Thomä H (Hrsg) (2010) Die vernetzte Seele. Die intersubjektive Wende in der Psychoanalyse. Klett-Cotta, Stuttgart

Baron-Cohen S, Wheelwright S, Hill J et al (2001) The «Reading the mind in the eyes« Test revised version: a study with normal adults, and adults with Asperger syndrome or high-functioning autism. J Child Psychol Psychiatry 42:241–251

Bateman A, Fonagy P (1999) The effectiveness of partial hospitalization in the treatment of borderline personality disorder – a randomised controlled trial. Am J Psychiatry 156:1563–1569.

Bateman A, Fonagy P (2001) Treatment of borderline personality disorder with psychoanalytically oriented partial hospitalisation: an 18-month follow-up. Am J Psychiatry 158:36–42

Bateman A, Fonagy P (2004) Psychotherapy for borderline personality disorder: mentalisation based treatment. Oxford Univ Press, Oxford

Bateman A, Fonagy P (2008) 8-year follow-up of patients treated for borderline personality disorder: mentalization-based treatment versus treatment as usual. Am J Psychiatry 165:631–638

Bateman A, Fonagy P (2010) Mentalization based treatment for borderline personality disorder. World Psychiatry, 9(1):11–15

Boothe B (2011) Das Narrativ. Schattauer, Stuttgart

Brent B (2009) Mentalization-based psychodynamic psychotherapy for psychosis. J Clin Psychol 65 (8):803–814

Brockmann J, Kirsch H (2010) Konzept der Mentalisierung – Relevanz für die psychotherapeutische Behandlung. Psychotherapeut 55:279–290

Cologon J (2013) Therapist reflective functioning. Therapist attachment and therapist effectiveness. Dissertation. Queensland University of Technology, Brisbane. ► http://eprints.qut.edu.au/63779/1/John_Cologon_Thesis.pdf. Gesehen am 02.06.2015

Combs DR, Adams SD, Penn DL et al (2007) Social Cognition and Interaction Training (SCIT) for inpatients with schizophrenia spectrum disorders: preliminary findings. Schizophr Res 91:112–116

Daudert E (2002) Die Reflective Self Functioning Scale. In: Strauß B, Buchheim A, Kächele H (Hrsg) Klinische Bindungsforschung. Schattauer, Stuttgart, S 54–67

Dziobek I, Fleck S, Kalbe E et al (2006) Introducing MASC: a movie for the assessment of social cognition. J Autism Dev Disord 36:623–636

Ensink K, Normandin L, Target M et al (2014) Mentalization in children and mothers in the context of trauma: An initial study of the validity of the Child Reflective Functioning Scale. Br J Dev Psychol 33(2):203–217. ► http://onlinelibrary.wiley.com/doi/10.1111/bjdp.12074/pdf. Gesehen am 02.06.2015

Fonagy P (1998) Die Bedeutung der Entwicklung metakognitiver Kontrolle der mentalen Repräsentanzen für die Betreuung und das Wachstum des Kindes. Psyche 52:349–368

Fonagy P (2011) Eine genuine entwicklungspsychologische Theorie des sexuellen Lustempfindens und deren Implikationen für die psychoanalytische Technik. KJP 152:469–497

Fonagy P, Target M, Steele H (1998) Reflective-Functioning Manual, Version 5.0. Univ College London, London
Fonagy P, Gergely G, Jurist E, Target M (2002) Affektregulierung, Mentalisierung und die Entwicklung des Selbst. Klett–Cotta, Stuttgart
Haddon M (2005) Supergute Tage oder Die sonderbare Welt des Christopher Boone. Goldmann, München
Hausberg M, Schulz H, Piegler T et al (2012) Is a self-rated instrument appropriate to assess mentalization in patients with mental disorders? Development and first validation of the Mentalization Questionnaire (MZQ). Psychother Res 8:1–11
Lane R, Quinlan D, Schwartz G et al (1990) The Levels of Emotional Awareness Scale: a cognitive-developmental measure of emotion. J Pers Assess 55:124–134
Mains E, Fernyhough C, Fradley E, Tuckey M (2001) Rethinking maternal sensitivity: mothers' comments on infants mental processes predict security of attachment at 12 months. J Child Psychol Psychiatry 42:637–648
Renneberg B, Schmitz B, Döring S et al (2010) Behandlungsleitlinie Persönlichkeitsstörungen. Psychotherapeut 55:339–354
Sachs G, Felsberger H (2013) Mentalisierungsbasierte Psychotherapie bei schizophrenen Psychosen. Psychotherapeut 58:339–343
Schultz-Venrath U (2013) Lehrbuch Mentalisieren. Psychotherapien wirksam gestalten. Klett-Cotta, Stuttgart
Shamay-Tsoory SG, Shur S, Barcai-Goodman L et al (2007) Dissociation of cognitive from affective components of theory of mind in schizophrenia. Psychiatry Res 149:11–23
Skarderud F (2007) Eating one's words, Part III: Mentalisation-based psychotherapy for anorexia nervosa. An outline for a treatment and training manual. Eur Eat Disord Rev 15:323–339
Vermetten E, Pain C, Lanius R (2010) The impact of early life trauma on health and disease. Cambrigde Univ Press, Cambridge
Wöller W (2006) Trauma und Persönlichkeitsstörungen. Schattauer, Stuttgart

Die Neuropsychodynamik psychiatrischer Störungen

Schizophrenie und andere Psychosen

Peter Hartwich

H. Böker et al. (Hrsg.), *Neuropsychodynamische Psychiatrie*,
DOI 10.1007/978-3-662-47765-6_14, © Springer-Verlag Berlin Heidelberg 2016

Jacob Wyrsch (1976, S. 980) beschreibt die Unterteilung der Geistesstörungen, wie sie Immanuel Kant vorgenommen und dabei das Wort Verrückung verwendet hat. Bemerkenswert sei, dass dieser Begriff, der dann in die Volkssprache übergegangen ist, das In-der-Welt-Sein bei gewissen schizophrenen Zuständen genau erfasse.

14.1 Das Ringen um die Ätiopathogenese

Das psychodynamische Verstehen und das daraus abzuleitende psychodynamische Handeln werden immer mit der Frage der Entstehungsgeschichte der schizophrenen Erkrankungen verknüpft sein. Die Theoriengebäude, die über Jahrzehnte gewachsen sind, haben sich im medizinhistorischen Wechsel zwischen den Polen somatische und psychodynamische Orientierung bewegt. Dabei sind von der überwiegenden Zahl der Fachleute eher die extremen Positionen favorisiert worden. Insbesondere das, was man »mainstream« zu nennen pflegt, hat unter denen, die den biologischen und somatischen Aspekt vertreten, zu großem Zulauf geführt. Infolgedessen sind heute die psychodynamisch handelnden Psychiater und Psychotherapeuten nur noch in relativ kleinen Gruppierungen vertreten. Auf die Frage, warum psychiatriehistorisch ein Wechsel von der einen zur anderen Position und wieder zurück erfolgt sein mag, sei an die »Struktur der wissenschaftlichen Revolution« des Philosophen Kuhn (1976) erinnert, der darauf hinweist, dass jede Wissenschaftsperiode auch ein dogmatisches Element enthält. Das trifft sowohl für die biologisch somatischen als auch für die psychoanalytisch-psychodynamischen Vertreter des Faches zu. Da Dogmatismus unpassende Alternativen zu unterdrücken pflegt, kommt es nach einer Weile zu einem Sättigungseffekt, der den Boden für eine Schwellensituation vorbereitet, an dem sich Alternativen nicht mehr ausgrenzen lassen. Dann kommt es zu einer Phase des Scheiterns, die zu einem Paradigmenenwechsel zu Ungunsten der zuvor so sicher vertretenen Hypothesen und Modelle führt.

Wir gehen davon aus, dass der Paradigmenwechsel im Verständnis der schizophrenen Erkrankungen in der vor uns liegenden Periode von der derzeit biologisch-somatischen Dominanz nicht wieder zurück zu einer einseitigen und eng ausgelegten verstehend-psychodynamischen Dominanz wechseln wird. Stattdessen wird eine neue Dimension hinzukommen, die die Chance bietet, die beiden bisher als alternativ gesehenen Ansätze miteinander verbinden zu können.

Es handelt sich dabei um die inzwischen gut entwickelten und immer weiter sich entfaltenden Erkenntnisse und Forschungsergebnisse der **Neurobiologie**. Sie bietet eine gemeinsame Grundlage für die beiden genannten und oft konkurrierenden Pole. Infolgedessen sprechen wir heute mit Böker u. Northoff (2010)von **Neuropsychodynamik der Schizophrenien,** sowohl im ätiopathogenetischen Verständnis als auch in Modellen des therapeutischen Handelns.

Wenn erstmals im Leben eines Menschen eine schizophrene Erkrankung ausbricht, ob langsam schleichend oder plötzlich, dann erfährt der Betroffene die vormals natürlich selbstverständliche Wirklichkeit seines inneren und äußeren Lebens als verfremdet und das **Erleben des Unheimlichen** breitet sich aus. Die Zielvorstellungen seiner Gedanken werden entordnet, Gefühle und deren Inhalte passen nicht mehr zueinander, fremde Mächte bestimmen ihn und sein Icherleben schwindet in Wehrlosigkeit. Aus der Perspektive der **deskriptiven Psychopathologie** handelt es sich um eine **Desintegration** und **Desorganisation** der Hierarchie seiner psychischen Strukturen.

Bezieht man die Erlebensseite des Betreffenden ein, so eröffnet sich die verstehende **psychodynamische** Sichtweise und man bezeichnet die Veränderung des Erlebens als **Fragmentierung des Selbst** (Kohut 1973), in dem die Kohärenz des Ich-Erlebens verloren geht.

Scharfetter (2003, S. 42, 43) berichtet einige Selbstzeugnisse des Verlustes von Kohärenzerleben bei schizophren Erkrankten:

- »Mir fehlt das selbstverständliche Ich … Das ist das Kostbarste, was es gibt.«
- »Es ist eine unendliche Erdferne … das Nirgendland.«
- »Das Ich zerrinnt.« … »Ich bin weder tot noch lebendig.«

Wesensmerkmale der Psychose
- Deskriptive Psychopathologie: Desintegration, Desorganisation
- Verstehende Psychodynamik: Fragmentierung des Selbst, Verlust der Ich-Kohärenz
- Der Kranke sagt im Nachhinein: »Mein Ich wurde zerstört.«

Sieht man gesund und krank als Gegensatzpaare, so stellen gesundes Ich und zerstörtes Ich das innewohnende Gegenteil dar (Ich und Nicht-Ich) in einer Gegensatzordnung, hinter der im Sinne Heraklits eine Einheit zu vermuten ist (Stemich-Huber 1996). Vielleicht finden wir diese eines Tages in der Verbindung zwischen Psychodynamik und Neurobiologie?

Aus **neurobiologischer Sicht** unterliegt der Desorganisation und dem Erleben der Selbstfragmentierung eine Hyperkonnektivität, das heißt, die Konnektivität zwischen vorderen und hinteren Mittelinienregionen des Gehirns wird abnorm stark. Die genannten Kernstörungen der Schizophrenie haben in ihrer Intensität nicht nur in der Psychopathologie und im Erleben des Betroffenen, sondern auch in ihren neurobiologischen Entsprechungen schwächere und stärkere Ausprägungsgrade. So führt Northoff (2012) aus, dass beim Wahn und bei ausgeprägten Ich-Störungen die Erhöhung der niederfrequenten Fluktuationen in den Mittellinienregionen mit den Frequenzbereichen von 0,01–0,1 Hertz abnorm stark seien. Je stärker die niedrigfrequenten Fluktuationen, desto intensiver seien die Symptome ausgeprägt. Symptome wie Halluzinationen, Wahn und Ich-Störungen seien direkt von den Phasen der niedrigfrequenten Fluktuationen abhängig. Damit ist deutlich, dass die Stärke und Intensität der genannten Kernsymptome mit messbaren Hirnaktivitäten und deren Veränderungen einhergehen. Hierzu führt Northoff auch die EEG-Untersuchungen von Doege et al. (2010) an. In diesem Zusammenhang ist erwähnenswert, dass bereits Huber u. Penin (1968) im EEG abnorme Rhythmisierungen in Form von Alpha-, Theta- und Delta-Parenrhythmien in Korrelation zur Ausprägungsintensität von Wahnstimmung, kognitivem Gleiten, coenästhetischen und vegetativen Syndromen beschrieben haben. Das Entscheidende sei:

> [dass die Hirnaktivitäten] nicht mehr entsprechend moduliert und neuen Kontexten angepasst werden, *phase resetting* nennt sich das. Die schizophrenen Symptome scheinen also möglicherweise auf veränderte zeitliche Prozesse, die Phasen eben, zurückgeführt werden zu können. (Northoff 2012, S. 245; Hervorh. i. Orig.)

Auch die Forschungsergebnisse, die belegen, dass bestimmte Amplituden des MMN (mis-match negativity) mit der **Schwere der Erkrankung** und der **Ausprägung der kognitiven Störungen**, die teilweise heute als sog. Negativsymptome bezeichnet werden, bei schizophrenen Patienten korrelieren, sind in diesem Zusammenhang zu sehen. Wir sehen allerdings in der groben Einteilung von Negativ- und Positivsymptomen eine zu willkürliche Vereinfachung, die vermutlich aus der reduktionistisch betriebenen Psychopharmakaforschung kommt.

Einige neurobiologische Befunde bei Schizophrenie
- Hyperkonnektivität: Konnektivität zwischen hinteren und vorderen Mittellinienregionen des Gehirns ist abnorm stark.
- Je intensiver die Symptome, desto stärker die niederfrequenten Fluktuationen und Parenrhythmien im EEG.
- Schwere der Erkrankung und Ausprägung der kognitiven Störungen korrelieren mit Amplituden der MMN (mis-match negativity).

Mulert et al. (2010) beobachteten eine signifikante Korrelation zwischen dem Schweregrad akustischer Halluzinationen und der Phasensynchronisation im Gammafrequenzbereich. Bezüglich des bilateralen primären auditorischen Kortex gilt: Je höher die Gammaphasensynchronisation zwischen links und rechts, desto stärker waren die akustischen Halluzinationen ausgeprägt. Das Phänomen des Stimmenhörens kommt nicht nur bei der paranoid-halluzinatorischen Schizophrenie, sondern auch bei einer Reihe anderer psychotischer Zustände vor. Befunde experimenteller neurowissenschaftlicher Untersuchungen haben Northoff u. Dümpelmann (2013) veranlasst, von einer Dysfunktion im »verbal self-monitoring« zu sprechen, indem innere und äußere Stimmen verwechselt würden. Im auditiven Kortex könne die Aktivität nicht mehr richtig von höheren Arealen, z. B. dem präfrontalen Kortex, »supervidiert« werden, d. h. die Aktivität sei erhöht, da sie nicht den Erfordernissen entsprechend gehemmt werden könne. Northoff u. Dümpelmann führen noch die andere Hypothese an, dass die akustischen Halluzinationen aus der intrinsischen Aktivität des auditorischen Kortex selbst stammen, sie schreiben dazu:

> » Genauer scheint die Erhöhung der Ruhezustandsaktivität im auditiven Kortex mit starken Schwankungen einherzugehen, einer sog. Rest-Rest-Interaktion (Quin u. Northoff 2011). Diese Schwankungen der intrinsischen Ruhezustandsaktivität selbst scheinen so stark zu sein wie die extrinsisch stimulierte Aktivitätsveränderung. Extrinsischer und intrinsischer Ursprung werden miteinander verwechselt, sodass intern generierte Stimmen auch dann gehört werden, wenn keine Außenreize präsentiert werden. (Northoff u. Dümpelmann 2013, S. 19)

Quin u. Northoff (2011) vermuten, dass enkodierte Stimmen aktiviert werden, wenn die intrinsische Aktivität starke Schwankungen aufweisen, die denen der extrinsischen Stimuli ähnlich sind.

Die aufgeführten Entsprechungen zwischen neurobiologischen Befunden, Psychopathologie und Psychodynamik werden in der **Neuropsychodynamik** (Northoff 2011; Böker u. Northoff 2010). zusammengeführt und stellen damit einen übergreifenden Ansatz dar, der zu neuen Hypothesen und Modellen führt.

Unter diesem Gesichtspunkt sind psychoanalytische Theorien, die somatische ätiologische Komponenten und deren Wechselwirkungen mit psychischen Faktoren in der Anfangszeit bis heute ausgeklammert hatten, den tatsächlichen Bedürfnissen der Psychosekranken nicht gerecht geworden. Genauso geht es mit rein biologisch-somatischem Modellen, in denen man sich bei der Behandlung fast ausschließlich auf Psychopharmaka gestützt hatte. Infolgedessen sprechen wir heute ganz im Sinne des Psychosomatosekonzepts von Mentzos (1991, 1996, 2000) von Somatopsychodynamik (Hartwich 2006a) oder besser noch von **Neuropsychodynamik** (Northoff 2011; Böker u. Northoff 2010).

14.2 Zur Historie

Der Weg von der Anfangszeit bis hin zur oben dargestellten neuen Konzeption war verschlungen und soll hier kurz nachgezeichnet werden: Die eine Grundannahme war die eines somatischen Defizits, die zur Desintegration führt und damit die Defekthypothese begründete. Die andere Grundannahme war der Konflikt, der in den meisten Fällen in der frühen, aber auch in vielen Fällen in der späteren psychischen Entwicklung zur Fragmentierung des Selbst führt.

Die Defekthypothese stützte sich auf die Befunde der genetischen, biochemischen und bildgebenden Forschung. So konnte die genetische Penetranz unter bestimmten weiteren ungünstigen Bedingungen den Boden für psychopathologische Defizite bereiten, die die Entwicklung einer schizophrenen und schizoaffektiven Psychose nach sich zog.

Die Konflikthypothese bezog sich auf traumatische Umwelteinflüsse, insbesondere in der frühkindlichen Entwicklung, meistens herbeigeführt durch problematisches Verhalten der Bezugspersonen.

Historisch: Defizithypothese versus Konflikthypothese

- Defekthypothese: Befunde der genetischen, biochememischen, bildgebenden Forschung
- Konflikthypothese: frühkindliche Entwicklungsstörung, traumatische Umwelteinflüsse
- **Heute:** Wechselwirkung zwischen somatischen, psychischen und sozialen Faktoren
  - Individuum: Frage der Gewichtung der Einzelkomponenten innerhalb eines Netzes von Einflussfaktoren

Heute geht man nicht mehr von diesen alternativen Positionen aus, es geht vielmehr um die folgende Frage.

? Wie sieht die Wechselwirkung der somatischen und psychischen Faktoren bei der Gesamtgruppe der psychotischen Erkrankungen und v. a. in der persönlichen Entwicklungsgeschichte eines einzelnen Menschen aus?

Bei der Wechselwirkung geht es um Gewichtungen einzelner Komponenten innerhalb eines Netzes von Einflussfaktoren. Die Gewichtungen verschieben sich im Laufe der Entwicklung eines Menschen. Wenn man das Gefügenetz der Bedingungen zu einem bestimmten Zeitpunkt, also im Querschnitt, analysieren möchte, so kann von einem kreisförmigen Wechselwirkungsprozess gesprochen werden. Wird aber der Faktor Zeit einbezogen, so bewegt sich das Bedingungsnetz dreidimensional und kann teilweise bildlich als **spiralförmig** angesehen werden.

Die somatopsychische Wechselwirkung in der ätiologischen Betrachtung der schizophrenen und schizoaffektiven Erkrankungen ist heute anerkannt. Die genetischen (z. B. Maier u. Hawallek 2004, S. 63–72; Schmitt et al. 2015), die neurobiologischen (z. B. Northoff 2011) und die psychodynamischen (z. B.Tienari 1991, Tienari et al. 1994) Forschungen haben viele gewichtige Argumente geliefert.

» Was allerdings bisher noch nicht genügend gesichert und empirisch untermauert werden konnte, sind die unterschiedlich ausgeprägten Gewichtungen der vielen Einflussfaktoren beim ***einzelnen Krankheitsschicksal***. Da wir als Therapeuten jedoch immer individuelle Kranke behandeln, bewegen wir uns hier auf einem noch unvollständig gesicherten Gelände, was die empirische Wissenschaft anbelangt, und sind deswegen manchmal sogar auf ein gewisses Maß an Kunst in unserer Erfahrung und Intuition angewiesen. Es gilt, den Schweregrad der jeweilig beteiligten Komponenten, ob stärker somatisch oder mehr psychisch, im Einzelfall festzustellen und zu erspüren, deren Komplexität in ihren vielfältigen Wechselwirkungen zu erfassen und damit auf die Festigkeit oder Brüchigkeit der unterschiedlichen Strukturniveaus der individuellen Psychosekranken oder zumindest größerer Untergruppen zu schließen.« (Hartwich 2013, S. 114; Hervorh. i. Orig.)

14.3 Skizzen des psychoanalytischen Psychosenverständnisses

14.3.1 Sigmund Freud

Freud hat zwischen 1894 und 1939 unterschiedliche Akzentuierungen hinsichtlich des Psychosenverständnisses formuliert. Zunächst ging es ihm darum, das Modell der Abwehrmechanismen, die bei Neurosen beschreiben wurden, auch auf die Schizophrenie zu übertragen. Hinsichtlich der Libido ging er davon aus, dass es in der Psychose zu einer Überbesetzung des Ich komme, indem die Libido von den Objekten weg ins Ich hinein regrediere. Er sah die Schizophrenie als Ich-Störung mit einem Konflikt zwischen Ich und Außenweltrealität, die zu einer Ich-Spaltung in zwei Ich-Zustände führe. Freud (1920–1924, S. 387) schrieb 1924 in seiner Abhandlung *Neurose und Psychose*: Die Neurose sei der Erfolg eines Konflikts zwischen dem Ich und seinem Es, die Psychose aber der analoge Ausgang einer solchen Störung in den Beziehungen zwischen Ich und Außenwelt). Und weiter:

» Über die Genese der Wahnbildungen haben uns einige Analysen gelehrt, dass der Wahn wie ein aufgesetzter Fleck dort gefunden wird, wo ursprünglich ein Einriss in der Beziehung des Ich zur Außenwelt entstanden war. Wenn die Bedingung des Konflikts in der Außenwelt nicht noch weit auffälliger ist, als wir sie jetzt erkennen, so hat dies seinen Grund in der Tatsache, dass im Krankheitsbild der Psychose die Erscheinungen des pathogenen Vorgangs oft von denen eines Heilungs- oder Rekonstruktionsversuches überdeckt werden. (Ebd., S. 389)

Grundsätzlich hielt Freud die schizophrene Erkrankung für psychologisch verursacht und damit einer psychoanalytischen Erklärung zugänglich. Er äußerte sich aber zu der Tatsache einer psychoanalytischen Behandlung eindeutig, indem er Schizophrene als nicht zur Übertragung fähig und infolgedessen für ungeeignet für eine psychoanalytische Therapie erklärte. Abraham (1924) und nach ihm ganze Generationen von Analytikern folgten dieser eher ablehnenden Haltung in Bezug auf die Behandlung schizophren Erkrankter. Gerechterweise muss allerdings hinzugefügt werden, dass Freud später diese Auffassung selbst eingeschränkt hat, indem er formulierte:

» Ich halte es für durchaus nicht ausgeschlossen, dass man bei geeigneter Abänderung des Verfahrens sich über diese Gegenindikation hinaussetzen und so eine Psychotherapie der Psychosen in Angriff nehmen könne. (Freud 1905, S. 21)

Auffällig ist bei Freud, seinen direkten Schülern und deren Nachfahren, dass die psychoanalytische Erhellung der schizophrenen Erkrankung sowie die funktionelle Betrachtung von Symptomen anerkannt, aber die Behandelbarkeit abgelehnt wurde. Hier besteht bei Freud eine Inkonsequenz, die Scharfetter (2012) als Freuds »Scheitern« bezeichnet hat. Man kann vermuten, dass die häufig fehlende Suggestibilität der Schizophrenen mit zu der Annahme einer Übertragungsunfähigkeit geführt hat. Aus heutiger Sicht sind es die somatischen Teilaspekte, die bei einer rein psychologischen Sicht- und Handlungsweise die Begrenztheit einer klassischen psychoanalytischen Therapie der Schizophrenie ausmachen und sie in ihrer Einseitigkeit zum Scheitern bringen.

14.3.2 Paul Federn

Paul Federn, Freund und Schüler Freuds, hat sich einer modifizierten psychoanalytischen Behandlungsform von Schizophrenen, besonders jugendlichen Patienten, gewidmet, nachdem er, was insbesondere die Ich-Besetzungsenergie anbelangte, die Überlegungen Freuds für das praktische therapeutische Vorgehen erfolgreich verändert und weiterentwickelt hatte. Auch habe Freud ihm die Patienten zugewiesen, die er für psychotisch hielt. Federn erlebte bei vielen seiner psychotischen Patienten sehr wohl eine starke Übertragungsfähigkeit.

Bei Federn findet sich dazu eine Bemerkung, die auf das Jahr 1933 zurückgeführt werden kann:

» Als ich Psychosen zu psychoanalysieren begann, glaubten alle Psychoanalytiker, dass man von Patienten mit einer narzisstischen Geisteskrankheit keine Übertragung auf den Arzt erzielen kann. Man stellte sich allgemein vor, dass aus diesem Grunde keine Psychoanalyse möglich sei. Heutzutage wissen viele Autoren, dass sowohl Feststellung als auch Schlussfolgerung falsch waren. Es ist jedoch etwas Wahres daran. Die Übertragung von Psychotikern ist ganz unbeständig und berechtigt nicht dazu, dieselbe psychoanalytische Methode zu verwenden wie bei neurotischen Patienten. (Federn 1978, [1]1956, S. 108)

Das **Ich** im Sinne von Federn ist »ein Erlebnis, die Empfindung um das Wissen des Individuums, von der dauernden oder wiederhergestellten Kontinuität in **Zeit**, **Raum** und **Kausalität**, seines körperlichen und seelischen Daseins« (Federn 1978, [1]1956, S. 15). Diese Kontinuität wird als Einheit gefühlt und ist bewusst. Hinsichtlich der Vorstellung der libidinösen Besetzung des Ichs steht Federn im Gegensatz zu Freud; während Freud von einer Überbesetzung des Ichs zu Ungunsten der realen Außenwelt ausging, beobachtete Federn bei seinen psychotischen Patienten eine Verminderung der Ich-Besetzungsenergie. Psychopathologische Symptome wie Halluzinationen und Wahn erklärt Federn auf der Basis eines seiner wichtigsten Begriffe, nämlich der **Ich-Grenze**, die beim Schizophrenen lückenhaft sei und gar zusammenbrechen könne. Damit gelang Federn ein wichtiger, auch heute noch gültiger Hinweis zur Therapie, nämlich die **Ich-Grenzen zu stärken**, möglichst wieder herzustellen, was beispielsweise durch Wiedererlangen der im psychotischen Zustand verlorengegangenen Abwehrmechanismen (wie z. B. Intellektualisieren, Verdrängen) therapeutisch gefördert werden müsse.

Federn kehrte Freuds Satz »Wo Es war, soll Ich werden« für Psychosen um in »Wo Ich war, soll Es werden«. Federn war damit wohl der erste, der die psychoanalytische Methode auf die speziellen Belange der Schizophrenen, einschließlich deren Strukturschwäche, so modifizierte, dass er Erfolge in der Behandlung aufweisen konnte. Seine Modifikationen der Psychoanalyse bei Psychosekranken sind so grundlegend, dass sie heute in den meisten psychodynamischen Handlungskonzepten wiedergefunden werden, ohne dass der Erstbeschreiber genannt wird.

14.3.3 Carl Gustav Jung

C. G. Jung, der in der psychiatrischen Klinik bei Eugen Bleuler psychotische Erkrankungen eingehend kennengelernt hatte, befasste sich in über 50 Jahren seiner psychotherapeutischen Tätigkeit mit Schizophrenien und angrenzenden Diagnosen. Ihn beeindruckte die große Ähnlichkeit vieler ursprünglich bildhafter Symptome und Erlebnisse, die er bei ganz verschiedenen psychotischen Menschen immer wieder feststellen konnte. Er sah sie als kollektive Symbole, die ihn zur Erforschung des kollektiven Unbewussten führte. Ferner wies er, wie vor ihm schon Freud, auf Ähnlichkeiten der Erscheinungen des normalen Traumgeschehens mit den psychopathologischen Erlebnissen schizophren erkrankter Menschen hin.

> Für diejenigen, die sich intensiv mit eigenen Träumen beschäftigen, ist es infolgedessen eher möglich, sich einen gewissen Zugang zum Erleben schizophren Erkrankter zu eröffnen; ihr Erleben ist damit nicht mehr ganz so fremd und fern. (Hartwich u. Grube 2015)

Jung beschrieb auch wesentliche Unterschiede gegenüber Neuroseerkrankungen:

> Die Dissoziation bei Schizophrenie ist nicht nur weitaus ernster, sondern sehr oft auch unwiderruflich. Sie ist nicht mehr flüssig und wechselhaft wie bei einer Neurose, sondern mehr wie ein zersplitterter Spiegel. … Das primäre Symptom scheint keine Ähnlichkeit mit irgendeiner Art funktioneller Störung zu haben. Es ist, als ob die Fundamente der Psyche nachgäben, als ob eine Explosion oder ein Erdbeben ein ganz normal gebautes Haus auseinanderrissen. (Jung 1979, [1]1939, S. 265)

C. G. Jung entwickelte zwar ein psychodynamisches Modell der Schizophrenie, formulierte aber als Erster eine Interaktion mit somatischen Faktoren. Damit hatte er dem heutigen neuropsychodynamischen Verständnis vorausgegriffen. So nahm er an, dass neben den psychologischen Erklärungen andere Bedingungen gleichzeitig in Betracht kämen; er dachte beispielsweise an einen zusätzlichen biochemischen Faktor, z. B. ein Toxin, dem er im Einzelfall unterschiedliche Gewichtungen zuschrieb.

14.3.4 Melanie Klein

Klein (1956) sah in den schizophrenen Symptomen den Ausdruck einer Regression auf eine frühkindliche Entwicklungsstufe, in der ohnehin eine paranoid-schizoide Akzentuierung bestünde. Das Modell reduziert die Schizophrenie auf den psychodynamischen Vorgang einer Ich-Regression und nimmt eine frühkindliche Spaltung entlang den Gegensatzpaaren »gut« versus »böse« und »innerlich« versus »äußerlich« an. Klein selbst hat die mögliche Regression und Fixierung in der genannten regressiven Stufe nicht im schizophreniespezifischen Sinne gemeint und diese auch für andere Störungen gelten lassen. Spaltung, Projektion und projektive Identifizierung sind die psychodynamischen Grundannahmen. Arieti (1974) führt aus, dass die Kleinsche Schule, vertreten durch Rosenfeld (1981), Segal (1950), Bion (1957, 1990) und dem frühen Winnicott (1958), davon ausging, dass keine Modifikation der klassischen Freudschen psychoanalytischen Technik bei der Behandlung von Psychosen notwendig sei.

14.3.5 Margaret Mahler

Mahler (1972) stellte u. a.den Körperkontakt zwischen Mutter und Kind in den Vordergrund. Dabei wird davon ausgegangen, dass bei Fehlen dieses speziellen Kontaktes dem Kind die Unterscheidungsfähigkeit zwischen sich selbst und anderen verloren gehen könne. Der Betroffene gerate in die

Falle zwischen der Fusion mit dem Objekt einerseits und der Furcht vor Desintegration andererseits. Es geht um den Konflikt entlang dem Gegensatzpaar Individuation versus Separation. Jacobson (1978), Searles (1965), Stierlin (1972) und Mentzos (2011) haben diese konflikttheoretische Vorstellung weiter ausgearbeitet.

14.3.6 Heinz Kohut

Kohuts (1973) Selbstkonzept geht von dem Kohärenzerleben der Selbst- und Selbstobjektrepräsentanzen aus. Die Wahrnehmung des Selbst sei das Erleben einer körperlichen und geistigen Einheit, die räumlich zusammenhänge und zeitlich fortdauere. Bricht die Kohärenz von körperlicher und geistiger Einheit mit räumlicher Entfremdung und Verlust des zeitlichen Kontinuitätsempfindens auseinander, wie es in der Psychose der Fall ist, so kommt es zur Fragmentierung des Selbst.

In diesem Fall sprechen Kohut u. Wolf (1980) von einer primären Störung des Selbst. Für die Schizophrenie nehmen sie als Ursache für das nicht-kohärente Selbst entweder eine angeborene biologische Abweichung oder mangelnde effiziente Spiegelung in der frühen Entwicklungszeit an. Sie formulieren zusätzlich die Wechselwirkung beider Möglichkeiten. Damit wird in der Weiterentwicklung der Psychoanalyse bereits ein modernerer Ansatz bei der Schizophrenie formuliert, indem neben der psychodynamischen Konflikthypothese auch biologisch somatische Aspekte anerkannt werden.

Kohut hat auch auf eine **restitutive** Wiederbelebung des archaischen Selbst in psychotischer Form hingewiesen. So sind Symptome der Psychosen, beispielsweise Wahnbildungen, dazu geeignet, dem unerträglichen Zustand der Fragmentierung **entgegenzuwirken** indem fragmentierte Selbstanteile sekundär zusammengefügt werden, z. B. in der Wahnbildung.

14.3.7 Frieda Fromm-Reichmann

Die Konflikttheorie wurde auf die Mutter-Kind-Beziehung von Fromm-Reichmann (1940) und später Arieti (1955) übertragen. Es wurde von einer schizophrenogenen Mutter ausgegangen, die durch die Eigenschaften »overprotective, overpossesive, overcontrolling« und gleichzeitig »rejecting« ausgezeichnet sei (»3 o + r Mütter« genannt). Später relativierte Arieti diese Aussage und beschrieb aufgrund seiner Untersuchungen, dass nur bei etwa bei 25 % der Mütter Schizophrener solche Eigenschaften zu finden seien:

> … serious family disturbance is not sufficient to explain schizophrenia, it is presumably a necessary condition. … I have reached the tentative conclusion that only 25 percent of the mothers of schizophrenics fit the image of the schizophrenogenic mother. (Arieti 1974, S. 80, 81)

Insgesamt hat sich die zunächst griffige Formulierung der schizophrenogenen Mutter bei genaueren Untersuchungen als nicht schizophreniespezifisch erwiesen. Für den Kliniker ist es jedoch eindrucksvoll, dass es durchaus einzelne Mütter jugendlicher Schizophrener gibt, die in dieses Muster passen. Allerdings kann das Verhalten der Mütter auch als Reaktion auf das krankhafte Verhalten des Kindes verstanden werden und nicht als Bedingung für dessen schizophrene Entwicklungsstörung. Bei vielen genetisch belasteten Familien ist eher von der Interaktion beider Faktoren auszugehen.

14.3.8 Gregory Bateson

Die Double-Bind-Hypothese von Bateson et al. (1956, 1978) definiert das Kind als Opfer einer doppelt gebundenen und in sich widersprüchlichen Kommunikationsstruktur. Durch gleichzeitig sich widersprechende Botschaften auf unterschiedlichen kommunikativen Ebenen kommt das Kind in eine problematische, manchmal ausweglose Lage, wenn eine Metakommunikation nicht möglich ist. Hierfür werden in unserem Sprachbereich die Begriffe »Beziehungsfalle« (Stierlin 1975) und »Zwickmühle« (Loch 1961) verwendet. Bestimmen solche Kommunikationsstrukturen die Lerngeschichte eines Kindes, so tragen sie zur schizophrenen Ich-Schwäche bei. Spätere Untersuchungen zeigten jedoch, dass die »double binds« nicht spezifisch für die Schizophrenie sind, da diese Kommunikationsvarianten häufig und in vielen Familien, in denen keine Psychosen vorkommen, zu finden sind.

14.3.9 Theodore Lidz

In der Asymmetrietheorie von Lidz et al. (1965) geht es um Asymmetrie und Spaltung in der Dreierbeziehung zwischen beiden Elternteilen und dem Kind. Die Interaktion der beiden Elternteile sei stark asymmetrisch, beispielsweise durch komplementär dominante Verhaltensweisen bestimmt. Die Asymmetrie werde als Spaltung der Eltern auf das Kind übertragen, indem von Vater und Mutter unbewusst das gemeinsame Kind zur Vervollständigung der jeweils eigenen psychischen Defizite verwendet werde. Da das Kind die Paradoxie der widersprüchlichen Aspekte nicht lösen könne, resultiere ein inneres »Gespaltenbleiben«, was später zur schizophrenen Spaltung führe.

In weiteren Familienkonzepten, beispielsweise von Wynne u. Singer (1965) sowie von Alanen (2001) etc. werden die Beobachtungen der unechten Beziehungen, Rollenstarrheit, Unflexibilität und Schablonenhaftigkeit gegenüber individuellen Bedürfnissen hervorgehoben.

Zusammengefasst gilt heute für diese Forschungsansätze, dass sich **schizophreniespezifische Kommunikationsstrukturen** nicht haben verifizieren lassen.

Unabhängig von der Frage einer Spezifität hinsichtlich der Verursachung ist aber festzuhalten, dass derartige Interaktionsmuster in den Familien Schizophrener immer wieder beobachtet werden. Infolgedessen ist es in der psychodynamischen Therapie sinnvoll, die Familiendynamik zu bearbeiten.

14.3.10 Gaetano Benedetti

Die von C.G. Jung als möglich gesehen Wechselwirkung zwischen psychischen und somatischen Aspekten führte Benedetti schon 1975 (S. 21) weiter:

» Es wird in der Psychodynamik der Schizophrenie wesentlich darum gehen, das ganze Netz, die komplexen Kettenreihen künftig zu explorieren, welche zwischen Gen und Symptom liegen und über welche allein Genetisches zur Lebensgeschichte werden kann. Während eine einheitliche, allgemein überzeugende, psychodynamische Theorie der Schizophrenie noch in weiter Ferne zu sein scheint, mehren sich die empirischen, sowohl psychiatrischen wie auch psychotherapeutischen Studien, welche als die zuverlässigsten Bausteine auf dem Wege zu einem künftigen Theoriengebäude zu begrüßen sind. (Benedetti 1975, S. 21)

Intensiv hat uns Benedetti das Erleben schizophren erkrankter Menschen nahe gebracht, indem er von Ich-Zerfall, Ich-Auflösung, Ich-Fragmentierung sowie von der Vernichtung des Ichs und von einem Erleben der Ich-Desintegration und der Leere spricht. Die »unheimliche Fragmentierung« versucht der Kranke durch Projektion teilweise aufzuheben, indem er Selbstfragmente auf die Umwelt projiziert. Benedetti (1992, S. 17): Durch die Projektion des Selbstteils auf die Umwelt oder auf den Leib verliere das Ich seine Ich-Grenze, seine Konsistenz und Kohärenz. Auf diese Weise würden Gedanken, die im Selbsterleben vom geistigen Subjekt abgespalten werden, zu einem »Ding«. Die schizophrene »Grundabwehr« eines solchen Erlebens sei zweifach (1992, S. 50): Einerseits erfolge sie durch den Autismus, als Versuch, sich abzuschließen und aus der inneren Spaltung eine private symbolische Eigenwelt zu schaffen, andererseits bestehe sie aus der Projizierung der negativen Selbstteile auf die Umwelt, in der dann Mächte der Verfolgung und Beeinflussung wirksam würden. Die therapeutischen Folgerungen und Erfahrungen sind in Benedettis umfangreichen Schriften ausführlich dargestellt. Hier sei lediglich auf die dialogische Positivierung, progressive Psychopathologie und die Schaffung eines Übergangssubjekts (1992) hingewiesen.

14.3.11 Ping-Nie Pao und Vamik D. Volkan

Für Pao (1979) ist das Entscheidende der Verlust der Kontinuität des Selbst bei der Schizophrenie. Die Fragmentierung wird als Regression im psychoanalytischen Sinne aufgefasst. Volkan (1999) rückt von den klassischen Strukturtheorien ab, indem er die Weltzerstörungserlebnisse Schizophrener als Ausdruck der bedrohten Selbstkontinuität sieht. Er steht damit in der Tradition von Jacobson (1977), die annimmt, dass beispielsweise Weltuntergangsängste Ausdruck der inneren Desintegration sind, verursacht durch die Auflösung des Zusammenhanges der Selbst- und Objektrepräsentanzen. Volkan stellt, ähnlich wie Benedetti, die Bedrohung durch die Fragmentierung in den Vordergrund, die mit dem Gefühl einhergeht, nur ein ganz mangelhaftes Selbst zu haben.

14.3.12 Stavros Mentzos

Mentzos (1991, 2000, 2011)verwendet die Bezeichnung »**Psychosomatose des Gehirns**«. Damit steht er in der Tradition von C. G. Jung und Benedetti.

Der Neurophysiologe Richard Jung (1967, 1980) hatte 1967 schon auf die »somato-psychischen und psycho-somatischen Wechselwirkungen« (S. 340) ausführlich hingewiesen. Mentzos (1996, S. 23) geht davon aus, dass biologisch bedingte elementare Störungen der Input-Verarbeitung zu einer Erschwerung bei der Lösung normaler entwicklungspsychologsicher Aufgaben der Selbst-Objekt-Differenzierung beitragen könne. Das bedeute, eine biologisch bedingte übermäßige Sensibilität würde die Intrusivität vonseiten der Mutter oder die fehlende Triangulierung (bei Abwesenheit des Vaters) bei Weitem virulenter werden lassen, als dies bei einem Kind mit normaler biologischen Sensibilität bzw. Vulnerabilität geschehe.

Mentzos sieht eine beständige Wechselwirkung zwischen einem unspezifischen biologischen Faktor und einem eher speziellen entwicklungspsychologischen Einfluss. Dabei stellen psychotische Störungen vielfach defensive, regressive Schutz- und Kompensationsmechanismen sowie Reaktionsmuster dar. Der typische Grundkonflikt für die schizophrene Erkrankung bestehe in einer elementaren Gegensätzlichkeit mit dilemmatischem Charakter bei gegenseitig sich ausschließenden selbstbezogenen und objektbezogenen Tendenzen. Mit dem Terminus Konflikt sei nicht der »reife« Konflikt gemeint, wie man ihn bei Neurosen antrifft. Die schon im ersten Lebensjahr beginnende entwicklungspsychologische Auseinandersetzung zwischen Herstellung einer engen Beziehung einerseits und dem Aufbau von Identität und Autonomie andererseits könne zu dem Dilemma zwischen Aufgeben des Objektes versus Aufgeben des Selbst führen. Der Verarbeitungsmodus könne so aussehen, dass ein totaler Rückzug zum Selbstpol im Autismus bestehe oder andererseits ein Zerfließen der Ich-Grenzen in der Fusion. Mischbilder seien häufig, bei denen beide Komponenten oszillieren. Für die therapeutische Haltung leitet Mentzos ab, dass sie in der Mischung aus einer gewissen Distanz, die das Autonomiebedürfnis des Patienten berücksichtige, und einem empathischen Kontakt- und Beziehungsangebot, das den objektalen Bedürfnissen des Patienten entspreche, bestehen solle.

14.3.13 James S. Grotstein

J. S. Grotstein (1977 a,b, 1990) verbindet Defizit- und Konfliktmodell und geht von einer konstitutionellen Hypersensitivität gegenüber Wahrnehmungsreizen aus. Die mangelnde Fähigkeit, Wahrnehmungsreize zu selegieren und auszublenden, führe zu destruktiven Impulsen, die schonfrüh mit Splitting und projektiver Identifikation einhergehe. Die Interaktion zwischen neurophysiologischen Abweichungen einschließlich erbgenetisch-konstitutioneller Faktoren mit psychodynamischen und sozialen Einwirkungen führe zu einer primären Beeinträchtigung kognitiver Prozesse (vgl. Hartwich 1980). Diese ziehen fehlerhafte Informationsprozesse nach sich, die in Wechselwirkung mit familiären Psychotraumatisierungen und Fehlanpassungen stehen.

14.3.14 Stephen Fleck

Nach Fleck (1992) ist die Schizophrenie eine Fehlanpassung in neurobiologischen, psychologischen und sozialen Persönlichkeitsdimensionen, die in einer frühen oder angeborenen Schwäche neuromodularer Organisation begründet ist, die zudem durch pathoplastische soziale Einflüsse zusätzlich moduliert wird.

14.3.15 Stanley I. Greenspan

Greenspan (1989) hält, wie auch Volkan (1994), kognitive Störungen, psychosozialen Stress, neuroanatomische und neurochemische Veränderungen, die sich vermutlich gegenseitig beeinflussen, für die wesentlichen Einflussfaktoren, sodass bei dem einen Menschen ein Objektbeziehungskonflikt lediglich Ängstlichkeit auslöst, während bei einem anderen eine »organismische Panik« (der Begriff geht auf Pao 1979 zurück) entsteht, bei der aufgrund des Mangels an Ich-Stärke in belastenden Situationen desorganisierte Affekte nicht mehr reguliert werden können und eine schizophrene Symptomatik entstehen lassen.

14.4 Heute: Ätiopathogenese der Schizophrenien und anderer Psychosen

Das heutige **neuropsychodynamische** Verständnis psychotischer Erkrankungen ist dabei, die alternativen Modelle des vorigen Jahrhunderts abzulösen und stellt eine sinnvolle und wissenschaftlich begründete Verbindung derjenigen Komponenten dar, die sich aus den früher alternativ diskutierten Konzepten bewährt und diese überdauert haben.

Ausgehend von den Forschungen von Tienari et al. (1994) haben die sensitiven Genotypen eine größere Labilität gegenüber Umwelteinflüssen als nichtsensitive Genotypen, wenn stressauslösende Faktoren gleichermaßen gegeben sind. Somit haben auch umgekehrt genetisch prädisponierte Kinder einen besseren Schutz vor einer späteren Psychoseerkrankung, wenn sie in einer stabilen Familie mit gesunden Eltern aufwachsen. Inwieweit die genetische Disposition einen prägenden Einfluss auf die neuronalen Organisationen und strukturellen Ordnungen des Hirns mit seinen funktionellen Gegebenheiten hat, ist von Fall zu Fall individuell unterschiedlich gewichtet. Die Wechselwirkung mit frühen und auch späteren Beziehungen zu erlebten Objekten (Vater, Mutter und andere Bezugspersonen) sowie traumatisierenden oder auch stabilisierenden Umweltbedingungen haben mitgestaltenden Einfluss auf die neuronalen und funktionellen somatischen Vorgänge, wodurch diese in der Entwicklung mitgestaltet und modifiziert werden können, um ihrerseits wiederum zur persönlichen Verarbeitungsweise von Umwelteinflüssen beizutragen. Die jeweiligen Verhaltensweisen eines Menschen in der frühen oder späteren Entwicklung werden einerseits bedingt durch die Sensibilität der bis dahin geformten psychischen Struktur, und andererseits wird die psychische Struktur weiter modifiziert durch die Reaktionen der Umwelt auf das Verhalten, das zwischen den Polen stabilisierend und traumatisierend liegen kann. In der bisherigen Geschichte der Psychiatrie sind Typen und Gruppen von Psychosekranken herausgearbeitet worden. Beispiele sind dafür Hebephrenie, paranoide Schizophrenie, schizoaffektive Psychosen, Wahnerkrankungen, psychotische Reaktionen und weitere willkürlich nach Syndrom-Zusammenfassungen vorgenommene Untergruppierungen.

Da es bisher nicht gelingen konnte, die jeweiligen Gewichtungen der Einzelkomponenten in ihren gestaltenden Wechselwirkungen wissenschaftlich für den **Einzelfall** in einer gegenwärtigen Situation oder gar im Zeitablauf zu erfassen, müssen wir davon ausgehen, dass es eine **unendliche Zahl von Variationen** mit nachfolgenden psychotischen Symptomen und Erlebnisformen gibt, die im Oberbegriff »Schizophrenie bzw. Gruppe der Schizophrenien« einschließlich der schizoaffektiven Psychosen nur notdürftig untergebracht sind. Da wir als Therapeuten mit unseren neuropsychodynamischen Behandlungen in der Regel mit Einzelfällen arbeiten, bedarf es einer jeweiligen Analyse der individuellen Gewichtungsmuster und deren Wechselwirkungen, um in der professionellen und persönlichen Begegnung mit dem Kranken hilfreich zu sein.

14.5 Wie kommt es zu psychotischen Symptomen?

In der 2. Auflage seines Lehrbuchs *Psychiatrie* beschreibt Ziehen (1902) die Störung des Zusammenhangs der Ideenassoziationen als Inkohärenz und Dissoziation. Dominierende Zielvorstellungen, durch die das normale Denken einen Zusammenhang herstellt, gehen bei Psychosen verloren. Der Zusammenhang einer ganzen Vorstellungsreihe lockert sich, und es sind keine oder nur noch entfernte Beziehungen erkennbar:

» Wo diese Anomalie durchgängig auftritt, spricht man von Dissociation oder Incohärenz der Ideenassoziation. Ein schwerer Fall einer solchen Dissociation ist folgender: Ich frage eine Kranke nach der jetzigen Jahreszahl, und sie antwortet mir darauf ‚blau'. Die Vorstellung ‚Blau' hat gar keine erkennbare Beziehung zu der Vorstellung der ‚jetzigen Jahreszahl', welche ich durch meine Frage angeregt habe. … Überhaupt spiegelt die Sprache die verschiedenen Grade der Incohärenz am treuesten wider. (Ziehen 1902, S. 96–98)

Der Gesamtzustand der »Unorientiertheit« und »Incohärenz« werde auch als Verwirrtheit bezeichnet.

Schon Ideler (1847) nannte schwere Zustände der Inkohärenz die »chaotische Verwüstung des Bewusstseins« und Kraepelin (1889) beschrieb sie als »Zerstörung und Lähmung übergeordneter Einrichtungen«. In Analogie zu neurologischen Erkrankungen sah Stransky (1914) in dieser Störung eine »intrapsychische Ataxie« und Bleuler (1911) die Spaltung des Zusammenhangs von Denken, Wahrnehmen, Erinnern und Fühlen. Die beschriebenen Phänomene wurden später als »Desintegration« im Sinne des wesentlichen Kernstücks der psychotischen Störung bezeichnet (Conrad 1952, 1958; Heimann 1957; Petrilowitsch 1958). Einprägsam ist die bildhafte Sprache C. G. Jungs, der dieses Geschehen mit einen »zersplitterten Spiegel« verglich, ähnlich wie Wellek (1953) von einem »Trümmerfeld« sprach.

» Broadbent hat ein Modell zur Erklärung normaler Informationsprozesse (1958, 1971) vorgelegt und einen »Filtermechanismus« beschrieben, der zwischen Kurzzeitgedächtnis und Übergangssystem zur weiteren Verarbeitung von Gedächtnis-, Wahrnehmungs- und perzeptiven Inhalten geschaltet sei. Viele Resultate aus dem Bereich der experimentellen Psychopathologie der Schizophrenen wurden in der Folgezeit bei schizophren Erkrankten als eine Störung des selektiven Filtermechanismus interpretiert. Die Störung Schizophrener wurde dabei so gesehen, dass interne und externe Reize ohne die entsprechende Hemmung und Filterung den Organismus überfluten können, sodass Auswahl und Begrenzung der wesentlichen Reize für eine realitätsgerechte Verarbeitung nicht möglich seien. In der modernen Neuropsychodynamik greift Northoff (2011, 2012) die Filterstörung auf und führt Experimente von Javitt (2009) an, nach denen Schizophrene nicht mehr filtern können, wenn es darum geht, wichtige von unwichtigen Eingangsreizen zu differenzieren. Das Gehirn des Schizophrenen reagiere nicht mehr auf Unterschiede, was die Angst des Schizophrenen bis ins Extrem der Existenzangst steigere. (Hartwich u. Grube 2015)

Betroffene Kranke berichten oft erst im Nachhinein, da sie im akuten Zustand sich nicht selbst beschreiben können: »Ich zerfließe innerlich,… alles fließt aus mir heraus,… ich löse mich auf,… alles ist ein chaotisches Durcheinander, … mein Ich ist zersprungen, … Ich bin nicht mehr ich, mein Ich ist ausgelöscht.«

Scharfetter (1986) untersuchte empirisch diese basalen Störungen auf fünf Dimensionen des Ich-Bewusstseins, die bei Psychosen beeinträchtigt oder verloren gehen können:

- Ich-Vitalität,
- Ich-Aktivität,
- Ich-Konsistenz,
- Ich-Demarkation,
- Ich-Identität.

Scharfetter (1999) kommt zu der Aussage, die Schizophrenie sei die »menschliche Ich-Desintegrationskrankheit schlechthin«.

14.5.1 Ich-Störungen und neurobiologische Befunde

Der Begriff des **Ich-Bewusstseins** wurde schon in der Psychopathologie von Karl Jaspers genauer definiert:

» Wir stellen dem Gegenstandsbewusstsein das Ich-Bewusstsein gegenüber. Wie wir in jenem mannigfache Weisen, in der uns Gegenstände gegeben sind, unterscheiden mussten, so haben wir auch beim Ich-Bewusstsein, der Weise, *wie das Ich sich seiner selbst bewusst* ist, nicht mit einem einfachen Phänomen zu tun. (Jaspers 1953, S. 101; Hervorh. i. Orig.)

Jaspers unterscheidet die folgenden Merkmale:

- Das Tätigkeitsgefühl als ein Aktivitätsbewusstsein; ist es psychopathologisch verändert, so kommt es zur Entfremdung der Wahrnehmungswelt, dem Verlust des Ich-Gefühls und dem Erleben, dass mir die Gedanken gemacht oder auch entzogen werden.
- Das Bewusstsein der Einheit des Ichs, bei deren psychotischer Veränderung eine Spaltung in mehrere Ichs oder Ich-Fragmente gleichzeitig erfolgt.
- Das Bewusstsein der Identität des Ichs bedeutet, in der Zeitfolge identisch derselbe zu sein. Schizophrene äußern beispielsweise, in ihrem früheren Leben – vor der Psychose – das seien sie nicht selbst, sondern das sei ein anderer gewesen.
- Das Ich-Bewusstsein im Gegensatz zum Außen und zum Anderen. Bei der psychotischen Veränderung erlebt der Kranke, dass sein Gegenüber schon alle seine Gedanken kennt.

Störungen und Veränderungen des Ich-Bewusstseins bei Schizophrenen sind eine Herausforderung, mit Hypothesen von neuropsychodynamischen Brückenbildungen zu spekulieren.

Northoff (2011) griff die Bezeichnung **Kathexis** (Besetzung bzw. Besetzungsenergie) von Freud und denen, die seine Schriften ins Englische übersetzt haben, auf und setzt ihn in Beziehung zu neurobiologischen Vorgängen im Gehirn:

» Ich postuliere, dass die Ruhezustandsaktivität (resting-state activity) des Gehirns in Verbindung mit der auf Differenz basierten Kodierung (difference-based coding) als etwas aufgezeigt werden kann, das die notwendige empirische Bedingung einer möglichen neuromentalen Transformation prädisponiert und ermöglicht. Somit könnte die Kathexis, die sich auf die Ruhezustandsaktivität als die Aktivität des Gehirns bezieht, als ein Konzept erachtet werden, das die Kluft zwischen neuronalen und mentalen Zuständen überbrücken kann. Folglich wäre die Kathexis eine notwendige empirische Voraussetzung einer möglichen neuromentalen Transformation. Da ich die empirischen Belege für beides, nämlich die differenc-based coding und den Effekt der Ruhezustandsaktivität, dargelegt habe, kann die Charakterisierung des Kathexiskonzepts als neuromentale Brücke nicht nur konzeptuell, sondern auch als empirisch plausibel gelten. (Northoff 2011, S. 115; freie Übers. d. Verf.)

Die »difference-based coding« definiert Northoff in *Unlocking the Brain* genauer:

» Ich postuliere, dass die räumlichen und zeitlichen Differenzen zwischen den unterschiedlichen Reizen (weniger die Reize selbst) die gemeinsame Metrik bei der Encodierung der neuronalen Aktivität im Gehirn ausmacht. Das entspricht dem, was ich als »difference-based coding« im Sinne einer generellen Enkodierungsstrategie des Gehirns bezeichne. Die auf Differenz basierende Kodierung kann infolgedessen als der »gemeinsame Kode«, die »gemeinsame Währung« oder die »gemeinsame Sprache« zwischen den unterschiedlichen Ebenen der neuronalen Aktivitäten angesehen werden. (Northoff 2014a, S. XXI; freie Übers. d. Verf.)

Inwieweit diese Brückenbildung in der Zukunft durch beständige Forschung von beiden Seiten gelingen oder ein nicht erfüllbarer Wunsch bleiben mag, soll hier nicht weiter diskutiert werden. Entscheidend ist, dass der Begriff Kathexis, mit dem die Besetzung bzw. Objektbesetzungsenergie gemeint ist, für schizophrene Ich-Störungen interessante Beiträge leisten kann Es ist sinnvoll, dazu die folgenden neuropsychodynamischen Varianten zu bilden: Hyperkathexis (Überbesetzung), Hypokathexis (verminderte Besetzung), Dekathexis (fehlende Besetzung), oszillierende Kathexis (Besetzungsenergie wechselt zwischen den Ich-Bruchstücken bzw. Selbstfragmenten, ohne sich festlegen zu können) und Antikathexis (Gegenbesetzung).

Northoff spricht auch von »false cathexis« (falscher Besetzung). Ich möchte hier nicht von einer »falschen« Besetzung sprechen, sondern von Parakathexis.

Freud selbst verwendet den Begriff Kathexis als psychische Vertretung der Triebe, die mit bestimmten Energien besetzt seien (Freud 1925–1931, S. 299). Einige Varianten des Kathexis-Begriffs sind in den englischen Übersetzungen der Freudschen Schriften zu finden, wo sie auf psychoanalytische Abwehrvorgänge bezogen sind, die bei Neurosen dargestellt werden. Wir verwenden die genannten Begriffsvarianten der Kathexis anders und zwar neuropsychodynamisch bezogen auf Ich-Störungen bei schizophrenen und einigen anderen Psychosen.

Kathexisvarianten (neuropsychodynamisch)

- Hypokathexis
- Oszillierende Kathexis
- Dekathexis
- Antikathexis
- Parakathexis
- Hyperkathexis

Hier lassen sich die folgenden Unterscheidungen beschreiben und mit klinischen Bildern illustrieren:

1. Kathexis Dies ist der Oberbegriff und bezeichnet die individuelle Besetzungsenergie des Ich-Bewusstseins; der neurodynamische Zustand der Besetzung des erkannten Objekts (inneres und äußeres Objekt) ist adäquat dem erkennenden Subjekt.

2. Hypokathexis Bezeichnet die verminderte Ich-Besetzung. Das erkennende Subjekt ist schwächer besetzt als erkannte Objekte; infolgedessen sind die Ich-Grenzen (Federn) geschwächt, lückenhaft und können in manchen Fällen ganz zusammenbrechen. Federn beschrieb bei den schizophrenen Patienten, die er behandelte, eine Verminderung der Ich-Besetzungsenergie. Innere und äußere Objekte drohen dann, je nach Grad des Verlustes der Besetzungsenergie der Ich-Grenzen, diese zu übertreten oder gar das Ich-Bewusstsein zu überschwemmen. Das geschieht bei Patienten, die Objekte aus der Umgebung oder eigenen Erinnerung, z. B. ein Auto, eine Person und ganze Szenen, nicht nur wahrnehmen, sondern diese als Anteile ihres eigenen Ich-Bewusstseins als fremdbestimmend erfahren. Je nachdem, wie stark oder wie wenig die Hypokathexis ausgeprägt ist, entspricht sie der Bandbreite zwischen dem niedrigen Strukturniveau der desorganisierten Schizophrenie bis hin zu ganz leichten Formen, die sich in Derealisation und Depersonalisation äußern, die mit einer relativ festen Strukturniveauebene einhergehen.

Bei frühen und bei späteren **Hochrisikostadien** wurden vier unterschiedliche Typen differenziert (Hartwich 2006a). Bei Typ II ist der Verlust des Ich-Gefühls, einhergehend mit der Verminderung der Ich-Besetzungsenergie (Dekathexis) ein vorherrschendes Symptom. Die Patienten erinnern im Nachhinein: »Ich war nicht mehr richtig in mir drin«. Erst später kommt es dann zu den charakteristischen und auch anhaltenden Depersonalisations- und Derealisationserscheinungen. Hier ist eher eine vorübergehende oder fluktuierende Besetzungsernergie im Sinne von Schwankungen anzunehmen, die sich auf einem relativ festen Strukturniveau bewegen.

3. Oszillierende Kathexis Der Verlust der Ich- und Objektbesetzung, wie er bei der Gruppe der hebephren Schizophrenen am stärksten zu finden ist. Die jungen Patienten können sich nicht festlegen, d. h. nicht einen bestimmenden Ich-Kern besetzen, sondern die Ich-Fragmentierung bedeutet oszillierende Teilbesetzungen von Ich-Fragmenten. Dieses macht sich auch in der Übertragung bemerkbar, in der ständige Neubesetzungen des Therapeuten erfolgen, was in der Gegenübertragung sehr irritierend sein kann. Die Gruppe der Hebephrenen sind durch eine sehr ausgeprägte Strukturschwäche gekennzeichnet.

4. Dekathexis Ein krasses Beispiel ist die völlig fehlende Beziehung zum Neugeborenen bei einer Mutter, die eine postpartale Psychose erleidet. Diese psychodynamische Besonderheit ist bei vielen postpartalen Psychosen ein besonders auffälliges Kernsymptom, das bei anderen psychotischen

Erkrankungen kaum auftritt. Es handelt sich dabei um eine gravierende Beziehungsstörung der Mutter zum neugeborenen Kind. Die normalerweise starken Affekte der Freude und die Liebe zum Kind werden für die Mutter **nicht** spürbar. Die natürliche und selbstverständliche sehr hohe Besetzungsenergie, die auch überall im Tierreich instinkthaft verankert ist, fehlt bei diesen Kranken völlig. Die Reaktion auf dieses Erleben ist bei ihnen mit Unverständnis in Bezug auf sich selbst und mit Schuldgefühlen verbunden. Versorgungsdefizite und Suizidalität können die Folgen sein. Auch die nahestehenden Familienmitglieder reagieren mit Ratlosigkeit und Unverständnis. Inzwischen gibt es neurobiologische Befunde, die für diese Form der Dekathexis bei postpartalen Psychoseerkrankungen Parallelen und vielleicht sogar ätiopathogenetische Hinweise zu erschließen scheinen. Im Zusammenhang mit dem postnatalen Abfall der Konzentrationen von GABAergig neuroaktiven Steroiden (NAS) sind die Befunde von Chase et al. (2014) der resting BOLD fMRI bei unmedizierten Frauen mit postpartalen Depressionen anzuführen, in denen die PCC (posterior cingulate cortices)-Verbindung mit der rechten Amygdala gestört und unterbrochen war. Die Autoren vermuten, dass die gestörte Amygdala-PCC Konnektivität darauf bezogen werden könne, wie die Mutter zu anderen in ihrem sozialen Umfeld orientiert ist, speziell dem Neugeborenen gegenüber in ihrer Mütterlichkeit. Es ist anzunehmen, dass die Unterbrechung der Konnektivität mit einem Fehlen der Besetzungsenergie im Sinne der Dekathexis einhergeht.

5. Antikathexis Wenn das Kernstück des schwersten Beziehungsverlusts, nämlich die völlige Dekathexis, in einen nihilistischen Wahn übergeht, in der eine Patientin erweiterten Suizid begeht, dann spreche ich von Antikathexis, da in dem nihilistischen Wahn etwas Aktives, aber Gegenteiliges, besetzt wird. Die Antikathexis kann auch einhergehen mit einer Umlenkung der Aufmerksamkeit mit gleichzeitiger Kontrastassoziation oder Gegenteilassoziation, wie Hartwich (1980) schon in einer experimentellen Untersuchung mit über 100 Versuchspersonen zeigen konnte. Die Gruppe der paranoid Schizophrenen reagierte anders als die Nonparanoiden in einem Reiz-Reaktions-Experiment. Bei einem akustischen Reiz mittlerer Intensität der Vorbahnung wurde von den Paranoiden nicht das eigentlich optisch passende Bildangebot genannt, sondern im Unterschied zu der anderen schizophrenen Gruppe sowie zur Kontrollgruppe das nicht passende Bild, das gleichzeitig tachystoskopisch dargeboten wurde. Das Verhalten konnte entweder mit einer Hemmung des assoziativ Nächstliegenden interpretiert werden oder mit einer Bevorzugung des Nicht-Nächstliegenden im Sinne einer Gegenteilassoziation. Klinisch lässt sich das in Zusammenhang bringen mit der Komponente des Misstrauens der Paranoiden, mit einem Verformungselement als Assoziation des Gegensatzes, welches in extremerem Ausmaß als pathologischer Negativismus auftritt. Wir sehen in dieser Antikathexis einen Eckpfeiler der Wahnbildung mit all ihrer Paradoxie und der Systematisierung des innewohnenden Gegenteils. Hinsichtlich des drohenden Verlustes der Ich-Kohäsion bildet sich im Kranken eine **Antikohäsion** (Hartwich 2004); damit ist nicht eine Nicht-Kohäsion gemeint, sondern eine spezielle Konstellation der Selbstfragmente in paradoxer Beziehung, die den weiteren Verlust der Kohäsion aufhalten soll. Ist die Strukturschwäche noch stärker ausgeprägt als bei paranoiden Symptomanteilen und geht bis tief in das Körperselbst, das schon Schilder (1925) als Körperschema beschrieben hat, so findet sich die Antikohäsion, die vermutlich neurobiologisch mit einer Antikathexis einhergeht, bei manchen Patienten mit coenästhetischer Schizophrenie (z. B. »die Hirnhälften bewegen sich gegenläufig von vorn nach hinten wie ein Kolbenmotor«). Die Strukturschwäche bei dieser Gruppe ist im Falle der paranoid-halluzinatorischen Psychosen weniger stark ausgeprägt als bei der Hebephrenie, aber bei coenästhetischen Syndromen genauso stark wie bei der Katatonie.

6. Parakathexis Dazu gehören beeinflussende Halluzinationen, haptisch, optisch und akustisch, z. B. in Form von Stimmenhören, sowie Symptome des »Gemachten« und »falsche Wirklichkeiten«, die als neue »Realität« erlebt werden, die wie Filmszenen ablaufen können, ohne dass der Kranke die Möglichkeit hat, ihre Wirklichkeit zu überprüfen. Hier ist klinisch ebenfalls die paranoid-halluzinatorische Schizophrenie anzusiedeln, bei der neben der paranoiden Komponente ausgeprägte halluzinatorische Symptome bestehen. Das Niveau der Strukturschwäche ist ähnlich der der Antikathexis. Hinsichtlich der Nähe zu neurobiologischen Befunden bietet es sich an, eine der Hypothesen für das Auftreten der akustischen Halluzinationen, wie sie Northoff u. Dümpelmann (2013) zitiert haben, heranzuziehen, bei der die Schwankungen des intrinsischen Ruhezustandsaktivität selbst so stark wie die extrinsisch stimulierte Aktivitätsveränderung beschrieben werden. Infolgedessen kann man sich vorstellen, dass extrinsischer und intrinsischer Ursprung falsch zugeordnet werden.

Hyperkathexis Übertriebene Besetzung, die sich in der Unbeirrbarkeit einer psychotischen Überzeugung manifestiert. Beispiele sind der Querulantenwahn, das Othello-Syndrom (Eifersuchtswahn) und systematisierte überwertige Ideen. Neurobiologisch könnte das in einem eher umgrenzten Gebiet im Hirn im Sinne einer Übersetzungsenergie vermutet werden, einhergehend mit gleichzeitiger Hemmung angrenzender Bereiche. Die Strukturstärke ist im Vergleich mit den vorbeschriebenen Formen als relativ hoch anzusiedeln.

Der Versuch, die unterschiedlichen Kathexisvarianten hinsichtlich der psychopathologischen Erscheinungen und Erlebnisse zu differenzieren und zuzuordnen, findet dort seine Grenze, wo die Varianten entweder ineinander übergehen oder in kurzer Zeitfolge abwechseln. Dieses ist zu Beginn einer psychotischen Erkrankung sowie bei schweren Ausprägungen der Ich-Schwäche und bei einen Nebeneinander vieler Symptomqualitäten der Fall. Außerdem sind die unterschiedlichen Niveaus der Strukturschwächen und die Kathexisvarianten sicherlich voneinander abhängig (◘ Abb. 14.1).

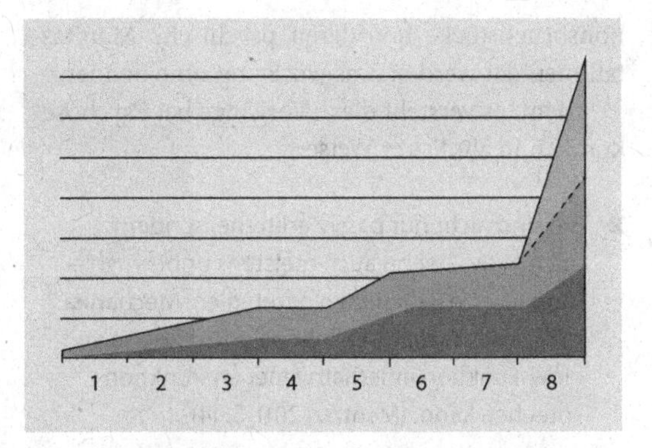

◘ Abb. 14.1 Struktureinschätzung der Ich-Stärken bei Psychosen aus dem schizophrenen Formenkreis. (Aus Hartwich u. Grube 2015)

14.5.2 Defektmanifestation oder Ausdruck einer Gegenregulation?

Die Frage, wie Symptome entstehen, lässt sich zum einen im Sinne der Störung und Zerstörung neurobiologischer Gegebenheiten des Hirns als Parallelvorgänge oder gar notwendigen Voraussetzungen mit oder für die oben genannten ätiopathogenetischen Wechselwirkungsnetze interpretieren. Dieses wäre ein Verständnis im Sinne eines Defekts an einem sonst normal oder gesund funktionierenden komplexen System. Ein Heilungsansatz wäre demnach in der Reparatur zu sehen, beispielsweise durch biochemische Einwirkungen in Form von Medikamenten, um die Funktionsstörung zu beheben. Die Störung wäre somit im Symptom des Wahns, der Halluzination und vielen anderen psychopathologischen Auffälligkeiten der Schizophrenien manifestiert.

Zum anderen können Symptome dadurch entstehen, dass man von der **Gegenbewegung** ausgeht, einem Regulationsversuch, um die Gefahr vor der oder die tatsächlich erlittene Zerstörung, Desintegration, Inkohärenz und Fragmentierung zu überwinden.

Überall in der belebten Natur, so auch beim Menschen, kommt es zu Schutzmechanismen. Verletzte Bäume bilden Harz aus, und verwundete Körper von Tieren und Menschen schützen sich vor dem Verbluten, indem Thrombozyten agglutinieren. So liegt es auch nahe, dass in den neuronalen Systemen unseres zur Plastizität fähigen Gehirns sowie in unseren psychischen Funktionen Gegenregulationen entstehen, die eine bedrohte oder verlorene Kohäsion unseres Selbsterlebens zusammenzuhalten oder wiederherzustellen versuchen.

Bei psychotischen Erkrankungen stellen diese Schutz- und Gegenregulationsversuche neuropsychodynamische Konstellationen und Reorganisationsbruchstücke her, deren psychische Manifestationen das werden, was wir Symptome nennen.

Mentzos versteht diese Vorgänge bei Psychosekranken in ähnlicher Weise:

> Sie sind nicht nur passiv erlittene, sondern auch aktiv – wenn auch meistens unbewusst – mobilisierte Reaktionen, Strategien, Mechanismen, so dass man vielfach paradoxerweise von einer Funktion innerhalb einer Dysfunktion sprechen kann. (Mentzos 2011, S. 14)

Die Anschauung, eine Reihe von Symptomen bei Psychosen als Gegenregulationsmuster auf Desintegration, Ich-Bedrohung und erlebte partielle Zerfallsgefahr zu interpretieren, ist kein neues Konzept. Schon im 19. Jahrhundert formulierte Ideler (1847), dass das Paranoide, der Wahnsinn ein angestrengtes Arbeiten an der **Reorganisation des Bewusstseins sei.**

Von Freud ist anzunehmen, dass er Idelers Schriften kannte. Ohne ihn zu zitieren, greift er den Gedanken der Reorganisation auf und beschreibt in *Neurose und Psychose*, fußend auf dem Fall Schreber:

> Wenn die Bedingung des Konflikts in der Außenwelt nicht noch weit auffälliger ist, als wir sie jetzt erkennen, so hat dies seinen Grund in der Tatsache, dass im Krankheitsbild der Psychose die Erscheinungen des pathogenen Vorgangs oft von denen eines Heilungs- oder Rekonstruktionsversuches überdeckt werden. (Freud 1920–1924, S. 389)

Freud interpretiert das Erleben des äußeren Weltuntergangs bei Schreber als Projektion der innerlichen Katastrophe.

> Der Paranoiker baut sie wieder auf, … dass er damit leben kann. Was wir für Krankheitsproduktion halten, ist in Wirklichkeit der Heilungsversuch, die Rekonstruktion. (Freud 1909–1913, S. 308)

Dass es sich um einen Versuch und nicht um eine gelungene Rekonstruktion handelt, betont Bleuler (1911), indem er die sekundären Störungen der Schizophrenen als »mehr oder weniger missglückte Anpassungsversuche« bezeichnete. In ähnlicher Weise äußerte sich Scharfetter (1986), der von »autotherapeutischen Anstrengungen« sprach. Benedetti (1975) griff ebenfalls den Gegenregulationsaspekt auf, nannte sie »Rekonstruktionsversuche«, und Mentzos (1991, 2011) sah in den Symptomen den Ausdruck vom »Schutz- und Kompensationsmechanismen«. Auch von neurobiologischer Seite wird darauf hingewiesen (z. B. Northoff 2011b, 2014), dass die Plastizität des Gehirns sich im Prinzip der kompensatorischen Mechanismen manifestiere.

Die klinische Erfahrung mit sehr schwer und auch leichter erkrankten Schizophrenen und auch anderen Psychosen legt nahe, dass beide Alternativen bei der Symptombildung in unterschiedlich ausgeprägter Intensität vorkommen können. Einmal, im Sinne des Defizitkonzepts, als kognitive Störungen mit ihren pathologisch veränderten Aufmerksamkeitsleistungen und zum andern als Gegenregulation und Schutzversuch, z. B. als katatoniforme Einsprengsel oder als paranoide Konstruktionen. Beide Möglichkeiten der Symptombildung können nebeneinander und sich in der Wechselbeziehung beeinflussend in derselben psychotischen Episode bestehen.

Psychotische Symptome als Ausdruck der Gegenbewegung

- Ideler (1847): Reorganisation des Bewusstseins
- Freud: Heilungsversuch, Rekonstruktion
- Bleuler: mehr oder weniger missglückte Anpassungsversuche
- Scharfetter: autotherapeutische Anstrengung
- Mentzos: Funktion innerhalb einer Dysfunktion
- Hartwich: Parakonstruktion (neuropsychodynamisch)

14.5.3 Konzept der Parakonstruktion

In den bisherigen Konzepten, bei denen psychotische Symptome als Gegenregulationsanstrengungen verstanden wurden, stand die psychodynamische Betrachtungsweise im Vordergrund. Das hatte bei Freud und späteren Psychoanalytikern dazu geführt, dass psychotische Symptome u. a. als Abwehrmechanismen bezeichnet wurden, auch wenn man differenzierend von primitiver oder primärer Abwehr sprach. Da die rein psychodynamische Betrachtungsdimension beinhaltet, dass Psychisches aus Psychischem hervorgeht, greift der Abwehrbegriff, ob Projektion oder Spaltung, zu kurz. Schon Benedetti (1992) warf die Frage auf, ob der alte Begriff Abwehr denn tatsächlich genüge, um solch schwere Psychopathologien zu erklären. Hier gilt es zwei Dimensionen zusammenzuführen, die psychodynamische und die somatische (genetisch, neuronal); dieses erfolgt in dem Konzept der **Parakonstruktion** (Hartwich, 1997), es handelt sich dabei um einen somatopsychodynamischen (Hartwich 2006a) bzw. neuropsychodynamischen Begriff. Dabei wird davon ausgegangen, dass psychische Zerfallsgeschehnisse, die sowohl durch genetische und somatisch bedingte Sensitivität, die in neurobiologischen Untersuchungen ihre Entsprechungen finden, als auch durch damit interagierende psychotraumatische Komponenten hervorgerufen werden, Gegenregulationen provozieren, die ebenfalls somatische, neuronale sowie psychische Anteile haben, die auch mit neurobiologischen Untersuchungsbefunden korrelieren (◘ Abb. 14.2, ◘ Abb. 14.3).

Da es sich hier um ein neuropsychodynamisches Geschehen handelt, ist der alte Begriff der Abwehr nicht mehr zutreffend, stattdessen wurde der Begriff Parakonstruktion eingeführt, zumal Psychosekranke eine echte Rekonstruktion und tatsächliche Heilung nur sehr selten bewerkstelligen können.

» Beim Vorgang einer drohenden oder manifesten Desintegration wird das Selbst dem Erleben einer extremen Vernichtung, vergleichbar einer Explosion, einem Erdbeben oder gelegentlich einer Implosion, ausgesetzt. Bedrohungsangst und andere Faktoren können zum Motor für Schutzanstrengungen werden, die sich in **Partialkohärenzen** manifestieren, **in psychotischen Organisationen auf dem Niveau von Parakonstruktionen,** die gegenüber der Fragmentierung einen reparativen Versuch darstellen. Die Schutz-, Rekompensations-, Selbstrettungs- und Rekonstruktionsversuche, die der Psychosekranke aufgrund seiner Desintegration und der erlebten Auflösungsgefahr des Selbst unbewusst unternimmt, sind in den meisten Fällen keine gelungenen realitätsgerechten Rekonstruktionen. Die Gegenregulationen entstammen der kreativen Kraft, die Leben und Psyche wieder ins Gleichgewicht bringen will. Es handelt sich um ein Prinzip, die Kohärenz wiederherzustellen, um aus der Desintegration wieder zu einer Integration zu kommen, was dem Plastizitätsprinzip unseres Hirns entspricht. Da das nicht vollständig gelingt, kommt es nur zu Partialkohärenzen auf dem Organisationsniveau der **Parakonstruktion.** Wir sprechen von Parakonstruktion, weil damit zum Ausdruck kommen soll, dass dieses kreative Wiederherstellungsprinzip nicht nur auf psychodynamischer Ebene, sondern gleichzeitig auch auf somatischer (genetischer, neuronaler) Ebene aufzufassen ist. Es handelt sich um einen **neuropsychodynamischen Begriff,** der damit gegenüber den früheren Auffassungen der psychischen Gegenregulation als Rekonstruktion bzw. Rekompensation eine zusätzliche somatische Dimension hat. (Hartwich u. Grube 2015, S. 86, Hervorhebungen im Original)

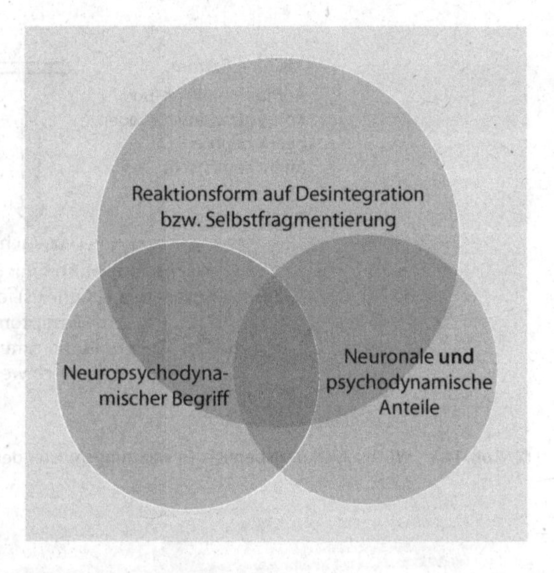

◘ **Abb. 14.2** Konzept der Parakonstruktion

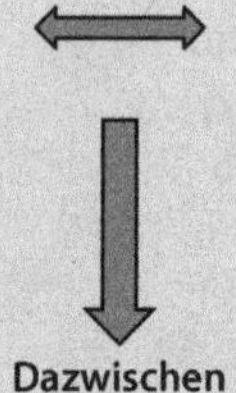

Abb. 14.3 Wechselwirkungsbereich: Gewichtungsmuster der Komponenten

Parakonstruktion – neuropsychodynamisch

- Bildung der Parakonstruktion (z. B. Konkretismus, Wahn) ist ein **aktiver** Vorgang, der vor weiterer Desintegration bzw. Selbstfragmentierung **schützen** soll, deswegen das starke, autistische, konkretistische Festhalten.
- Vielleicht eine Fixierung neuronaler Synchronisationsmuster zur Verhinderung von zu viel Hyperkonnektivität der Mittellinienregionen?
- Die neuropsychodynamische Parakonstruktionsbildung ist eine kreative Leistung der Psyche **und** Neuronalem, um sich zu schützen; somit ist die Fixation am Symptom zu **respektieren**.
- Dieser Respekt führt zu einem **Paradigmenwechsel** des Therapeuten, wodurch sich die therapeutische Beziehung neu gestalten kann.

In diesem Sinne wurde der Begriff der Parakonstruktion auch von Northoff (2011) sowie Northoff u. Böker (2003) übernommen, im Rahmen der Erklärungen neurobiologischer Befunde, die mit psychotischen Symptomen, wie sie z. B. bei der Katatonie charakteristisch sind, korrespondieren.

Neben den Symptomen, die aus der unmittelbaren Desintegration resultieren, z. B. Störungen der Richtung, Selektivität und Intensität von Aufmerksamkeitsleistungen (Hartwich 1987), Denkblockaden, Interferenzen, extreme Ablenkbarkeit, Sprachzerfall und Gedankenzersplitterung, gibt es Parakonstruktionen, die sich als Wahnbildungen, Halluzinationen, Stupor, Coenästhesien etc. manifestieren.

Es wird noch zu untersuchen sein, ob wirklich **alle** Halluzinationen (akustische, optische, leibliche und haptische = taktile) als Gegenregulationsversuche aufzufassen sind oder nur ein Teil.

Halluzinationen lassen sich durch elektrische Reizungen der Hirnrinde sowie durch Intoxikationen mit Halluzinogenen hervorrufen und kommen ebenfalls bei organischen Hirnerkrankungen vor.

Die akustischen Halluzinationen in Form von Stimmenhören gelten zwar als typisch, wenn auch nicht spezifisch, für die schizophrene Erkrankungen. Hier haben Northoff u. Dümpelmann (2013) die Hypothesen, die sich aus neurowissenschaftlichen Untersuchungen herleiten lassen, zusammengefasst. Infolge einer Dysfunktion im sog. verbal self-monitoring würden innere und äußere Stimmen verwechselt, die Aktivität im auditiven Kortex könne von höheren Arealen nicht mehr »supervidiert« werden, da sie nicht ausreichend unterdrückt werden könne. Auch könne die akustische Halluzination aus der intrinsischen Aktivität des auditorischen Kortex selbst stammen.

Somit lassen sich Symptome einmal als Ausdruck unmittelbarer Desintegration, zum anderen als Manifestationen von Gegenregulationsversuchen auffassen. Darüber hinaus gibt es Symptome, die mit Schwankungen der intrinsischen Ruhezustandsaktivität einhergehen (◘ Abb. 14.4).

Insgesamt sind wir heute noch nicht in der Lage, eine klare Zuordnung des Zustandekommens **aller** Symptome bei psychotischen Erkrankungen vornehmen zu können. Somit gilt es der Versuchung zu widerstehen, **alle** Symptome entweder als Ausdruck der Desintegration oder der parakonstruktiven Gegenregulation (oder auch der Mischung beider Konzepte) zu interpretieren. Vielleicht kann die neurowissenschaftliche Forschung hierbei demnächst mehr zur Klarheit beitragen oder zumindest vor einer zu frühen Festlegung auf eines der Konzepte bewahren. Monokausale Hypothesen, die die Geschichte der Psychoanalyse und der Psychiatrie kennzeichnen, sind nicht mehr zeitgemäß.

Somit lässt sich in der Konzeption der Parakonstruktion nur eine Reihe, nicht aber jedes psychotische Symptom erklären.

14.5.4 Was bedeutet die Parakonstruktion in der Therapie?

Werden beispielsweise Wahnbildungen, Coenästopathien, Mutismus, Negativismus, katatone und andere Symptome als Parakonstruktionen aufgefasst, so hat das für die neuropsychodynamische Therapie erhebliche Konsequenzen. Die Auffassung, dass eine Parakonstruktion für den Kranken eine gegenwärtig notwendige Schutzfunktion darstellt, leitet für den Therapeuten (oder das therapeutische Team) einen **Paradigmenwechsel** in der Einstellung zu seinem Patienten ein.

Parakonstruktion in der Therapie

- Paradigmenwechsel für den Therapeuten
- Raum des Respekts vor existenziellen Schutzmechanismen
- Spüren der Zerfalls- und Fragmentierungsgefahr in der Gegenübertragung
- Bearbeitung des Gegenübertragungswiderstandes

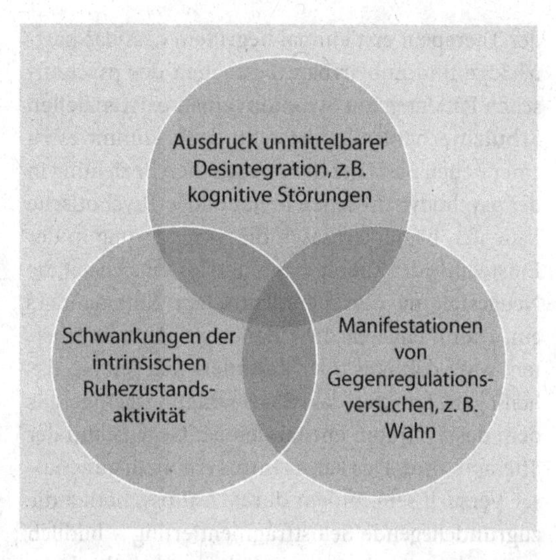

◘ **Abb. 14.4** Unterschiedliche Symptomentstehung

Wird beispielsweise das Auftreten einer Wahnidee oder deren Systematisierung als Schutz des Patienten vor weiterem Kohäsionsverlust, weiterer Selbstfragmentierung verstanden, so entsteht ein **Raum des Respektes** sowohl vor dem Symptom als auch vor dem Kranken, der das Wahnsymptom als Teil seines Selbst erlebt. Damit steht nicht mehr nur die Beseitigung des Symptoms im Vordergrund, sondern das Verstehen, dass das Symptom ein **para**konstruktiver (para = neben und nicht echt konstruktiver) Ausdruck der inneren Not des Patienten ist, die es therapeutisch aufzunehmen und mitzutragen gilt. Wird die »hinter oder unter« dem Symptom gelegene Angst, Zerfalls und Fragmentierungsgefahr von den Therapeuten gesehen und in der Gegenübertragung erspürt, kann sich der Kranke verstanden und getragen fühlen. Würde jedoch das Symptom, z. B. eine Wahnbildung, primär als das zu Beseitigende angesehen, dann versteht der Therapeut das Symptom als ein Objekt, das einem Gegner gleichkommt, den es zu beseitigen gilt. Gerade der Wahn ist ein treffendes Beispiel dafür, dass sich schon ganze Generationen von Psychiatern »die Zähne daran ausgebissen« haben, ohne wirklich etwas ausrichten zu können; denn wenn das Symptom zum Gegner wird, dann erlebt sich der Patient, der am Symptom als Teil seiner Selbstrettung festhalten muss, ebenfalls als Gegner. Hat der Therapeut erst einmal begriffen, dass das hartnäckige und unbeirrbare Festhalten des psychotischen Patienten am Symptom einen **existenziellen Schutzmechanismus** darstellt, dann kommt es zu einer neuen Basis der therapeutischen Beziehung in der psychodynamischen Behandlung. Psychotische Patienten bemerken rasch die Veränderung in der Einstellung der Therapeuten und lassen sich auf die Neugestaltung des therapeutischen Miteinanders ein. Damit entsteht die Chance, an dem zu arbeiten, was »dahinter oder darunter« gelegen ist, das heißt ganz konkret, dass das Bedingungsgefüge, aus dem das Symptom entstanden ist, Gegenstand der Therapie wird. Das kann einmal ein medikamentöser Versuch sein, indem durch Antipsychotika die zugrundeliegende Selbstfragmentierung – bildlich gesprochen – »zusammengeleimt« wird, das kann auf psychotherapeutischem Weg versucht werden oder auch in Kombination beider therapeutischer Mittel. Entscheidend ist, dass sich in dem Paradigmenwechsel ein **Gegenübertragungsaspekt** realisieren lässt, den Pao (1979) und Volkan (1994) als »organismische Panik«, Kohut (1973) »Fragmentierung des Selbst«, Benedetti (1975) »Ich-Zerfall, Ich-Auflösung und Ich-Fragmentierung« und Hering (2004, 2006) als »lauernde Fragmentierung« bei Psychosekranken bezeichnet haben und den es für den Therapeuten permanent, zumindest ansatzweise, mitzuspüren gilt. Oft ist das für ihn so schwer auszuhalten, dass es nur in »verdünnter Lösung« möglich ist. Kommt es aber beim Psychotherapeuten (oder dem therapeutischen Team) zu einem Gegenübertragungswiderstand und wird die Fragmentierungsgefahr des Selbst des Patienten nicht adäquat wahrgenommen, dann sollten Fallbesprechungsgruppen und Supervisionssitzungen wahrgenommen werden.

Um Missverständnissen vorzubeugen, sei darauf hingewiesen, dass das gegenwärtig notwendige Respektieren des Vorhandenseins von Wahnsymptomen das Folgende **nicht** beinhaltet:

- Es geht nicht darum, den Wahn gar auf Dauer belassen zu wollen, sondern nur um ein gegenwärtiges Respektieren, um die hinter dem Wahn liegende Neuropsychodynamik zu bearbeiten, damit dem Kranken die Chance gegeben wird, sein Symptom loszulassen.
- Es geht nicht um ein Überlaufen des Therapeuten zum Wahnkranken in dem Sinne, dass dessen Wahn bestätigt oder gar gesagt würde, dass der Therapeut die Inhalte des Wahns nachvollziehen könne und davon auch überzeugt sei.
- Es geht auch nicht um ein Eintauchen des Therapeuten in das paranoide Erleben des Patienten mit der Pseudoaussage, man könne das »voll und ganz« verstehen.

Überlaufen und Eintauchen sind manchmal therapeutische Haltungen, die letztlich nur ein Pseudoverstehen darstellen. In der Begegnung mit Psychosekranken sollte der Therapeut darauf achten, immer authentisch zu bleiben. Es ist für die therapeutische Beziehung besser, wenn er zu erkennen gibt, welches psychotische Erleben er nicht nachvollziehen und verstehen kann, denn Schizophrene haben ein feines Gespür für einen falschen Zungenschlag und gehen dann auf Distanz.

14.5.5 Einige Beispiele für Parakonstruktionen

▪ Fallbeispiel: Mutistisch negativistische Parakonstruktion (nach Hartwich u. Grube 2015, S. 287)

Ein 22-jähriger junger Mann, der stationär behandelt wird, leidet an einer katatonen Schizophrenie. Wenn seine Eltern ihn besuchen, beobachten wir, dass er immer stärker mutistisch reagiert und den Kopf zur Wand dreht, um seinen Vater oder seine Mutter nicht sehen zu müssen. Wir fassen diesen situativ auftretenden Mutismus und Negativismus in der Zuwendung als eine gegenwärtige Parakonstruktion auf. Wir interpretieren sein Verhalten als einen Schutz vor emotionaler Überschwemmung und Ich-Auflösung. Da wir wissen, dass er früher gern seine Zeit mit Computerspielen verbracht hat, gelingt es, ihn zum Malen am Computer zu bewegen. Trotz seiner katatonen Einschränkungen kann er sich darauf einlassen. Er erlebt den Computer mit den angebotenen Funktionen als ein »neutrales Gegenüber«, ohne die für ihn derzeit gefährliche menschliche emotionale Nähe. Er nimmt die Möglichkeit wahr, das Malprogramm zu nutzen. Nach einigen Tagen gelingt es ihm, sein krankhaftes Erleben zum Ausdruck zu bringen und damit auch das zu kommunizieren, was ihm verbal nicht möglich war. Im Bild hat er seinen Körper mit Hufeisennägeln auf dem Untergrund fixiert.

- **Fallbeispiel: Antikohäsion (nach Hartwich u. Grube 2015, S. 84)**

Ein Patient, der Physiker ist, erlebt seine beiden Hirnhälften als sich gegenläufig nach vorn und hinten bewegend. Er kann sie nicht zum Stillstand bringen, sodass sie miteinander eins sind, sondern sie bewegen sich wie ein Kolbenmotor gegenläufig und verursachen damit Schmerzen. Ein anderer Patient, ein Bauingenieur, erlebt die Funktionen von Herz und Atmung als gegeneinander gerichtet. Wenn er auf den Atem achtet, bleibt das Herz stehen, bemerkt er den Herzschlag, setzt die Atmung aus. Die basalen Funktionen seines Lebendigseins können nur in alternativer Gegensätzlichkeit zum Einsatz kommen. Unter der Betrachtung der Hirn-, Herz- und Atmungsrepräsentanz im Körperschema-Selbst sehen wir in der Symptomatik der beiden Patienten eine Variante im Umgang mit dem Kohärenzverlust, die wir als **Antikohäsion** bezeichnen möchten. Damit ist nicht eine Nicht-Kohäsion gemeint, sondern eine spezielle Konstellation der Fragmente in paradoxer Beziehung, nämlich der Antikohäsion, die dem Verlust der Kohäsion entgegenwirkt, ein Zusammenhang, der zumindest ein dialektischer ist.

- **Fallbeispiel: Liebeswahnparakonstruktion (nach Hartwich u. Grube 2015, S. 94)**

Eine 60-jährige Patientin lebt im Liebeswahn zu einem Dirigenten. Wenn sie das Radio anmache, höre sie ihn, er gebe ihr Nachricht, spiele für sie und gehe auf ihre Wünsche ein. In dieser Parakonstruktion erlebt die Patientin mehr Sinn in ihrem Leben, es wird reichhaltig, anderenfalls wären ihr Leere und Einsamkeit beschieden. Manche Parakonstruktion hat so viel Schöpferisches, dass sie mit reichhaltigem inneren Erleben besetzt wird. Daraus erklären sich Kraft und Beharrlichkeit des Festhaltens an mancher Überzeugung und die Sicherheit, die die Unbeirrbarkeit liefert. Bei dieser Liebeswahnparakonstruktion muss die Frage gestellt werden, ob es angemessen ist, weiter therapeutisch dagegen angehen zu wollen. Es kann durchaus als Respekt vor der Patientin gelten, wenn man sie in ihrer schöpferischen Parakonstruktion belässt, sie begleitet und Einflüsse fernzuhalten versucht, die das Sosein in ihrer Privatwelt beeinträchtigen würden.

- **Fallbeispiel: Coenästhetische Parakonstruktion (nach Hartwich u. Grube 2015, S. 94)**

Eine 31-jährige Patientin verschafft sich drei Monate nach der Entbindung ihres ersten Kindes Zutritt in die orthopädische Klinik und äußert den drängenden Wunsch, man möge ihre Halswirbelsäule operativ versteifen und ihr ein festes Korsett anfertigen. Sie ist der Überzeugung, dass alle ihre Wirbel durcheinandergeraten seien, und versucht in ihrer Vorstellung, die Wirbelsäule neu zu ordnen. Wenn sie dabei von unten her an der Halswirbelsäule ankomme, drohe der Kopf herabzufallen. In dem Moment schreit sie, sie gerät außer sich, verliert den Kontakt zur Umwelt, legt sich auf den Boden und nimmt erst nach einer Weile wieder Kontakt zur Umwelt auf. Dann verlangt sie die oben angegebenen orthopädischen Maßnahmen, einschließlich der chirurgischen Intervention. Wir sehen hierin eine coenästhetische Parakonstruktion, die das innere Auflösungserleben konkretisiert. Ihre konkretistische Symbolbildung verlangt nach einem ebenso konkreten, aber hier skurrilen Stabilisierungsversuch. Zur Behandlungstechnik: In der psychiatrischen Konsiliaruntersuchung gehen wir auf die Parakonstruktion ein. Sie gegenwärtig als notwendig respektierend, erklären wir der Patientin, dass wir die Operation nicht für eine angemessene Maßnahme halten, sondern eine medikamentöse Stabilisierung ihres Rückgrats empfehlen. Sie lässt sich darauf ein, geht mit auf die psychiatrische Station im selben Haus und lässt sich Neuroleptika applizieren, um das Rückgrat zu stärken. Eine psychodynamische Interpretation des Symptoms wäre im akuten Zustand noch nicht zweck- und zeitgemäß gewesen.

14.5.6 Abgrenzung der Parakonstruktion von Abwehrmechanismen

Grundsätzlich handelt es sich bei dem Begriff der Abwehr ebenfalls um Schutzversuche der Psyche gegenüber gegenwärtig unaushaltbaren psychischen Inhalten. Dabei werden reife Abwehrmechanismen, wie z. B. Verdrängung, Affektisolierung und Intellektualisierung von unreifen, primitiven und archaischen Abwehrmechanismen, wie z. B. psychotischer Verleugnung unterschieden.

Die Verwendung des Begriffs Abwehr setzt voraus, dass Psychisches aus Psychischem hervorgeht und dass das Niveau der Ich-Stärke so hoch ist, dass ein **reiferes Strukturniveau** der Psyche besteht, als es in vielen psychotisch dekompensierten Zuständen möglich ist.

> » Ein Abwehrbegriff im engeren Sinne, wie er bei neurotischen Erkrankungen verwendet wird, setzt ein höheres Niveau von Ich-Stärke und ein reiferes Strukturniveau der Psyche voraus, als es in vielen psychotisch dekompensierten Zuständen möglich ist. In der akuten Dekompensation einer Psychose beginnen sich zwar Abwehrmechanismen zu formen, werden aber nicht durchgehalten, sind nicht dauerhaft stabil und haben somit keine persönlichkeitskonstituierende Funktion. Sie unterliegen einer ständigen Fluktuation und bleiben damit abortiv. (Hartwich u. Grube 2015, S. 87)

Entscheidend ist auch, dass der Abwehrbegriff ein rein psychischer ist und die somatischen Komponenten in der Ätiopathogenese der Psychoseerkrankungen sowie in der Symptomentstehung nicht beinhaltet sind. Diese finden erst Berücksichtigung im neuropsychodynamischen Begriff der Parakonstruktion.

14.6 Schizoaffektive Psychosen

Von der Gruppe der Schizophrenien, die in ICD 10 F 20, den wahnhaften Erkrankungen (ICD F22) und den vorübergehenden akuten psychotischen Störungen (ICD 10 F 23) sowie den induzierten wahnhaften Störungen (ICD 10 F 24) unterscheiden sich die schizoaffektiven Erkrankungen (ICD 10 F25) durch die Ausprägung der **affektiven Dimension.**

Jules Angst (1980, 1986, 1987) aus Zürich hat die heutige Definition und die Bedeutung der schizoaffektiven Psychosen wissenschaftlich und klinisch so ausgearbeitet, dass sie in alle Diagnosesysteme übernommen wurden.

Hinsichtlich der Subgruppendifferenzierung der heterogenen Krankheitsbilder, die unter dem Oberbegriff schizoaffektive Psychose zusammengefasst werden, stehen psychodynamisch zwei Hauptaspekte in einem sich verändernden Mischungsverhältnis. Zum einen steht die manisch-depressive Komponente mit der sich verändernden Affektivität, dem Antrieb und der Dynamik im Vordergrund. Zum anderen ist es die schizophrene Komponente, bei der psychische Strukturen desintegrieren können, eine Selbstfragmentierung entsteht und Gegenregulationen zu beobachten sind.

Der Zwischentyp schizoaffektive Psychose hat gegenüber schizophrenen Erkrankungen eine Reihe von Vorteilen. Lithium, Carbamazepin, Valproat und Lamotrigin können als Prophylaktika eingesetzt werden. Wie Tsuang et al. (2000), Marneros et al. (1992), Angst (1986), Harrow u. Grossman (1984) und Samson et al. (1988) festgestellt haben, ist ihre Langzeitprognose besser als bei der Gruppe der Schizophrenen. Das liegt vermutlich an dem **stärkeren neuropsychodynamischen Strukturniveau** der Kranken. In der klinischen Beobachtung bei Gruppenpsychotherapien, in denen Schizophrene und Schizoaffektive gemeinsam behandelt werden, ist zu beobachten, dass Letztere eine größere Ich-Stärke aufbringen als die Schizophrenen (Hartwich u. Grube 1999, 2000). Vereinzelt erlebt man auch bei Langzeitbetreuungen von Psychosekranken, dass Patienten, die anfänglich schizodominant waren, später in eine mehr affektivdominante Verlaufsform übergehen und manche später nur noch maniforme Phasen erleben.

Aus psychodynamischem Blickwinkel bewährt es sich, in der Querschnittbetrachtung in Anlehnung an Levitt u. Tsuang (1988) eine Dreiteilung vorzunehmen:

- schizodominant,
- affektivdominant depressiv.
- affektivdominant maniform,

Bei allen drei Unterformen ist entscheidend, dass sowohl der schizophrene als auch der affektive Anteil psychodynamisch in den jeweils unterschiedlichen Gewichtungen gleichzeitig wahrgenommen werden. Die Interdependenz schizophrener und affektiver Anteile bewirken komplexe Muster, die sich in Symptomatik und Befindlichkeit des Patienten manifestieren.

14.6.1 Psychodynamische Wechselwirkung des schizodominanten Typs

Fallbeispiel: Schizoaffektiver Patient vom schizodominantenTyp (nach Hartwich u. Grube 2015)

Anamnese und Verlauf

Ein 49-jähriger Patient leidet schon seit über 20 Jahren an rezidivierenden schizoaffektiven Schüben, die zusammen mit seiner schizophrenen Symptomatik manisch oder auch ausgeprägt depressiv sein können. Jetzt fällt in der Familie auf, dass er sich zurückzieht, zunehmend inkohärent spricht und eine Reihe von Fehlhandlungen im Haushalt begeht. Von der Familie muss er zu den einfachsten Verrichtungen wie Körperpflege und Nahrungsaufnahme gedrängt werden. Es bestehen kognitive Beeinträchtigungen in Form von schweren Aufmerksamkeitsstörungen. Der autistische Rückzug ist der erste Versuch, weiterer Fragmentierung seines Selbst zu entgehen. Das reicht jedoch nicht, infolgedessen sucht er in Schriften von Einstein eine Gesamtformel für ein harmonisches und friedliches Sozialleben auf der ganzen Welt. Jetzt gelingt es ihm, eine affektive Komponente stärker in sich zu provozieren. Er ‚beamt' sich in andere Kontinente, um seine Idealformel maniform zu verbreiten.

In der späteren Bearbeitung seines psychotischen Erlebens kommt zur Sprache, dass er sich bei Zunahme seiner kognitiven Störungen – also bei Zunahme des drohenden Zerfalls und der Ich-Auflösung – in eine maniform getönte Affektlage hineinzusteigern pflegt und sich dabei von der Außenwelt abschirmt. Er kultiviert seine grandiose Affektlage und scheint sich damit vor weiterer Desintegration schützen zu können. Er versucht, zu Hause zu bleiben und die Aufnahme in die psychiatrische Klinik solange wie möglich hinauszuschieben. Zur Behandlung werden Neuroleptika und Lithium eingenommen. Bei seinen zahlreichen psychopathologischen Schwankungen geht er immer wieder nach ähnlichem Muster vor. Gelegentlich muss er am Ende doch in die Klinik, wenn seine Gegenregulationsversuche in Form einer maniform expansiven Parakonstruktion, in der er sich als Retter der bedrohten Welt erlebt, nicht ausreichen.

Psychodynamik

Aus Sicht der Selbsthilfe hat der Patient gelernt, eigene Schutzmechanismen zu entwickeln. Allerdings läuft er Gefahr, dass er seine affektiven Kräfte nicht immer ausreichend modulieren kann, um die Desintegration zu vermeiden. Hering (2004, S. 98) stellt eine bemerkenswerte psychodynamische Bebilderung bezüglich der Wechselwirkung und Symptomoszillation der beiden Dimensionen schizophren und affektiv auf: Er geht von der Kohutschen Vorstellung der vertikalen Spaltung aus, in der zwei Bereiche des Selbst, der gesunde und der psychotische, wie durch eine »Wand« voneinander getrennt seien. Die psychotische Katastrophe ist das panische organismische Erleben des Zerfalls und der Auflösung. Die eruptiven Kräfte der Selbstfragmentierung stoßen gegen die vertikale Schranke, reißen sie nieder und überschwemmen den gesamten seelischen Organismus. Die Besonderheit der Psychodynamik schizoaffektiver Psychosen sieht Hering (2004, 2006) in der Form bebildert, dass die Affekte, zu denen auch Scham- und Neidgefühle zählen können, als Bollwerk gegen den drohenden psychotischen Zusammenbruch dienen. Um der Dynamik der Affekte den entsprechenden Platz einzuräumen, »ließe sich dem gesunden und dem psychotischen Selbst noch eine dritte Instanz hinzufügen, die zwischen den beiden Bereichen liegt« (Hering 2006, S. 186).

Die Beobachtung, dass affektive Dynamik der Desintegration entgegenwirkt und damit vom Kranken selbst als stabilisierender Faktor gegen die Fragmentierung eingesetzt wird und dass bei einem Zuviel an Affekt vor der pathologischen Übersteigerung nicht Halt gemacht werden kann und die Schutzfunktion versagt, veranlasst Hering zu der bildhaften Beschreibung:

> [dass] … anders als bei der Schizophrenie, wo die vertikale Spaltung als die einzige ungeschlossene Mauer betrachtet werden kann, die Trennwand der schizoaffektiven Störung aus zwei porösen Mauern besteht mit einem »Niemandsland« dazwischen; in diesem Hohlraum sind diejenigen Affekte angesiedelt, die in kritischen Situationen eine Bollwerkfunktion gegen die Fragmentierung der Selbstidentität haben. … Allerdings können die Affekte bei starken Fragmentierungsgefahren in ihrem Bestreben das Identitätserleben zu retten, eine Virulenz entwickeln, die sie mit zerstörerischer Wucht gegen die Mauern des Hohlraumes prallen lässt. Die Spaltungsgrenze, die als noch hinreichend intakte Einrichtung dem psychotisch Kranken eine gewisse seelische Sicherheit gibt, bricht zusammen, und das Gegenteil von dem, was beabsichtigt ist, tritt auf: Die Affekte haben ihre Schutzfunktion verloren. Die panischen Gefühle der Auflösung des Selbst breiten sich aus. (Hering 2004, S. 133)

14.6.2 Psychodynamische Wechselwirkung des affektivdominanten depressiven Typs

▪ Fallbeispiel: Schizoaffektive Patientin affektivdominanten depressiven Typs (nach Hartwich u. Grube 2015)

▪▪ Anamnese und Verlauf

Eine 40-jährige Patientin wird derzeit stationär behandelt. Ihre Erkrankung besteht seit 11 Jahren; wegen schizoaffektiver Episoden war sie bisher 8-mal in klinischer Therapie. Jetzt ist sie in ihrer Depression affektiv erstarrt und ohne Motivation. Vor der Einweisung hat sie ihr achtjähriges Kind an eine Pflegefamilie verloren. In ihrem jetzigen psychopathologischen Zustand kommt sie über Wochen trotz vorsichtiger thymoleptischer Behandlungsversuche nicht aus ihrer emotionalen Lähmung heraus. Wir sehen neben Faktoren, die früher endogen genannt wurden, in ihrem Symptom der Erstarrung eine schizodepressive Parakonstruktion; diese hat die Funktion und den Sinn, die Patientin vor Enttäuschung, Wut und Trauer um den Verlust ihres Kindes zu schützen. Die Belebung dieser Emotionen wäre vermutlich so stark, dass sie zu einer Fragmentierung und der Ausbildung schizophrener Symptome beitragen würde.

Die Parakonstruktion der Erstarrung, die mit einem Totstellreflex verglichen werden kann, gilt es zu verstehen und in der Therapie zu berücksichtigen. Das bedeutet beispielsweise, dass zu hohe und zu schnelle Thymoleptikaaufdosierungen bisher erstarrte Emotionen mobilisieren würden, die das derzeitige Strukturniveau der Patientin einer psychotischen Fragmentierung und der Gefahr der Ich-Auflösung aussetzen würden. In der therapeutischen Begleitung gilt es, den Zustand mitzutragen und langsam die Ansätze zur Trauerarbeit zu katalysieren.

▪▪ Psychodynamik

Aus psychodynamischer Sicht stellt bei schizoaffektiven Patienten bei der Symptomoszillation zwischen mehr objektbezogener affektiver und mehr selbstbezogener schizophrener Konstellation die affektive Kraft eine **Schutzfunktion** dar, die sich in tiefdepressiven Verstimmungen und in Erstarrung manifestieren kann und nicht nur auf den Pol der maniform gehobenen Stimmungszustände zu beziehen ist. Nicht selten ist im Vorgang des Negativierens eine enorme Kraft gelegen, die einen Schutz gegen das Zerreißen des Selbst darstellen kann. Hierzu sei auch ein von Hering (2004, S. 31) beschriebener schizoaffektiv Erkrankter angeführt, der eine Form des selbstschützenden Negativierens zeigte: Er habe sich als »so gefühllos wie Stein« erlebt und die Therapie als nutzlos bezeichnet, da man sich nicht mit einem wertlosen Stein befassen solle. Erst nach der therapeutischen Intervention, dass in dem Stein etwas Kostbares gelegen sein könnte, sei er langsam aufgetaut und auch in seinen Bewegungen geschmeidiger geworden. Somit habe das versteinerte Gefühl zuvor eine Schutzfunktion gehabt.

14.6.3 Psychodynamische Wechselwirkung des affektivdominant maniformen Typs

- **Fallbeispiel: Schizoaffektiver Patient affektivdominant maniformen Typs (nach Hartwich u. Grube 2015)**

Ein 40-jähriger Patient leidet seit 12 Jahren an rezidivierenden schizoaffektiven Schüben, die trotz Phasenprophylaktika gelegentlich zu Dekompensationen führen und stationär behandelt werden müssen. Zwischenzeitlich hat er stabilere Perioden, in denen es ihm gelingt, durchzuhalten und seinem Beruf nachzugehen. Immer wenn ein depressiver Sog ihn ergreift und ihn »herabzuziehen" droht, versucht er, dagegen anzugehen. Hierzu hat er verschiedene Praktiken entwickelt, um sich, wie er sagt, »wieder aufzuladen". So haben für ihn Bücher mit religiösen Inhalten und auch »spirituelle Personen", die er aufsucht, eine »Triggerwirkung". In diesen Zeiten stellt er sich seinen Wecker 1 bis 2 Stunden vor der üblichen Aufstehzeit, um sich mit den genannten Schriften und religiösen Ritualen »aufzutanken"; dadurch gewinnt er die Kraft für den Tag, um seinem Beruf nachzugehen. Allerdings kommt es trotzdem gelegentlich zu psychotischen Auslenkungen, die er in Kauf nimmt. Manchmal verliert er den Realitätsbezug ganz und steigert sich in seine eigene Überwertigkeit hinein. Er sagt dann: »Ich bin Gott." Im Sinne von Kohut (1973) erreicht er eine Mobilisierung seiner narzisstischen Größenfantasien, deren archaische Kräfte eine derart gefährliche Überstimulierung des Ich provozieren, dass es zu einer Selbstfragmentierung kommt.

In seiner Anstrengung, dem depressiven Sog zu entgehen, schafft er sich eine maniform-spirituelle Fantasiewelt, die sein Selbstwertgefühl hebt und ihn stabilisiert. Damit wächst aber gleichzeitig die Gefahr, so auszuufern, dass seine Struktur übermäßig belastet wird und es zu schizophrenen Fragmentierungen mit den entsprechenden Symptomen kommt. Im Längsverlauf war bei ihm zu beobachten, dass sich das Mischungsverhältnis zwischen der schizophrenen und der affektiven Dimension immer wieder veränderte, wobei entweder seine psychodynamischen »Aufladungen« erfolgreich waren oder die dispositionelle Strukturschwäche die Kräftemobilisierung dann doch nicht aushielt.

14.7 Was lässt sich in einer neuropsychodynamischen Perspektive therapeutisch nutzen?

Oftmals lohnt es sich genau zu beobachten, welche Möglichkeiten psychotische Patienten finden, um sich vor Desintegration und Selbstfragmentierung zu schützen. So gilt es auch im speziellen Fall der schizoaffektiven Psychosen nachzuvollziehen, wie sie mit ihrer affektiven Dynamik in der Lage sind, eine Bindungsstärke aufzubringen, die ihre Strukturschwäche kompensieren kann. Für neuropsychodynamische Therapieansätze ist es daher von entscheidender Bedeutung, die affektive Bindungsenergie und deren **positive Bindungskraft**, die die Selbstfragmentierung zu verhindern imstande ist, zur Entfaltung zu bringen und die schützende Qualität in der Psychotherapie zu nutzen.

Einen der Wege sehen wir darin, dass die Kraft des **Kreativitätserlebens**, die vielen Menschen zugänglich ist, systematisch und gezielt gefördert wird.

Menschen, die kreativ wissenschaftlich oder künstlerisch tätig sind, die musizieren, Gedichte schreiben, malen oder bildhauern, kennen die starke Mobilisierung ihrer inneren Antriebsdynamik.

> Es kommt dabei zu einem Zustand der Leidenschaft und Ergriffenheit, manchmal zu einem Rauschzustand, der fortträgt und Zeit und Umgebung vergessen macht. (Hartwich 2012, S. 59).

Zusätzlich können wir von Künstlern, die schizoaffektiv erkrankt sind, lernen, wie sie sich mit ihrer kreativen Dynamik gegenüber psychotischen Einbrüchen erfolgreich schützen (Fryrear 2002). Gemäß unserer Hypothese setzen wir in der Therapie schizoaffektiver Psychosen neben Neuroleptika, Thymoleptika, Prophylaktika und Psychotherapie auch **kreative** Verfahren ein, um deren therapeutische Potenz zusätzlich zu nutzen. Allerdings beschränkt sich der therapeutische Einsatz kreativer Verfahren nicht generell auf bestimmte Diagnosen (Hartwich u. Fryrear 2002; vgl. auch ► Kap. 29 in diesem Buch).

Die Psychodynamik der schizoaffektiven Psychosen mit ihren Subtypen unterscheidet sich von den Schizophrenien hinsichtlich der affektiven Dimension. Infolgedessen sind die Behandlungsakzente anders zu setzen. Die positive Bindungskraft, die in der affektiven Energie mit ihrer schützenden Qualität vor Desintegration und Selbstfragmentierung liegt, kann in der Psychotherapie genutzt werden. Allerdings ist es erforderlich, ein Zuviel an Dynamik, wie sie in der manischen Ausuferung zerstörend manifest werden kann, frühzeitig zu bremsen. Die in Beispielen dargestellten Gegenregulationen und Selbstheilungsversuche helfen uns zusätzlich, das darin gelegene therapeutische Potenzial zu erkennen und in der Behandlung schizoaffektiver Psychosen einzusetzen. Das gilt besonders für Verfahren, die die Kreativität der Betroffenen fördern.

14.8 Postpartale psychotische Erkrankungen

Die Wochenbettpsychose und Kindbettpsychose, die man heute postpartale Psychose nennt, ist eine schwere Erkrankung, die wegen der Gefährdung von Kind und Mutter in der Regel stationär zu behandeln ist. Die Besonderheit in der Ätiopathogenese ist, dass neben den bisher dargestellten Risikofaktoren die Tatsache der Geburt mit ihrer körperlichen und psychischen Veränderung eine entscheidende Rolle spielen kann. Der plötzliche Abfall von Hormon- und Transmitterspiegeln interagiert oft mit psychischen Belastungen bei Schwangerschaft und Geburt, wobei erschwerte soziale Bedingungen hinzukommen können. Man geht heute von einer Prävalenzrate von 1–2 Promille aller Entbindungen aus (Kumpf-Tonsch et al. 2001; Riecher-Rössler1977), wobei in der Psychopathologie die schizoaffektive Symptomatik (Rohde u. Marneros 1993 a,b,c) am häufigsten beschrieben wird.

Über den Einsatz von Medikamenten, das Problem des Abstillens und die Behandlung in Mutter-Kind Einheiten berichten Hartwich u. Grube (2015) ausführlich.

14.8.1 Psychodynamische Besonderheiten der postpartalen Psychosen

Bei einigen postpartalen Psychosen begegnet man einem besonders auffälligen **Kernsymptom**, das bei anderen psychotischen Erkrankungen kaum auftritt. Es handelt sich dabei um eine gravierende **Beziehungsstörung** der Mutter zum neugeborenen Kind. Der normalerweise starke Affekt der Freude und die Liebe zum Kind werden für die Mutter nicht spürbar. Die natürliche und selbstverständliche sehr hohe Besetzungsenergie, die auch überall im Tierreich instinkthaft verankert ist, fehlt bei diesen Kranken völlig. Die Reaktion auf dieses Erleben ist bei ihnen mit Unverständnis in Bezug auf sich selbst und mit Schuldgefühlen verbunden. Versorgungsdefizite und Suizidalität können die Folgen sein. Auch die nahestehenden Familienmitglieder reagieren mit Ratlosigkeit und Unverständnis. In manchen Fällen kommt es sogar zu einem nihilistischen Wahn, der für Säugling und Mutter hochgefährlich wird, wenn es zu einem erweiterten Suizid kommen kann.

14.8.2 Neuronale experimentelle Befunde

Hinsichtlich der neuronalen experimentellen Befunde wurde zur Psychopathologie der postpartalen Psychose mit depressiver Symptomatik von Delingiannidis et al. (2013) in einer fMRT-Studie innerhalb von neun Wochen nach der Geburt gezeigt, dass eine Abschwächung der Konnektivität in den untersuchten Regionen (anteriorer zingulärer Kortex; ACC), Amygdala, Hippocampus und dorsolateraler präfrontaler Kortex) gegenüber psychisch gesunden Vergleichspersonen im postpartalen Zustand bestand. Die perinatalen Konzentrationen GABAerger neuroaktiver Steroide (NAS) wie Pregnanolone, Allopregnanolon und Pregnenolon, die nach der Geburt in der Konzentration abfallen, zeigten keine Unterschiede zwischen den Gruppen. Das galt für die NAS sowohl während der Schwangerschaft als auch nach der Entbindung. Die Personen waren frei von Medikamenten. Es handelt sich laut Angaben der Autoren um die erste Studie, die eine Störung der Muster der rs-fc (resting state functional connectivity) bei medikationsfreien Versuchspersonen mit postpartalen Psychosen aufzeigt.

In einer kürzlich erschienenen Untersuchung von Chase et al. (2014), in der die resting BOLD fMRI bei unmedizierten Frauen mit postpartalen Depressionen gemessen wurden, zeigte sich, dass die PCC (posterior cingulate cortices)-Verbindung mit der rechten Amygdala gestört und unterbrochen war. Auf das Phänomen der schweren Beeinträchtigung der Mutter-Kind-Beziehung wird eingegangen und angenommen, dass die gestörte Amygdala-PCC Konnektivität darauf bezogen werden kann, wie die Mutter zu Anderen in ihrem sozialen Umfeld orientiert ist und speziell dem Neugeborenen gegenüber in ihrer Mütterlichkeit.

» Wir vermuten, dass eine gestörte Amygdala-PCC-Konnektivität zu Folgendem in Bezug gesetzt werden kann, nämlich wie die Mutter zu anderen Menschen in ihrem sozialen Netzwerk kognitiv orientiert ist, speziell zu ihrem Kind, sowie hinsichtlich der Anpassung an die Verantwortung ihres Mutterseins. Die von uns gemessene Intensität der Mutter-Kind-Beziehung zeigte keine Relation zur neuronalen Ruhezustandsaktivität. (Case et al. 2014, S. 27; freie Übers. des Verf.)

14.8.3 Therapeutische Akzente

Bei den postpartalen Psychosen sind neben der Pharmakotherapie psychodynamische Akzente zu setzen. Dazu gehören der Einbezug des Kindsvaters, die Förderung der Mutter-Kind Interaktion (z. B. Babymassage, Mutter-Kind Bad, Videospiegelung), Mütter-Kunsttherapie in der Gruppe und einzeln und Mütter-Gesprächsgruppentherapie.

14.9 Prävention bei Risikogruppen für spätere psychotische Erkrankungen

Die Nachkommen von Müttern, die an einer postpartalen Psychose erkrankt waren, gehören zu den Risikogruppen, die als Adoleszenten oder im frühen Erwachsenenalter an Psychosen erkranken können. Hier sind nicht nur die psychotraumatisierenden Ereignisse in der Zeit nach der Geburt, sondern auch die genetischen Dispositionen von Bedeutung. Die Probleme bei der Frühdiagnostik hat insbesondere Klosterkötter (2002, 2013; Klosterkötter et al. 2001; Ruhrmann et al. 2014) über viele Jahre intensiv bearbeitet. Er zeigt die Verwendung eines neuen 4-stufigen Prognoseindexes (EPOS-PI, European Prediction of Psychosis Study) auf, womit eine Hazardrate von 3,5 in der ersten bis 85,1 in der vierten Stufe in der Erfassung möglich wurde. Diese hohe Erfassungswahrscheinlichkeit schuf erstmals eine Risikoeinschätzung, die auch für den Einzelfall von Bedeutung ist, was für präventive Behandlungsangebote ein entscheidender Fortschritt sein dürfte.

» Auch die bisher aussagekräftigste Metaanalyse zur Psychoseprädiktion hat sich mit der Bewertung von weltweit 27 Studien an insgesamt 2502 Risikopersonen auf UHR- und BS-Kriterien gemeinsam bezogen (Fusar-Poli et al. 2012). Das mittlere Übergangsrisiko in eine Psychose betrug nach 6 Monaten 18 %, nach einem Jahr 22 %, nach 2 Jahren 29 % sowie nach 3 Jahren 36 % und ließ tendenziell auch für die Folgejahre noch weitere Steigerung erwarten. (Klosterkötter 2013, S. 1304)

Für die Jugendlichen oder Personen im frühen Erwachsenenalter, die zur Gruppe des frühen Hochrisikostadiums (HRS; »psychosis high-risk state«), also der noch psychosefernen Gruppe gehören, ist nach dem heutigen Wissensstand eindeutig, dass nicht Pharmakotherapie, sondern **Psychotherapie** bei Präventionsmaßnahmen an erster Stelle stehen sollten. Allerdings handelt es sich nicht um Patienten, die klassifizierbar sind, sondern es sind in der Regel Jugendliche, die vorsichtig an präventive

Angebote herangeführt werden sollten. Bei ihnen ist besonders darauf zu achten, dass sie nicht stigmatisiert werden. Hierzu schreiben Müller et al. (2014, S. 22) für die Behandlungsangebote: »… these services should provide a non-stigmatizing, low threshold setting for young help-seeking patients and their families.« Einzel- und gruppentherapeutische Angebote beziehen sich im Grundsatz auf den Umgang mit kognitiven Störungen sowie das allmähliche Trainieren von Belastungssituationen, wobei es besonders darum geht, persönliche emotional intensive Schwierigkeiten aufzugreifen und in der Beübung die Schwelle des Ertragenkönnens anzuheben. Individuelle Entwicklungsprobleme und Sensitivitäten bedürfen individueller Strategien. Hinsichtlich der Evidenz geben Müller et al. (2014) an, dass psychosoziale Interventionen für Patienten mit CHR (clinical high risk) sicher und effektiv sind, sie werden von den Familien und Patienten selbst gut akzeptiert. Bei Personen mit FEP (first-episode psychosis) können Früherkennungs- und Frühinterventionsprogramme Rückfall- und Wiederaufnahmeraten reduzieren, wenn sie mit gewöhnlich üblichen Therapien verglichen werden.

Hartwich (2006b) hat zur Frage der differenzierteren psychotherapeutischen Ansätze die subjektive Erlebensseite untersucht und daraufhin die Einteilung in vier Typen vorgeschlagen:

Typ I, größere Gruppe Vorherrschend sind die Gefühle von immer wieder auftauchender Insuffizienz, ein Versagen bei Anforderungen von Leistungen. Hinzu kommen kognitive Störungen, insbesondere Aufmerksamkeitsstörungen, ferner Lustlosigkeit und Déjà-vu-Erlebnisse. Hier sollten die oft anzutreffenden autotherapeutischen Gegenregulationsversuche verstärkt werden, z. B. die Kreativität, deren Entfaltung Affektstärke und Kohäsion bewirkt und damit eine beginnende Desintegration bremsen kann.

Typ II, kleine Gruppe Hier ist vorherrschend der Verlust des Ich-Gefühls, der Ich-Besetzungsenergie, der Dekathexis, wie von Northoff (2011) beschrieben und von ihm mit neurobiologischen Befunden in Verbindung gebracht wurde. Die Patienten erinnern: »Ich war nicht mehr richtig in mir drin.« Erst später kommt es dann zu charakteristischen und anhaltenden Derealisations- und Depersonalisationserlebnissen. In der Einschätzung der Kathexis handelt es sich hier um den Typ der Hypokathexis (▶ Abschn. 14.5.1). Auch hier sollten therapeutische Bemühungen, die die Strukturstärke positiv beeinflussen können, im Vordergrund stehen.

Typ III, größere Gruppe Zusätzlich findet sich häufig ein Drogengebrauch; bei Patienten, die in zurückliegender Zeit bei Prodromen häufig Cannabis oder andere Drogen, zeitweilig auch Alkohol, eingenommen haben, um sich damit zu stärken und um Leidvolles zu lindern, lassen sich ihre Angaben zur Psychopathologie nicht genau zuordnen. Ihr Erleben ist zu sehr von Drogenerlebnissen überdeckt. Die Jugendlichen erleben zwar eine Überwindung ihres Schwächegefühls durch die genannten Substanzen; es ist aber ein »Spiel mit dem Feuer«, bei dem ein Zuviel die Selbstfragmentierung fördert. Infolgedessen sind Abstinenzbemühungen mit Konsequenz der entscheidende erste Schritt in der Prävention.

Typ IV, kleinste Gruppe Die Psychose bricht ohne deutlich erkennbare Vorzeichen plötzlich aus. Die Patienten waren unauffällig, oft auch sehr gut in der Schule, machten Abitur oder hatten eine Ausbildung abgeschlossen. Zu irgendeinem Zeitpunkt kommt es – ohne dass äußere Anlässe berichtet werden – zum plötzlichen Ausbruch einer schizophrenen Psychose, meistens mit einer paranoid-halluzinatorischen Symptomatik. In der Regel werden diese Jugendlichen nicht in den Präventionsuntersuchungen erfasst.

14.10 Einige Grundsätze der neuropsychodynamischen Therapie

Nicht nur für die Gruppe derer, die zu den frühen Hochrisikopersonen gehören, sondern auch für akut und chronisch schizophren Erkrankte seien einige grundlegende neuropsychodynamische Überlegungen und Vorgehensweisen aufgezeigt. Dabei sollen Grundzüge sowohl der Einzel- als auch der Gruppenpsychotherapie dargestellt werden.

Ein wesentlicher Gesichtspunkt im Umgang mit der vordergründigen Symptomatik sollte berücksichtigt werden. In der Regel geht es darum, die Symptome wie Wahn, Halluzinationen und andere Ich-Störungen rasch beseitigen zu wollen. Mit Antipsychotika gelingt das in manchen Fällen rasch, in anderen Fällen gewöhnlich nur unvollkommen. Zwar steht die neuropsychodynamische Behandlung der Psychosen auf dem Boden der Psychopharmaka, aber der Einsatz von antipsychotisch wirkenden Medikamenten ist aus heutiger Sicht behutsamer zu erwägen, da sich in den letzten Jahren, wie Aderhold et al. (2015) bei der Wertung vieler diesbezüglicher Studien herausgefunden haben, die Hinweise auf eine **Korrelation** zwischen **Psychopharmaka und ihren Dosierungen** und einer **zusätzlichen Hirnvolumenminderung**, die weiße und die graue Substanz vorwiegend im frontalen Hirnbereich betreffend, vermehrt haben. Für die Betroffenen kann das mit einer Zunahme von kognitiven Störungen verbunden sein.

Aus neuropsychodynamischer Sicht hat manches Symptom, nicht jedes, in dem gegenwärtigen psychotischen Zustand einen Sinn. An die Beschreibung der »Funktionalität der Dysfunktionalität« im Sinne von Mentzos ist hier zu erinnern. Infolgedessen sind z. B. eine Wahnidee, so komplex sie auch ausgestaltet sein mag, oder eine Halluzination als eine Parakonstruktion zu begreifen, die der Patient gegenwärtig benötigt, um nicht in noch stärkere innere Auflösung im Sinne einer weiteren Selbstfragmentierung zu geraten. Auch werden der Wahn und die Halluzination in ihrer subjektiven Gewissheit als **Teil des eigenen Selbst** gelebt und nicht etwa als etwas Fremdes. Infolgedessen ist nicht verwunderlich, wenn der Patient an seinem Symptom hartnäckig festhält bzw. festhalten muss. Damit soll deutlich gemacht werden, dass nicht im Vordergrund steht, direkt die Symptome psychotherapeutisch »beseitigen« zu wollen. Es geht vielmehr darum, das anzugehen, was »hinter oder unter« den Symptomen liegt: Die strukturelle Schwäche, die mit Fragmentierungsgefahr und Kohäsionsverlust einhergeht, ferner die Konflikte und »Dilemmata« (Mentzos 2011), die erst zur genannten Symptombildung geführt haben, sind Gegenstand der neuropsychodynamischen Psychotherapie.

Auf der Suche nach solchen Einflussmöglichkeiten ist es sinnvoll, sich zunächst an den autotherapeutischen Versuchen der Patienten selbst zu orientieren. Dabei stoßen wir auf eigene Bemühungen der Patienten, wie sie ihre sozialen Kontakte zu vermehren versuchen, wie sie ihr Körpererleben intensivieren möchten und jede Form von Kreativität nutzen. Solche autotherapeutischen Strategien sollten aufgenommen werden und sind nach Möglichkeit vonseiten des Therapeuten zu verstärken (Hartwich 2012).

In den Therapiesitzungen ist in der Regel nicht eine abstinente Haltung weiterführend, sondern oft sind eine aktive Strukturstärkung und Reifungsförderung der Persönlichkeit anzustreben. Viel langsamer, vorsichtiger und strukturierender als bei psychoreaktiven Erkrankungen werden Konflikte aufgenommen und Reinszenierungen in der Übertragung bearbeitet, wenn es denn schon möglich ist. Solche Art Deutungen sind nur insoweit fruchtbar, wie die Betroffenen zur **Symbolbildung** in der Lage sind; konkretistische Denkverhaftungen lassen sich nicht deuten, da die Abstraktions- und die Sinnübertragungsfähigkeit in der Regel zu stark eingeschränkt sind.

Bei Menschen mit Risikofaktoren, die nicht oder noch nicht psychotisch erkrankt sind, können Deutungen eher möglich und angebracht sein als bei manifest Schizophrenen. Bei der Arbeit mit Träumen ist zusätzlich zu beachten, dass vom Patienten dem Therapeuten manchmal »Geträumtes« angeboten wird, um indirekt über episodische psychotische Erlebniseinsprengsel berichten zu können, da seitens des Betroffenen oft eine Scheu besteht, diese direkt mitzuteilen. Das kann daran liegen, dass der Patient den Therapeuten testet, inwieweit er sich auf die psychotische Erlebnissphäre einlassen kann und diese mit dem Patienten zunächst einmal teilt, ohne den üblichen Reflex der Erhöhung der Psychopharmakadosis.

14.10.1 Modifikation analytischer Behandlungsstrategien

Der Begriff Modifikation hat sich eingebürgert, um die Abweichungen vom klassischen traditionellen analytischen Vorgehen zu charakterisieren im Hinblick auf die speziellen Bedürfnisse von psychosekranken Menschen. Hierbei geht es um das Setting: Patient und Therapeut sitzen sich gegenüber, die Frequenz ist variabler, der Therapeut ist aktiver im Hinblick auf die Förderung einer positiven Übertragung, zumindest am Anfang. Er hilft bei der Restrukturierung, ist in Bezug auf Deutungen zurückhaltend, beachtet den Handlungsdialog und ist ständig wachsam, was die »lauernde Fragmentierung« (Hering 2004) bzw. »organismische Panik« (Volkan 1994) die den »Verlust der Kontinuität des Selbst« (Pao 1979) anzeigen, anbelangt.

Modifikation analytischer Behandlungsstrategien

- Im Setting ist der Therapeut aktiver
- Zeit und Stundenfrequenz sind variabler
- Hilfe bei der Restrukturierung
- Deutungen nur zurückhaltend und selten
- Bewussthalten der Fragmentierungsgefahr in der Gegenübertragung

Es gilt, die Schweregrade der jeweiligen beteiligten Komponenten, ob stärker somatisch oder mehr psychisch, im Einzelfall festzustellen und zu erspüren, deren komplexe Wechselwirkungen zu erfassen und damit auf die Festig- oder Brüchigkeit der unterschiedlichen Strukturniveaus der individuellen Psychosekranken oder zumindest größerer Untergruppen zu schließen. Dieses ist ausschlaggebend für **Indikation, Nichtindikation** und **Kontraindikation** sowie Art und Umfang der Modifikation von psychoanalytischem Handeln in der Therapie; dabei ist zu unterscheiden, ob ambulant in der psychoanalytischen Praxis, in einer Institutsambulanz, tagesklinisch (teilstationär) oder stationär behandelt wird.

14

14.10.2 Gegenübertragung und Supervision

Bei der **Gegenübertragung** sind einige wesentlichen Aspekte zu beachten: Die psychopathologischen Phänomene der kognitiven Störungen wie Gedankeninterferenz, Gedankenabbruch, Aufmerksamkeitsdefizite und Verlust des Ich-Gefühls können in der Regel vom Therapeuten nicht gänzlich eingefühlt werden. Blendet der Therapeut aus, dass hier keine vollständigen gemeinsamen »Erlebensschnittmengen« bestehen, so läuft er Gefahr, unbewusst ein »Pseudoverstehen« vorzugeben. Da unsere Patienten rasch merken, ob der Therapeut wirklich authentisch ist, kommt es bei ihnen in einer solchen Situation zum Gefühl der Distanz und Isolierung. Es kann sich dann in der Übertragung eine frühe Beziehungsstörung reinszenieren. Der Therapeut, der diese Vorgänge bemerkt und reflektiert, kann die Chance wahrnehmen und versuchen, mit dem Patienten an dessen frühen Beziehungskonstellationen zu arbeiten. Reflektiert er nicht, läuft er Gefahr seine ungeduldige und gelegentlich ärgerliche Gegenübertragung zu agieren. Infolgedessen ist eine **Supervision** für den positiven Fortgang solcher Therapien oft hilfreich.

14.10.3 Gruppenpsychotherapeutische Verfahren in Ambulanz und Tagesklinik

In der Behandlungsform der **neuropsychodynamisch orientierten** Gruppenpsychotherapie können für Risikopersonen, akut und postakut sowie chronische psychotisch Kranke, die folgenden Grundelemente als therapeutisch sinnvoll und empirisch gestützt (z. B. Hartwich u. Schumacher 1985) angeführt werden:

In der Gruppentherapie werden immer auch Sozialkontakt- und Belastungstrainings stattfinden. Wenn wir davon ausgehen, dass Stresserlebnisse eine starke Relevanz für das Ausbrechen einer Psychose und für Rückfälle haben können, dann bietet es sich an, in der Gruppentherapie den Umgang mit vergleichbaren emotionalen Geschehnissen gestuft und unter Kontrolle einzuüben, damit der Betroffene sich langsam an Belastungen besser zu adaptieren lernt. In einer Gruppe können aus der Biografie der einzelnen Mitglieder individuelle Traumatisierungen psychodynamisch bearbeitet werden und der Einzelne lernt zusätzlich aus der Erfahrung der anderen Gruppenteilnehmer. Die Frage ist noch zu klären, ob eine individuell bedürfnisorientierte Vorgehensweise dem einzelnen

Patienten besser gerecht wird als ein von vornherein geschriebenes Programm (Manual) für eine Gruppentherapie. Die Vorgehensweise hängt vermutlich vom Ausbildungsgrad des Gruppenleiters ab. Der Anfänger wird eher ein Konzept in Form eines Manuals bevorzugen, der Erfahrene wird eine Vielzahl therapeutischer Variationsmöglichkeiten in sich tragen und diese individualorientiert in der entsprechenden Situation einsetzen können. Ein weiterer wichtiger Aspekt ist die **Gruppenkohäsion**, auch als Wir-Gefühl bezeichnet, die der Vereinzelung der Betroffenen entgegenwirkt. Die Gruppenkohäsion kann sich indirekt positiv auf die individuelle Kohäsion auswirken. In manchen Gruppensitzungen kommt es aber auch zu einer gegenteiligen Gruppendynamik. Grenzen sich mehrere Teilnehmer jeweils autistisch ab, so verhindert das die Köhäsionsbildung und das Zustandekommen von Gemeinsamkeiten. In einer solchen Konstellation besteht für den Therapeuten die Chance, die diskohärenten Fragmente, die sich in der Gruppendynamik manifestieren, als Abbilder der Selbstfragmentierung der Einzelnen zu erkennen. In solchen Situationen muss er eher strukturierend und schützend arbeiten. Das gelingt ihm nur, wenn er selbst gelernt hat, die Fragmentierung, die sich ihm als »Chaos« in der Gruppenstunde anbietet, auszuhalten. In manchen Situationen kann es in der Gruppe zu einer hohen Dichte an Emotionalität kommen, die unkontrolliert für die Patienten gefährdend wirken kann; in kontrollierter Weise kann sie aber zur Übung beitragen, mit emotionalen Überladungen besser fertig werden zu können und dieses auf ihren Alltag zu generalisieren.

In fortgeschrittenen und länger laufenden psychodynamischen Gruppentherapien besteht die Chance, die persönlichen kindlichen und späteren Erfahrungen des Erkrankten mit Bezugspersonen und Lebensereignissen aufzugreifen. Ähnlich wie bei der Einzeltherapie würden sich hier Übertragungen und Projektionen auf gegenwärtige Situationen und Personen bearbeiten lassen. Die Gruppensituation stellt dann eine günstige Voraussetzung dar, um Reinszenierungen, d. h. den Bezug zwischen gegenwärtigen Konflikten und früheren Konstellationen, bewusst zu machen, zu bearbeiten und daran zu reifen.

Was zusätzliche Gruppenverfahren im erweiterten Sinn anbelangt, so ist auf das Fördern kreativer Verfahren hinzuweisen (Hartwich u. Fryrear 2002), beispielsweise Malen in der Gruppe oder Malen am Computer (Hartwich u. Brandecker 1997), Bildhauern mit hartem Stein zur Strukturgebung (Hartwich u. Weigand-Tomiuk 2002), Musik aktiv und passiv in der Gruppe betreiben, Gedichte und Geschichten schreiben und in der Gruppe vortragen. Insgesamt gilt für schöpferische Verfahren, dass es hier ein weites Feld für kreative Ideen gibt, die jeweils vor Ort zusammen mit den Betroffenen weiter entfaltet werden sollten.

14.11 Der Therapeut im Konflikt zwischen Pharmakotherapie und Psychotherapie

? Wie sollte unser moderner neuropsychodynamischer Ansatz in Klinik, Tagesklinik und Ambulanz realisiert werden?

In der Regel ist der **Psychiater**, insbesondere der in Ausbildung befindliche, immer noch stark organmedizinisch geprägt. Das bedeutet, er verordnet Antipsychotika bei der Behandlung psychotischer Krankheiten, ohne den erforderlichen psychodynamischen Kontext zu berücksichtigen und den psychotherapeutischen Handlungsdialog, einschließlich seiner Gegenübertragung, als therapeutisches Instrument einsetzen zu können. Infolgedessen ist er zwar ein erfolgreicher Pharmakotherapeut, gerät aber leicht in eine Falle. Er verstrickt sich in den Abwehrstrategien seines Patienten, der beispielsweise gegen die für ihn unkontrollierbaren chemischen Einflussnahmen kämpft oder die Antipsychotika als Symbol eines krankhaften Makels wertet. Unbewusst kommt es zu einem **Gegenübertragungswiderstand**, der mitunter mit einer sehr hohen Besetzungsenergie verbunden ist, die dann agiert wird, indem beispielsweise das Sich-Einlassen auf die innere Erlebniswelt seines ihm anvertrauten Kranken abgelehnt oder gar Psychotherapie bei Psychosen zu einem Lippenbekenntnis degradiert wird (Hartwich 2009, anlässlich eines unveröff. Vortrags an der Charité Berlin).

Im ambulanten Behandlungsfeld sind es zunehmend häufig speziell ausgebildete **Psychologen**, die bei Psychoseerkrankungen psychotherapeutisch tätig werden. Ihnen ist die organmedizinische Denkweise fremd und daher der pharmakotherapeutische Eingriff eher suspekt. Auch die derzeit wachsenden neurowissenschaftlichen Grundlagen sind nicht sein Metier. Sowohl der verhaltenstherapeutisch ausgerichtete als auch der psychodynamisch auf psychoanalytischer Grundlage arbeitende psychologische Psychotherapeut ist nicht befugt, Psychopharmaka zu verordnen; dieses hat zur Folge, dass dieser Behandlungsaspekt nach außen, an eine dritte Person, verlagert wird, was dem Ausblenden des somatischen Geschehens noch weiter Vorschub leisten kann. Auch Ärzte, die eine rein psychotherapeutische Praxis betreiben, sind vor einer solchen Einseitigkeit nicht gefeit. Die Folge ist, dass sich fast unmerklich Haltungen einschleichen, die einer »symbiotischen Verführung« (Hartwich u. Grube 2015, S. 203) gleichkommen. Langsam zunehmend verbünden sich Therapeut und Patient in der Einstellung, das eigentlich Wichtige sei die Psychotherapie und die »schrecklichen Medikamente« mit ihren schlimmen Nebenwirkungen werden gemeinsam verteufelt. Die Versuchung der gemeinsamen Projektion des biologischen Anteils an der Erkrankung auf den, der doch nur die Rezepte ausstellt, liegt nahe. Für die therapeutische Beziehung hat diese »harmonische« Konstellation eine hohe Bindungskraft, die den therapeutischen Prozess zunächst sogar stärken, später aber zum Stagnieren bringen kann. Im ungünstigen Fall kommt es zu einem erneuten Psychoseschub.

Die günstigste Kombination ist dann gegeben, wenn der Therapeut selbst erfahren genug in der Handhabung der antipsychotischen Medikation ist und seinen Patienten gleichzeitig psychodynamisch behandelt. Dieses kann in stationären und halbstationären (Tageskliniken) Einrichtungen und einzelnen Praxen der Fall sein. Die zweitbeste Lösung ist, dass der psychodynamisch behandelnde Psychotherapeut mit einem diesbezüglich erfahrenen Psychiater zusammenarbeitet, man sich gegenseitig respektiert und **regelmäßig** austauscht. Man mag dem entgegenhalten, dass solch hohe Ansprüche in unserem gegenwärtigen Gesundheitssystem unrealistisch seien, aber die Komplexität der psychotischen Erkrankungen, ob schizophren oder affektiv, zu behandeln, ist nun mal sehr anspruchsvoll. Infolgedessen ist eine moderne neuropsychodynamische Vorgehensweise das Modell der Zukunft.

Literatur

Abraham K (1982) Versuch einer Entwicklungsgeschichte der Libido aufgrund der Psychoanalyse seelischer Störungen. In: Psychoanalytische Studien Bd 2. Fischer, Frankfurt/M, S 32–145 (Erstveröff. 1924)

Aderhold V, Weinmann S, Hägele C, Heinz, A (2015) Frontale Hirnvolumenminderung durch Antipsychotika? Nervenarzt 86:302–323

Alanen Y A (2001) Schizophrenie. Klett-Cotta, Stuttgart

Angst J (1980) Verlauf unipolar depressiver, bipolar manisch-depressiver und schizoaffektiver Erkrankungen und Psychosen. Ergebnisse einer prospektiven Studie. Fortschr Neurol Psychiat 48:3–30

Angst J (1986) The course of schizoaffective disorders. In: Marneros A, Tsuang MT (Hrsg) Schizoaffective psychoses. Springer, Berlin

Angst J (1987) Epidemiologie der affektiven Psychosen. In: Kisker KP et al (Hrsg) Psychiatrie der Gegenwart, Bd 5. Springer, Berlin

Arieti S (1955) Interpretation of schizophrenia. Basic Books, New York

Arieti S (1974) Interpretation of schizophrenia, 2. Aufl. Basic Books, New York NY

Bion WR (1990) Zur Unterscheidung von psychotischen und nichtpsychotischen Persönlichkeiten. In: Bott-Spillius E (Hrsg) Melanie Klein heute. Verlag Intern Psychoanalyse, S 75–102 (Erstveröff. 1957)

Bateson G, Jackson DD, Weakland JH (1956) Towards a theory of schizophrenia. Behav Sci 1:251–264

Bateson G, Jackson DD, Haley J et al (1978) Schizophrenie und Familie. Suhrkamp, Frankfurt/M

Benedetti G (1975) Ausgewählte Aufsätze zur Schizophrenielehre. Vandenhoeck & Ruprecht, Göttingen

Benedetti G (1979) Psychodynamik als Grundlagenforschung der Psychiatrie. In: Kisker KP et al (Hrsg) Psychiatrie der Gegenwart, Grundlagen und Methoden der Psychiatrie Bd I,1. Springer, Berlin, S 43–90

Benedetti G (1992) Psychotherapie als existenzielle Herausforderung. Vandenhoeck & Ruprecht, Göttingen

Bleuler E (1911) Dementia praecox oder Gruppe der Schizophrenien. Deuticke, Leipzig

Böker H, Northoff G (2010) Die Entkoppelung des Selbst in der Depression: Empirische Befunde und neuropsychodynamische Hypothesen. Psyche Z Psychoanal 64:934–976

Broadbent DE (1958) Perception and communication. Pergamon Press, Oxford GB

Broadbent DE (1971) Decision and stress. Academic Press, New York NY

Chase HW, Moses-Kolko EL, Zevallos C et al (2014) Disrupted posterior cingulate-amygdala connectivity in postpartum depressed women as measured with resting BOLD fMRI. SCAN 9,1069–1075

Conrad K (1952) Die Gestaltanalyse in der Psychiatrie. Stud Gen 5:503–514

Conrad K (1958) Die beginnende Schizophrenie. Thieme, Stuttgart

Deligiannidis KM, Sikoglu EM, Scott AS et al (2013) GABAergic neuroactive steroids and resting-state functional connectivity in postpartum depression: A preliminary study. J Psychiatr Res 47:816–828

Doege K, Kumar M, Bates AT et al (2010) Time and frequency domain event-related electrical activity associated with response control in schizophrenia. Clin Neurophysiol 121(10):1760–1771

Federn P (1978) Ichpsychologie und die Psychosen. Suhrkamp, Frankfur/M (Erstveröff. 1956)

Fleck S (1992) The development of schizophrenia: a psychosocial and biological approach. In: Werbart u. Cullberg (Hrsg) Psychotherapy of schizophrenia: facilitating and obstructive factors. Scandiavian Univ Press, Oslo NOR, S 179–192

Freud S (1905) Über Psychotherapie. Gesammelte Werke Bd 5. Fischer, Frankfurt/M, 1942, S 11–26

Freud S (1909–1913) Psychoanalytische Bemerkungen über einen autobiographisch beschriebenen Fall von Paranoia (Dementia paranoides) mit Nachtrag. GW Bd 8, 6. Aufl. Fischer, Frankfurt/M,1973, S 239–320

Freud S (1920–1924) Neurose und Psychose. GW Bd 13, 8. Aufl. Fischer, Frankfurt/M, 1976, S 385–391

Freud S (1925–1931) GW Bd 14. Fischer, Frankfurt/M, 1976, S. 299

Fromm-Reichmann F (1940) Notes on the mother role in the family group. Bull Menninger Clin 4:132–145

Fryrear JL (2002) The psychotic life of artist Dot Gori as told through words and art to Jerry Fryrear. In: Hartwich P, Fryrear JL (Hrsg) Kreativität: das dritte therapeutische Prinzip in der Psychiatrie/Creativity: the third therapeutic principle in psychiatry. Wissenschaft & Praxis, Sternenfels

Fusar-Poli P, Deste G, Smieskova R et al (2012) Cognitive functioning in prodromal psychosis: meta-analysis of cognitive functioning in prodromal psychosis. Arch Gen Psychiatry 69:562–571

Greenspan SI (1989) The development of the ego: implications for personality theory, psychopathology and the psychotherapeutic process. International Univ Press, Madison CT

Grotstein JS (1977a) The psychoanalytic concept of schizophrenia, I: the dilemma. Int J Psychoanal 58:403–425

Grotstein JS (1977b) The psychoanalytic concept of schizophrenia, II: reconciliation. Int J Psychoanal 58:427–452

Grotstein JS (1990) »Black hole« as the basic psychotic experience: some newer psychoanalytic and neuroscience perspectives on psychosis. J Am Acad Psychoanal 18:29–46

Harrow M, Grossman L (1984) Outcome in schizoaffective disorders: a critical review and reevaluation of the literature. Schizophr Bull 10:87–108

Hartwich P (1980) Schizophrenie und Aufmerksamkeitsstörungen. Zur Psychopathologie der kognitiven Verarbeitung von Aufmerksamkeitsleistungen. Springer, Berlin

Hartwich P (1987) Schizophrenien, kognitive Gesichtspunkte. In: Kisker KP et al (Hrsg) Psychiatrie der Gegenwart, 3. Aufl. Springer, Berlin

Hartwich P (1997) Die Parakonstruktion: eine Verstehensmöglichkeit schizophrener Symptome. Vortrag Frankfurter Symposion: Schizophrenien – Wege der Behandlung. Erweiterte Fassung publiziert in: Hartwich P, Pflug B (Hrsg) Schizophrenien – Wege der Behandlung. Wissenschaft & Praxis, Sternenfels

Hartwich P (2004) Wahn – Sinn und Antikohäsion. In: Hartwich P u. Baroka A (Hrsg) Wahn: Definition, Psychodynamik, Therapie. Wissenschaft & Praxis, Sternenfels

Hartwich P (2006a) Schizophrenie. Zur Defekt- und Konfliktinteraktion. In: Böker H (Hrsg) Psychoanalyse und Psychiatrie. Springer, Heidelberg, S 159–179

Hartwich P (2006b) Schizophrene Prodromalzustände: Gibt es unterschiedliche Typen? Wie sind sie psychodynamisch zu verstehen und zu behandeln. In: Juckel G, Lempa G, Troje E (Hrsg) Psychodynamische Therapie von Patienten im schizophrenen Prodromalzustand. Forum der psychoanalytischen Psychosentherapie. Bd 13. Vandenhoeck & Ruprecht, Göttingen

Hartwich P (2012) Bildhauerei mit psychotisch Kranken. Die Bedeutung von Kreativität und Parakonstruktion. In: Mentzos S, Münch A (Hrsg) Das Schöpferische in der Psychose. Forum der psychoanalytischen Psychosentherapie, Bd 28. Vandenhoeck & Ruprecht, Göttingen, S 56–70

Hartwich P (2013) Zu Indikation und Kontraindikation für psychoanalytisch modifizierte Behandlung der verschiedenen Schizophrenieformen. Forum der psychoanalytischen Psychosentherapie, Bd 29. Vandenhoek & Ruprecht, Göttingen, S 111–152

Hartwich P, Schumacher E (1985) Zum Stellenwert der Gruppenpsychotherapie in der Nachsorge Schizophrener. Eine 5-Jahres-Verlaufsstudie. Nervenarzt 56:365–372

Hartwich P, Brandecker R (1997) Computer-based art therapy with inpatients: acute and chronic schizophrenics and borderline cases. The Arts in Psychotherapy 24(4):367–373

Hartwich P, Fryrear JL (2002) Einführung. In: Hartwich P, Fryrear JL (Hrsg) Kreativität – Das dritte therapeutische Prinzip in der Psychiatrie. Wissenschaft & Praxis, Sternenfels

Hartwich P, Grube M (1999) Psychosen-Psychotherapie. Psychodynamisches Handeln in Klinik und Praxis. Steinkopff, Darmstadt

Hartwich P, Grube M (2000) Psychodynamische Aspekte bei der Behandlung schizoaffektiver Psychosen. In: Böker H (Hrsg) Depression, Manie und schizoaffektive Psychosen. Psychosozial-Verlag, Gießen

Hartwich P, Grube M (2015) Psychotherapie bei Psychosen. Neuropsychodynamisches Handeln in Klinik und Praxis. 3. Aufl. Springer, Berlin

Hartwich P, Weigand-Tomiuk H (2002) Bildhauerei mit Marmor in der Psychiatrischen Klinik. In: Hartwich P, Fryrear JL (Hrsg) Kreativität – Das dritte therapeutische Prinzip in der Psychiatrie. Wissenschaft & Praxis, Sternenfels

Heimann H (1957) Karl Wilhelm Idelers »Versuch einer Theorie des religiösen Wahnsinns« – nach 100 Jahren. Bibl psychiat neurol 100:68–78

Hering W (2004) Schizoaffektive Psychose. Psychodynamik und Behandlungstechnik. Vandenhoeck & Ruprecht, Göttingen

Hering W (2006) Psychodynamische Aspekte der schizoaffektiven Psychosen. In: Böker H (Hrsg) Psychoanalyse und Psychiatrie. Springer, Heidelberg, S 181–191

Huber G, Penin H (1968) Elektroenzephalogramme. Korrelationsuntersuchungen bei Schizophrenen. Fortschr Neurol Psychiatr 36:641–659

Ideler KW (1847) Der religiöse Wahnsinn. Schwetschke, Halle

Jacobson E (1977) Depression. Suhrkamp, Frankfurt/M

Jacobson E (1978) Das Selbst und die Welt der Objekte. Suhrkamp, Frankfurt/M

Jaspers K (1953) Allgemeine Psychopathologie. 6. Aufl. Springer, Berlin

Javitt DC (2009) When doors of perception close: bottom-up models of disrupted cognition in psychosis. Annu Rev Clin Psychol 5:249–275

Jung CG (1979) Über die Psychogenese der Schizophrenie. GW Bd 3: Psychogenese der Geisteskrankheiten. Walter, Olten (Erstveröff.1939)

Jung R (1967) Neurophysiologie und Psychiatrie. In: Gruhle et al (Hrsg) Psychiatrie der Gegenwart Bd I,1, Teil A. Springer, Berlin, S 325–928

Jung R (1980) Neurophysiologie und Psychiatrie. In: Kisker KP et al (Hrsg) Psychiatrie der Gegenwart. Bd I, Teil 2, 2. Aufl. Springer, Berlin, S 753–1103

Klein M (1956) New directions in psychoanalysis. Basic Books, New York NY

Klosterkötter J (2002) Predicting the onset of schizophrenia. In: Häfner H (Hrsg) Risk and protective factors in schizophrenia. Steinkopff, Darmstadt, S 193–206

Klosterkötter J (2013) Prävention psychotischer Störungen. Nervenarzt 84(11):1299–1309

Klosterkötter J, Hellmich M, Steinmeyer, EM et al (2001) Diagnosing schizophrenia in the initial prodromal phase. Arch Gen Psychiatry 58:158–164

Kohut H (1973) Narzißmus. Suhrkamp, Frankfurt/M

Kohut H, Wolf ES (1980) Die Störungen des Selbst und ihre Behandlung. In: Peters UH (Hrsg) Die Psychologie des 20. Jahrhunderts, Bd 10. Kindler, Zürich, S 667–682

Kraepelin E (1889) Psychiatrie. Ein Lehrbuch für Studierende und Ärzte, 3. Aufl. Barth, Leipzig

Kuhn TS (1976) Die Struktur wissenschaftlicher Revolutionen, 2. Aufl. Suhrkamp, Frankfurt/M

Kumpf-Tonsch A, Schmid-Siegel B, Klier CM et al (2001) Versorgungsstrukturen für Frauen mit postpartalen psychischen Störungen – Eine Bestandsaufnahme für Österreich. Wien Klin Wochenschr 113:641–646

Levitt JJ, Tsuang MT (1988) The heterogeneity of schizoaffective disorder: implications for treatment. Am J Psychiat 145:926–936

Lidz T, Cornelison A, Fleck S (1965) Schizophrenia and the family. Tavistock, London GB

Loch W (1961) Anmerkungen zur Pathogenese und Metapsychologie einer schizophrenen Psychose. Psyche 15:684–720

Mahler MS (1972) Symbiose und Individuation. Klett, Stuttgart

Maier W, Hawallek B (2004) Neuentwicklung in der Erforschung der Genetik der Schizophrenen. In: Möller HJ, Müller N (Hrsg) Schizophrenie. Springer, Wien, S 63–72

Marneros A, Deister A, Rohde A (1992) Comparison of long-term outcome of schizophrenic, affective and schizoaffective disorders. Br J Psychiatry 161:44–51

Mentzos S (1991) Psychodynamische Modelle in der Psychiatrie. Vandenhoeck & Ruprecht, Göttingen

Mentzos S (1996) Psychodynamische und psychotherapeutische Aspekte »endogener« Psychosen. In: Hartwich P, Haas S (Hrsg) Pharmakotherapie und Psychotherapie bei Psychosen. Wissenschaft & Praxis, Sternenfels, S 17–29

Mentzos S (2000) Die »endogenen« Psychosen als die Psychosomatosen des Gehirns. In: Müller T, Matejek N (Hrsg) Ätiopathogenese psychotischer Erkrankungen. Vandenhoeck & Ruprecht, Göttingen, S 13–33

Mentzos S (2001) Psychodynamik des Wahns. In: Schwarz F, Maier C (Hrsg) Psychotherapie der Psychosen. Thieme, Stuttgart

Mentzos S (2011) Lehrbuch der Psychodynamik. Die Funktion der Dysfunktionalität. 5. Aufl. Vandenhoeck & Ruprecht, Göttingen

Mulert C, Leicht G, Hepp P et al (2010) Single-trial coupling of the gamma-band response and the corresponding BOLD signal. Neuroimage 49(3):2238–2247

Müller H, Laier S, Bechdolf A (2014) Evidenze-based psychotherapy for the prevention and treatment of first-episode psychosis. Eur Arch Psychiatry Clin Neurosci (Suppl 1):S17–S25

Northoff G (2011) Neuropsychoanalysis in practice. Oxford Univ Press, Oxford GB

Northoff G (2012) Das disziplinlose Gehirn – Was nun Herr Kant? Auf den Spuren unseres Bewusstseins mit der Neurophilsophie. Irisiana, München

Northoff G (2014a) Unlocking the Brain. Vol I: Coding. Oxford Univ Press, Oxford GB

Northoff G (2014b) Unlocking the Brain. Vol II: Consciousness. Oxford Univ Press, Oxford GB

Northoff G, Boeker H (2003) Orbitofrontal cortical dysfunction and "sensomotor regression", a combined study of fMRI and personal constructs in catatonia. Neuropsychoanalysis 5:149–175

Northoff G, Dümpelmann M (2013) Schizophrenie – eine neuropsychodynamische Betrachtung. Psychodynami-

sche Psychotherapie. Forum der tiefenpsychologisch fundierten Psychotherapie 1:14–23
Pao PN (1979) Schizoprenic disorders. Theory and treatment from a psychodynamic point of view. International Univ Press, New York NY
Petrilowitsch N (1958) Beiträge zur Strukturpsychopathologie. Karger, Basel
Quin P, Northoff G (2011) How is our self related to midline regions and the default-mode network? Neuroimage:234–254
Riecher-Rössler A (1997) Psychiatrische Störungen und Erkrankungen nach der Geburt. Fortschr Neurol Psychiatr 65:97–107
Rohde A, Marneros A (1993a) Psychosen im Wochenbett: Symptomatik, Verlauf und Langzeitprognose. Geburtshilfe Frauenheilkd 53:800–810
Rohde A, Marneros A (1993b) Postpartum psychoses: onset and long-term course. Psychopathology 26:203–209
Rohde A, Marneros A (1993c) Zur Prognose der Wochenbettpsychosen: Verlauf und Ausgang nach durchschnittlich 26 Jahren. Nervenarzt 64:175–180
Rosenfeld H (1981) Zur Psychoanalyse psychotischer Zustände. Suhrkamp, Frankfurt/M
Ruhrmann S, Schultze-Lutter F, Schmidt S et al (2014) Prediction and prevention of psychosis: current progress and future tasks. Eur Arch Psychiatry Clin Neurosci 264 (Suppl 1):9–16
Samson JA, Simpson JC, Tsuang MT (1988) Outcome studies of schizoaffective disorders. Schizophr Bull 14:543–554
Scharfetter C (1986) Schizophrene Menschen, 2. Aufl. Urban & Schwarzenberg, München
Scharfetter C (1999) Das weite Spektrum bedürfnisangepasster Therapien bei Schizophrenien. In: Hartwich P, Pflug B (Hrsg) Schizophrenien – Wege der Behandlung. Wissenschaft & Praxis, Sternenfels
Scharfetter C (2003) Wahn im Spektrum der Selbst- und Weltbilder. Wissenschaft & Praxis, Sternenfels
Scharfetter C (2012) Scheitern in der Sicht auf Psychopathologie und Therapie. Wissenschaft & Praxis, Sternenfels
Schilder P (1925) Das Körperschema. Springer, Berlin
Schmitt A, Malchow B, Keeser D et al (2015) Neurobiologie der Schizophrenie. Aktuelle Befunde von der Struktur zu den Molekülen. Nervenarzt 86: 324–331
Segal H (1950) Some aspects of the analysis of a schizophrenic. Int J Psychoanal 31:268–278
Searles HF (1965) Collected papers on schizophrenia and related subjects. Intern Psychoanalyt Libr. The Hogarth Press, London GB
Stemich-Huber M (1996) Heraklit. Der Werdegang des Weisen. Grüner, Amsterdam NLD
Stierlin H (1972) Family dynamics and separation patterns of potential schizophrenia. In: Rubinstein D, Alanen YO (Hrsg) Psychotherapy of schizophrenia. Excerpta Medica, Amsterdam NLD
Stierlin H (1975) Von der Psychoanalyse zur Familientherapie. Klett-Cotta, Stuttgart
Stransky (1914) Schizophrenie und intrapsychische Ataxie. Jb Psychnat 36:485
Tienari P (1991) Interaction between genetic vulnerability and family environment. Acta Psychiatr Scand 84:460–465
Tienari P, Wynne LC, Morning J et al (1994) The Finnish adoptive family study of schizophrenia. Implications for family research. Br J Psychiatry Suppl 23:20–26
Tsuang MT, Simpson JC, Fleming JA (2000) Schizoaffektive Erkrankungen. In: Helmchen H, Henn F, Lauter H, Sartorius N (Hrsg) Psychiatrie der Gegenwart, Bd 5, 4. Aufl. Schizophrene und affektive Störungen. Springer, Berlin
Volkan VD (1994) Identification with the therapist's function and ego-buildung in the treatment of schizophrenia. Br J Psychiatry Suppl 23:77–82
Volkan VD (1999) Identification with the therapist's functions and ego-building in the treatment of schizophrenia. The inner world of the schizophrenic patient. (Vortrag auf der Tagung Analytische Psychosenpsychotherapie am 27.02.1999 in München)
Wellek A (1953) Das Problem des seelischen Seins. West-Kultur, Meisenheim
Winnicott DW (1958) Through paediatrics to psychoanalysis. Collected Papers. Tavistock, London GB
Wynne L, Singer MT (1965) Thought disorder and family relations of schizophrenics, IV. Results and implications. Arch Gen Psychiatry 12:201–212
Wyrsch J (1976) Wege der Psychopathologie und Psychiatrie. In: Balmer H (Hrsg) Die Psychologie des 20. Jahrhunderts, Bd I. Kindler, Zürich, S 953–1012
Ziehen T (1902) Psychiatrie, 2. Aufl. Hirzel, Leipzig

Depressive Syndrome

Heinz Böker, Georg Northoff

H. Böker et al. (Hrsg.), *Neuropsychodynamische Psychiatrie*,
DOI 10.1007/978-3-662-47765-6_15, © Springer-Verlag Berlin Heidelberg 2016

15.1 Einleitung

Im Gegensatz zur Trauer, in der der Verlust der wichtigen anderen symbolisierend aufgehoben wird (Segal 1956), steht das depressive Syndrom nicht symbolisch für etwas, sondern ist Ausdruck der Blockade bzw. der somatopsychischen bzw. psychosomatischen Sackgasse der Depression (Gut 1989; Böker 2002, 2003a). Bereits Freud hatte die Depression, damals als Melancholie apostrophiert, von der Trauerarbeit unterschieden:

> Bei der Trauer ist die Welt arm und leer geworden, bei der Melancholie ist es das Ich selbst. (Freud 1917, S. 432)

Dieses Zitat unterstreicht die funktionelle Betrachtung der depressiven Symptomatik: Eine zunächst sinnvolle Reaktion auf einen Verlust (Rückzug des Trauernden zur Stabilisierung des Selbst, »Trauerjahr«) kann sich im weiteren Verlauf als dysfunktional erweisen (fehlende emotionale Resonanz, Einrasten negativer Kognitionen und extremen Rückzugsverhaltens).

Freud betonte die Ich-Regression von der Objektbesetzung zum Narzissmus und wies auf den damit verbundenen Verlust an Realitätsfunktionen hin:

> Durch den Einfluss einer realen Kränkung oder Enttäuschung von Seiten der geliebten Person trat eine Erschöpfung dieser Objektbeziehung ein .... Der Schatten des Objekts fiel so auf das Ich, welches nun von einer besonderen Instanz wie das verlassene Objekt beurteilt werden konnte. Auf diese Weise hatte sich der Objektverlust in einen Ich-Verlust verwandelt, der Konflikt zwischen dem Ich und der geliebten Person in einen Zwiespalt zwischen der Ich-Kritik und dem durch die Identifizierung veränderten Ich. (Freud 1917, S. 435)

Dieser bedeutsame Zusammenhang zwischen dem Objektverlust und dem Ich-Verlust soll im Weiteren auch in neurowissenschaftlicher Perspektive betrachtet werden. Dabei ist zu hoffen, dass dadurch eine der Leerstellen der psychoanalytischen Depressionstheorien geschlossen werden kann, nämlich die unzulängliche Erklärung der Besonderheiten der aktuellen depressiven Psychopathologie (depressiver Affekt, Anhedonie, Antriebsstörung, kognitive Dysfunktion).

Bereits Edith Jacobson (1971, S. 315) beklagte, dass die psychoanalytischen Konzepte der Depression insbesondere bezüglich der Patienten mit wiederholten, episodischen oder chronisch depressiven Zuständen »… wenig schlüssig und sogar widersprüchlich sind«. Sie wies auf eine Vernachlässigung von Freuds »Ergänzungsreihen kausaler Faktoren« hin, durch die den konstitutionellen und erblichen Faktoren für die Entstehung der Übertragung ein Anteil eingeräumt wurde. Folgerichtig empfahl Jacobson einen »multifaktoriellen, psychosomatischen Ansatz« als Grundlage einer umfassenden Theorie der affektiven Störungen (und der Schizophrenie).

Das Problem der Hemmung wurde zu einem Grenzproblem einer geschlossenen psychoanalytischen Theorie der Depression (Böker 2001, 2003b, 2005; Böker u. Northoff 2010).

15.2 Depression: Ein psychiatriehistorischer Exkurs

Der wesentliche wissenschaftsgeschichtliche Beitrag der Psychoanalyse zum Problem der Depression besteht im Erkennen ihrer entwicklungspsychologischen Aspekte und deren pathogenetischer Rolle, die erstmals von Abraham (1912, 1924) und Freud (1917, 1924) thematisiert wurde. Die psychoanalytische Betrachtungsweise der depressiven Symptombildung eröffnete einen Zugangsweg zum konflikthaften Hintergrund des subjektiv erlebten Geschehens und dessen biografischer Verankerung. Als Grenzproblem einer geschlossenen, lückenlosen psychoanalytischen Theorie der melancholischen Psychose erkannte bereits Freud das vielschichtige Symptom der **depressiven Hemmung**, das sich rein psychodynamischen Hypothesen entzog (Schmidt-Degenhard 1983). In seinem Selbstverständnis als Naturwissenschaftler postulierte er als biologisches Substrat der Hemmung eine nicht nur metaphorisch gemeinte »toxische Verarmung« der Ich-Libido (Freud 1917, S. 440).

Als ein sehr früher Versuch einer fruchtbaren Auseinandersetzung klinisch-psychiatrischer und psychoanalytischer Ansätze lässt sich die 1907 erschienene Biografie *Das Freud'sche Ideogenitätsmoment und seine Bedeutung im manisch-depressiven Irrsein Kraepelins* von Gross verstehen. Gross (1907) plädierte darin für eine ganzheitliche, monistische Anthropologie, die in gleicher Weise biologische und psychodynamische Faktoren der Pathogenese berücksichtigt. Die Symptomfülle der affektiven Psychosen rückte Gross in einen Zusammenhang mit der Wechselwirkung psychodynamischer und somatischer Faktoren. Dabei ging er von dem »zirkulären Mechanismus« als »biologisch präformiertes Grundprinzip« aus. Vor diesem Hintergrund vermutete er die Wirksamkeit einer psychischen Abspaltung, d. h. stark libidobesetzte, verdrängte, unbewusste Komplexe.

Auch für den Wiener Psychiater und Psychoanalytiker Schilder (1973, [1]1925) wurde die depressive Stimmung zum »Grenzproblem« der psychoanalytischen Depressionstheorie. Schilder deutete das zentrale Symptom der psychomotorischen Hemmung in der Depression als Folge eines durch Ambivalenz gekennzeichneten intrapsychischen Konfliktes, der zu einer Wendung der Aggression gegen die eigene Person führe. Die Hemmung sei »gleichzeitig Selbstbestrafung wegen der Aggression und Immobilisierung, welche die Aggression unmöglich macht« (Schilder 1973, [1]1925, S. 147).

Loch (1967, S. 776) griff einige Jahrzehnte später auf Schilders Konzept zurück und entwickelte eine »Bilanzformel der Depression«, die durch die Wahrnehmung und Beurteilung der Spannung zwischen den Forderungen des Ich-Ideals und der vom Subjekt, vom Selbst real erfüllten Norm entstehe. Die instabile Beziehung zwischen Ich und Ich-Ideal (bzw. Selbst und Ideal-Selbst) trage zur Ausbildung prädepressiver, zwanghafter Verhaltensmuster bei. Das Depressionskonzept von Loch wies Übereinstimmungen auf mit dem von Tellenbach beschriebenen »Typus melancholicus« und dessen implizierter Konflikthaftigkeit (Tellenbach 1961). Im Gegensatz zur ausschließlich psychodynamischen Deutung des Hemmungsphänomens bei Schilder sah Loch im Symptom der »vitalen Hemmung« das erste Glied der pathogenetischen Kette, den »unmittelbaren Ausdruck der somatischen Störung« (Loch 1967, S. 776).

Bereits einige Jahre vor Erscheinen von Schilders Buch hatte Kant (1928) versucht, die Anregungen der Psychoanalyse in ein ganzheitspsychologisches Modell der Pathogenese aller Depressionsformen zu integrieren. Als heuristisches Prinzip führte er den Begriff der »Struktur« ein, der den Aufbau und die Dynamik der Gesamtpersönlichkeit – in Gegenüberstellung von prämorbider und kranker Persönlichkeit – bezeichnet. Ebenso wie in den psychoanalytischen Konzepten der Melancholie schloss die strukturpsychologisch intendierte dynamische Pathologie Kants die strikte nosologische Trennung zwischen den endogenen und psychologisch verstehbaren reaktiven Depressionen aus: Die »fliessenden Übergänge der Erlebnisform« zeigen, dass es »keine Grenze« gibt, »welche es gestattet, das Gebiet vor der Grenze anders zu behandeln als das hinter der Grenze liegende« (Kant 1928, S. 278).

Kant erkannte in der endogenen Depression das Vorherrschen einer »Dysharmonie«, die »vielleicht nur biologisch fassbar ist« und sich auf einer psychologisch nicht mehr fassbaren vitalen Stufe abspielt (Kant 1928, S. 277). Er vermutete, dass die »rein endogenen Depressionen« im Sinne von persönlichkeitsbedingten Reaktionen auf das Erleben der »biologischen« Hemmung aufgefasst werden könnten.

Chodoff (1972) setzte sich kritisch mit der bisherigen psychoanalytischen Erforschung der Depression auseinander. Ihm war aufgefallen, dass in vielen Beiträgen zur Depression das Ausmaß der Krankheit nicht spezifiziert, die angestellten Beobachtungen aber dennoch verallgemeinert wurden. Während Freud explizit betont hatte, dass seine Formulierungen nur auf schwer gestörte Melancholiker Anwendung finden dürften, sei seine Theorie später vielfach auch auf weniger beeinträchtigte Patienten bezogen wurden.

Auch Arieti kritisierte in der gemeinsam mit Bemporad (Arieti u. Bemporad 1983) verfassten Monografie die Tendenz vieler psychoanalytischer Autoren,

> » ... die Störung in eine bereits existierende und von ihnen vertretene allgemeine Theorie der Psychopathologie einpassen zu wollen.

> Die grössere Theorie wirkt zu Zeiten wie ein … Bett, das nur diejenigen Züge der Depression aufnimmt, die sich nach dieser Theorie darin unterbringen lassen, während andere Aspekte, die den grundlegenden Formulierungen möglicherweise zuwiderlaufen, verzerrt oder ignoriert werden … (Ebd., S. 90)

15.3 Hemmung, Stupor und kognitive Dysfunktion

Das Hemmungsphänomen bei Depressionen ist mit der Störung der Initiation, mit psychomotorischer Erstarrung und mit kognitiven Dysfunktionen verknüpft. Im Hinblick auf eine mehrdimensionale Theorie der Depression als Grundlage des Verstehens und der Behandlung depressiv Erkrankter wird ein neuropsychodynamisches Modell der Störung des emotionalen Selbstbezuges in der Depression auf der Grundlage empirischer Befunde vorgestellt (Böker 2004).

Die Grenzen der psychoanalytischen Depressionstheorie ergeben sich aus der Zirkularität der unterschiedlichen Wirkfaktoren und den Folgen der somatopsychischen Endstrecke des mehrdimensionalen Geschehens in der Depression. Neben den häufigen vegetativen Störungen (als Folge der in das Depressionsgeschehen einbezogenen Störung des autonomen Nervensystems) ist dabei insbesondere auch die präfrontale kortikale Funktionsstörung von Patienten mit schweren Depressionen zu erwähnen. Diese geht einher mit gravierenden neuropsychologischen Defiziten (z. B. mnestische Störungen, Störungen der Aufmerksamkeit und der exekutiven Funktionen; vgl. Böker u. Grimm 2012; Böker et al. 2012), die bei der Gestaltung der therapeutischen Beziehung und der Wahl der Therapieziels zu berücksichtigen und der direkten Bearbeitung auf einer symbolhaften Ebene nicht zugängig sind (Böker 2003b).

Ein neuropsychodynamisches Konzept der Depression als komplexer somatopsychisch-psychosomatischer Zustand fokussiert insbesondere auf den Zustand des Selbst (vgl. Böker 1999; Boeker et al. 2000c; Kratzsch 2001), die Art und Weise der gelebten Erfahrung und ferner darauf, in welcher Weise die Erfahrungen enkodiert und symbolisiert sind. Die Abwehr- und Bewältigungsmechanismen und die vorherrschenden Emotionen, die der depressiven Symptomatik zugrunde liegen und diese organisieren, nehmen im neuropsychodynamischen Modell der Störung des emotionalen Selbst in der Depression eine zentrale Rolle ein.

Die Prinzipien der **neuronalen Integration** (reziproke Modulation, Modulation durch funktionelle Einheit, Top-down-Modulation und Modulation durch Umkehr) werden als neurophysiologische Korrelate der Abwehr- und Bewältigungsmechanismen (insbesondere der Somatisierung, der Introjektion und sensorimotorischen Regression) dargestellt. Es wird angenommen, dass diese Mechanismen die Hemmung in exemplarischer Form darstellen. Darüber hinaus werden weitere Aussagen gemacht über das Selbsterleben Depressiver, das verknüpft wird mit den Störungen des selbstreferenziellen Bezuges. Die Entwicklung dieser neuropsychodynamischen Theorie der Depression berücksichtigt Einwände von Skeptikern, die die Verknüpfung von Neurowissenschaften und Psychoanalyse kritisch betrachten und auf die Komplexität des subjektiven Erlebens in der Ersten-Person-Perspektive und die Unmöglichkeit der Lokalisation derselben in spezifischen Regionen verweisen (vgl. die Diskussion im ersten Hauptteil). Es wird von einem psychisch orientierten Lokalisationsbegriff ausgegangen, der neben der biologischen auch psychologische und soziale Dimensionen berücksichtigt und in dem die Differenzierung zwischen höheren und niedrigeren Regionen bzw. Funktionen in den Hintergrund rückt. In diesem neuropsychodynamischen Konzept stehen die verschiedenen Formen der Verknüpfung zwischen biologischen, psychologischen und sozialen Dimensionen im Mittelpunkt. Diese setzen eine horizontale Lokalisation voraus, die virtuell und funktionell-dynamisch ist. Anders als in der rein biologisch-orientierten Sichtweise, bei der das Gehirn im Wesentlichen isoliert vom psychosozialen Kontext betrachtet wird, wird hier nicht mehr ein »isoliertes Gehirn« vorausgesetzt, sondern ein »eingebettetes Gehirn« (Northoff 2000, 2004, 2013; Northoff u. Böker 2006; Northoff et al. 2004). Wird der Einwand der Unmöglichkeit der Lokalisation von psychodynamischen Mechanismen im Gehirn ernst genommen, muss die Erste-Person-Neurowissenschaft nach anderen

Wegen der Verknüpfung von subjektivem Erleben mit neuronalen Zuständen suchen. An die Stelle der neuronalen Lokalisation in einer oder mehrere Regionen tritt hier die neuronale Integration über verschiedene Regionen hinweg.

15.4 Neuronale Integration

Neuronale Integration beschreibt die Koordination und Ausrichtung der neuronalen Aktivität über multiplen Hirnregionen. Die Interaktion zwischen weit voneinander entfernten Hirnarealen wird für die Entwicklung gewisser Funktionen, z. B. Emotionen oder Kognition, als notwendig betrachtet (vgl. Friston 2003; Price u. Friston 2002).

Es wird angenommen, dass Abwehrmechanismen als komplexe emotional-kognitive Interaktionen nicht in spezialisierten oder isolierten Hirnregionen lokalisiert sind, sondern vielmehr eine Interaktion zwischen verschiedenen Hirnregionen und somit eine neuronale Integration voraussetzen.

Damit neuronale Integration stattfindet, müssen entfernte und isolierte Hirnregionen miteinander verknüpft werden. Dies erfolgt durch **Konnektivität**, die die Beziehung zwischen der neuronalen Aktivität in verschiedenen Hirnarealen darstellt. Daneben gibt es auch eine anatomische Konnektivität, die im Folgenden mit dem Ausdruck »Nervenbahnen« beschrieben wird. Ferner ist zwischen funktionaler und effektiver Konnektivität (vgl. Friston u. Price 2001, S. 277) zu unterscheiden:

Funktionale Konnektivität stellt die »Korrelation zwischen entfernten neurophysiologischen Ereignissen« dar, die möglicherweise entweder auf eine direkte Interaktion zwischen den Ereignissen oder auf andere, zwischen unterschiedlichen Ereignissen vermittelnde Faktoren zurückzuführen ist. Zudem kann eine Korrelation entweder auf einen unmittelbaren Einfluss einer bestimmten Hirnregion auf eine andere oder auf eine indirekte Verknüpfung zwischen den beiden Hirnregionen durch andere Faktoren hinweisen. Im ersten Fall ergibt sich die Korrelation zwischen der Interaktion selbst; beim zweiten Fall aber mag die Korrelation durch andere Faktoren – wie z. B. stimulusgebundene Abläufe mit gemeinsamem Input oder stimulusinduzierte Oszillationen – entstehen.

Im Gegensatz zur funktionalen Konnektivität beschreibt die **effektive Konnektivität** die direkte Interaktion zwischen Hirnarealen; sie bezieht sich auf den direkten Einfluss, den ein neuronales System auf ein anderes ausübt, entweder auf synaptischer Ebene oder auf der Ebene der Zusammenspiels der Neurone über verschiedene Regionen (Makroebene; vgl. Friston u. Price 2001). In Folgenden wird von der Konnektivität der Makroebene ausgegangen.

Auf der Grundlage der Konnektivität wird die neuronale Aktivität zwischen weit voneinander entfernten Hirnregionen angepasst, koordiniert und harmonisiert. Diese Koordination und Anpassung ist nicht unbedingt willkürlich, sondern durch gewisse Prinzipien der neuronalen Integration bestimmt (Northoff 2004; Northoff u. Böker 2006). Diese Prinzipien stellen funktionale Mechanismen dar, die bei der Organisation und Koordination der neuronalen Aktivität zwischen unterschiedlichen Hirnregionen eine wichtige Rolle spielen.

Im Folgenden werden vier dieser Prinzipien der **neuronalen Integration** vorgestellt, die in unseren mit bildgebenden Verfahren durchgeführten Studien zu emotional-kognitiver Interaktion erfasst wurden:

- die Top-down-Modulation,
- die reziproke Modulation,
- die Modulation durch funktionelle Einheit,
- die Modulation durch Umkehr.

Dabei wird von der Hypothese ausgegangen, dass jedes der vier Prinzipien der neuronalen Integration mit spezifischen Abwehr- und Bewältigungsmechanismen assoziiert werden kann. Aufgrund dieser Hypothese können somit Vorhersagen und Vorschläge bezüglich zukünftiger empirischer Untersuchungen gemacht werden.

15.5 Top-down-Modulation

Die Top-down-Modulation kann als die Modulation hierarchisch niedrigerer Regionen durch hierarchisch höhere Regionen beschrieben werden. Ein häufiges Beispiel hierfür ist Modulation der neuronalen Aktivität in subkortikalen Regionen durch kortikale Regionen. So können prämotori-

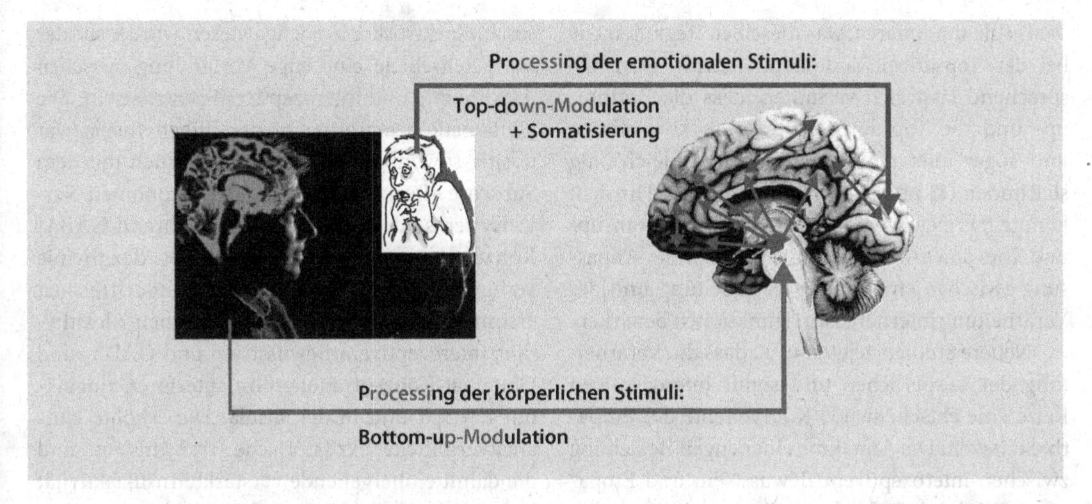

Abb. 15.1 Top-down- und Bottom-up-Modulation

sche/motorische kortikale Regionen die neuronale Aktivität in den subkortikalen Basalganglien wie dem Nukleus caudatus und dem Striatum modulieren (Mastermann u. Cummings 1997; Northoff 2002a,b). Ein weiteres Beispiel ist die Top-down-Modulation des primären visuellen Kortex durch die präfrontalen kortikalen Regionen, was sich als notwendig für die visuelle Verarbeitung herausgestellt hat (Lamme 2004). Die Top-down-Modulation ähnelt den Konzepten der »Reentrant Zirkularität« (Tononi u. Edelmann 2000) und der Feedback-Modulation (Lamme 2001). Diese Konzepte fokussieren auf den Austausch von Informationen und die Gliederanpassung der neuronalen Aktivität in einer bestimmten Region in Übereinstimmung mit einer anderen weiter entfernten Region. Als Folge kann die neuronale Aktivität in der niedrigeren Region in Übereinstimmung mit derjenigen in der höheren Region angepasst, gefiltert und getunt werden.

Im Zusammenhang mit der kognitiv-emotionalen Interaktion bei depressiv Erkrankten liegt der Fokus auf dem medialen präfrontalen Kortex (MPFC): Untersuchungen haben wiederholt gezeigt, dass die neuronale Aktivität sowohl im medialen präfrontalen Kortex als auch in der Amygdala an der emotionalen Verarbeitung beteiligt ist (Phan et al. 2002; Murphy et al. 2003). Es lässt sich annehmen, dass ihre funktionale Beziehung durch die Top-down-Modulation der Amygdala durch den medialen präfrontalen Kortex charakterisiert ist (Shin et al. 2005; Pessoa et al. 2002; Pessoa und Ungerleider 2004; Davidson 2002). Ferner ist zu vermuten, dass die medialen präfrontalen kortikalen Regionen eine Top-down-Kontrolle der neuronalen Aktivität in der Insula ausüben (Nagay et al. 2004). Diese weist wiederum eine dichte und reziproke Verbindung zu den subkortikalen medialen Regionen wie z. B. dem Hypothalamus und dem periaquäduktalen Grau (PAG) auf (Panksepp 1998 a,b).

Sowohl die Amygdala als auch die subkortikalen medialen Regionen spielen eine wichtige Rolle bei der Regulierung der internen Körperfunktionen, während die medialen präfrontalen kortikalen Regionen eher mit der emotionalen Verarbeitung assoziiert sind (Phan et al. 2002; Murphy et al. 2003: Northoff und Bermpohl 2004).

Die drei Regionen – der mediale präfrontale Kortex, die Amygdala und die subkortikalen medialen Regionen – verfügen über dichte und reziproke Verbindungen. Aus diesem Grund kann eine **wechselseitige Modulation** zwischen all diesen Regionen angenommen werden.

Möglicherweise handelt es sich nicht nur um eine Top-down-Modulation, sondern umgekehrt auch um eine Bottom-up-Modulation (Abb. 15.1). Bei der Bottom-up-Modulation moduliert eine hierarchisch niedrigere Region die Aktivität in einer hierarchisch höheren Region. So können z. B. subkortikale Mittellinienregionen die neuronale Aktivität im medialen präfrontalen Kortex durch die Insula modulieren, was dieselben Regionen wie bei der Top-down-Modulation betrifft. Dementsprechend lässt sich vermuten, dass die Bottom-up- und die Top-down-Modulation koexistieren und sogar über denselben Regionen gleichzeitig stattfinden (■ Abb. 15.1). In funktioneller Hinsicht könnte das gleichzeitige Auftreten der Bottom-up- und Top-down-Modulation eine reziproke Anpassung zwischen emotionaler Verarbeitung und der Verarbeitung interner Körperfunktionen bewirken.

Neuere Studien zeigten u. a., dass die Verarbeitung der körperlichen und somit interozeptiven Reize eine entscheidende Komponente der **Empathie** darstellt. Die Annahme einer engen Beziehung zwischen interozeptivem Bewusstsein und Empathie wird durch Befunde gestützt, nach denen bei beiden Prozessen gleiche Hirnregionen involviert sind, z. B. die Insula und der anteriore zinguläre Kortex. Eine Studie zeigte mittels der fMRI-Untersuchung, dass eine direkte Wechselwirkung zwischen Interozeption und Empathie besteht. Die neuronale Aktivität ist bei Interozeption in der bilateralen Insula und in verschiedenen medialen kortikalen Regionen (subgenualer anteriorer zingulärere Kortex [SACC], dorsomedialer präfrontaler Kortex [DMPFC], posteriorer zingulärer Kortex [PCC] und Präcuneus) während Empathie verstärkt. Diese Ergebnisse weisen auf eine spezifische Interaktion zwischen Empathie und Interozeption, im Unterschied zur Exterozeption hin (Ernst et al. 2013). Dysfunktionale Aktivitätsmuster im Bereich der Insula und des anterioren zingulären Kortex findet man auch bei Alexithymie.

Das Persönlichkeitsmerkmal der **Alexithymie** geht einher mit Störungen bei der Identifizierung und Beschreibung von Gefühlen in der Unterscheidung von körperlichen Empfindungen oder emotionaler Erregung. Funktionelle Bildgebungsstudien wiesen neuronale Änderungen bei interozeptivem Bewusstsein und Alexithymie nach. Ernst et al. (2014) zeigten in einer Studie, in der der Zusammenhang zwischen Aspekten der Alexithymie, die durch die Toronto-Alexithymie-Skala (TAS-20) aufgezeigt werden, und interozeptivem Bewusstsein (ermittelt mit dem Körperwahrnehmungsfragebogen; BPQ) und den Konzentrationen von Glutamat und GABA (GABA-Konzentrationen in der linken Insula und dem ACC) mit Hilfe der 3T-Magnetresonanzspektroskopie nachgewiesen wurde, auf der Verhaltensebene eine enge Verbindung zwischen Alexithymie und interozeptivem Bewusstsein. Die Glutamatkonzentration in der linken Insula war positiv sowohl mit Alexithymie als auch mit dem Subscore »Reaktionsfähigkeit des autonomen Nervensystems« des BPQ assoziiert, während GABA-Konzentrationen im ACC selektiv mit Alexithymie verbunden waren. Diese Ergebnisse unterstreichen erstmalig die enge Verbindung zwischen Alexithymie, interozeptivem Bewusstsein und GABA- und Glutamat-Konzentrationen im anterioren zingulären Kontext und in der Insula. Die erhöhte glutamatvermittelte exzitatorische Transmission und die damit einhergehende verstärkte Insulaaktivität können als Ausdruck des erhöhten interozeptiven Bewusstseins in der Alexithymie aufgefasst werden. (Ernst et al. 2014).

In psychologischer Hinsicht entspricht das gleichzeitige Auftreten der Top-down- und Bottom-up-Modulation möglicherweise dem Vorherrschen des emotionalen Bewusstseins im Vergleich mit dem Körperbewusstsein. Das Erleben und das Bewusstsein von intern oder extern entstehenden Emotionen treten in den Vordergrund, während das Körperbewusstsein im Hintergrund bleibt. So lässt sich vermutlich unser vorherrschender Außenfokus erklären, bei dem die Aufmerksamkeit auf andere im Umfeld befindliche Personen und Ereignisse gerichtet wird. Im Gegensatz dazu bleibt der Innenfokus – d. h. die auf den eigenen Körper gerichtete Aufmerksamkeit – im Hintergrund.

15.6 Somatisierung

Das funktionelle Gleichgewicht zwischen der Bottom-up- und der Top-down-Modulation kann im Verlauf regressiver Prozesse und der damit einhergehenden Abwehrmechanismen gestört werden. Eine Regression lässt sich als Reaktualisierung früherer Funktionsstufen und des damit verbundenen Vorherrschens körperlicher Reaktionen statt emotionaler und kognitiver Reaktionen auffassen. Eine spezifische Form mentaler Verarbeitung und intensiver Wahrnehmung körperlicher Beschwerden lässt sich als »Somatisierung« beschreiben und wird im Folgenden so bezeichnet. Die Abwehrmechanismen der Somatisierung werden bei depressiv Erkrankten paradigmatisch beobachtet, die häufig Körperveränderungen – insbesondere autonom-vegetative Symptome – subjektiv erleben. Wir gehen davon aus, dass die Somatisierung bei Depressionen mit einem gestörten Gleichgewicht der Bottom-up- und der Top-down-Modulation zwischen der emotionalen und internen Körperverarbeitung verbunden ist.

Auf der Funktionsebene könnte die Somatisierung auf das Vorherrschen der internen Körperverarbeitung gegenüber der emotionalen Verarbeitung hindeuten. In erster Linie werden Signale von den internen Körperkontrollzentren verarbeitet, während die Verarbeitung der emotionalen – entweder intern oder extern entstehenden Reize – zurücksteht. Das Gleichgewischt zwischen der internen Körperverarbeitung und der emotionalen Verarbeitung wird in der Folge auf einem neuen Funktionsniveau angepasst. Dementsprechend lässt sich annehmen, dass depressiv Erkrankte mit einer starken Somatisierung viel stärker auf interne Körperreize als auf interne und v. a. externe emotionale Reize reagieren. Depressiv Erkrankte zeigen u. a. auch abnorm starke autonom-vegetative Reaktionen (z. B. Variabilität der Herzfrequenz; Bar et al. 2004; Guinjoan et al. 1995). Schließlich zeigen depressiv Erkrankte geringere Reaktionen auf extern induzierte Emotionen, beispielsweise im Zusammenhang mit sozialen Interaktionen. Darauf hatten bereits die Ergebnisse der früheren Kommunikationsstudien bei depressiv Erkrankten hingewiesen (vgl. Coyne 1976a,b, 1985; Coyne et al. 1987).

In psychologischer Sicht wird eine Somatisierung durch ein vermehrtes Bewusstsein des eigenen Körpers und der internen Körperfunktionen widergespiegelt. Depressiv Erkrankte verlagern ihre Aufmerksamkeit weg von den eigenen und fremden Emotionen auf die eigenen Körperfunktionen. Statt die eigenen Gefühle zu erleben, erleben depressiv Erkrankte die eigenen Körperfunktionen. Statt die Gefühle anderer zu beobachten, beobachten sie den eigenen Körper.

Zahlreiche empirische Befunde sprechen dafür, dass depressiv Erkrankte mit einer ausgeprägten Somatisierung eine verstärkte Körperaufmerksamkeit und eine verminderte emotionale Aufmerksamkeit aufweisen. So zeigen depressiv Erkrankte z. B. Defizite bei Theory of Mind-Aufgaben, die auf die Fähigkeiten der sozialen Interaktion zielen (Probanden bekommen soziale Interaktionen in Form von Zeichnungen vorgelegt und müssen sich dann in die Rolle der dort auftauchenden verschiedenen Personen einfühlen und deren Verhaltensweisen vorhersagen). Die bei den depressiv Erkrankten festgestellten Beeinträchtigungen der sozialen Interaktion beruhen möglicherweise auf der Verlagerung des Aufmerksamkeitsfokus von außen nach innen. Auf neuropsychologischer Ebene kann diese vermehrte Innenfokussierung in Veränderungen der Aufmerksamkeit und der Theory of Mind widerspiegelt werden, was durch empirische Befunde sowohl in Theory of Mind-Aufgaben (Kerr et al. 2003; Inoue et al. 2004) als auch durch die nachgewiesenen Störungen der Aufmerksamkeit (Sheppard 2004; Murphy et al. 1999; Paradiso et al. 1997) bekräftigt wird.

Aus physiologischer Sicht könnte das veränderte funktionale Gleichgewicht zwischen der Bottom-up- und der Top-down-Modulation der veränderten neuronalen Aktivität im medialen präfrontalen Kortex, in der Amygdala und den subkortikalen medialen Regionen entsprechen (vgl. Mayberg 2003a; Liotti et al. 2002; Elliott et al. 2002).

15.7 Reziproke Modulation und Introjektion

Neuroimaging-Studien zeigten ein Muster entgegengesetzter Signalveränderungen im medialen und lateralen präfrontalen Kortex während emotional-kognitiver Interaktion (Goel u. Dolan 2003 a,b: Northoff u. Bermpohl 2004; Northoff et al. 2004). Diese Befunde stimmen überein mit der Annahme funktioneller Mechanismen der reziproken Modulation und der reziproken Verminderung während emotional-kognitiver Interaktion. Die reziproke Modulation wird durch Signalveränderungen in entgegengesetzten Richtungen (d. h. Signalzunahmen und -abnahmen) in verschiedenen Regionen definiert. Die emotionale Verarbeitung (z. B. wenn ein emotionales Bild angesehen wird) führt bekanntlich zu einer Signalzunahme in medialen präfrontalen kortikalen Regionen sowie gleichzeitig zu Signalabnahmen im lateralen präfrontalen Kortex

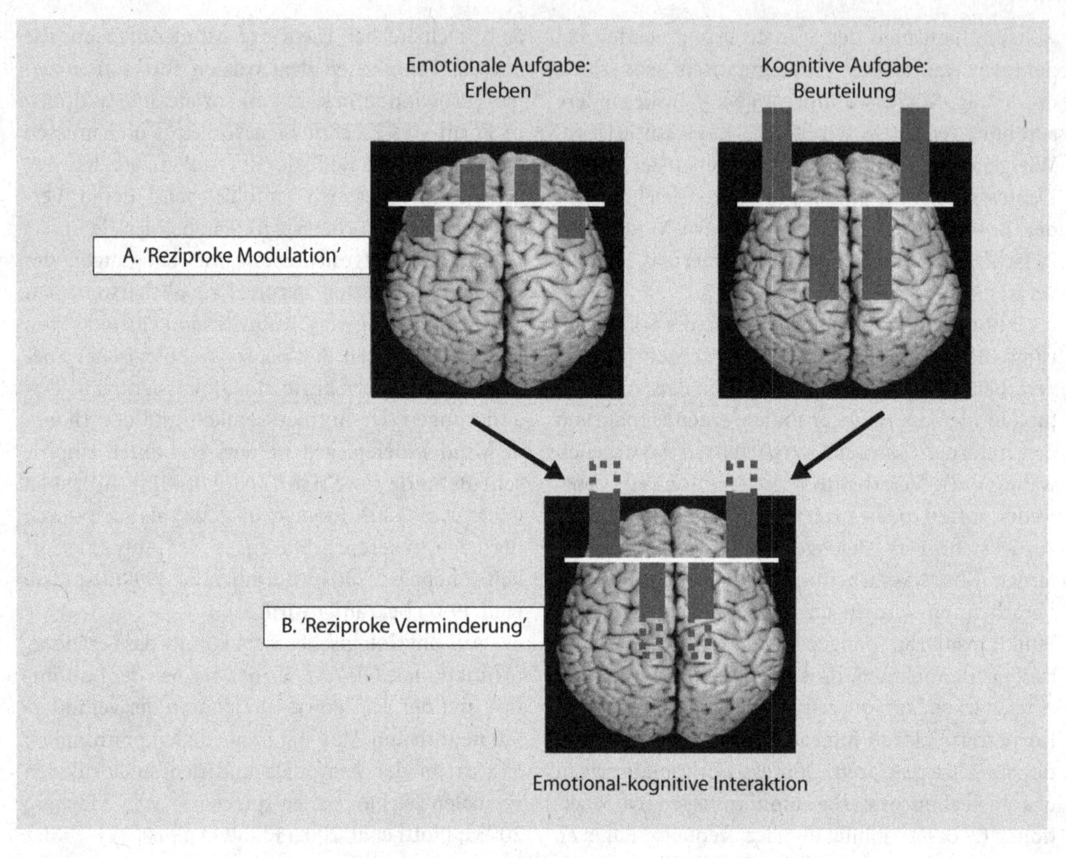

Abb. 15.2 Reziproke Modulation und Introjektion. Introjektion: Störungen der emotional-kognitiven Neuanpassung – Erleben der Außenwelt wird in Erleben des inneren Selbst umgewandelt (Innenfokus)

(Phan et al. 2002; Murphy et al. 2003; Northoff et al. 2004). Im Gegensatz dazu bewirken kognitive Aufgaben (z. B. eine Beurteilung oder eine Einschätzung) ein gegenteiliges Muster mit Signalzunahmen im lateralen präfrontalen Kortex und Signalabnahmen im medialen präfrontalen Kortex. Dies stimmt mit dem funktionellen Mechanismus der reziproken Modulation überein (Abb. 15.2; vgl. Northoff et al. 2004). Bemerkenswerterweise wurden analoge Muster der reziproken Modulation auch in anderen kortikalen Regionen beobachtet, z. B. im medialen und lateralen orbitofrontalen Kortex, im rechten und linken motorischen Kortex, im striatalen und extrastriatalen visuellen Kortex, im subgenualen anterioren Zingulum und im rechten präfrontalen Kortex, im sub/prä- und supragenualen anterioren Zingulum sowie im visuellen und auditorischen Kortex (Übersicht in Northoff et al. 2004).

Auf der Grundlage der erwähnten empirischen Befunde kann angenommen werden, dass emotional-kognitive Interaktion mit dem funktionellen Mechanismus der reziproken Verminderung assoziiert ist: Wenn eine kognitive Aufgabe eine emotionale Komponente beinhaltet (z. B. bei der Beurteilung eines emotionalen Bildes), resultieren kleinere Signalabnahmen in medialen präfrontalen kortikalen Regionen sowie gleichzeitig kleinere Signalzunahmen in lateralen präfrontalen kortikalen Regionen. Dieser Ablauf wurde als **Attenuation** (Synonym: Verminderung) bezeichnet (Northoff et al. 2004). Da dieser Ablauf sowohl in medialen als auch in lateralen präfrontalen kortikalen Regionen in entgegengesetzten Richtungen auftritt (d. h. kleinere Signalabnahmen bzw. -zunahmen), kann von einer reziproken Verminderung gesprochen werden.

Die reziproke Modulation und Verminderung könnte bei introjektiven Mechanismen verändert sein. **Introjektion** bezeichnet – in einer operationalen Definition – die Verlagerung der Objektorientierung im subjektiven Erleben von außen nach innen. Die Subjekt-Objekt-Beziehung wird nicht mehr nach außen, sondern nach innen gerichtet. Das Erleben der Außenwelt wird in ein Erleben des innerlichen Selbst umgewandelt.

Die Abwehrmechanismen der Introjektion werden bei depressiv Erkrankten paradigmatisch beobachtet. Diese Patienten neigen dazu, ihre Konflikte mit externen Personen zu internalisieren und richten in der Folge die diesen Personen geltende Aggression gegen sich selbst. Wir nehmen an, dass diese Introjektion bei Depressionen möglicherweise mit einer abnormen reziproken Modulation während emotional-kognitiver Interaktion verbunden ist (Malancharuvil 2004; Adroer 1998; Deci et al. 1994; Berman u. McCann 1995).

In funktioneller und psychologischer Sicht könnten introjektive Abwehrprozesse bei depressiv Erkrankten mit Störungen der emotional-kognitiven Neuanpassung einhergehen. Depressiv Erkrankte sind nicht mehr in der Lage, das eigene emotionale und körperliche Erleben angemessen zu bewerten. Die Beurteilung der eigenen Umstände ist »subjektiv« verzerrt und von der »objektiven« Realität entkoppelt. Diese subjektive Verzerrung zeigt sich in der ausgeprägten Negativität ihrer Bewertung bezüglich der eigenen Emotionen und des eigenen Körpers bzw. hinsichtlich der Emotionen anderer Personen und Ereignisse in ihrem Umfeld. Diese extreme Negativität entspricht dem, was psychologisch als »negativer oder Aufmerksamkeitsbias« bezeichnet worden ist (Elliott et al. 2002; Gotlib et al. 2004). Die Ergebnisse einer Studie zur Wahrnehmung von Gesichtern (Gotlib et al. 2004) wiesen beispielsweise darauf hin, dass der »negative oder Aufmerksamkeitsbias« mit interpersonaler Dysfunktion bei depressiv Erkrankten verbunden sein könnte. Weitere Studien sind aber notwendig, um darzulegen, wie und warum der »negative oder Aufmerksamkeitsbias« anscheinend eine Entkoppelung der »subjektiven« Bewertung von der »objektiven« Realität auslöst.

Aufgrund der vorliegenden empirischen Befunde ist zu vermuten, dass die gestörte reziproke Modulation und Verminderung während emotional-kognitiver Interaktion bei Depressionen von entscheidender Bedeutung hinsichtlich der Entwicklung introjektiver Abwehr- und Bewältigungsmechanismen ist. Im Zusammenhang mit der gestörten reziproken Modulation ist der depressiv Erkrankte möglicherweise nicht mehr in der Lage, das eigene Erleben angemessen zu erkennen, zu prüfen und zu bewerten. Die abnorme reziproke Verminderung trägt dazu bei, dass der depressiv Erkrankte nicht mehr dazu fähig ist, das eigene emotionale Erleben mit der eigenen Kognition zu verbinden, was letztendlich bewirkt, dass Erleben und Kognition voneinander entkoppelt werden. Im Rahmen dieser Entkoppelung wird die reziproke Anpassung von Emotion und Kognition nachhaltig verhindert. Der depressiv Erkrankte selbst hat in seinem emotionalen Erleben keinen Zugang mehr zur eigenen Kognition, wodurch eine angemessene Beurteilung verhindert wird. In ähnlicher Weise haben die wahrgenommenen Emotionen anderer keinen Zugang zu den eigenen Kognitionen, wodurch eine realistische emotionale Beurteilung dieser unmöglich wird. Emotionale Auseinandersetzungen mit anderen Personen werden internalisiert und tendenziell eher gegen die eigene statt gegen die andere Person gerichtet. In dieser Sichtweise ist die Introjektion als Ergebnis einer starken Fokussierung nach innen und einer schwachen Fokussierung nach außen aufzufassen.

In physiologischer Hinsicht ist davon auszugehen, dass die bei depressiv Erkrankten – mit ausgeprägtem Innenfokus und introjektiver Abwehr – veränderte reziproke Modulation und Verminderung mit einer Veränderung neuronaler Aktivitätsmuster im medialen und lateralen präfrontalen Kortex korreliert ist. Die Annahme einer pathologisch erhöhten reziproken Modulation zwischen medialem und lateralem präfrontalem Kortex korrespondiert mit der in einer Anzahl von Studien festgestellten Hyperaktivität im medialen präfrontalen Kortex und einer Hypoaktivität im lateralen präfrontalen Kortex während emotionaler Stimulation (Mayberg 2003a; Liotti et al. 2002; Elliott et al. 2002).

15.8 Modulation durch funktionelle Einheit und sensorimotorische Regression

Ein weiteres Beispiel funktioneller Mechanismen der emotional-kognitiven Interaktion ist die Entwicklung funktioneller Einheiten mehrerer Hirnregionen im Zeitverlauf. Solche transienten funktionellen Einheiten konnten auf der Grundlage psychophysiologischer Merkmale oder der funktionellen Konnektivität der entsprechenden Regionen identifiziert werden (Friston 1998, 2003; Friston et al. 1998a,b, 2003; Friston u. Penny 2003; Friston u. Price 2003). Die sog. kortikalen Mittellinienstrukturen (CMS, Northoff u. Bermpohl 2004) weisen beispielsweise ein kontinuierlich hohes Niveau neuronaler Aktivität auch unter Ruhebedingungen auf (z. B. beim passiven Betrachten eines Fixationskreuzes; Gusnard et al. 2001; Gusnard u. Raichle 2001; Mazoyer et al. 2001; Raichle 2001; Raichle et al. 2001). Darüber hinaus sind die Regionen innerhalb der kortikalen Mittellinienstrukturen durch enge anatomische Verbindungen charakterisiert. Zudem wurde bei der Untersuchung der funktionellen Aktivität in den CMS eine Zunahme der funktionellen Konnektivität zwischen anterioren und posterioren CMS-Regionen im Ruhezustand festgestellt, während diese bei aktiven kognitiven Aufgaben abnahm.

Die Mitbeteiligung anteriorer und posteriorer Mittellinienstrukturen stimmt mit den Ergebnissen weiterer Studien zur kognitiven, emotionalen und sozialen Verarbeitung überein (Übersicht bei Northoff u. Bermpohl 2004). Darüber hinaus wurden Signalabnahmen sowohl im orbitomedialen präfrontalen Kortex (OMPFC) wie im parietalen Kortex (PC) bei kognitiven Aufgaben festgestellt, die Aufmerksamkeit erfordern. Diese Regionen weisen zudem eine gesteigerte wechselseitige Konnektivität miteinander auf (Greicius et al. 2003; Raichle 2003). Zusammenfassend liefern die beschriebenen empirischen Ergebnisse eine überzeugende Evidenz für das Vorhandensein der CMS als funktionelle Einheit, die insbesondere im Ruhezustand aktiv und kohäsiv ist (Greicius et al. 2003; Wicker et al. 2003 a,b,c).

Vor diesem Hintergrund lässt sich vermuten, dass bei regressiven Prozessen, bei denen sensorische und motorische Funktionen involviert sind, die Modulation durch funktionelle Einheit verändert ist (vgl. ◘ Abb. 15.3). Sensorimotorische Regression wird als Abwehr- und Bewältigungsmechanismus definiert, der aktiviert wird, sobald Konflikte und Ängste mittels kognitiver und emotionaler Funktionen nicht mehr gelöst werden können und somatische, insbesondere sensorimotorische, Funktionen beteiligt sind. Der defensive Mechanismus der sensorimotorischen Regression kann paradigmatisch bei katatonen Patienten beobachtet werden (»starr vor Angst«; Böker et al. 2000c). Es lässt sich hypothetisch annehmen, dass die sensorimotorische Regression in der Katatonie mit Störungen der Modulation durch funktionelle Einheit in den CMS verknüpft ist (Übersicht bei Northoff et al. 2003, 2004; Böker et al. 2000a,b).

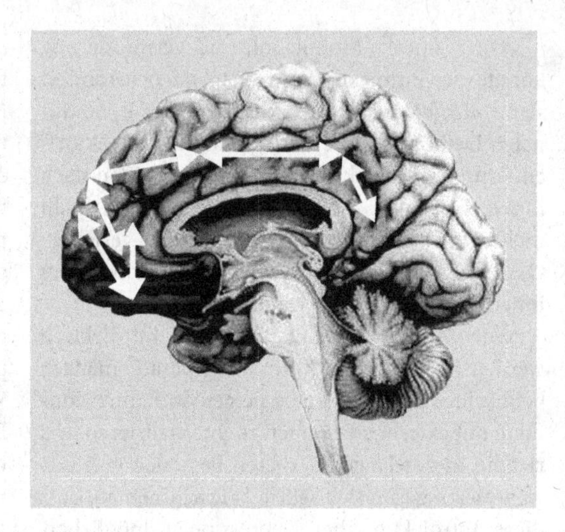

◘ **Abb. 15.3** Modulation durch funktionelle Einheit und sensorimotorische Regression. *Pfeile* Störungen der funktionellen Konnektivität zwischen orbitofrontalem Kortex, medialem präfrontalem und prämotorischem/motorischem Kortex bei ehemals Stuporösen – Umwandlung emotionaler in motorische Symptome – symptomatische Überlappung von Stupor und Konversion

15.9 Selbstreferenzielles Processing und Ich-Hemmung

? Wie werden die sensorischen Stimuli, die unser Gehirn erreichen, weiter bearbeitet und schließlich in Handlungen umgewandelt? – Was passiert in dieser Bearbeitungsphase? – Wie werden die ursprünglich sensorischen Stimuli transformiert?

Bestimmte sensorische Stimuli werden in Bezug zur eigenen Person gesetzt im Gegensatz zu anderen Stimuli, die eher auf andere Personen und die Umwelt bezogen werden. Dementsprechend lassen sich selbstreferenzielle Stimuli von nicht-selbstreferenziellen Stimuli unterscheiden (Northoff u. Böker 2006; Northoff u. Bermpohl 2004). Diese Unterscheidung gilt nicht nur für sensorische Stimuli, sondern auch für emotionale und kognitive Stimuli.

Funktionell weist das selbstreferenzielle Processing auf einen einfachen Unterscheidungsprozess hin, den zwischen Selbst und Nicht-Selbst. Dieser ist entscheidend für die Abgrenzung der eigenen Stimuli von denen anderer Personen und somit auch für die Abgrenzung zwischen Selbst und Umwelt. Darüber hinaus ist das selbstreferenzielle Processing möglicherweise die Voraussetzung für die Bildung eines Konzeptes des eigenen Selbst, eines sog. mentalen oder phänomenalen Selbst als Subjekt des Erlebens (Damasio 1999; Panksepp 1998 a,b; Northoff 2004; Northoff et al. 2005).

In psychologischer Perspektive könnte sich das selbstreferenzielle Processing in der Möglichkeit des subjektiven Erlebens eines **Selbst** bzw. **Ich** (diese beiden Begriffe werden im Folgenden synonym verwendet) manifestieren (Freud 1914; Dennecker 1989; Kohut 1977). Durch die Markierung bestimmter Stimuli als selbstreferenziell können diese Stimuli subjektiv, d. h. aus der Perspektive des individuellen Subjektes bzw. Ich erlebt werden (Northoff u. Böker 2006). Aufgrund der Tatsache, dass neben den internen und sensorischen Stimuli des eigenen Körpers auch Emotionen und Kognitionen in Hinsicht auf Selbstreferenzialität geprüft werden, können dem eigenen Selbst Emotionen und Kognitionen zugeordnet werden. Das primär durch den eigenen Körper oder Leib konstituierte Subjekt wird in gewisser Weise »angefüllt« mit bestimmten ihm nahe stehenden Emotionen und Kognitionen.

Bei depressiv Erkrankten liegt möglicherweise – wie oben beschrieben – ein erhöhtes Processing der internen körperlichen Stimuli vor, während emotionale Stimuli vermindert sind. Diese Dysbalance führt dazu, dass sich selbstreferenzielles Processing v. a. auf die Stimuli des eigenen Körpers bezieht. Hierdurch entwickelt sich möglicherweise ein verstärktes Körpererleben mit dem Erleben des eigenen Ich als Körper.

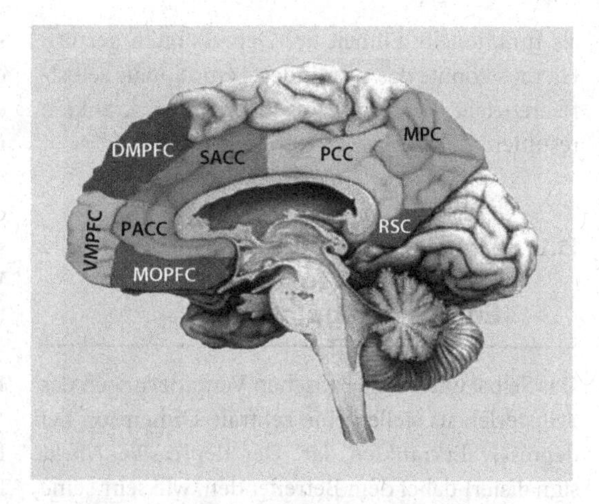

Abb. 15.4 Kortikale Mittellinienstrukturen (CMS). *DMPFC* dorsomedialer präfrontaler Kortex, *MOPFC* medio-orbitaler präfrontaler Kortex, *MPC* medialer präfrontaler Kortex, *PACC* perigenualer anteriorer zingulärer Kortex, *PCC* posteriorer zingulärer Kortex, *SACC* subgenualer anteriorer zingulärer Kortex, *RSC* retrosplenialer Kortex, *VMPFC* ventromedialer präfrontaler Kortex. (Aus Northoff u. Bermpohl 2004, S. 102–107; mit freundl. Genehmigung von Elsevier)

Umgekehrt führt die Verminderung des emotionalen Processing dazu, dass sich selbstreferenzielles Processing in einem stark verminderten Maße auf emotionale Stimuli beziehen kann: Emotionen werden zunehmend weniger dem eigenen Selbst zugeordnet. Das Selbst kann nicht mehr mit Emotionen und Kognitionen »angefüllt« werden, es bleibt leer und emotional gehemmt: Die emotionale Hemmung schlägt um in eine Ich-Leere bzw. Ich-Hemmung.

Selbstreferenzielles Processing kann – unabhängig von den verschiedenen funktionellen Domänen – in einen Zusammenhang mit den medialen präfrontalen kortikalen Regionen gebracht werden, den bereits erwähnten kortikalen Mittellinienstrukturen (CMS). Diese umfassen den medialen orbitofrontalen Kortex (MOPFC), den ventro- und dorsomedialen präfrontalen Kortex (VMPFC, DMPFC), den medialen parietalen Kortex (MPF) sowie den anterioren und posterioren zingulären Kortex (ACC, PCC; ◘ Abb. 15.4). Es ist anzunehmen, dass die Ich-Hemmung und Ich-Leere bei depressiven Patienten in einem Zusammenhang stehen mit einer Dysfunktion der CMS. Mit großer Wahrscheinlich ist das Zusammenspiel der CMS als funktionelle Einheit bei Depressionen gestört. Hieraus könnte das verminderte emotionale selbstreferenzielle Processing bei depressiv Erkrankten resultieren.

15.10 Die Depression als Psychosomatose der Emotionsregulation

Das Selbst und die spezifischen Veränderungen des Selbsterlebens stellen eine zentrale Dimension bei depressiv Erkrankten dar. Der depressive Affekt signalisiert dabei dem Betreffenden, wie sehr seine Person – insbesondere nach belastenden Lebensereignissen, z. B. dem Verlust nahestehender Personen oder bedeutsamer psychosozialer Rollen – auf Beziehungen und Bindungen angewiesen ist. Depressives Erleben wirkt als affektives, bindungsstärkendes Signal. Zugleich ist es Ausdruck einer Sackgassensituation (»dead end«; Gut 1989), in die der Betreffende nach einem – oftmals längeren – Prozess geraten ist, der mit der Entwicklung vielfältiger Abwehr- und Kompensationsmechanismen einherging. Im depressiven Erleben werden somit auch die Entwicklungsgefährdungen des Selbst in der Begegnung mit wichtigen anderen Personen reaktualisiert. Dementsprechend ist das depressive Erleben häufig als Ausdruck der Erfahrungen eines auf soziale Resonanz ausgerichteten Selbst aufzufassen.

Depressives Erleben unterscheidet sich wesentlich von der Trauer und ist sprachlich nur schwer zu fassen. Leeregefühl und Freudlosigkeit wurden schon frühzeitig mit dem psychopathologischen Begriff »Anhedonie« umschrieben. Mit dem depressiven Erleben sind oftmals verzerrte Kognitionen verbunden, insbesondere ein extremer Pessimismus und exzessive, grundlose Selbstvorwürfe (Übersicht über die kognitiv-affektive Struktur depressiv Erkrankter in Böker u. Northoff 2010). Dieser Prozess geht oftmals einher mit einer verzerrten Wahrnehmung des eigenen Körpers und seiner vegetativen Funktionen.

Vielen depressiv Erkrankten gelingt es während der Depression und oftmals auch im Anschluss daran nur unter großer Mühe, das Erlebte zu vermitteln und einen Zugang hierzu zu finden. Ein seltenes literarisches Beispiel eines solchen Versuches stellt die Charakterisierung der Depression als einen »nicht mehr zu unterdrückenden Schmerz über den Selbstverlust« durch Arthur Miller (1987) dar. In extremer, gelegentlich bizarrer Weise wird diese Selbstverlusterfahrung im Rahmen psychotischer Depressionen, insbesondere als nihilistischer Wahn, deutlich.

15.10.1 Das Cotard Syndrom

Das »Cotard-Syndrom« wurde erstmalig durch den Pariser Psychiater Jules Cotard (1880) als spezieller Typ von agitierter Melancholie/Depression beschrieben. Die Besonderheit des Syndroms besteht in einem »délire des négations«, das Cotard (1882) als eine hypochondrische körperliche Wahnsymptomatik im Rahmen einer ängstlich-agitierten depressiven Erkrankung, als spezifisches Bild einer »wahnhaften Depression« verstand.

Die Bezeichnung »délire des négations« setzte sich im deutschen Sprachraum als »nihilistischer Wahn« durch. Auf psychopathologischer Ebene besteht eine Überlappung mit dem »hypochondrischen Wahn« bzw. »Körperwahn«. Im Gegensatz zum »hypochondrischen Wahn« steht beim nihilistischen Wahn weniger die Dysfunktion vorhandener Organe im Vordergrund, vielmehr das erlebte »Nichtsein«. Das Cotard-Syndrom kann bei verschiedenen Erkrankungen auftreten (neben Depressionen auch bei bipolaren affektiven Störungen, der Schizophrenie, bei zerebralem Tumor und bei Persönlichkeitsstörungen). Das Cotard-Syndrom markiert eine extreme Form der Selbstverlust-Erfahrung insbesondere in der schweren Depression.

So reichen beispielsweise die nihilistischen Ideen im Rahmen des sog. Cotard-Syndroms von der Überzeugung des Depressiven, dass er seine Kräfte, seinen Verstand, seine Gefühle oder bestimmte Organe (vorwiegen Magen, Darm und Gehirn) verloren hat, bis hin zu der schwersten Form, bei der die eigene Existenz und die Existenz der Welt verneint wird. Mit großem Nachdruck vertreten die Betroffenen die Überzeugung, tot oder »abgestorben« zu sein. Bei einer weiteren Gruppe depressiv Erkrankter, die ebenfalls an einem depressiven Wahn leiden, ist die Selbstverlusterfahrung verknüpft mit der psychotischen Überzeugung, untilgbare Schuld auf sich geladen zu haben (Schuldwahn), ohne Aussicht auf Veränderung oder Rettung verarmt zu sein (Verarmungswahn) oder an einem unheilbaren Tumor bzw. der Alzheimer-Erkrankung (hypochondrischer Wahn) zu leiden. Stets müssen der Leidensdruck und die erhebliche Suizidgefahr bei den Betroffenen im therapeutischen Fokus bleiben. Gleichwohl wird in der therapeutischen Begegnung – gerade auch angesichts der Hartnäckigkeit, mit der die Patienten an ihre Überzeugung festhalten oder gar um Strafe für vermeintliches Fehlverhalten nachsuchen – spürbar, dass die teilweise bizarr anmutenden Symptome des depressiven Wahns – vor dem Hintergrund des erlebten Selbstverlustes – in paradoxer Weise eine psychische Schutzfunktion haben. Diese Schutzfunktion besteht in einer gewissen Stabilisierung des Selbst in der Konfrontation mit der möglichen Gefahr vollständiger Desintegration und Auflösung. So quälend die paranoide Symptomatik ist, so bleibt der Wahn immer noch mit Gefühlen verknüpft. Und diese ist der depressive Patient bemüht zu erleben angesichts der Gefahr des vollständigen Selbstverlustes.

- **Fallbeispiel: Herr O.: »Ich bin tot«**

Herr O. wurde im Alter von 61 Jahren mit der Diagnose eines hypochondrischen Wahns und der Verdachtsdiagnose »nihilistischer Wahn« zur Weiterbehandlung in die Psychiatrische Universitätsklinik überwiesen. Er war wenige Monate zuvor erstmalig an einer Depression erkrankt, hatte sich zunehmend zurückgezogen und schließlich zwei Suizidversuche unternommen (Stichverletzung im Bereich der Halsschlagader, Fahrt mit dem PKW gegen einen Baum). Die bisherige Behandlung mittels Antidepressiva und Neuroleptika hatte sich als unzureichend erwiesen.

Zu Beginn des stationären Aufenthaltes war Herr O. im Kontakt abweisend, seine Psychomotorik war verlangsamt, der Antrieb stark vermindert. Das formale Denken war gehemmt, es bestand ein ausgeprägtes Grübeln. Der Patient war überzeugt, nicht mehr schlucken zu können, seine Knochen lösten sich auf. Es bestanden passive Suizidgedanken, verknüpft mit der Hoffnung, erlöst zu werden.

In den dem stationären Eintritt vorangegangenen Jahren waren mehrere erhebliche Belastungen im Leben von Herrn O. aufgetreten: Die Ehefrau erkrankte an einer chronischen neurologischen Erkrankung, war schließlich rollstuhlbedürftig und bedurfte vermehrter Pflege. Die Firma des Patienten ging in Konkurs, es folgte ein zunehmender sozialer Rückzug. Die zur Abklärung von Schluckbeschwerden durchgeführte gastrointestinale Diagnostik ergab den Verdacht auf eine Dysplasie des Ösophagus.

Es wurde die Diagnose einer rezidivierenden depressiven Störung, gegenwärtig schwere Episode mit psychotischen Symptomen (ICD-10: F33.3) gestellt. Es lag ein depressiv-psychotisches Syndrom mit hypochondrischem und nihilistischem Wahn vor. Herr O. war unkorrigierbar davon überzeugt, an einer tödlichen Erkrankung seiner Speiseröhre und seines Skelettes zu leiden und im Übrigen bereits rettungslos verloren, tot zu sein.

Aufgrund der medikamentenrefraktären depressiv-psychotischen Symptomatik wurde Herr O. mittels Elektrokonvulsionstherapie behandelt. Bereits nach der vierten Behandlung besserte sich die Stimmung des Patienten, die Mimik wurde gelöster. Nach der siebten Behandlung nahm der Patient erstmalig seine Umwelt vermehrt wahr, sprach mit Mitpatienten und aß mit Appetit. Im Anschluss an die achte EKT wurde eine Erhaltungs-EKT angeschlossen. Die Stimmung des Patienten war in den folgenden Jahren stabil; Herr O. konnte seinen Interessen nachgehen und setzte sich in angemessener Weise mit den im Zusammenhang mit der Erkrankung seiner Ehefrau verknüpften Belastungen auseinander.

15.10.2 Die neuropsychodynamische Perspektive der Depression

Im Folgenden werden die Wechselwirkungen zwischen den Störungen der Regulation des Selbst und den damit einhergehenden neurobiologischen Prozessen, insbesondere der Regulation und Adaptation neuronaler Aktivierungsmuster und der Neurotransmission, in einer neuropsychodynamischen Perspektive beleuchtet. Um Missverständnisse vorzubeugen, besteht hier nicht die Absicht,

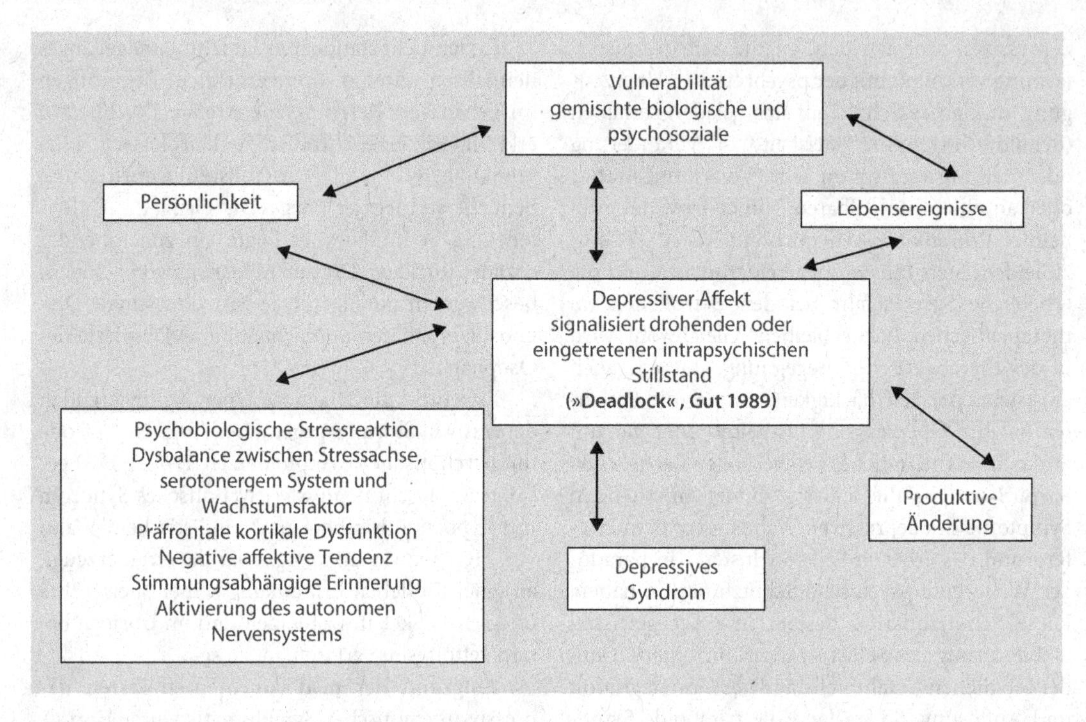

Abb. 15.5 Die Depression als Psychosomatose der Emotionsregulation. (Aus Böker 2009b; mit freundl. Genehmigung des Verlags Wissenschaft & Praxis)

neuronale Korrelate von psychodynamischen Prozessen zu erfassen bzw. psychodynamische Prozesse auf neuronale Mechanismen zu reduzieren und somit die neuronalen Korrelate der ersteren zu bestimmen. Stattdessen geht dieser Ansatz von den sog. »neuronalen Prädispositionen« aus, die bei entsprechenden biologischen, psychologischen und sozialen Bedingungen zum Ausdruck einer Depression führen können. Es geht also nicht um kausale Verknüpfungen zwischen neuronalen Mechanismen und psychodynamischen Prozessen, sondern um Übergänge zwischen neuronalen und psychodynamischen Betrachtungsebenen. Die auf der Grundlage empirischer Befunde entwickelten Hypothesen bleiben notwendig hypothetisch und lückenhaft, was an der Limitation unseres gegenwärtigen Wissens liegen kann, aber auch auf prinzipielle Gründe – wie die Limitation unseres gehirnbasierten Erkenntnisapparates – zurückzuführen ist.

Bei der Entwicklung neuropsychodynamischer Hypothesen der Depression müssen die vielfältigen wissenschaftlichen Erkenntnisse zu Biologie und Neurobiologie zur Kenntnis genommen werden (Holsboer-Trachsler u. Vanoni 2007). In einer systemtheoretischen Perspektive können die verschiedenen biologischen, psychologischen und sozialen Dimensionen der Depression in zirkulare Weise aufeinander bezogen werden (vgl. Böker 2002, 2003a). Dieses Modell der Depression als **Psychosomatose der Emotionsregulation** (Abb. 15.5) konzeptualisiert diese als einen psychobiologischen Zustand, der in verschiedenen Stufen abläuft, bei denen es jeweils zu Wechselwirkungen seelischer und neurobiologischer Prozesse kommt. Es berücksichtigt neben der gemischten biologischen und psychosozialen Vulnerabilität den Einfluss der Persönlichkeit, der kognitiven Struktur, aktuelle und chronisch belastende Lebensereignisse und die durch Lebensereignisse (oftmals Trennungserfahrungen) induzierte psychobiologische Stressreaktion, die mit neurophysiologischen Störungen, kognitiven Störungen und dysfunktionellen Bewältigungsstrategien einhergeht (vgl. Böker 2009).

Es ist davon auszugehen, dass die im Verlauf der Hirnentwicklung durch die sequentielle

Expression spezifischer Gene und Genkombinationen initial angelegten neuronalen Verschaltungsmuster zeitlebens in Abhängigkeit von der Art ihrer Nutzung verfeinert, umgebaut und überformt werden (Wiesel 1994). Erfahrungsabhängige Veränderungen monoaminerger Afferenzen können selbst wieder als Trigger für weiterreichende nutzungsabhängige Veränderungen von nachgeschalteten synaptischen Verbindungen wirksam werden. Diese Sequenz von komplexen adaptiven Reorganisationsprozessen kann sich bei besonders vulnerablen oder genetisch prädisponierten Individuen als psychische Störung manifestieren. Post (1992) stellte die Hypothese auf, dass psychosoziale Stressoren unter bestimmten Bedingungen zu langfristigen Veränderungen der Genexpression führen. Es kommt dabei zu Veränderungen der Neuropeptide und der neuronalen Mikrostruktur, und es tritt eine räumlich-zeitliche Kaskade von Anpassungsprozessen an den Synapsen ein, die schließlich auch den kognitiven Veränderungen im Rahmen des prozesshaften Charakters im Verlauf zahlreicher depressiver Erkrankungen zugrunde liegen. Während zu Beginn der Erkrankung depressive Phasen durch lebensverändernde Ereignisse (life events) ausgelöst werden, reichen bei späteren Erkrankungen immer kleinere – von außen kaum identifizierbare – Belastungen aus, um die manifeste Symptomatik hervorzurufen. Die Erfahrung der depressiven Episode und die damit verbundenen Veränderungen der Neurotransmitter und Peptide hinterlassen möglicherweise Gedächtnisspuren, die zu weiteren Episoden prädisponieren. Diese Abläufe, auch als Kindling-Effekt beschrieben, tragen zu einer Erniedrigung der vulnerablen Schwelle bei. In dieser systemtheoretischen Perspektive können relativ geringfügige Störungen unter den Bedingungen eines bestimmten Milieus und einer bestimmten psychosozialen Konstellation zur Entwicklung einer veränderten Persönlichkeitsstruktur beitragen. Diese geht einher mit intrapsychischen Konflikten und Spannungen und einer – überwiegend unbewussten – kognitiven Struktur. In einem längeren Anpassungsprozess können schließlich sekundäre, teilweise zusätzliche somatische Veränderungen und Störungen auftreten (vgl. Mentzos 1995).

15.11 Psychodynamik und Psychopathologie des Selbst in der Depression

Angesichts der im Laufe der Entwicklung psychoanalytischer Depressionstheorien gewachsenen Vielfalt psychodynamischer Zugänge zur Depression (vgl. die Übersichten von Eicke-Spengler 1977; Böker 2000, 2006; Gabbard 2005; Mentzos 1995) soll hier der Fokus gerichtet werden auf zentrale Merkmale der Depression, die sich zurückführen lassen auf Freuds klassische Arbeit *Trauer und Melancholie* (Freud 1917). Als wesentliche psychodynamische Merkmale der Depression lassen sich auffassen:

- die Reaktivierung früherer kindlicher Verlusterfahrungen,
- die Introjektion des verlorenen Objektes in Verbindung mit negativen Affekten,
- der Verlust aktueller Objektbeziehungen.

15.11.1 Früher Objektverlust

Der frühe Objektverlust in der Kindheit ist Teil der biopsychosozialen Vulnerabilität bei denjenigen, die später an einer Depression erkranken können. Früher Objektverlust in der Kindheit kann zur Prädisposition und verzerrten Wahrnehmung interpersonaler Beziehungen beitragen. Die Fixierung auf die mentale Repräsentation des verlorenen Objektes ist mit einem hohen psychoenergetischen Aufwand verbunden, den Freud mit einer offenen Wunde verglich, die dazu beiträgt, dass psychische Energie sowohl von Selbst- wir auch von Objektrepräsentationen abgezogen wird. Dieser regressive Prozess führt schließlich zu einer Entleerung von Repräsentationen der Außenwelt und des Selbst.

15.11.2 Introjektion des verlorenen Objektes

Ferner wies Freud auf die Bedeutung der ambivalenten Introjektion des verlorenen Objektes in Verbindung mit negativen Affekten hin. Die Ich-Regression von der Objektbesetzung zum Narzissmus geht mit einem Verlust an Realitätsfunktionen einher:

> Durch den Einfluss einer realen Kränkung oder Enttäuschung von Seiten der geliebten Person trat eine Erschöpfung dieser Objektbeziehung ein … Die Objektbesetzung erwies sich als wenig resistent, sie wurde aufgehoben, aber die freie Libido nicht auf ein anderes Objekt verschoben, sondern ins Ich zurückgezogen. Dort fand sie aber nicht eine beliebige Verwendung, sondern diente dazu, eine Identifizierung des Ichs mit dem aufgegebenen Objekt herzustellen. Der Schatten des Objekts fiel so auf das Ich, welches nun von einer besonderen Instanz wie ein Objekt, wie das verlassene Objekt, beurteilt werden konnte. Auf diese Weise hatte sich der Objektverlust in einen Ich-Verlust verwandelt, der Konflikt zwischen dem Ich und der geliebten Person in einen Zwiespalt zwischen der Ich-Kritik und dem durch Identifizierung veränderten Ich. (Freud 1917, S. 435)

Als Voraussetzungen eines solchen regressiven Prozesses in der Melancholie bezeichnete Freud

> … eine starke Fixierung an das Liebesobjekt und die Objektwahl auf narzisstischer Grundlage. Im Gegensatz zum Maniker, der sich vom Objekt befreit, an dem er gelitten hatte, wird das Ich in der Melancholie von der kritischen Instanz verfolgt. Die melancholische Symptomatik ist demgemäss als Affektäusserung an die Adresse des introjizierten Objektes aufzufassen und geht mit einer pathognomonischen Regression der Libido in das Ich einher. Ich und Ich-Ideal stehen in der Melancholie in einem sado-masochistischen Verhältnis zueinander. Das Ich des Melancholikers ist in zwei Stücke geteilt, von denen das eine gegen das andere wütet. Dies andere Stück ist das durch Introjektion veränderte, das das verlorene Objekt einschliesst. Aber auch das Stück, das sich so grausam betätigt, ist uns nicht unbekannt. Es schliesst das Gewissen ein, eine kritische Instanz im Ich, die sich auch in normalen Zeiten dem Ich kritisch gegenüber gestellt hat, nur niemals so unerbittlich und ungerecht. (Freud 1921, S. 120)

Schließlich präzisierte Freud in *Das Ich und das Es* (1923) das Ich-Ideal und das Über-Ich und verknüpfte sein Depressionsmodell mit der inzwischen entwickelten Strukturtheorie. Er stellte fest, dass es sich bei der Introjektion, der Ablösung der Objektbeziehung durch eine Identifizierung, um einen sehr viel allgemeineren Vorgang handelt, als er bisher angenommen hatte:

> Wir haben seither verstanden, dass solche Ersetzung einen grossen Anteil an der Gestaltung des Ichs hat und wesentlich dazu beiträgt, das herzustellen, was man seinen Charakter heisst. (Freud 1923, S. 257).

Die **Identifikation** wird somit zum wichtigsten Mechanismus im Umgang mit Objekten, die verloren gegangen sind oder das Ich enttäuscht haben. Sie stellt somit eine Möglichkeit dar, den erlittenen Verlust im Unbewussten ungeschehen zu machen. An die Stelle intensiver Objektbesetzungen treten verstärkte Identifizierungen mit eben diesen verloren gegangenen Objekten der Kindheit.

15.11.3 Verlust aktueller Objektbeziehungen

Der Verlust aktueller Objektbeziehungen stellt das dritte psychodynamische Schlüsselmerkmal der Depression dar. Die mentale Repräsentation des verlorenen Objektes schließt eine Vernachlässigung in der Begegnung mit anderen Objekten im aktuellen Umfeld des Erwachsenen ein. Andere werden ausschließlich oder überwiegend in der Perspektive des verlorenen Objektes wahrgenommen. Die melancholische Hemmung unterscheidet sich wesentlich von der Trauer:

> Der Melancholiker zeigt uns noch eines, was bei der Trauer entfällt, eine ausserordentliche Herabsetzung seines Ich-Gefühls, eine grossartige Ich-Verarmung. Bei der Trauer ist die Welt arm und leer geworden, bei der Melancholie ist es das Ich selbst. (Freud 1917, S. 431).

Die Melancholie sei charakterisiert durch die »Herabsetzung des Selbstwertgefühls, die sich in Selbstvorwürfen und Selbstbeschimpfungen äussert und bis zur wahnhaften Erwartung von Strafe steigert« (Freud 1917, S. 429). Übereinstimmungen zwischen Trauer und Melancholie bestehen darin, dass beide Affektzustände »durch eine tief schmerzliche Verstimmung, eine Aufhebung des Interesses für die Aussenwelt, durch den Verlust der Liebesfähigkeit, durch die Hemmung jeder Leistung …« (Freud 1917, S. 430) gekennzeichnet sind. Wenige Zeilen später ergänzt Freud: »Wir werden auch den Vergleich gutheissen, der die Stimmung der Trauer eine »schmerzliche« nennt. Seine Berechtigung wird uns wahrscheinlich einleuchten, wenn wir imstande sind, den Schmerz ökonomisch zu charakterisieren« (Freud 1917, S. 430).

Objektbeziehungen werden ersetzt durch einen regressiven Selbstbezug, der – in psychodynamischer Sicht – zu einer Zunahme der Spaltung im Ich beiträgt. Dies wurde phänomenologisch als vermehrter Selbstfokus beschrieben.

15.11.4 Phänomenologische und psychopathologische Aspekte

Auf der Grundlage der drei psychodynamischen Kernmerkmale der Depression und des damit veränderten Selbsterlebens des Depressiven (Zunahme des Selbst-Fokus, Verknüpfung des Selbst mit negativen Emotionen und Zunahme der kognitiven Prozessierung des Selbst) wird ein phänomenologischer und psychopathologischer Zugang zum Selbst des Depressiven entwickelt.

Depressive entwickeln einen vermehrten Selbstfokus (Binnenfokus), sie fokussieren auf sich selbst, während sie nicht mehr länger in der Lage sind, ihren Fokus auf andere zu verändern. In einer sozialpsychologischen Perspektive wird von einer selbstfokussierten Aufmerksamkeit als Fokus der Wahrnehmung interpersonaler Beziehungen ausgegangen, es handelt sich dabei um Informationen von sensorischen Wahrnehmungen, die auf die Veränderungen körperlicher Aktivität reagieren (Ingram 1990). Die Wahrnehmung des Depressiven ist nicht länger auf die Beziehung zu seiner Umgebung gerichtet, sondern auf das eigene Selbst als primären Fokus, während die Umwelt in den Hintergrund rückt (»decreased environmental focus«). Im Hinblick auf die sensorische Wahrnehmung kann angenommen werden, dass sich die Aufmerksamkeit von dem exterozeptiven sensorischen System (signalisiert Umweltereignisse und die Beziehung des Subjekts zu seiner Umwelt) zu dem interozeptiven sensorischen System verschiebt, das die körperlichen Stimuli prozessiert.

Eine Vielzahl von Studien mittels unterschiedlicher Maße und Methodologien unterstreicht die selbstfokussierte Wahrnehmung in der Depression. Die Befunde konvergieren in einem erhöhten und ggf. veränderten Niveau selbstfokussierter Aufmerksamkeit in der Depression (Ingram 1990). Bisher ist ungeklärt, ob dieser erhöhte Selbstfokus ausschließlich auf der expliziten, bewussten Ebene – wie in unserer Definition – oder bereits auf einer impliziten, unbewussten Ebene vorhanden ist.

15.11.5 Attribution negativer Emotionen zum eigenen Selbst

Das eigene Selbst wird in der Depression mit negativen Emotionen attribuiert (Versagen, Schuld, Ängste vor Krankheit und Tod, ggf. mit depressivem Wahn verbunden) wohingegen positive Emotionen nicht mehr mit dem eigenen Selbst verknüpft sind. Bei Depressiven wurden im Anschluss an Suizidversuche erhöhte Tendenzen zur Selbstbezichtigung (auf der Grundlage des Beck Depressionsinventars; BDI) gefunden. Diese skrupulösen Tendenzen korrelierten mit der Anzahl vorangegangener Suizidversuche und weiteren Risikofaktoren für suizidales Verhalten. Die Tendenz zur Selbstbezichtigung resultiert möglicherweise aus der bereits oben geschilderten Assoziation des Selbst mit vorherrschenden negativen Emotionen in der Depression.

15.11.6 Zunahme der kognitiven Prozessierung des eigenen Selbst

Indem Depressive über sich selbst, ihre aktuelle Situation und die möglichen Ursachen ihres Zustandes nachdenken, geraten sie zunehmend tiefer in die depressive Verstimmung. Dieses kognitive Processing des eigenen Selbst (auch als Rumination beschrieben) erweist sich zunehmend als dysfunktionale Bewältigungsstrategie der negativen Stimmung, die mit selbstfokussierter Aufmerksamkeit – in Verbindung mit Selbstreflexion und repetitivem und passivem Fokus eigener negativer Emotionen – verknüpft ist (Ingram 1990; Treynor et al. 2003; Rimes u. Watkins 2005). Rimes u. Watkins (2005) beschreiben einen vermehrten analytischen Selbstfokus im Gegensatz zu einem verminderten auf Erfahrung beruhenden Selbstfokus (»experiental self-focus«). Der auf Erfahrung beruhende Zugang zum eigenen Selbst ist, wie angenommen werden kann, durch das Vorherrschen selbstzentrierter Kognitionen – als Ausdruck des vermehrten analytischen Selbstfokus – blockiert. Der analytische Selbstfokus korrespondiert mit dem Terminus Selbstwahrnehmung (self-awareness) oder Selbstbewusstsein (self-consciousness), während der auf Erfahrung beruhende Selbstfokus sich auf die Merkmale des selbstbezogenen Processing (self-related processing) bezieht.

? Was bedeuten diese phänomenologisch orientierten Beschreibungen in Hinsicht auf in ► Abschn. 15.11 beschrieben psychodynamischen Kernmechanismen?

Zusammenfassend lässt sich annehmen, dass der vermehrte Selbstfokus in der Depression mit psychodynamischen Prozessen der Introjektion und der Identifikation des Selbst mit dem verlorenen Objekt korrespondiert. Die in psychodynamischer Sicht postulierte Verbindung von Introjekt und Selbst mit negativen Affekten korrespondiert mit der phänomenologischen/psychopathologischen Beschreibung der Assoziation des Selbst mit negativen Emotionen. Schließlich korrespondiert die Bedeutung des aktuellen Objektverlustes mit dem dritten phänomenologisch-psychopathologischen Merkmal der vermehrten kognitiven Prozessierung des Selbst, da sich die kognitiven Prozesse in der Folge nicht länger auf den aktuellen Verlust, sondern die mit dem Selbst identifizierten verlorenen Objekte beziehen. Während wir uns bewusst sind, dass eine solche Verknüpfung psychodynamischer und phänomenologischer Beschreibungsebenen sowohl in methodischer als auch in inhaltlicher Hinsicht eine sehr viel ausführlichere Darstellung erforderlich macht, würde dieses dennoch den Rahmen der vorliegenden Arbeit sprengen, die eher auf Depression denn auf psychodynamisch-phänomenologische Zusammenhänge fokussiert und letztere nur als Mittel zum Zweck für erstere betrachtet.

15.11.7 Die Entkopplung des Selbst in der Depression

Grundlage für die Entwicklung neuropsychodynamischer Hypothesen zur Störung des Selbstbezuges in der Depression waren Untersuchungen der emotional-kognitiven Interaktion bei Depressiven, die auf die neurophysiologischen Korrelate der depressiven Hemmungsphänomene und neurophysiologischen Substrate der negativen kognitiven Schemata und der neuropsychologischen Defizite bei depressiv Erkrankten zielten (Übersicht in Böker u. Northoff 2005, 2010; Northoff et al. 2002, 2005, 2007; Grimm et al. 2008, 2009; Böker u. Grimm 2012; Walter et al. 2009).

Zusammenfassend sind Depressionen durch eine verminderte Aktivität im linken dorsolateralen präfrontalen Kortex und eine gesteigerte Aktivität im rechten dorsolateralen präfrontalen Kortex gekennzeichnet. Die Aktivität im linken dorsolateralen präfrontalen Kortex kann nicht moduliert werden durch emotionale Valenz. Die Schwere der Depression korreliert dabei mit der Aktivität im rechten dorsolateralen präfrontalen Kortex. Im Zusammenhang mit der verminderten Deaktivierung im prägenualen ACC (default mode network) können Depressive ihre Aufmerksamkeit nicht von sich auf die Umwelt verlagern (Grimm et al. 2008). Das Ausmaß der Hoffnungslosigkeit und die Schwere der depressiven Symptomatik insgesamt korreliert mit der verminderten Deaktivierung im PACC und im PCC. Depressive wiesen eine signifikant höhere Selbstbezogenheit bei negativen emotionalen Reizen (operationalisiert durch das Ausmaß selbstbezogener Konnotationen gezeigter Bilder) auf. Die Signalintensitäten in verschiedenen subkortikalen und kortikalen Mittellinienregionen (DMPFC, SACC, Präkuneus, ventrales Striatum,

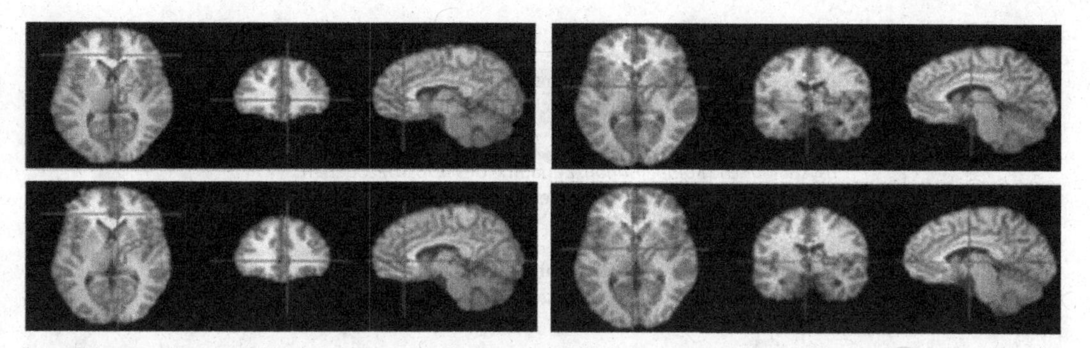

Abb. 15.6 Neurophysiologie der Depression: Hyperaktivität in den kortikal-subkortikalen Mittellinienregionen, Hypoaktivität in den lateralen Regionen. (Aus Alcaro et al. 2010; mit freundl. Genehmigung von Elsevier)

DMT) waren signifikant vermindert. Die Signaländerungen im DMPFC korrelierten mit dem Schweregrad der Depression und der Hoffnungslosigkeit, während diejenigen im VS und DMT mit der Beurteilung der Selbstbezogenheit bei negativen emotionalen Reizen verbunden waren.

Aufgrund dieser empirischen Befunde kann die Schlussfolgerung gezogen werden, dass die vermehrten negativen Selbstattributionen – als typisches Zeichen für einen erhöhten Selbstfokus bei Depressiven – möglicherweise durch veränderte neuronale Aktivität in subkortikal-kortikalen Mittellinienstrukturen ausgelöst werden. Die Depression beruht auf neurophysiologischer Ebene auf eine Hyperaktivität in den kortikal-subkortikalen Mittellinienregionen und eine Hypoaktivität in lateralen Regionen (Abb. 15.6).

15.12 Neuropsychodynamische Hypothesen zur Störung des Selbstbezugs in der Depression

Auf der Grundlage der vorhandenen neuropsychologischen, neurophysiologischen und neurochemischen Befunde und der erörterten psychodynamischen Dimensionen der Depression werden im folgenden neuropsychodynamische Hypothesen zur Störung des Selbstbezugs in der Depression entwickelt und insbesondere auf psychodynamische und spezifische neuronale Mechanismen der Depression bezogen.

15.12.1 Neuropsychodynamische Hypothese I: Erhöhte Ruhezustandsaktivität und Reaktivierung des frühen Objektverlustes

Anzunehmen ist ein Zusammenhang zwischen der Ruhezustandsaktivität und der Reaktivierung früher Objektverluste in der Depression. Die Ruhezustandsaktivität des Gehirns stellt die intrinsische Aktivität des Gehirns dar; es ist also die Aktivität, die vom Gehirn selber stammt, seine Eigenaktivität beschreibt und somit von der Aktivität im Gehirn, die durch körperliche Stimuli oder Stimuli der Umwelt ausgelöst wird, unterschieden werden muss. Es lässt sich postulieren, dass die empirisch gesicherte erhöhte Ruhezustandsaktivität in der Depression eine Prädisposition für die Reaktivierung früher Objektverlusterfahrungen des Subjektes darstellt (Abb. 15.7).

Im Folgenden werden die aktuellen Befunde der erhöhten Ruhezustandsaktivität im Kontext psychodynamischer Sichtweisen diskutiert.

Neuroimaging-Befunde

PET-Studien bei Major Depression fanden eine erhöhte Ruhezustandsaktivität insbesondere in den ventralen anterioren kortikalen Mittellinienregionen (z. B. PACC und VMPFC, vgl. Mayberg 2002, 2003b; Phillips et al. 2003). Diese Befunde wurden durch aktuelle Studien erhärtet, die Störungen der Hirnaktivität in den ventralen Regionen

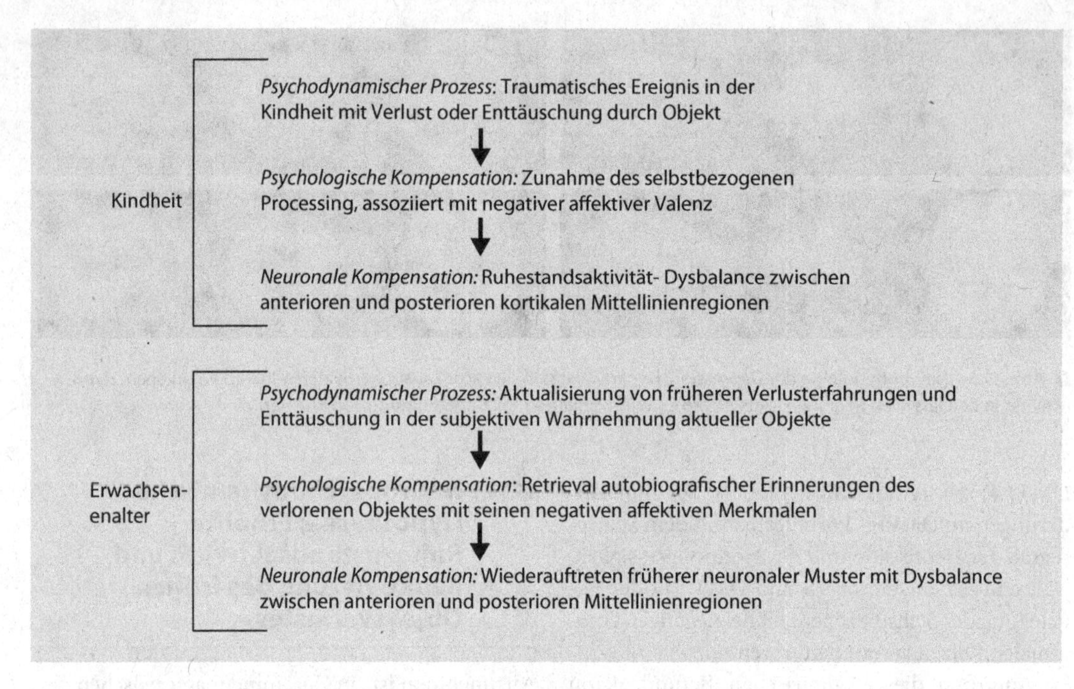

Abb. 15.7 Ruhezustandsaktivität – Dysbalance und Reaktivierung verlorener Objekte

des sog. Default-Mode-Netzwerks bei depressiv Erkrankten zeigten (verminderte Deaktivierung, d. h. negative BOLD-Reaktionen; vgl. Greicius et al. 2007; Grimm et al. 2009; Sheline et al. 2009). Eine weitere translationale Metaanalyse von Ruhezustandsstudien bei depressiv Erkrankten und in Tiermodellen der Depression bestätigt die Ruhezustandshyperaktivität in ventralen kortikalen Mittellinienregionen (PACC und VMPFC; Alcaro et al. 2010; vgl. Fitzgerald et al. 2007).

Zusammenfassend unterstreichen die Ergebnisse translationaler Studien das Vorhandensein von speziesübergreifender Ruhezustandshyperaktivität in ventralen anterioren kortikalen und subkortikalen Mittellinienregionen (PACC, VMPFC, VS, Putamen und MDT) in der Depression (vgl. Price u. Drevets 2010; Drevets et al. 2008).

Im Gegensatz zu den anterioren Mittellinienregionen weisen die posterioren Mittellinienregionen (PCC, Präcuneus/Cuneus) und der superiore temporale Gyrus (STG) eine Hypoaktivität im Ruhezustand auf (vgl. Alcaro et al. 2010; Heinzel et al. 2009). Die Hyperaktivität in den anterioren Mittellinienregionen und die Hypoaktivät in posterioren Mittellinienregionen sind Ausdruck einer gestörten Balance zwischen anterioren und posterioren Mittellinienregionen in der akuten Depression. Da die anterioren und posterioren Mittellinienregionen (und der superiore temporale Gyrus; STG) einen wesentlichen Bereich des Default-Mode-Netzwerks (DMN; Raichle et al. 2001; Buckner et al. 2008) darstellen, kann eine Störung des Default-Mode-Netzwerkes in der Depression angenommen werden.

Bezug zu psychodynamischen Mechanismen

? Wie lassen sich diese Befunde in Beziehung setzen zu psychodynamischen Mechanismen, insbesondere der Reaktivierung früher Verluste in der Kindheit?

Zunächst soll ein mögliches Szenario in der Kindheit, in einem zweiten Schritt dann die Situation bei Erwachsenen skizziert werden. Eine große Anzahl von Befunden zeigt, dass der VMPFC (insbesondere rechtsseitig) eine Konvergenzzone innerhalb der zentralen anterioren subkortikal-kortikalen Mittellinienregionen ist, die eine besondere Bedeutung in der frühen Entwicklung hat. Bei frühzeitiger Traumatisierung kommt es zu Störungen von Reifungsprozessen, die im weiteren Verlauf zum Einsatz früher, unreifer Abwehrmechanismen beitragen können (vgl. Feinberg 2011).

Bei einer großen Untergruppe depressiv Erkrankter besteht eine Traumatisierung in der frühen Kindheit (Trennungserfahrungen, Scheidung der Eltern, physischer oder sexueller Missbrauch; vgl. Böker 2000; Gabbard 2005; Nemeroff et al. 2003). Durch traumatische Ereignisse können biologische Veränderungen auf genetischer, hormonaler oder anatomisch-struktureller Ebene angestoßen werden (vgl. Feder et al. 2009). Diese Befunde unterstreichen die herausragende Bedeutung der Umwelt und der Beziehung zwischen Subjekt und wichtigen anderen im Hinblick auf biologische Veränderungen als Bestandteil der Gen-Umwelt- und Hormon-Umwelt-Interaktion. Es lässt sich hypothetisch annehmen, dass traumatische Lebensereignisse die Reifung des VMPFC und insbesondere der ventralen anterioren subkortikal-kortikalen Mittellinienregionen beeinträchtigen. Da die anterioren Mittellinienregionen wesentlicher Teil des Default-Mode-Netzwerkes (DMN) sind, kann die Entwicklung dieses für die Regulation der Hirnaktivität über verschiedene Hirnregionen äußerst bedeutsamen Netzwerkes ebenfalls beeinträchtigt werden. Der Zusammenhang zwischen der frühen traumatischen Erfahrung und der sich entwickelnden anterior-posterioren Dysbalance erschließt sich über die Annahme, dass die anterioren Mittellinienregionen in besondere Weise einbezogen sind in die Prozessierung des Grads der Selbstbezogenheit jeglicher zu verarbeitender Stimuli. Demgegenüber sind die posterioren Regionen wahrscheinlich v. a. involviert in die Prozessierung sozialer und nicht-selbstbezogener Stimuli (vgl. Qin u. Northoff 2011).

Es ist weiterhin anzunehmen, dass die frühe traumatische Erfahrung eines Objektverlustes mit dem verzweifelten Versuch einhergeht, das Selbst in Bezug zu dem verlorenen Objekt zu setzen, um eine Selbst-Objekt-Beziehung herzustellen und das verlorene Objekt als Selbstobjekt zu erleben. In diesem Zusammenhang kann eine mögliche Hyperaktivierung insbesondere der anterioren Mittellinienregionen angestoßen werden, die schließlich zu einer Dysbalance mit den posterioren Mittellinienregionen beiträgt, die hypoaktiv werden. In einer psychoenergetischen Sichtweise kann schließlich ein spezifisches neuronales Muster angenommen werden, das bei dem Versuch, eine Objektbesetzung herzustellen, vermittelt wird durch Hyperaktivität in den anterioren Mittellinienregionen mit konsekutiver Dysbalance in den posterioren Mittellinienregionen und dem gesamten Default-Mode-Netzwerk.

❓ Wie lässt sich nun dieses neuronale Muster in Beziehung setzen zum Auftreten der Depression und der Reaktivierung des frühen Objektverlustes?

Die Reaktivierung des frühen Objektverlustes setzt autobiografische Erinnerungen und deren Wiedergewinnung voraus. Das Ereignis, das die depressive Episode beim Erwachsenen auslöst, hat eine gewisse Ähnlichkeit mit dem Erlebnis in früher Kindheit (als subjektiv erlebte Enttäuschung oder Verlust). Es wurde gezeigt, dass das Retrieval autobiografischer Erinnerungen durch die anterioren und posterioren kortikalen Mittellinienregionen vermittelt wird (vgl. Buckner et al. 2008). Bei Gesunden konnte ein Zusammenhang zwischen dem Retrieval autobiografischer Erinnerungen und Selbstbezogenheit im VMPFC, PCC und Präcuneus demonstriert werden (vgl. Sajonz et al. 2010). Das Retrieval früher traumatischer Erfahrungen im Kontext aktueller Ereignisse (Objektbeziehungserfahrungen) stellt einen Trigger dar für die Reaktivierung der gleichen neuronalen Muster wie in der Kindheit bei dem Versuch, eine Beziehung zum Objekt in der aktuellen Situation herzustellen, wobei sich in der Folge eine Hyperaktivität in den anterioren Mittellinienregionen und eine Dysbalance in den posterioren Regionen und dem Default-Mode-Netzwerk einstellt.

Vor diesem Hintergrund lässt sich – derzeit noch in spekulativer Weise – die Hypothese formulieren, dass die psychodynamischen Kernmerkmale der Reaktivierung des frühen Objektverlustes auf psychologischer Ebene mit einem Retrieval des autobiografischen Gedächtnisses im Hinblick auf die Selbstbezogenheit und auf neuronaler Ebene mit der Reaktivierung früher neuronaler Aktivierungsmuster in anterioren und posterioren Mitteline-Regionen korrespondieren. In anderen Worten entwickeln Depressive vor dem Hintergrund des frühen Objektverlustes eine psychologische Prädisposition, ein hohes Ausmaß an Selbstbezogenheit verlorenen oder enttäuschenden Objekten zuzuordnen; dadurch induzieren sie eine neuronale Prädisposition für die Entwicklung von Hyperaktivität im Ruhezustand in den anterioren Mittellinienregionen bei der späteren Reaktualisierung der entsprechenden Objektverluste im Erwachsenenalter. Dies lässt uns annehmen, dass psychologische und neuronale Prädisposition mit der psychodynamischen Prädisposition, der Reaktivierung des frühen Objektverlustes, korrespondieren. Wenn die gegenwärtigen Stimuli aufgrund der abnorm erhöhten Ruhezustandsaktivität weniger stimulusinduzierte Aktivität in den anterioren Mittlinienregionen auslösen, beschäftigt sich das Gehirn vorwiegend mit sich selbst; dies bedeutet aber, dass die früher erlebten Inhalte und somit die Objekte durch die erhöhte Ruhezustandsaktivität reaktiviert werden bzw. die Repräsentationen der früheren Objekte werden im gegenwärtigen Kontext rerepräsentiert.

15.12.2 Neuropsychodynamische Hypothese II: Reduzierte Ruhe-Stimulus-Interaktion und Introjektion in Verbindung mit negativem Affekt

Die zweite neuropsychodynamische Hypothese bezieht sich auf die Auswirkungen der erhöhten Ruheaktivität auf die stimulusinduzierte Aktivität und darauf, wie die erhöhte Ruheaktivität sich auf die Ruhe-Stimulus-Interaktion auswirkt. Die Ruheaktivität stellt die intrinsische Aktivität des Gehirns dar (► Abschn. 15.12.1), und die stimulusinduzierte Aktivität ist die Aktivität, die im Gehirn durch Stimuli von der Umwelt und/oder dem eigenen Körper ausgelöst wird. Ruhe-Stimulus-Interaktion beschreibt also die Interaktion und Wechselwirkung zwischen beiden Formen der Aktivität im Gehirn. Es wird hypothetisch angenommen, dass die Ruhe-Stimulus-Interaktion in der Depression – infolge der erhöhten Ruheaktivität – reduziert ist und sich in psychodynamischer Hinsicht auf die mit negativem Affekt verknüpften introjektiven Prozesse in der Begegnung des Selbst mit der Objektwelt beziehen lassen (◘ Abb. 15.8).

Zunächst werden aktuelle Neuroimaging-Befunde bei depressiv Erkrankten beschrieben; diese werden anschließend im psychodynamischen Kontext der Introjektion erörtert.

Neuroimaging-Befunde

Funktionelle Aktivierungsaufgaben (emotional, kognitiv) zeigten überwiegend eine Hypoaktivität im PACC, SUACC, VMPFC und MOFC (Elliott et al. 1998, 2002: Mayberg et al. 1999; Canli et al. 2004). Aktuelle fMRI-Studien weisen insbesondere auf reduzierte Aktivierungsmuster in diesen Regionen bei depressiv Erkrankten während emotionaler Aufgaben hin. Keedwell et al. (2005) zeigten gestörte Signalzunahmen im PACC, MOFC und VMPFC während Stimulierung mit emotional positiven Stimuli und niedrigere Signalzunahmen in diesen Regionen bei negativen emotionalen Stimuli. Andere Studien fanden niedrigere MOFC- und SUACC-Signalverminderungen bei depressiv Erkrankten bei emotionaler Stimulierung (Lawrence et al. 2004; Elliott et al. 2002; Kumari et al. 2003; Liotti et al. 2002), während höhere Signalzunahmen im PACC und VMPFC beobachtet wurden (Elliott et al. 2002; Fu et al. 2004); letztere waren mit guten Behandlungserfolgen verknüpft (Davidson et al. 2003). Zusammenfassend weisen die ventralen kortikalen Mittellinienstrukturen Dysfunktionen mit überwiegender Hyperaktivierung bei Patienten mit Major Depression während des Ruhezustands und bei emotionaler Stimulation auf.

In anderen Hirnregionen bestehen Störungen insbesondere im Bereich des Belohnungssystems (z. B. ventrales Striatum/N. accumbens und rechte/linke Amygdala) während positiver und/oder negativer emotionaler Stimulation bei MDD (vgl. Lawrence et al. 2004; Surguladze et al. 2005; Canli et al. 2004; Kumari et al. 2003). Dies weist darauf hin, dass Veränderungen in beiden Regionen bei der verstärkten negativen emotionalen Prozessierung und der verminderten positiven emotionalen Prozessierung beteiligt sind. Diese und andere Regionen des Belohnungsnetzwerkes – z. B. VMPFC (Heller et al. 2009) – können als neurophysiologi-

15

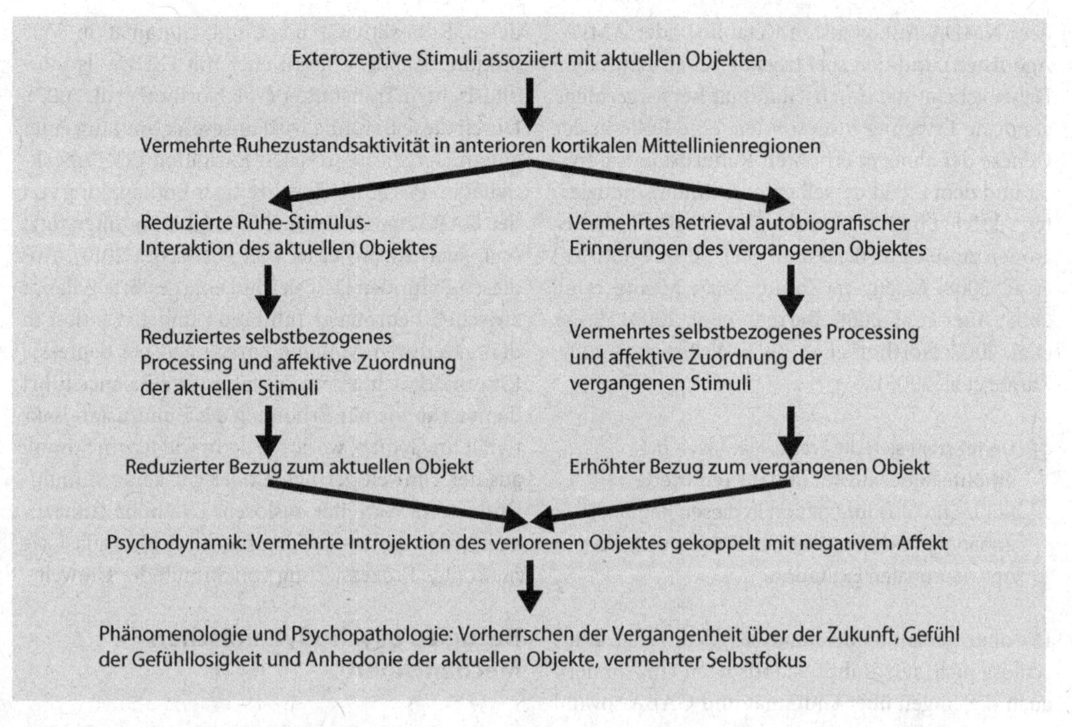

Abb. 15.8 Reduzierte Ruhe-Stimulus-Interaktion und negativer Affekt. (Aus Böker u. Northoff 2010; mit freundl. Genehmigung von Klett-Cotta)

sche Basis des »negativen affektiven Bias«, d. h. der Einschränkung auf negative Emotionen, verbunden mit der Unfähigkeit, positive Emotionen zu prozessieren, aufgefasst werden (Phillips et al. 2003; Mayberg 2003b; Heller et al. 2009 Heinzel et al. 2009).

Diese Befunde unterstreichen die gestörte stimulusinduzierte Aktivität in gerade denjenigen Regionen, die ebenfalls eine gestörte und vermehrte Ruheaktivität aufweisen, den ventralen anterioren subkortikalen-kortikalen Mittellinienregionen. Die Annahme einer reduzierten Ruhestimulus-Interaktion wird ferner unterstützt durch das Ergebnis der Untersuchung von Grimm et al. (2009). In dieser Studie konnten wir zeigen, dass stimulusinduzierte Aktivität während emotionaler Stimulation tatsächlich reduziert war und mit verminderten negativen BOLD-Antworten (d. h. Deaktivierung) in denjenigen Regionen einherging, die eine erhöhte Ruheaktivität aufwiesen, nämlich den ventralen anterioren kortikalen Mittellinienregionen (vgl. Sheline et al. 2009). Die reduzierte Deaktivierung in diesen kortikalen und subkortikalen Regionen ließ den Schweregrad der Depression und das Ausmaß der Hoffnungslosigkeit voraussagen, sodass von einer direkten Beziehung zwischen reduzierter Ruhe-Stimulus-Interaktion und dem Schweregrad der Depression ausgegangen werden kann (Grimm et al. 2009).

Rolle von Botenstoffen

Die physiologische und biochemische Vermittlung dieser verminderten Ruhe-Stimulus-Interaktion wurde in weiteren Studien untersucht. Dabei spielt eine biochemische Substanz wie **Glutamat** eine zentrale Rolle. Glutamat ist ein sog. Boten- oder Überträgerstoff, der überall im Gehirn und insbesondere im Kortex vorhanden ist. Glutamat führt zur Erregung der Neuronen und ist mit bestimmten Rezeptoren verknüpft (N-Methyl-D-Aspartat [NMDA], Aminomethylphosphonsäure [AMPA] etc.). Die Befunde bei der Depression deuten darauf hin, dass das Glutamat bei diesen Patienten eine abnorme Erregung ausübt. Dies ist in Übereinstimmung mit den antidepressiven Effekten von glutamatreduzierenden Wirkstoffen (wie dem NMDA-Antagonisten Ketamin) oder AMPA-Agonisten) und den spektroskopischen Befunden. Dabei scheint die durch Glutamat hervorgerufene abnorme Erregung insbesondere eine Rolle in der Genese der abnorm erhöhten Ruhezustandsaktivität und dem Effekt derselben auf stimulusinduzierten Aktivität im PACC und anderen Mittellinienregionen zu spielen (Bleakman et al. 2007; Chourbaji et al. 2008; Maeng u. Zarate 2007; Meang et al. 2008; Auer et al. 2000; Berman et al. 2000; Hasler et al. 2007; Northoff et al. 1997; Walter et al. 2009; Zarate et al. 2006).

? Damit stellt sich die Frage, inwieweit die erhöhte Ruheaktivität und die reduzierte Ruhe-Stimulus-Interaktion in diesen Regionen abhängig sind von einer gestörten glutamatergen neuronalen Exzitation?

Die oben genannte Metaanalyse (Alcaro et al. 2010) schloss nicht nur Ruhezustandsdaten ein, sondern auch diejenigen über Glutamat und GABA sowohl bei Menschen wie Tieren. Vorausgesetzt, dass die Ruhehyperaktivität im PACC bei Menschen abhängig ist vom gestörten glutamatergen Metabolismus, kann eine gestörte Expression/Sensitivität glutamaterger Rezeptoren erwartet werden (z. B. NMDA- und AMPA-Rezeptoren). Damit konsistent sind Ergebnisse von Tierstudien, die überwiegend eine Zunahme von NMDA- und eine Abnahme von AMPA-Rezeptorsensitivität/-expression ebenso wie eine Reduktion von NMDA-Rezeptoren bei antidepressiver Behandlung in den oben aufgezeigten Ruhezustandsregionen fanden. Diese Beobachtungen stimmen überein mit den Effekten von Ketamin auf funktionelle PACC-Aktivität und Therapie bei depressiv Erkrankten (Northoff et al. 1997; Salvadore et al. 2009; Zarate et al. 2006).

Unsere Annahme glutamaterger Vermittlung der erhöhten Ruheaktivität im PACC wird durch eine weitere Studie (Walter et al. 2009) unterstützt. Es konnte gezeigt werden, dass ein fMRI-Marker der möglichen Ruhehyperaktivität im PACC (d. h. verminderte negative BOLD-Antwort; NBA) mit der Konzentration von Glutamat bei depressiven Patienten in derselben Hirnregion korrelierte. Dieser Zusammenhang fand sich bei gesunden Probanden nicht, wodurch unterstrichen wird, dass deren Ruheaktivität nicht mit Glutamat in Verbindung stand, sondern eher mit GABA als inhibitorischem Transmitter (vgl. Northoff et al. 2007). Durch diese Befunde wird unsere Vermutung einer glutamatergen neuronalen Exzitation der Ruheaktivität im PACC bei gleichzeitiger Entkopplung von der GABAergen neuronalen Inhibition unterstützt (vgl. auch Alcaro et al. 2010; Sanacora 2010). Aus diesen Befunden lässt sich auf eine gestörte Balance zwischen neuronaler Inhibition und Exzitation in den anterioren Mittellinienregionen bei depressiv Erkrankten schließen. Diese gestörte Balance führt dann zu abnormer Erhöhung der Ruhezustandsaktivität im Gehirn, wodurch dann wiederum Stimuli aus der Umwelt geringere oder gar keine stimulusinduzierte Aktivität auslösen. Die hohe Ruhezustandsaktivität im Gehirn blockiert also quasi die neuronale Prozessierung von Stimuli der Umwelt.

Bezug zu psychodynamischen Mechanismen

? Wie können diese Befunde in Beziehung gesetzt werden zu psychodynamischen Dimensionen bzw. Abwehr- oder Kompensationsmechanismen (insbesondere der Introjektion) und ferner mit dem negativen Affekt verknüpft werden?

Die anterioren Mittellinienregionen (z. B. PACC, VMPFC, DMPFC) sind in spezifischer Weise bei der Entwicklung von Selbstbezogenheit und emotionaler Valenz von Stimulierungen beteiligt; sie sind zusammen mit den subkortikalen Mittellinienregionen in ein Netzwerk einbezogen. Alle diese Regionen zeigen eine erhöhte Aktivität, die sich auf die Ruhe-Stimulus-Interaktion auswirkt. Dies trägt dazu bei, dass die zu verarbeitenden Stimuli nicht mehr durch Ruheaktivität des Gehirns moduliert werden. In psychologischer Hinsicht kann der aktuelle Stimulus dementsprechend nicht auf sich selbst bezogen und mit emotionaler Valenz verknüpft werden. Dennoch sind diese – Selbstbezogenheit und affektive Verknüpfung ermöglichenden – psychologischen Mechanismen weiterhin aktiv und werden dabei durch die erhöhte Ruheaktivität vermittelt. Falls jedoch beide psychologischen Mechanismen (und ihre Energie) nicht verwendet werden bei der Prozessierung des aktuellen Stimulus und der aktuellen Begegnung mit Objekten, so werden sie auf die früheren Stimuli, die u. U. mit frühem Objektverlust verbunden sind, bezogen. In energetischer Hinsicht wird die Energie, die gewöhnlich für die Herstellung von Selbstbezogenheit und die Verknüpfung mit Affekten (affektive Valenz) bei aktuellen Stimuli verwandet wird, auf frühere Stimuli bezogen, die mit frühem Objektverlust verbunden sind und die mit erhöhter Ruheaktivität einhergingen. Dieser Wechsel der Selbstbezogenheit und der Verknüpfung von Affekten weg von aktuellen hin zu früheren Objekten geht einher mit wesentlichen phänomenologischen und psychopathologischen Veränderungen und psychodynamischen Prozessen. In phänomenologischer Hinsicht fokussieren die depressiv Erkrankten überwiegend auf die Vergangenheit und nicht auf Gegenwart und Zukunft (vgl. Grimm et al. 2009). In psychopathologischer Hinsicht ist zu erwarten, dass depressiv Erkrankte die aktuellen Stimuli oder Objekte nicht mehr auf subjektive Weise wahrnehmen und erfahren. Vermutlich findet dieser Vorgang einen Ausdruck in dem »Gefühl der Gefühllosigkeit« Depressiver. Dieser Fokus auf die früher erlebten Stimuli manifestiert sich in der Zunahme des Selbstfokus.

Der Wechsel von aktuellen zu früheren Stimuli und den damit verknüpften Objekten kann in psychodynamischer Perspektive – als Abwehrmechanismus – zu einer Zunahme introjektiver Prozesse beitragen. In diesem Zusammenhang werden die Stimuli, die mit dem frühen Objektverlust verknüpft sind, kontinuierlich im aktuellen Kontext reaktualisiert und gehen einher mit einer erhöhten Ruheaktivität in den anterioren Mittellinienregionen. Da diese Regionen die Selbstbezogenheit und affektive Valenz (unabhängig von Ursprung oder Natur des Stimulus) vermitteln, setzt sich dieses Geschehen auch in diesem Falle fort. Die reaktualisierten Stimuli der Vergangenheit – verknüpft mit frühen Objektverlusterfahrungen – werden auf das Selbst bezogen und mit negativer affektiver Valenz verknüpft. Die Dysbalance zwischen früheren und aktuellen Stimuli geht auch einher mit einer Dysbalance der affektiven Valenz, einem Wechsel von positiven zu negativen Gefühlen (da die früheren Stimuli mit Verlust und Enttäuschung assoziiert sind und im Erwachsenenalter reaktiviert werden). Stimuli, die mit frühem Objektverlust verknüpft sind, werden introjiziert und mit negativem Affekt innerhalb des affektiven Kontextes verknüpft. In energetischen Begriffen werden diese Stimuli im Erwachsenenalter hypermetabolisiert, was sich in psychologischer Hinsicht in einem Übermaß an Selbstbezogenheit und negativen Affekten manifestiert. Diese Hypermetabolisierung geschieht auf Kosten der aktuellen Stimuli (**Hypometabolisierung**), bei denen in Extremfällen jegliche Form der Selbstbezogenheit und affektiven Valenz abwesend sind. Es kann angenommen werden, dass dieser Ablauf mit dem von Blatt (1998) beschriebenen **introjektiven Typus der Depression** korrespondiert. Dieser introjektive Typus ist nämlich durch eine vermehrte Selbstbezogenheit, verminderte interpersonale Beziehungen, verstärkte Intellektualisierung, Reaktionsbildung, Rationalisierung ebenso wie durch Einsamkeit, Verlust und Dysphorie gekennzeichnet.

? Welche Beziehung besteht zwischen der Dysbalance zwischen früheren und aktuellen Stimuli bzw. Objekten und der Beobachtung einer veränderten Balance zwischen neuronaler Inhibition und Exzitation, d. h. GABA und Glutamat?

Ruhe-Stimulus-Interaktion erfordert neuronale Inhibition, die durch GABA vermittelt wird. Mittels neuronaler Inhibition kann die Ruheaktivität unterdrückt werden, wodurch umgekehrt Energie für die Prozessierung eintretender Stimuli zur Verfügung gestellt wird. Falls diese Unterdrückung der Ruheaktivität nicht länger stattfindet, können die eintreffenden Stimuli nicht länger assoziiert werden, woraus eine verminderte Ruhe-Stimulus-Interaktion erfolgt.

15.12.3 Neuropsychodynamische Hypothese III: Reduzierte Stimulus-Ruhe-Interaktion und der Verlust aktueller Objektbeziehungen

Die dritte neuropsychodynamische Hypothese betrifft die Beziehung zwischen der Stimulus-Ruhe-Interaktion und dem Verlust aktueller

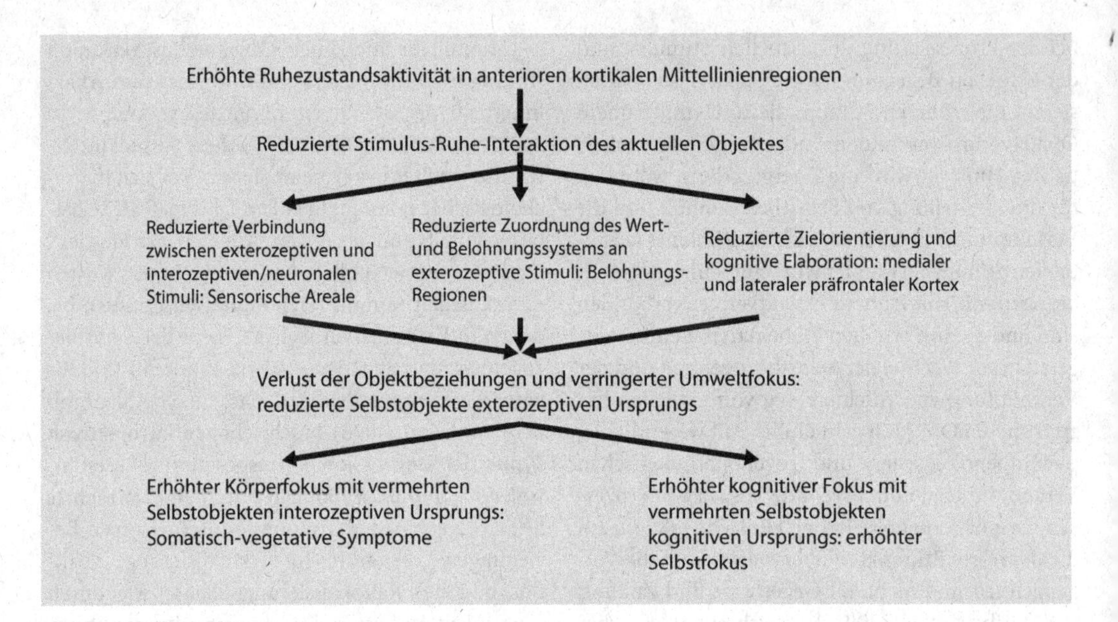

Abb. 15.9 Reduzierte Stimulus-Ruhe-Interaktion, verringerter Umweltfokus und erhöhter Selbstfokus. (Aus Böker u. Northoff 2010; mit freundl. Genehmigung von Klett-Cotta)

Objektbeziehungen. Es wird angenommen, dass die Modulation der Ruhezustandsaktivität durch die stimulusinduzierte Aktivität und dementsprechend auch die Stimulus-Ruhe-Interaktion bei Depressionen angesichts der erhöhten Ruhezustandsaktivität vermindert ist. Die reduzierte Stimulus-Ruhe-Interaktion führt wahrscheinlich zu einer Störung in der Entwicklung der neuronalen Struktur und Organisation, die sich in einer entsprechenden Störung der psychischen Organisation in der Prozessierung aktueller Verlusterfahrungen abbildet (Abb. 15.9).

Zur Begründung der Hypothese werden die vorliegenden neurowissenschaftlichen Befunde in einen psychodynamischen Kontext gerückt: Die reduzierte Stimulus-Ruhe-Interaktion manifestiert sich bei Depressionen auf drei unterschiedlichen Wegen:

- Exterozeptive Stimuli, d. h. Stimuli, die aus der Umwelt stammen und über die fünf Sinnesorgane prozessiert werden, beeinflussen nicht mehr die Ruhezustands- oder Baselineaktivität des Gehirns.
- Exterozeptive Stimuli werden nicht mehr mit Wert oder Belohnung assoziiert.
- Exterozeptive Stimuli induzieren und konstituieren nicht länger die kognitive Prozessierung.

Reduzierte Interaktion exterozeptiver Stimuli

Wiebking et al. (2010) untersuchten die neuronale Aktivität während exterozeptiver und interozeptiver Wahrnehmung (Herztöne und Zählen der Herzfrequenz) in Verbindung mit der Ruheaktivität des Gehirns. Exterozeptive Stimuli (Herzton) trugen zu einer Hirnaktivierung in der bilateralen anterioren Insula bei depressiv Erkrankten bei, sofern sie in Bezug gesetzt wurde zu der vorherigen Ruheaktivität des Gehirns. Wurde die exterozeptiv-induzierte Aktivität jedoch unabhängig von der vorherigen Ruheaktivität betrachtet, so ergaben sich signifikante Unterschiede zwischen gesunden und depressiven Personen. Es zeigte sich, dass die Ruheaktivität bei den depressiv Erkrankten im Vergleich mit derjenigen bei Gesunden erhöht war, wie bereits die reduzierte Deaktivierung während der stimulusinduzierten Aktivität gezeigt hatte. Erhöhte Ruheaktivität in der bilateralen anterioren Insula trug also zu einer reduzierten Interaktion des exterozeptiven Stimulus mit der zuvor erhöhten Ruheaktivität bei. Analoge Ergebnisse fanden sich bei den interozeptiven Stimuli (Zählen des Herzschlags) nicht, wodurch die Spezifität der reduzierten Stimulus-Ruhe-Interaktion bei exterozeptiven Stimuli unterstrichen wurde.

15

Die Bedeutung der erhöhten Ruheaktivität in der bilateralen anterioren Insula wurde ferner unterstützt durch deren Korrelation mit der Schwere der Depression: Je höher die Ruheaktivität in diesen Regionen war, umso schwerer wurde die Depression in der Selbstbeurteilung (BDI) erlebt. Depressive Patienten zeigten ferner erhöhte Werte für Körperwahrnehmung und Stress (Body Perception Questionnaire; BPQ). Dieser Befund ist konsistent mit der vermehrten Wahrnehmung und der Aufmerksamkeit für den eigenen Körper und die unspezifischen somatischen Symptome, die für die Depression charakteristisch sind. Während die BPQ-Scores bei Gesunden signifikant mit der Ruheaktivität in der Insula korrelierten, fand sich dieser Zusammenhang bei den depressiv Erkrankten nicht: Daraus kann geschlossen werden, dass die erhöhte Ruheaktivität bei Depressiven von der Wahrnehmung und Erfahrung des eigenen Körpers und dem damit verbundenen Stress entkoppelt war. Die erhöhte Ruheaktivität und die konsekutiv reduzierte Stimulus-Ruhe-Interaktion sind psychopathologisch und psychologisch bedeutsam.

Prozessierung von Wert und Belohnung

Der zweite Bestandteil der reduzierten Stimulus-Ruhe-Interaktion bezieht sich auf die Prozessierung von Wert und Belohnung. Das Belohnungsnetzwerk schließt zentrale Regionen wie die ventrale tegmentale Area (VTA), das ventrale Striatum (VS) und den ventromedialen präfrontalen Kortex (VMPFC) ein. Aktuelle Studien belegen eine verminderte Aktivität während der Prozessierung von Belohnungssaufgaben mittels exterozeptiver Stimuli gerade in diesen Regionen bei depressiv Erkrankten (Pizagalli et al. 2009; Smoski et al. 2009: Kumar et al. 2008; Dichter et al. 2009).

Kognitive Prozessierung

Der dritte Anteil der reduzierten Stimulus-Ruhe-Interaktion bezieht sich auf die reziproken Muster neuronaler Aktivität zwischen medialem und lateralem präfrontalem Kortex, die in unterschiedlichen Studien gezeigt (Goel u. Dolan 2003b; Northoff et al. 2004; Grimm et al. 2006) und als reziproke Modulation beschrieben wurden (Northoff et al. 2004). Bei Gesunden führen exterozeptive Stimuli zu einer Deaktivierung, d. h. negativen BOLD-Antworten, in den anterioren medialen kortikalen Regionen, während sie zu einer vermehrten Hirnaktivität in lateralen präfrontalen kortikalen Regionen (z. B. im dorsolateralen präfrontalen Kortex; DLPFC) während kognitiver und emotionaler Stimulation beitragen. Demgegenüber wurde bei depressiv Erkrankten – wie bereits erwähnt – nicht nur eine Hyperaktivität in den ventralen kortikalen Mittellinienregionen gefunden, sondern auch eine Hypoaktivität im linken DLPFC sowohl bei emotionaler wie auch bei kognitiver Prozessierung (Lawrence et al. 2004; Davidson et al. 2003, Keedwell et al. 2005). Auf der Grundlage dieser Befunde schlugen Phillips et al. (2003) und Mayberg (2003b) ein Modell veränderter reziproker funktioneller Beziehungen zwischen ventralem medialem und dorsolateralem präfrontalen Kortex bei Major Depression vor (Modell der ventral-dorsalen Dissoziation bei Major Depression). Die reziproke Modulation ist bei Depressiven aufgrund der verminderten Deaktivierung in medialen Regionen und der verminderten Aktivierung des dorsolateralen präfrontalen Kortex reduziert (Grimm et al. 2008; Carhart-Harris u. Friston 2010). Das heißt, es besteht eine entgegengesetzte Aktivität im medialen und lateralen präfrontalen Kortex. Sind die medialen Regionen stark deaktiviert, kommt es zu einer starken Aktivierung. Besteht zum Beispiel eine geringe Aktivierung lateral, kommt es zu einer geringeren Deaktiverung medial.

Deshalb führen exterozeptive Stimuli nicht nur zu einer verminderten Deaktivierung in den medialen kortikalen Regionen, sondern auch zu einer verminderten Aktivierung in den lateralen Regionen (DLPFC), die insbesondere mit kognitiver Prozessierung assoziiert sind (Grimm et al. 2006, 2008, 2009). Die gestörte Modulation der lateralen präfrontalen kortikalen Ruheaktivität trägt wahrscheinlich zu einer verminderten stimulusinduzierten Aktivität bei, die durch kognitive Stimuli getriggert wird.

Psychodynamischer Kontext

? Welche Bedeutung haben diese drei unterschiedlichen Komponenten der reduzierten Stimulus-Ruhe-Interaktion in einem psychodynamischen Kontext?

In der Depression induzieren exterozeptive Stimuli nicht mehr die vorhandene Ruheaktivität des Gehirns. Die reduzierte Stimulus-Ruheaktivität trägt zu einer reduzierten exterozeptiven-neuronalen Interaktion bei. Dementsprechend ist anzunehmen, dass exterozeptive Stimuli und die damit verknüpften Objekte mit geringerer Wahrscheinlichkeit introjiziert werden. Die sich ergebende verminderte Konstituierung der Objekte ergibt sich ferner auch aus dem zweiten Bestandteil der verminderten Stimulus-Ruhe-Interaktion, der verminderten Wertzuschreibung. Die neuronale Aktivität des Belohnungssystems – als Grundlage der Wertzuschreibung von Stimuli – ist bei Depressionen erheblich reduziert. In einem psychodynamischen Kontext ist davon auszugehen, dass die Auswahl der Objekte und der mit ihnen möglichen Identifikationsprozesse aufgrund der reduzierten Fähigkeit, Stimuli Werte zuzuschreiben, zunehmend erschwert wird. Aktuelle Objektbeziehungserfahrungen werden zunehmend bedeutungslos.

Die reduzierte reziproke Modulation – als dritter Anteil der reduzierten Stimulus-Ruhe-Interaktion – bringt es mit sich, dass exterozeptive Stimuli nicht länger die Aktivierung kognitiver Prozesse induzieren (z. B. zielorientierte Kognitionen). Dies beeinträchtigt die »Objekt-Kathexis«, die Carhart-Harris u. Friston (2010) in neuropsychologischer Sicht mit zielorientierter Kognition und Aktivität innerhalb des dorsolateralen präfrontalen Kortex assoziieren. Dabei muss davon ausgegangen werden, dass nicht eine Störung der reziproken Modulation selbst in der Depression vorliegt; vielmehr muss nach den Ursachen der reduzierten medialen Deaktivierung gesucht werden. Diese könnte in der vermehrten Ruheaktivität und der Reduktion exterozeptiver Stimuli bestehen, wobei die letzteren verbunden sind mit Abnahmen der vorherigen exterozeptiv-neuronalen Verbindung und Wertzuschreibung. Durch die eintreffenden exterozeptiven Stimuli kommt es nicht zu einer Induktion von Hirnaktivität in den medialen kortikalen Regionen. In dieser Sichtweise stellt die scheinbar abnorme reziproke Modulation in der Depression einen Adaptationsprozess dar, der das Ziel hat, zu einer Adaptation des Gehirns hinsichtlich der Prozessierung exterozeptiver Stimuli beizutragen.

Dementsprechend bestünde das neurophysiologische Problem der Depression nicht etwa in einer Läsion oder Störung der reziproken Modulation, sondern in der Aufrechterhaltung und adaptativen Funktion dieses Mechanismus. Das depressive Selbst wird schließlich entkoppelt von der erlebten Bedeutung aktueller Objektbeziehungserfahrungen. In psychoenergetischer Hinsicht resultiert eine Abnahme der Objektbesetzung.

? Welche Bewältigungsmechanismen entwickelt nun der Depressive in dieser Situation?

Hierzu lässt sich Freuds Metapher der offenen Wunde aufgreifen: Der Depressive versucht, kompensatorische Objekte zu konstituieren und diese zu besetzen. Angesichts der Unfähigkeit, Objekte von exterozeptivem Ursprung, d. h. aus der externen Umwelt, zu konstituieren und zu introjizieren, konstituiert und introjizert der Depressive Objekte aus seiner inneren Umwelt. Die innere Umwelt schließt interozeptive Stimuli, die im Körper verankert sind, und kognitive Stimuli ein. Anstelle von exterozeptiv-interozeptiven und exterozeptiv-kognitiven Verknüpfungen werden nun neuronal-interozeptive und interozeptiv-kognitive Verbindungen geknüpft, die einen Versuch darstellen, den Verlust exterozeptiver Stimuli zu kompensieren. Psychodynamisch bedeutet dies, dass externe Objekte, i. e. Objekte exterozeptiven Ursprungs aus der Umwelt, versucht werden durch interne Objekte, i. e. Objekte interozeptiven und kognitiven Ursprungs, zu ersetzen. Das alles überragende Ziel ist es, Objekte zu konstituieren und Objektbeziehungen herzustellen; selbstpsychologisch betrachtet kann daher von einer Kompensation des Verlustes externer bzw. sensorischer Selbstobjekte durch interne bzw. somatische und kognitive Selbstobjekte gesprochen werden.

Auf der Ebene psychopathologischer Symptome trägt diese Konstitution interner bzw. somatischer und kognitiver **Selbstobjekte** zu der Entwicklung körperlicher Symptome bei. Der Körper wird in veränderter Weise wahrgenommen (vgl. Wiebking et al. 2010). Dominiert die Konstitution kognitiver Selbstobjekte, so leidet der Depressive unter ausgeprägten verzerrten negativen kognitiven Schemata und Ruminationen, die als schmerzhaft und quälend erlebt werden. Aufgrund des Verlustes von exterozeptiven Objekten wird der Fokus der Wahrnehmung auf das eigene Selbst und die Selbstobjekte kognitiven Ursprungs gerichtet. Dieses wurde von uns in phänomenologischer Hinsicht als vermehrtes kognitives Processing des eigenen Selbst mit Ruminationen und einer Dysbalance zwischen erfahrungsmäßigem und analytischem Selbstfokus beschrieben (► Abschn. 15.12.3).

15.13 Zusammenfassende Betrachtung

Die hier entwickelte neuropsychodynamische Sichtweise der Depression soll im Folgenden noch einmal zusammengefasst werden: Das Selbst und die Veränderung des Selbsterlebens stellen zentrale Dimensionen der Depression und der psychoanalytischen Depressionstheorien dar. Das Erleben des Selbst in der schweren Depression lässt sich als Selbstverlusterfahrung charakterisieren. Es wurde ein mechanismusbasierter Forschungsansatz entwickelt, der auf die psychodynamischen, psychologischen und neuronalen Mechanismen bei Gesunden und depressiv Erkrankten zielt. Auf der Grundlage empirischer Befunde zur emotional-kognitiven Interaktion bei depressiv Erkrankten wurden neuropsychodynamische Hypothesen zum Selbst in der Depression entwickelt:

- Es wird postuliert, dass die empirisch gesicherte erhöhte Ruhezustandsaktivität in der Depression eine Prädisposition für die Reaktivierung früher Objektverlusterfahrungen des Subjektes darstellt. Der Begriff »Objektverlusterfahrung« zielt dabei nicht nur auf die bei traumatisierten depressiv Erkrankten erlebten traumatischen Beziehungserfahrungen, sondern in einem erweiterten Sinn auch auf den Verlust eines in einem signifikanten Beziehungsgefüge verankerten Selbst.
- Es wird postuliert, dass die Ruhe-Stimulus-Interaktion in der Depression infolge der erhöhten Ruheaktivität reduziert ist und mit den – mit negativem Affekt verknüpften – introjektiven Prozessen in der Begegnung des Selbst mit den Objekten korrespondiert.
- Es wird postuliert, dass die Modulation der Ruhezustandsaktivität durch die stimulusinduzierte Aktivität und die Stimulus-Ruhe-Interaktion bei Depressionen aufgrund der erhöhten Ruhezustandsaktivität vermindert ist. Aufgrund der reduzierten Stimulus-Ruhe-Interaktion resultiert eine Störung in der Entwicklung der neuronalen Struktur und Organisation, die sich in der Prozessierung aktueller Verlusterfahrungen abbildet.

Die vorhandenen neurophysiologischen, neurochemischen und neuropsychologischen Befunde lassen die Schlussfolgerung ziehen, dass die erhöhte Ruheaktivität bei Depressiven von der Wahrnehmung und Erfahrung des eigenen Körpers entkoppelt ist. Aktuelle Objektbeziehungserfahrungen werden für den Depressiven zunehmend bedeutungslos. Das depressive Selbst wird von der erlebten Bedeutung aktueller Objektbeziehungserfahrungen zunehmend entkoppelt. Dieser subjektiv wahrgenommene und erlebte externe Objektverlust wird durch die Konstitution interner Objekte (interozeptive und kognitive Stimuli) und somit einer mentalen Umwelt kompensiert. Anstelle der externen Objekte der Umwelt nimmt der Depressive zunehmend seinen Körper und seine eigenen Kognitionen als seine Umwelt wahr. Diese Kompensationsversuche auf der Basis funktionierender neuronaler Mechanismen führen schließlich zu den bekannten depressiven Symptomen (erhöhter Selbstfokus, Ruminationen, negativer Affekt und somatische Veränderungen). Aus neuropsychodynamischer Sicht sind die depressiven Symptome Ausdruck fehlgeleiteter, aber – für sich selbst betrachtet – normal funktionierender Mechanismen. Ein spezielles Problem der Depression besteht also darin, dass die vorhandenen psychodynamischen, psychologischen und neuronalen Mechanismen auch unter Bedingungen der veränderten Affektlage weiterhin ablaufen. Bei Gesunden sind sie konstitutiv und dienen adaptativen Zwecken. Im Kontext der Depression kehrt sich jedoch die Funktionalität der Bewältigungsmechanismen in Dysfunktionalität um. Diese zunehmende Dysfunktionalität der vorhandenen psychodynamischen, psychologischen und neuronalen Mechanismen in der Depression beruht auf der volatilen und unsicheren Ruheaktivität des Gehirns, insbesondere im Zusammenhang mit frühem Trauma und Objektverlust.

Die Frage, warum die geschilderten Funktionsmechanismen innerhalb eines gestörten Kontextes vermehrter Ruheaktivität aktiviert werden, lässt sich am ehesten mit Hinweis auf das zentrale Ziel der erwähnten Kompensationsversuche beantworten: Das wesentliche Ziel besteht darin, die subjektive Existenz des Selbst mit allen Mitteln aufrechtzuerhalten angesichts der erlebten Bedrohung des Selbstverlustes. Nicht Läsionen oder Störungen adaptiver neuronaler Mechanismen bestimmen somit die depressive Symptomatik, sondern vielmehr dysfunktionale Kompensationsversuche auf der Grundlage einer erhöhten Ruheaktivität. Der mechanismenbasierte psychodynamische Ansatz, den bereits Freud bei der Melancholie voraussetzte, findet hier somit seine Entsprechung auf der neuronalen Ebene des Gehirns. Diese enge Verknüpfung beider Ebenen, der psychodynamischen und der neuronalen, ermöglicht somit einen neuropsychodynamischen Ansatz im eigentlichen Wortsinn.

Die Limitationen dieses Ansatzes bestehen u. a. darin, dass bisher nur Teilaspekte psychodynamischer Dimensionen der Depression einer operationalisierenden Untersuchung zugänglich waren (vgl. Böker u. Northoff 2010; Böker et al. 2012). Die hier zusammenfassend dargestellten empirischen Ergebnisse sind als vorläufig einzuschätzen, weitere Studien zur Validierung der erhöhten Ruheaktivität bei depressiv Erkrankten sind erforderlich. Schließlich wurden bei der – auf neuronale Mechanismen fokussierenden – Entwicklung neuropsychodynamischer Hypothesen weitere Ergebnisse der neurobiologischen Depressionsforschung (z. B. funktionelle und strukturelle Folgen der Aktivierung der Stressachse bei Traumatisierung, vgl. Van der Kolk et al. 2000) nur ansatzweise einbezogen.

15.14 Therapeutische Konsequenzen

? Wie kann das Wissen um neuropsychodynamische Zusammenhänge in der Behandlung depressiv Erkrankter genutzt werden?

Aufgrund der Mehrdimensionalität und Heterogenität depressiver Erkrankungen besteht grundsätzlich die Notwendigkeit, die zur Verfügung stehenden somatotherapeutischen und psychotherapeutischen Interventionen jeweils auf den einzelnen Erkrankten abzustimmen. Dieses individualisierte Vorgehen wird gerade auch durch das Konzept der Depression als Psychosomatose der Emotionsregulation und die hier entwickelte neuropsychodynamische Theorie der Depression wesentlich unterstützt. Damit sollten frühere dichotome Vorgehensweisen, wie sie mit dem sog. triadischen Modell der Depression verbunden waren und auch trotz des vielfach proklamierten biopsychosozialen Modells der Psychiatrie in der klinischen Praxis weiterhin Bestand hatten, überwunden werden (»Psychotherapie zielt auf psychische, Somatotherapie auf die biologischen Faktoren der Depression«).

Wesentliches Ziel der Behandlung ist es, die defensiven Strategien Depressiver, die intrapsychischen, interpersonellen und psychosomatischen Teufelskreise aufzulösen (Mentzos 1995; Böker 2002, 2011).

Im Kontext der evidenzbasierten Behandlungsansätze (vgl. S3-NVL-Behandlungsleitlinien »Unipolare Depression«; DGPPN 2009) leistet die psychoanalytische Psychotherapie einen wesentlichen Beitrag zur Selbstintegration, Selbstkonsolidierung und Entwicklung günstigerer Bewältigungsmechanismen.

In der psychoanalytischen Psychotherapie depressiv Erkrankter ist die notwendige Affektabstimmung erschwert durch präsymbolische Affektansteckungen (Lichtenberg 1983, 1987). Der geeignete Zeitpunkt therapeutischer Interventionen (im Sinne der »now moments«; vgl. Stern 1983, 1985 (deutsch: 1992); Stolorov 1986) ist gerade auch in der Behandlung depressiv Erkrankter von besonderer Bedeutung. Ein spezifisches behandlungstechnisches Problem ergibt sich dabei aus der Begegnung unterschiedlicher Ebenen der Symbolisierung und einem u. U. diskontinuierlich verlaufenden Prozess der De- und Resymbolisierung, der mit einer temporären Entkoppelung von psychischem Prozess und manifester Symptomatik verbunden sein kann (vgl. Böker 2003a,b, 2012).

In einer psychoanalytischen Psychotherapie depressiv Erkrankter entfaltet sich seelisches Erleben im Sinne einer Resymbolisierung von der Teilhabe an einem körperlich geschehenden sensomotorischen Affekt durch transmodale Veränderung zu einem erlebbaren Gefühl (»semiotische Progression«, vgl. Böhme-Bloem 1999), indem der andere in seiner Andersartigkeit entdeckt wird und die Trennung betrauert werden kann: »Nur was betrauert werden kann, kann symbolisiert werden« (Segal 1956).

In der Zukunft könnten die im Rahmen des neuropsychodynamischen Modells der Depression entwickelten Hypothesen und Befunde herangezogen werden, um spezifischere psychotherapeutische Eingriffsmöglichkeiten zu entwickeln. Dabei lässt sich an psychotherapeutische Interventionen denken, die auf spezifische Abwehr- und Bewältigungsmechanismen gerichtet sind, die sich im Zuge der Depressionsentwicklung als dysfunktional erwiesen haben. Möglicherweise könnten solche psychotherapeutischen Interventionen mit der Entwicklung von neuronalen Mechanismen einhergehen, die speziell die erhöhte Ruhezustandsaktivität und abnorme Ruhe-Stimulus-Interaktion zum Ziel haben (hierzu zählen unseres Erachtens u. a. achtsamkeitsbasierte Strategien). Dieses könnte zu einer Form der Psychotherapie führen, die auf den spezifischen neuronalen Mechanismen basiert, nicht aber auf letztere reduziert werden kann. Auch in einer solchen zukünftigen »gehirnbasierten Psychotherapie« beruhen die damit ermöglichten Entwicklungs- und Trennungsprozesse und die damit verknüpften neuen Erfahrungen auf der Begegnung innerhalb der therapeutischen Beziehung.

Literatur

Abraham K (1971) Versuch einer Entwicklungsgeschichte der Libido auf Grund der Psychoanalyse seelischer Störungen. In: Psychoanalytische Studien, Band I. Fischer, Frankfurt/M, S 113–183 (Erstveröff. 1924a)

Abraham K (1982a) Ansätze zur psychoanalytischen Erforschung und Behandlung des manisch-depressiven Irreseins und verwandter Zustände. In: Psychoanalytische Studien, Bd I. Fischer, Frankfurt/M, S 146–162 (Erstveröff. 1912)

Abraham K (1982b) Versuch einer Entwicklungsgeschichte der Libido auf Grund der Psychoanalyse seelischer Störungen. In: Psychoanalytische Studien und Gesammelte Werke in 2 Bänden, Bd II. Fischer, Frankfurt/M, S 32–145 (Erstveröff. 1924b)

Adroer S (1998) Some considerations in the structure of the self and its pathology. Int J Psychoanal 79:681–696

Alcaro A, Panksepp J, Witczak J et al (2010) Is subcortical-cortical midline activity in depression mediated by glutamate and GABA? A cross-species translational approach. Neurosci Biobehav Rev 34(4):592–605

Arieti S, Bemporad J (1983) Depression: Krankheitsbild, Entstehung, Dynamik und psychotherapeutische Behandlung. Klett-Cotta, Stuttgart

Auer DP, Putz B, Kraft E et al (2000) Reduced glutamate in the anterior cingulate cortex in depression: an in vivo proton magnetic resonance spectroscopy study. Biol Psychiatry 47:305–313

Bar KJ et al (2004) The influence of major depression and its treatment on heart rate variability and pupillary light reflex parameters. J Affect Disord 82(2):245–252

Berman SM, McCann JT (1995) Defense mechanisms and personality disorders: an empirical test of Millon's theory. J Pers Assess 64(1):132–144

Berman SM, Cappiello A, Anand A et al (2000) Antidepressant effects of ketamine in depressed patients. Biol Psychiatry 47:351–354

Blatt SJ (1998) Contributions of psychoanalysis to the understanding and treatment of depression. Am J Psychoanal 46:723–752

Bleakman D, Alt A, Witkin JM (2007) AMPA receptors in the therapeutic management of depression. CNS Neurol Disord Drug Targets 6:117–126

Böhme-Bloem C (1999) Gleiches und Trennendes bei der Affektabstimmung als Vorbereitung auf die Symbolbildung in der menschlichen Entwicklung und im psychoanalytischen Prozess. In: Schlösser A, Höhfeld K (Hrsg) Trennungen. Bibliothek der Psychoanalyse. Psychosozial Verlag, Gießen

Böker H (1999) Selbstbild und Objektbeziehungen bei Depressionen: Untersuchungen mit der Repertory Grid-Technik und dem Gießen-Test an 139 PatientInnen mit depressiven Erkrankungen. Monographien aus dem Gesamtgebiete der Psychiatrie. Steinkopff-Springer, Darmstadt

Böker H (2000) Depression, Manie und schizoaffektive Psychosen. Psychodynamische Theorien, einzelfallorientierte Forschung und Psychotherapie. Psychosozial Verlag, Gießen

Böker H (Hrsg) (2001) Depression, Manie und schizoaffektive Psychosen: psychodynamische Theorien, einzelfallorientierte Forschung und Psychotherapie. Psychosozial-Verlag, Gießen

Böker H (2002) Depressionen: Psychosomatische Erkrankungen des Gehirns? In: Böker H, Hell D (Hrsg) Therapie der affektiven Störungen. Psychosoziale und neurobiologische Perspektiven. Schattauer, Stuttgart, S 183–205

Böker H (2003a) Sind Depressionen psychosomatische Erkrankungen? Vierteljahresschrift der Naturforschenden Gesellschaft in Zürich 148:1–16

Böker H (2003b) Symbolisierungsstörungen bei schweren Depressionen: Zur Bedeutung psychosomatischer Circuli vitiosi bei depressiv Erkrankten. In: Lahme-Gronostaj H (Hrsg) Symbolisierung und ihre Störungen. Deutsche Psychoanalytische Vereinigung, Frankfurt/M, S 149–164

Böker H (2004) Persons with depression, mania and schizoaffective Psychosis – investigations of cognitive complexity, self-esteem, social perception and object relations by means of the Repertory Grid-Technique. In: Klapp BF et al (Hrsg) Role repertory grid and body grid – Construct psychological approaches in psychosomatic research. Reihe Klinische Psycholinguistik. VAS, Frankfurt/M, S 3–20

Böker H (2005) Melancholie, Depression und affektive Störungen: Zur Entwicklung der psychoanalytischen Depressionsmodelle und deren Rezeption in der Klinischen Psychiatrie. In: Böker H (Hrsg) Psychoanalyse und Psychiatrie – Historische Entwicklung, Krankheitsmodelle und therapeutische Praxis. Springer, Berlin

Böker H (Hrsg) (2006) Psychoanalyse und Psychiatrie. Geschichte, Krankheitsmodelle und Therapiepraxis. Springer, Heidelberg

Böker H (2009a) Selbst und Körper in der Depression: Herausforderungen an die Therapie. Schweizer Archiv für Neurologie und Psychiatrie 160(5):188–199

Böker H (2009b) Psychotherapeutische Langzeitbehandlung bei Dysthymie, Double Depression und chronischer Depression. In: Hartwich P, Barocka A (Hrsg) Psychisch krank. Das Leiden unter Schwere und Dauer. Verlag Wissenschaft & Praxis, Sternenfels, S 17–44

Böker H (2011) Psychotherapie der Depression. Huber, Bern

Böker H, Northoff G (2005) Desymbolisierung in der schweren Depression und das Problem der Hemmung: Ein neuropsychoanalytisches Modell der Störung des emotionalen Selbstbezuges Depressiver. Psyche – Z Psychoanal 59:964–989

Böker H, Northoff G (2010) Die Entkopplung des Selbst in der Depression: Empirische Befunde und neuropsychodynamische Hypothesen. Psyche – Z Psychoanal 64:934–976

Böker H, Grimm S (2012) Emotion und Kognition bei depressiv Erkrankten. In: Böker H, Seifritz E (Hrsg) Psychotherapie und Neurowissenschaften. Integration – Kritik – Zukunftsaussichten. Huber, Bern, S 309–351

Böker H, Northoff G, Lenz C et al (2000a) Die Rekonstruktion der Sprachlosigkeit: Untersuchungen des subjektiven Erlebens ehemals katatoner PatientInnen mittels modifizierter Landfield-Kategorien. Psychiat Prax 27:389–396

Böker H, von Schmeling C, Lenz C et al (2000b) Subjective experience of catatonia: construct-analytical findings by means of modified Landfield categories. In: Scheer JW (Hrsg) The person in society: challenges to a constructivist theory. Psychosozial-Verlag, Gießen, S 303–316

Boeker H, Hell D, Budischewski K et al (2000c) Personality and object relations in patients with affective disorders: Idiographic research by means of the repertory grid-technique. J Affect Disord 60:53–60

Boeker H, Schulze J, Richter A et al (2012) Sustained cognitive impairments after clinical recovery of severe depression. J Nerv Ment Dis 200(9):773–776

Buckner RL, Andrews-Hanna JR, Schacter DL (2008) The brain's default network: anatomy, function, and relevance to disease. Ann N Y Acad Sci 1124:1–38

Canli T, Sivers H, Thomason ME et al (2004) Brain activation to emotional words in depressed vs healthy subjects. Neuroreport 15:2585–2588

Carhart-Harris RL, Friston KJ (2010) The default-mode, ego-function and free energy; a neurobiological account of Freudian ideas. Brain 133:1265–1283

Chodoff P (1972) The depressive personality. A critical review. Arch Gen Psychiatr 27:666–673

Chourbaji S, Vogt MA, Fumagalli F et al (2008) AMPA receptor subunit 1 (GluR-A) knockout mice model the glutamate hypothesis of depression. FASEB J 22:3129–3134

Coyne JC (1976a) Depression and response of others. J Abnorm Psychol 85:186–193

Coyne JC (1976b) Toward an interactional description of depression. Psychiatry 39:28–40

Coyne JC (1985) Studying depressed persons' interactions with strangers and spouses. J Abnorm Psychol 94(2):231–232

Coyne JC et al (1987) Living with a depressed person. J Consult Clin Psychol 55(3):347–352

Damasio AR (1999) How the brain creates the mind. Sci Am 281(6):112–117

Davidson RJ (2002) Anxiety and affective style: role of prefrontal cortex and amygdala. Biol Psychiatry 51(1):68–80

Davidson RJ, Irwin W, Anderle MJ, Kalin NH (2003) The neural substrates of affective processing in depressed patients treated with Venlafaxine. Am J Psychiatry 160:64–75

Deci EL et al (1994) Facilitating internalization: the self-determination theory perspective. J Pers 62(1):119–142

Dennecker FW (1989) Das Selbst-System. Psyche 43:577–608

DGPPN, BÄK, KBV, AWMF, AkdÄ, BPtK, BApK, DAGSHG, DEGAM, DGPs, DGRW für die Leitliniengruppe Unipolare Depression (Hrsg) (2009) S3-Leitlinie/Nationale VersorgungsLeitlinie Unipolare Depression-Langfassung, 1. Aufl. DGPPN, ÄZQ, AWMF, Berlin, Düsseldorf. ► http://www.dgppn.de, ► http://www.versorgungsleitlinien.de, ► http://www.awmf-leitlinien.de

Dichter GS, Felder JN, Petty C et al (2009) The effects of psychotherapy on neural responses to rewards in major depression. Biol Psychiatry 66:886–897

Drevets WC, Price JL, Furey ML (2008) Brain structural and functional abnormalities in mood disorders: implications for neurocircuitry models of depression. Brain Struct Funct 213(1–2):93–118

Eicke-Spengler M (1977) Zur Entwicklung der psychoanalytischen Theorie der Depression. Ein Literaturbericht. Psyche 31:1079–1125

Elliott R, Sahakian, BJ, Michael A et al (1998) Abnormal neural response to feedback on planning and guessing tasks in patients with unipolar depression. Psychol Med 28:559–571

Elliott R, Rubinsztein JS, Sahakian BJ et al (2002) The neural basis of mood-congruent processing biases in depression. Arch Gen Psychiatry 59(7):597–604

Ernst J, Northoff G, Böker H et al (2013) Interoceptive awareness enhances neural activity during empathy. Human Brain Mapping 34:1615–1624
Ernst J, Boeker H, Hättenschwiler J et al. (2014) The association of interoceptive awarenessand alexithymia with neurotransmitter concentrations in insula and anterior cingulate. Soc Cogn Affect Neurosci 9:857–863
Feder A, Nestler EJ, Charney DS (2009) Psychobiology and molecular genetics of resilience. Net Rev Neurosci 10(6):446–457
Feinberg TE (2011) Neuropathologies of the self: clinical and anatomical features, Conscios Cogn 20:75–81
Fitzgerald PB, Sritharan A, Daskalakis ZJ et al (2007) A functional magnetic resonance imaging study of the effects of low frequency right prefrontal transcranial magnetic stimulation in depression. J Clin Psychopharmacol 27:488–492
Freud S (1914) Zur Einführung des Narzissmus. GW 10. Fischer, Frankfurt/M, 1975, S 37–68
Freud S (1917) Trauer und Melancholie. GW X. Fischer, Frankfurt/M, 1975, S 193–212
Freud S (1921) Massenpsychologie und Ich-Analyse. GW XIII. Fischer, Frankfurt/M, 1974, S 61–134
Freud S (1923) Das Ich und das Es. GW XIII. Fischer, Frankfurt/M, 1975, S 273–330
Freud S (1924) Das ökonomische Problem des Masochismus.. Fischer, Frankfurt/M, 1975, S 341–354
Friston KJ (1998) Imaging neuroscience: principles or maps? Proc Natl Acad Sci USA 95(3):796–802
Friston K (2003): Learning and inference in the brain. Neural Netw 16(9):1325–1352
Friston KJ, Price CJ (2001) Dynamic representations and generative models of brain function. Brain Res Bull 54(3):275–285
Friston KJ, Penny W (2003) Posterior probability maps and SPMs. Neuroimage 19(3):1240–1249
Friston KJ, Price CJ (2003) Degeneracy and redundancy in cognitive anatomy. Trends Cogn Sci 7(4):151–152
Friston KJ et al (1998a) Event-related fMRI: characterizing differential responses. Neuroimage 7(1):30–40
Friston KJ et al (1998b) Nonlinear event-related responses in fMRI. Magn Reson Med 39(1):41–52
Friston KJ et al (2003) Dynamic causal modelling. Neuroimage 19(4):1273–1302
Fu CHY, Williams SCR, Cleare AJ et al (2004) Attenuation of the neural response to sad faces in major depression by antidepressant treatment: a prospective, event-related functional magnetic resonance imaging study. Arch Gen Psychiatry 61:877–889
Gabbard G (2005) Psychodynamic psychiatry in clinical practice. American Psychiatric Press Inc, Arlington VA
Goel V, Dolan RJ (2003a) Explaining modulation of reasoning by belief. Cognition 87(1):11–22
Goel V, Dolan RJ (2003b) Reciprocal neural response within lateral and ventral medial prefrontal cortex during hot and cold reasoning. Neuroimage 20(4):2314–2321
Gotlib IH et al (2004) Attentional biases for negative interpersonal stimuli in clinical depression. J Abnorm Psychol 113(1):121–135
Greicius MD et al (2003) Functional connectivity in the resting brain: a network analysis of the default mode hypothesis. Proc Natl Acad Sci USA 100(1):253–258
Greicius MD, Flores BH, Menon V et al (2007) Resting-state functional connectivity in major depression: abnormally increased contributions from subgenual cingulate cortex and thalamus. Biol Psychiatry 62:429–437
Grimm S, Schmidt CF, Bermpohl F et al (2006) Segregated neural representation of distinct emotion dimensions in the prefrontal cortex – an fMRI study. NeuroImage 30(1):325–340
Grimm S, Beck J, Schüpbach D et al (2008) Imbalance between left and right dorsolateral prefrontal cortex in major depression is linked to negative emotional judgment. An fMRI study in severe major depressive disorder. Biol Psychiatry 63:369–376
Grimm S, Ernst J, Boesiger P et al (2009) Increased self-focus in major depressive disorder is related to neural abnormalities in subcortical midline structures. Human Brain Mapping 30(8):2617–2627
Gross O (1907) Das Freud'sche Ideogenitätsmoment und seine Bedeutung im manisch-depressiven Irresein Kraepelins. Vogel, Leipzig
Guinjoan SM et al (1995) Cardiovascular tests of autonomic function and sympathetic skin responses in patients with major depression. J Neurol Neurosurg Psychiatry 59(3):299–302
Gusnard DA, Raichle ME (2001) Searching for a baseline: functional imaging and the resting human brain. Nat Rev Neurosci 2(10):685–694
Gusnard DA et al (2001) Medial prefrontal cortex and self-referential mental activity: relation to a default mode of brain function. Proc Natl Acad Sci USA 98(7):4259–4264
Gut E (1989) Productive and unproductive Depression. Tavistock & Routledge, London GB
Hasler G, van der Veen JW, Tumonis T et al (2007) Reduced prefrontal glutamate/glutamine and gamma-aminobutyric acid levels in major depression determined using proton magnetic resonance spectroscopy. Arch Gen Psychiatry 64:193–200
Heinzel A, Grimm S, Beck J et al (2009) Segregated neural representation of psychological and somatic-vegetative symptoms in severe major depression. Neurosci Lett 456(2):49–53
Heller AS, Johnstone T, Shackman AJ et al (2009): Reduced capacity to sustain positive emotion in major depression reflects diminished maintenance of fronto-striatal brain activation. Proc Natl Acad Sci USA 106(52):22445–22450
Holsboer-Trachsler E, Vanoni C (2007) Depression in der Praxis. 3. erweiterte Aufl. Sozio-medico Verlag, Wessobrunn
Ingram RE (1990) Self-focused attention in clinical disorders: Review and a conceptual model. Psychol Bull 107(2):156–176

Inoue Y et al (2004) Deficiency of theory of mind in patients with remitted mood disorder. J Affect Disord 82(3):403–409
Jacobson E (1971) Depression. Comparative studies of normal, neurotic and psychotic conditions. New Intern Universities Press, New York NY
Kant O (1928) Über die Psychologie der Depression. Z Ges Neurol Psychiat 113:255–285
Keedwell PA, Andrew C, Williams SCR et al (2005) The neural correlates of anhedonia in major depressive disorder. Biol Psychiatry 58:843–853
Kerr N et al (2003) Theory of mind deficits in bipolar affective disorder. J Affect Disord 73(3):253–259
Kohut H (1977) The restoration of the self. International Universities Press, New York. Deutsch (1979) Die Heilung des Selbst. Suhrkamp, Frankfurt/M
Kolk van der BA McFarlane AC Weisaeth L (Hrsg) (2000) Traumatic Stress. Grundlagen und Behandlungsansätze. Junfermann Verlag, Paderborn
Kratzsch S (2001) Depressionen: Erleben und Selbst in der depressiven Erkrankung. In: Milch W (Hrsg) Lehrbuch der Selbstpsychologie. Kohlhammer, Stuttgart, S 191–213
Kumar P, Waiter G, Ahearn T et al (2008) Abnormal temporal difference reward-learning signals in major depression. Brain 131:2084–2093
Kumari V, Mitterschiffthaler MT, Teasdale JD et al (2003) Neural abnormalities during cognitive generation of affect in treatment-resistant depression. Biol Psychiatry 54:777–791
Lamme VA (2001) Blindsight: the role of feedforward and feedback corticocortical connections. Acta Psychol (Amst) 107(1–3):209–228
Lamme VA (2004) Separate neural definitions of visual consciousness and visual attention; a case for phenomenal awareness. Neural Netw 17(5–6):861–872
Lawrence NS, Williams AM, Surguladze S et al (2004) Subcortical and ventral prefrontal cortical neural responses to facial expressions distinguish patients with bipolar disorder and major depression. Biol Psychiatry 55:578–587
Lichtenberg JD (1983) Psychoanalysis and infant research. The Analytic Press, Hillsdale, New York. Deutsch (1991) Psychoanalyse und Säuglingsforschung. Springer, Berlin
Lichtenberg JD (1987) Die Bedeutung der Säuglingsbeobachtung für die klinische Arbeit mit Erwachsenen. Z Psychoanal Theor Prax 2:123–145
Liotti M, Mayberg HS, McGinnis S et al (2002) Unmasking disease-specific cerebral blood flow abnormalities: mood challenge in patients with remitted unipolar depression. Am J Psychiatry 159(11):1830–1840
Loch W (1967) Psychoanalytische Aspekte zur Pathogenese und Struktur depressiv-psychotischer Zustandsbilder. Psyche 21:758–779
Maeng S, Zarate CA Jr (2007) The role of glutamate in mood disorders: results from the ketamine in major depression study and the presumed cellular mechanism underlying its antidepressant effects. Curr Psychiatry Rep 9:467–474
Maeng S, Zarate CA Jr, Du J et al (2008) Cellular mechanisms underlying the antidepressant effects of ketamine: role of alpha-amino-3-hydroxy-5-methylisoxazole-4-propionic acid receptors. Biol Psychiatry 63:349–352
Malancharuvil JM (2004) Projection, introjection, and projective identification: a reformulation. Am J Psychoanal 64(4):375–382
Masterman, DL, Cummings JL (1997) Frontal-subcortical circuits: the anatomic basis of executive, social and motivated behaviors. J Psychopharmacol 11(2):107–114
Mayberg H (2002) Depression, II: localization of pathophysiology. Am J Psychiatry 159:1979
Mayberg HS (2003a) Modulating dysfunctional limbic-cortical circuits in depression: towards development of brain-based algorithms for diagnosis and optimised treatment. Br Med Bull 65:193–207
Mayberg HS (2003b) Positron emission tomography imaging in depression: a neural systems perspective. Neuroimaging Clin N Am 13:805–815
Mayberg HS, Liotti M, Brannan SK et al (1999) Reciprocal limbic-cortical function and negative mood: converging pet findings in depression and normal sadness. Am J Psychiatry 156:675–682
Mayberg HS, Brannan SK, Tekell JL et al (2010) Regional metabolic effects of fluoxetine in major depression; serial changes and relationship to clinical response. Biol Psychiatry 48(8):830–843
Mazoyer B et al (2001) Cortical networks for working memory and executive functions sustain the conscious resting state in man. Brain Res Bull 54(3):287–298
Mentzos S (1995) Depression und Manie; Psychodynamik und Psychotherapie affektiver Störungen. Vandenhoeck & Ruprecht, Zürich
Miller A (1987) Zeitkurven. Ein Leben. Fischer, Frankfurt/M. Engl.: Timebends (1987). Grove Press, New York NY
Murphy FC et al (1999) Emotional bias and inhibitory control processes in mania and depression. Psychol Med 29:1307–1321
Murphy FC et al (2003) Functional neuroanatomy of emotions: a meta-analysis. Cogn Affect Behav Neurosci 3(3):207–233
Nagay Y et al (2004) Activity in ventromedial prefrontal cortex covaries with sympathetic skin conductance level: a physiological account of a »default mode« of brain function. Neuroimage 22(1):243–251
Nemeroff CB, Heim CM, Thase ME et al (2003) Differential responses to psychotherapy versus pharmacotherapy in patients with chronic forms of major depression and childhood trauma. PNAS 100:14293–14296
Northoff G (2000) Das Gehirn: Eine neurophilosophische Bestandsaufnahme. Mentes-Verlag, Paderborn
Northoff G (2002a) Catatonia and neuroleptic malignant syndrome: psychopathology and pathophysiology. J Neural Transm 109(12):1453–1467
Northoff G (2002b) What catatonia can tell us about »top-down modulation: a neuropsychiatric hypothesis. Behav Brain Sci 25(5):555–577; discussion 578–604

Northoff G (2004) Philosophy of the brain. The brain problem. John Benjamin Publishing, Amsterdam NLD
Northoff G (2013) Unlocking the brain. Vol 2: Consciousness. Oxford University Press, Oxford GB
Northoff G, Bermpohl F (2004) Cortical midline structures and the self. Trends Cogn Sci 8(3):102–107
Northoff G, Böker H (2006) Principles of neuronal integration and defense mechanisms: neuropsychoanalytic hypothesis. Neuropsychoanalysis 8(1):69–84
Northoff G, Eckert J, Fritze J (1997) Glutamatergic dysfunction in catatonia? Successful treatment of three acute akinetic catatonic patients with the NMDA antagonist amantadine. J Neurol Neurosurg Psychiatry 62:404–406
Northoff G, Bogerts B, Baumgart F et al (2002) Orbitofrontal cortical dysfunction and »sensori-motor regression«: A combined study of fMRI and personal constructs in catatonia. Neuropsychoanalysis 4:149–175
Northoff G et al (2003) Emotional-behavioral disturbances in catatonia: A combined study of psychological self-evaluation and fMRI. Neuropsychoanalysis 3:151–167
Northoff G, Heinzel A, Bermpohl F et al (2004) Reciprocal modulation and attenuation in the prefrontal cortex: An fMRI study on emotional-cognitive interaction. Human Brain Mapping 21(3):202–212
Northoff G, Richter A, Bermpohl F et al (2005) NMDA hypofunction in the posterior cingulate as a model for schizophrenia: an exploratory ketamine administration study in fMRI. Schizophr Res 72(2–3):235–248
Northoff G, Walter M, Schulte RF et al (2007) Gaba concentrations in the human anterior cingulate cortex predict negative BOLD responses in fMRI. Nature Neuroscience 10(12):1515–1517
Panksepp J (1998a) Affective Neuroscience: the foundations of human and animal emotions. Oxford University Press, New York NY
Panksepp J (1998b) The periconscious substrates of consciousness: affective states and the evolutionary origins of the self. J Consciousness Stud 5(5–6):566–582
Paradiso S et al (1997) Cognitive impairment in the euthymic phase of chronic unipolar depression. J Nerv Ment Dis 185(12):748–754
Pessoa L, Ungerleider LG (2004) Neuroimaging studies of attention and the processing of emotion-laden stimuli. Prog Brain Res 144:171–182
Pessoa L et al (2002) Neural processing of emotional faces requires attention. Proc Natl Acad Sci USA 99(17):1158–1163
Phan KL et al (2002) Functional neuroanatomy of emotion: a meta-analysis of emotion activation studies in PET and fMRI. Neuroimage 16(2):331–348
Phillips ML, Drevets WC, Rauch SL, Lane R (2003) Neurobiology of emotion perception II: Implications for major psychiatric disorders. Biol Psychiatry 54:515–528
Pizzagalli DA, Holmes AJ, Dillon DG et al (2009) Reduced caudate and nucleus accumbens response to rewards in unmedicated individuals with major depressive disorder. Am J Psychiatry 166(6):702–710
Post RM (1992) Transduction of psychosocial stress into the neural biology of recurrent affective disorder. Am J Psychiatry 149:99–110
Price CJ, Friston KJ (2002) Degeneracy and cognitive anatomy. Trends Cogn Sci 6(10):416–421
Price JL, Drevets WC (2010) Neurocircuitry of mood disorders. Neuropsychopharmacology 35(1):192–216
Qin P, Northoff G (2011) How is our self related to midline regions and the default-mode network? NeuroImage 57:1221–1233
Raichle ME (2001) Cognitive neuroscience. Bold insights. Nature 412(6843):128–130
Raichle ME (2003) Functional brain imaging and human brain function. J Neurosci 23(10):3959–3962
Raichle, ME et al (2001) A default mode of brain function. Proc Natl Acad Sci USA 98(2):676–682
Rimes KA, Watkins E (2005) The effects of self-focused rumination on global negative self-judgments in depression. Behav Res Ther 43:1673–1681
Sajonz B, Kahnt T, Margulies DS et al (2010) Delineating self-referential processing from episodic memory retrieval: common and dissociable networks. Neuroimage 50(4):1606–1617
Salvadore G, Cornwell BR, Colon-Rosario V et al (2009) Increased anterior cingulate cortical activity in response to fearful faces: a neurophysiological biomarker that predicts rapid antidepressant response to ketamine. Biol Psychiatry 65:289–295
Sanacora G (2010) Cortical inhibition, gamma-aminobutyric acid, and major depression: there is plenty of smoke but is there fire? Biol Psychiatry 67(5):397–398
Schilder P (1973) Entwurf zu einer Psychiatrie auf psychoanalytischer Grundlage. Suhrkamp, Frankfurt/M (Erstveröff. 1925)
Schmidt-Degenhard M (1983) Melancholie und Depression: Zur Problemgeschichte der depressiven Erkrankungen seit Beginn des 19. Jahrhunderts. Psychiatrie, Neurologie, Klinische Psychologie. Grundlagen – Methoden – Ergebnisse. Kohlhammer, Stuttgart
Segal H (1956) Bemerkungen zur Symbolbildung. In: Both-Spillius E (Hrsg) Melanie Klein heute (Bd 1). Verlag Internat Psychoanalyse, München
Sheline YI, Barch DM, Price JL et al (2009) The default mode network and self-referential processes in depression. Proc Natl Acad Sci USA 106(6):1942–1947
Sheppard LC (2004) How does dysfunctional thinking decrease during recovery from major depression? J Abnorm Psychol 113(1):64–71
Shin LM et al (2005) A functional magnetic resonance imaging study of amygdala and medial prefrontal cortex responses to overtly presented fearful faces in posttraumatic stress disorder. Arch Gen Psychiatry 62(3):273–281
Smoski MJ, Felder J, Bizzell J et al (2009) fMRI of alterations in reward selection, anticipation, and feedback in major depressive disorder. J Affect Disord 118(1–3):69–78
Stern H (1983) The early development of scheme of self, other, and »self with other«. In: Lichtenberg JD, Kaplan

S (Hrsg) Reflections on self psychology. Analytic Press, Hillsdale NJ, S 49–84

Stern DN (1985) The interpersonal world of the infant. Basic Books, New York. Deutsch (1992) Die Lebenserfahrung des Säuglings. Klett-Cotta, Stuttgart

Stolorov RD (1986) On experiencing an object: a multidimensional perspective. In: Goldberg A (Hrsg) Progress in self-psychology, Vol II. The Analytic Press, Hillsdale NJS 273–279

Surguladze SA, Young AW, Senior C et al (2005) Recognition accuracy and response bias to happy and sad facial expressions in patients with major depression. Neuropsychology 18:212–218

Tellenbach H (1961) Melancholie. Zur Problemgeschichte, Typologie, Pathogenese und Klinik. Springer, Berlin

Tononi G, Edelman GM (2000) Schizophrenia and the mechanisms of conscious integration. Brain Res Rev 31(2–3):391–400

Treynor W, Gonzalez R, Nolen-Hoeksema S (2003) Rumination reconsidered: A psychometric analysis. Cognitive Ther Res 27:247–259

Walter M, Henning A, Grimm S et al (2009) The relationship between aberrant neuronal activation in the pregenual anterior cingulate, altered glutamatergic metabolism and anhedonia in major depression. Arch Gen Psychiatry 66 (5):478–486

Wicker B et al (2003a) Both of us disgusted in My insula: the common neural basis of seeing and feeling disgust. Neuron 40(3):655–664

Wicker B et al (2003b) Being the target of another's emotion: a PET study. Neuropsychologia 41(2):139–146

Wicker B et al (2003c) A relation between rest and the self in the brain? Brain Res Rev 43(2):224–230

Wiebking C, Bauer A, de Greck M et al (2010) Abnormal body perception and neural activity in the insula in depression: an fMRI study of the depressed »material me«;. World J Biol Psychiatry 11(3):538–549

Wiesel TN (1994) Genetics and behaviour. Science 264:16–47

Zarate CA Jr, Singh JB, Carlson PJ et al (2006) A randomized trial of an N-methyl-D-aspartate antagonist in treatment-resistant major depression. Arch Gen Psychiatry 63:856–864

Manische Syndrome

Heinz Böker, Simone Grimm, Peter Hartwich

H. Böker et al. (Hrsg.), *Neuropsychodynamische Psychiatrie*,
DOI 10.1007/978-3-662-47765-6_16, © Springer-Verlag Berlin Heidelberg 2016

»Bei manchen tritt die Manie als Lustigkeit auf, sie lachen, spielen, tanzen Tag und Nacht, sie flanieren auf dem Markt, bisweilen mit Kränzen auf dem Kopf, als ob sie aus einem Wettspiel als Sieger hervorgegangen wären; solche Patienten bereiten den Angehörigen keine Sorgen. Andere aber rasten vor Zorn aus ... Die Erscheinungsformen sind unzählig. Manche, die intelligent und gebildet sind, beschäftigen sich mit Astronomie, ohne es jemals gelernt zu haben, mit Philosophie autodidaktisch, betrachten Poesie als ein Geschenk der Musen ...«
(Aretäus von Kappadokien, Übersetzung durch Marneros 2004)

16.1 Einleitung

Die manische Symptomkonstellation ist in der Klinik in der Regel leicht zu erkennen. So ist es auch zu verstehen, dass die verschiedenen diagnostischen Systeme eine größere symptomatologische Uniformität der Manie als der Depression zeigen. Wie bereits in dem eingangs erwähnten Zitat von Aretäus von Kappadokien erwähnt, ist die symptomatologische Uniformität jedoch keineswegs gleichzusetzen mit einer syndromatologischen oder phänomenologischen Uniformität. Es besteht vielmehr eine oftmals sehr unterschiedliche symptomatologische Ausgestaltung manischer Episoden von Patient zu Patient und den Erkrankten im Verlauf (Goodwin u. Jamison 1990).

- **Kriterien für Manie (ohne psychotische Symptome) nach den Forschungskriterien der ICD-10**
- **Symptomatik:**
  - Situationsinadäquate, anhaltende gehobene Stimmung (sorglos-heiter bis erregt)
  - Selbstüberschätzung
  - Vermindertes Schlafbedürfnis
  - Gesprächigkeit/Rededrang
  - ↓ Aufmerksamkeit und Konzentration, Ablenkbarkeit, Hyperaktivität
- **Schweregrad:**
  - Mittelgradig: Manie ohne psychotische Symptome
  - Zusätzlich: berufliche/soziale Funktionsfähigkeit unterbrochen
  - Dauer: mindestens 1 Woche
  - Schwer: Manie mit psychotischen Symptomen
  - Zusätzlich: Wahn
- **Mindestdauer:** 1 Woche
- **Ausschluss:**
  - Schizophrenie
  - Schizoaffektive Störung (schizomanische Störung)
  - Hyperthyreose, Anorexia nervosa

Manische Patienten erleben eine Fülle von gesteigerten Selbstwertgefühlen, empfinden sich voller Vitalität, Aktivität und Energie. Solange diese Symptome in milderer Form vorhanden sind und als Hypomanie auftreten, können sie durchaus vielfältige positive Aspekte beinhalten. Bei subklinischen Verlaufsformen können Aktivitäten mit Leichtigkeit entfaltet werden, die Haltung zur Welt und anderen Menschen ist positiv ausgerichtet. Allerdings entwickeln sich bereits in diesem Zusammenhang konfliktuöse Beziehungsmuster, da sich das soziale Umfeld manischer Patienten vielfach überfordert, beeinträchtigt oder gar erheblich gestört erlebt. Klinische Formen der Manie hinterlassen häufig Scherben im sozialen Umfeld manischer Patienten.

Die Beschleunigung des Denkens, der Rededrang, die Überaktivität, die Steigerung der Vital- und der Selbstwertgefühle, die Enthemmung, die megalomane Einstellung oder der Größenwahn wurden von Janzarik (1985) als Endprodukte einer »dynamische Expansion« gewertet.

In der ICD-10 werden drei Haupttypen manischer Episoden, die sich an den Schweregraden orientieren, unterschieden: Als leichteste Ausprägung der Manie wird die Hypomanie (F30.0) bezeichnet, als mittelschwere Form wird die »Manie ohne psychotische Symptome« (F30.1) gewertet und als die schwerste Form gilt die »Manie mit psychotischen Symptomen« (F30.2).

Bei einer manischen Episode mit psychotischen Symptomen werden die Kriterien für eine Manie (mit Ausnahme des Kriteriums C: Fehlen von Halluzinationen oder Wahn) erfüllt, nicht jedoch gleichzeitig die Kriterien für eine Schizophrenie oder eine schizomanische Störung. Wahnideen oder Halluzinationen können vorkommen. Die Wahngedanken sind – im Unterschied zur Schizophrenie – nicht bizarr oder kulturell unangemessen, bei den Halluzinationen handelt es sich nicht um Rede in der dritten Person oder kommentierende Stimmen. Am häufigsten sind Größen-, Liebes-, Beziehungs- und Verfolgungswahn.

Die Prognose einer manischen Erkrankung ist umso ungünstiger, je früher psychotische Symptome im Verlauf einer Manie auftreten. Im Verlauf der bipolaren Erkrankung kann die psychotische Manie ein Suizidrisiko darstellen (Simpson u. Jamison 1999).

Unter der Bezeichnung der katatonen Manie werden die schon von Kraepelin (1913) beschriebenen Syndrome der »stuporösen Manie« bzw. teilweise auch der »tobsüchtigen Manie« verstanden.

Die in der Klinik zu beobachtenden phänomenologischen Subtypen weisen unterschiedliche Akzente auf: Sie lassen sich als »heitere«, »gereizte«, »erregte«, »ideenflüchtige«, »verworrene« und »expansive« Manie beschreiben (vgl. Marneros 2004).

Differenzialdiagnostisch sind Überlappungen mit einer »gemischten bipolaren Episode« zu berücksichtigen.

16.2 Neurowissenschaftliche und neuropsychologische Befunde bei bipolaren Störungen

Patienten mit bipolaren Störungen weisen eine Vielzahl von neuropsychologischen Beeinträchtigungen auf, nicht nur während manischer und depressiver Episoden, sondern auch nach Remission der klinischen Symptome. Diese Dysfunktionen sind mit strukturellen und funktionellen Veränderungen in kortikalen und limbischen Arealen assoziiert und haben einen erheblichen Einfluss auf das psychosoziale Funktionsniveau der Patienten. Der folgende Abschnitt soll einen kurzen Überblick über relevante neurowissenschaftliche und neuropsychologische Befunde bei bipolaren Störungen liefern.

16.2.1 Strukturelle und funktionelle Bildgebung

In zahlreichen Studien wurden strukturelle Veränderungen in kortikalen und subkortikalen Gehirnarealen gezeigt. Besonders häufig fanden sich eine Erweiterung der Seitenventrikel, eine Erweiterung der kortikalen Furchen sowie subkortikale Hyperintensitäten (Kempton et al. 2008). Zudem wurden bei Patienten mit bipolaren Störungen ein vergrößertes Amygdalavolumen (Strakowski 2012), eine Demyelinisierung der Faserverbindungen von Amygdala zu Hippocampus und präfrontalem Kortex (Benedetti et al. 2011) sowie in frontotemporalen Arealen der Emotionsregulation (Versace et al. 2010; Phillips u. Kupfer 2013) beschrieben. Eine Volumenzunahme als mögliches Korrelat von Neurogenese unter Lithiumtherapie wurde ebenfalls beschrieben (Lyoo et al. 2010), wobei aktuelle Studienergebnisse darauf hindeuten, dass es sich hierbei eher um ein methodologisches Artefakt aufgrund eines Lithiumeffektes auf die MR-Signalintensität handeln könnte (Cousins et al. 2013). Funktionelle Untersuchungen mittels BOLD-fMRI zeigten bei bipolaren Patienten während der Durchführung emotionaler und kognitiver Aufgaben veränderte Aktivierungsmuster im ventrolateralen präfrontalen Kortex (Lim et al. 2013). Die Amygdala ist eine wichtige Schaltstelle innerhalb eines frontallimbischen Netzwerkes der Emotionsregulation und weist bei bipolaren Patienten auch in euthymen Perioden eine erhöhte Ruheaktivität sowie eine Hyperreaktivität bei der Darbietung emotionaler Reize auf (Strakowski et al. 2012; Chen et al. 2011). Ein kürzlich vorgestelltes Modell unternimmt den Versuch, die bisherigen Ergebnisse morphometrischer und funktioneller Untersuchungen zu integrieren und postuliert zwei ventrale präfrontale Netzwerke der Emotionsregulation (Strakowski et al. 2012). Diese bestehen aus repetitiven Schleifen der Informationsverarbeitung und modulieren die Aktivität der Amygdala und anderer limbischer Regionen. Eines dieser Netzwerke wird vorrangig vom ventrolateralen präfrontalen Kortex moduliert und ist entscheidend für die Verarbeitung externer emotionaler Signale wie z. B. Gesichtsausdrücke, die Wut, Freude, Angst etc. widerspiegeln

(Townsend u. Altshuler 2012). Das andere Netzwerk ist eng mit dem ventromedialen präfrontalen Kortex und der Modulation interner emotionaler Reaktionen assoziiert. In diesem Modell können bipolare Störungen somit sowohl mit einer Dysfunktion einzelner Kerngebiete als auch mit einer gestörten Konnektivität zwischen verschiedenen Hirnarealen erklärt werden, die vergleichbare Auswirkungen auf das Netzwerk der Affekt- und Emotionskontrolle haben (Phillips et al. 2008). Bei bipolaren Störungen liegen Störungen sowohl innerhalb umschriebener Hirnareale als auch in den Verbindungen zwischen diesen Arealen vor, was letztlich in einer dysfunktionalen Affektregulierung resultiert.

16.2.2 Neuropsychologische Beeinträchtigungen

Schwere kognitive Beeinträchtigungen sind ein häufiges Symptom bipolarer Störungen und liegen bei mindestens 30 % der Patienten vor (Gualtieri u. Morgan 2008). Eine Studie von Osher et al. (2011), in der die kognitiven Leistungen euthymer bipolarer Patienten sowohl mit der gesunder Kontrollpersonen als auch mit der von Probanden verglichen wurden, die eine leichte kognitive Beeinträchtigung (Minimal Cognitive Impairment [MCI], z. T. als Frühstadium einer Demenz interpretiert) aufwiesen, konnte eindrucksvoll zeigen, dass die Leistungen der bipolaren Patienten denen der MCI-Kontrollen entsprachen und im Falle der Aufmerksamkeitsleistungen sogar darunter lagen. Verschiedene klinische und demografische Variablen beeinflussen das Profil und den Schwergrad kognitiver Dysfunktionen. So sind Patienten mit Bipolar I-Störung üblicherweise stärker beeinträchtigt als mit Bipolar II-Störung (Hsiao et al. 2009). Während der Schweregrad der Symptomatik eher irrelevant zu sein scheint, sind sowohl Krankheitsdauer, Dauer der Hospitalisierung, Alter und Alter bei Ersterkrankung negative Prädiktoren für das Ausmaß kognitiver Defizite (van Gorp et al. 1998; Christensen et al. 1997; Beblo et al. 2011). Kognitive Beeinträchtigungen sind auch in euthymen Patienten nachweisbar und betreffen insbesondere die Bereiche Aufmerksamkeit/Konzentration, Verarbeitungsgeschwindigkeit, Verhaltensinhibition, exekutive Leistungen sowie Lernen und Gedächtnis. Darüber hinaus konnten einige Studien diese Beeinträchtigungen auch bei Verwandten ersten Grades betroffener Patienten zeigen, was eine weitere Bestätigung des »trait«-Charakters kognitiver Dysfunktionen ist und zum verbesserten Verständnis der Dissoziation von klinischen und kognitiven Symptomen beiträgt (Torres et al. 2007; Bonnin et al. 2010; Bora et al. 2009). Kognitive Leistungen insbesondere in den Bereichen Gedächtnis und exekutive Funktionen bzw. eine Verbesserung der entsprechenden Leistungen im Verlauf der syndromalen Remission sind ein starker Prädiktor für eine funktionelle Remission und eine berufliche Wiedereingliederung der Patienten (Bearden et al. 2011). Martinez- Àran et al. (2007) berichten, dass das Funktionsniveau bipolarer Patienten stärker mit neuropsychologischen als mit klinischen Variablen assoziiert ist. Während in ihrer Studie kein Zusammenhang zwischen Dauer der Erkrankung, Zahl und Art der Episoden, Zahl der Hospitalisierungen und Suizidversuche mit dem psychosozialen Funktionsniveau hergestellt werden konnte, gab es eine deutliche Assoziation mit exekutiven Funktionen und Gedächtnisleistungen. Aufgrund der o. g. Befunde wird diskutiert, ob kognitive Dysfunktionen die entscheidende Komponente eines spezifischen Endophänotyps bipolarer Störungen darstellen (Bora et al. 2009).

Anhaltende Beeinträchtigungen auch in euthymen Phasen wurden für die Bereiche exekutive Funktionen, verbales Lernen und Gedächtnis und Daueraufmerksamkeit beschrieben. Sechs umfangreiche Metaanalysen zeigen insbesondere in den exekutiven Funktionen ausgeprägte Defizite (Arts et al. 2008; Bora et al. 2009; Kurtz u. Gerraty 2009; Mann-Wrobel et al. 2011; Robinson et al. 2006; Torres et al. 2007).

Der Begriff der **exekutiven Funktion**en beschreibt eine Vielzahl verschiedener Leistungen. Nach Karnath u. Sturm (2002) werden darunter jene kognitiven Prozesse des Planens und Handelns verstanden, die die menschliche Informationsverarbeitung und Handlungssteuerung entscheidend bestimmen. Exekutive Funktionen dienen dazu, Handlungen über mehrere Teilschritte hinweg auf ein übergeordnetes Ziel zu planen, die Aufmerksamkeit auf hierfür relevante Informationen zu fokussieren und ungeeignete Handlungen zu unterdrücken. Zu den exekutiven Funktionen werden auch die Wortflüssigkeit, teilweise das Arbeitsgedächtnis sowie die Fähigkeit zum Aufmerksamkeitswechsel gezählt (Lezak 1995). Die beschriebenen exekutiven Defizite euthymer bipolarer Patienten betreffen selektiv den Konzeptwechsel, die Reaktionsinhibition und die Handlungsplanung (Robinson et al. 2006; Arts et al. 2008). Die exekutiven Dysfunktionen werden mit morphologischen und funktionellen Veränderungen im präfrontalen Kortex assoziiert. Post- mortem-Untersuchungen konnten beispielsweise eine verminderte Gliazellen- und Neuronendichte (Cotter et al. 2002; Öngür et al. 1998; Rajkowska et al. 2001) und eine veränderte Aktivierung des linken ventrolateralen präfrontalen Kortex bei bipolaren Patienten während einer exekutiven Aufgabe zeigen (Blumberg et al. 2003). Es wird diskutiert, inwieweit exekutive Dysfunktionen ursächlich für die beschriebenen Gedächtnisdefizite bipolarer Patienten sind, da auch in Gedächtnistests eine Strukturierung des zu lernenden Materials und Aufmerksamkeitswechsel notwendig sind (Arts et al. 2008; Robinson et al. 2006). Hier sind weitere Studien erforderlich, um abschließend zu klären, ob diese neuropsychologischen Teilbereiche bzw. diese Defizite bei bipolaren Patienten unabhängig voneinander betrachtet werden können. In einer Studie von Bonnin et al. (2010) waren verbale Gedächtnisleistungen und exekutive Funktionen die einzigen kognitiven Variablen, die das Funktionsniveau vier Jahre später prädizierten.

Es gibt jedoch immer mehr Hinweise darauf, dass auch Defizite im Bereich der Daueraufmerksamkeit in euthymen Perioden nachweisbar sind (Bora et al. 2009; Clark u. Goodwin 2004; Liu et al. 2002; Torres et al. 2007). **Daueraufmerksamkeit** bezeichnet die Fähigkeit, die Aufmerksamkeit bei hoher Reizfrequenz unter Einsatz mentaler Anstrengung über einen längeren Zeitraum aufrecht zu erhalten. Clark u. Goodwin (2004) und Bora (2009) beschrieben Defizite der Daueraufmerksamkeit bei bipolaren Patienten als Indikator für eine chronische Erkrankung bzw. »trait marker«, der unabhängig von klinischen Symptomen nachweisbar ist.

Zusammenfassend weisen Patienten mit bipolaren Störungen eine Vielzahl von kognitiven Beeinträchtigungen auf, die mit strukturellen und funktionellen Veränderungen in kortikalen und limbischen Arealen assoziiert sind (◘ Tab. 16.1). Diese kognitiven Dysfunktionen haben einen erheblichen Einfluss auf das psychosoziale Funktionsniveau der Patienten, und ein verbessertes Verständnis der zugrundeliegenden Pathophysiologie kann die Grundlage für effektivere neuropsychologische Therapien darstellen.

16.3 Prämorbide Persönlichkeit und bipolare affektive Störungen

Die Untersuchung der Zusammenhänge zwischen prämorbider Persönlichkeit und affektiven Störungen hat eine lange klinische Tradition und war Gegenstand einer Vielzahl wissenschaftlicher empirischer Studien (Übersicht bei Himmighoffen 2000). Ein wesentliches Anliegen besteht in der Klärung der Frage, inwieweit die prämorbide Persönlichkeitsstruktur zur Entstehung einer affektiven Erkrankung beiträgt und wie sie deren Verlauf beeinflusst.

Die von Leonhard (1963) vertretene nosologische Abgrenzung der bipolaren manisch-depressiven Psychosen, der unipolaren Depression und der unipolaren Manie wurde durch die Untersuchungen von Angst (1966) und Perris (1966) bestätigt Neben statistisch bedeutsamen Unterschieden in der familiären Belastung, der Geschlechterverteilung, dem Alter bei Krankheitsbeginn, der Phasendauer und -häufigkeit fanden beide Autoren auch Unterschiede hinsichtlich der prämorbiden Persönlichkeit. So wiesen sie das von Bleuler (1922) beschriebene syntone Temperament (mit Persönlichkeitseigenschaften wie Ausgeglichenheit und In-Harmonie-mit-der-Umwelt-lebend) häufiger bei Patienten mit bipolaren affektiven Psychosen nach als bei solchen mit unipolarer Depression. Bei letzteren fanden sie dagegen gehäuft asthenische, pedantische, ordentliche und gewissenhafte Persönlichkeitszüge.

Die Befunde der Persönlichkeitsforschung bei bipolaren affektiven Störungen erwiesen sich als teilweise inkohärent und widersprüchlich. Während

Tab. 16.1 Zusammenhang von beeinträchtigten kognitiven Funktionen und strukturellen/funktionellen Defizite bei bipolaren Patienten

Kognitive Funktion	Strukturelle Defizite	Funktionelle Defizite
Gedächtnis	Vermindertes Volumen im – DLPFC – Hippocampus – entorhinalen Kortex	Hyperaktivierung im DLPFC
		Hypoaktivierung im – anterioren Zingulum – VLPFC
Aufmerksamkeit/Konzentration/Arbeitsgedächtnis	Vermindertes Volumen im DLPFC	Hyperaktivierung im DLPFC
		Hypoaktivierung im anterioren Zingulum
Exekutive Funktionen	Vermindertes Volumen im DLPFC	Hyperaktivierung im DLPFC
	Vergrößerte Ventrikel	Hypoaktivierung im – anterioren Zingulum – VLPFC – orbitofrontalen Kortex – temporalen Kortex

DLPFC dorsolateraler präfrontaler Kortex; *VLPFC* ventrolateraler präfrontaler Kortex

bipolare Patienten in einigen Untersuchungen (vgl. Möller u. von Zerssen 1987; Möller 1992) weit weniger Auffälligkeiten in ihrer prämorbiden Persönlichkeitsstruktur aufwiesen als unipolar Depressive und weitgehend psychisch Gesunden glichen, gab es eine Reihe älterer und neuerer Studien, die auf die Besonderheiten in der prämorbiden Persönlichkeit sowie in den Familien- und Partnerbeziehungen bipolarer Patienten hinwiesen (Kröber 1992, 1993; Übersicht in Himmighoffen 2000). Es fanden sich zahlreiche Hinweise darauf, dass die prämorbide bzw. Intervallpersönlichkeit von Patienten mit bipolaren affektiven Störungen durch ein labiles Selbstwertgefühl gekennzeichnet ist, das durch konventionelle Überangepasstheit und Leistungsstreben kompensiert wird. Es fanden sich Persönlichkeitszüge wie Ordnungs- und Autoritätsgläubigkeit, Zwanghaftigkeit, daneben auch Vitalität, Aggressionsfähigkeit sowie Autonomie- und Unabhängigkeitsstreben. Die Partnerschaften bipolarer Patienten waren dabei vielfach durch Abhängigkeit von der Anerkennung durch den anderen und starke Wünsche nach emotionaler Nähe und Kontakt charakterisiert. Vielfach wurden die Partner idealisiert, und es bestand eine Tendenz zu Konfliktvermeidung und Harmonisierungsbemühungen (Matussek et al. 1986). Diese interpersonalen Zusammenhänge wurden in dem rollendynamischen Ansatz von Kraus (1991) konzeptualisiert. Kraus beschrieb das sog. **hypernomische Verhalten** (nomos = Gesetz) und die **Ambiguitätsintoleranz** affektpsychotischer Patienten. Das hypernomische Verhalten ist nach Kraus gekennzeichnet durch eine Ausrichtung auf die übergenaue Befolgung normativer Vorschriften und ist dadurch wenig individualisiert und überwiegend fremdbestimmt. Mit Ambiguitätsintoleranz ist die Unfähigkeit gemeint, gegensätzliche Gefühle einem anderen gegenüber ertragen und einander sich widersprechende Eigenschaften eines anderen wahrnehmen zu können. Hypernomisches wie auch ambiguitätsintolerantes Verhalten dienen Kraus zufolge der Aufrechterhaltung einer external fundierten Identität, z. B. in Rollenbeziehungen.

16.4 Der neuropsychodynamische Ansatz

In einer neuropsychodynamischen Perspektive lässt sich das hypernomische und ambiguitätsintolerante Verhalten bipolarer Patienten als Bewältigungsversuch eines drohenden Zusammenbruchs der Selbstwertgefühlsregulation auffassen. Im Falle labiler Selbstwertstrukturen kann es bei einer Kränkung oder Enttäuschung (mit Beeinträchtigung des Ideal-Selbst) zu einer Regression auf Vorstufen des Ideal-Selbst (regressive Aktualisierung des grandiosen Selbst) oder Aktivierung der in ▶ Abschn. 16.5 beschriebenen anderen Elemente der Selbstwertgefühlsregulation und deren Vorstufen (z. B. Unterwerfung unter die Forderungen eines rigiden, strengen Über-Ich) kommen. Dies ist als Versuch einer Kompensation der gestörten narzisstischen Homöostase mit der Abwehr einer depressiven Reaktion aufzufassen. Eine weitere Kompensationsmöglichkeit besteht in der forcierten Ausrichtung auf verstärkte Anerkennung von außen (entsprechend dem von Kraus beschriebenen Hypernomie-Konzept bzw. der interpersonalen Abwehr und des psychosozialen Arrangements; vgl. Mentzos 1984; Willi 1975). Die auf diese Weise erreichte narzisstische Balance bleibt allerdings labil. Intrapsychische Konflikte werden vorübergehend durch interaktional organisierte Formen der Abwehr und Bewältigung aufgehoben, bei denen z. B. reale Eigenschaften oder Verhaltensweisen des einen Partners die neurotische (und psychotische) Konfliktabwehr oder die kompromisshafte Befriedigung von Bedürfnissen des anderen Partners ermöglichen, fördern und stabilisieren.

In diesem Zusammenhang sind die Ergebnisse der empirischen Untersuchung von Himmighoffen (2000) bemerkenswert: Die Ergebnisse des Giessen-Tests zeigten, dass die im symptomfreien Intervall untersuchten Patienten mit bipolaren affektiven Störungen sich in wesentlichen Aspekten ihres Selbstbildes von dem der Normstichprobe bzw. psychisch Gesunden unterschieden und dabei eher mit der Selbsteinschätzung von Patienten mit unipolarer Depression übereinstimmten. Bei den bipolaren und unipolaren Patienten fand sich ein labiles Selbstwertgefühl auch außerhalb der Krankheitsphasen, im sog. symptomfreien Intervall (niedrige Selbstwertigkeit, depressive Grundstimmung, hohe Betonung der Bedeutung der sozialen Rolle und Anerkennung im Sinne einer »rollenhaften Identität«). In diesem Zusammenhang interpretiert Kröber (1993) die Manie als Aufkündigung des Kompromisses (mit den Anforderungen der anderen und der sozialen Umwelt mit ihren Normen). Der Kompromiss sei dabei gleichzusetzen mit der gesicherten Dominanz des anderen und als Folge des wiederholten Scheiterns bei der Umsetzung selbstbezogener Wünsche anzusehen.

Mentzos nimmt bei den bipolaren Patienten das Vorhandensein eines aus der Identifikation mit dem Vater entstandenen Über-Ichs an; im Gegensatz zu einem aus der Identifikation mit der Mutter stammenden Über-Ich bei den unipolar depressiven Patienten. Diese unterschiedlichen intrapsychischen und interpersonellen Muster der Regulation der narzisstischen Homöostase ermöglichen es bipolaren Patienten, die Herrschaft ihres »väterlich determinierten« Über-Ichs zumindest zeitweilig außer Kraft zu setzen (gelegentlich auch als »Über-Bord-Werfen« des Über-Ichs apostrophiert). Bei den unipolar depressiven Patienten sei dies nicht möglich, da ein »Hinauskatapultieren« ihrer mit der Mutter verbundenen Über-Ich-Formation eine größere existenzielle Gefährdung ihres Selbst zur Folge haben kann (zur Über-Ich-Identifikation bei bipolaren Störungen vgl. Böker 1999).

16.5 Neuropsychodynamik der bipolaren Störungen und der Manie

Die Zusammenhänge zwischen Persönlichkeitsstruktur, Konflikthaftigkeit und Abwehr- bzw. Bewältigungsmechanismen werden idealtypisch in ◘ Tab. 16.2 zusammengefasst.

Gerade auch in Anbetracht des hohen affektiven Arousals bei bipolaren affektiven Störungen sind die Vorschläge von Kipp u. Stolzenburg (2010), nicht zuletzt auch im Hinblick auf die Gestaltung therapeutischer Interventionen, sehr hilfreich. Die Autoren verstehen manische Symptome als Stimmungsmodulatoren und beschreiben unterschiedliche alltägliche Formen der **Stimmungsmodulation** und deren psychodynamische Bedeutung:

1. Formen der Stimmungsmodulation, die mit der Annäherung von Ich-Ideal (Über-Ich) und Ich zusammenhängen:
   - Einnahme psychotroper Substanzen, Rausch,

Tab. 16.2 Persönlichkeit, Neuropsychodynamik und interpersonelle Dynamik bei bipolaren affektiven Störungen. (Adapt. nach Böker 1999)

Krankheitsbild	Persönlichkeit	Struktur, Konflikt und Abwehrmechanismen
Unipolare Depression	Typus melancholicus (Tellenbach 1961)	Aktualisierung des Grundkonfliktes (Wertproblematik)
		Regression zum archaischen Über-Ich/Größenselbst
		Verdrängung der Aggression
		Unzureichende Trennung des ambivalenten Objektes im Bereich Über-Ich vom Selbst
		Strukturelle Beeinträchtigung der Ich-Funktionen
		In-toto-Introjektion des ambivalenten Objektes
Bipolare affektive Störung	»Zyklothym«	Relatives narzisstisches Gleichgewicht durch alternierende Mobilisierung von archaischem Über-Ich und grandiosem Selbst
		Internalisierung schwer vereinbarer Selbstobjekte bzw. Objektrepräsentanzen (Söldner u. Matussek 1990)
		»Väterliches Über-Ich«: Gewissensinstanz enthält nicht-assimilierte, integrierbare mütterliche und väterliche Anteile
Unipolare Manie	Typus manicus (von Zerssen 1977)	Regression zum Größenselbst bei väterlich bestimmtem Über-Ich (nach Herabsetzung des Selbstwertgefühls)
		Überbordwerfen des väterlichen Über-Ichs
		Abwehr der depressiven Leere
		Aggressivierung im Dienste der Sicherung der Selbstexistenz
Schizoaffektive Störung	Mischung« aus zykloiden und schizoiden Zügen (Bleuler 1922; Kretschmer 1977)	Kombination von schizophrener Identitätsproblematik (Selbstidentität vs. symbiotische Bindung an das Objekt) und depressiver Wertproblematik (Selbstwert vs. Objektwertigkeit)
		Regressive Aktualisierung des archaischen Über-Ichs (schizodepressive Störung) und des grandiosen Selbst (schizomanische Störung und gemischte schizoaffektive Störung) in Verbindung mit einer Aktualisierung des primären Autonomie-Abhängigkeitskonfliktes (Verlust der Selbst-Objekt-Differenzierung, produktiv-psychotische Abwehr von Fragmentationsängsten)

   - narzisstische Bestätigungen,
   - Über-Ich-Entlastung durch Regression in Gruppen.
2. Formen der Stimmungsmodulation, die mit dem Wunsch nach Verschmelzung zu tun haben:
   - narzisstische Spiegelung und Verschmelzungserfahrungen in Liebesbeziehungen (»der siebte Himmel der ersten Liebe«),
   - Verschmelzungserfahrungen mit der Natur.
3. Vorgänge der Stimmungsmodulation, die mit der Verleugnung der Realität einhergehen:
   - Vergessen von Konflikten,
   - »Positives Denken«.

4. Formen der Stimmungsmodulation, die mit der Abkehr von Objekten einhergehen:
   - Gefühl der Stärke und Unabhängigkeit in aktiven Trennungen,
   - »Winter ade, Scheiden tut weh, aber das Scheiden macht, dass mir das Herz lacht …«,
   - »Hänschen klein ging allein …«.
5. Formen der Stimmungsmodulation, die mit phallisch-narzisstischer Abwehr schizoider Ängste zusammenhängen:
   - Hyperaktivität, u. a. sexuelle.

In neuropsychodynamischer Perspektive ergeben sich aus dieser Auffassung manischer Symptome als Stimmungsmodulatoren wesentliche Konsequenzen für das Verständnis und die Behandlung der Manie. Es eröffnet sich eine therapeutische Perspektive, die ausgeht von der »Funktion« der Manie. Man könnte auch von einer »Positivierung« der Manie sprechen; dabei sind jedoch das Dilemmatische der manischen Symptomatik und die sich im Verlauf entwickelnde Dysfunktionalität zu berücksichtigen. Die beschriebenen Formen der Stimmungsmodulation gehen nicht nur mit der entsprechenden manischen Symptomatik einher, sondern sind auch Ursache des Fortbestandes.

In der Behandlung der Manie kommt der Auseinandersetzung mit der »Verlockung der Manie« eine zentrale Bedeutung zu: Die Wirkung der Medikamente und die »Compliance« der Patienten hängt wesentlich von der Einstellung gegenüber der Manie ab. Dabei ist die Manie nicht nur als Erleben des Krankheitsschicksals aufzufassen, sondern auch als etwas Intendiertes und Gewünschtes. Das neuropsychodynamische Verständnis der manischen Symptome als Stimmungsstabilisatoren stellt eine wichtige Grundlage dar für den Dialog mit den Patienten und vermittelt ein Verständnis für den seitens der Patienten zu erbringenden schmerzhaften Verzicht auf das manische Hochgefühl. So hatte bereits Elia auf das Paradoxon der Manie hingewiesen:

> » …, dass über eine tiefe Regression von einem verhältnismässig asthenischen Ich versucht wird, das Leben mit seinen Beziehungen wiederherzustellen, neu zu beginnen, auch wenn es auf die pathologische Art und Weise geschieht, die wir kennen. (Elia 1983)

Die Manie stellt in dieser Sichtweise eine Möglichkeit des Existierens und Anerkanntwerdens dar, sie ist vielfach für die Betreffenden die einzige Form der Personwerdung.

In einem solchen Verständnis können die abgewehrte Angst und die Schwäche des manischen Patienten in der therapeutischen Begegnung – durch Gegenidentifikation – wahrgenommen werden. Kipp u. Stolzenburg (2000) betonen, der manische Patient müsse gleichsam mit dem tastenden Finger wahrnehmen können, dass sich der Therapeut »in Wirklichkeit« für ihn interessiert, nicht nur in der Zeitspanne der therapeutischen Sitzung. Je nach den Erfordernissen müsse das Setting modifiziert werden.

In der therapeutischen Beziehung wird eine Milderung der aufreibenden Dichotomie ermöglicht, »entweder Gott oder nichts zu sein, sowohl als Therapeut wie als Patient« (Elia 1983).

Eine Wende in der Therapie wird markiert durch die Erfahrung, dass bestimmte Erlebnisse oder Begegnungen die Erregung der manischen Patienten steigern und diese sich entschließen, solche Situationen zu meiden oder sie zu begrenzen.

Ausgehend von der Erkenntnis, dass die Auslöser der Manie häufig nicht freudige, das Selbstgefühl erhöhende Ereignisse und Erlebnisse sind, sondern eher schmerzliche Verluste, Trennungen und die Selbstwertgefühlregulation erschütternde Anlässe (wie in der Depression), beschreibt auch Mentzos (1995) die Manie als Alternativlösung des depressiven Dilemmas (der Spannung zwischen Abhängigkeit vom Objekt und selbstständiger Wertigkeit): Als extreme Aufkündigung des Gehorsams, verknüpft mit Verleugnung der Bindungswünsche und der Entwicklung expansiver ich-bezogener Aktivitäten (ohne Rücksicht auf Normen und Realitäten). Die therapeutische Relevanz dieses Verständnisses der Manie als Alternativlösung des depressiven Konfliktes besteht darin, dass die Patienten spüren, dass die Therapeuten ihr Erleben nicht nur als Abwehr (Verleugnung), sondern auch als etwas tendenziell Positives verstehen: Nämlich die Aufkündigung langjährigen Gehorsams als wohlberechtigt, wenn auch gefährlich (vgl. Mentzos 1995). Im gleichen Sinne beschrieb Schwarz (2014) die Manie als kreative Lösungsversuche bislang unbewältigter Entwicklungsschritte.

Die Berücksichtigung neuropsychodynamischer Zusammenhänge ist bereits während der akuten Erkrankungsphase bedeutsam: Im Gegensatz zur harmonisierenden Konfliktvermeidung und Unterwerfung unter die »gesicherte Dominanz anderer« (Matussek et al. 1986) realisieren manche Patienten in forcierter Weise Autonomiebedürfnisse und delegieren Kontrollfunktionen und Verlustängste an Angehörige bzw. die Klinik. Kröber (1992) wies auf die Ähnlichkeit von psychiatrischer Klinik und bipolarer Familie hin: Beide seien »kustoidial, fest eingespielt, unflexibel, von hohem Verantwortungsgefühl für andere«. Es besteht nun die Gefahr, die vorhandenen antagonistischen intrapsychischen Spannungen durch institutionelle Mechanismen zusätzlich zu verschärfen und stets sei der Versuch einer ambulanten Therapie (soweit diese möglich sei) zu erwägen. Durch Einsicht in die Neuropsychodynamik kann die mögliche Komplizierung der sich entwickelnden Behandlungsdialoge – nicht zuletzt durch Reflexion der gegenübertragungsbedingten Reaktionen des therapeutischen Teams – verhindert werden.

Klinisch bietet sich oft ein kontinuierlicher Übergang von der gehobenen zur hypomanischen Stimmungslage über die manische Hochstimmung bis hin zu Größenwahn und aggressiv gereizter Manie. Die Dynamik der Entwicklung kann rasant oder langsam sein sowie in jeder Phase stehenbleiben. Psychotherapeutische Interventionen sind infolgedessen häufig erst nach Kontrolle und Entschleunigung der fortschreitenden Dynamik durch Psychopharmaka möglich. Die meisten psychotherapeutischen Behandlungsformen, ob Einzel- oder Gruppenpsychotherapie, konzentrieren sich auf die Verhinderung von Rückfällen. Da die Behandlungen dann in der Zeit des Intervalls geschehen, begegnet man in dieser Zeit einer eigentümlichen und **konstanten Verleugnung** der Geschehnisse bezüglich der zurückliegenden manischen Phasen. Gabbard (2014) weist in diesem Zusammenhang auf die Ergebnisse der Studie von Ghaemi et al. hin, in der 28 stationär behandelte manische Patienten untersucht wurden:

> The investigators found that even when all other symptoms of mania had improved or remitted, insight remained notably absent. (Ghaemi et al. 1995, S. 234)

Die klinische Anamneseerhebung bei Manikern unterstreicht diese Verleugnungstendenz, häufig werden maniforme Zustände bis hin zu manischen Erkrankungen nicht spontan angegeben.

? Wie kommt es zu diesem gravierenden Hindernis für unsere psychodynamischen Bemühungen?

- Zum einen werden gehobene Stimmungslage und leichtere Manien vom Betroffenen nicht als Krankheit erlebt. Hier gilt es, die Angehörigen zu befragen, die unter solchen Zuständen, im Gegensatz zum Maniker selbst, zu leiden pflegen.
- Zum anderen sind die Geschehnisse und Handlungen in der manischen Phase, in der sich der Patient unwiderstehlich und über alle anderen Menschen erhaben fühlt, in denen Geld verschleudert wird, sexuelle Ausschweifungen und Beleidigungen erfolgen, im Nachhinein oft sehr peinlich und mit so **großer Scham** besetzt, dass eine Erinnerung daran vermieden wird und bei der psychiatrischen Exploration einer Wiederbelebung meistens unbewusst und manchmal bewusst **Widerstand** entgegengesetzt wird.

? Warum ist das Schamgefühl so schlimm, dass dessen Abwehr so stark sein muss?

Jean Paul Sartre (2004, [1]1943) hat für das Erlebnis der Scham herausgestellt, dass, anders als beim Schuldgefühl, der **Blick des Anderen**, die Beurteilung durch andere Menschen, das Entscheidende ist. Er schreibt hierzu:

> Es genügt, dass der Andere mich anblickt, damit ich das bin, was ich bin. (Sartre, 2004, [1]1943, S. 473)

> Durch den Blick des Anderen erlebe ich mich als mitten in der Welt erstarrt, als in Gefahr, als unheilbar. (Ebd. S. 483)

Die Blicke der Familienmitglieder auf die Geschehnisse in der Manie sowie der Blick des explorierenden Psychiaters haben eine räumliche und eine zeitliche Dimension. Die eigentlich notwendige **räumliche Distanz** zum anderen Menschen, der beoder verurteilt, wird durch das Angeblicktwerden plötzlich aufgehoben. Auch der sonst bestehende **zeitliche** Ablauf schmilzt im Blick zum Augenblick. Damit wird der Blick des Anderen, bildlich gesprochen, zu einem abgeschossenen Pfeil, der den Abwehrschutz durchdringt und im Inneren Zerstörung anrichtet. Der Blick, der die Scham aufdecken kann, geht tief in das Leiberleben hinein und löst zusätzlich zum psychischen Schmerz starke körperliche Reaktionen aus; dazu gehören Erröten, Erhöhung der Herzfrequenz und Ohnmacht.

Verleugnung der Manie und Abwehr der Scham

- Konstante Verleugnung stattgehabter Geschehnisse
- Abwehr von Peinlichkeit und Scham

Warum?

- Der Blick des Anderen deckt auf und trifft das Innere zerstörerisch bis tief in das Leiberleben hinein

16.6 Neuropsychodynamisch orientierte Psychotherapie bei bipolaren Störungen

Die oben geschilderte Problematik der Schamabwehr in der Verleugnung des peinlichen Geschehens einer stattgehabten manischen Phase steht somit verständlicherweise einer notwendigen Bearbeitung entgegen. Infolgedessen haben Hartwich u. Pfeffer (2015) in einer Studie diesen Aspekt bei der Bearbeitung der Rückfallprophylaxe bei bipolaren Erkrankungen in den Vordergrund gestellt. Die Erfahrung lehrt, dass in der Gruppenpsychotherapie »Kenner unter sich« sind und wenn sie peinliche Erfahrungen miteinander austauschen, wird kaum etwas übel genommen. In einer vierjährigen ambulanten psychodynamischen Gruppentherapie mit bipolar Erkrankten nach dem stationären Aufenthalt ging es darum, durch die Bearbeitung der Scham den Effekt auf die Rückfallverhütung im Vergleich zu einer Kontrollgruppe, die mit den üblichen Mitteln einer Institutsambulanz behandelt wurde, zu untersuchen. Es stellte sich heraus, dass die Patienten in der Gruppentherapie nicht nur den Wert der Prophylaktika, sondern auch die Gefahr eines sich anbahnenden hypomanischen Zustandes, der eine anrollende Manie ankündigen kann, gut kannten. Typisch sind Bemerkungen der Teilnehmer: »He, du bist ja heute über dem Strich« oder »du brauchst dein Lithium, schmeiß es nicht wieder in den Mülleimer, den Fehler habe ich auch gemacht und später bitter bereut.« Gelegentlich kommt sogar die Ermahnung: »Du musst die tolle Stimmung als Gefahr erkennen!« Es ist eindrucksvoll, wie offen die Betroffenen miteinander umgehen. Es ist eher so, dass man endlich mal über die Erlebnisse sprechen kann, ohne verurteilt zu werden. Man findet Verbündete, und die Peinlichkeit des Schamgefühls wird durch mitverstehende Blicke und Äußerungen abgemildert, statt zu verletzen.

Psychodynamische Rückfallprophylaxe manischer Phasen

- Bearbeitung der Scham in der Gruppenpsychotherapie
- Hier sind »Kenner unter sich«
- Peinliche Erlebnisse bekommen einen »Raum«
- Loslösung von der Schutznotwendigkeit
- Beginnende Hochstimmung wird als Gefahr erkannt
- Prophylaxe kann greifen

Bei der erwähnten empirischen Studie hatte die Therapiegruppe bei den Variablen der Integrationsfähigkeit der Erkrankung und Hospitalisierungstage signifikant bessere Werte als die Kontrollgruppe, was auf die Bearbeitung des Schamaspektes bezogen werden konnte. Somit konnte auf die Bedeutung der psychodynamischen Aufarbeitung der abgewehrten Scham für die Verlaufsgeschichte manischer Erkrankungen hingewiesen werden, was sich nicht nur auf Gruppen- sondern auch auf Einzelpsychotherapien beziehen sollte.

Rückfallprophylaxe in der Einzeltherapie

- Benennung der peinlichen Geschehnisse
- Bearbeitung der Scham
  Cave!
- Vorsicht Gegenübertragung! Der Therapeut wird von der guten Stimmung »angesteckt« oder sieht in ihr sogar seinen vermeintlichen Therapieerfolg.
- Negative Folge: Beschleunigung der manischen Dynamik und Rückfall

Hierbei ist besonders auf die **Gegenübertragung** bei beginnenden maniformen Auslenkungen zu achten. Häufig wird der Therapeut von der guten Stimmung seines Patienten »angesteckt« und agiert dann mit. Stattdessen ist es erforderlich zu erkennen, dass es sich bei der angehobenen Stimmungslage zunächst um eine maniforme Abwehr handeln kann, die die Scham über die stattgehabten Geschehnisse in der letzten Manie verdecken soll. Es geht darum, eine solche Veränderung der Gemütslage als **Gefahr** einer sich anbahnenden manischen Dynamik, die zum Vollbild einer Manie unkontrolliert »galoppieren« kann, früh genug zu erkennen. Entscheidend ist, dass beide, Therapeut und Patient, sich dieser Problematik bewusst werden und entsprechend realitätsgerecht handeln.

Psychotherapeutische und soziotherapeutische Maßnahmen sind bei bipolaren affektiven Störungen von zentraler Bedeutung. Diese ergibt sich nicht zuletzt auch aus folgenden Erkenntnissen (Übersicht in Böker 2002):

- Entgegen früheren Annahmen weisen bipolare Patienten eine deutliche Abnahme der Funktionsfähigkeit im Langzeitverlauf auf.
- Im Vergleich mit unipolaren Depressionen besteht bei bipolaren affektiven Störungen eine größere Wahrscheinlichkeit, an häufigen Episoden zu erkrankten.
- Die Länge des symptomfreien Intervalls ist als Prädiktor der Wahrscheinlichkeit anzusehen, innerhalb der nächsten vier Jahre wieder zu erkranken.
- Es besteht eine hohe Wahrscheinlichkeit der Exazerbation auch mit Lithiumprophylaxe.
- Bei etwa 60 % der bipolaren Patienten wurde eine Verschlechterung der sozialen Anpassung festgestellt, eine allmähliche Besserung der Copingstrategien trat dem gegenüber innerhalb der ersten sieben Jahre nach der Hospitalisation bei 40 % der untersuchten Patienten ein.
- Psychosoziale Variablen wie »expressed emotions« und »life events« stellen bei den Rezidiven der Erkrankung eine bedeutende Rolle.
- Mehr als die Hälfte der stationär behandelten bipolaren Patienten sind auch nach Beendigung der Therapie nicht völlig symptomfrei.
- Psychosoziale Beeinträchtigungen im Langzeitverlauf und hohe Rezidivraten finden sich auch bei medikamentöser Phasenprophylaxe.

Eine Cochrane-Studie ergab, dass sämtliche Psychotherapie-Verfahren zu einer Verbesserung der Compliance bipolarer Patienten beitrugen und sich günstig auf das Copingverhalten der Patienten auswirken (◘ Tab. 16.3). Neuropsychodynamisch orientierte Psychotherapie legt den Fokus dabei insbesondere auf persönlichkeitsstrukturelle Faktoren, die Dysfunktionalität interpersoneller Bewältigungsversuche und berücksichtigt das hohe affektive Arousal.

Bisher liegen nur eine geringe Anzahl von Therapiestudien bei bipolaren Patienten vor. Hollon u. Ponniah (2010) unternahmen den Versuch der Kategorisierung der Wirksamkeit der Psychotherapie bei bipolaren Störungen und werten dabei insbesondere Studien zur Psychoedukation, KBT, »Family-focused therapy« und zur »Interpersonal and social rhythm therapy« aus. Eine phasenübergreifende tragfähige therapeutische Beziehung trägt wesentlich zum Behandlungserfolg in der Akut- und prophylaktischen Therapie bei.

In der S3-Leitlinie zu Diagnostik und Therapie bipolarer Störungen werden folgende Grundsätze der Psychotherapie bei bipolaren Störungen definiert:

Tab. 16.3 Psychotherapie bei bipolaren affektiven Störungen

Verfahren	Autoren
Sämtliche PT-Verfahren → Verbesserung der Compliance	Cochrane 1984, 1987
KVT: Fallstudien	Paykel 1995
Verbesserung der Adhärenz zur medikamentösen Behandlung, Verminderung der Hospitalisationsrate Kein Unterschied hinsichtlich Frequenz der affektiven Episoden	Cochrane 1984
Versuch einer Metaanalyse (19 kontrollierte Studien, Heterogenität der Variablen): Geringe empirische Basis	Meyer u. Hautzinger 2000
Reduktion der Angstsymptomatik, jedoch zeitstabile negative Kognition (im Vergleich mit unipolarer Depression)	Zaretsky et al. 1999
Möglicherweise wirksam hinsichtlich Prävention bipolarer Episoden innerhalb von 12 Monaten, keine Verminderung der Rezidivrate manischer Episoden nach 18 Monaten	Lam et al. 2003, 2005
Kein Unterschied zu TAS, 40 % Therapieabbruch	Scott et al. 2006
Interpersonelle und soziale Rhythmustherapie (IPSRT)	Frank et al. 1999
Kein Unterschied zwischen IPSRT und Intensive Clinical Management (ICM) hinsichtlich aktueller Phase	
Verminderung der Rückfallrate während 2-jähriger Erhaltungstherapie	
Möglicherweise wirksam ("possibly efficacious") als Ergänzungstherapie in der Akutbehandlung der Depression bei bipolaren Störungen	Hollon u. Ponniah 2010
Schlafmanagement	Wehr et al. 1998, Wirz-Justice et al. 1999
Inpatients-family-interventions	Clarkin et al. 1999
Family-focused-treatment (FFT): Abnahme der Rezidivrate depressiver Episoden	Miklowitz u. Goldstein 1997, Johnson et al. 2000, Miklowitz et al. 2007
Psychoedukation:	Cochran 1984; van Gent et al. 1988, 1993; Hollon u. Ponniah 2010
Keine Überlegenheit im Vergleich mit Standardbedingung nach 18 Monaten, jedoch nach 5 Jahren	
Wirksam (in Kombination mit Pharmakotherapie): Rückfallverhinderung hypomanischer/manischer Episoden	
Programm zur Identifikation der Frühwarnzeichen: Der klinischen Routine überlegen (18-Mon.-Katamnese; Dauer der Remission, psychosoziales Funktionsniveau, Beschäftigungsgrad)	Honig et al. 1997; Baur u. McBride 1996; Baur et al. 1998
Reduktion der »Expressed Emotions«	
Strukturierte Gruppenpsychotherapie (»life goals programme«): Verbesserung der Lebensqualität (Symptomkontrolle,Umsetzung wichtiger Ziele)	
Family-focused psychoeducation (Fountoulakis 2010):	Fountoulakis 2010
Identifikation von Frühwarnzeichen und Triggerfaktoren	
Verbesserung der Compliance	
Psychodynamische PT:	Davenport et al. 1997; Kanas u. Cox 1998
Paartherapie: Psychosoziale Stabiliserung	
Gruppenpsychotherapie	

Effiziente Psychotherapie bei bipolaren Störungen

Umfasst zumindest:

- Ambulante Gruppenpsychotherapie
- Psychoedukation
- Selbstbeobachtung von Stimmungsveränderungen, Ereignissen, Verhalten und Denken
- Reflexion von Erwartungen und Maßstäben
- Förderung von Kompetenzen zum Selbstmanagement von Stimmungsschwankungen und Frühwarnzeichen
- Normalisierung und Stabilisierung von Schlaf-Wach- und sozialem Lebensrhythmus
- Stressmanagement
- Aktivitätenmanagement
- Steigerung der Selbstwirksamkeitsüberzeugung
- Einbezug der Angehörigen
- Vorbereitung auf Krisen und Notfälle (Rückfälle)

Zusammenfassend sollten die therapeutischen Interventionen zur Besserung des Verlaufes der bipolaren Störungen frühzeitig einsetzen, da die Krankheitsbewältigung umso günstiger ist, je weniger Phasen bipolare Patienten bisher durchgemacht haben (Carlson et al. 2000). Pharmakotherapie ist dabei in ein gesamttherapeutisches Vorgehen einzubetten. Dabei ist Abschied zu nehmen von der Vorstellung, es könne darum gehen, »den Patienten in eine medizinisch-pharmakologische rationale Therapie anzupassen« (Kröber 1993). Zu berücksichtigen sind dabei insbesondere auch das Krankheitserleben und die Krankheitsverarbeitung bipolarer Patienten. Die Erinnerung an die Akutsymptomatik ist bei vielen Erkrankten überaus schambesetzt. Gleichzeitig wird die letzte manische Phase überwiegend als angenehm bezeichnet. Patienten mit bisher wenigen Krankheitsphasen bevorzugen soziale und interaktionale Ursachenerklärungen. Erst im längeren Verlauf wird das medizinische Krankheitsmodell akzeptiert. Die Akzeptanz des medizinischen Krankheitsmodells korreliert vielfach mit Resignation und dem Gefühl subjektiver Machtlosigkeit (vgl. Kröber 1993).

Eine grundlegende Information über den Verlauf und die Behandlungsmöglichkeiten trägt zur Erhöhung der Compliance und zur Entwicklung günstigerer Bewältigungsstrategien bei. Voraussetzung dazu ist es, eine tragfähige therapeutische Beziehung zu etablieren, in der auch seitens der Therapeuten die aus der Gegenübertragung resultierenden Probleme stets zu reflektieren sind. Die ambulante Gruppenpsychotherapie trägt zur Förderung der Krankheitsbewältigung und sozialen Kompetenz bei, ermöglicht die Identifikation von Frühsymptomen und das Erleben intrapsychischer und interpersoneller Circuli vitiosi und ihre Auflösung in der aktuellen Gruppensituation (Böker 2002). Anzustreben ist die Verbesserung der familiären Kommunikation durch Paartherapie und eine familienorientierte Behandlung. Psychotherapeutische Interventionen tragen nicht nur zur Reduzierung von Beziehungskonflikten (als Trigger des Rezidivs), sondern insbesondere auch zur Verbesserung der Adhärenz zur medikamentösen Therapie bei.

Literatur

Altshuler LL et al (2004) Neurocognitive function in clinically stable men with bipolar I disorder or schizophrenia and normal control subjects. Biol Psychiatry 56(8):560–569

Angst J (1966) Zur Ätiologie und Nosologie endogener depressiver Psychosen. Springer, Berlin

Arts B et al (2008) Meta-analyses of cognitive functioning in euthymic bipolar patients and their first-degree relatives. Psychol Med 39(3):525–525

Bearden CE et al (2011) The impact of neurocognitive impairment on occupational recovery of clinically stable patients with bipolar disorder: a prospective study. Bipolar Disord 13(4):323–333

Beblo T et al (2011) Specifying the neuropsychology of affective disorders: clinical, demographic and neurobiological factors. Neuropsychol Rev 21(4):337–359

Benedetti FP et al (2011) Disruption of white matter integrity in bipolar depression as a possible structural marker of illness. Biol Psychiatry 69(4):309–317

Bleuler E (1922) Die Probleme der Schizoidie und Syntonie. Z Ges Neurol Psychiat 78:373–393

Blumberg HP et al (2003) A functional magnetic resonance imaging study of bipolar disorder: state- and trait-related dysfunction in ventral prefrontal cortices. Arch Gen Psychiatry 60(6):601–609

Böker H (1999) Selbstbild und Objektbeziehungen bei Depressionen: Untersuchungen mit der Repertory Grid-Technik und dem Giessen-Test an 139 PatientInnen mit depressiven Erkrankungen. Monographien aus dem Gesamtgebiete der Psychiatrie. Steinkopff-Springer, Darmstadt

Böker H (2002) Psychotherapie bei bipolaren affektiven Störungen. In: Böker H, Hell D (Hrsg) Therapie der affektiven Störungen. Psychosoziale und neurobiologische Perspektiven. Schattauer, Stuttgart, S 230–245

Bonnin CM et al (2010) Clinical and neurocognitive predictors of functional outcome in bipolar euthymic patients: a long-term, follow-up study. J Affect Disord 121(1–2):156–160

Bora E et al (2009) Cognitive endophenotypes of bipolar disorder: a meta-analysis of neuropsychological deficits in euthymic patients and their first-degree relatives. J Affect Disord 113(1–2):1–20

Carlson GA, Bromert EJ, Sievers S (2000) Phenomenology and outcome of subjects with early- and adult-onset psychotic mania. Am J Psychiatry 127:213–219

Chen CH et al (2011) A quantitative meta-analysis of fMRI studies in bipolar disorder. Bipolar Disord 13(1):1–15

Christensen H et al (1997) A quantitative review of cognitive deficits in depression and Alzheimer-type dementia. J Int Neuropsychol Soc 3(6):631–651

Clark L, Goodwin GM (2004) State- and trait-related deficits in sustained attention in bipolar disorder. Eur Arch Psychiatry Clin Neurosci 254(2):61–68

Cotter D et al (2002) The density and spatial distribution of GABAergic neurons, labelled using calcium binding proteins, in the anterior cingulate cortex in major depressive disorder, bipolar disorder, and schizophrenia. Biol Psychiatry 51(5):377–386

Cousins DA et al (2013) Lithium, gray matter, and magnetic resonance imaging signal. Biol Psychiatry 73(7):652–657

DGBS e. V. u. DGPPN e. V. (2012) S3-Leitlinie zur Diagnostik und Therapie Bipolarer Störungen. Langversion 1.0, Mai 2012. ► http://www.leitlinie-bipolar.de

Elia C (1983) Der psychodynamische Zugang zum manischen Patienten. In: Benedetti C et al (Hrsg) Psychosentherapie. Hippokrates, Stuttgart, S 263–317

Gabbard GO (2014) Psychodynamic psychiatry in clinical practice, 5th ed. Amer Psychiatric Publ, Washington DC

Goodwin FK, Jamison KR (1990) Manic-depressive illness. Oxford University Press, Oxford GB

Ghaemi SN, Stoll SL, Pope HG (1995) Lack of insight in bipolar disorder: the acute manic episode. J Nerv Ment Dis 183:464–467

Gorp WG van et al (1998) Cognitive impairment in euthymic bipolar patients with and without prior alcohol dependence - A preliminary study. Arch Gen Psychiatry 55(1):41–46

Gualtieri CT, Morgan DW (2008) The frequency of cognitive impairment in patients with anxiety, depression, and bipolar disorder: an unaccounted source of variance in clinical trials. J Clin Psychiatry 69(7):1122–1130

Hartwich P, Pfeffer F (2015) Die bipolare Psychodynamik in der Gruppenpsychotherapie. In: Hartwich P, Grube M Psychotherapie bei Psychosen, Kap 8 Größenwahn und Scham. Springer, Heidelberg, S 117–126

Himmighoffen H (2000) Selbstwertproblematik und psychosoziale Bewältigungsstrategien bei PatientInnen mit bipolaren affektiven Psychosen. In: Böker H (Hrsg) Depression, Manie und schizoaffektive Psychosen. Psychodynamische Theorien, einzelfallorientierte Forschung und Psychotherapie, 3. Aufl. Psychosozial-Verlag, Gießen, S 227–243

Hollon SD, Ponniah K (2010) A review of empirically supported psychological therapies for mood disorders in adults. Depress Anxiety 27:891–932

Hsiao YL et al (2009) Neuropsychological functions in patients with bipolar I and bipolar II disorder. Bipolar Disord 11(5):547–554

Janzarik W (1985) (Hrsg) Psychopathologie und Praxis. Ferdinand Enkel, Stuttgart

Karnath HO, Sturm W (2002) Störungen von Planungs- und Kontrollfunktionen. Klinische Neuropsychologie. Thieme, Stuttgart

Kempton MJ et al (2008) Meta-analysis, database, and meta-regression of 98 structural imaging studies in bipolar disorder. Arch Gen Psychiatry 65(9):1017–1032

Kipp J, Stolzenburg H-J (2000) Stimmungsmodulation und die Psychodynamik der Manie. Psyche 54:544–566

Kraepelin E (1913) Psychiatrie. Ein Jahrbuch für Studierende und Ärzte. III. Bd Klinische Psychiatrie II (vollständig umgearbeitete Aufl). Johann Ambrosius Barth, Leipzig

Kraus A (1991) Neuere psychopathologische Konzepte zur Persönlichkeit Manisch-depressiver. In: Mundt C, Fiedler P, Lang H, Kraus A (Hrsg) Depressionskonzepte heute. Springer, Berlin

Kretschmer E (1977) Körperbau und Charakter, 26. Aufl. Springer, Berlin

Kröber H-L (1992) Akute Krisen bei Manien. Nervenheilkunde 11:1–3

Kröber H-L (1993) Bipolare Patienten im Intervall: Persönlichkeitsstörungen und Persönlichkeitswandel. Nervenarzt 64:318–323

Kurtz MM, Gerraty RT (2009) A meta-analytic investigation of neurocognitive deficits in bipolar illness: profile and effects of clinical state. Neuropsychology 23(5):551–562

Leonhard K (1963) Die präpsychotische Temperament bei den monopolaren und bipolaren phasischen Psychosen. Psychiatr Neurol 146:105–115

Lezak M (1995) Neuropsychological assessment. Oxford University Press, Oxford GB

Lim CS et al. (2013) Longitudinal neuroimaging and neuropsychological changes in bipolar disorder patients: review of the evidence. Neurosci Biobehav Rev 37(3):418–435

Liu SK et al (2002) Deficits in sustained attention in schizophrenia and affective disorders: stable versus state-dependent markers. Am J Psychiatry 159(6):975–982

Lyoo IK et al (2010) Lithium-induced gray matter volume increase as a neural correlate of treatment response in bipolar disorder: a longitudinal brain imaging study. Neuropsychopharmacology 35(8):1743–1750

Mann-Wrobel M et al (2011) Meta-analysis of neuropsychological functioning in euthymic bipolar disorder: an update and investigation of moderator variables. Bipolar Disord 13(4):334–342

Marneros A (Hrsg) (2004) Das neue Handbuch der bipolaren und depressiven Erkrankungen. Thieme, Stuttgart

Martinez-Aran A et al (2007) Functional outcome in bipolar disorder: the role of clinical and cognitive factors. Bipolar Disord 9(1–2):103–113

Matussek P, Luks O, Seibt G (1986) Partner relationships of depressives. Psychopathology 19:143–156

Mentzos S (1984) Neurotische Konfliktverarbeitung. Fischer, Frankfurt/M

Mentzos S (1995) Depression und Manie; Psychodynamik und Psychotherapie affektiver Störungen. Vandenhoeck & Ruprecht, Göttingen

Möller HJ (1992) Zur Bedeutung und methodischen Problematik der psychiatrischen Persönlichkeitsforschung: Der »Typus melancholicus« und andere Konzepte zur prämorbiden Persönlichkeit von Patienten mit affektiven Psychosen. In: Marneros A, Phillip M (Hrsg) Persönlichkeit und psychische Erkrankung. Springer, Berlin, S 45–65

Möller HJ, von Zerssen D (1987) Prämorbide Persönlichkeit von Patienten mit affektiven Psychosen. In: Kiska KP, Lauter H, Meyer J-E et al (Hrsg) Psychiatrie der Gegenwart, Band V. Springer, Berlin, S 165–179

Ongur D et al (1998) Glial reduction in the subgenual prefrontal cortex in mood disorders. Proc Natl Acad Sci U S A 95(22):13290–13295.

Osher Y et al (2011) Computerized testing of neurocognitive function in euthymic bipolar patients compared to those with mild cognitive impairment and cognitively healthy controls. Psychother Psychosom 80(5):298–303

Perris C (1966) A study of bipolar (manic-depressive) and unipolar recurrent depressive psychosis. Acta Psychiat Scand Suppl 194:1–89

Phillips ML, Kupfer DJ (2013) Bipolar disorder diagnosis: challenges and future directions. Lancet 381(9878):1663–1671

Phillips ML Ladouceur CD, Drevets WC (2008) A neural model of voluntary and automatic emotion regulation: implications for understanding the pathophysiology and neurodevelopment of bipolar disorder. Mol Psychiatry 13(9):833–857

Rajkowska G et al (2001) Reductions in neuronal and glial density characterize the dorsolateral prefrontal cortex in bipolar disorder. Biol Psychiatry 49(9):741–752

Robinson LJ et al (2006) A meta-analysis of cognitive deficits in euthymic patients with bipolar disorder. J Affect Disord 93(1–3):105–115

Sartre JP (2004) Das Sein und das Nichts. Rowohlt, Reinbek (Erstveröff. 1943)

Schwarz F (2014) Psychodynamische Psychotherapie bei bipolaren Störungen. Z Psychiatr Psychol Psychother 62(4):273–281

Simpson SG, Jamison KR (1999) The risk of suicide in patients with bipolar disorders. J Clin Psychiatry 60 (Suppl 2):53–56

Söldner M, Matussek P (1990) Kindheitspersönlichkeit und Kindheitserlebnisse bei Depressiven. In: Matussek P (Hrsg) Beiträge zur Psychodynamik endogener Psychosen. Springer, Heidelberg

Strakowski SM et al (2012) The functional neuroanatomy of bipolar disorder: a consensus model. Bipolar Disord 14(4):313–325

Torres IJ et al (2007) Neuropsychological functioning in euthymic bipolar disorder: a meta-analysis. Acta Psychiatr Scand Suppl(434):17–26

Townsend J, Altshuler LL (2012) Emotion processing and regulation in bipolar disorder: a review. Bipolar Disord 14(4):326–339

Versace A et al (2010) Abnormal left and right amygdala-orbitofrontal cortical functional connectivity to emotional faces: state versus trait vulnerability markers of depression in bipolar disorder. Biol Psychiatry 67(5):422–431

Willi J (1975) Die zweier Beziehung. Spannungsursachen – Störungsmuster – Klärungsprozesse – Lösungsmodelle. Rowoldt, Reinbek

Zerssen D von (1977) Premormid personality and affective psychoses. In: Burrows GD (Hrsg) Handbook of studies on depression. Excerpta medica, Amsterdam NLD, S 79–103

Angstsyndrome

Peter Hartwich, Heinz Böker, Georg Northoff

H. Böker et al. (Hrsg.), *Neuropsychodynamische Psychiatrie*,
DOI 10.1007/978-3-662-47765-6_17, © Springer-Verlag Berlin Heidelberg 2016

»Wie immer das sein mag, es steht fest, dass das Angstproblem ein Knotenpunkt ist, an welchem die verschiedensten und wichtigsten Fragen zusammentreffen, ein Rätsel, dessen Lösung eine Fülle von Licht über unser ganzes Seelenleben ergiessen müsste.«
(S. Freud, Vorlesung zur Einführung in die Psychoanalyse, 1916/1917)

Das Wort **Angst,** das sprachlich auf das Grundwort »Enge« zurückgeht, hat in der Umgangssprache eine so umfassende Bedeutung, dass Angst als psychische Erlebnisqualität kaum eindeutig definierbar ist, ohne eine reduktionistische Operationalisierung.

Kierkegaard (1981, [1]1844) beschrieb die Angst als einen Grundtatbestand unseres Lebens, indem das Individuum sich seiner Ungeborgenheit bewusst wird und die damit verbundene Ungewissheit realisiert, was mit Freiheit einhergeht. Sartre greift diesen Gesichtspunkt auf:

> … in der Angst gewinnt der Mensch Bewusstsein von seiner Freiheit, oder, wenn man lieber will, die Angst ist der Seinsmodus der Freiheit als Seinsbewusstsein, in der Angst steht die Freiheit für sich selbst in ihrem Sein in Frage.
> (Sartre 2004, [1]1943, S. 91)

In diesem Kapitel soll nicht weiter auf die Existenzfrage und auch nicht auf die Tatsache eingegangen werden, dass die Angst grundsätzlich als menschliches Phänomen den Sinn hat, Gefahren zu vermeiden und Gesundheit sowie Leben zu erhalten, sondern es geht hier um pathologische Angst bei psychiatrischen Erkrankungen.

17.1 Angstsyndrome als psychiatrische Erkrankungen

Karl Jaspers schreibt:

> Ein häufiges und qualvolles Gefühl ist die *Angst*. Furcht ist auf etwas gerichtet, Angst ist gegenstandslos. Als eine spezifische Gefühlsempfindung des Herzens ist die Angst vital, unterscheidbar als stenokardische Angst (bei Angina pectoris) und als Erstickungsangst (bei Lufthunger, z. B. dekompensierten Kreislaufstörungen). Aber Angst ist auch ein ursprünglicher Seelenzustand, in Analogie zur vitalen Angst immer das Dasein im Ganzen betreffend, es durchdringend und beherrschend. … Die existentielle Angst, eine Grundverfassung des sich in Grenzsituationen offenbar werdenden Daseins, dieser Ursprung der Existenz ist phänomenologisch nicht mehr fasslich.
> (Jaspers 1953, S. 95; Hervorh. i. Orig.)

Für psychiatrische Erkrankungen liefert Scharfetter (1985) eine Einteilung der vier hauptsächlichen Vorkommensweisen:
- allgemeinmenschlich: Angst vor tatsächlich gefährlichen Situationen (Realangst);
- neurotische Angst, die »frei steigend« ist ohne klar erkennbaren Anlass oder angesichts von Situationen, die nach der Allgemeinerfahrung nicht (oder kaum) gefährlich sind;
- psychotische Angst, bei der es um den Verlust der Existenz und des Ichbewusstseins geht;
- Angst bei psychischen Erkrankungen im Zusammenhang mit Körperkrankheiten (z. B. Alkoholdelir).

Bei den aufgeführten Syndromen kommt es zu den psychopathologischen und vegetativen Zeichen, die Scharfetter (1985) in den folgenden Bereichen beschreibt:

Die **Stimmung** ist charakterisiert durch Einengung, Unsicherheit, Beunruhigung und Sorge um die Gesundheit. Der Antrieb ist durch Unruhe, Erregung, Panik und Erstarren gekennzeichnet. Bewusstsein, Wahrnehmungen und Denken werden eingeengt, als Leibsymptome machen sich Kopfdruck, Herzklopfen Zittern, Schwindel und Atemstörungen quälend bemerkbar. Bei Sympathikuserregung werden die Pupillen weit, Puls und Blutdruck steigen an, der Muskeltonus wird erhöht. Bei Parasympathikuserregung kommt es zu Übelkeit, Erbrechen Durchfall und Harndrang.

Die von Scharfetter charakterisierten vier Bereiche sind nicht immer klar voneinander abgrenzbar. Zum einen gibt es Übergänge und zum anderen sind die Fähigkeiten des einzelnen Menschen, auf Gefahren zu reagieren und mit

Angst umzugehen, nicht nur intraindividuell, sondern auch interindividuell sehr verschieden. Somit sind die Typisierungen ein wichtiger Versuch, der aber, wenn man Angstphänomene wissenschaftlich untersuchen möchte, zusätzlich durch das Folgende erschwert wird: Die erlebte Angst kann nur subjektiv angegeben werden und nicht objektiv gemessen werden; es sei denn, die somatischen Begleiterscheinungen werden erfasst. Infolgedessen wird die subjektiv erlebte Angst in der Regel mit Fragebogentests eingeschätzt; die physiologischen Angstkorrelate können apparativ registriert werden (Puls, Blutdruck, EEG, EMG, neuroendokrine Substanzen etc.).

17.2 Neurobiologische Forschung bei Angsterkrankungen

In einer neurowissenschaftlichen, systemtheoretischen und evolutionären Sicht können Angst und Stress als Trigger für die adaptive Selbstorganisation der Struktur und Funktion lebender Systeme angesehen werden. Angst trägt zur Öffnung angeborener Verhaltensprogramme und zur adaptiven Modifikation und Reorganisation verhaltenssteuernder neuronaler Netzwerke bei. Die Wahrnehmung neuer, als bedrohlich eingestufter Reizkonstellationen generiert ein unspezifisches Aktivitätsmuster in gedächtnisspeichernden, assoziativen kortikalen und subkortikalen Strukturen. Der Aktivierung der HPA-Achse (Hypothalamus-Hypophysen-Nebennierenachse) kommt dabei eine primär schadensbegrenzende Funktion im Sinne einer Notfallreaktion zu. Das hat nachhaltige Auswirkungen auf Funktionen von Neuronen und Gliazellen: Genexpression neuronaler Zellen, Produktionenabgabe von Wachstumsfaktoren, Auswachsen von dendritischen und axonalen Fortsätzen, Ausbildung dendritischer Spines und synaptischer Kontakte und struktureller Aus- und Umbau von neuronalen und synaptischen Verschaltungen im Gehirn.

Psychosoziale Faktoren sind oftmals die wichtigsten Auslöser der neuronalen Stressreaktion; dazu zählen Konflikte, Kompetenzverlust, Verlust psychosozialer Rollen und Unterstützung.

In einer neuropsychodynamischen Sicht sind Angst und Angstbewältigung integrale Aspekte der Entwicklung des Subjekts als psychische Entität durch die Begegnung des Organismus mit der Welt und in der Prozessierung seiner körperlichen Reaktionen darauf. Unbewusstes und Bewusstes sind Gradient eines Kontinuums, das die äußere Welt, das Subjekt und die Interaktion zwischen Subjekt und Außenwelt einschließt.

Neurowissenschaftliche Modelle gehen davon aus, dass bei Angststörungen objektiv ungefährliche Situationen und Stimuli wie soziale Situationen oder enge Räume bei Betroffenen eine Angstreaktion auslösen, bei denen bestimmte Hirnregionen wie z. B. die Amygdala, die Inselrinde und der anteriore zinguläre Kortex (ACC) verstärkt aktiv sind (Etkin 2012; Gross u. Canteras 2012; Brühl et al. 2014).

Kognitive Modelle der Angststörungen gehen von einer gesteigerten Grunderregbarkeit und einer verstärkten Reaktivität gegenüber potenziell bedrohlichen Stimuli und Situationen aus (vgl. Bishop 2007). Aus dieser gesteigerten Grunderregbarkeit kann sich durch **Konditionierung**svorgänge (Verbindung eines eigentlich ungefährlichen Stimulus mit einem unangenehmen Stimulus) eine spezifische Angststörung entwickeln, die dann durch **Vermeidung** aufrechterhalten wird: Vermeidung reduziert kurzfristig die antizipatorische Angst, steigert aber die empfundene »Gefährlichkeit« des gefürchteten Stimulus und steigert dadurch langfristig die Erwartungsangst und das Vermeidungsverhalten. Im Zentrum der neurokognitiven Modelle der Angst steht der Angst-Bias der **selektiven Wahrnehmung**: Durch die aktuelle **State-Angst** kommt es zur Modulation der Amygdalaresponsibilität (im Gegensatz zur präfrontalen Downregulation der Amygdalaaktivität, ◘ Abb. 17.1), durch die **Trait-Angst** wird die präfrontale Aktivierung moduliert (◘ Abb. 17.2).

Die Veränderung kognitiver Muster ist folgerichtig eines der wesentlichen Ziele der kognitiv-behavioralen Therapie. Leitende Idee ist dabei »Change the mind and you change the brain« (Paquette et al. 2003; ◘ Abb. 17.3a,b). Die Studie, die mit fMRT den biologischen Effekt einer vierwöchigen expositionsbasierten KVT bei 12 Patienten mit Spinnenphobie untersuchte,

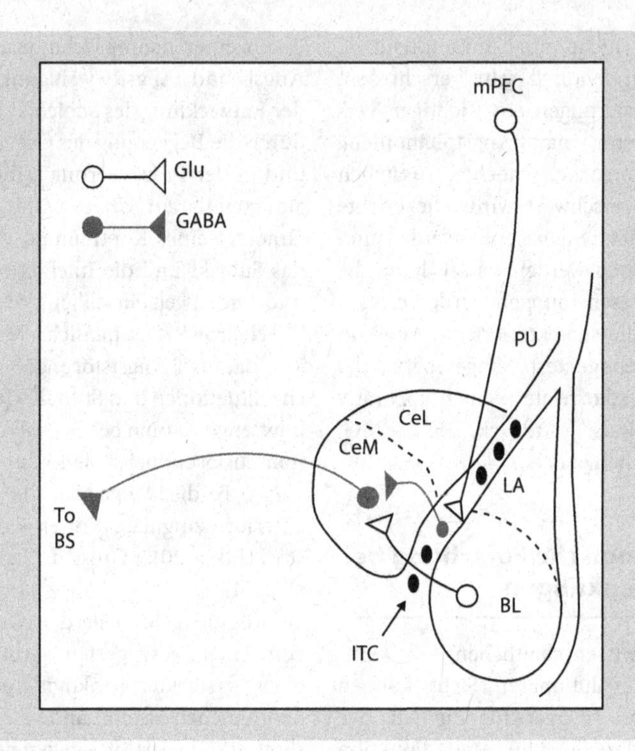

Abb. 17.1 Neurokognitive Mechanismen der Angst. Präfrontale Downregulation der Amygdalaaktivität. *LA* Nucleus lateralis amygdalae, *CeL* Nucleus centralis lateralis amygdalae, *CeM* Nucleus medialis centralis, *BS* Hirnstamm, *BL* Nucleus basolateris amygdalae, *Pu* Putamen, *Glu* exzitatorische glutamaterge Projektionen, *GABA* inhibitorische GABAerge Projektionen, *ITC* zwischengeschaltete GABAerge Neurone, *mPFC* medialer präfrontaler Kortex. (Aus Bishop 2007; mit freundl. Genehmigung von Elsevier)

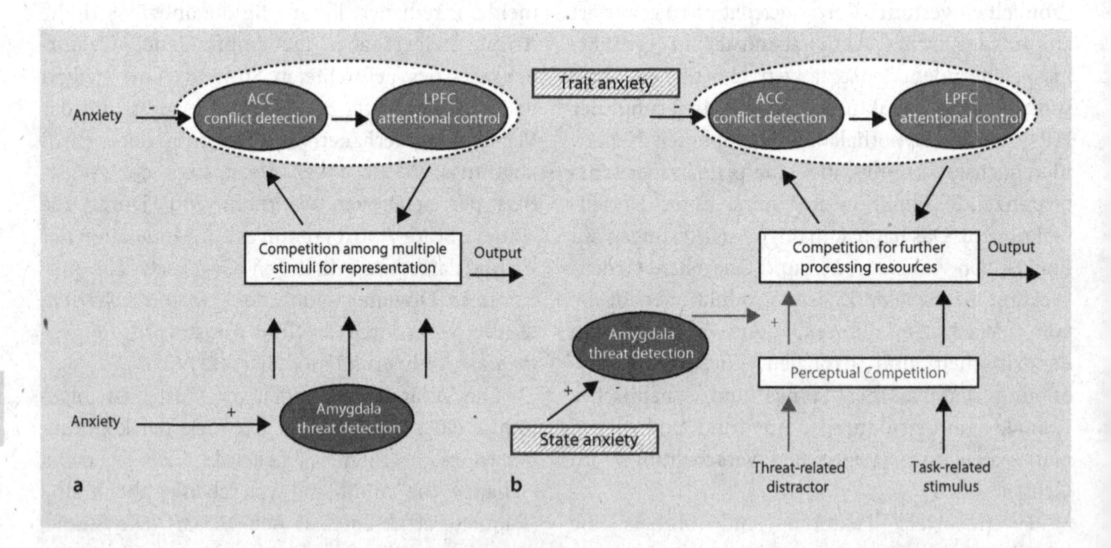

Abb. 17.2 Neurokognitive Modelle: Angst-Bias der selektiven Wahrnehmung. **a** Modulation der Amygdalaresponsivität durch State-Angst, **b** Modulation der präfrontalen Aktivierung durch Trait-Angst. (Aus Bishop 2007; mit freundl. Genehmigung von Elsevier; Übers. d. Verf.)

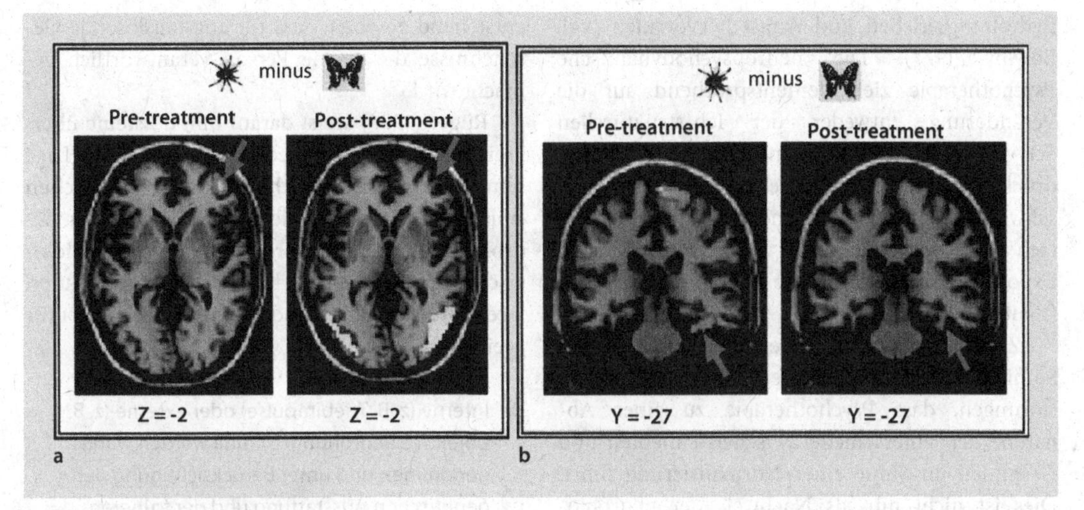

Abb. 17.3a,b Effekte von KBT (kognitive Verhaltenstherapie) auf die neuronalen Korrelate bei Spinnenphobie. **a** Aktivierung des re. DLPFC (dorsolateraler präfrontaler Kortex) **vor** KBT bei Spinnenphobikern, fehlende Aktivierung des re. DLPFC **nach** KBT, **b** Aktivierung des re. parahippokampalen Gyrus (BA 36) **vor** KBT, fehlende Aktivierung des re. parahippokampalen Gyrus **nach** KBT. (Aus Paquette et al. 2003; mit freundl. Genehmigung von Elsevier)

zeigte, dass die Aktivität bei den Patienten occipital, inferior frontal und in der Amygdala beim Betrachten von Spinnenbildern zunächst gesteigert war. Nach Therapie war die Aktivität inferior frontal und in der Amygdala normalisiert. Vielfältige Studien zeigen, dass kognitive Strategien (z. B. die kognitive Neu-/Umbewertung) den präfrontalen Kortex (PFC) aktivieren und dadurch die Aktivität von limbischen Strukturen regulieren (Kohn et al. 2014; Diekhof et al. 2011; Brühl et al. 2015).

Neurobiologische Erklärungsmodelle für die Wirksamkeit der Expositionstherapie gehen davon aus, dass Exposition die bestehende Verknüpfung zwischen Stimulus und Reaktion nicht physikalisch »löscht«, sondern dass es vielmehr um ein Neulernen der Ungefährlichkeit geht. Diese neue Assoziation unterdrückt dann die bestehende Angstassoziation, die aber auch wieder aktiviert werden kann. Zusammenfassend unterstreichen die neurowissenschaftlichen Untersuchungen, dass der mediale präfrontale Kortex zu einer Downregulation der Amygdalaaktivität beiträgt.

Eine mögliche **neuropsychodynamische Perspektive** hinsichtlich der **Angstentstehung** zeichnet sich aufgrund folgender Zusammenhänge ab:

- Jede Veränderung der Interpretation in neuronalen Körpern, die assoziativ mit Gefahr verbunden wird, provoziert motorische Antworte, die der Gefahr entgegenwirken.
- Unbewusste Prozessierungen: Amygdala.
- Bewusste Prozessierung: Kortex.
- Gefahrenquellen: Äußere und innere Objekte.
- Flucht: äußere Gefahr.
- Abwehrmechanismen: innere Gefahr.
- Differenzierung auf neuronalem Niveau: Bisher fehlende empirische Daten (hinsichtlich der Erforschung des Übergangs).
- Durch Psychoanalyse (freie Assoziation) Zugang zu verschiedenen zeitlich und räumlich zerstreuten Erinnerungsmustern, die für die Angstentwicklung bedeutsam sind. Die Angst umfasst die ganze Persönlichkeit und ist existent in unterschiedlichen psychischen Formationen.

In einer neuropsychodynamischen Sicht kann **pathologische Angst** auftreten, wenn innere und äußere Konflikte mangelhaft abgewehrt werden (Panikmodell von Shear et al. 1993, neurotisches Erleben unbekannter Selbstanteile). Alternativ kann ein möglicher Beziehungsverlust ein starkes

Bedrohungserleben und Angst hervorrufen (vgl. Bowlby 1977). Die neuropsychodynamische Psychotherapie zielt dementsprechend auf die Veränderung entweder der Ich-strukturellen Schwächen, der unbewussten Konflikte und unterdrückten aggressiven Gefühle oder der Beziehungsschwierigkeiten. Da die Vermeidung die Angst vielfach aufrechterhalten bleibt, werden teilweise auch Expositionsmethoden in die Therapie einbezogen (Beutel et al. 2012).

Zusammenfassend zeigen die bildgebenden Studien zu Psychotherapieeffekten bei Angststörungen, dass Psychotherapie zu einer Abnahme der Unterschiede zwischen Patienten und Gesunden im Sinne einer Normalisierung führt. Dies ist nicht nur als Nachweis der neurobiologischen Effekte von Psychotherapie interessant, sondern ermöglicht auch ein besseres Verständnis der Wirkmechanismen von Psychotherapie. In der Psychotherapie werden demnach nicht neue und kompensatorische Netzwerke entwickelt, sondern stattdessen funktionelle Netzwerke, die auch bei Gesunden zu finden sind, trainiert und auf ein gesundes und normales Maß hin reguliert. Bei den Angsterkrankungen findet sich insbesondere eine Reduktion der Amygdalaaktivität. Bei manchen Angsterkrankungen wird die Aktivität im präfrontalen Kortex (PFC) reduziert und damit »normalisiert«, bei anderen eher die Kontrolle des PFC über die Amygdala verbessert, ohne dass sich die PFC-Aktivität ändert. Die neurobiologischen Modelle der Angst gehen vor diesem Hintergrund insbesondere von einem gestörten Gleichgewicht zwischen hyperaktiven limbisch-emotionalen Regionen (Amygdala und Insel) und dysfunktionaler präfrontal-zingulärer Kontrolle aus.

17.3 Konzepte zur Ätiopathogenese

Hinsichtlich der Angsttheorien sind die lerntheoretischen und die psychodynamischen Zugänge zu nennen. Bei der **lerntheoretischen Dimension** standen klassische und operante Konditionierungsmodelle am Anfang. In der **Attributionstheorie** wird die Angst dadurch als entstehend gesehen, dass für angstauslösende Geschehnisse die eigene Person verantwortlich gemacht wird.

Rüger (1986) weist darauf hin, dass eine übergreifende allgemeine Theorie der Angst in der Lage sein müsse, die **biologischen** und **psychologischen** Abläufe bei Angst von der Wahrnehmung der Bedrohung über die entsprechende psychophysiologische Reizverarbeitung bis hin zur Angstreaktion zu erklären; er hält dazu das »Arousal« Konzept für geeignet.

> » Interne (z. B. Triebimpulse) oder externe (z, B. objektive Bedrohung) Stimuli werden wahrgenommen und unter Berücksichtigung der genetischen Ausstattung und der früheren Lebenserfahrungen im Hinblick auf die Stärke der Bedrohung und eine mögliche Gefährdung der Integrität des Organismus oder Individuums bewertet; sie führen im Zentralnervensystem zu einer »Arousal«-Reaktion mit den oben genannten physiologischen Abläufen, begleitet von dem subjektiven Gefühl der Angst. Diese »Bereitschaftshaltung« ruft Angstbewältigungsmechanismen auf den Plan, im Falle einer objektiv bewusst wahrgenommenen Bedrohung vom Typ des Coping, im Fall unbewusster irrationaler Konflikte als Ursache der Angst eher vom Typ der klassischen Abwehrmechanismen. (Rüger 1986, S. 46-47)

Psychodynamische Konzepte gehen davon aus, dass Angst das Ich-Erleben in seiner Kohäsion und Kontinuität gefährdet und infolgedessen psychische Schutzmechanismen auf den Plan treten. Das sind Regression sowie reife und sogenannte unreife Abwehrmechanismen. Diese sind in der Lage, das Angsterleben zu vermindern. Gelingen diese Bewältigungsmechanismen nicht ausreichend aufgrund der gegebenen Strukturschwäche einer Persönlichkeit oder der unaushaltbaren Überintensität der Gefahrensituation, kommt es zu den Angsterkrankungen. Schon in den Anfängen der Psychoanalyse und der Psychodynamik hatte die Beschäftigung mit der Angst und ihren Krankheitsfolgen einen zentralen Platz eingenommen.

Freud (1892–1899, S. 255) hat den Begriff **Angstneurose** geprägt. Angst ist eine Emotion, die im Ich bewusst wird. Dort werden die Angstimpulse aus dem Es und die psychischen Repräsentationen kontrolliert. Die unterdrückten Affekte können je nach Funktion der Abwehrmechanismen als Symptome zum Ausdruck kommen. Da der Ursprung der angstauslösenden Situationen häufig unbewusst ist, hat die psychodynamische oder psychoanalytische Behandlung die Aufgabe, sie ins Bewusstsein zu heben, um sie der Bearbeitung zugänglich zu machen. Entscheidend ist weniger das intellektuelle Erkennen des Ursprungs als vielmehr das bewusste Wiedererleben der dazugehörigen Gefühle, die häufig aus einer früheren, weniger reifen Entwicklungszeit eines Menschen stammen, um dann in der Therapie beim Erwachsenen mit einer gereifteren Struktur bearbeitet zu werden.

Gabbard (2014) weist darauf hin, dass ursprüngliche Angstaffekte in jedem Menschen vorhanden seien, diese aber durch stressbedingte oder traumatische Erlebnisse getriggert werden können. Somit müsse der Therapeut kreativ sein, die individuellen und spezifischen Angstkomponenten des Patienten zu erfassen.

17.4 Einteilung der Angstsyndrome

Unterteilt wird in

- **Phobische Störungen** (ICD 10 F40),
  - Agoraphobie F 40.0,
  - soziale Phobie F 40.1,
  - spezifische (isolierte) Phobie F 40.2,
- **Panikstörung** (episodisch paroxysmale Angst) F41.0,
- **generalisierte Angststörung** F 41.1.

Dem klinisch arbeitenden Psychotherapeuten in der Psychiatrie begegnen in der Mehrzahl Mischungen der genannten Untereinteilungen, zu denen häufig auch noch ein depressiver Affekt hinzukommt.

Die Einteilung der Phobien in ICD-10 entspricht der in DSM-5 (Panic disorder, Phobias, Generalized Anxiety Disorder) mit Agoraphobien, soziale Phobien und spezifische Phobien.

17.5 Der neuropsychodynamische Zugang

Mentzos schreibt zur Frage der Entstehung der Angstsymptome:

> » Der psychodynamische Modus der Phobie besteht in einer – der Entstehung der Phobie vorausgehenden – **Verdrängung** des ursprünglichen Angst erzeugenden Inhalts und einer dann anschließenden **Verschiebung** der dazugehörigen Gefahr bzw. der Angst auf eine relativ belanglose Äußerlichkeit. Greenson hat diese Symptombildung bei der Phobie so formuliert: Eine Form der Angst wird als Abwehr gegen eine andere Angst benutzt. (Mentzos 2011, S. 110; Hervorh. i. Orig.)

Mentzos weist weiter darauf hin, dass es nicht bei der Verschiebung bleibe, ein zentraler Bestandteil dieses Modus bestehe in der vorbeugenden Vermeidung. Die Vermeidungshaltung führt neben der eigentlichen Angstsymptomatik bei den Patienten häufig zu erheblichen Beschränkungen ihrer normalen Lebensentfaltung.

Die **Agoraphobie** (Platzangst) ist eine unangenehme Erscheinung, die Menschen befällt, die allein über einen leeren Platz, eine breite Straße oder ein Ebene gehen sollen. Sie haben dann das Gefühl, keinen Halt zu haben und entwickeln schwere Ängste mit vegetativen Begleiterscheinungen. In der Regel entwickeln sie ein Vermeidungsverhalten, indem sie sich nicht mehr aus dem Haus trauen. Die **Klaustrophobie**, die im Volksmund häufig damit verwechselt wird, bezieht sich jedoch auf die Furcht vor geschlossenen Räumen, wie Aufzügen, Straßenbahnen, Gefängnis etc. Mit der **spezifischen Phobie** ist die abnorme Furcht vor bestimmten Objekten oder Situationen gemeint, z. B. Gewitter, dunkler Keller, eine bestimmte Krankheit (AIDS, Melanom, Syphilis) zu haben. Übersteigerte Ängste, die jemand hat, wenn er sich in einer Gruppe von Menschen befindet, von denen er sich kritisch beobachtet glaubt, nennt man **soziale Phobien**. Dazu gehören z. B. Sprechen vor der Gruppe und Prüfungen in Gruppensituationen sowie mündliche Examina. Dahinter steht die Angst vor Bloßstellung, die mit Händezittern, übermäßigem Schweißausbruch, heftigem Erröten, Herzklopfen und sog. Black Outs einhergehen kann.

▪ Fallbeispiel: Agoraphobie

Ein 30-jähriger Berufsschullehrer bleibt seit zwei Jahren am liebsten zu Hause bei seiner Frau und lernt portugiesisch. Muss er dennoch allein zu einem wichtigen Termin in die Stadt, dann geht er Wege, die er gut kennt und wo er vor allem weiß, dass dort Arztpraxen sind. So hangelt er sich mühsam von Arztschild zu Arztschild und muss sich immer wieder neu überwinden, bis er zum Ziel kommt. Manchmal komm es doch zu Panikzuständen mit Herzrasen und weiteren vegetativen Begleiterscheinungen, aber meistens bleibt es bei der Angst vor dieser Angst. In der Psychotherapie wird als auslösende Situation der Tod der Mutter vor zwei Jahren bearbeitet. In vielen Zeichnungen, in denen er seine Träume und den psychotherapeutischen Prozess bebildert, geht es um Anklammerungszenen und Trennungssituationen. Nach einiger Zeit intensiver Bearbeitung gelingt es ihm, ohne Begleitung zur Therapie zu kommen. Allmählich gelingt es auch, seine Übertragungswünsche auf die frühkindliche Konstellation als Einzelkind einer Mutter, die ihren Mann früh verloren und den Jungen stark an sich gebunden hatte, beziehen zu können. Ein Jahr nach dem Ende der Therapie bekomme ich eine Postkarte aus Portugal, auf der zu lesen ist, dass er seinen Wunschtraum hat wahr machen können, nämlich eine Rucksacktour allein durch Portugal.

17.5.1 Soziale Phobie und Komplexität

Man muss berücksichtigen, dass es viele phobische Erkrankungen gibt, die einen komplexen Unterbau haben. Hinter dem, was soziale Phobie, z. B. im Sinne einer Prüfungsangst, genannt wird, kann sich vieles verbergen: vorübergehende oder dauerhafte Beeinträchtigungen, Arbeitsstörungen, tiefliegende Konflikte, Identitätskrisen, Sucht, neurotische Verstrickungen, psychische Entwicklungsstörungen oder psychotische Dispositionen.

Leitsymptome Prüfungsangst und Arbeitsstörung

Tabbert-Haugg (2003) beschreibt die unterschiedlichen Aspekte der Tiefe und Ausprägung von Diagnosen, die zunächst unter den Leitsymptomen »Prüfungsangst« und »Arbeitsstörung« (als Symptome der sozialen Phobie) bei Spätadoleszenten und anderen Patienten in die Praxis kommen. Es gibt einerseits Formen, die leicht und vorübergehend sind, die einer Krisenintervention als Sofortmaßnahme zugänglich sind, und andererseits Formen, die psychische Dekompensationen in einer Schwellensituation darstellen. Hierbei handelt es sich um für das jeweilige Lebensalter typische phasenspezifische Konflikte mit Reaktivierung ödipaler und präödipaler Konstellationen bis hin zu narzisstischen Störungen und solchen auf psychotischem Niveau. Die psychodynamischen Behandlungsmethoden bestehen, jeweils der Schwere der Störung entsprechend, aus Kriseninterventionen, Fokaltherapie, tiefenpsychologischer und analytischer Psychotherapie.

▪ Fallbeispiel: Anfängliches Leitsymptom soziale Phobie (Prüfungsangst)

(Zusammengefasst nachTabbert-Haugg, 2003, S. 150–152): Ein junger arabischer Student leide an heftigen Arbeitsstörungen und Prüfungsangstsymptomen nach dem Tod seines Vaters. Zunächst sei ihm der plötzliche Tod und auch die Begräbniszeremonie nicht mitgeteilt worden, um seine Prüfungsvorbereitungen nicht zu stören. Als er aber doch von dem Tod erfahren habe, seien die unbewussten aggressiven Konflikte mit dem Vater heftig aufgeflackert und hätten seine geistigen Fähigkeiten erheblich beeinträchtigt. Unbewusste Rachegefühle und die magisch vergrößerte Angst, den Vater in übermächtig erlebter Aggression vernichtet zu haben, hätten eine tiefe Regression mit unerträglichen Schuldgefühlen bewirkt. Nach einem bestandenen Examen hätte die vom Familienclan lange geplante Übernahme der väterlichen Position im Heimatland angestanden. Er wäre damit Patriarch der Familie geworden über Schwestern und Mutter, die ihn als Partnerersatz stets vergöttert habe, da sie sich als Zweitfrau des Vaters (Islam) mit dem Sohn getröstet habe. Allerdings sei er in der Pubertät durch das streng autoritäre Patriarchat des Vaters entthront worden, indem er gegen seinen Willen eine ausländische Schule und später ein vom Vater vorgeschriebenes Studium habe absolvieren müssen.

Die Versuche der Therapeutin, ihm durch ärztliche Bescheinigungen die Aufenthaltsverlängerung zu ermöglichen, damit er doch noch sein Examen ablegen könnte, wurde von dem Patienten bewusst oder unbewusst boykottiert.

Die behandelnde Psychoanalytikerin (Tabbert-Haugg, S. 151) schreibt: »Er hat aufgegeben und erwartet seine Ausweisung. In meiner Gegenübertragung fühle ich Trauer, Wut und Ohnmacht. Der ‚Alptraum Prüfung' des Studenten war für mich zu einem verlorenen Ringen um einen therapeutischen Erfolg geworden«.

■■ Diskussion

An diesem Beispiel wird deutlich, dass – wie so häufig – schon vor Auftreten der »sozialen Phobie« tieferliegende Konflikte, z. B. mit dem Vater, der gegen seine Willen seinen Lebensweg bestimmt, der Situation der Migration mit all ihren Anpassungskonflikten und Kränkungen sowie die Identitätskrise infolge sehr unterschiedlicher kultureller Traditionen, aufbrechen können. Das Mitschwingen von depressiven, narzisstischen sowie Dekompensationen auf psychotischem Strukturniveau ist nicht selten.

Psychotherapeutische Verfahren

Vielfach werden heute phobische Störungen mit verhaltenstherapeutischen Methoden behandelt. Ob psychodynamische oder lerntheoretisch basierte Therapien (CBT) effektiver sind oder nicht, haben Leichsenring et al. (2013) untersucht und festgestellt, dass beide Therapierichtungen effizient sind, sich aber im Ergebnis nicht unterscheiden. Die Remissionsrate war bei der Verhaltenstherapie besser, die Responseraten mit 60 % bei Verhaltenstherapie und 52 % bei psychodynamischer Therapie unterschieden sich statistisch nicht signifikant. Insgesamt zeigt die Studie, dass die psychodynamische Therapie nicht besser oder schlechter ist als die Verhaltenstherapie, bezogen auf die positive Wirksamkeit hinsichtlich der stärkeren Response, was sich auch auf den Langzeiteffekt bezieht (Leichsenring et al. 2014). Aus den Ergebnissen der genannten Multicenter-Studie ist noch hervorzuheben, dass 40–48 % der Patienten weder von der durchgeführten Verhaltenstherapie noch von der psychodynamischen Psychotherapie wesentlich gebessert wurden. Die Autoren weisen darauf hin, dass diese Zahlen hinsichtlich der Nichtansprechbarkeit auf Therapien mit vielen anderen Studien korrespondieren.

17.5.2 Panikattacken

Panikattacken als episodisch paroxysmale Angst (ICD-10 F41.0) können aus »heiterem Himmel« und unvorhersehbar plötzlich mit Herzklopfen, Brustschmerz, Erstickungsgefühlen, Schwindel und Entfremdungsgefühlen auftreten. Für Minuten kommt es zur Todesangst und Angst, die Kontrolle über sich zu verlieren. Die Angsterkrankungen in der DSM-5-Version werden von Gabbard (2014) unter psychodynamischem Aspekt bearbeitet. Als eine der möglichen Ursachen werden unverarbeitete Verlusterlebnisse angegeben. In einer Studie mit über 1000 Zwillingspaaren (Kendler et al. 1992) war die Panikstörung sowohl mit Trennung der Eltern als auch mit Todesfällen assoziiert. Die Metaanalyse von Kossowsky (2013) spricht für die Trennungshypothese. Einen weiteren ätiologischen Faktor stellt bei weiblichen Patienten der körperliche und sexuelle Missbrauch in der Kindheit dar (Stein et al. 1996) Auch wird diskutiert, dass bei der Panikstörung auch eine prädisponierende neurophysiologische Vulnerabilität bestünde; dieses diskutiert Gabbard unter einem neuropsychodynamischen Konzept:

> » De Masi (2004) nimmt an, schwere traumatische Angst könne durch konditionierte Reize getriggert werden, die mit früheren Gefahrensituationen verbunden sind. Dieses Modell integriert neurowissenschaftliche Befunde mit einem psychodynamischen Verständnis. Er bezieht sich in diesem Modell auf die Arbeiten von Le Doux (1966), der darauf hinwies, dass unbewusste Erinnerungen von Gefahrensituationen, die in der Amygdala verankert sind, unauslöschbare Spuren im Gehirn hinterlassen. Die Amygdala ist das

> erste Areal des Hirns, das bei einem Gefahrensignal aktiviert wird. Die Aktivieren mag völlig unbewusst bleiben und die Kampf-Flucht-Reaktion kann wirksam werden, noch bevor der Thalamus Zeit hat, die Information dem Kortex mitzuteilen und das rationale Denken des präfrontalen Kortex auf die Situation angewendet werden kann. (Gabbard 2014, S. 265; Übers. d. Verf.)

17.5.3 Generalisierte Angststörung

Die generalisierte Angststörung (besser: generalisierte Angsterkrankung) gilt dann als diagnostiziert, wenn generalisierte, anhaltende und frei flottierende Angst, nach ICD-10 F40.1 über einen Zeitraum von mindestens mehreren Wochen und nach DSM-5 bis zu sechs Monaten, besteht. Es ist die Angsterkrankung, bei der die höchste Komorbiditätsrate festgestellt wurde. Goisman et al. fanden schon 1995 in einer Multizenterstudie, dass fast 90% der so diagnostizierten Patienten in ihrem Leben auch eine andere Angststörung gehabt hatten.

Leichsenring et al. (2009) stellten in einer randomisierten kontrollierten Studie fest, dass sich die Behandlungsergebnisse von kurzzeitpsychodynamischen Psychotherapien und CBT (kognitive Verhaltenstherapie) nicht statistisch signifikant unterschieden.

In den Praxen werden häufig angstlösende Medikamente verschrieben. Es ist auf die Dauer der Erkrankungen jedoch lohnend, den Patienten zuzuhören, um dann die für ihn gezielte und geeignete Therapiemethode auszuwählen. Manche wird man an kundige Verhaltenstherapeuten überweisen und andere benötigen eine psychodynamische Therapie; in beiden Fällen kann eine vorübergehende psychopharmakologische Mitbehandlung erforderlich werden, die aber zeitlich streng begrenzt bleiben muss.

Die psychodynamischen Therapieansätze richten sich nach dem Krankheitsbild, das so vielfältig ist, dass der eine mit einer Kurztherapie von einigen Wochen auskommt, der andere benötigt eine längere psychodynamische Therapie von mehreren Monaten, und mancher Patient bedarf einer psychoanalytischen Behandlung von mehreren Jahren.

Die Ätiopathogenese geht von eher oberflächennahen Konflikten bis hin zu Störungen, die in der frühen Kindheit begonnen haben und dann in jeder Schwellensituation der Entwicklung eine wechselseitige Verstärkung erfahren haben, sodass neuronale Beeinträchtigungen resultieren, die aber auch die weitere Entwicklung der Angsterkrankung mitbedingen, sodass von einem neuropsychodynamischen Geschehen und Handeln auszugehen ist.

17.5.4 Neuropsychodynamisches Modell der Angststörungen und Differenzialindikation

Bei der Berücksichtigung der geschilderten neurowissenschaftlichen Befunde, der zeitlich-räumlichen Struktur des Mentalen und insbesondere des Niveaus der Persönlichkeitsstruktur lässt sich im Kontext des dreidimensionalen neuropsychodynamischen Modells psychischer Krankheiten (▶ Abschn. 17.2) ein neuropsychodynamisches Modell der Angststörungen entwickeln. Dieses Modell erfasst ein Kontinuum manifester Angststörungen unter Berücksichtigung von Abwehr- und Bewältigungsmechanismen, Konfliktdimension und des Niveaus der Persönlichkeitsstruktur. Dieses Modell eignet sich im Hinblick auf die Fokussetzung neuropsychodynamischer Therapie der Angststörungen, die im vorliegenden Kapitel anhand einzelner Kasuistiken beispielhaft beschrieben wurde.

Differenzielle Entscheidungen im Hinblick auf die Pharmakotherapie bzw. Psychotherapie der Angststörungen berücksichtigen neben dem Schweregrad der Symptomatik insbesondere persönlichkeitsstrukturelle Aspekte, Suchtproblematik, das Vorhandensein ausgeprägter Paniksymptome und pathologische Besorgnis (◘ Tab. 17.1).

Im Hinblick auf die therapeutischen Interventionen in der Behandlung der Angststörungen sei an Freuds frühen behandlungstheoretischen Hinweis erinnert:

> » Unsere Technik ist an der Behandlung der Hysterie erwachsen und noch immer auf diese

Tab. 17.1 Differenzielle Entscheidungen für Pharmakotherapie versus Psychotherapie der Angststörungen

Klinisches Hauptzeichen	Psychotherapie	Pharmakotherapie
Schweregrad der Symptomatik	Leichter bis mittlerer Schweregrad: Psychotherapie mit Vorzug	Hoher Schweregrad, Chronizität: Pharmakotherapie mit Vorzug
Dependente Persönlichkeit	Strukturierte, zeitlich-limitierte Psychotherapiekontakte mit Vorzug	Medikamente mit Abhängigkeitspotenzial vermeiden
Missbrauchs-/Suchtprobleme	Störungsorientierte Psychotherapie	Medikamente mit Abhängigkeitspotenzial vermeiden
Ausgeprägte Paniksymptome	Bevorzugt kognitive Psychotherapie und Angstmanagement-Therapie, panikfokussierte psychodynamische Psychotherapie	Bedeutsame Prophylaxe durch Antidepressiva (selektive Serotonin-Wiederaufnahmehemmer vorteilhaft gegenüber Trizyklika, beachte mögliche Anfangsverschlechterung)
Pathologische Besorgnis	Psychotherapie mit Vorzug	Zurückhaltung bei Pharmaka, in Abhängigkeit vom Schweregrad Indikation stellen, Kombination mit Psychotherapie

> Affektion eingerichtet. Aber schon die Phobien nötigen uns, über unser bisheriges Verhalten hinauszugehen. Man wird kaum einer Phobie Herr, wenn man abwartet, bis sich der Kranke durch die Analyse bewegen lässt, sie aufzugeben … Nehmen Sie das Beispiel eines Agorophoben, es gibt zwei Klassen von solchen, eine leichte und eine schwere. Die ersteren haben zwar jedes Mal unter der Angst zu leiden, wenn sie allein auf die Strasse gehen, aber sie haben darum das Alleingehen noch nicht aufgegeben; die anderen schützen sich vor der Angst, indem sie auf das Alleingehen verzichten. Bei diesen letzteren hat man nur dann Erfolg, wenn man sie durch dein Einfluss der Analyse bewegen kann, sich wieder wie Phobiker ersten Grades zu benehmen, also auf die Strasse zu gehen und während des Versuches mit der Angst zu kämpfen. (Freud 1917–1920, S. 191)

Das Verständnis und die Interaktion mit den Angstpatienten in der therapeutischen Beziehung hat bei den neuropsychodynamisch orientierten therapeutischen Interventionen eine herausragende Bedeutung. Hoffmann (2008) beschrieb in manualisierter Weise das Vorgehen in der psychodynamischen Therapie der Angststörungen. Im Hinblick auf die Therapeut-Patient-Beziehung sollten folgende Essentials berücksichtigt werden:

- Der Patient muss sich jederzeit als Partner in der Therapie fühlen.
- In der Beziehung nimmt der Therapeut seine Expertise an (sonst ist der Patient an der falschen Adresse), vermittelt aber zugleich dem Patienten, dass dieser es ist, der selbst bestimmt, was er an Entwicklung zulässt, und damit den Therapiezugang wesentlich mitentscheidet.
- Je kürzer die Therapie, desto höher ist die Strukturierung.
- Es finden Bilanzierungssitzungen statt, die vorher angekündigt werden.
- Die besonders angstauslösende Qualität von Trennungen muss – dem Problem des Patienten entsprechend – im Auge behalten werden.

Zusammenfassend handelt es sich bei den Angsterkrankungen um vielfältige, sich selbst verstärkende Zirkel, die fließend ineinander übergehen. Die kognitive Umorganisation des Normalverhaltens zum pathologischen Verhalten (ängstliche Erwartung) begünstigt das verstärkte Auftreten von Angstsymptomen.

Inadäquate Bewältigungsversuche (z. B. Medikamente, Alkohol, Vermeidungsverhalten) tragen zu einer Chronifizierung bei. Angststörungen sind häufige Vorläufer von Depressionen. Bei einer Komorbidität von Angststörungen und Depressionen ist eine Zunahme der Suizidalität zu beachten.

Mit der Behandlung sollte stets sobald wie möglich begonnen werden. Neuropsychodynamische Psychotherapie eröffnet den Zugang zu Erinnerungsmustern, die für die Angstentwicklung bedeutsam sind. Psychotherapie und Pharmakotherapie ergänzen einander.

Literatur

Beutel ME, Stark R, Pan H et al (2010) Changes of brain activation in pre-post-short-term psychodynamic in-patient psychotherapy: an fMRI study of panic disorder patients. Psychiat Res Neuroim 184(2):96–104

Bishop SJ (2007) Neurocognitive mechanisms of anxiety: an integrative account. Trends Cogn Sci 11(7):307–316

Bowlby J (1977) The making and breaking of affectional bonds. I. Aetiology and psychopathology in the light of attachment theory. An expanded version of the Fiftieth Maudsley Lecture, delivered before the Royal College of Psychiatrists, 19 November 1976. Br J Psychiatry 130(3):201–210

Brühl AB, Delsignore A, Komossa K, Weidt S (2014) Neuroimaging in social anxiety disorder – A meta-analytic review resulting in a new neurofunctional model. Neurosci Biobehav Rev 47:260–280

Brühl AB, Herwig U, Rufer M, Weidt S (2015) Neurowissenschaftliche Befunde zur Psychotherapie von Angststörungen. Z Psychiatr Psychol Psychother, im Druck

De Masi F (2004) The psychodynamic of panic attacks: a useful integration of psychoanalysis and neuroscience. Intern J Psychoanal 85: 311–336

Diekhof EK, Geier K, Falkai P, Gruber O (2011) Fear is only as deep as the mind allows: A coordinate-based meta-analysis of neuroimaging studies on the regulation of negative affect. NeuroImage 58:275–285

Etkin A (2012) Neurobiology of anxiety disorders: from neural circuits to novel solutions? Depress Anxiety 29(5):355–358

Freud S (1892–1899) Studien über Hysterie. Gesammelte Werke Bd 1. Fischer, Frankfurt/M, 1977, S 75–312

Freud S (1917–1920) Wege der psychoanalytischen Therapie. GW Bd 12, Fischer, Frankfurt/Main, 1986

Gabbard GO (2014) Psychodynamic psychiatry in clinical practice, 5. Aufl. American Psychiatric Publishing, Washington, DC

Goisman RM, Goldenberg I, Vasile RG et al (1995) Comorbidity of anxiety disorders in a multicenter anxiety study. Compr Psychiatry 36: 303–311

Greenson RR (1959) Phobia, anxiety and depression. J Amer Psychoanal Assoc 7:663–674 (zitiert bei Mentzos, 2011)

Gross CT, Canteras NS (2012) The many paths to fear. Nat Rev Neurosci 13(9):651–658

Hoffmann SO (2008) Psychodynamische Therapie von Angststörungen – Einführung und Manual für die kurz- und mittelfristige Therapie. Schattauer, Stuttgart

Jaspers K (1953) Allgemeine Psychopathologie. 6. Aufl. Springer, Berlin

Kendler KS, Neale MC, Kessler RC et al (1992) Childhood parental loss and adult psychopathology in women: a twin study perspective. Arch Gen Psychiatry 49:109–116

Kiekegaard S (1981) Der Begriff Angst. GW Abt 11/12. Gütersloher Taschenbücher. Siebenstern, Gütersloh (Erstveröff. 1844)

Kossowsky J, Pfalz MC, Schneider S (2013) The separation anxiety hypothesis of panic disorder revisited: a meta-analysis. Am J Psychiatry 170:768–781

Kohn N, Eickhoff SB, Scheller M et al (2014) Neural network of cognitive emotion regulation – An ALE meta-analysis and MACM analysis. NeuroImage 87:345–355

LeDoux J (1996) The emotional brain: The mysterious underpinnings of emotional life. Weidenfeld & Nicolson, London GB

Leichsenring F, Salzer S, Jäger U et al (2009) Short-term psychodynamic psychotherapy and cognitive-behavioral psychotherapy in generalized anxiety disorder: a randomized, controlled study. Am J Psychiatry 166: 875–881

Leichsenring F, Salzer S, Beutel ME et al (2013): Psychodynamic therapy and cognitive-behavioral therapy in social anxienty disorder: a multicenter randomized controlled trial. Am J Psychiatry 170:759–767

Leichsenring F, Salzer S, Beutel ME et al (2014) Long-term outcome of psychodynamic therapy and cognitive-behavioral therapy in social anxiety disorder. Am J Psychiatry 171:1074–1082

Mentzos S (2011) Lehrbuch der Psychodynamik. Die Funktion der Dysfunktionalität psychischer Störungen. 5. Aufl. Vandenhoeck & Ruprecht, Göttingen

Paquette V, Levesque J, Mensour B et al (2003) »Change the mind and you change the brain«: effects of cognitive-behavioral therapy on the neural correlates of spider phobia. NeuroImage 18(2):401–409

Rüger U (1986) Angst. In: Müller C (Hrsg) Lexikon der Psychiatrie. 2. Aufl. Springer, Heidelberg, S 43–48

Sartre JP (2004) Das Sein und das Nichts. 10. Aufl. Rowoldt, Reinbek (Erstveröff. 1943)

Scharfetter C (1985) Allgemeine Psychopathologie. 2. Aufl. Thieme, Stuttgart

Shear MK, Cooper AM, Klerman GL et al (1993) A psychodynamic model of panic disorder. Am J Psychiatry 150:859–879

Stein MB, Walker JR, Anderson G et al (1996) Childhood physical and sexual abuse in patients with anxiety disorders and in a community sample. Am J Psychiatry 153: 275–277

Tabbert-Haugg C (2003): Alptraum Prüfung, Gestörtes Prüfungsverhalten als Ausdruck von Schwellenängsten und Identitätskrisen. Pfeiffer, Klett-Cotta, Stuttgart

17

Zwangssyndrome

Michael Dümpelmann, Georg Northoff

H. Böker et al. (Hrsg.), *Neuropsychodynamische Psychiatrie*,
DOI 10.1007/978-3-662-47765-6_18, © Springer-Verlag Berlin Heidelberg 2016

18.1 Einführung

Als Zwangssymptome werden klinisch unterschiedlich stark ausgeprägte und oft hartnäckig persistierende Handlungen und/oder Gedanken verstanden, die zusammen mit innerer Unsicherheit und Zwiespältigkeit zwischen Impuls und Kontrolle auftreten. Häufig ist dieser Doppelaspekt schon mit bloßem Auge erkennbar, wenn etwa ein Wasserhahn so oft kontrolliert und mit Nachdruck so »sicher« zugedreht wird, dass die Dichtung beschädigt wird und dadurch genau das passiert, was vermieden werden wollte, nämlich dass dann das Wasser tropft. Oder wenn ein Patient mit einem Sammelzwang seine Wohnung mit Unmengen von alten Zeitungen und Papieren fast bis zur Zimmerdecke reichend anfüllt, aber die Berge und Stapel so arrangiert, dass rechtwinklig aneinander stoßende »Straßen« und Wege gerade noch ermöglichen, von einem Zimmer ins andere und an Fenster zu kommen.

Die Janusköpfigkeit von Zwängen, das manifest bestehende Nebeneinander von Impuls und Kontrolle, hat auch zu markanten, diese Doppelbödigkeit abbildenden Bezeichnungen geführt, etwa »Über-Ich-Carcinom« (Zauner 1981, persönl. Mitteilung), was eine Kontrollinstanz metaphorisiert, die zugleich triebhaft »wild geworden« ist. Zwangskranke imponieren evident als Diener zweier Herren und der Kompromisscharakter psychischer Symptombildungen wird in Zwängen besonders klar sichtbar. Anders als bei vielen anderen Störungsbildern, bei denen zumindest ein Anteil, ob nun Impuls oder Abwehr, latent bleibt, wird beides bei Zwängen manifest und bewusst. Aber sie werden, wichtiges Differenzialkriterium gegenüber Psychosen, als mehr oder weniger fremd und ichdyston erlebt. Das heißt, dass die Anordnung von Impuls und Abwehr bei ihnen nicht der Trennlinie zwischen bewusst und unbewusst folgt, sondern dass im bewussten Erleben eine Abstufung zwischen ich-syntonen und ich-dystonen Inhalten erfolgt, die auch als Dissoziation beschrieben wird (Hofmann u. Hoffmann 1998, S. 67).

Auch therapeutische Erfahrungen mit Zwangsstörungen können sehr unterschiedlich verlaufen. Ein junger Mann mit massiven Zwangsbefürchtungen, AIDS zu haben, rief trotz wiederholter und eindeutig negativer Bluttests während der stationären Behandlung, wo es viele Gespräche und Extratermine gab, täglich mehrfach AIDS-Beratungsstellen im ganzen Bundesgebiet an, um deren Meinung einzuholen. Das beruhigte ihn kurz. Als schließlich abgesprochen wurde, dass er damit aufhören müsse, um seine Therapie nicht zu gefährden, konnte er das umsetzen und sprach erst dann ausgiebig von seiner quälenden Unsicherheit, vielleicht homosexuell zu sein, was die Behandlung entscheidend voranbrachte. Den manifesten Zwängen eine äußere Grenze zu setzen, war hier erfolgreich. Dass es auch ganz anders verlaufen kann, zeigen Fälle, bei denen die konfrontierende Behandlung von Zwängen Psychosen auslösen (Dümpelmann u Böhlke 2003).

18.2 Epidemiologie, Symptomatik, Klassifikation

Zwangsstörungen sind häufiger als früher angenommen. Die Lebenszeitprävalenz wird aktuell mit zwei bis über drei Prozent angegeben, was bedeutet, dass Zwänge ein vergleichsweise häufiges Störungsbild darstellen, erst recht, wenn auch subklinische Syndrome berücksichtigt werden, deren Prävalenz mit zwei Prozent beschrieben wird (Hohagen et al. 2015, S. 14). Betroffene verschweigen ihre Symptome oft (Reinecker 2009, S. 14), wofür Schamgründe eine Erklärung liefern (Voderholzer et al 2011).

Kategorisch lassen sich Zwangshandlungen, Zwangsgedanken und deren gemischtes Auftreten grob voneinander abgrenzen. Faktorenanalytisch zeichnen sich eher kombinierte bzw. gemischte Symptomcluster bzw. Subtypen ab (Zaudig 2011):

- Kontrollzwänge mit »verbotenen« aggressiven, sexuellen sowie mit religiösen Zwangsgedanken,
- Ordnungs- und Wiederholungszwänge mit strengen Vorstellungen von Genauigkeit,
- Wasch- und Putzzwänge mit Befürchtungen vor Beschmutzung und Kontamination,
- Sammelzwänge mit Befürchtungen, etwas zu übersehen oder zu verlieren.

Neurobiologische und genetische Befunde steuern Differenzierungsmerkmale auf Subtypenebene bei, im Fall von Sammelzwängen auch dazu, sie eher als eigenständiges Störungsbild anzusehen (Zaudig 2011).

Zwänge, in sich schon heterogen, treten mit einer Vielzahl komorbider psychischer Störungen auf, etwa mit Depressionen, Psychosen, Ängsten, Persönlichkeitsstörungen, Anorexia nervosa, körperdysmorphen Störungen, aber auch mit hirnorganischen Prozessen (Übersicht bei Hohagen et al. 2015, S. 31–33). Einige Zwängen ähnliche Störungsbilder werden auch unter dem Begriff »Zwangsspektrum« zusammen gefasst, darunter z. B. auch Psychosen, die zusammen mit Zwängen auftreten (Zaudig 2011). Die Klassifikationsversuche spiegeln die Schwierigkeit wieder, das Gemeinsame an Zwängen und zugleich deren vielfältiges und klinisch sehr relevantes Auftreten in Kombination mit anderen Störungen zu systematisieren. Auch psychoanalytische Autoren haben Typisierungen von Zwangssyndromen vorgenommen und dabei regressive Verarbeitungen relativ reifer psychosexueller Konflikte von solchen Zwängen differenziert, die strukturelle Schwächen kompensieren (Quint 1984), und von solchen, bei denen Zwänge bei Psychosen labile Subjekt-Objekt-Grenzen notdürftig stabilisieren (Übersicht bei Lang 2006, S. 105–111). Die Fülle zwar unterscheidbarer, aber auch ähnlicher Manifestationen wie auch die Fülle von Ordnungs- und Verortungsversuchen legen nahe, gemeinsame Charakteristika, »key features«, zu erfassen und das auch jenseits einer Systematik kategorischer Störungsentitäten und des Komorbiditätsprinzips. Ein psychodynamisches Konzept hierzu ist, Zwänge als Mittel zu verstehen, um das Erleben von **Autonomie** durch Aktivität zu verstärken (Shapiro 1991, S. 31). Diese Sicht greift einen klinisch markanten Aspekt heraus, Autonomie und deren Regulierung, der bei vielen unterschiedlichen Störungsbildern von Bedeutung ist und somit die klinische Breite des Auftretens von Zwangsphänomenen erklären kann.

Autonomie betrifft bei reifen Über-Ich-Es-Konflikten die eigenständige Kontrolle über Impulse. Bei »frühen« Störungen geht es um das Erleben der eigenen Person als eigenständiges, wirkmächtiges und v. a. auch abgegrenztes Selbst. Autonomie ist kein deskriptives Merkmal, sondern eine psychische Funktion (▶ Kap. 7). Mentzos (2011, S. 103) betont die Funktionen von Zwangssyndromen besonders, indem er von ihnen als »Schutz- und Stabilisierungsmechanismus« spricht. In der klassischen Zwangsneurose sieht er nur einen möglichen Fall von Zwängen, die er auch als breit auftretendes »schützendes, stabilisierendes und Struktur schaffendes (ontogenetisch verankertes) Muster« beschreibt (Mentzos 2011, S. 105).

Im Folgenden stellen wir psychodynamische und neuropsychodynamische Konzepte dar, die funktionale und relationale Störungsaspekte besonders fokussieren und sich folglich daran orientieren, welche intrapsychischen Aufgaben Zwänge übernehmen und wie sie Beziehungen (mit-)regulieren. Bei den Zwängen, deren Ätiologie ganz überwiegend auf somatischen Faktoren beruht, sind diese Konzepte nur eingeschränkt oder auch nicht aussagekräftig. Im Vergleich sind das aber nur wenige.

■ Exkurs: Zwang und Psychose

Das Auftreten von Zwängen und Psychosen ist häufig und kann im Einzelfall gemeinsam zur selben Zeit wie alternierend als Syndromwechsel (Dümpelmann u. Böhlke 2003) beobachtet werden. Bezieht man das Auftreten von psychotischen und von Zwangssymptomen unterhalb der Schwelle einer Zwangsstörung ein, wird eine Lebenszeitprävalenz von bis zu 30 % angegeben (Hohagen et al. 2015, S. 100). Für solche gemischten Störungsbilder wurden auch besondere Benennungen vorgeschlagen wie etwa »obsessive-compulsive psychosis« (Insel u. Akiskal 1986) oder »wahnhafte Zwangsstörung« (Niedermeier et al. 1998). Die Abgrenzung einzelnen Zwangsphänomene von Psychosen kann manchmal sehr schwierig sein (Shapiro 1991, S. 109–110), sodass die Beschreibung einer gemischten Störung den Sinn macht, auch in der Benennung des Syndroms dessen gemischten Charakter festzuhalten. Die psychodynamische Wechselwirkung zwischen Zwangs- und psychotischen Störungsanteilen ist v. a. die, dass Zwänge einen Modus bieten, psychotisch labilisierte Grenzen zwischen Subjekt und Objekt abzudichten (Dümpelmann u. Böhlke 2003).

18.3 Psychodynamik

18.3.1 Kasuistik

Zum Einstieg möchten wir ein erstes Fallbeispiel schildern.

▪ Fallbeispiel 1: Zwangsbefürchtungen

Zur stationären klinischen Behandlung kam eine junge Frau, 35 Jahre alt, die von der Zwangsbefürchtung gequält war, die Kontrolle über ihre Blasenschließmuskulatur zu verlieren, wenn sie ihr Haus verließe, und sie dann mit einem dunklen Fleck auf ihrer Kleidung den Blicken aller ausgesetzt wäre. Störungen im Bereich des Urogenitaltrakts waren akribisch und mit negativem Ergebnis abgeklärt worden und zu Enuresis oder ungewollter Miktion war es nie gekommen. Weiter wurden Symptome einer Depression eruiert, die nicht stärker ausgeprägt zu sein schien. In der vorbehandelnden Klinik war im wahrsten Wortsinn »alles« versucht worden, von Clomipramin über forciertes Expositionstraining bis hin zu EKTs, ohne dass die Symptomatik sich dadurch wesentlich beeinflussen ließ. Nach ausgiebiger biografischer Diagnostik ließ sich eruieren, dass die Zwänge aufgetreten waren, als sich ein lange schwelender Konflikt mit dem Ehemann nicht mehr verheimlichen ließ und dieser auch Trennungsabsichten geäußert hatte. Weiter bestätigte sich ihr Verdacht, dass ihr Mann eine Beziehung zu einer anderen Frau unterhält. Von ihrer Mutter, im selben Haus wohnend, fühlte sie sich in dieser krisenhaften Situation kaum unterstützt. Im Kontakt wirkte die sehr attraktive Frau wie ein kleines und verunsichertes Mädchen, signalisierte unterwürfig, alles an Therapie mitzumachen und sich dabei maximal anzustrengen. Sie kam immer pünktlich zu ihren Terminen und hielt ihr Zimmer auffällig gut in Ordnung. Im Kontakt, ganz besonders in Gruppen, verhielt sie sich vorsichtig und abwartend, lächelte viel, was verlegen wie auch hilflos wirkte. Nach kurzer Zeit fiel auf, dass die Patientin in ihrer freien Zeit regelmäßig für Stunden nicht in der Klinik war. Wie sich zeigte, ging sie dann – ohne Absprache mit uns – zu Fuß in ein einige Kilometer entferntes Einkaufszentrum, um dort in eigener Regie ihr Expositionstraining fortzusetzen, das sie während der vorherigen Behandlung in der Fußgängerzone begonnen hatte. In den ersten Tagen bei uns hatte sie darauf verzichtet, was aber zu zunehmender Unruhe führte. Sich wieder dem subjektiv erlebten Risiko auszusetzen, mit »vollen Hosen« vor Massen an Menschen aufzufallen, dämpfte diese Unruhe zumindest bis zum folgenden Tag. Wir verabredeten mit der Patientin, darauf zu verzichten, worauf sie sich schließlich einließ. Dabei fiel aber auf, dass ihr das sehr schwer fiel und sie sichtlich mit Angst zu kämpfen hatte. Mit diesen im therapeutischen Kontakt gezeigten Affekten veränderte sich der Austausch und wurde viel offener und emotionaler.

Sie schilderte dann auch mehr und mehr die Symptome einer schweren Depression mit Verzweiflung, massiven Verlustängsten und Suizidalität. Ähnliche, deutlich leichtere depressive Episoden ohne Zwänge kamen zur Sprache. Die Psychotherapie, mit Mirtazapin kombiniert, fokussierte nicht nur die Verlustängste, sondern ganz besonders die Schwierigkeit dieser Patientin, über Gefühle zu sprechen, sie anderen zu zeigen, ohne vorab sicher zu sein, wie diese reagieren. Dafür waren auch Gruppen sehr nützlich, einerseits eine Exposition für sie, aber begrenzt, therapeutisch geleitet und mit der Möglichkeit versehen, das Verhalten anderer zu prüfen, zu besprechen und sich auch etwas »abzugucken«. Unter dieser Behandlung ließen sich Zwänge und Depression sehr gut bessern. Das Verlassen des Hauses für viele Stunden mit nur maßvoller, subjektiv tolerierbarer Unruhe gelang ihr dann problemlos.

▪▪ Diskussion

Psychodynamisch betrachtend sind in diesem Fall leicht zwei gravierende Konfliktfelder zu identifizieren: Der Konflikt mit dem Ehemann, der eine andere Frau gefunden hat, und der mit der Mutter, die die Patientin in diesem Konflikt »mutterseelenallein« lässt, was die Verlustängste verstärkt. Diese könnten eine Depression ausreichend erklären. Aber warum entwickelt die Patientin dann noch Zwänge, die das klinische Bild in dieser Weise dominieren: zum einen Befürchtungen, die Kontrolle über ihre Ausscheidung zu verlieren, und zum anderen Gegenzwänge, sich durch Anstrengung an der Überforderungsgrenze zu beruhigen? Auch eine rein inhaltliche Betrachtung der Zwangsbefürchtungen legt einen Kurzschluss nahe, denn »volle Hosen« lassen sich nachvollziehbar als Symbol von Angst und heimlicher »analer« Aggression interpretieren. Diese Affekte sind neben anderen wie Trauer, Scham und Schuld sicher von Bedeutung, aber warum kommt es zu einer Verschiebung zur Ausscheidungsfunktion und dazu, sich in dieser sehr belastenden Situation auch noch stark fordernde Handlungen abzuzwingen und dadurch für kurze Zeit ruhiger zu werden? Offensichtlich und auch dem geschilderten Verlauf entsprechend, bleiben Affekte zunächst isoliert und emotionale Berührung in lebendigem Kontakt wird vermieden, was reaktionsbildend mit den Mitteln von Unterwürfigkeit und Wohlverhalten in Szene gesetzt wird. Die Angst vor ihren Gefühlen und davor, andere mit ihnen zu konfrontieren, war groß, was auch das bei Zwängen große Problem abbildet, sicher zwischen Gefühlen und Handlungen unterscheiden zu können. Die von der Patientin entwickelten Zwangsbefürchtungen funktionierten wie eine Auslagerung der brisant und verunsichernd erlebten Gefühle, die entlastet, stabilisiert und mehr Sicherheit durch leichtere Kontrollierbarkeit ermöglicht. Wollte sie vor einem Ausbruch ihrer Gefühle sicher sein, musste sie, magischem Denken entsprechend, nur zu Hause bleiben. Dieses funktionale und relationale Verständnis für die Symptombildung erschließt sich weniger durch inhaltliche Analyse des in symbolischer Sprache Mitgeteilten als durch die Evaluation des prozeduralen Ablaufs, des »making of« der Symptombildung. Ein rein inhaltliches Interpretieren hätte leicht zu der Schwierigkeit geführt, die Symptomatik dem einen oder dem anderen Konfliktschwerpunkt zuzuordnen. Salopp formuliert, steht auf den Zwängen aber nicht geschrieben, zu welchem der beiden Konflikte sie gehören, denn sie sind eine eigene, für sich stehende psychische Leistung, mit der die Patientin in dieser Situation reagiert. Die prozedurale Perspektive macht auch den Gegenzwang verständlich, sich so viel Anstrengung durch Exposition abzufordern. Sie rebelliert heimlich wie auch rigide gegen unser unterwürfig hingenommenes Therapieregime – und gegen sich selbst und ihre Gefühle. Dadurch zeigt sie sich immer wieder selbst, dass sie auch etwas kann, wertvoll und bereit ist, ihre Angst zeitweilig zu ertragen. Das wird aber »fein säuberlich« isoliert und unseren Blicken entzogen. Und es hat, von zeitlich begrenzter Beruhigung abgesehen, keine Effekte auf ihre Beziehungen, eben weil es heimlich stattfindet. »Echte« Autonomie wird durch eine »Verzerrung« von Autonomie ersetzt, wie Shapiro schreibt (1991, S. 31), hier in einer Ersatzhandlung manifest werdend. In ihr gibt sich die Patientin zwar Mühe, wie getrieben und und höchst intensiv, vermeidet zugleich aber sicher effiziente Schritte, z. B. durch offenes Ansprechen ihrer depressiven Gefühle bzw. der Konflikte mit ihrem Mann oder ihrer Mutter (Shapiro 1991, S. 38). So drastisch die Zwänge imponierten, markierten sie zugleich auch, dass mit ihrer Hilfe der Selbstwahrnehmung wie auch den Bezugspersonen Wichtiges entzogen wurde und unerledigt blieb, was als ein hochenergetischer Stillstand metaphorisiert werden kann. Auf den Therapieverlauf in diesem Fall kommen wir in ▶ Abschn. 18.5.2 noch einmal zurück.

18.3.2 Zur Entstehung von Zwängen

Wie kommt es zu so einem hochenergetischen Stillstand und welche Funktionen hat er für die betroffene Person und ihre Beziehungen? Nach der im Fallbeispiel exemplarisch dargestellten Psychodynamik möchten wir im Folgenden ein Konzept formulieren.

Die Entstehung einer Zwangssymptomatik ist meist eng mit einer **starken emotionalen Belastung** verbunden, die auch durch Traumatisierungen oder durch deren Reaktualisierung bewirkt werden kann (Ambühl 1998, S. 61; Böhm u. Voderholzer, 2010). Oft lassen sich Unsicherheit und Verunsicherbarkeit eruieren, vorbestehend und biografisch bedingt, z. B. durch frühe Mängel an explorativen und assertiven Erfahrungen und deren negative Auswirkungen auf die Entwicklung eigener steuernder und regulierender Funktionen. Das trägt in vielen Fällen dazu bei, dass elterliche Über-Ich-Aspekte bzw. der Kontrollstil der Eltern identifikatorisch und zugleich hoch ambivalent übernommen werden, was die Instabilität der eigenen Steuerung verstärkt und von äußeren steuernden Beziehungen abhängig macht (König 1981).

Im Lauf der Symptombildung kommt es zunächst zu einer **Veränderung der Selbstwahrnehmung**. Schwer erträgliche und verunsichernde Wahrnehmungen werden isoliert oder verleugnet, sodass zwar noch Spannung und Druck spürbar bleiben, aber die inhaltlichen Konturen der beteiligten Konflikte und ihre affektive Färbung nicht bewusst werden. Shapiro (1991, S. 55) nennt das »Realitätsverlust«, andere Autoren sprechen hier von Dissoziation (Hofmann u. Hoffmann 1998, S. 67).

Die gestörte Selbstwahrnehmung könnte im Übrigen auch das Auftreten von Zwängen bei hirnorganischen Erkrankungen erklären. Organisch bedingt wird dann nicht ausreichend prägnant wahrgenommen, dass z. B. bestimmte Handlungen wie das Abschalten des Herdes bereits vollzogen wurden.

Dann tritt auffällige **Aktivität** durch verstärkte Handlungen und/oder Gedanken oder auch durch deren rigide Hemmung auf, in der eine Störung der Impuls- und Affektkontrolle, überstark oder enthemmt, manifest wird. Gezielte und auf die Auslösung bezogene Reaktionen werden zwar behindert, aber die Reaktion an sich wird nicht verhindert, sondern ist im Gegenteil meist sehr intensiv. Die für Zwänge typische Vermeidung von Passivität und die Möglichkeit, durch Zwänge das Selbstgefühl zu verstärken und Grenzen besser zu spüren, sind hier zu verorten. Das richtet sich wesentlich gegen Gefühle; statt zu fühlen, wird gehandelt und gedacht.

Mit der Aktivität ist eine **Verschiebung** verbunden. Handlungen und Gedanken tauchen an anderer Stelle wieder auf. Aus Konflikten mit schmutzig erlebter Sexualität wird so z. B. die Befürchtung, den Wasserhahn nicht zugedreht zu haben und eine Überschwemmung zu verursachen.

In der **Zusammenführung** von unbewussten Gefühlen, Gedanken und Impulsen der auslösenden Situation mit der durch Verschiebung entstandenen wird ein disloziertes und zugleich magisches Eigenleben ermöglicht. Zuvor abgewehrte Fantasien, etwa von beschämend und desaströs erlebter Sexualität, werden darin mit Handlungen und Gedanken in einem anderen Kontext legiert, z. B. der Ersatzhandlung des Zudrehens des Wasserhahns und den womöglichen Folgen, wenn das nicht optimal passiert. Eine abgewehrte Fantasie dort entspricht dann einer Zwangshandlung bzw. einem Zwangsgedanken hier. Inneres, Affekte, Fantasien und Gedanken können dann aber nicht mehr sicher und trennscharf von äußeren Handlungen differenziert werden, was die »Allmacht der Gedanken« und »magisches Denken« ergibt. Eine begrenzte Nähe zur Psychodynamik psychotischer Störungen deutet sich hier zwar an, aber bei Zwängen kommt es nicht zu einer Externalisierung wie bei Psychosen, sondern zur Verschiebung innerhalb der Grenzen der eigenen Psyche und/oder des eigenen Körpers und zur Wahrnehmung dessen als ich-dyston.

Die **Symptombildung** bei Zwängen zeigt, dass auf eine Belastung zwar reagiert wird, aber diese Reaktion, statt sie zu kommunizieren, gleichsam einbehalten und an anderer Stelle manifest wird. Die Dämpfung der Erregung gelingt nicht vollständig, sondern wird vielfach wiederholt. Betrachtet man das, ergibt sich auch die Frage, welchen Sinn es macht, Gefühle und Impulse erst abzuwehren und dann an anderer Stelle verbissen abzuarbeiten?

Die Sicht einer gemiedenen und zugleich verzerrt und verschoben entfalteten Autonomieleistung in Zwangssymptomen (Shapiro 1991, S. 31) führt zu den klinisch wichtigen und vielfältigen **Funktionen** von Zwängen, die sich um Autonomie gruppieren lassen. Zwänge können z. B.

- Abstand und Distanz von brisanten Gefühlen bewirken,
- das Erleben von Kontrolle und Steuerung verstärken,
- das Selbstgefühl durch das Spüren eigener Aktivität stabilisieren,
- durchlässige Grenzen abdichten,
- die Anwesenheit eines äußeren Objekts ersetzen, wenn vom Objekt vorgegebene Normen in den Zwängen erfüllt bzw. übererfüllt werden.

Zwanghaftes Verhalten gestaltet auch oft Beziehungen zu Realobjekten so, dass steuernde und regulierende Funktionen delegiert werden.

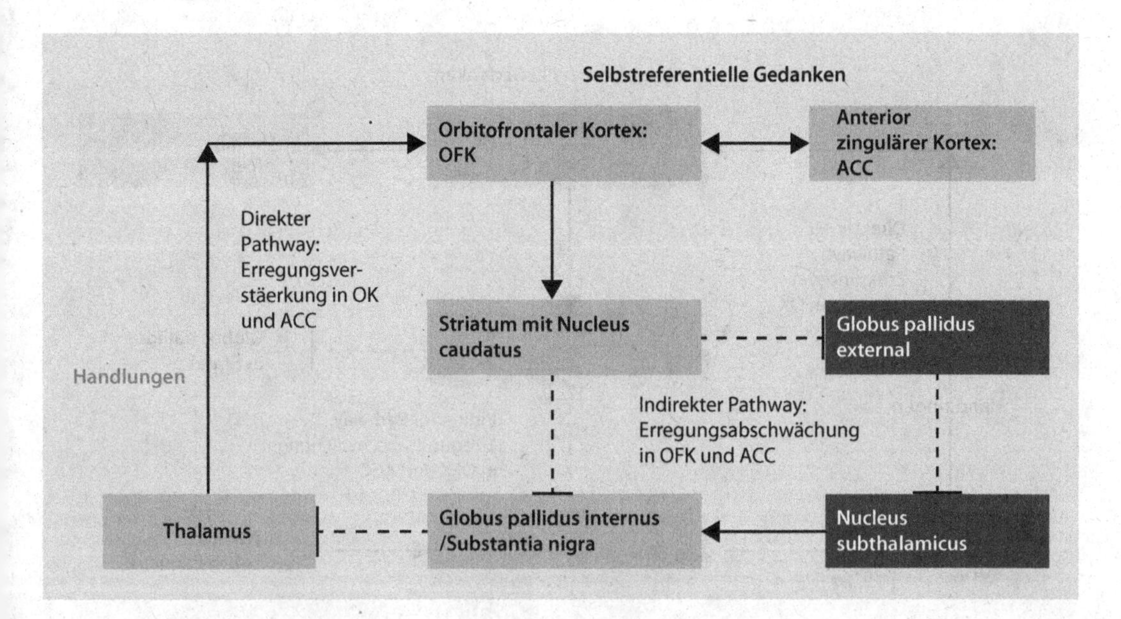

Abb. 18.1 Balance zwischen direkten und indirekten Pathways

18.4 Neuropsychodynamik von Zwangsstörungen

18.4.1 Neurobiologische Befunde

Was sind die zentralen neurobiologischen Befunde bei der Zwangserkrankung? Bildgebende Studien zeigen Abnormalitäten im orbitofrontalen Kortex (OFK), anterioren zingulären Kortex (ACC) und dem Nucleus caudatus (NC) als Teil der subkortikalen Basalganglien. Die Regionen zeigen sowohl anatomisch-strukturelle als auch physiologisch-funktionelle Anomalien. Interessanter zeigt sich funktionell, sowohl in der Ruhezustandsaktivität als auch während stimulusinduzierter oder task-evoked Aktivität eine Hyperaktivität in diesen Regionen bei Zwangsstörungen. Dieses ist ein häufig replizierter und gut etablierter Befund, der einen relativ hohen Grad an Spezifizität für Zwangsstörungen (im Unterschied zu anderen psychiatrischen Erkrankungen) aufweist (siehe Pauls et al. 2014; Nakao et al. 2014 für Übersichten). Die mit diesen Regionen und ihren Verbindungen zusammenhängenden Transmitter wie Dopamin, Glutamate und Serotonin sind ebenfalls abnorm, wie es v. a. in genetischen Studien gezeigt werden konnte (siehe Paul et al. 2014).

Auf der Grundlage dieser Befunde wird ein Modell der kortikal-subkortikalen Dysfunktion bei Zwangsstörungen postuliert (siehe Paul et al. 2014; Nakao et al. 2014). Kortikale Regionen wie OFK und ACC sind direkt mit dem Striatum verknüpft in welchem der NC einen Teil darstellt. Vom Striatum führt nun ein direkter »Loop« zurück zum Kortex vermittels des Globus pallidus internus (und der Substantia nigra) und des Thalamus. Aufgrund der Verknüpfungen ist dieser kortiko-subkortikal-kortikale »direct pathway« exzitatorisch: Der initiale kortikale Input zum Striatum mitsamt NC führt letztlich zu einer Verstärkung der initialen kortikalen Aktivierung, eine sog. selbstreferenzielle oder rekurrente Verstärkung (◘ Abb. 18.1).

Neben einem solchen direkten kortiko-subkortical-kortikalen Loop gibt es auch einen indirekten. Dieser führt auch vom OFK und ACC zu Striatum und NC; von dort aus geht aber nicht direkt zum internen Globus pallidus/Substantia nigra und Thalamus zurück zum Kortex. Stattdessen wird hier noch eine weitere Zwischenstation im Globus pallidus externus und im Nucleus subthalamicus eingebaut, bevor es über den internen Globus pallidus/Substantia nirga und Thalamus zurück zum Kortex geht, daher der Name »indirect pathway«. Durch diese zusätzlichen Zwischenstationen auf

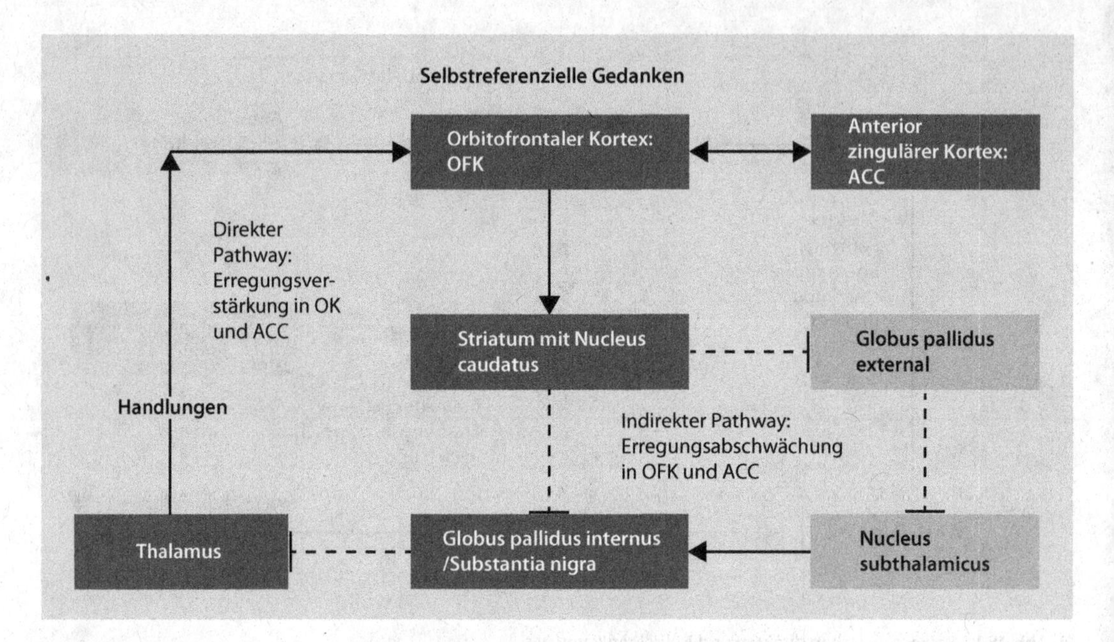

Abb. 18.2 Dysbalance zwischen direkten und indirekten Pathways in der Zwangsstörung

dem Weg zurück zum Kortex ist der »indirect pathway« nicht erregend für den Kortex auf dem Weg zurück, sondern hemmend. In Kürze, der »direct pathway« erregt den Kortex und verstärkt seine initiale Aktivierung, wohingegen der »indirect pathway« den Kortex hemmt und seine initiale Aktivierung abschwächt. Die Balance zwischen direktem und indirektem Pathways ist also eine Balance zwischen interner kortikaler Erregungsverstärkung und -abschwächung (Abb. 18.2).

Was passiert nun bei der Zwangsstörung? Die Befunde der Hyperaktivierung in OFC, ACC und NC lassen darauf schließen, dass der »direct pathway« abnorm verstärkt ist, während der »indirect pathway« abnorm geschwächt ist. Dies bedeutet, dass die Balance zwischen interner, i. e. kortiko-subkortikal-kortikaler, Erregungsverstärkung und -abschwächung abnorm in Richtung der ersteren verschoben ist. Interne oder selbstreferenzielle (oder rekurrente) Erregungsverstärkung dominiert hier über Erregungsabschwächung. Kortikale Regionen wie OFK und ACC (und ultimativ auch prämotorischer und motorischer Kortex) werden abnorm übererregt und somit hyperaktiv (weil die interne Erregungsabschwächung vermindert ist und nicht mehr entsprechend funktioniert). Es besteht also eine Dysbalance zwischen direct und indirect pathway mit abnormer Verschiebung in Richtung interner Erregungsverstärkung auf Kosten der Erregungsabschwächung.

18.4.2 Psychodynamischer Kontext

Es wird nun postuliert, dass die abnorme Erregungsverstärkung speziell im OFK eng mit den Zwangssymptomen, wie oben beschrieben, zusammenhängt. Wohingegen die abnorme Erregungsverstärkung im ACC in Zusammenhang mit den kognitiven Defiziten (wie z. B. der Unfähigkeit, klare Ziele und Handlungen zu formulieren und realisieren) gebracht wird. Wie aber nun stellt sich die Dysbalance zwischen direct und indirect pathway und die abnorme Erregungsverstärkung im psychodynamischen Kontext dar?

Psychodynamisch kann die Zwangsstörung durch zwei Kernmerkmale beschrieben werden:
- die gestörte, verzerrte Form von Autonomie durch die Zwänge und
- die gestörte Selbstwahrnehmung mit Verschiebung unbewusster Gedanken auf Handlungen (▶ Abschn. 18.3.2).

Durch die abnorme Erregungsverstärkung mittels des direct loops kommt es zur abnormen **Verstärkung von Handlungen**. Handlungen werden häufig als selbstinitiiert erlebt, es ist ein subjektives Erleben eines »freien Willens« mit ihnen verknüpft. Interessanterweise sind auch genau die hier genannten Regionen, kortikal und subkortikal, und ihre Verbindungen zum prämotorischen (und motorischen) Kortex mit dem Erleben der Selbstinitiation (und letztendlich von Willen und Willkür) von Bewegungen und Handlungen verknüpft.

Die abnorme Erregungsverstärkung dieser kortikalen Regionen durch den direct pathway führt also zu einer abnormen Verstärkung des Erlebens von selbstinitiierten Handlungen und somit der Verfügbarkeit eines Willens. Das korrespondiert bestens mit genau dem, was psychodynamisch als abnorme Stärkung der Autonomie beschrieben wird: Das Erleben von selbstinitiierten Handlungen verstärkt das Willensgefühl und somit das Gefühl und Erleben der Autonomie. Zwangshandlungen als Mittel, um Autonomieerleben zu verstärken – die abnorme Erregungsverstärkung des direct pathway (und die abnorme Schwächung des indirect pathway) scheinen hier der zugrundeliegende neuropsychodynamische Mechanismus zu sein.

Wie kommt es zum **zweiten Kernsymptom**, der abnormen Selbstwahrnehmung mit Verschiebung von unbewussten Gedanken auf Handlungen? Wir haben in früheren Kapiteln gesehen, dass die gleichen Regionen, OFK und ACC, Teil der kortikalen Mittellinienregionen sind und daher zentral im internen selbstreferenziellen Processing sind. Sie beteiligen sich bei dem subjektiven Erleben des Selbst und seinem kontinuierlichen, meist unbewussten Gedankenstrom. Wenn nun genau diese Regionen abnorm verstärkt werden in ihrer Aktivierung und Erregung und daher abnorm mit den subkortikalen Regionen wie NC verknüpft sind, werden dieselben unbewussten Gedanken in Handlungen umgewandelt; die interne Erregung des Kortex, die vom NC und den anderen Regionen, den Basalganglien, stammt, »kann nicht anders als« die Gedanken direkt in Handlungen und Bewegungen zu transformieren. Und genau dieses »kann nicht anders als« wird dann subjektiv als Zwang erlebt.

Psychodynamisch kann diese extrem gesteigerte Transformation von unbewussten selbstreferenziellen Gedanken in Handlungen mit dem Begriff der **Verschiebung** in Zusammenhang gebracht werden. Was psychodynamisch als Verschiebung beschrieben wird, kann psychologisch als abnorme Balance zwischen Gedanken und Handlung und neuronal als abnorme Balance zwischen direct und indirect pathway erfasst werden. Die Gedanken werden in Handlungen verschoben: Die selbstreferenzielle Aktivität in OFK und ACC wird abnorm mit der Aktivität in subkortikalen Regionen wie dem NC verknüpft und daher auf Handlungen und Bewegungen verschoben. Die ichsyntonen, aber unbewusst gefährlichen Gedanken werden in ich-dystone und scheinbar weniger gefährliche Handlungen verschoben. Der Grad der neuronalen Autonomie von OFK und ACC gegenüber den subkortikalen Regionen wie NC wird hier stark vermindert, und all das um die Gefährlichkeit unbewusster Gedanken abzuwehren.

Warum kommt es zur abnormen Verschiebung und Dysbalance zwischen direct und indirect pathway und somit zu einem abnormen engen Zusammenhang zwischen kortikalen und subkortikalen Regionen bei Zwangsstörungen? Wir wissen es gegenwärtig nicht. Klar ist allerdings, dass Veränderungen in der früheren und späteren Entwicklung mit perinatalen Ereignissen, Stress und Trauma eine gewichtige Rolle für den späteren Ausbruch der Zwangserkrankung spielen. Hinzu kommt eine gewisse genetische Vulnerabilität. Beide, Umweltfaktoren und genetische Prädisposition, scheinen auf die intrinsische Aktivität des Gehirns einzuwirken in der Form, dass es, bei entsprechenden Lebensereignissen als Trigger, zu einer Dysbalance zwischen direct und indirect pathway kommen kann. Zwangsstörungen sind also letztendlich eine Störung der Beziehung zwischen Selbst, Gehirn und Umwelt – sie sind eine Beziehungsstörung, deren zugrundeliegenden neuropsychodynamischen Mechanismen wir gegenwärtig bestenfalls im Ansatz verstehen.

Therapeutisch können wir daher gegenwärtig nicht kausal, an der Ursache der Zwangsstörungen, eingreifen. Symptomatische Therapie muss auf die Notwendigkeit der Stärkung der Autonomie durch Handlungen und einer Abschwächung der unbewussten (»gefährlichen«) Gedanken und Konflikte zielen. Die Balance zwischen direct und indirect pathway und v. a. der Grad der Verknüpfung zwischen kortikalen und subkortikalen Regionen könnte dabei möglicherweise als therapeutischer Marker betrachtet werden. Zentral ist der Verstärkung des Erlebens von Selbstinitiation und Autonomie unabhängig von Handlungen, wie wir es im Folgenden beschreiben.

18.5 Therapie

18.5.1 Zwang als Widerstand oder als Funktion?

Zwangsstörungen stehen in dem Ruf, schwer behandelbar zu sein, und die Symptome trotzen oft hartnäckig vielen Therapieversuchen. Es gibt fundierte Hinweise darauf, dass das zumindest partiell an der angewandten therapeutischen Praxis liegt, was für behaviorale (Voderholzer et al. 2011) wie auch für psychodynamische Verfahren gilt. Für diese lässt sich festhalten, dass es häufig sehr schwierige Verläufe nach sich zieht, wenn Zwänge vorwiegend als Widerstand bewertet und nicht in ihrer strukturellen Funktion verstanden werden. Mit den Zwangssymptomen assoziierte Konflikte werden dann zu schnell mobilisiert und dadurch auch brisante Gefühle und Erinnerungen, die durch die Zwänge effektiv abgewehrt werden, auch wenn das offensichtlich dysfunktional und symptomträchtig passiert. Dabei spielen auch die Behandlungsziele, explizite wie implizite, eine gewichtige Rolle. Ist die Vorstellung leitend, der Zwang solle oder müsse sogar »weg«? Denkt man so, findet man sich leicht in Machtkämpfen in Übertragung und Interaktion wieder, die Anlässe dazu liefern, verstärkt zwanghafte Strategien einzusetzen, im Übrigen oft auf beiden Seiten. Versteht man Zwänge hingegen als einen psychischen Modus, der im individuellen Fall wichtige Funktionen hat, ist schon in dieser Perspektive klar, dass nicht rasch auf sie verzichtet werden kann.

- **Fallbeispiel 2: Reinlichkeitszwänge**

Eine Patientin mit Reinlichkeitszwängen, die mit sehr beschämenden sexuellen Impulsen verknüpft waren, konnte in ihrer Ehe Intimkontakt nicht zulassen. Sie blockierte dann auch die Behandlung, wenn Scham- und auch Schuldgefühle ihrer Sexualität gegenüber thematisiert wurden. Die Zwänge persistierten. Sie ließen aber erheblich nach, als die Patientin eine eigene Lösung für sich gefunden hatte. Sie trennte sich von ihrem Ehemann und nahm eine Beziehung zu einem anderen, sehr attraktiven Partner auf, der aus einem niedrigeren sozialen Milieu stammte, aber nur an den Wochenenden zu ihr kam. Dieses Arrangement zeigt klar zwanghafte, nämlich isolierende, verschiebende und reaktionsbildende Züge. Eben das unterstreicht aber, erst recht angesichts der Symptombesserung, wie wichtig es gewesen wäre, in der Therapie die Funktion der Zwänge als einem Mittel zu bestätigen, um ihre Würde zu erhalten sowie Scham und moralische Selbstverdammung zu dämpfen. Sie wurden eingesetzt, weil ihr zu dieser Zeit eine andere Bearbeitung der psychosexuellen Konflikte nicht möglich war. In der Therapie wurde sie jedoch mit genau dieser Schwäche konfrontiert. Die Zwänge wurden überwiegend als Widerstand missdeutet, sich mit ihren sexuellen und Eheproblemen auseinanderzusetzen, aber nicht in ihrer strukturell schützenden Funktion erkannt.

18.5.2 Erfassen und Beachten der schützenden Funktion

Eine Dichotomisierung von Zwangsstörungen in solche, die näher am Konfliktpol liegen, und in solche, bei denen die Stabilisierung des Selbst im Vordergrund steht (Lang 2006, S. 105–111), führt immer wieder an schwierige therapeutische Weichenstellungen heran, ob denn nun und wann »aufdeckend« oder eher supportiv vorgegangen werden sollte. Diese vertraute und auch noch oft gelehrte Dichotomisierung ist plausibel hinterfragt und relativiert worden (Mentzos 2013, S. 103). Zwänge haben immer, auch bei »reif« eingeschätzen Störungsbildern, wichtige Funktionen für ein Individuum, für seine psychische Struktur und in seinen Beziehungen. Wenn man den Terminus »aufdeckend« beibehalten möchte, dann geht es in der Therapie um das Erkennen und Bearbeiten dieser Funktionen und ihrer Bedeutung in Beziehungen und darum, herauszufinden, welche Alternativen zu den Zwängen erreichbar sind. Wie lassen sich funktionale und relationale Aspekte von Zwangssyndromen erkennen und erfassen? Mit einer ausführlichen biografischen und tiefenpsychologischen Anamnese sollte dazu die Einbettung der Symptomatik in die individuelle Entwicklung und die aktuelle, auslösende Situation erarbeitet werden, was zu größeren Teilen einer Symptomanalyse (Brenner 1982) ähnlich ist. Wichtig ist auch, mögliche Risiken der Behandlung, etwa ob sie eine psychotische oder psychosenahe Symptomatik auszulösen könnte, zu prüfen (Dümpelmann u. Böhlke 2003). Analoges gilt für Traumatisierungen (Böhm u. Voderholzer 2010). Allein schon mit solch einer Abwägung nimmt man die Perspektive ein, dass zunächst zu erfassen ist, wofür die Zwänge auch »gut« sein könnten, warum und wie sie auch zur Selbst- und Beziehungsregulierung utilisiert werden. Für die weitere Klärung ist die Identifizierung biografischer Episoden wesentlich: Wie ist die »eigentliche« Störung auf den Weg gebracht, später überarbeitet und modifiziert worden, die jetzt zwanghaft verarbeitet bzw. durch Zwänge »ersetzt« wird? Dabei lassen sich bei Zwangssyndromen nahezu regelhaft frühe Probleme in der Entwicklung von Affekt- und Impulskontrolle, von Selbst- und Beziehungsregulierung etc. erfassen. Wie wurden Fähigkeiten entwickelt, Impulse und Gefühle in eigener Regie zu steuern und sich dabei auch ausreichend sozial anzupassen? Wie hat sich die Fähigkeit entwickelt, sich vom Objekt abzulösen und sich ihm auch wieder anzunähern? Wurde Willkür bestraft oder Grenzen vertretend beantwortet? Wurde Opposition sanktioniert oder erlernt, Kompromisse einzugehen? Die anamnestische Erarbeitung und die therapeutische Bearbeitung solcher um Autonomie gruppierter Erfahrungen machen die Symptomwahl »Zwang« detaillierter verständlich als die relativ »globalen« Annahmen einer analen Störung mit einer Über-Ich-Pathologie und die Aufteilung in »frühe« und »reife« Formen von Zwangsstörungen. Sie erleichtern, die Veränderung der Problematik »hinter« den Zwängen als Behandlungsziel in den Fokus zu nehmen, um die Symptomatik weniger oder vielleicht auch nicht mehr einsetzen zu müssen. Dazu möchten wir noch einige Details aus Diagnostik und Therapie des ersten Fallbeispiels darstellen.

▪ Fortsetzung Fallbeispiel 1

Die Patientin war mit einer strengen Mutter aufgewachsen, die sie ambivalent an sich gebunden hatte. Sie sollte in dieser Beziehung an die Mutter attachiert und »brav« sein und ihr zugleich aber auch keine Schande machen und hohen Erwartungen und Leistungsansprüchen genügen. Es ließen sich viele per Interaktion vermittelte Signale eruieren, dass ihr expansives Verhalten der Mutter schadete und deren Zustand negativ beeinflusste. Dadurch wurde die Affektvalidierung in der Kindheit der Patientin erheblich gestört, und sie entwickelte eine Art Standardhaltung, ein »stilles Reh« zu sein, freundlich zu bleiben und abzuwarten, wie andere reagieren und was sie tun. Sie konnte so keine ausreichende Affekttoleranz entwickeln, besonders für aggressive Affekte, und auch keine positiven Erfahrungen mit der Wirkmächtigkeit ihrer Affekte machen, nämlich damit, was passiert, wenn sie mit ihren Affekten andere erreicht und beeinflusst. Diese Problematik, in der Entwicklung schon fassbar, zeigte sich in der Symptomatik in anderer, aber erkennbarer Form: In ihrem Erleben ging es da nicht um Gefühle, sondern um eine Enuresis. Mit dieser Art von Sorge hätte sie früher auch zu ihrer Mutter kommen können. Die Behandlung fokussierte besonders die Wahrnehmung eigener Affekte und Gefühle und die damit verbundene Frage, **was** sie davon und **wie** sie es äußern kann. Sie wurde explizit aufgefordert, ihre Grenzen dabei zu erfassen und diese vorerst nicht zu überschreiten. Damit wurde es leichter, aversive Spannungen nicht zu überspielen, sondern sich zunächst damit auseinanderzusetzen, warum ihr schwer fällt, etwas von sich zu zeigen. Weiteres zu Verlauf und Behandlungsergebnis sind in ► Abschn. 18.3.1 beschrieben.

▪▪ Diskussion

Das in diesem Fallbeispiel skizzierte »focus setting« vermeidet die Deutung unbewusster Störungsaspekte und konzentriert sich auf den Gehalt und die Bedeutung der Symptomatik im Hier und Jetzt. Die Schwierigkeiten, steuernde und regulierende Funktionen zu übernehmen und sich dabei weitestgehend nach äußeren Personen zu richten, mit einem Wort die Über-Ich-Problematik, steht im Zentrum der Therapie, wird aber in Themen bearbeitet, die in vielen Situationen und Kontakten erfahren und vertieft werden können, auch im Alltag. Damit wird nicht auf die psychoanalytische Perspektive wesentlicher unbewusster Störungsfaktoren verzichtet, sondern deren Bearbeitung so gestaltet, dass Interaktionen und Interpersonalität im Vordergrund stehen (Streeck u. Dümpelmann 2006, S. 260). Damit, so unsere Erfahrung, lässt sich erreichen, dass wesentliche Prädispostionen zwanghafter Störungen behandelt werden können, ohne dass ihre Abwehrfunktion zu sehr labilisiert wird und die beteiligten Konflikte zu rasch in den Brennpunkt geraten.

18.6 Zwang und Traumatisierung

Nach dieser Beschreibung des psychodynamischen Zugangs möchten wir nochmals darauf hinweisen, dass Zwangssymptome auch nach Traumatisierungen auftreten können (Ambühl 1998, S. 61; Böhm u. Voderholzer 2010). Das dargestellte Vorgehen ist nach unserer Erfahrung gut kompatibel mit stabilisierenden Methoden für die Arbeit mit traumatogenen Störungen. Es liegen aber auch Erfahrungen damit vor, dass der Einsatz von EMDR (Eye Movement Desensitization and Reprocessing) zu einer Besserung bei Zwängen beitragen kann (Böhm u. Voderholzer 2010).

Pharmakologisch werden in den aktuellen Leitlinien insbesondere antidepressiv wirkende Substanzen, besonders SSRIs (selektive Serotonin-Wiederaufnahmehemmer), empfohlen. Die Gabe von Atypika hat dort nur den Status einer Augmentation (Hohagen et al. 2015 S. 53–69). Eigene Erfahrungen mit der Unterstützung von psychotherapeutischen Behandlungen, wie wir sie beschrieben haben, durch gering bis mittelgradig dosierte Atypika, etwa Quetiapin, als Alleinmedikation sind positiv. Für die Auswahl einer Substanz können zudem psychodynamische und neuropsychodynamische Befunde im einzelnen Fall wertvolle Hilfen bieten.

Literatur

Ambühl H (1998) Verhaltenstherapie bei Zwangsstörungen. In: Ambühl H (Hrsg) Psychotherapie der Zwangsstörungen. Thieme, Stuttgart

Böhm K, Voderholzer U (2010) EMDR in der Behandlung von Zwangsstörungen: Eine Fallserie. Verhaltenstherapie 20:175–181. doi: 10.1159/000319439

Brenner C (1982) Praxis der Psychoanalyse. Fischer Taschenbuch, Frankfurt/M

Dümpelmann M, Böhlke H (2003) Zwang und Psychose – Verzerrte Autonomie – Klinische Aspekte gemischter Krankheitsbilder. PiD 4:282–287

Hofmann B, Hoffmann N (1998) Kognitive Therapie bei Zwangsstörungen. In: Ambühl H (Hrsg) Psychotherapie der Zwangsstörungen. Thieme, Stuttgart

Hohagen F, Wahl-Kordon A, Lotz-Rambaldi W, Muche-Borowski C (2015) S3-Leitlinie Zwangsstörungen. Springer, Heidelberg

Insel TR, Akiskal HS (1986) Obsessive-compulsive disorder with psychotic features: a phenomenologic analysis. Am J Psychiatry 143:1527–1533

König K (1981) Angst und Persönlichkeit. Vandenhoeck & Ruprecht, Göttingen

Lang H (2006) Zwangsneurose. In: Böker H (Hrsg) Psychoanalyse und Psychiatrie. Springer, Heidelberg, S 103–113

Mentzos S (2011) Lehrbuch der Psychodynamik. Vandenhoeck & Ruprecht, Göttingen

Nakao T, Okada K, Kanba S (2014) Neurobiological model of obsessive-compulsive disorder: evidence from recent neuropsychological and neuroimaging findings. Psychiatry Clin Neurosci 68(8):587–605. doi: 10.1111/pcn.12195. Epub 2014 Jun 18

Niedermeier N, Hegerl U, Zaudig M (1998) Zwangs-Spektrum Erkrankungen. Psychotherapie 3:189–200

Pauls DL, Abramovitch A, Rauch SL, Geller DA (2014) Obsessive-compulsive disorder: an integrative genetic and neurobiological perspective. Nat Rev Neurosci 15(6):410–424. doi: 10.1038/nrn3746. Review

Quint H (1984) Der Zwang im Dienste der Selbsterhaltung. Psyche 52:717–737

Reinecker H (2009) Zwangshandlungen und Zwangsgedanken. Hogrefe, Göttingen

Shapiro D (1991) Neurotische Stile. Vandenhoeck & Ruprecht, Göttingen

Streeck U, Dümpelmann M (2006) Psychotherapie in der Psychiatrie. In: Böker H (Hrsg) Psychoanalyse und Psychiatrie. Springer, Heidelberg

Voderholzer U, Schlegl S, Külz AK (2011) Epidemiologie und Versorgungssituation von Zwangsstörungen. Nervenarzt 82:273–280

Zaudig M (2011) Heterogenität und Komorbidität der Zwangsstörung. Nervenarzt 82:290–298

Somatisierung und Schmerz

Moritz de Greck

H. Böker et al. (Hrsg.), *Neuropsychodynamische Psychiatrie*,
DOI 10.1007/978-3-662-47765-6_19, © Springer-Verlag Berlin Heidelberg 2016

19.1 Klassifikation von Somatisierung und Schmerz

Somatoforme Störungen (F45) In der ICD-10 (DIMDI 2015) werden im Kapitel F45 »Somatoforme Störungen« die Diagnosen Somatisierungsstörungen (F45.0), undifferenzierte Somatisierungsstörung (F45.1), hypochondrische Störung (F45.2), somatoforme autonome Funktionsstörung (F45.3x), anhaltende Schmerzstörung (F45.4x), sonstige somatoforme Störung (F45.8), und nicht näher bezeichnete somatoforme Störung (F45.9) unterschieden. Die ICD-11 befindet sich aktuell im Entwurfszustand, die Veröffentlichung ist für 2017 geplant (WHO 2014). Für das Kapitel »Somatoforme Störungen« sind hierbei umfangreiche Veränderungen vorgesehen. Viele der aktuell im Kapitel »Somatoforme Störungen« angesiedelten Diagnosen (Somatisierungsstörung, undifferenzierte Somatisierungsstörung, somatoforme Schmerzstörung) werden voraussichtlich dem Kapitel »Körperstress-Störungen« (Bodily distress disorder) zugeordnet werden können. Bemerkenswert ist hierbei, dass es für die Diagnosestellung dann unerheblich ist, ob erklärende medizinische Befunde vorliegen oder nicht. Entscheidend ist vielmehr das Ausmaß der Aufmerksamkeit, das die betroffenen Patienten Ihren Symptomen zuwenden.

Die hypochondrische Störung wird in der ICD-11 voraussichtlich den Zwangsstörungen zugeordnet werden.

Fibromyalgie (M79.70) Die Fibromyalgie ist in der ICD-10 dem Kapitel M »Krankheiten des Muskel-Skelett-Systems und des Bindegewebes« zugeordnet. Da es eine erhebliche diagnostische Überschneidung mit somatoformen Störungen gibt (Häuser u. Henningsen 2014), wird von einigen Autoren in Frage gestellt, ob diese Diagnose überhaupt eine Berechtigung hat (Häuser et al. 2006; Häuser 2008; Widder u. Häuser 2009). Mit der Diagnose Fibromyalgie (d. h. einer somatischen Diagnose) können sich viele Patienten mit medizinisch ungeklärten Symptomen häufig besser identifizieren als mit einer psychischen Diagnose. Dies kann daran liegen, dass bei der Fibromyalgie die körperlichen Beschwerden ohne Rückgriff auf unangenehme Emotionen oder Konflikte erklärt werden, die von vielen Patienten mit einer somatoformen Störung verdrängt oder vermieden werden. Auch die wiederholte Erfahrung, dass wichtige Bezugspersonen nur auf die Äußerung körperlicher Beschwerden, nicht aber auf die Äußerung psychischer Befindlichkeiten reagiert haben (Rudolf u. Henningsen 2013, ▶ Kap. 2.4.7), sowie die größere Stigmatisierung psychischer Erkrankungen (Morschitzky 2007) mögen hierbei eine Rolle spielen.

(Bewusste) Simulation Keine der bisher beschriebenen Erkrankungen sollte mit bewusster Simulation verwechselt werden. Sowohl bei den somatoformen Störungen als auch bei den Konversionsstörungen liegen den Beschwerden unbewusste Prozesse (Emotionen, Erinnerungen, Konflikte) zugrunde, zu denen die Patienten bewusst keinen Zugang haben. Für die therapeutische Beziehung ist es häufig sehr schädlich, wenn aufgrund der medizinisch nicht erklärbaren Beschwerden von Simulation gesprochen oder diese angedeutet wird. Besteht jedoch der Verdacht auf eine bewusste Simulation von Symptomen, so kann die Diagnose »Personen, die das Gesundheitswesen aus sonstigen näher bezeichneten Gründen in Anspruch nehmen« (Z76.8) verwendet werden.

19.1.1 Differenzialdiagnostische Unterschiede zwischen somatoformen Störungen und Konversionsstörungen

Somatisierungsstörungen haben mit den in ▶ Kap. 22 behandelten dissoziativen Störungen gemeinsam, dass es für die vorliegenden somatischen Symptome keine ausreichende medizinische Erklärung gibt. Obwohl die Unterscheidung zwischen Konversion und Somatisierung eine lange psychoanalytische Tradition hat, ist es in Einzelfällen auf Anhieb nicht immer leicht zu verstehen, ob es sich um eine somatoforme Störung oder um eine Konversionsstörung handelt. Nicht selten berichten Patienten auch eine Kombination aus somatoformen Beschwerden und dissoziativen Störungen.

▪ **Differenzialdiagnostische Unterschiede zwischen somatoformen Störungen und Konversionsstörungen**

- Während bei somatoformen Störungen in erster Linie vegetativ innervierte Organe betroffen sind, liegen bei Konversionsstörungen Störungen willkürlich innervierter Muskelsysteme vor.
- Symptome aus dem Bereich der somatoformen Störung entwickeln sich meist schleichend, während dissoziative Symptome plötzlich auftreten (und auch plötzlich remittieren können); d. h., der »Sprung vom Psychischen in das Somatische« (Alexander 1977) vollzieht sich bei dissoziativen Symptomen viel schneller als bei somatoformen Symptomen.
- Somatoformen Störungen liegt meist ein verdrängter Affekt zugrunde, während hinter Konversionsstörungen häufig unbewusste Konflikte liegen.
- Die Konversionsstörung ist für die Patienten eine Möglichkeit, diese Konflikte aufzulösen.
- Patienten mit einer somatoformen Störung sind durch ihre Symptome häufig belastet, während Patienten mit einer Konversionsstörung eher durch eine auffällige affektive Gleichgültigkeit beeindrucken (»belle indifference«) – diese affektive Gleichgültigkeit lässt sich darauf zurückführen, dass es Konversionspatienten mit Hilfe ihrer Konversionssymptome gelingt, einen quälenden inneren Konflikt zu lösen, was zu einem Gefühlt der Erleichterung führt.
- Die Symptome einer Konversionsstörung haben häufig eine Symbolfunktion, z. B. eine dissoziative Lähmung im Bereich der Beine bei einem Patienten, der in einem Trennungskonflikt ist: Dieser Patient würde gerne gehen, er kann es jedoch (vermeintlich) nicht. Bei einer somatoformen Störung besteht dieser Symbolgehalt weniger häufig, kann jedoch auch auftreten (z. B. Magenschmerzen aufgrund chronischer Belastung, »es liegt etwas auf dem Magen«). (Alexander 1977; Ehrmann 2006; Mentzos 2013)

19.2 Somatisierungsstörungen – ein kurzer historischer Überblick

Erste Schilderungen von Symptomen ohne eindeutig nachvollziehbare medizinische Ursache finden sich bereits in der griechischen und römischen Antike (Morschitzky 2007, ▶ Kap. 1). Bis auf diese Zeit gehen beispielsweise die Begriff »Hysterie« und »Hypochondrie« zurück. Hysterie bezog sich dabei auf unerklärbare körperliche Beschwerden von weiblichen Patienten. Der Begriff Hysterie drückte dabei die Annahme aus, dass eine umherwandernde Gebärmutter (griechisch: hystera) für die Symptome verantwortlich ist. Während unter Hysterie fast ausschließlich Frauen litten, waren von der Hypochondrie überwiegend Männer betroffen. Hypochondrie bedeutet hierbei »unter dem Knorpel« (aus dem Griechischen: hypo »unter« und chondros »Knorpel«). Gemeint waren damals Beschwerden, die unter den Rippenknorpeln lagen und dem griechischen Arzt Galen zufolge häufig von Furcht und Traurigkeit begleitet wurden (Morschitzky 2007).

Im 18. und 19. Jahrhundert – beispielsweise bei Briquet, Charcot und Janet (zitiert nach Morschitzky 2007, ▶ Kap. 1) sowie Freud u. Breuer (1991, [1]1895) – bezog sich der Begriff Hysterie vorwiegend auf dissoziative Beschwerden. Heute wird dieser Begriff aufgrund seiner invaliden und diskriminierenden Wortherkunft weitgehend vermieden. Der Begriff Hypochondrie findet dagegen weiterhin Verwendung, wobei er sich heute auf solche Somatisierungsstörungen bezieht, bei denen die Angst vor einer schweren Erkrankung im Vordergrund steht.

Bei dem Begriff »Somatisierung« handelt es sich um eine relativ moderne Wortschöpfung, die zu Beginn des 20. Jahrhunderts durch den Psychoanalytiker Stekel eingeführt wurde (Morschitzky 2007).

Heutzutage sind für das Verständnis von Somatisierung und Schmerz v. a. die psychodynamischen Modelle von Alexander (1977) und Schur (1955) sowie das Konzept der Somatisierung als Abwehrmechanismus relevant. Neurobiologisch sind die »Gate-Control-Theory« und das Modell der überlappenden neuronalen Repräsentation von physischem Schmerz und Trennungsschmerz relevant. Auf diese Konzepte soll im Folgenden näher eingegangen werden.

19.2.1 Alexanders Konzept zur Entstehung vegetativer Neurosen

Franz Alexander unterscheidet in seiner 1950 veröffentlichen Konzeptualisierung (Alexander 1977, ▶ Kap. 5) zunächst zwischen Konversionsstörungen und »vegetativen Neurosen« (die heute als somatoforme Störungen bezeichnet werden würden). Hierbei betont Alexander, dass es sich bei Konversionssymptomen um unbewusst motivierte Ausfälle der Wahrnehmung oder Willkürmotorik handelt, die dem Patienten helfen, einen emotionalen Konflikt aufzulösen. Vegetative Neurosen (also die heutigen somatoformen Störungen) dagegen entwickeln sich aufgrund eines langanhaltenden emotionalen Zustands, der nicht aufgelöst oder abreagiert werden kann.

Auf die Entstehung der vegetativen Neurosen geht Alexander an einer späteren Stelle detaillierter ein (Alexander 1977, ▶ Kap. 8). Er beginnt mit der Beschreibung der Gesamtfunktion des Nervensystems im Allgemeinen, die er in der Aufrechterhaltung der Homöostase sieht. Während das willkürliche Nervensystem sich hierbei um die Beziehungen zur Außenwelt kümmert, ist das vegetative Nervensystem für die Regelung der »internen Angelegenheiten« verantwortlich: In Notsituationen soll das sympathische Nervensystem auf Kampf oder Flucht vorbereiten (z. B. durch eine Steigerung der Herz- und Lungentätigkeit), in Ruhesituationen lässt das parasympathische Nervensystem den Organismus sich in sich selbst zurückziehen und veranlasst Aufbau- und Reparaturprozesse (z. B. Steigerung der Verdauung).

Nach Alexander kann es auf zwei Arten zu einer Entwicklung von vegetativen Neurosen (d. h. somatoformen Störungen) kommen:

- Bereitet sich der Organismus auf eine Notsituation vor (Sympathikusaktivierung) und unterdrückt dann aber die entscheidende Handlung, so können Erkrankungen wie z. B. Bluthochdruck entstehen. Der Organismus verharrt gewissermaßen in einem Vorbereitungszustand, sodass es zu einer dauerhaften Sympathikusaktivierung kommt.
- Wenn der Organismus in einer Stresssituation nicht mit einer Aktivierung des Sympathikus, sondern des Parasympathikus reagiert, dann können Erkrankungen wie z. B. stressbedingte Magengeschwüre entstehen. Alexander erklärt dies folgendermaßen: Anstatt sich einer Herausforderung zu stellen (Sympathikusaktivierung), reagiert der Organismus paradox und leitet eine Art infantiles Rückzugsverhalten ein (Parasympathikusaktivierung); der Organismus möchte am liebsten zurück zur schützenden Mutterfigur und erhofft sich von dieser Schutz und Ernährung (letztere werden laut Alexander automatisch mit der Mutterfigur assoziiert). Auch hier entwickelt sich ein Dauerzustand, da der betreffende Mensch den erhofften Schutz und die mit der Mutterfigur assoziierte Ernährung nicht wirklich erhält.

Alexander beschreibt diese Erkrankungen als »vegetative Neurosen«, die er mit den »Psychoneurosen« vergleicht: Jede Neurose impliziere den Rückzug von einer Handlung und das Ausweichen in autoplastische Prozesse. Während im Falle der Psychoneurosen motorische Tätigkeiten durch psychologische Tätigkeiten (Handeln in der Fantasie) ersetzt würden, entstünden vegetative Neurosen dadurch, dass aufgrund anhaltender emotionaler Spannungen dauerhafte vegetative Veränderungen hervorgerufen werden. Hierbei grenzt Alexander die vegetativen Neurosen auch von den Konversionsstörungen ab: Konversionsstörungen werden wie die Psychoneurosen allein durch das willkürliche Nervensystem vermittelt, während vegetativen Neurosen Störungen im Bereich des vegetativen Nervensystems zugrunde liegen.

19.2.2 Schurs Konzept der Desomatisierung und Resomatisierung

In dem 1955 von Max Schur entwickelten Konzept (Schur 1955) wird beschrieben, dass es in der normalen Entwicklung des psychomotorischen Systems zu einer Desomatisierung von Affekten kommt: Affekte führen zunehmend weniger zu Körperreaktionen (z. B. Schweißausbruch bei Angst), stattdessen ist der Organismus zunehmend besser in der Lage, sich mit Hilfe mentaler Prozesse (»Sekundärprozessdenken«) zu kontrollieren. Kommt es in bestimmten Situationen (z. B. wenn verdrängte Erinnerungen an frühere Traumatisierungen berührt werden) jedoch zu einem Versagen des Sekundärprozessdenkens, so können körperliche Symptome auftreten, d. h. es kommt zu einer Resomatisierung. Da die Ursache dieser Symptome verdrängt bleibt, sind diese für die betreffende Person nicht zu erklären. Schur beschrieb diese Art von Symptomen als »Begleiterscheinungen« der verdrängten Affekte. Er unterschied diese von »Äquivalenten« von Affekten, womit er Erinnerungen an emotionale Zustände aus einer präverbalen Entwicklungsstufe meinte, die von der betreffenden Person noch nicht differenziert und verstanden werden konnten.

19.2.3 Somatisierung als Abwehrmechanismus

Somatisierung wurde von verschiedenen Autoren zudem als Abwehrmechanismus konzeptualisiert, der es dem betreffenden Individuum ermöglicht, mit einem unerträglichen Konflikt umzugehen. Bei dem Abwehrmechanismus der Somatisierung geht es v. a. um eine Abwendung von der äußeren Welt und eine Hinwendung zur inneren Welt. Das heißt, dass der betreffende Patient Aufmerksamkeit von (meist konflikthaften, scheinbar unerträglichen) Vorgängen in der Realität abzieht und sich stattdessen Körpervorgängen und Körperphänomenen zuwendet (Hansell u. Mechanic 1985; Witthöft u. Hiller 2010). Hierdurch wird es für den Patienten kurzfristig einfacher, mit emotional belastenden Konflikten und Situationen fertig zu werden (die andererseits langfristig ungelöst bleiben). Gleichzeitig bedeutet dies, dass Körpervorgänge intensiver wahrgenommen werden (Nakao u. Barsky 2007).

Vaillant (1977) definiert den Abwehrmechanismus Hypochondrie, der auch für das Verständnis anderer Somatisierungsstörungen hilfreich ist. Bei der Hypochondrie werde ein enttäuschendes und frustrierendes Objekt introjiziert. Anstatt sich über die enttäuschende Mutterfigur zu ärgern, was zu unerträglichen Ängsten führen würde, ärgert und ängstigt sich der betreffende Patient über körperliche Symptome. Im Verlauf bekommt auch der Behandler und Therapeut den Ärger des Patienten zu spüren, weil dieser vom Patienten häufig ebenfalls als ein weiteres enttäuschendes Objekt erlebt wird, das dem Patienten nicht weiterhelfen kann.

Somatisierung als Abwehrmechanismus
- Abwendung von der äußeren Welt, konflikthafte Vorgänge in der Realität.
- Hinwendung zur inneren Welt, zu Körpervorgängen, die intensiver wahrgenommen werden.

19.2.4 Somatisierung und Alexithymie

Alexithymie beschreibt hierbei die eingeschränkte Fähigkeit, Affekte zu verbalisieren und emotionale Fantasien zu entwickeln (Taylor 1984).

In einer Vielzahl von Studien konnte gezeigt werden, dass somatisierende Patienten erhöhte Alexithymie-Werte aufweisen (Bach u. Bach 1996; Bailey u. Henry 2007; Bankier et al. 2001; Burba et al. 2006; Duddu et al. 2003; Grabe et al. 2004; Mattila et al. 2008) Das Alexithymie-Konzept stellt gewissermaßen eine Erweiterung des Schurschen Resomatisierungskonzepts dar.

19.3 Neurobiologische Grundlagen

19.3.1 Schmerzwahrnehmung

Schmerz ist ein komplexes subjektives Erleben. Im Allgemeinen geht der Wahrnehmung von Schmerzen eine drohende oder tatsächlich stattgefundene Gewebsschädigung voraus, auf welche im Gewebe liegende Nervenendigungen (Nozizeptoren) mit neuronaler Aktivität reagieren (nozizeptiver Schmerz). Nozizeptoren können hierbei auf gefährliche Temperaturen, mechanische Reizung oder chemische Einwirkungen ansprechen. Die Zellkörper der Nozizeptoren liegen in den Spinalganglien. Die neuronale Erregung wird über die Hinterwurzeln in das Hinterhorn des Rückenmarks geleitet und dort auf ein zweites Neuron übertragen. Die Axone dieser zweiten Neurons verlaufen als Tractus spinothalamicus bis zum Thalamus. Im Thalamus erfolgt nun die Verschaltung auf ein drittes Neuron, dessen Axone die Erregung zum Gyrus postcentralis, zum anterioren zingulären Kortex (anterior cingulate cortex; ACC) sowie zur Insula fortleiten (Craig 2003). Im Gyrus postcentralis befindet sich der somatosensorische Kortex, der für die Verarbeitung von externen Sinneseindrücken essentiell ist. Der ACC spielt eine wichtige Rolle in der Prozessierung der affektiven und motivationalen Komponenten von Schmerz (also z. B. der Einleitung einer Ärgerreaktion nach einem Schmerzerlebnis). Die Insula ist die Kortexregion, in der interozeptive Wahrnehmungen aus dem Körperinnern (also neben Schmerzen auch andere Qualitäten wie z. B. Temperaturempfindungen) verarbeitet werden.

Über absteigende Nervenbahnen aus der Formatio reticularis des Hirnstamms kann die Übertragung der Aktivität vom ersten auf das zweite Neuron gehemmt werden (Bushnell et al. 1999; Martin 2003; Trepel 2012). Dieser Mechanismus wurde erstmalig von Melzack u. Wall (1965) im Rahmen der »Gate-Control-Theory« beschrieben. Hierdurch wird der starke Einfluss der Stimmung auf die Schmerzverarbeitung sowie z. T. auch die analgetische Wirkung einiger Antidepressiva und von Opiaten erklärt.

19.3.2 Emotionale Schmerzverarbeitung

Neben der rein somatischen Wahrnehmung von Schmerzen spielen auch emotionale Komponenten eine wichtige Rolle bei der Schmerzwahrnehmung (Price 2000; Rainville 2002; Shackman et al. 2011). Schmerzen sind im Allgemeinen unangenehm und erzeugen ein der Angst ähnliches Gefühl von Bedrohung, bzw. – je nach Ausmaß des Schmerzes und der Bedrohung – Ärger. Craig (2003) sieht in Schmerz eine homöostatische Emotion, ähnlich anderen homöostatischen Emotionen wie Temperaturempfindung, Durst und Hunger. In bildgebenden Studien konnte gezeigt werden, dass die Wahrnehmung von Schmerzen zu Aktivierungen im Bereich des somatosensorischen Kortex, des ACC, der Insula, des Thalamus, des prämotorischen Kortex und des Kleinhirnwurms führt (Casey 1999; Coghill et al. 1999; Svensson et al. 1997). Die Rolle des somatosensorischen Kortex wird dabei in der Lokalisierung des Schmerzes und der Beurteilung der Schmerzintensität gesehen (Bushnell et al. 1999). Der ACC ist wichtig für die affektive Beurteilung des schmerzauslösenden Ereignisses als etwas Bedrohliches sowie für die Aufmerksamkeitssteuerung und die Kontrolle vegetativer Prozesse (Martin 2003; Rainville 2002). Auch die Insula ist an der somatosensorischen Verarbeitung der Schmerzstimuli, der affektiven Bewertung und der Kontrolle vegetativer Prozesse beteiligt. Die verstärkte Aktivität des prämotorischen Kortex und des Kleinhirns steht mit motorischen Vorbereitungsprozessen in Zusammenhang (Coghill et al. 1999).

19.3.3 Zusammenhang zwischen Schmerzen und dem Gefühl, ausgeschlossen zu sein

Begriffe wie »Herzschmerz« oder »Trennungsschmerz« verdeutlichen den engen Zusammenhang zwischen physischen Schmerzen und dem unangenehmen Gefühl des Getrenntseins von einer Bezugsfigur. Beiden gemein ist eine drohende oder tatsächlich eingetretene Gefährdung: Während es sich bei physischem Schmerz um die Gefahr der körperlichen Verletzung handelt, steht bei Trennungsschmerz die Gefahr des Getrenntseins, des Ausgeschlossenwerdens aus einer Bezugsgruppe im Vordergrund. Da wir Menschen eine sozial lebende Art sind, deren Überleben außerhalb von Gruppen stark gefährdet ist, ist es nachvollziehbar, dass beide Gefährdungen als ähnlich bedrohlich bewertet werden, sich subjektiv ähnlich anfühlen und neurobiologisch zu Aktivität in überlappenden Netzwerken führen. MacDonald u. Leary (2005) argumentieren, dass es aus evolutionärer Sicht sinnvoll ist, dass sozial lebende Arten eine Art System haben, das solche Individuen bestraft, die sozialen Ausschluss nicht vermeiden und auf

Anzeichen eines drohenden Ausschlusses hin nicht so schnell wie möglich reagieren. Neurobiologisch liegt hierbei zugrunde, dass sozialer Ausschluss zu Aktivierungen in den gleichen Hirnarealen führt, die auch bei der emotionalen Verarbeitung von physischen Schmerzen involviert sind. So konnten beispielsweise Eisenberger et al. (2003) in einem fMRT-Experiment zeigen, dass der ACC umso stärker aktivierte, je stärker die Versuchspersonen das Gefühl hatten, ausgeschlossen zu werden. Auch Landa et al. (2012) gehen davon aus, dass es ein gemeinsames System für physischen und sozialen Schmerz gibt und dass eine gestörte Kindheitsentwicklung zu einer gestörten Kontrolle dieses Systems mit einer Überempfindlichkeit für physischen und sozialen Schmerz führt. Nickel u. Egle (2006) fanden eine Assoziation von Somatisierung und kindlichen Missbrauchserfahrungen bei erwachsenen psychosomatischen und orthopädischen Rückenschmerz-Patienten. Ein hypersensitives Schmerzsystem wird auch von anderen Autoren als grundlegend bei der Entstehung von Somatisierungsstörungen angenommen (Egloff et al. 2014; Gupta et al. 2007).

Physischer Schmerz und Trennungsschmerz

- Physischer Schmerz: körperliche Verletzung
- Psychischer Schmerz: Gefahr der Trennung
  - Neurobiologisch: ACC wird stärker aktiviert, je stärker Trennung erlebt wird
- Aus evolutionärer Sicht ist es sinnvoll, das System für physischen Schmerz mit dem des Trennungsschmerzes zu verbinden.

Aus evolutionärer Sicht ist es sinnvoll, das System für physischen Schmerz mit dem Trennungsschmerzsystem zu verbinden: Physische Verletzungen sind für isolierte Individuen gefährlicher als für Individuen, die einen guten sozialen Rückhalt haben und im Falle einer weiteren Verschlechterung des physischen Zustands Hilfe bekommen würden. Auch in Tierversuchen konnte eindrucksvoll gezeigt werden, wie eng das physische und das soziale Trennungsschmerzsystem zusammenhängen: In einer Studie an 33 Tage alten Ratten konnte gezeigt werden, dass 30-minütige soziale Interaktion zu einer Freisetzung von Endorphinen und somit zu einem weniger sensiblen Schmerzsystem führt (Panksepp u. Bishop 1981).

19.4 Neurobiologische Veränderungen bei Somatisierung

19.4.1 Neurobiologische Korrelate einer gestörten Schmerzverarbeitung

Browning et al. führten 2011 eine Metaanalyse durch, in welche sie 21 Forschungsarbeiten über neurobiologische Veränderungen bei Patienten mit medizinisch nicht erklärbaren Symptomen, Schmerzen oder Unbehagen einschlossen. Als gemeinsames Ergebnis vieler dieser Studien wurde eine verstärkte Aktivität des ACC und der Insel gefunden. Beide Regionen sind Kernregionen im Schmerzverarbeitungssystem. Wie an gesunden Versuchspersonen gezeigt werden konnte, aktivierte der ACC umso stärker auf Schmerzreize, je schmerzempfindlicher die Versuchspersonen waren (Coghill et al. 2003). Bei sensiblen Patienten – in der Studie von Landgrebe et al. (2008) Patienten, die an Elektrosensibilität litten – führte bereits die alleinige Vorstellung, der Strahlung eines Mobiltelefons ausgesetzt zu sein, zu erhöhter Aktivität in ACC und Insula.

Diese Studien zeigen, dass ein hypersensibles Schmerzsystem bei vielen Somatisierungspatienten zugrunde zu liegen scheint.

Neurobiologische Korrelate bei Somatisierungspatienten

Verstärkte Aktivität ACC und Insula:

- ACC aktiviert umso stärker auf Schmerzreize, je sensibler die Personen sind.
- Bei vielen Somatisierungspatienten scheint ein hypersensibles Schmerzsystem zu bestehen.

19.4.2 Neurobiologische Korrelate einer gestörten emotionalen Verarbeitung

In verschiedenen psychodynamischen Modellen werden die Unterdrückung von Emotionen bzw. die Verdrängung von Emotionen aus dem Bewusstsein als Grundlage für die Entstehung somatoformer Beschwerden angenommen (Alexander 1977; Schur 1955). In einer fMRT-Studie an somatoformen Patienten konnten neurobiologische Korrelate für diese psychologischen Prozesse gefunden werden. Somatoforme Patienten wurden gebeten, sich in emotionale Gesichter einzufühlen. Im Vergleich zu gesunden Versuchspersonen zeigten sie bei dieser Aufgabe eine verringerte neuronale Aktivität im bilateralen Gyrus parahippocampalis (und anderen Regionen; de Greck et al. 2012). Der Gyrus parahippocampalis ist eine zentrale Region des autobiografischen Gedächtnisses (Gardini et al. 2006). Er zeigt insbesondere dann eine verstärkte Aktivität, wenn es um die Verarbeitung konflikthafter Gedächtnisinhalte geht (Loughead et al. 2010). Die reduzierte Aktivität des Gyrus parahippocampalis wurde daher als ein Korrelat für verdrängte emotionale Erinnerungen interpretiert. Hierzu passt, dass auch gesunde Versuchspersonen eine verringerte Aktivität in dieser Gehirnregion haben, wenn sie über konfliktbesetzte Themen assoziieren sollen (Schmeing et al. 2013). Interessanterweise kam es nach der Teilnahme an einer stationären psychodynamisch ausgerichteten Psychotherapie – also einer Therapie bei der es um die Bewusstwerdung verdrängter Gefühle und Konflikte geht – zu einer Normalisierung der Aktivität des Gyrus parahippocampalis bei der gleichen Aufgabe (de Greck et al. 2013)

19.4.3 Neurobiologische Korrelate einer gestörten Aufmerksamkeitsausrichtung

Bei Somatisierung kommt es zu einem Abzug von Aufmerksamkeit gegenüber der externen Welt und einer Hinwendung der Aufmerksamkeit zu Vorgängen der inneren Welt des Körpers (Hansell u. Mechanic 1985; Nakao u. Barsky 2007; Witthöft u. Hiller 2010). In einer fMRT-Studie wurde untersucht, ob dies zu einer veränderten Gehirnaktivität bei Patienten mit einer somatoformen Störung während der Verarbeitung von wichtigen Ereignissen führt (in dieser Studie visuelle Reize, die eine Belohnung erwarten ließen, wenn die Versuchspersonen schnell genug reagierten). Die Autoren fanden, dass u. a. der Gyrus postcentralis und der ventroposteriore Thalamus bei den somatoformen Patienten eine verringerte Aktivität aufwiesen (de Greck et al. 2011). Beide Regionen spielen eine wichtige Rolle bei der Verarbeitung externer Reize.

19.5 Neuropsychodynamik der Somatisierung – Versuch einer Integration

Zusammenfassend tragen neurobiologische Kenntnisse zu einem erweiterten Verständnis von Somatisierung bei. Bei Schmerzstörungen besteht neurobiologisch eine Überlappung der Systeme für physischen und psychischen Schmerz: Der ACC und die Insula werden sowohl durch physische Schmerzreize als auch durch soziale Trennungserfahrungen (sich ausgeschlossen fühlen) aktiviert.

So ist zu verstehen, dass traumatische Kindheitserfahrungen, die zu einer verringerten Fähigkeit führen, mit sozialen Trennungserfahrungen umzugehen, gleichzeitig dazu führen können, dass physische Schmerzreize sensibler wahrgenommen werden. Dies führt zu einem höheren Risiko, an einer Schmerzstörung zu erkranken.

Für Somatisierungsstörungen, bei denen nicht Schmerzen, sondern vegetative Symptome im Vordergrund stehen, ist ein Verständnis der neurobiologischen Grundlagen ebenfalls hilfreich. Aufgrund traumatischer Kindheitserfahrungen bestehen bei vielen Somatisierungspatienten emotionale Defizite in Form von Alexithymie. Emotionen werden vermindert wahrgenommen – bzw. verdrängt – und stehen dem betreffenden Individuum damit nicht als Motivationen für bestimmte Handlungsmuster oder als Konzepte, in deren Rahmen bestimmte Körpererscheinungen wie Herzrasen verstehbar sind, zur Verfügung. Hierdurch kann es zu einer chronisch übersteigerten Aktivität des Sympathikus oder des Parasympathikus kommen. Somatisierungspatienten sehen sich somit einerseits mit Körperphänomenen konfrontiert, für die sie keine Erklärung haben, und verspüren andererseits keine Motivation, belastende Konfliktsituationen zu lösen, was zu einem Abbau der Spannungszustände führen würde. Hierbei scheint die verminderte Aktivität des Gyrus parahippocampalis ein neurobiologisches Korrelat für den verminderten Zugang zu emotionalen Erinnerungen darzustellen.

19.6 Implikationen für die Therapie

Patienten mit Somatisierungsstörungen sind therapeutisch oft eine Herausforderung, da die Ablehnung eines psychodynamischen Krankheitsmodells ein zentrales Charakteristikum dieser Störung ist. Da viele Patienten zudem enttäuschende und traumatisierende Objekterfahrungen gemacht haben, wird der Aufbau einer therapeutischen Beziehung durch eine negative Übertragung erschwert. Die Geduld des Therapeuten wird oft durch die Skepsis der Patienten einerseits und ihre teilweise hohe Bedürftigkeit andererseits auf die Probe gestellt. Der Aufbau einer positiven therapeutischen Beziehung ist daher v. a. in der Anfangsphase sehr wichtig. Eine ausführliche Anamnese der somatischen Beschwerden, Bereitschaft, sich ein Stück weit auf somatische Krankheitsmodelle einzulassen, Geduld und Gelassenheit können hierbei hilfreich sein.

Probleme der Therapie

- Patienten lehnen in der Regel neuropsychodynamische Krankheitsmodelle ab.
- Frühere traumatisierende Objekterfahrungen führen zu negativer Übertragung.
- Geduldig muss der Therapeut an einer positiven Beziehung arbeiten.
- Der negative Einfluss der Trennungserfahrung sollte zum bearbeitbaren Gegenstand gemacht werden.

Die hier dargestellten Modelle und Ergebnisse legen nahe, dass bei somatoformen Schmerzen die Veränderung des Umgangs mit sozialen Trennungserlebnissen ein wichtiges psychotherapeutisches Behandlungsziel sein muss. Bei vielen Patienten mit Schmerzstörungen sind Trennungserlebnisse in der Tat als Krankheitsauslöser eruierbar, und häufig treten die Schmerzsymptome in den Hintergrund, wenn es den Patienten gelingt, eine wahrgenommene Isolationssituation zu überwinden.

Weitere Therapieziele – insbesondere, wenn vegetative Beschwerden im Vordergrund stehen – können eine Verbesserung der Affektwahrnehmung und Affektdifferenzierung sein, wobei es auch darum gehen kann, die aufgrund traumatischer Kindheitserfahrungen verdrängten Gefühle wieder erlebbar zu machen. So kann es den Patienten besser gelingen, ihre Körperwahrnehmungen zu verstehen und eine Motivation zu entwickeln, belastende Konfliktsituationen zu lösen. Vielfach ist auch Psychoedukation über die hier dargestellten neurobiologischen Zusammenhänge hilfreich.

Zusammengefasst können aus neuropsychodynamischer Sicht daher folgende Fragen im Umgang mit somatisierenden Patienten hilfreich sein. Wenn bei einem Patienten somatoforme Schmerzen im Vordergrund stehen: Liegt bei dem Patienten eine soziale Trennungs- oder Isolierungssituation vor? Bei Patienten, die unter medizinisch ungeklärten vegetativen Symptomen leiden: Welche Konflikte werden nicht bewusst erlebt? Welche Emotionen werden nicht gespürt?

▪ Fallbeispiel

Eine 39-jährige Mutter von drei Kindern (zwei, vier und sieben Jahre alt) stellt sich mit Schmerzen an verschiedenen Stellen des Körpers vor: Nacken, Rücken, Ellenbogen und Handgelenke würden seit vier Jahren permanent schmerzen, diese Schmerzen würden regelmäßig an einigen Tagen noch zunehmen. In der radiologischen Diagnostik konnten geringe knöcherne Veränderungen der Wirbelsäule nachgewiesen werden, die eine mögliche Erklärung für einen Teil der Rücken- und Nackenschmerzen darstellten. Für die Ellenbogen- und Handgelenksschmerzen konnten in der radiologischen und neurologischen Diagnostik keine erklärenden Veränderungen gefunden werden. Weiterhin komme es in bestimmten Situationen zu einer plötzlichen Lähmung ihrer Arme und Hände, sodass sie dann keine Tätigkeiten mehr ausführen könne. Die neurologische Diagnostik war hierbei unauffällig. Während die Patientin ihre Schmerzsymptome im Rahmen einer Fibromyalgie sieht, konnte sie für die Lähmungserscheinungen keine Erklärung finden. Bis zur Geburt ihres zweiten Kindes war die Patientin als Anwältin beruflich erfolgreich gewesen, sie hatte sich dann aus dem Beruf zurückgezogen, um sich um die Erziehung ihrer Kinder zu kümmern. Finanziell war die Familie durch das Einkommen des Ehemanns abgesichert.

Diagnostisch kommen aus psychosomatischer Sicht sowohl eine Somatisierungs- als auch eine Konversionsdiagnose in Betracht. Zum einen liegt eine chronische Schmerzstörung mit somatischen und psychischen Faktoren (F45.41) vor. Diese Diagnose weist eine hohe Überschneidung mit der Diagnose Fibromyalgie (M79.70) auf. Zum anderen sind wiederkehrenden Lähmungen als dissoziative Bewegungsstörungen (F44.4) einzuordnen.

▪▪ Therapieverlauf

Die Patientin war einer psychodynamischen Psychotherapie (50 Minuten Einzeltherapie pro Woche, insgesamt 50 Sitzungen) gegenüber sehr ambivalent, konnte sich jedoch auf diese einlassen. Die Einnahme von Medikamenten wurde abgelehnt, in seltenen Fällen nahm die Patientin geringe Dosen von Ibuprofen gegen die Schmerzen. Psychodynamischen Ansätzen, wie es zu den Schmerzen und den Lähmungserscheinungen kommen könnte, stand die Patientin zumeist ablehnend gegenüber, sie selbst sah ihre Beschwerden stets im Rahmen ihrer Fibromyalgie. Da die therapeutische Beziehung von einer positiven, akzeptierenden Grundstimmung gefärbt war, ließ die Patientin es jedoch immer wieder zu, dass von Seiten des Therapeuten sanft psychodynamische Erklärungen von Symptomveränderungen (Zunahme oder Abnahme der Schmerzen in bestimmten Situationen) angeboten wurden.

Im Verlauf der Therapie wurde deutlich, dass die Patientin sich im Haushalt und in der Erziehung der Kinder von ihrem Ehemann allein gelassen fühlte und hierüber traurig und verärgert war. Wünsche nach mehr Unterstützung konnte sie jedoch kaum äußern, da sie sich einerseits vor einem Streit mit dem Ehemann fürchtete und andererseits den Anspruch an sich hatte, mit dem Haushalt alleine klarzukommen. Dieses Verhaltensmuster (Autonomie-versus-Abhängigkeitskonflikt im Sinne der operationalisierten psychodynamischen Diagnostik) konnte in Zusammenhang mit traumatisierenden Kindheitserlebnissen – die Patientin wurde als Kind schon früh zur Selbstständigkeit erzogen und war früh auf sich allein gestellt – nachvollzogen werden. In ihrer Kindheit hatte die Mutter der Patientin auf die anfänglichen Wünsche der Patientin nach mehr Zuwendung nur wenig empathisch reagieren können, sodass die Patientin diese Wünsche schließlich aufgab.

Nachdem es (ca. um die 20. Sitzung) der Patientin gelang, Ärgeraffekte ihrem Ehemann gegenüber auszudrücken (diese hatte sie aus Angst vor den Konsequenzen meist unterdrückt) und der Ehemann mehr Haushalts- und Erziehungsaufgaben übernahm, kam es zu einer deutlichen Abnahme der Lähmungserscheinungen. Die Schmerzsymptome traten vergleichsweise langsamer in den Hintergrund, als die Patientin stundenweise ihren Beruf wieder aufnahm. Die Patientin aktivierte zudem ihren alten Freundeskreis und begann, in ihrer Freizeit mehr zu unternehmen, was zu einer deutlichen Steigerung ihrer Lebensqualität führte. Bis zum Ende der Therapie beschrieb die Patientin einen weiteren Rückgang der Schmerzsymptomatik. Hierbei spielte auch eine Rolle, dass die Patientin vielfach Angenehmeres zu tun hatte, als sich auf ihre körperlichen Beschwerden zu konzentrieren.

▪▪ Neuropsychodynamik

Die Schmerzsymptomatik der Patientin beruhte neurobiologisch vermutlich auf einer gesteigerten Aktivität des ACC und der Insula, die durch das Gefühl, von vormals wichtigen Lebensbereichen (Beruf und Freizeitaktivitäten) abgeschnitten zu sein, ausgelöst wurde. Psychodynamisch spielt hierbei eine Rolle, dass von der Patientin bereits früh in der Kindheit verlangt wurde, selbstständig zu sein. Bedürfnissen nach mehr Unterstützung durch den Ehemann stand die Patientin sehr ambivalent gegenüber und unterdrückte sie aus Angst vor Ärger und Zurückweisung, wobei sie Beziehungserfahrungen aus der Beziehung zur Mutter auf ihren Ehemann übertrug. Insgesamt reagierte der Ehemann unterstützender, als von der Patientin erwartet, sodass sie sich wieder mehr ihrer beruflichen

Tätigkeit sowie Freizeitaktivitäten mit Freundinnen widmen konnte.

Literatur

Alexander F (1977) Psychosomatische Medizin. Grundlagen und Anwendungsgebiete, 3. Aufl. de Gruyter, Berlin

Bach M, Bach D (1996) Alexithymia in somatoform disorder and somatic disease: a comparative study. Psychother Psychosom 65(3):150–152

Bailey PE, Henry JD (2007) Alexithymia, somatization and negative affect in a community sample. Psychiatry Res 150(1):13–20

Bankier B, Aigner M, Bach M (2001) Alexithymia in dsm-iv disorder: comparative evaluation of somatoform disorder, panic disorder, obsessive-compulsive disorder, and depression. Psychosomatics 42(3):235–240

Browning M, Fletcher P, Sharpe M (2011) Can neuroimaging help us to understand and classify somatoform disorders? a systematic and critical review. Psychosom Med 73(2):173–184

Burba B, Oswald R, Grigaliunien V et al (2006) A controlled study of alexithymia in adolescent patients with persistent somatoform pain disorder. Can J Psychiat 51(7):468–471

Bushnell MC, Duncan GH, Hofbauer RK et al (1999) Pain perception: is there a role for primary somatosensory cortex? Proc Natl Acad Sci USA 96(14):7705–7709

Casey KL (1999) Forebrain mechanisms of nociception and pain: analysis through imaging. Proc Natl Acad Sci USA 96(14):7668–7674

Coghill RC, Sang CN, Maisog JM, Iadarola MJ (1999) Pain intensity processing within the human brain: a bilateral, distributed mechanism. J Neurophysiol 82(4):1934–1943

Coghill RC, McHaffie JG, Yen YF (2003) Neural correlates of interindividual differences in the subjective experience of pain. Proc Natl Acad Sci USA 100(14):8538–8542

Craig AD (2003) Pain mechanisms: labeled lines versus convergence in central processing. Annu Rev Neurosci 26:1–30

de Greck M, Scheidt L, Bölter AF et al (2011) Multimodal psychodynamic psychotherapy induces normalization of reward related activity in somatoform disorder. World J Biol Psychiat 12(4):296–308

de Greck M, Scheidt L, Bölter AF et al (2012) Altered brain activity during emotional empathy in somatoform disorder. Hum Brain Mapp 33(11):2666–2685

de Greck M, Bölter AF, Lehmann L et al (2013) Changes in brain activity of somatoform disorder patients during emotional empathy after multimodal psychodynamic psychotherapy. Front Hum Neurosci 7:410–410

DIMDI (Deutsches Institut für Medizinische Dokumentation und Information) (2015) Internationale statistische Klassifikation der Krankheiten und verwandter Gesundheitsprobleme, 10. Revision, German Modification, Version 2015. Köln

Duddu V, Isaac MK, Chaturvedi SK (2003) Alexithymia in somatoform and depressive disorders. J Psychosom Res 54(5):435–438

Egloff N, Cámara RJ, von Känel R et al (2014) Hypersensitivity and hyperalgesia in somatoform pain disorders. Gen Hosp Psychiatry 36(3):284–290

Ehrmann M (2006) Psychosomatische Medizin und Psychotherapie, 5. Überarbeitete Aufl. Kohlhammer, Stuttgart

Eisenberger NI, Lieberman MD, Williams KD (2003) Does rejection hurt? An fmri study of social exclusion. Science 302(5643):290–292

Freud S, Breuer J (1991) Studien über Hysterie, 6. Aufl. Fischer, Frankfurt/M (Erstveröff. 1895)

Gardini S, Cornoldi C, De Beni R, Venneri A (2006) Left mediotemporal structures mediate the retrieval of episodic autobiographical mental images. NeuroImage 30(2):645–655

Grabe HJ, Spitzer C, Freyberger HJ (2004) Alexithymia and personality in relation to dimensions of psychopathology. Am J Psychiatry 161(7):1299–1301

Gupta A, McBeth J, Macfarlane GJ et al (2007) Pressure pain thresholds and tender point counts as predictors of new chronic widespread pain in somatising subjects. Ann Rheum Dis 66(4):517–521

Häuser W (2008) Fibromyalgiesyndrom. Der Schmerz 22(3):239–240

Häuser W, Bernardy K, Arnold B (2006) Das Fibromyalgiesyndrom – eine somatoforme (Schmerz)störung? Der Schmerz 20(2):128–139

Häuser W, Henningsen P (2014) Fibromyalgia syndrome: a somatoform disorder? Eur J Pain 18(8):1052–1059

Hansell S, Mechanic D (1985) Introspectiveness and adolescent symptom reporting. J Human Stress 11(4):165–176

Landa A, Peterson BS, Fallon BA (2012) Somatoform pain: a developmental theory and translational research review. Psychosom Med 74(7):717–727

Landgrebe M, Barta W, Rosengarth K et al (2008) Neuronal correlates of symptom formation in functional somatic syndromes: a fmri study. NeuroImage 41(4):1336–1344

Loughead JW, Luborsky L, Weingarten CP et al (2010) Brain activation during autobiographical relationship episode narratives: a core conflictual relationship theme approach. Psychotherapy Res 20(3):321–336

Macdonald G, Leary MR (2005) Why does social exclusion hurt? the relationship between social and physical pain. Psychol Bull 131(2):202–223

Martin JH (2003) Neuroanatomy: text and atlas, 3. Aufl. McGraw-Hill Medical Publishing Division, New York NY

Mattila AK, Kronholm E, Jula A et al (2008) Alexithymia and somatization in general population. Psychosom Med 70(6):716–722

Melzack R, Wall PD (1965) Pain mechanisms: a new theory. Science 150(3699):971–979

Mentzos S (2013) Lehrbuch der Psychodynamik. Vandenhock & Ruprecht, Göttingen

Morschitzky H (2007) Somatoforme Störungen. Springer, Wien

Nakao M, Barsky AJ (2007) Clinical application of somatosensory amplification in psychosomatic medicine. Biopsychosoc Med 1:17–17

Nickel R, Egle UT (2006) Psychological defense styles, childhood adversities and psychopathology in adulthood. Child Abuse Negl 30(2):157–170

Panksepp J, Bishop P (1981) An autoradiographic map of (3h)diprenorphine binding in rat brain: effects of social interaction. Brain Res Bull 7(4):405–410

Price DD (2000) Psychological and neural mechanisms of the affective dimension of pain. Science 288 (5472):1769–1772

Rainville P (2002) Brain mechanisms of pain affect and pain modulation. Curr Opin Neurobiol 12(2):195–204

Rudolf G, Henningsen P (2013) Psychotherapeutische Medizin und Psychosomatik. Ein einführendes Lehrbuch auf psychodynamischer Grundlage, 7. überarb. Aufl. Thieme, Stuttgart

Schmeing JB, Kehyayan A, Kessler H et al (2013) Can the neural basis of repression be studied in the mri scanner? New insights from two free association paradigms. PLoS One 8(4)

Schur M (1955) Comments on the metapsychology of somatiziation. Psychoanal Study Child 10:119–164

Shackman AJ, Salomons TV, Slagter HA (2011) The integration of negative affect, pain and cognitive control in the cingulate cortex. Nat Rev Neurosci 12(3):154–167

Svensson P, Minoshima S, Beydoun A et al (1997) Cerebral processing of acute skin and muscle pain in humans. J Neurophysiol 78(1):450–460

Taylor GJ (1984) Alexithymia: concept, measurement, and implications for treatment. Am J Psychiatry 141(6):725–732

Trepel M (2012) Neuroanatomie. 5. Aufl. Elsevier Urban & Fischer, München

Vaillant GE (1977) Adaptation to life. Harvard University Press, Boston MA

WHO (World Health Organisation) (2014) International classification of diseases (ICD) Revision. Genf CHE. ► http://apps.who.int/classifications/icd11/browse/l-m/en. Zugegriffen: 31. Mai 2015

Widder B, Häuser W (2009) Sichtbarmachung einer Fiktion – die neue S3-Leitlinie Fibromyalgiesyndrom. Der Schmerz 23(1):72–76

Witthöft M, Hiller W (2010) Psychological approaches to origins and treatments of somatoform disorders. Annu Rev Clin Psychol 6:257–283

Anorexia nervosa und Bulimie

Peter Hartwich, Georg Northoff

H. Böker et al. (Hrsg.), *Neuropsychodynamische Psychiatrie*,
DOI 10.1007/978-3-662-47765-6_20, © Springer-Verlag Berlin Heidelberg 2016

20.1 Historisches: Psychisch oder organisch?

Bei der Anorexia nervosa dürfte es sich um eine der ältesten gut beschriebenen Erkrankungen handeln, bei der im Wandel der Psychiatriegeschichte die kontrovers geführte Diskussion über somatische und psychodynamische ätiologische Aspekten geführt wurden. Eine befriedigende Erklärung ihrer Ätiopathogenese sowie wirklich wirksame Heilungsmaßnahmen stehen heute aber immer noch aus.

Eggers (1980) weist auf eine Erstbeschreibung von Simone Porta o Portio aus dem Jahre 1500 hin. Es war jedoch Morton (1689) in England, der unter der Bezeichnung Phtysis nervosa die heute noch gültigen Kardinalsymptome aufzeigte: Kachexie, Anorexie, Amenorrhö und Obstipation. Die Bezeichnung Anorexia nervosa prägte Gull (1874); er gab eine eingehende klinische Beschreibung und sah das eigenwillige und uneinfühlbare Verhalten als psychisch verursacht an. In Frankreich prägten Lasègue (1873) und Axenfeld u. Huchard (1883) die Begriffe Anorexie hystérique und später Anorexie mentale. Im deutschen Sprachraum findet sich bei Freud eine kritische Bemerkung zur Therapie:

> » Man wird nicht zur Psychoanalyse greifen, wenn es sich um die rasche Beseitigung drohender Erscheinungen handelt, also zum Beispiel bei einer hysterischen Anorexie. (Freud, 1904–1905, S. 22)

Charcot (1885) dachte zunächst an eine Form der Hysterie, musste aber aufgrund einiger Todesfälle bei seinen Anorexia-nervosa-Patientinnen einräumen, dass dieses über die Hysterie hinausging.

Durch den Einfluss von Simmonds (1916) kam es zur Annahme einer organischen Hypothese; er beschrieb die Erkrankung hypophysäre Kachexie, deren Ursache die Zerstörung des Hypophysenvorderlappens ist. Aufgrund der äußeren Ähnlichkeit der Patienten glaubte man damit auch die Ursache für die Anorexia nervosa gefunden zu haben. Hormonelle Störungen wurden noch von Zutt (1948) angenommen. Sheehan (1937) gelang die Klärung, gefolgt von Decourt (1953), Oberdisse et al. (1965) und Fey u. Hauser (1970), die durch exakte Hormonanalysen die Hypothese einer primär organischen Erkrankung im Sinne einer hypophysären Teilinsuffizienz verwerfen konnten.

20.2 Psychodynamische Hypothesen der Bulimie

Die **Bulimie** wurde erst später, z. B. von Russel (1979; Übersicht siehe Fichter 1985) von der Anorexia nervosa abgegrenzt bei Patienten mit »Fressattacken« und nachfolgendem selbstinduziertem Erbrechen bei relativ normalem Gewicht. Hinsichtlich Psychopathologie und Psychodynamik werden depressive Verstimmungen und höhere sexuelle Aktivität, Ich-Schwäche, wenig ausgeprägtes Über-Ich und Ablösungsschwierigkeiten von den Eltern genannt. Viele in der Literatur angegebene psychodynamische Aspekte überschneiden sich mit denen der Anorexia nervosa. Fichter (1985) bemerkt kritisch, dass ab Ende der 70er Jahre »ein wahrer Boom« der Bulimieforschung eingesetzt habe. Krüger et al. (2010) weisen darauf hin, dass bei bulimischen Frauen die Erkrankung oft jahrelang übersehen wird, da sie bei fast normalem Gewicht ihre Essstörung auch vor nahen Angehörigen verheimlichen. Als psychodynamische Grundlage für die Störung beschreibt Reich (2010) eine Identitätsstörung, die in den Körper verschoben werde, bei der die bulimischen Patientinnen ihren Körper oder Teile davon als defekt und mit einem Makel behaftet erleben würden. Infolgedessen stelle der Schamaffekt vor narzisstischer Bloßstellung eine zentrale Angst dar, die durch die bulimische Symptomatik kontrolliert und reguliert werde.

20.3 Psychodynamische Hypothesen der Anorexia nervosa

Bei der Darstellung der psychodynamischen Hypothesen wird der Leser fragen, warum wird in diesem Kapitel so viel »alte« Literatur zitiert? Der Grund ist, dass die 60er bis 80er Jahre die Blütezeit des psychodynamischen Verstehens waren; dieses bildete die Grundlage für Behandlungsstrategien. In den Jahren danach wurde das Augenmerk stärker auf verhaltenstherapeutische Therapieverfahren gelegt, die den Vorteil mit sich brachten, dass der Circulus vitiosus aus Hungern, Abnehmen und organisch-psychischen Folgen unterbrochen werden sollte. Dieses genügte in eine Reihe von Fällen schon, um Besserung zu erzielen, obwohl das Merkmal Besserung oft nur in Kilogramm Körpergewicht gemessen wurde.

Langdon-Brown (1937) und Speer (1958) sahen aufgrund der mangelnden Einfühlbarkeit und der starken Abwehr gegen die Therapie in dem Krankheitsbild der Anorexia nervosa eine Form der schizophrenen Psychose. Hartwich (1974) weist darauf hin, dass die **Psychosenähe** nicht nur eine Frage des diagnostischen Bezugssystems ist, sondern dass schon früh eine Reihe von Fällen bekannt geworden sind, bei denen der Übergang von der Anorexia nervosa in eine Schizophrenie eindeutig belegt wurde; er führt die Publikationen von Aubert u. Peigné (1964), Meyer (1961), Cermak u. Ringel (1960), Stäubli-Fröhlich (1953) sowie eigene Fallbeobachtungen an. Bei einem dieser seltenen Fälle konnten folgende psychopathologische Übergänge festgestellt werden: Nach Abklingen des Vollbildes einer paranoid-halluzinatorischen Schizophrenie wechselte eine 37-jährige Patientin in eine Anorexia nervosa, die dann mehrere Jahre bestand. Psychodynamisch lag nahe anzunehmen, dass die Patientin es mit der ausgeprägten Essstörung schaffte, an einem Symptom festzuhalten, das sie vor dem Wiederabgleiten in eine schizophrene Selbstfragmentierung bewahrte.

Bei den oben angegebenen älteren Publikationen mag man zwar kritisieren, dass die damalige Diagnostik nicht mit der ICD-10 F 20 übereinstimmen könnte, bei genauerer Sichtung der Fallbeschreibungen lässt sich aber feststellen, dass Symptome ersten Ranges (Kurt Schneider) diagnostiziert wurden. Der Fall (Anorexia nervosa) »Ellen West«, den Binswanger (1944) ausführlich darstellte und als Schizophrenie diagnostizierte, lehnte sich jedoch an Bleulers Verständnis des Autismus an und würde heute nicht in die Gruppe der Schizophrenien fallen.

Eine rein psychodynamische Auffassung wurde von Thomä (1961) in der Tradition der Psychoanalyse Freuds formuliert, indem die Angst vor der Triebstärke, einschließlich der Ablehnung der Sexualität, einen Vorgang der Regression bewirkt, Clauser (1964) betont die Abwehr der Feminität und Richter (1965) stellt die Störung der Ich-Integration, bedingt durch eine extreme Abhängigkeit von der Mutter, in den Vordergrund. Das Bild der übermäßig dominanten Mutter, für das Theander (1970) auch den Terminus »overprotective« verwendet (im englischsprachigen Schrifttum nicht nur für Schizophrenien reserviert), wird zu einem der am häufigsten angegebenen psychodynamischen Faktoren. Auch Bruch (1973, 1978) vertritt die in den USA verbreitete Auffassung, dass in der Entstehung der Anorexia nervosa die Mutter-Kind Beziehung gestört sei, indem in der Entwicklung des Kindes sich nur die Bedürfnisse der Mutter entfalten dürfen anstelle einer autonomen Entwicklung. Dieses, so Minuchin et al. (1978), führe zu der Unfähigkeit, sich von der Mutter abzugrenzen und ein eigenes Körpergefühl zu entwickeln.

Scharfetter (1980) formuliert die pathogenetische These, dass es sich um die Ablehnung der auf das Mädchen zukommenden Rolle als geschlechtsreife Frau handele. Die erwachsene Frau sei das zu vermeidende negative Vorbild. In diesem Streben komme es zu einem regressiven Verhalten mit krankhafter Abwehr dominierender oraler Triebe und unreifer Sexualität, die als Bedrohung erlebt werde. Fantasien oraler Schwängerungen, Körperfülle gleichgesetzt mit Schwangerschaft, Ekel vor einem geschlechtsreifen Körper, vor Nahrung, vielfach vor Trieberfüllung überhaupt stünden im Vordergrund.

Psychodynamische Auffassungen der Ätiopathogenese

- Thomä: Angst vor Triebstärke
- Clauser: Abwehr der Feminität
- Richter: Störung der Ich-Integration
- Theander: übermäßig dominante Mutter
- Bruch: Behinderung der autonomen Entwicklung durch die Mutter
- Minuchin: kein eigenes Körpergefühl
- Scharfetter: Ablehnung der Rolle als geschlechtsreife Frau
- Gabbard: verzweifelter Versuch, speziell und einzigartig zu sein

- Mester: Zerstörung der Körper-Selbst-Einheit
- Mentzos: Körper als Beziehungsobjekt

Mentzos (2011, S. 200) beschreibt den Körper als Beziehungsobjekt, indem ständig Externalisierungen und Internalisierungen einen zentralen Platz einnehmen. Das Modell, dass der eigene Körper als Objekt und der Umgang mit ihm als Objektbeziehung angesehen werden kann, erweise sich als nützlich, das Verhältnis zum eigenen Körper bei magersüchtigen und bulimischen Patienten zu verstehen. Ferner betont er die Nähe zur Sucht im Sinne einer pathologischen Kompromisslösung als süchtigen Modus der Konflikt und Traumaverarbeitung.

Gabbard (2014, S. 361) fasst die Aspekte des psychodynamischen Verständnisses der Anorexia nervosa zusammen, von denen wir die wichtigsten wiedergeben (Übers. d. Verfasser):

- verzweifelter Versuch, speziell und einzigartig zu sein,
- Angriff auf den falschen Sinn der elterlichen Erwartung an die eigene Entwicklung,
- Angriff gegen das feindliche mütterliche Introjekt, erlebt als dem eigenen Körper entsprechend,
- Abwehr gegen Gier und Begehren,
- Bemühung, andere – statt sich selbst – gierig und hilflos zu machen.

Er fügt hinzu, dass kognitive Aspekt hinzukommen: Die Wahrnehmungsverzerrungen in Bezug auf das eigene Körperbild, ein Alles-oder-nichts-Denken, magisches Denken und zwanghafte Rituale.

Einen anderen Ansatz, nämlich den einer empirisch gestützten **multidimensionalen Betrachtung** unter Einführung einer mathematischen Pfadanalyse (Kausalanalyse) in die Psychiatrie verfolgten Hartwich u. Steinmeyer (1974b). Dabei werden Einflussfaktoren und komplizierte Beziehungsgefüge sowie interaktionelle Gewichtungsverschiebungen eindeutiger dargestellt, als es bei der bloßen Beschreibung möglich ist. Bei der Untersuchung, welche Faktoren auf die Krankheitsschwere einen Einfluss haben, zeigte sich, dass das Vorkommen **psychiatrischer Erkrankungen in der Familie** eine direkte negativ wirkende Bedingung darstellt. Hinsichtlich gestörter Familienbeziehungen bedarf es zusätzlich eines weiteren Kriteriums, nämlich die Störung in der Kindheitsentwicklung, um sich auf die Krankheitsschwere auszuwirken. Konkurrenzmütter und dominante Mutter haben, sich gegenseitig ausschließend, jeweils starken Einfluss auf die Krankheitsschwere, wobei die Kausalanalyse zusätzlich zeigt, dass Persönlichkeit und Verhalten des Kindes auch das Dominanzverhalten der Mutter provozieren kann.

Einen nur beschreibenden multifaktoriellen Zugang zur Frage der **Ätiopathogenese** lieferten Garfinkel u. Garner (1982) sowie Garfinkel et al. (1986), indem alle bisher bekannten Erklärungsansätze zur Geltung kamen und bezüglich ihrer empirisch erfassten oder vermuteten Gewichtung aufgeführt wurden. Aufgrund zahlreicher Falldarstellungen kommt Mester zu der psychodynamisch fundierten Aussage:

> Im Mittelpunkt der Psychodynamik, die in eine Anorexia nervosa hineinführt, steht demnach die Unfähigkeit dieser Jugendlichen, nach reifungsbiologischer Gesetzmäßigkeit anstehende Rollen und Positionen einzunehmen. … Das scheinbare Kokettieren mit dem Tode, das sich in der magersüchtigen Symptomatik zeigt, dient im Grunde der Aufrechterhaltung psychischer Stabilität: In der Anorexie wird auf verzweifelte Weise das Gefühl der eignen Identität, der Selbstverfügbarkeit und -beherrschung wiederhergestellt. …. Durch die Zerstörung der Körper-Selbst-Einheit entsteht ein Defekt, der das Krankheitsbild bereits ein Stück in die Richtung psychotischen Geschehens rückt. (Mester 1981, S. 289)

Fichter (1985) berichtet von 12 Patientinnen, bei denen sowohl eine anorektische Essstörung als auch eine schizophrene oder schizoaffektive Psychose bestanden hatten. In keinem der Fälle habe die Psychose vor der Essstörung eingesetzt, in mehreren Fällen wurde beobachtet, dass sich die Essstörung mit Beginn und während des Bestehens von psychotischen Symptomen vorübergehend völlig aufgelöst hatte. Im späteren Verlauf habe in den meisten Fällen die Psychose im Vordergrund gestanden und zwar rezidivierend oder chronisch.

20.4 Einteilung der Erkrankungsformen

20.4.1 Anorexia nervosa in der Präpubertät, Pubertät und Adoleszenz

Es ist die weitaus häufigste Form mit einem Verteilungsgipfel zwischen dem 15. bis 18. Lebensjahr. Diagnostisch gelten als wegweisend

- Quetelets-Index von 17,5 und weniger,
- Gewichtsverlust durch Nahrungsverweigerung,
- selbstinduziertes Erbrechen,
- Laxanzienabusus,
- übertriebene sportliche Aktivitäten,
- Störung des Leiberlebens,
- Amenorrhöe und
- zwanghafte Rituale.

20.4.2 Frühanorexie

Sie entwickelt sich bei Kleinkindern im 4. bis 8. Lebensmonat, selten persistieren die Essstörungen über die Zeit der Pubertät hinaus

20.4.3 Chronische Anorexie und Spätanorexie

Die Erkrankung beginnt schon in der Kindheit mit anhaltenden Differenzen in der Familie über die Nahrungsaufnahme, in der Pubertät ist meistens eine Besserung der Symptomatik und des Ernährungszustandes zu beobachten. Eine schwere Kachexie ist eher die Ausnahme, auch besteht selten eine Amenorrhöe. In der Regel bleiben die Betroffenen untergewichtig. Bei belastenden Lebensereignissen kommt es zu anorektischen Phasen. Bei den Patientinnen, die erst im reiferen Lebensalter, etwa nach dem 35. Lebensjahr, die ausgeprägten Symptome einer Anorexia nervosa (oft mit schwerer Kachexie) zeigen, wird dies als **Spätanorexie** bezeichnet.

20.4.4 Männliche Anorexia nervosa

Die Häufigkeit liegt bei ca. 7 % der Gesamterkrankungen. Die nosologische Zugehörigkeit ist nicht unumstritten. Nach Fichter (1985) fallen die Häufigkeit der Suizidgedanken und -versuche auf, sowie Identitätskrisen, Bulimieattacken, Erbrechen und Zwanghaftigkeit bezüglich des Essens.

20.4.5 Bulimie

Die **Bulimie** unterscheide sich von der Anorexia nervosa dadurch, dass ein Kachexie in der Regel nicht beobachtet wird, das Nahrungsverhalten ist durch »Anfälle« unmäßigen Verschlingens großer Mengen von Essen mit nachfolgendem selbst herbeigeführtem Erbrechen gekennzeichnet. Ausgeprägte depressive Verstimmungen sind häufig und werden als Folge der Hauptsymptome angesehen. Hinsichtlich der Beschreibung psychodynamischer Pathogenese finden sich viele Überschneidungen, aber auch Unterschiede mit der Anorexia nervosa (▶ Abschn. 20.2).

20.5 Kasuistik

Fallbeispiel 1: Pubertätsmagersucht

»Bei der klinischen Aufnahme stellte sich ein 15-jährige Patientin vor, die aussah, wie ein von ‚Haut überzogenes Skelett' (Morton 1689). In ihrem Pelzmützenhaar wirkte sie knabenhaft, altklug und energisch berichtete sie über ihre Beschwerden: seit 3 Jahren ist ihr Gewicht von 42 auf 30 kg bei 157 cm Größe zurückgegangen. Sie hat immer Angst, zu viel zu essen und den häufig schmerzenden Magen zu überlasten. Die Regelblutung hat nach ihrem Eintreten im 14. Lebensjahr nur ein halbes Jahr bestanden. Sie friert unentwegt, die Hände sehen blau aus, sie klagt über Verstopfung, Schlaflosigkeit und unstillbaren Hunger. Sie glaubt fest, an einer organischen Krankheit zu leiden. In der Schulklasse wird sie ausgelacht, verspottet und als 'das Baby' bezeichnet. Ihre Situation ist so unerträglich geworden, dass sie sich klinisch behandeln lassen will. Die vielredende Mutter, die ihre Tochter bringt und eng an sich drückt, versucht hinsichtlich der stationären Verpflegung sofort Sonderkonditionen für ihr Kind zu erreichen.

Aus der Familie ist zu erfahren, der Großvater sei an einem Nervenleiden gestorben. Die Großmutter vertritt ihr Vegetariertum mit Sendungsbewusstsein. Der Vater ist Lehrer, wegen chronischer Gastritis muss er ständig Diät essen. Die Familie lebt aus dem Reformhaus, lehnt Zucker und Konserven ab, bevorzugt Weizenbrei, Reisschleim, selbstgepflückten Tee und selbstgestampftes Sauerkraut. Die elf Jahre ältere Schwester ist Liebling und Abbild der Mutter. Der vier Jahre ältere Bruder ist Krankenpfleger und besucht die Familie nur sporadisch.

Als drittes und letztes Kind hat sie sich schnell und ohne Schwierigkeiten entwickelt. Leidenschaftlich hat sie mit Puppen gespielt und einzelne, enge Freundschaften gepflegt, Sport und Bewegungsspiele waren besonders geschätzt. Auf dem Gymnasium hat sie durch Ehrgeiz und Lerneifer geglänzt, Latein eine Eins. Klavierspielen, Ballett und Reiten waren ihre Hobbies. Im zwölften Lebensjahr kam es, dass sie eine unerklärliche Angst am Essen hinderte. Damals ärgerte sie sich über das besonders enge Verhältnis zwischen Mutter und Schwester. Sie wollte so sein wie die Mutter, so schön, geistreich und künstlerisch begabt. Aber Schwester und Mutter dachten und taten fast dasselbe. Für die Patientin gab es keinen Weg zur Mutter. Am besten verstand sie sich noch mit dem Bruder, der ihr den Bauch massierte, wenn sie Magenschmerzen hatte.

Wegen der Beschwerden und der Gewichtsabnahme zog die Mutter mit ihr von Arzt zu Arzt und ging schließlich zum Heilpraktiker, der eine Bauchspeicheldrüsenerkrankung diagnostizierte und über Monate die gewünschten Laxanzien verordnete. Schließlich konnte nur noch im Bett der Mutter das ständig frierende Kind erwärmt werden.

Den Anschluss an die Klassengemeinschaft hat sie seitdem verloren, Beatmusik, Jungenbekanntschaften und Partys interessierten sie nicht. Sie hätte sich gewünscht, ein Junge zu sein. Menschen lehnte sie ab, ihre Freunde waren die Tiere.

In den Wochen vor der stationären Aufnahme war sie in einem Kuraufenthalt, dort hatte sie 30 Bilder gemalt in denen sie sich unter anderen in »geheimnisvollen Ketten«, »im Meer«, als »Schlaflose«, mit »vielen Gedanken«, als leidend unter den »vielen Blicken der Anderen«, in ihrer »Angst« gezeichnet hat. Ein Teil der Therapie bestand darin, die von uns abfotografierten Diapositive in den Sitzungen stark vergrößert auf eine Leinwand zu projizieren und die Patientin zu Erklärungen und Assoziationen anzuregen, um möglichst gemeinsam verstehen zu können, welche psychodynamischen Gesichtspunkte wie zu bearbeiten sind. Besserung der Autonomie und Selbstsicherheit, Abgrenzung von der Familie, Essenkönnen, Gewichtszunahme usw. waren erst nach vielen Monaten allmählich möglich.« (Aus Hartwich, 1974, S. 252–254)

▪▪ Diskussion

Obwohl die Kachexie augenscheinlich war, haben wir in der stationären Behandlung zunächst davon abgesehen, die Essensproblematik therapeutisch in den Vordergrund zu stellen, da ansonsten die Übertragungskonstellation aus der Familie im Rahmen einer Gegenübertragung agiert würde und damit der »Kampf« um das Symptom die Bearbeitung der dahinterliegenden Psychodynamik verhindert hätte und eine »echte« Psychotherapie nicht zustande gekommen wäre. Abzuwägen sind allerdings Fälle, in denen die Kachexie lebensbedrohlich ist oder die begleitende zerebrale Beeinträchtigung eine hirnorganisch bedingte Psychopathologie solchen Ausmaßes hervorruft, dass eine anfängliche künstliche Ernährung (z. B. Magensonde) zur Gewichtszunahme verordnet werden muss, um gesundheitlichen Schaden abzuwenden und eine bessere Ausgangssituation für die Psychotherapie zu haben. Aus Obduktionen von Todesfällen dieser Erkrankung sind immer wieder Befunde von Hirnatrophien im Rahmen schwerer Kachexien publiziert worden. Wir (Zeumer et al. 1982) haben zu Beginn der computertomografischen Ära in einer systematischen Untersuchung kachektischer Anorexia-nervosa-Fälle zum Zeitpunkt der stationären Aufnahme mit der Behandlung nach einer Zeit von zwei Monaten verglichen und konnten feststellen, dass im CT die sog. Atrophiezeichen rückläufig waren. Infolgedessen sprechen wir bei der durch Kachexie bedingten **reversiblen** Veränderung des Hirns von einer **Hirndystrophie**.

▪ **Fallbeispiel 2: Spätanorexie**

Die 47-jährige intellektuell hochbegabte Patientin erkrankte so schwer an Anorexia nervosa, dass ein stationärer Aufenthalt von 17 Monaten wegen lebensbedrohlicher Symptome und Suizidalität erforderlich war. Zeitlebens hatten wechselnde Beschwerden vorgelegen, die als psychosomatisch bezeichnet worden waren (Bauchschmerzen, Migräne, Rückeschmerzen, Schwindel, Neurodermatitis). Bei psychischen Belastungen sei es auch in Kindheit, Jugend und später gelegentlich zu vorübergehenden Essproblemen gekommen. Jetzt sei es nach dem plötzlichen Tod zweier enger Bezugspersonen seit einigen Monaten zu einer Gewichtsabnahme von mehr als 15 kg gekommen, sodass die Patientin bei einer Körpergröße von 172 cm noch in den ersten Wochen der klinischen Behandlung bis auf unter 38 kg abmagerte.

Während der Zeit der Behandlung, von denen sie etwa 7 Monate meistens im Bett liegend verbrachte, entstanden ca. 2.000 Bilder, die sie teilweise auch nachts zeichnete. Sie brachte ihre inneren Bilder, bestehend aus Erinnerungen aus der Kindheit und dem späteren Leben, ihre Träume und ihren psychodynamischen Prozess zum Ausdruck. Die jeweils gerade entstandenen Zeichnungen wurden Hauptgegenstand der fast täglichen Therapiesitzungen.

Nach erfolgreicher Behandlung und der Entlassung nach Hause schrieb sie ein umfangreiches Buch über ihre Erfahrungen, aus dem das Folgende wörtlich wiedergegeben wird:

» In der Anfangsphase bedeutete Magersucht für mich hauptsächlich quälendes Nichtessenkönnen bei gleichzeitigem Wolfshunger, der bisweilen in Essgier ausartete. Vorausgegangen war eine Zeit unergründlichen Appetitmangels, während der ich ständig abgenommen hatte.
Die Anorexie selbst hatte sich meiner ganz langsam, beinahe schleichend bemächtigt, aber schließlich hielt sie mich unerbittlich in ihren Fängen und ließ mich meine Ohnmacht spüren. Das war bitter, sehr bitter. Ich litt unter Selbst- sowie Fremd-Achtungsverlust, fühlte mich hoffnungslos ausgeliefert und entwürdigt.
Das, was bisher meine Stärke gewesen war, mein Verstand, der Kopf versagte kläglich und schied in diesem Stadium der Krankheit als Kämpfer nahezu aus, zumal ich durch ihn erst das Ausmaß der Unfreiheit erkannte.
In Relation zu dieser Unfreiheit wuchs das Erniedrigungsgefühl gigantisch an und als direkte Entsprechung dazu wiederum das Verlangen nach dem Tod. (Matern-Scherner 1994)

20.6 Zur Pathogenese und Neuropsychodynamik

Über hirnorganische und andere somatische Befunde bei Anorexia-nervosa-Kranken gibt es viele Untersuchungen, allerdings korrespondieren die Resultate mit sekundären Krankheitszeichen. Wenn man sich die normale Hirnentwicklung dieser Lebensperiode ansieht, dann sind die charakteristischen Jahre, in die die Magersucht der Mädchen und jungen Frauen fällt, von einer Entwicklungsperiode gekennzeichnet, in der die Ich-Reifung und weitere Aspekte der Persönlichkeitsentwicklung noch nicht abgeschlossen sind.

In der Hirnentwicklung geht parallel und interaktionell zur psychischen Entwicklung der Reifungsprozess der kortikalen Synchronisation und neuronalen Netzwerke in der Periode der Adoleszenz und im frühen Erwachsenenalter durch eine destabilisierte Entwicklungsphase, bevor die reifere Stabilisierung des Erwachsenenalters erfolgt. Dies ist verbunden mit der kortikalen Myelinisierung und GABA-Produktion, die beide gerade in dieser Zeit Veränderungen unterworfen sind, wobei die neuronale Vernetzung und die Synchronisation betroffen sind (Northoff 2011, S. 314, zitiert Di Christo 2007, Uhlhaas et al. 2009a, b). Entweder durchläuft eine Person diese Zeit mit ihren typischen Konflikten ohne psychische Störungen, was meistens der Fall ist, oder es kommt in einigen Fällen zu psychiatrischen Erkrankungen. Diese können sich in Form von Psychosen oder vielen anderen Störungen manifestieren oder in manchen Fällen als Anorexia nervosa. Zur Patho-

genese können beim Einzelfall ganz unterschiedliche Faktoren beitragen, hier einige Beispiele:
- kulturelle Aspekte: Schlankheitsideal, Mode;
- familiäre Faktoren: genetische Disposition, ungünstige Familienverhältnisse;
- Traumata in Kindheit und Jugend, Übergriffe (psychisch, körperlich, sexuell);
- Krankheiten in der Familie: Sucht, Depression;
- zwanghaft überhöhte Leistungserwartung der Eltern;
- Fehlverarbeitung der Veränderungen des eigenen Körpers in der Pubertät;
- Verspottetwerden im sozialen Umfeld;
- Bedrohung der Selbstkontrolle;
- Strukturschwäche;
- Abwehr der Sexualität, der Feminität;
- dominante Mutter, Konkurrenzmütter;
- gestörte Kindheitsentwicklung.

Was die Frage nach **Ätiopathogenese** und **Psychodynamik** des Krankheitsbildes der Anorexia nervosa anbelangt, greifen »monothematische« Erklärungen, wie Ablehnung der Feminität, Sexualfeindlichkeit, Opfer der dominanten Mutter etc. zu kurz. Somit ist heute von einer monokausalen Ätiopathogenese der Anorexia nervosa nicht auszugehen. Wenn wir versuchen, die in der Literatur betonten Faktoren zu gewichten, so ergibt sich ein Netzwerk, das aus vielen Bedingungen geknüpft ist, die sich jeweils untereinander verstärken und abschwächen können. Gegenwärtig ist es nicht möglich, die Dynamik des Netzwerks bzw. der Bedingungskonstellationen so zu formulieren, dass für das Krankheitsbild als Krankheitseinheiten Anorexia nervosa und auch Bulimie ein wissenschaftlich begründetes pathogenetisches Muster beschrieben werden kann. Somit sind wir darauf angewiesen, in einem **neuropsychodynamischen Verständnis** jeden einzelnen Erkrankungsfall in seinem individuellen Bedingungsgefüge zu erfassen, um daraus die jeweils entsprechende psychodynamische Behandlung abzuleiten. Hierzu ist es hilfreich, die Beschreibung von Reich (2010) heranzuziehen, der betont, dass der anorektische Modus vermeide, dass Nahrung überhaupt in den Körper hineingelange. Die bevorzugte Abwehrform sei die **Isolierung** vom Affekt und vom Inhalt. Die Isolierung trage dazu bei, dass Realitätsprüfung und Auseinandersetzung mit Leistungsanforderungen partiell aufrecht erhalten werden könnten. Es komme zu Reaktionsbildungen, Verleugnung und altruistischer Abtretung in der Abwehr triebhafter Wünsche.

20.7 Anorexia nervosa und Schizophrenie

Wir möchten bei den Fällen, bei denen der Übergang in eine schizophrene Psychose belegt ist, auf einen besonderen psychodynamischen Aspekt hinweisen. Schon Mester (1981) wies darauf hin, dass die Symptomatik der Magersüchtigen aus psychodynamischer Perspektive der Aufrechterhaltung einer psychischen Stabilität dienen könnte; in verzweifelter Weise werde das Gefühl der eigenen Identität, der Selbstverfügbarkeit und Selbstbeherrschung wiederhergestellt.

Es gibt eine spezielle Erfahrung, die Eltern und Therapeuten beim Umgang mit Anorexia-nervosa-Kranken machen, nämlich die besondere **Hartnäckigkeit**, mit der die Betroffenen das Nichtessen verteidigen. Diese Eigenschaft, die manchmal auch als wahnhaft oder zwanghaft bezeichnet wurde, sollte hinsichtlich ihrer **Funktion** begriffen werden. Möglicherweise hat in manchen oder gar vielen Fällen das hartnäckige Klammern an der genannten Symptomatik sogar eine **Schutzfunktion**. Die Selbstkohärenz, die bis in das Körperselbsterleben geht, das in diesem Entwicklungsabschnitt so wichtig ist, wird bedroht. Die Bedrohung kann beim individuellen Fall unterschiedlicher Herkunft sein, mal aus der Familienkonstellation, der sozialen Umwelt oder Entwicklungskonflikten. Wird die Kohärenz des Selbsterlebens (Körperselbsterlebens) bedroht oder sogar zerstört, würde das eintreten, was bei einigen seltenen Anorexia-nervosa-Fällen beschrieben wurde, nämlich das Abgleiten in eine schizophrene Psychose. In keinem der 12 Fälle, die Fichter (1985) beschrieben hat, habe die Psychose **vor** der Essstörung eingesetzt, in mehreren Fälle habe sich die Essstörung mit Beginn und während des Bestehens von psychotischen Symptomen vorübergehend völlig aufgelöst. Im späteren Verlauf habe in den meisten Fällen nur noch die psychotische Erkrankung im Vordergrund gestanden.

In diesem Sinne schützt sich die Psyche-Gehirn-Einheit unbewusst mit Hilfe der anorektischen Symptome vor weiterer Auflösung und Zerfall. Das hartnäckige Verteidigen des Nichtessens kann in diesen seltenen Fällen als ein mühsamer Versuch im neuropsychodynamischen Sinne einer **anorektischen Parakonstruktion** (Hartwich 1997, 2006) zur Abwendung einer **Selbstfragmentierung** (▶ Kap. 16) angesehen werden. Damit wird betont, dass es sich nicht um einen rein psychodynamischen Abwehrmechanismus im engeren Sinne handelt, sondern dass hier neurobiologische Aspekte hinzukommen.

Gegen eine Generalisierung der dargestellten neuropsychodynamischen anorektischen Parakonstruktion spricht allerdings, dass speziell schizophrene Erkrankungen in Familien von Betroffenen nicht so häufig vermehrt gezählt wurden, wie auch zuerst von Theander (1970) publiziert, dass eine direkte Vererbung der genetischen Disposition angenommen werden kann. Allerdings wurde auch berichtet (Hartwich u. Steinmeyer 1974), dass die Erkrankungsschwere verstärkt wird, wenn psychiatrische Erkrankungen (Depressionen, andere Psychosen, Anorexia nervosa, Personen ohne genaue Diagnosebezeichnung, die mehrere Monate in psychiatrischen Kliniken verbracht haben) in der Familie vorkommen. Trotzdem muss davon ausgegangen werden, dass die Nähe zur Disposition zu Schizophrenie eher die Ausnahme darstellt. Infolgedessen hat die oben genannte anorektische Parakonstruktion nur bei seltenen Fällen einen neuropsychodynamischen Erklärungswert und kann nicht auf das gesamte Krankheitsbild der Anorexia nervosa generalisiert werden.

20.8 Neuropsychodynamische Grundphänomene

Für die allermeisten Fälle von Anorexia nervosa ist kaum ein einheitlicher neuropsychodynamischer Grundvorgang anzunehmen. Wieder gehen wir von der Betrachtung der **Funktion** der Symptomatik aus. Die Hartnäckigkeit des Festhaltens hat den Sinn der **Selbstkontrolle**, die hier abnorm ist. Auch Reich (2010) sieht im in dem Phänomen des Hungerns eine Sicherung der Selbstgrenze. Ähnlich wie Mentzos (2011, S. 273) für das Phänomen der Selbstverletzung betont: »Man steht vor der paradoxen Situation, dass eine Störung, die eigentlich Dysfunktionalität hervorruft, gleichzeitig eine Funktion hat«, sehen wir dieses ebenfalls bei Symptomen der Anorexia nervosa. Das bedeutet für das Verständnis und die psychotherapeutische Herangehensweise eine Änderung in der Einstellung und Haltung des Therapeuten, wie es Hartwich (2006) für den Umgang mit der Parakonstruktion beschrieben hat, was für manche Psychotherapeuten einem Paradigmenwechsel gleichkommen mag. Bei Mentzos findet sich bei der Beschreibung der Funktionalität des Wahns:

> » So bedarf es z. B. eines regelrechten Umdenkens seitens des Therapeuten, um die Funktionen des Wahns, etwa des Verfolgungswahns, als Distanzierungsinstrument und als Stabilisierungsfaktor der Selbstkohärenz oder als projektive Entsorgung des bösen Anteils des inneren Objekts zu erkennen. (Mentzos 2011, S. 274)

Für die Anorexia nervosa bedeutet dieser funktionelle Ansatz, dass wir die folgenden Aspekte herausheben:

- Entphysikalisierung des Körpers;
- extreme Angst, die Kontrolle über sich selbst zu verlieren;
- zwanghafte Kontrolle über den eigenen Körper;
- Selbstbestimmung auch über den eigenen Tod.

Die Angst, die **Kontrolle** über das eigene Tun und Empfinden zu verlieren, ist bei Magersüchtigen sehr hoch. Ein solcher Kontroll**verlust** würde bedeuten, dass Erleben und Verhalten an »unkontrollierte Mächte« (von außen durch übergriffige Bezugspersonen und/oder von innen durch Selbstanteile der Triebgarnitur, andere psychischer Kräfte und somatische Komponenten, wie Veränderung des hormonellen Gleichgewichts etc.)

abgeben zu müssen. Dieser befürchtete Verlust der Eigenständigkeit, nicht mehr über sich selbst bestimmen zu können, ist ein entscheidendes Grundproblem. Der Konflikt zwischen Selbstbestimmung und Bestimmtwerden (fremd oder aus unkontrollierten Selbstanteilen) ist tobend und nicht adäquat zu lösen, außer durch eine **pathologische Form der Selbstbestimmung**, die übertrieben in den eigenen Körper als Objekt verschoben wird und die so verzerrt ist, dass sie bei etwa 9 % der Erkrankten (variabel je nach Therapieangebot) zum Tode führen kann. Die Mortalität durch Hungertod und Suizide ist weitaus höher als bei anderen psychiatrischen Erkrankungen.

? Warum müssen die Patienten eine solche starke Kontrollinstanz ausüben und ihre Handlungen und besonders ihren Körper zwanghaft kontrollieren?

Klar ist, dass im Gehirn dieser Patienten abnorme Veränderungen der intrinsischen Aktivität vorhanden sind und dass diese möglicherweise speziell sensorische Areale (wie den sensomotorischen Kortex) und die Mittellinienregionen betreffen. Sensorische Areale und die Insula (nahe beim sekundären sensorischen Kortex) zeigen abnorme Verbindungen, i. e., funktionelle Konnektivität mit den Mittelinienregionen – dies bedeutet, dass die Verbindung zwischen Selbst, i. e., selbstreferenziellem Processing (Mittelinien) und sensorischem Processing des eigenen Körpers, (insula, sensorischer Kortex) dysbalanciert ist (Lavagnino et al. 2014). Letztere versklaven erstere, das Selbst wird durch seinen Körper quasi versklavt. Es kommt also zu einer Parakonstruktion des Selbst – es wird nicht mehr primär mental durch die eigenen Gedanken konstruiert, sondern durch den eigenen Körper.

Da aber das Selbst primär als mental erlebt wird und nicht körperlich, kann ein solches Erleben eines mentalen Selbst nur durch die abnorme Reduzierung der physikalischen Gehalte des Körpers erreicht werden – der Körper wird abnorm abgemagert, was neuropsychodynamisch dann quasi als Versuch oder Parakonstruktion einer »Selbstmentalisierung des Körpers« aufgefasst werden kann. Nur wenn der Körper nichtkörperlich wird, kann er als Substitut des ursprünglich mentalen Selbst erlebt werden. Dies geht mit einem zwangshaften Charakter einher, der durch neuronale Überlappungen zwischen Anorexie und Zwangsstörung (▶ Kap. 18) erklärt werden kann.

Anorexia nervosa: Neuropsychodynamisch

- Parakonstruktion der Selbstmentalisierung des eigenen Körpers

- Ungleichgewicht überschreitet Schwelle: Sensorische Prozessierung mit Körpererleben dominiert über selbstreferenzieller Prozessierung mit Selbsterleben

- Dysbalance zwischen selbstreferenzieller und sensorischer Prozessierung

↑

- **Konflikte**: Abwehr von Feminität und Sexualität, Behinderung der Autonomie, dominante Mutter, Ekel vor eigener Körperfülle u. a.

↑

- **Disposition**: psychiatrische Erkrankungen in der Familie, Depressionen, Psychosen, Persönlichkeitsstörungen, Anorexia nervosa

Inwieweit die **Disposition** zu Anorexia nervosa und Bulimie, d. h. psychiatrischen Erkrankungen in der Familie wie Depressionen, psychotische Erkrankungen, Persönlichkeitsstörungen und Anorexia nervosa, neben dem Spontanauftritt der Störung zu gewichten sind, sollte noch weiter geklärt werden. Zumindest ist davon auszugehen, dass die hinzukommenden psychodynamischen Aspekte (Abgrenzungsproblematik, Abwehr der Feminität, weitere Triebabwehr, Pubertät etc.) als bahnende Komponenten (Bedingungen) für eine langsam entstehende Dysbalance zwischen selbstreferenziellem Processing und sensorischem Processing des Körpers darstellen. Es kommt hinzu, dass in der Adoleszenz und im frühen Erwachsenenalter die neuronale Vernetzung und Synchronisation in der Hirnentwicklung eine destabilisierende Phase durchläuft.

Darüber hinaus ist anzunehmen, dass das Bedingungsgefüge, das zur Anorexia nervosa führen kann, zunächst reversibel ist. Bei den vielen Mädchen und jungen Frauen, die einem besonders schlanken Aussehen als Schönheitsideal nacheifern, gibt es nur sehr wenige, die später eine echte Magersucht entwickeln; die meisten sind in der Lage, ihre Beziehung und ihr Verhalten zum eigenen Körper zu steuern. Bei denen, die erkranken, kommt es in der beschriebenen Dysbalance zwischen selbstreferenziellem Processing und sensorischem Processing des eigenen Körpers nach einiger Zeit zur **Überschreitung einer bestimmten Schwelle**, d. h. das Ungleichgewicht wird auf einmal zu groß. Ist diese Schwelle überschritten, so liegt nicht mehr nur eine Dysbalance vor, sondern es kippt über in ein Dominieren des sensorischen Processing des eigenen Körpers. Damit beginnt der zwanghafte Verlauf der Erkrankung, bei dem viele Betroffene nicht mehr ohne professionelle Hilfe in der Lage sind, dem Kontrollzwang etwas entgegenzusetzen und die Körperdominanz abzumildern oder ganz zu stoppen, diese Freiheit geht verloren. Diese Betrachtung würde auch erklären, warum die Todesrate dieser Störung mit ca. 9 % so hoch ist wie bei keiner anderen psychiatrischen Erkrankung.

20.9 Therapiekonzepte

Auch in der Gegenübertragung (► Kap. 11) auf diese pathologisch verzerrte Variante der Selbstbestimmung hört man Aussagen wie »krankheitsuneinsichtig« , »verlogen« , »verleugnend«, »unbelehrbar« und »trickst jeden Therapeuten aus«. Oftmals ist das behandelnde Team nach einer Weile völlig erschöpft und ärgerlich, da die Macht der Patienten, mit der sie die krankhaften Symptome beibehalten, unerschöpflich zu sein scheint. Die sorgende Gegenübertragung führt zu der Aussage Freybergers:

> » Wir vertreten den Standpunkt, grundsätzlich jede Anorexia nervosa Behandlung durch eine Sondenernährung (mit oder ohne Gabe von Psychopharmaka) einzuleiten. (Freyberger 1980, S. 418)

Aufgrund des Verständnisses der Funktionalität der Symptome und des »Paradigmenwechsels« des Therapeuten sehen wir im Vordergrund, den **Respekt vor der Schutzfunktion** der Parakonstruktion der Selbstmentalisierung und der daraus folgenden Symptome, den es auch den Patienten zu signalisieren gilt, gegenwärtig aufzubringen. Damit werden im psychotherapeutischen Prozess diejenigen Faktoren bearbeitet, die vormals den Verlust der Eigenkontrolle in Gang gesetzt haben. Das können in einem Fall die übergriffigen Verhaltensweisen von nahen Bezugspersonen sein, ob psychisch oder körperlich und sexuell. In anderen Fällen sind es Fixierungen auf magische Vorstellungen oder entwicklungsbedingte hormonelle und sonstige körperliche Veränderungen, die eine pathologische Interaktion mit sozialen Faktoren, wie Außenseitertum, Verlachtwerden, Missgestaltsfurcht und vielem mehr, eingehen. Gelingt es die für den **Einzelfall bedeutsame pathologische Konstellation** wirksam zu bearbeiten, bis die individuelle behandelte Patientin die echte Selbstkontrolle wieder zurückerlangt, kann sie von der pathologischen Form der Körperkontrolle loslassen und eine dauerhafte Besserung bis hin zur Heilung erzielen. Ein **neuropsychodynamisches** Behandlungskonzept der Zukunft würde die oben beschriebene Schwellensituation in einen Gesamtbehandlungsplan einbeziehen und neben den genannten psychodynamischen Ansätzen versuchen, das Ungleichgewicht des dominierenden sensorischem Processings des eigenen Körpers wieder ins Gleichgewicht zu bringen mit dem selbstreferenziellen Processing, das dem Selbsterleben entspricht.

Literatur

Aubert P, Peigné F (1965) Deux observations d'anorexie mentale masculine. Ref Neuropsychiat Infant 12: 515–521
Axenfeld A, Huchard H (1883) Traité des Névroses. Baillière, Paris F
Binswanger L (1944) Der Fall »Ellen West«. Schweiz Arch Neurol Psychiat 54:69–117
Bruch H (1973) Eating disorders: obesity, anorexia nervosa, and the person. Basic Books, New York NY
Bruch H (1978) The golden cage: the enigma of anorexia nervosa. Harvard University Press, Cambridge MA

Cermak I, Ringel E (1960) Zum Problem der Anorexia nervosa. Z Nervenheilk Wien 17:152–182
Charcot JM (1886) Neue Vorlesungen über die Krankheiten des Nervensystems, insbesondere über Hysterie. Dtsch. Übersetzung S. Freud. Toeplitz & Deuticke, Leipzig
Clauser G (1964) Das Anorexia-nervosa-Problem unter besonderer Berücksichtigung der Pubertätsmagersucht und ihrer klinischen Bedeutung. Ergebn Inn Med Kinderheilk 21:97–164
Decourt J (1953) Die Anorexia nervosa. Deut Med Wschr 47:1619–1622, 1661–1664
Eggers C (1980) Anorexia nervosa und Adipositas. In: Spiel W (Hrsg) Die Psychologie des 20. Jh. Bd XII. Kindler, Zürich CHE, S 576–622
Fey M, Hauser GA (1970) Die Postpubertätsmagersucht. Huber, Bern
Fichter MM (1985) Magersucht und Bulimia. Springer, Berlin
Freud S (1904-1905) Über Psychotherapie. Gesammelte Werke Bd 5. Die Freudsche psychoanalytische Methode. Fischer, Frankfurt/Main,1981, S 11–26
Freyberger H (1980) Gastroenterologische Erkrankungen. In: Hahn P (Hrsg) Die Psychologie des 20. Jh, Bd IX,1. Kindler, Zürich CHE, S 410–441
Gabbard GO (2014) Psychodynamic psychiatry in clinical practice, 5th ed. American Psychiatric Press, Washington DC
Garfinkel PE, Garner DM (1982) Anorexia nervosa: a multidimensional perspective. Brunner-Mazel Publishers, New York NY
Garfinkel PE, Garner DM, Rodin G (1986) Anorexia nervosa und Bulimie. In: Kisker KP et al (Hrsg) Psychiatrie der Gegenwart, Bd 1 Neurosen, Psychosomatische Erkrankungen, Psychotherapie. Springer, Berlin, S 103–124
Gull W (1874) Anorexia nervosa (apepsia hysterica, anorexia hysterica). Transact Clin Soc London 7:22
Hartwich P (1974) Die Psychopathologie der Anorexia nervosa in Federzeichnungen einer Kranken. In: Broekmann JM, Hofer G (Hrsg) Die Wirklichkeit des Unverständlichen. Martinus Nijhoff, Den Haag NLD, S 248–272
Hartwich P (1997) Die Parakonstruktion: eine Verstehensmöglichkeit schizophrener Symptome. Vortrag Frankfurter Symposion: Schizophrenien – Wege der Behandlung. Erweiterte Fassung publiziert in: Hartwich P, Pflug B (Hrsg) Schizophrenien – Wege der Behandlung. Wissenschaft & Praxis, Sternenfels, S 19–28
Hartwich P (2006) Schizophrenie. Zur Defekt- und Konfliktinteraktion. In Böker H (Hrsg) Psychoanalyse und Psychiatrie, Springer, Heidelberg, S 159–179
Hartwich P, Steinmeyer E (1974) Strukturmodell zur Darstellung krankheitserschwerender Faktoren der Anorexia nervosa mittels Pfadanalyse. Arch Psychiat Nervenkr 219: 297–312
Krüger C, Reich G, Buchheim P, Cierpka M (2010) Essstörungen und Adipositas: Epidemiologie – Diagnostik – Verläufe. In: Reich G, Cierpka M (Hrsg) Psychotherapie der Essstörungen, 3. Aufl. Thieme, Stuttgart, S 27–61
Langdon-Brown W (1937) Anorexia nervosa. Lancet 1:473
Lasègue EC (1873) De l'anorexie hysterique. Arch Gén Méd 21:385–411
Lavagnino L, Amianto F, D'Agata F et al (2014) Reduced resting-state functional connectivity of the somatosensory cortex predicts psychopathological symptoms in women with bulimia nervosa. Front Behav Neurosci. Aug 4;8:270. doi: 10.3389/fnbeh.2014.00270. eCollection 2014.
Matern-Scherner E (1994) Kein Buch zum Verschlingen, Mager-Sucht-Maskeraden. R. G. Fischer, Frankfurt/Main
Mentzos S (2011) Lehrbuch der Psychodynamik. Vandenhoeck & Ruprecht, Göttingen
Mester H (1981) Die Anorexia nervosa. Springer, Berlin
Meyer JE (1961) Das Syndrom der Anorexia nervosa. Katamnestische Untersuchungen. Arch Psychiat Nervenkr 202:31–59
Minuchin S, Rosman BL, Blaker L (1978) Psychosomatic families: anorexia nervosa in context. Harvard University Press, Cambridge MA
Morton R (1689) Phthisiologia or a treatise of consumption. Smith, London GB
Northoff G (2011) Neuropsychoanalysis in practice, University Press, Oxford GB
Oberdisse K, Solbach HG, Zimmermann H (1965) Die endokrinologischen Aspekte der Anorexia nervosa. In: Meyer JE, Feldmann H (Hrsg) Anorexia nervosa. Thieme, Stuttgart, S 21–33
Reich G (2010) Psychodynamischen Aspekte der Bulimie und Anorexie. In: Reich G, Cierpka M (Hrsg) Psychotherapie der Essstörungen, 3. Aufl. Thieme, Stuttgart, S. 72–92
Richter HE (1965) Die dialogische Funktion der Magersucht. In: Meyer JE, Feldmann H (Hrsg) Anorexia nervosa. Thieme, Stuttgart, S 108–112
Russel GFM (1979) Bulimia nervosa. An ominous variant of anorexia nervosa. Psychol Med 9:429–448
Scharfetter C (1980) Entwicklungskrisen. In: Peter UH (Hrsg) Psychologie des 20. Jahrhunderts. Kindler, Zürich CHE, S 315–320
Sheehan HL (1937) Post-partum necrosis of anterior pituitary. J Path Bact 45:42
Simmonds M (1916) Über Kachexie hypophysären Ursprungs. Dtsch Med Wschr 42:190–198
Speer E (1958) Magersucht und Schizophrenie. Thieme, Stuttgart
Stäubli-Fröhlich M (1953) Probleme der Anorexia nervosa. Schweiz Med Wschr 35:811–817, 837–841
Theander S (1970) Anorexia nervosa. A psychiatric investigation of 94 female patients. Acta Psych Scand (Suppl) 214:1–194
Thomä H (1961) Anorexia nervosa. Huber Klett, Bern, Stuttgart
Zeumer H, Hacke W, Hartwich P (1982) A quantitative approach to measuring the cerebrospinal fluid space with CT. Neuroradiology 22:193–197
Zutt J (1948) Das psychiatrische Krankheitsbild der Pubertätsmagersucht. Arch Psychiat Nervenkr 180:776–849

Traumatogene Störungen

Michael Dümpelmann, Simone Grimm

H. Böker et al. (Hrsg.), *Neuropsychodynamische Psychiatrie*,
DOI 10.1007/978-3-662-47765-6_21, © Springer-Verlag Berlin Heidelberg 2016

21.1 Traumafolgestörungen

Michael Dümpelmann

21.1.1 Einleitung

Die Auswirkungen psychotraumatischer Erfahrungen auf die Gesundheit von Menschen ist Gegenstand intensiver Forschung. Viele medizinische Disziplinen und Subdisziplinen sind ausgiebig daran beteiligt und die Befunde reichen von der subpersonalen Ebene (▶ Abschn. 21.2) über die innere Medizin (Felitti 2002) bis zur personalen Ebene der Psychotherapie, die zwischen zwei Subjekten oder in Gruppen (Tschuschke 2013) stattfindet. Im Folgenden sollen psychische Traumafolgen, die nach »Beziehungstraumata« auftreten (Schore 2007, S. 183), dargestellt werden und die über sexuellen und/oder aggressiven Missbrauch hinaus z. B. auch anhaltende und gravierende Erfahrungen von Vernachlässigung, Entwertung, emotionaler Verfehlung, Bemächtigung, Schutzlosigkeit und Verluste umfassen. Es konnte mittlerweile gezeigt werden, dass auch die Folgen solch pathogener Interaktionen insbesondere bei Kindern zu nachweisbaren Schädigungen des Gehirns und psychischer Funktionen führen (Übersicht bei Glaser 2000). Die Bandbreite der Störungsbilder, die sich dabei differenzieren lassen, ist groß und reicht über die typischen posttraumatischen und dissoziativen Störungsbilder hinaus (Glaser 2000). Neben den basalen Charakteristika der Traumatisierungen wie Schwere, Dauer, aktivere oder passivere Formen, bilden das Alter des Individuums, individuelle biologische wie psychische Prädispositionen, der Stand der erreichten psychischen Entwicklung und die Anwesenheit oder das Fehlen einer hilfreich und schützend erlebten menschlichen Umgebung wesentliche Faktoren dafür, wie intensiv und mit welcher Störungstypologie auf Traumata reagiert wird.

Im Folgenden werden nach einem geschichtlichen Überblick über Widerstände gegen und Akzeptanz für die ätiologische Wirksamkeit psychischer Traumata epistemologische Fragen diskutiert. Danach werden Störungstypologien vorgestellt, zu deren ätiologischem Verständnis Traumata essenziell und für deren Behandlung Wissen über Traumafolgen ausschlaggebend sind. Neurobiologische Aspekte traumatogener Störungen werden in ▶ Abschn. 21.2 referiert.

21.1.2 Geschichte

Die Anerkennung psychischer Traumatisierungen als Ursache psychischer Störungen wurde seit Ende des vorletzten Jahrhunderts intensiv und oft in scharfen und polarisierenden Kontroversen diskutiert (Übersicht bei Dümpelmann 2006). 1889 hatte Oppenheim die »traumatische Neurose« als eigenständiges Krankheitsbild in Abgrenzung von Neurasthenie, Hysterie und neurologischen Störungen postuliert (Oppenheim 1889). Seine ätiologische Vorstellung, es komme bei traumatischen Neurosen durch psychische Erschütterung und ohne Verletzung des Nervensystems zu einer funktionellen Störung, wurde massiv diffamiert und verhöhnt. Mangel an vaterländischer Gesinnung unter Einfluss der Sozialdemokratie, Charakterschwäche und betrügerisches Erschleichen von Einkünften ohne Leistung durch Simulation waren unter den damals erhobenen Vorwürfen zu vernehmen (Schmiedebach 1999). Ein stigmatisierender Mythos mangelnder Moral wurde so geschaffen (Dümpelmann 2006, S. 337), der sich lange hielt und eine weitere wissenschaftliche Bearbeitung der Traumathematik für lange Zeit massiv behinderte. Dieser Mythos wurde zudem von einem anderen, ähnlich entwertenden Mythos abgelöst, nämlich dass psychische Traumatisierungen und ihre Folgen wissenschaftlich nicht objektivierbar und folglich nicht belegbar seien. Das führte z. B. in Schadensersatzprozessen um Entschädigungen für durchgemachte Gewalt und Folter unter dem Naziregime zu desaströsen Fehlurteilen, die auf »wissenschaftlichen« Gutachten und Obergutachten basierten (Dümpelmann 2006, S. 338). Solche Fehlurteile rüttelten aber auch auf, und aus einem lange als anstößig rezipierten Thema entwickelte sich ein Anstoß für die Forschung. 1964 stellten von Baeyer et al. ihr Werk *Psychiatrie der Verfolgten* vor, in dem überzeugend gezeigt wurde, dass auch Traumatisierungen nach der Adoleszenz ausgeprägte und v. a. auch persistierende schwere Syndrome bewirken können (v. Baeyer et al. 1964).

In den USA führten bei Vietnam-Veteranen beobachtete Störungsbilder dazu, dass psychische Traumata intensiv beforscht wurden. 1980 wurde die posttraumatische Belastungsstörung (PTBS) als eigenständiges Krankheitsbild eingeführt (Priebe et al. 2002). Eine Studie zu Borderline-Syndromen, in der gezeigt werden konnte, dass es bei über 70 % der Untersuchten zu gravierenden Traumatisierungen in der Vorgeschichte gekommen war (Herman et al. 1989), war ein Meilenstein dafür, wie traumapsychologische Befunde dann auch das Verständnis und die Behandlung zuvor anders konzipierter Störungsbilder beeinflussten.

In der Psychoanalyse wurde der schulmedizinische Standpunkt, es bedürfe objektivierbarer somatischer Läsionen für die Anerkennung von Traumafolgen als eigenständigem Krankheitsbild, nicht geteilt, was sich z. B. in der Kontroverse um die Kriegszitterer zwischen Wagner-Jauregg und Freud von 1920 zeigte (Meißel 2006). Im psychoanalytischen Modell wurden subjektiven, biografischen und Beziehungsfaktoren wesentliche ätiopathogenetische Rollen zugewiesen. Aber an die Stelle des biologischen Substrats in der Schulpsychiatrie wurde in der frühen Psychoanalyse das Konzept der frühkindlichen Sexualität und der Störungen der Triebentwicklung gesetzt, sodass hier wie dort die ätiologischen Schwerpunkte innerpsychisch verortet blieben, ob nun biologisch oder psychodynamisch konzipiert (Dümpelmann 2006, S. 337). Über die Gründe, die Sigmund Freud dazu bewegten, sich von der Verführungstheorie ab- und der frühkindlichen Sexualität mit ihren Fantasien zuzuwenden, lässt sich spekulieren (Masson 1984). Denkbar ist, dass es dabei auch darum ging, ein Konzept vorzulegen, das zeitgeistigen wissenschaftlichen Vorstellungen zumindest nahekam, eben durch die Annahme innerer Krankheitsfaktoren. Wäre die Verführungstheorie damals weiter verfochten worden, hätte das bedeutet, reale Missbrauchserfahrungen in sehr vielen Fällen als Krankheitsursache ansehen zu müssen. Betrachtet man die aktuellen Widerstände dagegen, das Ausmaß und die Verbreitung dieser Realität zu akzeptieren, wirkt die Annahme plausibel, dass eine solche Krankheitsvorstellung damals wissenschaftlich wie gesellschaftlich kaum eine Chance gehabt hätte. Psychoanalytische Konzeptionen zum Thema realer Traumatisierungen und ihrer Folgeerscheinungen blieben lange bruchstückhaft und unsystematisch, auch wenn Begriffe wie der der Aktualneurose (Freud 1917), des Reizschutzes und der Reizschwelle (Freud 1920) Werkzeuge dafür lieferten, diese Störungen besser beschreiben und erfassen zu können.

21.1.3 Epistemologie

Die ätiologischen Konzeptionen der frühen Psychoanalyse und der damaligen Psychiatrie wiesen eine bedeutsame epistemologische Lücke auf: Beide hatten stark **endogenistische Modelle** von inneren Krankheitsfaktoren entwickelt, die keinen Ort für eine **exogenistische Krankheitsverursachung** vorsahen (Resch et al. 1999, S. 7). Das Konzept eines Psychotraumas, in Grundzügen schon von Oppenheim (1889) vorgelegt, mit von außen kommender psychischer Verursachung, ohne objektivierbares Substrat und ohne konstante und spezifische Symptomatik, die zu einer Krankheitskategorie zusammengefasst werden kann, sprengte schlicht die zu dieser Zeit bestehenden Vorstellungen, dass eine Krankheit wesentlich Produkt deterministischer innerer Faktoren des Organismus sei, ob nun durch biologische Anlagen oder durch Triebe und psychische Strukturen gegeben. Traumata als Extremfälle zwischenmenschlicher Nähe fanden in der Psychoanalyse zwar deutlich mehr Interesse als in der Psychiatrie, aber Schwierigkeiten damit, äußere Krankheitsfaktoren adäquat zu bewerten und therapeutische Strategien für sie zu entwickeln, wurden in beiden Disziplinen evident (Dümpelmann 2006).

> » Unter psychoanalytischen Gesichtspunkten erwies es sich als schwierig, zwischen unbewußten Phantasien und verdrängten Erinnerungen an reale Erfahrungen zu unterscheiden. (Bohleber 2004 S. 61)

Mittlerweile lässt sich aber festhalten, dass die beschriebene epistemiologische Lücke vielfach überbrückt wurde und die Ergebnisse der psychotraumatologischen Forschung Prototypen für Wechselwirkungen zwischen psychischen, sozialen und biologischen Krankheitsfaktoren liefern. Die

Interaktion zwischen umweltvermittelter Erfahrung und dem Zentralnervensystem ist zu einem der wichtigsten Forschungsgebiete der Neurobiologie geworden (Huether et al. 1999). Wie der Begriff »Interaktion« schon zeigt, beruht das auch wesentlich auf veränderten Kausalitätsvorstellungen im ätiopathogenetischen Denken. Wo früher kategorisierbare Organmanifestationen gefordert waren, deren Fehlen dann zum Stein des Anstoßes wurde, stehen heute Mittel zur Verfügung, mit denen die Effekte unterschiedlicher Traumata etwa auf psychobiologische (Wingenfeld u. Heim 2013), immunologische (Fischer u. Gold 2013) und epigenetische (Bauer 2006, S. 161–162) Funktionen nachgewiesen werden können. Daraus ergibt sich keine linear-kausale, gleichsam mechanistische Relation zwischen Trauma und Störung nach dem Muster »Wenn – Dann« des klassischen Morbuskonzepts (Scharfetter 1990, S. 6). Aber diese Befunde zeigen, wie Traumatisierungen in essenzielle Systeme und Subsysteme des Organismus mit dem Endergebnis traumatogener Vulnerabilität eingreifen und sie schädigen können. Analog ließ sich auf der psychologischen Ebene vielfach zeigen, wie Traumata auch die Entwicklung essenzieller psychischer Fähigkeiten hemmen oder blockieren (Übersicht bei Dümpelmann 2003) und die Entwicklung einer sicheren Bindung massiv stören (Strauß 2013). Mit der Psychotraumatologie ist letztlich ein Paradigma etabliert worden, mit dem das Vulnerabilitäts-Stress-Konzept (Zubin u. Spring 1977) gleichsam auf die Füße gestellt wird. Es wurde lange mit biologischer Schlagseite gebraucht, nämlich dass es wesentlich biologische Prädispositionen seien, die stressempfindlich(er) machen. Nunmehr ist nachgewiesen, dass auch umgekehrt Stress biologische Veränderungen bewirkt (Dümpelmann 2003) und somit »echte« Wechselwirkungen bestehen. Kurz: Nicht nur Biologie macht Stress, sondern Stress auch Biologie.

21.1.4 Epidemiologie: Modi der Traumatisierung

Die publizierten Daten zum Vorkommen psychischer Traumatisierungen sind unter dem Vorbehalt erheblicher Dunkelziffern zu sehen. Daneben streuen die Erhebungsmethoden z. T erheblich, was die Vergleichbarkeit von Studienergebnissen untereinander einschränkt. In einer Querschnittstudie mit annähernd repräsentativer Geschlechterverteilung und einem Durchschnittsalter von 41,3 Jahren, die mehr als 2500 Einwohner der BRD einschloss, berichteten 12,6 % der Befragten retrospektiv über sexuellen, 12,0 % über physischen und 15,0 % über emotionalen Missbrauch. Von 49,5 % wurde emotionale und von 48,4 % körperliche Vernachlässigung angegeben. In über 40 % der recherchierten Fälle wurden zwei und mehr Formen von Missbrauch bei derselben Person geschildert (Häsler et al. 2011).

Die Lebenszeitprävalenz für posttraumatische Belastungsstörungen (PTBS) liegt in der BRD bei 1,5–2 %, wobei subsyndromale Störungsbilder deutlich häufiger auftreten (Flatten et al. 2011). Betrachtet man das Auftreten einer PTBS nach unterschiedlichen Traumata, kommt es nach Vergewaltigung in ca. 50 %, nach Gewaltverbrechen in ca. 25 % und nach Folter- und Vertreibungserfahrungen in ca. 50 % zur Ausbildung einer PTBS (Flatten et al. 2011). Diese Zahlen belegen eindrucksvoll nicht nur den brisanten Gehalt, sondern auch die Häufigkeit des Vorkommens psychischer Traumatisierungen und ihrer Folgen.

Nach Terr (1989) können **Trauma I**, zirkumskript und oft einmalig, und **Trauma II**, anhaltend, kumulativ und multipel, unterschieden werden. Neben diesen quantitativen und zeitlichen Charakteristika lassen sich qualitative Merkmale traumatischer Erfahrungen grundsätzlich in zwei Typen zusammenfassen (Glaser 2000), nämlich

- »commission«, aktive Übergriffe und Bemächtigung durch Gewalt, Sexualität, Entwertung, Erniedrigung, emotionale und narzisstische Manipulation und Verstrickung etc. und
- »omission«, passiv erlittener Entzug, Verlust und Vernachlässigung durch Isolation, Ausgrenzung, Nichtbeachtung, Vermeidung resonanten, antwortenden Verhaltens, emotionale Indifferenz, Empathiemangel u. v .m.

Eine gemeinsame Wirkung von Traumata besteht in katastrophal empfundenen Erlebnissen von Hilf- und Schutzlosigkeit, Angst, Erschütterung der gewohnten Selbstsicherheit und des Vertrauens in die

Umwelt. Unterschiedliche Modi von Traumatisierung im selben Fall sind häufig. Die Identifikation der individuellen Erlebnisse ist klinisch bedeutsam, weil sie wesentliche, wenn auch hochpathologische Grundlagen für spätere zwischenmenschliche Beziehungen liefern. Und weiter lassen sich die Auswirkungen von Traumatisierungen auf die psychischen Funktionen und die Entwicklung psychischer Fähigkeiten besser verstehen, wenn man Art und Umfang der Traumata kennt. Bemächtigung und Grenzüberschreitungen beeinflussen die Entwicklung anders als etwa die Erfahrung, durch fehlende elterliche Resonanz immer wieder orientierungslos zu sein.

Zu den Beschreibungen, wie und in welcher Gestalt psychische Traumata auftreten, wie sie wirken und somit wieTraumatisierungen resultieren, sind Ergänzungen notwendig: Ob es nach traumatischen Erfahrungen zu einer **Traumafolgestörung** bzw. zu welcher Art und zu welcher Stärke dieser Störung kommt, hängt nicht nur vom erlittenen Trauma, seinen Umständen und seinen Charakteristika ab. Neben der Resilienz im Einzelfall, die individuell und situativ sehr unterschiedlich ausgeprägt sein kann, etwa durch das Alter und die Phase der Entwicklung der Betroffenen, ist es ein entscheidender Faktor, ob nach einem Trauma bald vertrauenswürdig und schützend erlebte Bezugspersonen präsent sind, die Abstand von den Stressoren und Sicherheit vermitteln können (Fischer u. Riedesser 1998, S. 142–143).

21.1.5 Symptomatik, klinische Bilder

Traumafolgen sind an zahlreichen und heterogenen Störungsbildern beteiligt. Nur z. T. lässt sich dabei eine stärkere Korrelation zwischen symptomatischer Endstrecke, etwa einer PTBS, und traumatischer Noxe beobachten. Viele Störungsbilder sind durch die Einflüsse traumatischer Erfahrungen – neben anderen – auf die psychische Entwicklung zu erklären, insbesondere im Kindes- und Jugendalter (vgl. ► Kap. 12 und ► Kap. 13). In dieser Perspektive lassen sich dann auch noch Störungsbilder, bei denen die Traumaeffekte sehr hoch sind, von solchen unterscheiden, bei denen Traumaerfahrungen einen ätiologischen Kofaktor unter mehreren anderen darstellen.

Traumafolgestörungen vom PTBS-Typ

Neben dissoziativen Störungen (► Kap. 22) sind Traumafolgestörungen vom PTBS-Typ eng mit einem oder mehreren, meist zirkumskripten Traumata verknüpft. Eine PTBS ist geprägt durch Übererregbarkeit, Schlafstörungen, z. B. Albträume, Intrusionen wie psychische und somatische Flashbacks, Zustände emotionaler Taubheit und vermeidendes Verhalten. Die Symptomatik kann nach demTrauma, per definitionem ab einem halben Jahr danach, aber auch erst mit erheblicher Verzögerung auftreten (Flatten et al. 2011). Das Erkennen emotionaler Indifferenz kann schwierig sein. So machte eine junge Frau, die wegen einer PTBS-Symptomatik in die Klinik kam, zunächst einen (oberflächlich) stabilen Eindruck, dekompensierte aber noch am ersten Tag im Speisesaal, wo ein bestimmter Essensgeruch traumatische Reminiszenzen triggerte, die sie dann hilflos wiedererlebte.

Komplexe Traumafolgestörung

Unter dem Begriff der komplexen Traumafolgestörung werden Typ II- bzw. anhaltende, kumulative und v. a. Beziehungs- (Schore 2007) und Bindungstraumatisierungen (Strauß 2013 S 92) in Kindheit und Jugend zusammengefasst, die weniger von Gewalt, sondern vielfach von Verlusten, chronischer Entwertung, Vernachlässigung und mangelnder Geborgenheit u. ä. geprägt sind. Sehr häufig lassen sich hier Symptome finden, die nach ICD-10 als komorbide neben direkten Traumafolgen beschrieben werden müssten: Depressionen, Ängste, emotionale Instabilität, Sucht, Somatisierungsstörungen, Persönlichkeitsstörungen.

Daneben können inkomplette, subsyndromale PTBS-Symptome bestehen oder aber erst im Lauf der Behandlung konturierter in Erscheinung treten.

Nur unscharf von komplexen Traumfolgestörungen zu trennen sind auch klinisch nicht ganz seltene Syndrome, die nach Traumatisierungen auftreten, aber größtenteils anderen Störungsbildern entsprechen.

Dazu zwei kurze Fallskizzen:

- **Fallbeispiel 1: Zwangssymptomatik nach sexuellem Missbrauch**

Bei einer fast 40-jährigen Patientin mit exzessivem Reinigungszwängen und anderen zwanghaften Manifestationen ließ sich erst nach einiger Zeit herausfinden, dass diese Symptome mit dem sexuellen Missbrauch durch ihre Mutter in ihrer Jugend begonnen hatten und in der Folgezeit von ihr als »Antidot« zum weiter fortgesetzten Missbrauch eingesetzt wurden, dem sie sich nicht zu entziehen vermochte. Durch die therapeutische Bearbeitung des Missbrauchs ließen sich die Zwänge erheblich bessern.

- **Fallbeispiel 2: Depression nach erlebtem Suizid der Mutter**

In einem anderen Fall reagierte ein 46-jähriger Mann stets mit klinisch eindeutigen schweren depressiven Episoden und Suizidalität, wenn es zu Konflikten mit Partnerinnen kam und er Angst hatte, verlassen zu werden. Er hatte als 6-jähriger Junge eines Nachts miterlebt, dass seine depressive Mutter, in deren Bett er lag, sich suizidiert hatte, und fand sie tot neben ihm liegend. Dieser Patient profitierte trotz nicht vorhandener PTBS-Symptomatik erheblich von einem traumakonfrontierenden Verfahren in Form von EMDR (Eye Movement Desensitization and Reprocessing; ► Abschn. 21.1.6), das zu einer guten Besserung der Depression führte.

Traumafolgen als ätiologischer Kofaktor

Wer noch vor 30 Jahren in der Fachöffentlichkeit postuliert hätte, Traumafolgen könnten bei vielen schweren Störungen einen wichtigen ätiologischen Kofaktor bilden, wäre Gefahr gelaufen, als romantischer Traumtänzer und Fantast dazustehen. Mit der Anerkennung der PTBS kam es jedoch zu einer Sensibilisierung für Traumata und deren Bedeutung auch für Nicht-PTBS-Pathologien. Man wurde reichlich fündig, und mittlerweile wird bei schweren psychischen Störungsbildern nahezu regelhaft auf die Bedeutung von Traumata in der Vorgeschichte hingewiesen, beispielsweise bei Depressionen (Post 1992), bei Psychosen, auch bei schizophrenen (Dümpelmann 2003), bei vielen Persönlichkeittsstörungen, aber auch bei im Wesentlichen psychosozial vermittelten internistischen Erkrankungen wie Hypertonie, Übergewicht und Diabetes mellitus vom Typ II (Felitti 2002). Das stellt keineswegs eine revolutionäre ätiopathogenetische Konzeptualisierung dar, sondern trägt lediglich den Umständen Rechnung, dass zum einen Traumatisierungen mittlerweile als sehr häufig auftretend erkannt sind und dass zum anderen ihre schädigenden Effekte auf die psychische Entwicklung, die zu Störungen prädisponieren, nachgewiesen sind. Traumafolgen können so als ein vermittelndes Subsystem angesehen werden, analog zur Immunität, einmal ganz im Zentrum der Ätiologie stehend wie bei der PTBS, aber in vielen Fällen auch als ein Faktor unter mehreren.

Exkurs: Trauma und Psychose

Seit ca. 25 Jahren sind Traumatisierungen in der Vorgeschichte von schizophrenen und anderen Psychosen Gegenstand intensiver Forschung und intensiver Debatten (Übersichten bei Dümpelmann 2003, 2006). Befunde dazu lagen längst vor (v. Baeyer et al. 1964), wurden aber lange von fachlichen Diskursen ferngehalten. Für Psychosen, Störungen im engsten Kernbereich der Psychiatrie, wurde so zumindest implizit das vertraute Endogenitätskonzept lange beibehalten. Die Zahlen für traumatische Erlebnisse in der Vorgeschichte späterer Psychosen liegen im Vergleich zu denen der Allgemeinbevölkerung doppelt so hoch und höher (Read et al. 2001). In einer Stichprobe von 33 Tiefenbrunner Patienten mit Diagnosen der Gruppe F2 nach ICD-10 fanden wir bei 24 % sexuelle Missbrauchserfahrungen in der Vorgeschichte und bei 39 % solche durch Gewalt (Leichsenring et al. 2003). Bei einer weiteren Untersuchung, die 394 Personen derselben Diagnosegruppe einschloss, fanden wir 63 Fälle von sexueller Traumatisierung und 113 von Traumatisierung durch Gewalt (Dümpelmann et al. 2013). Ausgiebige Ähnlichkeiten zwischen physiologischen, biochemischen und neuroanatomischen Befunden bei Traumafolgestörungen und Psychosen lassen sich nachweisen (Übersicht bei Dümpelmann 2003). Diese Zahlen und diese Befunde führten zur Konzeptualisierung des Modells einer traumatogenen Entwicklungsstörung als Substrat psychotischer Vulnerabilität (Read et al. 2001), das neurobiologische und psychologische Dimensionen, deren Interaktion und deren Störbarkeit durch Umwelteinflüsse einschließt. Und sie trugen auch in erheblichem Maß zu einer veränderten Rezeption von Psychosen und Schizophrenien bei. Insbesondere eröffneten sie aber neuen psychotherapeutischen Zugang.

Dazu eine weitere Fallskizze.

▪ Fallbeispiel 3: Psychotische Symptomatik in biografischem Kontext

Ein junger Mann, Anlass zur Heirat seiner sehr jungen Eltern, hatte in seiner Kindheit und Jugend vielfach und gleichsam chronisch erfahren, geschlagen, gedemütigt und massiv entwertet zu werden. Seine Eltern bestätigten ihm explizit, nicht erwünscht und nicht geliebt zu sein. Er reagierte darauf früh mit extremer Ängstlichkeit, mied Kontakte und vermied auch weitestgehend eigene Initiative. Diese ging in seinem Erleben stets von den Objekten aus, denn er war gewohnt, dass seine Eltern durch ihr aversives Verhalten über ihn bestimmten und Kontrolle und Steuerung somit von außen ausgeübt wurde. In der Adoleszenz hatte er zwei Erlebnisse, die dieses Schema durchbrachen: In einem Streit mit seinem Vater kam es bei ihm zu einem aggressiven Durchbruch und zu seinem Erschrecken war er der Stärkere. Kurz danach konnte er sich nicht rechtzeitig von einem Mädchen abgrenzen, das seine intime Nähe gesucht hatte, und war frappiert davon, dass er wider Erwarten sexuell »funktionierte«. Kurz danach kam es zum Ausbruch einer paranoid-halluzinatorischen schizophrenen Psychose mit dem Wahn, ständig von anderen verhöhnt und weggestoßen zu werden, und mit Stimmen, die ihn z. B. mit »Du Idiot!« beschimpften.

▪▪ Diskussion

Dass Traumata in produktiven Symptomen von Psychosen dekontextualisiert wieder auftauchen, ist keine seltene klinische Erfahrung. Im skizzierten Fallbeispiel wird anschaulich, wie der Patient in seiner panischen Angst, keine Kontrolle über die eigenen Affekte und deren Wirkmächtigkeit zu haben, mit psychotischen Mitteln Objekte konstruierte, die vertrauten Bindungspersonen entsprachen, um in dieser Not zumindest noch deren Steuerung spüren zu können. Für die Behandlung war wesentlich, diesen Rückgriff auf vertraute pathologische Bindungsmuster als Zeichen dafür zu verstehen, dass es in der Kindheit des Patienten zu gravierenden Fehlschlägen der Entwicklung eines stabilen Selbst- und Selbstwertgefühls und einer adäquaten Affektregulierung gekommen war. Die permanent bemächtigende Außenkontrolle hatte explorative und assertive Erfahrungen massiv eingeschränkt. Deshalb war er völlig überfordert damit und geradezu terrorisiert davon, sich selber plötzlich als stark und wirkmächtig zu erleben. Diese Grenzen rechtzeitig zu erfassen, war ein Fokus der psychotherapeutischen Behandlung. In der Kasuistik zeigt sich somit, wie psychotraumatologische Erkenntnisse es ermöglichen, psychotische Manifestationen in ihrem individuellen biografischen Kontext wie auch in ihrer Funktionalität zu sehen, was in scharfem Kontrast zu Defizithypothesen steht.

Vergleichende Betrachtung

Die kategoriale Klassifikation von Traumfolgestörungen ist schwierig, weil sich deskriptiv-psychopathologische und ätiopathogenetische Störungsaspekte überlappen. »Trauma« benennt erst einmal eine Ätiologie. Die deskriptiv fassbaren Störungsbilder der PTBS und dissoziativer Syndrome korrelieren eng mit traumatischen Erfahrungen. Analoges lässt sich für die komplexe Traumafolgestörung festhalten, die v. a. eng mit dem Scheitern ausreichend guter Bindungserfahrungen verbunden ist. Weiter gibt es andere Syndrome, die zwar in ihrer Entstehung auch eindeutig mit erlittenen Traumata verknüpft sind, aber Symptome wie etwa Zwänge und Depressionen zeigen. Posttraumatische Symptome lassen sich dabei manchmal subsyndromal erfassen. Und schließlich gibt es eine Vielzahl insbesondere schwerer psychischer Störungen wie etwa Psychosen, bei denen Traumatisierungen einen ätiologischen Kofaktor unter mehreren darstellen, indem sie die Entwicklung psychotischer Vulnerabilität begünstigen.

Ähnliche Probleme mit einer übersichtlichen Einteilung lassen sich auch in gängigen Klassifikationssystemen wie der ICD-10 (Dilling et al. 1993) finden. Entgegen der Absicht, ätiologie- und theoriefrei zu beschreiben und zu kategorisieren, werden dort z. B. »hysterische« Psychosen den dissoziativen Störungen und somit der Gruppe F4 zugeordnet (Dilling et al. 1993, S. 175), für die beschrieben wird, dass bei ihrer Entstehung u. a. traumatisierende Ereignisse wesentlich seien, was ein ätiologisches Kriterium darstellt (ebd., S. 173). Es lässt sich fragen, ob angesichts dieser Unschärfen der Begriff eines Traumafolgespektrums weiterhelfen könnte. Immerhin würde er vorab deutlich machen, dass man es eben mit Unschärfen und mit nicht leicht definierbaren und differenzierbaren Störungseinheiten zu tun hat und dass auch mit gemischten Manifestationen wie etwa beim Zwangsspektrum oder beim Psychosespektrum zu rechnen ist. Analog ließe sich von einer PTBS-nahen wie von einer PTBS-fernen Traumafolgesymptomatik sprechen. Ganz diesseits der Suche nach einer schlüssigen diagnostischen Systematik für Traumafolgen sollte aber immer berücksichtigt werden, dass die gefundenen Evidenzen für Traumata in der Vorgeschichte psychischer Störungen bedingen, in jedem Einzelfall anamnestisch sorgfältig nach Traumatisierungen zu suchen und ihre individuellen Folgen zu evaluieren.

21.1.6 Therapie

Wissen und Erkenntnisse über psychische Traumatisierungen und ihre Folgen haben zu erheblichen Veränderungen in psychiatrischen und psychotherapeutischen Behandlungen geführt. Ist man mit einer Symptomatik konfrontiert, ist immer auch zu bedenken, dass es dabei womöglich nicht nur um den Ausdruck »innerer« Pathologie geht, ob nun biologisch oder psychologisch begründet, sondern auch um den traumatogener Erfahrungen. Wenn das so ist, dann ist in der Behandlung verlangt, Fragen der Kapazität für Spannungen, Affekte und zwischenmenschliche Nähe, der kognitiven Kontrolle, der Selbstregulierung etc. Priorität einzuräumen und stark auf die individuell und situativ verfügbaren Ressourcen für die Bewältigung von Stress zu achten und sie ggf. zu fördern.

Psychotherapeutische Verfahren

Psychotherapie ist bei Traumafolgestörungen die Therapie der Wahl. Es sind mittlerweile viele Konzepte für die Bearbeitung psychischer Traumafolgen vorgelegt worden, darunter auch Modifikationen behavioristischer (Muhtz 2013) und psychodynamischer (Hirsch 2013) Verfahren. Viele Konzepte stammen aus der Arbeit mit Traumatisierten und enthalten Elemente unterschiedlicher Therapieschulen wie etwa die dialektisch-behaviorale Therapie (Linehan 1998).

Grundsätzlich lassen sich dabei zwei psychotherapeutische Schwerpunkte unterscheiden, nämlich **Stabilisierung** und **Konfrontation**. Unter Stabilisierung wird verstanden, dass eine als belastbar und hilfreich erlebte therapeutische Beziehung, optimaler Reizschutz, der Aufbau eines Netzwerks stabilisierender sozialer Kontakte, Unterstützung bei der Affektregulierung und der Symptomkontrolle sowie der Schutz vor Selbst- und Fremdgefährdungstendenzen im Zentrum der Behandlung stehen (vgl. Flatten et al 2011). Ist ausreichende Stabilität gegeben, können mit traumatischen Erfahrungen konfrontierende Verfahren angewandt werden wie etwa »Eye Movement Desensitization and Reprocessing« (EMDR; Shapiro 1995). Die Entscheidung, ob und wann konfrontierend gearbeitet wird, ist nicht immer einfach und führt auch oft zu Kontroversen.

Wann überfordert man durch Konfrontation? – Wann übernimmt man durch zu lange Stabilisierung identifikatorisch ein Vermeidungsverhalten?

Klinisch bewährt hat sich hierfür, Stabilisierung nicht als eine Art von Brutkasten zu gestalten, sondern sie zu nutzen, um traumafern, aber gezielt, an Ich-Funktionen zu arbeiten wie z. B. der Regulierung von Affekten, des Selbst und von Nähe und Distanz in Kontakten. Die Patienten können daran aktiv partizipieren, Veränderungen ihres Selbstgefühls, ihrer Affekttoleranz und ihres Kontakterlebens untersuchen und diese Funktionen ggf. weiter entwickeln. Diese Form der Mitwirkung an der Behandlung führt zu eigener Expertise, stärkt aber auch das traumatogen verminderte und labilisierte Selbstgefühl der Betroffenen. Nicht selten lässt sich dann beobachten, dass darunter schon Traumaerlebnisse erinnert, verbalisiert und in die therapeutische Bearbeitung eingebracht werden. Von entscheidender Bedeutung sind aber nicht nur geeignete bzw. für Traumatherapie modifizierte Methoden, sondern die Erfahrung und die

Qualifizierung der Behandelnden in der Arbeit mit traumatisierten Menschen.

Psychopharmakotherapie

Das gilt auch für den Einsatz von Psychopharmaka. Bei Traumafolgestörungen sind oft hohe Dosierungen, rasch Abhängigkeit bewirkende Substanzen wie etwa Lorazepam und auch Vielfachkombinationen zu beobachten, obwohl die hohe **Missbrauchs-** und **Suchtgefährdung** dieser Patientengruppe bekannt ist. Indirekt belegt das die Schwierigkeiten damit, sich in der Gegenübertragung nicht mit der Hilflosigkeit bei krisenhaften Zuspitzungen zu identifizieren, und damit, sich klar zu machen, dass auch eine Pharmakotherapie bemächtigend erlebt werden kann. Psychopharmaka sind streng als nur adjuvante Therapie anzusehen. Infrage kommen in erster Linie antidepressiv wirkende Sustanzen vom SSRI-Typ (selektive Serotonin-Wiederaufnahmehemmer; Flatten et al. 2011).

21.2 Adverse frühe Erfahrungen als Risikofaktor für erhöhte Stressvulnerabilität und psychische Erkrankungen – Implikationen für den therapeutischen Einsatz von Oxytocin

Simone Grimm

Adäquate neuronale und physiologische Reaktionen auf vorübergehende Veränderungen der Homöostase während Stresserfahrungen sind entscheidend für das menschliche Überleben und Wohlbefinden (McEwen 1998). Störungen der Homöostase erhöhen die Vulnerabilität für kumulative Stresserfahrungen, die in Form adverser sozialer Erfahrungen wie sexuellen, körperlichen und emotionalen Missbrauch, aber auch emotionaler und körperlicher Vernachlässigung vor Beginn der Pubertät auftreten können (Pechtel u. Pizzagalli 2011). Solche adversen frühen Erfahrungen (»early life stress«; ELS) haben einen beträchtlichen Einfluss auf individuelle Unterschiede in der Stressreaktivität (Davidson u. McEwen 2012; McEwen 2012) und sind mit einem erhöhten Vulnerabilitätsrisiko für psychische Erkrankungen, wie z. B. Depressionen, im Erwachsenenalter assoziiert (Kendler et al. 2004; Burke et al. 2005). Übereinstimmende Ergebnisse aus tierexperimentellen- und Humanstudien zeigen, dass ELS dauerhafte Veränderungen der Reaktivität der Hypothalamus-Hypophysen-Nebennierenrindenachse (HHN-Achse) mit einer gesteigerten oder verminderten Cortisolausschüttung bei psychosozialem Stress induziert (Sanchez et al. 2001; Pryce et al. 2005; Heim et al. 2001, 2008; Elzinga et al. 2008; Carpenter et al. 2007, 2009; Klaasens et al. 2009). Diese inkonsistenten Befunde der entweder erhöhten oder reduzierten Stressreaktivität nach ELS könnten evtl. damit erklärt werden, dass ELS zunächst zu einer Hyperreaktivität der HHN-Achse führt, es dann jedoch im Verlauf aufgrund gegenregulatorischer Adaptionsprozesse bei anhaltender Stresserfahrung während der Entwicklung zu einer chronischer Hyporeaktivität des Systems kommt (Price et al. 2005; Fries et al. 2005; Miller et al. 2007). Dementsprechend ist ELS mit strukturellen und funktionellen Veränderungen in Hirnregionen assoziiert, die in neuroendokrine Kontrollprozesse und Emotionsregulation involviert sind, wie z. B. medialer präfrontalen Kortex, anteriores Zingulum, Hippocampus und Amygdala (Kaffman u. Meaney 2007; Lupien et al. 2009; Plotsky et al. 2005; Heim u. Binder 2012; van Harmelen et al. 2010; Vythilingam et al. 2002; Buss et al. 2007; Dannlowski et al. 2012; Edminston et al. 2011; Burghy et al. 2012). Die Stressreaktivität eines Individuums wird im zentralen Nervensystem über die koordinierte Aktivität eines Netzwerks aus limbischen und präfrontalen Hirnregionen (z. B. Amygdala, Hippocampus, medialer präfrontaler Kortex) reguliert (Ulrich-Lai u. Herman 2009). Als eine Schlüsselregion innerhalb dieses limbisch-präfrontalen Netzwerks ist die Amygdala reziprok mit Regionen verbunden, die für autonome und neuroendokrine Kontrolle, Gedächtnis und Salienzverarbeitung relevant sind (Freese u. Amaral 2009). Aktivität und Konnektivität der Amygdala signalisieren die emotionale Bedeutung von Stimuli und initiieren adäquate Reaktionen in Gehirn und Körper (LeDoux 2000). Veränderungen der funktionellen Konnektivität zwischen Amygdala und anderen limbisch-präfrontalen Regionen wurden während und nach einer Stressinduktion demonstriert (Clewett et al. 2013; Hermans et al. 2011; Vaisvaser et al. 2013; van Marle et al. 2010; Veer et al. 2011). Zudem ist die Konnektivität zwischen Amygdala und Hippocampus als sowohl unmittelbare wie auch verzögerte Reaktion auf Stress deutlich gesteigert (Ghosh et al. 2013; Vaisvaser et al. 2013). Der Hippocampus inhibiert die Hypothalamus-Hypophysen-Nebennierenrinden (HHN)-Achse und empfängt negatives Feedback von deren hormonellem Endprodukt Cortisol (Herman et al. 2005). Die Konnektivität zwischen Amygdala und Hippocampus ist invers assoziiert mit der Cortisolkonzentration (Henckens et al. 2012; Vaisvaser et al. 2013) und prädiziert, inwieweit die HHN-Achse nach Störungen in der Lage ist, die Homöostase wiederherzustellen (Kiem et al. 2013). Während diese Befunde verdeutlichen, dass die funktionelle Konnektivität zwischen Amygdala und Hippocampus eine entscheidene Rolle für die Reaktivität auf vorübergehenden Stress, insbesondere für die Wiederherstellung und Aufrechterhaltung der Homöostase mittels neuroendokriner Kontrolle, spielt, konnte kürzlich eine aktuelle Studie demonstrieren, dass nicht nur transienter, sondern auch kumulativer Stress im frühen Lebensalter in einer veränderten Konnektivität zwischen diesen Regionen resultiert (Fan et al. 2014).

Darüber hinaus gibt es immer mehr Hinweise darauf, dass ELS auch die Entwicklung des oxytonergen Systems beeinflusst. Das Neuropeptid Oxytocin (OXT) moduliert die Aktivität der HHN-Achse, und die intranasale Verabreichung von OXT reduziert sowohl die physiologische als auch die behaviorale Reaktivität auf psychosozialen Stress (Heinrichs et al. 2003; Quirin et al. 2011; Linnen et al. 2012; Ditzen et al. 2009). Aufgrund dieser Effekte wird OXT seit einigen Jahren zunehmend auch bei der Behandlung psychiatrischer Erkrankungen eingesetzt (Macdonald u. Feifel 2013; Guastella et al. 2009; Labuschagne et al. 2010). Die bisherigen Ergebnisse zeigen jedoch einen inkonsistenten und teilweise sogar nachteiligen OXT-Effekt (Macdonald et al. 2013; Olff et al. 2013; Pincus et al. 2010), was der Tatsache geschuldet sein könnte, dass frühe Erfahrungen der Patienten nicht ausreichend berücksichtigt wurden (Simeon et al. 2011). Frühe adverse Erfahrungen sind mit einer verminderten Konzentration von OXT im Urin misshandelter Kinder sowie einer verminderten Liquorkonzentration von OXT im Erwachsenalter assoziiert (Heim et al. 2009). Die in Tierexperimenten nach ELS berichtete reduzierte Zahl und Dichte von OXT-Rezeptoren im Hippocampus könnte ebenfalls zu einer gesteigerten Vulnerabilität für die pathologischen Effekte von Stress beitragen (Winslow et al. 2003). In den letzten Jahren gab es einige Studien, die nicht nur eine veränderte OXT-Sensitivität, sondern auch einen gegenteiligen OXT-Effekt auf physiologische und neuronale Korrelate der Stressreaktivität in Abhängigkeit von adversen Kindheitserfahrungen zeigten (Meinlschmidt et al. 2007; Grimm et al. 2014; Feeser et al. 2014; Fan et al. 2014). So fand sich bei Erwachsenen, die psychosozialem Stress in ihrer Kinheit erlebten, dass die üblicherweise durch Oxytocin induzierte Abnahme der Cortisolkonzentration deutlich reduziert ist (Meinlschmidt et al. 2007). Abhängig von Intensität und Dauer der frühen adversen Erfahrungen können die Effekte von OXT auf hormonelle und neuronale Stressreaktivität nicht nur reduziert, sondern sogar invers sein. Während Personen mit frühen adversen Stresserfahrungen in Reaktion auf akuten psychozialen Stress eine verminderte Stressreaktivität (geringerer Anstieg der Cortiolkonzentration, geringere hippocampale Deaktivierung) aufweisen, führt die Verabreichung von OXT zu einer gesteigerten hormonellen Reaktivität und hippocampalen Deaktivierung, d. h. de facto zu einer gesteigerten Stressreaktion (Grimm et al. 2014).

Falls die verminderte hippocampale Deaktivierung und Reaktivität der HHN-Achse während psychozialem Stress als Indikator für Resilienz nach adversen frühkindlichen Erfahrungen angesehen werden, müssten die OXT-induzierten Veränderungen demnach als unerwünschte Wirkung einer OXT-Gabe interpretiert werden. Andererseits könnten diese Veränderungen jedoch auch eine »Normalisierung« neuronaler Aktivierungsmuster und hormoneller Reaktivität darstellen, da sie dem Muster entsprechen, das Kontrollpersonen bei einer Placebogabe aufweisen. Ein weiterer aktueller Befund unterstützt eher die Hypothesen inverser oder gar unerwünschter OXT-Wirkungen in Abhängigkeit von frühen adversen Erfahrungen. So konnten Feeser et al. (2014) zeigen, dass Personen mit frühen adversen Erfahrungen eine verbesserte Emotionserkennung aufweisen. Während bei Personen ohne frühe adverse Erfahrungen frühere Ergebnisse bestätigt wurden, die einer verbesserte Emotionserkennung nach OXT-Gabe berichteten, war dies bei Personen mit frühen adversen Erfahrungen jedoch nicht der Fall.

Alle diese Befunde wurden an gesunden Personen erhoben, die zwar frühe adverse Erfahrungen erlebten, aber nichtsdestoweniger trotz erhöhter Vulnerabilität für psychiatrische Erkrankungen, die mit Exposition gegenüber solchen Umweltfaktoren asoziiert sind, bislang keine psychiatrischen Symptome aufweisen. Die untersuchten Kohorten könnten deshalb als besonders resilient und nicht repäsentativ für Personen mit frühen adversen Erfahrungen angesehen werden. Nichtsdestotrotz verdeutlichen die dargestellten Ergebnisse, wie entscheidend die Berücksichtigung von Umweltfaktoren und insbesondere von frühen Erfahrungen bei einem therapeutischen Einsatz von OXT ist.

Literatur

Zu Abschnitt 21.1

Baeyer W von, Häfner H, Kisker KP (1964) Psychiatrie der Verfolgten. Springer, Heidelberg

Bauer J (2006) Prinzip Menschlichkeit. Hoffmann & Campe, Hamburg

Bohleber W (2004) Trauma und Persönlichkeitsstörung. In: Rohde-Dachser C, Wellendorf F (Hrsg) Inszenierungen des Unmöglichen. Klett-Cotta, Stuttgart

Dilling H, Mombour W, Schmidt MH (1993) Internationale Klassifikation psychischer Störungen. ICD-10 Kapitel V(F). Huber, Bern

Dümpelmann M (2003) Traumatogene Aspekte bei psychotischen Krankheitsbildern. Selbstpsychologie 4(12):184–206

Dümpelmann M (2006) Trauma. Als Charakterschwäche aufgegeben und als ätiologischer Faktor wieder entdeckt. In: Böker H (Hrsg) Psychoanalyse und Psychiatrie. Springer, Heidelberg

Dümpelmann M, Jaeger U, Leichsenring F et al (2013) Psychodynamische Psychosenpsychotherapie im stationären Setting. Konzepte, Befunde und Ergebnisse. PDP 12:45–58

Felitti V (2002) Belastungen in der Kindheit und Gesundheit im Erwachsenenalter: die Verwandlung von Gold in Blei. Z psychosom Med Psychother 48:359–369

Fischer A, Gold SM (2013) Psychoneuroimmunologische Langzeitwirkungen traumatischer Kindheitserfahrungen. In: Spitzer C, Grabe HJ (Hrsg) Kindesmisshandlung. Kohlhammer, Stuttgart, S 52–61

Fischer G, Riedesser P (1998) Lehrbuch der Psychotraumatologie. Reinhardt, München

Flatten G, Gast U, Hofmann A et al (2011) S3-Leitlinien Posttraumatische Belastungsstörung. Trauma & Gewalt 3:202–210

Freud S (1917) Die gemeine Nervosität. Vorlesungen zur Einführung in die Psychoanalyse. Gesammelte Werke Bd 11. Fischer, Frankfurt/M,1982

Freud S (1920) Jenseits des Lustprinzips. GW Bd 13. Fischer, Frankfurt/M, 1982

Glaser D (2000) Child abuse and neglect and the brain – a review. J Child Psychol Psychiatr 41(1):97–116

Häsler W, Schmutzer G, Brähler E, Glaesmer H (2011) Misshandlungen in Kindheit und Jugend: Ergebnisse einer Umfrage in einer repräsentativen Stichprobe der deutschen Bevölkerung. Dtsch Ärztebl 108(17):287–294

Herman JL, Perry JC, Kolk BA van der (1989) Childhood trauma in borderline personality disorder. Am J Psychiatry 146:490–495

Hirsch M (2013) Psychoanalytische Traumatherapie. In: Spitzer C, Grabe HJ (Hrsg) Kindesmisshandlung. Kohlhammer, Stuttgart, S 233–245

Huether G, Adler L, Rüther E (1999) Die neurobiologische Verankerung psychosozialer Erfahrung. Z Psychosom Med Psychother 45:2–17

Leichsenring F, Dümpelmann M, Berger J et al (2003) Ergebnisse stationärer psychiatrischer und psychotherapeutischer Behandlung von schizophrenen, schizoaffektiven und wahnhaften Störungen. Z Psychosom Med Psychother 51:23–27

Linehan M (1998) Dialektisch-behaviorale Therapie bei Borderline-Patienten. Praxisband. CIP-Medien, München

Masson JM (1984) Was hat man dir, du armes Kind, getan? Rowohlt, Reinbek

Meißel T (2006) Freud, die Wiener Psychiatrie und die »Kriegszitterer« des Ersten Weltkriegs. Wien Z Gesch Neuzeit 6(1):40–56

Muhtz C (2013) Kognitiv-verhaltenstherapeutische Behandlungsansätze. In: Spitzer C, Grabe HJ (Hrsg) Kindesmisshandlung. Kohlhammer, Stuttgart, S 246–259

Oppenheim H (1889) Die traumatische Neurose. Hirschwald, Berlin

Post RM (1992) Transduction of psychosocial stress into the neurobiology of recurrent affective disorder. Am J Psychiatry 149:999–1010

Priebe S, Nowak M, Schmiedebach HP (2002) Trauma und Psyche in der deutschen Psychiatrie seit 1889. Psychiatr Prax 29:3–9

Read J, Perry B, Moslowitz A, Connolly J (2001) The contribution of early traumatic events to schizophrenia in some patients: a traumagenic neurodevelopmental model. Psychiatry 64(4):319–345

Resch F, Parzer B, Brunner RM et al (1999) Entwicklungspsychologie des Kindes- und Jugendalters. Beltz, Weinheim

Scharfetter C (1990) Schizophrene Menschen. Psychologie Verlags Union Urban & Schwarzenberg, München

Schmiedebach HP (1999) Post-traumatic neurosis in nineteenth-century germany: a disease in political, juridical and professional context. Hist Psychiatry 10:027–057

Schore AN (2007) Affektregulation und die Reorganisation des Selbst. Klett-Cotta, Stuttgart

Shapiro F (1995) Eye movement desensitization and reprocessing: Basic principles, protocols and procedures. Guilford Press, New York NY

Strauß B (2013) Kindesmisshandlung und Bindung. In: Spitzer C, Grabe HJ (Hrsg) Kindesmisshandlung. Kohlhammer, Stuttgart, S 86–102

Terr LC (1989) Treating psychic trauma in children. J Traumaic Stress 2:3–20

Tschuschke V (2013) Gruppenpsychotherapie erwachsener Patienten mit traumatischen Erfahrungen im Kindesalter. In: Spitzer C, Grabe HJ (Hrsg) Kindesmisshandlung. Kohlhammer, Stuttgart, S 368–377

Wingenfeld K, Heim C (2013) Psychobiologische Aspekte bei früher Traumatisierung. In: Spitzer C, Grabe HJ (Hrsg) Kindesmisshandlung. Kohlhammer, Stuttgart, S 36–51

Zubin B, Spring B (1977) Vulnerability: a new view of schizophrenia. J Abnorm Psychol 86:103–126

Zu Abschnitt 21.2

Burghy CA et al (2012) Developmental pathways to amygdala-prefrontal function and internalizing symptoms in adolescence. Nat Neurosci 15(12):1736–1741

Burke H M, Davis MC, Otte C, Mohr DC (2005) Depression and cortisol responses to psychological stress: a meta-analysis. Psychoneuroendocrinology 30(9):846–856

Buss C et al (2007) Maternal care modulates the relationship between prenatal risk and hippocampal volume in women but not in men. J Neurosci 27(10):2592–2595

Carpenter LL et al (2007) Decreased adrenocorticotropic hormone and cortisol responses to stress in healthy adults reporting significant childhood maltreatment. Biol Psychiatry 62(10):1080–1087

Carpenter LL et al (2009) Effect of childhood emotional abuse and age on cortisol responsivity in adulthood. Biol Psychiatry 66(1):69–75

Clewett D, Schoeke A, Mather M (2013): Amygdala functional connectivity is reduced after the cold pressor task. Cogn Affect Behav Neurosci 13:501–518

Dannlowski U et al (2012) Limbic scars: long-term consequences of childhood maltreatment revealed by functional and structural magnetic resonance imaging. Biol Psychiatry 71(4):286–293

Davidson RJ, McEwen BS (2012) Social influences on neuroplasticity: Stress and interventions to promote well-being. Nat Neurosci 15:689–695

Ditzen B et al (2009) Intranasal oxytocin increases positive communication and reduces cortisol levels during couple conflict. Biol Psychiatry 65(9):728–731

Edmiston EE et al (2011) Corticostriatal-limbic gray matter morphology in adolescents with self-reported exposure to childhood maltreatment. Arch Pediatr Adolesc Med 165(12):1069–1077

Elzinga BM et al (2008) Diminished cortisol responses to psychosocial stress associated with lifetime adverse events a study among healthy young subjects. Psychoneuroendocrinology 33(2):227–237

Fan Y, Herrera-Melendez AL, Pestke K et al (2014) Early life stress modulates amygdala-prefrontal functional connectivity: implications for oxytocin effects. Human Brain Mapping 35(10):5328–5339

Feeser M, Fan Y, Weigand A et al (2014) The beneficial effect of oxytocin on avoidance-related facial emotion recognition depends on early life stress experience. Psychopharmacology 231(24):4735–4744

Freese JL, Amaral DG (2009) Neuroanatomy of the primate amygdala. In: Whalen PJ, Phelps EA (Hrsg) The human amygdala. The Guilford Press, New York NY, S 3–42

Fries E, Hesse J, Hellhammer J, Hellhammer DH (2005) A new view on hypocortisolism. Psychoneuroendocrinology 30(10):1010–1016

Ghosh S, Laxmi TR, Chattarji S (2013) Functional connectivity from the amygdala to the hippocampus grows stronger after stress. J Neurosci 33:7234–7244

Grimm S, Pestke K, Feeser M et al (2014) Early life stress modulates oxytocin effects on limbic system during acute psychosocial stress. Soc Cogn Affect Neurosci 9(11):1828–1835

Guastella AJ, Mitchell PB, Dadds MR (2008) Oxytocin increases gaze to the eye region of human faces. Biol Psychiatry 63(1): 3–5

Guastella AJ, Howard AL, Dadds MR et al (2009) A randomized controlled trial of intranasal oxytocin as an adjunct to exposure therapy for social anxiety disorder. Psychoneuroendocrinology 34(6):917–923

Harmelen AL van et al (2010) Reduced medial prefrontal cortex volume in adults reporting childhood emotional maltreatment. Biol Psychiatry 68(9):832–838

Heim C, Binder EB (2012) Current research trends in early life stress and depression: review of human studies on sensitive periods, gene-environment interactions, and epigenetics. Exp Neurol 233(1):102–111

Heim C, Newport DJ, Bonsall R et al (2001) Altered pituitary-adrenal axis responses to provocative challenge tests in adult survivors of childhood abuse. Am J Psychiatry 158:575–581

Heim C, Newport DJ, Mletzko T et al (2008) The link between childhood trauma and depression: insights from HPA axis studies in humans. Psychoneuroendocrinology 33(6):693–710

Heim C et al (2009) Lower CSF oxytocin concentrations in women with a history of childhood abuse. Mol Psychiatry 14(10):954–958

Heinrichs M, Baumgartner T, Kirschbaum C, Ehlert U (2003) Social support and oxytocin interact to suppress cortisol and subjective responses to psychosocial stress. Biol Psychiatry 54(12):1389–1398

Henckens MJ, van Wingen GA, Joels M, Fernandez G (2012) Corticosteroid induced decoupling of the amygdala in men. Cereb Cortex 22:2336–2345

Herman JP, Ostrander MM, Mueller NK, Figueiredo H (2005) Limbic system mechanisms of stress regulation: hypothalamo-pituitary-adrenocortical axis. Prog Neuropsychopharmacol Biol Psychiatry 29:1201–1213

Hermans EJ, van Marle HJ, Ossewaarde L et al (2011) Stress-related noradrenergic activity prompts large-scale neural network reconfiguration. Science 334:1151–1153

Kaffman A, Meaney M J (2007) Neurodevelopmental sequelae of postnatal maternal care in rodents: clinical and research implications of molecular insights. J Child Psychol Psychiatry 48(3–4):224–244

Kendler KS, Kuhn JW, Prescott CA (2004) Childhood sexual abuse, stressful life events and risk for major depression in women. Psychol Med 34(8):1475–1482

Kiem SA, Andrade KC, Spoormaker VI et al (2013) Resting state functional MRI connectivity predicts hypothalamus-pituitary-axis status in healthy males. Psychoneuroendocrinology 38:1338–1348

Klaassens ER et al (2009) Effects of childhood trauma on HPA-axis reactivity in women free of lifetime psychopathology. Prog Neuropsychopharmacol Biol Psychiatry 33(5):889–894

Labuschagne I, Phan KL, Wood A et al (2010). Oxytocin attenuates amygdala reactivity to fear in generalized social anxiety disorder. Neuropsychopharmacology 35:2403–2413

Labuschagne I, Phan KL, Wood A et al (2011) Medial frontal hyperactivity to sad faces in generalized social anxiety disorder and modulation by oxytocin. Int J Neuropsychopharmacol 14:1–14

LeDoux JE (2000) Emotion circuits in the brain. Annu Rev Neurosci 23:155–184

Linnen AM, Ellenbogen MA, Cardoso C, Joober R (2012) Intranasal oxytocin and salivary cortisol concentrations during social rejection in university students. Stress 15(4):393–402

Lupien SJ, McEwen BS, Gunnar MR, Heim C (2009) Effects of stress throughout the lifespan on the brain, behaviour and cognition. Nat Rev Neurosci 10(6):434–445

MacDonald E, Dadds MR, Brennan JL et al (2011) A review of safety, side-effects and subjective reactions to intranasal oxytocin in human research. Psychoneuroendocrinology 36:1114–1126

Macdonald K, Feifel D (2013) Helping oxytocin deliver: considerations in the development of oxytocin-based therapeutics for brain disorders. Front Neurosci 7:35

Marle HJ van, Hermans EJ, Qin S, Fernandez G (2010) Enhanced resting-state connectivity of amygdala in the immediate aftermath of acute psychological stress. Neuroimage 53:348–354

McEwen BS (1998) Stress, adaptation, and disease – Allostasis and allostatic load. Ann Ny Acad Sci 840:33–44

McEwen BS (2012) Brain on stress: How the social environment gets under the skin. Proc Natl Acad Sci USA 109 (Suppl 2):17180–17185

Meinlschmidt G, Heim C (2007) Sensitivity to intranasal oxytocin in adult men with early parental separation. Biol Psychiatry 61(9):1109–1111

Miller GE, Chen E, Zhou ES (2007) If it goes up, must it come down? Chronic stress and the hypothalamic-pituitary-adrenocortical axis in humans. Psychol Bull 133(1):25–45

Olff M, Frijling JL, Kubzansky LD et al (2013) The role of oxytocin in social bonding, stress regulation and mental health: An update on the moderating effects of context and interindividual differences. Psychoneuroendocrinology 38:1883–1894

Pechtel P, Pizzagalli DA (2011) Effects of early life stress on cognitive and affective function: an integrated review of human literature. Psychopharmacology (Berl) 214:55–70

Pincus D, Kose S, Arana A et al (2010) Inverse effects of oxytocin on attributing mental activity to others in depressed and healthy subjects: a double-blind placebo controlled FMRI study. Front Psychiatry:134

Plotsky PM et al (2005) Long-term consequences of neonatal rearing on central corticotropin-releasing factor systems in adult male rat offspring. Neuropsychopharmacology 30(12):2192–2204

Pryce CR et al (2005) Long-term effects of early-life environmental manipulations in rodents and primates: Potential animal models in depression research. Neurosci Biobehav Rev 29(4–5):649–674

Quirin M, Kuhl J, Dusing R (2011) Oxytocin buffers cortisol responses to stress in individuals with impaired emotion regulation abilities. Psychoneuroendocrinology 36(6):898–904

Sanchez MM, Ladd CO, Plotsky PM (2001) Early adverse experience as a developmental risk factor for later psychopathology: evidence from rodent and primate models. Dev Psychopathol 13(3):419–449

Simeon D, Bartz J, Hamilton H et al (2011) Oxytocin administration attenuates stress reactivity in borderline personality disorder: A pilot study. Psychoneuroendocrinology 36:1418–1421

Ulrich-Lai YM, Herman JP (2009) Neural regulation of endocrine and autonomic stress responses. Nat Rev Neurosci 10:397–409

Vaisvaser S, Lin T, Admon R et al (2013) Neural traces of stress: cortisol related sustained enhancement of amygdala-hippocampal functional connectivity. Front Hum Neurosci 7:313

Veer IM, Oei NY, Spinhoven P et al (2011) Beyond acute social stress: increased functional connectivity between amygdala and cortical midline structures. Neuroimage 57:1534–1541

Vythilingam M et al (2002) Childhood trauma associated with smaller hippocampal volume in women with major depression. Am J Psychiatry 159(12):2072–2080

Winslow JT, Noble PL, Lyons CK et al (2003) Rearing effects on cerebrospinal fluid oxytocin concentration and social buffering in rhesus monkeys. Neuropsychopharmacology 28(5):910–918

Dissoziative Syndrome

Carsten Spitzer

H. Böker et al. (Hrsg.), *Neuropsychodynamische Psychiatrie*,
DOI 10.1007/978-3-662-47765-6_22, © Springer-Verlag Berlin Heidelberg 2016

22.1 Einleitung

> Dieses Mädchen von überfließender geistiger Vitalität ... pflegte systematisch das Wachträumen, das sie ihr »Privattheater« nannte. ... In rascher Folge entwickelte sich, anscheinend ganz frisch, eine Reihe schwerer Störungen. ... Strabismus convergens (Diplopie) durch Aufregung bedeutend gesteigert; Klage über Herüberstürzen der Wand. ... Kontraktur und Anästhesie der rechten oberen, nach einiger Zeit der rechten unteren Extremität; ... In diesem Zustand übernahm ich die Kranke in meine Behandlung und konnte mich alsbald von der schweren psychischen Alteration überzeugen, die da vorlag. Es bestanden zwei getrennte Bewusstseinszustände, die sehr oft und unvermittelt abwechselten ... so klage sie dann, ihr fehle Zeit ... (Freud 1895)

In dieser hier sehr reduziert wiedergegebenen Fassung einer der berühmtesten Krankengeschichten der Psychoanalyse werden viele Phänomene genannt, die heute unter dem Oberbegriff der Dissoziation subsumierbar sind, und bei denen zentrale psychische Funktionen wie Identitätsbewusstsein, Gedächtnis für persönlich Relevantes, Wahrnehmung von Selbst und Umwelt sowie Sensorium und Motorik betroffen sind. Diese mentalen Vorgänge »ereignen« sich in unserem alltäglichen Lebensvollzug quasi wie von selbst und sind meist selbstverständlich respektive vorbewusst.

Phänomene der Dissoziation

- Identitätsbewusstsein
- Gedächtnis für persönlich Relevantes
- Wahrnehmung von Selbst und Umwelt
- Sensorium und Motorik

Erst wenn diese Funktionen in klinisch auffälliger Weise beeinträchtigt oder aufgehoben sind, wird deutlich, wie wichtig ihr geregeltes Zusammenspiel und ihre gelingende Integration für unser Selbsterleben als Subjekt sind, das sich nicht nur seiner selbst bewusst ist, sondern sich auch als »Träger« ebenso wie als Urheber seiner mentalen Vorgänge und seiner Körperlichkeit begreifen kann. Daher verwundert es nicht, dass von den dissoziativen Syndromen seit jeher eine große Anziehungskraft und Faszination ausgegangen ist.

22.2 Begriffsgeschichte: Teilung, Spaltung, Konversion

Historisch und inhaltlich ist das Dissoziationskonzept eng mit den ersten systematischen Forschungsbemühungen zur Hysterie in der zweiten Hälfte des 19. Jahrhunderts, insbesondere in Frankreich, verbunden (Ellenberger 2011; Fiedler 2008; Mentzos 2012). In diese Zeit fallen auch eine intensive Auseinandersetzung mit unbefriedigenden Krankheitstheorien wie der Degenerationslehre und die Entwicklung eines neuen Klassifikationssystems psychischer Erkrankungen, das »Ende der ersten biologischen Psychiatrie« (Shorter 1999) mit einer zunehmenden Abkehr von der Hirnanatomie und Hinwendung zu den Lebensgeschichten der Patienten sowie eine zunehmende Differenzierung von Neurologie und Psychiatrie, allerdings mit nicht sicher zugeordneten Zuständigkeiten. Dies gilt etwa für die Nervenkrankheiten, also die Neurosen, für die sich aus verschiedenen Gründen letztendlich Neurologen wie Jean Martin Charcot oder Sigmund Freud zuständig fühlten (Shorter 1999). Diese Phase am Ende des 19. Jahrhunderts war stark durch eine Abkehr von überkommenen Modellvorstellungen und der Einführung neuer, aus klinischen Beobachtungen abgeleiteten Konzepten geprägt. In diesen Theorien wurde auch – meist implizit – darum gerungen, wie der psychische Apparat funktioniere und welche zentrale Rolle dabei dem Bewusstsein zukomme. Gerade Patienten in veränderten Bewusstseinszuständen mit ihren je eigenen Gedanken und Erinnerungen, die außerhalb des normalen Wachbewusstseins zu existieren schienen, fungierten als Ausgangspunkt für neue Theorieentwürfe. Für die damals beobachteten Phänomene wurden sowohl in der französischen als auch der deutschen Psychiatrie Termini wie Spaltung, Teilung oder Verdoppelung eingeführt.

22.2.1 Pierre Janet (1859–1947)

Während der Dissoziationsbegriff vermutlich erstmals von dem französischen Psychiater Jacques Joseph Moreau de Tours benutzt wurde, um damit eine Abspaltung oder Isolation mentaler Prozesse von einem »Ich« zu charakterisieren (Van der Hart u. Nijenhuis 2009), war es der Philosoph, Mediziner und Psychologe Pierre Janet, der die Grundlagen für unser heutiges Dissoziationsverständnis schuf und in seiner Dissertation *L'automatisme psychologique* (Janet 1889) ein elaboriertes Modell dazu vorlegte. Diese beruhte nicht zuletzt auf seinen Forschungsarbeiten über Patienten mit Hysterie und Neurasthenie, die er zunächst im Krankenhaus von Le Havre und später auf Charcots Stationen am Hôpital Salpêtrière durchführte (Ellenberger 2011; Hantke 1999).

Ähnlich wie wenig später Freud entwickelte Janet in seiner Auseinandersetzung mit hysterischen Patienten nicht nur ein Erklärungsmodell für diese Erkrankung, sondern vielmehr eine generelle Theorie zur Funktionsweise des psychischen Apparates. Dabei ging er davon aus, dass sich das mentale Leben aus psychischen Elementen, die er als »psychologische Automatismen« bezeichnete, zusammensetze. Jedes dieser Elemente bestehe aus einer komplexen Handlungstendenz, die auf eine definierte Reizsituation gerichtet sei und sowohl eine Vorstellung als auch eine Emotion umfasse, was im Übrigen der aktuellen psychodynamischen Vorstellung eines Affekts nahekommt. Diese Automatismen seien das Resultat der größtenteils automatischen Integration von Umwelt- und Körperinformation. Die Anpassung an eine sich ständig verändernde Umwelt mache es erforderlich, dass neue Informationen in Abgleich und ständiger Überarbeitung der alten Automatismen verarbeitet werden können. Bei gesunden Menschen gelinge diese Synthese und die Automatismen seien miteinander verbunden, gewissermaßen in einem dominanten Bewusstseinszustand vereint und damit zumindest potenziell der Wahrnehmung und willentlichen Kontrolle zugänglich. Durch eine Einengung des Bewusstseinsfeldes könne es zu einer Schwächung der Syntheseleistung kommen und damit zu einer Emanzipation einzelner Elemente bzw. psychischer Funktionen. Genau diese Verselbstständigung nennt Janet Dissoziation. Die dissoziierten Elemente, in denen kognitive und affektive Informationen gespeichert seien, bezeichnet er als »idées fixes«. Weil sie eben nicht angemessen synthetisiert und damit in das Bewusstsein integriert werden können, wirken sie eigendynamisch und unterliegen nicht mehr oder nur noch partiell der willentlichen Kontrolle. Die Ursache für eine geschwächte Syntheseleistung sieht Janet in intensiven emotionalen Reaktionen auf belastende respektive traumatische Erlebnisse. Durch die überwältigenden Affekte kommt es also in Janets Modell zu einem Verlust der integrierenden Kapazität des Bewusstseins, der wiederum in einer Verengung des Bewusstseinsfeldes als Grundlage einer Dissoziation resultiert. Dabei hängen die Auswirkungen traumatischer Ereignisse jedoch nicht nur von ihrer Intensität und Dauer ab, sondern eben auch von der Intensität der emotionalen Reaktion der Betroffenen. Diese wird ihrerseits von lebens- und lerngeschichtlichen, persönlichkeitspsychologischen, genetischen und situativen Faktoren wesentlich determiniert (Hantke 1999). Damit formuliert Janet ein psychotraumatologisch orientiertes Dissoziationskonzept, das letztendlich auf einem Diathese-Stress-Modell fußt. Der prämorbiden Vulnerabilität kommt eine entscheidende Bedeutung zu.

Historisch: Janet formulierte schon ein psychotraumatologisch orientiertes Dissoziationskonzept

- Überwältigende Affekte führen zu Verlust integrierender Kapazität des Bewusstseins
- Verengung des Bewusstseinsfeldes als Grundlage der Dissoziation
- Auswirkungen traumatischer Ereignisse hängen ab von Intensität und Dauer sowie von Intensität der emotionalen Reaktion der Betroffenen.

Keineswegs muss eine Dissoziation immer durch ein intensives äußeres Trauma ausgelöst werden. Vielmehr ist es oft die persönlichkeitsinhärente Reagibilität einer Person auf überschießende Emotionen, die traumatogen wirkt und zur psychopathologischen Störung führt.

22.2.2 Sigmund Freud (1856–1939)

Sigmund Freud verbrachte ebenfalls einen Forschungsaufenthalt bei Charcot in Paris und daher verwundert es nicht, dass er in seiner Arbeit »Über den psychischen Mechanismus hysterischer Phänomene« von 1893 durchaus Bezug auf das Konzept der Dissoziation nimmt (diese »Vorläufige Mitteilung« von 1893 erscheint 1895 in den »Studien über Hysterie« wieder):

> … desto sicherer wurde unsere Überzeugung, *jene* **Spaltung des Bewusstseins**, *die bei den bekannten klassischen Fällen als* **double conscience** *so auffällig ist, bestehe in rudimentärer Weise bei jeder Hysterie, die Neigung zu dieser* **Dissoziation** *und damit zum Auftreten abnormer Bewusstseinszustände, die wir als »hypnoide« zusammenfassen wollen, sei das Grundphänomen dieser Neurose.* Wir treffen in dieser Anschauung mit Binet und den beiden Janet zusammen. (Freud 1895, S. 91; kursiv i. Orig., Hervorh. d. Verf.)

In seinen Ausführungen betont Freud wiederholt die Relevanz realer Traumatisierungen für die Entstehung hysterischer Symptome, macht aber gleichzeitig deutlich, dass als »wirksame Krankheitsursache … der Schreckaffekt, das *psychische Trauma*« zu werten sei und dass »jedes Erlebnis …, welches die peinlichen Affekte des Schreckens, der Angst, der Scham, des psychischen Schmerzes hervorruft …« als psychisches Trauma wirken könne. Die Bedeutung aversiver Affekte, die jetzt nicht mehr ausschließlich durch eine traumatische Situation hervorgerufen werden müssen, arbeitet er ein Jahr später in der Schrift *Die Abwehr-Neuropsychosen* heraus:

> [An eine bis dahin psychisch gesunde Person trete] ein Erlebnis, eine Vorstellung, Empfindung … heran, welche einen so peinlichen Affekt erweckte, dass die Person beschloss, daran zu vergessen … Die Aufgabe, welche sich das abwehrende Ich stellt, die unverträgliche Vorstellung als »non arrivée« zu behandeln, ist für dasselbe unlösbar; sowohl die Gedächtnisspur als auch der der Vorstellung anhaftende Affekt sind einmal da und nicht mehr auszutilgen. … Bei der Hysterie erfolgt die Unschädlichmachung der unverträglichen Vorstellung dadurch, dass deren Erregungssumme ins Körperliche umgesetzt wird, wofür ich den Namen Konversion vorschlagen möchte. (Freud 1894, S. 63)

Die Einführung des Konversionsbegriffs war insofern bedeutsam, als damit nicht nur der entscheidende Mechanismus für die Hysterie charakterisiert wird, sondern generell ein zentrales Paradigma für die Symptombildung in die psychoanalytische Theorie eingeführt wird: Das Symptom ist als Kompromisslösung zwischen unbewusstem (Trieb-)Wunsch und seiner Abwehr zu verstehen; im Konversionssymptom kommt zudem der abgewehrte Konflikt symbolisch zum Ausdruck (Hartmann 2000; Mentzos 2012). In dieser Äußerung klingen weitere bedeutsame Differenzen zu Janet an, die Freud selbst so formulierte:

> Sie sehen nun, worin der Unterschied unserer Auffassung von der Janetschen gelegen ist. Wir leiten die seelische Spaltung nicht von einer angeborenen Unzulänglichkeit des seelischen Apparates zur Synthese ab, sondern erklären sie dynamisch durch den Konflikt widerstreitender Seelenkräfte, erkennen in ihr das Ergebnis eines aktiven Sträubens der beiden psychischen Gruppierungen gegeneinander. (Freud 1910, S. 23)

Freud favorisiert somit ein Modell, in dem konflikthaftes Material durch aktive Abwehrvorgänge vom Bewusstsein ferngehalten wird. Janets Dissoziationskonzept wird in Freuds Metapsychologie durch das der **Verdrängung** ersetzt. Es ist verschiedentlich hervorgehoben worden, dass Freud die Begriffe Dissoziation und Verdrängung synonym benutzte, dass aber der Unterschied zu Janet keineswegs ein rein begrifflicher sei (Erdelyi 1990). Vielmehr unterscheiden sich Janets und Freuds Vorstellungen über die Funktionsweise des psychischen Apparates fundamental (Nemiah 1998; Hantke 1999). Freuds Konfliktmodell steht Janets Defizitmodell gegenüber (Eckhardt-Henn 2014).Offen ist, ob eine neuropsychodynamische Perspektive Hinweise für den einen oder den anderen Ansatz liefert oder ob sogar eine Integration möglich ist.

Gerade in den *Studien über Hysterie* (Freud 1895), aber auch in späteren Schriften unterstreicht Freud die ätiopathogenetische Bedeutung von traumatischen Erfahrungen, insbesondere sexueller Natur. Dennoch widerruft er 1897 seine sog. Verführungstheorie, vermutlich aus den unterschiedlichsten Gründen (Krutzenbichler 2005). Für ein neuropsychodynamisches Verständnis ist als einer der Gründe seine Erkenntnis hervorzuheben, dass eine (unbewusste) Fantasie die gleiche Wirkmacht entfalten kann wie reale Ereignisse (Bohleber 2015). Obwohl die Aufgabe der Verführungstheorie eine Abkehr der psychoanalytischen Aufmerksamkeit von der äußeren Realität hin zu triebbedingter Fantasietätigkeit und Ödipuskomplex nach sich gezogen hat (Krutzenbichler 2005), beschäftige sich Freud auch später immer wieder mit Traumatisierungen, ihren Folgen und den psychischen Mechanismen ihrer Verarbeitung, etwa in *Jenseits des Lustprinzips* (1920) oder in *Hemmung, Symptom und Angst* (1926). Dabei entwickelte er ein psychoökonomisches Traumamodell: Der Reizschutz wird durchbrochen von einem Trauma, dessen übergroße Erregungssumme massive Angst auslöst und das Ich in einen Zustand der Hilflosigkeit versetzt (Bohleber 2015).

22.2.3 Weitere Begriffsmodelle

Von anderen psychoanalytischen Denkern wurde ein **Objektbeziehungsmodell des Traumas** vorgelegt, und moderne Konzepte einer psychoanalytischen Traumatologie integrieren beide Sichtweisen, indem sie von komplexen Interaktionen zwischen traumatischer Realität und psychischem Binnenraum ausgehen (Hirsch 2004).

Während der **Spaltungsbegriff** v. a. im Rahmen Ich-psychologischer Modellvorstellungen, der Narzissmustheorie und im Borderline-Konzept eine zentrale Rolle spielt (z. B. Kohut 1973; Kernberg 1978), hat das Dissoziationskonstrukt in der psychoanalytischen Theoriebildung wenig Interesse auf sich gezogen und erfährt erst seit wenigen Jahren wieder vermehrt Aufmerksamkeit, etwa in der Multiple Code Theory oder in der relationalen Psychoanalyse (Bohleber 2015; Eckhardt-Henn 2014).

Auch außerhalb der Psychoanalyse konnte sich Janets Dissoziationskonzept trotz seines Differenzierungsgrades und seiner hohen Erklärungskraft nicht durchsetzen. Nach der ersten Hochphase des Dissoziationkonzeptes etwa zwischen 1890 und 1910 folgte ein rasanter Interessenverlust an dissoziativen Symptomen und den damit im Zusammenhang stehenden Krankheitsbildern und Phänomenen (van der Hart u. Nijenhuis 2009; Spitzer et al. 2015a). Dafür sind v. a. die Einführung des Schizophreniebegriffs durch Eugen Bleuler, das Aufkommen des Behaviorismus mit seiner Vernachlässigung innerpsychischer Vorgänge und die Dominanz psychoanalytischer Erklärungen für die Hysterie verantwortlich (Kihlstrom 1994). Seit Anfang der 1970er Jahre kam es zu einer Renaissance. Dazu haben verschiedene Entwicklungen beigetragen.

Renaissance des Dissoziationskonzepts

- Betonung der epidemiologischen und klinischen Bedeutung von Kindesmisshandlung, v. a intrafamiliärem Inzest, durch die zweite Welle der Frauenbewegung
- Zunehmende Anerkennung der klinischen Relevanz von traumatischem Stress für die Psychopathologie von Kriegsveteranen des Vietnamkrieges
- Veröffentlichung und Rezeption des epochalen Werkes *Die Entdeckung des Unbewussten* von Henry F. Ellenberger im Jahre 1970, in dem die zentrale Rolle von Pierre Janet bei der Entwicklung der dynamischen Psychiatrie detailliert herausgearbeitet und sein Dissoziationskonzept in Erinnerung gerufen wird (Ellenberger 2011)
- Wissenschaftliche Auseinandersetzung mit experimentellen und therapeutischen Ansätzen zur multiplen Persönlichkeitsstörung (van der Hart u. Nijenhuis 2009)
- Popularisierung der multiplen Persönlichkeit über die Medien, beispielsweise durch das Buch und dessen Verfilmung *The three*

faces of Eve oder das Buch *Sybil. Persönlichkeitsspaltung einer Frau*
- Einführung der sog. Neodissoziationstheorie durch Ernest R. Hilgard (1974) im Kontext experimenteller Psychopathologie mittels Hypnose

Diese verschiedenen Strömungen können an dieser Stelle nicht im Detail nachgezeichnet werden (vgl. dazu auch Spitzer et al. 2015a). Die bisherigen Ausführungen verdeutlichen jedoch die hohe konzeptuelle Komplexität von Dissoziation sowie ihre heterogene, bis heute umstrittene Phänomenologie und Funktionalität im psychischen Geschehen resp. Erleben. Für eine neuropsychodynamische Annäherung erscheint es unerlässlich, sich dies zu vergegenwärtigen und zu reflektieren.

22.3 Definition und Phänomenologie

Angesichts der schillernden, sich aus vielfältigen Einflüssen speisenden Begriffsgeschichte kann es kaum verwundern, dass sich das Konzept der Dissoziation bis heute einer einheitlichen Definition entzieht. So kann Dissoziation gleichermaßen als (Bewusstseins-)Zustand, als Persönlichkeitsdisposition im Sinne einer Dissoziationsneigung, als Sammelbezeichnung für eine heterogene Gruppe psychopathologischer Merkmale sowie als psychophysiologische Antwort auf traumatische Erfahrungen oder als intrapsychischer Abwehrmechanismus verstanden werden (Eckhardt-Henn 2014; Spitzer et al. 2015a). Auch eine Annäherung über die Phänomenologie erweist sich als problematisch, weil die Diskussion darüber, welche Symptome als dissoziativ einzuordnen sind, längst nicht abgeschlossen ist (Cardena 1994; Dell u. O'Neil 2009; Holmes et al. 2005; Nijenhuis u. van der Hart 2011). Dies gilt beispielsweise für bestimmte Bewusstseinsveränderungen, Entfremdungsgefühle, Flashbacks als Ausdruck einer willentlich nicht beeinflussbaren Hypermnesie oder aber auch für bestimmte Körpersymptome. Bei genauerer Betrachtung des Diskurses zeigt sich zudem, dass die Klassifikation klinischer Phänomene als dissoziativ nicht ohne impliziten oder expliziten Rekurs auf ein theoretisches Modell von Dissoziation auskommt. Als Ausweg aus diesem Dilemma scheint es ratsam – quasi als suboptimale Kompromissbildung – die gängigen Klassifikationssysteme zu Rate zu ziehen.

Sowohl ICD als auch DSM stimmen darin überein, dass das zentrale Merkmal von Dissoziation in einer Desintegration oder Unterbrechung der normalerweise integrativen Funktionen des Bewusstseins, des Gedächtnisses, der personalen Identität oder der Wahrnehmung der Umwelt besteht.

Zentrale Merkmale von Dissoziation in ICD und DSM

- Desintegration oder Unterbrechung integrativer Funktionen von:
  - Bewusstsein
  - Gedächtnis
  - Personaler Identität
  - Wahrnehmung der Umwelt

Die ICD-10 weitet dieses Merkmal des Integrationsverlustes zudem auf die neurophysiologischen Funktionen der Sensorik, Sensibilität und Motorik aus. Das DSM-5 greift dies in seiner Konzeptualisierung ebenfalls auf, geht aber insgesamt noch weiter mit der Annahme, dass praktisch jede psychische Funktion von Dissoziation betroffen sein kann:

» Dissoziative Störungen sind durch eine Störung und/oder Unterbrechung der normalen Integration von Bewusstsein, Gedächtnis, Identität, Emotionen, Wahrnehmung, Körperbild, Kontrolle motorischer Funktionen und Verhalten gekennzeichnet. Dissoziative Symptome können potenziell jeden Bereich psychischer Funktionen beeinträchtigen. (APA; American Psychological Association 2015; S. 397)

Phänomenologisch sind dissoziative Symptome und Syndrome sehr heterogen und können auf ganz unterschiedliche Weise in Erscheinung treten:
- Amnesien, die das autobiografische Gedächtnis betreffen und bei denen persönlich relevantes Material nicht erinnert wird;

- Veränderungen in der (qualitativen) Bewusstseinslage, z. B. Einengungen des Bewusstseinsfeldes wie in Trance, häufig kombiniert mit dem Gefühl der Entfremdung, des drohenden Ich-Verlustes und der Entkoppelung von Emotionen;
- Depersonalisation und Derealisation, insbesondere mit dem Eindruck des »als ob«;
- verändertes Raum- und Zeiterleben, etwa in Form des häufig berichteten Tunnelblicks oder dem Gefühl, dass die Zeit wie in Zeitlupe vergeht;
- gestörtes Identitätsgefühl;
- körperliche Phänomene wie Analgesie, Anästhesie oder Bewegungs- und sensorische Störungen (z. B. Taub- oder Blindheit).

Auf der Ebene kategorialer Diagnosen ist es sinnvoll, zwischen **dissoziativen Bewusstseinsstörungen** (Dissoziation rein auf psychischer Ebene) und **Konversionsstörungen** (Dissoziation ausschließlich auf Körperebene) zu unterscheiden, wobei der Überschneidungsbereich groß ist (Brown et al. 2007; Spitzer et al. 1999). Zur Gruppe der dissoziativen Bewusstseinsstörungen werden die Amnesie, die Fugue, der Stupor, Trance- und Besessenheitszustände, die Depersonalisations-/Derealisationsstörung, das Ganser-Syndrom und die multiple Persönlichkeitsstörung (die in Analogie zum DSM-5 besser als dissoziative Identitätsstörung bezeichnet werden sollte) gerechnet. Die Konversionsstörungen umfassen Störungen mit Beeinträchtigungen der Motorik (z. B. Lähmungen), Sensibilität und Sensorik.

22.4 Neurobiologische Befunde und neuropsychodynamische Überlegungen

»Die« Neurobiologie dissoziativer Syndrome ist derzeit aufgrund der Heterogenität und Komplexität der betroffenen psychischen Funktionen nicht eindeutig bestimmbar, und die Annahme eines relativ einheitlichen, allen dissoziativen Phänomenen zugrunde liegenden psychobiologischen Pathomechanismus wird kontrovers diskutiert. Aus heuristischen Gründen erscheint es daher sinnvoll, das Dissoziationskonstrukt gewissermaßen aufzufächern und zwischen den folgenden Aspekten von Dissoziation zu unterscheiden. Erst durch eine solche Differenzierung kann auch eine neuropsychodynamische Perspektive sinnvoll greifen.

Auffächerung der Dissoziationskonstrukte

- Eine generelle Dissoziationsneigung im Sinne eines Persönlichkeitsmerkmals (trait)
- Mnestische Störungen im Kontext von Dissoziation
- Dissoziation als veränderter Bewusstseinszustand mit einer Entfremdung von Selbst und Umwelt
- Konversionsphänomene

22.4.1 Dissoziationsneigung

Zwillingsstudien haben gezeigt, dass 40–50 % der Prädisposition zur Dissoziation bzw. dissoziativer Phänomene (gemessen mit der Dissociative Experiences Scale) sowohl bei Kindern und Jugendlichen als auch bei Erwachsenen auf genetische Faktoren zurückzuführen sind (Jang et al. 1998; Becker-Blease et al. 2004; Pieper et al. 2011). Die Dissociative Experiences Scale (DES) ist international das am besten etablierte Selbstbeurteilungsverfahren, das als Fragebogen zu dissoziativen Symptomen (FDS) auch in einer modifizierten deutschen Version vorliegt (Spitzer et al. 2015b)

Erste molekulargenetische Befunde deuten darauf hin, dass Veränderungen des serotonergen Systems eine Rolle spielen könnten: Probanden mit dem SS Genotyp des funktionell relevanten Polymorphismus der Promotorregion des Serotonintransportergens (5-HTT) berichteten mehr dissoziative Symptome als diejenigen mit anderen Genotypen (Pieper et al. 2011). Polymorphismen in einem Gen, das an der Glucocorticoidrezeptor-Regulation von Stressproteinen beteiligt ist (das FKBP5-Gen) erklären bis zu 14 % der Varianz von Dissoziation bei Kindern während und nach einem Verkehrsunfall (Koenen et al. 2005). Möglicherweise sind auch Gen-Umwelt-Interaktionen in diesem Kontext bedeutsam, denn bei Zwangspatienten zeigte sich, dass eine Interaktion zwischen körperlicher Vernachlässigung und dem SS Genotyps des 5-HTT das Ausmaß dissoziativer Psychopathologie prädiziert (Lochner et al. 2007). Auch bei Patienten mit bipolaren Störungen fanden sich Hinweise darauf, dass der Zusammenhang zwischen Dissoziation und Kindheitstraumatisierungen durch Polymorphismen der Gene für den brain-derived neurotrophic factor (BDNF) und die Catechol-O-Methyltransferase (COMT) vermittelt wird (Savitz et al. 2008). Für ein neuropsychodynamisches Verständnis ist hervorzuheben, dass die genannten Polymorphismen alle im Zusammenhang mit der physiologischen Stressregulation und Angst stehen.

Nimmt man diese Befunde ernst und geht davon aus, dass – zumindest bei manchen Menschen – die Dissoziationsneigung quasi genetisch verankert ist, so stellt sich unmittelbar die Frage nach dem »Selektionsvorteil« resp. dem evolutionsbiologischen Nutzen. In diesem Kontext ist interessant, dass bereits Emil Kraepelin (1913) »... die hysterischen Krankheitsäußerungen gewissermaßen als krankhafte Ausbildungsformen von Vorgängen, die in der Entwicklungsgeschichte der Menschheit eine wichtige Bedeutung gehabt haben« verstand. Wenige Jahre später formulierte Ernst Kretschmer, dass dissoziative Reaktionen onto- und phylogenetisch erworbene, individuell modulierte Verhaltensstereotypien und gewissermaßen Abkömmlinge der Flucht- oder Totstellreflexe darstellten und die Hysterie »ein Problem der neuropsychischen Dynamik« sei (zitiert nach Leonhardt 2004). Analogien zwischen tierischen und menschlichen Verhaltenskomplexen angesichts von Bedrohung und Angriff sind in der jüngeren Vergangenheit wieder aufgegriffen und im Kontext dissoziativer Symptomatik interpretiert worden (Nijenhuis et al. 1998; Priebe et al. 2013).

Hinsichtlich der ontogenetischen Einflüsse kann aus einer neuropsychodynamischen Perspektive nicht stark genug betont werden, wie sehr das Gehirn nicht nur prä-, sondern auch postnatal in seiner Plastizität von Umweltfaktoren beeinflusst wird, insbesondere in sensiblen Reifungsphasen. Biografisch früher Stress und Traumatisierungen haben ebenso wie ungünstige Bindungserfahrungen deletäre Folgen auf das sich entwickelnde Gehirn und hinterlassen strukturelle und funktionelle »Narben« (Braun u. Bock 2013; Glaser 2014; Wingenfeld u. Heim 2013), die sich dann später u. a. als erhöhte Dissoziationsneigung manifestieren können. An dieser Stelle konvergieren psychoanalytische Befunde und kognitive Entwicklungspsychologie sowie Bindungsforschung und Neurobiologie. Dieser gemeinsame Fluchtpunkt kann hier nicht detailliert dargestellt werden; wichtig scheinen aber gerade im Kontext von Dissoziation Befunde aus **prospektiven Studien**: Neben körperlichem Missbrauch und Vernachlässigung in den ersten beiden Lebensjahren erwiesen sich Missbrauchserfahrungen der Mutter, vermeidendes Bindungsverhalten und »psychologische Abwesenheit« der Bezugsperson als signifikante Prädiktoren von Dissoziation im jungen Erwachsenenalter (Ogawa et al. 1997). Wird die Mutter-Kind-Beziehung noch feinkörniger untersucht, zeigt sich, dass gestörte Kommunikation und fehlende affektive Beteiligung der Mutter etwa die Hälfte der Varianz der Dissoziationswerte im Alter von 19 Jahren voraussagen, während traumatische Erfahrungen keinen Einfluss haben (Dutra et al. 2009). Im Gegensatz zu vielen Querschnittstudien, in denen Kindheitstraumatisierungen retrospektiv erfasst werden und die mit der aktuellen dissoziativen Symptomatik relativ eng assoziiert sind, belegen prospektive Studien, dass für die Ich- bzw. Selbstentwicklung die frühe Mutter-Kind-Interaktion mindestens ebenso bedeutsam, wenn nicht gar bedeutsamer ist als traumatische Erfahrungen in der frühen Lebensgeschichte. Hier deuten sich durchaus Parallelen zur Relativierung der Verführungstheorie an.

22.4.2 Mnestische Störungen im Kontext von Dissoziation

Die folgende historische Fallvignette illustriert die typischen Charakteristika der dissoziativen Amnesie.

Fallbeispiel Madame D. wurde von einem Fremden die Nachricht vom Tode ihres Ehemanns überbracht – eine für sie schockierende Mitteilung, die sich zudem im Nachhinein als falsch erwies. Die Dame konnte sich anschließend nur noch bis an die bereits sechs Wochen zurückliegenden Festlichkeiten eines Nationalfeiertags erinnern, aber hatte einen Erinnerungsverlust für die Zeit danach einschließlich der Falschmeldung vom Tod ihres Mannes. (Nach Fiedler 2008, S. 156)

Die dissoziative Amnesie ist durch eine defizitäre Erinnerung an persönlich relevante Informationen gekennzeichnet und bezieht sich somit auf das autobiografisch-deklarative Gedächtnis. In der Regel ist die Amnesie retrograd, unvollständig, selektiv oder systematisiert und kann im Verlauf unterschiedlich ausgeprägt sein, aber es finden sich auch generalisierte und anterograde Varianten (Fiedler 2008; Reinhold u. Markowitsch 2008).

Das Gedächtnis, seine Bedeutung für das Selbst und die Umweltanpassung sowie seine neurobiologischen Grundlagen sind hochkomplex und können daher an dieser Stelle nicht dargestellt werden. Für diesen Kontext ist die Unterscheidung in implizites und explizites Gedächtnis wichtig: Während implizit mentale Prozesse nicht an Bewusstsein geknüpft sind, ist bei expliziten Vorgängen das Bewusstsein beteiligt, die Aufmerksamkeit ist darauf fokussiert, sie können willentlich beeinflusst werden und werden als »meinhaft« erlebt, d. h. es besteht eine Idee darüber, dass die eigene Person der Urheber dieser mentalen Vorgänge ist. Das autobiografisch-episodische Gedächtnis als Teil des expliziten Systems gilt als hierarchisch höchstes Gedächtnissystem und verknüpft das Selbst mit dem Bewusstsein und einer Zeitlinie. Damit ein Erlebnis als autobiografisches Ereignis wahrgenommen, verarbeitet und gespeichert werden kann, muss die Information affektiv besetzt werden bzw. sein und mit Bezug zum Selbst sowie hinsichtlich Raum, Zeit und Kontext verarbeitet werden. Bei der Encodierung autobiografischer Informationen spielen limbische Strukturen eine zentrale Rolle, bei der Konsolidierung zunächst hippocampale, später kortikale Assoziationsnetzwerke und beim Abruf rechtshemisphärische temporoparietale Bereiche (Reinhold u. Markowitsch 2008).

Zwei Mechanismen der dissozialen Amnesie

- Emotionale Übererregung aktiviert den präfrontalen Kortex, der seinerseits limbische und medial-temporale Strukturen hemmt → Behinderung des Gedächtnisabrufs (Kopelman 2002).
- Traumatischer bzw. emotionaler Stress → massive Ausschüttung von Stresshormonen → Beeinträchtigung der funktionellen Konnektivität frontotemporaler Strukturen → mnestische Blockade (Reinhold u. Markowitsch 2008).

Bei der dissoziativen Amnesie ist in der Regel der willentliche Abruf autobiografischen Materials gestört, was mittels zweier unterschiedliche Mechanismen erklärt werden kann. Durch eine emotionale Übererregung wird der (rechte) präfrontalen Kortex aktiviert, der seinerseits limbische und medial-temporale Strukturen hemmt, wodurch der Gedächtnisabruf behindert wird (Kopelman 2002). Alternativ wird angenommen, dass traumatischer bzw. emotionaler Stress zur massiven Ausschüttung von Stresshormonen führt, die ihrerseits die funktionelle Konnektivität frontotemporaler Strukturen beeinträchtigen, besonders der rechten Hemisphäre. Dadurch entsteht ein mnestisches Blockadesyndrom, bei dem gewissermaßen der Zugriff auf gedächtnisrelevante Hirnareale gestört ist (Reinhold u. Markowitsch 2008). Während also das eine Modell von einer ungenügenden bzw. fehlenden Aktivierung subkortikaler Gedächtnisstrukturen ausgeht, nimmt das andere eine aktive Hemmung dieser Areale an (Bell et al. 2011). Möglicherweise schließen sich die beiden Theorien nicht aus, sondern lassen sich dadurch integrieren, dass einige Studie zur dissoziativen Amnesie im Ruhezustand, andere unter Aktivierung durchgeführt wurden. Während Untersuchungen in Ruhe für das mnestische Blockadesyndrom sprechen, favorisieren Aktivierungsstudien eine Inhibition (Bell et al. 2011).

Neben diesen »klassischen« Formen finden sich im klinischen Alltag dissoziative Amnesien häufig bei traumatisierten Patienten.

Fallbeispiel Herr R. wurde als Überlebender eines Flugzeugunglücks nach misslungenem Startmanöver bereits wenige Stunde danach befragt. Er konnte sich daran erinnern, dass er einen neben ihm liegenden ohnmächtigen Passagier zu einer offen Seitenluke transportiert und ihn dann langsam aus der Maschine heruntergelassen hatte; an weitere Ereignisse des Unglücks konnte er sich nicht erinnern. Er wusste noch zu berichten, wie er sich bei der Fahrt über das Rollfeld angeschnallt hatte; seine nächste Erinnerung bezog sich darauf, dass ihm im Sanitätszelt Tee angeboten wird. Von anderen Überlebenden wurde berichtet, dass Herr R. nach der von ihm geschilderten Rettungsaktion weitere Passagiere aus dem Flugzeug geborgen habe. (Nach Fiedler 2008)

Neurobiologische und neuropsychologische Studien legen nahe, dass traumatische Erlebnisse fragmentiert und in unterschiedlichen Gedächtnissystemen eingespeichert werden, wobei einzelne Elemente quasi übermäßig gut im impliziten System repräsentiert sind, hingegen nur eine ungenügende Integration im episodischen Gedächtnis stattfindet. Die Informationen im sog. Traumagedächtnis sind hinsichtlich ihrer affektiven sowie Selbst- und Weltbedeutung und ihres Raum-Zeit-Kontextes nicht ausreichend elaboriert und können daher nur begrenzt (sprachlich) symbolisiert werden (Maercker u. Rosner 2006; Sartory et al. 2013). Bei diesen **peritraumatischen** oder **anterograden Amnesien** sind also primär die Vorgänge der Enkodierung und Konsolidierung gestört und nicht der Abruf von bereits gespeicherten Informationen.

Auf dieser wichtigen Differenz basieren auch neuere Dissoziationstheorien, die zwei qualitativ distinkte Varianten von Dissoziation unterscheiden (Holmes et al. 2005; Spitzer et al. 2015a):

- »detachment« und
- »compartmentalization«.

Zentrales Merkmal des **detachment** ist ein veränderter Bewusstseinszustand, der mit einem Gefühl der Entfremdung (oder des Losgelöstseins = detachment), einer veränderten, gar fehlenden affektiven Beteiligung und einem defizitären Gefühl der »Meinhaftigkeit« des Erlebten einhergeht. Ähnliches wie der von Kurt Schneider geprägte Begriff der »Meinhaftigkeit« meint in neueren Konzepten der Philosophie des Geistes der Terminus »Meinigkeit« (z. B. bei Thomas Metzinger).

Bei der **compartmentalization** resultieren die dissoziativen Phänomene aus einem gestörten Wechselspiel von normalerweise miteinander in übergeordneten Funktionseinheiten interagierenden (Sub-)Systemen, die sich der bewussten Kontrolle resp. Steuerung prinzipiell bewusstseinsfähiger mentaler Prozesse entziehen.

Übertragen auf dissoziative amnestische Phänomene ist das detachment – häufig durch traumatische Erlebnisse bedingt – als Störung der Encodierung zu verstehen. Hingegen sind Amnesien im Rahmen der compartmentalization als Abrufstörung zu werten, bei der auf das Subsystem des autobiografisch-episodischen Gedächtnisses nicht willentlich zugegriffen werden kann. Depersonalisation und Derealisation stellen den Prototyp des detachment dar, während Konversionsphänomene klassische Beispiele für compartmentalization sind; bei der posttraumatischen Belastungsstörung treten beide Formen der Dissoziation auf (Holmes et al. 2005).

22.4.3 Dissoziative Bewusstseinszustände mit einer Entfremdung von Selbst und Umwelt

Paul Schilder, einer der Pioniere der psychoanalytischen Depersonalisationsforschung, hat seine eigenen Entfremdungserfahrungen sehr anschaulich skizziert:

> » … überkommt mich ein eigenartiges Gefühl. Die Umgebung erscheint (innerlich) fern gerückt und von einem anderen, der nicht vollständig ich ist, wahrgenommen, und ich und die Stimme dessen, der mit mir spricht, ist fremd. Der Gang ist verändert und ungewohnt. Ich komme mir leicht und schwebend vor (soweit ich weiß, waren objektive Störungen nicht vorhanden). Die Gefühle sind gleichsam ferngerückt und von mir beobachtet. Wenn ich spreche und gehe, so beobachte ich mein Sprechen und Gehen. (Schilder 1914, S. 95)

Diese »Spaltung im Ich« in einen erlebenden und einen beobachtenden Teil sowie die eigentümlich veränderte bis fehlende Affektivität sind von psychoanalytischer Seite immer wieder als zentrales Charakteristikum hervorgehoben worden (Wöller 2014) und korrespondieren gut mit neuesten Ergebnissen psychophysiologischer und funktioneller Bildgebungsstudien (Sierra u. David 2011). Dabei wurden verschiedene Netzwerke identifiziert, in denen das Zusammenspiel von phylogenetisch jüngeren und älteren Hirnstrukturen gestört ist. So fand sich ein enger Zusammenhang zwischen Aktivierung des rechten Gyrus angularis (BA 39) als Teil des parietotemporookzipitalen Assoziationskortex mit der Depersonalisationsintensität (Simeon et al. 2000). Dieses Areal liegt in der Übergangsregion zwischen sekundären visuellen, auditiven, taktilen bzw. kinästhetischen Assoziationsgebieten und dient als tertiäres Assoziationszentrum der Integration aller Sinnesmodalitäten, dem Abgleich mit bereits früher gemachten Erfahrungen und somit der Konstituierung von Subjektivität sowie Emotionsregulation. Zudem bestehen Verbindungen zur vorderen und hinteren Inselregion, die wiederum eine Rolle bei der Körperwahrnehmung und subjektiven emotionalen Erfahrungen spielt und die bei Patienten mit Depersonalisationsstörung eine verminderte Aktivität aufweist. Möglicherweise kommt es zu einer Hemmung durch einen übermäßig aktivierten rechten ventrolateralen präfrontalen Kortex (BA 47), dem eine wichtige Funktion bei der Emotionserkennung, v. a. negativer Affekte, zugeschrieben wird. Weitere Studien berichten von reduzierter Aktivität in Amygdala und Hypothalamus, sodass derzeit eine kortikolimbische bzw. frontolimbische Inhibition als neurobiologisches Korrelat der Depersonalisation angenommen wird (Sierra u. David 2011). In Übereinstimmung mit dieser Modellvorstellung zeigen Untersuchungen zu Patienten mit dem dissoziativen Subtypus der posttraumatischen Belastungsstörung (PTBS) eine exzessive Aktivierung von Hirnregionen wie dem medialen präfrontalen Kortex und dem vorderen Teil des Gyrus cinguli, die an der Modulation von Erregung und Emotionsregulation beteiligt sind, und eine reduzierte Aktivierung von Amygdala und rechter vorderer Inselregion (Lanius et al. 2010).

Die Erkenntnisse aus der Neurobiologie passen gut zu dem psychodynamischen Verständnis von Depersonalisation als Abwehrmanöver gegen negative Affekte wie Angst, Scham oder Ekel, die aus dem unmittelbaren Erleben resultieren oder aber an Erinnerungen geknüpft sind. Wenn die Massivität der Affekte das Selbst bedroht, werden diese quasi herunterreguliert, wie aus der Ferne wahrgenommen und gar nicht als der eigenen Person zugehörig erlebt (Wöller 2014). Aus den psychophysischen Untersuchungen lässt sich jedoch ableiten, dass nicht die Affekte in toto »erledigt« werden, sondern insbesondere ihre peripherphysiologischen Korrelate (Sierra u. David 2011), sodass gewissermaßen die psychische Dimension aversiver Affekte erfahren, aber nicht körperlich erlebt wird. Es kann vermutet werden, dass genau diese Inkongruenz zu dem Entfremdungserleben beiträgt.

22.4.4 Pseudoneurologische Konversionssymptome

Während das DSM-5 die Konversionsstörungen unter den somatoformen Störungen subsumiert, fasst die ICD-10 diese als dissoziative Störungen auf. Für beide Positionen lassen sich gute Gründe anführen, und aus neuropsychodynamischer Perspektive bestehen erhebliche Gemeinsamkeiten (vgl. dazu auch ▶ Kap. 19).

Fallbeispiel Die 19-jährige, ledige und ungelernte Frau N. wurde von ihrem Hausarzt wegen einer akut aufgetretenen schlaffen Plegie des rechten Armes in die Notaufnahme einer Universitätsklinik überwiesen. Die körperlich-neurologische Untersuchung ergab keine relevanten Auffälligkeiten und auch Routinelabor, Liquordiagnostik, EEG, cCT, cMRT, Neurophysiologie und evozierte Potentiale lieferten keine Hinweise auf eine organische Genese. Unter dem Verdacht einer Konversionsstörung wurde ein psychiatrisch-psychotherapeutischer Konsiliarius hinzugezogen. Diesem begegnete eine wache, bewusstseinsklare, allseits orientierte Patientin, die mit fast gelassener Heiterkeit über ihre Armlähmung berichtete.

Zu den Hintergründen war zu erfahren, dass die Patientin wenige Tage vor dem Auftreten ihrer akuten Symptomatik einen Sohn entbunden hatte. Der Vater des Kindes, zu dem eine kurze, heftige, aber insbesondere ambivalente Beziehung bestand, hatte sie verlassen, als er von ihrer Schwangerschaft erfuhr. Frau N. wollte ursprünglich abtreiben, ließ sich aber von ihrer Mutter dazu überreden, das Kind zu bekommen. Ihr erster Gedanke beim Anblick ihres Sohnes sei gewesen: »Der sieht ja aus wie sein Vater!«

Neben den hier dargestellten motorischen Konversionsphänomenen, die sich als Lähmungen oder Gang- und Standstörungen manifestieren, gibt es eine Vielzahl sensibler und sensorischer Konversionsstörungen sowie pseudoepileptische Anfälle. Diese große Heterogenität der Symptomatik mag erklären, warum Übersichtsarbeiten eine inkonsistente Befundlage hinsichtlich neurobiologischer, insbesondere funktioneller Bildgebungsergebnisse konstatieren (Browning et al. 2011). Dennoch zeichnen sich in jüngsten Arbeiten Befunde ab, die neuropsychodynamisch durchaus sinnvoll erscheinen und zu der oben dargestellten Neurobiologie anderer dissoziativer Syndrome passen. So wird relativ übereinstimmend von Unregelmäßigkeiten in weitreichenden und umfassenden Netzwerken berichtet, die den dorsolateralen präfrontalen Kortex, den inferioren frontalen Kortex, den Hippocampus, den temporoparietalen Übergang, das Zingulum sowie jene Kortexareale umfassen, die für das betroffene neurophysiologische System wichtig sind (van Beilen et al. 2010; Aybek et al. 2014; Burke et al. 2014; Perez et al. (2015); van Beilen et al. 2010). Bei sensiblen und motorischen dissoziativen Störungen zeigten sich Hypoaktivitäten in kontralateralen somatosensorischen bzw. primär motorischen Arealen bei gleichzeitig erhöhter Aktivität in präfrontalen Gebieten, in Zingulum und Gyrus angularis. Auch hier wird eine aktive Inhibition durch Hirnstrukturen angenommen, die für die Verarbeitung und Regulation von Emotionen, Gedächtnisinhalten und selbstreferenziellen Informationen relevant sind. Diese erhöhte selbstreferenzielle Aktivität lässt sich als hirnfunktionelles Korrelat inter- bzw. intrasystemischer Konflikte im psychodynamischen Sinne verstehen. Anders formuliert: Konversionsstörungen sind der phänomenologische Ausdruck einer misslingenden Integration von widersprüchlichen affektiven, kognitiven und selbstbezogenen Reizen, sodass die Funktionalität anderer Systeme wie Motorik, Sensibilität oder Sensorik eingeschränkt wird.

Konversionsstörungen
Der phänomenologische Ausdruck einer misslingenden Integration von widersprüchlichen affektiven, kognitiven und selbstbezogenen Reizen, wodurch die Funktionen anderer Systeme wie Motorik, Sensibilität, Sensorik eingeschränkt werden.

22.5 Offene Fragen

Die multiple Persönlichkeitsstörung, die in Analogie zum DSM-5 besser als dissoziative Identitätsstörung (dissociative identity disorder; DID) bezeichnet werden sollte, ist durch zwei oder mehr unterscheidbare Persönlichkeitszustände mit distinkten affektiven, kognitiven und behavioralen Verhaltensmustern charakterisiert. Bereits die heterogenen Termini, mit denen diese distinkten Persönlichkeitskonfigurationen bezeichnet werden wie etwa Teilpersönlichkeiten, Ich-Anteile, Selbstzustände oder »alter«, verweisen nicht nur auf begriffliche, sondern insbesondere auf konzeptuelle Unklarheiten und Verwirrungen. So bleibt sowohl aus psychodynamischer als auch aus neurobiologischer Sicht zu klären, was diese Konstrukte wie Ich, Selbst, Identität oder Person konstituiert. Interessant ist auch die Frage, ob diese dissoziativen Teilidentitäten wirklich ein Bewusstsein von sich im Sinne von Subjektivität und eine eigene phänomenale **Erste-Person-Perspektive** haben (Nijenhuis u. van der Hart 2011)?

? Neuropsychodynamisch formuliert: Sind multiple »Selbste« in einem Gehirn möglich (Reinders et al. 2003)?

Dies wäre die Voraussetzung für das klinisch wegweisende Symptom des von außen beobachtbaren

Wechsels (»switch«) zwischen den verschiedenen Persönlichkeit(santeil)en. Angesichts dieser Unklarheiten kann eine inkonsistente neurobiologische Befundlage bei der DID nicht verwundern (Dorahy et al. 2014). Während einige Studien keine Unterschiede in zerebralen Aktivierungs- respektive Perfusionsmustern fanden, konnten andere Untersuchungen durchaus Differenzen nachweisen; in Einzelfallstudien zeigten sich beim Wechsel von einem in einen anderen Persönlichkeitszustand Aktivierungen und Inhibitionen in den unterschiedlichsten Netzwerken und Strukturen (Übersicht bei Dorahy et al. 2014). Möglicherweise sind diese Veränderungen in neuronalen Aktivitäten jedoch gar nicht typisch für die sog. switches, sondern finden sich auch bei anderen Phänomenen wie beispielsweise der Regression.

Aus klinischer Perspektive besteht kein Zweifel daran, dass gerade biografisch früh, schwer und chronisch traumatisierte Patienten unterschiedliche Persönlichkeitskonfigurationen zeigen, sodass es durchaus plausibel erscheint, die DID als posttraumatische Störung zu konzipieren. Dazu passend fand eine jüngste Bildgebungsstudie zwischen unterschiedlichen Identitätszuständen gegenläufige Aktivierungsmuster in Hirnregionen bzw. Netzwerken, die an der Emotionsregulation beteiligt sind (Reinders et al. 2014). Dies entspricht im Wesentlichen den oben dargestellten Befunden zu den beiden sowohl neurobiologisch als auch klinisch unterscheidbaren Subtypen der PTSD (Lanius et al. 2010).

Offen bleibt derzeit ebenfalls, wie ein neuropsychodynamisches Verständnis der Symptomwahl, der hohen Affinität für unbewusste Symbolik und der wichtigen identifikatorischen Mechanismen im Kontext dissoziativer Störungen aussehen könnte (Mentzos 2012). Diese Aspekte sind aus psychodynamischer Sicht für eine verstehende Annäherung an die Patienten durchaus bedeutsam und ermöglichen Rückschlüsse auf die zugrunde liegenden intrapsychischen und interpersonellen Konflikte, strukturellen Vulnerabilitäten und traumatischen Erfahrungen.

Gleiches gilt für die kommunikativen Aspekte: Dissoziative Syndrome konstellieren sich im interpersonellen Feld, und die Reaktionen relevanter Dritter und der Umwelt insgesamt auf die Symptomatik spielen nicht nur in der Ätiopathogenese, sondern insbesondere bei der Aufrechterhaltung, Chronifizierung und Behandelbarkeit eine eminent wichtige Rolle. Auf die große Relevanz des sekundären Krankheitsgewinns bei hysterischen Patienten hatte bereits Freud hingewiesen. Daher kann auch am Beispiel dissoziativer Syndrome plausibel gemacht werden, dass das Gehirn als sozial eingebettetes Organ verstanden werden muss (▶ Kap. 5). Die »hysterische Kommunikation« und die unbewussten Inszenierungen (Mentzos 2012) ebenso wie die dissoziativen Enactments (Bromberg 2008) können als Ausdruck einer veränderten Selbst-Gehirn-Umwelt-Relation interpretiert werden.

22.6 Versuch einer Integration und therapeutische Implikationen

Bei aller Vorläufigkeit und Notwendigkeit von Replikationsstudien lassen sich doch mit einer gewissen Vorsicht Konvergenzen aus den bisherigen neurobiologischen Befunden ableiten, die gut mit klinischen Modellen in Einklang zu bringen sind. Angesichts der großen phänomenologischen Heterogenität dissoziativer Symptome, Syndrome und Störungen kann es nicht verwundern, dass eine Vielzahl zerebraler Netzwerke beteiligt ist, die sowohl kortikale als auch subkortikale Strukturen wie den präfrontalen Kortex, den parietotemporookzipitalen Assoziationskortex und das limbische System sowie kortikale Mittellinienstrukturen umfassen. Entsprechend der Phänomenologie von Dissoziation sind diese Netzwerke an der Verarbeitung und Integration von affektiven Stimuli sowie Reizen aus der Umwelt und dem Körperinneren maßgeblich beteiligt und spielen bei Gedächtnisprozessen eine zentrale Rolle. Gerade die kortikalen Mittellinienstrukturen gelten als funktionelle Netzwerkeinheit, in der affektive und kognitive Funktionen so integriert werden, dass ein »Ich« respektive ein »Selbst« erlebt werden kann (Northoff u. Bermpohl 2004).

Eine neuropsychodynamische Hypothese zu Dissoziation könnte so formuliert werden: Ein äußerer Reiz (z. B. traumatischer Stress) oder ein inneres Signal (etwa ein Konflikt zwischen

Triebwünschen und Forderungen des Über-Ich) führen zu neuronalen Aktivierungsmustern, die sich auf der Erlebnisebene als hoch aversive und intensive Affekte wie Angst, Ekel, Wut oder Scham manifestieren, also als »unverträgliche Vorstellungen« im Sinne Freuds. Die mit einer stark negativen Valenz und einem (zu) hohen Erregungsniveau ausgestatten Affektreize können nicht angemessen mit kognitiven und selbstreferenziellen Informationen integriert werden und führen »bottom-up« zu einer übermäßigen Aktivierung (rechtsseitiger) präfrontaler Hirnstrukturen, die ihrerseits »top-down« subkortikale Zentren hemmen, deren Aktivität jedoch für Gedächtnis, Bewusstsein von dem eigenen Selbst und dem Gefühl von Urheberschaft (agency) sowie Körperkontrolle unerlässlich ist. Aus der kortikal-subkortikalen Inhibition resultieren die dissoziativen Phänomene. Die Bedeutung der hier angedeuteten Lateralisierungsprozesse bleibt derzeit spekulativ, obwohl aus neurobiologischer und entwicklungspsychologischer Sicht vieles für die Richtigkeit dieser Annahme spricht (Schore 2002; Spitzer 2014).

Neuropsychodynamische Hypothese zur Dissoziation

- Äußerer Reiz oder inneres Signal führen zu neuronalen Aktivierungsmustern, die sich auf der Erlebnisebene als hoch aversive Affekte manifestieren. Die mit negativer Valenz und zu hohem Erregungsniveau ausgestatteten Affektreize können nicht angemessen mit kognitiven und selbstreferenziellen Informationen integriert werden:
  - »Bottom up« – übermäßige Aktivierung präfrontaler Hirnstrukturen
  - »Top down« – Hemmung subkortikaler Zentren, deren Aktivität für Gedächtnis, Bewusstsein vom eigenen Selbst, dem Gefühl von Urheberschaft und Körperkontrolle unerlässlich ist.
- **Kortikal-subkortikale Inhibition → dissoziative Phänomene**

Eine derartige Modellvorstellung erlaubt es auch, die nicht gelingende Integration in einem Vulnerabilitäts-Stress-Konzept auszuformulieren: Eine neuropsychodynamisch bedingte Prädisposition resultiert aus ungünstigen Entwicklungsbedingungen, die durch eine unzureichende Affektspiegelung der Bezugsperson geprägt war, die wiederum auf der neurobiologischen Ebene die Ausbildung stabiler neuronaler Netzwerke für eine differenzierte kognitiv-affektive Synthese als Voraussetzung für eine gesunde Ich- bzw. Selbstentwicklung behindert hat. Während es bei einer hohen Dissoziationsneigung für die Symptomauslösung, also die Manifestation von dissoziativen Zuständen resp. Störungen, nur geringer psychosozialer Belastungen bedarf, können massive Traumatisierungen auch bei psychisch Gesunden ohne entsprechende Disposition dissoziative Phänomene hervorrufen. Zur Symptomauslösung kommt es immer dann, wenn die Belastung den individuellen Reizschutz überfordert bzw. die Reizverarbeitungskapazitäten übersteigt. Der bewusst weit gefasste Begriff der Belastung kann ein Realtrauma, aber eben auch ein interpersoneller oder intrapsychischer Konflikt sein. Die Dissoziation fungiert dabei – zumindest in der Akutsituation – als Möglichkeit, die mit der Belastung verbundenen aversiven Affekte nicht in ihrer vollen Intensität zu spüren bzw. über eine subjektive Dekontextualisierung die Belastung zu »bewältigen«. Führt diese Bewältigungsstrategie zum Erfolg, kommt es zu einer kurzfristigen Entlastung. Qua operanter Konditionierung kann in der Folge die Schwelle für dissoziationsauslösende Hinweisreize sinken, also eine Generalisierung eintreten. Ein solches Modell ist dabei sowohl mit der Janetschen Syntheseschwäche als auch mit Freuds Konfliktdynamik gut vereinbar.

Klinisch-therapeutisch ist sehr wichtig, dissoziative Phänomene frühzeitig in der Behandlung zu identifizieren. Bei den prominenten dissoziativen Störungen erscheint dies vergleichsweise einfach und offensichtlich; aber auch bei anderen psychischen Erkrankungen kommen dissoziative Mechanismen häufig vor. Weil diese sich wesentlich im subjektiven Erleben abspielen, sind sie der direkten Beobachtung von außen meist nicht oder nur eingeschränkt zugänglich und daher leicht zu übersehen. Die frühzeitige Identifikation und Beeinflussung ist auch deshalb relevant, weil Dissoziation schlechtere Therapieergebnisse prädiziert (Spitzer et al. 2007). In dissoziativen Zuständen kann (emotional) nicht gelernt werden (Ebner-Priemer et al. 2009), sodass selbst intensivstes Durcharbeiten im therapeutischen Prozess quasi ins Leere läuft. Den verschiedenen psychotherapeutischen Ansätzen zur Behandlung von Dissoziation ist dabei gemeinsam, dass sie auf Verbesserung der Kontrolle, Selbstwirksamkeit und damit Stärkung des Selbst abzielen (Priebe et al. 2013).

Literatur

Aybek S, Nicholson TR, Zelaya F et al (2014) Neural correlates of recall of life events in conversion disorder. JAMA Psychiatry 71:52–60

APA (American Psychological Association) (2015) Diagnostisches und Statistisches Manual Psychischer Störungen DSM-5. Deutsche Ausgabe: Falkai P, Wittchen HU (Hrsg) Hogrefe, Göttingen

Becker-Blease KA, Deater-Deckard K, Eley T et al (2004) A genetic analysis of individual differences in dissociative behaviors in childhood and adolescence. J Child Psychol Psychiatry 45:522–532

Beilen M van, Vogt BA, Leenders KL (2010) Increased activation in cingulate cortex in conversion disorder: what does it mean? J Neurol Sci 289:155–158

Bell V, Oakley DA, Halligan PW, Deeley Q (2011) Dissociation in hysteria and hypnosis: evidence from cognitive neuroscience. J Neurol Neurosurg Psychiatry 82:332–339

Bohleber W (2015) Die Traumatheorie in der Psychoanalyse. In: Seidler G, Maercker A, Freyberger HJ (Hrsg) Handbuch der Psychotraumatologie, 2. überarb. u. erw. Aufl. Klett-Cotta, Stuttgart, S 123–133

Braun K, Bock J (2013) Tierexperimentelle Befunde zum Einfluss von biographisch frühem Stress. In: Spitzer C, Grabe HJ (Hrsg) Kindesmisshandlung. Psychische und körperliche Folgen im Erwachsenenalter. Stuttgart, Kohlhammer, S 22–35

Bromberg PM (2008) »Mentalize THIS!«: Dissociation, enactment, and clinical process. In: Jurist E, Slade A, Bergner S (Hrsg) Mind to mind: Infant research, neuroscience, and psychoanalysis. Other Press, New York NY, S 414–434

Brown RJ, Cardena E, Nijenhuis ERS et al (2007) Should conversion disorder be reclassified as dissociative disorder in DSM-V? Psychosomatics 48:369–378

Browning M, Fletcher P, Sharpe M (2011) Can neuroimaging help us to understand and classify somatoform disorders? A systematic and critical review. Psychosom Med 73:173–184

Burke MJ, Ghaffar O, Staines WR et al (2014) Functional neuroimaging of conversion disorder: the role of ancillary activation. NeuroImage Clin 30:333–339

Cardena E (1994) The domain of dissociation. In: Lynn SJ, Rhue RW (Hrsg) Dissociation: Theoretical, clinical, and research perspectives. Guilford Press, New York NY, S 15–31

Dell PF, O´Neil JA (Hrsg) (2009) Dissociation and dissociative disorders: DSM-IV and beyond. Routledge, New York NY

Dorahy MJ, Brand BL, Sar V et al (2014) Dissociative identity disorder: An empirical overview. Aust N Z J Psychiatry 48:402–417

Dutra L, Bureau JF, Holmes B et al (2009) Quality of early care and childhood trauma: a prospective study of developmental pathways to dissociation. J Nerv Ment Dis 197:383–390

Ebner-Priemer UW, Mauchnik J, Kleindienst N et al (2009) Emotional learning during dissociative states in borderline personality disorder. J Psychiatry Neurosci 34:214–222

Eckhardt-Henn A (2014) Dissoziation. In: Mertens W (Hrsg) Handbuch psychoanalytischer Grundbegriffe. Kohlhammer, Stuttgart, S 188–193

Ellenberger HF (2011) Die Entdeckung des Unbewussten: Geschichte und Entwicklung der dynamischen Psychiatrie von den Anfängen bis zu Janet, Freud, Adler und Jung. Diogenes, Zürich

Erdleyi MH (1990) Repression, reconstruction and defense: History and integration of the psychoanalytic and experimental framework. In: Singer JL (Hrsg) Repression and dissociation. The University of Chicago Press, Chicago IL

Fiedler P (2008) Dissoziative Störungen und Konversion. Trauma und Traumabehandlung, 3. Aufl. PVU, Weinheim

Freud S (1894) Die Abwehr-Neuropsychosen. Gesammelte Werke, Bd 1. Fischer, Frankfurt/M, 1999, S 59–74

Freud S (1895) Studien über Hysterie. GW Bd 1. Fischer, Frankfurt/M, 1999, S 75–312

Freud S (1910) Über Psychoanalyse. GW Bd 8. Fischer, Frankfurt/M, 1999, S 1–60

Freud S (1920) Jenseits des Lustprinzips. GW Bd 13. Fischer, Frankfurt/M, 1999, S 1–69

Freud S (1926) Hemmung, Symptom und Angst. GW Bd 14. Fischer, Frankfurt/M, 1999, S 111–205

Glaser D (2014) The effects of child maltreatment on the developing brain. Med Leg J 82:97–111

Hantke L (1999) Trauma und Dissoziation. Modelle der Verarbeitung traumatischer Erfahrungen. Wissenschaftlicher Verlag Berlin, Berlin

Hart O van der, Nijenhuis ERS (2009) Dissociative disorders. In: Blaney PH, Millon T (Hrsg) Oxford textbook of psychopathology. Oxford University Press, Oxford GB

Hartmann S (2000) Über den psychischen Mechanismus der Konversion. Psychotherapeut 45:25–31

Hirsch M (2004) Psychoanalytische Traumatologie. Das Trauma in der Familie. Theorie und Therapie schwerer Persönlichkeitsstörungen. Schattauer, Stuttgart
Holmes EA, Brown RJ, Mansell W et al (2005) Are there two qualitatively distinct forms of dissociation? A review and some clinical implications. Clin Psychol Rev 25:1–23
Janet P (1889) L´automatisme psychologique. Nouvelle Édition, Paris F
Jang KL, Paris J, Zweig-Frank H, Livesley WJ (1998) Twin study of dissociative experience. J Nerv Ment Dis 186:345–351
Kernberg O (1978) Borderline-Störungen und pathologischer Narzissmus. Suhrkamp, Frankfurt
Kihlstrom JF (1994) One hundred years of hysteria. In: Lynn SJ, Rhue RW (Hrsg) Dissociation: Theoretical, clinical, and research perspectives. Guilford Press, New York NY, S 365–394
Koenen KC, Saxe G, Purcell S et al (2005) Polymorphisms in FKBP5 are associated with peritraumatic dissociation in medically injured children. Mol Psychiatry 10:1058–1059
Kohut H (1973) Narzissmus. Suhrkamp, Frankfurt/M
Kopelman MD (2002) Disorders of memory. Brain 125:2152–2190
Kraepelin E (1913) Über Hysterie. Zeitschrift für die gesamte Neurologie und Psychiatrie 18:261–279
Krutzenbichler S (2005) Sexueller Missbrauch als Thema der Psychoanalyse von Freud bis zur Gegenwart. In: Egle TU, Hoffmann SO, Joraschky P (Hrsg) Sexueller Missbrauch, Misshandlung, Vernachlässigung. Schattauer, Stuttgart, S 170–179
Lanius RA, Vermetten E, Loewenstein RJ et al (2010) Emotion modulation in PTSD: Clinical and neurobiological evidence for a dissociative subtype. Am J Psychiatry 167:640–647
Leonhardt M (2004) Mehrdimensionale Psychiatrie: Robert Gaupp, Ernst Kretschmer und die Tübinger psychiatrische Schule. In: Hippius H (Hrsg) Universitätskolloquien zur Schizophrenie, Bd 2. Steinkopff, Darmstadt, S 367–381
Lochner C, Seedat S, Hemmings SM et al (2007) Investigating the possible effects of trauma experiences and 5-HTT on the dissociative experiences of patients with OCD using path analysis and multiple regression. Neuropsychobiology 56:6–1
Maercker A, Rosner R (2006) Was wissen wir über die Posttraumatische Belastungsstörung, und wohin gehen zukünftige Entwicklungen? In: Maercker A, Rosner R (Hrsg) Psychotherapie der posttraumatischen Belastungsstörungen. Thieme, Stuttgart, S 3–17
Mentzos S (2012) Hysterie. Zur Psychodynamik unbewusster Inszenierungen. Vandenhoeck & Ruprecht, Göttingen
Nemiah JC (1998) Early concepts of trauma, dissociation and the unconscious: Their history and current implications. In: Bremner JD, Marmar CR (Hrsg) Trauma, memory, and dissociation. American Psychiatric Press, Washington DC
Nijenhuis ER, Spinhoven P, Vanderlinden J et al (1998) Somatoform dissociative symptoms as related to animal defensive reactions to predatory imminence and injury. J Abnorm Psychol 107:63–73
Nijenhuis ER, van der Hart O (2011) Dissociation in trauma: A new definition and comparison with previous formulations. J Trauma Diss 12:416–445
Northoff G, Bermpohl F (2004) Cortical midline structures and the self. Trends Cogn Sci 8:102–107
Ogawa JR, Sroufe LA, Weinfield NS et al (1997) Development and the fragmented self: longitudinal study of dissociative symptomatology in a nonclinical sample. Dev Psychopathol 9:855–879
Perez DL, Dworetzky BA, Dickerson BC et al (2015) An integrative neurocircuit perspective on psychogenic nonepileptic seizures and functional movement disorders: Neural functional unawareness. Clin EEG Neurosci 46:4–15
Pieper S, Out D, Bakermans-Kranenburg MJ, van Ijzendoorn MH (2011) Behavioral and molecular genetics of dissociation: the role of the serotonin transporter gene promoter polymorphism (5-HTTLPR). J Trauma Stress 24:373–380
Priebe K, Schmahl C, Stiglmayr C (2013) Dissoziation. Theorie und Therapie. Springer, Berlin
Reinders AA, Nijenhuis ER, Paans AM et al (2003) One brain, two selves. NeuroImage 20:2119–2125
Reinders AA, Willemsen A, den Boer JA et al (2014). Opposite brain emotion-regulation patterns in identity states of dissociative identity disorder: A PET study and neurobiological model. Psychiatry Res 223:236–243
Reinhold N, Markowitsch HJ (2008) Stress und Trauma als Auslöser für Gedächtnisstörungen: Das mnestische Blockadesyndrom. In: Leuzinger-Bohleber M, Roth G, Buchheim A (Hrsg) Psychoanalyse Neurobiologie Trauma. Schattauer, Stuttgart, S 118–131
Sartory G, Cwik J, Knuppertz H et al. (2013) In search of the trauma memory: A meta-analysis of functional neuroimaging studies of symptom provocation in posttraumatic stress disorder (PTSD). PLoS ONE 8(3):e58150
Savitz JB, van der Merwe L, Newman TK, Solms M et al (2008) The relationship between childhood abuse and dissociation. Is it influenced by catechol-O-methyltransferase (COMT) activity? Int J Neuropsychopharmacol 11:149–161
Schilder P (1914) Selbstbewusstsein und Persönlichkeitsbewusstsein. Springer, Berlin
Schore AN (2002) Advances in neuropsychoanalysis, attachment theory, and trauma research: Implications for self psychology. Psychoanal Inq 22:433–484
Shorter E (1999) Geschichte der Psychiatrie. Alexander Fest, Berlin
Sierra M, David AS (2011) Depersonalization: a selective impairment of self-awareness. Conscious Cogn 20:99–108
Simeon D, Guralnik O, Hazlett EA et al (2000) Feeling unreal: a PET study of depersonalization disorder. Am J Psychiatry 157:1782–1788

Spitzer C, Spelsberg B, Grabe HJ et al (1999) Dissociative experiences and psychopathology in conversion disorders. J Psychosom Res 46:291–294

Spitzer C, Barnow S, Freyberger HJ, Grabe HJ (2007) Dissociation predicts symptom-related treatment outcome in short-term inpatient psychotherapy. Aust N Z J 41:682–687

Spitzer C (2014) Dissoziative Störungen. In: Juckel G, Edel MA (Hrsg) Neurobiologie und Psychotherapie. Schattauer, Stuttgart, S 145–156

Spitzer C, Wibisono D, Freyberger HJ (2015a) Theorien zum Verständnis von Dissoziation. In: Seidler G, Maercker A, Freyberger HJ (Hrsg) Handbuch der Psychotraumatologie. 2. überarb. u. erw. Aufl. Klett-Cotta, Stuttgart, S 18–34

Spitzer C, Stieglitz RD, Freyberger HJ (2015b) Der Fragebogen zu Dissoziativen Symptomen (FDS). Ein Selbstbeurteilungsverfahren zur syndromalen Diagnostik dissoziativer Phänomene. Testmanual zur Kurz- und Langform (FDS-20 und FDS). 3. überarb. u. erw. Aufl. Huber, Bern

Wingenfeld K, Heim C (2013) Psychobiologische Aspekte bei früher Traumatisierung. In: Spitzer C, Grabe HJ (Hrsg) Kindesmisshandlung. Psychische und körperliche Folgen im Erwachsenenalter. Kohlhammer, Stuttgart, S 36–51

Wöller W (2014) Depersonalisierung. In: Mertens W (Hrsg) Handbuch psychoanalytischer Grundbegriffe. Kohlhammer, Stuttgart, S 160–162

Persönlichkeitsstörungen

Heinz Böker, Georg Northoff

H. Böker et al. (Hrsg.), *Neuropsychodynamische Psychiatrie*,
DOI 10.1007/978-3-662-47765-6_23, © Springer-Verlag Berlin Heidelberg 2016

23.1 Einleitung

Bevor wir die Persönlichkeitsstörungen in neuropsychodynamischer Perspektive betrachten, müssen einige grundlegende Fragen erörtert werden:

Inwieweit lassen sich Persönlichkeitsstörungen von der »Normalität«, der nicht pathologisch veränderten Persönlichkeit, unterscheiden? – Ob und inwieweit lassen sich Persönlichkeitsstörungen von anderen psychischen Störungen unterscheiden? – Inwieweit lassen sich die einzelnen Formen von Persönlichkeitsstörungen in einer neurowissenschaftlichen Perspektive erfassen und in neuropsychodynamischer Sicht verstehen?

Unter Persönlichkeit lässt sich ein Muster von Gedanken, Gefühlen und Verhaltensweisen beschreiben, das eine Person von einer anderen unterscheidet. Diese Merkmale überdauern Zeit und Situationen.

Das Kriterium der zeitlichen Stabilität kennzeichnet auch die Persönlichkeitsstörungen: Es handelt sich um langjährige persistierende und unflexible Charakterzüge und Verhaltensmuster eines Individuums, die sich in zahlreichen Situationen manifestieren und zu subjektivem Leiden des Betroffenen und/oder seiner sozialen Umgebung führen.

An dieser Stelle können nicht die historischen Aspekte unterschiedlicher Persönlichkeits- und Persönlichkeitsstörungstheorien detailliert dargestellt werden. Es sei jedoch daran erinnert, dass bereits Hippocrates (460–377 v. Chr.) eine »biologische« Theorie der Persönlichkeit entwickelt hatte: Die Theorie von Hippocrates stellte bekanntlich einen Zusammenhang her zwischen den »Körpersäften« und Charaktereigenschaften. Sanguiniker zeichnen sich darin durch optimistisch-extrovertiertes Verhalten, Melancholiker durch pessimistisches Verhalten, Choleriker durch reizbar-feindseliges Verhalten und Phlegmatiker durch Apathie aus.

Neuere faktorenanalytische Ansätze definieren Persönlichkeit als Konstrukt, das auf bestimmten Grundeinheiten (Traits) aufgebaut ist, die sich nicht deduktiv aus biologischen Merkmalen (z. B. Körpersäfte, Physiognomie, Konstitution, Genetik) ableiten lassen, sondern induktiv aus empirischen Messergebnissen von Verhaltenstests.

Ein geläufiges dimensionales Modell, das Fünf-Faktoren-Modell, verbindet zahlreiche Faktorenanalysen zu einem Konzept, demzufolge Extraversion, Verträglichkeit, Gewissenhaftigkeit, Neurotizismus und Offenheit für neue Erfahrungen die grundlegenden Faktoren dafür bilden, die in den international gebräuchlichen Diagnosemanualen (ICD-10/11, DSM-IV/V) aufgeführten Persönlichkeitsstörungen zu charakterisieren (Costa u. Widiger 1994). Dabei ist nicht abschließend geklärt, ob es sich wirklich um die fundamentalen Determinanten für die Organisation einer normalen Persönlichkeit oder einer Persönlichkeitsstörung handelt. In klinischer Perspektive erscheint der Versuch, anhand dieser fünf Faktoren für jede einzelne Persönlichkeitsstörung Faktorenprofile zu erstellen, unrealistisch.

Kategoriale Ansätze zur Erfassung der Persönlichkeitsstörungen gehen grundsätzlich anders vor: Ausgehend von den in der Klinik zu beobachtenden unterschiedlichen Konstellationen pathologischer Persönlichkeitseigenschaften wird eine empirische Forschung zu Validität und Reliabilität der jeweils korrespondierenden klinischen Diagnosen durchgeführt. Es wird der Versuch unternommen, hieraus eine klare Unterscheidung zwischen den einzelnen Persönlichkeitsstörungen abzuleiten (Akhtar 1992). Dieser in den internationalen Klassifikationssystemen verfolgte Ansatz leidet an der hohen Komorbiditätsrate der schweren Persönlichkeitsstörungen und nicht zuletzt auch unter der »unglücklichen Politisierung der Entscheidungsprozesse durch Komitees, die festlegen, welche Persönlichkeitsstörungen unter welcher Bezeichnung in das offizielle DSM-System Eingang finden und welche nicht« (Kernberg 2000).

Ein Hauptproblem sowohl der kategorialen als auch der dimensionalen Klassifikationssysteme besteht in deren Tendenz, die empirische Forschung zu sehr an den oberflächlichen Verhaltensweisen auszurichten, denen in Abhängigkeit von den zugrundeliegenden Persönlichkeitsstrukturen ganz unterschiedliche Funktionen zukommen können (vgl. Kernberg 2000, S. 46). Gleichzeitig besteht das

Tab. 23.1 Persönlichkeitsstörungen: Operationale Diagnostik. Die wichtigsten Persönlichkeitsstörungen nach ICD-10 (WHO 1991) und DSM-IV (APA 1996)

ICD-10	DSM-IV
Gruppe A: »sonderbar und exzentrisch«	
Paranoide Schizoide Schizotypische	Paranoide Schizoide Schizotypische
Gruppe B: »dramatisch, emotional, launisch«	
Dissoziale Emotional unstabile, Borderline-Typus Emotional unstabile, impulsiver Typus Histrionische	Antisoziale Borderline Histrionische Narzisstische
Gruppe C: »ängstlich und furchtsam«	
Ängstliche Abhängige Anankastische	Vermeidende Dependente Zwanghafte Passiv-aggressive

Problem in der notwendigen Abhängigkeit groß angelegter Untersuchungen von standardisierten Interviews oder Fragebogen, deren Bewertung nicht zuletzt auch von der sozialen Wertung einzelner Persönlichkeitseigenschaften beeinträchtigt wird.

Die operationale Diagnostik der Persönlichkeitsstörungen wird in Tab. 23.1 zusammengefasst.

Cloninger (1987, 1994) entwickelte einen neurobiologischen Ansatz zur Charakterisierung von Persönlichkeitscharakteristika auf der Basis neuronaler Merkmale:

- **Novelty seeking:** Verhaltensaktivierung im Sinne einer dopaminerg vermittelten Offenheit für neue Erfahrungen.
- **Harm avoidance:** Verletzungsvermeidung im Sinne einer serotonerg vermittelten Schutzhaltung.
- **Reward dependence:** Belohnungsabhängigkeit im Sinne einer noradrenerg vermittelten Suche nach Bestätigung.

Tab. 23.2 Integratives Persönlichkeitsmodell. (Adapt. nach Cloninger et al. 1994)

Vier Temperamentsdimensionen	Drei Charakterdimensionen
Biologisch-genetisch geformt, neurobiologisch ableitbar	Erlernt; Individuum-Umwelt
Schadensvermeidung	**Selbstgerichtetheit**
Harm avoidance (serotonerges System)	Das Erfahren des Selbst als autonome Struktur
Neugierverhalten	**Kooperativität**
Novelty seeking (dopaminerges System)	Erfahren des Selbst als Bestandteil einer Gruppe, Gesellschaft, Menschheit
Belohnungsabhängigkeit	**Selbsttransparenz**
Reward dependence	Erfahren des Selbst als Bestandteil des Universums
Beharrungsvermögen	
(Persistence) noradrenerges System	

In seinem **integrativen Persönlichkeitsmodell** unterschied Cloninger

- vier Temperamentsdimensionen (biologisch-genetisch geformt, neurobiologisch ableitbar) und
- drei Charakterdimensionen (erlernt in der Auseinandersetzung des Individuums mit seiner Umwelt) (Tab. 23.2).

23.2 Neuropsychodynamische Konzeptualisierung der Persönlichkeitsstörungen

23.2.1 Grundlagen der Diagnostik

Grundlage einer therapierelevanten diagnostischen Beurteilung von Persönlichkeitsstörungen sind drei Grundbereiche:

1. Temperament Unter Temperament versteht man eine konstitutionell vorhandene und in weiten Teilen genetisch determinierte, angeborene Disposition zu Reaktionsweisen auf Umweltreize, insbesondere Intensität, Rhythmus und Schwelle affektiver Reaktionen. Es handelt sich hierbei um den sog. »dynamischen Bereich« der persönlichen Identität. Kernberg (2000) vermutet, dass das Voraussetzen angeborener Schwellen für die Aktivierung sowohl positiver, angenehmer, belohnender als auch negativer, schmerzhafter, aggressiver Affekte die wesentliche Brücke zwischen biologischen und psychologischen Determinanten der Persönlichkeit darstellt. Der Begriff des Temperaments schließt hierbei auch angeborene Dispositionen für die kognitive Organisation und das motorische Verhalten mit ein (z. B. die hormonell bedingten, insbesondere durch Testosteron hervorgerufenen Unterschiede in den kognitiven Funktionen und der geschlechtsspezifischen Rollenidentität zwischen männlichen und weiblichen Verhaltensmustern). Den affektiven Anteilen des Temperaments kommt im Hinblick auf die Entwicklung von Persönlichkeitsstörungen eine fundamentale Bedeutung zu.

2. Charakter Hierbei handelt es sich um die spezielle dynamische Organisation der Verhaltensmuster jedes einzelnen Individuums einschließlich des in der Person verankerten Wertgefüges mit Vorstellungen, Intentionen, Haltungen und Einstellungen zu Normen. Hierin ist der strukturelle Bereich der persönlichen Identität zu sehen.

3. Verinnerlichte Beziehungserfahrungen und Beziehungsmuster Diese liegen den psychosozialen Kompetenzen einer Person zugrunde, bestehend aus strukturellen und dynamischen Elementen, somit dem psychosozialen Bereich der persönlichen Identität.

Zusammenfassend kann die Persönlichkeit verstanden werden als eine dynamische Integration aller Verhaltensmuster, die sich aus Temperament, Charakter und internalisierten Wertsystemen herleiten lassen (Kernberg 2000).

23.2.2 Psychodynamik

Wesentliche motivationale Aspekte der Persönlichkeit (und der Persönlichkeitsstörungen) bestehen in den Affekten und Trieben.

Affekte

Affekte sind psychobiologische Verhaltensmuster, die gekennzeichnet sind durch:

- eine spezifische kognitive Bewertung,
- ein spezifisches mimisches Muster (als Teil des allgemeinen Kommunikationsmusters),
- ein subjektives Erleben angenehmer und belohnender oder unangenehmer und aversiver Qualität,
- ein muskuläres und neurovegetatives Abfuhrmuster.

Die Auslösung der Affekte als angeborene, konstitutionell und genetisch determinierte Reaktionsweisen erfolgt anfangs anhand von physiologischen und körperlichen Erfahrungen sowie im weiteren Verlauf schrittweise einhergehend mit dem Aufbau von Objektbeziehungen (◘ Abb. 23.1).

Affekte lassen sich als ein phylogenetisch junges biologisches System auffassen, das sich bei Säugetieren herausgebildet hat, damit das Junge der Mutter seine lebenswichtigen Bedürfnisse übermitteln kann (Krause 1988).

Das Grundmuster für die Entwicklung des unbewussten Geisteslebens und der Struktur der Psyche besteht in der affektiv besetzten Entwicklung von **Objektbeziehungen**: Damit sind die realen und fantasierten zwischenmenschlichen Interaktionen gemeint, die zu einer komplexen Welt von Selbst- und Objektrepräsentanzen in Kontext mit affektiven Interaktionen internalisiert werden (◘ Abb. 23.1; Kernberg 2000).

? Worin besteht nun die Verbindung zwischen den biologischen Determinanten affektiver Reaktionen und den psychologischen Auslösern spezifischer Affekte?

Neurowissenschaftliche Studienergebnisse

Antworten auf diese Frage liefern neurowissenschaftliche Studien, die auf Alterationen an Neurotransmittersystemen bei schweren Persönlichkeitsstörungen, insbesondere der Borderline-Persönlichkeitsstörung, hinweisen (Stone 1993a,b). Auch wenn diese Befunde unter Vorbehalt interpretiert werden müssen, lässt sich vermuten, dass Abweichungen im adrenergen und cholinergen

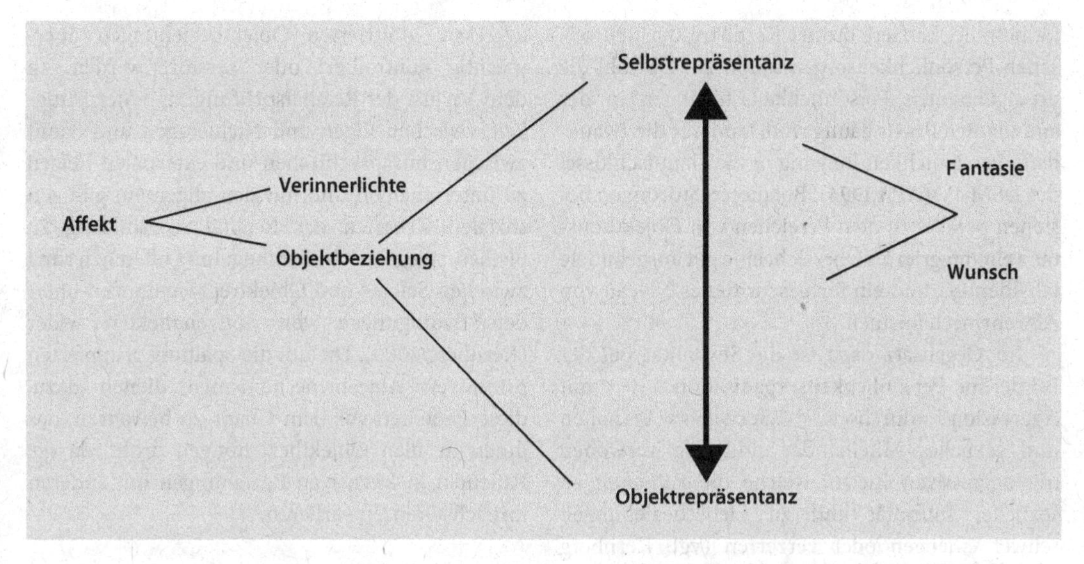

Abb. 23.1 Zusammenhang von Affekten, Beziehungsmustern, Selbstbild und Symbolisierung

System z. B. mit einer allgemeinen Affektinstabilität assoziiert sein könnten. Defizite im dopaminergen System stehen möglicherweise im Zusammenhang mit flüchtigen psychotischen Symptomen bei Borderline-Patienten, impulsive, aggressive und autodestruktive Verhaltensweisen können u. U. durch Dysfunktionen des serotonergen Systems begünstigt werden (Übersicht in Kernberg 2000). Zusammenfassend lässt sich also annehmen, dass sich genetische Veranlagungen temperamentsbedingter Varianten hinsichtlich der Affektaktivierung als Abweichungen in den Neurotransmittersystemen niederschlagen.

Psychodynamische Theorien der Persönlichkeitsstörungen

Auf das Überwiegen der primären Affektdisposition bei schweren Persönlichkeitsstörungen hatte bereits **Melanie Klein** (1946, 1962) aufmerksam gemacht. Die wesentlichen psychodynamischen Konstellationen von schweren Persönlichkeitsstörungen sind in der folgenden Übersicht zusammengefasst.

Zentrale psychodynamische Konstellationen von schweren Persönlichkeitsstörungen (vgl. M. Klein 1946, 1962)

- Überwiegen primitiver Abwehr- und Bewältigungsmechanismen
  - Primäre Affektdisposition
  - Gespaltene Erfahrungswelt (Entweder – Oder)
  - Unzureichende Grenzen zwischen Innen- und Außenwelt, Ich und Objekt
- Dominanz von aggressiven Tendenzen
- Struktur: Omnipotentes Ich-Ideal und sadistisch-verfolgendes Über-Ich
- Grundlegende Beziehungsgestaltung: Mechanismus der projektiven Identifizierung
- Mentalisierungsstörung: Eigene Gedanken und Gefühle werden nicht als subjektiv bedeutsame Symbolisierungsleistungen erfahren, kein sicheres Gefühl für Getrenntheit und eigene innere Realität von Bezugspersonen
- Empathiestörung: Schwierigkeit, sich in einen anderen einzufühlen und persönliche Verantwortung zu übernehmen

Otto Kernberg (2000) sieht einen Hauptmotivationsaspekt der schweren Persönlichkeitsstörungen in der Ausbildung übermäßiger Aggression und der mit aggressiven Affektäußerungen einhergehenden Psychopathologie, während die vorherrschende Psychopathologie bei den weniger schweren Persönlichkeitsstörungen (hysterische, zwanghafte und depressiv-masochistische Persönlichkeit) den Bereich der Libido oder der Sexualität betreffe. Letztere ordnet Kernberg der neurotischen Persönlichkeitsorganisation zu. Obwohl die drei genannten Persönlichkeitsstörungen in der ambulanten Praxis häufig sind, fand nur die zwanghafte Persönlichkeit Eingang in die Hauptschlüssel des DSM-IV (APA 1994). Bei diesen Störungen bestehen parallel zu dem Erreichen von Objektkonstanz ein integriertes Über-Ich, eine gut ausgebildete Ich-Identität und ein fortgeschrittenes Niveau von Abwehrmechanismen.

Im Gegensatz dazu ist die Sexualität bei der Borderline-Persönlichkeitsorganisation mit Aggression »durchsetzt«: Sexuelles Verhalten und sexuelles Miteinander sind eng verwoben mit aggressiven Zielen, welche die Fähigkeit zu sexueller Intimität und zu Liebesbeziehungen schwer einengen oder verzerren (vgl. Kernberg 2000, S. 50).

Kernbergs psychoanalytisches Modell der Persönlichkeitsstörungen

Kernbergs psychoanalytisches Nosologiemodell der Persönlichkeitsstörungen basiert auf der Dimension des Schweregrads (Kernberg 1976). Dementsprechend werden drei unterschiedliche Persönlichkeitsorganisationen voneinander unterschieden.

1. Psychotische Persönlichkeitsorganisation Der psychotischen Persönlichkeitsorganisation liegt eine unzureichende Integration der Konzepte des Selbst und bedeutsamer Bezugspersonen zugrunde. Es bestehen somit eine Identitätsdiffusion mit Vorherrschen primitiver, sich um den Mechanismus der Spaltung gruppierender Abwehrmechanismen und ein Verlust der Realitätsprüfung. Die grundlegende Funktion des Spaltungsmechanismus und seiner Abkömmlinge (projektive Identifizierung, Verleugnung, primitive Idealisierung, Omnipotenz, omnipotente Kontrolle, Entwertung) sieht Kernberg v. a. darin, die idealisierten und verfolgenden internalisierten Objekte, die sich aus den Entwicklungsphasen vor der Ausbildung der Objektkonstanz herleiten lassen, voneinander getrennt zu halten. Die Spaltung hat insbesondere die Funktion zu verhindern, dass in der von aggressiv besetzten Internalisierungen beherrschten inneren Welt die idealen Objektbeziehungen durch die aggressiv infiltrierten Objektbeziehungen übermächtig kontrolliert oder zerstört werden. In dem Verlust der Realitätsprüfung, d. h. der Fähigkeit, zwischen Eigen und Nicht-Eigen und damit zwischen intrapsychischen und externalen Reizen zu unterscheiden und mit den allgemein gültigen sozialen Kriterien der Realität in Einklang zu bleiben, spiegele sich ein Mangel an Differenzierung zwischen Selbst- und Objektrepräsentanzen unter den Bedingungen von Spitzenaffekten wider (Kernberg 2000). Die um die Spaltung gruppierten primitiven Abwehrmechanismen dienen dazu, diese Patienten vor dem Chaos zu bewahren, das ihnen in allen Objektbeziehungen droht, da die Patienten in intensiven Beziehungen mit anderen ihre Ich-Grenzen verlieren.

2. Borderline-Persönlichkeitsorganisation Die Borderline-Persönlichkeitsorganisation ist ebenfalls gekennzeichnet durch eine Identitätsdiffusion und ein Vorherrschen primitiver, um die Spaltung gruppierter Abwehrmechanismen; sie unterscheidet sich von der psychotischen Persönlichkeitsorganisation durch das Vorhandensein einer guten Realitätsprüfung. Darin spiegele sich eine Differenzierung zwischen Selbst- und Objektrepräsentanzen wider, die in jeweils idealisierte und verfolgende Abschnitte aufgeteilt werden (Kernberg 1975). Die Borderline-Persönlichkeitsorganisation beinhaltet in der klinischen Praxis das gesamte Spektrum an schweren Persönlichkeitsstörungen (Übersicht).

Borderline-Persönlichkeitsorganisation (Kernberg 1976, 2000)

- Identitätsdiffusion:
  - Vorherrschen primitiver Abwehrmechanismen (z. B. Spaltung)
  - Realitätsprüfung vorhanden (Unterscheidung zwischen intrapsychischen und externalen Reizen)
  - Differenzierung zwischen Selbst- und Objektrepräsentanzen (idealisierend/verfolgend)
- Über-Ich-Störung: z. B. antisoziales Verhalten
- Schwere Verzerrung in den zwischenmenschlichen Beziehungen

- Fehlende Fähigkeit, Konstant an einem Ziel festzuhalten (z. B. im Beruf)
- Störung der Sexualität mit multiplen »polymorph-perversen« Tendenzen
- Ich-Schwäche mit fehlender Angsttoleranz, Impulskontrolle und Sublimierungsfähigkeit
- Gesamtes Spektrum schwerer Persönlichkeitsstörungen:
  - Borderline-Persönlichkeitsstörungen
  - Schizoide Persönlichkeitsstörung
  - Schizotypische Persönlichkeitsstörung
  - Paranoide Persönlichkeitsstörung
  - Hypomanische Persönlichkeitsstörung
  - Hypochondrie
  - Narzisstische Persönlichkeitsstörung
  - Antisoziale Persönlichkeitsstörung

In der Borderline-Persönlichkeitsorganisation finden sich signifikante **quantitative Unterschiede** im Hinblick auf das Ausmaß der Pathologie, insbesondere der Verzerrungen in den zwischenmenschlichen Beziehungen, des Ausmaßes an Aggression, der Ich-Schwäche, Angsttoleranz, Impulskontrolle und Sublimierungsfähigkeit. Zu einer »höheren Stufe« der Borderline-Persönlichkeitsorganisation zählt Kernberg die zyklothyme Persönlichkeit, die sadomasochistische Persönlichkeit, die infantile oder histrionische Persönlichkeit, die abhängigen Persönlichkeitstypen und schließlich einige der besser funktionierenden narzisstischen Persönlichkeitsstörungen.

- **Borderline-Persönlichkeitsstörung. Emotional instabile Persönlichkeitsstörung, Borderline Typus (ICD-10: F60.31)**

Definition

- Überdauerndes Muster von emotionaler Instabilität und Impulsivität
- Inkonstante und krisenhafte Beziehungen
- Ausgeprägte Angst vor dem Verlassenwerden
- Impulsive – häufig auch selbstschädigende - Verhaltensweisen
- Instabile und wechselhafte Stimmung
- Multiple und wechselnde psychogene Beschwerden
- Identitätsunsicherheit
- Dissoziative und paranoide Symptome unter Stress

- **Narzisstische Persönlichkeitsstörung (ICD-10: F60.8)**

Definition

- Tiefgreifendes Muster von Großartigkeit (in Fantasie oder Verhalten), Bedürfnis nach Bewunderung und Mangel an Empathie.
- Die Betreffenden haben ein grandioses Gefühl der eigenen Wichtigkeit, glauben von sich selbst, »besonders« und einzigartig zu sein, und legen ein Anspruchsdenken an den Tag, d. h. übertriebene Erwartungen an eine besonders bevorzugte Behandlung oder automatisches Eingehen auf die eigenen Erwartungen.
- In zwischenmenschlichen Beziehungen sind die Betreffenden ausbeutend, zeigen einen Mangel an Empathie sowie arrogante, überhebliche Verhaltensweisen oder Handlungen.

- **Neurotische Persönlichkeitsorganisation**

Die neurotische Persönlichkeitsorganisation ist durch eine normale Ich-Identität und die damit einhergehende Fähigkeit zu tiefen Objektbeziehungen, durch eine Ich-Stärke (mit vorhandener Angsttoleranz, Impulskontrolle, Fähigkeit zu Sublimierung sowie Effizienz und Kreativität bei der Arbeit) und einer Fähigkeit zu sexueller Liebe und emotionaler Intimität gekennzeichnet. Letztere sei lediglich durch unbewusste Schuldgefühle beeinträchtigt, die in spezifischen pathologischen Interaktionsmustern in Bezug auf sexuelle Intimität zum Ausdruck kommen. Zu dieser Gruppe zählt Kernberg die hysterische Persönlichkeit, die depressiv-masochistische Persönlichkeit, die zwanghafte Persönlichkeit und die von vielen als vermeidend-selbstunsichere bezeichneten Persönlichkeitsstörungen.

Die von Kernberg vorgeschlagene Borderline-Persönlichkeitsorganisation (Kernberg 1976, 2000) wurde auch kritisch hinterfragt, v. a. im Hinblick auf eine problematische Relativierung von Kerncharakteristika der Borderline-Persönlichkeitsstörung, insbesondere der Oszillation von Nähe und Ferne, Sehnsucht und aggressiver Abwehr (vgl. Mentzos 1991).

23.3 Die Borderline-Persönlichkeitsstörung

Die Borderline-Persönlichkeitsstörung (BPS) ist eine schwerwiegende psychische Störung, die ca. 1–3 % der Allgemeinbevölkerung betrifft (Coid et al. 2006) und eine Lebenszeitprävalenz von ca. 3 % aufweist (Trull et al. 2010). Bei der Ätiologie der Borderline-Persönlichkeitsstörung spielen Wechselwirkungen zwischen genetischen, neurobiologischen Faktoren und psychosozialen Belastungsfaktoren (u. a. sexuelle und körperliche Gewalterfahrungen, emotionale Vernachlässigung) eine zentrale Rolle (vgl. Mak u. Lam 2013). Auf phänomenologischer Ebene äußert sich die BPS in einem komplexen Zusammenspiel gestörter Emotionsverarbeitungsprozesse, dysfunktionaler kognitiver Bewertungen, interpersoneller Störungen und maladaptiver Bewältigungsstrategien (Krause-Utz et al. 2014).

23.3.1 Affektregulation

Die Störung der Affektregulation stellt ein zentrales Merkmal der BPS-Symptomatik dar. Diese umfasst eine stärkere Sensibilität für affektive Reize, intensivere emotionale Reaktionen, eine verlangsamte Rückbildung der Affekte zum Ausgangsniveau und ausgeprägte Defizite bei der Regulation dieser Affekte. Im Vergleich zu Gesunden zeigen Patienten mit BPS, besonders unter Anspannung, eine erhöhte Schmerzschwelle, ferner treten häufig dissoziative Phänomene auf.

Als weitere kognitive Auffälligkeiten bei der BPS finden sich ein instabiles Selbstbild, Identitätsstörungen und eine erhöhte Ablenkbarkeit, insbesondere für emotionale Reize.

Impulsivität äußert sich bei Patienten mit BPS in erhöhtem Hochrisikoverhalten, Substanzmissbrauch, Essattacken oder plötzlichen Beziehungsabbrüchen. Letztere sind Ausdruck eines weiteren Kernbereichs der BPS, der interpersonellen Störungen. Intensive Beziehungen bei BPS gehen mit häufigen Trennungen, Wiederannäherungen und verzweifelten Versuchen einher, nicht verlassen zu werden, gleichzeitig Schwierigkeiten beim Aufbau von Vertrauen und Hypersensibilität gegenüber sozialer Ablehnung (Übersicht in Winter et al. 2015).

▪ Dreidimensionales Modell der Persönlichkeitsstörungen

In dem dreidimensionalen Modell (Modus der Abwehr und Bewältigung, Struktur und Konflikt) wird der Versuch unternommen, die verschiedenen klinischen Bilder der unterschiedlichen Persönlichkeitsstörungen und deren Bezug zu anderen psychiatrischen Erkrankungen einzuordnen (vgl. Mentzos 1991; ► Kap. 6; ◘ Abb. 23.2).

23.3.2 Neurobiologie der Persönlichkeitsstörungen am Beispiel der BPS

Die mit Abstand meisten neurowissenschaftlichen Untersuchungen bei Persönlichkeitsstörungen liegen für die Borderline-Persönlichkeitsstörung vor. Mittels des Einsatzes der strukturellen MRT und DTI fanden sich Hinweise auf hirnmorphologische Veränderungen bei Patienten mit BPS (aktuelle Übersicht in Winter et al. 2015). Zielregionen der Analysen waren insbesondere (para-)limbische Gehirnregionen, die eine zentrale Rolle bei der Emotionsverarbeitung und Initiierung von Stressreaktionen spielen, beispielsweise die Amygdala, und die Insula. Eine weitere Region mit hoher Relevanz für die BPS-Symptomatik ist der Hippocampus, der mit autobiografischen Gedächtnisprozessen in Verbindung gebracht wird. Patienten mit BPS wiesen im Vergleich mit gesunden Probanden verkleinerte Amygdala- und Hippocampus-Volumina auf (Nunes et al. 2009). Insbesondere bei Patienten mit komorbider posttraumatischer Belastungsstörung zeigten sich in Hippocampus und Amygdala Veränderungen, die möglicherweise in einem engem Zusammenhang mit der vermehrten Ausschüttung von Stresshormonen wie Cortisol stehen (Rodrigues et al. 2011). Neben einem verminderten Hippocampus-Volumen fanden neuere Studien auch ein vermindertes Volumen des Hypothalamus (Kuhlmann et al. 2013) und strukturelle Veränderungen in temporalen und parietalen Gehirnbereichen (Soloff et al. 2008).

Auch in frontalen Gehirnbereichen, die eine entscheidende Rolle bei kognitiven-exekutiven Prozessen und der Regulation von Emotionen spielen, wurden strukturelle Veränderungen bei

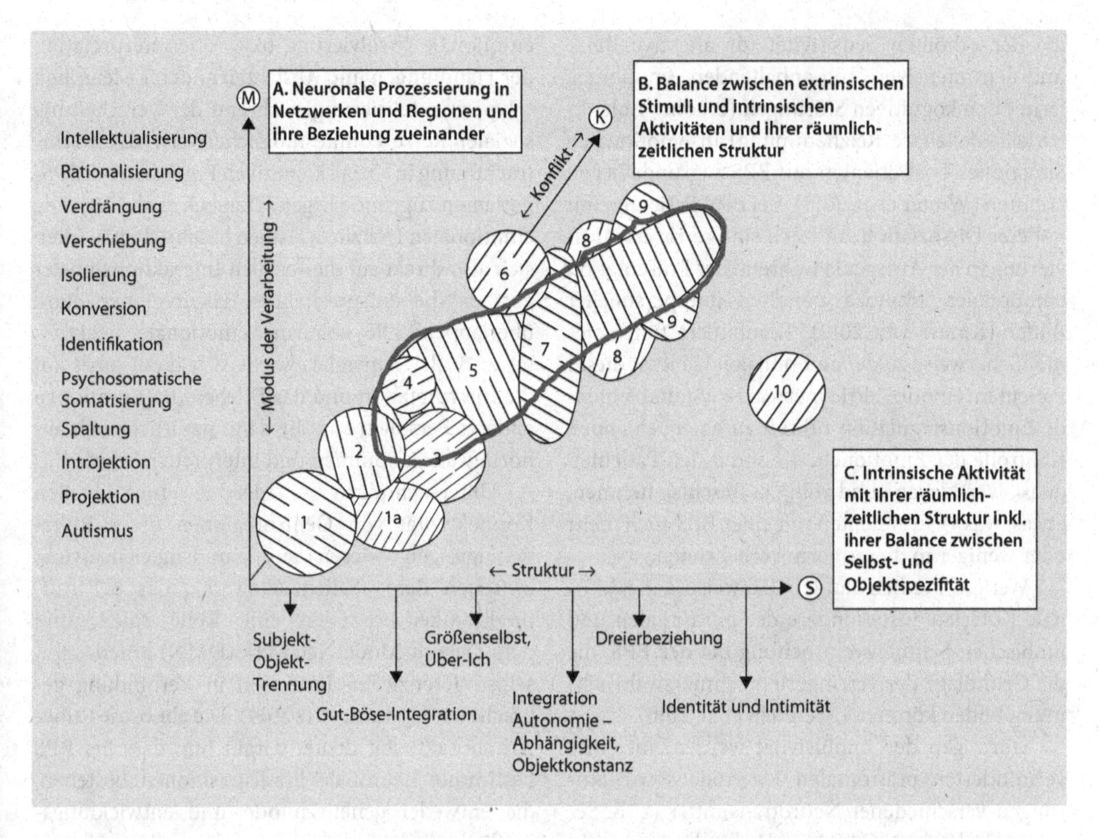

Abb. 23.2 Einordnung der Persönlichkeitsstörungen im dreidimensionalen neuropsychodynamischen Modell (Modus, Struktur, Konflikt). *1* schizophrene Psychosen, *1a* schizoaffektive Psychosen, *2* Borderline, *3* affektive Psychosen, *4* Psychopathie i. e. S., *5* Persönlichkeitsstörungen, narzisstische Störungen und Charakterneurosen, *6* maligne Hysterie, *7* Angstneurose, *8* Zwangsneurose, *9* Hysterie, *10* Panik mit Somatisierung beim Normalen in extremem Stress

BPS-Patienten gefunden: Kleinere Volumina im orbitofrontalen Kortex (OPC; Soloff et al. 2012), im anterioren zingulären Kortex (ACC; Goodman et al. 2011), im ventromedialen präfrontalen Kortex (VMPFC; Bertsch et al. 2013) und im dorsolateralen präfrontalen Kortex (DLPFC; Sala et al. 2011).

Studien der anatomischen Struktur und ihrer Konnektivität mittels Diffusion Tensor Imaging (DTI) erbrachten Belege für eine verminderte strukturelle Vernetzung (Konnektivität) frontaler Gehirnregionen (Carrasco et al. 2012), insbesondere bei Adoleszenten (Maier-Hein et al. 2014).

Auch auf funktioneller Ebene fanden sich zahlreiche Hinweise für Störungen in fronto-limbischen Gehirnregionen (Amygdala, Insula, ACC, OFC, DLPFC), die den Kernbereichen der BPS-Symptomatik zugrunde liegen könnten. Es fanden sich insbesondere eine Hyperreagibilität der Amygdala (Krause-Utz et al. 2012) und eine verlangsamte Rückbildung der Amygdala-Aktivierung zum Ausgangsniveau (Kamphausen et al. 2013). Eine Hyperreagibilität limbischer Gehirnregionen wurde bei BPS-Patienten auch während der Präsentation neutraler Gesichtsausdrücke und Bilder gefunden. Dies lässt sich als Negativitäts-Bias auffassen, als eine Tendenz, neutralen Reizen eine emotionale Valenz zuzuschreiben (Daros et al. 2013). Möglicherweise manifestiert sich eine solche neuronale Hyperreaktivität auf emotionale Reize klinisch in der Form der spontanen emotionalen Ausbrüche bei diesen Patienten auf völlig »harmlose« oder neutrale Stimuli oder Reize.

Diese Befunde weisen auf eine stärkere und prolongierte Aktivierung der Amygdala und eine verminderte Rekrutierung regulierender bzw. hemmender (prä-)frontaler Gehirnregionen hin, die der erhöhten Sensitivität für affektive Reize und den intensiven lang anhaltenden Emotionen, ferner den kognitiven Störungen (erhöhte Ablenkbarkeit, defizitäre Reizhemmung) in emotionalen Situationen bei Patienten mit BPS zugrunde liegen könnten (Winter et al. 2015). Bei BPS-Patienten mit höherer Dissoziation fand sich eine geringere Aktivierung in der Amygdala während der Präsentation emotionaler, traumaassoziierter interpersoneller Bilder (Krause-Utz 2012). Kombiniert führt dies möglicherweise zu der emotionalen Labilität dieser Patienten; emotionale Hyperreaktivität und fehlende Emotionsregulation führen zu einer fehlenden Kontrolle der Emotionen, die somit den Patienten quasi »versklaven« und völlig in Beschlag nehmen, etwas, was viele Patienten mit einer BPS auch mehr oder weniger in dieser Form verbalisieren.

Weitere Studien fanden Hinweise auf neuronale Korrelate insbesondere der präfrontalen und limbischen Schmerzverarbeitung bei der BPS, die die Grundlage der verringerten Schmerzwahrnehmung bilden könnten (Niedtfeld et al. 2010).

Störungen der Impulsivität werden mit einer verminderten präfrontalen Kontrolle sowie Störungen verschiedener Neurotransmitter (z. B. Serotonin, Glutamat, GABA) in Verbindung gebracht (vgl. Goodman et al. 2010). Zunehmende empirische Evidenz spricht dafür, dass Patienten mit BPS insbesondere in emotionalen (Stress-)Situationen Defizite in der Reaktionshemmung zeigen. BPS-Patienten zeigten eine verminderte Aktivierung im subgenualen ACC und eine stärkere Amygdala-Aktivierung während der Induktion von Ärger (Jacob et al. 2013).

▪ Neuronale Korrelaten sozialer Interaktionsprozesse

Eine zunehmende Anzahl von Bildgebungsstudien hat sich mit den neuronalen Korrelaten sozialer Interaktionsprozesse bei Patienten mit BPS (im Vergleich zu Gesunden) befasst. Eine stärkere Aktivierung der Amygdala war bei BPS-Patienten nicht nur beim Betrachten interpersoneller Szenen oder emotionaler Gesichter zu finden (Holtmann et al. 2013), sondern auch während Empathie-Aufgaben wie der Einschätzung mentaler Zustände anderer Personen anhand von deren Augenpartien (Mier et al. 2013). Eine verstärkte emotionale Involvierung bzw. Überinterpretation der Handlungen und Absichten anderer Menschen (Hypermentalisierung) während der Verarbeitung sozialer Reize könnte möglicherweise der Beeinträchtigung in sozial-kognitiven Prozessen bei BPS-Patienten zugrunde liegen (Dziobek et al. 2011). Die emotionalen Defizite wie oben beschrieben, wirken sich also direkt auf die sozialen Interaktionsmuster aus, da die entsprechenden Hirnregionen stark überlappen. Die abnorme emotionale Reaktivität z. B. der Amygdala wirkt sich dann auch auf die Interpretation und das Erleben der Emotionen anderer Personen aus, die dann natürlich auch abnorm wahrgenommen und interpretiert werden.

Untersuchungen der funktionellen Konnektivität von Gehirnregionen unter Ruhebedingungen wiesen auf ein Ungleichgewicht zwischen dem »Salienznetzwerk«, das bei Aufmerksamkeitsprozessen eine Rolle spielt, und dem Default-Mode-Netzwerk (DMN) hin, das mit selbstreferenziellen Prozessen in Verbindung gebracht wird (Krause-Utz 2014). Die abnorme Ruhezustandsaktivität deutet darauf hin, dass bei BPS bestimmte neuronale Prädispositionen bestehen, die entweder genetisch oder/und entwicklungsmäßig bedingt sind.

Zusammenfassend deutet der aktuelle Stand der neurowissenschaftlichen Forschung im Bereich der BPS auf eine Hyperreaktivität (para-)limbischer Regionen (Amygdala, Insula) bei gleichzeitiger Hypoaktivität frontaler Kontrollregionen (ACC, OFC, DLPFC) hin. Diese dysfunktionalen neuronalen Aktivitätsmuster stehen insbesondere in einem Zusammenhang mit der veränderten Emotionsverarbeitung und Emotionsregulation von BPS-Patienten und korrelieren möglicherweise auch mit anderen zentralen Symptomen der BPS (Wahrnehmungsveränderungen bei Schmerz, Dissoziation, Impulsivität und zwischenmenschlichen Problemen).

? Was bedeuten diese Befunde in neuropsychodynamischer Hinsicht?

Das eigene Ich wird abnorm erlebt in emotionaler Hinsicht und Objekte, d. h. andere Personen oder Gegenstände in der Umwelt, werden dementsprechend abnorm erlebt. Die emotionale und soziale Labilität lässt die Balance zwischen Introjektion und Projektion abnorm oszillieren: entweder totale Projektion, die dann zu psychoseähnlichen Symptomen und extremsten Emotions- und Wutausbrüchen führt, oder das Gegenteil, mit extremer Introjektion, die dann symptomatisch zur Depression führt. Die emotional-soziale Instabilität wirkt sich also neuropsychodynamisch direkt auf die Balance zwischen Introjektion und Projektion aus.

Die extreme Labilität von Introjektion und Projektion mit der Schwankung zwischen den Extremen macht es für die BPS Patienten fast unmöglich, ein stabiles Selbst oder Ich zu entwickeln.

?»Wer bin ich – bin ich totale Projektion oder totale Introjektion?«

So könnte man sich vorstellen, würde ein BPS Patient auf die Frage nach seinem Ich reagieren. Die Balance zwischen Selbst- und Objektrepräsentanz ist extrem labil und oszilliert zwischen den Extremen totaler Objektrepräsentanz und totaler Selbstrepräsentanz. Die Entwicklung eines stabilen Selbst ist nicht möglich. Diese extreme Labilität in den Balancen zwischen Introjektion und Projektion sowie zwischen Selbst- und Objektrepräsentanz ist möglicherweise durch die abnorme intrinsische oder Ruhestandsaktivität des Gehirns in BPS prädisponiert. Ob hier genetische oder ökologisch-soziale Umwelteinflüsse eine zentrale Rolle spielen, bleibt gegenwärtig jedoch unklar.

23.3.3 Psychotherapie der Borderline-Persönlichkeitsstörung

Die Erkenntnis, dass Persönlichkeitsstörungen im Wesentlichen Beziehungsstörungen sind, gilt insbesondere für die Borderline-Persönlichkeitsstörung. Psychotherapie der Borderline-Persönlichkeitsstörung geht einher mit besonderen Herausforderungen an die therapeutische Beziehung. Darüber hinaus sollte nicht übersehen werden, dass auch die Behandlung der übrigen Persönlichkeitsstörungen – sowohl im einzel- wie im gruppentherapeutischen Setting – mit der Notwendigkeit einhergeht, der Entwicklung der therapeutischen Beziehung, der Übertragungs-Gegenübertragungsbeziehung, besondere Aufmerksamkeit zu widmen.

Zur Behandlung der BPS wurden in den vergangenen Jahrzehnten mehrere spezifische Ansätze entwickelt, für die inzwischen randomisiert-kontrollierte Studien und Wirksamkeitsnachweise vorliegen. Hierzu zählen

- dialektisch-behaviorale Therapie (DBT; Linehan 1993),
- mentalisierungsbasierte Therapie (MBT; Bateman u. Fonagy 2006, 2012),
- übertragungsfokussierte Psychotherapie (TFP); Clarkin et al. 1999, 2001),
- schemafokussierte Therapie (SFT; Yang et al. 2003),
- »systems training for emotional predictability and problem solving« (STEPPS; Bloom et al. 2008).

Diese auf unterschiedlichen theoretischen Konzepten basierenden Ansätze weisen als Schnittfläche und wesentliche Gemeinsamkeit auf, dass ein zeitlicher Rahmen, klare Regeln (z. B. bezüglich Umgang mit Suizidalität) und Rahmenbedingungen vereinbart werden, eine dynamische Hierarchisierung der therapeutischen Vorgehensweise festgelegt ist und eine mehrmodale Behandlung unter Einbezug verschiedener therapeutischer Interventionen (z. B. Einzel-/Gruppentherapie, Pharamakotherapie) erfolgt.

23.4 Therapie der Persönlichkeitsstörungen unter neuropsychodynamischen Aspekten

Gerade auch im Hinblick auf die Gestaltung der therapeutischen Begegnung erleichtert das Einbeziehen neuropsychodynamischer Aspekte das Verständnis von symptomatologischen, neuronalen und interaktionsdynamischen Zusammenhängen:

- Zusammenhänge zwischen pathologischen Persönlichkeitseigenschaften, dysfunktionalen neuronalen Mustern, manifestem Verhalten und zugrunde liegender psychologischer Struktur;

Tab. 23.3 Denk- und Verhaltensmuster, Interaktionsgefühle und Gegenübertragungsbereitschaften für spezifische Persönlichkeitsstörungen. (Mestel 2009; mit freundl. Genehmigung von Pabst Science Publishers)

Persönlichkeitsstörung	Optimalkriterium nach Allnutt u. Links (1996)	Interaktionsgefühl (Trautmann 2004)	Gegenübertragungsbereitschaften (Tress et al. 2002)
Schizotyp (F21)/ schizotypisch (DSM)	Seltsames Denken und Sprachverhalten; exzentrisch, komisch	»Komisch«	–
Paranoid	Vermutet ohne ausreichende Grundlage, dass andere ihn ausnützen, schädigen oder täuschen	Vorsicht	Sich missverstanden zurückziehen
Schizoid	Wünscht weder, noch freut sich über enge Beziehungen, einschließlich Teil einer Familie zu sein	Keins	Interesse an Beziehung zum Patienten verlieren
Dissozial/ antiso-zial	Kriminell, aggressiv, impulsiv, unverantwortliches Verhalten	Aggression	Sich angstvoll zurückziehen
Borderline	Heftiges Bemühen, reales oder vorgestelltes Verlassenwerden zu vermeiden	Helfen wollen	Sich dem Patienten unterwerfen und zurückziehen
Histrionisch	Fühlt sich unwohl in Situationen, in denen er nicht im Mittelpunkt der Aufmerksamkeit steht	Gelangweilt, genervt	Fasziniert sein und sich dann ärgerlich zurückziehen
Narzisstisch	Hat ein grandioses Gefühl von der Bedeutung seiner Person	Angegriffen, Verachtung, Mitleid	Sich unterwerfen oder sich wütend abwenden
Anankastisch/ zwanghaft	Zeigt Perfektionismus, der die Erfüllung von Aufgaben behindert	Mühsam	Sich der Kontrolle und Dominanz des Patienten entziehen
Ängstlich-vermeidend/ selbstunsicher	Vermeidet (berufliche) Aktivitäten, die wichtige interpersonelle Kontakte beinhalten aus Angst vor Kritik, Nichtzustimmung oder Zurückweisung	»Vertrau mir«	Den Patienten vermeiden oder instrumentalisieren
Abhängig/ dependent	Braucht andere, um Verantwortung zu übernehmen für die meisten seiner Lebensbereiche	Sagen, wo's lang geht	Kontrolle und Verantwortung übernehmen oder sich zurückziehen

- Veränderungen pathologischer Verhaltensmuster im Laufe der Behandlung;
- Zusammenhänge zwischen der Motivation des Verhaltens und der psychologischen Struktur;
- Veränderungen der Symptomatik und des Verhaltens als Reaktion auf die Verschiebungen in den vorherrschenden Übertragungsmustern, die Verbesserung der Affektregulation und die Veränderung dysfunktionaler Denk- und Wahrnehmungsmuster.

In Tab. 23.3 werden Denk- und Verhaltensmuster von Personen mit unterschiedlichen Persönlichkeitsstörungen, das sich in der therapeutischen Beziehung entwickelnde Interaktionsgefühl und die damit verknüpften Gegenübertragungsbereitschaften aufgeführt.

Im Hinblick auf die Herausforderungen, die Entwicklung der therapeutischen Beziehung und die Gestaltung des therapeutischen Rahmens sind die Leitsymptome bei Patienten mit Persönlichkeitsstörungen in Krisen, die induzierten Gegenübertragungsgefühle und die für eine Überwindung von Krisen und Weiterentwicklung der Persönlichkeit förderlichen therapeutischen Interventionen von zentraler Bedeutung (Tab. 23.4).

Tab. 23.4 Persönlichkeitsstörungen: Leitsymptome in Krisen und therapeutische Interventionen. (Bender u. Dörner 2009; mit freundl. Genehmigung von Pabst Science Publishers)

Persönlichkeitsstörung	Cluster	Krisensymptom	Gegenübertragung	Intervention
Schizoide Persönlichkeitsstörung	A	– Fehlende Affektintegration mit lebhaftem Agieren, Aggressionsausbrüchen, Suizidimpulsen – Kontaktabriss	– Ablehnung – Ärger	– Einfühlsam-warmherzige Haltung – aufbauende Kritik – kleine Schritte benötigen viel Zeit – soziales Kompetenztraining – Einbeziehung der Angehörigen
Paranoide Persönlichkeitsstörung	A	– Misstrauen, Vorwürfe, Wut – aggressive Entgleisungen (gegenüber Partner) – Suche nach verborgenen Bedeutungen und vermeintlichen Verschwörungen – streitsüchtig, überempfindlich bei Kritik	– Distanzierung, Vorsicht – Angst – Ärger, wütender Rückzug – starre Abwehr	– Empathie (für Leidensdruck und erlebte Kränkung) – Containing der Projektionen: respektvoll-akzeptierend, nicht (!) zu warmherzig, freundlich – Vermeiden von Diskussionen über Realitätsgehalt – vertrauensfördernde, klare Absprachen – Neuroleptika
Histrionische Persönlichkeitsstörung	B	– Dominierender Auftritt mit theatralischem Verhalten, Emotionalisierung und Inszenierung – impressionistischer kognitiver Stil	– Verwirrende Faszination – gereizte Enttäuschung – Ungeduld, Verwirrung, Enttäuschung	– Patienten ernst nehmen, ohne auf Manipulationen einzugehen – Beziehung nicht in Frage stellen – authentische Antwort: Gelassenheit, Grenzen setzen – festes Setting
Narzisstische Persönlichkeitsstörung	B	– Wütendes Gefühl der inneren Leere – depressive Einbrüche (Rückzug des Partners wegen ausbeuterischen Verhaltens – Kränkbarkeit, Neid – Grandiosität des Selbst und Entwertung des anderen	– Spiegelübertragung (Kohut 1975): Aggression, Langeweile, Schläfrigkeit – idealisierende Übertragung: uneinfühlsame Konfrontation mit verzerrter Wahrnehmung oder Verführung, die Idealisierung mitzuagieren	– Respektvolle Grundhaltung – auf Wertungen verzichten – Grenzen setzen bei Destruktivität – Enttäuschungen ankündigen – zentralen Beziehungskonflikt herausarbeiten – Ressourcen benennen – Entwertungen bearbeiten – Paargespräche

Tab. 23.4 Fortsetzung

Persönlichkeitsstörung	Cluster	Krisensymptom	Gegenübertragung	Intervention
Borderline-Persönlichkeitsstörung	B	– Suizidalität – Selbstverletzungen – Dissoziation – Spannungszustände – Affektive Impulsivität – Unkontrollierte Wut – Selbstentwertung, Scham – Innere Leere – Oszillation von Idealisierung und Entwertung in Beziehungen – Angst, Panik – (Pseudo-) psychotisches Erleben	– Wechselnde, schwer aushaltbare Gegenübertragungs-gefühle (Verwirrung, Bewunderung, Hass, Aversion) – Abwertung, Unterwerfung, Angst – Tendenzen, Patienten zu kritisieren, zu strafen, sich emotional zu distanzieren – Aggression – maligne Regressionen, sexuelle Grenzüberschreitungen	– Respektvolle Kontaktaufnahme – eigene Unzulänglichkeit angemessen thematisieren – Erfolge ansprechen – Festlegung des zeitlichen Rahmens – günstige Prognose betonen (»Mühe lohnt«) – Therapievereinbarungen treffen – Hierarchisierung der therapeutischen Foki: Therapiegefährdendes Verhalten hat Vorrang – Notfallplan – Skills
Abhängige Persönlichkeitsstörung	C	– Depressiv-ängstliche Dekompensation nach Trennung – existenziell erlebte Hilflosigkeit – Trennungsangst – Unterordnung unter andere – Versagen bei täglichen Anforderungen	– Initial: Angewiesensein des Patienten auf Gegenüber – im Verlauf: Frustration mit Ärger und Hass – Abwehr der Aggression: Unangemessen lange Behandlungen (»Wir sind noch nicht so weit«)	– Hauptziel: Autonomie (nicht: Bindungslosigkeit oder sozialer Rückzug) – sokratischer Dialog – Selbstkontrollstrategien
Zwanghafte Persönlichkeitsstörung	C	– Berufliche/familiäre Konflikte mit starker Selbstwertproblematik, Überforderungserleben bei Veränderungen – Perfektionismus, Rigidität, Skrupel – Entscheidungsschwäche infolge ständiger Kontrolle – Vernachlässigung privater Beziehungen	– Therapeut gerät in untergeordnete Position – Langeweile und Missmut angesichts der Kontrolle durch Patienten – aggressive Impulse (Macht-Ohnmacht)	– Sachlicher, problemorientierter Umgang – transparenter Therapieplan – mit kognitivem Modell vertraut machen – Neugier fördern, ohne zu drängen – nichtbewertendes Wahrnehmen – Antidepressiva, u. U. Aripiprazol

■ Tab. 23.4 Fortsetzung

Persönlichkeitsstörung	Cluster	Krisensymptom	Gegenübertragung	Intervention
Ängstlich-vermeidende (selbstunsichere) Persönlichkeitsstörung	C	– Vermeidung sozialer Situationen mit Angst und vegetativen Beschwerden – ständige Besorgnis – massive Angst vor Ablehnung – negatives Selbstbild	– Impulse, den Patienten zu schonen oder zu schützen – zunehmende Aggression – Verärgerung und Hilflosigkeit bei kontraphobischer Abwehr	– Aufbau einer vertrauensvollen Beziehung – Aufklärung über Störungsmodell und kognitive Schemata – systematische Desensibilisierung – Exposition – progressive Muskelrelaxation – soziales Fertigkeitstraining – selektive Serotonin-Wiederaufnahmehemmer (SSRI)

Tab. 23.5 Dimensionale Symptomatologie von Persönlichkeitsstörungen, neurobiologische Erklärungs- und pharmakologische Behandlungsansätze. (Adapt. nach Siever u. Davis 1991; Haltendorf et al. 2009, mit freundl. Genehmigung von Pabst Science Publishers)

Dimension	Kognitiv-perzeptive Desorganisation	Impulsivität/Aggressivität	Affektive Instabilität	Ängstlichkeit/Hemmung
Klinische Probleme	Vulnerabilität bzgl. psychotische Dekompensation	Impulsive Reaktion auf interne und externe Stimuli	Ausgeprägte und rasche Stimmungsschwankungen	Empfindlichkeit bzgl. Bestrafung und Zurückweisung
Beteiligter Neurotrans-mitter (postuliert)	Dopamin(?)	Serotonin(?)	Noradrenerge/cholinerge Dysfunktion(?)	GABA(?)
Pharmakologie	Antipsychotisch wirksame Substanzen	»Mood stabilizer« (Lithium, Carbamazepin, Valproat, Lamotrigin)	»Mood stabilizer« Antidepressiva, v. a. MAO-Hemmer	Trizyklische Antidepressiva (z. B. Imipramin, Clomipramin), MAO-Hemmer, SSRI(?), Anxiolytika (Buspiron, Opipramol), mit Einschränkungen Benzodiazepine

Psychotherapeutische Interventionen sind angesichts der Schwere und Akuität der Symptomatik, insbesondere bei den schwereren Persönlichkeitsstörungen, oftmals notwendig. Eine Übersicht über die dimensionale Symptomatologie von Persönlichkeitsstörungen, neurobiologischen Erklärungs- und pharmakologischen Behandlungsansätze wird in Tab. 23.5 vermittelt. Neben den Störungen der Impulskontrolle und der affektiven Instabilität sind dabei die kognitiv-perzeptive Desorganisation und die ängstliche Hemmung vieler Patienten zu berücksichtigen.

23.5 Zusammenfassung

Persönlichkeitsstörungen sind häufig (9-10 % in der Gesamtbevölkerung) und tragen zu erheblichen Beeinträchtigungen im Leben der Betroffenen und z. T. auch ihrer Angehörigen bei. Persönlichkeitsstörungen weisen eine hohe Komorbidität auf und sind häufig mit Sucht und Traumatisierung verknüpft. Zentrales Kennzeichen der Persönlichkeitsstörungen sind die interpersonellen Schwierigkeiten. Dementsprechend lassen sich Persönlichkeitsstörungen als Beziehungsstörungen auffassen.

Das Einbeziehen neuropsychodynamischer Aspekte erleichtert das Verständnis der Zusammenhänge zwischen pathologischen Persönlichkeitseigenschaften, manifestem Verhalten, neuronaler Dysfunktion, der zugrunde liegenden psychologischen Struktur und deren Veränderung in der Psychotherapie und in der therapeutischen Begegnung.

Besondere Herausforderungen ergeben sich bei der Behandlung von Patienten mit Borderline-Persönlichkeitsstörungen aufgrund des Oszillierens von Nähe und Distanz und in der Behandlung von Patienten mit narzisstischer Persönlichkeitsstörung (aufgrund des Wechsels von Idealisierung und aggressiver Entwertung).

Die therapeutischen Prinzipien sind charakterisiert durch klar definierte Rahmenbedingungen und Therapievereinbarungen. Dabei ist eine Hierarchisierung der therapeutischen Foki durchzuführen (therapiegefährdendes Verhalten hat Vorrang). Zu berücksichtigen ist stets die Gefahr der malignen Regression und des Therapieabbruchs.

Es ist davon auszugehen, dass die Behandlung von Persönlichkeitsstörungen einen längeren Zeitraum in Anspruch nimmt und häufig auch – bei schwereren Persönlichkeitsstörungen – als Intervalltherapie durchzuführen ist. Längere stationäre Behandlungen setzen ein definiertes psychotherapeutisches Setting voraus, innerhalb dessen evidenzbasierte psychotherapeutische Interventionen (mittels DBT, TFP, MBT) erfolgen. In der Regel wird diese Behandlung in einer längeren, kontinuierlichen, ambulanten Psychotherapie in einem strukturierten Psychotherapie-Setting (DBT, TFP, MBT) fortgeführt (▶ Abschn. 28.2). Die Weiterbildung in diesen störungsspezifischen Behandlungstechniken ist für die Behandelnden unabdingbar.

Literatur

Akhtar S (1992) Broken structures. Severe personality disorders and their treatment. Jason Aronson, North Way NJ

Allnut S, Links PS (1996) Diagnosing specific personalitiy disorders and the optimal criteria. In: Links PS (Hrsg) Clinical assessment and management of severe personality disorders. American Psychiatric Press, Washington DC, S 21–48

APA (American Psychiatric Association) (1996). Diagnostisches und Statistisches Manual Psychischer Störungen – DSM-IV. Deutsche Bearbeitung und Einleitung: Saß H, Wittchen H-U, Zaudig M. Hogrefe, Göttingen (Erstveröff. 1994: Diagnostic and statistical manual of mental disorders DSM-IV, 4rd. ed)

Bateman AW, Fonagy P (2006) Mentalisation-based treatment for Borderline Personality Disorder. Oxford University Press, Oxford GB

Bateman AW, Fonagy P (Hrsg) (2012) Handbook of mentalizing in mental health practice. American Psychiatric Publishing, Washington DC

Bender M, Dörner H (2009) Krisenintervention bei Persönlichkeitsstörungen. In: Haltenhof H, Schmid-Ott G, Schneider U (Hrsg) Persönlichkeitsstörungen im therapeutischen Alltag. Pabst Science Publishers, Lengerich, S 281–315

Bertsch K, Grothe M, Prehn K et al (2013) Brain volumes differ between diagnostic groups of violent criminal offenders. Eur Arch Psychiatry Clin Neurosci 263(7):593–606

Bloom N, St. John D, Pfohl B et al (2008) Systems training for emotional predictability and problem solving (STEPPS) for outpatients with borderline personality disorder: a randomized controlled trial and one-year follow-up. Am J Psychiaty 165(4):468–478

Carrasco JL, Tajima-Pozo K, Diaz-Marsa M et al (2012) Microstructural white matter damage at orbitofrontal areas in Borderline Personality Disorder. J Affect Disord 139(2):149–153

Clarkin JF, Yeomans FE, Kernberg OF (1999) Psychotherapy for borderline personality. Wiley & Sons, New York NY

Clarkin JF, Foelsch PA, Levy HN et al (2001) The development of a psychodynamic treatment for patients with Borderline Personality Disorder: a preliminary study of behavioural change. J Person Disord 15(6):487–495

Cloninger CR (1987) A systematic method for the clinical description and classification of personality. Arch Gen Psychiatry 44:579–588

Cloninger CR, Przybeck TR, Svrakic DM, Wetzel RD (1994) The temperament and character inventory (TCI): a guide to its development and use. Centre for Psychobiology, St. Louis MO

Coid J, Yang M, Tyra P et al (2006) Problems and correlates of personality disorder in Great Britain. Br J Psychiatry/J Ment Sci 188:423–431

Costa PT, Widiger TA (1994) Introduction. In: Costa PT, Widiger TA (Hrsg) Personality disorders and the five-factor modell of personality. American Psychological Association, Washington DC

Daros AR, Zakzanis KK, Ruocco A C (2013) Facial emotion recognition in borderline personality disorder. Psychol Med 43(9):1953–1963

Dziobek I, Preissler S, Grozdanovic Z et al (2011) Neuronal correlates of altered empathy and social cognition in borderline personality disorder. NeuroImage 57(2):539–548

Goodman M, New AS, Triebwasser J et al (2010) Phenotype, endophenotype, and genotype comparisons between borderline personality disorder and major depressive disorder. J Person Disord 24 (1):38–59

Goodman M, Hazlett EA, Avedon JB et al (2011) Anterior cingulate volume reduction in adolescents with borderline personality disorder and co-morbid major depression. J Psychiatr Res 45(6):803–807

Holtmann J, Herbort M C, Wustenberg T et al (2013) Trait anxiety modulates fronto-limbic processing of emotional interference in borderline personality disorder. Front Hum Neurosci 7:54

Jacob G A, Zvonik K, Kamphausen S et al (2013) Emotional modulation of motor response inhibition in women with borderline personality disorder: an fMRI study. J Psychiatry Neurosci 38(3):164–172

Kamphausen S, Schroder P, Maier S et al (2013) Medial prefrontal dysfunction and prolonged amygdala response during instructed fear processing in borderline personality disorder. World J Biol Psychiatry 14 (4):307–318

Kernberg OF (1975) Borderline conditions and pathological narcissism. Aronson, New York NY

Kernberg OF (1976) Objektbeziehungen und Praxis der Psychoanalyse, 5. Aufl. Klett-Cotta, Stuttgart

Kernberg OF (2000) Borderline-Persönlichkeitsorganisation und Klassifikation der Persönlichkeitsstörungen. In: Kernberg OF, Sachsse U (Hrsg) Handbuch der Borderline-Störungen. Schattauer, Stuttgart, S 45–56

Klein M (1946) Notes on some schizoid mechanisms. In: Envy and gratitude and other works. Free Press, New York, S 1–24

Klein M (1962) Bemerkungen über einige schizoide Mechanismen. In: Das Seelenleben des Kleinkindes. Rowoldt, Reinbeck, S 101–125

Krause R (1988) Eine Taxonomie der Affekte und ihrer Anwendung auf das Verständnis der frühen Störungen. Psychother Med Psychol 38:77–86

Krause-Utz A, Oei NY, Niedtfeld I et al (2012) Influence of emotional distraction on working memory performance in borderline personality disorder. Psychol Med 42(10):2181–2192

Krause-Utz A, Veer IM, Rombouts SARB et al (2014) Amygdala and anterior cingulate resting-state functional connectivity in Borderline Personality Disorder patients with a history of interpersonal trauma. Psychol Med 44(13):2889–2901

Kuhlmann A, Bertsch K, Schmidinger I et al (2013) Morphometric differences in central stress-regulating structures between women with and without borderline personality disorder. J Psychiatry Neurosci 38(2):129–137

Linehan MM (1993) Cognitive-Behavioral Treatment of Borderline Personality Disorder. The Guildford Press, New York NY

Maier-Hein KH, Brunner R, Lutz K et al (2014) Disorder-specific white matter alterations in adolescent borderline personality disorder. Biol Psychiatry 75(1):81–88

Mak AD, Lam LC (2013) Neurocognitive profiles of people with Borderline Personality Disorder. Curr Opin Psychiatry 26(1):90–96

Mentzos S (1991) Psychodynamische Modelle in der Psychiatrie. Vandenhoeck & Ruprecht, Göttingen

Mestel R (2009) Diagnostik von Persönlichkeitsstörungen. In: Haltenhof H, Schmid-Ott G, Schneider U (Hrsg) Persönlichkeitsstörungen im therapeutischen Alltag. Pabst Science Publishers, Lengerich, S 74–102

Mier D, Lis S, Esslinger C et al (2013) Neuronal correlates of social cognition in borderline personality disorder. Soc Cogn Affect Neurosci 8(5):531–537

Niedtfeld I, Schulze L, Kirsch P et al (2010) Affect regulation and pain in Borderline Personality Disorder: a possible link to understanding of self-injury. Biol Psychiatry 68(4):383–391

Nunes PM, Wenzel A, Borges KT et al (2009) Volumes of the hippocampus and amygdala in patients with borderline personality disorder: a meta-analysis. J Person Disord 23(4):333–345

Rodrigues E, Wenzel A, Ribeiro MP et al (2011) Hippocampal volume in borderline personality disorder with and without comorbid posttraumatic stress disorder: a meta-analysis. Eur Psychiatry 26(7):452–456

Sala M, Caverzasi E, Lazzaretti M et al (2011) Dorsolateral prefrontal cortex and hippocampus sustain impulsivity and aggressiveness in borderline personality disorder. J Affect Disord 131:417–421

Siever LJ, Davis K (1991) A psychobiological perspective on the personality disorders. Am J Psychiatry 148:1647–1658

Soloff PH, Nutche J, Goradia D, Diwadkar V (2008) Structural brain abnormalities in borderline personality disorder: a voxel-based morphometry study. J Psychiatr Res 164(3):223–236

Soloff PH, Pruitt P, Sharma M et al (2012) Structural brain abnormalities and suicidal behavior in borderline personality disorder. J Psychiatr Res 46(4):516–525

Stone MH (1993a) Abnormalities of personality. Norton, New York NY

Stone MH (1993b) Etiology of Borderline Personality Disorder: psychobiological factors contributing to an underlying irritability. In: Perris J (Hrsg) Borderline Personality Disorder. American Psychiatric Press, Washington DC, S 87–102

Trautmann RD (2004) Verhaltenstherapie bei Persönlichkeitsstörungen und problematischen Persönlichleitsstilen. Pfeiffer bei Klett-Cotta, Stuttgart

Tress W, Wöller W, Hartkamp W et al (2002) Persönlichkeitsstörungen – Leitlinie und Quellentext. Schattauer, Stuttgart

Trull TJ, Yahng S, Tomko RL et al (2010) Revised NESARC personality disorder diagnosis: gender, prevalence and comorbidity with substance dependence disorders. J Person Disord 24(4):412–426

WHO (Weltgesundheitsorganisation) (1991) Internationale Klassifikation psychischer Störungen: ICD-10. Dilling H, Mombour W, Schmidt MH (Hrsg) Deutsche Ausgabe, 1. Aufl. Huber, Bern

Winter D, Schmahl C, Krause-Utz A (2015) Neurowissenschaftliche Forschung und Psychotherapie bei der Borderline-Persönlichkeitsstörung. ZPPP 63(2):97–107

Yang JE, Closcow JS, Weisshar ME (2003) Schema Therapy: A practitioner's guide. Guildford, New York NY

Abhängigkeitserkrankungen

Moritz de Greck, Georg Northoff

H. Böker et al. (Hrsg.), *Neuropsychodynamische Psychiatrie*,
DOI 10.1007/978-3-662-47765-6_24, © Springer-Verlag Berlin Heidelberg 2016

»Eine Vorherrschaft der inneren Freiheit, Flexibilität und Kontrolle gegenüber der Vorherrschaft des inneren Zwanges, der Beschränkung von Gedanken, Gefühlen und Handlungen, macht also den Unterschied zwischen gesunden und kranken Menschen aus.«
(Leon Wurmser: Die verborgene Dimension, Psychodynamik des Drogenzwangs)

24.1 Einführung

Menschen können ein weit gefächertes Spektrum von Abhängigkeitserkrankungen entwickeln. Sinnvoll ist zunächst die Unterscheidung zwischen stoffgebundenen und nicht-stoffgebundenen Abhängigkeitserkrankungen. Während in die erste Gruppe die Alkoholabhängigkeit, die Benzodiazepinabhängigkeit, die Opioidabhängigkeit, und die Abhängigkeit von Stimulanzien fallen, zählen zur zweiten Gruppe beispielsweise das pathologisches Glücksspiel, die Computerspielabhängigkeit, die Internetabhängigkeit oder die Sexabhängigkeit. Daneben treten Verhaltensweisen, die denen von Abhängigkeitserkrankungen ähneln, auch bei einer Reihe weiterer psychischer Erkrankungen, wie beispielsweise Essstörungen oder Zwangserkrankungen, auf.

▪ Fallbeispiel

▪▪ Anamnese

Herr J., ein 26-jähriger Maschinenbaustudent, stellte sich auf Empfehlung seines ambulanten Therapeuten zu einer mehrwöchigen teilstationären psychotherapeutischen Behandlung vor. Er ist das einzige Kind seiner Eltern, zu denen eine wenig empathische, leistungsorientierte Beziehung besteht. Herr J. wohnt alleine, er finanziert sich durch die Unterstützung seiner Eltern sowie über eine Nebentätigkeit als Bedienung in einem Restaurant. Seit der Trennung von seiner Partnerin (einer gleichaltrigen Lehramtsstudentin) ein Jahr zuvor ist Herr J. alleinstehend. Im Aufnahmegespräch schildert er, in den letzten Jahren zunehmend mehr Zeit im Internet verbracht zu haben, v. a. mit dem Durchsehen von Nachrichten- und Informationsportalen. Zuletzt, kurz vor der Aufnahme, seien es jeden Tag mindestens 6 Stunden gewesen. Sein Internetverhalten habe ihm schon seit ca. 2 Jahren Probleme bereitet. So habe es deswegen häufig Streit zwischen beiden Partnern gegeben, und dieses sei auch eine der Ursachen gewesen, weswegen es nach dreijähriger Partnerschaft zur Trennung gekommen sei. In den letzten Monaten hätte er sich eigentlich auf sein Studium konzentrieren müssen. Aufgrund schlechter Vorbereitung habe er eine wichtige Klausur nicht bestanden, was dazu geführt habe, dass er sein Studium erst mindestens ein Jahr später als vorgesehen abschließen könne. Er habe gewusst, dass er sich eigentlich mehr auf sein Studium hätte konzentrieren müssen, jedoch sei der Drang, ins Internet zu gehen, stärker gewesen. Der verhinderte Studienabschluss sei für ihn der Anlass gewesen, therapeutische Hilfe in Anspruch zu nehmen. Nach wenigen Sitzungen bei einem ambulanten Therapeuten habe dieser ihm jedoch geraten, eine teilstationäre Psychotherapie zu beginnen, da das ambulante Setting für eine erfolgreiche Therapie nicht ausreichend sei. Herr J. spricht im Aufnahmegespräch auch an, dass er unzufrieden damit sei, so wenig sozial und sportlich aktiv zu sein. Er sei schon immer zurückhaltend gewesen, aber dies habe sich in den letzten Jahren noch weiter verschlimmert.

▪▪ Therapie

Zu Beginn der Therapie wurde mit Herrn J. vereinbart, sein Internetverhalten (d. h. wieviel Zeit jeden Tag im Internet auf welchen Internetseiten verbracht wurde) sowie den Drang, ins Internet zu gehen, in Form von Wochenprotokollen zu notieren. Während Herrn J. zu Beginn der Therapie noch unklar war, was die Ursachen für sein wiederkehrendes drängendes Bedürfnis, im Internet zu surfen, waren, wurde dies im Verlauf zunehmend deutlicher. Mit Hilfe der Wochenprotokolle konnte ein Zusammenhang zwischen Situationen, die von Herrn J. subjektiv als Zurückweisungen erlebt wurden, und dem Bedürfnis, ins Internet zu gehen, erarbeitet werden. Beispielsweise kam es zu einem starken Anstieg des Drangs, dem Herr J. dann auch tatsächlich nachgab, nachdem ein Kommilitone ihm mitgeteilt hatte, dass er nicht zu einer Verabredung kommen könne. Während dem Patienten zu Beginn gar nicht bewusst war, dass ihm Situationen dieser und ähnlicher Art überhaupt etwas ausmachten, wurde dies im Verlauf der Therapie immer deutlicher. Hierdurch wurde es dem Patienten möglich, anders mit derartigen Situationen umzugehen (z. B. indem er sich versicherte, ob Verabredungen wirklich stattfinden werden).

■■ Psychodynamik

Psychodynamisch bestand ein Zusammenhang zwischen der aktuellen Symptomatik (d. h. seinem unkontrollierten Internetverhalten, ausgelöst durch Situationen, die als Zurückweisung erlebt wurden) und einer als traumatisch erlebten zweijährigen Trennung der Eltern, als Herr J. 9 Jahre alt war. Der Trennung beider Eltern war eine Affäre des Vaters vorausgegangen. Herr J. konnte sich erinnern, damals Partei für seine Mutter ergriffen zu haben und bei dieser geblieben zu sein, während er dem Vater gegenüber Wut- und Hassgefühle empfunden hatte. Dass beide Eltern nach zwei Jahren Trennung wieder eine Beziehung eingingen, war für Herrn J. sehr überraschend gewesen, an weitere Gefühle im Zusammenhang mit der Wiedervereinigung seiner Eltern konnte er sich dagegen nicht erinnern. In den therapeutischen Gesprächen konnte jedoch erarbeitet werden, dass der Patient sowohl die vorübergehende Trennung seiner Eltern als auch deren Wiederzusammenkommen als schmerzhafte Zurückweisung empfunden hatte. Da er sich in beiden Situationen jedoch als machtlos empfunden hatte, etwas zu verändern, hatte er diese Gefühle (Schmerz, Traurigkeit und Verärgerung über die empfundene Zurückweisung) verdrängt. Dies hatte zur Folge, dass er in seinem späteren Leben nur schwer mit ähnlichen Situationen umgehen konnte. Das Internetverhalten (die Suche nach spannenden interessanten Inhalten und Webseiten) half ihm, in solchen Situationen die schmerzhaften Gefühle zu betäuben.

■■ Verlauf

Im Verlauf der Therapie beschrieb Herr J. einen Rückgang des Verlangens, ins Internet zu gehen, und auch die tatsächlich im Internet verbrachte Zeit reduzierte sich deutlich. Gründe hierfür waren einerseits, dass er sich seines Verhaltens, der Auslöser und der psychodynamischen Zusammenhänge bewusster war. Andererseits begann er auch damit, sein Freizeitverhalten zu verändern, z. B. indem er alte sportliche Aktivitäten wieder aufnahm.

24.2 Diagnosekriterien

Einschränkung der inneren Freiheit, der Flexibilität und wiederkehrender Kontrollverlust sind wichtige Charakteristika, die allen Abhängigkeitserkrankungen gemeinsam sind. Antriebsfeder ist der Drang, durch das Abhängigkeitsverhalten angenehme gefühlsmäßige Zustände von Entspannung oder Anregung zu erreichen (Mentzos 2013).

■ Allgemeine Kriterien für Abhängigkeitserkrankungen (nach Griffiths 2005; Andreassen et al. 2012)

- **Salienz**: Das Abhängigkeitsverhalten dominiert das Denken und das Verhalten.
- **Stimmungsveränderung**: Das Abhängigkeitsverhalten verändert/bessert die Stimmung.
- **Toleranzentwicklung**: Um die gleiche Wirkung zu erzielen, muss das Abhängigkeitsverhalten im Verlauf gesteigert werden.
- **Entzugssymptome**: Wird das Abhängigkeitsverhalten reduziert oder unterbrochen, so kommt es zu unangenehmen Gefühlszuständen.
- **Konflikte**: Das Abhängigkeitsverhalten führt zu Konflikten in Beziehungen, im Arbeits- oder Ausbildungsbereich oder in anderen Aktivitäten.
- **Rückfall**: Die Tendenz, nach Phasen der Kontrolle und Abstinenz wieder in alte Abhängigkeitsmuster zurückzufallen.

24.3 Psychodynamische Grundlagen

24.3.1 Entstehung von Abhängigkeitserkrankungen aus Sicht unterschiedlicher psychoanalytischer Schulen

Wie für kaum ein anderes Erkrankungsgebiet haben die unterschiedlichen psychoanalytischen

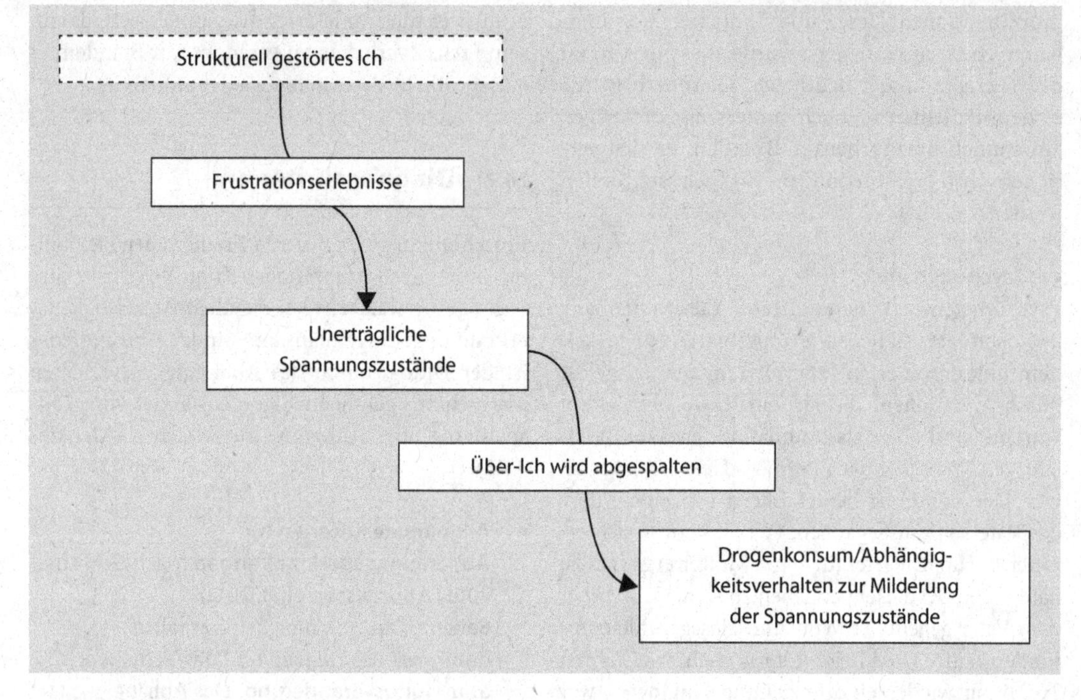

Abb. 24.1 Entwicklung von Abhängigkeit aus triebtheoretischer Perspektive

Schulen der Triebtheorie, Ich-Psychologie, Objektbeziehungstheorie und Selbstpsychologie (Pine 1988) das Verständnis über die psychodynamischen Mechanismen von Abhängigkeitserkrankungen durch die Einführung neuer Perspektiven und Interpretationsweisen erweitert.

24.3.2 Triebtheorie

Die von Sigmund Freud begründete psychoanalytische Triebtheorie stellte zum ersten Mal die Frage in den Vordergrund, was den abhängigen Patienten dazu treibt, eine schädliche Droge zu konsumieren (Abb. 24.1). Bis dato waren die Symptome von Abhängigkeitspatienten stets im Rahmen der toxischen Effekte der konsumierten Droge gesehen und den hinter dem Drogenkonsum liegenden Motiven der Betreffenden keine Beachtung geschenkt worden (Rado 1933). Aus dem Blickwinkel der Triebtheorie liegt Abhängigkeitserkrankungen eine gestörte Libidoentwicklung zugrunde. Das Abhängigkeitsverhalten wird hierbei als Ersatz für eine nicht mögliche Befriedigung des Sexualtriebs gesehen. Freud, der sich insgesamt nur wenig über Abhängigkeitserkrankungen geäußert hat (Subkowski 2008), sah in der Masturbation die »Ursucht« für alle späteren Abhängigkeitserkrankungen (Freud 1962, zit. nach Subkowski 2008). Nach triebtheoretischer Sichtweise tritt der durch den Drogenkonsum erzielte Rausch an die Stelle eines genitalen Orgasmus (Mentzos 2013), bzw. er wird durch Drogeneinnahme in Form eines »pharmakogenen Orgasmus« erlebt (Rado 1926).

Andere triebtheoretische Autoren sehen eine »Regression auf die orale Stufe« (bzw. eine »Fixierung auf der oralen Stufe«) als wichtigen Mechanismus der Abhängigkeitserkrankungen an (Hartmann 1969). Insbesondere in Rauschzuständen beeindruckt der völlige Rückzug von anderen Objekten (Rosenfeld 1960). Und Hartmann (1969) fand in ihrer Studie über jugendliche Drogenabhängige, dass sich deren sexuelle Aktivitäten überwiegend auf autoerotische, masturbatorische Aktivitäten beschränkte. Allerdings werden auch gegenteilige Phänomene, wie z. B. eine sexuelle Enthemmung

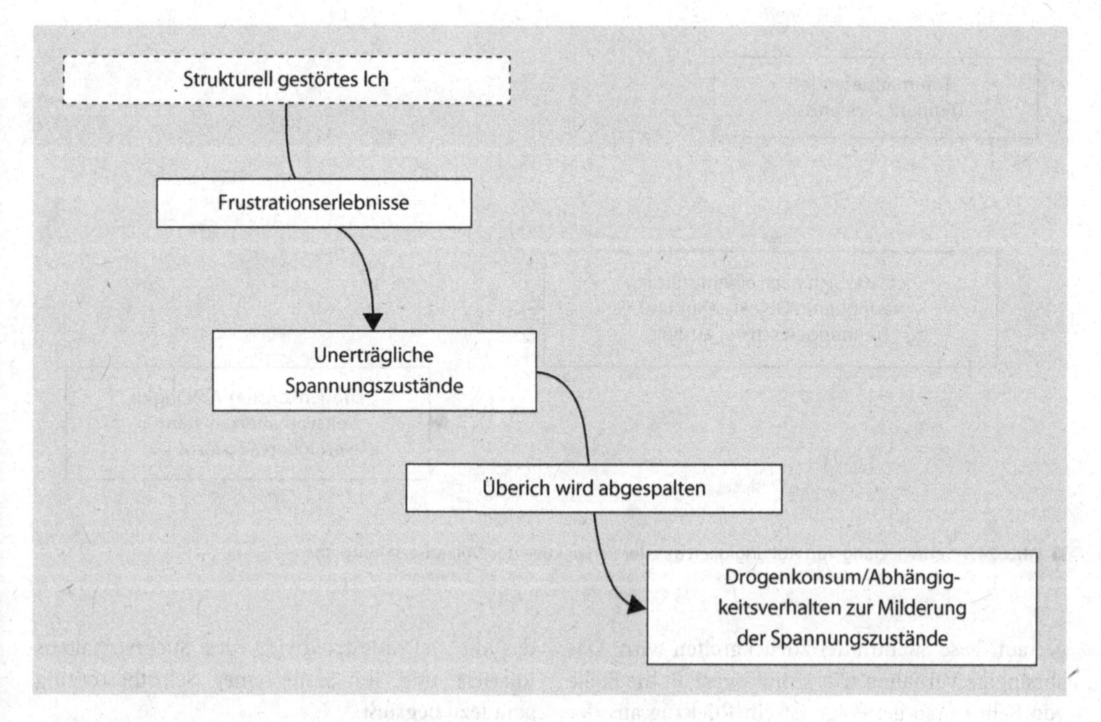

■ **Abb. 24.2** Entwicklung von Abhängigkeit aus ich-psychologischer Perspektive

nach Alkoholkonsum oder ein »bemerkenswerter Hunger« nach externen Objekten (Rosenfeld 1960) beschrieben.

24.3.3 Ich-Psychologie

Aus ich-psychologischer Sicht (■ Abb. 24.2) stellt abhängiges Verhalten für ein strukturell geschwächtes Ich die einzige Möglichkeit dar, eine gewisse Stabilität zu erreichen. Wurmser (1997) spricht in diesem Zusammenhang von einer Symbolisierungsstörung (»Hyposymbolisierung«): abhängigen Patienten mangele es häufig an der Fähigkeit, bedeutsame Gefühle zu artikulieren. Diese würden stattdessen in Form von somatischen Beschwerden, körperlichem Unwohlsein oder sozialen Anklagen ausgedrückt.

Von verschiedenen ich-psychologischen Autoren wird betont, dass weniger die Sehnsucht nach einem angenehmen Gefühlszustand, sondern vielmehr die Abwehr von als unerträglich empfundenen Spannungszuständen die Triebfeder von Abhängigkeitserkrankungen ausmacht (Hartmann 1969; Rost 2001; Savitt 1963). Aufgrund einer strukturellen Schwäche des Ichs gelingt es den Patienten nur durch die Einnahme von Drogen, diese Spannungszustände abzuschalten (Hildebrandt 2007; Rosenfeld 1960).

Nach Rado (1933) leiden Patienten mit Abhängigkeitserkrankungen unter einer defizitären Entwicklung im Bereich ihrer Selbstfürsorge, mit einer Unfähigkeit, ihr Selbstwertgefühl eigenständig zu stabilisieren. Sie reagieren daher empfindlich auf Frustrationserlebnisse, welche Zustände von quälenden »Angst-Depressionen« auslösen können. Nach Rost (2001) handelt es sich hierbei um einen »Ur-Affekt«, vergleichbar einer kindlichen Todesangst. Da diese Zustände als unerträglich empfunden werden, setzen die Betroffenen alles daran, sich aus ihnen zu befreien. Wird nun zufällig die Erfahrung gemacht, dass die Einnahme von Drogen (bzw. ein bestimmtes Verhalten, wie z. B. Einkaufen oder Surfen im Internet) eine Linderung des quälenden Zustands bewirkt, so ist die Gefahr groß, dass die betreffende Person in der Zukunft häufi-

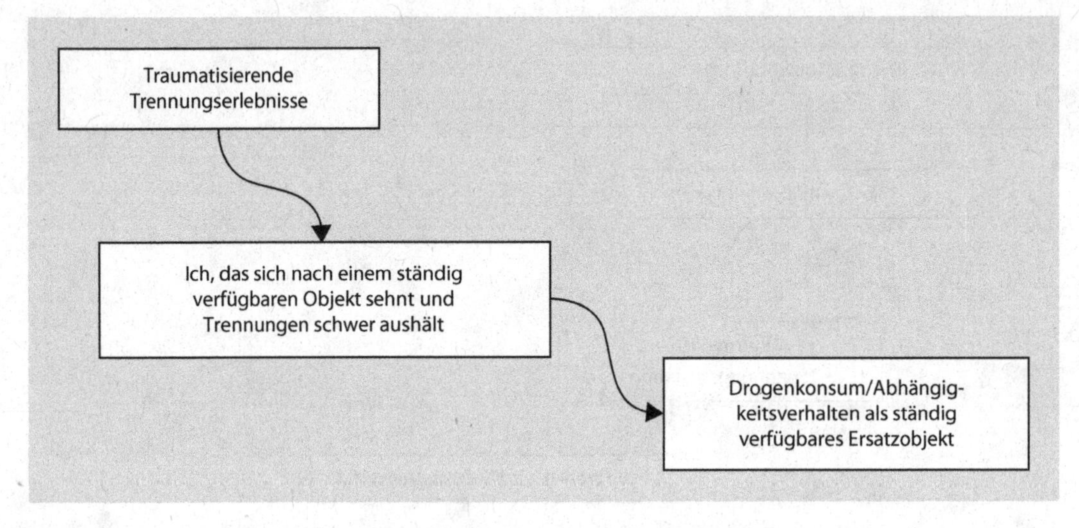

Abb. 24.3 Entwicklung von Abhängigkeit aus der Perspektive der Objektbeziehungstheorie

ger auf diese Suchtmittel zurückgreifen wird. Das abhängige Verhalten tritt somit quasi an die Stelle von Selbstfürsorge. Folge ist ein Rückzug aus der Realität: Anstatt ein stabiles Wohlgefühl durch die Bewältigung von Aufgaben in der Realität zu erreichen, wird dieses durch die Einnahme von Substanzen erreicht, ein Vorgang, der aufgrund seiner Schnelligkeit und Einfachheit etwas »Magisches« an sich hat.

Auch Wurmser (1997) sieht das Suchtverhalten als Möglichkeit, überwältigende unangenehme Affekte (von Einsamkeit, Leere, Desillusionierung, Wut) künstlich abzuwehren. Er kommt zugleich auf Über-Ich-Defekte zu sprechen und bezeichnet Abhängigkeitserkrankungen als ein »Kehrtwende-Syndrom«: Abhängige Patienten würden zur emotionalen Stabilisierung v. a. auf den Abwehrmechanismus der Spaltung zurückgreifen. Dahinter verberge sich ein labiles Abwehrkonstrukt, bestehend aus Verdrängung, Verleugnung, Regression, Projektion, Externalisierung und Dissoziation. Während in einem Moment reife Über-Ich-Funktionen mit einem funktionierenden Gewissen, Idealen und Verantwortungsgefühl das Verhalten und Erleben der Patienten prägten, komme es im nächsten Moment zum Zusammenbruch des Über-Ichs, welches das Abhängigkeitsverhalten nun nicht mehr steuern kann. Das reife Über-Ich wird nun durch ein primitiveres ersetzt, das die Selbstdestruktivität des Suchtverhaltens toleriert und im Sinne einer Selbstbestrafung geradezu begrüßt.

Auch für andere Autoren spielen Über-Ich-Defekte eine wichtige Rolle bei der Entstehung von Abhängigkeitserkrankungen. Laut Freud kommt es zu einer als lustvoll erlebten Enthemmung, weil regulierende Über-Ich-Gebote durch die Drogeneinnahme ausgeschaltet werden (Freud 1905, zitiert nach Rost 2001). Auch Rost (2001) spricht von ausgeprägten Über-Ich-Defekten bei Alkoholikern, das Über-Ich könne quasi im Alkohol aufgelöst werden.

Einen gänzlich anderen Blickwinkel nehmen Wernado et al. (2006) ein, indem sie den Einfluss von psychotropen Substanzen auf die Ich-Funktionen betrachten. Ich-Funktionen wie Affekttoleranz, Affektkontrolle, Frustrationstoleranz, Impulskontrolle, Antizipationsfähigkeit, Urteilskraft werden durch psychotrope Substanzen verändert, und die Ich-Funktionen werden in den Dienst des Substanzkonsums (z. B. Beschaffung, Konsum) gestellt.

24.3.4 Objektbeziehungstheorie

Im Rahmen der Objektbeziehungstheorie wird das Abhängigkeitsverhalten als Objekt gesehen, das immer verfügbar ist (Abb. 24.3). Hierbei wird abhängiges Verhalten häufig eingesetzt, um

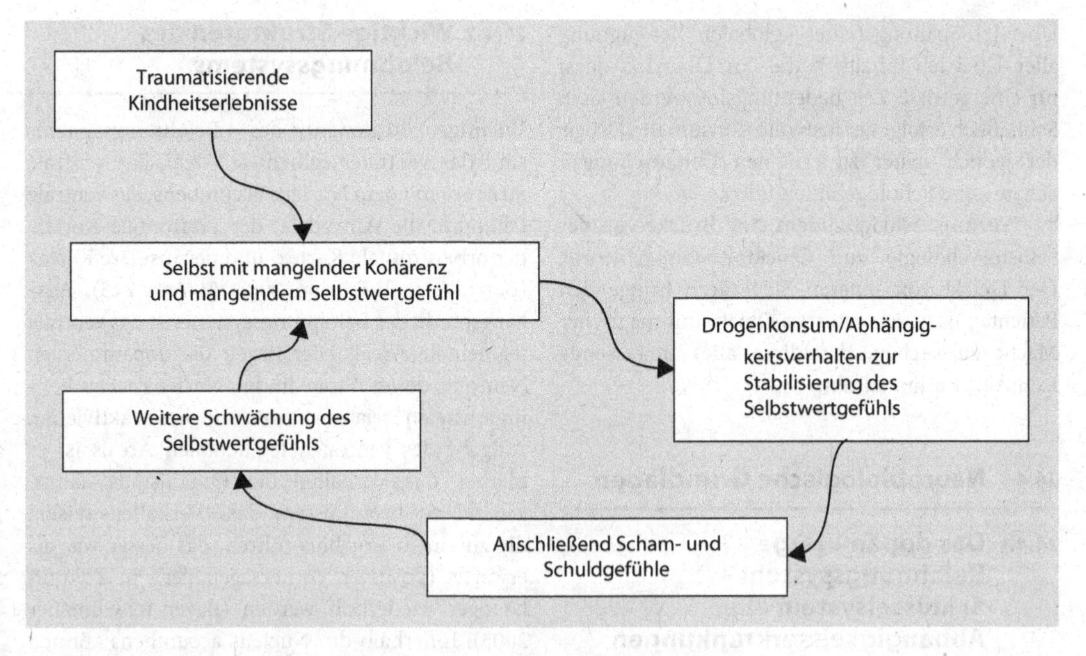

Abb. 24.4 Entwicklung von Abhängigkeit aus selbstpsychologischer Perspektive

schmerzvolle Gefühle des Getrenntseins abzuwehren. Rosenfeld (1960) vermutet, dass die Einnahme von Drogen auf einer unbewussten Ebene für den Versuch stehe, ein verstorbenes Objekt in sich aufzunehmen. In ihrer Untersuchung an drogenabhängigen Jugendlichen konnte Hartmann (1969) zeigen, dass ein großer Anteil dieser Patienten tatsächlich ein Elternteil verloren hatte. Der Suchtstoff wird hierbei zum Ersatz für ein menschliches Objekt. Im Gegensatz zu diesem, das begrenzte Fähigkeiten und eigene Interessen hat, ist der Suchtstoff ständig präsent und frei verfügbar (Wernado et al. 2006). Wurmser beschreibt, dass beruhigende Drogen (z. B. Opiate oder Alkohol) wie ein »mütterliches Klaustrum« wirken würden, also wie das fantasierte Innere der Mutter, das einerseits (im Sinne einer »Klaustrophilie«) ersehnt und andererseits (im Sinne einer »Klaustrophobie«) gefürchtet würde (Wurmser 1997).

24.3.5 Selbstpsychologie

Aus selbstpsychologischer Sicht kann es bei unzureichend empathischen Kindheitserfahrungen zu einer Unfähigkeit kommen, eine ausreichende Kohäsion, Stärke oder Harmonie des Selbst zu erreichen (Kohut 1975; Wolf 1998; Abb. 24.4). Drogenkonsum wird dann als Mittel zur Stabilisierung eines chronisch instabilen Selbstwertgefühls (Wurmser 1997) gesehen. Da die Stabilisierung nur kurzfristig ist und aufgrund der anschließend auftretenden Scham- und Schuldgefühle eine erneute Destabilisierung des Selbstwertgefühls einsetzt, wurde Drogenkonsum auch als »pathologisches Selbstobjekt« bezeichnet (Milch 2001), und damit von den eigentlichen Selbstobjekten (z. B. empathische Bezugspersonen) abgegrenzt.

Wurmser (1997) beschreibt den Teufelskreis einer narzisstischen Krise, der dem Abhängigkeitsverhalten zugrunde liege: Nach einem Enttäuschungserlebnis komme es zu intensiven, unkontrollierbaren Gefühlen von Wut, Scham und Verzweiflung. Diese Gefühle verwandeln sich in eine vage, unerträgliche Spannung, die eine »Sehnsucht nach Erleichterung« mit sich bringe, welche sich zu einem »unbezähmbaren Aktionsdrang« entwickle und zu Aggressionen gegen sich selbst und gegen andere führe. Es kommt dann zu einer

Über-Ich-Spaltung (einer »globalen Verleugnung aller Über-Ich-Inhalte«), die das Über-Ich quasi für eine gewisse Zeit bedeutungslos werden lässt. Schließlich erfolgt der lustvolle Konsum der Droge, der jedoch später zu erneuten Enttäuschungs-, Scham- und Schuldgefühlen führt.

Wurmser schlägt zudem eine Brücke von der Selbstpsychologie zur Objektbeziehungstheorie: Der Defekt von inneren Strukturen bringe den Patienten dazu, ein externes Objekt mit magischer Macht zu suchen, das diese alles umfassende Kontrolle für ihn ausübt.

24.4 Neurobiologische Grundlagen

24.4.1 Das dopaminerge Belohnungssystem – Schlüsselsystem aller Abhängigkeitserkrankungen

Bei Abhängigkeitserkrankungen kommt es zu tiefgreifenden Veränderungen im Bereich des subjektiven Erlebens und des Verhaltens. Das Abhängigkeitsverhalten dominiert das Denken. Es wird mehr gewollt als alles andere. So gut wie nichts anderes außer dem Konsum des Suchtstoffes oder dem Abhängigkeitsverhalten kann noch genossen werden. Das dopaminerge Belohnungssystem, das im gesunden Zustand den Organismus zur lebens- und arterhaltenden Verhaltensweisen wie der Suche nach Nahrung, Wasser, Schutz, Beziehungen und Sexualkontakten veranlassen soll, ist an der Entwicklung von Abhängigkeitserkrankungen essenziell beteiligt: Alle Suchtmittel (so verschieden sie auch zunächst in ihren Wirkungen erscheinen mögen) haben die Eigenschaft gemeinsam, dass sie direkt – das heißt, ohne dass es für den betreffenden Organismus einen evolutionären Vorteil hätte – das Belohnungssystem aktivieren können (Di Chiara u. Bassareo 2007; Heinz et al. 2004; Wise 1996; Wise u. Bozarth 1987). Die Einnahme des Suchtmittels führt somit direkt zu einem Gefühl des Verlangens nach erneutem Konsum, so als hätte der betreffende Organismus im hungrigen Zustand Nahrung zu sich geführt oder etwas anderes für seine Lebens- und Arterhaltung essenziell Wichtiges getan.

24.4.2 Wichtige Strukturen des Belohnungssystems

Wichtige Regionen des Belohnungssystems sind das ventrale tegmentale Areal, das ventrale Striatum mit dem Nucleus accumbens, das ventrale Pallidum, die Amygdala, der präfrontale Kortex, der orbitofrontale Kortex, und der insuläre Kortex (Berridge u. Robinson 2003; ◘ Abb. 24.5). Ausgangspunkt des Belohnungssystems ist das ventrale tegmentale Areal. Hier liegen die dopaminergen Neurone, deren Axone in den Nucleus accumbens im ventralen Striatum führen und diesen aktivieren. Aufgabe des ventralen tegmentalen Areals ist es hierbei, das Verhalten des Organismus dahingehend zu beeinflussen, dass Verhaltensweisen, die zu einem Ergebnis führen, das besser war als erwartet (positiver Vorhersagefehler), in Zukunft häufiger wiederholt werden (Bayer u. Glimcher 2005). Innerhalb des Nucleus accumbens können dopaminerge Stimulationen von opioiden und GABAergen Stimulationen unterschieden werden: Während dopaminerge Stimulation (aus dem ventralen tegmentalen Areal) dazu führt, dass eine Motivation für ein bestimmtes Verhalten entsteht (»wanting«), wird durch opioide und GABAerge Aktivität ein Gefühl des Genießens oder Mögens (»liking«) erzeugt (Berridge u. Robinson 2003). Ähnlich dem Nucleus accumbens ist auch das ventrale Pallidum sowohl an motivationalen als auch an affektiven Belohnungsprozessen beteiligt (Berridge u. Robinson 2003). Die Amygdala spielt eine Rolle bei der emotionalen Bewertung von wichtigen Reizen, die für das Überleben oder die Arterhaltung wichtig sind. Sie ist essenziell daran beteiligt, dass bestimmte Reize als attraktiver (»salienter«) als andere erscheinen (Berridge u. Robinson 2003; Grüsser u. Thalemann 2006). Neurone, die im im präfrontalen Kortex liegen und die mit ihren Axonen Neurone im ventralen tegmentalen Areal aktivieren, spielen ebenfalls eine wichtige Rolle (Karreman u. Moghaddam 1996). Der präfrontale Kortex ist wichtig für die Entwicklung langfristiger Motivationen und Ziele und kann durch eine positive Bewertung der aktuellen Situation in Hinblick auf wichtige langfristige Ziele für eine Grundaktivität im ventralen tegmentalen

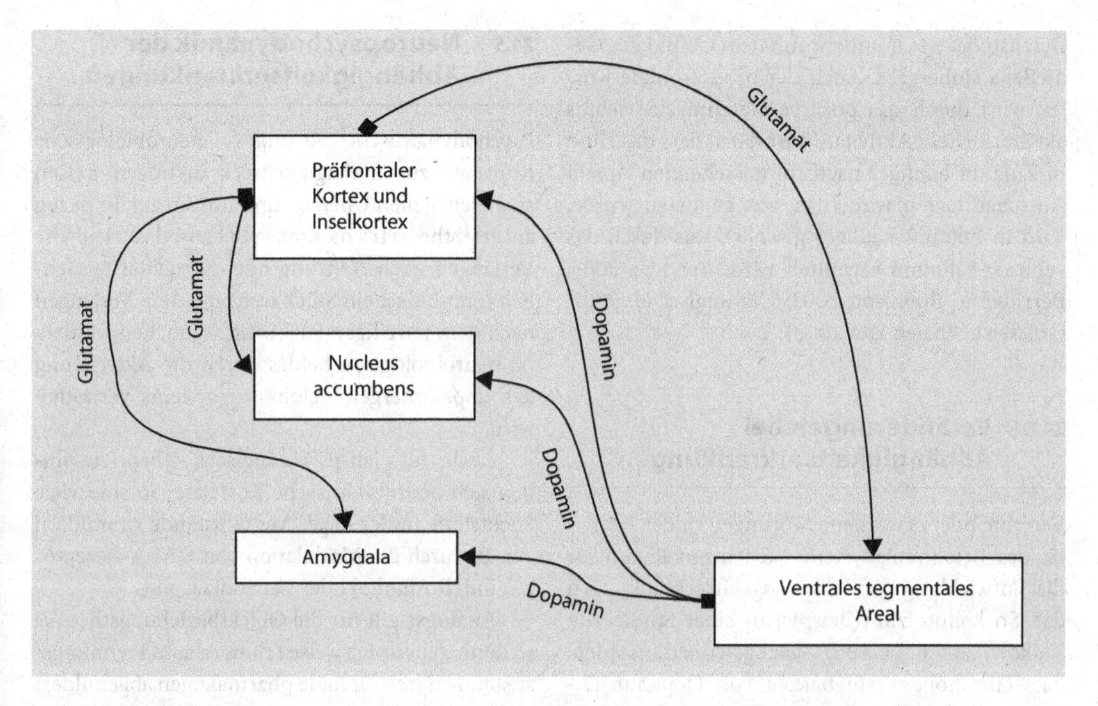

Abb. 24.5 Wichtige Strukturen des Belohnungssystems. (Mod. nach Berridge u. Robinson 2003; mit freundl. Genehmigung von Elsevier)

Areal und im Nucleus accumbens sorgen (Davey et al. 2008). Wird der präfrontale Kortex mit Hilfe von transkranieller Gleichstromstimulation stimuliert, so führt dies zu einer Reduzierung des Verlangens nach Alkohol bei Alkoholabhängigen (Boggio et al. 2008). Ähnliche Ergebnisse konnten mit Hilfe von transkranieller Magnetstimulation bei Kokainabhängigen erzielt werden: In einer Studie von Camprodon et al. (2007) führte eine Stimulation des rechten präfrontalen Kortex zu einer Reduktion des Verlangens nach Kokain. Der orbitofrontale Kortex und der insuläre Kortex sind wichtig für die Bestimmung des Belohnungswertes eines Stimulus, wofür frühere Erfahrungen repräsentiert und ausgewertet werden müssen (Berridge u. Robinson 2003; Grüsser u. Thalemann 2006).

Anhand eines Beispiels sollen die Funktionen der einzelnen Strukturen des Belohnungssystems stark vereinfacht verdeutlicht werden: Ein hungriges Kind fasst den Entschluss, auf einen Apfelbaum zu klettern, um sich einen Apfel zu angeln. Es klettert auf einen Baum und pflückt einen Apfel, der besonders rot aussieht. Der Apfel ist wohlschmeckender als erwartet, sodass das Kind beschließt, in Zukunft häufiger nach roten Äpfeln Ausschau zu halten.

Der Entschluss, auf den Baum zu klettern, wird im präfrontalen Kortex und orbitofrontalen Kortex gefällt; hier sind Erinnerungen daran abgespeichert, dass es sich lohnt, im Herbst auf Apfelbäume zu klettern, um Äpfel zu pflücken. Der insuläre Kortex verfügt über Erinnerungen an Erfahrungen, dass Äpfel gut schmecken. Der präfrontale Kortex und der insuläre Kortex führen zu Aktivierungen im ventralen tegmentalen Areal, das über die Axone seiner dopaminergen Neurone das ventrale Striatum aktiviert. Diese dopaminerge Aktivität im ventralen Striatum führt zu der Motivation, auf einen Baum klettern und einen Apfel essen zu wollen. Das ventrale Striatum ist zudem auch für die tatsächliche Umsetzung des Entschlusses – d. h. für die Aufnahme und Aufrechterhaltung von zielgerichteten Bewegungen – verantwortlich. Auch der Verzehr des Apfels, der wohlschmeckender war als erwartet, führt zu einer Aktivierung des ventralen Striatums, diesmal vermittelt durch opioide

Botenstoffe, was nunmehr mit dem Gefühl des Genießens einhergeht. Auch der orbitofrontale Kortex wird durch das positive Geschmackserlebnis aktiviert. Diese Aktivität führt dazu, dass das Kind in Zukunft häufiger nach rot aussehenden Äpfeln Ausschau halten wird (das, was genossen wurde, wird in Zukunft häufiger gewollt), was durch das ventrale Pallidum vermittelt wird (Berridge 2003; Berridge u. Robinson 2003; Cardinal et al. 2002; Grüsser u. Thalemann 2006).

24.4.3 Veränderungen bei Abhängigkeitserkrankungen

Vererbte oder erworbene Störungen in der Aktivität des Belohnungssystems stellen ein Risiko für die Entwicklung von Abhängigkeitserkrankungen dar. So konnte zum Beispiel in einer Studie von Volkow et al. (2006) nachgewiesen werden, dass eine hohe Verfügbarkeit von Dopamin-D_2-Rezeptoren im ventralen Striatum vor Alkoholabhängigkeit schützt, auch wenn ein hohes ererbtes Risiko für Alkoholabhängigkeit besteht. Auch bei Ratten ist bekannt, dass eine hohe Verfügbarkeit von Dopamin-D_2-Rezeptoren mit vermindertem Alkoholkonsum korreliert (McBride et al. 1993; Stefanini et al. 1992). Auch Patienten mit Alkoholabhängigkeit und Internetabhängigkeit wiesen in mehreren Studien eine verminderte Verfügbarkeit von Dopamin-D_2-Rezeptoren im ventralen Striatum auf (Heinz et al. 2004; Kim et al. 2011; Martinez et al. 2005).

Im Zuge der Entwicklung einer Abhängigkeitserkrankung kommt komplizierend hinzu, dass es zu einer Adaption an die pharmakogene Stimulation, d. h. zu einer Reduktion der körpereigenen dopaminergen Aktivität kommt. Wird der jeweilige Suchtstoff plötzlich abgesetzt, so ist die Situation schlimmer als vor Abhängigkeit, weil nun eine noch erheblichere Reduktion der Aktivität des dopaminergen Systems vorliegt (Robbins u. Everitt 1999; Rossetti et al. 1992). Beispielsweise aktiviert das ventrale Striatum von entgifteten Alkoholikern im Vergleich zu Gesunden geringer, wenn diese eine Belohnung erwarten oder bekommen (Beck et al. 2009).

24.5 Neuropsychodynamik der Abhängigkeitserkrankungen

Psychodynamische und neurobiologische Konzepte zu Abhängigkeitserkrankungen weisen an vielen Stellen Übereinstimmungen auf. In Bezug auf triebtheoretische Konzepte kann das triebhafte Verlangen nach Nahrung oder Sexualität tatsächlich (zumindest ein Stück weit) mit dem Verlangen nach dem jeweiligen Suchtstoff verglichen werden, da neurobiologisch beides durch die Aktivierung des dopaminergen Belohnungssystems vermittelt wird.

Auch für ich-psychologische Theorien finden sich neurobiologische Korrelate. So sind viele Suchtstoffe in der Lage, Angstzustände zu mildern – z. B. durch die Modulation von GABA-Rezeptoren durch Alkohol oder Benzodiazepine.

Analoges gilt für die Objektbeziehungstheorie; so können beispielsweise schmerzhafte Trennungszustände durch Opioide pharmakogen abgemildert werden.

Aus Sicht der psychoanalytischen Selbstpsychologie könnte es eine Überschneidung zwischen dem Konzept des inkohärenten Selbst (also eines Selbstzustandes, geprägt durch Verunsicherung) und der Hypoaktivität des dopaminergen Belohnungssystems geben. Hierbei spielt der präfrontale Kortex eine wichtige Rolle, der eine tonische Grundaktivität des dopaminergen Systems erzeugen kann, wenn der betroffene Mensch das Gefühl hat, in der Verfolgung langfristiger Interessen und Ziele (z. B. Partnerschaft, soziale Beziehungen, berufliche Weiterentwicklung) voranzukommen.

24.6 Implikationen für die Therapie

Abhängigkeitserkrankungen sind aufgrund der neuroadaptiven Veränderungen, die längerzeitiger Drogenkonsum, aber auch längere Zeit andauernde Verhaltensabhängigkeiten mit sich bringen, schwer zu therapieren. War es bereits vor der Entwicklung einer Abhängigkeitserkrankung für ein Individuum schwer, unangenehme Affekte auszuhalten und positive Affekte zu empfinden, so wird dies nach einer Abhängigkeitserkrankung aufgrund der stattgehabten adaptiven Prozesse noch schwieriger. Dies erfordert viel Geduld auf Seiten des Therapeuten, Rückfälle sind ein Diagnosekriterium.

Aus neuropsychodynamischer Sicht scheint es jedoch sinnvoll zu sein, sich als Therapeut zu fragen, welches die scheinbar nicht zu ertragenden Gefühlszustände (Schamgefühle? Ärgergefühle? Gefühl von Getrenntsein?) sind, die der Patient nur durch den Drogenkonsum bzw. abhängige Verhaltensweisen abwehren kann. Auch die Frage, wie der abhängige Patient es schaffen kann, dass sein präfrontaler Kortex eine höhere Grundaktivität des dopaminergen Belohnungssystem erzeugen kann, könnte untersucht werden. Hierbei würde es eine Rolle spielen, ob der Patient langfristige Ziele und Ambitionen hat, die er realistisch erreichen kann, und wie zufrieden der Patient allgemein mit seinem Leben ist.

Literatur

Andreassen CS, Torsheim T, Brunborg GS, Pallesen S (2012) Development of a facebook addiction scale. Psychol Rep 110(2):501–517

Bayer HM, Glimcher PW (2005) Midbrain dopamine neurons encode a quantitative reward prediction error signal. Neuron 47(1):129–141

Beck A, Schlagenhauf F, Wüstenberg T et al (2009) Ventral striatal activation during reward anticipation correlates with impulsivity in alcoholics. Biol Psychiatry 66(8):734–742

Berridge KC (2003) Pleasures of the brain. Brain Cogn 52(1):106–128

Berridge KC, Robinson TE (2003) Parsing reward. Trends Neurosci 26(9):507–513

Boggio PS, Sultani N, Fecteau S et al (2008) Prefrontal cortex modulation using transcranial dc stimulation reduces alcohol craving: a double-blind, sham-controlled study. Drug Alcohol Depend 92(1–3):55–60

Camprodon JA, Martínez-Raga J, Alonso-Alonso M et al (2007) One session of high frequency repetitive transcranial magnetic stimulation (rtms) to the right prefrontal cortex transiently reduces cocaine craving. Drug Alcohol Depend 86(1):91–94

Cardinal RN, Parkinson JA, Hall J, Everitt BJ (2002) Emotion and motivation: the role of the amygdala, ventral striatum, and prefrontal cortex. Neurosci Biobehav Rev 26(3):321–352

Davey CG, Yücel M, Allen NB (2008) The emergence of depression in adolescence: development of the prefrontal cortex and the representation of reward. Neurosci Biobehav Rev 32(1):1–19

Di Chiara G, Bassareo V (2007) Reward system and addiction: what dopamine does and doesn't do. Curr Opin Pharmacol 7(1):69–76

Freud S (1905) Der Witz und seine Beziehung zum Unbewussten. Gesammelte Werke Bd 6. Fischer, 1962, Frankfurt/M

Freud S (1962) Aus den Anfängen der Psychoanalyse. Briefe an Wilhelm Fließ. Abhandlungen und Notizen aus den Jahren 1887–1902. Fischer, Frankfurt/M

Griffiths M (2005) A »components« model of addiction within a biopsychosocial framework. J Subst Use 10(4):191–197

Grüsser SM, Thalemann CN (2006) Verhaltenssucht, 1. Aufl. Huber, Bern CHE

Hartmann D (1969) A study of drug-taking adolescents. Psychoanal Study Child 24: 384–398

Heinz A, Siessmeier T, Wrase J (2004) Correlation between dopamine d(2) receptors in the ventral striatum and central processing of alcohol cues and craving. Am J Psychiatry 161(10):1783–1789

Hildebrandt HA (2007) Psychoanalyse der Sucht – eine kritische Bilanz. Psychoanalyse im Widerspruch 36

Karreman M, Moghaddam B (1996) The prefrontal cortex regulates the basal release of dopamine in the limbic striatum: an effect mediated by ventral tegmental area. J Neurochem 66(2):589–598

Kim SH, Baik SH, Park CS (2011) Reduced striatal dopamine d2 receptors in people with internet addiction. Neuroreport 22(8):407–411

Kohut H (1975) Narzissmus: eine Theorie der psychoanalytischen Behandlung narzisstischer Persönlichkeitsstörungen. Suhrkamp, Frankfurt/Main

Martinez D, Gil R, Slifstein M (2005) Alcohol dependence is associated with blunted dopamine transmission in the ventral striatum. Biol Psychiatry 58(10):779–786

McBride WJ, Chernet E, Dyr W (1993) Densities of dopamine d2 receptors are reduced in cns regions of alcohol-preferring p rats. Alcohol 10(5):387–390

Mentzos S (2013) Lehrbuch der Psychodynamik. Vandenhock & Ruprecht, Göttingen

Milch W (2001) Lehrbuch der Selbstpsychologie. Kohlhammer, Stuttgart

Pine F (1988) The four psychologies of psychoanalysis and their place in clinical work. J Amer Psychoanal Assn 36:571–596

Rado S (1926) The psychic effects of intoxicants: An attempt to evolve a psycho-analytical theory of morbid cravings. Int J Psychoanal 7:396–413

Rado S (1933) The psychoanalysis of pharmacothymia (drug addiction). Psychoanal Q. 2:1–23

Robbins TW, Everitt BJ (1999) Drug addiction: bad habits add up. Nature 398(6728):567–570

Rosenfeld HA (1960) On drug addiction. Int J Psychoanal 41:467–475

Rossetti ZL, Melis F, Carboni S, Gessa GL (1992) Dramatic depletion of mesolimbic extracellular dopamine after withdrawal from morphine, alcohol or cocaine:

a common neurochemical substrate for drug dependence. Ann N Y Acad Sci 654:513–516

Rost WD (2001) Psychoanalyse des Alkoholismus. Theorie, Diagnostik, Behandlung, 6. Aufl. Klett-Cotta, Stuttgart

Savitt RA (1963) Psychoanalytic studies on addiction: Ego structure in narcotic addiction. Psychoanal. Q. 32:43–57

Stefanini E, Frau M, Garau MG et al (1992) Alcohol-preferring rats have fewer dopamine d2 receptors in the limbic system. Alcohol 27(2):127–130

Subkowski P (2008) Störungen der Trieborganisation in Suchtentwicklungen. In: Blitza KW (Hrsg) Psychodynamik der Sucht: Psychoanalytische Beiträge zur Theorie. Vandenhoeck & Rupprecht, Göttingen, S 51–90

Volkow ND, Wang GJ, Begleiter H et al (2006) High levels of dopamine d2 receptors in unaffected members of alcoholic families: possible protective factors. Arch Gen Psychiatry 63(9):999–1008

Wernado M, Blaufuß J, Jacob A, Kannenberg S (2006) Spezifische Interventionen auf der Basis der analytischen/analytisch orientierten Therapie bei psychischen Störungen im Zusammenhang mit psychotropen Substanzen. In: Leichsenring F (Hrsg) Lehrbuch der Psychotherapie, Bd 2: Psychoanalytische und tiefenpsychologisch fundierte Therapie, 3. Aufl. CIP-Medien, München, S 97–108

Wise RA (1996) Neurobiology of addiction. Curr Opin Neurobiol 6(2):243–251

Wise RA, Bozarth MA (1987) A psychomotor stimulant theory of addiction. Psychol Rev 94(4):469–492

Wolf ES (1998) Theorie und Praxis der psychoanalytischen Selbstpsychologie. Suhrkamp, Frankfurt/M

Wurmser L (Hrsg) (1997) Die verborgene Dimension. Vandenhoeck & Ruprecht, Göttingen

Suizidales Syndrom

Manfred Wolfersdorf, Michael Purucker, Barbara Schneider

H. Böker et al. (Hrsg.), *Neuropsychodynamische Psychiatrie*,
DOI 10.1007/978-3-662-47765-6_25, © Springer-Verlag Berlin Heidelberg 2016

25.1 Geschichtliche Anmerkungen und Begriffsbestimmung

Das Thema »Suizidalität« durchzieht die gesamte Menschheitsgeschichte und löste immer wieder unterschiedliche Beurteilungen aus: letzte Freiheit des Menschen oder Einengung durch Krankheit und soziale Situation, Sünde wider den Geist und Vergehen am Staatswesen oder Pflicht des Individuums zum Schutz, zur Entlastung der Gesellschaft – der Spannungsbogen sei weit und könne nicht im Rahmen einer Disziplin entschieden werden (von Engelhardt 2005; Wolfersdorf u. Etzersdorfer 2011). Der Kirchenvater Augustinus (413 bis 427 n. Chr.) (Illhardt 1991; von Engelhardt 2005) meinte: »Denn wer sich selbst tötet, tötet auch einen Menschen«. Dieses Denken bestimmte die Sichtweise der nächsten Jahrhunderte. Spätestens im 19. Jahrhundert beginnt ein verstärktes Verständnis suizidalen Verhaltens durch die wachsende Medizin und Psychiatrie (z. B. Burton 1988, 1621; Auenbrugger 1783; Esquirol 1968, 1838; Griesinger 1845; Osiander 1813; Gaupp 1905; Freud 1917; Federn 1929; Menninger 1938; Minois 1996; Lindt 1999).

Heute wird suizidales Verhalten im Rahmen eines »medizinisch-psychosozialen Paradigmas« (Wolfersdorf 2000a,b, 2008a,b; Wolfersdorf u. Etzersdorfer 2011) verstanden, wenngleich aktuelle Themen wie Amok und erweiterter Suizid/Mitnahmesuizid, »Terroristensuizid« als Form der Kriegsführung und aktuell »ärztlich assistierter Suizid« über das medizinisch-psychosoziale Paradigma bereits wieder hinausgehen. Die Wurzeln der heutigen Suizidologie liegen in einer schon sehr frühen differenziellen psychiatrisch-psychotherapeutischen Formulierung auf der einen Seite, auf der anderen Seite im Bereich der soziologischen, heute epidemiologisch-psychosozialen Suizidforschung. Wenn heute Suizidalität als dem Menschen mögliche und per se nicht krankhafte Denk- und Verhaltensweise betrachtet wird, also letztendlich in der Bewertung neutral, dann steht nicht mehr die Frage nach einer Legitimation von Suizidprävention im Vordergrund, sondern es stellt sich die Frage, wodurch der einzelne Mensch näher an Suizidalität heranrückt und herangerückt wird und wo er dort hilfs- und behandlungsbedürftig wird. Ein derartiges Verstehen von Suizidalität stellt heute die ethische Legitimation für Suizidprävention und Suizidforschung dar.

Die Definition von Suizidalität gemäß der S3-Leitlinie lautet:

» Suizidalität ist die Summe aller Denk- Erlebens- und Verhaltensweisen von Menschen oder Gruppen von Menschen, die in Gedanken, durch aktives Handeln, Handelnlassen oder passives Unterlassen den eigenen Tod anstreben bzw. als möglichen Ausgang einer Handlung in Kauf nehmen. (S3-/NV-Leitlinie »Unipolare Depression«, DGPPN 2010)

◘ Abb. 25.1 zeigt eine Übersicht über die klinischen Benennungen, entsprechend einem Kontinuitätsmodell mit zunehmendem Handlungsrisiko und Handlungsdruck. Der Suizid ist dabei eine selbst herbeigeführte bzw. selbst veranlasste schädigende Handlung, mit dem Ziel, den eigenen Tod herbeizuführen, also mit einem hohen Todeswunsch und in dem Wissen, mit der Erwartung, in dem Glauben, mit der angewandten Methode dieses Ziel erreichen zu können. Beim Suizidversuch überlebt der Handelnde, aus welchen Gründen auch immer (z. B. insuffiziente Methode, rasche Hilfemöglichkeit, selbst abgebrochene suizidale Handlung). Hier weist die Motivstruktur, neben dem Wunsch und der Inkaufnahme des Versterbens, auch eine kommunikative Bedeutung auf, nämlich unter Einsatz des eigenen Lebens etwas verändern, etwas erreichen zu wollen, um zukünftig besser, anders weiterleben zu können. Hier finden sich immer auch **intentionale Elemente**, die beim Helfer Gefühle, unter Druck gesetzt zu werden, auslösen können und **appellative Elemente**, bei denen es um Bitte um Unterstützung in der psychischen Not geht.

25.2 Zur Epidemiologie

Seit Mitte der 1980er Jahre nimmt die Zahl der Suizide in Deutschland (◘ Tab. 25.1) ab. Dies wird im Zusammenhang gesehen mit den folgenden Faktoren:

- Verbesserung der Depressionsbehandlung,

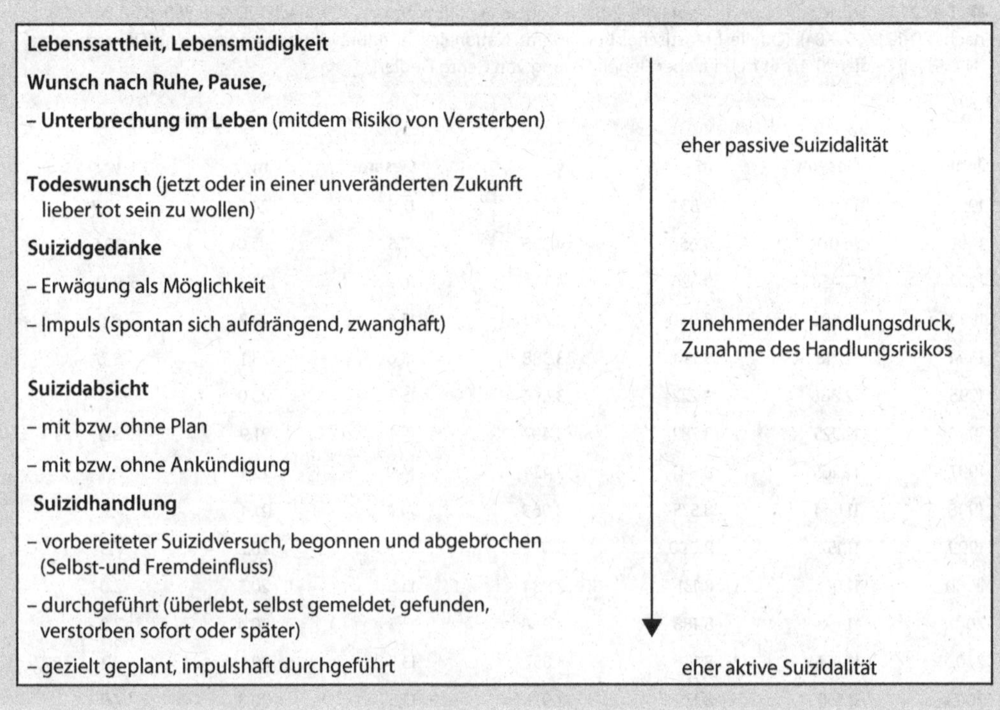

Lebenssattheit, Lebensmüdigkeit **Wunsch nach Ruhe, Pause,** **– Unterbrechung im Leben** (mitdem Risiko von Versterben)	eher passive Suizidalität
Todeswunsch (jetzt oder in einer unveränderten Zukunft lieber tot sein zu wollen) **Suizidgedanke** – Erwägung als Möglichkeit – Impuls (spontan sich aufdrängend, zwanghaft)	zunehmender Handlungsdruck, Zunahme des Handlungsrisikos
Suizidabsicht – mit bzw. ohne Plan – mit bzw. ohne Ankündigung **Suizidhandlung** – vorbereiteter Suizidversuch, begonnen und abgebrochen (Selbst-und Fremdeinfluss) – durchgeführt (überlebt, selbst gemeldet, gefunden, verstorben sofort oder später) – gezielt geplant, impulshaft durchgeführt	eher aktive Suizidalität

Abb. 25.1 Formen von Suizidalität. Kontinuitätsannahme mit Handlungskonsequenzen: zunehmende »sichernde Fürsorge«, Eigenverantwortung – Fremdverantwortung. (Aus Wolfersdorf u. Etzersdorfer 2011; mit freundl. Genehmigung des Kohlhammer-Verlags)

- Zunahme von Weiter- und Fortbildungsmaßnahmen zum Thema Suizidologie, Suizidprävention und überhaupt zum Thema psychische Erkrankungen in allen psychosozialen Fächern,
- Zunahme von Kriseninterventionseinrichtungen (Telefonseelsorge, spezifisch suizidpräventive Einrichtungen),
- Entstigmatisierungs- und Informationsbemühungen v. a. im Depressionsbereich (z. B. durch die »Bündnisse gegen Depression«).

Betrachtet man den erneuten Anstieg in den Jahren 2008–2011, so fällt auf, dass dieser deutlich zu Lasten des männlichen Geschlechts geht. Als Erklärungshilfen gelten die Überlegungen der englischen Ökonomengruppe um Stuckler (Stuckler et al. 2011; Karanikolos et al. 2013), die in der Bedrohung der wirtschaftlichen Existenz und im damit verbundenen Verlust des gesellschaftlichen Ansehens der Person und v. a. deren existenzsichernder Bedeutung für die Familie einen ökonomischen Risikofaktor für Suizid sehen und auf der Basis von Daten aus 26 EU-Staaten über 37 Jahre (1970–2007) postulieren, dass mit jedem Prozent mehr an Arbeitslosigkeit die Suizidzahlen der unter 65-Jährigen um 0,8 % ansteigen würden (Schneider et al. 2014). Mehr als eine halbe Million Menschen sind vom Suizid eines nahestehenden Menschen betroffen (Fiedler 2014). Weltweit waren nach Angaben der WHO 2008 (Värnik 2012) 782.000 Menschen durch Suizid verstorben, was 1,4 % der Gesamtweltmortalität umfasst und eine Gesamtsuizidrate für die von der WHO erfassten 105 Länder von 11,6 auf 100.000 Einwohner bedeutet.

Die Suizidrate in Deutschland nimmt in beiden Geschlechtern mit ansteigendem Alter zu, insbesondere bei den Männern, wodurch Suizidprävention zum Problem der alten Männer wird (Wolfersdorf 2010). Die häufigste Suizidmethode

Tab. 25.1 Suizidzahlen und -raten 1990–2012 in Deutschland (bis einschl. 1997 nach ICD-9 (E 950–959), ab 1998 nach ICD-10 (X60–X84). (Quelle: Statistisches Bundesamt; Nationales Suizidpräventionsprogramm für Deutschland [NASPRO], Fiedler 2014, mit freundlicher Genehmigung von Georg Fiedler)

Anzahl				Raten auf 100.000 Einwohner		
Jahr	Gesamt	m	w	Gesamt	m	w
1990	13.924	9.534	4.390	17,5	24,9	10,7
1991	14.011	9.656	4.355	17,5	25,0	10,5
1992	13.458	9.326	4.132	16,7	23,9	9,9
1993	12.690	8.960	3.730	15,6	22,7	8,9
1994	12.718	9.130	3.388	15,6	23,1	8,6
1995	12.888	9.222	3.666	15,7	23,0	8,7
1996	12.225	8.782	3.497	15,0	21,9	8,3
1997	12.265	8.841	3.424	14,9	22,1	8,1
1998	11.644	8.575	3.069	14,2	21,4	7,3
1999	11.157	8.080	3.077	13,6	20,2	7,3
2000	11.065	8.131	2.934	13,5	20,3	7,0
2001	11.156	8.188	2.968	13,5	20,4	7,0
2002	11.163	8.106	3.057	13,5	20,1	7,2
2003	11.150	8.179	2.971	13,5	20,3	7,0
2004	10.733	7.939	2.794	13,0	19,7	6,6
2005	10.260	7.523	2.737	12,4	18,6	6,5
2006	9.765	7.225	2.540	11,9	17,9	6,0
2007	9.402	7.009	2.393	11,4	17,4	5,7
2008	9.451	7.039	2.412	11,5	17,5	5,8
2009	9.616	7.228	2.388	11,7	18,0	5,7
2010	10.021	7.465	2.556	12,3	18,6	6,1
2011	10.144	7.646	2.498	12,4	19,0	6,0
2012	9.890	7.287	2.603	12,1	18,1	6,3

von 1998–2010 in Deutschland (Fiedler 2014) ist bei 45,4 % das Sicherhängen (gefolgt von Medikamentenintoxikation mit 14,4 %, Sturz aus der Höhe mit 8,5 % sowie Sicherschießen mit 10,7 %). Diese Suizidmethode ist nicht zu vermeiden, denn Stricke, Gürtel, Krawatten u. ä. stehen überall zur Verfügung. Hier liegt der Schwerpunkt der Suizidprävention eindeutig im rechtzeitigen Erkennen von suizidgefährdeten Menschen, also in der Diagnostik von High-risk-Populationen.

Die **klassischen Risikogruppen** lassen sich als drei Hauptgruppen zusammenfassen:

- psychisch kranke Menschen (insbesondere depressiv Kranke, schizophren-psychotisch Erkrankte und Suchtkranke),
- Menschen mit suizidalen Vorerfahrungen (Suizidversuch als härtester Prädiktor für zukünftiges suizidales Verhalten),
- Menschen in besonders belastenden Lebenssituationen,
  - alte Männer mit Multimorbität und Vereinsamung, mit Sucht und Depressionserfahrung,

- junge Menschen mit Identitätsproblemen, Drogenproblematik, traumatischen Erfahrungen,
- Menschen mit homo- und bisexueller Thematik,
- Menschen mit schmerzhaften, mit entstellenden Erkrankungen,
- Menschen in traumatischen Situationen u. ä.

Die Benennung von Risikogruppen stellt immer eine Gruppenaussage dar, keine Aussage zum individuellen, aktuellen Suizidrisiko im Einzelfall. Die Benennung von »Risikofaktoren« erlaubt auch keine Prädiktion jetzigen oder zukünftigen Suizidverhaltens, sondern beruht auf Ergebnissen von Gruppenvergleichen und psychologischen Autopsien (Schneider 2003). Hinzu kommt, dass sich die Risikofaktoren differenzieren lassen in

- veränderbare – z. B. Psychopathologie, soziale und Beziehungssituation, Krankheit u. ä. und
- nicht veränderbare – z. B. Geschlecht, Alter, kulturelle Zugehörigkeit u. a.

Hor u. Tayler (2010) haben zeigen können, dass bei schizophren erkrankten Menschen ein Lebenszeitsuizidrisiko von 5 % besteht und das Suizidrisiko streng mit den Risikofaktoren jüngeres Alter, männliches Geschlecht, hoher Bildungsstand, Suizidmodelle in der Familie und komorbider Substanzmissbrauch assoziiert war. Dutta et al. (2010) fanden bei Patienten mit einer ersten psychotischen Episode eine 12-mal höhere Suizidmortalität als in der Allgemeinbevölkerung (Standardized Mortality Ratio 11,65), die nach 10 Jahren noch viermal höher (SMR = 3,92) war. Bei depressiv Kranken fand sich nach Crona et al. (2013) ein Lebenszeitsuizidrisiko von 6 %, 43–60 % aller Suizidenten dieser Follow-up-Studie im Alter von 37–53 Jahren nach einem Suizidversuch litten an einer Depression; wurde die Dysthymia eingeschlossen, waren es 90 %. Auffällig war, dass Suizidversuche früh im Krankheitsverlauf der Depression durchgeführt wurden, das Suizidversuchsrisiko im Krankheitsverlauf pro Dekade um 10 % sank und dass alle Patienten mehr Zeit in der Depression nach als vor dem Suizidversuch verbrachten.

Schaller u. Wolfersdorf (2010) fanden in einem Überblick zu psychologischen Autopsiestudien zu Suizid und Depression etwa um 60 % affektive sprich depressive Störungen bei den späteren Suizidenten. Der Anteil der Männersuizide betrug in nahezu allen Studien Zweidrittel bis Dreiviertel (Hawton et al. 2013). Bei depressiv kranken Menschen war signifikant mit **erhöhtem Suizidrisiko** assoziiert:

- männliches Geschlecht,
- psychiatrische Erkrankungen in der Familie,
- frühere Suizidversuche,
- aktuell schwere depressive Erkrankung,
- Hoffnungslosigkeit sowie
- Komorbiditäten einschließlich Angsterkrankungen, Alkohol- und Drogenmissbrauch.

50 % aller depressiv Kranken, die durch Suizid versterben, haben ihren Hausarzt in den letzten 3 Monaten vor dem Suizid aufgesucht, 40 % im letzten Monat vor dem Suizid, 20 % in der letzten Woche vor der Selbsttötung.

25.3 Modelle von Suizidalität

In der Suizidologie unterscheidet man sog. Entwicklungsmodelle – präsuizidales Syndrom nach Ringel (1953), Stadien suizidaler Entwicklung nach Pöldinger (1968) – von sog. Ätiopathogenese-Modellen (Krisenmodell, Krankheitsmodell). Als 3. Gruppe werden komplexe Entwicklungsmodelle wie das von Mann et al. (2005) oder das Diathese-Stress-Modell suizidalen Verhaltens von van Heeringen et al. (2004) diskutiert.

Die beiden bekanntesten **Entwicklungsmodelle von Suizidalität** sind die Beschreibung des »präsuizidalen Syndroms« von Ringel (1953) sowie die Beschreibung der »Stadien und Dynamik der suizidalen Entwicklung« nach Pöldinger (1968). Die **3 Phasen des präsuizidalen Syndroms** sind

- die Phase der Einengung,
- die Wendung der Aggression gegen sich selbst und als Letztes
- aktiv intendierte bzw. sich aufdrängende Suizidideen.

Ursprünglich war mit **Einengung** der Verlust äußerer und innerer Wertorientierungen gemeint, die Zeitspanne war nicht festgelegt. Heute wird der

Begriff »Einengung« breiter, nicht nur für im engeren Sinne depressive präsuizidale Entwicklungen, sondern auch für die subjektiv erlebte Einengung nach einer schizophren-psychotischen Episode oder auch zur Beschreibung der Entwurzelungssituation von Migranten nach Verlust von Heimat und bei fehlender Neuorientierung im neuen Land verwendet. All diesen »Einengungen« gemeinsam ist, dass sie näher an eine suizidale Beendigung der belastenden Lebenssituation heranführen können.

Die Beschreibung der **präsuizidalen Entwicklung** von Pöldinger (1968) mit den Begriffen **Ambivalenz, Appell, Resignation** (»Ruhe vor dem Sturm«) bezieht sich auf einen sehr viel kürzeren Zeitraum von wenigen Wochen und Tagen und findet sich häufig im klinisch-psychiatrischen Bereich. Insbesondere die Phase der Erwägung und Ambivalenz ist klinisch bedeutsam, da hier offen über Suizidalität in Appellen, Ankündigungen, Hilferufen gesprochen wird, als Hinweis, dass der spätere Suizident sich innerlich mit Leben oder Sterben auseinandersetzt.

Beide Modelle zeigen, dass es bei der präsuizidalen Entwicklung nicht um freie Willensentscheidung, um Autonomie und Selbstbestimmung geht, sondern um zunehmenden Verlust innerer Steuerungs- und Distanzierungsfähigkeit, letztlich um als krankhaft zu benennende Entwicklungen mit zunehmendem Verlust von Freiheitsgraden. Beim Vorliegen von aufgehobener Distanzierungs- und Steuerungsfähigkeit, wie bei Pöldinger im Entschlussstadium beschrieben, bei »Einengung« als Prozess zunehmenden Verlustes von sozialen Ressourcen und innerer Wertorientierung, ist von Selbstbestimmung im Sinne freier Verfügbarkeit über alle Möglichkeiten nicht mehr zu sprechen.

In ◘ Abb. 25.2 sind **Krisen- und Krankheitsmodelle von Suizidalität** zusammengefasst. Das Krisenmodell geht aus von einer bisher psychisch unauffälligen Persönlichkeit, auch wenn z. B. depressive oder selbstdestruktive Stile der Konfliktbewältigung in der Lebensgeschichte vorliegen. **Psychodynamisch** handelt es sich bei solchen Krisen häufig um

- Suizidalität als Ausdruck einer Selbstwertkränkung einer Person oder eines Kollektivs (individuelle oder kollektive narzisstische Krise nach Henseler (1974),
- Suizidalität als Ausdruck einer als existenziell vernichtend erlebten Krise, bei der Schamgefühle (Scheitern am eigenen Ich-Ideal) und Schuldgefühle (Scheitern am überstrengen Über-Ich) eine zentrale Rolle spielen (Wolfersdorf u. Etzersdorfer 2011),
- die klassische Konstellation, wie von Freud (1917) beschrieben, wo Suizidalität Ausdruck einer eigentlich gegen einen anderen Menschen gerichteten und nun gegen die eigene Person gewendeten Aggression ist.

Bei **narzisstischen Krisen** geht es in der Therapie um die Wiederherstellung des Selbstwertgefühls bei meist belastender Beziehungskonstellation (drohendes oder stattgehabtes Verlassenwerden). Bei **existenziell vernichtenden Krisen** geht es um den Verlust des durch die Gesellschaft zugewiesenen Fremdbildes (z. B. bei bedeutsamen Sportlern, Politikern, Schauspielern) und des eigenen Ideal-Selbstbildes, das nach Verlust des ersteren nicht wiederhergestellt werden kann, in der Überzeugung, es führt kein Weg zurück und in tiefe Hoffnungslosigkeit und eine oft ablaufende raptusartige Suizidalität mündend (Wolfersdorf 2010).

Abschließend sei auf das Modell von Mann et al. (2005) hingewiesen. Hier wird ausgegangen von der Entstehung einer Suizididee aus belastenden Lebensereignissen heraus bzw. einer affektiven oder anderen psychischen Erkrankung; beides führt näher an Suizidalität heran. Die Frage wäre dann, welche Faktoren beim Weg der Suizididee zur suizidalen Handlung eine Rolle spielen. Mann et al. (2005) haben vier Faktoren gefunden: Impulsivität und Hoffnungslosigkeit, beides dem psychosozialen und medizinischen Feld zuordenbar, dann Zugang zu tödlichen Methoden und die Imitation suizidalen Verhaltens. Die beiden letzteren Ansätze sind Aufgabe der Gesundheitspolitik. Das Ergebnis des **Reviews zu Strategien der Suizidprävention** ergab als effektiv:

- Fortbildung von Ärzten,
- Beschränkung des Zugangs zu tödlichen Methoden,
- verstärkte Öffentlichkeitsarbeit,
- Identifikation von Hochrisikogruppen
- Zusammenarbeit mit den Medien.

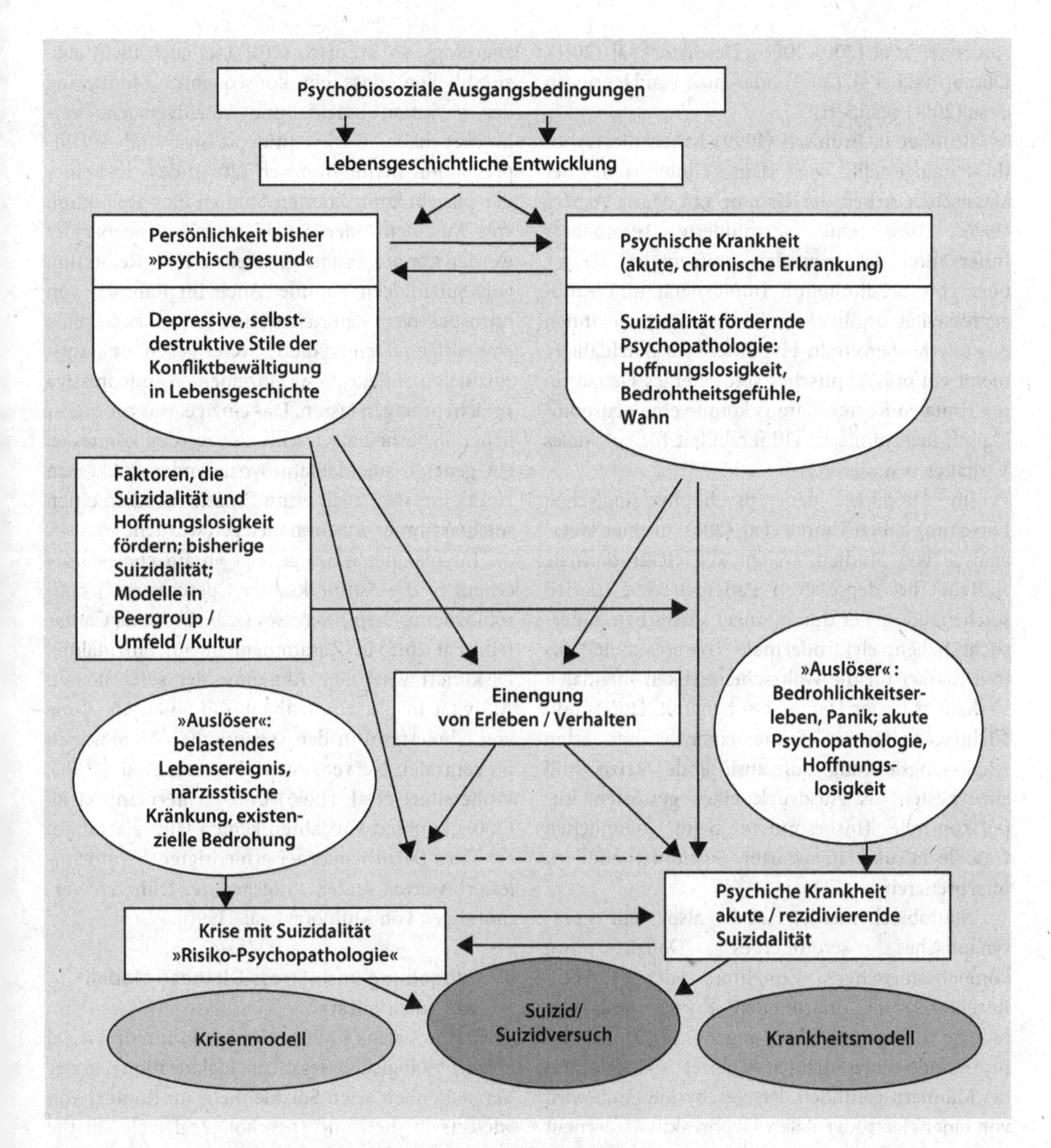

Abb. 25.2 Krisen- und Krankheitsmodell von Suizidalität. (Aus Wolfersdorf u. Etzersdorfer 2011; mit freundl. Genehmigung des Kohlhammer-Verlags)

25.4 Neurobiologische Befunde und Bildgebung

Zusammenstellungen zur Neurobiologie von Suizidalität und zur Bildgebung finden sich u. a. bei Wolfersdorf u. Kaschka (1996), Brunner u. Bronisch (1999), Bronisch et al. (2001), Bronisch (2009) oder auch bei Thorell et al. (2013), Jaeschke et al. (2011), Pandey 2013, Pandey et al. (2014), Constanza et al. (2014), van Heeringen (2003), Furczyk et al. (2013), Mathews et al. (2014). Speziell zu strukturaler und funktionaler Bildgebung bei Suizidalität – v. a. im Rahmen eines »Stress-Diathesis Model of Suicidal Behavior« (van Heeringen 2012) – haben sich u.a.

Audenaert et al. (2001, 2006), Desmyter et al. (2011), Dombrovski et al. (2012) oder auch van Heeringen et al. (2014) geäußert.

Brunner u. Bronisch (1999) haben die Hypothese aufgestellt, vor dem Hintergrund der klassischen Arbeit der Gruppe um Marie Asperg (1976), dass eine verminderte serotonerge Innervation des ventralen präfrontalen Kortex über eine Dysinhibition Impulsivität und Autoaggressivität begünstigen könnte. Die von ihnen postulierte »Serotonin-Hypothese der Suizidalität« meint ein präsynaptisches serotonerges Defizit im präfrontalen Kortex, daraus könnte eine neurobiologisch determinierte Vulnerabilität für suizidales Verhalten resultieren.

Im Bereich der psychophysiologischen Forschung haben Thorell et al. (2013) in einer Metaanalyse von Studien, welche die elektrodermale Aktivität bei depressiven Patienten und speziell solchen, die später durch Suizid verstarben, untersucht haben, elektrodermale Hyporeaktivität als trait marker für die Wahrscheinlichkeit suizidalen Verhaltens in der Depression benannt. Hypo- und Nichtreaktivität im Sinne einer verminderten Anpassungsleistung auf auslösende Reize sind am ehesten als Ausdruck einer gestörten Impulskontrolle (insbesondere beim männlichen Geschlecht und mit harter Suizidmethode) zu interpretieren.

Neurobiochemisch wird also ein präsynaptisches serotonerges Defizit mit kompensatorischer Zunahme der 5-HT_2-Rezeptoren im präfrontalen Kortex und eine reduzierte Liquor-5-HIAA angenommen und dies insbesondere bei Suizid mit harter Methode und bei Männern gefunden. Psychophysiologisch wird von einer elektrodermalen Hyporeaktivität, erneut insbesondere bei Männern und bei harter Suizidmethode, ausgegangen. Psychopharmakologisch wird auf eine zentrale Überstimulation durch Antidepressiva als Suizidförderung verwiesen; anderseits eine adäquate Psychopharmakotherapie der Depression mit Antidepressiva im Zusammenhang mit Reduktion von Suizidideen gesehen. Bei Neuroleptika wurde früher die Akathisie als quälende Nebenwirkung als suizidfördernd diskutiert. Bei Lithium ließ sich ein statistisch signifikanter antisuizidaler Effekt nachweisen; allerdings, so Bronisch (2011), sei auch nicht auszuschließen, dass ein konsequentes Monitoring der Patienten Suizide und Suizidversuche verhindert habe. Bzgl. Antidepressiva und Suizidprävention meint Bronisch (2011), dass in keiner der placebokontrollierten Studien eine Reduktion von Suiziden oder Suizidversuchen beobachtet werden konnte, es aber generell zu einer Reduktion von Suizidideen komme. Auch im Rahmen von retrospektiven Langzeitstudien hätten sich keine eindeutigen Trends, die für oder gegen eine antisuizidalen Effekt von einzelnen Antidepressiva sprächen, zeigen lassen. Das einzige, was mit ziemlicher Sicherheit ausgeschlossen werden könne, sei ein generell suizidalitätprovozierender Effekt von Antidepressiva, auch wenn Einzelfallstudien einen solchen immer wieder nahelegen würden.

Interessanterweise gelangt »brain cholesterol« erneut in die Aufmerksamkeit psychiatrisch-neurobiochemischen Interesses (z. B. Graca da Cantarelli et al. 2015) im Zusammenhang mit Suizidalität. Diskutiert wird eine Abnahme der serotonergen Aktivität im Zusammenhang mit einer Abnahme von Cholesterol in den synaptischen Membranen im zentralen Nervensystem. Brunner et al. (2001), Wolfersdorf et al. (1996) und Lichtermann et al. (2001) konnten vor Jahren keinen Hinweis auf ein erhöhtes Suizidrisiko bei erniedrigten Serumcholesterinwerten finden, entgegen der früheren Vermutungen von Muldoon et al. (1990).

■ Bildgebung und »Stress-Diathese-Modell« von Suizidalität«

Trivedi u. Varma (2010) erinnern in ihrem Artikel »Neurobiological bases of suicidal ideation«, in der Vergangenheit seien Suizide mehr im Kontext von »defects in the mind (psychological)« als »in the brain (neurobiological)« gesehen worden, heute diskutiere man definierte »brain regions«, wobei dem Frontalhirn wegen seiner zentralen Rolle für Sozialverhalten (Aggressions- und Impulskontrolle) größte Bedeutung zugewiesen werde. Neben einem rein biologischen Modell – klinisch erklärend, korreliert mit biologischen Parametern und testbar in Studien (Mann et al. 1999) – favorisieren die Autoren ein »Diathese-Stress-Modell«, wobei »Diathesis« die Vulnerabiltät für Stressoren und »Stressor« die Lebensbelastung (akute psychische Erkrankung, Drogen, Alkohol, körperliche Krankheit, familiäre oder soziale Belastung) bedeute.

Van Heeringen (2012) kritisiert die psychologischen Schemamodelle von Suizidalität, die zu einer Reihe von proximalen und distalen Risikofaktoren im Sinne von Stress geführt hätten, allerdings könnten reine Stressmodell nicht erklären, warum manche Menschen trotz schwerer Risikofaktoren nicht suizidal würden. Als **Stresskomponente** benennt van Heeringen (2012) psychosoziale Krisen und psychiatrische Erkrankungen, dazu Arbeitslosigkeit, Armut und soziale Isolation, während **Diathesekomponenten** eher genetische Effekte, epigenetische Mechanismen oder Missbrauchserfahrungen in der Kindheit seien. Neuroanatomische, physiologische, biochemische und genomische Alterationen führten dann zur Entwicklung von Psychopathologie. Postmortem- und Neuroimagingstudien haben, so van Heeringen (2012) strukturale und funktionale Veränderungen im Gehirn von Menschen mit suizidalem Verhalten gezeigt; dies korreliere mit Komponenten der Diathesis. Studien zum Serotoninmetaboliten 5-HIAA im Liquor nach Suizidversuch fanden, dass depressive Patienten mit Suizidversuch niedrigere Spiegel als Depressive ohne einen Suizidversuch aufweisen, dass Wiederholer von Suizidversuchen niedrigere Spiegel als Patienten mit einem ersten Suizidversuch, dass harte Suizidversuchsmethoden ebenfalls mit niedrigeren Spiegeln einhergehen und dass Patienten mit Suizidversuch und niedrigem 5-HIAA-Spiegel eine geringere Überlebensrate aufweisen, d. h. häufiger durch Suizid in der Lebensgeschichte verstürben (van Heeringen 2003, van Heeringen et al. 2014).

Audenaert et al. (2001) stellten in ihrer Übersicht zum funktionellen Imaging mit SPECT bei Patienten mit Suizidversuch fest, suizidales Verhalten sei assoziiert mit einem Cluster von interdependenten Phänomenen aus erhöhtem Bestreben nach Schmerzvermeidung, reduzierter 5-$HT2_A$ Funktion im präfrontalen Kortex und Hoffnungslosigkeit. In einer späteren Arbeit meinten Audenaert et al. (2006), die Bedeutung des serotonergen Systems für die Pathophysiologie suizidalen Verhaltens sei durch indirekte – 5-HIAA reduziert im Liquor bei Suizidversuch mit harten Methoden – und direkte Forschungsergebnisse – Zunahme von 5-$HT2_A$-Rezeptoren – eindrücklich belegt (»in vivo functional imaging PET or SPECT« zeigen eine Abnahme von »5-$HT2_A$-binding index« bei Suizidversuchen ängstlicher und depressiver Patienten und eine Zunahme des Index bei impulsiven Suizidversuchen).

Aktuell zeigten van Heeringen et al. (2014) in einer Metaanalyse von strukturalen und funktionalen MRT-Studien Defizite und Veränderungen bei Menschen mit suizidalem Verhalten. In verschiedenen Studien fanden sich strukturelle Defizite wie reduziertes Volumen von »rectal gyrus, superior temporal gyrus and caudate nucleus«, wobei funktionale Veränderungen eine erhöhte Reaktivität der »anterior and posterior cingulate cortices« beträfen. Dies wird als Beweis für eine neurobiologische Basis der Vulnerabilität für suizidales Verhalten verstanden. Turecki (2014) diskutierte distale – familiäre und genetische Disposition, Lebensereignisse in der frühen Lebensgeschichte – und proximale Faktoren – Neurotransmitter, Veränderungen des Immunsystems und Gliadysfunktionen im Gehirn – und sah darin, v. a. in den proximalen Funktionen bzw. deren Störungen, vielversprechende zukünftige Forschungsansätze in der Suizidologie. Dombrovski et al. (2012) untersuchten depressiv kranke Menschen älter als 60 Jahre und fanden bei denen mit Suizidversuch striatale Läsionen, die sie als Beitrag zu suizidalem Verhalten durch Förderung von Impulsivität verstanden. Menschen mit Late-Life-Depression und Suizidversuch zeigten strukturelle Alterationen im Putamen. Van Heeringen et al. (2004) haben zwei Komponenten einer Diathesis für suizidales Verhalten gegenüber gestellt, nämlich Komponenten der **sozialen Interaktion** und Komponenten der **Verhaltenshemmung**. Beim psychiatrischen Ansatz geht es um depressive Ideen versus Angst und Hoffnungslosigkeit, neurobiologisch bei ersterem um 5-HT_{1A}/Noradrenalinaktivität, beim Ansatz der Verhaltenshemmung um 5-HT_2/Dopaminaktivität. Neuroanatomisch spielen bei der sozialen Interaktion der frontotemporale Lobus und der Hippocampus eine Rolle, bei der Verhaltenshemmung der präfrontale Lobus und die Amygdala und bzgl. des Temperaments geht es bei der sozialen Interaktion um eine Verstärkung der Abhängigkeit, bei der Verhaltenshemmung um Schmerzvermeidung.

Bei der Diskussion solcher Ergebnisse drängt sich die Frage auf, wie weit denn der Mensch als Person davon alteriert ist. Einen neurophänomenologischen Ansatz zum Verständnis psychopathologischer Symptome hat Northoff (2014) vorgestellt und darauf hingewiesen, dass es einen deutlichen Überschneidungsbereich zwischen selbstbezogener Aktivität und einem hohen Level an »resting state activity« speziell in den Hirnregionen der anterioren Mittellinie gebe. Gerade bei den »resting state activities« gebe es bei Depression und Schizophrenie deutliche Abnormitäten genau in diesem Bereich. Letztlich bedeuten die oben genannten Untersuchungen für die aktuelle Forschung und unser Verständnis von suizidalem Verhalten, dass sich natürlich psychologische Vorgänge, psychodynamische Vorgänge auch in Neurobiologie manifestieren, wobei jedoch die klassische Frage nach Verursachung und Folge ungelöst ist, bzgl. Verursachung aktuell wohl ein »Gene-Environment«-Modell als allgemein gültig betrachtet wird.

25.5 Suizidprävention

Schwartz-Lifshitz et al. (2014) stellten die ketzerische Frage »Can we really prevent suicide?« und zogen sich dann zurück auf die bekannten und effektiven Ansätze: Methodenrestriktion, Medienarbeit, Öffentlichkeitsarbeit, Gatekeeper Training, Weiterbildung von Allgemeinärzten und natürlich Psychotherapie und Psychopharmakotherapie, verbunden mit Nachsorge.

Unter Suizidprävention verstehen wir die Verhütung der Umsetzung von Suizidideen in Suizidabsichten und aktuelle suizidale Handlungen. Damit ist Suizidprävention zum einen Minderung von aktuellem Handlungsdruck, von Leidensdruck und Hoffnungslosigkeit, zum anderen Zeitgewinn für optimale Fürsorge und Therapie. Aktuelles Ziel ist es, der Suizident verzichtet (vorerst) auf eine suizidale Handlung; Langzeitziel ist natürlich, dass Suizidalität im Leben des suizidgefährdeten Menschen keine bedeutsame Rolle mehr spielt bzw. er gut damit umgehen kann (Wolfersdorf u. Etzersdorfer 2011).

Dabei werden heute zwei Ebenen der Suizidprävention unterschieden, eine **personenbezogene Ebene** (Mental-Health-Ansatz) und eine **nationale Ebene** (Public-Health-Ansatz).

25.5.1 Personenbezogene Ebene

Der erste Ansatz bezieht sich im Wesentlichen auf den medizinisch-psychiatrischen und psychologisch-psychosozialen Bereich und umfasst

- die Beschreibung und Identifikation von Risikogruppen,
- die Verbesserung des Erkennens von Suizidalität in den zuständigen medizinischen Strukturen,
- die Erarbeitung von Prinzipien der Suizidprävention und Krisenintervention,
- die Durchführung von Awarenessprogrammen zum Erkennung und Behandeln von Risikogruppen und insgesamt
- die Verbesserung der Akutbehandlung und der Langzeittherapie.

Zur **personenbezogenen Suizidprävention** gehören

- die Herstellung einer hilfreichen Beziehung,
- die Diagnostik von Suizidalität, von Krise und Erkrankung,
- das Management der aktuellen Situation nach dem Prinzip der sichernden Fürsorge und
- die akute Therapie und Krisenintervention.

Zur **Einschätzung aktueller Suizidalität** gehört das Fragen

- nach Suizidalität, also konkret nach Todeswünschen,
- nach aktuellen Suizidideen,
- nach Suizidabsichten,
- nach einschießenden Suizidimpulsen,
- nach Handlungsdruck, ob Suizidideen oder Suizidimpulse kontrolliert werden können oder Angst vor Kontrollverlust besteht und äußere Kontrollen oder sogar mechanische Kontrollen notwendig seien,
- nach Hoffnung oder Hoffnungslosigkeit, dem Wunsch nach Hilfe.

Und letztlich muss erfragt werden, ob der Patient auf das Umsetzen aktueller Suizidideen in Handlung derzeit zugunsten von hilfreicher Fürsorge und Therapie verzichten kann. Hierzu gehört immer auch das Erfassen von Risikopsychopathologie, Psychodynamik und psychosozialer Situation.

25.5.2 Nationale und internationale Ebene

Die Ebene der nationalen und internationalen Suizidprävention umfasst im Wesentlichen

- nationale Suizidpräventionsprogramme,
- Aktivitäten nationaler und internationaler Gesellschaften,
- Reduktion von Suizidmethoden,
- Einführung fachlicher und versorgungspolitischer Programme,
- Medienarbeit.

25.6 Zusammenfassung

Suizidales Verhalten gibt es seit Menschengedenken, in allen Kulturen und Gesellschaften. Suizidologie als Wissenschaft entsteht im 19. Jahrhundert und umfasst heute neben den deskriptiven psychopathologischen, psychodynamischen und psychosozialen Aspekten und der Epidemiologie auch neurobiologische, psychophysiologische, genetische und neuroanatomische Themen. Hier wurde vieles in den letzten Jahren zusammengetragen, weitere Forschung ist jedoch nötig, um proximale zerebrale und distale psychosoziale Abläufe bei Suizidalität besser zu verstehen

Literatur

Asberg M, Traskman L, Thoren P (1976) 5-HIAA in the cerebrospinal fluid: A biochemical suicide predictor? Arch Gen Psychiatry 33:1193–1197

Audenaert K, Laere van K, Dumont F et al (2001) Functional imaging with SPECT in patients who recently attempted suicide: Neuropsychological activation studies and serotonine-2A receptor ligand studies. In: Bronisch T, Felber W, Wolfersdorf M (Hrsg) Neurobiologie suizidalen Verhaltens. Roderer, Regensburg, S 182–232

Audenaert K, Peremans K, Goethals I, van Heeringen C (2006) Functional imaging serotonin and the suicidal brain. Acta Neurol Belg 106(3):125–131

Auenbrugger L (1783) Von der stillen Wuth oder dem Triebe zum Selbstmorde als einer wirklichen Krankheit. Mit Original-Beobachtungen und Anmerkungen. Auf Kosten der Verlagskasse und zu finden in der Buchhandlung der Gelehrten, Dessau

Bertolote JM (2004) Suicide prevention: At what level does it work? World Psychiatry 3:147–151

Bertolote JM, Fleischmann A, de Leo D, Wasserman D (2004) Psychiatric diagnoses and suicide: Revisting the evidence. Crisis 25(4):147–155

Blatt SJ (2004) Experiences of depression. Am Psychol. Association, Washington DC

Bronisch T (2008) Neurobiologie und Neuropsychologie von Suizidalität. In: Wolfersdorf M, Bronisch T, Wedler H (Hrsg) Suizidalität. Verstehen – Vorbeugen – Behandeln. Roderer, Regensburg, S 172–180

Bronisch T (2009) Neurobiologie von suizidalem Verhalten und Aggression. Suizidprophylaxe 36(4):155–169

Bronisch T (2011) Medikamentöse Therapie der Depression und das Suizidproblem. Suizidprophylaxe 38:58–74

Bronisch T, Brunner J (2002) Neurobiologie von suizidalem Verhalten und Trauma. Suizidprophylaxe 29:123–134

Bronisch T, Hegerl U (2010) Suizidalität. In: Möller HJ, Laux G, Kapfhammer HP (Hrsg) Lehrbuch Psychiatrie, Psychosomatik, Psychotherapie, 4. neubearb. Aufl. Springer, Berlin, S 1469–1501

Bronisch T, Felber W, Wolfersdorf M (Hrsg) (2001) Neurobiologie suizidalen Verhaltens. Roderer, Regensburg

Brunner J, Bronisch T (1999) Neurobiologische Korrelate suizidalen Verhaltens. Fortschr Neurol Psychiatr 67:391–412

Brunner J, Parhofer KG, Schwandt B, Bronisch T (2001) Besteht ein Zusammenhang zwischen Lipidmetabolismus, Suizidalität und depressiven Erkrankungen? In: Bronisch T, Felber W, Wolfersdorf M (Hrsg) Neurobiologie suizidalen Verhaltens. Roderer, Regensburg, S 250–272

Burton R (1988) Anatomie der Melancholie deutsche Übers. Horstmann U). Artemis, Zürich CHE(engl. Erstveröff. 1621)

Caplan G (1963) Emotional crisis. In: Deutsch A, Fishbein H (Hrsg) The encyclopedia of mental health, Bd 2. Watts, New York NY, S 521–532

Constanza A, D`Orta I, Perroud N et al (2014) Neurobiology of suicide: do biomarkers exist? Int J Legal Med 128(1):73–82

Crona L, Mossberg A, Brádvik L (2013) Suicidal career in severe depression among long-term survivors: In a followup after 37–53 years suicide attempts appeared to end long before depression. Depress Res Treat Volume 2013, Article ID 610245,6 pages. ▶ http://dx.doi.org/1155/2013/610245. Zugegriffen: 30. Dez. 2014

Cullberg J (1978) Krisen und Krisentherapie. Psychiatr Prax 5:25–34

Desmyter S, van Heeringen C, Audenaert K (2011) Structural and functional neuroimaging studies of the suicidal brain. Prog Neurpsychopharmacol Biol Psychiatry 35 (4):796–808

DGPPN, BÄK, KVB et al (2010) S3-/NV-Leitlinie Unipolare Depression. Springer, Berlin

Dombrovski AJ, Siegle GJ, Szanto K et al (2012) The temptation of suicide: striatal gray matter, discounting of delayed rewards, and suicide attempts in late-life depression. Psychol Med 42(6):1203–1215

Dutta R, Murray RM, Hotapf M et al (2010) Reassessing the long-term risk of suicide after a first episode of psychosis. Arch Gen Psychiatry 67(12):1230–1237

Edman G, Asberg M, Levander S, Schalling D (1986) Skin conductance habituation and cerebrospinal fluid 5-Hydroxyindoleaceticacid in suicidal patients. Arch Gen Pychiatry 46:586–592

Engelberg H (1992) Low serum cholesterol in suicide. Lancet 339:727–729

Engelhardt D von (2005) Die Beurteilung des Suizides im Wandel der Geschichte. In: Wolfslast G, Schmidt KW (Hrsg) Suizid und Suizidversuch. Beck, München, S 11–26

Esquirol JED (1968) Von den Geisteskrankheiten. Huber, Bern (deutsche Erstveröff. 1838)

Etzersdorfer E (2008) Medienleitlinien für die Berichterstattung von Suizidhandlungen: Stand des Wissens, zukünftige Fragestellungen. In: Herberth A, Niederkrotenthaler T, Till B (Hrsg) Suizidalität in den Medien. Lit-Verlag, Wien, S 207–216

Etzersdorfer E, Fartacek R, Götze P, Wolfersdorf M (Hrsg) (2005) Fallstudien zur Suizidalität. Roderer, Regensburg

Federn P (1929) Selbstmordprophylaxe in der Analyse. Z Psychoanalyt Pädagogik III (11–13):379–389

Fiedler G (2014) Suizide in Deutschland 2013. ► http://www.suizidpraevention-deutschland.de. Zugegriffen: 26. Mai 2015

Freud S (1917) Trauer und Melancholie. Gesammelte Werke X. Fischer, Frankfurt

Fritze J, Schneider B, Lanczik M (1992) Autoaggressive behaviour and choesterol. Neuropsychobiology 26:180–181

Furczyk K, Schutova B, Michel TM et al (2013) The neurobiology of suicide – a review of post-mortem studies. J Mol Psychiatry 1(1):2.eCollection 2013. ► http://www.ncbi.nlm.nih.gov/pubmed/25408895

Garca da Cantarelli M, Narding P, Buffon A et al (2015) Serum triglycerides but not cholesterol or leptin, are decreased in suicide attempters with mood disorders. J Affect Disord 172:403–409

Gaupp R (1905) Über den Selbstmord, 2. Aufl. Gmelin, München

Grebner M, Lehle B, Neef I et al, AG »Suizidalität und psychiatrisches Krankenhaus« (2005) Empfehlungen zur Diagnostik und zum Umgang mit Suizidalität in der stationären psychiatrisch-psychotherapeutischen Behandlung. Krankenhauspsychiatrie 16 (Suppl. 1):51–54

Griesinger W (1845) Die Pathologie und Therapie der psychischen Krankheiten, für Aerzte und Studirende. Adolph Krabbe, Stuttgart, S 191–193

Gruhle HW (1940) Selbstmord. Thieme, Leipzig

Haenel T, Pöldinger W (1986) Erkennung und Beurteilung von Suizidalität. In: Kisker KP, Lauter H, Meyer JE et al (Hrsg) Psychiatrie der Gegenwart 2. Springer, Berlin, S 107–132

Haw C, Hawton K, Sutton L et al (2005) Schizophrenia and deliberate self-harm: a systematic review of risk factors. Suicide Life Threat Behav 35:50–62

Hawton K, Casanas i Comabella C, Haw C, Saunders K (2013) Risk factors for suicide in individuals with review. J Affect Disord 147:17–28

Heeringen K van (2003) The neurobiology of suicide and suicidality. Can J Psychiatry 48(5):292–300

Heeringen K van (2012) Stress-diathesis model of suicidal behavior. In: Dwivedi Y (Hrsg) The neurobiological basis of suicide. CRC Press, Boca Raton FL

Heeringen C van, Portzky G, Audenaert K (2004) The psychobiology of suicidal behaviour. In: De Leo D, Bille-Brahe U, Kerkhof A, Schmidtke A (Hrsg) Suicidal behaviour. Hogrefe & Huber, Göttingen, S 61–66

Heeringen K van, Bijttebier S, Desmyter S et al (2014) Is there a neuroanatomical basis of the vulnerability to suicidal behavior? A coordinate-based meta-analysis of structural and functional MRI studies. Front Hum Neurosci 8:1–8. doi:10.3389/fnhum.2014.00824

Hegerl, U, Wittmann IM, Pfeiffer-Gerschel T (2004) »European Alliance against Depression (EAAD)« – europaweites Interventionsprogramm gegen Depression und Suizidalität. PsychoNeuro 30:677–679

Hegerl U, Althaus D, Schmidtke A, Niklewski G (2006) The alliance against depression: 2-year evaluation of a community-based intervention to reduce suicidality. Psychol Med 36:1–9

Henseler H (1974) Narzisstische Krisen. Zur Psychodynamik des Selbstmords. Rowohlt, Reinbek

Hor K, Taylor N (2010) Suicide and schizophrenia: a systemetic review of rates and risk factors. J Psychopharmacology 24 (11, Suppl 4):81–90

Illhardt F-J (1991) Ruf nach Hilfe – Pflicht zur Hilfe. Der Suizid und das Glück als Lebens-Mittel. In: Wolfersdorf M (Hrsg) Suizidprävention und Krisenintervention als medizinisch-psychosoziale Aufgabe. Roderer, Regensburg, S 57–72

Isometsä E (2014) Suicidal behaviour in mood disorders – who, when, and why? Can J Psychiatry 59(3):120–130

Jaeschke R, Siwek M, Dudek D (2011) Neuobiology of suicidal behaviour. Psychiatr Pol 45 (4):573–588

Karanikolos M, Maldovsky P, Cylus J et al (2013) Financial crisis, austerity, and health in Europe. Lancet 381:1323–1331

Karasouli E, Owens D, Latschford G, Kelley R (2014) Suicide after nonfatal self-harm. Crisis 18:1–6

Keller F, Wolfersdorf M (1993) Hopelessness and the tendency to commit suicide in the course of depressive disorders. Crisis 14:173–177

Krähnke U (2007) Selbstbestimmung. Zur gesellschaftlichen Konstruktion einer normativen Leitidee. Velbrück Wissenschaft, Weilerswist

Leenaars AA, Lester D (2004) The impact of suicide prevention centers on the suicide rate in the Canadian Provinces. Crisis 25:65–68

Lehle B, Grebner M, Neef I et al, AG »Suizidalität und psychiatrisches Krankenhaus« (1995) Empfehlungen zur Diagnostik und zum Umgang mit Suizidalität in der stationären psychiatrisch-psychotherapeutischen Behandlung. Suizidprophylaxe 22:159–161

Lester D (1993) Suicidal behaviour in bipolar and unipolar affective disorders: A meta-analysis. J Affect Disord 27:117–121

Lichtermann D, Papssotiropoulos A, Rao ML (2001) Eine Studie zur Association von Serumcholesterin und akuter Suizidalität. In: Bronisch T, Felber W, Wolfersdorf M (Hrsg) Neurobiologie suizidalen Verhaltens. Roderer, Regensburg, S 273–280

Lindt V (1999) Selbstmord in der Frühneuzeit. Diskurs, Lebenswelt und kultureller Wandel. Vandenhoeck & Ruprecht, Göttingen

Maldoon M, Manock SP, Matthews KA (1990) Lowering cholesterol concentrations and mortality: a quantitative review of primary prevention trials. Brit Med J 301:309–314

Mann JJ, Apter A, Bertolote J et al (2005) Suicide prevention strategies: a systematic review. JAMA 294:2064–2074

Maris R (1986) Biology of suicide. Guilford Press, New York NY

Mathews DC, Richards EM, Niciu MJ et al (2014) Neurobiological aspects of suicide and suicide attempts in bipolar disorder. Transl Neurosci 4(2). doi:10.2478/s13380-013-0120-7. PMC 2014 June 01

Menninger K (1938) Man against himself. Harcourt, New York NY

Minois G (1996) Geschichte des Selbstmords. Artemis & Winkler, Düsseldorf

Möller H-J (1995) Suizidalität unter Antidepressivabehandlung. In: Wolfersdorf M, Kaschka WP (Hrsg) Suizidalität – Die biologische Dimension. Springer, Berlin, 129–139

Müller-Oehrlinghausen B, Ahrens B, Grof E et al (2008) Predicting inpatient suicide and suicide attempts by using clinical routine data? Gen Hosp Psychiatry 30:324–330

Neuner T, Hübner-Liebermann B, Hausner H et al (2011) Revisiting the association of aggression and suicidal behavior in schizophrenic inpatients. Suicide Life Threat Behav 1–9

Northoff G (2014) How is our self altered in psychiatric disorders? A neurophenonemal approch to psychopathological symptoms. Psychopathology 47(6):365–376. doi:10.1159/000363351. Epub 2014 Oct. 3

Osiander FB (1813) Über den Selbstmord, seine Ursachen, Arten, medicinisch-gerichtliche Untersuchungen, die Mittel gegen denselben. Bei den Brüdern Hahn, Hannover

Pandey GN (2013) Biological basis of suicide and suicidal behavior. Bipolar Disord 15(5):524–541

Pandey GN, Rizavi HS, Ren H et al (2014) Toll-like receptors in the depressed and suicide brain. J Psychiatr Res 53:62–68. doi:10.1016/j.jpsychires.2014.01.021

Pöldinger W (1968) Die Abschätzung der Suizidalität. Huber, Bern

Purucker M (2008) Stationäre Psychotherapie bei Borderline-Patienten mit wiederkehrenden Selbstverletzungen und suizidalen Krisen. In: Wolfersdorf M, Bronisch T, Wedler H (Hrsg) Suizidalität. Roderer, Regensburg, S 272–283

Reimer C (1985) Psychotherapie der Suizidalität. In: Pöldinger W, Reimer C (Hrsg) Psychiatrische Aspekte suizidalen Verhaltens. Tropon, Köln

Ringel E (1953) Selbstmord. Abschluss einer krankhaften psychischen Entwicklung. Maudrich, Wien

Schaller E, Wolfersdorf M (2010) Depression and suicide. In: Kumar U, Mandal MK (Hrsg) Suicidal behaviour: Assessment & diagnosis. SAGE Publications, New Delhi IND

Schlimme JE (Hrsg) (2007) Unentschiedenheit und Selbsttötung. Vergewisserungen der Suizidalität. Vandenhoeck & Ruprecht, Göttingen

Schlimme JE (2010) Verlust des Rettenden oder letzte Rettung. Untersuchungen zur suizidalen Erfahrung. Verlag Karl Alber im Verlag Herder, Freiburg i. Breisgau

Schmidtke A, Sell R, Löhr RC (2008) Epidemiologie von Suizidalität im Alter. Z Gerontol Geriat 41:3–13

Schneider B (2003) Risikofaktoren für Suizid. Roderer, Regensburg

Schneider B, Schmidtke A, Wolfersdorf M (2014) Epidemiology of suicidal behaviour in germany. Im Druck

Schneider B, Sperling U, Wedler H (2011) Suizidprävention im Alter. Folien und Erläuterungen zur Aus-, Fort- und Weiterbildung. Mabuse-Verlag, Frankfurt/M

Schwartz-Lifshitz M, Zalsman G, Giner L, Oquendo MA (2014) Can we really prevent suicide? Curr Psychiatry Rep 14(6):624–633. doi:10.1007/s11920-012-0318-3

Sher L, Grunebaum MF, Sullivan GM et al (2012) Testosterone levels in suicide attempters with bipolar disorder. J Psychiatr Res 46(10). doi:10.1016/j.psychiris.2012.06.016

Sonneck G (2000) Krisenintervention und Suizidverhütung, 5. Aufl. Facultas, Wien (Erstveröff. 1985)

Spießl H, Hübner-Liebermann B, Neuner T et al (2009) Senkung der Suizide durch das »Bündnis gegen Depression«. Nervenheilkunde 28:205–210

Steinert T, Wolfersdorf M (1993) Aggression und Autoaggression. Psychiatr Prax 20:1–8

Stone MB (2014) The FDA warning on antidepressants and suicidalitäty – why the controversy? N Engl J Med 371(18):1668–1671

Stuckler D, Basu S, Suhrcke M et al (2011) Effects of the 2008 recession on health: a first look at European data. Lancet 378:124–125

Thorell LH, Wolfersdorf M, Straub R et al (2013) Electrotermal hyporeactivity as a treat marker for suicidal propensity

in uni-and bipolar depression. J Psychiatr Res 47:1925–1931
Trivedi JK, Varma S (2010) Neurobiological basis of suicidal ideation. In: Kumar U, Mandal MK (Hrsg) Suicidal behaviour. SAGE, London GB, S 42–64
Turecki G (2014) The molecular bases of the suicidal brain. Nat Rev Neurosci 15 (12):802–816. doi:10.1038/nrn3839. Epub 2014 Oct 30
Värnik P (2012) Suicide in the world. Int J Environ Res Public Health 9:760–771; doi: 10.3390/ijerph9030760
Willemsen R (2002) Der Selbstmord. Kiepenheuer & Witsch, Köln
Wolfersdorf M (1992) Stellung von Psychopharmaka in der Behandlung von Suizidalität. Psychiatr Prax 19:100–107
Wolfersdorf M (2000a) Der suizidale Patient in Klinik und Praxis. Wissenschaftliche Verlagsgesellschaft, Stuttgart
Wolfersdorf M (2000b) Suicide among psychiatric inpatients. In: Hawton K, Heeringen van K (Hrsg) The International Handbook of Suicide and attempted suicide. Wiley & Sons, Chichester GB, S 457–466
Wolfersdorf M (2008a) Suizidalität – Begriffsbestimmung, Formen und Diagnostik. In: Wolfersdorf M, Bronisch Th, Wedler H (Hrsg)Suizidalität. Roderer, Regensburg, S 11–43
Wolfersdorf M (2008b) Suizidalität. Der Nervenarzt 11:1319–1336
Wolfersdorf M (2010) Männersuizid. J Neurol Neurochir Psychiatry 11(3):36–41
Wolfersdorf M (2012) Suizid und Suizidalität aus psychiatrisch-psychotherapeutischer Sicht. PID 13:2–7
Wolfersdorf M (2014) Suizid und Suizidprävention. Aktion Psychisch Kranke (APK) Jahrestagung 24./25. September 2013 in Berlin »Ambulante Hilfe bei psychischen Krisen«. Im Druck
Wolfersdorf M (2015) Suizid. In: Rössler W, Ajdacid-Gross V (Hrsg) Prävention psychischer Störungen. Kohlhammer, Stuttgart, S 177–188
Wolfersdorf M, Etzersdorfer E (2011) Suizid und Suizidprävention, Kohlhammer, Stuttgart
Wolfersdorf M, Kaschka WP (Hrsg) (1996) Suizidalität. Die biologische Dimension. Springer, Berlin
Wolfersdorf M, Michelsen A, Keller F et al (1996) Serum cholesterol, triglyceride and suicide in depressed patients. Arch Suicide Res 2:161–170
Wolfersdorf M, Bronisch T, Wedler H (Hrsg) (2008) Suizidalität. Verstehen – vorbeugen – behandeln. Roderer, Regensburg
Woosley JA, Lichstein KL, Taylor DJ et al (2014) Hopelessness mediates the relation between insomnia and suicidal ideation. J Clin Sleep Med 10(11):1223–1230
Wurst FM, Vogel R, Wolfersdorf M (1999) Beiträge zum Stand der klinischen Suizidprävention. Roderer, Regensburg
Wurst FM, Vogel R, Wolfersdorf M (2007) Theorie und Praxis der Suizidprävention. Roderer, Regensburg
Wurst FM, Kunz I, Skipper G et al (2011) The therapist´s reaction to a patient´s suicide:results of a survey and implications for health care professionals´ well being. Crisis 32(2):99–105
Wurst FM, Kunz I, Skipper G et al (2013) How therapists react to patient´s suicide: findings and consequence for health care professionals´ wellbeing. General Hospital Psychiatry 35:565–570
Zalsman G, Braun M, Arendt M et al (2006) A comparison of the medical lethality of suicide attempts in bipolar and major depressive disorders. Bipolar Disord 8(5) 558–565

Therapie auf neuropsychodynamischer Grundlage

Neuronale Substrate der Depression und Implikationen für die Psychotherapie

Georg Northoff, Heinz Böker

H. Böker et al. (Hrsg.), *Neuropsychodynamische Psychiatrie*,
DOI 10.1007/978-3-662-47765-6_26, © Springer-Verlag Berlin Heidelberg 2016

26.1 Präfrontale kortikale Dysfunktion bei Depressionen

? Auf welche neuronalen Substrate der Depression zielen psychotherapeutische Interventionen auf neuropsychodynamischer Basis und das in ▶ Kap. 27 beschriebene neuropsychodynamisch basierte, mehrstufige und mehrdimensionale Behandlungsmodell der Depression?

Im Zentrum steht die Dysfunktionalität der in ▶ Abschn. 2.4 dargestellten limbisch-kortikalen Netzwerke (u. a. erhöhte Ruhezustandsaktivität im medialen präfrontalen Kortex; MPFC).

Im folgenden Abschnitt werden die Befunde zu den präfrontalen kortikalen Funktionen aus verschiedenen Forschungsgebieten übersichtsmäßig dargestellt. Im Anschluss daran soll eine **Hypothese der Physiologie der präfrontalen kortikalen Funktionen** entwickelt werden. Diese Hypothese stützt sich im Wesentlichen auf die Interaktion zwischen

- dorsolateralem präfrontalem Kortex (DLPFC; W9,46),
- ventrolateralem präfrontalem Kortex (VLPFC; W44,47),
- orbitomedialem Kortex (OMFC; W10-14,25) und
- anteriorem Zingulum (AC 24,32).

26.1.1 Neuropsychologische Funktionen im präfrontalen Kortex

Präfrontale kortikale Funktionen wurden sowohl mit kognitiven als auch mit emotionalen Funktionen verknüpft. Dabei wurden verschiedene Funktionen mit unterschiedlichen präfrontalen kortikalen Arealen spezifisch und ausschließlich verknüpft, sodass neuropsychologischerseits hier von einer »doppelten Dissoziation« gesprochen werden kann. Im Folgenden werden die Befunde zu einer »doppelten Dissoziation« zwischen OMFC, AC, VLPFC und DLPFC hinsichtlich neuropsychologischer Funktionen dargestellt.

Dissoziation zwischen orbitomedialem Kortex (OMFC) und dorso- und ventrolateralem präfrontalem Kortex (DLPFC/VLPFC)

Der mediale orbitopräfrontale Kortex wird mehr mit affektivem Processing verknüpft, während der laterale präfrontale Kortex eher mit kognitiven Prozessen in Verbindung gebracht wird (Sarazin et al. 1998). Vor allem der laterale präfrontale Kortex wird spezifisch mit »working memory« sowie mit exekutiven Funktionen verknüpft (Sarazin et al. 1998), demgegenüber wird der mediale orbitofrontale Kortex eher mit »behavioralen Funktion«, »response inhibition« und »decision making« (Bechara et al. 2000; Rogers et al. 1999) in Verbindung gebracht.

Dissoziation zwischen orbitomedialem Kortex (OMFC) und ventrolateralem präfrontalem Kortex (VLPFC)

Der OMFC wird mit emotionalem Processing, insbesondere mit negativem emotionalem Processing, verknüpft (vgl. Northoff et al. 2000), während der VLPFC eher »emotionalem monitoring« mit »Inhibition von Assoziationen bei Emotionen« dient (Drevets u. Raichle 1998). Solch eine differenzielle Beteiligung von OMFC und VLPFC bei emotionalem Processing wird weiterhin unterstützt durch die Beobachtung von reziproken Aktivierungs- und Deaktivierungsmustern in beiden Regionen bei negativen und positiven Emotionen (Drevets u. Raichle 1998; Northoff et al. 2000). Der OMFC scheint emotionale Inhalte zu prozessieren, während der VLPFC diese Inhalte überwacht, repräsentiert und möglicherweise inhibiert bzw. manipuliert, wenn sie nicht in den entsprechenden Verhaltenskontext passen (Elliot et al. 2000).

Dissoziation zwischen ventrolateralem präfrontalem Kortex (VLPFC) und dorsolateralem präfrontalem Kortex (DLPFC)

Der VLPFC selektiert Verhaltensstrategien auf der Grundlage von aktivem Abruf und Speicherung und kann dadurch verschiedene und adäquate Verhaltensantworten vergleichen und organisieren. Im Kontrast dazu scheint der DLPFC eher bei der Online-Überwachung und der potenziellen Manipulation dieser Inhalte beteiligt zu sein, die im VLPFC abgerufen und gespeichert werden (Stern et al. 2000; Rogers et al. 1999). Die Relation zwischen VLPFC und DLPFC kommt in paradigmatischer Weise bei Entscheidungen, dem »decision making«, zum Ausdruck. Der VLPFC dient möglicherweise der Selektion von vorteilhaften Strategien in Anwesenheit von konkreten bzw. externen »Cues« innerhalb einer bestimmten Situation, während der DLPFC eher eine Entscheidung in einem zufällig generierten Umfeld ohne konkrete bzw. externe Cues generieren kann (Paulus et al. 2001). Daher lässt sich vermuten, dass der VLPFC möglicherweise vorwiegend an »intuitiven Entscheidungen« beteiligt ist, die durch ein schnelles Processing, Unbewusstsein und einen engen Zusammenhang mit emotionalen Prozessen charakterisiert werden können (Bechara et al. 2000). Im Gegensatz dazu scheint der DLPFC v. a. bei »logischen Entscheidungen« beteiligt zu sein, die sich durch langsames Processing, Bewusstsein und Manipulation der jeweiligen Verhaltensstrategie auszeichnen.

- **Fazit**

Zusammenfassend kann die Relation zwischen OMFC, VLPFC und DLPFC durch eine unterschiedliche Beteiligung bei emotionalem Processing, emotionalem Monitoring, emotionaler Überwachung, Entscheidung bzw. »decision making« und Arbeitsgedächtnis bzw. »working memory« charakterisiert werden.

26.1.2 Konnektivität im präfrontalen Kortex

Die Analyse der Konnektivität im präfrontalen Kortex basiert bisher überwiegend auf Studien an Makaken; nur in geringem Umfang liegen Ergebnisse vor, die bei Menschen gewonnen wurden.

Neuronale Netzwerke im präfrontalen Kortex

Nach Kötter et al. (2001) können drei verschiedene neuronale Netzwerke im präfrontalen Kortex unterschieden werden:

- orbitomediales Netzwerk (W10–14,25),
- laterales Netzwerks (W45,46, 8a, 8b) und
- vermittelndes Netzwerk (W9,24).

Da das vermittelnde Netzwerk mit den Areas 9 und 24 verschiedenste Verbindungen von fast allen präfrontalen kortikalen Areas aufweist, kann es möglicherweise als integratives Netzwerk angesehen werden, welches das orbitomediale und das laterale Netzwerk miteinander verknüpft. Weiterhin sollte berücksichtigt werden, dass die verschiedenen Gebiete innerhalb des orbitomedialen und lateralen präfrontalen Netzwerkes selber nicht homogen sind. Innerhalb des orbitomedialen Netzwerkes kann zwischen Area 10, 11 und 15 einerseits und Area 12, 13 und 14 andererseits unterschieden werden. Innerhalb des lateralen Netzwerkes weist v. a. die Area 45 ein hohes individuelles Muster an Konnektivität auf, die sich durch eine hohe Anzahl von Efferenzen und eine extrem geringe Anzahl von Afferenzen auszeichnet. Daher kann die Area 45 möglicherweise als ein Modulator der lateralen präfrontalen kortikalen Funktion angesehen werden.

Afferenzen und Efferenzen

- Der OMFC ist verknüpft mit dem medialen temporalen Lappen (Hippocampus, entorhinaler Kortex, Parahippocampus), Hypothalamus und dem Hirnstamm.
- Der VLPFC ist stark verknüpft mit verschiedenen sensorischen Gebieten, der Amygdala, dem parietalen Kortex (posterior) und dem prämotorischen/motorischen Kortex.
- Der DLPFC ist verknüpft mit dem medialen Temporallappen, dem parietalen Kortex und dem prämotorischen/motorischen Kortex.

Konnektivität zwischen verschiedenen Areas im präfrontalen Kortex

Es ist eine bilaterale Konnektivität zwischen den verschiedenen Gebieten innerhalb des orbitomedialen Netzwerkes (WC10-14) sowie zwischen den verschiedenen Verbindungen im lateralen Netzwerk (W45, 46, 8a, 8b, 9) vorhanden. Eine bilaterale Konnektivität ist weiterhin zwischen dem anterioren Zingulum (W24) und Areas im lateralen Netzwerk (W8, 9, 45, 46). Ferner gibt es eine unilaterale Konnektivität von der ventrolateralen kortikalen Area 45 zu orbitomedialen Gebieten (W10-14), aber nicht umgekehrt. Weiterhin besteht unilaterale Konnektivität von der dorsolateralen präfrontalen Area 46 zur orbitomedialen Area W10 und 11. Schließlich wurde eine unilaterale Konnektivität von orbitomedialen Areas W10 bis 13 zu vermittelnden Areas W9 und 24 festgestellt.

Es besteht keinerlei Konnektivität zwischen inferioren orbitomedialen Areas (W13, 14, 25) und lateralen präfrontalen (Areas 8a, 45,46).

▪ Fazit

Zusammenfassend besteht Konnektivität zwischen OMFC, VLPFC und DLPFC, die durch den Kontrast zwischen OMFC einerseits und VLPFC und DLPFC andererseits charakterisiert werden kann. Die orbitomedialen und lateralen präfrontalen Netzwerke werden durch eine Gruppe von Regionen verknüpft, die als medialer präfrontaler Kortex bzw. anteriores Zingulum (W9 und W24) subsumiert werden können. Darüber hinaus sollte berücksichtigt werden, dass die Konnektivität zwischen OMFC und VLPFC unilateral ist, während die Konnektivität zwischen OMFC und DLPFC sowie zwischen VLPFC und DLPFC bilateral ist.

Zeitliche Abläufe

Der zeitliche Verlauf der Aktivierung im präfrontalen Kortex kann wie folgend charakterisiert werden (vgl. Northoff 2002):

- frühe Aktivierung im OMFC bei 200 ms und im DLPFC nach 300 ms bei einer Dauer von jeweils 20–50 ms;
- späte Reaktivierung in beiden OMFC und DLPFC mit derselben temporalen Sequenz (300 ms und 400 ms) wie bei der frühen Aktivierung und einer allerdings längeren Dauer der Aktivität (100–300 ms oder sogar länger);
- Dissoziation zwischen rechtem und linkem DLPFC im zeitlichen Verlauf; der rechte DLPFC wird früher aktiviert (250–300 ms) als der linke (400 ms);
- schnelleres Processing für non-aversive (100–200 ms) als für aversive (200–400 ms) Stimuli; ferner ein schnelleres Processing auch für die Diskrimination von negativen Stimuli (100–200 ms) als für positive Stimuli (150–300 ms) in den Neuronen des OMFC;
- tonische Aktivität im AC zwischen 1000 und 4000 ms, die mit der phasischen Aktivität im DLPFC kontrastiert.

Hypothese: Verschiedene Arten des Processing im präfrontalen Kortex

- Erstens nehmen wir ein **frühes »feedforward processing«** vom OMFC zum DLPFC via anteriorem Zingulum in einem zeitlichen Bereich zwischen 200 und 300 ms nach Präsentation des emotionalen Stimulus an. Dieses frühe Processing kann möglicherweise mit der emotionalen Erfahrung bzw. einem bestimmten Gefühl verknüpft werden.
- Zweitens nehmen wir ein **vermittelndes »feedback-processing«** vom DLPFC zum OMFC via VLPFC im zeitlichen Rahmen zwischen 300 und 400 ms an, in dem sich neuropsychologisch möglicherweise die emotionale Beurteilung in Hinsicht auf die Präsenz oder Absenz von Gefühlen manifestiert.
- Drittens nehmen wir ein **spätes »reentrant processing«** vom OMFC zum DLPFC via anteriorem Zingulum im zeitlichen Rahmen zwischen 400 und 600 ms an, das sich **neuropsychologisch** möglicherweise in der Fähigkeit der emotionalen Beurteilung in Hinsicht auf die Klassifikation der Gefühle als positiv oder negativ manifestiert.
- Viertens nehmen wir ein »**output processing**« zwischen DLPFC und prämotorisch/motorischem Kortex und/oder parietalem Kortex zwischen 600 und 1000 ms an, das sich neuropsychologisch in der motorischen Reaktion und/oder der imaginativen Assoziation in Hinsicht auf die respektive Emotion manifestiert.

▪ Fazit

Zusammenfassend besteht die Annahme, dass ein **resonant processing** zwischen OMFC, anteriorem Zingulum (AC), DLPFC und VLPFC vorhanden ist, das sich durch ein frühes feedforward processing (200-300 ms), ein vermittelndes feedback processing (300-400 ms) und ein spätes reentrant processing (400-600 ms) sowie ein output processing (600-1000 ms) manifestiert.

Ferner lässt sich die neuropsychologische Hypothese aufstellen, dass ein solches resonant processing im präfrontalen Kortex für die Transformation von emotionaler Erfahrung in Verhalten verantwortlich ist, das durch die Interaktion zwischen Emotion und Kognition generiert wird.

Tab. 26.1 Präfrontale kortikale Prozessierung, affektive, kognitive und psychomotorische Symptome und Therapie der Depression

Präfrontale kortikale Prozessierung	Pathophysiologie und Dysfunktion	Kognitive Phänomenologie	Kognitive Neuropsychologie	Kognitiv-behaviorale Therapie
Feedforward: Medialer orbitofrontaler bis dorsolateraler präfrontaler Kortex über anteriores Zingulum: 200–300 ms	Abnorme Synchronisier-ung	Intensität der Gefühle ohne kognitive Kontrolle	Aufmerksamkeit: Wechsel reduziert und Fokus beibehalten	Bildhafte Vorstellung
	Hyperfunktion mit keiner Möglichkeit der Modulation	Negative emotionale Bias	Set: Initiation beibehalten und Wechsel reduziert	Chronometrisch und durch TMS beeinflusster Wechsel von Aufmerksamkeit und Emotion
Feedback Dorsolateraler bis medialer orbitofrontaler Kortex über ventrolateralen Kortex: 300–400 ms	Reduzierter Output von dorsolateral präfrontal	»Thematische überkongruenz«	Arbeitsgedächtnis: reduzierte Manipulation	Kognitive Restrukturierung
	Hypofunktion	»Inhaltsloser Affekt«	Reduzierte »intuitive Entscheidungen«	Training des emotionalen Arbeitsgedächtnisses
Reentrant Medialer orbitofrontaler bis dorsolateraler präfrontaler Kortex über anteriores Zingulum: 400–600 ms	Verzögerte Prozessierung	Mangel an flexibler Schlussfolgerung	Arbeitsgedächtnis: verminderte Manipulation und Online-Verfügbarkeit von Informationen	Monitoring und Bewusstsein der temporalen Dimensionen
	Hypofunktion mit reduzierter Prozessierung	Fokus auf Gegenwart	Veränderter Response zum Feedback	Selbstmonitoring mit emotionaler und kognitiver Restrukturierung
Ouput Dorsolateraler präfrontaler Kortex bis prämotorischer/motorischer Kortex: 600–1000 ms	Reduzierter Output vom dorsolateralen präfrontalen Kortex	Psycho-motorische Verlangsamung	Verlängerung der Reaktionszeit	Vorstellung von Bewegungs-abläufen
	Hypofunktion	Behaviorale Desaktivierung	Defizite in Planungs- und Rateaufgaben	Verhaltensphysiologische Aktivierung

26.2 Präfrontale kortikale Funktion und Pathophysiologie und Psychotherapie der Depression

26.2.1 Pathophysiologische Befunde bei der Depression

Die Depression kann durch verschiedenste Befunde sowohl im Hirnstamm als auch im präfrontalen Kortex charakterisiert werden. Hier sollen v. a. die Befunde im präfrontalen Kortex, der OMFC, VLPFC und DLPFC einschließt, beschrieben werden (Tab. 26.1).

Postmortem-Befunde bei depressiven Erkrankungen

Rajkowska (1999, 2000) fand signifikante Veränderungen in der neuronalen Größe und Dichte im OMFC v. a. in Schicht II, während im VLPFC und DLPFC die großen Neurone in den Schichten III–VI signifikant reduziert in Größe und Dichte waren. Aus diesen Befunden wird geschlossen, dass im OMFC v. a supragranuläre Schichten betroffen sind, im VLPFC und DLPFC demgegenüber prädominant infragranuläre Schichten verändert sind. Im vorderen Zingulum konnte darüber hinaus eine Reduktion der gabaergen Neuronen v. a in

Schicht II bei depressiven Patienten gefunden werden.

Befunde zur funktionellen Bildgebung bei der Depression

Im akuten depressiven Zustand konnte eine Hyperaktivierung im OMFC einschließlich der subgenualen Region und des VLFC gefunden werden, während im rechten DLPFC, anteriorem Zingulum und Kaudatum eine verminderte Aktivierung gefunden wurde (Mayberg et al. 1999; Liotti u. Mayberg 2001; Brody et al. 1999). Interessanterweise wurde nach Remission eine Normalisierung sowohl der Hyperaktivierung als auch der Hypoaktivierung in den entsprechenden Regionen gefunden mit einer Verminderung der Aktivierung im OMFC und VLPFC sowie einen Anstieg der Aktivierung im rechten DLPFC und anterioren Zingulum (Mayberg et al. 1999, Brody et al. 1999). Eine Veränderung des rechten DLPFC bei der Depression wird zusätzlich durch Befunde einer Reduktion der P300 (300–600 ms) in rechten frontalen Elektroden (F4) im EEG der depressiven Patienten während einer Aufmerksamkeitsaufgabe gestützt; die P300 zeigte eine verminderte Amplitude und eine verspätete Latenz (Liotti u. Mayberg 2001).

Die Beteiligung des DLPFC bei Depressionen wird zusätzlich durch Befunde zur therapeutischen Wirkung der transkraniellen Magnetstimulation (TMS) im linken oder rechten DLPFC bei depressiven Patienten unterstützt (Schutter et al. 2001; Tormos et al. 1997, Pascual-Leone et al. 1996).

▪ Fazit

Zusammenfassend zeigen OMFC, VLPFC und DLPFC die folgenden **Veränderungen bei Depressionen**:

- differenzielle Beteiligung von supra- und infragranulären Schichten im OMFC (supragranulär) und VLPFC/DLPFC (infragranulär);
- reziproke Hyperaktivierung und Hypoaktivierung in OMFC/VLPFC und DLPFC bei der Depression;
- spezifische Beteiligung des rechten DLPFC;
- abnormale Interaktion zwischen Affekt und Kognition mit einer abnormalen Top-down- oder Bottom-up-Modulation zwischen OMFC, VLPFC und DLPFC.

26.2.2 Feedforward processing: Abnorme Synchronisation und chronometrisch-orientierte emotionale Imagination

Pathophysiologie

Auf der Basis der pathophysiologischen Befunde bei der Depression nehmen wir ein abnorm starkes feedforward processing vom OMFC zum DLPFC via anteriorem Zingulum zwischen 200 und 300 ms an. Diese Annahme wird durch die folgenden Befunde bei der Depression gestützt:

- Hyperaktivität im medial orbitofrontalen Kortex sowie sub- und prägenulären Teilen des anterioren Zingulum (Drevets 2001);
- Postmortem-Befunde von Veränderungen in supragranulären neuronalen Zellen in OMFC und anteriorem Zingulum, die zu Veränderungen in inhibitorischen Interneuronen mit einer konsekutiven neuronalen Disinhibition führen können;
- Normalisation der Hyperaktivität in OMFC und anterioren Zingulum nach Remission der Depression;
- frühe Veränderungen im Arbeitsgedächtnis zwischen 157 und 210 ms bei depressiven Patienten, die die Fähigkeit der Hyperfokussierung der Aufmerksamkeit bei depressiven Patienten reflektieren könnten (Pelosi et al. 2000).

Solch ein abnormales feedforward processing könnte zu einer abnormen Synchronisation der neuronalen Aktivität in OMFC und anteriorem Zingulum mit konsekutiver Hypoaktivität im DLPFC führen. Beide, OMFC und AC, könnten partiell in der Generierung der tonischen Aktivität (Raichle et al. 2001; Gevins et al. 1996. 1997) involviert sein, die mit der phasischen Aktivität, wie z. B. im DLPFC, kontrastiert. Die abnormale Synchronisation kann durch tonische Hyperaktivität charakterisiert werden, wodurch phasische Aktivität möglicherweise unmöglich wird. Für diese Annahme sprechen die folgenden Befunde:

- Keine Möglichkeit der Modulation durch eine andere Area (z. B. die Amygdala) (Garcia et al. 1999, Rauch et al. 2000), die möglicherweise selbst bei der Depression verändert ist

(Drevets 2000), und dem DLPFC. Es resultiert somit eine mangelhafte Modulationsfähigkeit durch neuronalen Input.
- Fixierte zeitliche Sequenz der zeitlichen Ausbreitung der neuronalen Aktivität zwischen OMFC, anteriorem Zingulum und DLPFC: Die neuronale Aktivität in diesen Netzwerken ist »time-locked«;
- Keine Variation von Intensität und Grad der neuronalen Aktivität in räumlichen und zeitlichen Domänen im zeitlichen Intervall zwischen 200 und 300 ms: Absenz der Variabilität.
- Fixierte Sequenz der räumlichen Ausbreitung der neuronalen Aktivität zwischen OMFC, anteriorem Zingulum und DLPFC: Die neuronale Aktivität ist hier »space-locked«.
- Fehlender neuronaler Output mit vermindertem Processing von neuronaler Aktivität zu anderen Gebieten wie DLPFC und VLPFC: Abwesenheit von forward processing mit fehlendem neuronalen Output.

Anders als bei der Depression ist das feedforward processing vom medialen orbitofrontalen Kortex (MOFC) zum DLPFC via anteriorem Zingulum möglicherweise bei der **Schizophrenie** intakt, weil der MOFC anscheinend keine Veränderungen bei schizophrenen Patienten aufweist. Allerdings scheint der neuronale Output vom MOFC und anteriorem Zingulum bei der Schizophrenie nicht mehr den DLPFC zu erreichen, der DLPFC scheint bei schizophrenen Patienten erhebliche Veränderungen aufzuweisen.

Phänomenologie und Neuropsychologie

Die Hyperaktivität in MOFC und anteriorem Zingulum könnte möglicherweise in einem Zusammenhang mit der erhöhten Intensität der Gefühle bzw. dem Gefühlserleben bei depressiven Patienten stehen. Da MOFC und Amygdala v. a. bei der Generierung von negativen Gefühlen involviert sind, könnte eine Hyperaktivität mit abnormaler Synchronisation des MOFC zu der Prädominanz der negativen Emotionen bei depressiven Patienten führen, wodurch positive emotionale Processing in den Hintergrund gedrängt werden. Aufgrund der Hyperaktivität im MOFC scheint eine Modulation desselben, das für das Processing von positiven Emotionen notwendig wäre (vgl. Northoff et al. 2000), nicht mehr möglich zu sein, sodass die Abwesenheit der Fähigkeit zur Modulation entscheidend zu der Fixierung auf negative Emotionen beizutragen scheint. Daher scheinen depressive Patienten neuronal an negatives emotionales Processing gebunden zu sein, das möglicherweise zu dem oben beschriebenen negativen affektiven Bias bei solchen Patienten führt (Murphy et al. 1999).

Aufgrund der abnormalen Synchronisation des anterioren Zingulum mit dem MOFC ist die Aktivität im anterioren Zingulum sowohl time- als auch space-locked, sodass hier keinerlei Variabilität mit einer Anpassung an die entsprechenden neuronalen Umstände möglich ist. Die Hyperaktivität im anterioren Zingulum in der Depression könnte möglicherweise für die erhaltene Fähigkeit der Fokussierung der Aufmerksamkeit verantwortlich zeigen (siehe Paulus 2001; Elliott et al. 2000). Aufgrund der Kombination von einem prädominanten negativen emotionalen Processing bei gleichzeitig erhaltener Fähigkeit der Fokussierung der Aufmerksamkeit wird das negative emotionale Erleben abnorm verstärkt. Die abnormale Synchronisation manifestiert sich daher möglicherweise in der Unfähigkeit, die Aufmerksamkeit zu wechseln mit einem Wechsel der verschiedenen Foki der Aufmerksamkeit bzw. zwischen verschiedenen emotionalen Gefühlszuständen.

Die abnormale Synchronisation der neuronalen Aktivität zwischen MOFC und anteriorem Zingulum führt zu einer Veränderung des Outputs mit konsekutiven Veränderungen im forward processing zum DLPFC. Die intrinsische Aktivität vom DLPFC bleibt möglicherweise dieselbe, was für die erhaltene Fähigkeit der Set-Initiation verantwortlich sein könnte. Im Unterschied zur erhaltenen Grundaktivität des DLPFC bei der Depression scheint diese bzw. der DLPFC selber bei der Schizophrenie grundlegend gestört zu sein, sodass hier auch die Set-Initiation gestört ist. Im Unterschied zur intrinsischen Aktivität ist allerdings die extrinsische Aktivität, die den Input zum DLPFC beschreibt, bei der Depression verändert. Dies kann auf die Abwesenheit des forward processing mit fehlendem Input vom anterioren Zingulum zurückgeführt werden. Daher wird dann das Set-Shifting bzw. die mentale Flexibilität, die möglicherweise durch externen Input induziert wird, gestört, sodass bei den depressiven Patienten die Initiation zwar erhalten bleibt, der flexible Wechsel allerdings gestört ist.

Psychotherapie

Das **Hauptziel** sollte in einem **Durchbrechen der abnormalen Synchronisation** bestehen.

Die Kompensation für das Fehlen der Modulationsfähigkeit und Variabilität sowie der time- und space-locked neuronalen Aktivität und dem vermindertem Output vom anterioren Zingulum ist zentral. Hierdurch kann die besondere Konstellation eines negativen affektiven Bias, einer Hyperintensität der Gefühle, eines erhaltenen Aufmerksamkeitsfokus bei vermindertem Wechsel der Aufmerksamkeit und der Dissoziation zwischen Set-Initiation und Shifting möglicherweise ausgelöst werden.

Die **Fähigkeit der Modulation** kann psychotherapeutisch vermutlich durch positive emotionale Stimulation mit **Relaxationstechniken** in Kombination mit der **Imagination** bzw. Vorstellung von positiven Emotionen angegangen werden. Allerdings muss berücksichtigt werden, dass im akut depressiven Zustand die Patienten möglicherweise nicht mehr in der Lage sind, sich positive Emotionen vorzustellen. In einem solchen Fall kann die abnormale Synchronisation möglicherweise durch eine sog. chronometrisch arbeitende **transkranielle Magnetstimulation** (TMS), die im Zeitraum zwischen 200 und 300 ms über dem DLPFC verabreicht wird, durchbrochen werden. Möglicherweise kann eine solche chronometrisch-orientierte TMS mit der emotionalen Imagination verknüpft werden. Die Verabreichung einer solchen chronometrisch orientierten TMS könnte möglicherweise den Weg für das »delocking« der time- und space-locked neuronalen Aktivität freimachen und dann anschließend durch positive emotionale Imagination stabilisiert werden.

Darüber hinaus sollte die emotionale Imagination mit Aufmerksamkeitstesten speziell zu Aufmerksamkeitswechseln bzw. Shift verknüpft werden. So könnte z. B. ein Wechsel zwischen der Erfahrung von negativen Emotionen unter Vorstellung der positiven Emotionen erfolgen. Außerdem sollten die Patienten ihre Aufmerksamkeit fokussieren auf andere Dinge als Emotionen, wodurch dann die Fähigkeit des **Set-Shifting** trainiert werden kann. So können sie z. B. ihre Aufmerksamkeit auf ihren Körper und ihre Bewegung lenken, was mit einer **Physiotherapie** kombiniert werden kann. Der Fokus der Aufmerksamkeit auf nonemotionale Inhalte könnte möglicherweise den neuronalen Output erhöhen und damit die Defizite im forward processing vom anterioren Zingulum zum DLPFC kompensieren.

▪ **Fazit**

Zusammenfassend besteht das primäre therapeutische Ziel beim abnormalen feedforward processing im Durchbrechen der abnormalen Synchronisation mit time- and space-locked neuronaler Aktivität. Bei Patienten mit einem mittleren bis leichten Grad der Depression kann die abnormale Synchronisation möglicherweise mit Psychotherapie fokussiert auf positive emotionale Imaginationen und Set-Shifting durchbrochen werden. Im Unterschied dazu ist beim Patienten mit einer schweren Depression möglicherweise eine chronometrische transkranielle Magnetstimulation mit einer Verabreichung von einzelnen Stimuli bei ungefähr 300 ms über dem DLPFC notwendig, was dann direkt mit der positiven emotionalen Imagination und dem Set-Shifting verknüpft werden kann. Es lässt sich annehmen, dass das Durchbrechen einer abnormalen Synchronisation im feedforward processing möglicherweise für eine plötzliche Verbesserung bzw. einen »sudden gain« verantwortlich sein könnte, der u. a. bei der kognitiven Verhaltenstherapie der depressiven Patienten beobachtet werden kann (Tang u. DuRubeis 1999).

26.2.3 Feedback processing: Vermindertes Feedback und kognitive Restrukturierung

Pathophysiologie

Der Input zum DLPFC ist aufgrund der abnormalen Synchronisation vermindert, wodurch es zu einem verminderten Output vom DLPFC zum WLPFC und MOPFC im Zeitintervall zwischen 300 und 400 ms kommt. Eine solche Annahme eines verminderten dorsolateralen und ventrolateralen präfrontalen kortikalen Outputs bei der Depression wird unterstützt durch die folgenden Befunde:

- Hypofunktion im DLPFC im akuten depressiven Zustand;
- Normalisierung der Funktion des DLPFC im remittierten depressiven Zustand;
- inverse Korrelation zwischen der Hypofunktion des DLPFC und des MOFC/AC, Hyperfunktion im akut depressiven Zustand (Liotti u. Mayberg 2001);
- verminderte Amplitude und verspätete Latenz der P300 über dem DLPFC bei einer Aufmerksamkeitsaufgabe bei depressiven Patienten;
- Postmortem-Befunde einer Reaktion in infragranulären Schichten der pyramidalen Neurone im DLPFC und VLPFC bei depressiven Patienten, die mit der Annahme einer Störung des Outputs von DLPFC und VLPFC vereinbar ist.

Aufgrund dieser Befunde ist ein vermindertes Feedback vom DLPFC zum MOFC via VLPFC im Zeitintervall zwischen 300 und 400 ms bei der Depression anzunehmen. Ein solches vermindertes feedback processing hat die folgenden Implikationen:

- zeitlich verzögertes neuronales Processing vom DLPFC zum VLPFC und vom VLPFC zum MOFC: Abwesenheit eines korrekten zeitlichen Timings zwischen DLPFC und VLPFC;
- Veränderung der räumlichen Verteilung der neuronalen Aktivität beim DLPFC und VLPFC;
- vermindertes output processing vom DLPFC und VLPFC;
- verminderter Input zum MOFC vom VLPFC;
- verminderte Fähigkeit der Modulation des MOFC bei VLPFC.

Im Gegensatz zur Depression muss bei der **Schizophrenie** angenommen werden, dass das Feedback vom DLPFC zum MOFC via VLPFC nicht nur vermindert ist (wie bei der Depression) sondern auch desorganisiert und grundsätzlich verändert, weil der DLPFC bei schizophren Erkrankten selbst primär verändert zu sein scheint.

Phänomenologie und Neuropsychologie

Depressive Patienten zeigen eine Kongruenz zwischen Affekt und Kognition, was als eine »thematische Überkongruenz« beschrieben wurde. Wir zeigen, dass die Modulation im DLPFC bestimmt wurde durch die abnormale Synchronisation im »feedforward processing« von MOFC zum DLPFC via anteriorem Zingulum, wodurch eine Fokussierung und Einengung auf negative Emotionen erfolgt. Eine abnormale Kopplung zwischen anteriorem Zingulum und DLPFC führt möglicherweise zu einer Initiation von prädominant negativen Kognitionen, die aufgrund des Defizits im Set-Shifting nicht mehr mit positiven Emotionen gekoppelt werden können. Feedback processing vom DLPFC zum VLPFC, die beide durch reziproke Konnektionen verknüpft sind, führt dann möglicherweise seinerseits zu Veränderungen im Arbeitsgedächtnis bzw. im working memory (Pelosi et al. 2000), sodass negative Gedanken nicht mehr manipuliert werden können. Die Unmöglichkeit der Manipulation von negativen Gedanken führt dann zu einem Vorherrschen von negativen Kognitionen, aufgrund dessen andere Formen der Kognition, wie z. B. positive Gedanken, unmöglich werden. Die Prädominanz der negativen Kognitionen ist dann in voller Übereinstimmung mit den negativen Emotionen, sodass eine »thematische Überkongruenz« aufgrund einer solchen abnormalen, rigiden und unilateralen Kopplung zwischen Emotion und Kognition entsteht.

Zusätzlich führt die verminderte Funktion des Arbeitsgedächtnisses, die selbst mit der verminderten und verzögerten neuronalen Aktivität in DLPFC und VLPFC verknüpft ist, zu einer Unfähigkeit, die Gedanken online zu halten, sodass alle anderen Formen der Inhalte und Gedanken unmöglich werden. Wenn die Defizite in der working memory und somit die Depression im allgemeinen so stark werden, dass jegliches Online-Halten nicht mehr möglich ist, können selbst die negativen Gedanken nicht mehr repräsentiert werden, sodass nur noch der Affekt, aber nicht mehr die Gedanken im Bewusstsein verbleiben. Auf diesem Wege entsteht der »inhaltslose Affekt« (Brenner 1991). In einem solchen Falle erleben die Patienten dann nur noch Gefühle und Emotionen, aber keinerlei Gedanken mehr.

Depressive Patienten zeigen starke Defizite in der Entscheidungsfähigkeit, (»decision making«) (vgl. Murphy et al. 2001), die in einem engen Zusammenhang mit Funktionen des ventromedialen und lateralen präfrontalen Kortex steht. Das decision making basiert v. a. auf »intuitiven Entscheidungen«, die mehr oder weniger unbewusst bleiben und somit von den »logischen Entscheidungen« abzugrenzen sind. Letztere werden v. a. charakterisiert durch ein Bewusstsein (Northoff et al. 2000). Wenn ein vermindertes Feedback vom DLPFC und VLPFC zum MOFC vorhanden ist, können Entscheidungen, die eine bestimmte kognitive Komponente benötigen – selbst wenn sie unbewusst bleibt – nicht mehr in einer korrekten Art und Weise durchgeführt werden. Symptomatisch zeigen sich solche Defizite im »intuitive decision making« möglicherweise in der Unfähigkeit des Wechsels von Emotionen, sodass die depressiven Patienten ihre Kognitionen bzw. ihre unbewussten Kognitionen nicht mehr mit entsprechenden Emotionen verknüpfen können.

Psychotherapie

Das **Hauptziel** der therapeutischen Intervention in Hinsicht auf das verminderte feedback processing sollte im **Durchbrechen der »thematischen Überkongruenz«** zwischen Emotionen und Kognitionen bestehen.

Selbst negative Emotionen sollten mit positiven Kognitionen und vice versa kombiniert werden können. Die Verknüpfung von negativen Emotionen mit positiven Kognitionen kann möglicherweise durch eine Imagination von Kognition bzw. **kognitionale Imagination** von positiven Gedankeninhalten erreicht werden. Demgegenüber könnte eine Verknüpfung von negativen Kognitionen mit positiven Emotionen durch die **emotionale Imagination** erreicht werden. Solch eine reziproke Verknüpfung zwischen dem Inhalt von Emotionen und Kognitionen mit einer Dissoziation der Inhalte beider führt möglicherweise zu einer Lockerung der »thematischen Überkongruenz« zwischen Emotion und Kognition, was auch in der kognitiven Verhaltenstherapie bei der Depression von der **kognitiven Restrukturierung** (Beck 1962; McGinn 2000; Deckersbach et al. 2000) angestrebt wird.

Zusätzlich zu der kognitiven Restrukturierung kann die »thematische Überkongruenz« möglicherweise durch ein **Training des working memory** durchbrochen werden, weil hierdurch sowohl die Manipulation als auch die Repräsentation von Gedanken gefördert wird. Das Training des working memory kann möglicherweise die kognitive Restrukturierung erleichtern, sodass sowohl kognitives Training als auch kognitive Restrukturierung komplementär eingesetzt werden sollten.

Die kognitionale Imagination könnte mit dem gegenwärtigen emotionalen Erleben von Patienten mit inhaltslosen Affekten verknüpft werden, sodass sie wieder fähig sind, die Inhalte von Affekt und Kognition voneinander zu dissoziieren. Hierfür scheint das Training des working memory eine notwendige, wenn auch nicht hinreichende Bedingung zu sein, weil ansonsten die imaginären Kognitionen nicht online gehalten bzw. repräsentiert werden können. Die komplementäre Verknüpfung von kognitionaler Imagination und working memory kann daher möglicherweise zu einer Reetablierung der flexiblen Kopplung mit der Möglichkeit der Dissoziation zwischen Kognition und Emotion führen, was notwendig ist für eine entsprechende Entscheidungsfindung bzw. »decision making« bei depressiven Patienten – sodass diese wieder zwischen Kognition und Emotion flexibel sind und hin und her wechseln können.

26.2.4 Reentrant processing: Vermindertes »reentry« und Bewusstsein von Gedanken

Pathophysiologie

Aufgrund der abnormalen Synchronisation im MOFC/AC und des verminderten Feedbacks vom VLPFC kann ein vermindertes reentrant processing (d. h. reentry vom MOFC zum DLPFC via anteriorem Zingulum) im zeitlichen Intervall zwischen 400 ms und 600 ms angenommen werden. Solch eine Annahme wird durch die folgenden Befunde bei der Depression unterstützt:

- reduzierte Amplitude im P300 im Zeitintervall zwischen 300 ms und 600 ms bei einer Aufmerksamkeitsaufgabe (Liotti u. Mayberg 2000);

- Veränderungen in negativen und positiven Potenzialen zwischen 400 ms und 800 ms bei einer Arbeitsgedächtnisaufgabe (Pelosi et al. 2000);
- Hypofunktion im DLPFC im akut depressiven Zustand;
- therapeutische Response auf transkranielle Magnetstimulation über dem DLPFC bei depressiven Patienten.

Das reentrant processing muss unterschieden werden vom reinen feedback processing, weil das Erstere, im Gegensatz zum Letzteren, auf gleichen anatomischen Strukturen basiert, die bereits zu früheren Zeitpunkten der neuronalen Prozessierung verwendet wurden. Veränderungen im reentrant processing weisen die folgenden Implikationen auf:

- verzögertes spätes Processing im MOFC, AC und DLPFC, das durch die tonische Hyperaktivität mit abnormaler Synchronisation in frühen Zeitintervallen blockiert sein könnte;
- verminderte Aktivierung im MOFC, AC und DLPFC in späten Zeitintervallen (400-600 ms);
- abnorme Relationsinterferenz zwischen frühem und spätem Processing über den gleichen anatomischen Gebieten;
- Veränderung der zeitlichen und räumlichen Relation zwischen MOFC/AC und DLPFC mit potenzieller räumlicher und/oder zeitlicher Desynchronisation im späten Processing.

Im Unterschied zur Depression scheint das reentrant processing bei der **Schizophrenie** nicht nur vermindert, sondern chaotisch zu sein, weil eine der Hauptschaltstationen (der DLPFC) funktionelle und auch strukturelle Läsionen aufweist, wodurch im Gegensatz zur Depression eine funktionelle Reorganisation notwendig wird

Phänomenologie und Neuropsychologie

Depressive Patienten können durch eine Verminderung des flexiblen Denkens charakterisiert werden, die möglicherweise in einem engen Zusammenhang mit Defiziten im Arbeitsgedächtnis und somit der späten Funktion des DLPFC steht. Bei Arbeitsgedächtnisaufgaben wird der DLPFC v. a. in späten Zeitintervallen zwischen 300 ms und 600 ms aktiv (Gevins et al. 1996, 1997); dies korrespondiert zeitlich mit dem späten reentrant processing. Die Verminderung des flexiblen Denkens kann daher möglicherweise eng verknüpft sein mit den Defiziten im Arbeitsgedächtnis, wodurch keine Online-Erhaltung und Manipulation von bewussten Gedanken möglich ist. Darüber hinaus trägt die Unmöglichkeit, die Gedanken online aufrechtzuerhalten, zu einem Verlust der zeitlichen Dimension im subjektiven Erleben bei, sodass die Patienten gezwungen sind, auf die Gegenwart zu fokussieren, während Vergangenheit und Zukunft im subjektiven Erleben verloren gegangen sind. Depressiv Erkrankte sind nicht mehr in der Lage, frühere und zukünftige Ereignisse mit den gegenwärtigen Erlebnissen zu integrieren. Anstelle dessen wird das subjektive Erleben komplett durch die in der Gegenwart vorherrschenden negativen Emotionen und negativen Kognitionen bestimmt, während der Zugang zu anderen Emotionen, die entweder in der Vergangenheit aufgetreten waren und/oder in der Zukunft auftauchen könnten, versperrt ist.

Das verminderte reentrant processing zum DLPFC ist darüber hinaus möglicherweise mit der Unfähigkeit der Kontrolle der Gedanken bzw. Kognitionen verknüpft. Die Gedanken werden im early processing (▶ Abschn. 26.1.2, »Zeitliche Abläufe«) initiiert, sie können aber aufgrund des verminderten reentry im late processing nicht mehr überwacht und somit der eigenen Person zugeschrieben werden, sodass die Patienten subjektiv eine Unfähigkeit der Kontrolle der von ihnen initiierten Kognition erleben.

Schließlich geben depressive Patienten veränderte Antworten auf Feedback in Handlungsplanung und Handlungsannahmen, die möglicherweise auf einer neuronalen Verzögerung der Aktivität im medialen orbitofrontalen Kortex beruhen (vgl. Elliott et al. 1998). Eine verminderte und verzögerte Aktivität im MOFC stimmt überein mit der Annahme eines verminderten reentrant processing in späten Zeitintervallen, weil Reaktion und Antwort auf Feedback in Handlungsplanungsaufgaben notwendigerweise feedback processing von DLPFC zum MOFC sowie spätes reentrant processing vom MOFC zum DLPFC voraussetzt.

Psychotherapie

Das **Hauptziel** der therapeutischen Intervention im späten Processing besteht in der **Wiederherstellung des subjektiven Erlebens** der **verschiedenen zeitlichen Dimensionen**, die dann den Weg für flexibles Denken und Kognition sowie Selbstmonitoring eröffnen könnte.

Eine Wiederherstellung des subjektiven Erlebens der zeitlichen Dimension könnte z. B. durch **Imagination** möglicher Ereignisse mit der konsekutiven Validierung derselben hinsichtlich deren realistischen Charakters in der Gegenwart erreicht werden. Darüber hinaus kann versucht werden, mit den Gedächtnisinhalten der Patienten auf eine Weise zu arbeiten, die es ermöglicht, vergangene und gegenwärtige Ereignisse und Gedanken miteinander zu vergleichen und wechselseitig zu modulieren.

Selbstmonitoring kann möglicherweise durch ein Training des Bewusstseins von Gedanken und Kognitionen, wie z. B. in der **Meditation** unterstützt werden. Flexibles Denken und Kognition wird auch durch **kognitive Restrukturierung** in der kognitiven Verhaltenstherapie angestrebt (McGinn 2000; Beck 1962; Deckersbach et al. 2000). Diese therapeutischen Ziele können möglicherweise leichter auf der Grundlage des wiederhergestellten subjektiven Erlebens der zeitlichen Dimension erreicht werden.

26.2.5 Output processing: Verminderter Output und psychomotorische Aktivierung

Pathophysiologie

Es wurde gezeigt, dass der dorsolaterale präfrontale Kortex bei der Depression hypoaktiv ist. Aufgrund der starken Verbindung vom DLPFC zum prämotorischen/motorischen Kortex, den hauptsächlichen Outputstationen, kann vermindere Aktivität im DLPFC auch zu einem verminderten Input zum prämotorischen/motorischen Kortex im Zeitintervall zwischen 600 ms und 1000 ms führen. Dies trägt dann zu einer verminderten internen Initiation und Ausführung von Handlungen in Bewegung bei. Die Annahme eines verminderten Output vom DLPFC mit einem konsekutiv verminderten Input zu prämotorischem/motorischem Kortex wird durch die folgenden Befunde unterstützt:

- Veränderungen in der Latenz des Bereitschaftspotenzials, die einem Defizit der internen Initiation von Bewegung bei depressiven Patienten entsprechen (Northoff et al. 2000);
- Veränderungen, jedoch keine größeren Defizite in der kortikalen motorischen Aktivierung;
- ausgeprägte psychomotorische Retardierung bei akut depressiven Patienten.

Aufgrund der Hypofunktion des DLPFC mit einem verminderten Input zum prämotorischen/motorischen Kortex in späten Zeitintervallen (600 ms–1000 ms) kann man von einer funktionellen Entkopplung zwischen präfrontalem Kortex einerseits und prämotorischem/motorischem Kortex andererseits sprechen.

Phänomenologie und Neuropsychologie

Die verminderte interne Initiation von Handlung und Bewegung führt zu psychomotorischer Verlangsamung, Retardierung und Inaktivierung, wie sie häufig bei depressiven und – im Extremzustand – bei katatonen Patienten beobachtet wird. Neuropsychologisch manifestieren sich diese Defizite in längeren Reaktionszeiten (Liotti u. Mayberg 2001) und starken Defiziten in der Handlungsplanung, Planung und den exekutiven Funktionen (z. B. im Test »Tower of London«). Gerade die längeren Reaktionszeiten sowie die exekutiven Defizite können möglicherweise auf die funktionelle Entkopplung zwischen präfrontalem Kortex einerseits und prämotorischem/motorischem Kortex andererseits zurückgeführt werden.

Psychotherapie

Das **Hauptziel** der therapeutischen Intervention in Hinsicht auf das veränderte output processing besteht in der **psychomotorischen Aktivierung**, der **physiologischen Aktivierung** sowie der **sensomotorischen Imagination**, die zu einer Reaktivierung des DLPFC und des prämotorischen/motorischen Kortex sowie zu einer Wiederherstellung der Kopplung zwischen DLPFC und prämotorischem/motorischem Kortex führt.

26.3 Schlussfolgerungen

Wir haben demonstriert, dass verschiedene Arten der kognitiven Symptome bei der Depression mit verschiedenen neuropsychologischen Funktionen verknüpft sein könnten, die wiederum auf verschiedene Formen des Processing im präfrontalen Kortex zurückgeführt werden. Die unterschiedlichen Formen des Processing im präfrontalen Kortex können durch räumlich-zeitliche Muster der neuronalen Aktivität charakterisiert werden, die in einer spezifischen Weise bei der Depression verändert sind. Bei Depressionen findet sich eine Hypofunktion im medialen orbitofrontalen Kortex mit konsekutiven Veränderungen im feedforward, feedback und reentrant processing im präfrontalen Kortex bzw. in anteriorem Zingulum, DLPFC und VLPFC. Die Veränderungen im präfrontalen Processing bei der Depression beziehen sich hauptsächlich auf eine abnorme Verstärkung und Synchronisation im feedforward processing vom ventromedialen präfrontalen Kortex sowie eine daraus resultierende abnorme Verminderung des feedback und reentrant processing. Psychotherapeutische Interventionen bei der Depression sollten auf eine Restauration dieser verschiedenen Formen des Processing im präfrontalen Kortex hinzielen. Innerhalb dieses Kontextes wird die Bedeutung der emotionalen Imagination, der kognitionalen Imagination, der motorischen Imagination, des Trainings des Arbeitsgedächtnisses, der chronometrisch orientierten kognitiven Therapie und des Bewusstseins der zeitlichen Dimensionen in der Psychotherapie der Depression hervorgehoben. Diese verschiedenen Anstöße, die in Anlehnung an die neurophysiologischen Mechanismen postuliert werden, könnten die bereits vorhandenen psychotherapeutischen Ansätze, die psychodynamische Psychotherapie, die kognitive Verhaltenstherapie, die interpersonelle Therapie (IPT) und CBASP, sinnvoll komplementieren. Unter Berücksichtigung der oben beschriebenen kognitiven Phänomenologie und der ihr zugrunde liegenden physiologischen Mechanismen könnten in Zukunft auf der Basis der spezifischen Veränderung des Processing im präfrontalen Kortex neue psychotherapeutische Ansätze bei der Depression entwickelt werden im Sinne einer »phänomenologisch und physiologisch basierten neuropsychodynamischen Psychotherapie«.

Literatur

Bechara A, Damasio H, Damasio AR (2000) Emotion, decision making and the orbitofrontal cortex. Cereb Cortex 10:295–307

Beck A (1962) Thinking and depression. Arch Gen Psychiatry 9:36–45

Brenner C (1991) A psychoanalytic perspective on depression. J Am Psychoanal Assoc 39(1):25–43

Brody A, Saxena S, Silverman D et al (1999) Brain metabolic changes in major depressive disorder from pre- to posttreatment with paroxetine. Psychiat Res Neuroim 91:127–139

Deckersbach T, Gershumy B, Otto M (2000) Cognitive-behavioral therapy for depression. The psychiatric clinics of North America 23(4):795–809

Drevets W (2000) Neuroimaging studies of mood disorders. Biol Psychiatry 48:813–829

Drevets W (2001) Neuroimaging and neuropathological studies of depression. Curr Opin Neurobiol:240–249

Drevets W, Raichle M (1998) Reciprocal suppression of rCBF during emotional versus higher cognitive processes. Cogn Emot 12(3):353–385

Elliott R, Sahakian BJ, Michal A et al (1998) Abnormal neural response to feedback on planning and guessing tasks in patients with unipolar depression. Psychol Med 28(3):559–571

Elliott R, Rubinzstein JS, Sahakian BJ, Dolan R (2000) Selective attention to emotional stimuli in a verbal go/no-go task: an fMRI study. Neuroreport 11:1739–1744

Garcia R, Voulmba R, Baudry M, Thompson RF (1999) The amygdala modulates prefrontal cortex activity relative to conditioned fear. Nature 402:294–296

Gevins A, Smith M, Le J et al (1996) High resolution evoked potential imaging of the cortical dynamics of human working memory. Electroencephalogr Clin Neurophysiol 98:327–348

Gevins A, Smith M, McEvoy L, Yu D (1997) High resolution EEG mapping of cortical activation related to working memory. Cereb Cortex 7:374–385

Kötter R, Nielsen P, Dyhrfjeld-Johnsen J et al (2001) Multilevel integration of quantitative neuroanatomical data. In: Ascoli G (Hrsg) Computational Neuroscience: Principles and methods

Liotti M, Mayberg H (2001) The role of functional neuroimaging in the neuropsychology of depression. J Clin Exp Neuropsychol 23:121–136

Mayberg H, Liotti M, Brannan S et al (1999) Reciprocal limbic-cortical function and negative mood: Converging PET findings in depression and normal sadness. Am J Psychiatry 156:675–682

McGinn L (2000) Cognitive-behavioral therapy for depression. Am J Psychother 54:257–262

Murphy FC, Sahakian BJ, Rubinzstein JS et al (1999) Emotional bias and inhibitory control processes in mania and depression. Psychol Med 29:1307–1321

Murphy FC, Rubinzstein JS, Michael A et al (2001) Decision-making cognition in mania and depression. Psychol Med 31:679–693

Northoff G, Richter A, Gessner M et al (2000) Functional dissociation between medial and lateral spatiotemporal activation in negative and positive emotions: A combined FMRI/MEG study. Cerebr Cortex 10:93–107

Pascual-Leone A, Catala M, Pascual-Leone Pascual A (1996) Lateralized effect of rapid rate transcranial magnetic stimulation of the prefrontal cortex on mood. Neurology 46:499–502

Paulus M, Hozack N, Zauschner B et al (2001) Prefrontal, parietal, and temporal cortex networks underlie decision-making in the presence of uncertainty. NeuroImage 13:91–100

Pelosi L, Slade T, Blumhardt LD, Sharma VK (2000) Working memory dysfunction in depression: an event-related potential study. Clin Neurophysiol 111:1531–1543

Raichle ME, MacLeod AM, Snyder AZ et al (2001) A default mode of brain function. PNAS 98(2):676–682

Rajkowska G (1999) Morphometric evidence for neuronal and glial prefrontal cell pathology in major depression. Biol Psychiatry 45:1085–1098

Rajkowska G (2000) Postmortem studies in mood disorders indicate altered numbers of neurons and glial cells. Biol Psychiatry 48:766–777

Rauch S, Whalen P, Sin L et al (2000) Exaggerated amygdala response to masked facial stimuli in posttraumatic stress disorder: A functional MRI study. Biol Psychiatry 47:769–776

Rogers R, Oweb A, Williams E et al (1999) Choosing between small, likely rewards and large, unlikely rewards activates inferior and orbital prefrontal cortex. J Neurosc 20 (19):9029–9038

Sarazin M, Pillon B, Giannakopoulos P et al (1998) Clinicometabolic dissociation of cognitive functions and social behavior in frontal lobe lesions. Neurology 51(1):142–148

Schutter D, Honk J, Postma A, Haan E (2001) Effects of slow rTMS at the right DLPFC on EEG asymmetry and mood. Neuroreport 12

Stern C, Owen A, Tracey I et al (2000) Activity in ventrolateral and mid-dorsolateral prefrontal cortex during nonspatial working memory. Neuroimage 11:392–399

Tang T, DeRubeis R (1999) Sudden gains and critical sessions in cognitive-behavioral therapy for depression. J Consult Clin Psychol 67:894–904

Tormos J, Canete C, Tarazona F et al (1997) Lateralized effects of self-induced sadness and happiness on corticospinal excitability. Neurology 49:487–491

Spezialstationen für Depressionen und Angststörungen

Heinz Böker, Georg Northoff

H. Böker et al. (Hrsg.), *Neuropsychodynamische Psychiatrie*,
DOI 10.1007/978-3-662-47765-6_27, © Springer-Verlag Berlin Heidelberg 2016

27.1 Zur Einführung

Die therapeutische Situation für depressiv Erkrankte auf Allgemein- und Akutstationen ist unbefriedigend und wird den Ansprüchen an moderne Therapiekonzepte nicht gerecht. Vielfach lässt sich beobachten, dass die ausgeprägten Selbstwertzweifel Depressiver und ihre Unfähigkeit, sich zu behaupten, sich zu wehren bzw. die Initiative zu ergreifen, dazu beiträgt, dass sie innerhalb anderer Krankengruppen »untergehen«, unzureichend wahrgenommen werden (vgl. Böker u. Hell 2002). Es besteht auch die Gefahr, dass das depressive Verhalten in therapeutischen Teams Aggressivität oder überbeschützende Fürsorglichkeit auslöst. Apathie, Lustlosigkeit und Interesselosigkeit können Ohnmachtsgefühle auch im therapeutischen Team induzieren, gelegentlich auch zu der Interpretation beitragen, der Patient wolle nur nicht, obwohl er eigentlich könne (vgl. Wolfersdorf 1997). Die Gehemmtheit des depressiv Erkrankten kann ferner »forcierte Handlungsdialoge« auslösen in dem Bemühen, die unerträgliche Erstarrung durch aktive Maßnahmen zeitnah zu durchbrechen. Bei agitierten Depressionen, Reizbarkeit oder hypochondrischer Klagsamkeit finden sich oft aggressive Gegenübertragungsreaktionen im therapeutischen Team. Die Suizidalität konfrontiert mit eigenen Ängsten. Aus diesen Gründen setzt ein angemessener Umgang mit depressiv Erkrankten spezifische Schulungen innerhalb spezialisierter Behandlungsteams voraus, die schließlich in der Lage sind, in einer die Patienten fördernden Weise mit dem depressiven Affekt umzugehen und sich nicht in interpersonellen und kommunikativen Teufelskreisen zu verstricken (vgl. Böker 2003). Die Spezialisierung des therapeutischen Teams ermöglicht auch die Entwicklung eines therapeutischen Milieus, das der möglichen Ausbreitung eines depressiv-resignativen Klimas – gelegentlich als Einwand gegen die Einrichtung von Depressionsstationen genannt – entgegenwirkt.

Lediglich bei etwa 5 % der an Depressionen Erkrankten ist eine stationäre Aufnahme und Behandlung in einer psychiatrischen Fachklinik erforderlich. Ein großer Teil der stationären Behandlungen wird insbesondere in Deutschland in Fachkliniken für Psychosomatische Medizin und Psychotherapie durchgeführt. Indikationen für die stationäre Aufnahme von depressiv Erkrankten sind:

- Therapieresistenz (Non-Responder),
- chronische Depression,
- akute Suizidalität,
- psychotische Depression,
- Komorbidität mit psychiatrischen und somatischen Erkrankungen (z. B. Alkoholabhängigkeit, Persönlichkeitsstörungen, ferner internistische und neurologische Erkrankungen),
- Non-compliance,
- fehlende Versorgung und Betreuung,
- gravierende familiäre Konflikte,

27.2 Psychoanalytische Therapie von Borderline-Patienten im teilstationären Setting

Angesichts der Mehrdimensionalität und Schwere depressiver Erkrankungen und der Erkenntnis, dass depressiv Erkrankte auf psychiatrischen Akutstationen oftmals nur unzureichend gefördert werden können, wurden in den vergangen Jahrzehnten spezielle Behandlungseinheiten für depressiv Erkrankte (im englischsprachigen Raum als »Mood Disorder Units« bezeichnet) entwickelt. Da sich die Problematik von depressiv Erkrankten und Angstkranken häufig überschneidet, werden beide Patientengruppen vielfach auf Spezialstationen gemeinsam behandelt. Wolfersdorf 1995, 1997) hat die therapeutischen Charakteristika von Depressionsstationen beschrieben: Zu den Therapieangeboten dieser Spezialabteilungen für Depressionsbehandlung gehören – neben einer speziellen Diagnostik und somatischen Behandlung – regelmäßig Einzelgespräche, eine Gruppentherapie und der Einbezug der Angehörigen und Partner. Darüber hinaus eröffnen niederschwellige Angebote (Beschäftigungstherapie, Ergotherapie) einen ersten Zugang zu den oftmals blockierten Patienten, bei denen eine ausgeprägte Hemmungssymptomatik besteht. Je nach individuellen Neigungen und im Vordergrund stehender Symptomatik werden ferner Bewegungstherapie, sportliche Aktivitäten, physiotherapeutische Behandlung und Musiktherapie angeboten. Lichttherapie und die Anwendung der Schlafentzugsbehandlung stehen als weitere ergänzende Therapieverfahren zur Verfügung. Elektrokonvulsionstherapie wird in unterschiedlichem Umfang – v. a. bei psychotischen und therapieresistenten Depressionen – eingesetzt.

Depressionsstationen, die auf dem Boden eines mehrstufigen therapeutischen Konzeptes und eines mehrdimensionalen Depressions- und Angstverständnisses entwickelt wurden, bieten individuelle optimierte Therapien, insbesondere auch für Patienten mit schweren und chronischen Depressionen und/oder einer Komorbidität mit psychiatrischen und somatischen Erkrankungen an. Das therapeutische Milieu ist speziell auf die Problematik dieser Patientengruppe ausgerichtet und ermöglicht eine schrittweise Aktivierung ohne Überforderung. Gleichzeitig wird eine weitere Spezialisierung der Mitarbeiter dieser Spezialstationen im Umgang mit der Depressions- und Angstproblematik gefördert. Universitäre Spezialabteilungen für Depressions- und Angstbehandlung betreiben gezielt Depressions- und Angstforschung, ferner auch Therapie- und Verlaufsforschung.

Zielgruppen der Spezialstationen sind Patienten mit affektiven Störungen (inkl. bipolare Depression), Angststörungen und Zwangsstörungen. Bei akuten suizidalen Krisen einzelner Patienten ist eine engmaschige Betreuung des für die Depressionsbehandlung spezialisierten Behandlungsteams gewährleistet. Die zumeist offen geführten Stationen können dazu vorübergehend auch geschlossen werden. Wesentliche Ausschlusskriterien stellen eine primäre Suchterkrankung, Erregungszustände und akute Fremdgefährdung dar.

Unter Berücksichtigung der jeweiligen individuellen Problematik wird ein **Drei-Stufen-Programm** (◘ Tab. 27.1) durchgeführt, das zu Beginn insbesondere auf Entlastung und Stabilisierung zielt und im weiteren Verlauf zunehmend aktivierende Elemente enthält (Integration und systematische Vorbereitung des Austritts). Neben der medikamentösen Therapie (inkl. Augmentationsbehandlung und Phasenprophylaxe) und weiteren somatischen Therapieangeboten (Lichttherapie, Schlafentzug, u. U. Elektrokonvulsionstherapie, in einigen Kliniken auch transkranielle Magnetstimulation) kommen vielfach – mit unterschiedlicher Akzentuierung – störungsspezifische Therapien (z. B. kognitiv-behaviorale Therapie bei Zwangsstörungen, Angststörungen und Depressionen mit ausgeprägten negativen Denkschemata), Cognitive Behavioral Analysis System of Psychotherapy (CBASP, insbesondere bei chronischer Depression, »early onset depression«) und psychodynamisch orientierte Einzel- und Gruppenpsychotherapie zum Einsatz. Psychoedukative Gruppenangebote ermöglichen eine störungsspezifische Informationsvermittlung und sind im Hinblick auf die Entwicklung günstigerer Bewältigungsmechanismen, die Erkennung von Frühwarnzeichen und die Rezidivprophylaxe von besonderer Bedeutung. Bei spezieller Indikation stellen Arbeitsdiagnostik und Arbeitstherapie hinsichtlich der beruflichen Rehabilitation wesentliche Hilfen zur Verfügung. Einzelne Patienten benötigen eine gezielte Unterstützung und Begleitung bei der sozialen und beruflichen Rehabilitation. Günstigenfalls können mit Zustimmung der Patienten auch Arbeitgeber und Vorgesetzte direkt in die weitere Planung mit einbezogen werden.

Ein wesentlicher Vorteil der Spezialstationen für Depressions- und Angstbehandlung besteht darin, dass die Zusammensetzung der behandelten Patienten homogener gestaltet werden und das gegenseitige Verständnis unter den Patienten erleichtert werden kann. Das therapeutische Milieu wird auf die Problematik dieser Patientengruppe ausgerichtet, d. h. es wird gleichzeitig ein Schonraum angeboten und ein Übungsfeld für die Alltagsbewältigung geschaffen (schrittweise Aktivierung ohne Überforderung im Hinblick auf die den Hemmungsphänomenen und der Agitation der Depressionen zugrunde liegenden pathologischen neuronalen Aktivierungsmuster). Spezielle Behandlungsverfahren können gezielt angewendet und weiterentwickelt werden. Das Interaktionsgeschehen und die »Handlungsdialoge« innerhalb des stationären Rahmens können günstigenfalls Modellfunktion für die außerhalb der Klinik und nach Austritt zu bewältigende Realsituation annehmen. Ein wesentliches Ziel besteht parallel in der Spezialisierung der Mitarbeitenden der Station im Umgang mit der Depressions- und Angstproblematik.

Neben der spezifischen Weiterbildung der Behandlungsteams, eine – durch Supervisionen zu gewährleistende – arbeitsbezogene Selbsterfahrung ist, wie Wolfersdorf (1997) zu Recht betont hat, der

Tab. 27.1 Mehrstufiges Therapiekonzept bei schwerer Depression

Ziele	Methoden
Stationäre Behandlung	
1. Entlastung	
Stützen	Therapeutische Grundhaltung und therapeutisches Milieu
Verminderung des psychischen Schmerzes, der Ängste und der Blockade	Stationärer Behandlungsraum als »Container«
	Medikamentöse Behandlung (AD, Augmentationsstrategien)
	Weitere somatotherapeutische Behandlungen (Lichttherapie, Schlafentzug, Ketamin, EKT, u. U. transkranielle Magnetstimulation)
2. Aktivierung und Stabilisierung	
2.1 Schrittweise Aktivierung	
Handlungskompetenz	Beschäftigungstherapie(niederschwellig), Interessengruppe
	Ergotherapie
	Gemeinsame Aktivitäten, Arbeitstherapie
Körpergefühl (Depression = leibnächste seelische Erkrankung)	Physiotherapie
	Bewegungstherapie
2.2 Stärkung des nicht depressiven Verhaltens	
»Positivierung«	Soziale Aktivitäten (z. B. Stationsversammlung)
Soziale Kompetenz	Einzelpsychotherapie
Selbstwertgefühl	Gruppentherapie (Psychotherapie, Ergotherapie, Bewegungstherapie)
2.3 Entwicklung alternativer Bewältigungsstrategien	
Überwindung dysfunktionaler Denkmuster, des Vermeidungsverhaltens und sozialer Ängste	**Gruppentherapie** – Psychodynamisch orientiert – Themenzentrierte Interaktion – Psychoedukation

Tab. 27.1 Fortsetzung

Ziele	Methoden
Gestufte Aktivierung	**Kognitive behaviorale Therapie (KBT)** – Einbezug des Pflegeteams – Supervision der Behandelnden durch externen Verhaltenstherapeuten
Erkennen und Überwinden von Prägungen infolge früher, negativer Beziehungserfahrungen	**Cognitive Analysis System of Psychotherapy (CBASP)**
Bearbeitung des Zusammenhangs zwischen aktueller Gefühlslage und Beziehungsnetz	**Interpersonelle Psychotherapie (IPT)**
Bewältigung von Verlusten, Trennungen, Rollenkonflikten	**Neuropsychodynamische Psychotherapie**
Bearbeitung konflikthafter, teilweise unbewusster Konstellationen von lebens-geschichtlicher Bedeutung	
Stabilisierung der Selbstwertgefühlsregulation	
Bearbeitung intrapsychischer und interpersoneller Circuli vitiosi (Abhängigkeit, Anklammerung, Schuldgefühle)	
Stationäre/ambulante Behandlung	
3. Integration und Austritt	
3.1 Auflösung depressionsfördernder Faktoren (»Teufelskreise«)	
Förderung günstiger Bewältigungsmechanismen	Einzelpsychotherapie (stationär/ambulant)
	Fortsetzung und Anpassung der medikamentösen Therapie
	Gruppenpsychotherapie (stationär)
Bewältigung von Beziehungskonflikten	Eventuell Paar-/Familientherapie
Berufliche Rehabilitation	Arbeitsdiagnostik und Arbeitstherapie
Klärung sozialer Fragen	Sozialdienst
3.2 Nachsorge und Prävention	
	Ambulante Einzeltherapie (siehe oben)
	Ambulante Gruppentherapie
	Medikamentöse Phasenprophylaxe (bei rezidivierenden Depressionen)
	Störungsspezifische ambulante Psychotherapie (Trauma, Sucht)
	Selbsthilfegruppe (Equilibrium etc.)

Abbau hierarchischer Strukturen zugunsten einer kompetenzbezogenen Verantwortlichkeit erforderlich. Eine kompetente Psychopharmakotherapie (inkl. Augmentationsbehandlung und Einleitung einer Phasenprophylaxe) wie auch die Durchführung störungsspezifischer Psychotherapie (psychodynamisch orientierte Einzel- und Gruppenpsychotherapie, kognitiv-behaviorale Psychotherapie, psychoedukative Gruppenarbeit) sind wichtige Glieder innerhalb eines Gesamtbehandlungskonzeptes. Diese Besonderheiten von Depressionsstationen werden, wie wiederholte Untersuchungen mit Hilfe von Stationsbeurteilungsbogen gezeigt haben, von den behandelten Patienten wahrgenommen und positiv bewertet (vgl. Wolfersdorf 1997; Rahn 1996).

Eine besondere Herausforderung besteht in der Beendigungsphase der Behandlung darin, eine ambulante Weiterbehandlung, die Reintegration im persönlichen Umfeld und ferner eine möglicherweise notwendige berufliche Rehabilitation vorzubereiten.

Literatur

Böker H (2003) Die interpersonelle und kommunikative Dimension der Depression. In: Wolfersdorf M, Kornacher J, Rupprecht U (Hrsg) Stationäre Depressionsbehandlung heute. Roderer, Regensburg, S. 17–53

Böker H, Hell D (2002) (Hrsg) Therapie der affektiven Störungen: Psychosoziale und neurobiologische Perspektiven. Schattauer, Stuttgart

Rahn E (1996) Depressionsstationen im Urteil der Patienten. Psychiat Prax 23:172–174

Wolfersdorf M (1995) Depression. Verstehen und bewältigen. Springer, Berlin

Wolfersdorf M (Hrsg) (1997) Depressionsstationen. Stationäre Behandlung. Springer, Berlin

Teilstationäre Psychiatrie

H. Böker et al. (Hrsg.), *Neuropsychodynamische Psychiatrie*,
DOI 10.1007/978-3-662-47765-6_28, © Springer-Verlag Berlin Heidelberg 2016

28.1 Störungsspezifische Tageskliniken mit Psychotherapie-Schwerpunkt

Heinz Böker, Holger Himmighoffen

28.1.1 Einleitung

Die psychiatrische Tagesklinik hat ihren Ursprung im England der ersten Nachkriegsjahre und in Kanada. Die Grundidee der psychiatrischen Tagesbehandlung war ebenso überzeugend wie einfach: Wozu benötigen Patienten, die ohnehin nicht bettlägrig sind, wie die meisten psychisch Kranken, ein Krankenhausbett (Finzen 1977)?

Die tagesklinische Behandlung kommt allen Forderungen an eine zeitgemäße Psychiatrie nach: Sie ist offen, bezieht die Umwelt der Erkrankten in den Behandlungsplan ein und ist auf die Erhaltung sozialer Bindungen und auf Wiedereingliederung ausgerichtet. Die Integration in das Alltagsleben, die potenziell entstigmatisierende und die jeglichem Hospitalismus vorbeugende Wirkung tagesklinischer Behandlung lassen sich als gewichtige Vorteile gegenüber der stationären Behandlung ansehen. Auch erwiesen sich die Tageskliniken als zumeist günstiger im Vergleich mit stationärer Behandlung. Dies gilt insbesondere auch für die in Tageskliniken behandelten depressiv Erkrankten (Mazza et al. 2004).

Die veränderten Versorgungsstrukturen gingen einher mit einem veränderten Verständnis psychiatrischer Erkrankungen. Neben der biologischen Dimension rückten zunehmend auch die sozialen und familiären Dimensionen psychischen Leidens und schließlich auch psychotherapeutische Ansätze in das Zentrum der Behandlung, welche die Auseinandersetzung mit der psychiatrischen Erkrankung als eine Chance persönlicher Weiterentwicklung verstanden.

Tageskliniken für Affektkranke mit psychotherapeutischer Akzentuierung ermöglichen eine intensive Behandlung von Menschen mit depressiven Erkrankungen, Angst und Zwangsstörungen, ohne dass deren soziale Beziehungen unterbrochen werden (Böker et al. 2009). Die teilstationäre Behandlung dient der Verhinderung der Progredienz der Erkrankung (und vermeidet u. U. einen Klinikeintritt), der Nachbehandlung im Anschluss an eine (allenfalls verkürzte) stationäre Behandlung und der Einleitung rehabilitativer Maßnahmen. Durch die Vernetzung des teilstationären Angebotes mit dem Behandlungsangebot der Spezialabteilungen für Depressionen und Angststörungen, wie sie z. B. an der Psychiatrischen Universitätsklinik Zürich praktiziert wird, stehen spezialisierte Behandlungsangebote zur Verfügung, die zudem ein Optimum an therapeutischer Konstanz und flexiblem Einsatz der vorhandenen Ressourcen ermöglichen.

Das Konzept einer Tagesklinik für Affektkranke orientiert sich grundsätzlich an dem Prinzip der »bedürfnisangepassten« Therapie und an den Empfehlungen der Weltgesundheitsorganisation (WHO 2005; Regional Office for Europe's Health Evidence Network [HEN]). Bei einer bedürfnisorientierten, individuell optimierten Behandlung depressiv Erkrankter werden neben den krankheitsbedingten Beeinträchtigungen weitere therapeutische und prognostisch bedeutsame Dimensionen berücksichtigt: Persönlichkeit, soziale Einflussfaktoren, Motivation, Lebensereignisse, Copingstrategien, soziale Netzressourcen und berufliche Integration. Im Rahmen der tagesklinischen Behandlung kommt ein spezialisiertes Behandlungsangebot zum Einsatz, das aus medikamentösen, psychotherapeutischen und soziotherapeutischen Interventionen besteht. Grundlage ist eine individuell abgestimmte Einzel- und Gruppentherapie. Dabei wird berücksichtigt, dass der erforderliche therapeutische Aufwand bei schweren depressiven Erkrankungen und angesichts der häufigen komplizierenden psychiatrischen und somatischen Komorbidität und Chronifizierungstendenzen über die übliche ambulante Standardtherapie hinausgeht.

Im Hinblick auf die notwendige Kontinuität der Behandlung können die bereits im Rahmen der möglicherweise zuvor begonnenen stationären Behandlung eingeleiteten therapeutischen Interventionen fortgesetzt werden, wie z. B. psychodynamisch orientierte Einzel- und Gruppenpsychotherapie, kognitiv-behaviorale Therapie (KBT), interpersonelle Psychotherapie (IPT) und »Cognitive Behavioral Analysis System of Psychotherapy (CBASP).

Neben **störungsspezifischer Psychotherapie** (im Einzel- und Gruppensetting) stehen niedrigschwellig die **psychoedukativen Gruppenangebote** zur Verfügung. Diese tragen wesentlich zu einer Entlastung depressiv Erkrankter bei. In kontrollierten Studien konnte zudem gezeigt werden, dass durch psychoedukative Programme das Wissen der Patienten über die Erkrankung vergrößert werden und u. a. auch die Medikamenten-Compliance erhöht werden konnte (Rush 1999). Psychoedukative Gruppenprogramme für Angehörige können ferner eine positive Veränderung der Einstellung der Angehörigen gegenüber Patienten und Erkrankung ermöglichen (Kronig et al. 1995; Kronmüller et al. 2006).

Das neuropsychodynamisch orientierte teilstationäre Behandlungsmodell der Depression beruht auf den ► Abschn. 18.1 geschilderten Ausgangsbedingungen: Dysfunktionalität limbisch-kortikaler Netzwerke, erhöhte Ruhezustandsaktivität im MPFC (medialer präfrontaler Kortex), Hyperarousal. Ein wesentliches Prinzip besteht darin, den aktuellen Zustand des jeweiligen Patienten zu berücksichtigen (z. B. neurobiologisch bedingte Hemmungsphänomene, kognitive Dysfunktion) und eine schrittweise Entwicklung und Überwindung der emotional-kognitiven Dysfunktionen und der sozialen Isolation zu ermöglichen.

28.1.2 Foki der teilstationären Psychotherapie und Somatotherapie der Depression

Alle Psychotherapie-Verfahren, die empirisch belegte Behandlungserfolge aufgewiesen haben, greifen in der einen oder anderen Weise am selben Punkt an: an der Tendenz depressiver Menschen, sich selbst infrage zu stellen und sich hilflos-ausgeliefert zu fühlen. Dementsprechend besteht ein wesentliches Ziel auch der teilstationären psychotherapeutischen Depressionsbehandlung darin, die intrapsychischen, interpersonalen und kommunikativen Teufelskreise der Depression aufzulösen (vgl. Mentzos 1995; Böker 2011; ◘ Abb. 28.1).

Der Abbau des negativen Selbstkonzeptes depressiver Menschen gelingt am ehesten, wenn von den momentanen depressiven Blockaden ausgegangen und im Gespräch herausgefunden wird, was den Patienten trotz ihrer Einschränkung noch möglich ist (z. B. gestufte Aktivierung im verhaltenstherapeutischen Ansatz, Erleben von Handlungskompetenzen in der Ergotherapie).

Therapieverfahren

▪ Kognitiv-behaviorale Therapie (KBT)

Die negative Sicht der eigenen Person, der Umwelt und der Zukunft wird in der kognitiv-behavioralen Psychotherapie hinterfragt (Beck 1974; Hautzinger 1991, 1998, 2003, 2009). Positive Erfahrungen liegen insbesondere auch für kognitive Verhaltenstherapie depressiver Störungen im Alter vor. Hierbei wird versucht, durch Einsatz einer Reihe von therapeutischen Methoden und Strategien Handlungsspielräume zu erweitern, auf notwendige Selektion von Zielen und Ansprüchen, auf die Optimierung vorhandener Ressourcen und die Kompensation möglicher Defizite einzuwirken.

▪ Interpersonelle Psychotherapie (IPT)

Die interpersonelle Psychotherapie der Depression (IPT) versucht, depressiv Erkrankte darin zu unterstützen, die Verbindung der aktuellen Gefühlslage mit dem Beziehungsnetz der Betroffenen erfahrbar zu machen (Klerman et al. 1984; Schramm 1996). Therapeutische Schwerpunkte sind dabei mögliche pathologische Trauerreaktionen nach persönlichen Verlusten (oder auch nach Verlusten sozialer Rollen) und günstigere Bewältigung interpersoneller Konflikte. Die Interpersonelle Psychotherapie (IPT) ist als Kurztherapie konzipiert, sie kann aber auch bei rezidivierender depressiver Störung in eine niederfrequente Erhaltungstherapie übergeleitet werden.

▪ Cognitive Behavioral Analysis System of Psychotherapy« (CBASP)

Spezifisch für die chronische Depression wurde das »Cognitive Behavioral Analysis System of Psychotherapy« (CBASP) entwickelt (McCullough 2006, 2007, 2008). In diesem Ansatz werden behaviorale, kognitive und interpersonelle Strategien integriert. Patienten mit Kindheitstraumata (körperlicher oder sexueller Missbrauch, früher Elternverlust, familiäre und soziale Vernachlässigung) profitie-

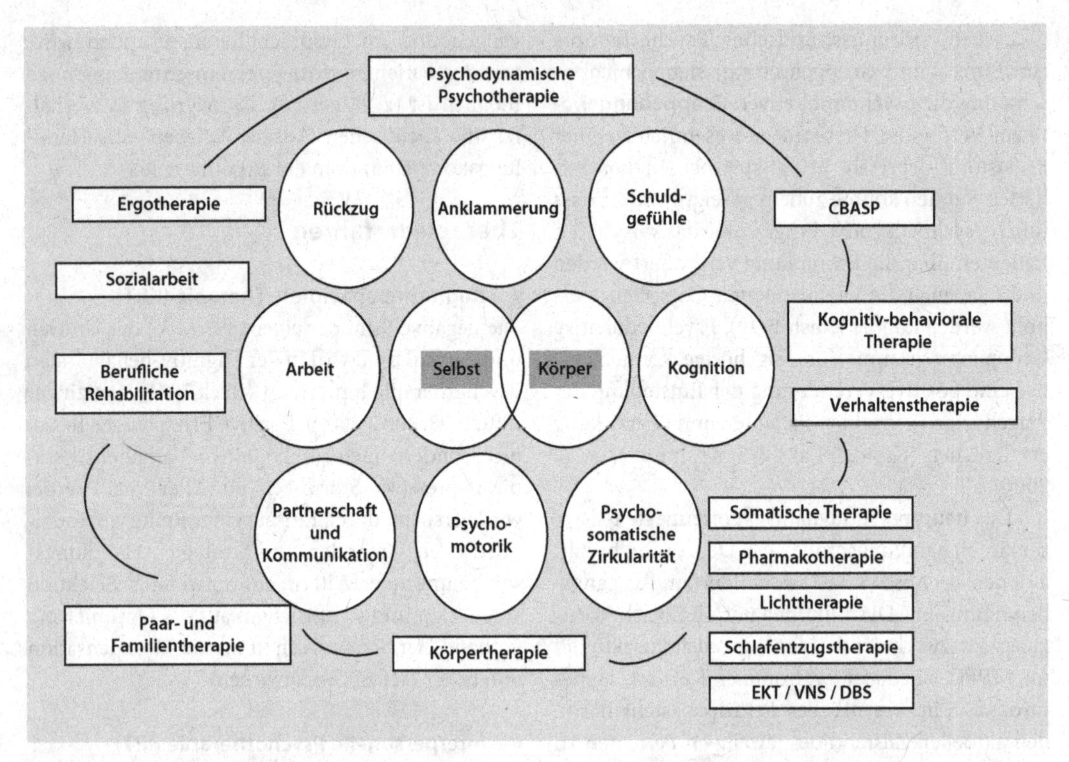

Abb. 28.1 Foki der teilstationären Psychotherapie und Somatotherapie der Depression. (Mentzos 1995; Böker 2011, mit freundl. Genehmigung des Huber-Verlags)

ren besonders von CBASP. In dieser Gruppe war die medikamentöse Behandlung (mit Nefazadon) deutlich weniger wirksam, während die Kombinationstherapie kaum besser als CBASP-Monotherapie abschnitt (Nemeroff et al. 2003).

- **Tiefenpsychologische Verfahren**

Bei den tiefenpsychologischen Verfahren (psychodynamisch orientierte bzw. psychoanalytische Psychotherapie, tiefenpsychologisch fundierte Psychotherapie, psychoanalytische Kurzzeittherapie) wird davon ausgegangen, dass sich in der aktuellen Begegnung zwischen Patient und Therapeut konflikthafte, teilweise unbewusste Konstellationen abbilden, die in der Lebensgeschichte der Betroffenen von großer Bedeutung waren (Übertragungs- und Gegenübertragungskonstellationen). Bei rezidivierenden depressiven Störungen und insbesondere auch bei der chronischen Depression ist zu berücksichtigen, dass konfliktuöse Beziehungsmuster sowohl auf der Ebene der partnerschaftlichen Beziehungen wie auch auf der Ebene der sog. internalisierten Objektbeziehungen häufig überlagert sind durch die Folgen langjähriger dysfunktionaler Bewältigungsstrategien (z. B. soziale Rückzugstendenzen) wie auch durch die Folgen der interagierenden somatopsychischen-psychosomatischen Dimension der Depression (z. B. kognitive Störungen). Die Auswirkungen dieser somatopsychischen-psychosomatischen Circuli vitiosi entziehen sich zunächst dem direkt deutenden Zugang (wie im klassischen psychoanalytischen Setting). Im Dialog zwischen Patient und Therapeut werden schließlich neue Erfahrungen ermöglicht, die zum Abbau von defensiven Barrieren und bisherigen ungünstigen und leidvollen Bewältigungsmechanismen beitrugen (vgl. Mentzos 1995; Böker 2011).

Neuropsychodynamisch orientiertes therapeutisches Vorgehen

Das neuropsychodynamisch orientierte therapeutische Vorgehen ist auf mehreren Ebenen angesiedelt und berücksichtigt in einem gestuften Prozess zunächst den Kernkomplex depressiver Symptome (Selbstvorwürfe, Suizidalität, Antriebshemmung, Rückzugsverhalten und somatische/vegetative Beschwerden). Auch im tagesklinischen Setting stellt die »Umweltfürsorge« im Sinne Winnicotts ein wesentliches Fundament der Behandlung war: Grundlage der für den depressiv Erkrankten bedeutsamen empathischen Begleitung und der erlebbaren emotionalen Resonanz ist eine den depressiv Erkrankten akzeptierende und stets auch die eigene Gegenübertragung berücksichtigende psychotherapeutische Grundhaltung. Im Hinblick auf die konstruktive Gestaltung des Übertragungs-Gegenübertragungsgeschehens und die Handhabung der sich entwickelnden »Handlungsdialoge« in der therapeutischen Begegnung ist es dabei sehr hilfreich, wenn das depressive Dilemma der Patienten in der Reflexion der Therapeuten präsent bleibt: Dabei ist im Zusammenhang mit der Persönlichkeitsentwicklung von einer erhöhten Vulnerabilität insbesondere im Bereich der Regulation der narzisstischen Homöostase (vgl Mentzos 1995; Böker 2011) auszugehen. Bei einer auf Leistung und Anerkennung festgelegten Persönlichkeit führen Frustration und Kränkung durch Versagung und Verlust zur Entwicklung eines instabilen, negativen Selbstwertgefühls. Das depressive Dilemma besteht insbesondere darin, sich selbst nicht wertschätzen zu können in der Begegnung mit dem geliebten anderen, der vielfach idealisiert wird. Abwehr- und Bewältigungsversuche können zu sekundären und zunehmend einengenden Circuli vitiosi beitragen (z. B. Abhängigkeit in Beziehungen, Überanpassung, Aggressionshemmung oder auch eine grandiose Verzichtsideologie mit zunehmendem sozialem Rückzug).

Behandlungsphasen

Oft ist es erst nach Abklingen der körperlichen Erstarrung möglich, die prämorbiden depressiven Strukturen und Grundkonflikte zu bearbeiten (vgl. Arieti u. Bemporad 1983; Rudolf 2003, 2006; Böker 2011). Im Rahmen der spezialisierten Tagesklinik für Affektkranke geschieht dies sowohl im einzel- wie im gruppentherapeutischen Setting. Unter verstärktem Einbezug des biografischen Hintergrundes, der verinnerlichten Beziehungen zu wichtigen anderen Personen und unbewusster Konflikte werden überhöhte Selbstansprüche (hohes Ich-Ideal), Selbstzweifel (Wendung der Aggression gegen das eigene Selbst), Schuldgefühle (strenges, rigides Über-Ich), die Tendenz zur Abhängigkeit (Idealisierung, Trennungsängste, Abhängigkeitsscham, Trennungsschuld) bzw. auch die Tendenz zu forcierter Autonomie (regressive Aktualisierung des grandiosen Selbst als narzisstische Abwehr u. a. in der Hypomanie bzw. Manie) verarbeitet. Neben den möglichen Deutungen der Überwiegend unbewussten Dynamik und der Übertragung tragen insbesondere die neuen Erfahrungen im »Hier und Jetzt« der therapeutischen Beziehung zu einem Abbau defensiver Abwehr- und Bewältigungsstrategien und habitueller Bindungsmuster bei. Im Hinblick auf die Überwindung von chronifizierungsfördernden Haltungen können nun individuationsfördernde Schritte unterstützt werden, die z. B. bei Vorliegen einer chronisch narzisstisch-gekränkten Haltung oder bei Vorhandensein einer »fordernden Abhängigkeit« (demanding dependency, vgl. Arieti u. Bemporad 1983) auch mit schmerzhaften Erkenntnissen seitens des Patienten einhergehen. Auch ist es wichtig, Patienten rechtzeitig auf schwierige Erfahrungen und schmerzhafte Trennungsschritte innerhalb des therapeutischen Prozesses hinzuweisen.

Die Behandlung umfasst **vier Behandlungsphasen**, die in idealtypischer Weise bereits von Benedetti (1987) beschrieben wurden:

- Phase der Abwehr und Betonung der eigenen Hilflosigkeit auf Seiten des Patienten, therapeutischerseits partizipativ ermutigende Zuwendung.
- Phase der teilweisen Einsicht durch den Patienten, von Therapeutenseite schrittweise Aufdeckung des Grundtraumas, d. h. des bedrohlich erlebten Verlustes.
- Phase der allmählichen Bewusstwerdung des »eigenen Beitrags zur Depression« auf Patientenseite, therapeutischerseits Deutung des abhängigen, selbstverleugnenden Verhaltens des Patienten.
- Phase der Projektion und Lösung, d. h. der Therapeut wird zunächst zum dominierenden Partner, und sich dann zum »signifikanten« Partner entwickeln, unter Bearbeitung von Aggressionen auf der Ebene der Übertragungsbeziehung.

Für die Durchführung der Psychotherapie ist es von zentraler Bedeutung, den Wechsel der Modalitäten und die Entwicklung der **Übertragungsbeziehung** im Auge zu behalten: Dabei ist auch zu berücksichtigen, dass die zur Chronifizierung beitragenden Faktoren einen Teil der Dynamik innerhalb der therapeutische Beziehung bestimmen können. Die Therapie könne dann chronisch werden und unnötig lang dauern, wenn Patient und Therapeut auf einer der genannten Ebenen »hängen bleiben« (vgl. Wolfersdorf u. Heindl 2003, S. 73), d. h. in der Hilflosigkeit des Patienten und dessen Angewiesensein auf Zuwendung, in der »Klage … über den drohenden Verlust, und der Verleugnung des eigenen Beitrages und der Weigerung zur Übernahme autonomer Verantwortung und in der Beibehaltung einer abhängigen Beziehung des Patienten zum Therapeuten, in der Loslösung nicht möglich wird …« (ebd., S. 73). Dementsprechend hatte Mentzos (1995) im Hinblick auf eine geeignete therapeutische Haltung empfohlen, »den oralen Hunger des Patienten verständnisvoll zur Kenntnis zu nehmen und sogar auch zu benennen, ihn jedoch nicht direkt ‚fütternd' zu befriedigen«. In dem schmerzlichen Prozess der Trennung (von sehnsuchtsvoll gesuchten, »umklammerten« bzw. auch idealisierten Anderen oder der Konfrontation und Überwindung von eigenen Größenfantasien) erfährt der Depressive – oftmals zum ersten Mal – die narzisstische Zufuhr eines spontanen und natürlichen »Angenommenwerdens«. Die dilemmatische Verknüpfung von Annehmungswünschen und Autonomiewünschen mit gleichzeitigen Verlustängsten und Schuldgefühlen wird innerhalb der Übertragungsbeziehung unmittelbar erfahrbar.

Gerade auch in neuropsychodynamischer Perspektive stehen die Entwicklung des Selbst und die Beziehung zu bedeutsamen Anderen im Fokus der Behandlung. Trotz der erfolgreichen Bearbeitung depressionsfördernder neuropsychodynamischer Zusammenhänge und maladaptiver Bewältigungsversuche können sich jedoch **spezifische behandlungstechnische Probleme** einstellen (Böker 2005, 2011). Diese bestehen in der möglichen »präsymbolischen Affektansteckung« (Erleben von Hilflosigkeit und Resignation im Therapeuten, gelegentlich verbunden mit einer unbewussten aggressiven Ablehnung), einer möglichen partiellen temporären Entkopplung vom psychischen Prozess und manifester Symptomatik (Verstärkung der depressiven Symptomatik, z. B. bei geringfügigen, von außen gar nicht mehr erkennbaren Reizen auf der Grundlage einer Vulnerabilität oder »Narbenbildung«, die zur Aufrechterhaltung rezidivierender depressiver Erkrankungen und chronischer Depressionen beiträgt (vgl. »Kindling Model«; Post 1990, 1992) und durch unterschiedliche Ebenen der Symbolisierung, bei denen somatopsychische Vorgänge involviert sind.

28.1.3 Mehrmodale tagesklinische Behandlung von Depressionen und Angststörungen

Angesichts der Multidimensionalität depressiver Erkrankungen und der Angststörungen sind die somatotherapeutischen, psychotherapeutischen und soziotherapeutischen Interventionen im Rahmen des neuropsychodynamisch orientierten tagesklinischen Settings auf den jeweiligen Einzelfall abzustimmen. Im Hinblick auf die Entwicklung von tagesklinischen Behandlungsprogrammen sind zwei hauptsächliche Entwicklungslinien zu beobachten: Zum einen werden stationäre Behandlungseinheiten durch Tageskliniken ersetzt (Zeeck et al. 2005). Die damit einhergehenden Forschungsfragen beziehen sich insbesondere auf Containment, Wirksamkeit und Kosten-Nutzen-Verhältnis im Vergleich zur stationären Depressionsbehandlung. Ein zweiter Trend besteht in der Weiterentwicklung der psychotherapeutisch orientierten Tageskliniken für Affektkranke im Hinblick auf spezielle Behandlungsprogramme, die einer ambulanten Behandlung überlegen sind (Karterud u. Willberg 2007). Dabei geht es nicht zuletzt um die Fragen der »Dosierung« unterschiedlicher therapeutischer Interventionen, der Differenzialindikation bei den verschiedenen diagnostischen Untergruppen und die Gestaltung der Anschlussbehandlung. Tagesklinische Behandlungsprogramme stellen dabei einen wichtigen Beitrag dar auf dem Weg zur Entwicklung von Langzeitbehandlungen im Sinne komplementärer Behandlungsprogramme, die auf eine vollständige Remission im Langzeitverlauf gerichtet sind.

In Untersuchungen, die die tagesklinische Therapie mit der ambulanten Behandlung Depressiver verglichen, fand sich für weniger schwere und vorwiegend »neurotische« Depressionen (Dysthymia) kein wesentlicher Vorteil des tagesklinischen Settings (Tyrer et al. 1987). Im Gegensatz dazu erwies sich die tagesklinische Behandlung bei schweren und persistierenden depressiven Störungen jedoch gegenüber der ambulanten Behandlung als überlegen (Dick 1985).

Auf die Bedeutung der Differenzialindikation für die tagesklinische Behandlung – unter Berücksichtigung nicht nur des Schweregrads, sondern auch psychodynamischer Konstellationen – verweist auch die Untersuchung von Trafoier (2011). Das klinische Setting bietet durch die Kombination von intensiver Behandlung und Alltagserprobung vielfältige Möglichkeiten der realen Belastungserprobung. Limitationen der Eignung des tagesklinischen Settings ergeben sich u. a. bei starker Ausprägung einer Antriebsstörung, langen Fahrzeiten, akuter Suizidalität und der Notwendigkeit einer komplexen medikamentösen Umstellung (Garlipp et al. 2007).

◘ Tab. 28.1 vermittelt eine Übersicht über die Behandlungsmodule der Tagesklinik für Affektkranke an der Psychiatrischen Universitätsklinik Zürich (vgl. Böker et al. 2009).

28.1.4 Zusammenfassung

Die neuropsychodynamisch orientierte tagesklinische Behandlung von Depressionen und Angststörungen berücksichtigt die neuropsychodynamischen Charakteristika (▶ Kap. 4). Das mehrmodale Behandlungsprogramm fokussiert auf das Selbst des Behandelten, die Entwicklung der Beziehungsfähigkeit zu wichtigen anderen Personen und die Entwicklung günstigerer Bewältigungsmechanismen im Umgang mit Depressionen und Angststörungen. Wie auch die Ergebnisse der Evaluation der Behandlung unterstreichen, stellt die tagesklinische Behandlung eine effektive Behandlungsform für depressiv Erkrankte dar, insbesondere dann, wenn sie individuell abgestimmt ist. Die Spezifizierung und Individualisierung der unterschiedlichen therapeutischen Interventionen, ferner auch die Entwicklung von differenziellen Indikationskriterien, stellen sich als Herausforderungen dar an die aktuelle Versorgungsforschung im Bereich der tagesklinischen Behandlung depressiv Erkrankter und Patienten mit Angst- und Zwangsstörungen.

28.2 Psychoanalytische Therapie von Borderline-Patienten im teilstationären Setting

Heinz Weiß, Margerete Schött

28.2.1 Psychoanalytisches Verständnis des Krankheitsbildes

Die Borderline-Persönlichkeitsstörung ist durch Instabilität im Selbstwerterleben, in den persönlichen Beziehungen und Affekten, durch Schwierigkeiten im Bereich der Impulskontrolle, Selbstverletzungen, chronische Gefühle der Sinnlosigkeit und Leere, oft verbunden mit Suizidgedanken und (para)suizidalen Handlungen, Trennungsintoleranz sowie gelegentlich auftretende dissoziative Zustände und kurze psychotische Episoden charakterisiert (APA 2013). Die Prävalenz liegt mit einer Bevorzugung des jungen Erwachsenenalters und des weiblichen Geschlechts etwa bei 2 % (in verschiedenen europäischen und amerikanischen Studien 0,5–5,9 %; vgl. Zanarini u. Hörz 2011). In psychiatrischen Diensten machen Borderline-Patienten bis zu 20 % der Inanspruchnahmepopulation aus. Etwa 8–10 % begehen Suizid (APA 2013).

Aufgrund ihrer Instabilität, ihrer Neigung, andere unter Druck zu setzen und Beziehungen immer wieder abzubrechen, stellen Patienten mit Borderline-Problemen eine besondere Herausforderung für die psychoanalytische Behandlung dar. Während von manchen Autoren Modifikationen der klassischen Behandlungstechnik vorgeschlagen wurden (Rudolf 2004; 2006; Kernberg 1999; Clarkin et al. 2005; 2006; Damman et al. 2000), befürworten andere ein möglichst direktes Arbeiten an den komplexen und z. T. verwirrenden Übertra-

Tab. 28.1 Behandlungsmodule der Tagesklinik für Affektkranke an der Psychiatrischen Universitätsklinik Zürich. (Adaptiert nach Böker et al. 2009)

Uhrzeit	Montag		Dienstag		Mittwoch		Donnerstag		Freitag	
8.45–9.00	Morgenrunde 8.45–9.00 Uhr		Morgenrunde 8.45–9.00 Uhr				Morgenrunde 8.45–9.00 Uhr		Morgenrunde 8.45–9.00 Uhr	
9.00–9.15	Musiktherapie Gruppe A 9.00–10.00 Uhr	Bewegungstherapie Gruppe B 9.00–9.50 Uhr	Ergotherapie Gruppe B 9.00–10.30 Uhr	Einzeltherapie			Musiktherapie Gruppe B 9.00–10.00 Uhr	Bewegungstherapie Gruppe A 9.00–9.50 Uhr	Vorbereitung Brunch Blumen holen 9.00–10.00 Uhr	Einzeltherapie
9.15–9.30										
9.30–9.45										
9.45–10.00										
10.00–10.15							Einzeltherapie		Gruppenpsychotherapie 10.00–11.00 Uhr	
10.15–10.30										
10.30–10.45								Ergotherapie Gruppe A 10.30–12.00 Uhr		
10.45–11.00										
11.00–11.15	Gruppenpsychotherapie 11.00–12.00 Uhr		Psychoedukation Gruppenprogramm Depression 11.00–12.00 Uhr						Brunch 11.00–13.00 Uhr	
11.15–11.30										
11.30–11.45										
11.45–12.00					Kochgruppe alternierend 11.45–14.45 Uhr	Ausflugsgruppe alternierend 11.45–15.00 Uhr				
12.00–12.15										
12.15–12.30										
12.30–12.45										
12.45–13.00										

Tab. 28.1 Fortsetzung

Uhrzeit	Montag	Dienstag		Mittwoch	Donnerstag		Freitag	
13.00–13.15	Patientenversammlung 13.00–13.45 Uhr						Bewegung/ Ausdruck 13.00–14.30 Uhr	Einzelthe- rapie
13.15–13.30		Ergotherapie Gruppe A 13.15–14.45 Uhr	Einzelthe- rapie		Ergotherapie Gruppe B 13.15–14.45 Uhr	Einzelthe- rapie		
13.30–13.45								
13.45–14.00								
14.00–14.15								
14.15–14.30								
14.30–14.45	Einzeltherapie						Einzeltherapie	
14.45–15.00		Einzeltherapie			Einzeltherapie			
15.00–15.30								
15.30–15.45	Sozialdienst	Gruppenprogramm Acht- samkeit 15.30 16.30 Uhr						
15.45–16.00								
16.00–16.15	Bewegungstherapie Einzel							
16.15–16.30								
16.30–16.45	Psychologische Untersu- chungen	Einzeltherapie						
16.45–17.00								

gungsmanifestationen ohne wesentliche Veränderungen der Technik (Rosenfeld 1981, 1990b, [1]1987; Segal 1996, [1]1991; Steiner 1998, [1]1993; Weiß 2009). Dabei besteht Übereinstimmung darin, dass dem Verständnis der Gegenübertragung, dem Durcharbeiten von Beziehungsinszenierungen (»Enactments«) im Hier und Jetzt der therapeutischen Situation sowie dem Übergang vom konkreten zum symbolischen Denken eine besondere Bedeutung zukommt. Hierdurch nimmt der Druck zum Agieren innerer Spannungen ab, und der Patient gewinnt mehr Raum, um widersprüchliche Gefühle zu tolerieren und über seine inneren Zustände nachzudenken.

Als zentral für das psychoanalytische Verständnis der Borderline-Pathologie erwies sich die Entschlüsselung »früher« Abwehrmechanismen, wie z. B. Spaltung, projektive Identifizierung und primitive Idealisierung. Sie führen dazu, dass »gute« und »schlechte« Erfahrungen getrennt gehalten und Teile des Selbst in andere projiziert werden. Dies kann kurzfristig zu Entlastung führen, geht längerfristig aber mit Gefühlen der Verwirrung, des Gefangenseins und ausgeprägten agora-klaustrophoben Ängsten einher. Da ihnen das Gefühl für ein stabiles inneres Gerüst fehlt, schlüpfen manche dieser Patienten in ihre äußeren Objekte wie in eine »Schale« hinein, mit der Folge, dass sie sich verwirrt und in ihnen gefangen fühlen. Entfernen sie sich jedoch zu weit von ihrem Gegenüber, so treten panische Zustände von Leere und Verlassenheit auf, als hätten sie Teile ihres Selbst verloren.

Otto Kernberg (1983, [1]1975) hat die »Identitätsdiffusion« als Kernsymptom der Borderline-Pathologie beschrieben, und Henry Rey (1990, [1]1979, 1994) betrachtet das von ihm so benannte »agora-klaustrophobe Syndrom« als Grundlage für das Verständnis schizoider Störungen. Neuere psychoanalytische Ansätze haben auf Mentalisierungs- (Fonagy et al. 2004, [1]2002) und Symbolisierungsstörungen (Green 2000, [1]1990; Segal 1996, [1]1991) sowie auf die Neigung mancher dieser Patienten zum Aufbau hochkomplexer Abwehrorganisationen (Rosenfeld 1990a, [1]1971; Meltzer 2002, [1]1968) hingewiesen, Solche Abwehrorganisationen können sich klinisch als Zustände von seelischem Rückzug manifestieren (Steiner 1998, [1]1993) und zu erheblichen Einschränkungen der Beziehungsfähigkeit führen.

28.2.2 Ätiologie, neurophysiologische Befunde

Ätiologisch gilt neben genetischen und epigenetischen Faktoren (vgl. Maier, Hawellek 2011), vor allem die Rolle einer vernachlässigenden, oft traumatisierenden frühen Umgebung als gesichert. Häufiger als andere berichten Borderline-Patienten über schwerwiegende Verlust- und Gewalterfahrungen in ihrer frühen Kindheit. Häufig war die Atmosphäre in der Primärfamilie von Angst vor Gewalt oder sexuellen Übergriffen durch zumeist selbst sehr instabile Bezugspersonen geprägt (Osofsky 2011; Dulz u. Jensen 2011). Die Ergebnisse der Bindungsforschung haben bei Kindern und adoleszenten Borderline-Patienten das Vorherrschen instabiler Beziehungsmuster mit einem »unsicher-verstrickten« oder »desorganisierten« Bindungstyp (vgl. Buchheim 2011) und dem Fehlen einer spiegelnden Beziehungsmatrix nachgewiesen (Gergely u. Watson 1996).

Neuere experimentelle und kernspintomografische Untersuchungen haben Hinweise auf neurophysiologische Korrelate verschiedener Aspekte der Borderline-Pathologie erbracht. Dabei werden eine frontolimbische Dysfunktion mit Hypersensitivität für negativ besetzte emotionale Stimuli sowie Störungen der Emotionsregulation diskutiert (Ruocco et al. 2013). Veränderte Aktivierungsmuster wurden im Bereich des medialen frontalen Kortex, der Amygdala sowie der Inselregion beschrieben (Kamphausen et al. 2013), wobei möglicherweise Regulierungsstörungen des vorderen Zingulum und anderer Bereiche des präfrontalen Kortex eine Rolle spielen (Mauchnik u. Schmahl 2010; Lang et al. 2012). Als möglicher Hintergrund für Störungen der Impulsivität und Handlungskontrolle wird eine Imbalance der serotonergen und dopaminergen Neurotransmission diskutiert, deren Spezifität jedoch nicht gesichert ist. Demgegenüber wurden wiederholt Veränderungen der Schmerzwahrnehmung festgestellt, wobei an der Verarbeitung von physischem und psychischem Schmerz überlappende Hirnareale beteiligt sind (Schmahl et al. 2006; Ducasse et al. 2014; Simons et al. 2014). Darüber hinaus zeichnen sich neuronale Korrelate für dissoziative Zustände (Krause-Utz et al. 2014) sowie für die Zurückweisungssensitivität von Borderline-Patienten ab (Domsalla et al. 2014).

28.2.3 Therapeutische Ansätze

Therapeutisch liegt wenig Evidenz für die langfristige Wirksamkeit neuroleptischer, antidepressiver oder anxiolytischer medikamentöser Strategien vor (Stoffers u. Lieb 2011; Lieb et al. 2014). Vielmehr besteht die Gefahr der missbräuchlichen Verwendung, z. B. im Rahmen von suizidalem oder parasuizidalem Verhalten, oder der Entstehung einer Abhängigkeitsentwicklung. Dagegen wurde die Wirksamkeit verschiedener psychotherapeutischer Verfahren (vgl. Doering et al. 2011), wie z. B. der dialektisch-behavioralen Therapie (DBT) nach Linehan (Linehan 1996; Bohus 2011), in randomisierten, kontrollierten Studien nachgewiesen. Unter den psychoanalytisch orientierten Ansätzen trifft dies u. a. für mentalisierungsbasierte Verfahren (Bateman u. Fonagy 2011) sowie für die übertragungsfokussierte Therapie nach Kernberg (Kernberg 1999; Clarkin et al. 2005; 2006; Yeomans u. Diamond 2011) zu, wobei letztere klassische Techniken wie das Arbeiten im Hier und Jetzt der therapeutischen Beziehung, das frühe Thematisieren der negativen Übertragung, die Aufrechterhaltung des therapeutischen Rahmens sowie das Durcharbeiten primitiver Abwehrmechanismen aufgreift.

Daneben wurde die Frage nach der Eignung verschiedener **Behandlungssettings** gestellt. Im Folgenden soll anhand eigener Erfahrungen auf die Möglichkeiten und Grenzen teilstationärer psychoanalytischer Therapie bei Borderline-Patienten eingegangen werden. Dabei wird v. a. Bezug genommen auf die Konzepte

- des **Containment** (Bion 1962),
- des **Enactment** (Joseph 1994, [1]1989; Jacobs 1986) sowie
- der **pathologischen Organisationen der Persönlichkeit** (Steiner 1998, [1]1993, 2006, 2014).

28.2.4 Klinische Erfahrungen im teilstationären Setting

»Psychic Retreats«

Borderline-Patienten können als Menschen gesehen werden, die in einem prekären Gleichgewichtszustand zwischen innerer und äußerer Realität leben. Steiner (1998, [1]1993) hat das Konzept der **Borderline-Position** formuliert und gezeigt, dass sich diese Patienten einerseits von Fragmentierungs- und Verfolgungsängsten, andererseits von Verlustängsten und quälenden Schuldgefühlen bedroht fühlen. Um sich vor beiden zu schützen, suchen sie Grenzzustände auf, die er klinisch als »Orte des seelischen Rückzugs« beschrieb.

Solche »Psychic Retreats«« können idealisiert werden und begegnen dann als »sicherer Hafen«, »einsame Insel«, oder verwunschene Zuflucht. Oft wird jedoch die depressive Qualität des Rückzugs deutlicher sichtbar, und er wird dann als trostlose Einöde, Verließ oder Gefängnis erlebt. **Interpersonale Gruppen** sind eine weitere Darstellungsform von seelischen Rückzugszuständen: In Träumen, Fantasien, oft aber auch in den realen Beziehungen der Patienten, können sie als Geschäftsorganisationen, sektenähnliche Gruppe oder verschworene Gemeinschaft begegnen. Herbert Rosenfeld (1990a, [1]1971) und Donald Meltzer (2002, [1]1968) haben gezeigt, wie solche intrapsychische Organisationen die Kontrolle über bedürftige Seiten des Selbst übernehmen, indem sie ihm Sicherheit und Kontrolle auf Kosten von Freiheit und Entwicklung versprechen.

Enactment

In der tagesklinischen Behandlung werden diese Beziehungen oft in die Mitpatienten und das Behandlungsteam projiziert, sodass der Patient dazu neigt, seine inneren Beziehungsmuster auf die eine oder andere Weise dort auszuleben. Oft stellen diese Enactments zunächst die einzige Möglichkeit dar, innere Konflikte zu kommunizieren. Für die therapeutische Arbeit ist es deshalb wichtig, diese Inszenierungen frühzeitig zu erkennen, um sie bearbeiten und interpretieren zu können. Dies setzt allerdings voraus, dass die entsprechenden Gegenübertragungsgefühle sowohl in den verschiedenen Therapien als auch im Gesamtteam aufgegriffen und durchgearbeitet werden, weshalb tägliche Teamsitzungen und regelmäßige, engmaschige Supervision für die tagesklinische Arbeit und die Stabilität des Settings von großer Bedeutung sind.

Missrepräsentation

Gleiches gilt für Verdrehungen und Verzerrungen der inneren und äußeren Realität, die sich sowohl auf das Selbstbild als auch auf die Objektbeziehungen auswirken können. Manchen Patienten gelingt es nur mithilfe solcher »Missrepräsentationen«, (Bion 1962; Money-Kyrle 1978, [1]1968) ihr inneres Gleichgewicht aufrecht zu erhalten. Das folgende Fallbeispiel soll davon eine Vorstellung geben.

▪ Fallbeispiel 1

Herr A., ein verheirateter, 39-jähriger Angestellter, klagte darüber, von seinen Vorgesetzten und Kollegen dauernd verkannt und in seinen Leistungen nicht ausreichend gewürdigt zu werden. Aus diesem Grund hatte er mehrere Zusammenbrüche mit Wutausbrüchen und teilweise massiven körperlichen Symptomen erlebt und schließlich seine Tätigkeit als finanzieller Leiter eines Entwicklungsprojekts aufgegeben. In seiner Biografie beschrieb er sich als »emotionales Oberhaupt« schwacher, harmoniebedürftiger Eltern, die ihm nicht viel geben konnten, sondern umgekehrt auf seine Toleranz und sein Verständnis angewiesen waren.

In der Tagesklinik versuchte er eine besondere Beziehung zu den Therapeuten herzustellen, erwies sich aber als außergewöhnlich verletzlich und reizbar gegenüber Äußerungen von Mitpatienten, die seine Überlegenheit in Frage stellten. Mit Hilfe zahlreicher Rationalisierungen versuchte er sein Verhalten zu rechtfertigen, musste aber erkennen, dass er immer wieder mit anderen Personen, die seinen Absichten im Wege standen, in Konflikt geriet.

Nach einer dieser Auseinandersetzungen verstrickte er sich in einen furchtbaren Machtkampf mit einem Autofahrer, der ihn bedrängt hatte. Er versuchte, den Gegner auszubremsen, ohne zu sehen, wie sehr er dadurch sich und seine Familie gefährdete. Als es auf dem nächsten Parkplatz fast zu einem Duell zwischen ihm und dem anderen Verkehrsteilnehmer kam, registrierte er, wie sein kleiner Sohn auf der Rückbank die ganze Zeit über weinte und vor Angst schrie.

▪▪ Diskussion

Tatsächlich spiegelte diese Erfahrung ziemlich genau die Übertragungssituation wieder, in der ein schwacher, bedürftiger Teil seines Selbst der Willkür eines omnipotenten Selbstanteils ausgeliefert war, der zunächst keine Unterstützung und Hilfe zuließ. So hatten auch die Therapeuten zunächst nur die Wahl, ihn entweder für seine Rationalisierungen zu bewundern oder die Rolle des hilflosen Begleiters zu übernehmen. Erst als diese narzisstische Missrepräsentation in verschiedenen »Überholmanövern« und Erfahrungen des »Ausgebremstwerdens« auch innerhalb der therapeutischen Beziehung deutlich wurde, konnte er seine Pseudokooperation aufgeben und geriet nun vorübergehend in einen hilflosen und verzweifelten Zustand – ähnlich wie der kleine Sohn auf der Rückbank. Erst jetzt konnte er die Kontrolle über Lenkrad und Gaspedal aufgeben und es zulassen, gemeinsam mit den Therapeuten und Mitpatienten nach einem Weg zu suchen.

Solche Verdrehungen der psychischen Realität können im Behandlungsteam Ohnmacht, Verärgerung und Verwirrung auslösen. Sie spiegeln die grundlegende Schwierigkeit des Borderline-Patienten wieder, mit der Erfahrung von Abhängigkeit fertig zu werden, ohne sich ausgeliefert, gedemütigt oder verfolgt zu fühlen. Nicht selten halten sich diese Patienten in den Randbereichen der Klinik auf, kommen zu früh oder zu spät, drohen damit, ihre Behandlung abzubrechen, um dann im nächsten Moment wieder verzweifelt um Hilfe und Unterstützung zu bitten.

▪ Fallbeispiel 2

So konnte sich Frau B., eine junge Kunststudentin, außerhalb ihrer Therapiezeiten nur im verglasten Eingangsbereich der Klinik aufhalten. Sie idealisierte den ästhetischen Charakter dieses Raumes, von dem aus sie Bäume, Wasser und Himmel sehen konnte, als befände sie sich in der »freien Natur«. In den Einzelgesprächen sprach sie in einem melodischen Singsang, empfand die Gruppentherapie aber als Bedrohung. Sie hatte Angst, durch ihre Mitpatienten »verrückt« zu werden und verhielt sich wie ein scheues Reh, das sich bei jedem zu nahen Kontakt mit den Menschen wieder in die Unerreichbarkeit der »freien Natur« zurückzog.

Bereits in der zweiten Woche drohte sie, ihre Behandlung abzubrechen. Sie trug diese Absicht mit solchen Entschiedenheit vor, dass die Krankenschwester den Einzeltherapeuten bat, mit ihr noch ein kurzes Abschlussgespräch zu führen. In dem darauf folgenden Gespräch versuchte dieser, ihre Bedrohungsgefühle, die Therapie könnte sie verrückt machen, zu thematisieren, woraufhin ihre paranoide Angst etwas nachließ und sie sich vorerst zum Bleiben entschied. Während der folgenden Sitzung kam sie auf den noch nicht sehr lange zurückliegenden Suizid ihres Vaters zu sprechen. Mitten im Gespräch begann sie plötzlich heftig zu weinen, verlor die Kontrolle und bat hilflos um eine Papierserviette. Als sie am Nachmittag die Tagesklinik verließ, war sie immer noch verstört. Zuhause angekommen, zettelte sie einen Streit mit ihrem Freund an und ließ Suiziddrohungen durchblicken, als dieser nicht sofort ein Telefongespräch beendete, um sich ihr zuzuwenden.

▪▪ Diskussion

Mit ihrem Weinen in der Stunde war Frau B. zwar in der Tagesklinik »angekommen«. Jedoch hatte sie den Verlust ihrer Kontrolle als so beschämend und bedrohlich erlebt, dass sie zuhause einen Machtkampf vom Zaun brach, um einem befürchteten Zusammenbruch zuvorzukommen. Dabei war sie unbewusst mit ihrem Vater identifiziert, der sich in einem ähnlichen Zustand das Leben genommen hatte.

Die Not dieser Patientin bestand darin, dass sie es weder innerhalb noch außerhalb der Tagesklinik aushalten konnte – ein Problem, das in der Behandlung von Borderline-Patienten häufig auftritt. Aus diesem Grund kommt der Untersuchung der Grenzen und Ränder des tagesklinischen Settings – also dem Borderline-Bereich – in der Behandlung eine besondere Bedeutung zu.

Die **haltende Funktion des Pflegepersonals**, die an den meisten Tageskliniken üblichen täglichen Morgen- und Abendrunden sowie die gemeinsamen Gruppenaktivitäten übernehmen hier die wichtige Funktion, die räumlichen und zeitlichen Grenzen der Tagesklinik zu schützen (vgl. Küchenhoff 1998). Wenn diese Grenzen nicht eingehalten werden, bricht sehr schnell auch der innere Raum zusammen, in dem für den einzelnen Patienten Therapie möglich wird.

Trennung und Wiederannäherung

Narzisstische und Borderline-Patienten können es oft nur schwer ertragen, auf ihr Gegenüber angewiesen zu sein, ohne sich ausgeliefert oder auf beschämende Weise abhängig zu fühlen. Ebenso wenig vermögen sie jedoch alleine zu bleiben, ohne von Ängsten verfolgt zu werden. Kommen sie dem anderen zu nahe, dann fühlen sie sich sehr schnell eingeengt und müssen verzweifelte Anstrengungen unternehmen, um sich aus dem Zustand des Eingeschlossenseins zu befreien. Entfernen sie sich jedoch zu weit von ihrem Gegenüber, so entwickeln sie panische Ängste vor dem Verlassenwerden.

Diese agora-klaustrophobe Situation wurde von H. Rey (1990, [1]1979, 1994) als charakteristisch für das verzweifelte Bemühen vieler Borderline-Patienten beschrieben, einen sicheren Ort zu finden (vgl. Weiß 2015). Ihnen fehlte in ihrer frühkindlichen Entwicklung ein Übergangsbereich – von Rey als »Beuteltier-Raum« (»marsupial space«) beschrieben –, in dem sich innere Welt und äußere Realität allmählich voneinander differenzieren. Stattdessen fühlen sie sich in den inneren Raum ihrer frühen Bezugspersonen eingeschlossen oder auf traumatische Weise aus ihm vertrieben. Borderline-Patienten finden es deshalb oft schwierig, eine vollstationäre Behandlung zu tolerieren.

Gerade wegen ihrer **durchlässigeren Struktur** kann die Tagesklinik für manche dieser Patienten eine annehmbare Lösung bieten: Sie schließt sie nicht in einen zu engen Raum ein und bietet ihnen andererseits Strukturen und Grenzen, d. h. sie lässt sie nicht allein.

Wenn aufgrund von klinischen Erfahrungen und Forschungsergebnissen zur frühkindlichen Entwicklung (Mahler et al. 1980, [1]1975; Fonagy et al. 2004, [1]2002) davon ausgegangen werden kann, dass den **Wiederannäherungen** und **Trennungen** eine entscheidende Bedeutung für die frühe Persönlichkeitsentwicklung zukommt, dann kann die Tagesklinik, die die Patienten täglich solchen Erfahrungen aussetzt, prinzipiell eine Chance für Entwicklung und Veränderung bieten. Tatsächlich deuten empirische Ergebnisse (Bateman u. Fonagy 1999; 2001; Chiesa et al. 2004) darauf hin, dass sich ein tagesklinisches Angebot für diese spezielle Patientengruppe langfristig günstiger als z. B. eine vollstationäre psychiatrische Behandlung erweisen könnte.

Mit den Begriffen des »Beuteltierraums« (Rey 1990, [1]1979), des »Übergangsraumes« (Winnicott 1979, [1]1953), des »Containment« (Bion 1962) und anderer Konzepte haben psychoanalytische Autoren eine Vorstellung davon vermittelt, welche komplexe Prozesse bei diesen Veränderungen eine Rolle spielen. Insbesondere geht es in der therapeutischen Arbeit darum, einen Raum zu schaffen, an dem »Lernen durch Erfahrung« (Bion 1962) möglich wird. Dieses »Lernen« aber ist ein **inneres Lernen**, und die Erfahrungen, um die es geht, sind **emotionale Erfahrungen**, für die Symbole gefunden werden müssen, um sie denken zu können. Hierfür muss ein ausreichend guter und verlässlicher äußerer Rahmen zur Verfügung stehen.

Körperbezogene und dissoziative Symptomatik

Dies gilt in ähnlicher Weise für Borderline-Patienten mit ausgeprägten hypochondrischen Ängsten, somatoformen und dissoziativen Symptomen. Für sie bildet der Körper oftmals den einzigen »Behälter«, in dem sie ihre emotionalen Erfahrungen lokalisieren können. Im Körper und in seinen Binnenräumen bleiben diese Erfahrungen in konkretistischer Weise verdichtet und gefangen – manchmal in der Hoffnung, sie könnten durch medikamentöse oder chirurgische Maßnahmen auf ebenso magische Weise wieder aus ihm entfernt werden, wie sie in ihn hineingelangt sind.

28

Körperbezogene Manipulationen, somatoforme und dissoziative Symptome sowie hypochondrische Ängste lassen sich auch als verzweifelte Versuche zur Aufrechterhaltung eines fragilen psychischen Gleichgewichts verstehen. Um solche Zustände zu transformieren und ihnen einen anderen Raum zu geben, stellt die Tagesklinik ein interessantes Konzept dar: Wie der Körper besitzt sie Eingänge und Ausgänge, Innenräume und übergangsbereiche. Und anders als in dem geschlossenen Raum einer Station muss der Patient den »Körper« der Tagesklinik täglich verlassen, um am nächsten Morgen wieder in sie zurückzukehren. Das heißt, sie eignet sich weniger als Rückzugsraum, um sich vor der »bösen« Außenwelt schützen und in ihr eine dauerhafte Zuflucht zu finden.

H. Rosenfeld (2001, [1]1997) hat die Vorstellung geäußert, dass körperliche Symptome bei manchen dieser Patienten eine Art Refugium bilden, in dem sehr verstörende Fantasien und Gefühle gebunden werden. Er sprach von »psychotischen Inseln« (»psychotic islands«), die ein bestehendes psychisches Gleichgewicht gefährden können, wenn sie aus ihrer Verkapselung gelöst werden. Um diesen Schritt zu gehen, ist der Patient auf einen Raum angewiesen, in dem er diese Erfahrungen unterbringen kann.

Es ist bislang relativ wenig darüber bekannt, wie sich ein teilstationäres Setting bei Patienten mit komplexen dissoziativen und somatoformen Symptomen auswirkt. Vertraut sind hingegen die z. T. verstörenden Gegenübertragungsreaktionen, die solche Patienten im Behandlungsteam auslösen. Anders als in der geschlossenen Station oder im vollstationären Setting beinhaltet die Tagesklinik einen **offeneren Raum** mit mehr Freiheit und weniger Kontrolle. Dementsprechend obliegt dem Patienten mehr Verantwortung dafür, wie er diesen Raum nutzt, was er in die Therapie einbringt, wie er mit körperlichen Symptomen, selbstverletzenden Tendenzen usw. umgeht.

Therapeutische Haltung im Tagesklinik-Setting

Therapeutisch erscheint es deshalb bedeutsam, eine offene, explorative Haltung einzunehmen, die unmittelbar an der therapeutischen Beziehung und den hier wirksamen emotionalen Erfahrungen ansetzt, ohne den therapeutischen Raum durch voreilige Erklärungen oder ein allzu kontrollierendes, symptomzentriertes Vorgehen einzuengen. In unserem eigenen Vorgehen haben wir deshalb auf alle »Verträge«, »Kontrollen«, »Therapiezielvereinbarungen« und dgl. weitgehend verzichtet, um ein entsprechendes Erkunden der Übertragungssituation zu ermöglichen – und auch um die Beziehungen des Patienten zum therapeutischen Team und den verschiedenen Therapieangeboten (Einzel- und Gruppentherapie, kreative und körperorientierte Ansätze innerhalb des psychoanalytischen Settings) nicht von vorneherein festzulegen. Dies bezieht sich nicht nur auf die allgemeinen Rahmenbedingungen der tagesklinischen Behandlung, sondern auch auf solch wichtige Themen wie Essverhalten, Selbstverletzungen oder Suizidalität. Dadurch soll der Patient darin unterstützt werden, diese Themen offen in die Therapie einzubringen, um sie dort – ohne Angst vor unmittelbaren Konsequenzen – ansprechen und untersuchen zu können (vgl. Weiß et al. 2008).

Dem liegt die Überzeugung zugrunde, dass Verträge und Kontrollen oftmals weniger der Sicherheit des Patienten als vielmehr der Beruhigung verstörender Gegenübertragungsgefühle des Therapeuten dienen. Nicht selten eröffnen sie das Szenario für gegenseitiges Ausagieren, welches – wie das folgende Fallbeispiel zeigen soll – wegen der vom Therapeuten getroffenen Festlegungen und Sanktionen dann oft kaum noch zu beherrschen ist.

▪ Fallbeispiel 3

Frau C., eine sehr intelligente 35-jährige Patientin lebte aufgrund ihrer emotionalen Schwierigkeiten seit vielen Jahren am Rande der Gesellschaft. Nach dem Scheitern einer niederfrequenten, stützenden Therapie hatte sie sich zurückgezogen und sich seit mehr als 10 Jahren nicht mehr getraut, therapeutische Hilfe in Anspruch zu nehmen.

Die erste Therapie war daran gescheitert, dass ihr Therapeut auf ihre heftige, bedrängende Übertragung zunehmend hilflos reagiert hatte, aufgrund von Verträgen und Sanktionen Stundendauer und Behandlungsfrequenz reduzierte und, als die Patientin ihn daraufhin immer häufiger außerhalb der vereinbarten Sitzungszeiten anrief, schließlich die Behandlung beendete, da er nicht mehr weiter wusste.

Die Patientin befand sich daraufhin in einem verzweifelten Zustand und kletterte über den Balkon in seine Praxisräume, um sich ihre Krankenakte zurückzuholen. Der Therapeut fühlte sich bedroht und zeigte sie an, was aufgrund der nun einsetzenden, immer neuen Selbstbezichtigungen, mit denen die Patientin ihr Schuldgefühl agierte, zu einer halbjährigen Bewährungsstrafe führte.

Auch während der teilstationären Behandlung zeigte die Patientin schon nach wenigen Tagen ein intrusives und provozierendes Agieren. Dabei schien es unbewusst ihr Ziel zu sein, dass man sie »hinausschmiss«. Bereits zur vierten Gruppentherapiestunde erschien sie allein, da ihre Mitpatienten sich weigerten, in ihrer Gegenwart weiterhin zur Gruppe zu kommen. Dadurch stellte sie eine Konstellation her, dass man sich entweder für sie oder für die anderen entscheiden musste. Sie war nahe daran, die Therapie abzubrechen und wurde auch von einem Teil des Behandlungsteams als »untragbar« empfunden.

Der Versuch, dieses »Unerträgliche« näher zu erkunden, führte schließlich zur Rekonstruktion einer Fantasie, der zufolge sich die Patientin auf gewaltsame Weise aus ihrer Familie ausgeschlossen fühlte und mehr oder weniger überzeugt war, sich zu dem, was ihr in ihrer Kindheit weggenommen worden war, nur mit Gewalt Zutritt verschaffen zu können.

Erst als diese Fantasie, die sie gegenüber der Gruppe so überaus konkret agiert hatte, herausgearbeitet und gedeutet werden konnte, wurden die hinter ihrem Verhalten stehende verzweifelte Angst und Bedürftigkeit spürbar. Rückblickend auf ihre vorangegangene Therapie erklärte sie nun, sie habe ihre Krankenakte damals in ihren Besitz bringen müssen, »weil man doch immer einen Teil von sich beim Therapeuten zurücklässt« und sie sich sonst nicht hätte von ihm trennen können.

▪▪ Diskussion

Dieses Beispiel illustriert nicht nur die **Gefahr eines eskalierenden Agierens**, sondern auch die **Konkretheit im** Erleben vieler Borderline-Patienten: Aufgrund ihrer Überzeugung, mit der Beendigung ihrer Behandlung auch Teile ihres Selbst zu verlieren, musste Frau C. konkret in die Praxis ihres Therapeuten eindringen, um sich diese »Teile« in Gestalt ihrer Krankenakte zurückzuholen. Nur weil ihr intrusives Verhalten in der Tagesklinik nicht auf ähnliche Weise sanktioniert wurde, gelang es, ihrer Interaktion mit der Gruppe eine Bedeutung zu geben, sodass sie ihre Therapie fortsetzen und später eine mehrjährige ambulante psychoanalytische Behandlung erfolgreich abschließen konnte.

Wirkfaktoren des Tagesklinik-Settings

Ein solches Vorgehen, das nicht vorschnell mit Reglementierungen antwortet, sondern sich am **Durcharbeiten der Gegenübertragung** orientiert, setzt aufseiten des Teams eine gewisse Toleranz für das Erleben von Unsicherheit, Angst und Schuldgefühlen voraus. Es muss jedoch nicht ein erhöhtes Risiko bedeuten, sondern kann im günstigen Fall dazu beitragen, dem Patienten die Verantwortung für seine Therapie zurückzugeben. Die relativ niedrige Abbruchquote (in unserer eigenen Institution über zehn Jahre hinweg zwischen 6 % und

16 %) scheint dies zu bestätigen und ist vielleicht ein Hinweis dafür, dass eine solche Haltung geeignet ist, die spezifischen Wirkfaktoren des tagesklinischen Settings zur Geltung zu bringen.

Zu diesen Wirkfaktoren gehört insbesondere auch die Möglichkeit, die Belastungen des täglichen Lebens in die Therapie einzubringen, und umgekehrt das, was in der Therapie erarbeitet wurde, im Lebensalltag zu überprüfen. In diesem wechselseitigen Austausch zwischen dem Therapieraum und dem Raum der sozialen Beziehungen liegt die Chance, die Erfahrungen der Therapie und die Erfahrungen des Alltags gegeneinander zu validieren, sodass im günstigen Fall neue Möglichkeiten der Konfliktbewältigung entstehen. Das tagesklinische Setting ähnelt in dieser Hinsicht eher einer hochfrequenten ambulanten Behandlung als einer stationären Therapie.

Übergang in eine ambulante Therapie

Die strukturelle Ähnlichkeit mit den täglichen Wiederannäherungen und Trennungen und der hohen Eigenverantwortung des Patienten bewirkt in der Regel auch einen leichteren Übergang in eine anschließende ambulante Therapie. Doch gerade an dieser Schnittstelle liegt auch ein kritischer Bereich der teilstationären Therapie. Gelingt es nämlich nicht, den Patienten zeitnah im Anschluss an die intensive teilstationäre Therapie in eine entsprechende ambulante Weiterbehandlung zu vermitteln, kommt es häufig zu einer erneuten Verschlechterung mit Rückzugstendenzen, Beziehungsabbrüchen und dem Scheitern der beruflichen und sozialen Integration.

Dies bestätigen die Untersuchungen von Chiesa u. Fonagy (2000, 2003) zu Anschlussbehandlungen sowie auch eigene Erfahrungen mit teilstationär behandelten Borderline-Patienten, die nach einer initialen Verbesserung in der Regel erst dann eine deutliche und dauerhafte Reduktion ihrer psychischen Gesamtbelastung erzielten, wenn sie im Anschluss an die teilstationäre Therapie eine längerfristige, meist höherfrequente ambulante Therapie aufnahmen.

Die Verbesserung und therapeutische Bearbeitung dieses Übergangs ist deshalb ein vorrangiges Ziel der teilstationären Therapie. Dies kann z. B. durch die Einbeziehung der täglichen Trennungssituationen in die therapeutische Arbeit geschehen. Die frühzeitige Vorstellung des Patienten bei niedergelassenen Kollegen ist eine weitere Maßnahme, um über das Ende der teilstationären Behandlung hinaus eine Kontinuität zu sichern. Umgekehrt können mit den ambulanten Weiterbehandlern aber auch Absprachen getroffen werden, den Patienten in kritischen Situationen oder während Therapieunterbrechungen vorübergehend wieder in die Tagesklinik aufzunehmen. Dies soll das abschließende Fallbeispiel illustrieren.

- **Fallbeispiel 4**

Herr D., ein 42-jährigen Patient, wurde wegen schwerer dissoziativer Episoden und aggressiver Impulsdurchbrüche, die die Beziehung zu seiner Ehefrau und seinen Kindern gefährdeten, in die Tagesklinik aufgenommen. Er war aufgrund verschiedener körperlicher Vorerkrankungen berentet, darunter eine chronisch entzündliche Darmerkrankung, ein Hinterwandinfarkt sowie ein Hydrocephalus internus, der über ein Shuntsystem entlastet werden musste. Immer wieder durchmischten sich die körperlichen Symptome in einer schwer durchschaubaren Weise mit seinen schwankenden psychischen Zuständen, selbstverletzendem Verhalten und hypochondrischen Ängsten.

Dieser zunächst prognostisch ungünstig erscheinende Patient erfuhr über mehrere Jahre hinweg eine erfreuliche Entwicklung. Voraussetzung hierfür war die Aufnahme einer langfristigen ambulanten Psychotherapie, die nach dem zweiten teilstationären Aufenthalt zustande kam. Mit der niedergelassenen Kollegin konnten enge Absprachen in Bezug auf Wiederaufnahmen und die ambulante Weiterbehandlung getroffen werden, die es dem Patienten ermöglichten, ambulante und teilstationäre Therapie in kritischen Zeiten als eine Einheit zu sehen. Nach mehr als fünf Jahren und einer längeren Trennung lebte der Patient wieder mit seiner Familie zusammen, konnte seine persönlichen und sozialen Beziehungen vertiefen und die Vielzahl der ihm verordneten Psychopharmaka ausschleichend absetzen. Schwere Impulsdurchbrüche und dissoziative Episoden waren über mehrere Jahre hinweg nicht mehr aufgetreten, das Ausmaß der körperlichen Beschwerden hatte deutlich nachgelassen, sodass kaum noch Aufenthalte in somatischen Fachabteilungen erforderlich wurden.

Dieser Patient hatte in seiner Kindheit und Jugend massive Traumatisierungen einschließlich des Suizids seines gewalttätigen und alkoholabhängigen Vaters erlebt. Er war wiederholt von zuhause weggelaufen und hatte sich im Alter von 13–15 Jahren zusammen mit einem Freund in einem alten, stillgelegten Teil der Kanalisation seiner Heimatstadt verkrochen. In diesem Versteck fühlte er sich einigermaßen sicher und traute sich aus Angst vor den Gewaltausbrüchen seines Vaters nur nachts heimlich nach Hause, um sich Kleidung und Nahrungsmittel zu besorgen. In der Adoleszenz führte er ein nomadisierendes Borderline-Leben mit zahlreichen Beziehungsabbrüchen, bis er seine spätere Ehefrau kennenlernte – aus seiner Sicht die bis dahin »einzige gute Erfahrung« in seinem Leben. Genau diese gute Erfahrung musste er tragischerweise immer wieder attackieren, was zu quälenden Schuldgefühlen und verzweifelten Verlustängsten führte.

Ähnlich wie der stillgelegte Teil der Kanalisation, in dem er einen Teil seiner Jugend verbracht hatte, stellte auch die Tagesklinik einen »Schutzraum« dar, an dem er vor impulsiven Durchbrüchen und katastrophalen Ängsten einigermaßen geschützt war. Von hier aus konnte er sich den zahlreichen Problemen in seinem Leben behutsam annähern. Im Laufe der Zeit erweiterten sich diese »Exkursionen«, sodass er sich seinen inneren und äußeren Konflikten allmählich besser stellen konnte und seine Trauer- und Schuldgefühle nicht mehr so verheerend und verfolgend waren. Dadurch kamen Wiedergutmachungsprozesse in Gang, die zu reparativen Prozessen an seinen inneren Objekten führten.

Gestörte Symbolisierungs- und **Wiedergutmachungsprozesse** sind für die Pathologie von Borderline-Störungen von zentraler Bedeutung. Sie führen dazu, dass die Beschädigung der inneren Objekte oft endlos weitergeht. Selbstverletzungen können hier manchmal verzweifelten Wiedergutmachungsbemühungen entsprechen, weshalb sie eher gedeutet als sanktioniert werden sollten (vgl. Weiß 2012).

28.2.5 Zusammenfassung, Ausblick und Perspektiven

Teilstationäre psychoanalytische Settings für Patienten mit Borderline-Problemen sind bislang nur wenig empirisch untersucht. Es gibt jedoch Hinweise dafür, dass sie zumindest für eine Untergruppe von Borderline-Patienten gegenüber vollstationären psychiatrischen Angeboten Vorteile bieten. Sie verknüpfen individuelle Psychotherapie im Einzel- und Gruppensetting mit einem haltgebenden Rahmen, der Sicherheit gewährt, ohne den Patienten allzu sehr einzuengen. Auch Probleme im Zusammenhang mit chronischer Suizidalität und Selbstverletzungen können im Rahmen einer Tagesklinik behandelt werden.

Von psychiatrischen Tageskliniken unterscheidet sich eine psychoanalytische teilstationäre Psychotherapie v. a. durch

- die hohe Dosis individueller Psychotherapie,
- die Fokussierung auf die aktuelle emotionale Erfahrung und die mit ihr verbundenen unbewussten Fantasien,
- das systematische Durcharbeiten primitiver Abwehr- und Bewältigungsstrategien innerhalb der therapeutischen Beziehung, ohne direkt auf das Verhalten des Patienten Einfluss zu nehmen,
- die systematische Reflektion des Settings und des Teams durch kontinuierliche externe und interne Supervision (sowohl der einzelnen Therapeuten als auch des gesamten Behandlungsteams).

Gerade wegen ihrer relativ offenen Struktur fördert die Tagesklinik die Eigenverantwortung des Patienten und den Austausch mit der sozialen Umgebung, sodass ein kontinuierlicher Transfer zwischen Alltag und therapeutischem Raum möglich wird (vgl. Küchenhoff 1998). Hierdurch können Spaltungsvorgänge zwischen einer als »schlecht« und verständnislos erlebten Außenwelt und der Station als idealisierter Zuflucht vermindert werden, sodass diese weniger zu einem »Ort des psychischen Rückzugs« (Steiner 1998, [1]1993) wird.

Stattdessen fördert die Auseinandersetzung mit den täglichen Wiederannäherungen und Trennungen die Bearbeitung eines Konfliktbereichs, der im

Zentrum der Identitäts- und Abhängigkeitsprobleme zahlreicher Borderline-Patienten und der mit ihnen einhergehenden agora-klaustrophoben Ängste steht.

Für die Aufrechterhaltung des Rahmens kommt dem Pflegepersonal und der Zusammenarbeit innerhalb des therapeutischen Teams zentrale Bedeutung zu. Dies gilt insbesondere für den Umgang mit Fehlzeiten und Terminen außerhalb der Tagesklinik sowie dem durch Agieren, Selbstverletzungen und Suizidfantasien entstehenden Druck. Hier kann ggf. die Kooperation mit vollstationären versorgenden Einrichtungen hilfreich sein.

Gleiches gilt für die Zusammenarbeit mit Spezialambulanzen und medizinischen Fachabteilungen, wie z. B. gynäkologischen und geburtshilflichen Stationen, sowie Babyambulanzen zur Unterstützung von Patientinnen während und nach der Schwangerschaft. Hier haben sich als vorteilhaft erwiesen (vgl. Weiß et al. 2013, unveröffentl. Tätigkeitsbericht der Abteilung für Psychosomatische Medizin am Robert-Bosch-Krankenhaus Stuttgart):

- die Ansiedlung teilstationärer Einrichtungen direkt innerhalb der Akutmedizin (einschließlich der Intensivmedizin),
- die enge Vernetzung mit Konsiliar- und Liaisondiensten, sowie
- die Integration entsprechender Spezialambulanzen in psychosomatisch-psychotherapeutische Tageskliniken.

Letztere können für Borderline-Patienten auch über die aktuelle Krisensituation hinaus längerfristig als Orientierungs- und Navigationshilfe bei der Suche nach einem Therapieplatz zur Verfügung stehen.

Einen kritischen Punkt stellt der zeitnahe Übergang von der teilstationären Behandlung in die langfristige ambulante Therapie dar, die für die Nachhaltigkeit der Therapieeffekte und die Vermeidung von Rehospitalisierungen entscheidend ist. Um hier längere Wartezeiten zu vermeiden und ein »Herausschlüpfen« aus der Tagesklinik zu ermöglichen, ist die Zusammenarbeit mit niedergelassenen Therapeuten und Weiterbildungsinstituten, aber auch die Einrichtung überbrückender, kontinuitätssichernder Versorgungsangebote an den Tageskliniken selbst (einschließlich der Möglichkeit zur Intervallbehandlung) von entscheidender Bedeutung. Denn erfahrungsgemäß sind die Wartezeiten bis zur Aufnahme einer ambulanten Psychotherapie gerade für solche Patienten am längsten, die aufgrund ihrer psychischen Belastung am meisten auf sie angewiesen wären.

Hinsichtlich der Effektivität teilstationärer Therapieangebote haben die prospektiven randomisierten Untersuchungen von Bateman u. Fonagy (1999, 2001) die Überlegenheit teilstationärer psychoanalytischer Psychotherapie gegenüber psychiatrischen Routinebehandlung nachgewiesen. Chiesa u. Fonagy (2000, 2003; vgl. auch Chiesa et al. 2004) konnten darüber hinaus die günstige Wirkung einer anschließenden ambulanten Gruppentherapie gegenüber einer alleinigen (stationären) analytischen Psychotherapie aufzeigen.

Was die generelle Zuweisung zu tagesklinischen psychotherapeutischen Angeboten anbelangt, deutet die naturalistische Studie von Zeeck et al. (2009) darauf hin, dass bei der Indikationsstellung für stationäre bzw. teilstationäre Psychotherapie Diagnose und Schweregrad keine wesentliche Rolle spielen. Die kurzfristigen Therapieeffekte waren in beiden Settings etwa vergleichbar. Hinsichtlich der langfristigen Effekte haben Agarwalla u. Küchenhoff (2004) erste ermutigende Ergebnisse vorgelegt.

Zusammenfassend scheint die teilstationäre psychoanalytische Therapie – in Verbindung mit stationären und ambulanten Therapieangeboten – für Borderline-Patienten einen vielversprechenden Behandlungsansatz darzustellen. Die Erarbeitung spezifischer Indikationskriterien, die Klärung settingspezifischer Wirkfaktoren, aber auch die Evaluation einzelner Therapieelemente und die Analyse von Behandlungsabbrüchen bleiben weiterführenden quantitativen und qualitativen Untersuchungen vorbehalten.

Literatur

Literatur zu ► Abschnitt 27.1

Arieti S, Bemporad J (1983) Depression: Krankheitsbild, Entstehung, Dynamik und psychotherapeutische Behandlung. Klett-Cotta, Stuttgart

Beck AT (1974) The development of depression. A cognitive model. In: Friedman RJ, Katz MM (Hrsg) The psychology of depression. Wiley, New York NY

Benedetti G (1987) Analytische Psychotherapie der affektiven Psychosen. In: Kisker H, Lauter H, Meyer JE et al (Hrsg) Psychiatrie der Gegenwart, 3. Aufl, Bd V: Affektive Psychosen. Springer, Berlin, S 369–385

Böker H (2005) Melancholie, Depression und affektive Störungen: Zur Entwicklung der psychoanalytischen Depressionsmodelle und deren Rezeption in der Klinischen Psychiatrie. In: Böker H (Hrsg) Psychoanalyse und Psychiatrie: Geschichte, Krankheitsmodelle und Therapiepraxis. Springer, Berlin, S 115–158

Böker H (2011) Psychotherapie der Depression. Huber, Bern

Böker H, Hell D, Teichmann D (2009) Teilstationäre Behandlung von Depressionen, Angst- und Zwangsstörungen. Tagesklinik für Affektkranke. Schattauer, Stuttgart, S 146

Dick P (1985) Day and full time psychiatric treatment: A controlled comparison. Br J Psychiatry 147:246–249

Finzen A (1977) Die Tagesklinik. Psychiatrie als Nebenschule. Piper, München

Garlipp P, Brüggemann BR, Seidler KP (2007) Tagesklinische Behandlung von Menschen mit depressiven Erkrankungen. Psychiat Prax 34 (Suppl 3):273–276

Hautzinger M (1991) Perspektiven für ein psychologisches Konzept der Depression. In: Mundt CP, Fiedler H, Lang H, Krause A (Hrsg) Depressionskonzepte heute. Springer, Berlin

Hautzinger M (1998) Zur Wirksamkeit von Psychotherapie bei Depressionen. Psychotherapie 3:65–75

Hautzinger M (2003) Kognitive Verhaltenstherapie bei Depressionen: Behandlungsanleitungen und Materialen. Beltz, Weinheim

Hautzinger M (2009) Depression im Alter: Erkennen, bewältigen, behandeln. Ein kognitiv-verhaltenstherapeutisches Gruppenprogramm. Beltz, Weinheim

Karterud S, Willberg T (2007) From general day hospital treatment to specialized treatment programmes. Int Rev Psychiatry 19:39–49

Klerman GL, Weissman MM, Rounsaville BJ, Chevron ES (1984) Interpersonal psychotherapy of depression. Basic Books, New York NY

Kronig A, Hofmann A, Hellwig M (1995) Psychoeducation and expressed emotion in bipolar disorder: preliminary findings. Psychiatry Res 56:299–301

Kronmüller KT, Kratz B, Karr M et al (2006) Inanspruchnahme eines psychoedukativen Gruppenangebotes für Angehörige von Patienten mit affektiven Störungen. Nervenarzt 77:318–326

Mazza N, Barbarigno E, Capitani S et al (2004) Day hospital treatment for mood disorders. Psychiatr Serv 55:436

McCullough JP (2006) Psychotherapie der chronischen Depression. Cognitive Behavioral Analysis System of Psychotherapie – CBASP. Urban & Fischer, München

McCullough JP (2007) Behandlung von Depressionen mit dem Cognitive Behavioral Analysis System of Psychotherapie CBASP. Therapiemanual. CIP-Medien-Verlag, München

McCullough JP (2008) Treating chronic depression with a disciplined personal involvement: CBASP. Springer Press, New York NY

Mentzos S (1995) Depression und Manie; Psychodynamik und Psychotherapie affektiver Störungen. Vandenhoeck & Ruprecht, Göttingen

Nemeroff CB, Heim CM, Thase ME et al (2003) Differential responses to psychotherapy versus pharmacotherapy in patients with chronic forms of major depression and childhood trauma. PNAS 100:14293–14296

Post RM (1990) Sensitation and kindling perspectives for the cause of affective illness: toward a new treatment with the convulsant Carbamazepine. Pharmacopsychiatry 23(1):3–17

Post RM (1992) Transduction of psychosocial stress in to the neurobiology of recurrent affective disorder. Am J Psychiatry 149:999–1010

Rudolf G (2003) Störungsmodelle und Interventionsstrategien in der psychodynamischen Depressionsbehandlung. Z Psychosom Med Psychother 49:363–376

Rudolf G (2006) Strukturbezogene Psychotherapie. Leitfaden zu Psychotherapie struktureller Störungen, 2. Aufl. Schattauer, Stuttgart

Rush AJ (1999) Strategies and tactics in the management of maintenance treatment for depressed patients. J Clin Psychiatry 60(Suppl 14):21–26

Trafoier M (2011) Pilotprojekt. Verlaufsstudie zur teilstationären Depressionsbehandlung: Typisierung durch Operationalisierte Psychodynamische Diagnostik (OPD). Dissertation, Universität Zürich

Tyrer P, Remington M, Alexander J (1987) The outcome of neurotic disorders after out-patient and day hospital care. Br J Psychiatry 151:57–62

WHO (World Health Organization, Europe) (2005) Mental Health: Facing the challenges, building solutions. Report from the WHO European Ministerial Conference 2005, 25 Nov 2008. ► http://www.euro.who.int/informationsources/publications/20050912_1.Zugegriffen: 19 März 2009

Wolfersdorf M, Heindl A (2003) Chronische Depression. Grundlagen, Erfahrungen und Empfehlungen. Pabst Science Publishers, Gütersloh

Zeeck A, Hartmann A, Grün K (2005) Psychotherapy in a day clinic. Results of a 1.5-year follow-up. Psychiatr Q 76:1–17

Literatur zu ► Abschnitt 27.2.

Agarwalla P, Küchenhoff J (2004) Teilstationäre Psychotherapie. Ergebnisse, Katamnese, Einflussfaktoren. Psychotherapeut 49:261–271

APA (American Psychiatric Association) (2013) Diagnostic and statistical manual of mental disorders DSM-5. Washington DC

Bateman A, Fonagy P (1999) Effectiveness of partial hospitalization in the treatment of Borderline personality disorder: a randomized controlled trial. Am J Psychiatry 156:1563–1569

Bateman A, Fonagy P (2001) Treatment of Borderline personlity disorder with psychoanalytically oriented partial hospitalization: an 18th month follow-up. Am J Psychiatry 158:36–42

Bateman A, Fonagy P (2011) Borderline-Persönlichkeitsstörung und Mentalisierungsbasierte Therapie (MBT). In: Dulz B, Herpertz SC, Kernberg OF, Sachsse U (Hrsg) Handbuch der Borderline-Störungen, 2. Aufl. Schattauer, Stuttgart, S 566–575

Bion WR (1962) Lernen durch Erfahrung. Suhrkamp, Frankfurt/M

Bohus M (2011) Dialektisch-Behaviorale Therapie für Borderline-Störungen. In: Dulz B, Herpertz SC, Kernberg OF, Sachsse U (Hrsg) Handbuch der Borderline-Störungen, 2. Aufl. Schattauer, Stuttgart, S 619–639

Buchheim A (2011) Borderline-Persönlichkeitsstörungen und Bindungserfahrungen. In: Dulz B, Herpertz SC, Kernberg OF, Sachsse U (Hrsg) Handbuch der Borderline-Störungen, 2. Aufl. Schattauer, Stuttgart, S 158–167

Chiesa M, Fonagy P (2000) Cassel personality disorder study. Br J Psychiatry 176:485–491

Chiesa M, Fonagy P (2003), Psychosocial treatment for severe personality disorder. 36-month follow-up. Br J Psychiatry 183:356–362

Chiesa M, Fonagy P, Holmes J, Drahorad C (2004) Residential versus community treatment for severe personality disorders: a comparative study of three treatment programs. Am J Psychiatry 161:1463–1470

Clarkin JF, Levy KN, Schiavi JM (2005) Transference focused psychotherapy: development of a psychodynamic treatment for severe personality disorders. Clin Neurosci Res 4:379–385

Clarkin JF, Yeomans FE, Kernberg OF (2006) Psychotherapy for Borderline Personality: focusing on object relations. American Psychiatry Publishing, Washington DC

Dammann G, Buchheim P, Clarkin JF, Kernberg OF (2000) Einführung in eine übertragungsfokussierte, manualisierte psychodnamische Therapie der Borderline-Störung. In: Kernberg OF, Dulz B, Sachsse U (Hrsg) Handbuch der Borderline-Störungen. Schattauer, Stuttgart, S 461–481

Döring S, Stoffers J, Lieb K (2011) Psychotherapieforschungsanalyse. In: Dulz B, Herpertz SC, Kernberg OF, Sachsse U (Hrsg) Handbuch der Borderline-Störungen, 2. Aufl. Schattauer, Stuttgart, S 836–853

Domsalla M, Koppe G, Niedtfeld I et al (2014), Cerebral processing of social rejection in patients with borderline personality disorder. Soc Cogn Affect Neurosci 9 (11):1789–1797

Ducasse D, Courtet P, Olié E (2014), Physical and social pains in borderline disorder and neuroanatomical correlates: a systematic review. Curr Psychiatry Rep 16(5):1–12

Dulz B, Jensen M (2011) Aspekte einer Traumaätiologie der Borderline-Persönlichkeitsstörung – psychoanalytisch-psychodynamische Überlegungen und empirische Daten. In: Kernberg OF, Sachsse U (Hrsg) Handbuch der Borderline-Störungen, 2. Aufl. Schattauer, Stuttgart, S 203–224

Fonagy P, Gergely G, Jurist EL, Target M (2004) Affektregulierung, Mentalisierung und die Entwicklung des Selbst. Klett-Cotta, Stuttgart (Erstveröff. 2002)

Gergely G, Watson J (1996) The social biofeedback model of parental mirroring. Int J Psychoanal 77:1181–1212

Green A (2000) Geheime Verrücktheit. Grenzfälle der psychoanalytischen Praxis. Psychosozial-Verlag, Gießen (Erstveröff. 1990)

Jacobs TJ (1986) On countertransference enactments. J Amer Psychoanal Ass 34:289–307

Joseph B (1994) Psychisches Gleichgewicht und psychische Veränderung (Hrsg Feldman M, Spillius EB). Klett-Cotta, Stuttgart (Erstveröff. 1989)

Kamphausen S, Schröder P, Maier S et al (2013) Medial prefrontal dysfunction and prolonged amygdala response during instructed fear processing in borderline personality disorder. Curr Psychiatry Rep 14(4):307–318

Kernberg OF (1983) Borderline-Störungen und pathologischer Narzißmus. Suhrkamp, Frankfurt/M (Erstveröff. 1975)

Kernberg OF (1999) Psychoanalysis, psychoanalytic psychotherapy and supportive psychotherapy: contemporary controversies. Int J Psychoanal 80:1075–1091

Krause-Utz A, Winter D, Niedtfeld I, Schmahl C (2014) The latest neuroimaging findings in borderline personality disorder. Curr Psychiatry Rep 16(3):1–13

Küchenhoff J (1998) Teilstationäre Psychotherapie. Theorie und Praxis. Schattauer, Stuttgart

Lang S, Kotchoubey B, Frick C et al (2012) Cognitive reappraisal in trauma-exposed women with borderline disorder Neuroimage 59(2):1727–1734

Lieb K, Stoffers J, Dulz B (2014), Pharmakologische Behandlung von Borderline-Persönlichkeitsstörungen. Nervenheilkunde 10:720–722

Linehan MM (1996) Dialektisch-Behaviorale Therapie der Borderline-Persönlichkeitsstörung. CIP Medien, München

Mahler MS, Pine F, Bergman A (1980) Die psychische Geburt des Menschen. Symbiose und Individuation. Fischer, Frankfurt/M (Erstveröff. 1975)

Mauchnik J, Schmahl C (2010) The latest neuroimaging findings in borderline personality disorder. Curr Psychiatry Rep 12(1):46–55

Maier W, Hawellek B (2011) Genetik. In: Dulz B, Herpertz SC, Kernberg OF, Sachsse U (Hrsg) Handbuch der Borderline-Störungen, 2. Aufl. Schattauer, Stuttgart, S 69–74

Meltzer D (2002) Panik, Verfolgungsangst und Schuld – zur Differenzierung paranoider Ängste. In: Spillius EB (Hrsg) Melanie Klein heute. Entwicklungen in Theorie und Praxis, Bd 1, 3. Aufl. Klett-Cotta, Stuttgart, S 288–298 (Erstveröff. 1968)

Money-Kyrle R (1978), Cognitive development. In: Meltzer D, O'Shaughnessy E (Hrsg) The collected papers of Roger Money-Kyrle. Clunie Press, Perthshire GB, S 416–433 (Erstveröff. 1968)

Osofsky JD (2011) Aspekte der frühen Entwicklung als Verständnisgrundlage der Borderline-Persönlichkeitsorganisation. In: Dulz B, Herpertz SC, Kernberg OF, Sachsse U (Hrsg) Handbuch der Borderline-Störungen, 2. Aufl. Schattauer, Stuttgart, S 148–157

Rey H (1990) Schizoide Phänomene im Borderline-Syndrom. In: Spillius EB (Hrsg) Melanie Klein heute. Entwicklungen in Theorie und Praxis, Bd 1. Beiträge zur Theorie. Verlag Internationale Psychoanalyse, München, S 253–287 (Erstveröff. 1979)

Rey H (1994) Universals of psychoanalysis in the treatment of psychotic and borderline states. Free Association Books, London GB

Rosenfeld HA (1981) Zur Psychopathologie und psychoanalytischen Behandlung einiger Borderline-Patienten. Psyche – Z Psychoanal 35:338–352

Rosenfeld HA (1990a) Beitrag zur psychoanalytischen Theorie des Lebens- und Todestriebes: Eine Untersuchung der aggressiven Aspekte des Narzißmus. In: Spillius EB (Hrsg) Melanie Klein heute. Entwicklungen in Theorie und Praxis. Bd 1, Beiträge zur Theorie. Verlag Internationale Psychoanalyse, München, S 299–319 (Erstveröff. 1971)

Rosenfeld HA (1990b) Sackgassen und Deutungen. Therapeutische und antitherapeutische Faktoren bei der Behandlung von psychotischen, Borderline- und neurotischen Patienten. Verlag Internationale Psychoanalyse, München (Erstveröff. 1987)

Rosenfeld HA (2001) The relationship between psychosomatic symptoms and latent psychotic states. In: De Masi F (Hrsg) Herbert Rosenfeld at work. The Italian Seminars. Karnac, London GB, S 24–44 (Erstveröff. 1997)

Rudolf G (2004) Strukturbezogene Psychotherapie. Schattauer, Stuttgart

Rudolf G (2006) Psychoanalytische Therapie struktureller Störungen. Behandlung »as usual« oder strukturbezogene Modifikation. In: Springer A, Gerlach A, Schlösser A-M (Hrsg) Störungen der Persönlichkeit. Psychosozial-Verlag, Gießen, S 93–112

Ruocco AC, Amirthavasagam S, Choi-kain LW, Mcmain SF (2013) Neural correlates of negative emotionality in borderline personality disorder: an activation likelihood estimation meta-analysis. Biol Psychiatry 73:153–160

Schmahl C, Bohus M, Esposito F et al (2006) Neural correlates of antinoception in borderline personality disorder. Arch Gen Psychiatry 63(6):659–666

Segal H (1996) Traum; Phantasie und Kunst. Über die Bedingungen menschlicher Kreativität. Klett-Cotta, Stuttgart (Erstveröff. 1991)

Simons LE, Moulton EA, Linnman C et al (2014). The human amygdala and pain: evidence from neuroimaging. Human brain mapping 35(2):527–538

Steiner J (1998) Orte des seelischen Rückzugs. Pathologische Organisationen bei psychotischen, neurotischen und Borderline-Patienten. Klett-Cotta, Stuttgart (Erstveröff. 1993)

Steiner J (2006) Narzißtische Einbrüche: Sehen und Gesehenwerden. Scham und Verlegenheit bei pathologischen Persönlichkeitsorganisationen. Weiß H, Frank C (Hrsg). Klett-Cotta, Stuttgart

Steiner J (2014) Seelische Rückzugsorte verlassen. Therapeutische Schritte zur Aufgabe der Borderline-Position. Weiß H, Frank C (Hrsg). Klett-Cotta, Stuttgart

Stoffers J, Lieb K (2011) Pharmakotherapie der Borderline-Persönlichkeitsstörung. In: Dulz B, Herpertz SC, Kernberg OF, Sachsse U (Hrsg) Handbuch der Borderline-Störungen, 2. Aufl. Schattauer, Stuttgart, S 854–864

Weiß H (2009), Das Labyrinth der Borderline-Kommunikation. Klinische Zugänge zum Erleben von Raum und Zeit. Klett-Cotta, Stuttgart

Weiß H (2012) Wiedergutmachung beim Borderline-Patienten. Jahrb Psychoanal 65:59–80

Weiß H (2015) Überlegungen zum agora-klaustrophoben Dilemma des Borderline-Patienten. Psyche – Z Psychoanal 69 (im Druck)

Weiß H, Horn E, Kidess A et al (2008) Das mobbende innere Objekt – der kleinianische Ansatz in einem teilstationären psychotherapeutischen Setting. In: Dreyer A, Schmidt MG (Hrsg) Niederfrequente psychoanalytische Psychotherapie. Klett-Cotta, Stuttgart, S 246–265

Weiß H, Kidess A, Horn E et al (2013) Tätigkeitsbericht der Abteilung für Psychosomatische Medizin am Robert-Bosch-Krankenhaus Stuttgart (unveröffentlicht)

Winnicott DW (1979) Übergangsobjekte und Übergangsphänomene. In: ders.: Vom Spiel zur Kreativität. Klett-Cotta, Stuttgart, S 10–36 (Erstveröff. 1953)

Yeomans FE, Diamond D (2011) Übertragungsfokussierte Psychotherapie (Transference-focused Psychotherapy, TFP) und Borderline-Persönlichkeitsstörung. In: Dulz B, Herpertz SC, Kernberg OF, Sachsse U (Hrsg) Handbuch der Borderline-Störungen, 2. Aufl. Schattauer, Stuttgart, S 543–558

Zanarini MC, Hörz S (2011) Epidemiologie und Langzeitverlauf der Borderline-Persönlichkeitsstörung In: Dulz B, Herpertz SC, Kernberg OF, Sachsse U (Hrsg) Handbuch der Borderline-Störungen, 2. Aufl. Schattauer, Stuttgart, S 44–56

Zeeck A, Hartmann A, Küchenhoff J et al (2009), Differentielle Indikationsstellung stationärer und tagesklinischer Psychotherapie: die DINSTAP-Studie. Psychother Psych Med 59::354–363

Kreative Therapien und Neuropsychodynamik

Peter Hartwich

H. Böker et al. (Hrsg.), *Neuropsychodynamische Psychiatrie*,
DOI 10.1007/978-3-662-47765-6_29, © Springer-Verlag Berlin Heidelberg 2016

Der kreative Kunsttherapeut ist derjenige, der das Schöpferische beim psychisch Kranken weckt und katalysiert, um es für den Heilungsprozess zu nutzen. Damit ist zunächst die Frage gestellt, was ist Kreativität? Bei der Suche nach einer Antwort, stößt man auf Begriffe, die mit der Kreativität assoziiert sind: Originalität, Erfindungsreichtum, Flexibilität, Entdeckung, Außergewöhnliches, das Spielerische und Schöpferisches.

29.1 Was ist Kreativität und welche neurobiologischen Befunde gibt es?

Guilford (1950) verbindet die Kreativität mit ihren Manifestationen: Das Schöpferische entfalte sich in Tätigkeiten wie **Entdecken, Entwerfen** und **Erfinden**; entscheidend sei die Verbindung mit **konstruktiv-ordnenden** Eigenschaften; Kreativität werde somit zusammengesetzt aus dem unstrukturiert Schöpferischen **und** dem konstruktiv Ordnenden. Kämen beide Fähigkeiten in einem ausgewogenen Verhältnis zusammen, mache das den schöpferischen Menschen aus.

Hicklin (1979) sieht im Schöpferischen, dass etwas erschaffen, sichtbar gemacht wird, was bisher verborgen geblieben ist. CG. JUNG (1922) beschreibt das Schöpferische als einen autonomen Komplex, der in seiner Dynamik den ganzen Menschen beherrschen kann. P. Matussek (1976,1979) geht davon aus, dass jeder oder fast jeder Mensch kreativ sei und sich diese Eigenschaft nicht nur auf besonders Begabte beschränke. Auch Navratil (1965), der sich auf psychisch Kranke und deren bildnerisches Schaffen bezieht, sagt, jeder Mensch sei kreativ. Arieti (1976) unterscheidet »gewöhnliche« Kreativität, die fast jeder habe und »große« Kreativität, die besonderen Menschen vorbehalten sei.

Insgesamt ist damit ein Erleben charakterisiert, das viele Menschen als ein von Energie beflügeltes Fortgetragenwerden kennen, wenn sie eine intensive kreative Tätigkeit beim Schreiben, Musizieren, Dichten, Malen oder Bildhauern, bei dem alles andere »vergessen« wird, verfolgen.

Zunächst sei der Frage nachgegangen, welche Erkenntnisse dieser besonderen Art der **Antriebskraft** der sich entfaltenden kreativen Dynamik bei Gesunden und psychisch Kranken im Hinblick auf neurodynamische Grundlagen bisher gewonnen wurden? Damit ist nicht etwa gemeint, das Phänomen des Schöpferischen als solchem zu entschlüsseln, sondern es geht um die Frage, welche **neuronalen Hirnaktivitäten** konstellieren sich im Zustand der kreativen Akte. Zusammenfassend findet sich hierzu bei Kandel (2012), dass in der Hirnforschung nach biologischen Erklärungen gesucht werde, allerdings seien die Studien noch rar. Zunächst weist Kandel darauf hin, kreative Menschen hätten eine für sie kontrollierbare Verbindung zwischen dem Unbewussten und Bewussten, die durch Top-down-Folgerungsprozesse des Gehirns vermittelt würden, im Sinne einer Regression im Dienst des Ich, was dem Schaffensprozess diene. Hinsichtlich der bisher erforschten hirnbiologischen Komponenten einiger Aspekte der Kreativität wird auf Assoziationsareale der Hirnrinde verwiesen. Es gäbe Hinweise dafür, dass Kreativität die rechte Hemisphäre der Großhirnrinde beanspruche und dort insbesondere den rechten vorderen oberen temporalen Gyrus und den rechten parietalen Kortex. Wenn Versuchspersonen sprachliche Probleme zu lösen hätten, die kreative Einsichten verlangten, käme es zu einer Verstärkung der Aktivität in dieser Region des rechten Temporallappens. Kurz zuvor komme es in derselben Region zu einer plötzlichen Zunahme **hochfrequenter Hirnaktivität**. Bedeutsam scheint die Schlussfolgerung zu sein, dass die Interaktion zwischen linkem und rechten präfrontalen Kortex Originalität und Kreativität fördern oder hemmen könne. Dieses lege die Hypothese nahe, Kreativität gehe mit einer **Aufhebung von Hemmung** einher.

Wenn man davon ausgeht, dass bei manchen psychotischen Erkrankungen die Hemmfunktionen vermindert sind, bieten die neurobiologischen Befunde eine Parallele zu dem, was Benedetti (1979, S. 1052) betont: Im Zustand einer psychotischen Erkrankung kann der Betroffene »eine Eruption von Kreativität« erfahren.

- **Kreativität**: Verstärkung der Aktivität im rechten Temporallappen

- **Aha-Erlebnis**: plötzliche Zunahme hochfrequenter Hirnaktivität
- **Interaktion** zwischen rechtem und linkem präfrontalen Kortex fördert oder hemmt Kreativität

29.2 Kritisches zur Frage des Zusammenhangs von Kreativität und bipolaren Störungen bei Künstlern

Im Zusammenhang mit der Kreativität werden gern bipolare Erkrankungen bei Künstlern selbst oder in deren Familien zitiert, so auch bei Kandel (2012). Ausgehend von der Beobachtung bei Menschen in maniformen Zuständen, dass bei beginnenden manisch gehobenen Stimmungslagen, verbunden mit dem berauschenden Gefühl einer unbegrenzten Bandbreite kognitiver Optionen, die künstlerische Kreativität geradezu beflügelt werde, wird Bipolar-Sein und Kreativ-Sein in einem engen Zusammenhang gesehen. Kritisch ist einzuwenden, es scheint fast modern und auch schick, ein wenig »bipolar« zu sein. Inwieweit die diesbezüglichen diagnostischen Zuordnungen der Künstler und Schriftsteller, insbesondere derer, die längst vor unserer derzeitigen ICD- oder DSM-Diagnostik gelebt haben, im Nachhinein zutreffend sind, ist in Zweifel zu ziehen. Es gibt viele psychische Konstellationen kreativer Art, die auf besonderen Begabungen beruhen, sowie viele rauschhafte Zustände, die auf die Zufuhr von dazu geeigneten Substanzen zurückzuführen sind, sodass die dem Menschen innewohnende Kreativität nicht auf Varianten mit psychischen Störungen reduziert werden sollte.

Demnach ist hier ein Teilaspekt zu sehen, in dem es sinnvoll scheint, **die neurobiologischen Grundlagen der Hirnaktivität** bei beginnenden Manien und bei Menschen im kreativen Schaffensprozess zu vergleichen, um Fragen der Ähnlichkeit bzw. Unähnlichkeit zu prüfen und festzustellen, inwieweit die Aufhebung von Hemmfunktionen ein Aspekt der Kreativität ist, der vermutlich nur dann zutreffen kann, wenn auch ausreichend Kontrolle (Hemmungsfähigkeit) erhalten geblieben ist. Dieses ist bei vielen manischen Erkrankungen nicht der Fall, wenn Kritiklosigkeit und das Gefühl der Unwiderstehlichkeit mit zunehmendem Antriebsaufschwung überhand nehmen.

29.3 Kreative Therapieverfahren und mögliche neurobiologische Bezüge

Benedetti (1999) hat für die Psychodynamik der Psychosen zusammengefasst:

> » Die Kreativität ist nicht dort zu finden, wo sich der psychische Zerfall manifestiert, sondern da wo der Patient durch ein Symptom seines Leidens einen Schritt nach vorn in der Überwindung seines Leidens vollzieht. … Aus den Beiträgen beider, des Patienten und des Therapeuten entsteht die Kraft des Gestaltwandels. Richtunggebend ist die *transformatorische Kraft der Symptomgestalt*, die aus einer Minus- eine Plussituation schafft, aus einem Energiemangel einen Energiefluss, anstatt eines Versiegens der Kommunikation eine neuartige Entwicklung ermöglicht. (Benedetti 1999, S. 50:Hervorh. i. Orig.)

Wenn wir kreative Verfahren in der Therapie psychisch Erkrankter einsetzen, dann nutzen wir in der Entfaltung der Kreativität eine besondere Kraft, die mit einer Bindungsstärke einhergeht. Einmal kann die Kreativität neue Bereiche eröffnen, indem festgefahrene neurotische Denkstrukturen aufgelockert und ebenso Gefühlsbahnungen neu belebt werden. Bei psychotisch Erkrankten kann die Kreativität zusätzlich als eine Bindungskraft zum Tragen kommen. Ich spreche von der **Bindungskraft der Kreativität** (Hartwich 2010, 2012), die Bruchstücke des fragmentierten Selbst wieder annähern oder eine weitere Fragmentierung aufhalten kann. Im positiven Sinne hilft das dem Kranken, sich von Symptomen, insbesondere Parakonstruktionen (▶ Abschn. 14.5), zu lösen.

Eine der wichtigsten Fragen wird sein, ob die beschriebenen psychodynamischen Veränderungen im Sinne einer Symptomreduktion durch Kreativität auch den begleitenden neurobiologischen

Geschehnissen entsprechen. Damit ist gemeint, dass beispielsweise eine bestehende Hyperkonnektivität bei einem Schizophrenen durch Verstärkung der Aktivität im rechten Temporallappen und ggf. Verminderung von Hemmfunktionen im kreativen Akt **modifiziert** wird. Sollte sich dieses experimentell bestätigen lassen, kämen wir zu einer echten **neuropsychodynamisch** untermauerten Behandlungsgrundlage. Die neurowissenschaftlichen Befunde zur Schizophrenie, die Northoff (2011) zusammenfasst und interpretiert, seien hier kurz skizziert:

- Verminderung der Aktivität in vorderen und mittleren Hirnregionen, dem anterioren Zingulum und dem ventromedialen präfrontalen Kortex,
- erhöhte Aktivität in den hinteren Mittellinienregionen wie dem posterioren Zingulum,
- abnorm hohe Verbindung, funktionelle Konnektivität, zwischen den vorderen und den hinteren Hirnregionen.

Northoff (2012) folgert daraus, dass die Kommunikation zwischen vorderen und hinteren Mittellinienregionen abnorm stark (Hyperkonnektivität) und somit gestört sei, was er auf die Desintegration bzw. Fragmentierung des Selbst bei Schizophrenen bezieht.

> Das »zerbrochene« Selbst scheint daher in den unterbrochenen Mittellinienregionen des Gehirns zu liegen. (Northoff 2012, S. 244)

Inwieweit hier die angenommenen neurobiologische Grundlagen der Kreativität mit ihrer Verstärkung der Aktivität im rechten Temporallappen und der plötzlichen Zunahme hochfrequenter Hirnaktivität (hochfrequente Gammaaktivität im EEG), einschließlich der Aufhebungen von Hemmungen, auch die neurobiologischen Veränderungen, die es bei Schizophrenen gibt, beeinflussen können, ist noch zu untersuchen. Zumindest gilt der Temporallappen als Teil eines Netzwerks, das für das Aufspüren von neuartigen Reizen zuständig ist. Diese seien, wie Kandel (2012) zusammenfasst, eine Voraussetzung für Kreativität, wobei in dem gewöhnlichen Gleichgewicht zwischen Aktivität und Hemmung die Verminderung der Hemmung, wie man dies auch bei maniformen Zuständen finde, eine wichtige Rolle spiele.

29.4 Kunsttherapie und empirische Forschung

Die heutige Kunsttherapie bei psychisch Kranken steht auf den Schultern unserer psychiatrischen Vorfahren, die auf diesem Gebiet Bahnbrechendes geleistet haben. Hier sind beispielhaft Lombroso (1890), Morgenthaler (1921), Prinzhorn (1922), C. G. Jung (1922), Volmat (1956), Jakab (1956), Rennert (1962) und Navratil (1965) zu nennen.

Wenn neurobiologische Aspekte in die Diskussion kommen, muss auch der Frage nachgegangen werden, ob die Wirksamkeit der Kunsttherapie empirisch überprüft werden kann oder ob sich das kreativ Bildnerische der Operationalisierung und Messbarkeit entzieht.

Interessanterweise ist dieses Problem schon sehr früh, nämlich von Prinzhorn formuliert worden, als er die Resonanz der Fachwelt auf sein Buch *Bildnerei der Geisteskranken* vorwegnehmend schreibt:

> Obendrein stehen solche Forschungen heute nicht mehr hoch im Kurs, weil sie eben nicht auf exakt Messbares zurückgehen. (Prinzhorn 1922, S. 22)

Es bleibt also eine Herausforderung, mit unseren heutigen technischen Mitteln die Grenzen des Messbaren auf diesem Gebiet weiter vorzuschieben. Dabei sollte jedoch der Bereich des Schöpferischen, der **nicht** operationalisierbar ist, respektvoll unangetastet bleiben. Kunsttherapeutische Vorgehensweisen speziell bei Psychosekranken, die den genannten Anspruch erfüllen können, seien an drei Beispielen illustriert. Dabei geht es auch darum, die speziellen Modifikationen gegenüber neurotischen und psychosomatisch Kranken herauszuarbeiten:

- Malen mit Hilfe eines Computerprogramms,
- Bildhauerei mit Stein,
- Videospiegelung – das Bild von sich selbst

29.5 Malen mit Hilfe eines Computerprogramms

Die Tradition bei psychisch Kranken, die schon bei Morgenthaler und Prinzhorn systematisch beschrieben wurde, besteht im Malen mit Stiften, Pinseln und Farben auf Papier, Pappe und Holz. Bei manchen Erkrankungen kann die Entstehung des gemalten Bildes mit einer so hohen Intensität der Wiederbelebung von Gefühlen einhergehen, dass, z. B. im Falle der Bebilderung eines sexuellen Missbrauchs, die Grenze des Aushaltbaren bei den Patienten überschritten wird. Bei Psychosepatienten kann außerdem die fehlende Struktur auf einem leeren Blatt Ängste auslösen, die sich ungünstig auf einen Heilungsprozess auswirken. Bei solchen Patienten haben wir (Hartwich u. Brandecker 1997) das Malen mit Hilfe eines Computermalprogramms eingeführt. Der Vorteil für die Patienten ist, dass die Malwerkzeuge, mit denen ein Bild auf der Mattscheibe des Monitors entsteht, einen hohen Aufforderungscharakter haben, mit klaren Regeln angeboten werden und damit eine Struktur vorgeben können. Was die Intensität der emotionalen Beteiligung beim kreativen Gestaltungsprozess anbelangt, so hilft die elektronische Distanzierung hinter der Mattscheibe, die nicht stoffgebunden ist. Leicht lässt sich Gemaltes wieder »ausradieren«, was dem Abwehrmechanismus des Ungeschehenmachens nahe kommt. Sollte die Gestaltung das Aushaltbare übersteigen und z. B. psychotisches Erleben lostreten, so kann der Malprozess an jeder Stelle abgespeichert werden, um zu einem späteren Zeitpunkt fraktioniert wieder aufgenommen werden zu können. Dieses therapeutische Vorgehen ist mit dem Verdrängen vergleichbar. Somit können bei einem subtil angepassten Wechselgeschehen zwischen Aufdeckung und Abwehr Abwehrmechanismen wieder gelernt werden, was für viele psychotische Erkrankungen, wie es Federn (1956) schon betonte, zu einer Stabilisierung des Ichs beiträgt. Zur Dokumentation kann der gesamte Prozess des Gestaltens aufgezeichnet, an jeder Stelle abgespeichert und zum Zweck der Spiegelung hervorgeholt werden. Die Indikation zur herkömmlichen oder computergestützten Maltherapie ist nicht konkurrierend zu verstehen, sondern der jeweilige Einsatz hängt vom Strukturniveau der psychotischen oder persönlichkeitsgestörten Patienten ab. Je schwächer die psychische Struktur, desto stärker sind regelgebende und strukturierende Therapieverfahren erforderlich.

- Malwerkzeuge mit hohem Aufforderungscharakter
- Klare Regeln und Strukturvorgabe
- Elektronische Distanzierung
- Ausradieren als Abwehrmechanismus des Ungeschehenmachens
- Abspeichern als Verdrängen
- Balance zwischen Aufdecken und Abwehr

Da die Computerbilder in Form von Pixel numerisch digitalisiert sind und ein Verhältnisskalenniveau vorliegt, lassen sie sich gut mathematisch bearbeiten. Infolgedessen haben wir ein Bildanalyseprogramm erstellt, in dem **Farbkriterien** und **Formalkriterien** erfasst werden können (Hartwich u. Brandecker 1999). In Falle der Komplexitätsfrage bezüglich eines Bildes sind es viele oder wenige Elemente, die das Bild ausmachen. Bei der Spektrumanalyse (Fourier-Transformation) wird jeder Pixel in drei Farbanteilen entsprechend den RBG-Werten (Rot – Grün – Blau), dargestellt und in ein Frequenzamplitudendiagramm übergeführt:

Es konnten sowohl intraindividuell Veränderungen mit der Psychopathologie und der Psychodynamik parallelisiert als auch interindividuell Unterschiede zwischen den Krankheitsgruppen dargestellt werden (Hartwich 2002, 2010).

Zur neuronalen Dimension der Computermalerei

Gegenüber der herkömmlichen Maltherapie ist einer der entscheidenden Unterschiede, dass bei der Verwendung eines Computermalprogramms klar logische Regeln und eine feste Strukturvorgabe angeboten werden. Für die meisten Patienten mit neurotischen und psychoreaktiven Störungen bedeutet das eine Einengung ihrer kreativen Entfaltungsmöglichkeiten. Bei psychotischen

Erkrankungen mit Ich-Desintegration und Selbstfragmentierung ist die Strukturvorgabe eine Hilfe im Sinne einer Voraussetzung, dass Kreativität überhaupt gewagt und entfaltet werden kann. Damit könnte es möglich sein, dass die oben angegebene Interaktion zwischen linkem und rechtem vorderen oberen temporalen Gyrus und dem rechten parietalen und präfrontalem Kortex, wo Originalität und Kreativität gefördert oder gehemmt wird, hinsichtlich des Aktivitätsniveaus angehoben werden kann. Das würde bedeuten, dass der Aufhebung von Hemmung, die eine Gefahr für die psychotische Struktur bedeuten kann, genügend Kontrolle entgegensteht. Die gewonnene Aktivität könnte die Auswirkungen der Hyperkonnektivität abmildern.

- Bei Selbstfragmentierung kann unter Strukturvorgabe Kreativität erst gewagt werden
- Anhebung des neuronalen Aktivitätsniveaus durch weniger Hemmung
- Abmildern der Hyperkonnektivität

29.6 Bildhauerei mit Stein

Die dreidimensionale kunsttherapeutische Arbeit soll anhand von Marmorbildhauerei beschrieben werden. In unserer Menschheitsgeschichte hat das Gestalten am Stein eine uralte Tradition, bei der der Bildhauer mit dem Einsatz seiner gezielten Muskelkraft ein räumliches Werk schafft, dass von ihm und dem Betrachter auch mit dem Tastsinn durch Begreifen erfahren wird. Dadurch manifestiert sich die **Kreativität** des Bildhauers anders als bei Malerei und Musik, sie hat demgegenüber eine spezielle Qualität: die Langsamkeit des Gestaltungsprozesses; Stein kann nur über lange Zeit, Wochen, Monate, manchmal Jahre bearbeitet werden, je nach Härte und Größe.

Das Material Stein bietet ein besonders hohes Maß an Struktur. Die Auseinandersetzung mit der Härte des Objektes ist nur allmählich Schicht für Schicht möglich; rasche Lösungen, wie beim Malen und Zeichnen, gibt es hier nicht. Nur im respektvollen Umgang mit dem Werkstück kann sich die Gestalt der Skulptur entfalten. Auch schwerer psychotisch Gestörte profitieren von den beschriebenen Strukturvorgaben; würde ihnen beispielsweise strukturloser Ton oder ein leeres Blatt angeboten, wären sie überfordert, da ihre Strukturschwäche im akuten Stadium das gestalterische Ordnen noch nicht leisten kann.

- Langsamkeit des Gestaltungsprozesses
- Stein hat ein besonders hohes Maß an Struktur
- Meditativ rhythmisches Schlagen
- Einsatz des ganzen Körpers
- Kreative Bindungskraft vermindert Fragmentierung

Zeitdauer und Intensität der Arbeit mit dem Stein, der Einsatz des ganzen Körpers und der meditative rhythmische Vorgang des Schlagens mit dem Hammer auf das Spitzeisen führen zu einer hohen libidinösen Besetzung. Aus dem Objekt wird ein **Selbstobjekt** (Winnicott 1953). Für psychodynamisch arbeitende Therapeuten ist es faszinierend mitzuerleben, dass dieses Selbstobjekt in den Träumen der Patienten vorkommt. Man interpretiert das zunächst nicht, sondern wartet ab, wie sich die positive Kraft des Selbstobjekts entfaltet. Das kreative Geschehen, das sich über mehrere Wochen erstreckt, entfaltet eine beachtliche **kreative Bindungskraft**, die hilft, die drohende oder geschehene **Fragmentierung des Selbst** (Kohut1973; Kohut u. Wolf 1980) des psychotisch Kranken zu mildern. Die Stärkung der Selbstkohäsion ist die Voraussetzung dafür, dass symptombildende Schutzversuche losgelassen werden können.

▪ Zur neuronalen Dimension der Steinbildhauerei

Aus neuronaler Perspektive könnte die langanhaltende therapeutische Kreativitätsphase der Patienten, die über mehrere Wochen geht, mit einer Verstärkung der Aktivität im rechten Temporallappen und einer Zunahme hochfrequenter Hirnaktivität, die im EEG mit hochfrequenter Gamma-aktivität einhergeht, etwas nicht nur Punktuelles, sondern Dauerhaftes (über Wochen) werden. Diese Funktionen könnten den pathologischen Abweichungen, z. B. der Hyperkonnektivität bei Schizophrenen und der Erhöhung der resting-state sowie der Veränderung der Hirnaktivität im medialen und rechten Stirnhirn bei Depressiven, entgegenwirken. Die beschriebene Möglichkeit der Aufhebung von Hemmfunktionen beim Kreativsein wäre bei dieser Art von Therapie mit der festen Strukturvorgabe durch das Steinmaterial mit der innewohnenden Langsamkeit der Bearbeitung in einer Weise kontrolliert, dass das Gleichgewicht zwischen Aufhebung der Hemmung und Kontrolle gewahrt bleibt; allerdings auf einem höheren Aktivitätsniveau als es zuvor im Rahmen der Erkrankung möglich war.

- Verstärkung der Aktivität im rechten Temporallappen über Wochen
- Verminderung der Hemmfunktionen und feste Strukturvorgabe, Wahrung des Gleichgewichts zwischen Aufhebung der Hemmung und Kontrolle

29.7 Videospiegelung – das Bild von sich selbst

Bei der Betrachtung von Familienfotos oder Urlaubsfilmen fällt auf, dass jede Person zuerst auf das Bild von sich selbst schaut und davon stärker affiziert ist als von der Abbildung anderer Personen, die ihr ferner stehen. Entscheidend ist dabei, dass das Ausmaß der Besetzungsenergie des Betrachters von der Nähe des Selbstbezugs abhängt. Diese Beobachtung wurde beim Einsatz des Verfahrens der Videospiegelung therapeutisch genutzt (z. B. Hartwich u. Lehmkuhl 1979; 1981).

Videospiegelung wird bei neurotisch Erkrankten, Anorexia nervosa, schizophrenen, schizoaffektiven und affektiven Psychosen eingesetzt (Hartwich 1986, 1993). Zunächst wird ein Interview mit einem Patienten audiovisuell aufgezeichnet, dann werden geeignete kurze (¼–1 min) Sequenzen herausgeschnitten. Mit diesen Aufzeichnungen werden die Patienten systematisch gespiegelt. Ihre Reaktionen werden wiederum audiovisuell dokumentiert. Es ist eindrucksvoll zu beobachten, wie stark Patienten auf ihr eigenes Spiegelbild, das audiovisuell, also optisch bewegt und akustisch in eigener Sprache erscheint, affektiv reagieren. Die entscheidende Erfahrung ist, dass Aufmerksamkeit, Interesse und emotionale Bewegungen auf die eigene Spiegelung wesentlich stärker sind, als wenn andere Menschen abgebildet gesehen werden. Psychodynamisch gesehen handelt es sich dabei um eine besonders ausgeprägte Form und Qualität von Besetzungsernergie (Kathexis), die mit dem Bewusstsein von sich selbst verbunden ist. Diese wird für therapeutische Zwecke nutzbar gemacht.

- Hohe Besetzungsenergie bei Nähe des Selbstbezugs
- Audiovisuelle Spiegelung der eigenen Mimik, Gestik und Sprache
- Bewusstsein von sich selbst und Besetzungsenergie (Kathexis)

29.7.1 Spiegelphänomen und Neurobiologie

Der erste, der psychisch Kranke mit der gerade erfundenen Technik fotografierte und sie mit ihrem eigenen Spiegelbild konfrontierte, war der englische Psychiater H. W. Diamond; in seinem Vortrag vor der Royal Society in London am 22. Mai 1856 beschreibt er die Auswirkung der Spiegelung mit dem eigenen Bild als Behandlung psychiatrisch Kranker

» Es gibt noch weitere Gesichtspunkte, unter dem der Wert des Portraits von Geisteskranken besonders deutlich hervortritt, nämlich die Wirkung, die diese auf die Patienten selbst ausüben. … Sehr häufig werden solche Aufnahmen mit Interesse und Vergnügen betrachtet, und die beste Wirkung erzielen jene Bilder, an denen der Fortschritt und die Genesung eines schweren Anfalls von Wahnsinn abzulesen sind. (Diamond 1856, zit. n. Burrows u. Schuhmacher 1979, S. 156).

In der Psychoanalyse hat sich Kohut (1973) mit dem Spiegelphänomen befasst. In der Kindheitsentwicklung wird der Übergang vom Autoerotismus zum Narzissmus durch das Spiegeln durch die Bezugspersonen unterstützt. Damit ist ein Entwicklungsschritt gemeint:

> … von der Stufe des fragmentierten Selbst (Stufe der Selbstkerne) zur Stufe des kohärenten Selbst, d.h. zum Wachstum der Wahrnehmung des Selbst als einer körperlichen und geistigen Einheit, die räumlich zusammenhängt und auch zeitlich fortdauert. (Kohut 1973, S. 143)

Hinsichtlich neurobiologischer Befunde sei hier auf schizophrene Erkrankungen eigegangen. Wie oben schon angeführt, geht Northoff (2012) unter anderem von einer Störung der Verbindung zwischen den vorderen und hinteren Mittellinienregionen (Hyperkonnektivität) aus, was er auf die Desintegration bzw. Fragmentierung des Selbst bei Schizophrenen bezieht.

Das Sehen des eigenen Spiegelbildes und Erleben der audiovisuellen Aufnahme von sich selbst (optisch in der Bewegung des Gesichts und akustisch im Hören der eigenen Sprache) geht mit intensiven emotionalen Reaktionen einher, die sich von der Wahrnehmung neutraler Objekte unterscheidet. Ähnliche Phänomene wurden mittels neurobiologischer Experimente bereits untersucht. So berichtet Northoff (2009) von einer chinesischen Forschergruppe, die Patienten mit einer Störung des Bewusstseins untersucht haben und zwar mit fMRT und EEG. Den Patienten wurden akustische Reize dargeboten in Form des eigenen Namens oder von Namen unbekannter Personen. Selbst komatöse Patienten reagierten mit einer starken Aktivität im Bereich der Sprachregion und der Amygdala (für die emotionale Verarbeitung von Stimuli zuständig) beim Hören des eigenen Namens, nicht aber beim Hören fremder Namen. Northoff et al. (2006) haben die bisherigen Neuroimaging-Studien, in denen es um den Bezug zum eigenen Selbst ging, verglichen hinsichtlich der unterschiedlichen Bereiche (verbal, emotional, sozial, Gesichtsausdruck etc.). Bei den verschiedenen Studien zeigte sich in den unterschiedlichen Modalitäten und Bereichen als gemeinsam, dass der Bezug zum eigenen Selbst in der Verstärkung der neuronalen Aktivität im **subkortikalen-kortikalen Mittelliniensystem** rekrutierte. Neuroimaging-Studien konnten zeigen, dass Wörter und Bilder, die dem individuellen Selbst gelten, stärker emotional bewertet wurden als solche, die weniger Selbstbezug hatten (Northoff u. Bermpohl 2004; Northoff et al. 2006; Northoff et al. 2009). In den kortikalen Mittellinienstrukturen ist die neuronale Aktivität verstärkt, wenn es sich um Stimuli handelt, die als Selbstbezug erlebt werden.

Northoff führt aus, wie er den Selbstbezug versteht:

> Ein weiteres Beispiel ist die Art, wie wir Bilder von uns selbst oder engen Freunden gegenüber Abbildungen von völlig unbekannten Leuten wahrnehmen; das gilt auch für das Haus unserer Kindheit gegenüber unbekannten Häusern. Solche Vergleiche sind in unterschiedlichen Modalitäten möglich. Der Bezug zu sich selbst (self-relatedness) ist hierbei in einem eher kognitiven Sinn gemeint. Dieses impliziert Selbsterkenntnis, damit ist gemeint, dass man sich seiner selbst bewusst wird im Unterschied von Reizangeboten, die nichts mit dem eigenen Selbst zu tun haben. (Northoff 2014, S. 581; freie Übers. d. Verf.)

29.7.2 Verbesserung des Kohärenzerlebens durch Spiegelung

Bei der gezielt eingesetzten therapeutischen Videospiegelung sieht sich der psychisch Kranke auf dem Monitor als **Einheit** in Mimik und Gestik sowie als sprechende Person, deren Gedanken bei der entsprechend ausgewählten Sequenz, die gespiegelt wird, zusammenhängend formuliert werden. Es ist eindrucksvoll zu beobachten, wie stark sich psychotische Patienten hiervon positiv stimuliert fühlen und ihr **Erleben der Kohärenz** verstärkt wird. Es kommen spontane Äußerungen wie: »Ich wirke ja ganz normal, viel sicherer und fester, als ich mich fühle.« Ausgewählte Sequenzen aus einem vorher aufgenommenen Interview werden gezeigt, dann bleibt das Bild auf dem Monitor stehen und dient als Ankerreiz für das psychotherapeutische Gespräch. Der Patient erfährt sich dabei als körperlich-geistige Einheit, deren psychomotorischer Ausdruck in der Regel auf ihn günstiger wirkt, als es seiner derzeitigen Selbsteinschätzung entspricht. Bei diesem Vorgehen ist zu betonen, dass der Patient das Erleben der Selbstfragmentierung in sich trägt und die Unsicherheit der Synchronisation von Gedanken, Worten, Gefühlen und Körpererleben mit den dazu gehörigen Ausdrucksbewegungen empfindlich spürt. Auf dem Monitor jedoch begegnet er dem Zusammenhang seiner eigenen kognitiven und affektiven Möglichkeiten und deren psychomotorischem Ausdruck. Hierin sehen wir einen der Hauptmechanismen der Videospiegelung bei Schizophrenen.

In der experimentellen Untersuchung dieses Phänomens durch Hartwich u. Lehmkuhl (1979) wurde die Beeinflussung von schizophrenen Ich-Störungen systematisch untersucht. Nach kurzzeitiger Verschlechterung zu Beginn, die mit Intensivierung der Ängstlichkeit einherging, wurde über die Gesamtzeit der Anwendung (mehrere Wochen) die Ich-Demarkation (Scharfetter 1986) als signifikant verstärkt gemessen. Affekte und Denkinhalte wurden stärker synchron erlebt und bei der Ich-Aktivierung wurden Sprachantrieb und mimisches Ausdrucksverhalten lebhafter. In einer anderen Studie (Hartwich 1982) wurde mittels Typenanalyse bei den untersuchten Schizophrenen eine Untergruppe extrahiert, bei der die Effekte nicht messbar waren, während eine andere Untergruppe durch eine lebendigere und intensivere Affektivität sowie durch Abnahme der Ich-Störungen auffiel.

- Selbstfragmentierung und Verstärkung der Kohärenz
- Stärkung der Ich-Demarkation
- Synchronisation von Affekten und Denkinhalten

29.7.3 Was geschieht neurobiologisch bei der Videospiegelung Schizophrener?

Wenn wir mit Northoff (2011) von einer abnorm starken Kommunikation zwischen vorderen und hinteren Mittellinienregionen (Hyperkonnektivität) bei Schizophrenen ausgehen und die Desintegration bzw. Fragmentierung des Selbst damit in Verbindung bringen, sollten wir fragen, wie die neurobiologischen Befunde der »self-relatedness« damit in Bezug gesetzt werden könnten.

Das Verfahren Videospiegelung scheint in besonders ausgeprägtem Maße geeignet, den Bezug zu sich selbst (self-relatedness) intensivieren zu können. Infolgedessen liegt es nahe, die in diesem Zusammenhang festgestellten Verstärkungen der **neuronalen Aktivität** im subkortikalen-kortikalen Mittelliniensystem zu berücksichtigen. Es könnte sich als wahrscheinlich erweisen, dass die systematische Videospiegelung der eigenen Person bei Schizophrenen deren Hyperkonnektivität im Mittellinienbereich durch die in der Therapie provozierten neuronalen Aktivierungen im Bereich des subkortikalen und kortikalen Mittelliniensystems modifiziert werden und zwar im positiven Sinne. Das würde bedeuten, dass eine Beeinflussung in Sinne einer Verminderung der Hyperkonnektivität möglich wäre. Im Sinne des neuropsychodynamischen Ansatzes würde das dem verbesserten Kohärenzerleben der Schizophrenen entsprechen.

- Videospiegelung aktiviert self-relatedness
- Verstärkung der neuronalen Aktivität im subkortikalen-kortikalen Mittellinienbereich
- Mögliche Modifikation der Hyperkonnektivität
- Verbesserung des Kohärenzerlebens

Literatur

Arieti S (1976) Creativity. The magic synthesis. Basic Books, New York NY

Benedetti G (1979) Psychopathologie und Kunst. In: Condrau G (Hrsg) Die Psychologie des 20. Jahrhunderts, Bd XV:

Transzendenz, Imagination und Kreativität. Kindler, Zürich, S 1045–1054

Benedetti G (1999) Das Symptom als kreative Leistung. In: Thomashoff H-O, Naber D (Hrsg) Psyche und Kunst. Schattauer, Stuttgart, S 49–56

Burrows A, Schumacher J (Hrsg) (1979) Über die Anwendung der Photographie auf die physiognomonischen und seelischen Erscheinungen der Geisteskrankheit. Vortrag vor der Royal Society am 22 Mai 1856. In: Doktor Diamonts Bildnisse von Geisteskranken. Syndikat Autoren- und Verlagsgesellschaft, Frankfurt/M, S 155–158

Federn P (1956) Ich-Psychologie und die Psychosen. Huber, Bern

Guilford JP (1950) Kreativität. In: Ulmann G (Hrsg) Kreativitätsforschung. Kiepenheuer & Wisch, Köln, S 25–43

Hartwich P (1982) Experimentelle Untersuchungen zur audiovisuellen Selbstkonfrontation bei Schizophrenen. In: Kügelgen B (Hrsg) Video und Medizin. Perimed, Erlangen

Hartwich P (1986) Audiovisuelle Verfahren. In: Müller C (Hrsg) Lexikon der Psychiatrie. Springer, Berlin, S 74–76

Hartwich P (1993) Videospiegelung in der Behandlung schizophrener Psychosen. In: Ronge J, Kügelgen B (Hrsg) Perspektiven des Videos in der klinischen Psychiatrie und Psychotherapie. Springer, Berlin

Hartwich P (2002) Creative therapeutic methods and quantification. In: Hartwich P, Fryrear JL (Hrsg) Creativity. The third therapeutic principle in psychiatry. Wissenschaft & Praxis, Sternenfels

Hartwich P (2010) Bildnerisches Gestalten in der Kunsttherapie mit Psychosekranken. In: Sinapius P, Wendland-Baumeister M, Niemann A, Bolle R (Hrsg) Wissenschaftliche Grundlagen der Kunsttherapie, Bd III: Bildtheorie und Bildpraxis in der Kunsttherapie. Peter Lang, Frankfurt/M, S 195–210

Hartwich P (2012) Bildhauerei mit psychotisch Kranken. Die Bedeutung von Kreativität und Parakonstruktion. Forum der Psychoanalytischen Psychosentherapie, Bd 28. Vandenhoeck & Ruprecht, Göttingen, S 56–70

Hartwich P, Brandecker R (1997) Computer-based art therapy with inpatients: acute and chronic schizophrenics and borderline cases. The Arts in Psychotherapy 24:367–373

Hartwich P, Brandecker R (1999) Quantifizierung bildnerischer Gestaltungselemente in der Computermaltherapie bei Schizophrenen. In: Hartwich P (Hrsg) Videotechnik in Psychiatrie und Psychotherapie. Wissenschaft & Praxis, Sternenfels

Hartwich P, Lehmkuhl G (1979) Audiovisual self-confrontation in schizophrenia. Arch Psychiatr Nervenkr 227:341–351

Hartwich P, Lehmkuhl G (1981) Experimentelle Einzelfalluntersuchung zur schizophrenen Affektivität. Z Psychother Psychosom Med Psychol 31:83–86

Hicklin A (1979) Das Schöpferische als Zentralproblem der Psychotherapie. In: Condrau G (Hrsg) Psychologie des 20. Jahrhunderts, Bd XV: Transzendenz, Imagination und Kreativität. Kindler, Zürich, S 1063–1068

Jakab I (1956) Zeichnungen und Gemälde der Geisteskranken, ihre psychiatrische und künstlerische Analyse. Henschel, Berlin

Jung CG (1922) Über die Beziehung der analytischen Psychologie zum dichterischen Kunstwerk. In: GW Bd XV. Über das Phänomen des Geistes in Kunst und Wissenschaft. Walter, Olten, 1984, S 75–96

Kandel E (2012) Das Zeitalter der Erkenntnis. Die Erforschung des Unbewussten in Kunst, Geist und Gehirn von der Wiener Moderne bis heute. Siedler, München

Kohut H (1973) Narzißmus. Suhrkamp, Frankfurt/M

Kohut H, Wolf ES (1980) Die Störungen des Selbst und ihre Behandlung. In: Peters UH (Hrsg) Die Psychologie des 20. Jahrhunderts, Bd X: Ergebnisse für die Medizin (2). Kindler, Zürich, S 667–682

Lombroso C (1890) Der geniale Mensch. Übers. v. Fraenkl MO. Verlagsanstalt und Druckerei Actien Gesellschaft, Hamburg (italien. 1872)

Matussek P (1976) Kreativität als Chance. Piper, München

Matussek P (1979) Kreativität. In: Condrau G (Hrsg) Psychologie des 20. Jahrhunderts. Bd:XV: Transzendenz, Imagination und Kreativität. Kindler, Zürich, S 44–66

Morgenthaler W (1921) Ein Geisteskranker als Künstler. Bircher, Bern

Navratil L (1965) Schizophrenie und Kunst, Bd 28. dtv Gesamtausgabe, München

Northoff G (2009) Die Fahndung nach dem Ich. Irisiana, Random House, München

Northoff G (2011) Neuropsychoanalysis in practice. Oxford Univ Press, New York NY

Northoff G (2012) Das disziplinlose Gehirn – Was nun Herr Kant? Auf den Spuren unseres Bewusstseins mit der Neurophilosophie. Irisiana, München

Northoff G (2014) Unlocking the brain. Vol 2: Consciousness. Oxford University Press, New York NY

Northoff G, Bermpohl F(2004) Cortical midline structures and the self. Trends Cogn Sci 8(3):102–107

Northoff G et al (2006) Self-referential processing in our brain – a metaanalysis of imaging studies on the self. NeuroImage 31(1):440–457

Northoff G et al (2009) Differential parametric modulation of the self-relatedness and emotions in different brain regions. Human brain mapping 30(2):369–328

Prinzhorn H (1922) Bildnerei der Geisteskranken. Ein Beitrag zur Psychologie und Psychopathologie der Gestaltung, 2. Aufl. Springer, Berlin

Rennert H (1962) Die Merkmale schizophrener Bildnerei. VEB G Fischer, Jena

Scharfetter C (1986) Schizophrene Menschen, 2. Aufl. Urban & Schwarzenberg, München

Volmat R (1956) L'art psychopathologique. Presses Universitaires de France, Paris

Winnicott DW (1953) Transitional objects and transitional phenomena. Int J Psychoanal 34:89–97

Ansätze einer neuropsychodynamischen Musiktherapiekonzeption

Susanne Metzner

H. Böker et al. (Hrsg.), *Neuropsychodynamische Psychiatrie*,
DOI 10.1007/978-3-662-47765-6_30, © Springer-Verlag Berlin Heidelberg 2016

- **Fallbeispiel Teil 1**

»... man merkt das halt, wenn man, wenn man Musik hört oder wenn man unterwegs ist, dass zum Beispiel ein starkes Quietschen, wenn ein Zug hält, extrem in den Kopf rein fährt. Und wenn man vorbelastet ist, kommt das noch stärker zum Tragen. Während, wenn ich jetzt Ihre melodischen Klänge gehört habe, merke ich, das ist mehr beruhigend und geht besänftigend mit dem ganzen Thema um.«

Herr Stein[1], ein knapp 50-jähriger Patient, der hier wörtlich wiedergegeben ist, befindet sich wegen anhaltendem somatoformem Kopfschmerz (F45.40) und depressiver Episode (F32.1) in stationärer Behandlung und erhält dort Musiktherapie. Klänge erlebt er potenziell als intrusiv. Seine Therapievorstellung richtet sich darauf, mit harmonischen Klängen eine Gegenwelt zu seinem von Spannung und Dissonanz gekennzeichneten emotionalen Zustand zu errichten. Dies entspricht neurobiologischen Auffassungen zur Wirkung von Musik u. a. von Hüther (2004, S. 18 f.) und Grawe (2004, S. 83 f., 327 f.), der dazu verschiedene einschlägige Befunde referiert, ebenso wie dem Common Sense vieler Menschen. So ist es nicht verwunderlich, dass Herr Stein zunächst zögert, als er vom Therapeuten gebeten wird, mit Hilfe von Musikinstrumenten Klangqualitäten zu explorieren, die seinem Schmerzerleben entsprechen. Aber er willigt ein und deutet diesen Ansatz dahingehend, »mit passenden Tönen in Einklang mit seinem Schmerz zu kommen«, was einem anderen Harmoniebegriff entspricht. Zunächst wendet er sich einer permanenten, dumpfen Schmerzqualität zu. Doch schon bei den ersten sanften Schlägen auf einer Bassschlitztrommel wehrt er ab: Das würde schon in seinem Kopf dröhnen. Fortan darf nur noch im pianissimo gespielt werden, was Herr Stein am Instrument selbst vorführt. Durch die eigene Aktivität scheint die Gefahr der Intrusion erst einmal gebannt. Der Therapeut – gewissermaßen im Einklang mit dem Patienten – greift die Spielweise auf und in der Folge geht es nun darum, die präzise Spielweise in Bezug auf Tempo, Tonhöhenverlauf und Anschlag festzulegen, damit die Musik dem dumpfen Schmerzerleben entspricht.

Mit diesem Ausschnitt aus einem Fallbeispiel aus einer Musik-imaginativen Schmerzbehandlung sind zentrale Fragen zu Wahrnehmungsvorgängen berührt, um die es in diesem Beitrag gehen wird, doch zuvor seien einige allgemeine Aussagen zum musiktherapeutischen Fachgebiet vorangestellt.

30.1 Musiktherapie

Musiktherapie ist eine Fachdisziplin, die die Wirkungen von Musik und Musizieren auf die Gesundheit von Menschen innerhalb einer therapeutischen Beziehung zum Gegenstand hat. Unter dem Begriff Musiktherapie versammeln sich unterschiedliche Konzeptionen mit jeweils dazugehörigen theoretischen Erklärungsmodellen, so auch die Psychoanalyse. Daher gibt es keine allgemeine Theorie der Musiktherapie, jedoch eine von Kohärenz und Konsistenz geprägte disziplinäre Übereinkunft mit Aussagen zum Psychotherapiebegriff, zum Musikbegriff, zur Funktion und Bedeutung der Musik in der Therapie, zu den Einsatzbereichen und zur Ausbildung (Kasseler Konferenz 1998).

Im klinischen Zusammenhang wird Musiktherapie sowohl im Einzel- als auch im Gruppensetting durchgeführt. Neben der **rezeptiven Musiktherapie**, bei der speziell ausgewählte Musik (live vom Therapeuten oder vom Tonträger gespielt) angehört wird, gibt es die **aktive Musiktherapie**, bei der Patient(en) und Therapeut miteinander singen, improvisieren oder komponieren. Musikalische Vorkenntnisse aufseiten der Patienten sind dafür nicht erforderlich. Was immer an körperlichen Sensationen, emotionaler Gestimmtheit, an Assoziationen oder Erinnerungen durch das Hören und Spielen von Musik geweckt und interaktionell ausgehandelt wird, wird als bedeutsam erachtet und im reflektierenden Gespräch bearbeitet. Musiktherapie ist also keine nonverbale Therapie per se, aber es gibt Situationen, in denen aufgrund der kommunikativen Potenziale gemeinsamen Musizierens auf Sprache verzichtet werden kann. Ganz allgemein formuliert werden mittels Musikhören oder Musizieren ästhetische (performative, mimetische, responsive)

1 Ich bedanke mich bei Diplom-Musiktherapeut T. Schrauth M. A. für die Überlassung des Fallmaterials. Die Einverständniserklärung des Patienten (Name pseudonymisiert) zur Veröffentlichung liegt vor.

und semiotische (interpretative, translationale, reflexive) Kompetenzen gebildet, die mit **Selbstmodellierungsvorgängen** auf der personalen und der subpersonalen Ebene einhergehen.

Aufgrund der hohen Variabilität musikalischer Interventionstechniken, die den Introspektions-, Reflexions- und Symbolisierungsfähigkeiten aufseiten des Patienten angepasst werden, gibt es keine generalisierbaren diagnosespezifischen Kontraindikationen für den Einsatz von Musik in der Therapie. Wissenschaftliche Wirknachweise von Musiktherapie wurden störungsbildspezifisch in Form von sowohl qualitativer Therapieprozess- als auch kontrollierter Effektforschung erbracht und in systematischen Reviews oder Metaanalysen dokumentiert und evaluiert (z. B. Cepeda et al. 2006; Maratos et al. 2008; Mössler et al. 2011; Bradt et al. 2011). Von zunehmendem Interesse ist der Transfer von Forschungsergebnissen aus der umfangreich vorliegenden experimentellen musikpsychologischen und der neurophysiologischen Forschung. Am Beispiel der unipolaren Depression (Metzner u. Busch 2015) oder des chronischen Schmerzes, um den es in diesem Beitrag geht, führt ein multiperspektivischer Ansatz zu neuen Erkenntnissen, aber auch zu neuen Fragen bezüglich der therapeutischen Potenziale von Musik in der klinischen Behandlung.

Eine im engeren Sinne neuropsychodynamische Konzeption zur Musiktherapie existiert bisher nicht, sodass im Folgenden erstmalig der Versuch unternommen wird, psychodynamische und neurowissenschaftliche Erkenntnisse zur klinischen Musiktherapie aufeinander zu beziehen. Dies geschieht am Beispiel der Musik-imaginativen Schmerzbehandlung, einem Konzept aus dem die einleitende Vignette stammt.

30.2 Musik-imaginative Schmerzbehandlung: Konzeption und Erklärungsansatz

Während sich allgemeine musiktherapeutische Behandlungsziele bei chronischem Schmerz auf die Entspannung oder die Aktivierung des Patienten sowie die Verminderung von Depressivität richten, wird bei der Musik-imaginativen Schmerzbehandlung/Entrainment eine direkte Verringerung des Schmerzerlebens intendiert (Rider 1985; Dileo u. Bradt 1999; Metzner 2009; Bradt 2010). Es handelt sich um eine individuell abgestimmte Kurzzeitintervention (2–4 Sitzungen), bei der der Patient mit Hilfe von Musikinstrumenten seinem inneren Wahrnehmen und Erleben einen musikalischen Ausdruck verleiht. Konkret heißt dies, dass nach einem ausführlichen Schmerzinterview der Patient unter Assistenz des Therapeuten zunächst Klänge zusammenstellt, die seinem Schmerzerleben entsprechen (siehe Fallbeispiel). Anschließend werden Klangqualitäten ausfindig gemacht, die den Linderungsvorstellungen Ausdruck verleihen. Nach Fertigstellung hört der Patient erst der **Schmerz**-, dann der **Linderungskomposition** zu, die der Therapeut nun für ihn spielt. Die Behandlung schließt mit einer verbalen Reflexion über das Erleben und den therapeutischen Prozess.

In einem theoretischen Erklärungsansatz (Metzner 2012) zu den beteiligten Hirnaktivitäten wird die Zuordnung von musikalischen Klängen zum Schmerzerleben auf »crossmodale« Wahrnehmungsvorgänge zwischen sensorisch-affektiven Schmerzqualitäten und auditiven Qualitäten zurückgeführt. Die vom Patienten crossmodal als übereinstimmend wahrgenommene Qualität von Schmerz und Schmerzkomposition bildet den Ausgangspunkt für eine mentale Struktur, in der dann die Musik für den Schmerz steht. Es handelt sich um eine repräsentationale Hirnaktivität, bei der nicht nur Schmerz und Musik einander symbolisch zugeordnet sind, sondern es sind auch das sinnliche Erleben und die Erinnerung daran gekoppelt, die Musik selbst komponiert zu haben. Mit dieser mentalen Struktur geht eine Veränderung der Wahrnehmungseinstellung des Patienten gegenüber dem Schmerz einher. Somit wird davon ausgegangen, dass sowohl funktionale Prozesse in Form crossmodaler Synchronisation von Musik- und Schmerzerleben als auch repräsentationale Prozesse in Form der Synthetisierung sensorischer, affektiver und kognitiver Reize die Wirksamkeit dieser Methode ausmachen.

Die Bearbeitung einer solchen Hypothese bedarf mehrerer Schritte. Bisher liegen die Ergebnisse von Wirksamkeitsstudien (u. a. Rider 1985; Bradt

2010) und meiner eigenen qualitativen Untersuchung zur Darstellung und Transformation von Schmerzerleben vor, die in diesen Beitrag punktuell in Form des interpretierten Fallmaterials einfließen, sowie eine experimentelle Analogstudie zum Einfluss von Musik auf die neuronale Prozessierung von artifiziellen Schmerzreizen.

30.3 Neurophysiologisches Experiment zur Musik-imaginativen Schmerzbehandlung

In Anlehnung an die Musik-imaginative Schmerzbehandlung wurden bei dem neurophysiologischen Experiment mit gesunden Probanden eigene Kompositionen eingesetzt und als Vergleich die Kompositionen anderer Probanden sowie ein von den Probanden im Alltag präferiertes Musikstück, wie es in der rezeptiven Musiktherapie eingesetzt werden würde. Erhoben wurden psychophysische Schmerzbewertungen, physiologische und neurophysiologische Daten mittels MEG. Informationen zum Untersuchungsablauf, den statistischen Berechnungen und detaillierten Ergebnissen sind der Publikation zu entnehmen (Hauck et al. 2013). Entscheidend für die neuropsychodynamische Perspektive ist, dass sich mit den erhobenen sensorischen und affektiven Schmerzbewertungen nicht nur der Einfluss von Musik auf das Schmerzempfinden nachweisen ließ und dies mit neuronalen Aktivitäten in Form von neuronalen Oszillationen und Lokalisationen signifikant korrelierte, sondern dass es deutliche Unterschiede zwischen vertrauten und damit subjektiv relevanten Musikreizen und fremden Musikreizen gab. Der Schmerz wurde bei der eigenen Schmerzkomposition am stärksten und unangenehmsten, bei der Linderungskomposition und der im Alltag präferierten Musik deutlich geringer eingestuft. An der neurophysiologischen Prozessierung der Schmerzreize unter dem Einfluss der Musik waren u. a. der parietale Kortex einschließlich des primären somatosensorischen Kortex (SI) und des mittleren Gyrus cinguli (MCC) mit einem Anstieg der Delta/Theta-Aktivität beteiligt, weiter der kontralaterale somatosensorische Kortex sowie die ipsilaterale Insula und der sekundäre somatosensorische Kortex (SII) mit einem Anstieg der Gamma-Aktivität. Zeitlich etwas verzögert ging die Beta-Aktivität bilateral im primären motorischen Kortex zurück. Der Anstieg der Gamma-Aktivität im somatosensorischen Kortex korrelierte signifikant mit den durchschnittlichen sensorischen und affektiven Schmerzbewertungen zur selbstkomponierten Musik, was als neurophysiologische Modulation der Schmerzwahrnehmung interpretiert wurde.

Auch wenn die Ergebnisse limitiert sind, weil es sich a) um gesunde Probanden und nicht um Schmerzpatienten handelte, b) die gemessenen Wirkungen kurzfristig waren und c) die randomisierte Reihenfolge der musikalischen Stimuli nicht dem originalen Behandlungssetting entsprach, decken sich die Ergebnisse mit den Beobachtungen in der Musiktherapie, sodass eine klinische Follow-up-Studie angezeigt ist, bei der neben den neuronalen auch die auf der personalen Ebene beobachtbaren Prozesse einbezogen werden.

30.4 Von der psychodynamischen zur neuropsychodynamischen Musiktherapie

▪ **Fallbeispiel Teil 2**

In der Therapie von Herrn Stein entsteht durch eine Rückfrage des Therapeuten bezüglich der Musik auf der Bassschlitztrommel eine Irritation. Der Patient beeilt sich zu erläutern, dass er das kontinuierliche Schlagen als »Fließen« versteht und verteidigt die Schlichtheit seiner Komposition: »Nein. Das ist, das ist also jetzt nichts mit, mit, mit Multi, Multitönen sonst irgendetwas sondern das ist einfach etwas, das nach oben reinfällt.« Das Missverständnis zwischen Patient und Therapeut, das so plötzlich hereingebrochen ist, lässt sich nicht mehr aus der Welt schaffen. Von Beruhigung und »Im-Einklang-Sein« ist nicht mehr die Rede. Vielmehr scheint sich das zu verwirklichen, was der Patient einerseits beim plötzlichen Auftreten von Kopfschmerzattacken, die zum Symptombild gehören, erlebt und andererseits auch das, was er bei Therapiebeginn befürchtet hatte, nämlich nicht respektiert, sondern überwältigt und fremdbestimmt zu werden. Der Therapeut richtet seine Aufmerksamkeit zunächst nicht auf die Biografie, sondern schlägt vor, nach der Beschäftigung mit den dumpfen Schmerzqualitäten sich nun der klanglichen Umsetzung der Schmerzattacken zu widmen.

In der oben geschilderten Szene wird ersichtlich, dass der Fokus in der Musik-imaginativen Schmerzbehandlung zwar auf den sensorischen Qualitäten des Schmerzes zu liegen scheint, aber der Patient in einer unmittelbar responsiven Reaktion dem Klanggeschehen ein Muster oder eine Struktur entnimmt, die ein Passungsverhältnis zu bereits vorgeprägten Erfahrungsstrukturen (Erinnerungsspuren, Erwartungen) aufweisen und im Zusammenhang mit dem Schmerz stehen. Psychodynamisch betrachtet deuten sich hier Interaktionserfahrungen an, die mit der chronischen Schmerzerkrankung in einem ursächlichen Zusammenhang stehen könnten. Durch die Ähnlichkeitsbeziehung, die zwischen Schmerzattacke und Musik durch kreatives und performatives Handeln angestrebt wird, wird intrapsychisches Leiden (partiell) externalisiert und kommunizierbar (vgl. Metzner u. Frommer 2014). Der Vorschlag des Therapeuten beruht darauf, dass der Patient nach und nach bewusste Erkenntnis darüber erlangt, wie er sich und seine subjektive Außenwelt wahrnimmt und gestaltet.

Auch neurobiologisch lässt sich argumentieren, dass durch die gerichteten Aktivitäten – motorische Bewegungsabläufe, auditive Wahrnehmung und auf ein Ziel gerichtete soziale Interaktion – eine Möglichkeit geschaffen wird, die den gewohnten Wahrnehmungs- und Handlungsstrukturen zugrundeliegenden neuronalen Muster in andere Bahnen zu lenken. Es dürfte sich dabei um komplexe Wechselwirkungen neuronaler Musik/Schmerz- und Innen/Außenwelt-Prozessierung handeln, an denen eine Vielzahl von Hirnregionen beteiligt ist, so u. a. Interaktionen des assoziativen Kortex mit primären sensorischen und motorischen Kortexarealen, dem Hippocampus, subkortikalen limbischen Zentren und der retikulären Formation des Hirnstamms. Dies differenzierter auszuarbeiten wäre der nächste Schritt auf dem Weg zu einer neuropsychodynamischen Musiktherapie.

Anknüpfend an Northoffs (2014) Ausführungen zum Verhältnis von phänomenaler und physischer Zeit-Raum-Konstitution (S. 68–70) wäre denkbar, dass sich musiktherapeutische Prozesse als geeigneter interdisziplinärer Gegenstand neuropsychodynamischer Forschung erweisen, indem personale und subpersonale Prozesse im Hinblick auf Kategorien wie Hörbarkeit, Zeitlichkeit und Bedeutung untersucht werden. Allerdings kann mittels komplexer neurobiologischer Modellierung in neuropsychodynamischer Perspektive allenfalls die Dynamik in körperlichen Bedingungsfeldern freigelegt (vgl. Scheidegger 2014, S. 103), nicht aber erklärt werden, warum der Patient den Schmerz so spürt, **wie** er ihn spürt.

■ **Fallbeispiel Teil 3**

Die als spitz und sich steigernd beschriebenen äußerst heftigen Schmerzattacken rufen bei Herrn Stein ein Gefühl des Gefangenseins im Körper hervor und wirken sehr bedrohlich. Nach einer längeren Exploration der Klangqualitäten verschiedener Musikinstrumente, bei denen der Patient jeweils präzise angibt, was daran nicht passt (zu dunkel, zu hart, zu blechern, zu nervös u. v .m.) bleibt es bei hektischen Trillern und Tonrepetitionen im Diskant des Klaviers. Überaus präzise und für einen außenstehenden Hörer fast nicht mehr nachvollziehbare Bestimmungen bezüglich Tonhöhe, Lautstärke, Anschlag und Pedalgebrauch werden festgelegt. Inmitten dieses 10-minütigen Prozesses kommt es Herrn Stein plötzlich so vor, als sei der Schmerz weg: »Jetzt können wir mal eine kurze Pause machen (kurzes Lachen). Hm, jetzt muss ich/ (…) steigert sich (Flüstern) (…) Ich denke gerade (…) Es ist gerade weg (lacht).«

Die Behandlung endet natürlich nicht mitten im Kompositionsprozess zum Schmerzerleben, aber es ereignet sich hier eine therapierelevante Szene. Nach den Worten des Patienten ist es die »Stimulation eines Erdbebens, das man hervorruft«. Dass der Schmerz während der intensiven Beschäftigung mit dissonanten Klängen plötzlich nicht mehr spürbar ist, widerspricht dem, was man nach neurophysiologischen Forschungsergebnissen erwarten würde. Auch klinisch ist es in dieser Phase der Therapie, in der es um Problemaktualisierung geht, überraschend, zumal angesichts drohender Intrusionen in diesem Fall. Eliminiert man ein solches Phänomen nicht grundsätzlich als unwahrscheinlichen Einzelfall, zeigen sich daran Grenzen, die intrinsisch-evolutiven, kreativen und selbstbestimmenden Dimensionen menschlicher Subjektivierungsprozesse (vgl. Guattari 2012, S. 24), die – auch – für die psychodynamische Musiktherapie essenziell sind, neurophysiologisch zu beforschen.

So ist am Ende dieses Beitrags zu fragen, ob mit dem Projekt einer neuropsychodynamischen Musiktherapie eine Beschreibungsebene gefunden werden kann, in der alle Phänomene eingebettet sein können. Womöglich ist der Anspruch jedoch wesentlich bescheidener, wenn in einer Zeit, in der die epistemische Erwartung geweckt ist, dereinst das Mentale in den neuronalen Prozessen direkt beobachten zu können, der Versuch unternommen wird, die subjektive Dimension einer psychodynamischen Musiktherapie zu erhalten.

Literatur

Bradt J (2010) The effects of music entrainment on postoperative pain perception in pediatric patients. Music Med 2(2):150–157

Bradt J, Dileo C, Grocke D, Magill L (2011) Music interventions for improving psychological and physical outcomes in cancer patients. Cochrane Systematic Review

Cepeda MS, Carr DB, Lau J, Alvarez H (2006) Music for pain relief. Cochrane Database System 19, CD004843

Dileo C, Bradt J (1999) Entrainment, resonance, and pain-related suffering. In: Dileo C (Hrsg) Music therapy & medicine: Theoretical and clinical applications. American Music Therapy Association, Silver Spring MD, S 181–188

Grawe K (2004) Neuropsychotherapie. Hogrefe, Göttingen

Guattari F (2012) Die drei Ökologien. Passagenverlag, Wien

Hauck M, Metzner S, Rohlffs F et al (2013) The influence of music and music therapy on neuronal pain induced oscillations measured by MEG. Pain 154(4):539–547

Hüther G (2004) Ebenen salutogenetischer Wirkungen von Musik auf das Gehirn. Musikther Umsch 25(1):16–26

Kasseler Konferenz (1998) Thesen der Kasseler Konferenz. Musikther Umsch 19:232–235

Maratos AS, Gold C, Wang X, Crawford MJ (2008) Music therapy for depression. Cochrane Database of Systematic Reviews, Issue 1

Metzner S (2009) Musik-imaginative Schmerzbehandlung (Entrainment). In: Decker-Voigt H-H, Weymann E (Hrsg) Lexikon Musiktherapie, 2. erw. Aufl. Hogrefe, Göttingen, S 295–298

Metzner S (2012) A polyphony of dimensions: music, pain and aesthetic perception. Music Med 4(3):164–171

Metzner S, Busch V (2015) Musik in der Depressionsbehandlung aus musiktherapeutischer und musikpsychologischer Sicht. In: Bernatzky G, Kreutz G (Hrsg) Musik in der Medizin. Springer, Wien (im Druck)

Metzner S, Frommer J (2014) Die performative und bedeutungsgenerierende Dimension von Musik in der musiktherapeutischen Schmerzbehandlung. Psychodynamische Psychotherapie/Sonderheft Musiktherapie (4):224–233

Mössler K, Chen X, Heldal TO, Gold C (2011). Music therapy for people with schizophrenia and schizophrenia-like disorders. Cochrane Database of Systematic Reviews, Issue 12

Northoff G (2014) Unlocking the brain, Bd 2 Consiousness. Oxford Univ Press, Oxford New York

Rider M (1985) Entrainment mechanisms are involved in pain reduction, muscle relaxation, and music-medicated Imagery. J Music Ther 22(4):183–192

Scheidegger M (2014) Neuropsychoanalyse: Hirntätigkeit als Zeichenprozess. J Psychoanal 55:89–106

Ambulante psychiatrisch-psychotherapeutische Therapie

Heinz Böker, Peter Hartwich

H. Böker et al. (Hrsg.), *Neuropsychodynamische Psychiatrie*,
DOI 10.1007/978-3-662-47765-6_31, © Springer-Verlag Berlin Heidelberg 2016

31.1 Vier psychotherapeutische Settings

Heinz Böker

Es werden vier therapeutische Settings der ambulanten Psychotherapie und Indikationskriterien für eine neuropsychodynamisch orientierte Psychotherapie dargestellt.

Das Modell der neuropsychodynamischen Psychiatrie unterstützt das Verständnis von Wirkprinzipien der Psychotherapie und Somatotherapie in der Behandlung psychiatrischer Erkrankungen, das die zirkuläre Verknüpfung von Faktoren aus unterschiedlichen biologischen, psychologischen und sozialen Dimensionen berücksichtigt. Neuropsychodynamisch orientierte Interventionen, basierend auf einer psychotherapeutischen Haltung, stehen im Einklang mit Erkenntnissen der Neuroinformatik, die ebenfalls unterstreichen, auf welchen Voraussetzungen psychotherapeutisches Handeln und Lernen in Psychotherapien beruht. Grundsätzliche Voraussetzung ist eine angstfreie Atmosphäre, da davon auszugehen ist, dass Angst die Neuromodulatoren in einer für Lernen und Veränderung ungünstigen Weise verstellt. Darüber hinaus zeigen die Ergebnisse neurobiologischer Untersuchungen zur Neuroplastizität des Gehirns, dass sowohl Einsicht als auch wiederholtes Üben therapeutischen Erfolg haben können. Veränderungen können sowohl »von unten« als auch »von oben« beeinflusst werden (»top down« und »bottom up«; Böker u. Northoff 2015; Spitzer 2000). In verhaltensorientierten Therapien werden durch Üben neue assoziative Verknüpfungen geschaffen und alte, ungünstige gelöscht. In einsichtsorientierten Psychotherapien werden – in einer möglichst angstfreien Atmosphäre – auch entfernt liegende Assoziationen verfügbar gemacht, Bedeutungen im therapeutischen Gespräch erkannt und moduliert und neue assoziative Verknüpfungen geschaffen.

Konsequenterweise sollten Behandlungsstrategien entwickelt und modifiziert werden, die darauf abzielen, die dem Gehirn innewohnende plastische Potenz zu reaktivieren und eine Reorganisation der dort – aufgrund genetischer Dispositionen oder durch epigenetische Einflüsse – herausgeformten und durch die Art ihrer bisherigen Nutzung stabilisierten neuronalen Verschaltungsmuster zu bewirken. Eine Voraussetzung dazu besteht in der Analyse der Faktoren, die im Verlauf der bisherigen Entwicklung eines Patienten zur Bahnung und Stabilisierung der in seinem Gehirn angelegten assoziativen Netzwerke und Verschaltungen sowie zur Aktivierung neuroendokrinologischer Prozesse geführt haben.

Die Auswirkungen der somatopsychischen-psychosomatischen Circuli vitiosi psychiatrischer Erkrankungen entziehen sich zunächst dem direkt deutenden Zugang (wie im klassischen psychoanalytischen Setting). Im Dialog zwischen Patient und Therapeut werden schließlich neue Erfahrungen ermöglicht, die zum Abbau von defensiven Barrieren und bisherigen ungünstigen und leidvollen Bewältigungsmechanismen beitragen (Böker 2005; Mentzos 1995). Im Folgenden werden Indikationskriterien, behandlungstechnische Aspekte und geeignete therapeutische Settings beschrieben.

Die psychoanalytische Psychotherapie, im bundesdeutschen Sprachraum psychodynamische oder tiefenpsychologisch fundierte Psychotherapie, stellt eine Therapiemethode dar, die sich zwar eng an der psychoanalytischen Theorie und Technik orientiert, sich jedoch durch Settingmodifikationen und deren Auswirkungen auf den therapeutischen Prozess von der Psychoanalyse im engeren Sinne unterscheidet (Böker 2005). Wo und wie genau diese Grenzlinie verläuft, ist bisweilen Gegenstand heftiger fachspezifischer Debatten. Um die unbewussten Anteile der intrapsychischen und interpersonellen Dynamik aufzudecken, ist es notwendig, dass der psychoanalytische Psychotherapeut eine »reflective function« (Fonagy u. Target 1997) einnehmen kann, die Bedürfnisse der Empathie, Verbalisierung intrapsychischer Prozesse und Spiegelung aufnimmt. Dies bildet die Basis für »moments of meeting« (Stern 1998), in denen etwas passiert oder entsteht und nicht mehr verbalisiert werden kann, sondern die den Ausdruck von implizitem, unbewusstem und beziehungsmäßigem Wissen beinhalten (»implicit relational knowledge«) und somit neue Erfahrungen ermöglichen (Hoffmann u. Schauenburg 2000).

Oft ist es erst nach Abklingen der körperlichen Erstarrung (z. B. in der Depression) möglich, die prämorbiden Strukturen und Grundkonflikte zu bearbeiten (Böker 2005; Rudolf 1996). Im weiteren Verlauf zielt die psychoanalytische Psychotherapie darauf ab, unter verstärktem Einbezug des biografischen Hintergrundes, der verinnerlichten Beziehungen zu wichtigen anderen Personen und unbewusster Konflikte überhöhte Selbstansprüche (hohes Ich-Ideal), Selbstwertzweifel (Wendung gegen das eigene Selbst), Schuldgefühle (strenges, rigides Über-Ich), die Tendenz zu Abhängigkeit (Idealisierung, Trennungsängste, Abhängigkeitsscham, Trennungsschuld) bzw. zu forcierter Autonomie (regressive Aktualisierung des grandiosen Selbst in der Manie) zu bearbeiten. Neben den Deutungen der überwiegend unbewussten Dynamik und der Übertragung tragen insbesondere die neuen Erfahrungen im »Hier und Jetzt« der therapeutischen Beziehung zu einem Abbau defensiver Abwehr- und Bewältigungsstrategien und habitueller Bindungsmuster bei.

Zur Orientierung eignen sich vier Settings für ambulante Psychotherapie mit unterschiedlicher Stundenfrequenz, Dauer und therapeutischem Fokus (Mentzos 1995; Böker 2000). Deren Auswahl ist – unter Berücksichtigung der Symptomatik, der Krankheitsvorgeschichte und der Persönlichkeit – stets auf den einzelnen Patienten zu beziehen:

▪ Setting A

Niedrige Sitzungsfrequenz (z. B. Abstände von 2–4 Wochen über viele Jahre)

- Kurze Sitzungsdauer (z. B. 20–30 min)
- Konstant akzeptierende, relativ distanzierte therapeutische Haltung (trägt zu der neuen Erfahrung schuldfreier Autonomie und einer schamfreien Bindung an das Objekt bei)

▪ Setting B

Mittlere Sitzungsfrequenz (zumeist eine Wochenstunde)

- Inhaltlicher Schwerpunkt: aktuelle Konflikte (z. B. Partnerschaft, Beruf)
- Zunächst keine, später gelegentliche Deutung der Übertragung und Rekonstruktionen
- Zur therapeutischen Haltung: Die Ambivalenz im Beziehungserleben der Patienten ist in der Reflexion der Therapeuten von großer Bedeutung

▪ Setting C

Höhere Sitzungsfrequenz (2–3 Wochenstunden)

- Nach Abklingen der schweren, u. a. depressiven Symptomatik möglich
- Bearbeitung der persönlichkeitsstrukturellen Komponente der Erkrankung
- Deutung der Übertragungsbeziehung
- Evidenzerleben der Patienten: Die Wertschätzung des Anderen bleibt trotz spürbar gewordener Aggression und Abgrenzung erhalten

▪ Setting D

Ambulante Gruppenpsychotherapie (eineinhalb Wochenstunden)

- Bewältigung und Prophylaxe der Erkrankung bei langen Krankheitsverläufen (psychoedukative Elemente)
- Steigerung der sozialen Kompetenz im interaktionellen Erfahrungsaustausch der Gruppenmitglieder
- Multilaterale Übertragungen: Erfahrung und Auflösung sozialer Circuli vitiosi in der aktuellen Gruppensituation
- schrittweise Bearbeitung des ambivalenten Wunsches nach dem »Ideal-Objekt« (im längeren Therapieverlauf)

Für die Indikation und Auswahl des therapeutischen Settings sind die üblicherweise bei der Indikation psychotherapeutischer Interventionen heranzuziehenden Kriterien (Leidensdruck, Motivation, Introspektionsfähigkeit, Schwere und Dauer der Erkrankung, Persönlichkeitsstruktur) von Bedeutung (◘ Tab. 31.1).

Tab. 31.1 Indikationskriterien für eine neuropsychodynamisch orientierte Psychotherapie und Auswahl des therapeutischen Settings

Indikationskriterien		Therapeutisches Setting			
		A	B	C	D
Leidensdruck	Hoher Leidensdruck		X	(X)	(X)
	Niedriger Leidensdruck	X			
Motivation	Grundsätzliche Voraussetzung, notwendige Abklärung, u. U. Förderung	X	X	X	X
Introspektionsfähigkeit	Hohe Introspektionsfähigkeit		X Fokus: aktuelle Konflikte	X Bearbeitung krankheitsfördernder Intrapsychischer Mechanismen	
	Niedrige Introspektionsfähigkeit	X			X
Schwere und Dauer der Erkrankung	Langjähriger Krankheitsverlauf, erhebliche psychosoziale Einbußen	X	(X)		X
Persönlichkeitsstruktur	Schwere Persönlichkeitsstörungen mit gering integriertem Strukturniveau nach OPD	X	X		(X)
	Narzisstische Struktur (mittleres Strukturniveau nach OPD)		X	(X)	(X)
	Gut integrierte Struktur nach OPD mit histrionischen und ängstlich-selbstunsicheren Zügen)		X	X	

OPD Operationalisierte psychodynamische Diagnostik

31.2 Langzeit-Psychotherapie bei depressiv Erkrankten

Heinz Böker

31.2.1 Zur Problematik

Chronifizierung depressiver Erkrankungen

In der Behandlung der Schwerkranken besteht die Nagelprobe der modernen Psychiatrie, wie D. Hell (2007, mündl. Mitteilung) zu Recht unterstrichen hat. Eine besondere Herausforderung besteht insbesondere auch in der Behandlung der Patienten mit therapieresistenten und chronischen Depressionen. Aufgrund der Ergebnisse von Querschnittanalysen, Follow-up-Studien und katamnestischen Untersuchungen ist davon auszugehen, dass 15–40 % depressiver Erkrankungen einen chronischen Verlauf nehmen. Mit zunehmender Beobachtungsdauer erhöht sich die kumulative Rezidivwahrscheinlichkeit. Die zunehmende Relevanz der Chronifizierung depressiver Erkrankungen ist epidemiologisch nachweisbar und wird durch die Ergebnisse der Versorgungsforschung bestätigt (Wolfersdorf et al. 1985; Kopittke 1989; Keller 2001). Weissman u. Klerman (1977) hatten bereits die Gruppe der chronisch Depressiven als »unrecognized and poorly treated« beschrieben. Chronische Depressionen bestimmen die weitere Entwicklung eines Menschen maßgeblich, sie sind mit dessen Lebensgeschichte verknüpft und bei ihrer Bewältigung sind Partner, Familienangehörige und das weitere soziale Umfeld involviert. Der Übergang von Krankheit, verbunden mit der

Vorstellung von »akut, traumatisch, behandelbar, geheilt und abgeklungen« in »Leiden«, verbunden mit Vorstellungen von »chronisch, progredient, ungünstige somatische, psychische und soziale Prognose, lebenseinschränkend, lebensverkürzend« ist für die Betroffenen – und auch die Behandelnden – häufig verschwommen (vgl. Wolfersdorf u. Heindl 2003). Dementsprechend kann das Therapieziel nicht ausschließlich Symptomreduktion und/oder Verhaltensänderung sein, sondern muss sich an einer Langzeitperspektive orientieren, die sowohl die Persönlichkeit des Erkrankten wie auch sein Lebensumfeld miteinbezieht. Diese komplexe Behandlungssituation setzt auch aufseiten der Behandelnden eine therapeutische Grundhaltung voraus, die die empathische Einstimmung auf den einzelnen, die geduldige therapeutische Begleitung des depressiv Erkrankten und die gemeinsame Suche nach Bewältigungsstrategien befördert.

Therapieresistenz

Die chronische Depression ist differenzialdiagnostisch von einer therapieresistenten Depression abzugrenzen: Therapieresistenz bedeutet Nichtansprechen der depressiven Symptomatik in der Indexepisode auf eine definierte Therapie, die entsprechend den jeweiligen Behandlungsempfehlungen durchgeführt worden ist. Bei Verdacht auf eine therapieresistente Depression muss auch eine »Pseudoresistenz« (ca. 40–50 % aller sog. therapieresistenten Patienten!) erwogen werden: Die Ursachen einer »Pseudoresistenz« bestehen in einer Unterbehandlung (zu kurze Behandlung, inadäquate medikamentöse Behandlung u. a. mit zu niedriger Dosierung, fehlender Einsatz einer Psychotherapie) und einer somatischen und/oder psychiatrischen Komorbidität.

»Therapieresistenz« lässt sich im Rahmen psychotherapeutischer Interventionen weniger leicht definieren.

Als **Faktoren der Therapieresistenz** sind zu berücksichtigen:

- die gewählte Psychotherapie-Methode,
- die therapeutische Kompetenz der Behandelnden,
- die Frequenz der Therapiesitzungen,
- die evtl notwendige Einzelpsychotherapie (anstelle der Gruppenpsychotherapie),
- die Abwägung zwischen dem Einsatz von Entspannungsmethoden vs. aktivierendem Ansatz und nicht zuletzt
- die Unterlassung der Einbeziehung von Angehörigen.

Von wesentlicher Bedeutung ist die »Passung« von Patient und Therapeut als Grundlage der Entwicklung einer tragfähigen therapeutischen Beziehung. Auch können sich interaktionelle Faktoren (in Partnerschaft und Familie) als blockierend erweisen und eine autonome Entwicklung des jeweiligen depressiven Patienten erschweren. Soziale Rahmenbedingungen (Arbeitsplatzverlust, lang anhaltende Arbeitslosigkeit, plötzlicher Verlust des Partners, schwere Erkrankungen im familiären Umfeld oder auch eine drohende Ausweisung im Rahmen der Migrationsproblematik) können wesentliche Hemmnisse psychotherapeutisch zu befördernder Entwicklungsprozesse sein.

31.2.2 Die therapeutische Begegnung in der Langzeitpsychotherapie

Bei der Durchführung der Psychotherapie ist zu berücksichtigen, dass die zur Chronifizierung beitragenden Faktoren auch einen Teil der Dynamik innerhalb der therapeutischen Beziehung bestimmen können. Therapie könne dann chronisch werden und unnötig lang dauern, wenn Patient und Therapeut auf einer der genannten Ebenen »hängenbleiben« (vgl. Wolfersdorf u. Heindl 2003, S. 73), d. h. in der Hilflosigkeit des Patienten und dessen Angewiesensein auf Zuwendung,

> [in der] Klage … über den drohenden Verlust, in der Verleugnung des eigenen Beitrages und der Weigerung zur Übernahme autonomer Verantwortung und in der Beibehaltung einer abhängigen Beziehung des Patienten zum Therapeuten, in der Loslösung nicht möglich wird… (Ebd, S. 73)

Dementsprechend hatte Mentzos (1995) im Hinblick auf eine geeignete therapeutische Haltung empfohlen, »den oralen Hunger des Patienten verständnisvoll zur Kenntnis zu nehmen und sogar auch zu benennen, ihn jedoch nicht direkt »fütternd« zu befriedigen«. In dem schmerzlichen Prozess der Trennung (von sehnsuchtsvoll gesuchten, »umklammerten« Anderen oder auch von eigenen Größenfantasien) erfährt der Depressive – oftmals zum ersten Mal – die narzisstische Zufuhr eines spontanen und natürlichen »Angenommenwerdens«.

Ein wesentlicher Fokus der Behandlung besteht darin, den sequenziellen Prozess des Hineingeratens in einen Zustand der Erschöpfung und zunehmenden Erstarrung unter Berücksichtigung aktueller und früherer Beziehungs- und Konfliktmuster zu bearbeiten. Die dilemmatische Verknüpfung von Anlehnungswünschen und Autonomiewünschen mit gleichzeitigen Verlustängsten und Schuldgefühlen wird innerhalb der Übertragungsbeziehung unmittelbar erfahrbar.

Trotz der erfolgreichen Bearbeitung depressionsfördernder psychodynamischer Zusammenhänge und maladaptiver Bewältigungsversuche können sich **spezifische behandlungstechnische Probleme** der Depressionsbehandlung einstellen (Böker 2005, 2011). Diese bestehen

- in der möglichen »präsymbolischen Affektansteckung« (Erleben von Hilflosigkeit und Resignation im Therapeuten, gelegentlich verbunden mit einer unbewussten aggressiven Ablehnung),
- in einer möglichen partiellen temporären Entkopplung von psychischem Prozess und manifester Symptomatik (Verstärkung der depressiven Symptomatik, z. B. bei geringfügigen, von außen gar nicht mehr erkennbaren Reizen auf der Grundlage einer Vulnerabilität oder »Narbenbildung«, die zur Aufrechterhaltung rezidivierender depressiver Erkrankungen und chronischer Depressionen beiträgt; vgl. »Kindling Modell«, Post 1990, 1991) und
- in unterschiedlichen Ebenen der Symbolisierung, bei denen somatopsychische Vorgänge involviert sind.

Hell (2009) beschrieb die achtsame therapeutische Begegnung in der tiefen Depression als »Oasenerfahrung in der depressiven Wüste«. Welche Eigenschaften des Psychotherapeuten tragen dazu bei, eine solche »Oasenerfahrung« angesichts der oft schweren und lang anhaltenden depressiven Symptomatik zu ermöglichen? Günstigenfalls kann die Psychotherapie depressiv Erkrankter zu einem – im Sinne von Martin Buber – Beziehungsraum werden, der das Selbst weder zum Objekt macht noch es sich selber überlässt. »Unspezifische«, methodenübergreifende Wirkfaktoren sind Wärme, Wertschätzung und Angstfreiheit (Orlinsky et al. 1996; Grawe 2004). Positive Erwartungen aufseiten der Therapeuten sind starke Wirkfaktoren (Beutel et al. 2009) und ermöglichen, die Hoffnung aufrechtzuerhalten.

Neue Beziehungserfahrungen in der therapeutischen Begegnung tragen wesentlich zur Auflösung defensiver Strategien und komplizierender Teufelskreise der Depression bei. Die therapeutische Beziehungsgestaltung kann dabei erschwert werden durch die depressive Interaktionsdynamik (»depressiver Sog«), welche die Bezugsperson zur defensiven Selbstbehauptung und Kritik am depressiven Menschen verführt, u. U. kann dies auch zur Selbstinfragestellung der Therapeuten oder aggressiven Gegenübertragungsreaktionen (Ratschläge, unangemessene Aufforderung zu Aktivität) führen. Das Mit-Erleben der Depression und deren mögliche Überwindung verweist auch den Psychotherapeuten auf das eigene Selbst und geht mit einem individuellen Erfahrungsprozess einher.

◘ Tab. 31.2 vermittelt – auf der Grundlage verschiedener Behandlungsmanuale – eine Übersicht über wesentliche Grundmerkmale erfolgreicher Psychotherapie bei Depressionen.

Indikationen zu einer langfristigen niederfrequenten Psychotherapie bei depressiv Erkrankten (Schauenburg u. Clarkin 2003)

- Erhebliche Restsymptomatik zu Therapieende (z. B. Schlafstörungen)
- Zurückliegende rasche Rückfälle nach Therapieende
- Mehr als drei eindeutige vorherige Episoden
- Erste Episode sehr schwer und vor dem 20. Lebensjahr
- Ausgeprägte Persönlichkeitsstörung
- Ausgeprägte (v. a. soziale) Ängstlichkeit und Scham
- Soziale Isolierung
- Belastende Lebensumstände (Armut, alleinerziehender Status, Gewalt, Kriminalität etc.)
- Ausdrücklicher Wunsch des Patienten

Tab. 31.2 Übersicht über wesentliche Grundmerkmale erfolgreicher Psychotherapie bei Depressionen

IPT	STPP	KVT
Problemorientierung	Problemfokussiert	Problemorientierung
Strukturiertheit	Strukturiertheit, Direktivität	Strukturiertheit, Direktivität
Zielorientiert		Zielorientiert
Gegenwartsorientierung	Gegenwartsnähe	Gegenwart, Alltagsnähe
Erklärungen, Information	Erklärungen, Information	Transparenz, Erklärungen
Professionalität	Professionalität	Akzeptanz, Professionalität
Aktiver Therapeut	Aktiver Therapeut	Interessierter, aktiver Therapeut
Kooperation	Arbeitsbündnis	Kooperation, Arbeitsbündnis
Fertigkeiten orientiert	Motivationale Klärung	Fertigkeiten orientiert,
Neulernen, Kompetenzen Übungen	Förderung von Introspektion und Selbstreflektionsfähigkeit	Neulernen, Übungen, Rückmeldungen, Zusammenfassungen

In der nationalen Versorgungsleitlinie (NVL/S3 »Unipolare Depression«) wird eine Empfehlung für die Behandlung der Dysthymie, Double Depression und chronischen Depression ausgesprochen.

NVL/S3 »Unipolare Depression«

- Bei Dysthymie und Double Depression soll die Indikation für eine pharmakologische Behandlung geprüft werden.
- Bei einer chronischen Depression sollte eine pharmakologische Behandlung erwogen werden.
- Bei Dysthymie und Double Depression sollte dem Patienten eine Kombinationstherapie mit angemessener Psychotherapie und Antidepressiva angeboten werden.
- Bei schwereren und rezidivierenden sowie chronischen Depressionen, Dysthymie und Double Depression sollte die Indikation zur Kombinationsbehandlung aus Pharmakotherapie und geeigneter Psychotherapie vorrangig vor einer alleinigen Psychotherapie oder Pharmakotherapie geprüft werden.

Evidenzbasierte Behandlungselemente bei Depressionen in den bestehenden Leitlinien wurden von Dirmeier et al. (2010) zusammengestellt. Diese beinhalten insbesondere Psychoedukation und störungsspezifische Psychotherapie (Tab. 31.3).

Worauf es ankommt in der Psychotherapie, schildert Frau S., eine 44-jährige Patientin, die seit der Adoleszenz an einer »Double Depression« leidet.

Frau S., 44 J, Diagnose: Double Depression

- »Einen sicheren Raum haben für meine ‚inhaltslose' Angst und meinen ‚unfassbaren' Schmerz, Gefühle, die ich erlebe, wenn sie abwesend sind in den Ferien (Verlassenheitsangst), wenn ich zerfressen werde von meinen Schuldgefühlen, weil ich mich nicht genügend aufgeopfert habe für meine Eltern, wenn ich wahrnehme, dass andere zu ihnen wollen (Eifersucht, Wut), wenn ich glaube, dass ihnen alles gelingt (Rivalität, Neid) und für meine Freude, meinen Zweifel und meinen Mut, wenn ich auf sie zugehe.«
- »Diese Sehnsucht und Angst musste ich als Kind vergessen, um zu überleben«

Tab. 31.3 Evidenzbasierte Behandlungselemente bei Depressionen in bestehenden Leitlinien. (Dirmaier et al. 2010; mit freundl. Genehmigung des Thieme-Verlags)

	Therapieart	Spezifische Evidenzgrade: LL-Nummer (Evidenzgrad)	Zusätzliche Evidenz (Studientyp, Evidenzgrad)	EG[a]
1	**Einzelpsychotherapie**			
	Kognitive Verhaltenstherapie (KVT)	13(I), 12(I), 10(I), 9(I), 8(I), 7(I), 6(I), 5(II), 3(II),1(I)		I
	Interpersonelle Therapie (IPT)	13(I), 12(I), 10(I), 9(I), 8(I), 7(I), 6(I), 5(II), 3(II), 1(I)		I
	Psychodynamische Psychotherapie (STTP)	13(I), 12(I), 10(I), 9(II), 8(II), 7(II), 6(I), 5(III), 3(III), 1(II)		I
	Gesprächspsychotherapie (GT)	13(II), 12(I), 6(II)		II
2	**Gruppenpsychotherapie**			
	Kognitive Verhaltenstherapie (KVT)	13(I), 9(II), 7(II)		I
	Interpersonelle Therapie (IPT)	13(I), 9(II)		I
	Psychodynamische Psychotherapie (STTP)	13(III)		III
	Gesprächspsychotherapie (GT)	13(III)		III
3	**Angehörigenorientierte Interventionen**			
	Paartherapie	13(I), 6(I-II), 5(II)	Barbato u. D´Avanzo (systematischer Review, I)	I
	Familientherapie		Henken, Huibers, Churchill, Restifo u. Roelofs (systematischer Review, II)	II
	Information/ Einbezug von Angehörigen	13(I-II), 12(I-II), 9(II), 8(II), 5(III), 3(II)		II
4	**Information, Psychoedukation**			
	Symptomatik, Verlauf, Behandlung	6(I), 5(III), 10(II)		I
	Informationen zu Schlaf oder Angst	5(III), 3(III)		III
	Medikamente und Nebenwirkungen	6(I), 5(III)		I
5	**Sport, Bewegungstherapie**			
		9(II-III), 7(II-III), 6(III), 5(III) 3(III)	Stathopoulou, Powers, Berry, Smits u. Otto (systematischer Review, I) Blumenthal et al. (RCT, I)	I
6	**Rekreationstherapie**			
	Aufbau sozialer Kontakte	5(III); 3(III)		III
	Aufbau positiver Aktivitäten		Cuijpers, van Straten u. Warmerdam, (Metaanalyse, I)	I
7	**Selbsthilfe**			
	Angeleitete Selbsthilfe	5(III), 3(II)		II
	Bibliotherapie	13(I), 9(II), 5(II), 3(II)		II

31.2.3 Zusammenfassung und Ausblick

Es kann davon ausgegangen werden, dass bei der Entwicklung und Aufrechterhaltung depressiver Syndrome Wechselwirkungen der Wirk- und Auslösefaktoren (biologische Disposition, Persönlichkeit, lebensgeschichtliche Erfahrungen, aktuelle und chronische Belastungen) beteiligt sind. Ferner ist anzunehmen, dass bei der Entwicklung depressiver Syndrome psychodynamische Faktoren mit funktionellen und strukturellen zentralnervösen Prozessen interagieren.

Psychopharmakotherapiestudien unterstreichen, dass Psychopharmaka im Hinblick auf den Verlauf der Depression und die Prognose lediglich einen geringen Anteil an der Varianzaufklärung haben (vgl. Szegedi et al. 2009). Jeder Patient hat seinen individuellen Verlauf. Vielfältige empirische Befunde deuten darauf hin, dass nicht ein einzelner kausaler Faktor, sondern eine nichtlineare Interaktion unterschiedlicher biologischer und psychosozialer Faktoren in die Pathophysiologie der Depression involviert ist. Dies ist insbesondere auch bedeutsam für die Rezidivierung und Chronifizierungstendenz depressiver Erkrankungen.

Entsprechend der ätiopathogenetischen, psychopathologischen, neurobiologischen und verlaufsbedingten Besonderheiten der Depression ist eine modifizierte Technik im Rahmen eines mehrdimensionalen Behandlungskonzeptes erforderlich. Die Indikation erfolgt individuumorientiert unter Berücksichtigung des bisherigen Verlaufes der Erkrankung, des Schweregrades und weiterer psychosozialer Variablen (z. B. Persönlichkeit, Persönlichkeitsstörungen). Im Langzeittherapieverlauf ist eine sequenzielle Fokusbildung erforderlich, die stets auf die in der jeweiligen Situation im Vordergrund stehende Symptomatik und Konstellation zielen sollte. Die dabei oftmals notwendige komplementäre Verknüpfung unterschiedlicher Therapie- und Psychotherapieverfahren ist jedoch nicht gleichzusetzen mit einem polypragmatischen Einsatz von Kurztherapien. Ein wesentliches therapeutisches Ziel besteht in der Auflösung der defensiven Strategien und der komplizierenden, die Depression aufrechterhaltenden Circuli vitiosi. In einem langjährigen therapeutischen Prozess werden neue Beziehungserfahrungen – z. B. im Rahmen einer psychoanalytisch orientierten Psychotherapie oder CBASP – ermöglicht, die zu einer allmählichen Überwindung des depressiven Dilemmas (Antagonismus von Selbstwerthaftigkeit vs. Objektwerthaftigkeit) beitragen. Angesichts der möglichen psychotherapietechnischen Probleme – u. a. einer möglichen partiellen, temporären Entkopplung von psychischem Prozess und aktueller Psychopathologie – sind therapeutischerseits große Flexibilität, Geduld und Eingestimmtsein erforderlich.

Die in langjährigen Psychotherapien und Kombinationsbehandlungen mit depressiv Erkrankten gesammelten Erfahrungen lassen sich in dem therapeutischen Credo zusammenfassen: »Psychotherapie mit chronisch Depressiven ist Langzeittherapie und wird sich am Einzelfall, der Person und deren Lebenssituation orientieren müssen. Die innere Einstellung dazu muss auf therapeutischer wie auf Patientenseite verarbeitet und positiv als Entwicklungsmöglichkeit formuliert werden. Alles andere ist erlernbare Methodik und Anwendung jeweils passender Therapieansätze – schulenübergreifend, manchmal auch unorthodox – und Erfahrung« (Wolfersdorf u. Heindl 2003, S. 161).

31.3 Gruppenpsychotherapie

Peter Hartwich

> » Man lässt den Menschen um nichts in der Welt mit sich allein. Er muss mit anderen zusammen sein, ob er will oder nicht. (Ortega y Gasset 1964,[1] 1934, S. 40)

In der Familie, im Kindergarten, in der Schule, den weiteren Ausbildungsstätten und am Arbeitsplatz ist der Einzelne immer in einer Gruppensituation. Aufbau und Entwicklung seiner Persönlichkeit mit der ihm eigenen neuropsychodynamischen Struktur gestalten sich kontinuierlich in der Wechselwirkung mit seiner sozialen Umwelt. Die Gruppe steht zwischen Individuum und Masse, wobei letztere in der Regel die Rolle der Geführten und des Führers kennt. Battegay liefert eine generelle Definition der Gruppe:

> Ein hochorganisiertes soziales Gebilde, das aus einer meist kleinen Zahl von wechselseitig in Beziehung stehenden und zusammen ein abgegrenztes Funktionsganzes gebenden Individuen besteht, die alle eine für die Funktion der Gesamtheit wesentliche Rolle ausüben. Die Gruppe ist ein *Füreinander* von Gefühls- und verstandesmäßig verbundenen Mitgliedern, von denen jedes für kürzere oder längere Zeit eine Position übernimmt und die damit verknüpften Aufgaben und Verpflichtungen einerseits in der für das Kollektiv erforderlichen Art, andererseits in typischer Weise individuell gefärbt, ausübt. (Battegay 1976, S. 16: Hervorh. i. Orig.)

Gruppenangebote in Psychiatrie und Psychotherapie gibt es in großer Vielfalt. Neben den Therapiegruppen im engeren Sinne mit ca. 7–10 Teilnehmern und einem oder zwei Therapeuten gibt es Großgruppen, Stationsversammlungen, Morgen- und Abendgruppen in Tageskliniken und auf psychiatrischen Stationen, Gruppen in komplementären Bereichen, wie Körper- und Ergotherapie, sowie Gruppen zu vordefinierten Themen, wie Suchtmittelgebrauch, Problemlösestrategien und vieles mehr.

Die hier vorgelegte Darstellung beschränkt sich auf die Gruppentherapie als Mittel der ärztlich-psychologischen Behandlung in der psychodynamischen Psychotherapie bei psychiatrisch Kranken. Diese Eingrenzung ermöglicht, Grundprinzipien der Behandlung in der Gruppe in Abgrenzung zur Einzeltherapie zu vermitteln, die auch in den anderen genannten Gruppensettings wirksam sind.

Yalom (1974) wies auf die Bedeutung der emotionalen Erfahrungen in Gruppen, so auch in therapeutischen Gruppen, hin, indem durch die Gruppendynamik eine stärkere Kraft zur Korrektur von emotionalen Erlebnissen bestünde als im therapeutischen dualen Setting. So wird »unpassendes Verhalten« eher und vielfältiger durch die anderen Gruppenmitglieder negativ verstärkt und ggf. gelöscht. Positive Verstärkungen hingegen gewinnen an Gewicht. Nach den Untersuchungen von Hood u. Sherif (1962) wirken sich verbale Urteile einer anderen Person auf das Objekterlebnis als Anker aus. Die Erforschung sozialer Faktoren auf die Wahrnehmung des einzelnen gehört zu den fundierten Grundpfeilern der Gruppendynamik (Lewin 1963; Hofstätter 1966).

Eine der wesentlichen psychodynamischen Kräfte der Gruppe ist die **Kohäsion,** auf die schon Yalom (1974) hingewiesen hat und die sich auch im »Wir-Gefühl« ausdrückt. Diese kann empirisch erfasst werden, indem die Intensität der Anziehung, die der einzelne durch die Gruppe als Ganzes und die Mitglieder untereinander erleben, operationalisiert wird. Bei der analytischen Gruppenpsychotherapie von neurotisch Gestörten, wie man sie seinerzeit nannte, warnt Slater (1970, S. 226) allerdings auch in diesem Zusammenhang vor der »magischen Anziehungskraft der Gruppe auf die Abhängigkeitsbedürfnisse der einzelnen Mitglieder«.

Battegay (1976) und auch Enke u. Lermer (1978) betonen **den Aufforderungscharakter** der Gruppe hinsichtlich Verstärkung von Gefühlen und Assoziationen.

> Der Einzelne ist in der Gruppe in einem Netz von Erwartungen verwoben, die ihn psychisch stimulieren. … Die Bewegung, die durch die vielseitigen und vielschichtigen Interaktionen in der Gruppe gegeben ist, führt dementsprechend zur inneren Bewegtheit der Mitglieder. (Battegay 1976, S. 91).

Für den Therapieerfolg betonen Slater (1970) und Battegay (1976), dass die therapeutische Gruppe einen Mikrokosmos, eine Gesellschaft im Kleinen darstelle. Patienten können üben, sich durchzusetzen oder realen Gegebenheiten anzupassen. Schon das Angenommenwerden wirkt sich positiv auf die Selbstbestätigung aus. Eine Reihe dieser Aussagen wurden schon in den Anfangszeiten der Gruppenpsychotherapie mittels des Verfahrens der Soziometrie empirisch untersucht (z. B. von Hartwich et al. 1972). Auch die Frage nach der Urteilskonvergenz in Gruppen Schizophrener gegenüber solchen mit Neurosepatienten wurde in einer Studie von Hartwich u. Steinmeyer (1975) zufallskritisch bearbeitet. Auf die umfangreiche Zusammenfassung der empirischen Gruppenpsychotherapieforschung von Enke (1979) sei an dieser Stelle hingewiesen; er führt Erlebensmessungen, Selbstbeurteilung, Fremdbeurteilung, Messung des manifesten

Verhaltens, sowie soziometrische Verlaufsuntersuchungen an.

Die verschiedenen Formen der Gruppentherapie sind nicht klar voneinander abgegrenzt. Gemeinsame Grundelemente finden sich im **Rollenspiel** (z. B. Strotzka 1973) das Hartwich 1974 auf die Anwendung bei Psychosekranken erweiterte, sowie in dem von Moreno (1959) in den Jahren 1910–1914 entwickelten **Psychodrama**, das Plöger (1979) zur tiefenpsychologisch fundierten Psychodramatherapie weiterentwickelte und zu dessen unterschiedlichen Anwendungsbereichen eine Reihe empirischer Studien erstellt wurden (z. B. Plöger 1969) Auch wurde der Einsatz von audiovisueller Spiegelung auf den Gruppentherapieprozess und die Abwehrmechanismen neurosekranker Gruppenteilnehmer von Hartwich u. Lehmkuhl (1983) in systematischen Studien untersucht. Hinsichtlich der Vorgehensweisen der Gruppenpsychotherapeuten scheinen die meisten sowohl gruppen- als auch individuenzentrierte Interventionen anzuwenden, je nach der Konstellation des gruppendynamischen Prozesses (Gabbard 2014). Wegen der teilweise verminderten, aber gelegentlich auch stark intensivierten Übertragungen, die projiziert und handelnd in Szene gesetzt werden können, treten auch manchmal Gegenübertragungsgefühle und -impulse auf, die das Maß des Aushaltenkönnens übersteigen. Deswegen bevorzugen viele Gruppentherapeuten einen Kotherapeuten, was auch in Großgruppen die Regel ist. Auf diese Weise können Übertragungsaspekte besser bearbeitet werden. Andere klinische Erfahrungen zeigen auch, dass brisante Übertragungsprozesse, die im Einzelkontakt auftreten, in der Gruppentherapie oft nur gedämpft erscheinen. Gruppen können also Übertragungseffekte sowohl begrenzen als auch verstärken, was zusätzlich auch vom Angstniveau der Teilnehmer abhängt.

Erwähnenswert ist die **soziopsychodynamische Grundformel** mit ihren **vier typischen Positionen**, die R. Schindler (1957/58, 1968, 1969) anhand seiner Beobachtung von Bergsteigergruppen entwickelt und auf Psychotherapiegruppen übertragen hat. Der Alpha (Anführer) ist der Repräsentant der Gruppeninitiative, mit dem sich die Gammaindividuen identifizieren (Mitläufer); hier wird die unbewusste Objektbeziehung eingeführt. Omega ist der Schwächste in der Gruppe und wird leicht zur Projektionsfigur des Sündenbocks, während der Beta weniger dicht im affektiven Interaktionsnetz steht und eher den Tüchtigen, der sich durch Leistungen definiert, verkörpert.

Gabbard (2014) betont, so wie Freud entdeckt habe, dass die Übertragung in der Psychoanalyse nicht etwa ein Hindernis, sondern geradezu ein therapeutisches Instrument sei, habe Bion (1961) gefunden, dass die drei Kategorien der Grundannahmen (Abhängigkeit, Kampf/Flucht, Paarung) in der Gruppentherapie einen sehr hohen Wert für das einzelne Mitglied haben, um sich im Kontext der Gruppe zu positionieren und zu verstehen.

Positive Effekte der Gruppenpsychotherapie mit Psychosen gehen schon aus den frühen Forschungen von z. B. Rüger (1986) und Lewandowski u. Buchkremer (1988) hervor. Hartwich u. Schumacher (1985) haben eine empirische Studie vorgelegt, die in dem Beobachtungszeitraum von fünf Jahren zeigt, dass die Rückfallquote nach dem 4. und 5. Jahr gegenüber der vergleichbarer Kontrollpatienten signifikant niedriger war. Gabbard (2014) weist darauf hin, dass die Gruppenpsychotherapie häufig als eine »zweitklassige« Behandlung gegenüber der Individualtherapie angesehen würde. Tatsächlich sprächen aber die vielen Reviews, in denen die Behandlungsergebnisse mit der Gruppentherapie mit denen der Individualpsychotherapie verglichen werden, gegen dieses Vorurteil.

Gruppenpsychotherapien werden für Patienten mit fast alle psychiatrischen Diagnosen durchgeführt: affektive Erkrankungen, Alkoholabhängigkeit, andere Suchterkrankungen, posttraumatische Belastungsstörungen, Borderline-Störung, psychiatrische Alterserkrankungen, bipolare Erkrankungen, Persönlichkeitsstörungen, Angststörungen etc.

Wir möchten im Folgenden Beispiele und Erfahrungen aus psychodynamisch geführten Gruppentherapien mit psychotisch Erkrankten anführen.

31.3.1 Gruppenpsychotherapie mit bipolar Erkrankten

Es handelt sich bei dem Beispiel um eine Gruppenpsychotherapie mit sieben Patienten, die manische und depressive Phasen mit stationärer Behandlung hinter sich haben.

Ein wichtiges Thema ist die Bearbeitung der maniformen Zustände aus den stattgehabten Krankheitsphasen. Im Unterschied zum Kontakt zum Arzt sind die Patienten untereinander, als Kenner unter sich, sehr viel direkter in ihren Aussagen. So wird beispielsweise ein Patient, der heute leicht hypomane Züge aufweist und eine solche Hochstimmung mit in die Gruppe hineinbringt, von den anderen unmittelbar konfrontiert: »Du bist aber heute über dem Strich.« In der Regel wird das nicht krumm genommen, sondern eher akzeptiert. Eine solche Akzeptanz wäre gegenüber den Angehörigen oder dem Therapeuten kaum gegeben. Die hier erfolgte unmittelbare Spiegelung des Betroffenen durch die anderen, die aus der eigenen leidvollen Erfahrung resultiert und damit authentisch ist, trägt zur Annahme einer solchen kritischen Bemerkung wesentlich bei.

▪ Fallbeispiel

Ein Lehrer, 47 Jahre alt, war eigentlich ein von Hause aus zurückhaltender Mensch, eher schüchtern. Wegen seiner Erkrankung war er frühpensioniert worden, zumal er in einigen maniformen Zuständen unangenehm aufgefallen war, als er sich Schülerinnen gegenüber für unwiderstehlich hielt.

In Behandlung war er zuerst zu einem namhaften Psychoanalytiker gegangen. Dort seien zunächst seine Versagensängste und sein geringes Selbstwertgefühl besprochen worden. Nach einer Weile sei er aktiver geworden, habe sich einen schicken Sportwagen gekauft, blieb nachts weg und gab viel Geld bei Bar- und Bordellbesuchen aus. Der Analytiker habe ihn darin bestärkt, er solle endlich mal aus sich herausgehen und lernen, seine Gefühle auszuleben; so die ungeprüften Aussagen des Patienten. Später kam es zur stationären Einweisung.

In der Gruppentherapie hat er dann erstmals über die ausschweifenden Erlebnisse sowie über den Ausbruch aus Familie und Ehe ausführlich berichten können. Das geschah zunächst zögerlich unter Ausdruck eines erheblichen Schamgefühls.

▪▪ Diskussion – Bearbeitung des Schamgefühls in der Gruppe

Peinlichkeiten, Reue und Schamgefühl werden in der Gruppe bei solchen Berichten in einer Intensität deutlich, wie es in Einzeltherapien selten zu erfahren ist. Der Grund ist darin zu sehen, dass andere Patienten relativ rasch darauf eingehen, eigene Beiträge leisten, und derjenige, der hier hauptsächlich berichtet, auf einen Kreis von verstehenden Menschen trifft, die selbst ähnliche Erlebnisse hatten.

In der Regel ist ein Patient mit solch einem Schamgefühl jemand, der etwas getan hat, was seinem Selbstbild erheblich zuwiderläuft. Im Nachhinein ist das schwer zu ertragen. Die Scham wird fast immer bagatellisiert, abgespalten, ins Gegenteil gewendet und verleugnet. Gerade diese Abwehrmechanismen sorgen dafür, dass nichts daraus gelernt wird; hypomanische Zustände wiederholen sich, und es kommt zu erneuten manischen Kaskaden.

Die Tatsache, gerade diese Geschehnisse mehrfach in einer Gruppe mitteilen zu können, bedeutet, dass das bisher Abgewehrte erstmals einer Kollektivierung zugänglich wird, die auf Toleranz stößt und nicht zur sonst üblichen Abwertung führt. Die zusätzliche Spiegelung durch ähnliche Erfahrungen von Mitpatienten verstärkt diese veränderte Bearbeitung. Die Geschehnisse selbst lassen sich zwar nicht rückgängig machen, aber das gefährlich brennende **Schamgefühl wird tolerierbarer und bearbeitbar**. Danach kommt es in Gruppenverläufen öfters zu Phasen trauernder Verhaltenheit. Das erleichtert das Schamgefühl als solches – nicht die ehemaligen Taten – besser in das Selbstbild zu integrieren.

Gelingt dieser psychodynamische Prozess, dann kann verhindert werden, dass im Intervall das Bewusstwerden des Schamgefühls mit all seinen unerträglichen Peinlichkeiten mit den üblichen Abwehrmechanismen rasch unmerklich gemacht wird. Die Fähigkeit, Schamaffekte erleben zu können, wird zu einem bedeutsamen Teil der Selbst- und Impulskontrolle. Die wird gefährdet durch die häufig zu beobachtende anfängliche **maniforme Abwehr**, die zunächst zu funktionieren scheint aber dann immer stärker biologisch unterlegt wird und sich in das Vollbild einer Manie »aufheizen« kann. Wenn dann in der Gruppe die Bemerkungen kommen, wie: »Du musst die tolle Stimmung als Gefahr erkennen. … Du brauchst Dein Lithium, schmeiß es nicht wieder in den Mülleimer«, dann kann hier ein wichtiges Bremsen der Gefahr einer anrollenden Psychose gelingen. Hartwich u. Pfeffer (Pilotstudie 2007, zit nach Hartwich u. Grube 2015) haben in einer empirischen Studie die diesbezügliche Wirksamkeit der Gruppenpsychotherapie bei bipolaren Erkrankungen untersucht und eine signifikante Abnahme der Hospitalisierungstage innerhalb von vier Jahren messen könne (siehe auch Hartwich u. Grube 2015).

31.3.2 Gruppentherapie mit Schwerkranken auf einer geschlossenen Station einer Pflichtversorgungsklinik

Die Gruppe wird von einem Psychologen, der in analytischer Ausbildung ist, und einer Ärztin geleitet. Sie findet zweimal pro Woche für ca. 30 Minuten statt. Eine besonders schwierige, aber auch typische Sequenz einer Sitzung wird hier dargestellt.

▪ Gruppensituation

Frau B., 45 J., katatone Schizophrenie, sitzt hölzern da und ist heute mal in der Lage zu sprechen; sie monologisiert vor sich hin vom Tod und vom schiefen Turm von Pisa, den Therapeuten anschauend: »Ich bin der Fisch an der Angel«, lässt keine Fragen und keinen Kontakt zu, die anderen scheinen für sie nicht zu existieren. Herr F., 65 J., schizoaffektive Psychose, Alkohol, regressive Hirnvolumenveränderungen, steht auf, legt sich auf die Liege, die im Raum steht, schimpft: »Mir geht es gut, ich kann das ganze Gejammer nicht mehr ertragen.« Frau M. redet logorrhoisch, säuselnd und distanzlos auf einen der Therapeuten ein. Herr H.: »Mir ist es zu unruhig hier«, wobei er selbst in die Gruppe brüllt, den Sitzplatz wechselt, rausgeht, wieder reinkommt.

Die beiden Therapeuten berichten nach der Sitzung, sich etwas verwirrt fühlend: Nichts schien mehr möglich, Hilflosigkeit machte sich breit, sie spürten Bedrohliches, Angst und die Gefahr, sich zu verlieren. Strenggenommen gelten solche Patienten als nicht gruppenfähig, es komme nicht zur Gruppenkohäsion. In psychoanalytischer Perspektive handelt es sich um eine Begegnung mit dem Primärprozesshaften, mit Fragmenten ohne erkennbare Kohäsion, verkörpert durch die einzelnen Patienten in der Sitzung. Die Fragmente in der Gruppe können auch als Spiegelung der Fragmentierung im einzelnen Patienten angesehen werden. Der Gruppentherapeut hat hier die Chance, Fragmentierung, Chaos und das Primärprozesshafte zu erleben und bei genauerem Hinfühlen – was erst mit einiger Erfahrung möglich wird – etwas von dem in »verdünnter Lösung« zu erleben, was schizophren gewordene Menschen in ihrer Krankheit erfahren müssen. Therapeuten lernen zunehmend, **chaosfähiger** zu werden, was sie für die psychodynamische Psychosentherapie geeignet macht (Hartwich 2007).

▪ ▪ Diskussion – Festhalten an Selbstfragmenten

Im Anschluss ergab die gemeinsame Besprechung: Die Patienten waren befangen in ihren überwertigen Parakonstruktionen (der schiefe Turm von Pisa, der Fisch an der Angel etc.), und sie haben versucht, ihre eigenen Fragmente festzuhalten und mit ihnen sehr rigide und autistisch eine Grenze nach außen zu errichten. Das hat eine gegenwärtig wichtige Funktion, denn anderenfalls würden sie sich in Fusion mit den äußeren Objekten verlieren. Die mangelhafte Kommunikation, die nicht eine Nichtkommunikation ist, dient somit auch dem Schutz vor Überflutung durch Fusion. Wurde die Bedrohung von außen stärker durch wahrgenommene Nähe und Resonanz auf das von Anderen Gesagte, z. B. die Todesgedanken, dann musste der Kranke vorübergehend den Gruppenraum verlassen.

Die Gruppensitzung war ein Ort der Fragmente geworden, ein **kollektiver Spiegel** dessen, was im individuellen Kranken an Fragmentierung gelebt wird.

Die Therapeuten erfuhren die Fragmentierung ansatzweise mit und ihre Gegenübertragung konnte reflektiert werden. Ihre Nähe zu den Kranken wird größer, und wenn es ihnen dadurch gelingt, die **Selbstfragmentierung mitzutragen**, dann haben sie als Gruppenleiter eine **kohäsionsbildende Funktion**. Die Therapeuten stellen für den weiteren Gruppenprozess einen Kristallisationskern dar, in dessen Umkreis sich die Selbstfragmente konstellieren können, indem sie Haltgebung verkörpern. Somit wurde es in späteren Sitzungen auch möglich, Ruhe zu spüren, was in solchen Gruppen ein Indiz dafür ist, dass psychotische Fantasien mehr toleriert als agiert werden können.

31.3.3 Ambulant-stationäre Gruppe mit schizophrenen und schizoaffektiven Patienten als »slow open group«

Hinsichtlich Krankheitsverlauf und psychopathologischem Zustand hat sich die Ansicht durchgesetzt (z. B. Kanas et al. 1980; Hartwich 1982; Gabbard 2014), dass die Zeit nach Abklingen der floriden Symptomatik sowie eine stabile psychopharmakologische Einstellung zu den günstigsten Voraussetzungen für eine erfolgreiche Gruppenpsychotherapie bei schizophrenen und schizoaffektiven Psychosen gehören. In diesem Sinne ist eine von uns als »slow open group« (Foulkes 1964) über 15 Jahre durchgeführte psychodynamische Gruppenpsychotherapie mit schizophrenen und schizoaffektiven Patienten zu verstehen.

Einige wichtige Erfahrungen der Patienten daraus seien hier kurz und tabellarisch skizziert:

- Der einzelne Patient trifft auf Mitleidende und Kenner,
- die Gruppenkohäsion kann seine eigenen Kohäsionsanstrengungen verstärken,
- in einer antizipatorischen Bewegung erlebt er solche Patienten, denen es schon besser geht und kann das auf sich beziehen,
- Omega-Projektionsträger sind in Psychosegruppen weniger gefährdet, da ihre Position schneller wechselt als bei Gruppen mit anderen Diagnosen,
- größere Toleranzbreite gegenüber psychotischen Veränderungen des Erlebens,
- Bearbeitung der Akzeptanz von traumatischen Psychoseerfahrungen,
- Lernen und Beachten der Frühwarnzeichen,
- Bearbeitung psychoseauslösender Faktoren,
- Bearbeitung der Reinszenierungen von Frühtraumatisierungen (cave: schizophrener Konkretismus),
- Hilfe bei der sprachlichen Formulierung von sonst Unaussprechlichem (Übergangssubjekt, Benedetti 1992),
- der Umgang mit Psychopharmaka wird von »Kennern unter sich« geregelt und hat größere Überzeugungskraft als in der dualen Therapiebeziehung,
- die lange Zeitdauer ist haltgebend.

31.3.4 Zur Frage der Diagnosehomogenität

Die Frage, ob schizophrene Psychosen zusammen mit psychoreaktiv Gestörten und Persönlichkeitsstörungen in einer Gruppe behandelt werden können, finden sich in der Literatur unterschiedliche Angaben. Während Sandner (1986a, b) eine Diagnoseheterogenität bejaht, relativieren Schwarz u. Matussek (1990) und Schwarz (2001) diese Aussage. Die Untersuchungen von Hartwich (1982), Hartwich u. Schumacher (1985) und Hartwich u. Grube (2015) ergaben in der stationären Pflichtversorgung, dass schizophrene und schizoaffektive Kranke in einer Gruppe behandelt werden können, affektive Erkrankte mit depressiven oder maniformen Auslenkungen sollten nicht einbezogen werden. Ferner werden Neurosen, psychosomatisch Gestörte, Persönlichkeitsstörungen sowie Suchtkranke nicht mit schizophrenen Psychosen in einer Gruppe behandelt. Die Aussagen beziehen sich jedoch nicht auf Stations- oder andere Großgruppen.

Kritisch ist zu sehen, dass die Einbeziehung schwerer affektiver Störungen und impulsiver Formen von Persönlichkeitsstörungen zu erheblichen Problemen mit den »dünnhäutigen« Psychosekranken führen kann. Schwarz (2001) führt aus, dass Patienten mit Borderline-Persönlichkeitsstörungen gelegentlich zu aggressiv sein können und Schizophrene dann zu wenig geschützt sind. Schwarz u. Matussek berichten aus der Auswertung von Patientenbefragungen aus einer inhomogenen Gruppe:

> Von weniger kranken Gruppenteilnehmern wurde die Anwesenheit von schwerer gestörten Patienten in der Gruppe kritisiert, sie hätten lieber eine homogenere Zusammensetzung der Gruppe gehabt. Umgekehrt hatten schwerer gestörte Kranke Angst vor Gesünderen. Einzelne psychotische Patienten beklagten sich darüber, dass neurotische Patienten auf sie herunterschauten, ihnen keinen Mut machten, sondern darüber jammerten, dass sie sich wegen ihnen in ihren Äußerungsmöglichkeiten eingeschränkt fühlten. Ein solcher

psychotischer Patient kam sich als schwächstes Glied der Gruppe vor. (Schwarz u. Matussek 1990, S. 203)

- **Warum?**

Einer der Gründe ist Empathiefähigkeit bei den unterschiedlichen Patientengruppen. Bei psychoreaktiv Gestörten (z. B. Neurosen) ist die gegenseitige Anteilnahme bis hin zur Identifikation möglich, bei Psychosekranken, ist diese anfangs kaum und wenn, dann nur in einer anderer Qualität gegeben. Der Psychosekranke hat eher die Tendenz, sich vor dem Hineinversetzen in andere zu schützen und seine Ich-Grenzen zu stabilisieren. Des Weiteren sind die Themen zu unterschiedlich, sodass die jeweiligen Erlebnissphären, wie z. B. Halluzinationen und Wahnideen der Psychosekranken, von anderen Diagnoseträgern nicht wirklich verstanden werden. Zu beachten sind auch die Unterschiede der strukturellen Aspekte und Verarbeitungsmuster, diese könnten bei dem Versuch einer gemeinsamen Bearbeitung rasch an Grenzen stoßen (siehe auch Hartwich u. Grube 2015). Auch Gabbard (2014) betont, dass die Zusammensetzung einer Therapiegruppe hinsichtlich der Konflikte der Teilnehmer heterogen, hinsichtlich des Niveaus der Ich-Stärke aber homogen sein sollte.

Entscheidend für die Zusammensetzung einer Gruppe sind auch die Erfahrung der **Therapeuten** und die angewandte Methode aus dem Spektrum der Formen psychodynamischer Gruppentherapien. Für schwere Störungen schlagen Streeck u. Dümpelmann (2003) vor, Methoden anzuwenden, in denen nicht nur unbewusste Konflikte wie bei der Psychoanalyse neurotischer Störungen bearbeitet werden, sondern auch die soziale Interaktion im Hier und Jetzt, was in der psychoanalytisch-interaktionellen Therapie geschieht.

Literatur

Literatur zu Abschnitt 31.1

Böker H (Hrsg) (2000) Depression, Manie und schizoaffektive Psychosen: Psychodynamische Theorien, einzelfallorientierte Forschung und Psychotherapie. Psychosozial-Verlag, Gießen

Böker H (2005) Melancholie, Depression und affektive Störungen: Zur Entwicklung der psychoanalytischen Depressionsmodelle und deren Rezeption in der Klinischen Psychiatrie. In: Böker H (Hrsg) Psychoanalyse und Psychiatrie: Geschichte, Krankheitsmodelle und Therapiepraxis. Springer, Berlin, S 115–157

Böker H, Northoff G (2015) Neuropsychodynamische Implikationen für die Praxis der psychoanalytischen Psychotherapie: In Sichtweite? In: Leuzinger-Bohleber M, Böker H, Fischmann T et al (Hrsg) Psychoanalyse und Neurowissenschaften. Chancen – Grenzen – Kontroversen. Kohlhammer, Stuttgart, S 129–144

Fonagy P, Target M (1997) Attachment and reflective function. Their role in self-organization. Dev Psychopathol 9:679–700

Hoffmann N, Schauenburg H (Hrsg) (2000) Psychotherapie der Depression. Thieme, Stuttgart

Mentzos S (1995) Depression und Manie: Psychodynamik und Psychotherapie affektiver Störungen. Vandenhoeck & Ruprecht, Göttingen

Rudolf G (1996) Psychotherapieforschung bezogen auf die psychotherapeutische Praxis. Psychotherapie Forum 4:124–134

Spitzer N (2000) Geist im Netz: Modelle für Lernen, Denken und Handeln. Spektrum, Akademischer Verlag, Berlin

Stern D (1998) The process of therapeutic change involving implicit knowledge: some implications of developmental observation for adult psychotherapy. Inf Mental Hlth J 19:300–308

Literatur zu Abschnitt 31.2

Beutel ME, Doering S, Leichsenring F, Reich G (2009) Psychodynamische Psychotherapie: Störungsorientierung und Manualisierung in der therapeutischen Praxis, Bd 1. Hogrefe, Göttingen

Böker H (2005) Melancholie, Depression und affektive Störungen: Zur Entwicklung der psychoanalytischen Depressionsmodelle und deren Rezeption in der Klinischen Psychiatrie. In: Böker H (Hrsg) Psychoanalyse und Psychiatrie: Geschichte, Krankheitsmodelle und Therapiepraxis. Springer, Berlin, S 115–158

Böker H (2011) Psychotherapie der Depression. Huber, Bern

Dirmaier J, Krattenmacher T, Watzke B et al (2010) Evidenzbasierte Behandlungselemente in der Rehabilitation von Patienten mit Depression – Eine Literaturübersicht. Psychother Psych Med 60:83–97

Grawe K (2004) Neuropsychotherapie. Hogrefe, Göttingen

Hell D (2009) Von deprimiert zu depressiv? (Teil 2). Selbstbild und psychische Störungen in der Spätmoderne. Schweizerische Ärztezeitung 20:823–825

Keller MB (2001) Long-term treatment of recurrent and chronic depression. J Clin Psychiatry 62(Suppl 24):3–5

Kopittke W (1989) Chronische Depression. Krankheit oder Lebensgeschichte? In: Kopittke W, Rutka E, Wolfersdorf M (Hrsg) Zehn Jahre Wiessenauer Depressionsstatione. Zwischen Versorgungsauftrag und Forschung – ein Rückblick. Roderer, Regensburg, S 75–94

Mentzos S (1995) Depression und Manie; Psychodynamik und Psychotherapie affektiver Störungen. Vandenhoeck & Rupprecht, Göttingen
Orlinsky DE, Willutzki U, Meyerberg J et al (1996) Die Qualität der therapeutischen Beziehung: Entsprechen gemeinsame Faktoren in der Psychotherapie gemeinsamen Charakteristika von Psychotherapeuten? Psychother Psychosom Med Psychol 46:102–110
Post RM (1990) Sensitation and kindling perspectives for the cause of affective illness: Toward a new treatment with the anticonvulsant carabamazepine. Pharamcopsychiatry 23(1):3–17
Post RM (1991) Transduction of psychosocial stress into the neurobiology of recurrent affective disorder. Am J Psychiatry 149:999–1010
Schauenburg H, Clarkin J (2003) Rückfälle bei depressiven Erkrankungen – Sind psychotherapeutische »Erhaltungsstrategien« sinnvoll? Z Psychsom Med Psychother 49:377–390
Szegedi A, Jansen WT, van Willigenburg AP et al (2009) Early improvement in the first 2 weeks as a predictor of treatment outcome in patients with major depressive disorder: a meta-analysis including 6562 patients. J Clin Psychiatry 70:344–353
Weissman MM, Klerman GL (1977) The chronic depressive in the community: Unrecognized und poorly treated. Compr Psychiat 18(6)
Wolfersdorf M, Heindl A (2003) Chronische Depression. Grundlagen, Erfahrungen und Empfehlungen. Past Science Publishers, Längerig
Wolfersdorf M, Keller F, Wohlt R (1985) Zur Klientel der Weissenauer und Reichenauer Depressionsstation: Darstellung stationärer depressiver Patienten anhand Angaben zur Stichprobe, Symptomatik und Suizidalität. In: Wolfersdorf M, Wohlt R, Hole G (Hrsg) Depressionsstationen: Erfahrungen, Probleme und Untersuchungsergebnisse bei der Behandlung stationärer depressiv Erkrankter. Roderer, Regensburg, S 141–171

Literatur zu Abschnitt 31.3

Battegay R (1976) Der Mensch in der Gruppe, Bd 1, 5. Aufl., Huber, Bern
Benedetti G (1992) Psychotherapie als existentielle Herausforderung. Vandenhoeck & Ruprecht, Göttingen
Bion WR (1961) Experiences in groups. Tavistock Publications, London GB
Enke H (1979) Empirische Gruppenpsychotherapieforschung. In: Heigl-Evers A, Streek U (Hrsg) Psychologie des 20 Jahrhunderts. Bd 8, Lewin und die Folgen. Kindler, Zürich, S 741–752
Enke H, Lermer SP (1978) Selbsterleben von Gruppenmitgliedern im Spiegel empirischer Untersuchungsbefunde. Prax Psychother 23:13–25
Foulkes SH (1964) Therapeutic group analysis. Allan & Unwin, London GB
Gabbard GO (2014) Psychodynamic psychiatry in clinical practice, 5. Aufl. American Psychiatric Press, Washington DC
Hartwich P (1974) Rollenspiel als Rehabilitationstraining bei Psychose-Kranken. Psychother med Psychol 24:55–60
Hartwich P (1982) Gruppentherapie bei Schizophrenen in der Nachsorgeambulanz. In: Helmchen H, Linden M, Rüger U (Hrsg) Psychotherapie in der Psychiatrie, S 110–115
Hartwich P (2007) Psychodynamisch orientierte Therapieverfahren bei Schizophrenien. In: Hartwich P, Barocka A (Hrsg) Schizophrene Erkrankungen. Wissenschaft & Praxis, Sternenfels, S 33–98
Hartwich P, Grube M (2015) Die bipolare Psychodynamik in der Gruppenpsychotherapie, Pilotstudie zur Wirksamkeit (Hartwich P, Pfeffer F 2007). In: Psychotherapie bei Psychosen. Springer, Berlin
Hartwich P, Steinmeyer E (1975) Gruppenexperiment zur Frage der Urteilskonvergenz und Realitätseinschätzung Schizophrener bei optischem Reizangebot. Psychiatria Clinica 8:167–178
Hartwich P, Lehmkuhl G (1983) Gruppenpsychotherapie und audiovisuelle Konfrontation. Gruppenpsychother Gruppendyn 18:195–204
Hartwich P, Schumacher E (1985) Zum Stellenwert der Gruppenpsychotherapie in der Nachsorge Schizophrener. Nervenarzt 56: 365–372
Hartwich P, Grube M (2015) Psychotherapie bei Psychosen, 3. Aufl. Springer, Heidelberg
Hartwich P, Steinmeyer E, Plöger A (1972) Soziometrisches Feldexperiment zur Therapiewirkung bei Neurose-Patienten in therapeutischer Gemeinschaft. Nervenarzt 43:475–481
Heigl-Evers A, Streek U (Hrsg) Psychologie des 20 Jahrhunderts. Bd 8, Lewin und die Folgen. S 840–849, Kindler, Zürich
Hofstätter RP (1966) Einführung in die Sozialpsychologie, 4. Aufl. Kröner, Stuttgart
Hood WR, Sherif M (1962) Übereinstimmungen zwischen verbalen Urteilen und tatsächlichem Erleben einer unstrukturierten Reizsituation. J Psychol 54:121–130
Kanas N, Rogers M, Kreth E et al (1980) The effectiveness of group psychotherapy during the first three weeks of hospitalisation: a controlled study. J Nerv Ment Dis 168:487–492
Lewandowski L, Buchkremer G (1988) Bifokale therapeutische Gruppenarbeit mit schizophrenen Patienten und ihren Angehörigen. Ergebnisse einer 5-jährigen Katamnese. In Kaschka W et al (Hrsg) Die Schizophrenien. Springer, Berlin
Lewin K (1963) Feldtheorie in den Sozialwissenschaften. Studienausgabe. Kröner, Stuttgart
Moreno JL (1959) Gruppenpsychotherapie und Psychodrama. Thieme, Stuttgart
Ortega y Gasset J (1964) Sozialisierung des Menschen. Vertreibung des Menschen aus der Kunst. dtv, München, S 40–44 (Erstveröff. 1934)

Plöger A (1969) Möglichkeiten und Grenzen der Therapie mit dem Psychodrama. Gruppenpsychother Gruppendyn 3:63–84

Plöger A (1979) Vom Psychodrama zur tiefenpsychologisch fundierten Psychodrama-Therapie. In: Schindler R (1957/58) Grundprinzipien der Psychodynamik in der Gruppe. Psyche 11:308–314

Rüger U (1986) Stationär-ambulante Gruppenpsychotherapie bei Patientenmit Frühstörungen. Gruppenpsychother Gruppendyn 21:324–336

Sandner D (1986a) Zur Psychodynamik von Schizophrenen in analytischen Gruppen mit Psychotikern und Neurotikern. In: Sandner D (Hrsg) Analytische Gruppentherapie mit Schizophrenen. Vandenhoeck & Ruprecht, Göttingen, S 75–91

Sandner D (1986b) Behandlungstechnik in der Gruppenanalyse von Schizophrenen gemeinsam mit Neurotikern. In Sandner D (Hrsg) Analytische Gruppentherapie mit Schizophrenen. Vandenhoeck & Ruprecht, Göttingen, S 133–147

Schindler R (1957/58) Gruppenprinzipien der Psychodynamik in der Gruppe. Psyche 11:308–314

Schindler R (1968) Dynamische Prozesse in der Gruppenpsychotherapie. Gruppenpsychother Gruppendyn 1:31–37

Schindler R (1969) Das Verhältnis von Soziometrie und Rangordnungsdynamik. Gruppenpsychother Gruppendyn 2:9–20

Schwarz F (2001) Gruppenprozesse und Gruppentherapie. In: Schwarz F, Maier C (Hrsg) Psychotherapie der Psychosen. Thieme, Stuttgart, S 102–109

Schwarz F, Matussek P (1990) Die Beurteilung der Psychosen-Psychotherapie aus der Sicht der Patienten. In: Matussek P (Hrsg) Beiträge zur Psychodynamik endogener Psychosen. Springer, Heidelberg, S 190–237

Slater P A (1970) Mikrokosmos: Eine Studie über Gruppendynamik. Fischer, Frankfurt/M

Streeck U, Dümpelmann M (2003) Psychotherapie in der Psychiatrie. In: Wolfersdorf M, Ritzel G, Hocke V (Hrsg) Psychotherapie als Haltung und Struktur in der klinischen Psychiatrie. Schriftenreihe der Bundesdirektorenkonferenz Psychiatrischer Krankenhäuser. Roderer, Regensburg, S 11–44

Strotzka H (1973) Das Rollenspiel als Ausbildungsmethode. Gruppenpsychother Gruppendyn 6:286–298

Yalom I D (1974) Gruppenpsychotherapie. Kindler, München

Psychotherapie und Psychopharmakotherapie

Michael Dümpelmann

H. Böker et al. (Hrsg.), *Neuropsychodynamische Psychiatrie*,
DOI 10.1007/978-3-662-47765-6_32, © Springer-Verlag Berlin Heidelberg 2016

32.1 Einleitung

Die großen Hoffnungen, neue Psychopharmaka, etwa SSRIs (selektive Serotonin-Wiederaufnahmehemmer) bei depressiven und Atypika bei psychotischen Störungen, würden einen Durchbruch in der Behandlung dieser Störungsbilder ergeben, haben sich nicht erfüllt. Psychotherapeutischen Behandlungsformen, auch in Kombination mit Medikamenten, werden in der Psychiatrie seit kurzer Zeit wieder höhere Bedeutung zugemessen und in vielen Leitlinien ausdrücklich empfohlen, gerade auch bei schweren Störungen, die zuvor Domäne einer sich stark biologisch verstehenden Psychiatrie waren. Neben pragmatischen, bei schweren Störungsbildern aber allein schon ethisch gebotenen Indikationen für dieses Vorgehen, zeigen auch umfangreiche Studien und Metaanalysen zu den Behandlungseffekten bei Schizophrenien (Huhn et al. 2014) und schweren Depressionen (Hollon et al. 2014), dass kombinierte Behandlungen solchen mit Medikamenten allein oder mit Psychotherapie allein überlegen sind.

Lange wurden Psychotherapie und die Gabe von Medikamenten als sehr verschiedene und möglichst nicht gemeinsam anzuwendende Therapieformen angesehen. Psychotherapie wurde in der Psychiatrie vernachlässigt, und Psychotherapeuten warnten vor schwer überschaubaren Interaktionen zwischen beiden Therapiemodi (Danckwardt 1980). Die Vorstellung war, dass Psychopharmaka direkt das Organ »Gehirn« ansteuern, während mit Psychotherapie Erleben und Verhalten beeinflusst werden. Mittlerweile wissen wir aber, dass beide Veränderungen am Gehirn und dessen Funktionen bewirken, wenn auch auf unterschiedliche Weise und unterschiedlich schnell, aber auch unterschiedlich nachhaltig (Schramm u. Berger 2011). Weiterhin liegen Befunde vor, die einerseits gleichgerichtete, in anderen Fällen aber auch komplementäre, sich ergänzende Wirkungen von Pharmakotherapie und Psychotherapie zeigen (Juckel u. Edel 2014, S. 10). Ein typisches und sehr häufiges Beispiel für komplementäre Effekte ist die Reduktion akuter Symptome per Pharmakon, um die Bearbeitung zugrunde liegender Konflikte per Psychotherapie zu erleichtern. Das Wissen über solche und andere Arten von Kombinationen zu erweitern, hat große Bedeutung und wird insbesondere auch von neurobiologischen Untersuchungen erhofft.

32.2 Kombinationen – Ausgangspunkte

Ein Arzt, der Psychopharmaka verordnet und parallel dazu psychotherapeutische Gespräche führt, übt eine Doppelfunktion aus und handelt in zwei Bezugssystemen, die lange getrennt gehalten wurden, obwohl schon Sigmund Freud (1938) explizit auf die möglichen Effekte chemischer Substanzen bei der Behandlung psychischer Störungen hingewiesen hatte. Wendet man Stoffe an, die somatisch spürbare Wirkungen und Nebenwirkungen haben, ist das ein realer Eingriff mit einer Rollenverteilung zwischen Arzt und Patient in einen aktiv handelnden und einen passiv hinnehmenden Part mit dem Ziel, Symptome zu beenden oder wenigstens zu dämpfen. Führt man psychotherapeutische Gespräche, werden hingegen Symptome, so verzerrend und subjektiv sie auch sein mögen, als Ich-Leistung betrachtet und als Verarbeitung einer Belastung mit den aktuell möglichen Mitteln bewertet. Im Kontakt wird unterstützt, dass individuelle Übertragungen und Widerstände sich entfalten können, um pathogene Beziehungserfahrungen erkennbar und veränderbar zu machen. Die Arzt-Patienten-Beziehung hat hier geradezu die Aufgabe, dafür offen und fördernd zu sein, was dem Therapeuten abverlangt, flexibel auf Rollenzuweisungen zu reagieren. Die Dichotomie der therapeutischen Kulturen in Psychiatrie und Psychotherapie (Streeck u. Dümpelmann 2003) ließe sich knapp formulieren: Behandlung eines Organs vs. Behandlung in, mit und durch Beziehung.

Praktische Fragen der Kombination von Chemie mit Beziehungsarbeit sind eng mit unterschiedlichen Paradigmen in Psychiatrie und Psychotherapie verbunden, mit unterschiedlichen Vorstellungen von biologischen und psychischen Kausal- und Wirkfaktoren, von der Beziehung zwischen Arzt und Patient und von Behandlungszielen.

Lange wurde dieser »clash of paradigms« durch paradigmatische Filter begrenzt: Psychiater auf der einen und Psychotherapeuten auf der anderen Seite behandelten und beforschten im

Wesentlichen jeweils »ihre« Störungsbilder. Die Schnittmengen blieben so überschaubar, und oft ließ sich dabei auch die Tendenz beobachten, die Angebote der jeweiligen anderen Seite wenig reflektiert als ein pragmatisch gebotenes Additiv zu sehen: Psychotherapeuten akzeptierten Medikamente, weil sie stärkere Symptome so weit dämpfen, dass der Kontakt stabiler wird, und Psychiater verordneten neben Ergo- und Körpertherapie auch psychotherapeutische Gespräche (vgl. Streeck u Dümpelmann 2003). Kombinationen aus beiden werden aber zunehmend beforscht, besonders weil sie sich bei schweren Störungsbildern als besonders wirksam zeigen (Huhn et al. 2014; Hollon et al. 2014). Dadurch wird die Notwendigkeit unterstrichen, Verbindungen zwischen beiden Bezugssystemen zu suchen und herzustellen. Das ist keineswegs nur für die klinisch-stationäre Arbeit von Bedeutung, sondern gerade auch für ambulante Behandlungen. Soll die Versorgung schwer psychisch Kranker mit ambulanter Psychotherapie wirklich verbessert werden, was dringlich ist, sind Konzepte für kombinierte Therapien unabdingbar.

32.3 Kombinationen – Praxis und Konzepte

So unterschiedliche und z. T. auch widersprüchliche Positionen lassen sich nicht einfach auflösen; aber es gibt Modelle, die sowohl die Unterschiedlichkeit der Kontexte beachten wie auch die Potenziale beider Zugänge praktisch nutzen. Ziel ist ja, nicht nur zwei Methoden zu addieren, sondern so zu kombinieren, dass sinnvolle Interaktionen zustandekommen. Psychotherapie, selbst klassische Psychoanalyse, ist keineswegs nur ein Gespräch, bei dem Inhalte verbal vermittelt werden, sondern immer auch ein Handlungsdialog. Das schließt ein, auch Handlungen in der therapeutischen Beziehung psychodynamisch zu bewerten, als Ausdruck von Motivation, Abwehr, Übertragung, Widerstand etc. Die Gabe von Medikamenten als Teil dieses Handlungsdialogs anzusehen (Meißel 1997), ist ein wichtiges Konzept der kombinierten Behandlung, weil es weit über pragmatisch additive Praktiken hinaus reicht.

32.3.1 Medikamentengabe im Handlungsdialog

Dies soll anhand eines Fallbeispiels dargestellt werden.

▪ Fallbeispiel 1

Ein junger Mann kam wegen massiv ausgeprägter Zwangsbefürchtungen in Behandlung, sein Penis verselbständige sich und dringe von hinten in Frauen wie in Männer ein. Neben diesen »aktiven« Zwangsinhalten fiel auf, dass er sehr ängstlich und misstrauisch war und sich jede Verordnung minutiös erklären ließ, weil er Angst davor hatte, in der Therapie »über den Tisch gezogen« zu werden und dann ohnmächtig dazustehen. Rasch lassen sich hier Penetrations- und Überwältigungsängste erfassen, in der Symptomatik aktive, im Kontakt vermittelt passive. Die – nach einiger Zeit ohne wesentliche Veränderung – erörterte Medikation führte zur erheblichen Zunahme seiner Ängste: Subjektiv erlebte er, dass ihm nun auch noch drohte, mit Medikamenten überwältigt zu werden, auch noch genau von dem Arzt verordnet, den er bereits als potenziell gefährlich erlebte.

▪▪ Diskussion

Als Handlungsdialog verstanden, wurde hier Angst vor passiver Überwältigung auf die Medikation übertragen und bewirkte die Angst, durch die Einnahme von Psychopharmaka noch weiter die Kontrolle über sich zu verlieren. Sie ließ sich parallel zur Psychotherapie auch in Handlungsform bearbeiten, denn nach einiger Zeit konnte der Patient sich darauf einlassen, eine geringe Dosis der empfohlenen Substanz zu testen und womöglich danach auch eine höhere Dosis, ein Vorgehen ähnlich dem einer Einzelfallstudie (Danckwardt 1980). In diesem Vorgehen wurden implizite, handelnde Antworten gegeben: Seine Ängste wurden verstanden und partiell berücksichtigt, aber nicht übernommen, was dann der Fall gewesen wäre, hätte man die Frage der Medikation ausgespart. Dann hätte der Patient den Therapeuten überwältigt – mit seiner Angst. Dass das hier nicht so erfolgte, verweist auf eine weitere Möglichkeit solcher um die Medikation gruppierter Handlungsdialoge, nämlich die Distanzregulierung und die Arbeit an Grenzen

(Meißel 2001). Mit der Auseinandersetzung um die Medikamenteneinnahme werden brisante Gefühle und Vorstellungen vorerst konkret handelnd bearbeitet, was auch emotionale Distanz ermöglicht. Und weiter vermittelt das durchgehaltene Interesse des Therapeuten an einer auch medikamentösen Behandlung dem Patienten, dass ihm – und seinen Ängsten – Grenzen gesetzt werden und der Therapeut sich dafür als eine Art Widerlager zur Verfügung stellt, indem er seine Sicht der Realität, dass es aktuell allein psychotherapeutisch nicht profitabel weiter geht, nicht verleugnet.

Handlungsdialoge wie dieser schließen das subjektive Erleben und dessen psychodynamische Bewertung ausdrücklich ein und machen es für die Indikationsstellung für psychotrope Substanzen nutzbar. Ihre spätere interpretierende Bearbeitung, die sich als Bearbeitung eines Parameters verstehen lässt (Meißel 2001), erschließt, wie die Praxis regelmäßig zeigt, oft weiteren Zugang zu wichtigen Anteilen der gesamten Psychodynamik eines Falls.

32.3.2 Psychodynamisch orientierte Psychopharmakotherapie

Eine psychodynamisch orientierte Psychopharmakotherapie unterscheidet sich gravierend von der Vergabe von Medikamenten nach kategorisch definierten Störungstypen und deren vermeintlich störungsspezifischer Behandlung wie auch von dem, was »personalisierte Psychiatrie« genannt wird. Darin wird die Zielfunktion traditioneller Krankheitskategorien mit ihren Symptomen – so das Desiderat – durch individuell bestimmte Biomarker ersetzt (Vollmann 2014). Insofern bietet die »personalisierte Psychiatrie« wenig grundsätzlich Neues, und die Biologie dominiert in diesem Modell weiter. »Was müssen wir über mentale Phänomene sagen, damit wir an bestinmten Prinzipien, die wir nicht aufgeben wollen, festhalten können?«, fragt Bieri (1981, S. 24) zu Recht.

Das Wissen um die Bedeutung psychischer Dimensionen für die Planung und Durchführung medizinischer Maßnahmen schlechthin wird als ein Standard deklariert. Kein Mensch wird etwa die Wirksamkeit von Placeboeffekten bezweifeln. Aber das bloße Registrieren und Auszählen von Symptomen und Symptomclustern, wie wir es aus der somatischen Medizin kennen, ist als wesentliche Grundlage einer Pharmakotherapie noch weit verbreitet. Subjektive Angaben und Schilderungen im individuellen Narrativ enthalten viele Informationen zu relationalen und funktionalen Aspekten des einzelnen Falls, die sich psychodynamisch verstehen und bewerten lassen. Dass ist nicht immer einfach. Orientiert man sich jedoch nur am kategorisch definierten Krankheitsbild und seinen Symptomen, die dann folglich »weg« müssen, bleiben diese außen vor, und es kann leicht zu unbefriedigenden Behandlungsergebnissen kommen, weil wesentliche Zusammenhänge nicht erfasst und berücksichtigt werden. Ohne jeden Zweifel sind psychische Symptome oft so belastend, dass es nötig ist, sie zu dämpfen und dies zu einem der Behandlungsziele zu machen. Symptome aber mit der Störung gleichzusetzen, ist reduktionistisch und wird leicht zu einem »Routinereflex« (Hartwich u. Grube 2015, S. 216), der den Kurzschluss anbahnt, vom Symptombild ausgehend direkt auf die Auswahl eines Präparates umzuschalten. Diese Symptom-Medikament-Kopplung kann manchmal eine verwirrende Komplexität reduzieren. Dass auf diese Weise aber auch diagnostische Blaupausen für die Pharmaindustrie und pharmazeutische Blaupausen für therapeutische Entscheidungen zustande kommen, ist höchst bedenklich und mittlerweile nicht mehr nur Thema in der Fachliteratur (Joergensen et al. 2006; Yank et al. 2007), sondern wird zunehmend auch in breiter Öffentlichkeit kritisch aufgegriffen (Kohlenberg u. Mushbarbash 2013). Wenn Betroffene, deren subjektives Erleben und Empfinden nicht ausreichend in pharmakotherapeutische Entscheidungen einbezogen werden, dazu auch noch aus seriösen Medien erfahren, kann das leicht zu erheblichen Complianceproblemen führen.

Wie eine Alternative dazu aussehen kann, möchten wir mit einem weiteren Fallbeispiel zeigen.

■ **Fallbeispiel 2**

Eine junge Frau kam mit einer paranoid-halluzinatorischen Symptomatik zur stationären Behandlung. Ähnliche Zustände waren früher bereits mehrfach aufgetreten. Die nun akute Symptomatik, besonders von terrorisierend erlebten Verfolgungsängsten geprägt, ließ sich unter Pharmako- und Psychotherapie zunächst gut bessern. Besondere auch die Fähigkeiten, Kontakte und die dadurch mobilisierten Affekte auszuhalten sowie darüber zu kommunizieren, hatten erheblich zugenommen. Mitten in dieser positiven Entwicklung traten aber zunehmende Angstzustände auf, die die Patientin dramatisch als extrem belastend schilderte, weil sie befürchtete, wieder akut psychotisch zu werden. Dafür ließen sich im Gespräch jedoch keine sicheren psychopathologischen Hinweise eruieren. Die trotzdem und probatorisch durchgeführte Erhöhung der Neuroleptikadosis, mit der die Patientin auch gleich einverstanden war, führte nur zu einer kurzfristigen Besserung der Klagen. Bald schilderte sie auch unter der erhöhten Medikation massive Ängste und zusätzlich das Empfinden, die Inhalte dieser Ängste nicht klar benennen zu können und kein Gefühl mehr für sich selber zu haben. Die Neuroleptikadosis wurde folglich wieder auf das frühere Maß reduziert, was die Depersonalisationsphänomene rasch besserte. Dann aber traten die Ängste, erneut akut psychotisch zu werden, wieder in den Vordergrund. Sie suchte und bekam in dieser Zeit viele Einzelkontakte, was zumindest zeitweilig entlastete. In ihnen wirkte sie sehr aufgeregt, völlig verunsichert, oft auch verzweifelt, was beim jeweiligen Gegenüber intensive Reaktionen auslöste: Sie wurde wie ein hilfloses Kind erlebt, was Ohnmacht, aber auch viel Mitgefühl und große Anstrengungen aller mit ihr arbeitenden Teammitglieder mobilisierte, sich maximal für sie einzusetzen, sie zu beruhigen und zu »stillen«. Mit einigem zeitlichen Aufwand ließ sich dann erarbeiten, dass Angst vor einer Psychose nicht zwingend anzeigt, dass eine Psychose »vor der Tür steht«. Die Patientin konnte in dieser engmaschigen Betreuung dann selber mehr und mehr Unterschiede zwischen ihren jetzigen Angstzuständen und früheren psychotischen Manifestationen herausarbeiten und dies zu ihrer Selbstberuhigung anwenden. Es kam schrittweise zu einer zunehmenden und stabilen Besserung, die auch anhielt, als die Neuroleptikadosis vor der Entlassung in kleinen Schritten reduziert wurde.

▪▪ **Diskussion**

Für diesen Verlauf war entscheidend, dass nach einem frustranen Versuch der Erhöhung der Medikation bedacht wurde, dass durch die anfängliche Behandlung Gefühle und Affekte von der Patientin intensiver wahrgenommen und auch kommuniziert wurden. Es war für sie sehr fordernd und streckenweise auch überfordernd, auf einmal so viel von sich zu spüren und das eben nicht mehr durch psychotische Externalisierung verarbeiten zu können (Hartwich u. Grube 2015, S. 216). Auch die beschriebene Gegenübertragung war nicht typisch für eine Psychose. Weiter ist bekannt, dass das Erleben einer Psychose »am eigenen Leib« oft eine psychische Traumatisierung darstellt (Frame u. Morrison 2001). Schon kleinste Trigger können dann Erlebnisse auslösen, die einer – früher real durchgemachten – Psychose sehr ähneln, was die betroffenen Patienten kaum unterscheiden können. Den Versuch, zunächst die Medikamentendosis zu erhöhen, kann man als Identifikation mit der traumatischen Angst der Patientin ansehen, der offenbar dabei störte, die eigene Wahrnehmung, dass keine sicheren psychopathologischen Anzeichen für ein Rezidiv bestanden, ausreichend sorgfältig zu bewerten. Die Angst auf beiden Seiten führte letztlich dazu, dass die dann erhöhte Dosis zur pharmakogenen Unterdrückung des vertrauten Selbstgefühls in Form von Depersonalisation führte, was die Angst aber noch verstärkte, v. a. deshalb, weil die Patientin kein Substrat mehr für sie erfassen konnte. Solche und ähnliche Medikamenteneffekte können sogar dazu beitragen, dass die veränderte Selbstwahrnehmung wahnhaft verarbeitet wird (Meißel 2001). Die weitere psychotherapeutische Bearbeitung dieser Episode konzentrierte sich besonders auf die Fähigkeit der Patientin, zunehmend intensiv erlebte Gefühle wahrzunehmen und auszuhalten. Das war nicht einfach für sie, denn sie hatte nicht erwartet, dass die Besserung ihrer Psychose damit verbunden war, bei sich und in sich mehr an belastenden Gefühlen und Konflikten zu erleben. Möglich wurde so aber auch, ihr zu vermitteln, dass die fortgesetzte Einnahme von Neuroleptika eine wichtige Hilfe genau dafür war, nämlich Affekt- und Gefühlsstürme mehr in eigener Regie, aber eben mit Unterstützung zu bewältigen.

Sie konnte so ein akzeptables Störungs- und Therapiemodell erarbeiten, in dem die Medikamente wie auch die Weiterentwicklung durch Psychotherapie ihren Platz hatten und für sie verständlich waren. Aber Neuroleptika konnten in dieser kombinierten Behandlung auch eingespart werden, angesichts der bekannten Risiken bei längerfristiger Einnahme nicht unerheblich (Aderhold et al. 2015). Das beschriebene Vorgehen half auch wesentlich dabei, Compliance und Adherence zu verbessern, was für die ambulante Weiterbehandlung sehr bedeutsam war.

32.3.3 Gesamtbehandlungsplan als Therapiebasis

Dafür, Pharmako- und Psychotherapie sinnvoll kombinieren zu können, ist ein Gesamtbehandlungsplan eine wichtige Grundlage. Er sollte ein individuelles und mehrdimensionales, psychologische, biologische und soziale Faktoren einbeziehendes Störungsmodell und ein davon abgeleitetes und ebenso mehrdimensionales Therapiemodell zusammenfassen und kommunizierbar machen. Das gilt für alle beteiligten Berufsgruppen und nicht zuletzt auch für die Patienten. Diese sind eher zur Mitarbeit bei allen therapeutischen Maßnahmen bereit, wenn sie wissen, was Gegenstand der Behandlung ist, warum eine Behandlung nötig ist und mit welchen Mitteln welche Ziele erreicht werden sollen. Die simple Begründung der Verordnung von Psychopharmaka damit, dass eine Stoffwechselstörung im Gehirn vorliege, lässt sich leider immer noch finden. Sie präsentiert den Patienten Ähnliches wie den beschriebenen Kurzschluss von Symptomen auf Medikamente, teilt ihnen implizit mit, dass sie davon nichts verstünden, dass sie alles den Experten überlassen mögen und bewirkt zudem leicht einen Noceboeffekt (Häuser et al. 2012). So richtig der Hinweis auf Stoffwechsel- bzw. Transmitterprobleme inhaltlich auch oft ist, enthält er keine Aussagen über funktionale Aspekte des einzelnen Falls und reißt quasi den Stoffwechsel aus seinen Kontexten. Hier können psychodynamische Befunde erheblich dabei helfen, Psychopharmaka erfolgreich anzuwenden wie auch ihre Bedeutung zu vermitteln.

32.4 Zur Rolle neuropsychodynamischer und neurobiologischer Befunde

Bei ihnen handelt es sich zwar um biologische Befunde, die aber funktionale Zusammenhänge in und zwischen einzelnen Hirnarealen besonders zur Darstellung bringen. Das kommt psychodynamischen Sichtweisen oft verblüffend nahe. So lässt sich z. B. im fMRT (funktionelle Magnetresonanztomografie) zeigen, dass bei schizophrenen Psychosen u. a. eine abnorm erhöhte intrinsische Hirnaktivität mit dem psychodynamischen Befund labiler Ich-Grenzen korreliert: Innere und äußere Reize können – aus beiden Richtungen betrachtet – nicht sicher diskrimiert werden (Northoff u. Dümpelmann 2013). Die Befunde zu dieser Hyperkonnektivität (Northoff 2012) stammen zwar aus jeweils unterschiedlichen Kontexten, einem biologischen und einem psychologischen, lassen sich aber gut aufeinander beziehen und sind so auch dazu geeignet, einen Gesamtbehandlungsplan zu formulieren, in dem Diagnostik, Behandlungsziele und konkrete therapeutische Schritte, die Medikation einschließend, zusammengefasst werden. Häufig kommen solche funktionalen Befunde auch dem sehr nahe, was die Patienten subjektiv erleben, im skizzierten Fallbeispiel 2 etwa Problemen damit, sicher zwischen Innerem und Äußerem zu unterscheiden, übererregbar zu sein, die eigenen Gedanken nicht mehr leiten zu können etc. Behandlungsziel wäre hier demnach, affektive Erregung und Kontakte therapeutisch so zu regulieren, dass der betroffene Patient daran mitarbeiten kann, seine eigenen Fähigkeiten dazu wiederherzustellen oder weiter zu entwickeln, die Affekt- und Kontaktregulierung wieder zunehmend selbst auszuüben. In dieser Perspektive kann dann ausgewählt und entschieden werden, welche Maßnahmen, ob nun pharmakotherapeutische, psychotherapeutische oder andere dafür infrage kommen. So angewandt ersetzt Pharmakotherapie nicht die Lern- und Entwicklungsleistung, die Psychotherapie nun einmal darstellt und den Patienten zu deren Nutzen abverlangt, sondern unterstützt sie.

Neuropsychodynamische Befunde können einen wichtigen Beitrag dazu leisten, funktionale Störungsschwerpunkte aufzuzeigen und damit auch dazu, den verkürzten symptomfixierten Ansatz bedeutsam zu erweitern und Faktoren einzubeziehen, die das Verständnis von Entstehung, Dynamik, Verlauf und Behandlung einer Störung beträchtlich erweitern. Rein psychotherapeutisch Arbeitende finden es womöglich befremdlich, somatische Daten auch für psychotherapeutische Fragen und Entscheidungen heranzuziehen. Jedoch schon das psychodynamische Konzept der **Psychosomatose des Gehirns** (Mentzos 2011; Böker 2014) zeigt beispielhaft auf, wie essenziell psychische Faktoren zwar sind, wie intensiv sie andererseits aber auch mit somatischen Faktoren in Interaktion treten. Und es steuert sehr wertvolle Ansätze für eine differenzierte Indikationsstellung von Psychotherapie bei, also bei welcher Symptomatik welche Form wirken könnte. Neuropsychodynamik lässt sich als Fortsetzung dieses Konzepts verstehen, weil ihr Ansatz ebenfalls grundsätzlich mehrdimensional und funktional ist.

Neben der Methoden- bzw. Präparateauswahl und der Effektivitätsprüfung ist für den Bereich von Psycho- und Pharmakotherapie noch zu nennen, dass es erste Befunde dazu gibt, wie Medikamente z. T. gleichgerichtet mit, z. T. aber auch komplementär zu einer Psychotherapie wirken (Juckel u. Edel 2014, S. 10). Das könnte weiteres Wissen dazu generieren, was auf beiden Ebenen zu welchem Zeitpunkt eingesetzt und womit kombiniert werden kann. Dass die in der »personalisierten« Psychiatrie diskutierten Biomarker wesentlich zur Indikationsstellung für Psychotherapie beitragen, erscheint hingegen eher utopisch. Psychotherapie wird mittlerweile vielfach modifiziert angewandt und reicht von supportiven, basalen Kontakt erst einmal möglich machenden Formen bis hin zu hoch elaborierten und spezialisierten Angeboten, die jeweils in sich auch noch vielfach modifizierbar sind. Das macht verständlich, dass hier nur ein Ansatz erfolgreich sein kann, der die psychische Dimensionalität in ihrer Vielfalt in ein Konzept einbezieht. Dass die Dimension des Psychischen in der »personalisierten« Psychiatrie eine gewichtige Rolle spielt, darf bezweifelt werden, wie allein schon der Gebrauch des Adjektivs »personalisiert« für im Wesentlichen biologische Befunde zeigt. Zweifellos gibt es aber somatische Indikatoren, die neben anderen dabei helfen können, Kriterien auch für psychotherapeutische Entscheidungen zu finden (Schramm u. Berger 2011). Von Modellen hierfür ist zu fordern, dass sie funktionale und relationale Zusammenhänge zwischen psychischen und biologischen Faktoren und deren Interaktion abbilden können.

32.5 Zusammenfassung

Die Kombination von Psycho- und Pharmakotherapie ist durch neuere Forschungsergebnisse in den Brennpunkt geraten, insbesondere bei der Behandlung schwerer psychischer Störungen, die für kombinierte Therapien bessere Ergebnisse zeigen als die Anwendung von Psycho- oder Pharmakotherapie allein.

Die Entwicklung von Konzepten dafür wurde lange zugunsten pragmatischen Verhaltens vernachlässigt, was u. a. mit Fronten zwischen unterschiedlichen therapeutischen Kulturen und paradigmatischen Filtern erklärt werden kann. Die biologische Behandlung eines Organs unterscheidet sich erheblich von psychotherapeutischer Beziehungsarbeit.

Eine Dichotomisierung von somatischen und psychischen Krankheitsfaktoren in der Gesamtbehandlung lässt sich aber nicht aufrecht erhalten. So wie biologische Therapieverfahren psychische Funktionen beeinflussen, verändert Psychotherapie Hirnprozesse. In psychodynamischen und neuropsychodynamischen Konzepten können subjektives Erleben, funktionale und relationale Störungsaspekte bifokal, im psychologischen wie im biologischen Kontext, und synoptisch erfasst, bewertet und miteinander in Verbindung gesetzt werden. So werden Befunde aus dem psychologischen wie aus dem biologischen Kontext nicht durch eine explizite oder implizite Leib-Seele-Identitätshypothese verschleiert, sondern ihre jeweiligen Ergebnisse werden auf die Punkte bezogen, die die Störung liefert.

Psychodynamische wie neuropsychodynamische Modelle fokussieren beide besonders funktionale und relationale Störungsaspekte, innere Verabeitungs- und Beziehungsmodi, die die Eigenheiten einer Störung wesentlich differenzierter wiedergeben als der Schluss von Symptomen auf eine

Krankheitskategorie. Ein Gesamtbehandlungsplan auf dieser Grundlage hilft erheblich dabei, die Mittel der unterschiedlichen Therapieverfahren differenziert wie aufeinander abgestimmt anzuwenden. Er kann auch ein wichtiges Instrument für die Aufklärung und die Kommunikation mit den Patienten sein.

Psychopharmaka sind in vielen Fällen essenziell wichtig und erleichtern oft auch den psychotherapeutischen Zugang. Sie haben aber auch gravierende Nebenwirkungen, v. a. bei längerem und vielfachem Gebrauch (Aderhold et al. 2015).

Mit psychodynamischen und neuropsychodynamischen Behandlungskonzepten lassen sich in vielen Fällen Medikamente einsparen. Vor allem aber können sie leichter so eingesetzt und dosiert werden, dass die notwendige Lern- und Entwicklungsleistung in der Psychotherapie nicht gestört wird, die auch für das Selbstgefühl der Patienten wesentlich ist.

Literatur

Aderhold V, Weinmann S, Hägele C, Heinz A (2015) Frontale Hirnvolumenminderung durch Antipsychotika? Nervenarzt 86(3):302–323

Bieri P (Hrsg) (1981) Analytische Philosphie des Geistes. Anton Hain, Königstein/Ts, S 24

Böker H (2014) Langzeitverläufe der Depression und individuelles Umfeld. In: Böker H, Hoff P, Seifritz E (Hrsg) »Personalisierte« Psychotherapie – Paradigmenwechsel oder Etikettenschwindel. Huber, Zürich, S 138–157

Danckwardt J (1980) Psychopharmaka – ein Problem für Psychotherapeuten? Psyche 25:99–113

Frame L, Morrison A (2001) Causes of posttraumatic stress disorder in psychotic patients. Arch Gen Psychiatry 58(3):305–306

Freud S (1938) Abriss der Psychoanalyse. Gesammelte Werke, Bd 17. Fischer, Frankfurt/M

Gallop R (2014) Effect of cognitive therapy with antidepressant medications vs antidepressants alone on the rate of recovery in major depressive disorder: a randomized trial. JAMA Psychiatry 71(10):1157–1164

Häuser W, Hansen E, Enck P (2012) Nocebophänomene in der Medizin: Bedeutung im klinischen Alltag. Dtsch Ärzteblatt 109(26):459–465

Hartwich P, Grube M (2015) Psychotherapie bei Psychosen. Springer, Heidelberg

Hollon SD, DeRubeis RJ, Fawcett J et al (2014) Efficacy of pharmacotherapy and psychotherapy for adult psychiatric disorders. A systematic overview of meta-analyses. JAMA Psychiatry 716:706–715

Huhn M, Tandy M, Spinelli LM et al (2014) Efficacy of pharmacotherapy and psychotherapy for adult psychiatric disorders. A systematic overview of meta-analyses. JAMA Psychiatry 71(6):706–715

Joergensen A, Hilden J, Goetzsche PC (2006) Cochrane reviews compared with industry supported meta-analyses and other meta-analyses of the same drugs: systematic review. BMJ 333:782–784

Juckel G, Edel MA (2014) Neurobiologie und Psychotherapie. Schattauer, Stuttgart

Kohlenberg K, Mushbarbash Y (2013) Die gekaufte Wissenschaft. Die Zeit 32:13–15

Meißel T (1997) Das Psychopharmakon im Handlungsdialog – psychoanalytische Überlegungen zur Verwendung von Psychopharmaka in der Psychotherapie. Texte 17(2):33–58

Meißel T (2001) Psychodynamik der Medikation bei schizophrenen Psychosen. In: Schwarz F, Maier C (Hrsg) Psychotherapie der Psychosen. Thieme, Stuttgart, S 48–52

Mentzos S (2011) Lehrbuch der Psychodynamik. Vandenhoeck & Ruprecht, Göttingen

Northoff G (2012) Neuropsychoanalysis in practice. Oxford Univ Press, Oxford GB

Northoff G, Dümpelmann M (2013) Schizophrenie – eine neuropsychodynamische Betrachtung. PDP 12:14–23

Schramm E, Berger M (2011) Differenzielle Indikation für Psychotherapie am Beispiel der Depression. Nervenarzt 82:1414–1424

Streeck U, Dümpelmann M (2003) Psychotherapie in der Psychiatrie. In: Wolfersdorf M, Ritzel G, Hauth I (Hrsg) Psychotherapie als Haltung und Struktur. Roderer, Regensburg

Vollmann J (2014) Persönliches-besser-kostengünstiger? Kritische medizinethische Anfragen an die »personalisierte« Medizin. In: Böker H, Hoff P, Seifritz E (Hrsg) »Personalisierte« Psychiatrie – Paradigmenwechsel oder Etikettenschwindel? Huber, Bern

Yank V, Drummond R, Bero LA (2007) Financial ties and concordance between results and conclusions in meta-analyses: retrospective cohort study. BMJ. doi:10.1136/bmj.39376.447211.BE

Neuropsychodynamische Zukunftsperspektiven

Psychotherapie-Forschung im neurowissenschaftlichen Kontext

Heinz Böker, Georg Northoff

H. Böker et al. (Hrsg.), *Neuropsychodynamische Psychiatrie*,
DOI 10.1007/978-3-662-47765-6_33, © Springer-Verlag Berlin Heidelberg 2016

? Psychotherapie und Gehirn – geht das zusammen?

Glen Gabbards Übersicht aus dem Jahre 2000 mit dem wegweisenden Titel *A neurobiologically informed perspective on psychotherapy* leitete ein Jahrzehnt ein, in dem die neurobiologischen Effekte von Psychotherapie vermehrt erforscht wurden und eine intensivere Auseinandersetzung mit der Frage begann, wie diese Erkenntnisse zu einer veränderten Praxis der Psychotherapie beitragen können. Gabbard (2000) hatte hoffnungsvoll eine »neue Ära der Psychotherapie-Forschung und Praxis« angekündigt, in der »spezifische Modi der Psychotherapie entwickelt werden können, die auf spezifische Muster neuronaler Prozessierung« zielen.

Dieses Buchkapitel ist eine Bestandsaufnahme einer »neurobiologisch informierten Perspektive der Psychotherapie« und setzt sich schwerpunktmäßig mit der Frage auseinander, welche Implikationen die vorliegenden neurowissenschaftlichen Erkenntnisse für die Praxis der psychoanalytischen Psychotherapie haben könnten.

Experimentelle Tiermodelle waren bei der Erforschung der Plastizität des Gehirns und der Gen-Umwelt-Interaktion von großer Bedeutung. Markante Befunde stammen von Kandel (1998), der anhand der Meeresschnecke Aplysia zeigte, dass synaptische Verbindungen ständig verändert und gestärkt werden durch die **Regulation der Genexpression** in Verbindung mit Lernprozessen in der Umwelt. Wird Psychotherapie dementsprechend als ein Lernprozess betrachtet, so lässt sich vermuten, dass auf diesem Wege Veränderungen der Genexpression und der Stärke der synaptischen Verbindungen angestoßen werden.

Eine weitere wesentliche Erkenntnis besteht darin, dass die **Netzwerke** der Emotionsverarbeitung und des Gedächtnisses aufgrund der dauernden Verarbeitung von Umweltstimuli eng miteinander verknüpft sind nach dem Motto: »Cells that fire together, wire together« (Schatz 1992, S. 64).

Für die Bedeutung des **Umwelteinflusses** sprechen die mit sehr unterschiedlichen Methoden generierten empirischen Befunde. Kendler et al. (1992) zeigten anhand von Zwillingsstudien, dass aktuelle belastende Lebensereignisse (»life events«) der wichtigste Risikofaktor im Hinblick auf die Entwicklung einer Episode einer Major Depression darstellt. Hinzuweisen ist ferner auf die Erkenntnisse zu den sensiblen Zeitfenstern in der Entwicklung des menschlichen Gehirns (Ornitz 1996; Übersicht in Bock u. Braun 2012) und die umfangreiche Literatur zu den Auswirkungen traumatischer Störungen (Bremner et al. 1997; Krämer u. Schnyder 2012).

33.1 Psychotherapie, Bindungsmuster und Gedächtnis

Inzwischen liegen umfangreiche Übersichtsarbeiten vor, die die neurobiologischen Wirkungen psychotherapeutischer Interventionen darstellen (Böker u. Seifritz 2012). Die Gedächtnisforschung ermöglicht es mittlerweile, Freuds Konzept des »Erinnerns, Wiederholens und Durcharbeitens« (Freud 1913–1917) auf die Entwicklung der Übertragungsbeziehung anzuwenden. Es ist davon auszugehen, dass frühe Bindungserfahrungen als **prozedurales Gedächtnis** internalisiert und enkodiert werden (Amini et al. 1996). Innerhalb der therapeutischen Beziehung entfaltet sich der stereotype, automatische und habituelle Beziehungsmodus des Patienten, der durch die frühen Bindungserfahrungen in den ersten Lebensjahren geprägt wurde. Diese im prozeduralen Gedächtnis verankerten Beziehungskonfigurationen sind ebenfalls implizit, da sie dem Bewusstsein nicht zugänglich sind. In diesem Zusammenhang schlägt Gabbard vor, die Abwehr als eine Form prozeduralen Wissens zu konzeptualisieren, das bei der Regulation der mit den internalisierten Objektbeziehungen verknüpften affektiven Zuständen enkodiert wird. Dementsprechend kann Psychotherapie – als neue Beziehungserfahrung – dazu beitragen, das bindungsbezogene implizite prozedurale Gedächtnis zu restrukturieren (Amini et al. 1996). Die aufgrund der neuen Beziehungserfahrungen innerhalb der Psychotherapie modifizierten Bindungsmuster können schließlich durch den Patienten internalisiert werden. Dieses Modell setzt einen emotional engagierten und resonanten Psychotherapeuten voraus, da implizites **affektives Lernen** von der lebendigen affektiven Erfahrung innerhalb der therapeutischen Beziehung abhängt. Dementsprechend kommt auch den Augenblicken intensiv erlebter Nähe und Resonanz in der Psychotherapie eine besondere Bedeutung zu; diese lassen sich als eine Form **impliziten Beziehungswissens** auffassen (Lyons-Ruth et al. 1998). In der Ergänzung zu diesen nicht interpretativen Aspekten der Psychotherapie, werden sich die Patienten durch die therapeutische Arbeit schrittweise ihrer implizierten Beziehungsmodi bewusst. Hierzu zählt auch die Wahrnehmung der Auswirkungen des eigenen Verhaltens auf andere bzw. die in anderen ausgelösten charakteristischen Reaktionen.

Die Prozesse in der Übertragungsbeziehung basieren jedoch nicht ausschließlich auf dem prozeduralen Gedächtnis. Ebenso beteiligt ist das **deklarative Gedächtnis** (u. a. Überzeugungen, Erwartungen). Diese Überzeugungen und Erwartungen werden zunächst oftmals nicht bewusst wahrgenommen und lassen sich dementsprechend als implizite **deklarative Erinnerungen** (Gabbard 2000) auffassen. So kann der Psychotherapeut beispielsweise durch die klärenden Hinweise bezüglich der Tendenz des Patienten, auf Fragen als kritische Herausforderungen und Infragestellungen zu reagieren, zu der Einsicht des Patienten beitragen, dass seine eigenen impliziten bzw. unbewussten Überzeugungen hinsichtlich des anderen nicht mit der emotionalen Erfahrung des anderen übereinstimmen. Implizite deklarative Gedächtnisinhalte werden der bewussten Reflexion zugänglich und die gewonnene Einsicht unterstützt die Vermittlung von Selbstwertgefühl und Objektbeziehungen.

Eine kombinierte Psychotherapie und Pharmakotherapie bei Patienten mit Persönlichkeitsstörungen wird von Gabbard (2000) als ein weiteres Beispiel einer neurobiologisch informierten Perspektive im Hinblick auf die Planung wirksamer Behandlungen angesehen. Die jeweilige Differenzialindikation bezieht sich dabei u. a. auf die Unterscheidung der biologisch-genetisch verankerten Temperamentsvariablen von den insbesondere durch Beziehungserfahrungen geprägten Charaktervariablen (Cloninger et al. 1993).

Angesichts der Rolle der Neurobiologie in der Psychopathologie der Persönlichkeitsstörungen (z. B. Impulskontrollstörungen im Zusammenhang mit exzessiver Amygdala-Reaktivität, reduzierter präfrontaler Hemmung und verminderter serotonerger Vermittlung präfrontaler Kontrollen; affektive Instabilität als Folge erhöhter Reaktivität auf emotionale Umweltstimuli und ferner Auswirkungen der Störungen der kognitiven Organisation im Hinblick auf die Entwicklung pathologischer Bindungsmuster) vermuten Siever und Weinstein (2009), dass diese neurobiologisch begründeten Störungen kritischer regulatorischer Domänen die Selbst- und Objektrepräsentationen verzerren können. Aspekte und Auswirkungen neurobiologischer Mechanismen könnten durch das Medium der figurativen Sprache wahrgenommen werden und das **Narrativ des Selbst** könne durch den analytischen Prozess transformiert werden und auf diese Weise zu einer Modulation genetisch-biologischer Belastungen beitragen. Diese Perspektive steht auch im Einklang mit dem Mentalisierungskonzept von Fonagy et al. (2002), welches das Narrativ und die Fähigkeit des Subjektes unterstreicht, körperliche Mechanismen wahrzunehmen und zu reflektieren. Das Wissen um den neurobiologischen Hintergrund könne nicht zuletzt auch die Fähigkeit des Analytikers, den empathischen Bezug aufrechtzuerhalten, unterstützen.

Diese Position, die den spezifischen Kontext der analytischen Situation berücksichtigt, hebt sich ab von den der Neuropsychoanalyse gegenüber eher skeptischen Stimmen. Beispielsweise hatten Green (2000) sowie Blass und Carmeli (2007) angemerkt, dass die »objektiven« Daten der Neurobiologie wenig Bedeutung haben für den klinischen analytischen Prozess, der über eine eigene Methodologie im Hinblick auf die Sammlung von Informationen über seelische Funktionsmechanismen verfüge.

33.2 Schnittstellen zwischen psychoanalytischer Theorie, Behandlungsmodell und neurowissenschaftlicher Forschung

Die Frage nach den neuronalen Korrelaten der Wirkmechanismen von Psychotherapie kann bisher erst ansatzweise beantwortet werden. Dennoch unterstreichen die bereits jetzt vorliegenden Befunde die Bedeutung der durch Psychotherapie angestoßenen konditionierenden emotionalen Beeinflussungen. Es zeigte sich, dass die Effekte einer

psychodynamischen Psychotherapie insbesondere auf Veränderungen in limbisch-kortikalen Zentren, weniger in der Erhöhung der Aktivität im dorsolateralen präfrontalen Kortex (DLPFC) beruhen (Roth 2012; Buchheim et al. 2012).

Das wachsende neurobiologische Wissen über seelische Erkrankungen wird zweifellos vielfältige therapeutische Implikationen haben. Beutel (2009) untersuchte exemplarisch Schnittstellen zwischen psychodynamischen Theorien, Behandlungsmodellen und neurowissenschaftlicher Forschung am Einfluss früherer Beziehungserfahrungen auf die psychische und Gehirnentwicklung, anhand der neurobiologischen Grundlagen des Erinnerns und Vergessens, unbewusster und bewusster emotionaler Verarbeitung und der Einflüsse von Psychotherapie auf Gehirnfunktionen. Er gelangte zu der Einschätzung, dass sich wesentliche psychodynamische Grundannahmen als kompatibel mit neurobiologischen Befunden erwiesen. Daneben fanden zunehmend neurobiologisch orientierte Konzepte, insbesondere die Unterscheidung zwischen **impliziten und expliziten Prozessen**, Eingang in psychoanalytische Krankheits- und Behandlungstheorien. Das bereits vorhandene neurobiologische Wissen zum expliziten und impliziten Gedächtnis stützt beispielsweise die psychoanalytische Theoriebildung über die Bedeutung des Unbewussten, legt aber auch Veränderungen im psychotherapeutischen Vorgehen nahe: In Einklang mit neueren Ergebnissen der Säuglings- und Kleinkindforschung und der Bindungsforschung büßten Aufdeckung und Rekonstruktion lebensgeschichtlicher Erfahrungen als Wirkfaktoren an Bedeutung ein zugunsten der Fokussierung auf aktuelle unbewusste Prozesse in der therapeutischen Situation (Fonagy et al. 2002). Eine Veränderung implizit gespeicherter Gedächtnisinhalte setzt deren Aktivierung (vor allem über Strukturen des limbischen Systems) voraus (Grawe 2004). Diese bewusst nicht zugänglichen, **impliziten Beziehungsmuster** können in der Übertragung nicht verbalisiert werden; sie werden inszeniert durch den Handlungsdruck, der auf den Psychoanalytiker ausgeübt wird. Dieser »nicht erfahrungsbezogene Bereich« in der Übertragung (Sandler und Joffe 1987) kommt meist in Form von Inszenierungen (**Enactments**) zum Ausdruck. Die weitgehend unbewusste affektive, mimische Kommunikation zwischen Patient und Therapeut spielt dabei eine wesentliche Rolle (Benecke u. Krause 2007). Vor diesem Hintergrund kann Übertragung als eine Konfiguration von emotionalen Prozeduren in der Interaktion mit dem Therapeuten angesehen werden, die auf automatischen Reaktionen beruhen, die in früheren bedeutsamen Beziehungsphasen entwickelt wurden. In der aktuellen therapeutischen Situation kommt es zur unbewussten Aktivierung von impliziten Beziehungsrepräsentanzen, die als Grundlagen des Übertragungsgeschehens die Interaktion zwischen Patient und Therapeut bestimmen (Boston Change Process Study Group 2007). Überraschende, ungewohnte Interaktionen können therapeutisch nutzbar und zu einem »**Moment der Begegnung**« werden, in dem Beziehungswissen verändert und neue Beziehungsmuster eröffnet werden. Die bewusst verarbeitete Information kann schließlich sekundär genutzt werden, um das Verhalten zu ändern und die impliziten, automatischen Verhaltensmuster zu kontrollieren. Im Sinne eines kognitiv-emotionalen Entwicklungsprozesses beruht der therapeutische Prozess auf der Transformierung impliziter in explizite Emotionsrepräsentanzen.

Im Gegensatz zum traditionellen psychoanalytischen Modell der Regression und Progression, das eine komplette Löschung früherer Prozeduren impliziert, werden in einer psychoanalytischen Therapie – auf der Grundlage eines Stufenmodells emotionalen Bewusstseins (Subic-Wrana et al. 2011) – Muster von Abwehr oder Vermeidung des Erlebens bewusst gemacht und die damit verbundenen intrapsychischen sowie interpersonalen Konflikte erkennbar und der Bearbeitung zugänglich gemacht. Es geht dabei im Unterschied zur kognitiven Verhaltenstherapie weniger um die rationale Neubewertung maladaptiver kognitiver Bewertungsprozesse. Damit verschiebt sich in der psychoanalytischen Theoriebildung der Fokus von der Gewinnung von Einsicht (d. h. Zugang zu spezifischen unbewussten Inhalten, »insight-oriented«) zu der wachsenden Fähigkeit der Patienten, ihre psychischen Funktionsweisen zu reflektieren und sich derer bewusst zu werden (»**insightfulness**«).

Zusätzlich zu den bereits erwähnten Forschungsstrategien bestehen für die Psychotherapieforschung weiterführende Themen der funktionellen Bildgebung in dem Verständnis neuronaler Plastizität des Gehirns im Erwachsenenalter, z. B. nach Traumatisierung im Kindes- bzw. Erwachsenenalter, der Modulation neuronaler Reaktionsmuster auf der Ebene des limbischen Systems durch neokortikale Regionen und der Identifikation von neuronalen Korrelaten dysfunktionaler Muster von Affekten, Kognitionen und Konflikten (Charakterisierung von Subgruppen psychischer/psychosomatischer Erkrankungen). Die bisher vorliegenden Studien unterstreichen die Wechselbeziehung von selbstregulativen affektiv-kognitiven Fähigkeiten, die durch Psychotherapie gefördert werden, mit Aktivierungsmustern des Gehirns. In diesem Zusammenhang sind Bestrebungen, subjektive Angaben von Patienten durch die Messung vermeintlich reliablerer neuronaler Korrelate aus der Bildgebung zu ersetzen, als einseitig und reduktionistisch einzuschätzen (Beutel 2009).

33.3 Inputvariablen in neurowissenschaftlichen Psychotherapie-Studien

Der seit einigen Jahren aufgenommene Dialog zwischen der Psychoanalyse und den Neurowissenschaften (Beutel et al. 2003; Buchheim et al. 2012; Kandel 1999; Northoff 2007, 2011; Northoff et al. 2007; Solms et al. 1998) hat zur Entwicklung einer Anzahl empirischer Hypothesen und Untersuchungen psychodynamischer Konzepte beigetragen. Im Fokus dieser Studien stehen die Abwehrmechanismen (Northoff et al. 2007; Boeker et al. 2006; Northoff 2011), das Selbst (Milrod 2002; Böker u. Northoff 2005, 2010; Boeker et al. 2013), das Gedächtnis (Gabbard 2000; Mancia 2006; Peres et al. 2008), die Träume (Andrade 2007; Solms 1995, 2000) und die Empathie (Gallese et al. 2007). Während diese grundlegenden psychodynamischen Konzepte derzeit in einem neurowissenschaftlichen Kontext Beachtung finden und empirischen Untersuchungen zugänglich gemacht werden, wurde die neuronale Basis eines zentralen therapeutischen Elementes der Psychoanalyse, der **psychodynamischen Psychotherapie**, bisher nicht aufgeklärt. Bisher liegen nur Einzelfallstudien vor, die über die neurobiologischen Veränderungen unter psychodynamischer Psychotherapie berichten (Lai et al. 2007; Lehto et al. 2008; Overbeck et al. 2004; Saarinen et al. 2005; Viinamäki et al. 1998). Systematische, kontrollierte und replizierte Neuroimaging-Studien der neuronalen Effekte psychodynamischer Psychotherapie stehen weiterhin aus.

Im Gegensatz zur psychodynamischen Psychotherapie liegt bereits eine Anzahl Studien zu den neuronalen Wirkungen von anderen Formen psychotherapeutischer Interventionen wie der **kognitiv-behavioralen Therapie** (KBT) und der **interpersonellen Therapie** (IPT) mittels bildgebender Verfahren vor (Übersicht in Beauregard 2007; Frewen et al. 2008; Linden 2006; Roffman et al. 2005). Diese Untersuchungen wiesen hin auf die neuronale Modulation in verschiedenen Hirnregionen – unter Einschluss subkortikaler sowie medialer und lateraler kortikaler Regionen – während KBT oder IPT. Die Interpretation dieser Befunde wird jedoch eingeschränkt durch eine Vielzahl methodologischer Probleme wie z. B.:

- Objektivierung und Quantifizierung der Wirksamkeit von Psychotherapie mittels behavioraler und subjektiver Parameter,
- Auswahl der jeweiligen Aktivierungssaufgabe in der funktionellen Bildgebung,
- Vergleich mit geeigneten Kontrollgruppen,
- Vergleich mit physiologischen, behavioralen und psychologischen Variablen, welche die spezifischen Effekte neuronaler Stimulation bei bestimmten Aktivierungsaufgaben unterstreichen,
- Unterscheidung zwischen dem Zielsymptom und den diesem möglicherweise zugrunde liegenden psychodynamischen Prozessen (Frewen et al. 2008; Boeker u. Richter 2008).

Während bereits die Untersuchungen der neuronalen Effekte von kognitiv-behavioraler Therapie und interpersoneller Therapie mittels bildgebender Verfahren mit zahlreichen methodologischen Problemen konfrontiert sind, ist die Situation im Falle der psychodynamischen Psychotherapie noch schwieriger. Auch unter Berücksichtigung der Erkenntnis, dass die therapeutische Beziehung allgemeiner Wirkfaktor jeglicher Psychotherapie ist, so kommt dieser doch in der psychodynamischen Psychotherapie gerade auch im Hinblick auf die

Entwicklung von Übertragung und Gegenübertragung eine besondere Bedeutung zu. Hieraus resultiert die Notwendigkeit, die **therapeutische Beziehung** als eine intervenierende Variable bei der Untersuchung der neuronalen Effekte einzubeziehen. Ein weiteres Problem stellt die Konzeptualisierung psychodynamischer Konzepte (Ich, Über-Ich, Abwehrmechanismen usw.) und ihre Übersetzung in psychologische Variablen dar, die mittels funktionellem Neuroimaging überprüft werden können. Neuropsychoanalytiker, welche die neuronalen Effekte psychodynamischer Psychotherapie untersuchen wollen, sind dementsprechend mit einer Vielzahl komplexer Inputvariablen konfrontiert, die in Betracht gezogen und kontrolliert werden müssen, um eine reliable und valide Untersuchung der Outputvariablen, nämliche der neuronalen Wirkungen, zu ermöglichen.

? Auf welche Weise kann die Komplexität der Inputvariablen im Rahmen zukünftiger neurowissenschaftlicher Studien zur psychodynamischen Psychotherapie berücksichtigt werden?

Diese Frage soll im ▶ Abschn. 33.3 beantwortet werden. Die Beantwortung der Frage setzt dabei insbesondere auch die Diskussion derjenigen Variablen voraus, die im Rahmen von Studien zu den neuronalen Effekten psychodynamischer Psychotherapie kontrolliert und gemessen werden müssen. Die Vielzahl der Variablen und der methodologischen Probleme kann unter zwei Überschriften zusammengefasst werden, als »Designproblem« und als »Übersetzungsproblem« (Böker et al. 2013).

Designproblem Das Designproblem zielt auf die Frage, auf welche Weise funktionell verknüpfte Variablen in einer experimentellen Studie auf unabhängigem Wege erfasst werden können. Beispielsweise sollten die Aktivierungsaufgaben im Rahmen bildgebender Studien in gewisser Weise diejenigen funktionellen Prozesse abbilden und simulieren, von denen angenommen wird, dass sie die therapeutischen Effekte psychodynamischer Psychotherapie vermitteln. Im Experiment besteht jedoch die Notwendigkeit, beide Variablen auf unabhängigem Wege zu messen und zu erklären, sodass eine Verwechslung zwischen beiden ausgeschlossen ist.

Übersetzungsproblem Das Übersetzungsproblem wirft die Frage auf, wie die verschiedenen konzeptuellen Ebenen überbrückt werden können, die bei solchen Untersuchungen vorausgesetzt werden: die subjektiv-personale Ebene des Psychotherapeuten und seines Klienten auf der einen Seite und die neuronale Ebene des Gehirns auf der anderen Seite. Es klafft ferner eine Lücke zwischen den behavioralen Effekten psychodynamischer Psychotherapie, die der Psychotherapeut beobachten kann, und der subjektiv erlebten Wirksamkeit bei den Patienten. Schließlich besteht die Notwendigkeit, die Lücke zwischen der psychodynamischen Ebene psychodynamischer Psychotherapie, der psychologischen Ebene der Aktivierungsaufgaben im Rahmen von Neuroimaging-Studien und der neuronalen Ebene der jeweils gemessenen Parameter zu überbrücken. Die geeignete Übersetzung und die Entwicklung von Brücken angesichts der unterschiedlichen Ebenen und erkenntnistheoretischen Zugänge ist eine grundsätzliche Voraussetzung für ein experimentell einwandfreies Design, das eine valide und reliable Messung und Interpretation der Daten ermöglicht.

Beide Probleme, das Design- und das Übersetzungsproblem, werden in den ▶ Abschn. 33.3.1 bis ▶ Abschn. 33.3.3 in ihren verschiedenen Facetten diskutiert und an einem spezifischen Beispiel, dem der Introjektion (▶ Abschn. 33.3.2), illustriert.

33.3.1 Designproblem

Das Designproblem schließt – wie bereits zu Beginn des ▶ Abschn. 33.3 erwähnt – die Frage ein, wie funktionell miteinander verknüpfte Variablen in einer experimentellen Studie auf unabhängige Weise erklärt werden können. Relevante Inputvariablen solcher Studien schließen die Person des Psychotherapeuten, des Patienten, die therapeutische Beziehung und den experimentell vorgehenden Forscher ein (◘ Abb. 33.1, ◘ Tab. 33.1). Die notwendige Diskussion der relevanten Inputparameter ist dabei stets mit der Frage verknüpft, wie diese Variablen in einem experimentellen Design kontrolliert werden können. Dabei sind wir uns durchaus der Schwierigkeiten bewusst, die sich bei diesen aus methodologischen Gründen notwendigen

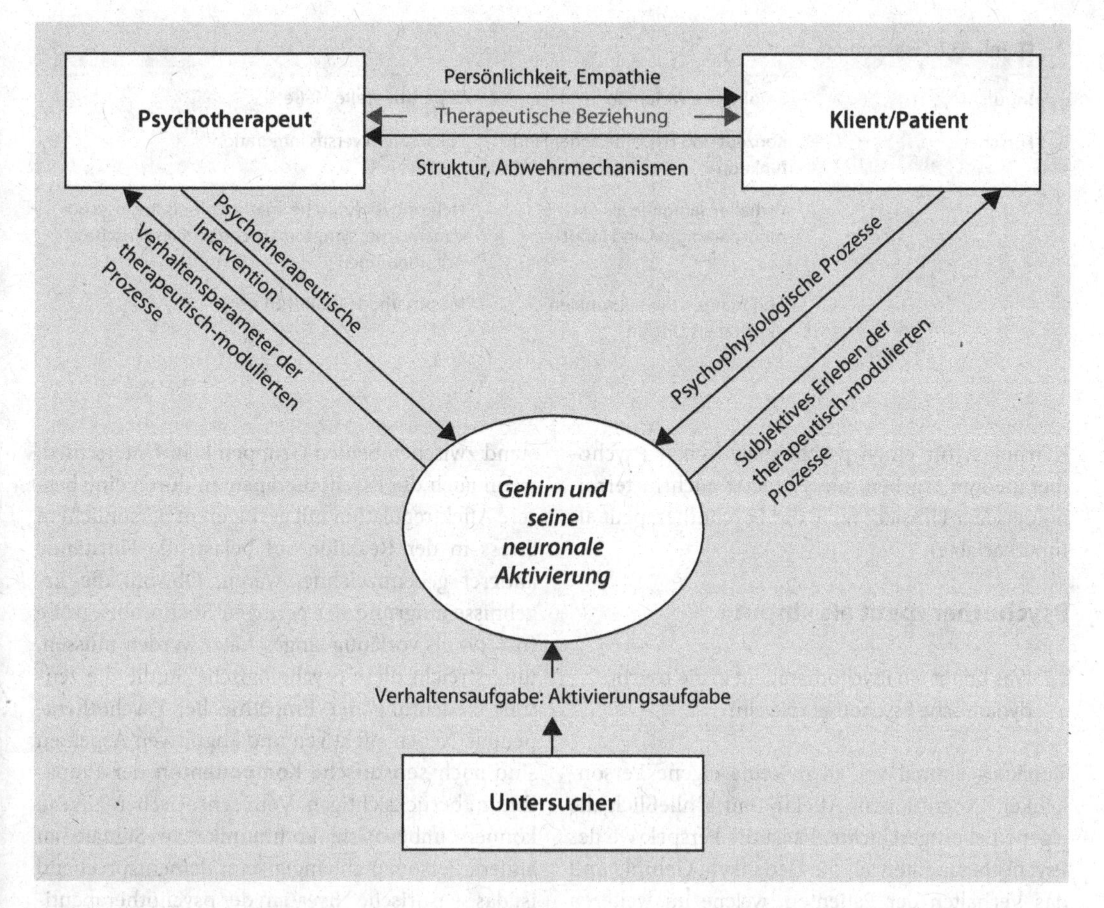

Abb. 33.1 Input und das Designproblem

Tab. 33.1 Input, empirische Variablen und experimentelle Maße

Input	Empirische Variablen	Experimentelle Maße
Psychotherapeut	Persönlichkeit, Empathie	Skala für Persönlichkeit und Empathie
	Psychotherapeutische Intervention als Input	Psychotherapeutische Identität
	Wirkungen der Psychotherapie (»Output«)	Psychodynamische, subjektive und behaviorale Maße
	Psychodynamischer Prozess, der zwischen psychotherapeutischem Input und Output vermittelt	Messung des psychodynamischen Prozesses mittels STIPO, OPD etc.
Patient-Psychotherapeut-Beziehung	Qualität der therapeutischen Beziehung	Messen der Übereinstimmung des Patienten mit dem Therapeuten und somit der therapeutischen Beziehung mittels Helping Alliance Questionnaire, Vanderbult Psychotherapy Process Scale oder Working Alliance Inventory

Tab. 33.1 Fortsetzung

Input	Empirische Variablen	Experimentelle Maße
Forscher	Konzept und Hypothese der Hirnfunktion	Lokalisation versus Integration
	Verhaltensaufgabe als Aktivierungsparadigma und Input	Neurophysiologische, methodologische, psychodynamische, symptomatische und empirische Anforderungen
	Änderungen der neuronalen Aktivität als Output	Messmethode (fMRI, PET etc.)

Klärungen für einen psychoanalytischen Psychotherapeuten ergeben, nicht zuletzt auch in terminologischer Hinsicht (z. B. der Psychotherapeut als Inputvariable).

Psychotherapeut als »Input«

? Was bringt ein Psychotherapeut in die psychodynamische Psychotherapie ein?

Zunächst einmal vor allem seine eigene Persönlichkeit, Kognitionen, Affekte und schließlich die eigene Lebensgeschichte. Es ist die Perspektive des Psychotherapeuten auf die Gedanken, Gefühle und das Verhalten der Patienten, welche im weiteren Verlauf der Interaktion zwischen Patient und Psychotherapeut zur Entwicklung der therapeutischen Beziehung beiträgt. Die aktuelle Psychotherapie-Forschung hat gezeigt, dass der Psychotherapeut selbst, als Persönlichkeit und mit seinen Affekten, in der Psychotherapie letztlich nicht abstinent bleiben kann, so wie es ursprünglich von Freud vorgeschlagen worden war. Kohut unterstrich, dass die Fähigkeit zu **Empathie** ein wesentlicher Faktor bei der Entwicklung der therapeutischen Beziehung darstellt, die wiederum ganz wesentlich die **therapeutische Wirksamkeit** mitbestimmt (Kohut 1959). Eine aktuelle Psychotherapie-Studie untersuchte kognitive und emotionale Aspekte der Empathie bei Psychotherapeuten (Hassenstab et al. 2007). Psychotherapeuten zeigten – im Vergleich mit der Kontrollgruppe – höhere Empathiewerte, wenn diese Schlussfolgerungen zogen auf der Grundlage von **sprachlich gespiegelten kognitiven Aspekten**. Hinsichtlich affektiver Aspekte der Empathie bestand zwischen beiden Gruppen kein Unterschied, wenn auch die Psychotherapeuten durch eine bessere Affektregulation mit geringerem persönlichem Stress in der Reaktion auf belastende Umstände anderer gekennzeichnet waren. Obwohl die Ergebnisse aufgrund der geringen Stichprobengröße (n = 19) als vorläufig eingeschätzt werden müssen, unterstreicht diese psychologische Studie die zentrale Bedeutung der Empathie bei Psychotherapeuten. Neben affektiven und kognitiven Aspekten sind auch **sensorische Komponenten** der Empathie zu berücksichtigen. Vom sensorischen Niveau können unbewusste kommunikative Signale an andere Personen abhängig sein; dementsprechend ist das sensorische Niveau in der psychotherapeutischen Interaktion ebenfalls von großer Bedeutung (Zanocco et al. 2006). Gewiss sind weitere Studien notwendig, um die spezifische Bedeutung der Empathie in der psychotherapeutischen Interaktion zu erfassen. Einen Forschungsgegenstand stellen beispielsweise die neuronalen Netzwerke dar, die eine Rolle spielen bei der Entwicklung von Empathie (Insula, anteriores Zingulum, Thalamus, temporo-parietale Verbindung, Amygdala; Frewen et al. 2008); diese weisen bei Psychotherapeuten eine höhere neuronale Reaktivität im Vergleich zu Nicht-Psychotherapeuten auf. Idealerweise können in solchen Studien auch neuronale und psychophysiologische Maße (z. B. Hautwiderstand, Herzrate usw.) bei der Messung der Fähigkeit zur Empathie von Psychotherapeuten als **konfundierende Variable** einbezogen werden, d. h. als Regressor oder Kovariate, wenn die neuronalen Veränderungen der Patienten während einer psychodynamischen Psychotherapie gemessen und analysiert werden.

? Was ist damit gemeint, wenn Persönlichkeit und Empathie des Psychotherapeuten als konfundierende Variable aufgefasst werden?

Stellen wir uns beispielsweise einen Psychotherapeuten vor, der dazu neigt, sich intensiv mit dem Schicksal seiner Patienten zu identifizieren. Aus dieser konkordanten Gegenübertragung heraus wird einerseits ein tieferes Verständnis des Patienten ermöglicht, andererseits kann sich eventuell eine therapeutische Sackgasse entwickeln, wenn der Therapeut beispielsweise mit den hochgradig ambivalenten internalisierten Objektbeziehungen eines depressiven Patienten konfrontiert ist und die Übertragungsbeziehung durch diese ambivalenten Aspekte der internalisierten Beziehungen des Patienten bestimmt wird. In einem anderen Fall kann hingegen ein Patient, dessen Persönlichkeitsentwicklung durch einen basalen Mangel emotionaler Resonanz und die fehlende Möglichkeit, signifikante Andere zu internalisieren, beeinträchtigt wurde, sehr von der Empathie des Psychotherapeuten und einem supportiven, Ich-stützenden Ansatz profitieren. Die klinische Erfahrung unterstreicht, dass die Wirksamkeit von Psychotherapie – abgesehen von therapiespezifischen Effekten – nicht nur von der **Persönlichkeit** und der psychischen Struktur des Psychotherapeuten selbst abhängt, sondern insbesondere auch von der **spezifischen Konstellation** zwischen dem Therapeuten und seinem Patienten. Im Hinblick auf die Entwicklung eines experimentellen Ansatzes wird umso deutlicher, dass bei der Anwendung von Persönlichkeitsskalen beide Partner der therapeutischen Interaktion, also nicht nur der Patient, sondern auch der Psychotherapeut, untersucht werden sollten. Zusätzlich zur Empathie und Persönlichkeit kann ferner die **Bindungsfähigkeit** einbezogen werden. Eine Studie von Schauenburg et al. (2006) ergab beispielsweise, dass etwa ein Drittel der untersuchten Psychotherapeuten ein »gemischt-unsicheres Bindungsmuster« aufwies, das im Hinblick auf die psychotherapeutische Interaktion mit dem Patienten von großer klinischer Bedeutung sein könnte.

Eine weitere Variable, die die Psychotherapeuten einbringen, besteht selbstverständlich in den jeweiligen **psychotherapeutischen Interventionen**, die eingesetzt werden, um psychotherapeutische Veränderungen auszulösen. Diese therapeutischen Maßnahmen sind gerade auch in der psychodynamischen und psychoanalytischen Psychotherapie auf einem breiten Spektrum deutender und Ich-fördernder Interventionen angesiedelt, verbunden mit einer abstinenten Haltung, einer »gleichschwebenden Aufmerksamkeit« (als Basis für die Deutung unbewusster Konflikte, der Übertragung oder der Träume). In der therapeutischen Arbeit mit traumatisierten Patienten können imaginative Techniken herangezogen werden und therapeutische Foki gewählt werden, die eine sensorische Kodierung der traumatischen Inhalte unterstützen. Im Gegensatz zur psychoanalytischen Langzeittherapie kann im Rahmen der psychodynamischen Kurzzeitpsychotherapie das sog. Zentrale-Beziehungskonflikt-Thema (ZBKT) zur Bearbeitung von Konflikten in aktuellen Beziehungen des Patienten herangezogen werden (Luborsky u. Crits-Christoph 1989). Diese unterschiedlichen therapeutischen Herangehensweisen müssen in quantifizierter und objektivierbarer Weise berücksichtigt werden. Eine Möglichkeit stellt der kürzlich entwickelte »**Fragebogen zur Psychotherapeutischen Identität**« (ThID) dar, der die Ausbildung, Erfahrung, den therapeutischen Stil und Werte von Psychotherapeuten erfasst (Sandell et al. 2002).

Experimentelles Design und therapeutische Realität

In methodischer Hinsicht wäre es ideal, wenn eine therapeutische Intervention in der psychodynamischen Psychotherapie auf einen **spezifischen psychodynamisch wirksamen Faktor** (z. B. Abwehrmechanismus, Über-Ich) beschränkt und festgelegt werden könnte. Dies wäre z. B. im Rahmen einer psychodynamischen Psychotherapie vorstellbar, die insbesondere auf die Bearbeitung der ambivalenten Beziehungsmuster depressiver Patienten zielt (im Sinne einer »introjektionsbasierten« psychodynamischen Psychotherapie). Ein solches – hier aus methodischen Gründen – skizziertes Vorgehen würde es in experimenteller Hinsicht ermöglichen, die psychodynamischen Prozesse therapeutischer Veränderungen unabhängig von anderen Variablen zu spezifizieren, zu messen und zu quantifizieren.

Obwohl in experimenteller Hinsicht wünschenswert, sind die auf einen einzelnen psychodynamischen Fokus ausgerichteten psychotherapeutischen Interventionen in der psychotherapeutischen Realität nicht möglich. Wirksame psychodynamische Psychotherapie wird mit unterschiedlichen therapeutischen Interventionen (psychotherapeutischer »Input«) durchgeführt, die auf eine Vielzahl psychodynamischer Prozesse zielen. Aufgrund dieser **therapeutischen Realität** ist es sehr schwierig, die psychotherapeutische Intervention selbst zu quantifizieren und zu objektivieren (Luborsky et al. 1985; Roth u. Fonagy 1996) und den psychotherapeutischen Input von den jeweiligen psychodynamischen Prozessen zu unterscheiden. Hier wird ein zentrales methodologisches Problem deutlich, da im Hinblick auf ein experimentelles Design vermutet werden muss, dass mögliche neuronale Veränderungen eher diejenigen psychodynamischen Prozesse widerspiegeln, die der psychotherapeutischen Intervention zugrunde liegen, als die psychotherapeutische Intervention selbst (den »Input«). Dementsprechend besteht eine **Diskrepanz** zwischen klinischer Realität und den Notwendigkeiten eines experimentellen Designs. Dieser Kluft zwischen klinischer Realität und den experimentellen Notwendigkeiten sollte in einem experimentellen Design stets Rechnung getragen werden; sie sollte möglichst auch verringert werden.

▪ Wirkungen der Psychotherapie (»Output«)

Zusätzlich zu dem psychotherapeutischen Input und den psychodynamischen Prozessen sollten ferner auch die Wirkungen der Psychotherapie (»**Output**«) berücksichtigt werden. Inzwischen liegen zahlreiche Studien vor, welche die **therapeutische Wirksamkeit** psychodynamischer Psychotherapie belegen (Haase et al. 2008; Leichsenring u. Leibling 2007; Leichsenring u. Rabung 2008). Die in den vergangenen Jahren entwickelten diagnostischen Instrumente, u. a. die operationalisierte psychodynamische Diagnostik (OPD) (Boeker u. Richter 2008; Cierpka et al. 2007; OPD Task Force 2008; Boeker et al. 2008), ermöglichen eine **operationalisierte Diagnostik** beobachtungsnaher psychodynamischer Zusammenhänge auf der Grundlage eines multiaxialen Systems (bestehend aus vier psychodynamischen Achsen und einer deskriptiven Achse). Die OPD ermöglicht ferner die Definition relevanter therapeutischer Foki und die Messung therapeutischer Veränderungen (Rudolf et al. 2004). Das **strukturierte Interview für die Persönlichkeitsorganisation** (**STIPO**, Clarkin et al. 2004) basiert auf den psychodynamischen Konzepten Kernbergs zu den Persönlichkeitsstörungen (Kernberg 1996). Das STIPO ermöglicht die Evaluation der individuellen Persönlichkeitsorganisation im Hinblick auf folgende Dimensionen:

- Konsolidierung der Identität,
- Qualität der Objektbeziehungen,
- Vorhandensein primitiver Abwehr,
- Qualität der Aggression,
- adaptive Bewältigungsstrategien (im Gegensatz zur charakterlichen Rigidität),
- moralische Werte.

Die Wirksamkeit der Psychotherapie (Output) wird mit diesem Instrument ausschließlich auf der Ebene der erwähnten psychodynamischen Dimensionen erfasst. Dies ist in methodologischer Hinsicht als problematisch anzusehen, weil das gewählte Maß sich von dem unterscheiden sollte, was gemessen wird (der psychotherapeutische Output), nämlich der unabhängigen Variable. Bei dem hier kritisierten Vorgehen bleibt die »unabhängige« Variable gleichzeitig abhängig von dem gewählten Maß (den psychodynamischen Dimensionen). Aus diesem Grund werden zusätzliche abhängige Variablen für die Veränderungsmessung im Verlauf psychotherapeutischer Behandlungen benötigt, die auf unterschiedlichen Ebenen – der subjektiven Ebene und der Verhaltensebene – angesiedelt sind (◘ Tab. 33.1).

Dies soll beispielhaft an der **Introjektion** erläutert werden. Introjektionen sind bei depressiv Erkrankten in psychodynamischer Hinsicht von zentraler Bedeutung (Taylor u.Richardson 2005; Böker u. Northoff 2005; Böker u. Richter 2008). Diese introjektiven Prozesse können u. a. mit Veränderungen der Körperwahrnehmung (z. B. einem erhöhten Bewusstsein eigener körperlicher Prozesse) verbunden sein, wie wir in einer Studie mit einem subjektiven Instrument, dem Body Perception Questionnaire (BPQ), gezeigt haben (Wiebking et al. 2010). Unter der Voraussetzung, dass eine Korrelation von Introjektion und Körperwahrnehmung besteht, kann dementsprechend die Messung der Körperwahrnehmung (z. B. mit dem BPQ) als eine subjektive Variable zur Erfassung der durch Introjektion gekennzeichneten Psychodynamik herangezogen werden. Die Reduktion der durch Introjektion und Abhängigkeit gekennzeichneten Beziehungsmuster im Verlauf einer Psychotherapie kann beispielsweise mittels der operationalisierten psychodynamischen Diagnostik (OPD) oder mittels STIPO gemessen werden; auf diesem Wege lässt sich die Hypothese überprüfen, dass die Abnahme introjektiver Beziehungsmuster mit einer Reduktion der Fokussierung der Wahrnehmung auf den eigenen Körper (gemessen mittels BPQ) einhergeht. Alternativ oder komplementär können auch Reaktionszeitmaße verwendet werden, die die Veränderung introjektiver Prozesse beweisen und als abhängige Variable auf der Verhaltensebene dienen können.

Man könnte argumentieren, dass die neuronalen Effekte selbst als abhängiges, wenn auch unterschiedliches Maß der Wirksamkeit von Psychotherapie dienen könnten. Ein solches Design würde jedoch zu einer Konfundierung unterschiedlicher Beweisstrategien führen. Es wäre zu vermuten, dass die neuronalen Wirkungen die Wirksamkeit von Psychotherapie auf der neuronalen Ebene beweisen, nicht jedoch einen Beweis der Wirksamkeit von Psychotherapie selbst darstellen. Die Wirksamkeit von Psychotherapie kann nicht durch neuronale Maße gemessen und bewiesen werden, wenn wir davon ausgehen, dass durch neuronale Aktivierungsmuster die Wirkungen von Psychotherapie vermittelt werden und Zirkelschlüsse vermieden werden sollen. Dementsprechend wird im Hinblick auf eine reliable Verknüpfung neuronaler Effekte unter dem Einfluss von Psychotherapie ein Maß für deren Wirkung benötigt, das weder auf psychodynamische Dimensionen zurückgreift (d. h. die Übereinstimmung mit dem Output vermeidet), noch auf neuronale Aktivierungsmuster, um eine Überlappung mit dem Prozess zu vermeiden, der die Wirkung von Psychotherapie vermutlich vermittelt.

Patient als »Input«

Bei der Konzeption geeigneter empirischer Paradigmen muss von der spezifischen psychodynamischen Konstellation und Persönlichkeitsstruktur des Patienten ausgegangen werden, in experimenteller Hinsicht also dem »psychodynamischen und persönlichkeitsstrukturellen Input«. Beispielsweise kann ein bestimmter Abwehrmechanismus vorherrschen und einen wesentlichen Anteil an der Entwicklung der Symptomatik und des subjektiven Leidens haben (z. B. Introjektion bei dem »introjektiven Typus« der Depression, Blatt 1974; Taylor u. Richardson 2005). Die entsprechende psychodynamische Konstellation muss im Experiment objektiviert und verifiziert werden; hierzu können inzwischen unterschiedliche Untersuchungsinstrumente (OPD, STIPO und KAPP, Weinryb et al. 1991a,b) herangezogen werden. **Karolinska Psychodynamic Profile** (KAPP) basiert beispielsweise auf psychoanalytischen Annahmen und ermöglicht die Untersuchung zeitstabiler Modi psychischer Funktionen (z. B. Selbstwahrnehmung und interpersonelle Beziehungen). Das Instrument hat 18 Subskalen, die neben Beziehungsmustern auch persönlichkeitsstrukturell verankerte Funktionen (Frustrationstoleranz, Impulskontrolle, Persönlichkeitsorganisation u. a.) einschließen. Ergänzend sollten weitere Persönlichkeitsdimensionen eingeschlossen werden, die z. B. mit dem **Temperament Character Inventory** (TCI) erfasst werden können. Mittels des TCI lassen sich unterschiedliche Dimensionen der Belohnung (»reward dependence«, »novelty seeking« u. a.) und des Selbst (»self-directiveness«, »self- transcendence« u. a.) untersuchen.

Ferner ist zu berücksichtigen, dass Patienten nicht aufgrund spezifischer psychodynamischer Konstellationen zum Psychotherapeuten kommen, sondern wegen ihrer Probleme im subjektiven Erleben und auf der Verhaltensebene, die dann von dem außen stehenden Beobachter, dem Psychotherapeuten, als **Symptome** bezeichnet werden. Diese Symptome sind schließlich ein erstes Ziel psychotherapeutischer Interventionen. Dementsprechend sucht ein depressiver Patient nicht wegen seiner durch Introjektion ambivalenter Objekte charakterisierten Abhängigkeit Hilfe, sondern wegen seiner depressiven Beschwerden. Die Symptomatik ist mit geeigneten Messinstrumenten (z. B. Beck Depression Inventory, BDI und Beck Hopelessness Scale, BHS als Selbstwahrnehmungsinstrumente oder die Hamilton Depression Rating Scale, HDRS als Fremdbeurteilungsinstrument) zu erfassen. Um eine Konfusion zwischen psychotherapeutischer Intervention und Symptommessung zu verhindern, sollte die Fremdbeurteilung nicht vom Psychotherapeuten selbst durchgeführt werden, sondern von einem unabhängigen Dritten. Im Hinblick auf die zukünftige Forschung ist eine klare empirische Verknüpfung zwischen spezifischen psychodynamischen Prozessen und Symptomen zu fordern, wie sie beispielsweise von Blatt (1974) für die Verknüpfung von unterschiedlichen Ebenen der Objektrepräsentation in der anaklitischen und introjektiven Depression aufgezeigt wurde. Demgemäß sind Studien notwendig, die die Korrelation zwischen psychodynamischen Prozessen und Symptomatik untersuchen und der Frage nach einer **psychodynamisch-symptomatischen Spezifität** nachgehen. Um möglichen Missverständnissen vorzubeugen: Bei diesem Vorgehen geht es nicht um einen erneuten, unseres Erachtens zum Scheitern verurteilten Versuch, die Konfliktspezifität psychischer Symptome aufzuzeigen, sondern um das Verständnis der vielfältigen funktionellen Zusammenhänge zwischen Psychodynamik und Symptomatik auf der Grundlage einer mehrdimensionalen Diagnostik (unter Einbezug von Struktur, Konflikt und Abwehrmodus, Mentzos 2009).

? Wie lassen sich schließlich die Veränderungen, die im Patienten durch die Psychotherapie induziert wurden, erfassen?

Die Veränderungen können auf der Verhaltensebene und der Ebene psychodynamischer Dimensionen untersucht werden, ferner auch auf der Ebene **subjektiven Erlebens**. So lässt sich beispielsweise hypothetisch annehmen, dass die Introjektion die sog. selbstbezogene Prozessierung (»self-related processing«, Boeker u. Richter 2008; Northoff 2008) zu erklären vermag. Dementsprechend ist bei depressiv Erkrankten eine vermehrte Selbstbezogenheit im Vergleich mit gesunden Probanden zu erwarten, wie dies in Studien demonstriert wurde (Northoff 2007; Grimm et al. 2009). Ein wesentliches Ziel psychodynamischer Psychotherapie besteht darin, den Selbstfokus (im Sinne einer übersteigerten, mit dysfunktionalen Denkmustern und Negativismus einhergehenden Binnenorientierung) zu vermindern, wobei idealerweise auch Trennungsprozesse ermöglicht werden, die eine Überwindung der auf Internalisierungen bzw. Introjektionen beruhenden Abhängigkeit von anderen ermöglichen. Auf diesem Wege kann die subjektive Erfahrung der Selbstbezogenheit als Marker subjektiver Veränderungen, die durch die psychodynamische Psychotherapie induziert werden, herangezogen werden. Dies kann verknüpft werden mit der Untersuchung von Verhaltensparametern (z. B. Messung der Reaktionszeit) im Rahmen der Untersuchung der Selbstbezogenheit. Von großer Bedeutung ist, dass die subjektiven Maße und die Verhaltensmaße der Selbstbezogenheit sowohl für die psychodynamischen Prozesse (welche durch die psychotherapeutischen Interventionen induziert werden) und die Symptome (d. h. den subjektiven und Verhaltensinput der Patienten) sensitiv sein sollten. Auf diesem Wege dient die **Selbstbezogenheit** als **abhängige Variable** sowohl der Introjektion wie auch der depressiven Symptomatik. Alle drei Dimensionen (Selbstbezogenheit, Introjektion und depressive Symptomatik) sollten in funktioneller Hinsicht eng miteinander verknüpft werden, während sie im experimentellen Design strikt voneinander getrennt werden müssen. Dementsprechend können diese drei Variablen auf symptomatischem Niveau voneinander abhängig sein, während sie auf experimenteller Ebene voneinander getrennt analysiert werden müssen.

Therapeutische Beziehung als »Input«

In den vergangenen Jahrzehnten wurde die psychoanalytische Situation als ein dyadisches System rekonzeptualisiert, in dem der Psychoanalytiker/psychoanalytisch orientierte Psychotherapeut sowohl Teilnehmer wie Beobachter ist. Die erweitere Definition der Gegenübertragung und der Einfluss der Objektbeziehungstheorie und verschiedener intersubjektiver Perspektiven hat zu einer **Betonung relationaler Aspekte** beigetragen. Verschiedenartigen Facetten der »Two-personness« der Analyse werden mit den Begriffen »therapeutische Allianz« und »reale« Beziehung (Vaughan u. Roose 2000) betont. Der am weitesten reichende Versuch, zwischen Übertragung/-Gegenübertragung und »realen« Aspekten der Dyade zu unterscheiden, findet im Rahmen der Überlegungen zur »**Passung**« von Patient und Therapeut statt.

Kantrowitz et al. (1989) definierten Passung als »weites Feld von Phänomenen, in welches die Gegenübertragung als eine von vielen Formen der Passung einbezogen ist.«

> » Die individuelle Geschichte, Persönlichkeit, Haltungen und Werte des jeweiligen Analytikers und Patienten prädisponieren zur Entwicklung bestimmter Gegenübertragungs-Übertragungs-Reaktionen. Passung kann sich jedoch auch beziehen auf beobachtbare Stile, Haltungen und persönliche Charakteristiken, die in residualen und unanalysierten Konflikten beruhen und wesentlichen Anteil haben an jeder Patient-Analytiker-Beziehung und diese maßgeblich prägen. (Kantrowitz et al. 1989, S. 895)

Förderliche und hinderliche Passungsmuster können voneinander unterschieden werden: Diese durch Übereinstimmung oder Komplementarität charakterisierten Beziehungsmuster weisen eine große Ähnlichkeit auf mit der konkordanten bzw. komplementären Übertragungs-Gegenübertragungs-Beziehung, die Racker (1968) im Rahmen eines Objekt-Beziehungs-Modells skizziert hat. Darüber hinaus enthalten sie relativ konfliktfreie Merkmale wie Stil und Haltung. Die Bedeutung der interaktiven, nonverbalen affektiven Kommunikation innerhalb der therapeutischen Beziehung wird unterstrichen (Kantrowitz 1995). Vaughan und Roose (2000) sind überzeugt von der Bedeutung der Definition und Operationalisierung des Passungskonzeptes als wesentlicher Grundlage empirischer Forschung. In der Zwischenzeit liegt eine Anzahl von Psychotherapie-Studien vor, die Antworten liefern auf die Frage, welche **Faktoren zu einer guten Passung** beitragen. Luborsky et al. (1988) untersuchten zehn demografische Variablen vor Beginn der Behandlung, bei denen eine Passung zwischen Patient und Therapeut bestehen könnte (Alter, Beziehungsstatus, Kinder, Religion und religiöse Aktivität, Erziehung, kognitiver Stil und andere). Lediglich die **Überstimmung im Beziehungsstatus** erwies sich als signifikanter Prädiktor eines Therapieerfolgs. Metaanalysen (Garfield u. Bergin 1978) konnten keinen konsistenten bedeutsamen Effekt der Passung (auf der Grundlage einer Vielzahl von Patient-Therapeut-Variablen) auf den Erfolg der Psychotherapie nachweisen.

Gruenbaum (1983) interviewte 23 Psychotherapeuten, um die Faktoren zu bestimmen, welche diese selbst als wichtig bei der Auswahl eigener Therapeuten eingeschätzt hatten. Psychotherapeuten wünschten sich Psychotherapeuten, die aktiv und »Erzähler« waren; es bestand eine deutliche Abneigung gegenüber dem Modell des inaktiven, als »Leinwand« fungierenden Therapeuten. In einer weiteren Studie (Hollander-Goldfein et al. 1989) wurden die Auswahlkriterien für einen Therapeuten bei Patienten näher untersucht. Die Patienten berichteten, dass sie denjenigen Therapeuten ausgesucht hatten, den sie als am meisten kompetent und verständnisvoll eingeschätzt hatten und der diejenigen Eigenschaften aufgewiesen hatte, denen sie nacheifern wollten. Weder demografische Variablen noch die Wahrnehmung von Persönlichkeitsmerkmalen, in denen Patient und Therapeut übereinstimmten, beeinflussten die Entscheidung wesentlich. Eine signifikante Korrelation bestand zwischen der Sympathie des Therapeuten gegenüber dem Patienten und der schließlich erfolgten Auswahl des Therapeuten durch den Patienten. Dieses Ergebnis unterstreicht, dass sich eine – **überwiegend unbewusste – Passung** zwischen Patient und Therapeut wahrscheinlich bereits in den Vorgesprächen entwickelt.

Abgesehen von der Studie von Hollander-Goldfein et al. gibt es nur wenige andere Untersuchungen, die die Passungsfrage sowohl aus der Perspektive der Patienten wie der Therapeuten fokussieren. Dolinsky et al. (1998) untersuchten Patienten-Therapeuten-Dyaden im Rahmen einer 2-stündigen psychodynamischen Psychotherapie. Positive Passung korrelierte mit positiver Einschätzung des therapeutischen Prozesses und der therapeutischen Wirksamkeit durch Patient und Therapeut, jedoch nicht mit wahrgenommener Übereinstimmung persönlicher Merkmale.

In den vergangenen Jahren wurden Untersuchungsinstrumente entwickelt, die die Operationalisierung und Messung der Passung auf operationalisiertem Wege ermöglichen. Der **Helping Alliance Questionnaire** (Luborsky 1984) ermöglicht die

Untersuchung der subjektiven Einschätzung der therapeutischen Beziehung sowohl aus der Perspektive der Patienten wie auch der Therapeuten, sodass die Korrelation zwischen beiden Perspektiven als Ausdruck von »Passung« angesehen werden kann. Die **Vanderbilt Psychotherapy Process Scale** (O'Malley et al. 1983) ermöglicht die Untersuchung der therapeutischen Beziehung mittels eines externen Beobachters und dessen Einschätzung einer videoaufgezeichneten Therapiesitzung. Diese Skala umfasst Dimensionen wie die Beteiligung des Patienten, die vom Therapeuten angebotene Beziehung und den Explorationsprozess. Das **Working Alliance Inventory** (Horvath u. Greenberg 1989) schließt 36 Items ein zu den Dimensionen »Ziel«, »Aufgabe« und »Bindung«, die vom Patienten, dem Therapeuten und einem externen Beobachter eingeschätzt werden.

Zusammenfassend besteht weiterhin ein Bedarf an Psychotherapie-Forschung, welche die Perspektiven von beiden Teilnehmenden an der dyadischen, therapeutischen Interaktion erfasst. Nur wenige Studien haben bisher versucht, die unterschiedlichen Faktoren der therapeutischen Beziehung zu operationalisieren und geeignete Paradigmen mittels Neuroimaging zu entwickeln (Kaechele u. Buchheim 2008).

Forscher als »Input«

Der Neurowissenschaftler ist bestrebt, die neuronalen Effekte psychodynamischer Psychotherapie zu erfassen. Die Entwicklung von Hypothesen zu möglichen neuronalen Effekten setzt – implizit oder explizit – ein spezifisches Konzept und eine Theorie der Hirnfunktion voraus. Im Rahmen eines strengen Lokalisationismus kann beispielsweise hypothetisch angenommen werden, dass die Hirnaktivität in einer spezifischen Region – wie die oftmals beobachtete funktionelle Störung im subgenualen anterioren zingulären Kortex (Mayberg 2003) – durch psychodynamische Psychotherapie bei depressiv Erkrankten verändert und normalisiert werden kann. Diese Hypothese basiert auf vergleichbaren Beobachtungen mittels kognitiv-behavioraler Therapie und Pharmakotherapie (Goldapple et al. 2004; Kennedy et al. 2007). Im Gegensatz zu diesen Annahmen stehen die Untersuchungsergebnisse zahlreicher Neuroimaging-Studien, die eine große **Vielfalt neuronaler Effekte** von Psychotherapie **in unterschiedlichen Hirnregionen** zeigen. Aufgrund dieser Befunde ist die Annahme einer strikten Lokalisation in Frage zu ziehen und ein alternatives Konzept der Hirnfunktion zu entwickeln.

Im Gegensatz zur Lokalisationstheorie kann von einer **neuronalen Integration** ausgegangen werden. Die neuronale Integration beschreibt die Koordination und Anpassung neuronaler Aktivität über zahlreichen Hirnregionen. Die Interaktion zwischen entfernten Hirnregionen lässt sich als notwendige Voraussetzung einer komplexen Funktion annehmen, beispielsweise bei der Emotion und der Kognition (Friston 2003; Price u. Friston 2002).

Neuronale Integration, die auf die Interaktion zwischen zwei oder mehreren Hirnregionen zielt, muss von **neuronaler Segregation** unterschieden werden (Friston 2003; Price u. Friston 2002). Bei letzterer wird eine kognitive oder emotionale Funktion oder Prozessierung der neuronalen Aktivität einer einzigen Hirnregion zugeordnet, welche als notwendig und hinreichend angesehen wird. Dementsprechend lässt sich von neuronaler Spezialisierung und Lokalisierung sprechen. Es ist davon auszugehen, dass Abwehrmechanismen als komplexe emotional-kognitive Interaktionen nicht in spezialisierten oder segregierten Hirnregionen lokalisiert sind. Im Gegensatz dazu lässt sich eher annehmen, dass Abwehrmechanismen mit der Interaktion zwischen verschiedenen Hirnregionen – im Sinne der neuronalen Integration – einhergehen.

Die Verknüpfung entfernter Hirnregionen als Voraussetzung neuronaler Integration wird durch deren Konnektivität ermöglicht. **Konnektivität** beschreibt die Beziehung zwischen neuronaler Aktivität in unterschiedlichen Hirnregionen. Die **anatomische** Konnektivität ist dabei von der **funktionellen** Konnektivität zu unterscheiden. Friston und Price (2001) unterscheiden ferner zwischen funktioneller und **effektiver** Konnektivität.

Funktionelle Konnektivität Diese Art der Konnektivität beschreibt die »Korrelation zwischen entfernten neurophysiologischen Ereignissen«, die entweder auf eine direkte Interaktion zwischen den Ereignissen oder auf andere Faktoren zurückgeführt werden könnten, die zwischen beiden Ereignissen vermitteln. Eine Korrelation kann entweder einen direkten Einfluss einer Hirnregion auf eine andere ausdrücken oder ihre indirekte Verknüpfung über weitere Faktoren. Im ersten Fall ist die Korrelation abhängig von der Interaktion selbst, während im zweiten Fall die Korrelation auf anderen indirekten Faktoren beruhen könnte, wie z. B. auf Stimuli infolge eines gewohnheitsmäßigen Inputs.

Effektive Konnektivität Im Gegensatz zur funktionellen Konnektivität beschreibt die effektive Konnektivität die direkte Interaktion zwischen Hirnregionen, sie »bezieht sich explizit auf den direkten Einfluss des neuronalen Systems auf ein anderes, entweder auf der synaptischen oder der Populationsebene« (Friston u. Price 2001). In dem hier dargestellten Forschungskontext wird von der effektiven Konnektivität auf der Populationsebene ausgegangen, weil dies am ehesten mit der Ebene unterschiedlicher Hirnregionen korrespondiert, die hier untersucht werden. Beispielsweise könnte der präfrontale Kortex durch die Modulation seiner effektiven Konnektivität mit subkortikalen Regionen spezifische Funktionen beeinflussen, wie z. B. das Processing interozeptiver Reize.

Auf der Grundlage der Konnektivität muss die neuronale Aktivität zwischen verschiedenen und entfernt voneinander gelegenen Hirnregionen angepasst, koordiniert und harmonisiert werden. Koordination und Anpassung neuronaler Aktivität geschieht wahrscheinlich nicht unumschränkt, sondern im Einklang mit bestimmten Prinzipien neuronaler Integration (Northoff et al. 2004). Diese Prinzipien beschreiben funktionelle Mechanismen, mit denen die neuronale Aktivität zwischen entfernten Hirnregionen organisiert und koordiniert wird. Es lässt sich annehmen, dass zu diesen Prinzipien die **reziproke Modulation**, die Modulation durch funktionelle Einheit, die Top-down-Modulation und die Modulation durch Umkehr zuzuordnen sind (Boeker u. Northoff 2005; Northoff 2008). Es lässt sich auch annehmen, dass diese Prinzipien mit spezifischen Abwehrmechanismen assoziiert sind.

? **Ist die Diskussion um die vorausgesetzten Theorien und Konzepte der Hirnfunktion von bloßem theoretischem Interesse und ohne empirische Bedeutung?**

Die Bejahung dieser Frage würde vernachlässigen, dass die experimentelle Messung neuronaler Veränderungen sehr stark von den Konzepten abhängt, die der Forscher in das Design miteinbringt. Wird beispielsweise angenommen, dass eine einzige oder mehrere spezifische Regionen durch psychodynamische Psychotherapie aktiviert werden, so werden Messungen und Analysen von einem solchen Lokalisationismus geleitet sein. Auf diese Weise bliebe das oben erwähnte Prinzip der neuronalen Integration bei der Messung und der Datenanalyse unberücksichtigt, da hierzu **unterschiedliche Analysemethoden** herangezogen werden müssen. Letzteres ist bei der Erforschung der Depression erforderlich, da die spezifische funktionelle Störung sich nicht auf die Aktivierung in einer einzigen Hirnregion beschränkt, sondern eine gestörte reziproke Modulation zwischen medialem und lateralem präfrontalem Kortex umfasst; beide Regionen weisen dabei eine auf gegensätzliche Weise gestörte Hirnaktivierung auf (Northoff et al. 2004; Grimm et al. 2006). Zentrieren sich die Analysen auf die veränderte Hirnaktivität in einzelnen Hirnregionen, so können neuronale Veränderungen übersehen werden, die durch psychotherapeutische Effekte induziert werden (z. B. die Normalisierung der reziproken Modulation). Dies unterstreicht, dass das vom jeweiligen Forscher oftmals implizit vorausgesetzte Modell des Gehirns in erheblichem Umfang beeinflusst, was und wie im Hinblick auf die Hirnfunktion gemessen wird und welche neuronalen Variablen mit psychotherapeutisch induzierten Veränderungen verknüpft werden.

Ein weiterer wesentlicher Input des Forschers besteht in der Verhaltensaufgabe, die herangezogen wird, um eine veränderte Hirnaktivität zu induzieren. Neuroimaging-Studien können im Ruhezustand und/oder während Aktivierungsaufgaben durchgeführt werden; letztere erfordern **spezifische Verhaltensaufgaben**. Deren Auswahl ist von zentraler Bedeutung. In funktioneller Hinsicht sollte die Verhaltensaufgabe verknüpft werden mit den psychodynamischen Prozessen im Rahmen einer psychodynamischen Psychotherapie und ferner auch mit den Symptomen der Patienten, ihren subjektiven Beschwerden und ihren Verhaltensstörungen. Es kann z. B. die Hypothese formuliert werden, dass psychotherapeutische Interventionen zu einer Normalisierung abnormaler reziproker Modulation bei depressiv Erkrankten beitragen. Dies setzt bei einem experimentellen Design voraus, dass die Verhaltensaufgabe diejenigen neuronalen Prozesse aktiviert, von denen angenommen wird, dass sie sowohl die psychodynamischen Interventionen wie auch die Symptome der Patienten modulieren. Ferner muss die Verhaltensaufgabe auch den experimentellen Anforderungen gerecht werden. Diese schließen sorgfältige Kontrollbedingungen, Verhaltens- und subjektive Maße für die Wirkung der Aufgabe selbst, die empirische Verknüpfung der neuronalen Prozesse und Mechanismen und andere mehr ein. Das wesentliche Problem besteht darin, die Anforderungen auf der Ebene psychodynamischer Prozesse und der Symptomebene mit den experimentellen Anforderungen in Einklang zu bringen. Gewöhnlich setzt dies eine Mischung unterschiedlicher psychologischer, subjektiver und Verhaltensvariablen voraus, die auf experimenteller Ebene sorgfältig kontrolliert und voneinander getrennt werden müssen. Da die Entwicklung der Verhaltensaufgabe, des Aktivierungsparadigmas, von entscheidender Bedeutung ist, wird diese in ▶ Abschn. 33.3.2 anhand von weiteren Einzelheiten diskutiert. Zuvor werden noch die Möglichkeiten der Messung des neuronalen Outputs beschrieben.

33

■ **Neuronaler Output**

Betrachten wir den neuronalen Output und die neuronalen Maße genauer: Das, was im Hirn gemessen wird, hängt wesentlich ab vom jeweiligen Instrument und den damit durchgeführten Messungen. Logothetis (2008) wies beispielsweise auf die Unterschiede zwischen den an Affen und Menschen erhobenen Befunden im primären visuellen Kortex. Forschungen an Affen – im Gegensatz zu fMRI-Studien bei Menschen – nutzten Einzelzell- und Multi-unit-Recording und fanden keine starken Aktivitätsveränderungen im primären visuellen Kortex in V1 (bei Aufgaben zur räumlichen Wahrnehmung bzw. binokulären Rivalität). Es könnte die Schlussfolgerung gezogen werden, dass die an Menschen erhobenen Befunde die bei Affen gefundenen Befunde nicht bestätigen und im Gegensatz zu ihnen stehen. Demgegenüber führt Logothetis aus, dass von den unterschiedlichen Maßen auszugehen sei, die in den jeweiligen Forschungsansätzen gewählt wurden. Einzelzell-Recording bildet die Aktivität der einzelnen Zelle unabhängig vom jeweiligen Kontext ab und zielt somit auf Feed-forward-Effekte. Im Vergleich dazu zielen fMRI-Messungen auf neuromodulatorische Mechanismen in Zellverbänden, die Feedback-Effekte vermitteln. Dementsprechend beeinflussen die beiden dargestellten Methoden unterschiedliche Maße neuronaler Funktionen, die in unterschiedlicher Weise durch verschiedene Verhaltensaufgaben (z. B. zur binokulären räumlichen Wahrnehmung) beeinflusst werden.

Dieses Beispiel unterstreicht, dass die jeweilige spezifische neurophysiologische Variable (der neuronale Output) berücksichtigt werden muss, die mit einem speziellen Maß oder Instrument gemessen wird. Von besonderer Bedeutung ist dabei, dass die Verhaltensaufgabe im Rahmen der Neuroimaging-Untersuchungen und die Analysemethoden im Einklang mit der zu erfassenden neurophysiologischen Variable stehen müssen. Vor diesem Hintergrund stellt sich beispielsweise auch die Frage, ob psychodynamische Psychotherapie insbesondere **Feed-forward**- oder **Feedback-Mechanismen** moduliert. Wird insbesondere die Modulation von Feedback-Effekten auf neuronaler Ebene hypothetisch angenommen, so sollten diese Komponenten in den Verhaltensaufgaben, welche die Feedback-Effekte induzieren, besondere Berücksichtigung finden. Wird demgegenüber von dem Vorherrschen der Modulation von Feed-forward-Effekten ausgegangen, so sollte das Aktivierungsparadigma unterschiedliche psychologische Funktionen erschließen, bei denen voraussichtlich in geringerem Umgang kognitive Elemente beteiligt sind als bei feedbackorientierten Aktivierungsparadigmen. Notwendigerweise müssen also Verhaltensaufgaben entwickelt werden unter Berücksichtigung sowohl der hypothetisch angenommenen neurophysiologischen Prozesse als auch der benutzten methodologischen Maße.

33.3.2 Verhaltensaufgaben als Aktivierungsparadigma: Am Beispiel der Introjektion

Wie in ► Abschn. 33.3.1 ausgeführt, besteht eine wesentliche Voraussetzung für die experimentelle Untersuchung psychodynamischer Prozesse mittels funktioneller Neuroimaging-Methoden in der **Wahl des methodologischen Vorgehens**, mit dem der jeweilige psychodynamische Prozess untersucht werden soll. Buchheim et al. (2006) beschreiben beispielsweise die Operationalisierung und Messung von Bindungsrepräsentationen mittels funktionellem MRI.

❓ Wie kann ein psychodynamischer Prozess wie die Introjektion erforscht werden?

Zunächst ist die Frage zu klären, ob dies auf direktem oder indirektem Wege geschehen soll. Bei der direkten Untersuchung wird davon ausgegangen, dass die erzielten neurophysiologischen Befunde direkt auf die Introjektion bezogen werden können, ohne weitere modulierende Funktionen. Zwei Strategien für eine solche **direkte Untersuchung**, Simulation und Vergleich zwischen hoher versus niedriger Ausprägung, sollen im Folgenden beschrieben werden. Demgegenüber wird bei einer **indirekten Untersuchung** davon ausgegangen, dass die erhobenen neurophysiologischen Daten die Introjektion nicht direkt abbilden, sondern eng verknüpft sind mit vermittelnden Funktionen oder Prozessen. Als indirekte Strategien werden affektiv-kognitive Funktionen und der Vergleich mit basalen Funktionen vorgeschlagen.

■ **Direkte Untersuchung**

■■ **Simulation**

Diese Strategie geht von der Annahme aus, dass introjektive Prozesse im Experiment simuliert werden können. Dabei hängt die Validität der Daten ganz wesentlich von der Spezifität der gewählten Aktivierungsaufgabe im Hinblick auf die Introjektion ab. Der Abwehrmechanismus der Introjektion kann dabei nicht isoliert von anderen Abwehrmechanismen (wie Projektion, Rationalisierung und andere) aufgefasst werden. Abwehrmechanismen setzen einen Umwelt- und persönlichen Kontext voraus. In experimenteller Hinsicht besteht deshalb die Limitation, Konstellationen oder Konfigurationen unterschiedlicher Abwehrmechanismen, die in unterschiedlicher Weise akzentuiert sind, zu erfassen. Die Beziehung der Introjektion zu anderen Abwehrmechanismen muss dementsprechend als experimentelles Maß eingeschlossen werden. Eine weitere Herausforderung besteht darin, auch den jeweiligen Kontext als eine experimentelle Variable einzuschließen. Für die Entwicklung eines solchen komplexen Designs sind folgende Schritte notwendig: Zunächst einmal muss eine Aktivierungsaufgabe entwickelt werden, die Internalisierungsprozesse (Introjektion) erfordert. Zweitens besteht die Notwendigkeit, den persönlichen und Umweltkontext zu definieren, d. h. die Situation, in der Internalisierungsprozesse bei der gewählten Aufgabe in bedeutendem Umfang involviert sind. Drittens besteht die Notwendigkeit, subjektiv-phänomenale und behaviorale (möglicherweise vegetative) Parameter zu definieren, die auf unabhängige Weise die angenommenen psychodynamischen Prozesse validieren. Falls diese Erfordernisse in vorhergehenden phänomenologischen und behavioralen Untersuchungen der Internalisierungsprozesse erfüllt sind, kann der Weg zu einer Untersuchung mittels funktionellem Neuroimaging beschritten werden, indem ein geeignetes Design entwickelt und das Aktivierungsparadigma, z. B. im Rahmen funktioneller Magnetresonanztomografie, installiert wird.

■■ **Vergleich von Ausprägungen**

Eine weitere Strategie der direkten Erforschung von Internalisierungsprozessen besteht in dem Vergleich zwischen den verschiedenen Ausprägungen der Internalisierung (hochgradig/gering). Beispielsweise könnten Personen, bei denen eine ausgeprägte Abhängigkeit von internalisierten Objektbeziehungen besteht, mit anderen verglichen werden, die besser von den primären Objekten separiert sind. Diese Strategie wird bei Neuroimaging-Studien häufig für die Untersuchung von Persönlichkeitszügen herangezogen (Northoff et al. 2004). Ein wesentliches Problem besteht allerdings darin, valide und reliable Maße für Internalisierungsprozesse (Introjektion) zu entwickeln, die es ermöglichen, Personen in spezifischer Weise im Hinblick auf das Ausmaß der Internalisierung zu untersuchen, während andere Variablen unverändert bleiben. Besteht eine unzureichende Spezifität bei den experimentellen Maßen, so können andere Faktoren gemessen werden, die entweder auf abhängige oder unabhängige Weise zwischen einem hohen oder niedrigen Ausmaß an Internalisierung variieren. Dies impliziert, dass die experimentellen Daten nicht wirklich die Differenz zwischen dem hohen und niedrigen »Ausmaß« des jeweiligen Abwehrmechanismus erfassen, sondern andere Variablen – mögen sie abhängig oder unabhängig von dem jeweiligen Mechanismus sein. Zusätzlich zu einem solchen intersubjektiven Design kann auch ein intrasubjektives Design angewandt werden, bei dem ein hoher und niedriger Ausprägungsgrad des jeweiligen Abwehrmechanismus im selben Subjekt durch eine spezifische Aktivierungsaufgabe in zwei verschiedenen Variationen induziert wird.

▪ Indirekte Untersuchung

▪▪ Fokussierung auf affektive und kognitive Funktionen

Eine indirekte Forschungsstrategie besteht in der Fokussierung auf die affektiven und kognitiven Funktionen, die mit Internalisierungsprozessen einhergehen. Dies setzt eine exakte Analyse der entsprechenden Funktion voraus. Beispielsweise kann angenommen werden, dass die emotionale Wahrnehmung und Beurteilung in großem Umfang beteiligt ist, während die emotionale Neubeurteilung (»reappraisal«) wenig beteiligt ist (im Gegensatz zum Abwehrmechanismus der Intellektualisierung und Rationalisierung). Arbeitsgedächtnis und insbesondere episodisches und autobiografisches Gedächtnis spielen voraussichtlich bei Internalisierungsprozessen ebenfalls eine große Rolle, bei der Konstituierung des Introjektes. Räumliche Wahrnehmung ist wahrscheinlich ebenfalls beteiligt, welche die Repräsentation eines Objektes als Introjekt in einem mentalen Prozess, der visuo-räumliche Aufmerksamkeit erfordert, ermöglicht. Gelingt es nun, eine spezifische Konstellation dieser Funktionen in einer affektiv-kognitiven Aufgabe zu entwickeln, so kann die Internalisierung/Introjektion annähernd abgebildet werden. Dennoch bleibt die Frage offen, ob die psychodynamischen Prozesse der Introjektion und insbesondere auch ihre subjektiven – erlebnishaften – Aspekte mit einem solchen affektiv-kognitiven Design zufriedenstellend abgebildet werden können. Weiterhin ist offen, ob dieses Design eine basale Funktion auslässt, die bei Internalisierungsprozessen wahrscheinlich von besonderer Bedeutung ist, nämlich die Fähigkeit, sich auf andere zu beziehen und diese Objekte der Umwelt zu internalisieren. Panksepp (1998) spricht in diesem Zusammenhang von der neugierigen Suche (»seeking«) als einer spezifischen Funktion, die es ermöglicht, auf die Umwelt zu reagieren und sich mit ihr in Beziehung zu setzen. Aufgrund dieser Internalisierung von Beziehungen zur Umwelt kann das Suchverhalten (»seeking«) als wesentlicher Aspekt der Introjektion angesehen werden. Dieses Beispiel illustriert die Schwierigkeiten, die spezifischen affektiv-kognitiven Konstellationen für Introjektionen zu definieren und in einem experimentellen Design abzubilden – insbesondere auch unter Berücksichtigung des jeweils subjektiven Erlebens.

▪▪ Vergleich der Introjektion mit affektiv-kognitiver Funktion

Eine weitere indirekte Strategie stellt der Vergleich der Introjektion mit einer basalen affektiv-kognitiven Funktion dar. Dabei handelt es sich um Prozesse, die mit der Internalisierung verbunden sind (wie »reward«, »seeking« und andere), besser definiert sind und bereits mit Erfolg empirisch untersucht wurden (z. B. Selbstbezogenheit, »self-relatedness«). **Selbstbezogenheit** ist ein schwieriges Konzept mit vielen offenen Fragen, insbesondere auch wegen des subjektiven Charakters. Trotz dieser Unklarheiten kann davon ausgegangen werden, dass Selbstbezogenheit Aspekte von Werthaftigkeit impliziert, d. h. bestimmte Inhalte sind für eine Person von besonderer Bedeutung. Werthaftigkeit ist in dem Konzept »Belohnung« (»reward«) impliziert und wurde sowohl bei Menschen wie im Tierversuch untersucht. De Greck et al. (2008) verglichen in einer fMRI-Studie Selbstbezogenheit mit Belohnung, indem sie dieselben Stimuli für beide Aufgaben benutzten. Es wurde eine vermehrte neuronale Aktivität im Belohnungsnetzwerk während der Anwendung der Aktivierungsparadigma für beide Dimensionen festgestellt, obwohl Selbstbezogenheit mit einer verlängerten neuronalen Aktivität im direkten Vergleich mit Belohnung einherging. Dies unterstreicht, dass das neurophysiologische Belohnungsnetzwerk und das psychologische Wertesystem in dem Konzept der »Selbstbezogenheit« impliziert sind; Selbstbezogenheit muss dabei von Belohnung in zeitlicher Hinsicht (Dauer der neuronalen Aktivität) unterschieden werden. Obwohl diese Ergebnisse vorläufig sind, kann die Studie von de Greck et al. als ein Beispiel dafür angesehen werden, wie unbekannte Prozesse höherer Ordnung (wie Selbstbezogenheit) untersucht werden können, indem sie mit besser bekannten Prozessen niedrigerer Ordnung (z. B. Belohnung) verglichen werden, die sowohl psychologische wie auch neurophysiologische Informationen über die erstgenannte Dimension ermöglichen. Diese Strategie könnte z. B. auch zur Erforschung der Internalisierungsprozesse herangezogen werden, die mit Belohnung und/oder Emotionsprozessierung verglichen werden.

33.3.3 Übersetzungsproblem

Die Beschreibung des Designproblems in seinen verschiedenen Facetten unterstreicht, dass unterschiedliche Ebenen der Forschung beteiligt sind. Vor diesem Hintergrund bezieht sich das Übersetzungsproblem auf die Methoden und Untersuchungsstrategien, mit denen die bestehende Kluft zwischen den verschiedenen Untersuchungsebenen überbrückt werden kann. Im Folgenden werden drei Gegensatzpaare unterschiedlicher Ebenen diskutiert. Unterschieden werden die persönlichen und die neuronalen Ebenen, die psychodynamischen und prozessuralen Ebenen und die Erste-Person- und Dritte-Person-Perspektiven (◘ Abb. 33.2).

Persönliche Ebene versus neuronale Ebene

Psychotherapeut und Patient begegnen einander als individuelle Subjekte bzw. Personen. Demgegenüber ist das Gehirn ein Objekt. Obwohl dieser Unterschied offensichtlich ist, hat er wesentliche Implikationen sowohl in konzeptueller wie auch in empirischer Hinsicht.

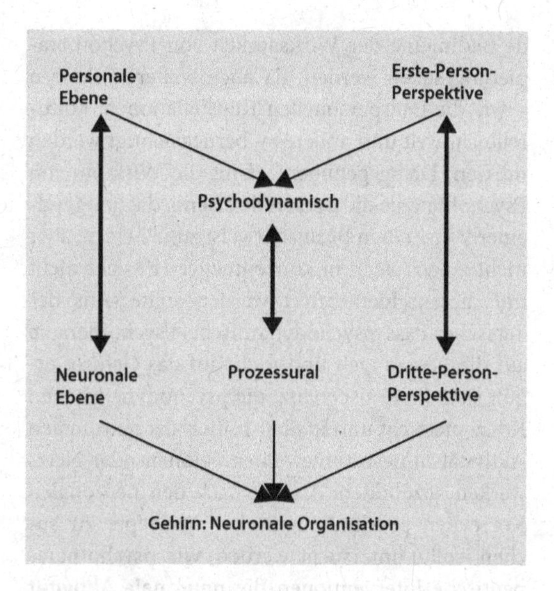

◘ **Abb. 33.2** Die unterschiedlichen Ebenen und das Übersetzungsproblem

▪ **Konzeptuelle Implikationen**

Bennett und Hacker (2003) warnen davor, individuelle Subjekte nicht mit ihren jeweiligen Gehirnen zu verwechseln, da dies den grundsätzlichen Unterschied zwischen Personen und Objekten vernachlässigt. Sie sprechen die von ihnen sog. »**mereological fallacy**« an, bei der das Ganze, d. h. die Person, mit einer ihrer Teile, dem Gehirn, verwechselt wird. Beispielsweise ist es falsch zu sagen, dass das Gehirn denkt, fühlt oder handelt, da diese Eigenschaften sich nur auf Personen beziehen. Nicht das Gehirn wird in einer psychodynamischen Psychotherapie behandelt, sondern die Person. Auch wenn die Person in einer in neurophysiologischer Hinsicht folgerichtigen Weise unter Berücksichtigung neuronaler Prozesse und Mechanismen mittels psychotherapeutischer Interventionen behandelt wird, betrifft dieses Vorgehen lediglich die neuronalen Prozesse, die wahrscheinlich die therapeutische Wirkung vermitteln. Wird der Anspruch vertreten, man behandele das Gehirn des Patienten anstelle seiner selbst als Person, so wird nicht nur die Person und das Gehirn verwechselt, sondern auch der Unterschied zwischen neuronalen Prozessen und psychotherapeutischer Wirkung. Neuronale Prozesse und Mechanismen betreffen das Gehirn und können als notwendige, aber nicht hinreichende Bedingung der Wirksamkeit von Psychotherapie angesehen werden, da auch weitere Faktoren – wie die interpersonellen Konstellationen, kulturelle Umwelt und anderes – berücksichtigt werden müssen. Demgegenüber betrifft die Wirkung von Psychotherapie die **personale Ebene**, die in irgendeiner Weise einen Bezug aufweist zum Gehirn, aber nicht zuletzt auch in konzeptueller Hinsicht nicht mit diesem identifiziert werden sollte. Aus der Tatsache, dass psychodynamische Psychotherapie auf die Person zielt und nicht auf das Gehirn, ergibt sich die Konsequenz, die psychodynamischen Konzepte nicht unmittelbar mittels der neuronalen Aktivität in bestimmten Hirnregionen oder Netzwerken abzubilden. Anstatt nach den neuronalen Korrelaten psychodynamischer Konzepte zu suchen, sollte untersucht werden, **wie** psychotherapeutische Interventionen die **neuronale Aktivität modulieren** und umgekehrt. Von besonderer Bedeutung ist es, weiteren möglichen Input (z. B. andere Personen, Umwelt usw.) in konzeptueller und experimenteller Hinsicht bei solchen neuropsychodynamischen Verknüpfungen einzubeziehen. Anstelle der Abbildung psychodynamischer Konzepte als personale Konzepte im Gehirn (mittels Korrelationen) müssen deren Verknüpfungen und aktuelle Abhängigkeit offenbart werden.

Eine bedeutsame empirische Implikation des konzeptuellen Unterschiedes zwischen Personen und Objekten ist der Unterschied zwischen individuellen und allgemeinen Ebenen. Personen sind als Individuen anzusehen mit kennzeichnenden Ideosynkrasien sowohl in psychodynamischer wie auch in neuronaler Hinsicht. Der Fokus psychodynamischer Psychotherapie liegt stets auf den individuellen, subjektiven und persönlichen Inhalten als Niederschlag der Lebensgeschichte. Psychoanalyse ermöglicht einen konzeptuellen Rahmen, um diese individuellen Inhalte, so wie sie von der jeweiligen Person erlebt werden, mit allgemeinen Strukturen der Psyche zu verknüpfen, wie sie von außen beobachtet werden können. Die Neurowissenschaften zielen demgegenüber auf das Gehirn, so wie es von außen beobachtet werden kann; dabei gehen jedoch die spezifischen individuellen Eigenschaften der Person verloren, weil durch den experimentellen Zugang Mittelwerte unter Einbezug unterschiedlicher Individuen erzeugt werden. Der Unterschied zwischen Individualität und Allgemeinem unterscheidet Psychoanalyse und Neurowissenschaften ganz wesentlich voneinander, wie David Milrod unterstreicht:

> Neurowissenschaftler sind bestrebt, fundamentale Phänomene wie Wahrnehmung, Bewusstsein, Emotion, Gedächtnis usw. – einschließlich der Besonderheiten ihrer Integration – zu erklären. Auf diese Weise tragen sie zu einem Verständnis grundlegender Funktionen des Organismus bei. In den vergangenen Jahren wurde auch die Untersuchung des Selbst einbezogen, insbesondere die Integration des Selbst mit Bewusstsein, Emotion und Wahrnehmung des Objekts. Es wird versucht, eine allgemeine Wahrheit zu entdecken, und oftmals werden dabei philogenetische Konzepte herangezogen zur Erklärung spezifischer Konzepte (z. B. das Selbst), womit es verknüpft ist, was es beeinflusst und wodurch es beeinflusst wird. Kurz zusammengefasst, beschäftigen sich die Neurowissenschaftler mit dem Universellen und Objektiven. Psychoanalyse, die in ihrer historischen Entwicklung auf das Individuelle fokussiert und mehr an Ontologie interessiert ist, zielt darauf, das intrapsychische, interpersonale und subjektive Funktionieren des Individuums zu verstehen. Zu diesem Zweck beschäftigen sich Psychoanalytiker mit dem Selbst und seiner Repräsentation. Psychoanalyse fokussiert auf die Inhalte des Selbst und seine Repräsentation, die Stabilität oder Brüchigkeit des Selbst und darauf, unter welchen Umständen diese Eigenschaften sich im Laufe der Behandlung rückwärts oder vorwärts entwickeln. In anderen Worten, Psychoanalytiker fokussieren auf diejenigen Elemente, die jedes Individuum vom anderen unterscheiden. (Milrod 2002, S. 22–23)

? Wie können wir den prinzipiellen Unterschied der individuellen Ebene von Personen und der generellen Ebene von Gehirnen überbrücken?

Ein erster Zugang besteht darin, lediglich Einzelfälle zu untersuchen (z. B. Hirnläsionen, Solms und Lechevalier 2002, oder mittels Einzelfallstudien zu psychodynamischer Psychotherapie und Neuroimaging, Lai et al. 2007; Lehto et al. 2008; Overbeck et al. 2004; Rudolf et al. 2004). Dies schließt jedoch einen tieferen Einblick in neuronale Prozesse und Mechanismen aus, die möglicherweise die Wirkung der Psychotherapie vermitteln. Experimentelle Designs und Analysen sollten entwickelt werden, die es ermöglichen, die individualisierten Daten als Ausgangspunkt für Gruppenanalysen zu nutzen. Beispielsweise können die ROI (»**regions of interest**« im Rahmen von Neuroimaging-Studien) bei den individuellen Subjekten als Ausgangspunkt für den Vergleich und die Gruppenanalysen herangezogen werden. Die jeweiligen ROI könnten dabei nicht nur bestimmt werden auf der Grundlage anatomischer Bedingungen, sondern ebenfalls auf der Grundlage psychodynamischer Annahmen, z. B. dem Überwiegen bestimmter Abwehrmechanismen. Eine weitere Möglichkeit besteht darin, Stichproben zusammenzustellen gemäß den psychodynamischen Profilen der einzelnen Personen auf der Grundlage empirischer Untersuchungen zur subjektiven Erfahrung. So könnten Personen, bei denen die Introjektion von großer Bedeutung ist, mit anderen verglichen werden, bei denen die Introjektion von geringerer Bedeutung ist. Eine der **größeren methodologischen Herausforderungen** besteht in der Zukunft darin, experimentelle Designs und Analysemethoden zu entwickeln, die es ermöglichen, individuelle und allgemeine Merkmale auf neuronaler Ebene miteinander zu verknüpfen, so wie es Freud auf psychologischer Ebene in genialer Weise gelungen ist.

▪ Unterschied zwischen neuronalen Inhalten und neuronaler Organisation

Psychodynamische Konzepte können die allgemeine Organisation psychologischer Aktivität spiegeln, die in spezifischen psychologischen Inhalten des Einzelnen manifest wird und sich darin realisiert. Hier bestehen Parallelen zur neuronalen Ebene. Wie in ▶ Abschn. 33.3.1, »Forscher als Input« erwähnt, kann die Suche nach Prinzipien **neuronaler Integration** der Suche nach spezifischen Regionen und Netzwerken vorgezogen werden. Spezifische Regionen und Netzwerke spiegeln das, was als neuronale Inhalte bezeichnet werden kann; darauf zielt beispielsweise die Suche nach den **neuronalen Korrelaten des Bewusstseins** (»neuronal correlates of consciousness«, NCC), indem bloße Korrelationen und Eins-zu-Eins-Abbildungen angenommen werden. Demgegenüber beziehen sich die Prinzipien neuronaler Integration auf die Organisation neuronaler Aktivität und der – von uns sogenannten – **neuronalen Organisation**. Wird nun nach psychodynamischen Konzepten in spezifischen neuronalen Regionen und Netzwerken gesucht, so kann der Versuch unternommen werden, Strukturen psychologischer Organisation mit neuronalen Inhalten zu verbinden. Dieser Versuch ist jedoch zum Scheitern verurteilt, da mit diesem Vorgehen die Ebene der Organisation – in diesem Fall der psychologischen Ebene – mit der inhaltlichen Ebene – impliziert durch die neuronale Ebene – verwechselt wird; dementsprechend scheitert eine direkte Bezugssetzung beider Ebenen miteinander. Stattdessen könnten psychodynamische Konzepte besser mit der neuronalen Organisation verknüpft werden, indem in beiden Fällen analoge Strukturen angenommen werden. Dieses Vorgehen bleibt jedoch bis auf Weiteres spekulativ, da insbesondere die Prinzipien und Strukturen neuronaler Organisation – im Unterschied zu den neuronalen Inhalten – weiter erforscht werden müssen.

Psychodynamische Ebene versus Prozessebene

Ein wesentlicher Gesichtspunkt besteht in der Übersetzung der psychodynamischen Konzepte in Prozesse, die psychologisch und neuronal erforscht werden können. Gehen wir dabei z. B. wieder von dem Abwehrmechanismus der Introjektion aus. Dabei nehmen wir an, dass Abwehrmechanismen Konstrukte sind, die auf psychologischer und neuronaler Ebene empirisch erforscht werden können. Abwehrmechanismen können in einer psychoanalytischen Sichtweise nicht als gewöhnliche psychologische Funktionen (z. B. »working memory«, »attentional shift« usw.) aufgefasst werden, da sie im Unterschied zu diesen neuropsychologischen Funktionen von vornherein mit individuellen Inhalten, die subjektiv erfahren werden, assoziiert sind. Im Vergleich dazu wird angenommen, dass Abwehrmechanismen allgemeine psychologische Strukturen und Prozesse widerspiegeln, indem individuelle Inhalte subjektiver Erfahrung in einer allgemeinen, auch bei anderen Individuen anzutreffenden Weise organisiert sind. Aufgrund dieser Verbindung zwischen individuellen subjektiven Erfahrungen und allgemeiner psychologischer Organisation können Abwehrmechanismen weder mit der Erste-Person- noch mit der Dritte-Person-Perspektive assoziiert werden (ausgehend davon, dass sich subjektive Erfahrung in einer Erste-Person-Perspektive erschließt, während sich die Beobachtung psychologischer Zustände aus einer Dritte-Person-Perspektive ergibt). Stattdessen kann angenommen werden, dass Abwehrmechanismen basale psychologische Bedingungen darstellen, die insbesondere auch die Unterscheidung zwischen psychologischen Inhalten in einer Erste-Person-Perspektive und psychologischen Zuständen in einer Dritte-Person-Perspektive ermöglichen. In dieser Sichtweise können Abwehrmechanismen nicht in einer Dritte-Person-Beobachtung neuronaler Zustände lokalisiert werden. Die Abbildung psychologischer Organisation sollte demgegenüber mit **spezifischen Merkmalen der neuronalen Organisation** verknüpft werden. Zusammenfassend hat die Art und Weise, wie wir Abwehrmechanismen konzeptualisieren, wichtige Implikationen im Hinblick auf die Formulierung von Fragestellungen im Rahmen der neurowissenschaftlichen Forschung, ebenso wie auch experimentelles Design und Analysen davon abhängig sind.

▪ Internalisierung

Kehren wir noch einmal zum spezifischen Mechanismus der **Introjektion** zurück. Introjektion lässt sich als Abwehrmechanismus auffassen, mittels dessen in einer sehr persönlichen Weise eine Beziehung hergestellt wird zwischen Objekten und Subjekten im Rahmen einer **Internalisierung** (Mentzos 1985). Internalisierung schließt drei unterschiedliche Abwehrmechanismen ein:

- Identifizierung,
- Introjektion,
- Inkorporation.

Die Internalisierungsvorgänge sind vom unterschiedlichen strukturellen Niveau der Ich-Funktionen und der Persönlichkeit abhängig. Die **Inkorporation** beschreibt eine globale Internalisierung des Objekts, sodass dieses Teil des Subjekts wird und von ihm nicht zu unterscheiden ist.

? Worin besteht nun der Unterschied zwischen der Inkorporation, der Introjektion und der Identifikation (Meissner 1978)?

Bei der **Introjektion** wird das Objekt als getrennt vom Subjekt erlebt; dabei sind die Objektbeziehungen hochgradig ambivalent und schließen aggressive und narzisstische Konflikte und Gefühle von Angst ein, die durch projektive Mechanismen abgewehrt werden. **Identifikationen** beruhen auf differenzierteren, kontinuierlichen Objektbeziehungen, die eine selektive Internalisierung partieller Aspekte des Objektes ermöglichen. Ambivalente Gefühle können toleriert und ertragen werden. Inkorporationen, Introjektionen und Identifikationen sind dementsprechend wichtige Schritte und Komponenten des Reifungsprozesses. Störungen des Reifungsprozesses tragen – in einer entwicklungspsychologischen und psychoanalytischen Perspektive – zur Entwicklung pathologischer Abwehrmechanismen und zur Reaktivierung früher bzw. »primitiver« Modi der Internalisierung und der Objektbeziehungen bei (z. B. Introjektion bei Depressionen und Borderline-Persönlichkeitsstörungen, Boeker et al. 2006).

Die **Introjektion** ermöglicht dem Subjekt die Unterscheidung zwischen Subjekt und Objekt; diese Wahrnehmung der Differenz geht einher mit Ambivalenz und damit verknüpften Affekten, insbesondere Ängsten. Metaphorisch gesprochen, erhält das Objekt eine starke affektive Färbung durch das Subjekt, während es zur gleichen Zeit separate Realität für das Subjekt bleibt. Im Hinblick auf die beteiligten Affekte wird das Objekt auf diesem Wege subjektiviert und es wird eine Beziehung zwischen Subjekt und Objekt hergestellt, ein »objektives Objekt« wird in ein »subjektives Objekt« transformiert (Mentzos 1995). Das Ergebnis dieses introjektiven Prozesses wird schließlich als **Introjekt** bezeichnet, die innere Repräsentation eines Objekts. Die Voraussetzung für die Introjektion besteht in der besonderen, persönlichen Bedeutung des Objektes für das Subjekt, die mit einer starken emotionalen Beteiligung einhergeht. Vor dem Hintergrund enger, jedoch ambivalenter Beziehungen zu wichtigen Bezugspersonen ist die Introjektion als ein Versuch der Bewältigung der Ambiguität in den Beziehungen aufzufassen. Im Gegensatz zu ambivalenten Beziehungen ermöglichen überwiegend **positive emotionale Beziehungen** hingegen eine **selektive Identifikation** mit dem vom Subjekt als getrennt erlebten Objekt.

Diese kurze Beschreibung der unterschiedlichen Ebenen der Internalisierung unterstreicht wesentliche Gesichtspunkte der Bezugsetzung zwischen Subjekt und Objekt, die als **selbstreferenzielle Prozesse** beschrieben wurden (Northoff et al. 2006). Damit verbunden ist das emotionale Processing, die Empathie und die Selbstwahrnehmung. Diese psychologischen Prozesse können als Ausgangspunkt für die Entwicklung einer neuropsychodynamischen Hypothese der Introjektion aufgefasst werden. Dementsprechend ist die Übersetzung des psychodynamischen Konzeptes (z. B. Introjektion) auf die Prozessebene (d. h. das selbstbezogene und emotionale Processing) notwendig, um eine neuropsychodynamische Hypothese zu entwickeln. Hierzu ist auch ein geeignetes experimentelles Design erforderlich. Die psychologischen Prozesse, die in den psychodynamischen Konzepten involviert sind, können als Wegweiser dienen, die den Blick in das Gehirn und auf die beteiligten Prinzipien neuronaler Organisation ermöglichen.

Erste-Person-Ebene versus Dritte-Person-Ebene

Die systematische Untersuchung subjektiver Erfahrungen muss einerseits ihre Reichhaltigkeit und Komplexität bewahren und andererseits anstreben, ihre wesentlichen Charakteristika in objektiver Weise zu quantifizieren. Objektivierung und Quantifizierung subjektiver Erste-Person-Daten ist ein wesentlicher Schritt auf dem Weg zu einer »Wissenschaft der Erfahrung« (Gabbard 2000). Darauf basierend besteht ein nächster Schritt in der Entwicklung einer »Wissenschaft psychodynamischer Prozesse«. Ein wesentlicher Schritt auf dem Weg der operationalisierenden Erfassung reliabler und quantifizierbarer subjektiver Erfahrungen und klinischer Beschreibung kann in der Anwendung von **visuellen Analogskalen**, die sich auf die personale Identität beziehen (Weinryb et al. 1991a,b) bestehen, oder z. B. im Einsatz der **Repertory-Grid-Technik**, die die Evaluation ideosynkratischer Erfahrungen und Sichtweisen mittels semiquantitativer Messung ermöglicht. Auf diese Weise können die betreffenden Individuen ihre Erfahrungen selbst evaluieren. Ferner können **strukturierte Interviews** mit validen und reliablen Instrumenten eingesetzt werden, die die Evaluation relevanter subjektiver psychodynamischer Merkmale durch einen erfahrenen Forschenden ermöglichen. Zu diesen Instrumenten zählen die **Karolinska Scale**, die unterschiedliche psychodynamisch-relevante Dimensionen der Persönlichkeitsstruktur erfasst (Weinryb et al. 1991a,b). Als weiteres Instrument kommt die **operationalisierte psychodynamische Diagnostik** (OPD) in Frage (OPD Task Force 2008); diese schließt vier psychodynamisch relevante Achsen (Krankheitserfahrung und Behandlungserwartungen, Beziehung, Konflikt und Struktur) und eine deskriptive Achse (psychische und psychosomatische Störungen gemäß ICD und DSM) ein.

Eine der wesentlichen methodologischen Herausforderungen bei der Erforschung der den Abwehrmechanismen zugrunde liegenden neuronalen Prozesse besteht darin, die Erste-Person-Daten im Hinblick auf psychodynamische Prozesse mit den Dritte-Person-Beobachtungen neuronaler Zustände zu verknüpfen. Die Quantifizierung und Objektivierung neuronaler Zustände als Dritte-Person-Daten durch die Neurowissenschaften geht dabei einher mit der Vernachlässigung subjektiver Erfahrungen in der Erste-Person-Perspektive. Sollen nun die den Abwehrmechanismen zugrunde liegenden neuronalen Prozesse erforscht werden, so müssen subjektive Erfahrungen und neuronale Zustände (d. h. Erste- und Dritte-Person-Daten) miteinander in einer systematischen Weise verknüpft werden. Zu diesem Zweck haben wir eine geeignete methodologische Strategie, die »**Erste-Person-Neurowissenschaft**«, entwickelt, die das Ziel hat, in systematischer Weise Erste- und Dritte-Person-Daten miteinander zu verknüpfen (Northoff et al. 2007; Northoff 2011).

Die »**Erste-Person-Neurowissenschaft**« wird als eine methodologische Strategie definiert, die die systematische Verknüpfung subjektiver Erfahrungen mit der Beobachtung neuronaler Zustände (in einer Dritte-Person-Perspektive) ermöglicht. Auf diese Weise unterscheidet sich die Erste-Person-Neurowissenschaft von den allgemeinen Neurowissenschaften, die auf einer Beobachtung neuronaler Zustände – die mehr oder weniger unabhängig von subjektiven Erfahrungen ist – basiert.

? Auf welchem Weg können subjektive Erfahrungen und neuronale Zustände miteinander verbunden werden?

Die Verknüpfung subjektiver Erfahrungen und neuronaler Zustände erfordert zwei Schritte:

- Der erste Schritt besteht darin, die subjektiven Erfahrungen systematisch zu evaluieren (einschließlich einer Objektivierung und Quantifizierung subjektiver Daten). Diese »Wissenschaft der Erfahrung« ist eine notwendige Voraussetzung für jegliche Verknüpfung subjektiver Erfahrungen und neuronaler Zustände.
- Der zweite Schritt besteht darin, die in systematischer Weise objektivierend und quantifizierend erfassten subjektiven Daten mit analogen Daten zu neuronalen Zuständen zu verknüpfen. Dazu müssen spezifische methodologische Strategien entwickelt werden, die ein wesentliches Element der »Erste-Person-Neurowissenschaften« darstellen (vgl. den in diesem Beitrag vorgestellten Versuch, das psychodynamische Konzept der Introjektion in eine Verhaltensaufgabe im Rahmen eines Aktivierungsparadigmas zu übersetzen, ► Abschn. 33.3.2).

Die dargelegte Diskussion stellt ein Beispiel dar für die mögliche Verknüpfung der Erste-Person- und der Dritte-Person-Perspektiven als wesentlicher Gegenstand der »Erste-Person-Wissenschaft«.

33.4 Schlussfolgerungen

Die methodologischen Probleme bei der Entwicklung von Neuroimaging-Studien zur Messung der neuronalen Effekte psychodynamischer Psychotherapie standen im Zentrum dieser Diskussion. Dabei wurden insbesondere zwei wesentliche Probleme, das Designproblem und das Übersetzungsproblem, angesprochen. Das Designproblem bezieht sich auf den vielfältigen Input, einschließlich des Therapeuten selbst, des Patienten und des Forschenden, wobei diese durch vielfältige Variablen charakterisiert werden können. Das Übersetzungsproblem bezieht sich auf die verschiedenen Ebenen, die bei solchermaßen geplanten Studien beteiligt sind: die personale Ebene versus neuronale Ebene, die psychodynamische versus prozessurale Ebene und die Erste-Person-Ebene versus Dritte-Person-Ebene. Dies unterstreicht, dass Neuroimaging-Studien neuronaler Effekte psychodynamischer Psychotherapie mit einem hohen Ausmaß an Komplexität und dementsprechend mit unterschiedlichsten konzeptuellen, empirischen und experimentellen Problemen konfrontiert sind. Die Diskussion dieser Probleme soll Forschende in Zukunft nicht entmutigen; stattdessen bestand das Anliegen dieses Beitrags darin, Ratschläge für den Weg durch diesen Dschungel der Komplexität zu vermitteln. Obwohl und weil solche Forschung multiprofessionelle Anstrengungen und emphatische Kooperation erfordert, sind wir davon überzeugt, dass sich der Aufwand lohnt. Die Komplexität der Erforschung der neuronalen Effekte psychodynamischer Psychotherapie widerspiegelt in beinahe paradigmatischer Weise die Komplexität unseres Gehirns, sodass die Ergebnisse neuropsychodynamischer Forschung eine Einsicht und ein besseres Verständnis allgemeiner Prinzipien neuronaler Organisation und der »menschlichen Natur« unseres Gehirns ermöglichen werden.

Literatur

Amini F, Lewis R, Lannon R et al (1996) Affect, attachment, memory: contribution toward psychobiology integration. Psychiatry 59:213–239

Andrade VM (2007) Dreaming as a primordial state of the mind: the clinical relevance of structural faults in the body ego as revealed in dreaming. Int J Psychoanal 88(Pt 1):55–74

Beauregard M (2007) Mind does really matter: evidence from neuroimaging studies of emotional self-regulation, psychotherapy, and placebo effect. Prog Neurobiol 81(4):218–236

Benecke C, Krause R (2007) Didactic facial effective indicators of severity of symptomatic burden in patients with panic disorder. Psychopathology 40:290–295

Bennett MR, Hacker PMS (2003) Philosophical Foundations of Neuroscience. Blackwell, Oxford

Beutel M (2009) Neurowissenschaften und psychodynamische Psychotherapie. Z Psychiatr Psychol Psychother 57:87–96

Beutel ME, Stern E, Silbersweig DA (2003) The emerging dialogue between psychoanalysis and neuroscience: neuroimaging perspectives. J Am Psychoanal Assoc 51(3):773–801

Blatt SJ (1974) Levels of object representation in anaclitic and introjective depression. Psychoanal Study Child 24:107–157

Blass RB, Carmeli Z (2007) Reply Drs Mancia and Pugh. Int J Psychoanal 88:1068–1070

Bock J, Braun K (2012) Prä- und postnatale Stresserfahrungen und Gehirnentwicklung. In: Böker H, Seifritz E (Hrsg) Psychotherapie und Neurowissenschaften. Integration – Kritik – Zukunftsaussichten. Huber, Bern, S 150–164

Boston Change Process Study Group (2007) The foundational level of psychodynamic meaning: implicit processes in relation to conflict, defense and the dynamic unconscious. Int J Psychoanal 88, 843–860

Böker H, Northoff G (2005) Desymbolisierung in der schweren Depression und das Problem der Hemmung: Ein neuropsychoanalytisches Modell der Störung des emotionalen Selbstbezuges Depressiver. Psyche Z Psychoanal 59:964–989

Böker H, Northoff G (2010) Die Entkopplung des Selbst in der Depression: Empirische Befunde und neuropsychodynamische Hypothesen. Psyche Z Psychoanal 64:934–976

Böker H, Richter A (2008) Commentary on: »Functional neuroimaging – can it contribute to our understanding of processes of change?« Neuropsychoanalysis and the process of change: Questions still to be answered. Neuropsychoanalysis 10(1):23–25

Böker H, Kleiser M, Lehman D et al (2006) Executive dysfunction, self, and ego pathology in schizophrenia: an exploratory study of neuropsychology and personality. Compr Psychiatry 47:7–19

Böker H, Himmighoffen H, Straub M et al (2008) Deliberate self-harm in female patients with affective disorders: Investigation of personality structure and affect regulation by means of Operationalized Psychodynamic Diagnostics. J Nerv Ment Dis 196(10):743–751

Böker H, Richter A, Himmighoffen H et al (2013) Essentials of psychoanalytic process and change: how can we investigate the neural effects of psychodynamic psychotherapy in individualised neuro-imaging? Frontiers in Human Neuroscience Volume 7, Article 355

Böker H, Seifritz E (Hrsg) (2012) Psychotherapie und Neurowissenschaften. Integration – Kritik – Zukunftsaussichten. Huber, Bern

Bremner JD, Randell P, Vermetten E et al (1997) Magnetic resonance imaging-based measurement of hippocampal volume in post-traumatic stress disorder related to childhood physical and sexual abuse: a preliminary report. Biol Psychiatry 41:23–32

Buchheim A, Erk S, George C et al (2006) Measuring attachment representation in an FMRI environment: a pilot study. Psychopathology 39(3):144–152

Buchheim A, Viviani R, Kessler H et al (2012) Changes in prefrontal-limbic function in major depression after 15 months of long-term psychotherapy. PLoS One 7(3):e33745

Cierpka M, Grande T, Rudolf G et al (2007) The operationalized psychodynamic diagnostics system: clinical relevance, reliability and validity. Psychopathology 40:209–220

Clarkin JF, Caligor E, Stern B, Kernberg OF (2004) Structured interview for personality organisation (STIPO). Personality Disorders Institute, Weill Medical College of Cornell University, New York

Cloninger CR, Svrakic DM, Pryzbeck TR (1993) A psychobiological model of temperament and character. Arch Gen Psychiatry 50:975–990

de Greck M, Rotte M, Paus R et al (2008) Is our self based on reward? Self-relatedness recruits neural activity in the reward system. Neuroimage 39(4):2066–2075

Dolinsky A, Vaughan S, Luber B et al (1998) A match made in heaven? A pilot study of patient-therapist match. J Psychother Pract Res 7:119–125

Fonagy P, Gergely G, Jurist E, Target M (2002) Affect regulation, mentalisation and the development of the self. Other Press, New York. Deutsche Ausgabe: Fonagy P, Gergely G, Jurist E, Target M (2004) Affektregulierung, Mentalisierung und die Entwicklung des Selbst. Klett-Cotta, Stuttgart

Freud S (1913–1917) Erinnern, Wiederholen, Durcharbeiten. GW Bd 10, S Fischer, Frankfurt/M, S 125–136, 1981

Frewen PA, Dozois DJ, Lanius RA (2008) Neuroimaging studies of psychological interventions for mood and anxiety disorders: empirical and methodological review. Clin Psychol Rev 28(2):228–246

Friston K (2003) Learning and inference in the brain. Neural Netw 16(9):1325–1352

Friston KJ, Price CJ (2001) Dynamic representations and generative models of brain function. Brain Res Bull 54(3):275–285

Gabbard GO (2000) A neurobiologically informed perspective on psychotherapy. Br J Psychiatry 177:17–22

Gallese V, Eagle MN, Migone P (2007) Intentional attunement: mirror neurons and the neural underpinnings of interpersonal relations. J Am Psychoanal Assoc 55(1):131–176

Garfield SL, Bergin AE (Hrsg) (1978) Handbook of psychotherapy and behavior change: an empirical analysis. Wiley, New York

Goldapple K, Segal Z, Garson C et al (2004) Modulation of cortical-limbic pathways in major depression: treatment-specific effects of cognitive behavior therapy. Arch Gen Psychiatry 61(1):34–41

Grawe K (2004) Neuropsychotherapie. Hogrefe, Göttingen

Green S (2010) Embodied female experience through the lens of imagination. J Anal Psychology 55:330–360

Grimm S, Schmidt CF, Bermpohl F et al (2006) Segregated neural representation of distinct emotion dimensions in the prefrontal cortex-an fMRI study. Neuroimage 30(1):325–340

Grimm S, Ernst J, Boesiger P et al (2009) Increased self-focus in major depressive disorder is related to neural abnormalities in subcortical-cortical midline structures. Hum Brain Mapp 30(8):2617–2627

Gruenbaum H (1983) A study of therapists' choice of a therapist. Am J Psychiatry 140:1336–1339

Haase M, Frommer J, Franke GH et al (2008) From symptom relief to interpersonal change: treatment outcome and effectiveness in inpatient psychotherapy. Psychother Res 18(5):615–624

Hassenstab J, Dziobek I, Rogers K et al (2007) Knowing what others know, feeling what others feel: a controlled study of empathy in psychotherapists. J Nerv Ment Dis 195(4):277–281

Hollander-Goldfein B, Fosshage JL, Bahr JM (1989) Determinants of patients' choice of therapist. Psychotherapy 26:448–461

Horvath A, Greenberg LS (1989) Development and validation of the working alliance inventory. J Consult Psychol 36:225–233

Kaechele H, Buchheim A (2008) Neuro-Psychoanalyse-Studie und einige Widerspiegelungen im Erleben der beteiligten Patienten und Psychoanalytiker. Workshop, DPV Herbsttagung vom 19.11.–22.11 in Bad Homburg

Kandel ER (1998) A new intellectual framework for psychiatry. Am J Psychiatry 155(4):457–496

Kandel ER (1999) Biology and the future of psychoanalysis: a new intellectual framework for psychiatry revisited. Am J Psychiatry 156:50–524

Kantrowitz JL (1995) The beneficial aspects of the patient-analysis match. Int J Psychoanal 76:29–313

Kantrowitz, J.L., Katz, A.L., Greenman, D.A., Morris, H., Paolitto, F., Sashin, J., Solomon, L. (1989): The patient-analyst match and the outcome of psychoanalysis: A pilot study. J Am Psychoanal Assoc 37:893–919

Kendler KS, Neale MC, Kessler RC et al (1992) Childhood parental loss and adult psychopathology in women: a twin study perspective. Arch Gen Psychiatry 49:109–116

Kennedy SH, Konarski JZ, Segal ZV et al (2007) Differences in brain glucose metabolism between responders to CBT and venlafaxine in a 16-week randomized controlled trial. Am J Psychiatry 164(5):778–788

Kernberg OF (1996) A psychoanalytic theory of personality disorders. In: Clarkin JF, Lenzenweger MF (Hrsg) Major theories of personality disorders. Guilford Press, New York

Kohut H (1959) Introspection, empathy, and psychoanalysis; an examination of the relationship between mode of observation and theory. J Am Psychoanal Assoc 7(3):459–483

Krämer B, Schnyder U (2012) Neurobiologie und Therapie der posttraumatischen Belastungsstörung. In: Böker H, Seifritz E (Hrsg) Psychotherapie und Neurowissenschaften. Integration – Kritik – Zukunftsaussichten. Huber, Bern, S 504–523

Lai C, Daini S, Calcagni ML et al (2007) Neural correlates of psychodynamic psychotherapy in borderline disorders – a pilot investigation. Psychother Psychosom 76(6):403–405

Lehto, S.M., Tolmunen, T., Kuikka, J., Valkonen-Korhonen, M., Joensuu, M., Saarinen, P.I., Vanninen, R., Ahola, P., Tiihonen, J., Lehtonen, J. (2008): Midbrain Serotonin and Striatum Dopamine Transporter Binding in Double Depression: A One-Year Follow-up Study. Neurosci Lett 441(3), 291–295.

Leichsenring F, Leibling E (2007) Psychodynamic psychotherapy: a systematic review of techniques, indications and empirical evidence. Psychol Psychother 80:217–228

Leichsenring F, Rabung S (2008) Effectiveness of long-term psychodynamic psychotherapy: a meta-analysis. JAMA 300(13):1551–1565

Linden DE (2006) How psychotherapy changes the brain – the contribution of functional neuroimaging. Mol Psychiatry 11(6):528–538

Logothetis NK (2008) What we can do and what we cannot do with fMRI. Nature 453:869–878

Luborsky L (1984) Principles of psychoanalytic psychotherapy. A manual for supportive expressive psychotherapy. Basic Books, New York

Luborsky L, Crits-Christoph P (1989) A relationship pattern measure: the core conflictual relationship theme. Psychiatry 52(3):250–259

Luborsky L, McLellan T, Woody GE et al (1985) Therapist success and its determinants. Arch Gen Psychiatry 42:602–610

Luborsky L, Crits-Christoph P, Mintz J, Auerbach A (1988) Who will benefit from psychotherapy: predicting therapeutic outcomes. Basic Books, New York

Lyons-Ruth K & members of the Change Process Study Group (1998) Implicit relational knowing: its role and development and psychoanalytic treatment. IMHJ 19:282–289

Mancia M (2006) Implicit memory and early unrepressed unconscious: their role in the therapeutic process (how the neurosciences can contribute to psychoanalysis). Int J Psychoanal 87(Pt 1):83–103

Mayberg HS (2003) Modulating dysfunctional limbic-cortical circuits in depression: towards development of brain-based algorithms for diagnosis and optimised treatment. Br Med Bull 65:193–207

Meissner M (1978) Internalisation and object relations. J Am Psychoanal Assoc 27:345–360

Mentzos S (1995) Traumsequenzen. Psychodynamische Aspekte der Traum-Dramaturgie. Psyche 49(7):653–671
Mentzos S (2009) Lehrbuch der Psychodynamik: Die Funktion der Dysfunktionalität psychischer Störungen. Vandenhoeck & Rupprecht, Göttingen
Milrod D (2002) The concept of the self and the self representation. Neuropsychoanal 4:7–23
Northoff G (2007) Psychopathology and pathophysiology of the self in depression – neuropsychiatric hypothesis. J Affect Disord 104:1–14
Northoff G (2008) Neuropsychiatry. An old discipline in a new gestalt bridging biological psychiatry, neuropsychology, and cognitive neurology. Eur Arch Psychiatry Clin Neurosci 258(4):226–238
Northoff G (2011) Neuropsychoanalysis in practice. Brain, self and object. Oxford Univ Press, Oxord New York
Northoff G, Heinzel A, Bermpohl F et al (2004) Reciprocal modulation and attenuation in the prefrontal cortex: an fMRI study on emotional-cognitive interaction. Hum Brain Mapp 21(3):202–212
Northoff G, Heinzel A, de Greck M et al (2006) Self-referential processing in our brain – a meta-analysis of imaging studies on the self. Neuroimage 31(1):440–457
Northoff G, Bermpohl F, Schoeneich F, Boeker H (2007) How does our brain constitute defense mechanisms? First-person neuroscience and psychoanalysis. Psychother Psychosom 76:141–153
O'Malley S, Suh CS, Strupp HH (1983) The Vanderbilt Psychotherapy Process Scale: a report on the scale development and a process-outcome study. J Consult Clin Psychol 51:581–586
OPD Task Force (Hrsg) (2008) Operationalized Psychodynamic Diagnosis OPD-2. Manual of diagnosis and treatment planning. Hogrefe & Huber, Seattle Toronto Göttingen Bern
Ornitz EM (1996) Developmental aspects of neurophysiology. In: Lewis E (Hrsg) Child and adolescent psychiatry: a comprehensive textbook, 2. Aufl. Williams & Wilkins, Baltimore, S 39–51
Overbeck G, Michal M, Russ MO et al (2004) Convergence of psychotherapeutic and neurobiological outcome measure in a patient with OCD. Psychother Psychosom Med Psychol 54(2):73–81
Panksepp J (1998) Affective neuroscience: the foundations of human and animal emotions. Oxford Univ Press, New York
Peres JF, McFarlane A, Nasello AG, Moores KA (2008) Traumatic memories: bridging the gap between functional neuroimaging and psychotherapy. Aust N Z J Psychiatry 42(6):478–488
Price CJ, Friston KJ (2002) Degeneracy and cognitive anatomy. Trends Cogn Sci 6(10):416–421
Racker H (1968) Transference and counter-transference. International Univ Press, New York
Roffman JL, Marci CD, Glick DM et al (2005) Neuroimaging and the functional neuroanatomy of psychotherapy. Psychol Med 35(10):1385–1398
Roth G (2012) Die Psychoanalyse aus Sicht der Hirnforschung. In: Böker H, Seifritz E (Hrsg) Psychotherapie und Neurowissenschaften. Integration – Kritik – Zukunftsaussichten. Huber, Bern, S 73–81
Roth A, Fonagy P (1996) What works for whom? Guilford, New York
Rudolf G, Grande T, Jakobson T (2004) Struktur und Konflikt. Gibt es strukturspezifische Konflikte? In: Dahlbender RW, Buchheim P, Schüssler G (Hrsg) OPD – Lernen an der Praxis. Huber, Bern, S 195–205
Saarinen PI, Lehtonen J, Joensuu M et al (2005) An outcome of psychodynamic psychotherapy: a case study of the change in serotonin transporter binding and the activation of the dream screen. Am J Psychother 59:61–73
Sandell R, Broberg J, Schubert J et al (2002) Psychotherapeutische Identität (ThId). Ein Fragebogen zu Ausbildung, Erfahrung, Stil und Werten. Deutsche Fassung von Klug G, Huber D, Kächele H. Linköping, Stockholm
Sandler J, Joffe WG (1987) On Sublimation. In: Sandler J (Hrsg) From safety to super-ego: selected papers of Joseph Sandler. Guilford Press, New York, S 255–263
Schatz CJ (1992) The developing brain. Sci Am 267:60–67
Schauenburg H, Dinger U, Buchheim A (2006) Attachment patterns in psychotherapists. Z Psychosom Med Psychother 52(4):358–372
Siever LJ, Weinstein LN (2009) The neural biology of personality disorders: implication for psychoanalysis. J Am Psychoanal Ass 57:361–398
Solms M (1995) New findings on the neurological organization of dreaming: implications for psychoanalysis. Psychoanal Q 64(1):43–67
Solms M (2000) Dreaming and REM sleep are controlled by different brain mechanisms. Behav Brain Sci 23(6):843–850; Diskussion 904–1121
Solms M, Turnbull OH, Kaplan-Solms K, Miller P (1998) Rotated drawing: the range of performance and anatomical correlates in a series of 16 patients. Brain Cogn 38(3) :358–368
Solms M, Lechevalier B (2002) Neurosciences and psychoanalysis. Int J Psychoanal 83:233–237
Subic-Wrana C, Beutel ME, Garfield DA, Lane RD (2011) Levels of emational awareness: a model for conceptualizing and measuring emotion-centered structural change. Int J Psychoanal 92:289–310
Taylor D, Richardson P (2005) The psychoanalytic/psychodynamic approach to depressive disorders. In: Gabbard GO, Beck JS, Holmes J (Hrsg) Oxford textbook of psychotherapy. Oxford Univ Press, Oxford
Vaughan SC, Roose SP (2000) Patient-therapist match: revelation or resistance? J Am Psychoanal Assoc 48:885–900
Viinamäki H, Kuikka J, Tiihonen J, Lehtonen J (1998) Change in monoamine transporter density related to clinical recovery: a case-control study. Nordic J Psychiatry 52:39–44
Weinryb RM, Rossel RJ, Asberg M (1991a) The Karolinska Psychodynamic Profile. I. Validity and Dimensionality. Acta Psychiatr Scand 83(1):64–72

Weinryb RM, Rossel RJ, Asberg M (1991b) The Karolinska Psychodynamic Profile. II. Interdisciplinary and cross-cultural reliability. Acta Psychiatr Scand 83(1):73–76

Wiebking C, Bauer A, de Greck M, Duncan NW, Tempelmann C, Northoff G (2010) Abnormal body perception and neural activity in the insula in depression: an fMRI study of the depressed "material me". World J Biol Psychiatry 11(3):538–549

Zanocco G, De Marchi A, Pozzi F (2006) Sensory empathy and enactment. Int J Psychoanal 87:146–158

Konzeptionelle Überlegungen zum Verhältnis von empirischer und klinischer psychoanalytischer Forschung am Beispiel chronischer Depressivität

Heinz Weiß

H. Böker et al. (Hrsg.), *Neuropsychodynamische Psychiatrie*,
DOI 10.1007/978-3-662-47765-6_34, © Springer-Verlag Berlin Heidelberg 2016

Das Verhältnis von klinischer und empirischer psychoanalytischer Forschung ist spannungsreich und nicht frei von methodischen Konflikten. In einer Zeit, in der sich neurobiologische und klinisch-hermeneutische Forschungsansätze zum Teil parallel entwickeln, geht es darum, das Freud'sche Paradigma vom »Junktim zwischen Heilen und Forschung« (Freud 1927, S. 293) neu zu interpretieren. Die folgenden Überlegungen sollen hierzu einen Beitrag leisten, und zwar am Beispiel von drei aktuellen Forschungsansätzen zum Verständnis chronischer Depressivität. Es handelt sich um die:

- Frankfurter Studie zur ambulanten Langzeitbehandlung chronisch depressiver Patienten (LAC, Leuzinger-Bohleber et al. 2010),
- klinische Depressionsstudie an der Londoner Tavistock Clinic (Taylor 2008, 2010; Taylor et al. 2013),
- von der Forschergruppe um Heinz Böker in Zürich entwickelten Ansätze zum neurobiologischen Verständnis der Dynamik depressiver Störungen (Böker 2013).

Die unterschiedlichen Forschungsdesigns dieser drei Studien können hier nicht im Einzelnen diskutiert werden. Sie alle beinhalten jedoch komplexe und aufwendige Untersuchungen, die geeignet sind, unser klinisches Wissen über chronische Depressivität auf eine breitere empirische Grundlage zu stellen. Sie werfen allerdings auch Fragen auf, welche die Relevanz empirischer Forschung für den klinisch tätigen Psychoanalytiker betreffen.

? Kann empirische Forschung dem Analytiker Hinweise geben, wie er den depressiven Patienten verstehen und wie er zu ihm sprechen soll? – Oder bestätigt sie lediglich, was aus dem Durcharbeiten von Übertragung und Gegenübertragung ohnehin bereits bekannt ist, ohne dem klinischen Wissen viel Neues hinzuzufügen? – Und hat die klinische Erfahrung, die so sehr an das psychoanalytische Setting gebunden ist, irgendeinen Einfluss darauf, wie wir empirische Forschung durchführen?

Für die zukünftige Entwicklung der Psychoanalyse erscheint es wichtig, beide Bereiche miteinander ins Gespräch zu bringen. Dies beinhaltet das Gewahrsein der unterschiedlichen Zugangswege und epistemologischen Probleme, die Anerkennung der verschiedenen Forschungsmethoden und damit auch der Reichweite und Grenzen der Aussagen, die aus ihnen ableitbar sind. Eine Aufgabe, der nur entsprochen werden kann, wenn auch die unterschiedlichen Erfahrungsbereiche respektiert werden, vor deren Hintergrund die jeweiligen Erkenntnisse gewonnen werden.

So besteht zum Beispiel ein wichtiges Teilergebnis der Frankfurter LAC-Studie in dem überraschend hohen Ausmaß an früher Traumatisierung, dem chronisch depressive Patienten ausgesetzt sind (Leuzinger-Bohleber 2013). Diese Erkenntnis ist natürlich hilfreich, um Vorstellungen darüber zu entwickeln, wie diese Erfahrungen verinnerlicht und organisiert werden und auf diese Weise den weiteren Aufbau des Selbst beeinflussen.

Wenn wir allerdings von »Traumatisierung« sprechen, dann macht es einen Unterschied, ob wir den Einfluss traumatischer Erfahrungen auf die innere Welt des Patienten analytisch konstruieren oder einen Fragebogen verwenden, um traumatische Lebensereignisse zu objektivieren und zu quantifizieren. Aber selbst wenn wir so verfahren, sollten wir uns darüber im Klaren sein, dass wir immer nur die subjektive Erfahrung des Patienten oder unsere eigene subjektive Einschätzung abbilden können – nicht den »realen« Sachverhalt, wie er sich irgendwann in der Vergangenheit abspielt hat. Insofern bleibt die klinische Erfahrung unerlässlich; denn sie ist es, die uns davor schützt, in den naiven Glauben zu verfallen, wir hätten es mit objektiven »Tatsachen« zu tun. Vielmehr geht es stets um **Bedeutungen**, die im Hier-und-Jetzt der therapeutischen Beziehung generiert werden und die vom Patienten oder von uns selbst der Vergangenheit oder der Gegenwart zugeschrieben werden.

Auf der anderen Seite ist die empirische Forschung jedoch ebenso unverzichtbar. Denn nur durch sie werden wir in die Lage versetzt, verschiedene Erfahrungen miteinander **vergleichen** zu können und auf dieser Grundlage weiterführende Fragen zu stellen:

? Gibt es etwa beim depressiven Patienten unterschiedliche Muster chronischer Traumatisierung? – Wie stehen diese mit narzisstischen-, Borderline- und anderen Persönlichkeitszügen in Verbindung, die sich möglicherweise daraus entwickeln? – Lassen sich unterschiedliche Pfade und Entwicklungslinien identifizieren, die schließlich in das Bild der chronischen Depressivität einmünden? – Und spiegelt sich diese Verschiedenheit auch in unterschiedlichen Übertragungs-/Gegenübertragungskonstellationen und voneinander abweichenden Therapieverläufen wider?

Alle diese Fragen sind für die tägliche klinische Praxis ebenso relevant, wie sie für unser psychodynamisches Verständnis grundlegend sind.

Um für das Verhältnis von empirischer und klinischer psychoanalytischer Forschung ein Modell zu verwenden, kann man sich z. B. an Bions (1990, 11962; 2009, 11970) Überlegungen zur Beziehung zwischen Behältnis (**»Container«**) und Inhalt (**»contained«**) orientieren. Nach Bion kann dieses Verhältnis entweder »kommensal«, »symbiotisch« oder »parasitär« gestaltet sein.

Symbiotisches Verhältnis »Symbiotisch« würde bedeuten, dass klinische Praxis und empirische Forschung zueinander in einem Ergänzungsverhältnis stehen, ohne aber befruchtend aufeinander einzuwirken und auf diese Weise gegenseitige Entwicklung zu ermöglichen.

Parasitäres Verhältnis »Parasitär« würde in diesem Zusammenhang meinen, dass beide Erfahrungsbereiche die Grundlagen des jeweils anderen unterminieren. Dann würde man z. B. behaupten, das Bemühen um wissenschaftliche Objektivität verfälsche die intersubjektive Wahrheit der analytischen Beziehung, oder umgekehrt ins Feld führen, klinische psychoanalytische Forschung könne niemals einen Anspruch auf »Wissenschaftlichkeit« erheben.

Kommensales Verhältnis Eine »kommensale« Beziehung würde demgegenüber bedeuten, dass beide Zugangswege einander wechselseitig befruchten. Empirische Forschung könnte dann der Psychoanalyse helfen, »wissenschaftlicher« zu werden, d. h. zu abgesicherten, generalisierbaren Aussagen zu gelangen, und im Gegenzug könnte die psychoanalytische Erfahrung im Behandlungszimmer dazu beitragen, neue Fragen zu stellen und Methoden zu entwickeln, die der empirischen Forschung mehr Tiefe verleihen und sie auf diese Weise »psychoanalytischer« machen. Für die »kommensale« Beziehung zwischen klinischer Erfahrung und empirischer Forschung sind die oben erwähnten Forschungsprojekte zur chronischen Depressivität gute Beispiele.

- **Züricher Forschungsgruppe**

Heinz Böker und seine Züricher Forschungsgruppe haben nachgewiesen, dass depressiven Störungen ein neurophysiologisches Korrelat zugrunde liegt, welches mit modernen Verfahren des Neuroimaging funktionell nachweisbar ist (Böker u. Northoff 2010; Böker 2013). Zugleich konnten sie zeigen, dass dieses Korrelat nicht statisch ist, sondern seinerseits dynamisch auf Veränderungen im Verlauf des analytischen Prozesses reagiert. Wie die Autoren darlegen (Böker et al. 2013), geht klinisches Wissen über die interpersonalen Beziehungen des depressiven Patienten dabei schon mit in die Konstruktion des kernspintomografischen Forschungsparadigmas ein. Die Konstruktion eines solchen Paradigmas ist eine erfinderische und – hinsichtlich der Operationalisierung – sicher oft auch »mühselige« Aufgabe. Ähnlich »mühselig« vielleicht, wie das Durcharbeiten jener zwischen Analytiker und Analysand ablaufenden unbewussten Prozesse, die uns schließlich in die Lage versetzen, kreative Imagination zu nutzen, um eine analytische Deutung zu geben.

Niemand weiß jedoch, ob die Bildkarten der funktionellen Kernspintomografie die vermuteten Unterschiede und komplexen Hypothesen adäquat wiedergeben. Aber selbst dann, wenn dies der Fall sein sollte, bliebe immer noch offen, ob diese Art experimentellen Wissens jemals einen Einfluss darauf hätte, wie wir den emotionalen Kontakt mit unseren Patienten in der analytischen Stunde adressieren. Direkt in die Funktionen des Gehirns hineinzublicken, ist faszinierend. Es kann aber auch verführerisch sein – dann nämlich, wenn wir dabei aus dem Auge verlieren, dass wir die **Bedeutung** einer unbewussten Fantasie niemals visualisieren können. Dennoch kann die Erforschung der neurophysiologischen Korrelate verschiedener Formen chronischer Depressivität äußert hilfreich sein, um Vorstellungen über die Verarbeitung emotionaler Erfahrungen, die Beziehung zwischen Emotion und Kognition (Böker 2013) sowie über die Veränderungsprozesse im Verlauf einer psychoanalytischen Behandlung zu gewinnen.

▪ Depressionsstudie der Londoner Tavistock Clinic

David Taylor und sein Forscherteam haben die **Tavistock Adult Depression Study** (TADS) Mitte der 1990er-Jahren initiiert. Zu dieser Zeit bedeutete es für das Adult Department der Londoner Tavistock Clinic einen Paradigmenwechsel, die dortige psychoanalytische Praxis mit ihrer langen klinischen Tradition für Fragestellungen der empirischen Forschung zu öffnen. Für Fragestellungen, die eine Manualisierung (Taylor 2010) und Adhärenzprüfung des klinischen Vorgehens voraussetzen, das sich jedoch eng an die klinische Praxis anlehnt und den genuin psychoanalytischen Zugang zum Erleben des chronisch depressiven Patienten beibehält.

Ein wesentliches Ziel der Studie besteht darin, die klinischen Erfahrungen und die extraklinischen Befunde über die Entwicklungsgeschichte chronisch depressiver Patienten miteinander in Beziehung zu setzen. Auf diese Weise können Modelle über verschiedene Pfade (Bleichmar 2013) und klinische Manifestationen chronisch depressiver Patienten entwickelt werden. Natürlich müssen diese Modelle durch Tatsachen »gesättigt« und evaluiert werden, wie sie nur die klinische Erfahrung bereitstellen kann. Darüber hinaus können die Ergebnisse der Tavistock-Studie aber auch eine Vorstellung davon vermitteln, wie der Analytiker in der klinischen Begegnung in die innere Welt des depressiven Patienten hineingezogen wird, die häufig durch unverarbeitete Schuld- und Trauergefühle gekennzeichnet ist. Eine tiefere Einsicht in diese Prozesse vermag wiederum Erkenntnisse über jene subtilen Beziehungsinszenierungen liefern, die psychische Entwicklung und Veränderung im Behandlungsverlauf manchmal dauerhaft blockieren. Auf diese Weise kann ein besseres Verständnis chronischer und therapierefraktärer Depression gewonnen werden (Taylor 2005).

▪ Frankfurter LAC-Studie

Das Projekt der Londoner Tavistock Clinic hat verschiedene Gruppen in Großbritannien und in anderen europäischen Ländern ermutigt, eigene Forschungsanstrengungen zu unternehmen. Die von Marianne Leuzinger-Bohleber, Ulrich Bahrke und Mitarbeitern am Frankfurter Sigmund-Freud-Institut gestartete LAC-Studie stellt ein methodisch aufwendiges Projekt dar, in dem nicht nur psychoanalytische und kognitiv-behaviorale Therapien miteinander verglichen werden, sondern neben den beiden Randomisierungsarmen auch eine Gruppe von Patienten untersucht wird, die eine Therapie nach individueller Präferenz erhielt. Ein erstes Ergebnis dieses Vorgehens besteht in der Erkenntnis, dass Randomisierung unvermeidlich zu einer Selektion, und damit u. U. zu systematischen Fehlern in »evidenzbasierten«, randomisierten Studiendesigns führt. Dieses Ergebnis ist umso wichtiger, als Patienten unter naturalistischen Bedingungen meist eine Therapie – oder einen Therapeuten – nach ihrer individuellen Präferenz auswählen.

Aus diesem Grund reicht eine »evidenzbasierte« Forschung allein nicht aus, um alle für die klinische Praxis relevanten Fragen zu beantworten. Vielmehr sollte »evidenzbasierte« Forschung stets durch einen »realitätsbasierten« Ansatz ergänzt werden, wie er in der Frankfurter LAC-Studie nicht nur durch die Einbeziehung einer nichtrandomisierten Vergleichsgruppe, sondern auch durch kontinuierliche, begleitende Intervisionsgruppen der Studientherapeuten bereitgestellt wird. Denn die Komplexität der »Realität«, die hier zu bedenken ist, wird oft erst dann erkennbar, wenn auch die klinischen »Fakten« der analytischen Sitzung in Betracht gezogen werden.

▪ Ausblick

Alle drei Studien sind z. Zt. noch nicht abgeschlossen. Sie verdeutlichen beispielhaft die Integration von klinischer und empirischer psychoanalytischer Forschung. Von ihren Resultaten können wesentliche Erweiterungen und Differenzierungen für unser Verständnis des chronisch depressiven Patienten erwartet werden.

Literatur

Bion WR (1990) Lernen durch Erfahrung. Suhrkamp, Frankfurt/M (Erstveröff. 1962)

Bion WR (2009) Aufmerksamkeit und Deutung. Brandes Apsel, Frankfur/M (Erstveröff. 1970)

Bleichmar H (2013) Verschiedene Pfade, die in die Depression führen. Implikationen für spezifische und gezielte Interventionen. In: Leuzinger-Bohleber M, Bahrke U, Negele A (Hrsg) Chronische Depression. Verstehen – Behandeln – Erforschen. Vandenhoeck & Ruprecht, Göttingen, S 82–97

Böker H (2013) Emotion und Kognition. Die Züricher Depressionsstudie. In: Leuzinger-Bohleber M, Bahrke U, Negele A (Hrsg) Chronische Depression: Verstehen – Behandeln – Erforschen. Vandenhoeck & Ruprecht, Göttingen, S 245–267

Böker H, Northoff G (2010) Die Entkoppelung des Selbst in der Depression: Empirische Befunde und neuropsychodynamische Hypothesen. Psyche Z Psychoanal 64:934–976

Böker H, Richter A, Himmighoffen H et al (2013) Essentials of psychoanalytic process and change: how can we investigate the neural effects of psychodynamic psychotherapy in invidualized neuro-imaging? Front Hum Neurosci 7:355

Freud S (1927) Nachwort zur Frage der Laienanalyse. Gesammelte Werke, Bd 14; Imago Publishing, London, S 287–296

Leuzinger-Bohleber M (2013) Chronische Depression und Trauma. Konzeptuelle Überlegungen zu ersten klinischen Ergebnissen der LAC-Depressionsstudie. In: Leuzinger-Bohleber M, Bahrke U, Negele A (Hrsg) Chronische Depression. Verstehen – Behandeln – Erforschen. Vandenhoeck & Ruprecht, Göttingen, S 56–81

Leuzinger-Bohleber M, Bahrke U, Beutel M et al (2010) Psychoanalytische und kognitiv-verhaltenstherapeutische Langzeittherapie bei chronischer Depression: die LAC-Depressionsstudie. Psyche Z Psychoanal 64:782–832

Taylor D (2005) Klinische Probleme chronischer, refraktärer oder behandlungsresistenter Depression. Psyche Z Psychoanal 59:843–863

Taylor D (2008) Psychoanalytic and psychodynamic therapies for depression: the evidence base. Adv Psychiatric Treatment 14:401–413

Taylor D (2010) Das Tavistock-Manual der psychoanalytischen Psychotherapie – unter besonderer Berücksichtigung der chronischen Depression. Psyche Z Psychoanal 64:833–861

Taylor D, Carlyle J, McPershon S (2013) Die Tavistock Adult Depression Study (TADS). Eine randomisiert-kontrollierte Studie zur analytischen Psychotherapie therapieresistenter/therapierefraktärer Depressionen. In: Leuzinger-Bohleber M, Bahrke U, Negele A (Hrsg) Chronische Depression. Verstehen – Erforschen – Behandeln. Vandenhoeck & Ruprecht, Göttingen, S 268–307

Ethische Aspekte der klinischen Psychiatrie und Psychotherapie

Manfred Wolfersdorf, Michael Schüler

H. Böker et al. (Hrsg.), *Neuropsychodynamische Psychiatrie*,
DOI 10.1007/978-3-662-47765-6_35, © Springer-Verlag Berlin Heidelberg 2016

35.1 Einleitung

Die medizinische Ethik ist in der westlichen Welt untrennbar mit dem Namen Hippokrates (vermutlich 460–377 v. Chr.) bzw. der Hippokratischen Schule verbunden. Medizinisches Wissen alleine und ausschließlich zum Heile des Patienten einzusetzen und nicht im Sinne politischer, wirtschaftlicher oder persönlicher Interessen zu gebrauchen, ist seither zentraler Bestandteil ärztlichen Ethos (Sass 1998). Die hippokratische Medizinethik ist nahezu »zeitloses Grundgesetz« (Arbeitskreis Ethik 2012; Sponholz et al. 2004) und ein vereinigender Bezugspunkt des ärztlichen Selbstverständnisses für die Standes- und Berufsethik. Dabei haben die klassischen handlungsleitenden Prinzipien der medizinischen Ethik auch und gerade im Zeitalter einer naturwissenschaftlich weiterentwickelten Medizin in keiner Weise an Bedeutung verloren (Sass 1998), wozu »nihil nocere« und »bonum facere« auch im heutigen veränderten Umfeld bedeutsam sind. Viefhues (1989) führt neben den klassischen mittleren ethischen Prinzipien als »Prima-facie-Prinzipien« – offene diskursive Leitbegriffe im Sinne von Leerformeln, die durch den ethischen Diskurs erst gefüllt werden müssen – Gesundheits- und Wohlbefindensfürsorge (einschl. des Prinzips der Unschädlichkeit), Selbstbestimmung und soziale Zuträglichkeit als Prinzipien erster Ordnung auf, als Prinzipien zweiter Ordnung Vertrauen, Wahrhaftigkeit und Glaubwürdigkeit sowie Schweigepflicht. An die Seite der klassischen ethischen Prinzipien wie Gutes tun, Nicht schaden, Gerechtigkeit, Selbstbestimmung, Wahrhaftigkeit, Verschwiegenheit, Besonnenheit, Verantwortung und Vertrauen treten heute Selbstbestimmungsfähigkeit, die Fähigkeit zur Selbstverantwortung/Autonomie hinzu. In den 70er- und 80er-Jahren des vergangenen Jahrhunderts wurde Bioethik als ein zusätzlicher philosophischer Weg in der Medizin etabliert. Medizinische Ethik war unter dem Schutzschirm von Bioethik subsumiert. Historisch gesehen hat Ross (1939) in dem Standardwerk *The Foundation of ethics* bereits vor langen Jahren die vier wesentlichen Prinzipien formuliert, die später als »corner stones« bezeichnet wurden: »Respect for autonomy, beneficence, nonmaleficence and justice« (Ross 1939, zit. nach Vollmann 2008).

Psychiatrie und Psychotherapie sind traditionellerweise medizinische Fächer mit einem hohen Anteil an ethischen Fragestellungen (s. aktuell das Thema Zwangsbehandlung oder Suizidbeihilfe). Trotzdem ist in der Psychiatrie selbst die wissenschaftliche Beschäftigung mit der Thematik und auch deren Integration in die klinische Alltagsarbeit noch nicht Standard. Einige Medizinethiker formulieren neuerdings geradezu ihre Überraschung, mit welcher Intensität sich aktuell die Psychiatrie (z. B. DGPPN; Bundesdirektorenkonferenz, BDK; Nationales Suizidpräventionsprogramm Deutschland NASPRO; Deutsche Gesellschaft für Suizidprävention) mit ethischen Fragen der Zwangsbehandlung bzw. der Suizidbeihilfe oder auch dem Thema Demenz und Selbstbestimmungsfähigkeit beschäftigen. Müller und Hajak (2005) haben sich zu »Willensbestimmung zwischen Recht und Psychiatrie« geäußert, Helmchen et al. (2006) »Ethik in der Altersmedizin« diskutiert, Bormuth und Wiesing (2004) die Diskussion »Ethische Aspekte der Forschung in Psychiatrie und Psychotherapie« herausgegeben. Von Vollmann (2008) stammt *Patientenselbstbestimmung und Selbstbestimmungsfähigkeit* als Beitrag zur klinischen Ethik, der für die klinische Psychiatrie hochrelevant ist, und Meier-Allmendinger und Baumann-Hölzle haben im Handbuch *Ethik im Gesundheitswesen* den Band *Der selbstbestimmte Patient* herausgegeben, welcher auch die Ausführungen der Autoren (Wolfersdorf u. Schüler 2009) zu »Grenzen der Autonomiefähigkeit – ethische Fragestellungen in der Psychiatrie und Psychotherapie« enthält.

35.2 Ethische Fragestellungen in Psychiatrie und Psychotherapie

In der deutschsprachigen Psychiatrie und Psychotherapie sind medizinethische Aspekte in den letzten Jahrzehnten immer bedeutsamer geworden. Dabei gelten beim Diskurs in der Psychiatrie die gleichen ethischen Prinzipien wie sonst in der Medizin, aber mit einer deutlichen Akzentuierung im Bereich von **Selbstbestimmung** (Autonomie), wenn z. B. von einer Einschränkung der Selbstbestimmungsfähigkeit im Rahmen einer depressiven Erkrankung mit Einengung des Erlebens auf depressive Denkinhalte, bei einer akuten schizophrenen Psychose mit einem von der Realität abweichenden Erleben, Wahrnehmen und Deuten oder bei Verlust der kognitiven Fähigkeiten und damit der Orientierungsfähigkeit, z. B. im Rahmen einer dementiellen Erkrankung, gesprochen wird. Die Psychiatrie und Psychotherapie ist wegen ihrer Arbeit mit Patienten, die in ihrer Entscheidungsfähigkeit eingeschränkt sein können und sind, die nicht krankheitseinsichtig sein können und sind, aber trotzdem behandlungs- und hilfsbedürftig sind, die wegen ihrer krankheitsbedingten Eigen- und Fremdgefährdung gegen ihren Willen behandelt werden (müssen), besonders prädestiniert für ethische Fragestellungen. Psychisch kranke Menschen bedürfen gerade wegen der genannten Bedingungen einer besonders sensiblen Handhabung der Frage der Selbstbestimmung/Autonomie, eben weil sie hier auf ein vertieftes Verstehen von krankheitsbedingter Einschränkung, von krankheitsbedingter Überwertigkeit ihres inneren Erlebens (in deutlicher Diskrepanz zur Außenwelt) und von negativistisch-hoffnungsloser Überbewertung von eingetretenen Ereignissen und Zukunftsperspektiven angewiesen sind. Psychiatrie und Psychotherapie sind ganz besonders der Achtung der Würde des Menschen verpflichtet, insbesondere dann, wenn es um Entscheidungen gegen die subjektive Meinung eines betroffenen Menschen geht. Dabei stoßen Psychiatrie und Psychotherapie, für das Fach oftmals schmerzlich und stigmatisierend, weil abgelehnt, an die Grenzen möglicher Selbstbestimmung eines kranken Menschen, der des Schutzes (Prinzip Gutes tun und Prinzip Nicht schaden) notfalls auch mittels Freiheitsbeschränkung gegen seinen eigenen Willen bedarf. Dass in Deutschland die Anordnung freiheitseinschränkender Maßnahmen richterlich zu erfolgen hat, und somit getrennt ist von fachärztlicher Anordnung, ist zu begrüßen. Auf der anderen Seite ist »Selbstbestimmung« nach Krähnke (2007) eine Leerformel, und von einer absoluten Autonomie auszugehen, ist nach Küchenhoff (2007, 2014) lebens- und wirklichkeitsfremd. Autonomie bzw. Selbstbestimmung um jeden Preis könnte damit hilfsbedürftigen Menschen schaden und zu chronischer Erkrankung, Vereinsamung und Isolation, zu Ausgrenzung und Verfolgung führen. Karenberg (2005) hat gefordert, nicht an moralischen Extrempositionen festzuhalten, sondern im Kontext des jeweiligen Einzelfalls einem »relativen Paternalismus« zu folgen, der Güter-, Prinzipien- und Folgenabwägung zu vereinen suche.

Nach Balz (2014) befindet sich die Psychiatrie im Vergleich zur Somatik in einer besonderen Situation: Psychiatrische Diagnosen seien stärker als somatische gesellschaftlich, werte- und kulturgebunden und psychische Erkrankungen beeinträchtigten den Menschen in seinem Personsein. Die zentrale Ethikkommission der deutschen Ärzteschaft (ZEK) (Bundesärztekammer 2013) hat in ihren Empfehlungen zur Zwangsbehandlung betont, es sei gleichgültig, ob die Gründe für die Beeinträchtigung von Urteils-, Entscheidungs- und Handlungskompetenz ein primär psychiatrisches Krankheitsbild oder Ängste, Schmerzen und Bewusstseinstrübung in Folge von anderen Krankheiten seien. Die einseitige Abhängigkeit des Patienten von ärztlicher und pflegerischer Hilfe sei charakteristisch für die professionelle Beziehung, nicht nur in der Psychiatrie. Allerdings sieht die ZEK durchaus eine Besonderheit der ethischen Probleme durch das »Doppelmandat der Psychiatrie«, nämlich durch die »Gratwanderung zwischen der medizinisch wirksamen Behandlung einerseits und der gesellschaftlichen Kontrolle sozial auffälliger Menschen einschließlich des Schutzes Dritter vor Gefährdung andererseits«. Die Rollenerwartung an Ärzte sei deswegen zum einen, dem Individualwohl ihrer Patientinnen und Patienten zu dienen, zum anderen das Gemeinwohl zu wahren, indem sie andere vor Gefährdung durch Patienten schützen (Bundesärztekammer 2013). Helmchen und Vollmann (1999) haben grundsätzliche ethische Fragen in und auch für die Psychiatrie formuliert und unterstrichen, dass die wiederaufgelebte Diskussion um das Thema Euthanasie vor dem Hintergrund der deutschen Geschichte und der Rolle der Psychiatrie nicht losgelöst gesehen werden könne von der starken Zunahme von Menschen mit schwersten Residualschäden nach intensivmedizinischer Behandlung sowie von der Zunahme sehr alter hilfsbedürftig kranker Menschen, aber auch nicht von einem zunehmenden Patientenwunsch nach Selbstbestimmung. Wedler (2014) argumentierte ähnlich, dass ein »natürlicher Tod« heutzutage immer schwerer erreichbar erscheine und dass eine wachsende Zahl von Menschen über das eigene Sterben selbstständig bestimmen wolle. Nun stirbt man in der Psychiatrie und Psychotherapie heute meist nicht mehr an einer somatischen Erkrankung, sondern am Suizid – sieht man vom Versterben durch körperliche Folgeerkrankungen in der Gerontopsychiatrie oder Suchtmedizin ab. Birnbacher und Kottje-Birnbacher (2000) sowie Kottje-Birnbacher und Birnbacher (1999) haben am Beispiel der Psychotherapie versucht, die Frage »Warum Ethik?« zu beantworten und auf ein »erhebliches Machtpotential des Therapeuten und ein entsprechendes Risiko von Missbrauch und Abhängigkeit« hingewiesen: suggestive Faktoren, Intimität der Beziehung, innere Abhängigkeit des Patienten von Therapeuten. Die Ausführungen sind zwanglos auf das gesamte Feld der Psychiatrie und Psychotherapie zu übertragen. Die Frage »Warum Ethik in der Psychiatrie?«, ist damit beantwortet: Einerseits keine paternalistische Beziehung Arzt-Patient, sondern Selbstbestimmung/Autonomie, andererseits das Vorliegen von Erkrankungen, die das Personsein verändern und nicht nur eine reaktive Betrachtung einer Erkrankung bedeuten, sondern das Erleben, Wahrnehmen, die Urteilsfähigkeit, die Entscheidungs- und Handlungsfähigkeit der Person selbst verändern und – auch damit ist Psychiatrie beauftragt – der Schutz der Gesellschaft, von Dritten und auch der eigenen Person des Patienten vor sich selbst. Wenn ein Patient mit Brustkrebs postoperativ die Bestrahlung ablehnt, ist das etwas anderes, als wenn ein depressiv Kranker sich suizidieren will, weil er der unverrückbaren Überzeugung ist, er schaffe das Leben sowieso nicht und im Übrigen schaffen das Leben auch alle anderen Menschen nicht (depressiver Wahninhalt). Das Eingeschränktsein im bzw. der Verlust des Personseins betrifft gerade psychisch kranke Menschen, wobei Psychiatrie diejenige Teildisziplin der Medizin ist, die sich mit der Diagnostik, Therapie und Prävention der psychischen Krankheiten beschäftigt (Stoecker 2011a). Auch Stoecker (2011b) klagt darüber, dass die Literatur zur psychiatrischen Ethik angesichts der Tradition ethischer Belange in der Psychiatrie überraschend schmal sei; für ihn sind vor allem die Themen »Begriff der Krankheit, Stigmatisierung, Menschenwürde, Autonomie, informiertes Einverständnis, Behandlung ohne Einwilligung, Paternalismus, psychiatrische Forschung, Missbrauchsgefahr und Suizidbeihilfe« aktuelle Fragestellungen.

35.3 Prinzipienbasierte Medizinethik in der Psychiatrie

Der normative Rahmen einer prinzipienbasierten ethischen Orientierung, wie er auf die »vier Prinzipien mittlerer Reichweite« der amerikanischen Ethiker Beauchamp und Childress zurückgeht (Beauchamp u. Childress 1983; Birnbacher u. Kottje-Birnbacher 2000; Fangerau 2007; Höffe 2002a,b; Rehbock 2005; Arbeitskreis Ethik in der Medizin 2012 u. a.) umfasst das

1. Prinzip der Nichtschädigung (Nonmalefizienz),
2. Prinzip der Fürsorge (Benefizienz),
3. Prinzip der Autonomie/Selbstbestimmung,
4. Prinzip der Gleichheit/Gerechtigkeit.

Der Ulmer Arbeitskreis »Ethik in der Medizin« (2012) verteilt in seinen Ethikseminaren immer prägnante Auflistungen für die Medizinstudenten zu den Themen: »Zentrale ethische Prinzipien: Gutes tun, Nicht schaden, Gerechtigkeit, Selbstbestimmung, Wahrhaftigkeit, Verschwiegenheit, Besonnenheit, Verantwortung, Vertrauen« (Sponholz et al. 2004).

35.3.1 Prinzip Nichtschädigung (Nonmalefizienz)

Das Prinzip der Nichtschädigung entspricht nicht nur dem medizinethischen »Primum non nocere.«, sondern ist ein für alle Menschen allgemeingültiges. In der Psychiatrie denkt man sofort an Neben- und Wechselwirkungen von Psychopharmakotherapie bzw. an Unterlassung notwendiger diagnostischer und therapeutischer Schritte oder auch an Elektrokrampftherapie und deren Folgen. Birnbacher und Kottje-Birnbacher (2000) zählen dazu auch übermäßige Pathologisierung des Patientenverhaltens durch den Experten, bewusste oder unbewusste

Instrumentalisierung des Patienten ob aus sexuellen, emotionalen oder finanziellen Gründen, die Befriedigung narzisstischer therapeutischer Bedürfnisse, die Patientenbeziehung als Ersatz für Beziehungsdefizite, die Therapie als Selbstzweck, die Schädigung Dritter durch die Therapie, z. B. in Beziehungskrisen durch Schuldzuweisungen. Dass sich da ein mögliches Problem für Ausbildungskandidaten in der Psychotherapie abbildet, die aus Unerfahrenheit »Fehler machen« bzw. in ihrer Gegenübertragung nicht kontrolliert sind, ist offensichtlich; dass dies auch ein Thema für die Supervision sowohl im verhaltenstherapeutisch-lerntheoretischen wie auch im tiefenpsychologisch-analytischen Teil sein kann, ebenfalls. Auch mögliche ethische Dilemmata in der psychiatrischen Forschung (z. B. Kontrollgruppen, die »nichteffizient« behandelt werden, also eigentlich Schaden erleiden) oder das Problem der Forschung und der gültigen Einwilligung der beforschten Menschen, deren Einwilligungsfähigkeit fraglich oder möglicherweise gar nicht mehr gegeben ist, sind als Problembereiche offensichtlich. Ob man hier ein »Einwilligungsmodell« oder ein »Nutzenmodell«, ein »Risikominimierungsmodell« oder ein »Schutzkriterienmodell« bei nichteinwilligungsfähigen Patienten, die beforscht werden sollen, anwendet, diskutieren Helmchen et al. (2006) intensiv; es scheint, dass dies auf eine individuelle Regelung hinausläuft.

Rehbock (2005) hat in ihrem Buch *Zur Kritik der Ethik medizinischen Handelns* das Thema »Achtung der Autonomie – unter allen Bedingungen?« (S. 331 ff) eindeutig formuliert:

Die Tatsache, dass Entscheidungen und Willensäußerungen aufgrund mentaler Störungen »inkompetent« sind, rechtfertigt nicht, dass man sie völlig ignoriert. Sie sind vielmehr auch unter diesen Bedingungen als Äußerungen des Willens der betreffenden Person zu begreifen. Denn auch geistige Krankheiten sind, ..., eine »vollständige Existenzform«, in der ein »personaler Kern« erhalten bleibe, »der das Sein des Kranken sein Vermögen zu existieren ist«.

Sie schreibt weiter, nach Wittgenstein lasse sich eine geistige Krankheit auch als Charakterveränderung ansehen, als eine Lebensform mit eigener Grammatik, in der die Person nicht verschwindet, sondern in veränderter, verfremdeter, ver-rückter Weise agiere, sich anderen gegenüber zum Ausdruck bringe, Bedürfnisse äußere, ihren Willen kundtue, leide, sich freue, auf personale Zuwendung angewiesen sei. Sie verweist auf Karl Jaspers (Jaspers 1958, S. 169–183 zit. nach Rehbock 2005), dass mangelnde Krankheitseinsicht auch eine Form autonomer Selbstbehauptung sein könne, die zu respektieren sei.

35.3.2 Prinzip Gutes tun

Das Prinzip Gutes tun/Fürsorge/Benefizienz überschneidet sich mit den Prinzipien Nonmalefizienz bzw. Autonomie. Abgesehen davon, dass es medizinethisch **das** Prinzip ist, dass ärztliches Handeln seit der Schule des Hippokrates bestimmt, kennzeichnet und auszeichnet, auf das sich die paternalistische hippokratische Schule genauso beruft wie heutige »schwachpaternalistische« medizinethische Orientierungen (Karenberg 2005), geht es doch mit dem Ziel, eine medizinische Situation/Not des Patienten durch Diagnostik und Therapie zu verbessern, über das Vermeiden von Schaden hinaus. Birnbacher und Kottje-Birnbacher (2000) meinen, die christliche Ethik – Nächstenliebe – habe das Prinzip der Fürsorge so über alle anderen Prinzipien gestellt, dass »erst eine bewusste Distanzierung den Blick auf die Grenzen freigibt, die diesem Prinzip insbesondere durch das Selbstbestimmungsrecht (Prinzip der Autonomie) gezogen sind«.

35.3.3 Prinzip Autonomie

Das Prinzip der Autonomie (Selbstbestimmung) wird heute von medizinischer Seite in etwas neutral distanzierter Art bei Problemen der klinischen Psychiatrie und Psychotherapie ganz vorne angestellt, als wäre es ein Prinzip, das über allen anderen steht. Ob man von einem Wandel der leistungs-, wirtschaftswunder-, und autoritätsbezogenen gesellschaftlichen Orientierung der 50er-Jahre, die noch bis in die 70er-Jahre hineinreichte, in eine Ich-AG-orientierte, auf eine Life-Work-Balance ausgerichtete Gesellschaft, also im Zeitraum von (nur) ca. 5 Jahrzehnten, auf einen Wandel medizinethischer Wertorientierungen schließen darf, mag diskutabel sein. Vollmann (2008) sagt (mit Recht), ein gewachsenes Selbstbewusstsein, eine ausgeprägte Erwartungs- und Anspruchshaltung sowie ein höherer Informationsstand der Patienten führe zu der Forderung einer »gleichberechtigten Partnerschaft« zwischen Arzt und Patient und er zitiert den Informed Consent als Beispiel dafür. Rehbock (2005) verwehrt sich vehement dagegen, psychisch Kranke, die gegen Therapiemaßnahmen Widerstand leisten, als »krankheitsuneinsichtig« zu beurteilen. Psychiatrisch gesehen ist dies in der Zuspitzung ein Unsinn: Wie kann ich mich in der Manie, Gott zu sein, als krankhaft einstufen und als hilfsbedürftig? Medizinethik muss auf dem Boden der Realität von Krankheit bleiben und neben Medizinethik und Juristik gibt es auch noch psychiatrisch-psychotherapeutische Krankheitslehre, psychiatrisch-psychotherapeutisches Erfahrungswissen und entsprechenden Sachverstand. Dass Suizidideen bei depressiv Kranken Bestandteil der Erkrankung selbst sind – bis hin zur wahnhaften Hoffnungslosigkeit, das Leben nicht mehr meistern zu können, alle Menschen könnten das Leben nicht meistern, die persönliche Welt gehe unter, die Welt aller Menschen gehe unter –, ist psychiatrisches Lehrbuchwissen seit Jahrhunderten. Zu unterstellen, dass aus einer Suizididee, dazu gehört immer Handlungsdruck und suizidfördernde Risikopsychopathologie, schon »routinemäßig paternalistisches Vorgehen« (Rehbock 2005, S. 332) abgeleitet werde, entbehrt der klinischen Erfahrung und Praxis. Man sollte dazu auch zur Kenntnis nehmen, dass psychiatrisch-psychotherapeutisches Handeln möglicherweise zu einem deutlichen Rückgang der Suizidzahlen in Deutschland in den letzten drei Jahrzehnten geführt hat.

Aktuell wird in Deutschland das Thema Selbstbestimmung im Rahmen von Zwangsbehandlung sowie Suizidbeihilfe/ärztlich assistierter Suizid diskutiert.

▪ Zwangsmaßnahmen

Zum Thema Zwangsmaßnahmen hat die Deutsche Gesellschaft für Psychiatrie und Psychotherapie, Psychosomatik und Nervenheilkunde (DGPPN) 2014 ein ausgezeichnetes Papier unter Leitung von J. Vollmann zum Thema »Achtung der Selbstbestimmung unter Anwendung von Zwang bei der Behandlung von psychisch erkrankten Menschen« vorgelegt. Im klinisch-psychiatrischen Bereich versteht man unter Zwangsmaßnahmen Unterbringungen psychisch Kranker gegen deren erklärten Willen in Krankenhäusern sowie unterbringungsähnliche Maßnahmen wie Fixierungen und Isolierungen gegen den erklärten Willen sowie Zwangsbehandlungen. Typische Beispiele für die Anwendung von Zwang sind Selbst- und Fremdgefährdung. Dabei hat die Zentrale Ethikkommission der Bundesärztekammer darauf hingewiesen, dass selbstbestimmungsfähige Patienten auch ein »Recht auf Krankheit« haben und eine auch nach den Regeln der ärztlichen Kunst indizierte Behandlung ablehnen könnten. Der Erfahrungshintergrund zu der Problematik Zwangsbehandlung in der klinischen Psychiatrie ist erst sehr kurz und man wird abwarten müssen, ob und inwieweit sich die gesetzgeberischen Vorgaben im klinisch-psychiatrischen Bereich auswirken werden.

▪ Suizidalität

Die Frage, ob wir Suizide von Menschen, insbesondere von Menschen mit psychischer Erkrankung immer verhindern müssen, hat einen theoretisch-akademischen und einen klinisch-praktischen Aspekt. Die theoretische Erörterung dreht sich um die Themen Selbstbestimmungsfähigkeit bei psychischer Erkrankung sowie Selbsttötungswünsche als Ausdruck von psychischer Erkrankung und dadurch um das Thema ärztlich-therapeutischer Verpflichtung zur Suizidprävention. Als Anmerkung: Die Diskussion über die sog. passive Suizidbeihilfe bei körperlich kranken Menschen in terminaler Krankheitssituation mit hoher bevorstehender Versterbenswahrscheinlichkeit ist nicht Thema der Psychiatrie. Thema von Psychiatrie und Psychotherapie ist das Dilemma zwischen krankheitsbedingter Selbsttötungstendenz bei psychisch kranken Menschen, z. B. bei Depressivität oder jungen psychosekranken Männern, und Selbstbestimmungsfähigkeit/-recht in psychischer Erkrankung. Das Dilemma ist, dass der Maniker der sich für Gott hält, einen »natürlichen Willen« hat, aber keine Selbstbestimmungsfähigkeit. Vor allem hat er jedoch Anspruch auf Benefizienz und Nonmalefizienz. Therapieverzicht als Verzicht auf Zwangsbehandlung könnte auch Malefizienz bedeuten.

Jährlich sterben derzeit in Deutschland ca. 10.000 Menschen durch Suizid. 90 % aller Suizidenten weltweit weisen eine psychische Erkrankung auf, an erster Stelle eine Depression (ca. 60 %), an zweiter Stelle eine Suchterkrankung (ca. 20 %) oder eine schizophrene Psychose (ca. 10 %). Nur bei 5–10 % werden in psychologischen Autopsien keine psychischen Erkrankungen bei den Suizidenten gefunden bzw. liegen keine Diagnosen psychischer Störungen vor. Die Mehrzahl suizidaler Handlungen ereignet sich also im Kontext psychischer Erkrankung, d. h. suizidfördernder Psychopathologie, Psychodynamik und psychosozialer Situation. Oft stehen suizidale Handlungen im direkten Zusammenhang mit schwer depressiver und/oder psychotischer Symptomatik, verbunden mit Hoffnungslosigkeit und Hilflosigkeit, Verzweiflung so nicht mehr leben zu können oder auch mit pseudoaltruistischen Begründungen, die Welt wäre ohne einen selbst besser dran. Psychodynamisch, also bei innerseelischen Vorgängen, sind Entwicklungen auf einen Suizid hin gekennzeichnet durch den Verlust innerer Werte und Orientierungen sowie äußerer Ressourcen und Beziehungen, im Sinne von »Einengung« sowie motivational durch ein Bündel widerstreitender Motive, die vom Wunsch nach Ruhe und Pause im Leben, über Konfusion und Orientierungslosigkeit bis hin zu Gefühlen, allein und wertlos zu sein, keinen Wert für sich und andere zu haben, zu suizidförderndem psychotischem Erleben reichen. Die präsuizidale Entwicklung ist also eher durch Ambivalenz und innere Zerrissenheit zwischen So-nicht-mehr-leben-Können einerseits und Lebenswunsch unter veränderten Rahmenbedingungen andererseits, als durch einen eindeutigen Todeswunsch geprägt. Verlust der Fremdachtung in der Gesellschaft, Verlust der ökonomischen Sicherheit und existentielle Bedrohtheit sind neben psychopathologisch verändertem Erleben von Welt, eigener Person, Beziehungen und Zukunft sowie psychodynamischer Einengung und psychosozialen Verlust-, Belastungs-, Kränkungs- und Bedrohtheitssituationen zentrale Aspekte suizidaler Not.

Die Zeitspanne zwischen ersten Suizidideen und Entscheidungen zum Suizid beträgt bei den meisten Selbsttötungen weniger als 24 Stunden. Ein Großteil, über 85 %, aller Menschen ist nach einem Suizidversuch froh, überlebt zu haben. Die Wiederholerquote für Suizidversuch bzw. Suizid liegt niedrig unter 15 %. Die meisten psychischen Erkrankungen beinhalten grundsätzlich die Möglichkeit der Rückkehr aus der Erkrankung bei Therapie, psychosozialer Unterstützung sowie einer Neuorientierung im Leben mit rehabilitativer und akuttherapeutischer Hilfe; nur ein kleiner Teil psychischer Erkrankungen verläuft anhaltend.

Für Psychiatrie, Psychotherapie und Psychosomatik ist heute, vor dem Hintergrund dieses Wissens, Suizidalität Ausdruck eines »psychiatrischen Notfalls«, unabhängig vom Vorliegen einer psychischen Erkrankung bzw. Krise, und damit eine Kernaufgabe psychiatrisch-psychotherapeutischen Handelns. Suizidprävention begründet sich psychiatrisch-psychotherapeutische damit aus dem Verlust bzw. der Einschränkung von Selbstbestimmungsfähigkeit durch psychische Erkrankung und der ärztlich-therapeutischen Verpflichtung zur Benefizienz (Fürsorge, Wohltun). Denn man muss heute aus klinischer Sicht davon ausgehen, dass die meisten suizidalen Handlungen Ausdruck kurzzeitiger Entscheidungen und Krisen sind, wenngleich natürlich im Einzelfall auch längerfristige Entwicklungen und Auseinandersetzungen mit der Frage der Suizidalität vorausgehen können. Auseinandersetzung mit einem Thema bedeutet jedoch noch nicht Entscheidung für eine suizidale Handlung. Psychiatrie und Psychotherapie respektieren die Selbstbestimmungsfähigkeit des Menschen, müssen aber aufgrund der wissenschaftlichen Datenlage und der klinischen Erfahrung davon ausgehen, dass bei den meisten akuten psychischen Erkrankungen die Selbstbestimmungsfähigkeit des Patienten reduziert, wenn nicht gar völlig eingeschränkt ist. Karenberg (2005) schreibt:

> » Aber schon eine krankheitsbedingte Einschränkung der autonomen Entscheidungskapazität ist ethisch hochrelevant: Hier kann ein Dritter, in der Regel eine Ärztin oder ein

Arzt, aufgefordert sein, für die Betroffenen zu entscheiden – in diesem Fall, ihr oder sein Leben zu retten. Psychiatrisch-klinisches Wissen relativiert also offensichtlich philosophische Theorien über die vermeintliche Wohlerwogenheit vieler Suizide.

So gilt grundsätzlich für den gesamten Bereich akuter psychischer Erkrankungen, dass hier die medizinisch-ethische Legitimation der Verhütung suizidaler Handlungen im Sinne von Benefizienz außer Zweifel steht. Selbst auf die Gefahr des Vorhalts von Diskriminierung psychisch kranker Menschen als nicht selbstbestimmungsfähig muss Suizidprävention aufgrund reduzierter Selbstbestimmungsfähigkeit in psychiatrischer Verantwortung zentrales Ziel sein und bleiben.

Eine Überschätzung von Selbstbestimmung und Freiverantwortlichkeit in unserer Gesellschaft führt letztlich in die Gefahr, dass etwas, hier suizidales Verhalten, was bislang im Common Sense als Ausdruck einer akuten psychischen Not verstanden wurde, nun dem Kranken und Hilfsbedürftigen selbst überlassen wird. Dies führt in die Nähe von Zynismus. Der Psychiater handelt im Dilemma zwischen Anerkennung der Selbstbestimmung des Patienten und Benefizienz, d. h. der Fürsorge für den Patienten. Wenn er die Selbstbestimmungsfähigkeit des psychisch kranken Menschen in Frage stellt, geht er das Risiko des Vorwurfs der Diskriminierung ein. Allerdings sprechen wissenschaftliche Datenlage sowie klinisches Erfahrungswissen für das Vorliegen von reduzierter Selbstbestimmungsfähigkeit bei einer akuten psychischen Erkrankung. Der Medizinethiker sieht möglicherweise neutral die Selbstbestimmungsfähigkeit im Vordergrund und gegenüber dem Prinzip der Benefizienz höherrangig. Es ist jedoch zu bedenken, dass ein körperlich kranker Mensch auf Erkrankung reagiert, während bei psychischer Erkrankung – ohne nun biologistisch werden zu wollen, sei darauf hingewiesen, dass »Psyche« sich im Gehirn abspielt und dass deswegen neben Psychopathologie und Psychodynamik auch Neurobiochemie eine Rolle spielt – bereits zentrale Persönlichkeitsanteile eingeschränkt sein können und häufig eingeschränkt sind. Man darf der juristischen Regelung und der medizinisch-neutralen Betrachtung von akuter suizidaler Not nicht alles überlassen. Es gibt immerhin auch noch psychiatrisch-psychotherapeutisches Wissen um Suizidalität und Verstehen von Suizidalität als Ausdruck von psychischer Not und damit als Auftrag für Psychiatrie, Psychotherapie und Psychosomatik.

Ob Suizidalität und Suizid primär moralisch, aus Glaubensgründen oder sonstigen Gründen verwerflich ist, dies zu beurteilen ist nicht Angelegenheit der Psychiatrie. Die juristische Regelung von Sterbebegleitung und Sterbehilfe ist ebenfalls nicht Auftrag der Psychiatrie. Für die Psychiatrie ist Suizidalität Ausdruck eines akuten menschlichen Notfalls, der der Hilfe, psychiatrisch gesprochen der Suizidprävention, und eines entsprechenden Therapieangebotes bedarf. Für den Psychiater ist Benefizienz der zentrale Wert für die Arzt-Patient-Beziehung akuter psychiatrischer Erkrankung, der notfalls über dem Prinzip der Autonomie/Selbstbestimmung steht. Das ändert nichts am grundsätzlichen Respekt vor Selbstbestimmung der Person.

Literatur

Zitierte Literatur

Arbeitskreis Ethik in der Medizin (2012) Das Ulmer Modell der fallbasierten Ethikseminare. Institut für Geschichte, Theorie und Ethik der Medizin der Universität Ulm

Balz V (2014) Ethik in der Psychiatrie. Vortrag im Rahmen eines Symposiums der Carl-Gustav-Carus-Universität am 17.01. in Dresden

Beauchamp T, Childress J (1983) Principles of Biomedical Ethics. Oxford Univ Press, New York

Bertolote JM, Fleischmann A, De Leo D, Wasserman D (2004) Psychiatric diagnosis and suicide: revisiting the evidence. Crisis 25(4):147–155

Birnbacher D, Kottje-Birnbacher L (2000) Ethik in der Psychiatrie und der Psychotherapie-Ausbildung. In: Senf W, Broda M (Hrsg) Praxis der Psychotherapie. Thieme, Stuttgart New York, S 710–716

Bormuth M, Wiesing U (2004) Ethische Aspekte der Forschung in Psychiatrie und Psychotherapie. Deutscher Ärzte-Verlag, Köln

Bundesärztekammer (2013) Stellungnahme der Zentralen Kommission zur Wahrung ethischer Grundsätze in der Medizin und ihren Grenzgebieten (Zentrale Ethikkommission) bei der Bundesärztekammer. Zwangsbehandlung bei psychischen Erkrankungen. Deutsch Arztebl 110(26):A1335–1338, insbes. A 1337

Deutsche Gesellschaft für Psychiatrie und Psychotherapie, Psychosomatik und Nervenheilkunde (DGPPN) (2014)

Achtung der Selbstbestimmung und Anwendung von Zwang bei der Behandlung psychisch erkrankter Menschen. Eine ethische Stellungnahme der DGPPN. Nervenarzt 85:1419–1431. ► http://www.dgppn.de/en/presse/pressemitteilungen/detailansicht/article/307/achtung-der.html. Gesehen am 11.06.2015
Fangerau H (2007) Ethik – eine Einführung. In: Noack T, Fangerau H, Vögele J (Hrsg) Im Querschnitt: Geschichte, Theorie und Ethik der Medizin. Elsevier, München, S 1–6
Helmchen H, Vollmann J (1999) Ethische Fragen in der Psychiatrie. In: Helmchen H et al. (Hrsg) Psychiatrie der Gegenwart, Bd 2. Springer, Berlin, S 521–577
Helmchen H, Kanowski S, Lauter H (2006) Ethik in der Altersmedizin. Kohlhammer, Stuttgart
Höffe O (2002a) Lexikon der Ethik. 6. Aufl. Beck, München
Höffe O (2002b) Medizin ohne Ethik? Suhrkamp, Frankfurt/M
Karenberg A (2005) Suizid und Suizidprävention: Historische und ethische Aspekte. Suizidprophylaxe 32:3–9
Kottje-Birnbacher L, Birnbacher D (1999) Ethik in der Psychotherapie. In: Tress W, Langenbach M (Hrsg) Ethik in der Psychotherapie. Vandenhoeck & Ruprecht, Göttingen, S 36–49
Krähnke U (2007) Selbstbestimmung. Zur gesellschaftlichen Konstruktion einer normativen Leitidee. Velbrück Wissenschaft, Göttingen, insbes. S 9–13
Küchenhoff B (2007) Suizidalität und freier Wille. In: Schlimme JE (Hrsg) Unentschiedenheit und Selbsttötung. Vergewisserungen der Suizidalität. Vandenhoeck & Ruprecht, S 160–174
Küchenhoff B (2014) Suizidbeihilfe für Menschen mit psychischen Krankheiten? Suizidprophylaxe 41(2):59–62
Meier-Allmendinger D, Baumann-Hölzle R (Hrsg) (2009) Der selbstbestimmte Patient. Handbuch Ethik im Gesundheitswesen, Bd 1. Schwabe & EMH, Basel
Müller J, Hajak G (Hrsg) (2005) Willensbestimmung zwischen Recht und Psychiatrie. Springer, Berlin Heidelberg
Rehbock T (2005) Zur Kritik der Ethik medizinischen Handelns. Mentis, Paderborn, insbes. S 335 ff
Sass HM (1998) Medizinethik. In: Pieper A, Thurnherr U (Hrsg), Angewandte Ethik. Beck, München, S 80–109
Sponholz G, Baitsch H, Allert G (2004) Das Ulmer Modell der diskursiven Fallstudie. Z Med Ethik 50(1):82–87
Stoecker R (2011a) Sterben und Tod. In: Stoecker R, Neuhäuser CH, Raters ML (Hrsg) Handbuch Angewandte Ethik. Metzler, Stuttgart Weimar, S 222–230
Stoecker R (2011b) Psychiatrische Ethik. In: Stoecker R, Neuhäuser CH, Raters ML (Hrsg) Handbuch Angewandte Ethik. Metzler, Stuttgart Weimar, S 468–474
Viefhues H (1989) Medizinische Ethik in einer offenen Gesellschaft. In: Sass HM (Hrsg) Medizin und Ethik. Reclam, Stuttgart, S 17–39, insbes. S 33 ff
Vollmann J (2008) Patientenselbstbestimmung und Selbstbestimmungsfähigkeit. Beiträge zur klinischen Ethik. Kohlhammer, Stuttgart
Wedler H (2014) Assistierter Suizid: Entwicklung in Deutschland und international. Suizidprophylaxe 41(29):63–67
Wolfersdorf M, Schüler M (2009) Grenzen der Autonomiefähigkeit – Ethische Fragestellungen in Psychiatrie und Psychotherapie. In: Meier-Allmendinger D, Baumann-Hölze R (Hrsg) Der selbstbestimmte Patient. Handbuch Ethik im Gesundheitswesen Bd 1. Schwabe & EMH, Basel, S 29–41

Weiterführende Literatur

Augustinus A (2011) Vom Gottesstaat, 2. Aufl. dtv, München
Bernal M, Haro JM, Bernert S et al (2007) Risk factors for suicidalidy in Europe: results from the Esemed study. J Affect Disord 101(1):27–34
Birnbacher D (1982) Ethische Aspekte der suizidprophylaktischen Intervention. Suizidprophylaxe 9:227–243
Birnbacher D (1993). Suizidprävention – eine ethische Perspektive. Suizidprophylaxe 20:5–18
Birnbacher D (2014) Beihilfe zum Patientensuizid in Sterbehilfesituationen – Ethische Rahmenbedingungen. Suizidprophylaxe 41(2):55–59
Blatt SJ (2004) Experiences of depression. Am Psychol Ass, Washington DC, USA
Brieskorn N, SJ (2005) Gesellschaftliche Bedingungen der sozialethischen Grundfragen der Prävention. Suizidprophylaxe 32(2):46–54, insbes. 49
Bronisch T (2007) Der Suizid, 5. Aufl. Beck, München, insbes. S 12–14
Brücher K, Gonther U (2006) Psychotherapie zwischen Neurobiologie und Willensfreiheit. In: Heinze M, Fuchs TH, Reischies FM (Hrsg) Willensfreiheit – Eine Illusion? Pabst Science Publishers Parados, Lengerich Berlin, S 169–182
Bundesärztekammer (2004) Grundsätze der Bundesärztekammer zur ärztlichen Sterbebegleitung. Deutsch Arztebl 101:B1076–1077
Burton R (1988) Anatomie der Melancholie. Artemis, Zürich München (engl. 1621)
Ebner G, Haas K (2006) Suizidbeihilfe bei psychisch Kranken. Suizidprophylaxe 33:8–11
Ebner G (2006) Assistierter Suizid bei psychisch Kranken – Eine Gratwanderung? Suizidprophylaxe 33:84–87
Engelhardt von D (2005) Die Beurteilung des Suizids im Wandel der Geschichte. In: Wolfslast G, Schmidt KW (Hrsg) Suizid und Suizidversuch. Ethische und rechtliche Herausforderung im klinischen Alltag. Beck, München, S 11–26
Etzersdorfer E (2000) Die Beziehungsdynamik mit suizidgefährdetem Menschen. Suizidprophylaxe 27(3):98–105
Federn P (1929) Selbstmordprophylaxe in der Analyse. Z Psychoanal Pädagog III (11/12/13):379–389
Felber W, Wolfersdorf M (1997) Sind Suizidprävention und Sterbehilfe miteinander vereinbar? Suizidprophylaxe 24:109–113
Fiedler G (2013) Nationales Suizidpräventionsprogramm für Deutschland (NASPRO). ► www.suizidpraevention-deutschland.de. Gesehen am 21.05.2015
Finzen A (2001) Psychose und Stigma: Stigmabewältigung – Zum Umgang mit Vorurteilen und Schuldzuweisungen. Bonn

Finzen A (2009) Das Sterben der Anderen. Sterbehilfe in der Diskussion. Balance, Bonn
Fulford KWM, Thornton T, Graham G (2006) Textbook of philosophy and psychiatry. Oxford New York
Furchert A (2008) Sein Selbst retten, vernichten, behaupten? Bezweiflungsanalysen suizidaler Existenz. Suizidprophylaxe 35(3):112–117
Griesinger W (1845) Die Pathologie und Therapie der psychischen Krankheiten für Ärzte und Studierende. Krabbe, Stuttgart, S 191–193
Illhardt FJ (1991) Ruf nach Hilfe – Pflicht zur Hilfe. In: Wolfersdorf M (Hrsg). Suizidprävention und Krisenintervention als medizinisch-psychosoziale Aufgabe. Roderer, Regensburg, S 57–72
Kamlah W (1976) Meditatio mortis. Klett, Stuttgart
Kettner M, Gerisch B (2004) Zwischen Tabu und Verstehen – Psycho-philosophische Bemerkungen zum Suizid. In: Kappert I, Gerisch B, Fiedler G (Hrsg) Ein Denken, das zum Sterben führt. Vandenhoeck & Ruprecht, Göttingen
Küchenhoff B (2006) Willensfreiheit und psychische Erkrankung. In: Heinze M, Fuchs TH, Reischies FM (Hrsg) Willensfreiheit – Eine Illusion? Pabst Science Publishers Parados, Lengerich Berlin, S 195–205
Kumar U, Mandal MKK (Hrsg) (2010) Suicidal behaviour. Sage, Los Angeles London New Delhi
Lincke H (1986) Selbst. In: Müller CH (Hrsg) Lexikon der Psychiatrie, 2. Aufl. Springer, Berlin Heidelberg New York, S 624–625
Lindt V (1999) Selbstmord in der Frühneuzeit. Diskurs, Lebenswelt und kultureller Wandel. Vandenhoeck & Ruprecht, Göttingen
Minois G (1996) Geschichte des Selbstmords. Artemis & Winkler, Düsseldorf Zürich
Nickl B (2008) Gibt es einen rationalen Suizid? Suizidprophylaxe 35(3):124–128
Osiander FB. Von den Ursachen des Selbstmordes. Aus: Über den Selbstmord, seine Ursachen, Arten, medizinisch-gerichtliche Untersuchungen, die Mittel gegen denselben. Hannover 1803 (zitiert nach Willemsen 2002)
Pieper A, Thurnherr U (Hrsg) (1998) Angewandte Ethik. Beck, München
Pöldinger W (1968) Die Abschätzung der Suizidalität. Huber, Bern
Reimer CH (2005) Zum Verständnis des Suizids: Freiheit oder Krankheit? In: Wolfslast G, Schmidt KW (Hrsg) Suizid und Suizidversuch. Ethische und rechtliche Herausforderung im klinischen Alltag. Beck, München, S 27–46
Ringel E (1953) Der Selbstmord. Abschluss einer krankhaften psychischen Entwicklung. Mautrich, Wien
Sass HM (Hrsg) (1989). Medizin und Ethik. Reclam, Stuttgart
Schaller E, Wolfersdorf M (2010) Depression and suicide. In: Kumar U, Mandall MK (Hrsg) Suicidal behaviour. Sage, Los Angeles London New Delhi, S 278–296
Schlimme JE (Hrsg) (2007) Unentschiedenheit und Selbsttötung. Vergewisserungen der Suizidalität. Vandenhoeck & Ruprecht, Göttingen
Schlimme JE (2010) Verlust des Rettenden oder letzte Rettung. Untersuchungen zur suizidalen Erfahrung. Herder, Freiburg i. Breisgau
Schneider B (2003) Risikofaktoren für Suizid. Roderer, Regensburg
Schöpf A (1998) Psychologische Ethik. In: Pieper A, Thurnherr U (Hrsg) Angewandte Ethik. Beck, München, S 110–133
Tress W, Langenbach M (Hrsg) (1999) Ethik in der Psychotherapie. Vandenhoeck & Ruprecht, Göttingen
Värnik P (2012) Suicide in the world. Int J Environ Res Pub Health 9:760–771
Vollmann J, Herrmann E (2002) Einstellung von Psychiatern zur ärztlichen Beihilfe zum Suizid. Fortschr Neurolog Psychiatr 70:601–608
Wasserman D (Hrsg) (2001) Suicide – an unnecessary death. Dunitz, London UK
Wedler H (2006) 66. Deutscher Juristentag. Suizidprophylaxe 33:180–181
Wedler H (2008). Ethische Aspekte der Suizidprävention. In: Wolfersdorf M, Bronisch T, Wedler H (Hrsg) Suizidalität. Verstehen – Vorbeugen – Behandeln. Roderer, Regensburg, S 311–337
Wolfersdorf M, Wedler H (Hrsg) (2014) Schwerpunktthema Suizidbeihilfe und assistierter Suizid. Suizidprophylaxe 157:47–87
Wolfersdorf M (2000) Der suizidale Patient in Klinik und Praxis. Wissenschaftliche Verlagsgesellschaft, Stuttgart
Wolfersdorf M (2007) Suizid aus klinischer psychiatrisch-psychotherapeutischer Sicht. In: Schlimme JE (Hrsg) Unentschiedenheit und Selbsttötung. Vandenhoeck & Ruprecht, Göttingen, S 17–28
Wolfersdorf M (2008) Suizidalität – Begriffsbestimmung, Formen und Diagnostik. In: Wolfersdorf M, Bronisch T, Wedler H (Hrsg) Suizidalität. Verstehen – Vorbeugen – Behandeln. Roderer, Regensburg, S 11–43
Wolfersdorf M, Etzersdorfer E (2011) Suizid und Suizidprävention. Kohlhammer, Stuttgart
Wolfersdorf M, Purucker M, Franke CH (2010) Krisenintervention und Suizidprävention. In: Arolt V, Kersting A (Hrsg) Psychotherapie in der Psychiatrie. Springer, Berlin Heidelberg, S 443–466
Wolfslast G, Schmidt KW (Hrsg) (2005) Suizid und Suizidversuch. Ethische und rechtliche Herausforderung im klinischen Alltag. Beck, München, S 5–6

Neuropsychoanalyse und Neurophilosophie

Georg Northoff

H. Böker et al. (Hrsg.), *Neuropsychodynamische Psychiatrie*,
DOI 10.1007/978-3-662-47765-6_36, © Springer-Verlag Berlin Heidelberg 2016

? Was ist Neuropsychoanalyse? Und wie hängt dieses Gebiet zusammen mit Neurophilosophie?

Neuropsychoanalyse, grob gesprochen, zielt auf die Zusammenhänge zwischen psychoanalytischen Begriffen und neuronalen Mechanismen. Psychoanalytische Begriffe beschreiben mentale Funktionen wie Selbst, Ich, Bewusstsein, Unbewusstsein etc. und die ihnen zugrunde liegenden psychologischen Mechanismen und Funktionen. Ursprünglich stammen diese Begriffe aber aus der Philosophie, wo sie eine lange Tradition haben und unterschiedlich diskutiert wurden. Der Begriff des Bewusstseins ist z. B. zentral bei Descartes, der den Geist und sein Ich durch Bewusstsein und spezifisch Selbstbewusstsein definierte: »Ich denke, also bin ich«. Philosophen haben vor allem auf das Bewusstsein geschaut und das Unbewusstsein vernachlässigt. Die Innovation von Sigmund Freud bestand zu einem großen Teil darin, dass er das Bewusstsein erweiterte und es durch das Unbewusste kontrastierte. Verändert sich dadurch auch der Begriff des Bewusstseins? Obwohl dieses zunächst eine rein konzeptuelle Angelegenheit zu sein scheint, so spiegelt es dennoch die enge Verknüpfung von Philosophie und Psychoanalyse wider. Psychoanalytische Begriffe wie Selbst, Ich, Bewusstsein und Unbewusstsein können nur vor ihrem philosophischen Hintergrund und ihrer philosophischen Historie verstanden werden. Psychoanalyse ist also eng mit Philosophie verknüpft.

? Wie aber kommt nun das Gehirn in das Blickfeld?

Mentale Funktionen haben eine Basis im Gehirn. Das wird immer deutlicher und auch in diesem Buch thematisiert; die **neuromentalen Verknüpfungen** sind der Leitfaden dieses Buches. Nur wenn wir die neuromentalen Verknüpfungen und die ihnen zugrunde liegenden Mechanismen verstehen, können wir die Symptome von psychiatrischen Erkrankungen erfassen. Daher ein neuropsychodynamisches Fachbuch für die Psychiatrie.

Das Gleiche gilt nun auch für Psychoanalyse und Philosophie. Nur wenn wir die neuromentalen Verknüpfungen verstehen, können wir erfassen wie, welche und warum bestimmte psychodynamische Mechanismen wie z .B. Abwehrmechanismen auftreten und immer dieselbe Konfiguration aufweisen. Nur wenn wir die neuromentalen Verknüpfungen untersuchen, können wir verstehen, welche Definitionen unserer philosophischen Begriffe empirisch plausibel sind und welche nicht. Das ist **Neurophilosophie**, die, kurz gefasst, die empirische Plausibilität mentaler Konzepte wie Ich, Selbst, Bewusstsein etc. untersucht. Nur die empirisch plausiblen Definitionen unserer mentalen Konzepte sollen dann in Hinsicht auf die ihnen zugrunde liegenden neuropsychodynamischen Mechanismen untersucht werden. Neurophilosophie und Neuropsychoanalyse gehen also Hand in Hand.

Betrachten Sie folgendes Beispiel: Das Konzept des Selbst wurde in der Philosophie häufig durch eine spezielle mentale Eigenschaft charakterisiert die letztendlich auf den Geist zurückgeführt werden kann. Descartes charakterisierte Geist und Selbst als räumlich und zeitlich nicht ausgedehnt und unterschied sie somit vom zeitlich und räumlich ausgedehnten Körper. Viele Philosophen in unserer Zeit und fast alle Neurowissenschaftler weisen einen solchen **Geist-Körper-Dualismus** zurück und ersetzen den Begriff des Geistes durch den des Gehirns. Mentale Funktionen des Geistes wie das Selbst werden nun mit speziellen Regionen im Gehirn in Verbindung gebracht und dort »lokalisiert«, wie z. B. in den kortikalen Mittellinienstrukturen (▶ Kap. 5). Diese Region unterscheidet sich von anderen, die nicht mit dem Selbst verknüpft sind. Der ursprüngliche Dualismus zwischen Körper und Geist lebt also fort im Gehirn selbst, wo dann zwischen mentalen und nicht mentalen oder Selbst- und Nicht-Selbst-Regionen unterschieden wird. Der Descartes'sche metaphysische Geist-Körper-Dualismus wird hier somit in einen empirischen Gehirn-Dualimus transformiert.

Ist ein solcher empirischer Gehirn-Dualismus empirisch und konzeptuell plausibel? Konzeptuell verstrickt er sich in Widersprüche wie Philosophen es im Detail herauspräparieren. Und auch die empirischen Daten unterstützen einen empirischen Gehirn-Dualismus nicht. Bedeutet dies, dass wir unser Konzept von Geist und Selbst radikal ändern müssen? Und möglicherweise auch unser Konzept des Gehirns und seine Charakterisierung durch Regionen mit spezifischen

Funktionen wie Selbst und Nicht-Selbst in Frage stellen müssen? Die Neurophilosophie untersucht genau diese Fragen: die **empirische Plausibilität** der Definitionen unserer mentalen Begriffe und wie die empirischen Befunde unsere Definitionen und Theorien mentaler Konzepte und auch das des Gehirns verändern.

Neuropsychoanalyse basiert auf mentalen Begriffen wie Ich und Selbst und untersucht ihre psychodynamischen Mechanismen. Je empirisch plausibler die zugrunde liegende Definition von Selbst oder Ich, desto wahrscheinlicher können wir korrespondierende psychodynamische Mechanismen entdecken und sie mit dem Begriff des Selbst (und seiner Definition) in Verbindung bringen. Und desto wahrscheinlicher ist es auch, dass wir bestimmte neuronale Mechanismen damit verknüpfen können. Dieses Vorgehen wird uns helfen, nicht nur die neuropsychodynamischen Mechanismen selbst besser zu verstehen, sondern auch das Gehirn und seine diversen neuromentalen Transformationen zu erfassen. Neurophilosophie kann somit, metaphorisch gesprochen, das Präludium bilden für die nachfolgende Fuge, die Neuropsychoanalyse.

? Warum aber ist all das relevant für den Psychiater?

Psychiatrische Erkrankungen sind Erkrankungen der mentalen Funktionen. Psychopathologische Symptome sind mentale Symptome. Um diese Symptome und häufig bizarren Manifestationen zu verstehen, müssen wir empirisch plausible mentale Konzepte aufweisen. Anderenfalls können wir die mentalen Symptome der psychiatrischen Patienten weder verstehen noch korrekt erfassen und diagnostizieren, geschweige denn therapieren. Die Geschichte der Psychopathologie kann als ein Versuch verschiedener mentaler Klassifikationssysteme gesehen werden. Der Ansatz dieses Buches zielt auf die Rekrutierung psychodynamischer Begriffe und ihrer Fundierung in der Philosophie. Empirisch plausible mentale Konzepte und ihre neuromentalen Transformationen werden als Grundlage der mentalen Symptome in der Psychiatrie betrachtet. Letztendlich wird dies zu einer neuen empirisch und konzeptuell plausibleren Klassifikation der mentalen Symptome in der Psychiatrie führen, wo Psyche und Gehirn nicht mehr getrennt sind, sondern als verschiedene Integrationsformen betrachtet werden.

Auch hierfür soll ein Beispiel gegeben werden. Schizophrenie kann durch eine tiefgreifende Störung des Selbst und seiner Beziehung zur Umwelt charakterisiert werden. Dieses führt, wie in ► Kap. 14 besprochen, zu massiven Veränderungen der neuropsychodynamischen Mechanismen und letztendlich zu den psychopathologischen Symptomen. Die neuronalen Veränderungen betreffen das ganze Gehirn und nicht nur die kortikalen Mittellinienstrukturen. Die Veränderung des Selbst kann also nicht auf eine spezielle Region oder ein spezielles Netzwerk zurückgeführt werden. Stattdessen scheint bei der Schizophrenie das ganze Gehirn und seine Beziehung zur Umwelt betroffen zu sein, auch wenn wir den genauen Zusammenhang zwischen Gehirn und Umwelt gegenwärtig nicht verstehen.

Wie aber können wir nun diese Veränderungen des Selbst in der Schizophrenie verstehen? Es ist nicht eine isolierte Selbsteigenschaft, Selbstregion oder Selbstfunktion verändert. Eine Definition des Selbst als speziell isolierbare mentale Funktion und Eigenschaft (oder Substanz) ist nicht kompatibel mit den Veränderungen des Selbst in der Schizophrenie. Stattdessen muss das Selbst eher als Beziehung und somit in einem relationalen Sinne aufgefasst werden, die relationalen Verknüpfungsprozesse zwischen Gehirn und Umwelt müssen beleuchtet werden. Kurz gesagt, die Schizophrenie macht eine relationale Definition des Selbst notwendig, welche uns dann auch das Gehirn und seine neuromentalen Transformationen in einem neuen Licht erscheinen lassen.

? Woher wissen wir, dass eine solche relationale Definition von Selbst und Gehirn empirisch plausibel ist?

In dem Moment, in dem wir psychopathologische Symptome und Veränderungen des Selbst in der Schizophrenie vorhersagen und idealerweise erfolgreich therapieren können, wissen wir, dass eine solche relationale Definition von Selbst (und letztendlich des Gehirns selbst) empirisch plausibel ist. Wir sehen also, wie Psychiatrie, Neurophilosophie und Neuropsychoanalyse direkt ineinander greifen.

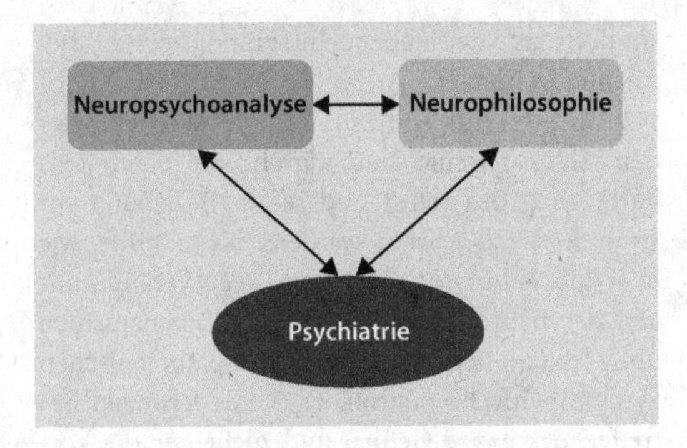

Abb. 36.1 Trianguläre Beziehung zwischen Neuropsychoanalyse, Neurophilosophie und Psychiatrie

Zusammenfassend basiert Psychiatrie also auf Neuropsychoanalyse und letztendlich Neurophilosophie. Man kann also von einem triangulären Verhältnis sprechen. Neuropsychoanalyse und Neurophilosophie sind direkt interdependent, letztere bildet das Präludium für erstere, die Fuge. Abnormalitäten in der Fuge wie inkohärente Harmonien werden in der Psychiatrie thematisiert, die somit nur verstanden werden kann vor dem Hintergrund von Fuge und Präludium – Neuropsychoanalyse und Neurophilosophie (Abb. 36.1).

Ausblick: Neuropsychodynamische Psychiatrie und »Beziehungsarbeit«

Heinz Böker, Peter Hartwich, Georg Northoff

H. Böker et al. (Hrsg.), *Neuropsychodynamische Psychiatrie*,
DOI 10.1007/978-3-662-47765-6_37, © Springer-Verlag Berlin Heidelberg 2016

? Wie können wir psychiatrische Erkrankungen verstehen und das jeweilige Individuum besser therapieren?

Die lange Geschichte der Psychiatrie weist diesbezüglich viele verschiedene Vorschläge auf: Soziale Inhalte der Umwelt, neuronale Inhalte des Gehirns, psychodynamische Inhalte der Psyche und phänomenologische Inhalte des Erlebens werden neben anderen herangezogen, um diese Erkrankungen und ihre oft auf den ersten Blick unverständlichen Symptome zu erklären. Die Autoren dieses Buches weichen von dieser – gegenwärtig speziell im angloamerikanischen Raum dominierenden – Tradition des Fokus auf bestimmte Inhalte ab und zielen auf Beziehungen (Relationen). Die grundlegende Beziehung (Relation) ist die zwischen **Selbst-Gehirn-Umwelt** – psychiatrische Erkrankungen sind Beziehungsstörungen oder Veränderungen in der Selbst-Gehirn-Umwelt-Relation.

Eine solche Herangehensweise weist weitgehende Implikationen für die Sicht mentaler Phänomene wie Selbst, Bewusstsein, Unbewusstes und die ihnen zugrunde liegenden psychologischen Funktionen auf. Mentale Phänomene werden in einer relationalen Perspektive betrachtet, die von der Selbst-Gehirn-Umwelt-Beziehung ausgeht. Was historisch dem Geist und gegenwärtig häufig dem Gehirn als basalem Inhalt zugeschrieben wird, kann nur, so unsere Ansicht, in einer Relation oder Beziehung zwischen dem, was als Selbst, Gehirn, und Umwelt bezeichnet wird, verstanden werden. Die Beziehung (Relation) ist primär und das, was wir isoliert als Selbst, Gehirn oder Umwelt bezeichnen und wahrnehmen, resultiert aus genau dieser fundamentalen und basalen wechselseitigen Beziehung.

Psychiatrische Erkrankungen können durch **Verschiebungen** oder **Ungleichgewichte** in der Selbst-Gehirn-Umwelt-Beziehung charakterisiert werden. In der Depression z. B. findet sich eine abnorme Verschiebung in Richtung des Selbst auf Kosten der Umwelt (► Kap. 15), während in der akuten Psychose eine umgekehrte Dysbalance in Richtung der Umwelt zu beobachten ist (► Kap. 14). Kurz, wir betrachten pychiatrische Erkrankungen als **Selbst-Gehirn-Umwelt-Beziehungsstörungen**; das ist der **Kern** der hier skizzierten neuropsychodynamischen Psychiatrie.

Die durch die Neurowissenschaften generierten Befunde werden bezogen auf die Essentials der psychodynamischen Psychiatrie, deren erkenntnistheoretische und klinische Bedeutung in den Beiträgen unterstrichen wird. In der nunmehr etwa 100-jährigen Geschichte der psychodynamischen Psychiatrie ist inzwischen ein großer Wissenskorpus entstanden, der auf einer reichhaltigen klinischen Erfahrung beruht und vielfach auch durch empirische Studien belegt ist. Dementsprechend muss das »Wagenrad« der psychodynamischen Psychiatrie nicht neu erfunden werden, vielmehr werden die Erkenntnisse der psychodynamischen Psychiatrie verknüpft mit sowohl subjektiven Erlebensformen als auch neurowissenschaftlichen Zugängen und Befunden bezogen auf grundlegende Fragen der Neurowissenschaften. Diese Verknüpfung zwischen Gehirn, subjektivem Erleben und Psychodynamik lässt uns einen neuen Blick sowohl auf das Gehirn als auch auf die psychodynamischen Konzeptualisierungen werfen. Wir verstehen die neuronalen Prozesse wie beispielsweise die intrinsische Aktivität des Gehirns in einem neuen Licht, was in Zukunft mit neuen und anderen experimentellen Ansätzen empirisch getestet werden kann. Umgekehrt müssen wir auch einige traditionelle Definitionen psychodynamischer Begriffe wie Kathexis neu gestalten und in einem anderen Kontext, wie z. B. dem neuronalen des Gehirns, betrachten.

Der **Ansatz** der neuropsychodynamischen Psychiatrie ist **mehrdimensional** und erfordert stets auch eine Übersetzungsarbeit zwischen der Sprache des Mentalen und der Sprache des Gehirns. Neuropsychodynamische Psychiatrie wird in diesem Buch als ein diagnostischer und therapeutischer Ansatz für die Gegenwart dargestellt. Gleichzeitig ist die neurodynamische Psychiatrie auch ein wissenschaftliches Modell für die Zukunft: Sie zielt auf die Erklärung, das Verstehen, die Erforschung, die Diagnostik und Behandlung psychopathologischer Phänomene und umfasst Dilemmata und Verzerrungen der intrapsychischen Strukturen und der verinnerlichten Objektbeziehungen. Dieser Zugang erlaubt, die Funktionalität und Dysfunktionalität psychischer und neuronaler Mechanismen zu berücksichtigen und in den Kontext neuronaler Zusammenhänge zu stellen.

Zentral ist hier das **Konzept des Kontextes**, das sowohl in methodischer als auch in empirisch-ontologischer Hinsicht verwendet wird. Wir haben z. B. neuronale Prozesse in den Kontext der psychodynamischen Mechanismen gestellt; so wird z. B. die neuronale Dysbalance zwischen direkten und indirekten kortiko-subkortikalen Loops bei der Zwangserkrankung in einen direkten Bezug zur Aufrechterhaltung und Stärkung der Autonomie gebracht (▶ Kap. 18). Gleichzeitig sehen wir die Kontextualisierung des Gehirns durch Umwelt und Selbst (und die Kontextualisierung beider durch das Gehirn) als empirisch-ontologisches Grundmerkmal des Gehirns an – das Gehirn ist ein Beziehungsorgan und seine neuronalen Zustände sind Beziehungszustände. Die gewonnenen Erkenntnisse sind daher stets auf den jeweiligen Kontext zu beziehen, den Kontext neuronaler Prozesse und Mechanismen, den Kontext der interpersonellen Konstellationen und der kulturellen und sozialen Umwelt.

Die Beiträge des Buches stellen sich den Herausforderungen, die prinzipiellen Unterschiede der individuellen Ebene von Personen und der generellen Ebene von Gehirnen zu überbrücken. Dementsprechend ist die neuropsychodynamische Psychiatrie nicht gleichzusetzen mit dem **biopsychosozialen Modell** psychiatrischer Krankheiten. Auch wenn zu berücksichtigen ist, dass dieses Modell einen wichtigen Beitrag darstellt zur Überwindung früherer dualistischer Sichtweisen, ist bei dem biopsychosozialen Modell weiterhin eine Tendenz zu einem biologisch-linearen Denken zu konstatieren. Durch das bloße **Nebeneinander** biologischer, psychischer, und sozialer Inhalte geht das verloren, was wir als zentral bezeichnen, die Beziehung zwischen den verschiedenen Inhalten oder Dimensionen. Gegenwärtig werden diese Beziehungen oder besser **Wechselwirkungsbeziehungen** zwischen den unterschiedlichen Dimensionen sowohl im klinischen Alltag als auch im Rahmen wissenschaftlicher Studien nur unzureichend berücksichtigt. Die Unzulänglichkeit im Verständnis und der Umsetzung des biopsychosozialen Modells kommt dann u. U. in dem Zerrbild des Klinikers zum Ausdruck, der bei einer Visite in einer psychiatrischen Klinik das Computertomogramm eines Patienten betrachtet (»Enge Ventrikel, Gehirnverlust hier, spricht für eine Psychose.«) anstatt mit dem schizophren Erkrankten zu sprechen und eine Beziehung aufzubauen. In wissenschaftlicher Hinsicht stellt die Unterscheidung des Gehirns vom subjektiven Selbst als rein objektiv ein Indiz für die Vernachlässigung ihrer Beziehung.

Die »soziologische Binsenweisheit« behält – wie Rohde-Dachser schon 1979 konstatierte – ihre Berechtigung, nach der »programmatische Forderungen sehr viel weniger einen gesicherten Status quo beschreiben, als vielmehr soziale Umbruchsituationen, die durch normative Verunsicherung und Interessenkonflikte gekennzeichnet sind und gerade deshalb einer endgültigen (d. h. allgemein akzeptierten) Sinngebung erst bedürfen.« »Psychotherapie« und »therapeutische Grundhaltung« gehören für Rohde-Dachse zu den »honorigen Vokabeln, deren zwanglose Vereinnahmung in die … programmatischen Formulierungen einigermaßen krass mit dem programmatischen Meinungsstreit kontrastiert, den sich Vertreter der verschiedenen psychotherapeutischen Schulen untereinander … liefern …«.

Bei der neuropsychodynamischen Psychiatrie handelt es sich um einen mechanismenbasierten Ansatz, der insbesondere auf die für psychotherapeutische Prozesse bedeutsame **Selbstdimension** fokussiert. Die Beziehung zwischen Selbst, Gehirn und Umwelt ist ständig im Umbruch, sie ist variabel und adaptativ zur Umwelt im Falle des »Gesunden«, welches durch neuropsychodynamische Mechanismen generiert wird. Genau dieselben neuropsychodynamischen Mechanismen kehren in das Gegenteil um und werden maladaptiv bei psychiatrischen Erkrankungen.

Diese Bedeutung psychischer (und letztlich auch neuronaler) Mechanismen und Prozesse wurde bereits von Freud frühzeitig zum Ausdruck gebracht:

> » Bei der Trauer ist die Welt arm und leer geworden, bei der Melancholie ist es das Ich selbst.
> (Freud 1913–1917, S. 431)

Es geht also darum, die Funktionalität und Dysfunktionalität psychischer Phänomene (im Sinne von Mentzos 2011) auf der Grundlage neuropsychodynamischer Mechanismen zu verstehen und dieses Verständnis für die psychotherapeutische

Arbeit heranzuziehen. In diesem Zusammenhang werden in diesem Buch unterschiedliche energetische Prozesse als Ausdruck neuropsychodynamischer Mechanismen beschrieben: Kathexis/Dekathexis bei Schizophrenie (Northoff u. Dümpelmann), Parakonstruktionen und Erweiterung des Kathexiskonzeptes auf klinische Varianten der Schizophrenien (Hartwich), hochenergetischer Stillstand bei Zwangserkrankungen (Dümpelmann und Northoff).

? Was sind die Herausforderungen für die Zukunft?

Wir sehen klinische, methodische und wissenschaftliche **Herausforderungen**. Klinisch besteht in der Zukunft eine besondere Herausforderung darin, die wissenschaftlichen Erkenntnisse als Elemente einer psychotherapeutischen Haltung in der therapeutischen Begegnung aufzugreifen und zu vermitteln. Es bleiben konkrete Fragen, beispielsweise nach der therapeutischen Konsequenz der Dysfunktion der kortikalen Mittellinienstrukturen, des erhöhten Arousals (Hyperaktivität ZNS) bei depressiv Erkrankten, der Hypoaktivität im dorsolateralen präfrontalen Kortex (DLPFC), der Störung des selbstreferenziellen Bezuges und des verstärkten Körpererlebens bei depressiv Erkrankten. Ebensolche Fragen stellen sich beispielsweise in der Schizophreniebehandlung im Hinblick auf die Funktionalität der psychotischen Symptome, den verstehenden Umgang von existenziellen Schutzmechanismen und die neuropsychodynamisch orientierte Psychotherapie als Präventionsmaßnahme und Stärkungsförderung der Persönlichkeit.

Methodisch sehen wir uns konfrontiert mit der Forderung, neuropsychodynamische Psychiatrie müsse zweisprachig sein, die Sprache des Gehirns und die Sprache des Geistes beherrschen: Neuropsychodynamische Psychiatrie trägt unseres Erachtens zur Überwindung fest verankerter Dichotomien in der Begegnung mit somatopsychischen-psychosomatischen Phänomenen bei. Sie zielt auf ein **integratives Vokabular** hin, indem sie Beziehungen zwischen Konzepten und ihren jeweiligen Kontexten herstellt. Das verwirrt häufig auf den ersten Blick, ergibt aber dann Sinn gerade in Hinsicht auf die bei psychiatrischen Erkrankungen beobachtbaren **Beziehungsveränderungen**. Biografie und Gehirn – geht das zusammen? Ja, meinen wir, denn diesem Zusammenhang liegt die Selbst-Gehirn-Umwelt-Beziehung zugrunde.

Die bisher vorliegenden und auch die in absehbarer Zeit zu erwartenden Studien werden Einzel- oder Reihenuntersuchungen sein, von denen wir auf den individuellen Kranken, bei dem gerade eine Behandlung durchgeführt wird, schließen. Solche Schlussfolgerungen sind jedoch solange mit Unwägbarkeiten behaftet, wie wir nicht in der Lage sind, die jeweiligen **Gewichtungen** der Einzelkomponenten in ihren gestaltenden Wechselwirkungsbeziehungen für den Einzelfall in einer gegenwärtigen Situation oder gar über einen längeren Zeitablauf methodisch zu erfassen. Infolgedessen müssen wir davon ausgehen, dass es letztlich eine Vielzahl, wenn nicht gar eine unendliche Zahl von Varianten gibt, denen wir uns durch die Bestimmung der jeweiligen Gewichtung im Beziehungsnetz der Wechselwirkungen nur annähern können. Der neuropsychodynamisch arbeitende Therapeut wird von der gestörten Selbst-Gehirn-Umwelt-Beziehung des psychisch kranken Menschen ausgehen, deren wissenschaftlichen Grundlagen und experimentellen Befunde einbeziehen und diese mit seiner Erfahrung und auch einem gewissen Maß an Intuition auf das individuelle Schicksal seines Patienten übertragen und in der Therapie anwenden.

In wissenschaftlicher Hinsicht bestehen **methodologische Herausforderungen** in der Zukunft darin, experimentelle Designs und Analysemethoden zu entwickeln, die es ermöglichen, individuelle und allgemeine Merkmale auf neuronaler Ebene miteinander zu verknüpfen. Das führt zu neuartigen experimentellen Herangehensweisen an das Gehirn, die wir, Georg Northoff und Heinz Böker, am Beispiel der Depression mit der Bildgebung des Gehirns auch ganz konkret erforscht haben (2010). In der Zukunft steht an, die intrinsische Aktivität des Gehirns zu verstehen, wie sie immer schon mit dem Selbst und der Umwelt verknüpft gewesen ist. Wir müssen also die Beziehung des Gehirns und seiner Eigenaktivität zu Selbst und Umwelt erforschen.

? Wie ist diese Beziehung in der Eigenaktivität des Gehirns enkodiert? – Warum kann das Gehirn seine Eigenaktivität nur in Beziehung zu einem Selbst und zur Umwelt entwickeln, anders als ein Computer z. B., der weder eine Beziehung zum Selbst noch zur Umwelt aufweist?

Kurz und gut, die Wissenschaft des Gehirns muss in der Zukunft »**Beziehungsarbeit**« leisten. Darin konvergiert sie mit dem Kliniker und Therapeuten der Zukunft. Auch sie müssen »Beziehungsarbeit« leisten. Sie müssen ultimativ die abnorme Beziehung, die dysfunktionale Dysbalance zwischen Selbst, Gehirn und Umwelt individuell kalibrieren und in ihren Patienten »re-balancieren«. Je besser der Neurowissenschaftler seine Beziehungsarbeit leistet und je besser er die Beziehungsprozesse und -mechanismen des Gehirns zu Selbst und Welt versteht, desto besser und spezifischer kann der Kliniker und Therapeut seine »Beziehungsarbeit« leisten. Wissenschaftliche und klinische Beziehungsarbeit konvergieren also und können, so unsere Ansicht, nicht voneinander getrennt werden. Wir hoffen, dass die neuropsychodynamische Psychiatrie, wie wir sie hier skizziert haben, einen Beitrag zur Konvergenz wissenschaftlicher und klinischer »Beziehungsarbeit« leisten kann, jetzt im Hier der Gegenwart und vor allem im noch unklaren Später der Zukunft.

Literatur

Freud S (1913–1917) Trauer und Melancholie. Gesammelte Werke Bd10, S Fischer, Frankfurt/M, S 427–446, 1981

Mentzos S (2011) Lehrbuch der Psychodynamik. Die Funktion der Dysfunktionalität psychischer Störungen. 5. Aufl. Vandenhoeck & Ruprecht, Göttingen

Böker H, Northoff G (2010) Die Entkoppelung des Selbst in der Depression: Empirische Befunde und neuropsychodynamische Hypothesen. Psyche Z Psychoanal 64:934–976

Rohde-Dachser C (1979) Das Borderline-Syndrom. Huber, Bern Stuttgart

Serviceteil

H. Böker et al. (Hrsg.), *Neuropsychodynamische Psychiatrie*,
DOI 10.1007/978-3-662-47765-6, © Springer-Verlag Berlin Heidelberg 2016

Stichwortverzeichnis

A

B

C

D

H

I

K

L

M

N

O

P

T

Printed in the United States
By Bookmasters

Printed in the United States
By Bookmasters